KB193672

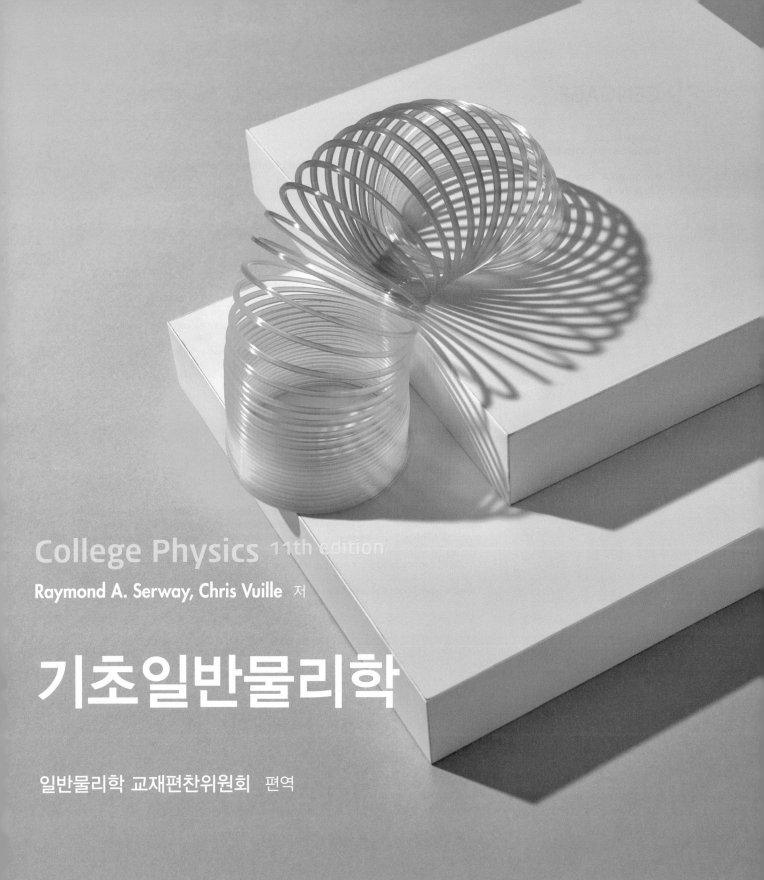

College Physics 11th edition

Raymond A. Serway, Chris Vuille 저

기초일반물리학

일반물리학 교재편찬위원회 편역

 CENGAGE 북스힐

Andover • Melbourne • Mexico City • Stamford, CT • Toronto • Hong Kong • New Delhi • Seoul • Singapore • Tokyo

College Physics,
Global Edition, 11th Edition

Raymond A. Serway
Chris Vuille

Original edition © 2019 Brooks Cole, a part of Cengage Learning.
College Physics, Global Edition, 11th Edition
by Raymond A. Serway and Chris Vuille
ISBN: 9781337620338

ISBN-13: 979-11-5971-189-3

Cengage Learning Korea Ltd.
14F YTN Newsquare 76 Sangamsan-ro
Mapo-gu Seoul 03926 Korea
Tel: (82) 2 330 7000
Fax: (82) 2 330 7001

Cengage Learning is a leading provider of customized learning solutions
with office locations around the globe, including Singapore, the United Kingdom,
Australia, Mexico, Brazil, and Japan. Locate your local office at: **www.cengage.com**

Cengage Learning products are represented in Canada by Nelson Education, Ltd.

To learn more about Cengage Learning Solutions, visit **www.cengageasia.com**

Printed in Korea
Print Number: 01   Print Year: 2019

편역자 머리말

이 책은 Serway 박사와 Vuille 박사의 《일반물리학(*College Physics*)》 11판을 편역한 것으로 이공계 대학교 1학년을 대상으로 일반물리학 1년 과정을 담고 있다.

이공계 대학교 1학년을 대상으로 《일반물리학(College Physics)》 11판 번역본을 수년간 가르쳐 왔다. 그 결과 책 내용의 분량이 다소 많고, 설명이 자세한 반면에 장황하고, 예제 문제를 어렵게 출제하여 학생들이 심적인 부담을 가지는 것을 알았다. 가르치는 입장에서 학생들에게 적은 양으로 본질적인 내용을 전달하고, 보다 쉬운 예제를 풀이해줌으로 물리학 법칙이나 공식에 대한 이해도를 높이고자 편역을 시도하게 되었다.

원서에서 생략된 부분은 23장 거울과 렌즈, 25장 광학기기, 28장 원자물리학, 29장 핵물리학, 30장 핵에너지와 소립자 부분이다. 그러나 대학교 1학년이 배우는 일반물리학으로서 내용은 충분하다고 생각된다. 앞의 몇 장에서 일부 chapter를 생략한 내용도 있다. 책의 본문에서도 수준이 너무 높거나 장황한 설명부분은 과감하게 생략하였다. 연습문제에서도 일부 어려운 문제들을 생략하였으며, 종합문제는 다 생략하여 학생들의 부담을 줄이고자 하였다.

물리는 일상생활의 자연 현상을 이해하는 것이므로 조금만 시선을 주위로 돌리면 개념을 쉽게 파악할 수 있다. 아울러 약간의 수학적 산술을 활용하면 보편적인 결과를 얻게 되리라 확신한다. 장마다 소개한 내용을 숙지하고 연습 문제를 반드시 풀어서 개념을 스스로 정립해 나가기를 바란다.

끝으로 이 책이 출판되기까지 바쁘신 중에도 번역을 위하여 애쓰신 여러 교수님들께 깊은 감사를 드리며, 어려운 출판 상황에도 불구하고 이 책의 출판을 위해 노력하신 북스힐 출판사의 조승식 대표님과 편집진 여러분께도 깊은 감사를 드린다.

2021년 1월
편역자 일동

저자 머리말

이 책은 생물학, 보건계열, 환경, 지구과학 및 건축학 등과 같은 이공계 및 생명과학 분야 관련 계열 학생들이 이수해야 하는 기초 물리학으로서 1년 과정용으로 쓰였다. 이 책에 사용된 수학은 대수학, 기하학, 삼각 함수나 미분적분학 등은 사용되지 않았다. 이전 판을 사용한 교수나 학생들의 좋은 의견을 많이 수용하고 분석하여 대부분의 요구를 충족하도록 내용을 재구성하였다.

목적

이 책의 목표는 두 가지로 되어 있다. 명료하고 논리적인 표현으로 물리학의 원리와 기본 개념을 학생들에게 제공하고, 거의 모든 내용을 실제에 흥미롭게 응용함으로써 개념과 원리의 이해를 증진시키고자 하였다. 그러한 목표를 달성하기 위하여 깊이 있는 추론과 단계적인 문제 풀이 방법을 제시하였다. 동시에 다른 학문 분야에서의 물리학의 역할을 보여주는 실제적인 예제를 통하여 학생들에게 동기를 부여하고자 시도를 하였다.

11판에서 달라진 점

11판에서는 많은 변화와 개선이 이루어졌다. 새로운 특징 중 몇 가지는 현재 과학교육의 추세와 저자들의 경험을 바탕으로 한 것이다. 또 다른 변화는 이전 판의 사용자들과 원고 검토자들의 지적 사항과 제안을 포함시켰다는 것이다. 11판의 특징을 요약하면 다음과 같다.

그림

11판에서 나오는 모든 그림을 새롭고 현대적인 스타일로 바꾸어 물리학의 원리를 좀 더 명료하고 엄밀하게 표현하도록 하였다. 책의 내용에서 논의하는 물리적인 상황을 그림에서 따라 하도록 제시하였다.

또한 11판에서는 그림 속에 말풍선을 넣어서 그림에서의 중요한 부분을 직시하도록 하고, 학생들이 그림만으로도 본문의 내용을 쉽게 이해할 수 있도록 하였다. 이러한 형태는 시각적 학습자에게 매우 도움이 된다. 그런 그림의 예는 다음과 같다.

예제

11판에서는 이전의 풀이된 예제들을 모두 재검토하여 개선하였다. 예제에 들어 있는 내용들이 모든 물리 개념, 다양한 형태의 문제, 수학과의 연계를 포괄하는 종합적인 것이 되도록 노력하였다.

예제는 목표, 문제, 전략, 풀이, 참고로 구성되어 있다.

그림 3.4 원점에서 속도 $\vec{v}_0$로 출발한 포물선 궤도. 속도 $\vec{v}$는 시간에 따라 변화함에 주목하라. 그러나 속도의 x성분 v_x는 시간에 대해 일정하며 처음 속도 v_{0x}와 같다. 또한 최고점에서 $v_y = 0$이며, 가속도는 항상 자유낙하 가속도와 같고 연직 아랫방향을 향한다.

단위

이 책 전체에서 국제 표준단위계(SI)를 사용하였다. 다만 역학과 열역학 부문에서 미국 관습단위계가 일부 사용되었다.

색의 사용

이 책 전체에 걸쳐 일관성 있게 여러 가지 기호를 색깔별로 다르게 설정하였다. 그림으로 표현한 물리량(부록 E)을 참조하면 그림 속 기호의 의미를 쉽게 알 수 있다.

중요한 설명이나 수식

가장 중요한 설명과 정의는 굵은 문자로 나타내거나 배경색 처리를 하여 강조하였다. 마찬가지로 중요한 식에도 배경색을 넣어 눈에 띄게 하였다.

맞춤 강의

이 책은 기초 물리학으로서의 1년 과정을 위한 충분한 내용을 담고 있다. 그 이유는 교수로 하여금 대상 학생에 따라 주제를 다르게 선택할 수 있는 융통성을 제공한 것이고, 또 다른 이유는 학생들로 하여금 이 책이 참고도서로서의 역할을 할 수 있게 하기 위함이다.

끝으로 이 책이 출간되기까지 애써주신 모든 분들과 오랫동안 참아주고 응원해 준 아내와 아이에게 깊은 감사를 드린다.

Florida 주 Petersburg에서

Raymond A. Serway

Florida 주 Daytona Beach에서

Chris Vuille

차례

단위, 삼각함수 및 벡터
Units, Trigonometry, and Vectors

물리학의 목표는 실험에 기초한 이론을 개발하여 물리적인 세계를 이해하는 것이다. 물리학의 이론은 물리계가 어떻게 작동하는가를 기술하며 흔히 수학적으로 표현한다. 물리 이론은 물리계에 대해 예측을 하기도 하며, 관측과 실험으로 예측이 맞는지 검증한다. 만약 관측된 사실이 이론적인 예측과 가까우면 그 이론은 유지된다. 하지만 이는 잠정적인 것이다. 물리학의 어느 작은 분야에서조차 모든 현상들을 완벽하게 설명할 수 있는 이론은 지금까지 없었다. 모든 이론은 진보하는 과정에 있다.

물리학의 기본 법칙은 힘, 속도, 부피, 가속도 등과 같은 물리량들을 포함하는데, 이들은 모두 좀 더 기본적인 양들로 나타낼 수 있다. 역학에서 **길이**(L), **질량**(M), **시간**(T)은 가장 기본적인 물리량이다. 다른 모든 물리량들은 이 세 가지를 조합하여 나타낼 수 있다.

1.1 길이, 질량, 시간의 표준 Standards of Length, Mass, and Time

어떤 물리량을 측정하여 그 결과를 다른 사람과 주고받으려면, 그 물리량에 대한 단위가 정의되어야 한다. 만약 길이의 기본 단위가 1.0미터이고 이 단위에 익숙한 어떤 사람이 벽의 높이가 2.0미터라고 보고한다면, 우리는 벽의 높이가 기본 단위의 두 배라는 것을 알게 된다. 마찬가지로 질량의 기본 단위가 1.0킬로그램으로 정의되어 있고 어떤 사람의 질량이 75킬로그램이라고 한다면, 그 사람의 질량은 기본 단위의 75배임을 알 수 있다.

1960년에 국제 위원회는 과학의 기본적인 양들에 대해 **SI**(Système International)라고 하는 표준 단위계를 사용하기로 합의하였다. 길이, 질량, 시간의 표준 단위는 각각 미터(m), 킬로그램(kg), 초(s)이다.

1.1.1 길이 Length

1799년에 프랑스에서는 길이의 법적 표준을 미터로 정하면서, 이를 적도로부터 북극까지 거리의 천만분의 일(1/10 000 000)로 정의하였다. 1960년까지 미터의 공식적인 길이는 항온 항습 장치에 보관된 백금−이리듐 합금 원기에 표시된 두 선 사이의 거리로 정해져 있었다. 이 표준은 몇 가지 이유로 폐기되었는데, 가장 중요한 이유는 두 선 사이의 거리를 측정하는 것이 충분히 정밀하지 않다는 것이다. 1960년에 미터는 크립톤−86 전등에서 나오는 주황색 빛의 파장의 1 650 763.73배로 정의되었다. 그러나 1983년 10월에 이 표준 또한 폐기되었고, **다시 미터는 진공 속에서 빛이 1/299 792 458초 동안 진행한 거리로 정의되었다.** 이 정의에 의하면 진공에서 빛의 속력은 초속

> **Tip 1.1** 자리수가 많은 수를 쓸 때 콤마를 붙이지 않는다.
>
> 과학적인 표기 방법에서 세 자리 이상의 수를 쓸 때 세 자리마다 콤마를 붙이는 것보다는 세 자리마다 띄어서 쓰는 방식을 선호한다. 따라서, 10 000은 미국식 표현인 10,000과 같다. 마찬가지로 $\pi = 3.14159265$는 3.141 592 65로 쓴다.

◀ 미터의 정의

그림 1.1 (a) 프랑스 세브르에 보관되어 있는 국제 표준 킬로그램 원기와 똑같이 복제된 프로그램 원기가 미국 표준 연구원의 저장소 내 이중 유리 그릇 안에 보관되어 있다. (b) 세슘 원자시계. 이 시계는 2천만 년에 오차가 1초 이내이다.

표 1.1 여러 가지 측정된 길이의 근삿값

	길이(m)
관측가능한 우주의 크기	1×10^{26}
지구로부터 안드로메다 은하까지의 거리	2×10^{22}
지구로부터 프록시마 켄타우리까지의 거리	4×10^{16}
1광년	9×10^{15}
지구에서 태양까지	2×10^{11}
지구에서 달까지	4×10^{8}
지구의 반지름	6×10^{6}
세계에서 가장 높은 빌딩	8×10^{2}
축구장의 크기	9×10^{1}
집파리의 크기	5×10^{-3}
생물체의 세포	1×10^{-5}
수소원자	1×10^{-10}
원자핵	1×10^{-14}
양성자의 지름	1×10^{-15}

299 792 458미터이다.

1.1.2 질량 Mass

질량의 SI 단위인 킬로그램(kg)은 프랑스 세브르(Sèvres)에 있는 국제도량형국에 보관된 백금–이리듐 합금 원기의 질량으로 정의된다(그림 1.1a에서 볼 수 있는 것과 비슷하다). 4장에서 배우겠지만, 질량은 물체가 운동의 상태 변화에 저항하는 성질을 나타내는 양이다. 질량이 큰 물체일수록 운동 상태를 변화시키기 어렵다.

1.1.3 시간 Time

1960년 전까지 시간의 표준은 1900년의 평균 태양일로부터 정의되었다.(태양일이란 태양이 하늘의 최고점에 다다른 시각부터 다음날 최고점에 다다를 때까지의 시간을 의미한다.) 이에 의하면 시간의 기본 단위인 초(s)는 평균 태양일의 $(1/60)(1/60)(1/24) = 1/86\,400$이 된다. 1967년에 시간 표준은 높은 정밀도를 얻을 수 있는 원자시계의 장점을 살려 다시 정의되었다. 원자시계는 세슘–133 원자에서 나오는 전자기파의 특성 진동수를 기준으로 이용한다. **현재는 세슘–133 원자에서 나오는 복사선 주기의 9 192 631 700배 되는 시간을 1초로 정의한다.** 그림 1.1b에 최신 형태의 세슘 원자시계의 사진이 있다.

1.1.4 길이, 질량, 시간의 근삿값 Approximate Values for Length, Mass, and Time Intervals

길이, 질량, 시간에 관한 여러 가지 근삿값들이 각각 표 1.1, 1.2, 1.3에 나열되어 있다. 이 값들은 매우 넓은 범위에 있다는 것에 주목하라. 이 표들을 보면서 1 kg의 질량, 10^{10} s의 시간(1세기는 약 3×10^{9} s), 또는 2 m의 길이(대략 장신 농구 선수의 키)에 대한 감각을 익혀 보자. 50 000은 5×10^{4}와 같이 쓸 수 있는데, 이와 같은 10의 거듭제곱 표기법을 부록 A에서 볼 수 있다.

표 1.2 여러 가지 질량의 근삿값

	질량(kg)
관측 가능한 우주	1×10^{52}
은하수	7×10^{41}
태양	2×10^{30}
지구	6×10^{24}
달	7×10^{22}
상어	1×10^{2}
사람	7×10^{1}
개구리	1×10^{-1}
모기	1×10^{-5}
박테리아	1×10^{-15}
수소 원자	2×10^{-27}
전자	9×10^{-31}

표 1.3 여러 가지 시간의 근삿값

	시간(s)
우주의 나이	5×10^{17}
지구의 나이	1×10^{17}
대학생의 평균 나이	6×10^{8}
1년	3×10^{7}
1일	9×10^{4}
심장 박동 간격	8×10^{-1}
가청 음파의 주기[a]	1×10^{-3}
전형적인 라디오파의 주기[a]	1×10^{-6}
가시광선의 주기[a]	2×10^{-15}
핵 충돌 시간	1×10^{-22}

[a] 주기는 한 번 진동하는 데 걸리는 시간이다.

물리학에서 흔히 사용하는 단위계는 국제단위계(SI)이며, 이 단위계에서 길이, 질량, 시간의 단위는 각각 미터(m), 킬로그램(kg), 초(s)이다. cgs 단위계 또는 가우스 단위계에서는 길이, 질량, 시간의 단위로 각각 센티미터(cm), 그램(g), 초(s)를 사용한다. 미국 관습단위계에서는 세 가지 단위로 각각 피트(ft), 슬러그(slug), 초(s)를 사용한다. 과학계나 산업 분야에서 보편적으로 사용하는 단위계는 국제단위계이며, 따라서 이 책에서도 주로 국제단위계를 사용할 것이다. 가우스 단위계나 미국 관습단위계는 특별한 경우에만 사용할 것이다.

미터법(SI, cgs 단위)에서 가장 자주 사용하는 10의 거듭제곱을 나타내는 접두어와 그 약자를 표 1.4에 나열하였다. 예를 들어 10^{-3} m는 1 mm와 같고, 10^3 m는 1 km와 같다. 마찬가지로 1 kg은 10^3 g이고, 1 MV는 10^6 V이다. 물리를 공부하는 대부분의 사람들이 자주 사용하는 접두어는 1보다 작은 것으로는 펨토(f)에서 센티(c)까지, 1보다 큰 것으로는 킬로(k)에서 기가(G)까지이다. 이러한 접두사들을 잘 기억해 두면 좋다.

1.2 차원분석 Dimensional Analysis

물리학에서 차원은 어떤 양의 물리적 성질을 나타내는 말이다. 예를 들어, 두 점 사이의 거리를 미터, 피트, 펄롱(furlong, 길이의 단위로 1/8마일) 등의 다른 단위로 나타낼 수 있지만, 이들은 모두 길이라는 차원의 양을 나타내는 다른 표현법일 뿐이다.

이 절에서는 길이, 질량, 시간이라는 차원을 각각 표시하기 위해 각각 L, M, T라는 기호를 사용할 것이다. 어떤 물리량의 차원을 표시하기 위해서는 일반적으로 괄호 [ ]를 사용한다. 예를 들어, 속도 v의 차원은 $[v] = \text{L/T}$이고 넓이 A의 차원은 $[A] = \text{L}^2$과 같이 나타낸다. 넓이, 부피, 속도, 가속도의 차원이 표 1.5에 나열되어 있다. 표에는 흔히 사용하는 세 가지 단위계에서의 단위도 함께 나타냈다. 힘, 에너지 등과 같은 다른 물리량의 차원은 소개될 때마다 기술하기로 하자.

물리학에서는 종종 서로 다른 물리량이 섞여 있는 수식이나 방정식을 유도했을 때 그 수식이 맞는지 검증할 필요가 있다. 이러한 일을 할 때 유용한 방법 중의 하나가 바로 **차원분석**(dimensional analysis)이다. **차원분석은 차원을 대수적인 양으로 취급할 수 있다는 사실을 이용한다.** 예를 들어, 물리량들은 차원이 같은 경우에만 덧셈을 하거나 뺄셈을 할 수 있으므로 길이에다 질량을 더하는 것은 아무 의미가 없다. 어떤 식의 양변의 항들이 모두 같은 차원을 가진다면 그 식은 옳은 식이 될 수는 있다. 그러나 차원이 같다는 사실만으로는 완전히 옳은 식이라고 할 수는 없다. 그럼에도 불구하고, 차원분석은 어떤 식이 맞는 식인지를 검사하는 과정의 일부로서 이용 가치가 있으며 물

표 1.4 미터법(SI, cgs 단위)에서 10의 거듭제곱을 나타내는 접두어와 그 약자

거듭제곱	접두어	약자
10^{-18}	atto-	a
10^{-15}	femto-	f
10^{-12}	pico-	p
10^{-9}	nano-	n
10^{-6}	micro-	μ
10^{-3}	milli-	m
10^{-2}	centi-	c
10^{-1}	deci-	d
10^1	deka-	da
10^3	kilo-	k
10^6	mega-	M
10^9	giga-	G
10^{12}	tera-	T
10^{15}	peta-	P
10^{18}	exa-	E

표 1.5 넓이, 부피, 속도, 가속도의 차원과 단위

단위계	넓이(L^2)	부피(L^3)	속도(L/T)	가속도(L/T^2)
SI 단위계	m^2	m^3	m/s	m/s^2
cgs 단위계	cm^2	cm^3	cm/s	cm/s^2
미국 관습단위계	ft^2	ft^3	ft/s	ft/s^2

리량 간의 관계를 확인하는 데 사용될 수 있다.

가속도, 속도, 시간, 거리 간의 관계를 구하기 위하여 차원분석을 어떻게 사용하는지 과정을 살펴보자. 거리 x는 길이의 차원을 갖고 있으므로 $[x] = \text{L}$로 표기하고, 시간 t의 차원은 $[t] = \text{T}$이다. 속도 v의 차원은 길이를 시간으로 나눈 것이므로 $[v] = \text{L/T}$이고, 가속도의 차원은 길이를 시간의 제곱으로 나눈 것이므로 $[a] = \text{L/T}^2$이다. 속도와 가속도는 차원이 비슷하지만 가속도의 차원에는 분모에 시간의 차원이 하나 더 들어 있다. 따라서 다음과 같이 된다.

$$[v] = \frac{\text{L}}{\text{T}} = \frac{\text{L}}{\text{T}^2}\,\text{T} = [a][t]$$

이것으로부터 알 수 있는 것은 속도는 가속도에 시간을 곱한 것인 $v = at$이다. 이것은 다만 가속도가 일정한 운동의 경우에만 성립하는 것이다. 속도의 차원이 길이를 시간으로 나눈 것이고, 거리의 차원이 길이임을 알고 있으면 다음과 같은 식은 쉽게 추측할 수 있다.

$$[x] = \text{L} = \text{L}\frac{\text{T}}{\text{T}} = \frac{\text{L}}{\text{T}}\text{T} = [v][t] = [a][t]^2$$

위의 차원 방정식으로부터 거리를 가속도와 시간의 함수로 나타낸 식을 $x = at^2$라 쓰면 된다고 할 수 있지만, 이 식은 정지 상태로부터 일정한 가속도로 운동하는 경우에 대한 정확한 식은 아니다. 정확한 표현은 $x = \frac{1}{2}at^2$이다. 이것은 물리량 간의 관계를 알아내는 방법으로 차원분석이 피할 수 없는 한계가 있음을 보여 주는 예이다. 그럼에도 불구하고, 그러한 단순한 과정은 어떤 물리계에서 예비 단계의 수학적 모형을 찾아내는 데 매우 가치가 있는 방법이다. 더구나 문제를 풀 때 오류가 있을 수 있으므로 차원분석은 문제의 결과가 맞는지를 검산하는 데 사용될 수 있다. 어떤 식의 각 항의 차원이 일치하지 않으면, 그 식을 만들기 전 단계에서 오류가 있었음을 나타내는 것이다.

예제 1.1 식을 분석하기

목표 차원분석을 이용하여 식이 맞는지를 검사한다.

문제 식 $v = v_0 + at$가 차원만으로 볼 때 맞는 식임을 증명하라. 여기서 v와 v_0는 속도이고 a는 가속도, t는 시간이다.

전략 각 항의 차원을 구하여 모든 항의 차원이 같은지를 검사한다.

....

풀이

v와 v_0의 차원을 구한다.

$$[v] = [v_0] = \boxed{\frac{\text{L}}{\text{T}}}$$

at의 차원을 구한다.

$$[at] = [a][t] = \frac{\text{L}}{\text{T}^2}\,(\text{T}) = \boxed{\frac{\text{L}}{\text{T}}}$$

....

참고 위 두 결과에서 모든 차원이 일치한다. 따라서 위 식은 차원만으로 볼 때 맞는 식이다.

예제 1.2 **관계식 찾기**

목표 차원분석을 이용하여 관계식을 유도한다.

문제 원운동하는 입자의 가속도 a를 속력 v와 원의 반지름 r로 나타내라.

전략 먼저 a의 차원을 구한 후 이를 v와 r의 차원의 조합으로 나타낸다. v와 r 중 시간이 포함된 것은 v(a를 제외하고)뿐이므로 v를 이용하여 시간을 소거한다.

풀이

a의 차원을 쓴다.

$$[a] = \frac{\mathrm{L}}{\mathrm{T}^2}$$

속력의 차원으로부터 T를 구한다.

$$[v] = \frac{\mathrm{L}}{\mathrm{T}} \quad \rightarrow \quad \mathrm{T} = \frac{\mathrm{L}}{[v]}$$

T를 $[a]$에 대한 식에 대입한다.

$$[a] = \frac{\mathrm{L}}{\mathrm{T}^2} = \frac{\mathrm{L}}{(\mathrm{L}/[v])^2} = \frac{[v]^2}{\mathrm{L}}$$

L = $[r]$을 대입하고 추측한다.

$$[a] = \frac{[v]^2}{[r]} \quad \rightarrow \quad \boxed{a = \frac{v^2}{r}}$$

참고 이 식은 7장에서 설명할 구심 가속도(원의 중심을 향하는 가속도)에 대한 정확한 식이다. 이 경우에는 상수인 계수가 따로 필요하지 않다. 때때로 상수 k를 $a = kv^2/r$과 같이 우변의 식 앞에 붙이기도 한다. 여기서는 $k = 1$일 때 정확한 표현식이 된다. 수학을 많이 쓰는 책에서는 이런 문제를 푸는 데 모르고 있는 차원의 제곱수를 사용하여 문제를 푸는 좋은 방법이 소개되어 있다. 그 방법에 의하면, 이 문제는 $[a] = [v]^b[r]^c$으로 놓고 a, v, r에 차원을 대입하여 양변에서 각 차원의 제곱수들을 같게 하면 $b = 2$ 및 $c = -1$이 얻어진다.

1.3 좌표계 Coordinate Systems

물리학의 여러 분야에서 공간의 위치에 관한 문제를 다루며, 이때 좌표계를 정의할 필요가 있다. 직선 위의 한 점은 한 개의 좌표, 평면 위의 한 점은 두 개의 좌표, 공간에서의 한 점은 세 개의 좌표로 위치가 결정된다.

공간에서 위치를 나타내는 데 사용하는 좌표계는 다음과 같이 구성된다.

- 원점이라고 하는 고정된 기준점 O
- 눈금과 이름이 있는 좌표축
- 좌표에서 한 점을 나타내는 방법

편리하고 일반적으로 사용되는 좌표계는 **직각 좌표계**(Cartesian coordinate system, 또는 rectangular coodinate system)이다. 이차원에서의 직각 좌표계를 그림 1.2에 예시하였다. 이 좌표계에서 임의의 한 점은 좌표 (x, y)로 표시한다. 예를 들면, 그림에서 점 P의 좌표는 (5, 3)이다. 만일 원점 O에서 출발하여 오른쪽으로 5 m 이동한 후 위쪽으로 3 m 이동하면 점 P에 도달할 수 있다. 같은 방법으로, 좌표가 (−3, 4)인 Q에 도달하려면 원점에서 왼쪽으로 3 m 이동한 후 위쪽으로 4 m 이동하여야 한다.

일반적으로 이차원 직각 좌표계에서는 원점의 오른쪽을 +x로, 위쪽을 +y로 선택 한다. (그러나 삼차원에서는 '오른손 좌표계'와 '왼손 좌표계'가 있으며 어떤 연산에서는 결과가 달라져 음의 부호가 된다. 이것들은 필요할 때 언급하도록 하겠다.)

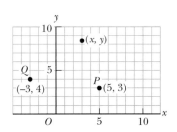

그림 1.2 이차원 직각 좌표계에 나타낸 점들의 위치. 모든 점들은 좌표 (x, y)로 나타낸다.

그림 1.3 평면 극좌표계. 한 점의 좌표는 거리 r과 각도 θ 를 써서 나타낸다. 이때 θ 는 $+x$ 축으로부터 반시계 방향으로 잰 각도이다.

때로는 그림 1.3과 같이 평면 위의 한 점을 **평면 극좌표**(plane polar coordinate) (r, θ)로 나타내는 것이 더 편리할 때가 있다. 이 좌표계에서는 그림에서와 같이 원점 O와 기준선을 선택한다. 극좌표 위에 한 점은 원점으로부터 그 점까지의 거리 r과, 기준선과 원점에서 그 점까지 그은 직선 사이의 각도 θ로 나타낸다. 일반적으로 표준 기준선은 직각 좌표계의 $+x$축을 선택한다. 각도 θ는 기준선에서 반시계 방향으로 측정할 때 양(+)으로, 시계 방향으로 측정할 때 음(−)으로 간주한다. 예를 들어, 극좌표에서 3 m와 60°로 주어진 점은 원점으로부터 3 m와 기준선 위쪽(반시계 방향)으로 60° 되는 곳에 위치한다. 3 m와 −60°로 주어진 점은 원점으로부터 3 m와 기준선 아래쪽(시계 방향)으로 60° 되는 곳에 위치한다.

1.4 벡터 Vectors

이 책에서 사용되는 물리량은 크게 나누어 두 가지 형태를 취하고 있다. 하나는, 스칼라양이라고 하는 것으로서 단순히 그 값만(물론 그 값에 해당하는 단위가 붙는다)으로 나타낼 수 있다. 그 값이 곧 그 양의 크기이다. 그러한 스칼라양의 예로 질량, 온도, 부피, 속력 등이 있다. 예를 들어, 자동차의 속력은 그 차의 속력계에 나타나 있는 값으로 표현된다. 농구공의 질량은 그 공을 저울에 달아서 질량이 얼마라고 표현할 수 있다.

그림 1.4 속도와 같은 벡터의 크기는 경주용 자동차의 속도계에 나타나고, 방향은 그 차의 앞 유리창 전방으로 똑바로 향하는 방향이다. 차의 질량은 스칼라양이며, 연료 탱크 안의 휘발유의 부피도 스칼라양이다.

벡터양이라고 하는 다른 형태의 물리량은 크기와 방향을 모두 갖는다. 속도라는 벡터양은 빠르기의 크기 값과 운동하는 방향을 모두 표현하는 양이다. 예를 들어, 자동차의 속도가 북쪽으로 시속 100 km라고 표현하는 것이다. 시속 100 km로 동쪽으로 향하는 자동차는 스칼라 속력은 같지만 분명히 다른 벡터이다. 그림 1.4에 스칼라양과 벡터양에 대한 설명이 있다.

이 책에서는, 스칼라양은 이탤릭체(예를 들어, 질량 m, 온도 T 등이다)로 나타내고 벡터양은 고딕체로 쓰고 그 위에 화살표를 붙이기도 한다(예를 들어 속도는 $\vec{\mathbf{v}}$). 벡터의 크기는 그 크기를 나타내는 스칼라양이므로 이탤릭체로 나타낸다. 예를 들어, 스칼라 v는 벡터 $\vec{\mathbf{v}}$의 크기를 나타낸다. 일반적으로, **벡터양은 크기와 방향을 가지는 반면 스칼라양은 방향이 없고 크기만 갖는다.** 스칼라양으로 연산을 할 때는 그냥 대수적인 연산을 하면 된다. 벡터양은 서로 더하거나 뺄 수도 있고 곱할 수도 있지만 그 방법이 좀 다르다. 그 방법을 아래에 나타내었다.

1.4.1 두 벡터의 동등성 Equality of Two Vectors

두 벡터 $\vec{\mathbf{A}}$와 $\vec{\mathbf{B}}$는 그 크기와 방향이 각각 같을 때 동등하다. 물론 공간 내의 같은 위치에 있어야만 같은 것은 아니다. 그림 1.5에 그려져 있는 4개의 벡터는 같은 벡터이다. 벡터를 공간 내의 위치에서 다른 위치로 옮겨도 그 크기와 방향은 변하지 않는다.

1.4.2 벡터의 덧셈 Adding Vectors

두 개 이상의 벡터를 더할 때, 벡터의 단위가 모두 같아야 한다. 예를 들면, 변위 벡터

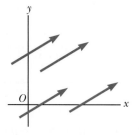

그림 1.5 네 개의 벡터들은 길이와 방향이 같기 때문에 모두 같은 벡터이다.

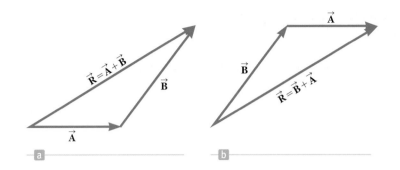

그림 1.6 (a) 벡터 $\vec{A}$에 $\vec{B}$를 더할 때, 벡터 합 $\vec{R}$는 $\vec{A}$의 시작점에서 $\vec{B}$의 끝점을 향한다. (b) 여기서는 합 벡터가 $\vec{B}$의 시작점에서 $\vec{A}$의 끝점을 향한다. 이것으로부터 $\vec{A} + \vec{B} = \vec{B} + \vec{A}$임을 알 수 있다.

에 속도 벡터를 더하는 것은 두 벡터가 서로 다른 단위를 가지고 있으므로 무의미하다. 이것은 스칼라에도 적용된다. 예를 들면, 온도와 부피, 또는 질량과 시간을 더하는 것은 무의미하다.

벡터는 기하학적인 방법과 대수적인 방법으로 더할 수 있다(대수적인 방법은 다음 절의 끝에서 다룬다). 벡터 $\vec{A}$에 $\vec{B}$를 기하학적으로 더하려면 우선 그래프 용지에 어떤 축척(예를 들면, 1 cm = 1 m)으로 $\vec{A}$를 그린다. 벡터의 방향이 좌표계를 기준으로 나타나도록 그린다. 그 다음에 벡터 $\vec{B}$도 같은 축척으로 그림 1.6a와 같이 $\vec{B}$의 시작점이 $\vec{A}$의 끝점에 오도록 그린다. 벡터 $\vec{B}$는 벡터 $\vec{A}$에 대하여 적절한 각을 이루도록 그려야 한다. 결과적으로 얻어진 **합 벡터 $\vec{R} = \vec{A} + \vec{B}$**는 $\vec{A}$의 시작점에서 $\vec{B}$의 끝점을 향하도록 그려진 벡터이다. 이 방법을 **삼각형 덧셈법**(triangle method of addition)이라 부른다.

두 벡터를 더할 때 그 합은 더하는 순서에는 무관하다. 즉, $\vec{A} + \vec{B} = \vec{B} + \vec{A}$이다. 이 관계는 그림 1.6b의 기하학적인 방법으로부터 알 수 있고, **덧셈의 교환 법칙**(commutative law of addition)이라 부른다.

이러한 일반적인 방법은 그림 1.7의 네 개의 벡터의 경우와 같이 두 개 이상의 벡터들을 더할 때도 사용할 수 있다. 합 벡터 $\vec{R} = \vec{A} + \vec{B} + \vec{C} + \vec{D}$는 첫 번째 벡터의 시작점에서 마지막 벡터의 끝점을 향하도록 그린다. 마찬가지로 벡터 덧셈의 순서는 중요하지 않다.

1.4.3 음의 벡터 Negative of a Vector

벡터 $\vec{A}$의 음의 벡터는 벡터 $\vec{A}$와 더해졌을 때 영이 되는 벡터로 정의된다. 즉 벡터 $\vec{A}$와 $-\vec{A}$는 크기가 같고 방향이 반대임을 의미한다.

1.4.4 벡터의 뺄셈 Subtracting Vectors

벡터의 뺄셈은 음의 벡터의 정의를 이용한다. 벡터 연산 $\vec{A} - \vec{B}$는 벡터 $\vec{A}$에 벡터 $-\vec{B}$를 더한 것으로 정의한다.

$$\vec{A} - \vec{B} = \vec{A} + (-\vec{B})$$ [1.1]

벡터의 뺄셈은 실제로는 벡터의 덧셈의 한 형태이다. 그림 1.8에 두 벡터를 빼는 기하학적 방법이 그려져 있다.

Tip 1.2 벡터 덧셈과 스칼라 덧셈

$\vec{A} + \vec{B} = \vec{C}$는 $A + B = C$와 매우 다르다는 것에 주목하라. 벡터의 덧셈은 여기서 언급된 기하학적 방법으로 계산되어야 한다. 그러나 스칼라 덧셈은 보통의 산술적 규칙에 따라 간단히 계산된다.

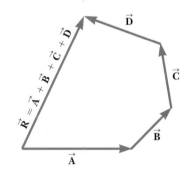

그림 1.7 네 개의 벡터를 합하는 기하학적 방법. 합 벡터 $\vec{R}$는 주어진 벡터를 각 변으로 하는 다각형을 완성시키는 벡터이다.

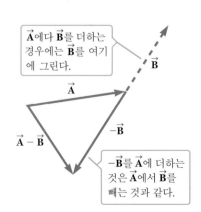

$\vec{A}$에다 $\vec{B}$를 더하는 경우에는 $\vec{B}$를 여기에 그린다.

$-\vec{B}$를 $\vec{A}$에 더하는 것은 $\vec{A}$에서 $\vec{B}$를 빼는 것과 같다.

그림 1.8 이 그림은 벡터 $\vec{A}$에서 벡터 $\vec{B}$를 빼는 방법을 보여준다. 벡터 $\vec{B}$는 $-\vec{B}$와 크기는 같으나 방향은 반대이다.

1.4.5 벡터를 스칼라로 곱하거나 나누기 Multiplying or Dividing a Vector by a Scalar

벡터에 스칼라를 곱하거나 나누면 벡터가 된다. 예를 들어, 벡터 $\vec{\mathbf{A}}$에 스칼라 3을 곱하면, 그 결과는 $3\vec{\mathbf{A}}$라고 쓰며, 그 크기는 원래 벡터 $\vec{\mathbf{A}}$의 크기의 세 배이고, 방향은 벡터 $\vec{\mathbf{A}}$와 같다. 스칼라 −3이 $\vec{\mathbf{A}}$에 곱해졌다면, 그 결과는 $-3\vec{\mathbf{A}}$라 쓰며, 크기는 벡터 $\vec{\mathbf{A}}$의 크기의 세 배이고, 방향은 벡터 $\vec{\mathbf{A}}$와 반대(음의 부호 때문)가 된다.

예제 1.3 **여행하기**

목표 두 벡터의 합을 그래프 방법으로 구해본다.

문제 어떤 자동차가 북쪽으로 20.0 km 이동한 후 북서쪽 60° 방향으로 35.0 km 이동한다. 이것을 그래프로 나타낸 것이 그림 1.9이다. 그래프 위에서, 자동차가 이동한 최종 방향과 거리를 구하라. 이러한 벡터를 자동차의 합벡터라 한다.

전략 각각의 변위 벡터를 그래프에 그린다. 두 변위 벡터의 합을 나타내는 벡터를 그래프에 그린다. 합벡터의 길이를 재고 연직으로부터의 방향을 잰다.

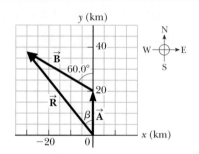

그림 1.9 (예제 1.3) 변위 벡터의 합벡터 $\vec{\mathbf{R}} = \vec{\mathbf{A}} + \vec{\mathbf{B}}$를 그래프로 구하는 방법.

풀이
$\vec{\mathbf{A}}$를 북쪽을 향하여 20 km 되는 처음 벡터라 하고 $\vec{\mathbf{B}}$를 북서쪽을 향하는 두 번째 벡터로 한다. 두 벡터를 세밀하게 그리고 난 다음 합벡터 $\vec{\mathbf{R}}$를 $\vec{\mathbf{A}}$의 꼬리에서 $\vec{\mathbf{B}}$의 머리로 향하게 그린 다음 그 길이를 잰다. 그 길이는 약 48 km에 해당하는 길이가 될 것이다. 각

도기를 사용하여 각 β를 재면 약 39°가 나올 것이다.

참고 여기서 대수적인 덧셈을 하면 틀린다. 즉, 20.0 km + 35.0 km = 55.0 km가 아니고 48 km가 맞는 답이다.

1.5 벡터의 성분 Components of a Vector

벡터를 더하는 한 방법은 직각 좌표계의 각 축에 대한 벡터의 투영을 이용하는 것이다. 이 투영을 **성분**(component)이라고 한다. 모든 벡터는 이러한 성분들로 완전히 기술될 수 있다.

그림 1.10과 같이 직각 좌표계에서 벡터 $\vec{\mathbf{A}}$를 생각해 보자. $\vec{\mathbf{A}}$는 x축에 평행한 $\vec{\mathbf{A}}_x$와 y축에 평행한 $\vec{\mathbf{A}}_y$ 두 벡터의 합으로 나타낼 수 있다.

$$\vec{\mathbf{A}} = \vec{\mathbf{A}}_x + \vec{\mathbf{A}}_y$$

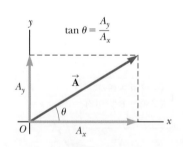

그림 1.10 xy평면상의 벡터 $\vec{\mathbf{A}}$는 직각 성분 A_x와 A_y로 나타낼 수 있다.

여기서 $\vec{\mathbf{A}}_x$와 $\vec{\mathbf{A}}_y$ 는 $\vec{\mathbf{A}}$의 성분 벡터이다. x축에 대한 $\vec{\mathbf{A}}$의 투영 A_x를 $\vec{\mathbf{A}}$의 x성분이라 하고, y축에 대한 $\vec{\mathbf{A}}$의 투영 A_y를 $\vec{\mathbf{A}}$의 y성분이라 한다. 이 성분들은 단위를 가진 양 또는 음의 수이다. 사인과 코사인의 정의로부터 $\cos\theta = A_x/A$와 $\sin\theta = A_y/A$임을 알 수 있다. 따라서 $\vec{\mathbf{A}}$의 성분은

$$A_x = A\cos\theta \qquad [1.2a]$$

$$A_y = A\sin\theta \qquad [1.2b]$$

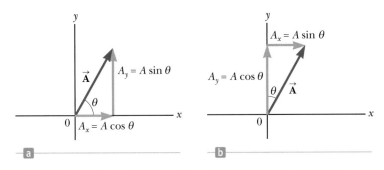

그림 1.11 각 θ가 항상 $+x$축 방향과 이루는 각으로 정의되어야 하는 것은 아니다.

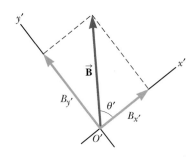

그림 1.12 기울어진 좌표계에서의 벡터 $\vec{B}$의 성분

로 주어진다. 이 성분들은 직각삼각형의 두 변을 형성하고, 그 빗변의 길이가 크기 A가 된다. 따라서 $\vec{A}$의 크기와 방향은 피타고라스의 정리와 탄젠트의 정의에 의해 성분들로서 다음과 같이 표현된다.

$$A = \sqrt{A_x^{\,2} + A_y^{\,2}} \qquad [1.3]$$

$$\tan \theta = \frac{A_y}{A_x} \qquad [1.4]$$

x축 방향으로부터 반시계 방향으로 측정된 각 θ는 식 1.4로부터 다음과 같이 쓸 수 있다.

$$\theta = \tan^{-1}\left(\frac{A_y}{A_x}\right)$$

이 수식은 반만 옳다. 역탄젠트 함수는 $-90°$와 $+90°$ 사이의 값을 갖는다. 그러므로 계산기를 통해서 얻은 답은 오직 1사분면과 4사분면에 있는 벡터에 대해서만 옳다. 만약 벡터가 2사분면과 3사분면에 있을 때는 계산기를 통해 얻은 값에 $180°$를 더해야 옳은 답을 얻게 된다. 식 1.2와 1.4에서의 각은 x축 방향으로부터 측정된 것이어야 한다. 다른 기준선을 선택해도 되지만, 그때는 그에 맞게 수정되어야 한다(Tip 1.3과 그림 1.11 참고).

만일 그림 1.10과는 다른 좌표계를 선택하면, 벡터의 성분은 이에 따라 수정되어야 한다. 많은 경우에 좌표축이 수평과 연직 방향은 아니지만 서로 직교하는 좌표계를 사용하면 편리하다. 벡터 $\vec{B}$가 그림 1.12에서 정의한 것처럼 x'축과 각 θ'을 이룬다고 하자. 그림 1.12의 직각 좌표축에 대한 벡터 $\vec{B}$의 성분은 식 1.2에서와 같이 $B_{x'} = B\cos\theta'$와 $B_{y'} = B\sin\theta'$으로 주어진다. 벡터 $\vec{B}$의 크기와 방향은 식 1.3과 1.4와 같은 형태로 주어진다.

> **Tip 1.3** x와 y성분
>
> 식 1.2에 나타나 있는 벡터의 x성분과 y성분의 경우, 그림 1.11a처럼 x성분은 $\cos\theta$, y성분은 $\sin\theta$가 곱해진다. 각 θ를 벡터와 x축이 이루는 각으로 정의했기 때문이다. 만약 θ가 y축과 이루는 각으로 정의되었을 경우는 그림 1.11b와 같이 $A_x = A\sin\theta$, $A_y = A\cos\theta$로 주어진다.

> **Tip 1.4** 계산기의 역탄젠트값
>
> 일반적으로 계산기로 역탄젠트값을 계산하면 $-90°$와 $+90°$ 사이의 값이 나온다. 따라서 2사분면과 3사분면에 놓여있는 벡터의 경우에는 계산기로 얻어진 역탄젠트값에 $180°$를 더해야 한다.

예제 1.4 **구조대가 날아가고 있다**

목표 크기와 방향이 주어졌을 때 벡터의 성분을 구하거나 성분이 주어졌을 때 크기와 방향을 구한다.

문제 **(a)** 어떤 슈퍼맨이 높은 건물의 지붕 위에서 그림 1.13a처럼 $d = 1.00 \times 10^2$ m만큼 날아간다. 그 벡터의 수평성분과 연직 성분을 구하라. **(b)** 그렇게 하지 않고 슈퍼맨이 변위벡터의 성분이 $B_x = -25.0$ m, $B_y = 10.0$ m로 주어지는 벡터 $\vec{B}$를 따라 깃대 맨 위로 뛰어 오른다고 할 때 그 변위벡터의 크기와 방향을 구하라.

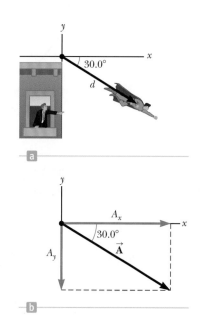

그림 1.13 (예제 1.4)

전략 **(a)** 변위와 그 성분으로 이루어진 삼각형이 그림 1.13b 에 그려져 있다. 삼각공식을 사용하면 xy-좌표계의 성분은 $A_x = A\cos\theta$와 $A_y = A\sin\theta$(식 1.4)로 주어진다. 여기서 θ는 $+x$ 축으로부터 시계 방향으로 주어져 있으므로 $\theta = -30.0°$이다. **(b)** 식 1.3과 1.4를 사용하여 그 벡터의 크기와 방향을 구한다.

풀이

(a) 크기와 방향으로부터 $\vec{\mathbf{A}}$의 성분벡터 구하기
식 1.4를 사용하여 변위벡터 $\vec{\mathbf{A}}$의 성분을 구한다.

$$A_x = A\cos\theta = (1.00 \times 10^2 \text{ m})\cos(-30.0°) = \boxed{+86.6 \text{ m}}$$

$$A_y = A\sin\theta = (1.00 \times 10^2 \text{ m})\sin(-30.0°) = \boxed{-50.0 \text{ m}}$$

(b) $\vec{\mathbf{B}}$의 성분값을 가지고 변위 벡터 $\vec{\mathbf{B}}$의 크기와 방향을 구하기
피타고라스 정리를 사용하여 $\vec{\mathbf{B}}$의 크기를 계산한다.

$$B = \sqrt{B_x^2 + B_y^2} = \sqrt{(-25.0 \text{ m})^2 + (10.0 \text{ m})^2} = \boxed{26.9 \text{ m}}$$

역탄젠트를 사용하여 $\vec{\mathbf{B}}$의 방향을 계산한다. 그 벡터가 2상한에 있으므로 각은 계산된 값에다 180°를 더해야 한다.

$$\theta = \tan^{-1}\left(\frac{B_y}{B_x}\right) = \tan^{-1}\left(\frac{10.0}{-25.0}\right) = -21.8°$$

$$\theta = \boxed{158°}$$

참고 (a)에서 $\cos(-\theta) = \cos\theta$이지만 $\sin(-\theta) = -\sin\theta$이다. A_y의 값이 음이라는 것은 y방향의 변위가 아래쪽임을 나타낸다.

1.5.1 벡터의 대수적 덧셈 Adding Vectors Algebraically

그래프를 사용하여 벡터의 덧셈을 하는 것은 벡터가 어떻게 다루어지는지를 이해하는 데 쉽다. 그러나 대부분 벡터는 성분을 대수적으로 더한다. 합 벡터 $\vec{\mathbf{R}} = \vec{\mathbf{A}} + \vec{\mathbf{B}}$의 성분은 다음과 같이 주어진다.

$$R_x = A_x + B_x \tag{1.5a}$$

$$R_y = A_y + B_y \tag{1.5b}$$

즉, x성분은 x성분끼리 더하고, y성분은 y성분끼리 더한다. $\vec{\mathbf{R}}$의 크기와 방향은 결과적으로 식 1.5와 1.6으로부터 얻어진다.

두 벡터의 뺄셈은 한 벡터에 다른 벡터의 음의 벡터를 더하는 것이기 때문에 같은 방법으로 할 수 있다. 벡터의 덧셈이나 뺄셈을 할 때는 안전을 기하기 위해 기하학적인 근사 해를 구하는 대략적인 그림을 그리는 것이 좋다.

예제 1.5 **도보여행**

목표 벡터를 대수적으로 더해서 합 벡터를 구한다.
문제 한 도보 여행자가 첫째 날에 베이스 캠프의 동남쪽 45.0° 방향으로 25.0 km의 도보 여행을 했다. 둘째 날에는 동북쪽

60.0° 방향으로 40.0 km를 걸어서 산림 감시원의 망루를 발견하였다. **(a)** 첫째 날과 둘째 날에 도보 여행자의 변위의 성분을 각각 구하라. **(b)** 여행에 대한 도보 여행자의 전체 변위의 성분

을 구하라. **(c)** 베이스 캠프로부터 변위의 크기와 방향을 구하라.

전략 이 문제는 식 1.5의 성분을 이용한 벡터 합의 응용 예이다. 첫째 날과 둘째 날의 변위 벡터를 각각 $\vec{A}$와 $\vec{B}$로 표시한다. 베이스 캠프를 원점으로 잡으면, 그림 1.14a와 같은 벡터를 얻는다. 각 벡터의 x성분과 y성분을 얻은 후, 그 둘을 성분별로 더한다. 마지막으로 합 벡터 $\vec{R}$의 크기와 방향을 피타고라스 정리와 역탄젠트 함수를 이용하여 결정한다.

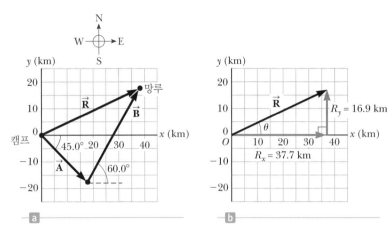

그림 1.14 (예제 1.5) (a) 도보 여행자가 이동한 경로와 합 벡터, (b) 베이스 캠프로부터 도보 여행자의 전체 변위의 성분

풀이

(a) $\vec{A}$의 성분을 구하기

식 1.4를 사용하여 $\vec{A}$의 성분을 구한다.

$$A_x = A \cos(-45.0°) = (25.0\ \text{km})(0.707) = \boxed{17.7\ \text{km}}$$

$$A_y = A \sin(-45.0°) = -(25.0\ \text{km})(0.707) = \boxed{-17.7\ \text{km}}$$

$\vec{B}$의 성분을 구한다.

$$B_x = B \cos 60.0° = (40.0\ \text{km})(0.500) = \boxed{20.0\ \text{km}}$$

$$B_y = B \sin 60.0° = (40.0\ \text{km})(0.866) = \boxed{34.6\ \text{km}}$$

(b) 합벡터 $\vec{R} = \vec{A} + \vec{B}$의 성분을 구한다.

$\vec{A}$와 $\vec{B}$의 x성분들을 더하여 R_x를 구한다.

$$R_x = A_x + B_x = 17.7\ \text{km} + 20.0\ \text{km} = \boxed{37.7\ \text{km}}$$

$\vec{A}$와 $\vec{B}$의 y성분들을 더하여 R_y를 구한다.

$$R_y = A_y + B_y = -17.7\ \text{km} + 34.6\ \text{km} = \boxed{16.9\ \text{km}}$$

(c) $\vec{R}$의 크기와 방향을 구한다.

피타고라스 정리를 이용하여 크기를 구한다.

$$R = \sqrt{R_x^2 + R_y^2} = \sqrt{(37.7\ \text{km})^2 + (16.9\ \text{km})^2} = \boxed{41.3\ \text{km}}$$

역탄젠트 함수를 이용하여 $\vec{R}$의 방향을 계산한다.

$$\theta = \tan^{-1}\left(\frac{16.9\ \text{km}}{37.7\ \text{km}}\right) = \boxed{24.1°}$$

참고 그림 1.14b는 $\vec{R}$의 성분들과 이들의 방향을 보여주고 있다. 합 벡터의 크기와 방향도 이와 같은 그림에서 구할 수도 있다.

연습문제

1. 단진자에서 주기란 진자가 한번 진동하는 데 걸리는 시간이며, 다음과 같이 주어진다.

$$T = 2\pi\sqrt{\frac{\ell}{g}}$$

여기서 ℓ은 진자의 길이이고, g는 중력 가속도로서 차원은 길이 나누기 시간의 제곱이다. 이 식에서 양변의 차원이 일치함을 증명하라. (실제로 실과 초시계를 사용하여 이 식이 맞는지 실험해 볼 수 있다.)

2. 뉴턴의 만유인력의 법칙은 다음과 같이 표현된다.

$$F = G\frac{Mm}{r^2}$$

여기서 F는 만유인력, M과 m은 질량, r은 길이이다. 힘의 SI 단위는 $\text{kg}\cdot\text{m}/\text{s}^2$이다. 만유인력 상수 G의 SI 단위는 무엇인가?

3. 크기가 29단위인 벡터 $\vec{A}$가 $+y$ 방향을 향하고 있다. 벡터 $\vec{B}$와 $\vec{A}$를 더한 $\vec{A} + \vec{B}$는 크기가 14단위이고 $-y$ 방향을 향하고 있다. 벡터 $\vec{B}$의 크기와 방향을 구하라.

4. 길이가 3.00단위인 벡터 $\vec{A}$가 $+x$축 방향을 향하고 있고, 길

이가 4.00단위인 벡터 $\vec{B}$가 $-y$축 방향을 향하고 있다. 기하학적인 방법을 이용하여 (a) $\vec{A} + \vec{B}$, (b) $\vec{A} - \vec{B}$의 크기와 방향을 구하라.

5. 롤러를 탄 사람이 수평으로 200 ft를 가다가 수평과 30.0° 윗방향으로 135 ft 뛰어 올라갔다. 다음에 수평과 40.0° 아랫방향으로 135 ft 갔다. 기하학적인 방법을 이용하여 이 사람이 처음부터 마지막까지 움직인 변위를 구하라.

6. 벡터 $\vec{A}$의 성분은 $A_x = -5.00$ m , $A_y = 9.00$ m이다. 이 벡터의 (a) 크기와 (b) 방향을 구하라.

7. 벡터 $\vec{A}$의 크기는 35.0이고 방향은 x축으로부터 반시계 방향으로 325°이다. 이 벡터의 x성분과 y성분을 구하라.

8. 신문 배달하는 소녀가 서쪽으로 3.00블록 이동한 다음, 북쪽으로 4.00블록 이동하고, 마지막으로 동쪽으로 6.00블록 이동한다. (a) 그녀의 처음 위치에서 나중 위치까지의 변위는 얼마인가? (b) 그녀가 이동한 전체 거리는 얼마인가?

9. 한 벡터의 x성분은 -25.0단위이고 y성분은 40.0단위이다. 그 벡터의 크기와 방향을 구하라.

10. 근거리용 비행기가 공항에서 출발하여 그림 P1.10과 같은 경로를 따라 운행한다. 그 비행기는 우선 동북쪽 30.0° 방향으로 175 km 떨어진 도시 A로 비행한다. 그 다음 북서쪽 20.0° 방향으로 150 km 떨어진 도시 B로 비행한다. 마지막으로 비행기는 서쪽 190 km 떨어진 도시 C로 날아갔다. 시작점에 대한 도시 C의 위치를 구하라.

그림 P1.10

일차원 운동
Motion in One Dimension

삶은 움직이는 것이다. 우리의 근육은 걷고 뛰는 것을 미세하게 조절한다. 심장은 수십 년간 지치지 않고 뛰면서 우리의 몸에 피를 공급한다. 세포벽은 세포 안과 밖으로 옮길 원자나 분자를 선택하는 메커니즘으로 운동한다. 대초원에서 영양을 쫓던 선사 시대부터 우주에 위성을 쏘아 올리는 시대에 이르기까지 운동을 제어하는 것은 인류의 생존과 성공에 결정적인 요인이었다.

힘과 질량과 같은 물리적인 개념과 운동에 대해 연구하는 분야를 **동역학**(dynamics)이라 하고, 원인에 상관없이 운동을 기술하는 동역학의 한 분야를 **운동학**(kinematics)이라 한다. 이 장에서는 일차원 직선 운동의 운동학에 초점을 맞추었다. 이러한 종류의 운동은 실제로는 어떤 운동이든지, 변위, 속도, 가속도의 개념을 포함한다. 이런 개념을 통해서 일정가속도로 운동하는 물체의 운동을 공부할 수 있다. 3장에서는 이차원 운동을 하는 물체에 대해 논의할 것이다.

역학에 대해 연구한 최초의 기록된 증거는 처음으로 천체의 운동에 대해 관심을 가지고 있던 고대 수메르와 이집트 시대의 사람들로 거슬러 올라간다. 천체에 대해 가장 체계적이고 상세한 연구는 B.C. 300~A.D. 300년 사이에 그리스인들에 의해 이루어졌다. 고대 과학자와 일반인들은 지구를 우주의 중심으로 여겼다. 이러한 **지구 중심 모형**(geocentric model)은 아리스토텔레스(Aristotle, B.C. 384~322)와 프톨레마이오스(Claudius Ptolemy, 약 A.D. 100~c.170)와 같은 유명한 학자들이 수용한 모형이다. 상당 부분 아리스토텔레스의 권위 덕에 지구 중심 모형은 17세기까지 우주 이론으로 인정받았다.

B.C. 250년경 그리스 철학자 아리스타쿠스(Aristarchus)는 둥근 지구가 자신의 축을 중심으로 회전하고 다시 태양을 중심으로 공전한다고 기술했다. 그는 지구가 동쪽으로 자전하기 때문에 하늘이 서쪽으로 도는 것이라고 주장하였다. 이 모형은 그다지 깊이 고려되지 않았는데, 이유는 회전하는 지구는 공기 중을 가르며 운동하므로 강력한 바람을 발생시킬 것이라고 믿었기 때문이었다. 오늘날 우리는 공기가 지구와 함께 움직이며 그 외의 모든 것들도 지구와 함께 회전한다는 것을 안다.

폴란드 천문학자 코페르니쿠스(Nicolaus Copernicus, 1473~1543)는 마침내 지구 중심설을 대체할 혁명의 도화선을 제공하였다. 그가 주장한 **태양 중심 모형**(heliocentric model)에서는 지구와 다른 행성들이 태양 주위를 원 궤도로 공전한다.

이러한 초기 지식은 현대로 물리학이 진입하는 데 주요한 촉진자 역할을 한 대표적 인물인 갈릴레이(Galileo Galilei, 1564~1642)의 업적의 뿌리였다. 1609년, 그는 천체 관측에 최초로 망원경을 사용한 사람 중의 하나였다. 그는 달 위의 산맥을 관측하였고, 좀 더 큰 행성인 목성, 태양의 흑점과 금성의 위상을 관측하였다. 갈릴레이의 관측은 코페르니쿠스의 이론이 옳음을 확신시켜 주었다. 운동에 대한 그의 방대한 연구는 다음 세기에 뉴턴이 이룬 혁명적 업적의 뿌리였다.

2.1 변위, 속도, 가속도 Displacement, Velocity, and Accelerationon

2.1.1 변위 Displacement

운동은 시공간의 한 곳에서 다른 곳으로 물체의 변위를 수반한다. 운동을 기술하기 위해서는 어떤 특정한 원점과 편리한 좌표계가 있어야 된다. 좌표계의 **기준틀**(frame of

NASA/USGS

NASA/USGS

그림 2.1 (a) 이 사진에 보이는 협곡의 크기는 얼마나 큰 것일까? 어떤 기준이 없이는 그 크기를 말하기 어려울 것이다. (b) 이것은 화성에 있는 마리너 협곡(Valles Marineris)으로서 여기에 호주 지도를 올려놓으면 그 크기를 대충 파악할 수 있다.

reference)은 어떤 양을 측정하기 위해 시작점을 정의하는 좌표축을 선택하는 것으로 실제 역학 문제를 풀 때 필수적인 첫 번째 단계이다(그림 2.1). 그림 2.2a를 예로 들면, 자동차는 x축을 따라 이동하고 있고, 어떤 시간의 자동차 좌표는 공간에서의 위치를 나타내고 있다. 즉, 주어진 시간에서 자동차의 변위(displacement)를 나타낸다.

변위의 정의 ▶

물체의 **변위** Δx는 위치의 변화로 다음과 같이 정의된다.

$$\Delta x \equiv x_f - x_i \qquad [2.1]$$

x_i는 자동차의 처음 위치, x_f는 나중 위치의 좌표이다. (첨자 i와 f는 각각 처음과 나중을 나타낸다.)

SI 단위: 미터(m)

이 차는 위치 Ⓐ와 Ⓑ 사이를 오른쪽으로 이동한다.

이 차는 위치 Ⓒ와 Ⓕ 사이를 왼쪽으로 이동한다.

a

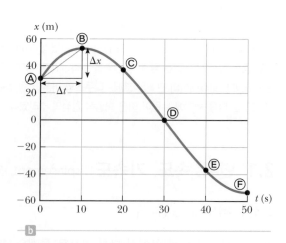

b

그림 2.2 (a) 자동차가 x축과 나란한 직선 도로를 앞뒤로 움직인다. 자동차의 직선 운동에만 관심을 가지고 보면 자동차를 입자로 취급할 수 있다. (b) 입자의 운동에 대한 위치-시간 그래프.

그리스 문자 델타(Δ)는 어떤 물리량의 변화를 나타낸다. 변위의 정의로부터 Δx('델타 엑스'라고 읽는다)는 x_f가 x_i보다 클 때 양의 값을 갖고 x_f가 x_i보다 적을 때 음의 값을 갖는다. 예를 들어, 자동차가 $x_i = 30\,\text{m}$인 지점 Ⓐ에서 $x_f = 52\,\text{m}$인 지점 Ⓑ로 움직였다면, 변위는 $\Delta x = x_f - x_i = 52\,\text{m} - 30\,\text{m} = +22\,\text{m}$가 된다. 그러나 만일 자동차가 $x_i = 38\,\text{m}$인 지점 Ⓒ에서 $x_f = -53\,\text{m}$인 지점 Ⓕ로 움직였다면 변위는 $\Delta x = x_f - x_i = -53\,\text{m} - 38\,\text{m} = -91\,\text{m}$가 된다. 양의 값은 변위가 $+x$ 방향으로 움직였다는 것을 나타내며, 음의 값은 변위가 $-x$ 방향으로 움직였다는 것을 나타낸다. 이러한 움직임을 보여주는 그림 2.2b는 시간에 대한 자동차의 위치를 그래프로 보여주고 있다.

변위는 속도와 가속도처럼 크기와 방향을 가지므로 벡터로 표시되는 물리량이다. 일반적으로 벡터양은 크기와 방향을 모두 갖는 물리량이다. 반면에 스칼라양은 방향은 없고 크기만 갖는 물리량이다. 질량과 온도와 같은 스칼라양은 방향은 포함하지 않으며 수치와 적절한 단위로만 정의된다. 벡터양은 보통 굵은 글씨체로 글자 위에 화살표를 함께 표기한다. 예를 들면, $\vec{v}$는 속도를 나타내고 $\vec{a}$는 가속도를 나타내며 모두 벡터양이다. 그러나 이 장에서는 물체가 오직 한 방향으로만 운동하여 양과 음의 부호로 쉽게 표현되는 일차원 운동에 대해서만 다루므로 이와 같은 벡터 표기는 사용하지 않을 것이다.

2.1.2 속도 Velocity

일상생활에서는 속력과 속도는 혼용해서 사용되고 있다. 그러나 물리에서는 이들 간에 엄격한 차이가 있다. 속력은 스칼라양으로 크기만을 가지는 반면, 속도는 벡터양으로 크기와 방향을 모두 가진다.

속도가 왜 벡터이어야 하는가? 만일 여러분이 70 km 떨어진 마을에 한 시간 내에 도착하려면 자동차를 70 km/h로 운전하는 것으로 충분하지 않을 것이다. 당연히 올바른 방향으로 운전하는 것이 필요하다. 이것은 명백하게 속도가 속력보다 훨씬 더 많은 정보를 주는 것을 의미하며, 공식적인 정의에서도 더 정밀하게 표현될 것이다.

> 주어진 시간 간격 동안 물체의 **평균 속력**(average speed)은 전체 움직인 거리를 전체 걸린 시간으로 나눈 것이다.
>
> $$\text{평균 속력} \equiv \frac{\text{움직인 경로 거리}}{\text{경과 시간}}$$
>
> **SI 단위**: 미터/초(**m/s**)

◀ 평균 속력의 정의

기호로 이 식은 $v = d/t$로 나타낼 수 있다. 여기서 v는 평균 속력(평균 속도가 아님)이며, d는 움직인 경로 거리, t는 운동에 소요된 경과 시간을 나타낸다. 경로 거리를 '전체 거리'라고도 한다. 하지만 거리는 수학적으로는 엄밀하게 좌표상의 처음과 나중의 두 점 사이의 차이를 나타내는 것이기 때문에 오해할 수도 있다. 거리(표면의 곡률을 무시한다면)는 피타고라스 정리에 의해 $\Delta s = \sqrt{(x_f - x_i)^2 + (y_f - y_i)^2}$로 주어지는데,

Tip 2.1 변위와 거리는 다르다

물체의 변위는 이동 거리와 같지 않다. 테니스공을 위로 던져 올렸다가 잡으면 공이 이동한 거리는 공이 도달한 최고 높이의 두 배이지만 변위는 영이다.

Tip 2.2 벡터는 크기와 방향을 가진다

스칼라는 크기만 가진다. 벡터 역시 크기를 가진다. 하지만 벡터는 방향도 가진다.

Tip 2.3 경로 길이와 거리는 다르다

거리는 두 점을 연결하는 직선의 길이이다. 경로 길이는 두 점 사이에서 물체가 실제로 움직인 경로의 전체 길이이다. 그 길이에는 어떤 경로를 반복하거나 직선으로부터 벗어나서 이동한 것 등이 모두 포함된다.

이것은 두 끝점 (x_i, y_i)와 (x_f, y_f)에 의해서만 결정되는 것이며 그 중간의 경로와는 무관한 것이다. 그와 같은 식으로 나타내는 것으로 변위의 크기가 있다. 예를 들어, 서울에서 부산까지의 고속도로 거리는 400 km이고 직선거리는 300 km라고 하자. 어떤 사람이 차를 몰고 그 거리를 4시간 만에 갔다면 그의 평균 속력은 400 km/4h = 100 km/h이고 평균 속도의 크기는 300 km/4h = 75 km/h이다.

예제 2.1 거북이와 토끼

목표 평균 속력의 개념을 적용한다.

문제 거북이와 토끼가 4.00 km 거리를 달리기 경주하기로 한다. 토끼는 0.500 km를 뛴 후 90.0분 동안 잠을 잔다. 잠에서 깬 토끼는 경기 중임을 깨닫고 이전보다 두 배의 속력으로 달린다. 경주는 1.75시간 만에 끝나고 토끼가 이긴다. (a) 토끼의 평균 속력을 계산하라. (b) 그가 잠을 자기 전의 평균 속력은 얼마인가? 우회하거나 되돌아가지 않는다고 가정한다.

전략 (a) 평균 속력을 구하는 것은 단지 달린 거리를 전체 걸린 시간으로 나누는 것이다. (b) 모르는 속력 두 개를 두 미지수로 놓아야 한다. 잠자기 전의 속력을 v_1으로, 잠이 깬 후의 속력을 v_2로 놓는다. 문제에서 $v_2 = 2v_1$임을 알 수 있다. 토끼가 90분 동안 잠을 갔기 때문에 잠에서 깬 토끼는 단지 15분 뛰었다는 것을 알 수 있다.

풀이

(a) 토끼의 전체 평균 속력을 구한다.

평균 속력식에 대입한다.

$$\text{평균 속력} \equiv \frac{\text{경로 거리}}{\text{경과 시간}} = \frac{4.00 \text{ km}}{1.75 \text{ h}}$$

$$= 2.29 \text{ km/h}$$

(b) 잠을 자기 전 토끼의 평균 속력을 구한다.

토끼가 뛴 시간을 모두 더하면 0.25시간이다.

$$t_1 + t_2 = 0.25 \text{ h}$$

$t_1 = d_1/v_1$과 $t_2 = d_2/v_2$를 대입한다.

$$\frac{d_1}{v_1} + \frac{d_2}{v_2} = 0.25 \text{ h} \tag{1}$$

$v_2 = 2v_1$로 놓고, d_1과 d_2를 식 (1)에 대입한다.

$$\frac{0.500 \text{ km}}{v_1} + \frac{3.50 \text{ km}}{2v_1} = 0.25 \text{ h} \tag{2}$$

식 (2)를 v_1에 대해 푼다.

$$v_1 = \boxed{9.0 \text{ km/h}}$$

참고 예제에서 보인 바와 같이 평균 속력은 주어진 시간 간격 동안 속력의 변화에 상관없이 계산한다.

평균 속력과 달리 **평균 속도**(average velocity)는 벡터양으로 크기와 방향을 모두 가지고 있다. 도로(x축)를 따라 움직이는 그림 2.2의 자동차를 생각해 보라. 자동차의 처음 위치 x_i의 시각을 t_i라 하고, 위치 x_f의 시각을 t_f라 하자. 시간 간격 $\Delta t = t_f - t_i$ 동안 자동차의 변위는 $\Delta x = x_f - x_i$가 된다.

평균 속도의 정의 ▶ | 시간 간격 Δt 동안 평균 속도 $\bar{v}$는 변위 Δx를 Δt로 나눈 것이다.

$$\bar{v} \equiv \frac{\Delta x}{\Delta t} = \frac{x_f - x_i}{t_f - t_i} \tag{2.2}$$

SI 단위: 미터/초(m/s)

항상 양인 평균 속력과 달리 일차원에서 물체의 평균 속도는 변위의 부호에 따라 양일 수도 음일 수도 있다(시간 간격 Δt는 항상 양이다). 예를 들어, 그림 2.2a에서 위쪽 그림의 자동차는 x축의 오른쪽 방향으로 움직였기 때문에 자동차의 평균 속도는 양의 값이다. 하지만 아래쪽 그림의 자동차는 x축의 왼쪽으로 움직였기 때문에 자동차의 평균 속도가 음의 값이다.

예를 들어, 표 2.1의 자료를 활용하여 지점 Ⓐ에서 Ⓑ로 움직이는 시간 동안 평균 속도를 구할 수 있다(유효숫자를 두 자리로 하면).

$$\overline{v} = \frac{\Delta x}{\Delta t} = \frac{52 \text{ m} - 30 \text{ m}}{10 \text{ s} - 0 \text{ s}} = 2.2 \text{ m/s}$$

평균 속도의 다른 단위를 살펴보면 미국 관습단위계로는 피트/초(ft/s), cgs 단위계에서는 센티미터/초(cm/s)가 있다.

속력과 속도의 차이를 좀 더 자세하게 설명하기 위해 우리가 비행선에 타서 자동차 경주를 내려다보고 있다고 가정하자. 그림 2.3과 같이 시간 간격 Δt 동안 어떤 자동차는 Ⓟ에서 Ⓠ로 직선 경로를 따라 움직이고, 다른 자동차는 같은 시간 간격 동안 곡선 경로를 따라 움직인다. 식 2.2의 정의로부터 두 자동차는 평균 속도가 같은데, 그 이유는 같은 시간 간격 Δt 동안에 같은 변위 $\Delta x = x_f - x_i$를 갖기 때문이다. 그러나 곡선 경로를 따라 달린 자동차는 더 많은 경로 거리를 움직였으므로 더 큰 평균 속력 값을 갖는다.

그래프를 사용하여 속도를 이해하기 Graphical Interpretation of Velocity

만일 자동차가 x축을 따라서 Ⓐ에서 Ⓑ로, Ⓒ로 계속해서 움직인다면 자동차의 위치를 운동을 시작한 때부터 시간의 흐름에 따라 시간의 함수로 그릴 수 있다. 결과는 그림 2.4에 나타난 것과 같이 **위치−시간 그래프**(position vs. time graph)이다. 그림 2.4a에서 그래프는 자동차가 일정한 속도로 움직이므로 직선이다. 같은 변위 Δx가 각 시간 간격 Δt마다 발생했기 때문이다. 이 경우 평균 속도는 $\Delta x/\Delta t$로 항상 같다. 그림 2.4b

표 2.1 시간별 자동차의 위치

위치	t(s)	x(m)
Ⓐ	0	30
Ⓑ	10	52
Ⓒ	20	38
Ⓓ	30	0
Ⓔ	40	−37
Ⓕ	50	−53

그림 2.3 비행선에서 내려다본 자동차 경주. 한 자동차는 Ⓟ에서 Ⓠ로 직선 경로(빨간색)를, 다른 자동차는 곡선 경로(파란색)를 따라 움직였다.

> **Tip 2.4** 그래프의 기울기
>
> 물리 자료를 그래프로 그릴 때 기울기가 비교 수단으로 자주 사용된다. 자료의 종류와 상관없이 기울기는
>
> $$\text{기울기} = \frac{\text{세로축의 변화량}}{\text{가로축의 변화량}}$$
>
> 으로 주어지며 단위를 가진다.

그림 2.4 (a) 등속도로 x축을 따라서 움직이는 자동차의 운동에 대한 위치−시간 그래프. (b) 표 2.1의 자료대로 일정하지 않은 속도로 움직이는 자동차에 대한 위치−시간 그래프.

> 임의의 두 점 사이의 평균 속도는 그 두 점을 잇는 직선의 기울기와 같다.

는 표 2.1의 자료에 대한 그래프이다. 여기서 위치−시간 그래프는 직선이 아닌데, 그것은 자동차의 속도가 변하기 때문이다. 그러나 어떤 두 점 사이에도 그림 2.4a와 같이 직선을 그릴 수 있고, 그 직선의 기울기는 시간 간격에서 평균 속도 $\Delta x/\Delta t$와 같다. 일반적으로 **시간 간격 Δt 동안 물체의 평균 속도는 물체의 위치−시간 그래프에서 시작과 끝점을 연결하는 직선의 기울기와 같다.**

표 2.1의 자료와 그림 2.4b의 그래프로부터 자동차는 처음에 Ⓐ에서 Ⓑ로 +x축 방향으로 움직여서 시간 $t = 10$ s일 때 52 m 지점에 다다른 후, 방향을 바꾸어 반대로 움직인 것을 알 수 있다. 처음 10 s 동안의 운동에서 자동차는 Ⓐ에서 Ⓑ로 움직였으므로 평균 속도는 앞에서 계산한 바와 같이 2.2 m/s이다. 처음 40 s 동안에는 자동차가 Ⓐ에서 Ⓔ로 움직였으므로 변위는 $\Delta x = -37$ m $- (30$ m$) = -67$ m가 된다. 그러므로 이 시간 간격에 평균 속도는 그림 2.4b에서 Ⓐ에서 Ⓔ를 연결하는 파란색 선의 기울기이며, $\bar{v} = \Delta x/\Delta t = (-67$ m$)/(40$ s$) = -1.7$ m/s이다. 일반적으로 평균 속도는 어떤 두 지점을 택했느냐에 따라 다르다.

순간 속도 Instantaneous Velocity

평균 속도는 시간 간격 동안에 어떤 일이 있었는지 구체적으로 설명하지 않는다. 예를 들어, 자동차 여행에서 도로 조건이나 교통 상황에 따라 여러 차례 속력을 올리거나 내리기를 반복하며, 드물게 과속에 대해 교통경찰을 설득하느라 정차하기도 한다. 경찰에게(그리고 여러분의 안전에) 중요한 것은 어느 순간 자동차의 속력과 방향이며, 이 두 가지가 자동차의 **순간 속도**(instantaneous velocity)를 결정한다.

그러므로 어느 두 지점을 운행하는 자동차의 평균 속도는 그 시간 간격으로 계산되지만 순간 속도의 크기는 자동차의 속력계로 읽을 수 있다.

순간 속도의 정의 ▶

순간 속도 v는 평균 속도에서 시간 간격 Δt를 무한히 작게 가져갈 때 얻어지는 극한 값이다.

$$v \equiv \lim_{\Delta t \to 0} \frac{\Delta x}{\Delta t} \qquad [2.3]$$

SI 단위: 미터/초(m/s)

$\lim_{\Delta t \to 0}$ 표기는 $\Delta x/\Delta t$가 더욱 더 작은 시간 간격 Δt에 대해 반복적으로 구해진 것을 의미한다. Δt가 극단적으로 영에 가까워짐에 따라 $\Delta x/\Delta t$의 비는 순간 속도로 정의된 어떤 특정 값에 점점 가까워진다.

정의를 좀 더 잘 이해하기 위해 레이더로 수집된 자동차의 자료(표 2.2)를 살펴보자. $t = 1.00$ s에 자동차는 $x = 5.00$ m에 있고, $t = 3.00$ s에는 $x = 52.5$ m에 있다. 이 시간 간격에 대한 평균 속도를 계산하면 $\Delta x/\Delta t = (52.5$ m $- 5.00$ m$)/(3.00$ s $- 1.00$ s$) = 23.8$ m/s이다. 이 결과로 $t = 1.00$ s일 때 속도를 가늠해 볼 수는 있지만, $t = 1.00$ s일 때 속도는 변하고 있고 이후 2 s의 시간 동안 속력은 아주 많이 변했으므로 정확하게는 알 수 없다. 자료의 나머지 부분을 이용하여 표 2.3을 만들 수 있다. 시간 간격이

Tip 2.5 평균 속도와 평균 속력

평균 속도는 평균 속력과 같지 않다. 만일 여러분이 $x = 0$ m에서 $x = 25$ m 까지 달려갔다가 출발점까지 되돌아오는 데 5 s가 걸렸다면, 평균 속력은 10 m/s인 반면 평균 속도는 영이다.

표 2.2 특정 순간 자동차의 위치

$t(s)$	$x(m)$
1.00	5.00
1.01	5.47
1.10	9.67
1.20	14.3
1.50	26.3
2.00	34.7
3.00	52.5

표 2.3 표 2.2에 주어진 자동차의 시간 간격, 변위, 평균 속도의 계산 값

시간 간격(s)	$\Delta t(s)$	$\Delta x(m)$	$\bar{v}$ (m/s)
1.00~3.00	2.00	47.5	23.8
1.00~2.00	1.00	29.7	29.7
1.00~1.50	0.50	21.3	42.6
1.00~1.20	0.20	9.30	46.5
1.00~1.10	0.10	4.67	46.7
1.00~1.01	0.01	0.470	47.0

파란색 선의 기울기는 평균 속도를 나타내고 있으며, 시간 간격이 작아지면 초록색의 접선의 기울기에 가까워지게 되어 순간 속도가 된다.

그림 2.5 표 2.2에 있는 자료를 사용하여 자동차의 운동을 나타낸 그래프.

작아질수록 평균 속도는 점점 순간 속도에 근접한다. 마침내 시간 간격이 0.010 0 s일 때 평균 속도는 $\bar{v} = \Delta x/\Delta t = 0.470$ m/0.010 0 s = 47.0 m/s가 된다. 0.010 0 s는 매우 짧은 시간 간격이므로 자동차가 가속하는 실제 순간 속도는 이 값에 거의 근접할 것이다. 이 속도는 169 km/h로 아마도 속도위반에 해당할 것이다.

그림 2.5와 같이 파란색 선들은 시간 간격이 작아짐에 따라 점점 접선에 접근한다. **'특정 시간'에 위치—시간 그래프에서 접선의 기울기는 그 시간의 순간 속도로 정의된다.**

물체의 순간 속력은 스칼라양이기 때문에 순간 속도의 크기로 정의된다. 평균 속력처럼 순간 속력(통상 간단하게 그냥 '속력'이라 한다)도 방향이 없으며, 부호를 가지지 않는다. 예를 들어, 어떤 물체의 순간 속도가 +15 m/s이고, 다른 물체의 순간 속도가 −15 m/s라 하면 두 경우 모두 순간 속력은 15 m/s이다.

◀ 순간 속력의 정의

예제 2.2　천천히 움직이는 기차

목표 그래프에서 평균 속도와 순간 속도를 구한다.

문제 그림 2.6과 같이 위치—시간 그래프에서 트랙의 직선 부분을 따라 기차가 천천히 움직인다. **(a)** 전체 이동에 대한 평균 속도, **(b)** 운동의 처음 4.00 s 동안의 평균 속도, **(c)** 다음 4.00 s 동안 평균 속도, **(d)** $t = 2.00$ s일 때 순간 속도와 **(e)** $t = 9.00$ s일

때 순간 속도를 구하라.

전략 평균 속도는 정의에 자료를 대입하면 구할 수 있다. $t = 2.00$ s일 때의 순간 속도는 위치—시간 그래프가 직선이므로 일정한 속도를 나타내는 그 지점에서의 평균 속도와 같다. $t = 9.00$ s일 때 순간 속도는 그 지점에서의 접선을 그리고 기울기를 구한다.

그림 2.6 (예제 2.2)

···

풀이

(a) ⓞ에서 ⓒ사이의 평균 속도는 파란 점선의 기울기를 구한다.

$$\overline{v} = \frac{\Delta x}{\Delta t} = \frac{10.0 \text{ m}}{12.0 \text{ s}} = +0.833 \text{ m/s}$$

(b) 처음 4 s 동안 기차의 평균 속도는 다시 기울기를 구하면 된다.

$$\overline{v} = \frac{\Delta x}{\Delta t} = \frac{4.00 \text{ m}}{4.00 \text{ s}} = +1.00 \text{ m/s}$$

(c) 다음 4 s 동안의 평균 속도 구하기는 ⓐ에서 ⓑ까지 위치의 변화가 없으므로 변위 Δx는 영이다.

$$\overline{v} = \frac{\Delta x}{\Delta t} = \frac{0 \text{ m}}{4.00 \text{ s}} = 0 \text{ m/s}$$

(d) $t = 2.00$ s일 때 순간 속도는 그래프가 직선이기 때문에 (b)에서 구한 평균 속도와 같다.

$$v = 1.00 \text{ m/s}$$

(e) $t = 9.00$ s에서의 순간속도는 접선이 x축과 만나는 점(3.0 s, 0 m)과 곡선이 만나는 점 (9.0 s, 4.5 m)에서 구한다. $t = 9.00$ s 일 때의 순간 속도는 이러한 점들을 지나는 접선의 기울기와 같다.

$$v = \frac{\Delta x}{\Delta t} = \frac{4.5 \text{ m} - 0 \text{ m}}{9.0 \text{ s} - 3.0 \text{ s}} = 0.75 \text{ m/s}$$

···

참고 처음 4.00 s 동안 기차는 원점에서 점 ⓐ까지 +x 방향으로 일정한 속력으로 움직인다. 왜냐하면 위치−시간 그래프에서 양의 값으로 꾸준히 증가하기 때문이다. ⓐ에서 ⓑ까지 기차는 4.00 s 동안 $x = 4.00$ m인 지점에서 서 있다. ⓑ에서 ⓒ까지 기차는 +x 방향으로 속력이 증가하며 운행한다.

2.1.3 가속도 Acceleration

자동차로 한 장소에서 다른 장소로 이동할 때 일정한 속도로 먼 거리를 운행하는 경우는 드물다. 가속 페달을 좀 더 밟으면 속도는 증가하고 브레이크를 밟으면 감소한다. 곡선 도로를 달릴 때에도 운동 방향이 바뀌므로 속도는 변한다. 시간에 따라 속도가 변하는 것을 **가속도**(acceleration)라 한다.

그림 2.7 오른쪽으로 움직이는 자동차가 시간 간격 $\Delta t = t_f - t_i$ 동안 속도 v_i에서 v_f로 가속되고 있다.

평균 가속도 Average Acceleration

그림 2.7과 같이 자동차가 직선 고속도로를 달린다. 시각 t_i일 때 속도가 v_i이고 시각 t_f 일때의 속도가 v_f이면, $\Delta v = v_f - v_i$이고 $\Delta t = t_f - t_i$이다.

평균 가속도의 정의 ▶ | 시간 간격 Δt 동안의 평균 가속도 $\overline{a}$는 속도의 변화 Δv를 Δt로 나눈 것이다.

$$\overline{a} \equiv \frac{\Delta v}{\Delta t} = \frac{v_f - v_i}{t_f - t_i} \qquad [2.4]$$

SI 단위: 미터/제곱초(m/s²)

예를 들어, 그림 2.7과 같이 자동차가 시간 간격 2 s 동안 처음 속도 $v_i = +10$ m/s에서 $v_f = +20$ m/s로 가속되었다(속도는 모두 오른쪽으로 양의 방향이다). 이러한 값들을 식 2.4에 대입하면 평균 가속도를 구할 수 있다.

$$\overline{a} = \frac{\Delta v}{\Delta t} = \frac{20 \text{ m/s} - 10 \text{ m/s}}{2 \text{ s}} = +5 \text{ m/s}^2$$

가속도는 길이를 시간의 제곱으로 나눈 차원을 갖는 벡터양이다. 가속도의 일반적 단위는 미터/제곱초(m/s^2)와 피트/제곱초(ft/s^2)이다. 평균 가속도가 +5 m/s^{2}이라는 것은 평균적으로 자동차의 속도가 매초 +x 방향으로 5 m/s씩 증가했다는 것이다.

직선 운동의 경우 물체의 속도 방향과 가속도 방향은 다음과 같은 관계가 있다. **물체의 속도와 가속도가 같은 방향일 때, 물체의 속력은 시간이 증가함에 따라 증가한다. 반면에 물체의 속도와 가속도의 방향이 반대 방향이면 물체의 속력은 시간에 따라 감소한다.**

이 점을 분명히 하기 위해, 자동차의 속도가 2 s 동안에 −10 m/s에서 −20 m/s로 변했다고 가정하자. 음의 부호는 자동차의 속도가 −x 방향을 향하고 있음을 나타낸다. 이것은 자동차의 속도가 줄어드는 것을 의미하지 않는다. 이 시간 간격에 자동차의 평균 가속도는

$$\overline{a} = \frac{\Delta v}{\Delta t} = \frac{-20 \text{ m/s} - (-10 \text{ m/s})}{2 \text{ s}} = -5 \text{ m/s}^2$$

이며, 음의 부호는 가속도 벡터 또한 −x 방향임을 나타낸다. 속도와 가속도 벡터의 방향이 같으므로 자동차의 속력은 자동차가 왼쪽으로 움직이며 증가하는 것이 틀림없다. 양과 음의 가속도는 선택된 축에 대한 방향을 의미할 뿐 '속력 증가'나 '속력 감소'를 나타내지는 않는다. '속력 증가'나 '속력 감소'라는 말은 각각 속력의 크기가 커지거나 작아지는 것을 말한다.

가속도가 영이 아닌 물체는 속도가 영이 될 수 있지만, 그것은 순간적으로만 가능하다. 공을 연직 위로 던졌을 때 그 공이 최고점에 도달할 때 속도가 영이다. 최고점에서 중력은 여전히 공을 가속시키고 있기 때문에 공이 낙하하는 것이며 그렇지 않다면 공은 낙하하지 않을 것이다.

Tip 2.6 음의 가속도

음의 가속도가 반드시 물체의 속력 감소를 의미하지 않는다. 만일 가속도가 음일 때 속도 또한 음이면 물체는 속력이 증가한다.

Tip 2.7 감속

감속이란 말은 속력이 감소함을 의미한다. 이를 속력이 증가할 수도 있는 음의 가속도와 혼동하기도 한다. (Tip 2.6 참고)

순간 가속도 Instantaneous Acceleration

평균 가속도 값은 종종 다른 시간 간격에 대해서 다르므로 2.1.2절에서 논의한 순간 속도와 유사한 **순간 가속도**(instantaneous acceleration)를 정의하는 것이 유용하다.

순간 가속도 a는 시간 간격 Δt가 영에 가까워지는 평균 가속도의 극한이다.

$$a \equiv \lim_{\Delta t \to 0} \frac{\Delta v}{\Delta t} \qquad [2.5]$$

SI 단위: 미터/제곱초(m/s^2)

◀ 순간 가속도의 정의

여기서 다시 $\lim_{\Delta t \to 0}$ 표기는 Δt가 더욱 더 작아짐에 따라 구해지는 비 $\Delta v/\Delta t$를 의미한다. Δt가 영에 가까워짐에 따라 비는 일정한 값에 이르게 되며, 이를 순간 가속도라 한다.

그림 2.8 (a) 점 입자로 가정한 차가 x축을 따라 ⓟ에서 ⓠ로 움직이고 있다. $t = t_i$에서의 속도가 v_{xi}이고 $t = t_f$에서의 속도는 v_{xf}이다. (b) 직선을 따라 움직이는 물체의 속도–시간 그래프.

점 ⓟ와 ⓠ에서 자동차의 속도가 다르다.

초록색 선의 기울기는 점 ⓠ에서 자동차의 순간 가속도이다(식 2.5).

점 ⓟ와 ⓠ를 연결한 파란색 선의 기울기는 시간 간격 $\Delta t = t_f - t_i$ 동안 자동차의 평균 가속도이다(식 2.4).

그림 2.8의 **속도–시간 그래프**(velocity vs. time graph)는 물체의 시간에 대한 속도를 그린 것이다. 예를 들어, 그래프는 혼잡한 거리를 따라 움직이는 자동차를 나타낸 것이라 하자. 시간 t_i와 t_f 사이에 자동차의 평균 가속도는 점 ⓟ와 ⓠ를 연결하는 선의 기울기로 구할 수 있다. 만일 점 ⓠ가 점점 점 ⓟ쪽으로 가까이 온다고 하면, 선은 점점 점 ⓟ의 접선과 가까워질 것이다. **어떤 시각에서 물체의 순간 가속도는 속도–시간 그래프에서 그 시각의 접선의 기울기와 같다.** 지금부터 가속도라는 말은 '순간 가속도'라는 뜻으로 사용할 것이다.

물체의 운동에 대한 속도–시간 그래프가 직선인 특별한 경우, 어느 점에서의 순간 가속도는 평균 가속도와 같다. 이것은 또한 그래프의 접선이 그래프 자신과 겹치는 것을 의미한다. 이 경우 물체의 가속도는 균일하다고 하고 가속도가 일정한 값을 가짐을 의미한다. 일정가속도 문제는 운동학에서 중요하며, 이 장과 다음 장에서 폭넓게 다룰 것이다.

예제 2.3 **뜬 공 잡기**

목표 순간 가속도의 정의를 적용한다.

문제 야구 선수가 외야로 날아오는 뜬 공을 잡기 위해 직선 경로로 움직이고 있다. 시간에 대한 그의 속도는 그림 2.9와 같다. 점 ⓐ, ⓑ, ⓒ에서의 순간 가속도를 구하라.

전략 각 점에서 속도–시간 그래프는 직선으로 나누어져 있어 순간 가속도는 나누어진 직선들의 기울기이다. 각 직선 위의 두 점을 택하여 기울기를 구한다.

· ·

풀이

점 ⓐ에서의 가속도.

점 ⓐ에서의 가속도는 (0 s, 0 m/s)와 (2.0 s, 4.0 m/s)를 잇는 선의 기울기와 같다.

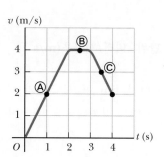

그림 2.9 (예제 2.3)

$$a = \frac{\Delta v}{\Delta t} = \frac{4.0 \text{ m/s} - 0}{2.0 \text{ s} - 0} = \boxed{+2.0 \text{ m/s}^2}$$

점 ⓑ에서의 가속도.

직선이 수평이므로 $\Delta v = 0$이다.

$$a = \frac{\Delta v}{\Delta t} = \frac{4.0 \text{ m/s} - 4.0 \text{ m/s}}{3.0 \text{ s} - 2.0 \text{ s}} = \boxed{0 \text{ m/s}^2}$$

점 ⓒ에서의 가속도.

점 ⓒ에서의 가속도는 (3.0 s, 4.0 m/s)와 (4.0 s, 2.0 m/s)를 연결하는 선의 기울기와 같다.

$$a = \frac{\Delta v}{\Delta t} = \frac{2.0 \text{ m/s} - 4.0 \text{ m/s}}{4.0 \text{ s} - 3.0 \text{ s}} = \boxed{-2.0 \text{ m/s}^2}$$

참고 선수가 처음에 $+x$ 방향으로 움직였다고 가정하자. 처음 2.0 s 동안 야구 선수는 $+x$ 방향으로 움직였고(속도는 양), 점차 가속되어(곡선이 점차 증가) 최대 속력인 4.0 m/s에 도달한다. 그는 1.0 s 동안 일정한 속력 4.0 m/s로 움직이다가 마지막 1.0 s 동안에는 속력을 늦추어(v–t 곡선이 떨어진다) 여전히 $+x$ 방향으로 움직인다(v는 항상 양이다).

2.2 운동 도표 Motion Diagrams

속도와 가속도는 종종 서로 혼동되지만 운동 도표로 나타내면 매우 다른 개념임을 알 수 있다. 그림 2.10의 **운동 도표**(motion diagram)는 운동하는 물체를 연속적인 시간 간격 마다 각각의 위치에 속도와 가속도 벡터를 그린 것으로 빨간색은 속도 벡터를, 보라색은 가속도 벡터를 나타낸 것이다. 운동 도표에서 인접한 위치 사이의 시간 간격은 같다고 가정한다.

운동 도표는 움직이는 물체의 연속 섬광 사진술로 얻은 영상과 유사하다. 각각의 영상은 연속 섬광으로 얻어진다. 그림 2.10은 직선 도로를 따라 왼쪽에서 오른쪽으로 움직이는 자동차의 연속 섬광 사진 세 세트를 나타낸 것이다. 각 도표에서 연속 섬광 간의 시간 간격은 같다.

그림 2.10a에서 자동차의 영상은 동일한 간격이다. 자동차는 각 시간 간격 동안 동일한 거리를 움직였다. 이것은 자동차가 일정한 양(+)의 속도로 움직여 가속도가 영임을 의미한다. 빨간색 화살표는 길이가 같고(일정한 속도) 보라색 화살표는 없다(영의 가속도).

그림 2.10b에서 자동차의 간격은 점점 증가하므로 속도가 시간에 따라 증가한다. 왜냐하면 인접한 점 사이의 자동차 변위가 시간에 따라 증가하기 때문이다. 자동차는 양

이 차는 일정속도(가속도는 영)로 움직인다.

이 차는 속도와 같은 방향으로 일정가속도로 움직인다.

이 차는 속도와 반대 방향의 일정가속도로 움직인다.

그림 2.10 한 방향으로 곧은 길을 달리는 차의 운동 도표. 각 순간의 속도는 빨간색 화살표로 표시되어 있고 일정한 크기의 가속도는 보라색 화살표로 그려져 있다.

(+)의 속도와 일정한 양(+)의 가속도로 움직인다. 빨간색 화살표는 각 영상마다 계속 길어지고, 보라색 화살표는 오른쪽을 향한다.

그림 2.10c에서 시간에 따라 인접한 점 사이의 변위가 감소하므로 자동차는 속력이 감소한다. 이 경우 자동차는 처음부터 오른쪽으로 일정한 음의 가속도로 움직인다. 브레이크를 밟았을 때처럼 속도 벡터는 시간에 따라 감소하고(빨간색 화살표가 짧아진다) 결국 영이 된다. 가속도와 속도 벡터가 같은 방향이 아닌 것에 주목하라. 자동차는 양(+)의 속도로 움직이지만 음(−)의 가속도를 가진다.

운동학에 관련된 다양한 문제에 대해 스스로 도표를 그려보라.

2.3 일차원 일정가속도 운동
One-Dimensional Motion with Constant Acceleration

그림 2.11 일정가속도 a로 x축을 따라 움직이는 입자. (a) 가속도−시간 그래프, (b) 속도−시간 그래프, (c) 위치−시간 그래프.

역학에서 많은 문제들은 물체가 일정가속도로 움직이는 경우와 관련이 있다. 이러한 유형의 운동이 중요한 이유는 지표면으로 자유낙하하는(공기의 저항은 무시된다고 가정) 물체와 같이 자연에서 수많은 물체의 운동에 적용되기 때문이다. 일정가속도 운동에 대한 가속도−시간 그래프가 그림 2.11a에 있다. **물체가 일정가속도로 움직일 때 시간 간격의 어느 점에서 순간 가속도는 전체 시간 간격에 대한 평균 가속도와 같다.** 결과적으로 운동하는 동안 속도는 같은 비율로 증가하거나 감소하므로 v−t 그래프는 기울기가 양, 음, 또는 영인 직선이다.

a가 일정할 때 평균 가속도는 순간 가속도와 같으므로, 가속도에 대한 식의 정의에서 평균을 나타내는 문자 위의 '−'를 생략할 수 있게 되어, 식 2.4는

$$a = \frac{v_f - v_i}{t_f - t_i}$$

가 된다. 관측자는 운동의 시간을 측정할 때 처음 시간을 자유롭게 선택할 수 있으므로, 편리하게 임의의 시각에 $t_i = 0$과 t_f를 정할 수 있다. 또한 $v_i = v_0$($t = 0$에서의 속도)와 $v_f = v$(임의의 시각 t에서의 속도)로 놓을 수 있다. 이 표기 방법대로 가속도는

$$a = \frac{v - v_0}{t}$$

즉

$$\boxed{v = v_0 + at} \quad (a\text{가 일정한 경우}) \qquad [2.6]$$

로 표현할 수 있다. 식 2.6은 가속도 a가 처음 속도 v_0을 at만큼 점진적으로 변화시킨다는 것을 의미한다. 예를 들어, 자동차가 오른쪽으로 +2.0 m/s의 속도로 출발하여 오른쪽으로 $a = +6.0$ m/s^{2}으로 가속되어 2.0 s가 경과한 후에 +14 m/s의 속도가 되었다면,

$$v = v_0 + at = + 2.0 \text{ m/s} + (6.0 \text{ m/s}^2)(2.0 \text{ s}) = +14 \text{ m/s}$$

이다. v를 그래프로 해석한 것이 그림 2.11b에 나타나 있다. 일정가속도에서 속도는

식 2.6에 의해 시간에 따라 선형적으로 변한다.

속도가 시간에 따라 균일하게 증가하거나 감소하므로 어느 시간 간격에 대한 평균 속도는 처음 속도 v_0과 나중 속도 v의 산술 평균으로 표현할 수 있다.

$$\bar{v} = \frac{v_0 + v}{2} \quad (a\text{가 일정한 경우})$$ [2.7]

이 식은 속도가 균일하게 증가하는 경우, 즉 가속도가 일정한 경우에만 유효하다.

이 결과를 평균 속도에 대한 식 2.2와 함께 사용하여 시간의 함수로 물체의 변위를 표현할 수 있다. 다시 편의상, $t_i = 0$ 그리고 $t_f = t$로 하고 $\Delta x = x_f - x_i = x - x_0$으로 쓰면 다음과 같이 된다.

$$\Delta x = \bar{v}t = \left(\frac{v_0 + v}{2}\right)t$$

$$\Delta x = \tfrac{1}{2}(v_0 + v)t \quad (a\text{가 일정한 경우})$$ [2.8]

식 2.6의 v를 식 2.8에 대입하여 변위에 대해 다른 유용한 식을 얻을 수 있다.

$$\Delta x = \tfrac{1}{2}(v_0 + v_0 + at)t$$

$$\boxed{\Delta x = v_0 t + \tfrac{1}{2}at^2} \quad (a\text{가 일정한 경우})$$ [2.9]

이 식은 $\Delta x = x - x_0$이므로, 위치 x에 대한 표현으로도 쓸 수 있다. 식 2.9의 x–t 도표, 즉 위치–시간 그래프를 그림 2.11c에 나타내었다. 그림 2.11b의 직선 아래 넓이는 $v_0 t + \tfrac{1}{2}at^2$으로 변위 Δx와 같다. 사실 **어떤 물체의 v–t 그래프 아래의 넓이는 물체의 변위 Δx와 같다.**

마지막으로 식 2.6을 t에 대해 정리한 후 식 2.8에 대입하면 시간을 포함하지 않는 관계식을 얻을 수 있다.

$$\Delta x = \tfrac{1}{2}(v + v_0)\left(\frac{v - v_0}{a}\right) = \frac{v^2 - v_0^2}{2a}$$

$$\boxed{v^2 = v_0^2 + 2a\Delta x} \quad (a\text{가 일정한 경우})$$ [2.10]

식 2.6과 2.9를 같이 사용하면 어떤 일차원 일정가속도 운동을 하는 물체에 대한 문제도 풀 수 있다. 하지만 식 2.7과 2.8, 특히 2.10이 종종 편리할 때도 있다. 표 2.4에 가장 유용한 세 개의 방정식인 식 2.6, 2.9, 2.10을 나열하였다.

이 식들에 대한 확신을 가지는 최선의 방법은 많은 문제를 풀어보는 것이다. 통상 어

표 2.4 일정가속도 직선 운동에 대한 식

식	식에 의한 정보
$v = v_0 + at$	시간의 함수로 나타낸 속도
$\Delta x = v_0 t + \tfrac{1}{2}at^2$	시간의 함수로 나타낸 변위
$v^2 = v_0^2 + 2a\Delta x$	변위의 함수로 나타낸 속도

Note: 운동은 x축에서 일어나고, $t = 0$에서의 입자 속도는 v_0이다.

떤 물리량이 주어지고 어떤 식을 선택하여 사용하느냐에 따라 문제를 푸는 데 한 가지 이상의 방법이 존재한다. 차이는 주로 수학 계산에 있다.

예제 2.4 ㅣ 자동차 경주

목표 기본적인 운동학 식을 응용해 본다.

문제 경주용 자동차가 정지상태에서 5 m/s²의 일정한 비율로 가속된다. **(a)** 출발점으로부터 100 ft 지난 후의 차의 속도는 얼마인가? **(b)** 그러한 속도에 도달하기까지 걸린 시간은 얼마인가? **(c)** 두 가지 다른 방법으로 평균 속도를 계산해 보라.

전략 문제를 잘 이해하고 그림 2.12와 같은 도표를 그린 다음 좌표계를 정하여 놓는다. 우리가 알고자 하는 것은 어떤 변위 Δx만큼 진행한 후의 속도 v이다. 가속도와 처음속도 v_0를 알고 있기 때문에 표 2.4에 있는 세 번째 식을 사용하는 것이 문제 **(a)**를 푸는 데 가장 적합하다. 일단 속도가 구해지면 표 2.4에 있는 첫 번째 식을 사용하여 문제 **(b)**의 시간을 구할 수 있다. 문제 **(c)**는 식 2.2와 2.7을 대입하여 풀면 된다.

그림 2.12 (예제 2.4)

· ·

풀이

(a) Δx의 단위를 SI 단위로 변환한다.

$$1.00 \times 10^2 \text{ ft} = (1.00 \times 10^2 \text{ ft})\left(\frac{1 \text{ m}}{3.28 \text{ ft}}\right) = 30.5 \text{ m}$$

운동학 식을 v^2에 대해 푼다.

$$v^2 = v_0^2 + 2a\,\Delta x$$

차가 오른쪽으로 움직이기 때문에 제곱근의 양의 값을 취하여 v에 대해 푼다.

$$v = \sqrt{v_0^2 + 2a\,\Delta x}$$

$v_0 = 0$, $a = 5.00$ m/s², $\Delta x = 30.5$ m를 대입한다.

$$v = \sqrt{v_0^2 + 2a\,\Delta x} = \sqrt{(0)^2 + 2(5.00 \text{ m/s}^2)(30.5 \text{ m})}$$
$$= \boxed{17.5 \text{ m/s}}$$

(b) 경과 시간을 구하기
표 2.4의 첫 번째 식을 적용한다.

$$v = at + v_0$$

값을 대입하고 시간 t에 대해 푼다.

$$17.5 \text{ m/s} = (5.00 \text{ m/s}^2)\,t$$

$$t = \frac{17.5 \text{ m/s}}{5.00 \text{ m/s}^2} = \boxed{3.50 \text{ s}}$$

(c) 평균 속도를 두 가지 다른 방법으로 풀기
평균 속도의 정의인 식 2.2를 적용한다.

$$\bar{v} = \frac{x_f - x_i}{t_f - t_i} = \frac{30.5 \text{ m}}{3.50 \text{ s}} = \boxed{8.71 \text{ m/s}}$$

식 2.7에 있는 평균 속도의 정의를 적용한다.

$$\bar{v} = \frac{v_0 + v}{2} = \frac{0 + 17.5 \text{ m/s}}{2} = \boxed{8.75 \text{ m/s}}$$

· ·

참고 답이 맞는지를 확인하는 것은 어렵지 않다. 다른 방법은 시간 t를 구하기 위해 $\Delta x = v_0 t + \frac{1}{2}at^2$를 사용한 다음 식 $v = v_0 + at$를 사용하여 v를 구하는 것이다. 평균 속도를 두 개의 다른 식으로 계산하는 과정에서 나오는 반올림에 의해 결과 값이 아주 약간의 차이가 생긴다. 아주 엄밀하게 계산하면 두 값은 똑같다.

예제 2.5 ㅣ 과속 차량 따라잡기

목표 일정가속도로 움직이는 물체와 등속으로 움직이는 두 물체가 포함된 문제를 푼다.

문제 그림 2.13과 같이 일정한 24.0 m/s의 속력으로 달리는 과속 자동차가 광고판 뒤에 숨어 있던 경찰을 지나쳤다. 그 차가 광고판을 지나친 지 1 s 후에 경찰차는 가속도 3.00 m/s²로 추격하기 시작했다. **(a)** 경찰이 과속 차량을 따라잡을 때까지 걸린 시간은 얼마인가? **(b)** 그때 경찰차의 속력은 얼마인가?

전략 이 문제는 위치에 대한 두 개의 연립된 운동학 식을 푸는

$t_{\text{Ⓐ}} = -1.00 \text{ s}$ $t_{\text{Ⓑ}} = 0$ $t_{\text{Ⓒ}} = ?$

그림 2.13 (예제 2.5) 숨어 있는 경찰차를 지나치는 과속 자동차. 경찰차는 언제 과속 자동차를 따라 잡을 수 있나?

것이다. 하나는 경찰차이고 다른 하나는 과속차이다. 경찰이 추격을 시작한 때를 $t = 0$으로 놓으면 자동차는 $x_{\text{과속차}} = 24.0 \text{ m}$에 있다($24.0 \text{ m/s} \times 1.00 \text{ s}$). 두 차의 위치가 같아질 때가 경찰이 과속 차량을 따라 잡은 때이므로 $x_{\text{경찰차}} = x_{\text{과속차}}$로 하고, 시간에 대해 푼 후 **(b)**에서 경찰차의 속력을 구한다.

풀이

(a) 경찰이 과속 차량을 따라 잡는 데 걸리는 시간을 구한다.
위반 차량의 변위에 대한 식을 쓴다.

$$\Delta x_{\text{과속차}} = x_{\text{과속차}} - x_0 = v_0 t + \tfrac{1}{2} a_{\text{과속차}} t^2$$

$x_0 = 24.0 \text{ m}$, $v_0 = 24.0 \text{ m/s}$, $a_{\text{과속차}} = 0$으로 놓고 $x_{\text{과속차}}$에 대해 푼다.

$$x_{\text{과속차}} = x_0 + vt = 24.0 \text{ m} + (24.0 \text{ m/s})t$$

$x_0 = 0$, $v_0 = 0$, $a = 3.00 \text{ m/s}^2$로 놓고 경찰차의 위치에 대해 푼다.

$$x_{\text{경찰차}} = \tfrac{1}{2} a_{\text{경찰차}} t^2 = \tfrac{1}{2}(3.00 \text{ m/s}^2)t^2 = (1.50 \text{ m/s}^2)t^2$$

$x_{\text{경찰차}} = x_{\text{과속차}}$로 놓고, 이차 방정식을 푼다(근의 공식은 부록 A의 식 A.8이다). 양의 근만 의미가 있다.

$$(1.50 \text{ m/s}^2)t^2 = 24.0 \text{ m} + (24.0 \text{ m/s})t$$
$$(1.50 \text{ m/s}^2)t^2 - (24.0 \text{ m/s})t - 24.0 \text{ m} = 0$$
$$t = \boxed{16.9 \text{ s}}$$

(b) 이 시간 경찰차의 속력을 구하기.
위의 시간을 경찰차의 속도 식에 대입한다.

$$v_{\text{경찰차}} = v_0 + a_{\text{경찰차}} t = 0 + (3.00 \text{ m/s}^2)(16.9 \text{ s})$$
$$= \boxed{50.7 \text{ m/s}}$$

참고 경찰차는 과속 차량보다 두 배나 빠르므로 과속 차량의 옆으로 비껴가거나 충돌을 피하려면 브레이크를 세게 밟아야 한다. 이 문제는 같은 그래프 상에 두 차에 대한 위치-시간 그래프를 그려서 풀 수 있다. 그래프 상의 두 선이 교차하는 지점이 경찰차가 과속 차량을 따라 잡는 위치 및 시간과 일치한다.

예제 2.6 **활주로 길이**

목표 운동학을 두 단계로 수평 운동에 적용한다.

문제 보통 제트 비행기는 $1.60 \times 10^2 \text{ mi/h}$의 속도로 착륙하여 $(10.0 \text{ mi/h})/\text{s}$의 비율로 감속한다. 만일 착륙 후 브레이크를 밟기 전에 1.00 s 동안 $1.60 \times 10^2 \text{ mi/h}$의 등속도로 움직였다면 활주로에 착륙하여 정지할 때까지 비행기가 움직인 전체 변위는 얼마인가?

전략 그림 2.14를 보고 먼저 모든 양을 SI 단위로 변환한다. 문제는 착륙 후 등속도로 운동하는(순항) 단계와 브레이크를 밟아 감속하는(제동) 두 단계로 풀어야 한다. 운동학 식을 사용하여 각 단계별 변위를 구하고 그 둘을 합한다.

풀이

주어진 속도와 가속도의 단위를 SI 단위로 변환한다.

$$v_0 = (1.60 \times 10^2 \text{ mi/h})\left(\frac{0.447 \text{ m/s}}{1.00 \text{ mi/h}}\right) = 71.5 \text{ m/s}$$

$$a = (-10.0 \text{ (mi/h)/s})\left(\frac{0.447 \text{ m/s}}{1.00 \text{ mi/h}}\right) = -4.47 \text{ m/s}^2$$

첫 번째는 비행기가 착륙하여 등속도로 움직이는(순항) 경우로, $a = 0$, $v_0 = 71.5 \text{ m/s}$, $t = 1.00 \text{ s}$를 이용하여 이동 거리를 구한다.

$$\Delta x_{\text{순항}} = v_0 t + \tfrac{1}{2} a t^2 = (71.5 \text{ m/s})(1.00 \text{ s}) + 0 = 71.5 \text{ m}$$

시간에 무관한 운동학 식을 사용하여 비행기가 브레이크를 밟아 감속하고(제동) 있을 때의 이동 거리를 구한다.

원점

순항 거리   제동 거리 $+x$

$v_0 = 71.5 \text{ m/s}$ $v_0 = 71.5 \text{ m/s}$
$a = 0$ $v_f = 0$
$t = 1.00 \text{ s}$ $a = -4.47 \text{ m/s}^2$

그림 2.14 (예제2.6) 착륙하는 제트 비행기의 순항 거리와 제동 거리.

$$v^2 = v_0{}^2 + 2\,a\Delta x_{제동}$$

$a = -4.47 \text{ m/s}^2$과 $v_0 = 71.5 \text{ m/s}$를 이용하여 이동 거리를 구한다. a의 음의 부호는 비행기가 감속함을 의미한다.

$$\Delta x_{제동} = \frac{v^2 - v_0{}^2}{2a} = \frac{0 - (71.5 \text{ m/s})^2}{2.00(-4.47 \text{ m/s}^2)} = 572 \text{ m}$$

전체 변위를 구하기 위하여 두 결과를 더한다.

$$\Delta x_{순항} + \Delta x_{제동} = 71.5 \text{ m} + 572 \text{ m} = \boxed{644 \text{ m}}$$

참고 브레이크를 밟고 있는 동안 이동 거리를 구하기 위하여 시간이 포함된 두 운동학 식, 즉 $\Delta x = v_0 t + \frac{1}{2}at^2$과 $v = v_0 + at$를 사용할 수도 있다. 그러나 이 경우 시간을 고려하지 않으므로 시간에 무관한 식을 사용하면 풀이가 쉬워진다.

예제 2.7 한국의 특급열차 KTX : 포르쉐처럼 달리는 열차

목표 속도와 시간 그래프로부터 가속도와 이동 거리를 구한다.

문제 KTX라고 하는 초고속 전기 열차가 현재 한국의 서울과 부산 간을 오가며 운행되고 있다. 이 열차는 900명 이상의 승객을 태울 수 있으며, 최대 190 mi/h로 달린다. 이 열차의 속도–시간 그래프가 그림 2.15a에 나타나 있다. **(a)** 각 구간에서 열차의 운동을 설명하라. **(b)** 열차가 45 mi/h에서 170 mi/h로 가속할 때, 이 열차의 최대 가속도를 (mi/h)/s의 단위로 구하라. **(c)** $t = 0$과 $t = 200$ s 간 변위를 마일 단위로 구하라. **(d)** 200~300 s 동안에 열차의 평균 가속도와 이동 거리를 마일(mi) 단위로 구하라. **(e)** 0~400 s 동안 전체 변위를 구하라.

전략 **(a)** 속도–시간 그래프에서 접선의 기울기는 가속도이다. **(b)** 최대 가속도를 구하려면 그래프에서 기울기가 최대가 되는 점을 찾는다. **(c)~(e)** 주어진 시간 동안 변위를 구하려면 곡선 아래 넓이를 어림 계산하면 주어진 시간 동안의 **(e)**에서와 같이 시간 축 아래 넓이를 전체에서 빼서, 변위를 구할 수 있다. **(d)**에서 평균 가속도는 그래프에서 구한 값을 평균 가속도의 정의 식 $\bar{a} = \Delta v/\Delta t$에 대입해서 구할 수 있다.

풀이

(a) 운동을 설명한다.

KTX 열차는 −50~50 s까지 +x 방향으로 등속도로 운행된다. 다음 50~200 s까지, 열차는 +x 방향으로 가속되어 속력이 약 170 mi/h가 된다. 기관사가 멈추기 위해 350 s에서 브레이크를 밟으면 열차는 운동 방향을 바꾸어 −x 방향으로 계속 가속된다.

(b) 최대 가속도를 구한다.

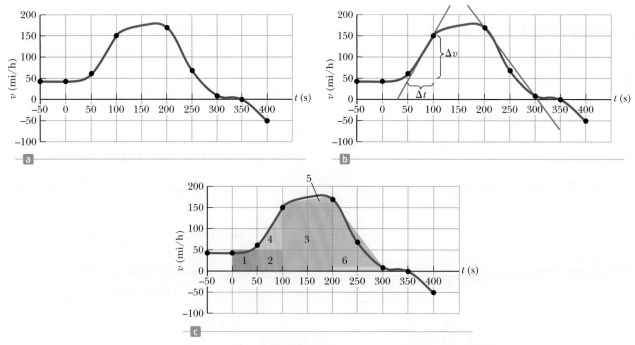

그림 2.15 (예제 2.7) (a) KTX 열차의 속도–시간 그래프. (b) 접선의 기울기가 가장 큰 곳에서 최대 가속도를 구할 수 있다. 초록색 선의 기울기는 200~300 s에서 평균 가속도이다. (c) 어떤 시간 구간에서 속도–시간 그래프 아래의 넓이는 그 시간 동안 KTX 열차의 변위이다.

접선의 기울기가 가장 큰 점 (50 s, 50 mi/h)와 (100 s, 150 mi/h)를 연결하는 직선의(그림 2.15b의 파란색 선) 기울기를 계산한다.

$$a = 기울기 = \frac{\Delta v}{\Delta t} = \frac{(1.5 \times 10^2 - 5.0 \times 10^1)\,\text{mi/h}}{(1.0 \times 10^2 - 5.0 \times 10^1)\text{s}}$$

$$= \boxed{2.0\ (\text{mi/h})/\text{s}}$$

(c) 0~200 s 동안 변위를 구한다.

삼각형과 사각형을 이용하여 그림 2.15c의 넓이를 어림 계산한다.

$$\Delta x_{0 \to 200\,\text{s}} = 넓이_1 + 넓이_2 + 넓이_3 + 넓이_4 + 넓이_5$$
$$\approx (5.0 \times 10^1\,\text{mi/h})(5.0 \times 10^1\,\text{s})$$
$$+ (5.0 \times 10^1\,\text{mi/h})(5.0 \times 10^1\,\text{s})$$
$$+ (1.6 \times 10^2\,\text{mi/h})(1.0 \times 10^2\,\text{s})$$
$$+ \tfrac{1}{2}(5.0 \times 10^1\,\text{s})(1.0 \times 10^2\,\text{mi/h})$$
$$+ \tfrac{1}{2}(1.0 \times 10^2\,\text{s})(1.7 \times 10^2\,\text{mi/h}$$
$$- 1.6 \times 10^2\,\text{mi/h})$$
$$= 2.4 \times 10^4\,(\text{mi/h})\text{s}$$

시간을 초로 바꾸어 단위를 mi로 변환한다.

$$\Delta x_{0 \to 200\,\text{s}} \approx 2.4 \times 10^4\,\frac{\text{mi} \cdot \text{s}}{\text{h}}\left(\frac{1\,\text{h}}{3\,600\,\text{s}}\right) = \boxed{6.7\,\text{mi}}$$

(d) 200~300 s까지 평균 가속도를 구하고 변위를 구한다. 초록색 선의 기울기가 200~300 s까지 평균 가속도이다(그림 2.15b).

$$\bar{a} = 기울기 = \frac{\Delta v}{\Delta t} = \frac{(1.0 \times 10^1 - 1.7 \times 10^2)\,\text{mi/h}}{1.0 \times 10^2\,\text{s}}$$

$$= \boxed{-1.6\ (\text{mi/h})/\text{s}}$$

200~300 s 사이의 변위는 넓이$_6$인데, 이는 삼각형과 삼각형 아래에 매우 좁은 사각형 넓이와의 합이다.

$$\Delta x_{200 \to 300\,\text{s}} \approx \tfrac{1}{2}(1.0 \times 10^2\,\text{s})(1.7 \times 10^2 - 1.0 \times 10^1)\,\text{mi/h}$$
$$+ (1.0 \times 10^1\,\text{mi/h})(1.0 \times 10^2\,\text{s})$$
$$= 9.0 \times 10^3\,(\text{mi/h})(\text{s}) = \boxed{2.5\,\text{mi}}$$

(e) 0~400 s까지 전체 변위를 구한다.

전체 변위는 각각 변위의 전체 합이다. 아직 300~350 s까지와 350~400 s까지 변위를 계산해야 한다. 후자는 시간축 아래에 있으므로 음의 값을 갖는다.

$$\Delta x_{300 \to 350\,\text{s}} \approx \tfrac{1}{2}(5.0 \times 10^1\,\text{s})(1.0 \times 10^1\,\text{mi/h})$$
$$= 2.5 \times 10^2\,(\text{mi/h})(\text{s})$$

$$\Delta x_{350 \to 400\,\text{s}} \approx \tfrac{1}{2}(5.0 \times 10^1\,\text{s})(-5.0 \times 10^1\,\text{mi/h})$$
$$= -1.3 \times 10^3\,(\text{mi/h})(\text{s})$$

각 부분을 합하여 전체 변위를 구한다.

$$\Delta x_{0 \to 400\,\text{s}} \approx (2.4 \times 10^4 + 9.0 \times 10^3 + 2.5 \times 10^2$$
$$- 1.3 \times 10^3)\,(\text{mi/h})(\text{s}) = \boxed{8.9\,\text{mi}}$$

참고 그래프 넓이를 어림 계산하는 방법은 많다. 편한 대로 선택하여 사용하면 된다.

2.4 자유낙하 Freely Falling Objects

공기의 저항을 무시할 때, 지표면 근처에서 지구 중력의 영향으로 모든 물체가 똑같은 일정가속도로 떨어진다는 사실은 현재 당연하게 보이지만 1600년대가 되어서야 이것은 사실로 받아들여졌다. 그 이전에는 위대한 철학자 아리스토텔레스(Aristotle, B.C. 384~322)의 "무거운 물체가 가벼운 물체보다 더 빨리 떨어진다."는 가르침이 정설이었다.

전해 오는 이야기에 따르면, 갈릴레이가 피사의 사탑에서 무게가 다른 두 물체를 떨어뜨렸을 때, 두 물체가 동시에 땅에 떨어진다는 사실을 관찰하고 물체의 낙하 법칙을 발견하였다고 한다. 그가 위와 같은 실험을 수행했는지는 의심스럽지만, 비탈면 위에서 물체의 운동에 대한 체계적인 여러 가지 실험을 수행한 것은 잘 알려져 있다. 그는 비탈면 위에 공을 굴려서 일정한 시간 간격마다 공이 굴러간 거리를 측정하였다. 비탈

갈릴레이
Galileo Galilei, 1564~1642
이탈리아의 물리학자 겸 천문학자

갈릴레이는 자유낙하하는 물체의 운동을 기술하는 법칙을 수립하였다. 또한 경사면 위에서의 물체의 운동을 연구하였고, 상대 운동의 개념을 수립했으며, 온도계를 발명하였고, 흔들이 진자의 운동도 발견하여 시간간격을 측정하였다. 그는 망원경을 설계하고 제작한 뒤, 목성의 네 개의 위성과 달 표면이 거칠다는 것을 발견히였다. 그리고 태양의 흑점과 금성이 변하는 모습을 발견했고 수많은 별들이 은하수를 구성하고 있다는 것을 보였다. 그는 공공연히 태양이 우주의 중심(태양 중심설)이라는 코페르니쿠스의 주장을 옹호했다. 그는 교회가 이단이라고 선언한 코페르니쿠스의 모형을 지지하기 위해《새로운 두 천체 계들에 관한 대화라는 책을 펴냈다. 1633년에 이단으로 몰려 로마로 압송된 후 종신형을 선고받고, 후에 플로렌스 근처의 아세트리에 있는 그의 집에서 1642년에 생을 마칠 때까지 자택연금을 당하였다.

진 면 위에서 실험을 한 이유는 가속도를 줄여서 시간 간격을 정밀하게 측정하기 위해서였다(어떤 사람들은 이를 '중력을 희석시키기 위한 것'이라고 한다). 비탈면의 기울기를 서서히 증가시킴에 따라 마지막으로는 자유낙하하는 물체에 대한 수학적인 결론을 얻을 수 있었다. 왜냐하면 자유낙하하는 물체는 경사각이 수직일 때와 결과가 같기 때문이다. 4장에서 공부하게 될 뉴턴의 운동 법칙은 갈릴레이의 역학 연구 업적으로부터 탄생되었다고 볼 수 있다.

여러분은 아마도 다음과 같은 실험을 해 보고 싶을 것이다. 망치와 깃털을 같은 높이에서 동시에 떨어뜨린다. 그러면 훨씬 가벼운 깃털은 공기 저항이 크기 때문에 망치가 먼저 바닥에 떨어진다. 우주비행사 스콧(David Scott)이 1971년 8월 2일 달에서 이와 같은 시범 실험을 하였다. 그는 망치와 깃털을 동시에 떨어뜨렸다. 공기 저항이 없으므로 이 둘은 같은 가속도를 가졌으며, 예상대로 동시에 달 표면에 떨어졌다. 이와 같이 공기 저항이 없는 이상적인 경우에 해당하는 운동을 자유낙하라고 한다.

자유낙하 물체라는 표현은 정지 상태에서 물체가 떨어질 때만 해당되는 것은 아니다. **자유낙하 물체는 처음 운동과는 상관없이 오직 중력의 영향을 받으며 자유로이 운동하는 물체를 의미한다.** 위로 혹은 아래로 던져진 물체나 정지 상태에서 낙하하는 물체는 자유낙하 운동을 한다고 본다.

이제부터 **자유낙하 가속도**(free-fall acceleration)를 기호 g로 표기할 것이다. g의 크기는 고도가 증가함에 따라 감소한다. 그리고 위도에 따라서도 g가 약간 변한다. 지면에서의 g는 근사적으로 9.80 m/s^2의 값을 가진다. 계산을 할 때 g에 대하여 특별한 언급이 없으면 이 값을 사용한다. 신속하게 어림값을 구하기 위해서는 $g \approx 10 \text{ m/s}^2$을 사용한다.

만일 공기의 저항을 무시하고, 수직 방향의 짧은 거리의 범위 내에서 고도에 의한 자유낙하 가속도의 변화가 없다고 가정하면, 자유낙하하는 물체의 운동은 일정가속도 일차원 운동과 같게 된다. 따라서 이러한 조건에서 자유낙하하는 물체에 대해서는 2.3절에서 다룬 내용, 즉 일정가속도 운동을 하는 물체에 대한 식을 바로 적용할 수 있다. 보통 '위쪽' 방향을 $+y$로 정의하고, 운동 식의 위치 변수로서 y를 사용하는 것이 관습이다. 이 경우 가속도는 $a = -g = -9.80 \text{ m/s}^2$이다. 7장에서는 고도에 따라 g가 어떻게 변하는지를 공부하게 된다.

예제 2.8 **초보치고는 잘 던졌어!**

목표 처음 속도가 영이 아닌 자유낙하 물체에 운동학 식을 적용한다.

문제 높이 50.0 m의 건물의 옥상에서 돌을 처음 속도 20.0 m/s로 수직 윗방향으로 던진다. 돌은 그림 2.16과 같이 건물지붕 가장자리 바로 옆을 지나 아래로 떨어진다. **(a)** 돌이 최고점에 도달하는 데 걸리는 시간, **(b)** 최고 높이, **(c)** 돌을 던진 원래 위치에 다시 돌아오는 데 걸리는 시간과 이 순간의 돌의 속도, **(d)** 돌이 지표에 도달할 때까지 걸린 시간, **(e)** $t = 5.00 \text{ s}$에서 돌의 속

도와 위치를 구하라.

전략 그림 2.16과 같이 던지는 사람의 손에서 돌이 떨어질 때 위쪽을 양으로 하고 좌표를 $y_0 = 0$으로 하는 좌표계를 세운다. 속도와 위치의 운동학 식을 쓰고 문제에 주어진 값을 대입한다. 모든 답은 두 식에 단지 적절한 시간을 대입해서 푸는 단순한 계산이다. 예를 들면, **(a)** 부분에서 돌이 최고점에 도달하는 순간에 정지한다. 그래서 이 정점에서 $v = 0$으로 두고 시간을 구한다. 그리고 변위 식에서 구한 시간을 대입해서 최고점의 높이를 구한다.

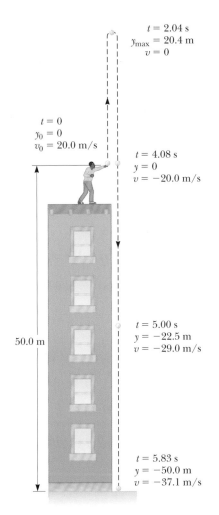

$t = 2.04$ s
$y_{max} = 20.4$ m
$v = 0$

$t = 0$
$y_0 = 0$
$v_0 = 20.0$ m/s

$t = 4.08$ s
$y = 0$
$v = -20.0$ m/s

50.0 m

$t = 5.00$ s
$y = -22.5$ m
$v = -29.0$ m/s

$t = 5.83$ s
$y = -50.0$ m
$v = -37.1$ m/s

그림 2.16 (예제 2.8) 처음 속도 $v_0 = +20.0$ m/s로 수직 윗방향으로 던진 자유낙하하는 물체의 시간에 따른 위치와 속도.

풀이

(a) 돌이 최고점에 도달하는 데 걸리는 시간을 구한다.

속도와 위치에 대한 운동학 식을 쓴다.

$$v = at + v_0$$
$$\Delta y = y - y_0 = v_0 t + \tfrac{1}{2}at^2$$

$a = -9.80$ m/s²과 $v_0 = 20.0$ m/s, $y_0 = 0$을 위의 두 식에 대입한다.

$$v = (-9.80 \text{ m/s}^2)t + 20.0 \text{ m/s} \qquad (1)$$

$$y = (20.0 \text{ m/s})t - (4.90 \text{ m/s}^2)t^2 \qquad (2)$$

최고점에서 속도 $v = 0$을 식 (1)에 대입하고 시간을 구한다.

$$0 = (-9.80 \text{ m/s}^2)t + 20.0 \text{ m/s}$$
$$t = \frac{-20.0 \text{ m/s}}{-9.80 \text{ m/s}^2} = \boxed{2.04 \text{ s}}$$

(b) 최고점의 높이를 구한다.

식 (2)에 시간 $t = 2.04$ s를 대입한다.

$$y_{최대} = (20.0 \text{ m/s})(2.04 \text{ s}) - (4.90 \text{ m/s}^2)(2.04 \text{ s})^2 = \boxed{20.4 \text{ m}}$$

(c) 돌이 처음 위치로 되돌아오는 데 걸리는 시간을 구하고, 그 시간에서 돌의 속도를 구한다.

식 (2)에서 $y = 0$으로 놓고 시간 t를 구한다.

$$0 = (20.0 \text{ m/s})t - (4.90 \text{ m/s}^2)t^2$$
$$= t(20.0 \text{ m/s} - (4.90 \text{ m/s}^2)t)$$
$$t = \boxed{4.08 \text{ s}}$$

식 (1)에 시간을 대입하고 속도를 구한다.

$$v = 20.0 \text{ m/s} + (-9.80 \text{ m/s}^2)(4.08 \text{ s}) = \boxed{-20.0 \text{ m/s}}$$

(d) 돌이 지상에 도달할 때까지 소요된 시간을 구한다.

식 (2)에 $y = -50.0$ m를 대입한다.

$$-50.0 \text{ m} = (20.0 \text{ m/s})t - (4.90 \text{ m/s}^2)t^2$$

이차 방정식을 풀고 양의 해를 선택한다.

$$t = \boxed{5.83 \text{ s}}$$

(e) $t = 5.00$ s에서 돌의 위치와 속도를 구한다.

식 (1)과 (2)에 값들을 대입한다.

$$v = (-9.80 \text{ m/s}^2)(5.00 \text{ s}) + 20.0 \text{ m/s} = \boxed{-29.0 \text{ m/s}}$$

$$y = (20.0 \text{ m/s})(5.00 \text{ s}) - (4.90 \text{ m/s}^2)(5.00 \text{ s})^2 = \boxed{-22.5 \text{ m}}$$

참고 모든 과정에 두 운동학 식을 어떻게 적용하는지 주목하라. 먼저 식 (1)과 (2)를 쓰고 대입할 정확한 값들을 찾아 확인한다. 나머지는 상대적으로 쉽다. 만일, 돌을 아래로 던졌다면 처음 속도 값은 음의 값이 될 것이다.

예제 2.9 로켓 발사

목표 추진력으로 상승하여 그 후 자유낙하 운동하는 문제를 푼다.

문제 정지해 있던 로켓이 $+29.4$ m/s²의 가속도로 4.00 s 동안 수직 윗방향으로 발사되었다. 로켓은 4.00 s 후에 연료가 떨어지지만 계속해서 얼마간 더 상승한 후 최고점에 도달하며 그 후 지표로 자유낙하한다. **(a)** 4.00 s에 로켓의 위치와 속도를 구하라. **(b)** 최고점의 높이를 구하라. **(c)** 로켓이 떨어져서 땅에 닿기 직전의

그림 2.17 (예제 2.9) 발사 후 연료를 다 소모하고 지상으로 추락하는 로켓의 두 단계로 나뉜 운동.

속도를 구하라.

전략 그림 2.17과 같이 발사 지점의 위치를 $y = 0$으로 하고 윗방향을 양으로 잡는다. 문제는 두 단계로 이루어져 있다. 첫 단계에서 로켓은 윗방향으로 29.4 m/s^2의 가속도를 가지고 있으므로, 일정가속도 a의 운동학 식을 사용하여 연료가 전부 소모되는 1단계의 끝에서의 높이와 속도를 구할 수 있다. 2단계에서는 1단계에서 구한 처음 속도와 위치를 가지고 로켓은 일정가속도 -9.80 m/s^2을 갖는 자유낙하 운동을 한다. 자유낙하 운동에 대한 운동학 식을 적용한다.

⋯⋯⋯⋯⋯⋯⋯⋯⋯⋯⋯⋯⋯⋯⋯⋯⋯⋯⋯⋯⋯⋯⋯⋯⋯

풀이

(a) 1단계: 4.00 s 후 로켓의 속도와 위치를 구한다.

위치와 속도의 운동학 식을 쓴다.

$$v = v_0 + at \tag{1}$$

$$\Delta y = y - y_0 = v_0 t + \tfrac{1}{2}at^2 \tag{2}$$

1단계에 위 식을 적용하여 $a = 29.4 \text{ m/s}^2$, $v_0 = 0$, $y_0 = 0$을 대입한다.

$$v = (29.4 \text{ m/s}^2)t \tag{3}$$

$$y = \tfrac{1}{2}(29.4 \text{ m/s}^2)t^2 = (14.7 \text{ m/s}^2)t^2 \tag{4}$$

식 (3)과 (4)에 $t = 4.00$ s를 대입하여 연료가 전부 소진된 시점에서의 로켓의 속도 v와 위치 y를 구한다. 이 값들을 각각 v_b와 y_b라 한다.

$$v_b = 118 \text{ m/s} \quad \text{그리고} \quad y_b = 235 \text{ m}$$

(b) 2단계: 로켓이 도달하는 최고점의 높이를 구한다.

2단계에 식 (1)과 (2)를 적용하여 $a = -9.80 \text{ m/s}^2$, $v_0 = v_b = 118$ m/s, $y_0 = y_b = 235$ m를 대입한다.

$$v = (-9.8 \text{ m/s}^2)t + 118 \text{ m/s} \tag{5}$$

$$y = 235 \text{ m} + (118 \text{ m/s})t - (4.90 \text{ m/s}^2)t^2 \tag{6}$$

식 (5)에 로켓의 최고점에서의 속도 $v = 0$를 대입하여 로켓이 최고점에 도달하는 시간을 구한다.

$$0 = (-9.8 \text{ m/s}^2)t + 118 \text{ m/s} \rightarrow t = \frac{118 \text{ m/s}}{9.80 \text{ m/s}^2} = 12.0 \text{ s}$$

식 (6)에 $t = 12.0$ s를 대입하고 최고점의 높이를 구한다.

$$y_{최대} = 235 \text{ m} + (118 \text{ m/s})(12.0 \text{ s}) - (4.90 \text{ m/s}^2)(12.0 \text{ s})^2$$
$$= 945 \text{ m}$$

(c) 2단계: 로켓이 지상에 추락할 때의 속도를 구한다.

식 (6)에 $y = 0$을 대입하고 이차 방정식을 풀어서 추락할 때의 속도를 구한다.

$$0 = 235 \text{ m} + (118 \text{ m/s})t - (4.90 \text{ m/s})t^2$$
$$t = 25.9 \text{ s}$$

식 (5)에 위에서 구한 t값을 대입한다.

$$v = (-9.80 \text{ m/s}^2)(25.9 \text{ s}) + 118 \text{ m/s} = -136 \text{ m/s}$$

⋯⋯⋯⋯⋯⋯⋯⋯⋯⋯⋯⋯⋯⋯⋯⋯⋯⋯⋯⋯⋯⋯⋯⋯⋯

참고 이 문제를 최고점에 도달하는 2단계와 최고점에서 지상까지 자유낙하하는 3단계로 이루어진 전체 3단계로 이 문제를 나누어 풀이하는 것이 보다 자연스럽다고 생각할지도 모른다. 이런 방법으로도 정확한 답을 얻을 수 있으나 불필요하게 복잡하다. 각각 다른 일정가속도를 가진 두 단계로 나누어도 충분하다.

연습문제

1. 그림 P2.1은 어떤 입자가 x축을 따라 움직일 때의 위치-시간 그래프이다. 시간 간격 (a) 0~2.00 s, (b)0~4.00 s, (c) 2.00~4.00 s, (d) 4.00~7.00 s, (e) 0~8.00 s에서의 평균 속도를 구하라.

그림 P2.1

2. 치타가 달릴 수 있는 최고 속력은 114 km/h이다. 먹잇감을 잡기 위해 단거리를 매우 빨리 달릴 때, 치타는 정지 상태에서 출발하여 45 m를 곧게 달렸을 때 72 km/h의 속력에 도달한다. (a) 단거리를 달리는 동안 치타의 평균 가속도는 얼마인가? (b) $t = 3.5$ s일 때의 변위를 구하라.

3. 어떤 사람이 22.0분간의 휴식 시간을 제외하고는 89.5 km/h의 일정한 속력으로 자동차 여행을 하고 있다. 이 사람의 평균 속력이 77.8 km/h라고 하면, 어느 정도의 (a) 시간과 (b) 거리를 여행한 것일까?

4. 시험 주행에서 어떤 자동차가 2.95 s 동안 정지 상태에서 24.0 m/s로 일정하게 가속되고 있다. (a) 자동차의 가속도는 얼마인가? (b) 자동차가 10.0 m/s에서 20.0 m/s의 속력으로 가속되는 데 걸리는 시간을 얼마인가? (c) 시간이 두 배가 되면 속력도 두 배가 되는가? 이유를 설명하라.

5. 한 하키 선수가 빙판 위에 정지해 있을 때, 상대편 선수가 12 m/s의 등속도로 앞으로 움직이고 있다. 3.0 s 후에 처음 선수가 상대편 선수를 따라잡기로 마음먹었다. 그가 4.0 m/s²의 일정가속도로 가속할 때, (a) 상대편을 따라잡는 데 얼마나 걸리는가? (b) 이때까지 얼마나 움직이는가? 상대편은 등속도로 움직이고 있다고 가정한다.

6. 정지 상태로부터 자유낙하하는 물체가 지표에 도달하기 전 30.0 m를 낙하하는 데 1.50 s 걸렸다. (a) 그 물체가 지표에서 30.0 m 되는 곳에 있는 순간의 속도를 구하라. (b) 그 물체가 자유낙하한 전체 거리를 구하라.

7. 처음 속도 50.0 m/s로 로켓 모형을 수직으로 쏘아 올렸다. 고도 150 m에 도달하여 엔진이 꺼질 때까지는 윗방향으로 2.00 m/s²의 일정가속도로 가속된다. (a) 엔진이 꺼진 후 로켓은 어떻게 운동하는지 설명하라. (b) 로켓이 도달하는 최고점의 높이는 얼마인가? (c) 로켓 발사 후부터 최고점에 도달하는 데 걸린 시간은 얼마인가? (d) 로켓이 공중에 머무는 시간은 얼마인가?

8. 처음 속력 25 m/s로 지면에서 위로 공을 던졌다. 동시에 다른 공을 높이 15 m 건물에서 떨어뜨렸다. 얼마가 지난 후에 두 공은 같은 높이에 있게 되는가?

9. 공을 공기 중에서 위로 던져 올렸다. 그 공이 던진 점에서 2.00 m 되는 곳에서의 속력이 1.50 m/s라면 공을 위로 던진 처음 속력은 얼마인가?

10. 어떤 스턴트맨이 나뭇가지에서 달리는 말 위로 뛰어 내리고자 한다. 말의 속력은 10.0 m/s로 일정하고 스턴트맨의 처음 높이는 말안장보다 3.00 m 높다. (a) 스턴트맨이 뛰어 내리려는 순간의 말안장과 스턴트맨이 앉아 있는 지점 간의 수평 거리는 얼마이어야 하는가? (b) 뛰어 내리는 동안 공중에 머무는 시간은 얼마인가?

이차원 운동
Motion in Two Dimensions

2장에서는 일차원에서의 변위, 속도, 가속도의 개념에 대해 공부했다. 3장에서는 그러한 개념들을 확장하여 벡터를 사용하여 포물체운동과 상대운동을 포함하는 이차원 운동에 대해 공부한다.

3.1 이차원에서의 변위, 속도, 가속도
Displacement, Velocity, and Acceleration in Two Dimensions

2장의 일차원 운동에서 변위, 속도, 가속도와 같은 벡터의 방향은 양과 음의 부호를 사용하여 설명하였다. 예를 들어, 로켓의 속도는 로켓이 상승할 때는 양이고, 하강할 때는 음이 된다. 이렇게 간단한 해는 이차원 또는 삼차원에서는 더 이상 적용될 수 없다. 대신 벡터 개념을 사용해서 설명해야 한다.

그림 3.1과 같이 공간에서 운동하는 물체를 생각해 보자. 물체가 시각 t_i일 때, 어떤 점 ⓟ에 있으면, 그 위치는 원점에서 ⓟ를 향한 위치 벡터 $\vec{\mathbf{r}}_i$로 기술된다. 물체가 시각 t_f일 때 다른 점 ⓠ에 있다면, 그 위치 벡터는 $\vec{\mathbf{r}}_f$가 된다. 그림 3.1의 벡터 도표에서와 같이 나중 위치 벡터는 처음 위치 벡터와 변위 벡터 $\Delta\vec{\mathbf{r}}$의 합이다. 즉, $\vec{\mathbf{r}}_f = \vec{\mathbf{r}}_i + \Delta\vec{\mathbf{r}}$이다. 이러한 관계로부터 다음과 같은 것을 알 수 있다.

물체의 변위는 벡터 $\Delta\vec{\mathbf{r}}$이다.

그림 3.1 점 ⓟ와 ⓠ 사이의 곡선 경로를 따라 움직이는 물체의 변위 벡터 $\Delta\vec{\mathbf{r}}$은 위치 벡터의 차이이다. 즉, $\Delta\vec{\mathbf{r}} = \vec{\mathbf{r}}_f - \vec{\mathbf{r}}_i$이다.

> 물체의 **변위**(displacement)는 위치 벡터의 변화로 정의된다.
>
> $$\Delta\vec{\mathbf{r}} \equiv \vec{\mathbf{r}}_f - \vec{\mathbf{r}}_i \qquad [3.1]$$
>
> **SI 단위: 미터(m)**

변위 벡터 $\Delta\vec{\mathbf{r}}$는 그림 3.2에서처럼 Δx 성분과 Δy 성분을 갖고 있다. 그 물체는 위치 (x_i, y_i)에서 (x_f, y_f)로 이동한다. 물체의 x성분의 변위는 $\Delta x = x_f - x_i$이고 y성분의 변위는 $\Delta y = y_f - y_i$이다.

2장에서 보인 속도와 가속도의 정의에 대한 몇 가지를 일반적인 식으로 나타내어 보자.

변위 벡터 $\Delta\vec{\mathbf{r}}$의 성분은 Δx와 Δy이다.

물체의 실제 경로

그림 3.2 변위 벡터의 성분은 $\Delta x = x_f - x_i$와 $\Delta y = y_f - y_i$이다.

◀ 평균 속도

> 시간 간격 Δt 동안의 물체의 **평균 속도**(average velocity)는 변위를 Δt로 나눈 것이다.
>
> $$\vec{\mathbf{v}}_{평균} \equiv \frac{\Delta\vec{\mathbf{r}}}{\Delta t} \qquad [3.2]$$
>
> **SI 단위: 미터/초(m/s)**

변위는 벡터양이고 시간 간격은 스칼라양이므로 평균 속도는 $\Delta \vec{r}$의 방향을 갖는 벡터양이다. 평균 속도의 x성분과 y성분은

$$v_{평균,x} = \frac{\Delta x}{\Delta t}, \quad v_{평균,y} = \frac{\Delta y}{\Delta t}$$

이며 이것은 각각 x축과 y축을 따라 물체의 위치가 변화하는 비율을 나타낸다. 평균 속도의 크기는 두 점 칸의 변위를 경과 시간으로 나눈 것이다.

순간 속도 ▶

물체의 **순간 속도**(instantaneous velocity) $\vec{v}$는 Δt가 영에 접근할 때 평균 속도의 극한 값이다.

$$\vec{v} \equiv \lim_{\Delta t \to 0} \frac{\Delta \vec{r}}{\Delta t} \qquad [3.3]$$

SI 단위: 미터/초(m/s)

순간 속도 벡터의 방향은 물체의 경로의 접선 방향을 따르며, 이것이 운동 방향이다.

평균 가속도 ▶

시간 간격 Δt 동안의 물체의 **평균 가속도**(average acceleration)는 속도의 변화량 $\Delta \vec{v}$를 Δt로 나눈 것이다.

$$\vec{a}_{평균} \equiv \frac{\Delta \vec{v}}{\Delta t} \qquad [3.4]$$

SI 단위: 미터/제곱초(m/s²)

평균 가속도의 성분은 다음과 같다.

$$a_{평균,x} = \frac{\Delta v_x}{\Delta t} \quad 과 \quad a_{평균,y} = \frac{\Delta v_y}{\Delta t}$$

여기서 v_x와 v_y는 각각 속도 벡터의 x성분과 y성분이다.

순간 가속도 ▶

물체의 **순간 가속도**(instantaneous acceleration) $\vec{a}$는 Δt가 영에 접근할 때 평균 가속도의 극한 값이다.

$$\vec{a} \equiv \lim_{\Delta t \to 0} \frac{\Delta \vec{v}}{\Delta t} \qquad [3.5]$$

SI 단위: 미터/제곱초(m/s²)

물체는 여러 방법으로 가속될 수 있다는 것을 인식하는 것은 중요하다. 첫째, 속도 벡터의 크기(속력)가 시간에 따라 변할 수 있다. 둘째, 물체의 속력이 일정하더라도 속도 벡터의 방향이 시간에 따라 변할 수 있다(곡선 경로를 따르는 운동처럼). 셋째, 크기와 방향이 동시에 변할 수 있다.

2장에서는 일차원에서의 평균 속도와 평균속력 간의 차이를 분명히 했다. 그러한 차이는 이차원 운동에서도 여전히 중요하다. 평균 속도는 변위를 시간으로 나눈 벡터량으로서 두 점 간의 경로와는 무관하고 운동의 시작점과 끝점의 위치에만 의존한다. 반면, 평균속력은 스칼라량으로서 앞뒤로 왔다 갔다 하거나 옆길로 돌아가는 등 실제로 운동한 경로 길이를 경과시간으로 나눈 것이다.

그림 3.3은 어떤 사람이 직사각형 잔디밭 둘레를 따라서 점 A에서 B로 20.0 s 동안 걸어간 그림이다. 경로 길이는 30.0 m + 40.0 m = 70.0 m이므로 평균속력은 경로길이를 경과 시간으로 나눈 70.0 m/20.0 s = 3.50 m/s이다. 그러나 그의 평균 속도는 두 끝점 간의 거리에만 의존하므로 $v_{평균} = d/t = 50.0$ m/20.0 s = 2.50 m/s이다.

그림 3.3 어떤 사람이 잔디밭 둘레를 따라 A에서 B로 20.0 s 동안 이동하면, 그 이동거리는 30.0 m + 40.0 m = 70.0 m이다. 하지만 직선거리는 50.0 m이다.

3.2 이차원에서의 운동 Two-Dimensional Motion

2장에서 물체가 x축과 같은 직선 경로를 따라 움직이는 경우에 대해 알아보았다. 이 장에서는 일정한 가속도를 가지고 x 방향과 y 방향으로 동시에 움직이는 물체의 경우를 생각해 보자. 중점적으로 다룰 이차원 운동의 특별한 예는 **포물체 운동**(projectile motion)이다.

◀ 포물체 운동

공중에 어떤 물체를 던지면 그 물체는 포물체 운동을 하게 된다. 만약 공기 저항과 지구의 자전 효과를 무시한다면, 지구 중력장 내에 던져진 물체는 그림 3.4와 같이 포물선 경로를 따라 운동한다.

$+x$축 방향이 수평 오른쪽 방향, $+y$축 방향이 연직 윗방향이다. 이차원 포물체 운동에서 가장 중요한 실험적 사실은 **수평 운동과 연직 운동이 완전히 독립적으로 일어난다는 것**이다. 이것은 한 방향의 운동이 다른 방향의 운동에 영향을 미치지 않는다는 것을 의미한다. 야구공을 그림 3.4와 같이 포물선 경로를 따라 던졌을 때, y축 방향의 운동은 중력장 내에서 공을 똑바로 위로 던져 올렸을 때의 운동과 같이 취급될 것이다. 그림 3.5는 처음 각도를 달리 하였을 때의 운동 경로의 변화를 보여준다. 여각으로 던졌

그림 3.4 원점에서 속도 $\vec{v}_0$로 출발한 포물선 궤도. 속도 $\vec{v}$는 시간에 따라 변화함에 주목하라. 그러나 속도의 x성분 v_x는 시간에 대해 일정하며 처음 속도 v_{0x}와 같다. 또한 최고점에서 $v_y = 0$이며, 가속도는 항상 자유낙하 가속도와 같고 연직 아랫방향을 향한다.

그림 3.5 원점에서 처음 속력 50 m/s로 여러 각도로 던진 포물체

그림 3.6 표적이 떨어지는 시각과 같은 시각에 공이 발사된다. 둘 다 같은 연직 거리를 낙하하여 결국 부딪친다.

포물체의 속도(빨간색 화살표)는 방향과 크기가 바뀌지만 가속도(자주색 화살표)는 일정하게 유지된다.

그림 3.7 포물체와 표적의 경로를 보여 주는 다중 섬광 사진. 발사체가 표적을 정조준하고 표적이 떨어지는 시각과 같은 시각에 공이 발사되면 공과 표적은 부딪치게 된다.

을 때도 수평 도달 거리는 같게 된다는 것을 주목하라.

그림 3.6은 수평 운동과 수직 운동이 별개라는 것을 보여주는 실험의 개요이다. 표적인 공을 놓는 순간에 표적을 향해 총을 발사하는 경우를 생각해 보자. 중력이 없는 경우는 표적이 움직이지 않을 것이므로 공이 표적을 때릴 것이다. 그러나 중력이 있는 경우에도 공은 표적을 맞출 것이다. 이것은 공이 수평 운동을 하는 동안에 표적과 같은 양만큼 아랫방향으로 낙하하기 때문이다. 이러한 실험은 그림 3.7에서처럼 발사체가 기울어져서 처음 속도가 연직 성분을 갖는 경우에도 똑같이 적용된다.

일반적으로 2장에서 유도한 일정가속도의 방정식은 x 방향과 y 방향에 대하여 각각 적용된다. 중요한 차이점은 2장에서 처음 속도가 한 성분만을 가졌던 것과는 달리 지금은 처음 속도가 두 성분을 갖는다는 것이다. 포물체가 시각 $t = 0$에서 처음 속도 $\vec{v}_0$로 원점에서 출발했다고 가정하자. 속도 벡터가 수평면과 θ_0의 각을 이룰 때, 이 각 θ_0를 투사각이라 한다. 코사인과 사인 함수와 그림 3.4로부터

$$v_{0x} = v_0 \cos \theta_0 \text{와} \quad v_{0y} = v_0 \sin \theta_0$$

가 된다. 여기서 v_{0x}는 x 방향의 처음 속도($t = 0$일 때)이고, v_{0y}는 y 방향의 처음 속도이다.

2장에서 유도된 일차원 일정가속도 운동에 대한 방정식 2.6, 2.9, 2.10은 이차원 운동의 경우에도 적용될 수 있다. 처음 속도에 대해 방금 토의한 대로 수정하면, 각 방향에 대해 세 개의 방정식이 얻어진다. a_x가 일정할 때 x축 방향에 대한 식은

$$v_x = v_{0x} + a_x t \tag{3.6a}$$

$$\Delta x = v_{0x} t + \frac{1}{2} a_x t^2 \tag{3.6b}$$

$$v_x{}^2 = v_{0x}{}^2 + 2 a_x \Delta x \tag{3.6c}$$

가 된다. 여기서 $v_{0x} = v_0 \cos \theta_0$이다. y축 방향에 대한 식은

Tip 3.1 최고점에서의 가속도

y 방향의 가속도는 포물체 궤도의 최고점에서 영이 아니다. 단지 속도의 y 성분이 영이 될 뿐이다. 가속도가 영이 된다면, 포물체는 결코 떨어지지 않게 된다.

$$v_y = v_{0y} + a_y t \qquad \text{[3.7a]}$$

$$\Delta y = v_{0y} t + \tfrac{1}{2} a_y t^2 \qquad \text{[3.7b]}$$

$$v_y^2 = v_{0y}^2 + 2 a_y \Delta y \qquad \text{[3.7c]}$$

가 된다. 여기서 $v_{0y} = v_0 \sin\theta_0$이고 a_y는 일정하다. 물체의 속력 v는 피타고라스 정리를 이용하여 속도 벡터의 성분으로부터 계산할 수 있다.

$$v = \sqrt{v_x^2 + v_y^2}$$

속도 벡터와 x축 사이의 각은

$$\theta = \tan^{-1}\left(\frac{v_y}{v_x}\right)$$

로 주어진다. θ에 대한 이 수식은 앞서 언급했던 것과 같이 주의해서 사용해야 한다. 왜냐하면 역탄젠트 함수의 값은 $-90°$와 $+90°$ 사이에 있기 때문이다. 2사분면과 3사분면에 놓여 있는 벡터의 경우에는 $180°$를 더해야 한다.

운동학 식들은 지표 근방의 포물체 운동에 있어 간단히 변형하여 적용할 수 있다. 공기 저항을 무시할 수 있다고 가정한 경우에는 x 방향의 가속도는 영이다(공기 저항이 무시되었기 때문이다). **이것은 $a_x = 0$이며 포물체의 속도의 x 방향 성분은 일정하다는 것을 의미한다.** x 방향 속도 성분의 처음 값이 $v_{0x} = v_0 \cos\theta_0$이면 그 후 v_x의 값은 항상 같다.

$$v_x = v_{0x} = v_0 \cos\theta_0 = \text{일정} \qquad \text{[3.8a]}$$

반면에 수평 방향의 변위는 다음과 같이 간단히 표현된다.

$$\Delta x = v_{0x} t = (v_0 \cos\theta_0)\, t \qquad \text{[3.8b]}$$

y 방향의 운동에 대하여는 식 3.7에 $a_y = -g$와 $v_{0y} = v_0 \sin\theta_0$를 대입하여 다음과 같이 얻을 수 있다.

$$v_y = v_0 \sin\theta_0 - gt \qquad \text{[3.9a]}$$

$$\Delta y = (v_0 \sin\theta_0)\, t - \tfrac{1}{2} g t^2 \qquad \text{[3.9b]}$$

$$v_y^2 = (v_0 \sin\theta_0)^2 - 2g \Delta y \qquad \text{[3.9c]}$$

포물체 운동에 대한 중요한 사실을 다음과 같이 요약할 수 있다.

1. 공기 저항을 무시할 수 있을 때, 가속도의 수평 성분이 없기 때문에 속도의 수평 성분 v_x는 일정하게 유지된다.

2. 가속도의 연직성분은 자유낙하 가속도 $-g$와 같다.

3. 속도의 연직 성분 v_y와 y 방향의 변위는 자유낙하의 경우와 같다.

4. 포물체 운동은 x와 y 방향의 두 독립적인 운동의 합성으로 기술될 수 있다.

예제 3.1 조난자에게 비상식량을 떨어뜨리기

목표 수평 방향의 처음 속도 값을 사용하여 이차원 포물체 운동 문제를 푼다.

문제 그림 3.8에서처럼 산 속에서 길을 잃은 조난자에게 구조 비행기가 비상식량을 떨어뜨리려고 한다. 구조기의 고도는 지상에서 1.00×10^2 m이고 수평 속력은 40.0 m/s이다. (a) 비상식량 상자는 구조기에서 떨어뜨린 위치에서 수평으로 얼마 되는 지점에 낙하하는가? (b) 상자가 지면에 도달하기 직전 속도의 수평 성분과 수직 성분은 얼마인가? (c) 상자가 지면에 도달할 때의 각을 구하라.

전략 식 3.8과 3.9에 알고 있는 값을 대입한 다음, 남아 있는 미지수에 대하여 푼다. 그림 3.8에서와 같은 좌표계를 사용하여 그림을 그린다. (a)에서는 변위의 y성분을 -1.00×10^2 m(상자가 떨어지는 지면의 y좌표)로 놓고 상자가 지면에 도달하는 데 걸리는 시간을 계산한다. 이 시간 값을 상자가 도달하는 거리를 나타내는 x성분 식에 대입한다. (b)에서는 (a)에서 구한 시간을 속도 성분 식에 대입한다. 처음 속도는 x성분뿐이므로 계산이 간편하다. (c)를 풀기 위해서는 역탄젠트 함수를 알아야 한다.

······························

풀이
(a) 상자가 도달하는 거리를 계산한다.

그림 3.8 (예제 3.1) 지상에 있는 관측자가 보았을 때, 구조 비행기에서 떨어뜨린 상자는 그림과 같은 점선 경로를 따라 움직인다.

식 3.9b를 사용하여 y변위를 구한다.

$$\Delta y = y - y_0 = v_{0y}t - \tfrac{1}{2}gt^2$$

$y_0 = 0$과 $v_{0y} = 0$을 대입하고, 비행기에 대한 상자의 나중 수직 방향위치를 $y = -1.00 \times 10^2$ m라 놓고 시간에 대해 푼다.

$$y = -(4.90 \text{ m/s}^2)t^2 = -1.00 \times 10^2 \text{ m}$$
$$t = 4.52 \text{ s}$$

식 3.8b를 사용하여 x변위를 구한다.

$$\Delta x = x - x_0 = v_{0x}t$$

$x_0 = 0$, $v_{0x} = 40.0$ m/s와 시간을 대입한다.

$$x = (40.0 \text{ m/s})(4.52 \text{ s}) = \boxed{181 \text{ m}}$$

(b) 상자가 지면에 도달할 때의 속도의 성분을 구한다.
상자가 지면에 도달한 순간의 속도의 x성분을 구한다.

$$v_x = v_0 \cos \theta = (40.0 \text{ m/s}) \cos 0° = \boxed{40.0 \text{ m/s}}$$

상자가 지면에 도달한 순간의 속도의 y성분을 구한다.

$$v_y = v_0 \sin \theta - gt = 0 - (9.80 \text{ m/s}^2)(4.52 \text{ s}) = \boxed{-44.3 \text{ m/s}}$$

(c) 상자가 지면에 도달할 때의 각을 구한다.
식 1.6에 알려진 값들을 대입한다.

$$\tan \theta = \frac{v_y}{v_x} = \frac{-44.3 \text{ m/s}}{40.0 \text{ m/s}} = -1.11$$

양변에 역탄젠트 함수를 적용한다.

$$\theta = \tan^{-1}(-1.11) = \boxed{-48.0°}$$

······························

참고 x 방향과 y 방향 운동이 어떻게 개별적으로 다루어지는지 잘 살펴보도록 하라.

예제 3.2 멀리 뛰기

목표 시작점과 끝점이 같은 높이인 이차원 포물체 운동 문제를 푼다.

문제 멀리 뛰기 선수(그림 3.9)가 지면에서 20.0°의 각도로 속력 11.0 m/s로 뛰었다. (a) 최대 높이에 도달할 때까지 얼마나 걸리는가? (b) 최대 높이는 얼마인가? (c) 얼마나 멀리 뛸 수 있는가? (선수의 운동은 입자의 운동과 같다고 가정하고, 팔과 다리

의 운동이 미치는 영향을 무시한다.) (d) 식 3.9c를 사용해서 선수가 도달하는 최대 높이를 구하라.

전략 포물체의 방정식에 알고 있는 값들을 대입한 후, 남아 있는 미지수에 대하여 푼다. 최대 높이에서 y 방향의 속도는 영이 된다. 그래서 식 3.9a에 영을 대입하고 풀면 최대 높이에 도달하는 데 걸리는 시간을 구할 수 있다. 선수의 운동 경로는 같은 높이에

iStockphoto.com/technotr

그림 3.9 (예제 3.2) 멀리 뛰기 선수의 뛰는 모습을 다중 섬광 사진으로 분석하여 보면 점 입자의 운동과는 같지 않음을 알 수 있다. 이 선수의 질량 중심은 포물선을 그리지만, 착지 순간의 도약 거리를 늘리기 위해 이 선수는 착지 직전에 다리를 펼쳐서 신체의 다른 부분 보다 먼저 발이 땅에 닿도록 한다.

서 시작하여 같은 높이에서 끝난다. 따라서 대칭성에 의해서 이 시간의 두 배가 선수의 체공 시간이 된다.

풀이

(a) 최대 높이에 도달하는 시간 $t_{최대}$를 구한다.

식 3.9a에 $v_y = 0$를 대입하고, $t_{최대}$에 대해 푼다.

$$v_y = v_0 \sin \theta_0 - g t_{최대} = 0$$

$$t_{최대} = \frac{v_0 \sin \theta_0}{g} = \frac{(11.0 \text{ m/s})(\sin 20.0°)}{9.80 \text{ m/s}^2} \quad (1)$$

$$= \boxed{0.384 \text{ s}}$$

(b) 선수가 도달하는 최대 높이를 구한다.

시간 $t_{최대}$를 y 방향 변위의 방정식 3.9b에 대입한다.

$$y_{최대} = (v_0 \sin \theta_0) t_{최대} - \tfrac{1}{2} g \, (t_{최대})^2$$

$$y_{최대} = (11.0 \text{ m/s})(\sin 20.0°)(0.384 \text{ s}) - \tfrac{1}{2}(9.80 \text{ m/s}^2)(0.384 \text{ s})^2$$

$$y_{최대} = \boxed{0.722 \text{ m}}$$

(c) 선수의 수평 도달 거리를 구한다.

$t_{최대}$를 두 배로 해서 체공 시간을 구한다.

$$t = 2t_{최대} = 2(0.384 \text{ s}) = 0.768 \text{ s}$$

이 결과를 x 방향 변위의 방정식에 대입한다.

$$\Delta x = (v_0 \cos \theta_0) t \quad (2)$$

$$= (11.0 \text{ m/s})(\cos 20.0°)(0.768 \text{ s}) = \boxed{7.94 \text{ m}}$$

(d) 다른 방법을 사용하여 최대 높이를 구한다.

식 3.9c를 사용하여 Δy에 대하여 푼다.

$$v_y^2 - v_{0y}^2 = -2g \, \Delta y$$

$$\Delta y = \frac{v_y^2 - v_{0y}^2}{-2g}$$

$v_y = 0$과 $v_{0y} = (11.0 \text{ m/s}) \sin 20.0°$를 대입해서 최대 높이를 구한다.

$$\Delta y = \frac{0 - [(11.0 \text{ m/s}) \sin 20.0°]^2}{-2(9.80 \text{ m/s}^2)} = \boxed{0.722 \text{ m}}$$

참고 멀리 뛰기 선수의 운동을 포물체 운동으로 지나치게 단순화시켰지만 적절한 값들을 얻을 수 있다.

예제 3.3 **도약 거리를 구하는 식**

목표 지면에서 발사된 포물체의 최대 수평 변위에 대한 식을 구한다.

문제 한 육상 선수가 수평면과 θ_0의 각으로, 속도 v_0로 공중으로 도약하는 멀리 뛰기에 참가한다. v_0, θ_0, g의 항으로 도약 거리를 나타내라.

전략 예제 3.2의 결과를 이용하여 식 (1)과 (2)에서 시간 t를 소거한다.

풀이

예제 3.2의 식 (1)을 이용하여 비행 시간 t를 구한다.

$$t = 2t_{최대} = \frac{2v_0 \sin \theta_0}{g}$$

예제 3.2의 식 (2)에 t에 대한 식을 대입한다.

$$\Delta x = (v_0 \cos \theta_0)t = (v_0 \cos \theta_0)\left(\frac{2v_0 \sin \theta_0}{g}\right)$$

간단히 한다.

$$\Delta x = \frac{2v_0^2 \cos \theta_0 \sin \theta_0}{g}$$

삼각함수의 배각 공식 $2 \cos \theta_0 \sin \theta_0 = \sin 2\theta_0$를 이용하여 위의

결과를 간단한 삼각함수로 표현한다.

$$\Delta x = \frac{v_0^2 \sin 2\theta_0}{g} \tag{1}$$

참고 마지막 단계에서 삼각함수 공식을 사용하는 것이 꼭 필요한 것은 아니지만, 답을 간단하게 만든다.

예제 3.4 아주 좋은 팔

목표 시작점과 끝점의 높이가 다른 경우에 수평면으로부터 비스듬히 던져 올린 이차원 운동 문제를 푼다.

문제 그림 3.10과 같이 높이가 45.0 m인 건물 옥상에서 공을 처음 속력 20.0 m/s로 하여서, 수평면과 30.0° 위로 던졌다. **(a)** 공이 지면에 도달할 때까지 시간은 얼마나 걸리는가? **(b)** 이 공이 지면에 충돌하는 속력을 구하라. **(c)** 공이 날아간 수평 거리를 구하라. 공기 저항은 무시한다.

전략 공의 시작점을 원점으로 하는 좌표축을 설정한다. **(a)** y변위에 대한 식 3.9b에서 공이 지면에 도달하는 위치를 −45.0 m로 놓는다. 이차 방정식을 풀어서 시간을 구한다. **(b)**의 문제를 풀기 위해 **(a)**로부터 구한 시간을 속도 성분을 구하는 데 대입하고, 같은 시간을 **(c)**를 풀기 위한 x변위에 대한 식에도 대입한다.

풀이

(a) 공의 비행 시간을 구한다.

처음 속도의 x와 y성분을 구한다.

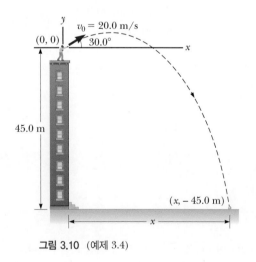

그림 3.10 (예제 3.4)

$$v_{0x} = v_0 \cos \theta_0 = (20.0 \text{ m/s})(\cos 30.0°) = +17.3 \text{ m/s}$$
$$v_{0y} = v_0 \sin \theta_0 = (20.0 \text{ m/s})(\sin 30.0°) = +10.0 \text{ m/s}$$

$y_0 = 0$, $y = -45.0$ m, $v_{0y} = 10.0$ m/s로 하고, y변위를 구한다.

$$\Delta y = y - y_0 = v_{0y}t - \tfrac{1}{2}gt^2$$
$$-45.0 \text{ m} = (10.0 \text{ m/s})t - (4.90 \text{ m/s}^2)t^2$$

이 식을 이차 방정식의 표준형으로 정리하고, 양의 근을 구한다.

$$t = \boxed{4.22 \text{ s}}$$

(b) 충돌 순간의 속력을 구한다.

(a)에서 구한 시간 t를 식 3.9a에 대입하고 충돌 순간 속도의 y성분을 구한다.

$$v_y = v_{0y} - gt = 10.0 \text{ m/s} - (9.80 \text{ m/s}^2)(4.22 \text{ s})$$
$$= -31.4 \text{ m/s}$$

이 v_y값과 피타고라스 정리와 $v_x = v_{0x} = 17.3$ m/s를 이용하여 충돌 순간의 속력을 구하면 된다.

$$v = \sqrt{v_x^2 + v_y^2} = \sqrt{(17.3 \text{ m/s})^2 + (-31.4 \text{ m/s})^2}$$
$$= \boxed{35.9 \text{ m/s}}$$

(c) 공의 수평 도달 거리를 구한다.

수평 도달 거리 식에 비행 시간을 대입한다.

$$\Delta x = x - x_0 = (v_0 \cos \theta)t = (20.0 \text{ m/s})(\cos 30.0°)(4.22 \text{ s})$$
$$= \boxed{73.1 \text{ m}}$$

참고 공의 투사각은 운동의 속도 벡터에는 영향을 주지만 주어진 높이에서 속력에는 영향을 주지 않는다. 이것은 에너지 보존의 결과로 5장에서 설명된다.

3.2.1 이차원 일정가속도 운동 Two-Dimensional Constant Acceleration

지금까지는 오직 중력에 의해서만 영향을 받는 포물체 운동에 대한 문제들만 공부하였다. 좀 더 일반적인 경우에는 다른 요인으로 공기의 저항, 표면 마찰, 또는 엔진 등에 의해서도 가속도는 생긴다. 이러한 가속도는 a_x와 a_y의 벡터 성분을 모두 갖는다. 두 성분의 크기가 각각 일정하다면 운동을 분석하기 위해 식 3.6과 3.7를 사용할 수 있다.

예제 3.5 　비행기에서 로켓을 발사하기

목표 가속도가 두 방향 모두 있는 경우의 문제를 푼다.

문제 수평 방향으로 1.00×10^2 m/s로 비행하는 제트기가 어떤 높이에서 로켓 포탄을 떨어뜨린다(그림 3.11). 로켓 포탄은 즉시 점화되어 y 방향으로는 중력을 받으면서 x 방향으로는 20.0 m/s²의 가속도로 가속된다. 로켓이 1.00 km를 낙하하였을 때, **(a)** y 방향의 속도, **(b)** x 방향의 속도, **(c)** 속도의 크기와 방향을 구하라. 공기의 저항과 양력은 무시한다.

$v_{0x} = 1.00 \times 10^2$ m/s

$\Delta y = -1.00 \times 10^3$ m

그림 3.11 (예제 3.5)

전략 로켓이 수평 방향을 유지하였기 때문에, 가속도의 x성분과 y성분은 서로 무관하다. 로켓이 1.00 km 낙하한 후의 속도의 y성분을 구하기 위하여 y 방향에 대한 시간에 무관한 속도 식을 사용하면 된다. 그 다음 낙하 시간을 계산하여 x 방향의 속도를 구하는 데 적용하면 된다.

- -

풀이

(a) y 방향의 속도를 구한다.

식 3.9c를 사용한다.

$$v_y{}^2 = v_{0y}{}^2 - 2g\,\Delta y$$

$v_{0y} = 0$, $g = -9.80$ m/s² 및 $\Delta y = -1.00 \times 10^3$ m를 대입하고

v_y에 대해 푼다.

$$v_y{}^2 = 0 - 2(9.80 \text{ m/s}^2)(-1.00 \times 10^3 \text{ m})$$

$$v_y = -1.40 \times 10^2 \text{ m/s}$$

(b) x 방향의 속도를 구한다.

속도의 y성분을 사용하여 로켓이 1.00×10^3 m 낙하하는 데 걸리는 시간을 구한다.

$$v_y = v_{0y} + a_y t$$

$$-1.40 \times 10^2 \text{ m/s} = 0 - (9.80 \text{ m/s}^2)t \quad \rightarrow \quad t = 14.3 \text{ s}$$

t, v_{0x}, a_x를 식 3.6a에 대입하여 x 방향의 속도를 구한다.

$$v_x = v_{0x} + a_x t = 1.00 \times 10^2 \text{ m/s} + (20.0 \text{ m/s}^2)(14.3 \text{ s})$$

$$= 386 \text{ m/s}$$

(c) 속도의 크기와 방향을 구한다.

(a)와 **(b)**에서의 결과와 피타고라스 정리를 사용하여 크기를 구한다.

$$v = \sqrt{v_x{}^2 + v_y{}^2} = \sqrt{(-1.40 \times 10^2 \text{ m/s})^2 + (386 \text{ m/s})^2}$$

$$= 411 \text{ m/s}$$

역탄젠트 함수를 사용하여 각을 구한다.

$$\theta = \tan^{-1}\left(\frac{v_y}{v_x}\right) = \tan^{-1}\left(\frac{-1.40 \times 10^2 \text{ m/s}}{386 \text{ m/s}}\right) = -19.9°$$

- -

참고 대칭성에 유의한다. x 방향과 y 방향의 운동학 식은 똑같은 방법으로 다루어진다. x 방향의 가속도가 영이 아니라고 해서 문제가 어려워지는 것은 아니다.

3.3 상대속도 Relative Velocity

그림 3.12 자동차 B에 대한 자동차 A의 위치는 벡터의 뺄셈으로 구할 수 있다. 이 벡터의 시간에 대한 변화율이 상대속도 식이 된다.

상대속도란 서로에 대하여 운동하고 있는 서로 다른 두 관측자의 측정에 관련되는 것이다. 측정된 물체의 속도는 물체에 대하여 운동하는 관측자의 속도에 의존한다. 예를 들면, 고속도로에서 같은 방향, 같은 속력으로 달리는 자동차들은 지면에 대해서는 고속으로 달리지만, 그들 서로에게는 상대적으로 운동하지 않는다. 길가에 정지해 있는 관측자가 볼 때 자동차가 100 km/h로 달리고 있지만, 같은 방향으로는 90 km/h로 달리고 있는 다른 차가 볼 때는 10 km/h로 달리고 있는 것 같이 보인다.

따라서 속도 측정은 관측자의 **기준틀**(reference frame)에 따라 다르다. 기준틀이란 좌표계를 말한다. 대개는 지구에 대하여 **정지한 기준틀**을 사용하지만, 때로는 지구에 대하여 일정한 속도로 운동하고 있는 비행기, 자동차, 버스 등과 같이 **움직이는 기준틀**을 사용하기도 한다.

이차원에서의 상대속도 계산은 혼란스러울 수도 있으니 체계적인 접근이 중요하다. E는 지구에 대하여 정지하고 있는 관측자라고 하자. 두 대의 자동차를 각각 A와 B라고 표시하고 다음의 표기법을 사용하자(그림 3.12).

$\vec{\mathbf{r}}_{AE}$ = 차 E가 측정한 자동차 A의 위치(지구에 대하여 고정된 좌표계에서)

$\vec{\mathbf{r}}_{BE}$ = 차 E가 측정한 자동차 B의 위치

$\vec{\mathbf{r}}_{AB}$ = 자동차 B에 있는 관측자가 측정한 자동차 A의 위치

위의 표기법에 의하면, 첫 번째 첨자는 벡터가 향하고 있는 곳을 나타내고, 두 번째 첨자는 위치 벡터의 시작점을 뜻한다. 그림에서 $\vec{\mathbf{r}}_{AE}$는 E에 대하여 자동차 A의 위치 벡터이고, $\vec{\mathbf{r}}_{BE}$는 E에 대하여 자동차 B의 위치 벡터이다. $\vec{\mathbf{r}}_{AB}$가 자동차 B에 있는 관측자가 측정한 자동차 A의 위치라는 것을 어떻게 알 수 있을까? $\vec{\mathbf{r}}_{AE}$에서 $\vec{\mathbf{r}}_{BE}$를 빼서 얻을 수 있는 자동차 B에서 A로 향하는 화살표를 그리면 간단히 알 수 있다.

$$\vec{\mathbf{r}}_{AB} = \vec{\mathbf{r}}_{AE} - \vec{\mathbf{r}}_{BE} \qquad [3.10]$$

각 항의 시간 변화율을 구하면 다음과 같은 속도 관계식이 얻어진다.

$$\vec{\mathbf{v}}_{AB} = \vec{\mathbf{v}}_{AE} - \vec{\mathbf{v}}_{BE} \qquad [3.11]$$

관측자 E의 좌표계가 지구에 고정될 필요는 없다. 단순히 식 3.11을 암기하는 것 보다 아래 첨자를 붙이는 방법에 주의를 기울여야 하며, 그림 3.12에 근거하여 간단하게 유도하는 방식을 공부하는 것이 좋다. 한편 아인슈타인의 특수 상대성 이론을 공부할 때, 빛의 속력과 비슷한 속력으로 여행하는 관측자에게는 이 식이 성립하지 않음에 주의하라.

예제 3.6 **강 건너 가기**

목표 이차원에서 간단한 상대 운동 문제를 푼다.

문제 그림 3.13에 있는 배가 넓은 강을 건너려고 강물에 대하여 10.0 km/h의 속도로 북쪽을 향해 가고 있다. 강물은 동쪽으로 5.00 km/h의 등속도로 흐르고 있다. 강둑에 있는 관측자가 측정

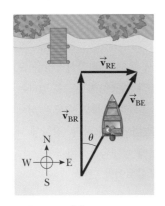

그림 3.13 (예제 3.6)

한 배의 속도를 구하라.

전략 핵심 문장을 살펴보자. "배가 … 강물에 대하여 10.0 km/h 의 속도로"는 $\vec{\mathbf{v}}_{BR}$을 말한다. "강물은 동쪽으로 5.00 km/h의 등속도로"는 $\vec{\mathbf{v}}_{RE}$를 말한다. 왜냐하면 강물의 속도는 땅에 대한 것이기 때문이다. 강둑에 있는 관찰자는 땅에 대해 정지된 좌표계에 있기 때문에 배의 속도는 $\vec{\mathbf{v}}_{BE}$이다. $+x$ 방향을 동쪽으로, $+y$ 방향을 북쪽으로 택한다.

풀이

세 가지 양을 상대속도에 대한 식으로 정리한다.

$$\vec{\mathbf{v}}_{BR} = \vec{\mathbf{v}}_{BE} - \vec{\mathbf{v}}_{RE}$$

속도 벡터를 성분으로 분리하여 표시한다. 편의상 이것들을 다음의 표로 정리한다.

벡터	x 성분(km/h)	y 성분(km/h)
$\vec{\mathbf{v}}_{BR}$	0	10.0
$\vec{\mathbf{v}}_{BE}$	v_x	v_y
$\vec{\mathbf{v}}_{RE}$	5.00	0

속도의 x성분을 구한다.

$$0 = v_x - 5.00 \text{ km/h} \rightarrow v_x = 5.00 \text{ km/h}$$

속도의 y성분을 구한다.

$$10.0 \text{ km/h} = v_y - 0 \rightarrow v_y = 10.0 \text{ km/h}$$

$\vec{\mathbf{v}}_{BE}$의 크기를 구한다.

$$\begin{aligned} v_{BE} &= \sqrt{v_x^2 + v_y^2} \\ &= \sqrt{(5.00 \text{ km/h})^2 + (10.0 \text{ km/h})^2} = \boxed{11.2 \text{ km/h}} \end{aligned}$$

$\vec{\mathbf{v}}_{BE}$의 방향을 구한다.

$$\theta = \tan^{-1}\left(\frac{v_x}{v_y}\right) = \tan^{-1}\left(\frac{5.00 \text{ m/s}}{10.0 \text{ m/s}}\right) = \boxed{26.6°}$$

참고 보트는 땅에 대해 북동쪽으로 26.6°의 방향으로 11.2 km/h 의 속력으로 운행한다.

예제 3.7 흐르는 물 거스르기

목표 이차원에서 복잡한 상대 운동 문제를 푼다.

문제 예제 3.6에서 배가 강물에 대해서 속력 10.0 km/h로 그림 3.14와 같이 정북쪽으로 강을 건너자면 뱃머리는 어느 방향으로 돌려야 하는가? 또 강둑에 서 있는 관측자에 대한 배의 속력은 얼마인가? 이때 강물은 동쪽을 향하여 5.00 km/h로 흐르고 있다.

전략 예제 3.6처럼 푼다. 이 상황에서는 배가 북쪽을 향한다는 사실로부터 뱃머리 방향과 물에 대한 속도를 구한다.

풀이

앞에서처럼 세 가지 양을 정리한다.

$$\vec{\mathbf{v}}_{BR} = \vec{\mathbf{v}}_{BE} - \vec{\mathbf{v}}_{RE}$$

벡터 성분을 표로 만든다.

벡터	x 성분(km/h)	y 성분(km/h)
$\vec{\mathbf{v}}_{BR}$	$-(10.0 \text{ km/h}) \sin\theta$	$(10.0 \text{ km/h}) \cos\theta$
$\vec{\mathbf{v}}_{BE}$	0	v
$\vec{\mathbf{v}}_{RE}$	5.00 km/h	0

상대속도 식의 x성분은 θ를 구하는 데 사용될 수 있다.

그림 3.14 (예제 3.7)

$$-(10.0 \text{ m/s}) \sin \theta = 0 - 5.00 \text{ km/h}$$

$$\sin \theta = \frac{5.00 \text{ km/h}}{10.0 \text{ km/h}} = \frac{1.00}{2.00}$$

역사인 함수를 적용하여 북서쪽 뱃머리 방향인 θ를 구한다.

$$\theta = \sin^{-1}\left(\frac{1.00}{2.00}\right) = \boxed{30.0°}$$

상대속도 식의 y성분은 v를 구하는 데 사용될 수 있다.

$$(10.0 \text{ km/h}) \cos \theta = v \quad \rightarrow \quad v = \boxed{8.66 \text{ km/h}}$$

참고 그림 3.14에서 문제가 직각삼각형을 포함하고 있기 때문에 피타고라스 정리를 이용하여 풀 수 있다는 것을 알 수 있다. 배 속도의 x성분은 정확히 강물의 속도와 상쇄된다. 그렇지 않다면 더욱 일반적인 기법이 필요하다. 강물에 대한 배의 속도의 x성분은 음이기 때문에 상대속도식의 x성분의 음의 부호는 $-(10 \text{ km/h}) \sin \theta$항에 포함되어야 한다.

연습문제

1. $t = 0$일 때의 위치가 $x_i = 2.00$ m, $y_i = 4.50$ m에 있는 어떤 장난감 드론의 평균 속도가 $v_{\text{평균},x} = 1.50$ m/s, $v_{\text{평균},y} = -1.00$ m/s이다. $t = 2.00$ s일 때의 그 드론의 위치의 (a) x성분과 (b) y성분을 구하라.

2. 한 학생이 벼랑 끝에 서서 수평 방향으로 돌을 18.0 m/s의 속력으로 던졌다. 벼랑은 그림 P3.2와 같이 지면보다 50.0 m 위에 있다. (a) 돌의 처음 위치의 좌표는? (b) 처음 속도의 성분은? (c) 시간에 따른 돌 속도의 x성분과 y성분에 대한 식을 구하라. (d) 그림 P3.2에서의 좌표계를 이용하여 시간에 따른 돌의 위치를 구하라.

그림 P3.2

(e) 돌이 벼랑 끝을 떠나서 그 아래 지면에 도달하는 시간은 얼마인가? (f) 돌이 지면에 충돌하는 속도와 각도는 얼마인가?

3. 어떤 미식축구 선수가 골포스트로부터 36.0 m 떨어진 곳에서 골포스트를 향해 킥을 하게 되었다. 관중들은 공이 3.05 m의 크로스바를 넘어가길 바라고 있다. 킥을 했을 때 공은 지면과 53.0°의 각으로 20.0 m/s의 속력으로 지면을 떠났다. (a) 공이 크로스바를 지날 때, 공이 크로스바 위로 또는 아래로 얼마나 떨어져서 지날까? (b) 크로스바 부근을 지나갈 때 공은 상승하고 있는가 아니면 하강하고 있는가?

4. 어떤 학교는 지붕이 운동장인데 그 높이가 건물 옆 길바닥에서 6.00 m이지만(그림 P3.4), 지붕 둘레에 1.00 m 높이의 담이 둘러 있어서 건물 벽의 높이는 7.00 m이다. 지붕 운동상에서 학생들이 갖고 놀던 공이 밖으로 튕겨 나가 길에 떨어졌다. 마침 지나가던 사람이 그 공을 차서 지붕 위로 올려 보내려고 한다. 공을 차려고 하는 사람은 건물 끝에서 $d = 24.0$ m 되는 지점에서 수평과 53°의 각으로 공을 찬다. 그 공이 건물 벽 바로 위에 도달하는 데 걸리는 시간이 2.20 s이다. (a) 발로 차는 공의 처음 속력을 구하라. (b) 공이 벽 바로 위를 지나는 높이를 구하라. (c) 공이 지붕 위 운동장 바닥에 떨어지는 벽에서부터의 거리를 구하라.

그림 P3.4

5. 정기 제트 여객기가 풍속이 1.00×10^2 mi/h이고 동북쪽 30.0° 방향으로 바람이 부는 지역에서 동쪽으로 처음 속력 3.00×10^2 mi/h로 들어간다. (a) 공기에 대한 비행기의 속도성분 $\vec{v}_{JA}$을 구하라. (b) 지면에 대한 바람의 속도 성분 $\vec{v}_{AE}$를 구하라. (c) 속도 성분 $\vec{v}_{JA}$, $\vec{v}_{AE}$, $\vec{v}_{JE}$에 대하여 식 3.11 ($\vec{v}_{AB} = \vec{v}_{AE} - \vec{v}_{BE}$)과 비슷한 식을 써라. (d) 지면에 대한 비행기의 방향과 속력을 구하라.

6. 비행기가 공기에 대해 630 km/h의 속력을 유지하며 북쪽으로 750 km 떨어진 도시를 향하고 있다. (a) 바람이 35.0 km/h의 속력으로 남쪽으로 분다면 바람을 정면으로 받는 비행기가 목적지까지 가는 데 걸리는 시간을 얼마인가? (b) 같은 속력의 바람이 비행기의 진행 방향과 같은 방향을 향해 불면 비행 시간은 얼마나 걸리는가? (c) 지면에 대해 동쪽으로 35.0 km/h의 바람이 분다면 비행 시간은 얼마나 걸리는가?

7. 두 자동차의 앞 범퍼가 처음에 100 m 떨어져 있는 상태에서 고속도로의 왼쪽 차선에서 60.0 km/h로 달리는 차가 오른쪽 차선에서 40.0 km/h로 달리는 차를 따라 잡으려면 얼마나 걸리는가?

8. 어떤 아버지가 아이에게 포물체 운동의 시범을 보이기 위해 식탁 위에 있는 완두콩을 포크 끝으로 살짝 눌러서 완두콩을 튕겨 올렸다. 완두콩이 식탁 면과 75°의 각으로 8.25 m/s의 속력으로 튕겨졌다면, 그 콩이 식탁 표면 위 2.00 m 높이의 천정에 닿을 때의 속력은 얼마인가?

9. 로켓을 처음 속력 100 m/s로 수평과 53.0° 윗방향으로 발사시켰다. 로켓은 3.00 s 동안 30.0 m/s²의 가속도로 같은 방향으로 날아가다가 엔진이 고장나서 로켓은 포물체처럼 날아간다. (a) 로켓의 최대 높이를 구하라. (b) 날아간(체공) 시간을 구하라. (c) 수평 도달 거리를 구하라.

10. (a) 어떤 사람이 지구에서 지면에 대하여 45°로 뛰어 최대 수평 거리 3.0 m를 뛸 수 있다면, 달에서는 얼마나 멀리 뛸 수 있을까? 지구 표면에서 $g = 9.80$ m/s²이라면 달에서는 자유낙하 가속도가 $g/6$이다. (b) 화성에 대해서도 구하라. 화성에서 중력에 의한 가속도는 $0.38\,g$이다.

뉴턴의 운동법칙
Newton's Laws of Motion

고전 역학은 일상생활에서 물체에 작용하는 힘과 운동과의 관계를 기술하고 있다. 물체가 원자의 크기인 경우와 빛의 속도에 준하는 속도로 이동하는 경우를 제외하면, 고전 역학은 자연 현상을 잘 설명한다.

이 장에서는 뉴턴의 세 가지 운동 법칙과 중력 법칙에 관하여 다룬다. 뉴턴의 세 가지 운동 법칙은 간단하면서도 정확하다. 제1법칙은 물체의 속도를 변화시키기 위해서는 힘이 작용되어야 한다는 것이다. 한 물체의 속도를 변화시키는 것은 그 물체를 가속시키는 것을 뜻하는데, 이는 힘과 가속도 간에 관계가 있음을 의미한다. 이 관계가 뉴턴의 제2법칙으로, 그에 따르면 한 물체의 알짜힘은 그 물체의 질량과 가속도의 곱으로 정의한다. 마지막으로 제3법칙은 우리가 어떤 물체에 힘을 가할 때, 물체도 같은 크기의 힘을 반대 방향으로 작용시키는 것을 의미한다. 이상과 같이 세 가지 법칙을 요약할 수 있다.

뉴턴의 세 가지 법칙은 미적분학의 발견과 더불어 오늘날 보편적으로 사용하고 있는 수학, 과학, 공학 기술의 모든 분야에서 연구와 발견의 장을 열게 하였다. 뉴턴의 만유인력 역시 오늘날까지 천체 역학과 천문학에 혁신을 가져오게 하는 중요한 영향력을 발휘했다. 이 이론을 토대로 행성의 궤도들이 매우 정밀하게 계산되었고, 밀물과 썰물에 대해서도 이해하게 되었다. 또한 현재 블랙홀이라 부르는 암흑별도 실제로 관측되기 200여 년 전에 이미 예견되었다.[1] 뉴턴의 세 가지 운동 법칙은 중력 법칙과 함께 인류사에 가장 위대한 업적이라 할 수 있다.

4.1 힘 Forces

힘이란, 예를 들어 라켓으로 테니스공을 칠 때처럼, 일반적으로 어떤 물체를 빠르게 밀거나 당기는 것으로 생각할 수 있다(그림 4.1). 우리는 공을 다른 속도와 다양한 방향으로 상대편의 코트로 넘겨 보낼 수 있다. 이것은 가한 힘의 크기와 방향을 조절할 수 있음을 의미하고, 따라서 힘은 속도나 가속도처럼 벡터양으로 표현된다.

만약 용수철을 잡아당기면(그림 4.2a) 용수철이 늘어나고, 수레를 끌어당기면(그림 4.2b) 수레는 움직이게 된다. 축구공을 차면(그림 4.2c) 공은 잠시 모양이 변했다가 움직이게 된다. 이러한 경우는 모두 두 물체의 물리적 접촉에 의해 힘이 작용하는 것으로 **접촉력**(contact forces)의 예이다.

우리의 물리적 환경과 그 환경 안에 있는 모든 것에 접촉력이 존재한다. 지면은 우리를 받치고 있으며 벽은 우리가 나아가지 못하게 가로막고 있다. 마찰력은 운동을 돕기도 하고 방해하기도 한다. 마찰력의 특성은 주로 매우 강하게 넓은 범위에 작용하는 전자기력에 의한 것이다.

그림 4.1 영국의 테니스 선수 앤디 머레이가 라켓으로 공에 접촉력을 가하여, 가속된 공이 코트 쪽을 향하고 있다.

---

[1] 1783년에 미셸(Michell)은 뉴턴의 빛 이론과 중력 이론을 결합하여 빛이 탈출할 수 없는 "암흑물질"의 존재를 예측하였다.

그림 4.2 여러 가지 물체에 작용하고 있는 힘의 예. 각 경우에 힘은 점선 내부의 물체에 작용하고 있다. 점선 영역 외부의 어떤 것이 물체에 힘을 가하고 있다.

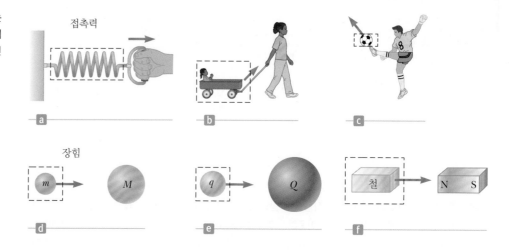

원자는 중성자와 양성자가 아주 강하게 결합된 핵과 그 둘레를 도는 전자들로 구성되어 있다. 핵의 크기는 대략 펨토미터(10^{-15} m)의 크기를 가진다. 반면에 수소와 같은 일반적인 원자는 폭이 대략 옹스트롬(10^{-10} m) 크기의 부피를 가진다. 수소 원자 속의 양성자를 탁구공의 크기라고 한다면 전자의 크기는 박테리아 정도의 크기이고, 궤도 반지름은 킬로미터 정도의 거리일 것이다.

원자 내 전자들은 분자의 궤도 안에서 전자의 이동 또는 공유의 방식으로, 혹은 편극에 의해 전자기력을 발생시킨다. 이 전자기력은 화학적 결합을 통해 결정체를 만들고, 세포막과 조직 등의 확장된 구조를 형성하는데, 이를 통해 우리가 사는 거시적 세계가 이루어진다. 우리가 지구 중심으로 떨어지지 않도록 해주는 수직 항력(4.3절)은 지면과 우리 발바닥 사이의 엄청나게 많은 수의 전자기 상호작용에 기인한다. 우리가 물 위에서 걸을 수 없는 이유는 물 분자 간의 수소결합이 너무나 약하고 일정치 않기 때문이다. 물이 얼면 얼음의 결정구조가 견고해져 우리의 무게를 견디게 된다.

다른 종류의 접촉력 근원은 유사하다. 줄의 장력은 줄을 만든 섬유에 따라 달라진다. 다시 말해서 전자기힘에 의해 형성된 미시적인 분자구조에 의해 결정된다. 마찰력은 접촉면에서의 미시적인 불규칙성 때문에 생긴다. 접촉력의 거시적인 모델은 분자나 원자 수준에서 다양하고 복잡한 전자기 상호작용 때문이라고 보면 된다.

이 외에 물리적 접촉 없이 발생하는 힘이 존재한다. 뉴턴 등 초기의 과학자들은 서로 연결되어 있지 않은 두 물체 사이에 작용하는 힘의 개념에 익숙치 않아서 많은 고민을 했다. 그럼에도 불구하고 뉴턴은 그의 중력 법칙에 "원격작용"이라는 개념을 사용하였다. 예를 들면, 질량을 가진 태양이 아무런 물리적 연결 없이 멀리 떨어진 지구에 영향을 미치는 것을 의미한다. 이러한 원격작용과 관련된 개념의 어려움을 극복하기 위해 마이클 패러데이(Michael Faraday, 1791~1867)는 장(field)의 개념을 도입하였다. 그에 해당하는 힘을 **장힘**(field force)이라 한다. 이러한 접근법에 의하면, 질량 M을 가진 태양과 같은 물체가 공간 전체에 눈에 보이지 않는 영향을 미친다. 지구와 같은 질량 m인 두 번째 물체는 태양과 직접 상호작용하지 않고 태양에 의해 만들어지는 장과 상호작용하게 된다. 그림 4.2d에 나타난 두 물체 간의 중력 인력의 힘은 장힘의 한 예이다. 중력은 물체를 지구에 붙잡아두고, 물체에 무게가 생기도록 한다.

장힘의 또 다른 예로서 한 전하가 다른 전하에 작용하는 전기력을 들 수 있다(그림 4.2e). 세 번째 예는 막대자석이 철 조각에 작용하는 힘이다(그림 4.2f).

우리가 알고 있는 자연의 근본적인 힘은 모두 장힘이다. 이러한 힘을 크기의 순으로 나열하면, (1) 원자 내에서 작용하는 강력, (2) 전하 사이에 작용하는 전자기력, (3) 방사선 붕괴를 유발하는 약력, (4) 물체 사이의 중력 등이다. 강력은 원자핵에서 양성자들이 반발하여 흩어지는 것을 막아준다. 약력은 대부분의 방사선 붕괴 과정에 작용하며 태양의 에너지를 방출하는 중요한 역할을 한다. 강력과 약력은 매우 짧은 거리인 핵(10^{-15} m)의 수준에서만 작용한다. 그 범위를 벗어나면 아무런 영향이 없다. 반면 고전 물리학에서는 먼 거리까지 작용하는 중력과 전자기력만을 다루고 있다.

물체에 작용하는 힘은 그 모양을 바꿀 수도 있다. 예를 들어, 라켓으로 테니스공을 치면 그림 4.1과 같이 어느 정도 공의 모양이 변형된다. 아무리 단단한 물체나 강체라도 외력에 의해 변형된다. 자동차의 충돌에 의한 변형은 영구적일 수도 있다.

4.2 운동의 법칙 The Laws of Motion

뉴턴은 운동에 관한 잘못된 이전의 개념들을 수정하고, 물체에 작용하는 외력에 의한 그 물체의 운동을 계산하기 위해 운동의 법칙을 제안하였다. 이 절에서는 운동의 법칙 세 가지를 다루고자 한다.

4.2.1 뉴턴의 제1법칙 Newton's First Law

책상 위에 놓인 책은 그대로 정지해 있다. 이때 책과 책상 사이의 마찰력보다 큰 힘을 가하면, 책은 운동을 시작하게 된다. 가한 힘이 마찰력보다 크면 책은 가속하고, 반대로 힘이 없으면 마찰에 의해 느려지다가 곧 정지하게 된다(그림 4.3a).

반면 왁스가 칠해진 미끄러운 면을 따라 책을 밀면, 작용하는 힘이 없을 때 정지하기는 하지만 전처럼 빨리 정지하지는 않는다. 마지막으로 책이 마찰이 없는 수평면 위에서 움직이고 있다면(그림 4.3b), 벽이나 다른 물체와 충돌하여 정지하기 전까지는 계속 일정속도를 유지하는 운동을 할 것이다.

약 1,600년 전까지 과학자들은 물체가 정지해 있는 것이 자연스러운 상태라고 믿었다. 그러나 갈릴레오는 실험을 통하여 **운동하는 물체는 정지하려는 속성을 가진 것이 아니라, 계속하여 원래의 운동 상태를 유지하려 한다**는 결론을 도출하였다(그림 4.4). 이것을 토대로 나중에 **뉴턴의 제1법칙**(Newton's first law of motion)인 관성의 법칙 (law of inertia)이 공식화되었다.

물체에 작용하는 알짜힘이 없다면, 그 물체는 일정한 속도를 가지고 동일한 방향으로 운동한다.

◀ 뉴턴의 제1법칙

아이작 뉴턴
Isaac Newton(1642~1727)
영국의 물리학자, 수학자

뉴턴은 역사적으로 가장 천재적인 과학자 중의 한 사람이다. 서른 살 이전에 역학의 여러 법칙들에 대한 기본적인 개념을 정립하였고, 만유인력의 법칙을 발견하였으며 미적분에 대한 수학적인 방법론을 개발하였다. 자신의 이론으로 행성의 운동과 조수의 썰물, 밀물 그리고 달과 지구의 운동에 관한 많은 특별한 현상들을 설명하였다. 또한 빛의 성질에 관련한 기본적인 관찰 사실을 설명하였다. 물리학 이론에 대한 그의 공헌은 두 세기 동안 과학적인 사고의 근간이 되어왔으며 오늘날까지 중요한 영향을 미치고 있다.

© Book's Hill

그림 4.3 운동의 제1법칙. (a) 책이 처음 속도 $\vec{v}$로 마찰이 있는 표면에서 움직인다. 수평 방향의 마찰이 있기 때문에 밀린 책은 느려지면서 정지하게 된다. (b) 마찰이 없는 표면에서 책이 처음 속도 $\vec{v}$로 움직이고 있다. 알짜힘이 없으므로, 책은 속도 $\vec{v}$로 계속 움직인다.

제1법칙: 알짜힘이 작용하면 속도가 변한다.

제1법칙: 알짜힘이 없으면 속도가 변하지 않는다.

그림 4.4 외력이 작용하지 않으면 정지 상태의 물체는 계속 정지해 있을 것이며, 움직이는 물체는 일정속도로 계속 움직일 것이다. 이 사진의 경우, 건물의 벽이 움직이는 기차를 멈추게 할 만큼의 충분히 큰 외력을 작용하지 못한 경우이다.

응용
안전벨트

물체에 작용하는 알짜힘은 그 물체에 작용하는 외력의 벡터 합으로 정의된다. 외력은 물체의 환경에 의존한다. 만일 물체 속도의 크기나 방향이 변하지 않으면 물체의 가속도와 작용하는 알짜힘은 영이다.

내력은 물체 자체에서 나온 힘으로서 물체의 회전율을 바꿀 수는 있지만 물체의 속도를 변화시킬 수 없다(8장 참조). 결과적으로 내력은 뉴턴의 제2법칙에는 포함시키지 않는다. 즉 "물체 스스로가 속도를 올리는 것"은 불가능하다.

제1법칙의 결과 때문에 우주여행이 쉬워진다. 힘차게 쏘아 올린 후에 우주선은 몇 달 혹은 몇 년간 계속 움직이게 되며, 다만 먼 거리에 있는 태양이나 별에 의해 속도가 약간 바뀔 뿐이다.

질량과 관성 Mass and Inertia

골프채로 티 위에 놓인 골프공을 친다고 하자. 만약 숙달된 골퍼라면 페어웨이로 수백 야드를 날려 보낼 수 있을 것이다. 이제 같은 골프채로 티 위에 놓인 볼링공을 친다고 가정해 보자(권장할 일은 아니지만). 골프채는 부러져 나갈 것이고 손목이 골절될 수도 있다. 아마도 볼링공은 티에서 떨어져 겨우 반 바퀴 정도 구르다 멈추게 될 것이다.

이러한 가상의 실험에서 두 공 모두 운동 상태의 변화에 저항을 하지만 볼링공의 경우 더 크게 저항을 한다고 결론을 내릴 수 있다. 원래의 운동 상태를 그대로 유지하려고 하는 성질을 **관성**(inertia)이라 한다.

관성은 주어진 힘이 없는 경우에 운동 상태를 그대로 유지하려고 하는 성질인 반면, **질량**(mass)은 힘이 가해질 때 물체의 운동 변화에 대한 저항의 크기이다. 물체의 질량이 크면 주어진 힘에 대한 가속도는 작아진다. 질량의 SI 단위는 킬로그램(kg)이다. 질량은 일반적인 산술 법칙에 따르는 스칼라양이다.

관성으로 좌석 안전벨트의 작용 원리를 설명할 수 있다. 안전벨트의 역할은 사고가 났을 때 승객을 자동차에 고정시켜 심한 부상을 방지하는 것이다. 그림 4.5는 안전벨트의 고정 원리를 설명하고 있다. 보통 때에는 승객이 움직이는 대로 쐐기형 톱니가 자유롭게 감기고 풀릴 수 있다. 사고가 나면 자동차가 큰 가속을 받게 되어 급히 정지된다. 좌석 밑에 있던 큰 상자는 관성에 의해서 트랙을 따라 앞으로 미끄러져 나오게 된다. 상자와 막대 사이가 핀으로 연결되어 있기 때문에, 막대가 회전하면서 톱니바퀴와 막대가 맞물리게 된다. 이때 톱니는 고정되어 안전벨트는 더 이상 풀리지 않는다.

그림 4.5 자동차 안전벨트의 얼개 그림

4.2.2 뉴턴의 제2법칙 Newton's Second Law

뉴턴의 제1법칙은 물체에 작용하는 힘이 없을 때 일어나는 현상을 설명하고 있다. 이 경우 물체는 원래의 물체의 운동 상태를 그대로 유지할 것이다. 뉴턴의 제2법칙은 알짜힘이 작용하는 물체에 어떤 현상이 일어나는지를 설명한다.

마찰이 없는 수평면 위에서 얼음 조각을 밀어보자. 조각에 힘을 가하여 2 m/s^2의 가속이 일어나고 만약 2배의 힘을 가하면 가속은 2배가 되어 4 m/s^2이 된다. 계속해서 3배로 힘을 가하면 가속은 3배가 된다. 이 같은 관측을 통하여 **물체의 가속도는 물체에 작용한 알짜힘에 비례한다**는 결론을 얻을 수 있다.

질량 역시 가속도와 관련이 있다. 얼음 조각 위에 같은 크기의 얼음 조각을 올려놓고 일정한 힘으로 밀어 보자. 한 조각을 2 m/s^2의 가속도를 내는 힘으로 두 조각을 밀 때 가속도는 반으로 줄어들어 1 m/s^2이 될 것이고, 세 조각을 밀면 1/3로 줄어들 것이다. **물체의 가속도는 질량에 반비례한다**는 결론에 도달한다. 이들을 토대로 **뉴턴의 제2법칙**을 요약하면 다음과 같다.

> 물체의 가속도 $\vec{a}$는 물체에 작용하는 알짜힘에 비례하고 질량에 반비례한다.

◀ 뉴턴의 제2법칙

비례 상수를 1이라 하고 수학적으로 표현하면

$$\vec{a} = \frac{\sum \vec{F}}{m}$$

로 쓸 수 있다. 여기서 $\vec{a}$는 물체의 가속도이고, m은 질량, 그리고 $\sum \vec{F}$는 그 질량에 작용하는 모든 힘의 벡터 합이다. 양변에 m을 곱하면 다음과 같다.

$$\sum \vec{F} = m\vec{a} \qquad [4.1]$$

물리학자들은 간단히 $F = ma$라 한다. 그림 4.6은 질량, 가속도, 알짜힘의 관계를 잘 보여주고 있다. 제2법칙은 벡터 방정식이므로 세 개의 성분 식으로 나타낼 수 있다.

$$\sum F_x = ma_x \qquad \sum F_y = ma_y \qquad \sum F_z = ma_z \qquad [4.2]$$

물체에 작용하는 힘이 없으면 가속도는 영이고, 이는 속도가 일정함을 의미한다.

Tip 4.1 운동의 변화를 일으키는 힘
운동은 힘이 없는 상황에서도 일어날 수 있다. 힘은 운동의 변화를 일으킨다.

Tip 4.2 $m\vec{a}$는 힘이 아니다.
식 4.1은 곱셈 $m\vec{a}$가 힘이라는 것을 의미하지 않는다. 물체에 작용하는 모든 힘이 벡터의 합으로 알짜힘을 형성하며 식 왼편에 나타난다. 알짜힘은 질량과 물체에 생기는 가속도의 곱과 같다. 분석 과정에서 '$m\vec{a}$ 힘'을 포함하지 않아야 한다.

그림 4.6 운동의 제2법칙. 질량이 m인 블록의 경우, 작용하는 알짜힘 $\sum \vec{F}$는 질량 m과 가속도 벡터 $\vec{a}$의 곱과 같다.

힘과 질량의 단위 Units of Force and Mass

힘의 SI 단위는 **뉴턴**(newton)이다. 1 N 힘을 질량 1 kg인 물체에 작용하면, 그 물체는 1 m/s²의 가속도를 가지게 된다. 이와 함께 뉴턴의 제2법칙으로부터 1 N을 질량, 길이, 시간의 기본 단위로 표현하면 다음과 같다.

$$1\ \text{N} \equiv 1\ \text{kg} \cdot \text{m/s}^2 \qquad [4.3]$$

미국에서 상용되는 힘의 단위는 **파운드**(pound)이다. 파운드를 뉴턴으로 바꾸면

$$1\ \text{N} = 0.225\ \text{lb} \qquad [4.4]$$

가 된다. SI 단위계와 미국 상용 단위계에서 질량, 가속도, 힘의 단위는 표 4.1과 같다.

표 4.1 질량, 가속도, 힘의 단위

계	질량	가속도	힘
SI	kg	m/s²	N = kg·m/s²
미국 상용 단위계	slug	ft/s²	lb = slug·ft/s²

예제 4.1 에어보트

목표 운동학 공식과 일차원 운동에서의 뉴턴의 제2법칙을 적용한다.

문제 승객을 포함한 질량이 3.50×10^2 kg인 에어보트의 엔진은 저항력을 감안한 7.70×10^2 N 수평방향의 알짜힘을 낸다(그림 4.7). **(a)** 에어보트의 가속도를 구하라. **(b)** 정지상태에서 출발하여 12.0 m/s의 속력에 도달하는 데 걸리는 시간은 얼마인가? **(c)** 그 속력에 도달한 후 배의 운전자가 엔진을 끄고 난 후 배는 50.0 m를 더 나아갔다. 저항력이 일정하다고 가정할 때 그 크기를 구하라.

전략 (a)에서, 가속도를 구하기 위해 뉴턴의 제2법칙을 적용하고, (b) 일차원 운동학의 속도와 가속도의 관계식을 사용한다. (c)에서 엔진을 끄고 난 후 보트에는 x 방향의 저항력만이 작용하므로 알짜 가속도는 $v^2 - v_0^2 = 2a\,\Delta x$로부터 구할 수 있다. 그런 다음에는 뉴턴의 제2법칙으로부터 저항력을 구할 수 있다.

그림 4.7 (예제 4.1)

풀이

(a) 에어보트의 가속도를 구하기
뉴턴의 제2법칙을 적용하여 가속도를 구한다.

$$ma = F_{알짜} \quad \rightarrow \quad a = \frac{F_{알짜}}{m} = \frac{7.70 \times 10^2\ \text{N}}{3.50 \times 10^2\ \text{kg}}$$

$$= 2.20\ \text{m/s}^2$$

(b) 12.0 m/s의 속력에 도달하는 데 걸리는 시간 구하기.
속도에 관한 운동학 공식을 적용한다.

$$v = at + v_0 = (2.20\ \text{m/s}^2)t = 12.0\ \text{m/s} \quad \rightarrow \quad t = 5.45\ \text{s}$$

(c) 엔진을 끄고 난 후의 저항력 구하기
운동학 공식을 사용하여 저항력 때문에 생기는 알짜 가속도를 구한다. 나중 속력이 '0'이므로

$$v^2 - v_0^2 = 2a\,\Delta x$$
$$0 - (12.0\ \text{m/s})^2 = 2a(50.0\ \text{m}) \quad \rightarrow \quad a = -1.44\ \text{m/s}^2$$

그 가속도를 뉴턴의 제2법칙에 대입하여 저항력을 구한다.

$$F_{저항} = ma = (3.50 \times 10^2\ \text{kg})(-1.44\ \text{m/s}^2) = -504\ \text{N}$$

참고 프로펠러는 공기에 힘을 가하여 공기를 뒤로 밀어 보낸다. 동시에 공기는 프로펠러에 힘을 작용하여 배를 앞으로 나아가게 한다. 힘은 항상 이런 모양의 짝으로 나타나는데 이런 것은 다음 절에서 뉴턴의 제3법칙으로 설명된다. **(c)**에서 가속도 값이 음으로 나타나는데 그것은 보트가 감속되고 있음을 의미한다.

> **Tip 4.3** 뉴턴의 제2법칙은 벡터로 나타내어야 하는 식이다.
>
> 뉴턴의 제2법칙을 적용할 때, 물체에 작용하는 모든 힘을 벡터로 더한 다음 질량 m으로 나누어 벡터값으로 표현되는 가속도를 구한다. 스칼라처럼 힘의 크기를 각각 더해서 가속도를 구하지 않는다.

예제 4.2 배를 끄는 말

목표 이차원의 문제에 뉴턴의 제2법칙을 적용한다.

문제 그림 4.8과 같이 수로를 따라서 두 마리의 말이 질량이 $2.00 \times 10^3 \, \text{kg}$인 배를 끌고 있다. 첫 번째 말에는 줄이 수로와 $\theta_1 = 30.0°$의 각도로 연결되어 있고, 두 번째 말에는 $\theta_2 = -45.0°$로 연결되어 있다. 두 마리의 말이 모두 $6.00 \times 10^2 \, \text{N}$의 힘으로 끌 때, 정지 상태에서 출발하는 배의 초기 가속도를 구하라. 배의 마찰은 무시한다.

전략 각각의 말이 배에 작용하는 힘을 삼각함수를 이용하여 구한다. 작용한 힘을 x 방향과 y 방향의 성분으로 각각 모두 합한다. x와 y 방향 성분의 힘을 질량으로 나누어 가속도를 구한다.

그림 4.8 (예제 4.2)

풀이

말들이 작용하는 힘의 x성분을 구한다.

$$F_{1x} = F_1 \cos \theta_1 = (6.00 \times 10^2 \, \text{N}) \cos (30.0°)$$
$$= 5.20 \times 10^2 \, \text{N}$$
$$F_{2x} = F_2 \cos \theta_2 = (6.00 \times 10^2 \, \text{N}) \cos (-45.0°)$$
$$= 4.24 \times 10^2 \, \text{N}$$

x성분들을 합하여 x 방향의 전체 힘을 구한다.

$$F_x = F_{1x} + F_{2x} = 5.20 \times 10^2 \, \text{N} + 4.24 \times 10^2 \, \text{N}$$
$$= 9.44 \times 10^2 \, \text{N}$$

말들이 작용하는 힘의 y성분을 구한다.

$$F_{1y} = F_1 \sin \theta_1 = (6.00 \times 10^2 \, \text{N}) \sin 30.0° = 3.00 \times 10^2 \, \text{N}$$
$$F_{2y} = F_2 \sin \theta_2 = (6.00 \times 10^2 \, \text{N}) \sin (-45.0°)$$
$$= -4.24 \times 10^2 \, \text{N}$$

y성분들을 합하여 y 방향의 전체 힘을 구한다.

$$F_y = F_{1y} + F_{2y} = 3.00 \times 10^2 \, \text{N} - 4.24 \times 10^2 \, \text{N}$$
$$= -1.24 \times 10^2 \, \text{N}$$

힘의 성분을 질량으로 나누어 가속도의 성분을 구한다.

$$a_x = \frac{F_x}{m} = \frac{9.44 \times 10^2 \, \text{N}}{2.00 \times 10^3 \, \text{kg}} = 0.472 \, \text{m/s}^2$$

$$a_y = \frac{F_y}{m} = \frac{-1.24 \times 10^2 \, \text{N}}{2.00 \times 10^3 \, \text{kg}} = -0.062 \, 0 \, \text{m/s}^2$$

가속도의 크기를 구한다.

$$a = \sqrt{a_x^2 + a_y^2} = \sqrt{(0.472 \, \text{m/s}^2)^2 + (-0.062 \, 0 \, \text{m/s}^2)^2}$$
$$= 0.476 \, \text{m/s}^2$$

가속도의 방향을 구한다.

$$\tan \theta = \frac{a_y}{a_x} = \frac{-0.062 \, 0 \, \text{m/s}^2}{0.472 \, \text{m/s}^2} = -0.131$$

$$\theta = \tan^{-1}(-0.131) = -7.46°$$

참고 탄젠트의 역함수의 값이 4사분면 영역의 값도 나올 수가 있으나, 180°를 더할 필요는 없다. 말들이 줄의 장력으로 배에 힘을 가하면, 배는 줄을 통하여 같은 크기의 힘을 반대로 작용한다. 만약 그렇지 않으면 말들은 힘들이지 않고 쉽게 앞으로 나아갈 것이다. 이 예제는 짝을 이루어 작용하는 힘의 예를 보여준다.

중력 The Gravitational Force

중력(gravitational force)은 우주에 있는 두 물체 사이에 서로 작용하는 인력이다. 비록 중력이 거대한 물체들 사이에서는 매우 큰 힘으로 작용할 수 있지만, 기본적인 힘 중에서 가장 약하다. 그 힘이 얼마나 작은가는 풍선을 예로 들어 설명할 수 있다. 풍선을 머리카락에 비비게 되면 작은 전하가 만들어지는데, 전기력에 의해서 벽에 풍선이 달라붙어 지구가 당기는 중력을 이겨낸다.

운동을 이해하는 데 기여한 것뿐만 아니라, 뉴턴은 중력을 광범위하게 연구하였다. **뉴턴의 만유인력 법칙이란 우주에 존재하는 모든 입자는 질량의 곱에 비례하고 그들 사이의 거리의 제곱에 반비례하는 인력을 작용한다는 것이다.** 만약 그림 4.9와 같이 두 입자의 질량이 m_1과 m_2이고 떨어진 거리가 r이면, 중력의 크기 F_g는

▶ 만유인력의 법칙(중력 법칙)

그림 4.9 두 입자 사이에 작용하는 중력은 인력이다.

$$F_g = G \frac{m_1 m_2}{r^2} \qquad [4.5]$$

이다. 여기서 $G = 6.67 \times 10^{-11}$ N · m^2/kg^{2}는 **만유인력 상수**(universal gravitation constant)이다. 엄밀하게 m_1과 m_2는 중력이 생기게 하는 두 입자의 중력질량이고, 제2법칙에서 나오는 관성질량과는 다르다고 생각할 수 있다. 아주 정밀한 실험에 의하면 두 질량은 거의 같다고 할 수 있다. 중력은 7장에서 좀 더 상세히 다룬다.

무게 Weight

지구 표면 근처에서 질량 m인 물체에 작용하는 중력의 크기를 물체의 **무게**(weight) w라고 하며, 이는

$$w = mg \qquad [4.6]$$

로 주어진다. 여기서 g는 중력 가속도이다.

SI 단위: 뉴턴(N)

식 4.5로부터 질량 m인 물체의 무게는

NASA/Eugene Cernan

그림 4.10 우주비행사 슈미트(Harrison Schmitt)가 등에 지고 있는 생명 유지 장치는 지상에서 무게가 약 1 200 N이고 질량이 120 kg이다. 지상에서 훈련을 할 때 그는 질량이 20 kg인 200 N 무게의 모형을 짊어졌다. 모형이 달에서의 실제 장비와 무게는 같지만 질량이 작다는 것은 관성이 작다는 것을 의미한다. 장비의 무게는 달의 중력 가속도에 따라 달라지지만 우주인이 주변을 둘러보기 위해서는 몸에 지닌 모든 것을 다 가속시켜야 한다. 결국, 달에서 사용하는 실제 장비는 무게는 같으나 관성이 크기 때문에 지상에서 모형을 짊어지고 움직이는 것보다 더 힘들다.

$$w = G \frac{M_E m}{r^2} \qquad [4.7]$$

으로 정의할 수 있으며, 여기서 M_E는 지구의 질량이고 r은 지구 중심에서 물체까지의 거리이다. 만약 물체가 지구의 표면에 놓여 있으면 r은 지구의 반지름 R_E가 된다. r^2이 식 4.7에서 분모에 있으므로 r이 증가할수록 무게는 줄어든다. 따라서 산꼭대기에 있는 물체의 무게는 해수면에서의 물체 무게보다 작다.

식 4.6과 4.7을 비교하면

$$g = G \frac{M_E}{r^2} \qquad [4.8]$$

임을 알 수 있다.

질량과 다르게 무게는 주어진 위치에서의 g값에 따라 달라질 수 있으므로 물체에 주어진 고유한 값이 아니다(그림 4.10). 한 예로서, 질량이 70.0 kg인 물체가 $g = 9.80$ m/s^{2}인 지점에 있다면 $mg = 686$ N이다. 높은 곳에 있는 풍선에서는 g가 9.76 m/s^{2}이 되어 물체의 무게는 683 N이 된다. g값 역시 주어진 위치에 존재하는 물질의 밀도에 따라 약간씩 달라질 수 있다. **특별히 언급하지 않는 한 이 책에서는 g값을 지표에서의 값인 9.80 m/s^{2}으로 한다.**

식 4.8은 질량이 큰 물체의 반지름을 알고 있을 때, 그 표면에 낙하하는 물체의 가속도를 구하는 데 사용되는 일반적인 식이다. 표 7.3의 값을 이용하여 $g_{태양} = 274$ m/s^{2}이고, $g_달 = 1.62$ m/s^{2}임을 알 수 있다. 중요한 사실은 구형 물체의 경우, 거리는 물체의 중심으로부터 측정하면 된다. 이는 가우스의 법칙(15장 참고)으로 설명할 수 있고 중력이나 전기력에서 모두 성립한다.

예제 4.3　**아주 먼 세상의 힘**

목표 뉴턴의 중력 법칙을 사용하여 중력의 크기를 계산한다.

문제 (a) 태양으로부터 가장 가까운 한낮 정오에 지구의 적도 위에 있는 질량 70 kg의 사람이 받는 태양에 의한 중력을 구하라. (b) 태양으로부터 가장 먼 밤중인 자정에 그 사람이 받는 태양에 의한 중력을 구하라. (c) 자정과 정오 사이의 태양에 의한 가속도의 차이를 계산해 보라. (태양계에 관한 자료는 169쪽 표 7.3에 주어져 있다)

전략 정오에 사람으로부터 태양까지의 거리를 구하려면 지구 중심에서 태양 중심까지의 거리에서 지구의 반지름을 빼면 된다. 자정에는 지구의 반지름을 더한다. 두 값의 차이가 작기 때문에 계산 과정에서 자릿수를 적당히 유지해야 한다. (c)에서는 (a)의 답에서 (b)의 답을 뺀 후 사람의 질량으로 나누어 준다.

풀이

(a) 정오에 적도에 있는 사람에게 작용하는 태양의 중력 구하기.
중력 공식인 식 4.5를 태양에서 지구까지의 거리 r_S와 지구 반지름 R_E로 나타낸다.

$$F_{태양}^{정오} = \frac{mM_SG}{r^2} = \frac{mM_SG}{(r_S - R_E)^2} \tag{1}$$

표 7.3에 있는 값들을 (1)에 대입하고 소숫점 이하 5자리까지 계산한다.

$$F_{태양}^{정오} = \frac{(70.0\ \text{kg})(1.991 \times 10^{30}\ \text{kg})(6.67 \times 10^{-11}\ \text{kg}^{-1}\text{m}^3/\text{s}^2)}{(1.496 \times 10^{11}\ \text{m} - 6.38 \times 10^6\ \text{m})^2}$$

$$= \boxed{0.415\,40\ \text{N}}$$

(b) 자정에 적도에 있는 사람에게 작용하는 태양의 중력 구하기. 분모에 지구 반지름을 더한 것으로 중력 공식을 쓴다.

$$F_{태양}^{자정} = \frac{mM_SG}{r^2} = \frac{mM_SG}{(r_S + R_E)^2} \tag{2}$$

값들을 (2)에 대입한다.

$$F_{태양}^{자정} = \frac{(70.0\ \text{kg})(1.991 \times 10^{30}\ \text{kg})(6.67 \times 10^{-11}\ \text{kg}^{-1}\text{m}^3/\text{s}^2)}{(1.496 \times 10^{11}\ \text{m} + 6.38 \times 10^6\ \text{m})^2}$$

$$= \boxed{0.415\,33\ \text{N}}$$

(c) 자정과 정오 사이의 태양이 사람에게 작용하는 가속도의 차이를 계산하기.
가속도의 차이에 대한 식을 쓰고 값을 대입한다.

$$a = \frac{F_{태양}^{정오} - F_{태양}^{자정}}{m} = \frac{0.415\,40\ \text{N} - 0.415\,33\ \text{N}}{70.0\ \text{kg}}$$

$$\cong \boxed{1 \times 10^{-6}\ \text{m/s}^2}$$

참고 태양과 지표 위에 있는 물체 사이의 중력에 의한 인력은 쉽게 측정할 수 있어서 중력에 의한 인력이 물체의 성분에 따라 달라지는지를 결정하는 실험에 이용되어 왔다. 달이 지표에 작용하는 중력은 태양이 지표에 작용하는 중력보다 훨씬 작다. 역설적이게도 달이 지구의 조류에 미치는 영향은 태양이 미치는 것의 두 배가 넘는다. 그 이유는 조류의 세기는 지구 양쪽의 중력의 차이에 의존하기 때문이다. 달이 태양보다 훨씬 더 지구에 가깝기 때문에 달에 의한 중력의 차이가 태양에 의한 것보다 훨씬 크다.

목표 행성의 질량과 반지름이 행성 표면에 있는 물체의 무게에 미치는 영향을 이해한다.

문제 우주인이 임무 수행을 위해 어떤 행성 표면에 착륙하였다. 그 행성은 지구에 비해 질량이 세 배이고 반지름이 두 배이다. 그 우주인의 행성에서의 무게 w_X는 지구에서의 무게 w_E의 몇 배인가?

전략 M_X와 r_X를 행성의 질량과 반지름, M_E와 R_E를 지구의 질량과 반지름이라고 하고 이 값들을 중력 법칙의 식에 대입한다.

풀이

문제의 설명에 의하면 다음과 같은 관계가 있다.

$$M_X = 3M_E \quad r_X = 2R_E$$

이 관계를 식 4.5에 대입하여 정리하면 행성에서의 무게가 지구에서의 무게의 몇 배인지 알 수 있다.

$$w_X = G\frac{M_X m}{r_X^2} = G\frac{3M_E m}{(2R_E)^2} = \frac{3}{4}G\frac{M_E m}{R_E^2} = \boxed{\frac{3}{4}} w_E$$

참고 이 문제는 행성의 표면에서 물체의 무게를 결정하는 데 행성의 질량과 반지름 간의 관계를 보여 주는 것이다. 목성은 지구 질량의 300배나 되지만, 목성 표면에서의 어떤 물체의 무게는 지표에서의 무게의 2.5배가 조금 넘을 뿐이다.

4.2.3 뉴턴의 제3법칙 Newton's Third Law

예를 들어, 그림 4.11a와 같이 나무토막에 못을 박는 경우를 생각해 보자. 못을 가속하여 나무토막 속으로 박히도록 하기 위해서는 망치로 못에 힘을 가해야 한다. 그러나 뉴턴은 하나의 고립된 힘(망치가 못에 가하는 것과 같은 힘)은 존재할 수 없고, **자연에 존재하는 힘은 항상 짝으로 존재한다**는 사실을 알고 있었다. 뉴턴에 의하면 망치가 가하는 힘에 의하여 못이 나무토막에 박힘에 따라, 망치는 못이 주는 힘 때문에 속도가 느려져서 정지하게 된다.

이렇게 짝을 이루는 힘을 작용과 반작용이라 하며 이러한 사실을 설명한 것을 **뉴턴의 제3법칙**(Newton's third law)이라고 하고 다음과 같이 표현하였다.

뉴턴의 제3법칙 ▶ | 만일 두 물체가 상호작용할 경우, 물체 1이 물체 2에 작용하는 힘 $\vec{\mathbf{F}}_{12}$는 물체 2가 물체 1에 작용하는 힘 $\vec{\mathbf{F}}_{21}$과 크기는 같고 방향은 서로 반대이다.

그림 4.11 뉴턴의 제3법칙. (a) 망치가 못에 작용하는 힘과 못이 망치에 작용하는 힘은 크기가 같고 방향은 서로 반대이다. (b) 물체 1이 물체 2에 작용하는 힘 $\vec{\mathbf{F}}_{12}$는 물체 2가 물체 1에 작용하는 힘 $\vec{\mathbf{F}}_{21}$과 크기는 같고 방향은 서로 반대이다.

이 법칙은 그림 4.11b와 같이 **하나의 고립된 힘은 존재하지 않는다는 사실을 말해준다**. 이때 물체 1이 물체 2에 작용하는 힘 $\vec{\mathbf{F}}_{12}$를 작용력, 물체 2가 물체 1에 작용하는 힘 $\vec{\mathbf{F}}_{21}$을 반작용력이라고 한다. 실제로는 어느 쪽 힘이든지 작용력 또는 반작용력이라고 할 수 있다. **작용력의 크기는 반작용력의 크기와 같고 방향은 반대이다. 어떤 경우이든 작용력과 반작용력은 항상 상대 물체에 힘을 작용한다.** 예를 들어, 자유낙하하고 있는 포물체에 작용하는 힘은 물체에 작용하는 지구의 중력 $\vec{\mathbf{F}}_g$이며, 이 힘의 크기는 포물체의 무게인 mg이다. 힘 $\vec{\mathbf{F}}_g$에 대한 반작용력은 낙하하는 물체가 지구에 작용하는 $\vec{\mathbf{F}}_g' = -\vec{\mathbf{F}}_g$이다. 작용력 $\vec{\mathbf{F}}_g$가 낙하하는 포물체를 지구 쪽으로 가속시키는 것과 마찬가지로, 반작용력 $\vec{\mathbf{F}}_g'$은 지구를 포물체 쪽으로 가속시켜야만 한다. 그러나 지구의 질량은 낙하하는 물체에 비해 매우 크기 때문에, 반작용력이 지구에 미치는 영향은 무시할 정도로 작다.

뉴턴의 제3법칙은 일상생활에도 영향을 미친다. 뉴턴의 제3법칙이 없다면, 걷거나 자전거 또는 자동차를 탄다는 것이 가능하지 않을 것이다. 예를 들어, 우리는 걸을 때에 지면에 마찰력을 가한다. 지면이 발에 가하는 반작용력은 우리를 앞으로 나아가게 한다. 마찬가지로, 자전거의 바퀴가 지면에 마찰력을 가하면 지면의 반작용력 때문에 자전거는 앞으로 나가게 된다. 곧 살펴보겠지만 마찰력은 이러한 반작용력에서 중요한 역할을 한다.

뉴턴의 제3법칙의 또 다른 응용으로 헬리콥터를 생각해 보자. 가장 흔히 보는 헬리콥터는 동체 위에서 수평으로 회전하는 큰 날개와 뒷부분에서 수직으로 회전하는 작은 날개가 있다. 또 다른 종류의 헬리콥터는 동체 위에서 서로 반대 방향으로 회전하는 두 개의 큰 날개를 가지고 있다. 왜 헬리콥터는 언제나 두 개의 날개를 가지고 있을까? 첫 번째 유형의 헬리콥터 경우, 엔진은 날개에 힘을 가하여 회전 운동을 변화시킨다. 그러나 뉴턴의 제3법칙에 의하면 날개도 같은 크기의 힘을 헬리콥터를 향해 반대방향으로 작용해야만 한다. 이 힘이 헬리콥터 몸체를 날개와 반대 방향으로 회전하게 한다. 따라서 회전하는 헬리콥터를 통제하기 위해서는 두 번째의 날개가 필요하다. 즉, 뒤쪽의 작은 날개는 헬리콥터의 몸체가 회전하려는 힘과 반대 방향의 힘을 제공하여 헬리콥터 몸체를 안정하게 유지시킨다. 서로 반대 방향으로 회전하는 두 개의 큰 날개를 가진 헬리콥터의 경우, 엔진이 두 날개에 반대 방향으로 힘을 작용하여 헬리콥터를 회전시키는 알짜힘이 발생되지 않도록 하고 있다.

앞에서 언급한 바와 같이 지구는 물체에 $\vec{\mathbf{F}}_g$의 힘을 작용한다. 만약 물체가 그림 4.12a와 같이 책상 위에 정지해 있는 모니터라면, $\vec{\mathbf{F}}_g$에 대한 반작용력은 모니터가 지구에 작용하는 힘 $\vec{\mathbf{F}}_g'$이다. 그런데 모니터는 책상 위에 놓여 있기 때문에 가속되지 않는다. 이 경우 책상은 모니터에 **수직 항력**(normal force)이라고 하는 접촉면에 수직인 작용력 $\vec{\mathbf{n}}$을 작용한다(책상 표면에 수직 또는 법선 방향이므로 수직 항력이라 한다). 이 수직 항력이 모니터가 책상 아래로 떨어지는 것을 방지하고 있다. 즉, 이 수직 항력은 책상이 부서질 때까지 증가할 수 있다. 수직 항력은 모니터의 무게 때문에 책상 면이 휘면서 나타나는 탄성 힘이다. 수직 항력은 무게와 균형을 유지하게 한다. 수직 항력 $\vec{\mathbf{n}}$에 대한 반작용은 모니터가 책상에 작용하는 힘 $\vec{\mathbf{n}}'$이다. 따라서 다음의 관계가 성립한다.

Tip 4.4 작용–반작용 쌍

뉴턴의 제3법칙을 적용할 때, 작용력과 반작용력은 서로 다른 물체에 작용한다. 같은 크기의 두 힘이 반대 방향으로 한 물체에 작용할 경우 작용–반작용 쌍이 될 수 없다.

응용

헬리콥터의 비행

그림 4.12 모니터가 책상 위에 정지해 있는 경우, 모니터에 작용하는 힘은 (b)에 나타낸 것과 같이 책상으로부터 받는 수직 항력 $\vec{\mathbf{n}}$과 중력 $\vec{\mathbf{F}}_g$이다. $\vec{\mathbf{n}}$에 대한 반작용력은 모니터가 책상에 작용하는 힘 $\vec{\mathbf{n}}'$이다. $\vec{\mathbf{F}}_g$에 대한 반작용력은 모니터가 지구에 작용하는 힘 $\vec{\mathbf{F}}_g{}'$ 이다.

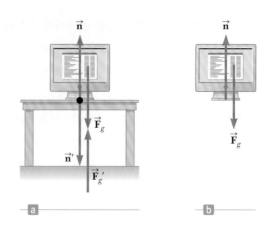

$$\vec{\mathbf{F}}_g = -\vec{\mathbf{F}}_g{}', \qquad \vec{\mathbf{n}} = -\vec{\mathbf{n}}'$$

힘 $\vec{\mathbf{n}}$과 $\vec{\mathbf{n}}'$은 크기가 같고, 또한 책상이 부서지지 않는 이상 $\vec{\mathbf{F}}_g$와도 같은 크기이다. 그림 4.12b와 같이 모니터에 작용하는 힘은 $\vec{\mathbf{F}}_g$ 와 $\vec{\mathbf{n}}$임에 유의하라. 두 반작용력 $\vec{\mathbf{F}}_g{}'$과 $\vec{\mathbf{n}}'$은 모니터가 다른 물체에 작용하는 힘이다. 작용–반작용 쌍의 두 힘은 항상 서로 다른 물체에 작용한다.

모니터는 어느 방향으로도 가속되지 않으므로($\vec{\mathbf{a}} = 0$), 뉴턴의 제2법칙으로부터 $m\vec{\mathbf{a}} = 0 = \vec{\mathbf{F}}_g + \vec{\mathbf{n}}$이다. 그러나 $F_g = -mg$이므로 $n - mg$라는 유용한 결과를 얻는다.

예제 4.5　**작용-반작용과 얼음 위에서 스케이트를 타는 두 남녀**

목표 뉴턴의 제3법칙을 설명한다.

문제 질량이 $M = 75.0$ kg인 남자와 $m = 55.0$ kg인 여자가 얼음 위에서 스케이트를 신고 마주 보고 서 있다. 여자가 남자를 $F = 85.0$ N의 힘으로 $+x$ 방향으로 민다. 얼음은 마찰이 없다고 가정한다. **(a)** 남자의 가속도는 얼마인가? **(b)** 여자에게 작용하는 반작용력은 얼마인가? **(c)** 여자의 가속도를 계산하라.

전략 **(a)**와 **(c)**는 단순히 제2법칙을 적용한 것이다. **(b)** 문제는 제3법칙을 적용하여 푼다.

·····································

풀이

(a) 남자의 가속도는?

제2법칙을 남자에 대해 쓴다.

$$Ma_M = F$$

남자의 가속도에 대해 풀고 값을 대입한다.

$$a_M = \frac{F}{M} = \frac{85.0 \text{ N}}{75.0 \text{ kg}} = \boxed{1.13 \text{ m/s}^2}$$

(b) 여자에 작용하는 반작용력은 얼마인가?

뉴턴의 제3법칙을 적용하고 크기가 같고 방향이 반대인 여자에게 작용하는 반작용력 R을 구한다.

$$R = -F = \boxed{-85.0 \text{ N}}$$

(c) 여자의 가속도를 계산한다.

여자에 대해 뉴턴의 제2법칙을 쓴다.

$$ma_W = R = -F$$

여자의 가속도에 대해 풀고 값을 대입한다.

$$a_W = \frac{-F}{m} = \frac{-85.0 \text{ N}}{55.0 \text{ kg}} = \boxed{-1.55 \text{ m/s}^2}$$

·····································

참고 여기서 두 힘은 크기가 같고 방향이 반대이나, 두 질량이 다르기 때문에 가속도는 크기가 다르다.

4.3 수직 항력과 운동 마찰력 The Normal and Kinetic Friction Forces

이차원에서의 제2법칙 문제를 다룰 때 물체에 작용하는 수직 항력을 구하기 위하여 y 성분이 자주 사용된다. 이 절에서는 가장 흔히 사용되는 네 가지 경우를 들어 설명하고자 한다. 이 네 가지 경우를 잘 배우면 복잡한 이차원에서의 제2법칙 문제를 일차원 문제로 해결할 수 있다. 그 이유는 이들 경우에 수직 항력이 먼저 결정되기 때문이다. 일반적으로, 수직항력은 제2법칙의 x성분에서 사용하는데, 물체에 작용하는 운동 마찰력을 결정한다.

4.3.1 경우 1: 수평면에서의 수직 항력 The Normal Force on a Level Surface

그림 4.13a는 편평한 수평면 위에 물체가 정지해 있는 모습이다. 그 물체에 두 개의 힘이 작용하는데 하나는 위로 작용하는 수직 항력이고 다른 하나는 아래로 작용하는 중력이다. 그림 4.13b를 그 물체의 **자유 물체도**라 한다. 그것은 그 물체에 작용하는 힘만으로 그린 것으로 이해를 돕기 위한 것이다. 자유 물체도는 물체에 직접 작용하는 힘으로서 문제와 관련이 있는 힘만 그려져 있다. 다른 물체에 작용하는 힘이나 반작용력은 그리지 않는다. 예를 들어, 그 물체에 작용하는 중력에 대한 반작용력은 그 물체가 지구에 작용하는 중력으로서 그 물체의 자유 물체도에 포함되지 않는다. $a_y = 0$이므로 그 물체의 제2법칙의 y성분을 쓰면 다음과 같다.

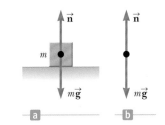

그림 4.13 (a) 편평한 표면에서 수직 항력은 물체의 무게를 받친다. (b) 자유 물체도

$$\sum F_y = ma_y$$
$$n - mg = 0$$
$$\boxed{n = mg}$$

[4.9]

이 경우의 수직 항력의 크기는 그 물체의 무게와 같다.

4.3.2 경우 2: 수평면 위에서 힘을 받고 있는 경우의 수직 항력
The Normal Force on a Level Surface with an Applied Force

그림 4.14a도 편평한 수평면 위에 물체가 정지해 있는 모습이다. 그 물체에 작용하는 세 힘은 위로 향하는 수직 항력, 아래로 향하는 중력, 각 θ의 방향으로 작용하는 외력이다. 제2법칙의 y성분은 다음과 같다.

$$\sum F_y = ma_y$$

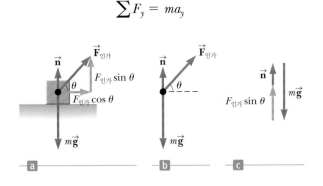

그림 4.14 (a) 외력이 수평 방향보다 위로 작용하는 경우 (b) 자유물체도 (c) 힘이 수평보다 윗방향으로 작용하는 경우, 무게는 수직 항력과 외력의 y성분의 합으로 지탱된다.

그림 4.15 (a) 외력이 수평 방향보다 아래로 작용하는 경우 (b) 자유물체도 (c) 수직 항력의 크기는 무게와 외력의 y성분의 합과 같아야 한다.

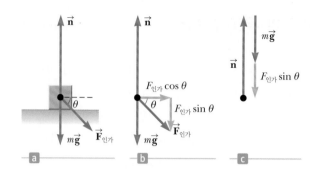

$$n - mg + F_{인가}\sin\theta = 0$$

이 식들을 수직 항력 n에 대해 풀면

$$n = mg - F_{인가}\sin\theta \qquad [4.10]$$

가 된다. 그림 4.14a에서와 같이 각이 양(+)이면 그 각의 사인값은 +이므로 외력의 y성분은 무게의 일부를 떠받침으로 수직 항력이 줄어든다. 그것은 그림 4.14c에서와 같이 y성분만을 쓰면 쉽게 이해할 수 있다. 수직 항력과 외력의 y성분의 합은 무게의 크기와 같다. 그러나 각이 음(−)이면 그 각의 사인값은 음이므로, 그림 4.15에서와 같이 수직 항력이 증가하게 된다. 즉, 수직 항력은 그 크기가 커져야 하며 외력의 y성분과 무게의 합과 같아야 한다.

4.3.3 경우 3: 가속되고 있는 수평면에 작용하는 수직 항력
The Normal Force on a Level Surface Under Acceleration

그림 4.16a는 엘리베이터에서처럼 가속되고 있는 수평면 위에 놓여 있는 물체의 모습을 보여 주고 있다. 그 물체에 작용하는 두 힘은 위로 향하는 수직 항력과 아래로 향하는 중력이다. 그러나 엘리베이터가 위로 가속되면, 수직 항력의 크기는 증가할 것이다. 왜냐하면 수직 항력은 중력에 대항할 뿐 아니라 가속도에도 대항해야 하기 때문이다. 제2법칙의 y성분을 쓰면

$$\sum F_y = ma_y$$

$$n - mg = ma_y$$

$$n = ma_y + mg \qquad [4.11]$$

가 된다. 그림 4.16b에서 알 수 있듯이, 수직 항력 벡터의 크기는 중력의 크기와 관성력 ma의 합과 같다.

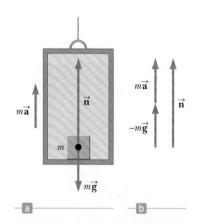

그림 4.16 (a) 위로 가속되는 엘리베이터 안에 어떤 물체가 있다. (b) 위로 가속될 때 수직 항력의 크기는 무게 mg의 크기와 관성 ma의 합과 같아야 한다.

4.3.4 경우 4: 경사면에서의 수직 항력 The Normal Force on a Slope

제2법칙과 관련된 문제의 대표적인 것은 어떤 각으로 기울어진 경사면 위에 정지해 있는 물체이다. 그런 경우에 좌표축을 회전시켜 문제를 간단하게 만들 수 있다. 즉, 그림 4.17a에서처럼 경사면과 평행하게 x' 방향을 정하고 수직하게 y' 방향을 정하는

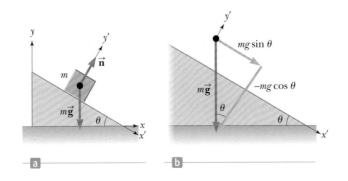

그림 4.17 (a) 경사면 위에 있는 물체에 작용하는 힘. (b) 기울어진 좌표계에서 중력은 경사면에 수평한 성분과 수직한 성분으로 분해된다. 수직 항력과 반대 방향이 되는 중력의 성분은 $F_{y,중력} = -mg\cos\theta$ 으로 주어지는 반면, 경사면을 따른 성분은 $F_{x,중력} = mg\sin\theta$가 된다.

것이다. 그림 4.17b를 사용하면 물체에 작용하는 중력은 $F_{x',중력} = mg\sin\theta$와 $F_{y',중력} = -mg\cos\theta$으로 나뉘어진다.

y'축에서 제2법칙을 사용하면 수직 항력을 풀 수 있다. 즉,

$$\sum F_{y'} = ma_{y'}$$
$$n - mg\cos\theta = 0$$
$$n = mg\cos\theta \qquad [4.12]$$

경사면에 대한 수직 항력은 중력의 경사면에 수직한 성분과 크기가 같다. 중력이 경사면을 따라 물체에 작용하는 힘은 다음과 같다.

$$F_{x',중력} = mg\sin\theta \qquad [4.13]$$

이러한 문제를 접할 때 경우에 따라서는 그 문제를 일차원 문제로 다루는 것이 가능하다. 그 이유는 y 방향으로부터 얻어지는 것은 수직 항력뿐이기 때문이다.

4.3.5 수직 항력과 대기압 The Normal Force and Atmospheric Pressure

수평면 위에 있는 물체에 작용하는 수직 항력은 지구 중심을 향하는 그 물체의 중력과 크기가 같고 반대 방향이다. 엄밀하게 말하면, 수직 항력은 그 물체 위에 작용하는 아래로 향하는 기압에 의한 힘도 받쳐야 한다. 그러나, 미시적으로 보면 표면이 완벽하지 않기 때문에 비교적 매끈한 물체 위에 정지해 있는 아주 매끈한 물체라도 그 사이에 공기가 차 있어서 아래로 향하는 압력과 위로 향하는 압력이 서로 상쇄된다. 위 물체 아래에 있는 공기를 완전히 제거할 수 있다면 대기압이 아래로만 향하기 때문에 그 물체는 바닥에 매우 견고하게 붙어 있을 것이다. 이것이 바로 어린이용 장난감 화살이 유리창에 붙어있게 하는 "흡반컵 효과"이다. 이런 효과는 표면이 매우 매끄럽고 컵이 끈적하면 잘 나타난다. 왜냐하면 그런 조건에서 공기가 컵 밖으로 잘 빠져 나가기 때문이다. 일반적으로, 특별한 언급이 없는 한 물체에 작용하는 대기의 압력에 의한 힘은 서로 상쇄된다고 가정한다.

4.3.6 운동 마찰력 The Force of Kinetic Friction

마찰이란 물체와 그 주변 간의 미시적인 상호작용으로 생기는 접촉력이다. 공기 마찰

은 자동차에서 로켓까지의 모든 운송수단에 영향을 미치며, 유체 마찰은 배의 운동이나 파이프 내의 유체의 흐름에 영향을 미친다. 하지만, 마찰은 항상 운동을 방해하는 것만은 아니다. 마찰이 없으면 우리는 걷거나 물건을 들거나 잡을 수 없다.

마찰은 물체가 표면과 접촉해 있을 때에도 생긴다. 미시적으로는 상호작용하는 표면의 아주 작은 돌출부들이 서로 맞물려 있어서 외력이 작용할 때 미끄러지거나 부서지거나 휘어진다. 운동 마찰은 운동 중에 생기는 마찰로서 그것은 순전히 두 물체의 표면의 재료에 따라 접촉이 부드럽거나 아주 거칠어지거나에 영향을 받는다. 수직 항력은 접촉이 얼마나 강한가의 정도를 나타내며, 표면이 물체에 작용하는 수직 항력이 커질수록 운동 마찰력이 커진다. 여러 가지 이유로 두 표면 간의 모든 상호작용은 수직 항력에 비례하는 것으로 나타낼 수 있다.

운동 마찰력 ▶ | 표면 위에서 움직이는 물체에 작용하는 **운동 마찰력** f_k의 크기는

$$f_k = \mu_k n \qquad \text{[4.14]}$$

로 주어진다. 여기서 n는 물체에 작용하는 수직 항력이고 μ_k는 물체와 표면 간의 **운동 마찰 계수**이다. 운동 마찰력 f_k는 운동방향과 반대로 작용한다.

운동 마찰력을 계산하는 것은 쉽다. 단순히 수직 항력을 구해서 마찰 계수 μ_k를 곱해주기만 하면 된다. 그 계수는 물체와 표면에만 관계되며, 실험에 의해서만 구할 수 있다. 표면이 눈에 띄게 달라지면 물체가 한 점에서 다른 점으로 움직임에 따라 마찰계수의 값도 변한다. 더구나 물체에 작용하는 마찰의 효과는 물체가 움직이는 속도에 따라서도 달라진다. 마찰 계수는 평균값이나 근삿값으로 간주되지만 유용하게 사용된다. 이 책에서는 주어진 표면과 물체에 대해서 마찰 계수는 항상 일정하다고 가정한다. 몇 가지 대표적인 마찰 계수의 값이 표 4.2에 나열되어 있다. 물론 거기에는 정지 마찰 계

표 4.2 마찰 계수[a]

	μ_s	μ_k
강철과 강철	0.74	0.57
알루미늄과 강철	0.61	0.47
강철과 구리	0.53	0.36
콘크리트와 고무	1.0	0.8
나무와 나무	0.25–0.5	0.2
유리와 유리	0.94	0.4
젖은 눈 위의 왁스칠한 나무	0.14	0.1
마른 눈 위의 왁스칠한 나무	–	0.04
윤활유 처리한 금속과 금속	0.15	0.06
얼음과 얼음	0.1	0.03
테플론과 테플론	0.04	0.04
사람의 연골 관절	0.01	0.003

[a] 모든 값은 근삿값이다.

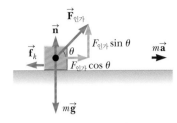

그림 4.18 운동 마찰력은 물체가 운동하는 방향과 반대로 작용한다.

수 값도 나열되어 있다(4.4절).

운동 마찰력이 물체에 작용하는 효과를 나타내는 도표가 그림 4.18에 주어져 있다. 거의 모든 경우에 이러한 마찰 모형은 수직 항력을 계산하고, 실험으로 얻어지는 운동 마찰계수 μ_k를 곱해서 구한다. 그림 4.18에서의 수직 항력은 앞에서 한 경우2에 해당하는 것으로서 $n = mg - F_{인가}\sin\theta$이다.

제2법칙에 따라 물체에 작용하는 힘의 x성분은 다음과 같이 쓸 수 있다.

$$ma_x = F_{인가,x} - f_k = F_{인가}\cos\theta - \mu_k n$$

$$ma_x = F_{인가}\cos\theta - \mu_k(mg - F_{인가}\sin\theta)$$

따라서, 운동 마찰력을 계산하고 사용하는 것은 수직 항력을 계산하는 것보다 어렵지 않다. 이 경우, 외력이 작용하는 각은 물체의 가속도를 구하는 데 중요한 요소가 된다. 각이 0에서부터 증가할수록 외력의 x 방향 성분은 감소하여 수직 항력과 운동 마찰력도 감소한다. 미적분을 사용하여 계산하면 가속도가 최대가 되는 각도 구할 수 있다.

4.4 장력 Tension Forces

물체에 줄을 매어 잡아 당기면 줄에 장력이 작용한다. 장력은 줄의 방향을 따라 작용하고 그림 4.19에서처럼 물체와 줄을 당기는 사람 모두에게 작용한다. 줄의 질량이 무시될 수 있다면, 줄의 모든 곳에서 장력은 같다. 그런 경우 차에 작용하는 장력 $\vec{T}_C$와 사람에게 작용하는 장력 $\vec{T}_M$은 같다.

그림 4.19 매우 힘이 센 사람이 줄의 장력을 통해 차를 당기고 있다. 그 사람은 크기가 같고 방향이 반대인 장력이 그를 뒤로 당겨 미끄러지지 않게 하기 위해 상체를 앞으로 약간 기울여 당겨야 한다.

장력을 실제로 관찰하려면 줄에 용수철 저울을 매달아 저울 값을 읽으면 된다. 수직 항력에서와 같이 장력도 그 근본은 미시적인 전자기 상호작용이다. 그 상호작용은 줄에 힘이 작용할 때 줄이 끊어지지 않도록 줄의 요소들이 서로 당기는 힘이다. 줄에 힘이 작용하면 줄은 전체가 팽팽해지고 그 힘들이 줄의 양 끝에 연결된 물체에 전달된다. 이 절에서는 장력과 관련된 몇 가지 경우들을 살펴본다.

4.4.1 경우 1: 정지해 있는 물체에 작용하는 연직 방향의 장력
Vertical Tension Forces on a Static Object

이 경우, 그림 4.20에서와 같이 물체는 연직으로 늘어진 줄 끝에 달려있다. 그 물체는 평형 상태에 있게되어 가속도가 영이다. 제2법칙의 y성분을 쓰면 줄의 장력에 대해 얻을 수 있다.

$$\sum F_y = ma_y$$

$$T - mg = 0$$

$$\boxed{T = mg} \qquad [4.15]$$

그림 4.20 줄의 장력이 물체의 무게를 지탱한다.

따라서 장력은 매달린 물체의 무게와 같다.

4.4.2 경우 2: 가속되고 있는 물체에 작용하는 연직 방향의 장력
Vertical Tension Forces on an Accelerating Object

이 경우, 줄에 물체가 달려 있고 그 전체가 위로 가속된다(그림 4.21). 장력은 무게를 지탱하고 가속도도 버텨야 한다. 제2법칙의 y성분을 쓰면 제대로 된 식을 구할 수 있다.

$$ma_y = \sum F_y$$
$$ma_y = T - mg$$

이 식을 정리하면

$$T = ma_y + mg = m(a_y + g) \qquad [4.16]$$

이 얻어진다. 위로 가속되면 줄의 장력이 늘어나고 아래로 가속되면 줄어든다.

4.4.3 경우 3: 대칭된 방향으로 작용하는 두 장력
Two Tension Forces at Symmetric Angles

이 경우, 그림 4.22에서와 같이 한 물체에 대칭적으로 이것이 작용하게 하려면, 장력이 같도록 접점을 잘 선택해야 한다. 각 장력의 y성분은 $T \cos \theta$이다. 제2법칙을 사용하여 장력에 대한 식으로 쓸 수 있다.

$$ma_y = \sum F_y$$
$$ma_y = T \cos \theta + T \cos \theta - mg$$
$$0 = 2T \cos \theta - mg$$

이 식을 장력 T에 대해 풀면,

$$T = \frac{mg}{2 \cos \theta} \qquad [4.17]$$

가 된다. 문제에서 어떤 각을 선택하느냐에 따라서 이 식에 사인 또는 코사인이 들어 있게 된다.

그림 4.21 (a) 위로 가속되는 엘리베이터 안의 물체가 줄에 매달려 있다. (b) 줄의 장력은 물체의 중력(무게)을 견딜 뿐 아니라 가속도도 견뎌내야 한다.

그림 4.22 (a) 대칭으로 연결된 두 줄에 매달인 물체. (b) 자유 물체도. (c) 장력의 성분.

4.4.4 경우 4: 대칭이 아닌 방향으로 작용하는 두 장력
Two Tensions Forces at Nonequal Angles

두 장력이 서로 다른 각으로 된 경우가 많이 있는데, 그림 4.23이 그 한 예이다. 그러한 경우 미지수가 두 장력 T_1과 T_2이기 때문에 두 개의 식이 필요하다.

이 그림에서 연직 방향이 기준인 각(θ)이므로, 벡터 T_2에 의해 형성된 삼각형의 밑변은 y 방향이고, 코사인 함수로 이루어진다. $a_y = 0$이므로 제2법칙의 y성분은

$$ma_y = \sum F_y$$
$$0 = -mg + T_2 \cos\theta$$

과 같이 된다. 이것을 풀면 장력 T_2가 쉽게 얻어진다.

$$T_2 = \frac{mg}{\cos\theta}$$

주어진 각이 연직과 이루는 각이기 때문에 벡터 $\vec{T}_2$에 의한 삼각형의 빗변은 x 방향, 즉 사인함수가 된다. $a_x = 0$이므로 제2법칙의 x성분을 사용하여 장력 T_1에 대해 풀 수 있다.

$$ma_x = \sum F_x$$
$$0 = -T_1 + T_2 \sin\theta$$
$$T_1 = T_2 \sin\theta = \left(\frac{mg}{\cos\theta}\right)\sin\theta$$
$$T_1 = mg\tan\theta$$

이것은 한 물체에 두 개의 장력이 작용하는 경우에 그 장력들을 구하는 방법을 설명하는 것이다. 제2법칙의 두 성분들을 사용하여 두 개의 식을 쓰고 두 미지수에 대해 풀면 된다.

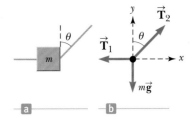

그림 4.23 (a) 두 줄에 매달린 물체. (b) 자유 물체도.

4.5 뉴턴 법칙의 응용 Applications of Newton's Laws

지금까지 4개의 절에서 여러 가지 형태의 힘을 소개하였다. 이 절에서는 일정한 외력에 의해 움직이는 물체에 대하여 뉴턴의 법칙을 적용하는 몇 가지 간단한 응용 예에 대하여 알아본다. 물체가 입자처럼 움직인다고 가정하고, 물체의 회전은 고려하지 않는다. 또한 마찰 효과와 물체에 부착된 끈이나 줄의 질량도 무시한다. 이러한 근사에서 장력(tension)이라고 하는 줄을 따라 작용하는 힘의 크기는 줄의 모든 지점에서 동일하다. 줄에 작용하는 힘 $\vec{T}$와 $\vec{T}'$이 그림 4.24에 나타나 있다. 줄의 질량이 m일 때, 뉴턴의 제2법칙을 적용하면 $T - T' = ma$이다. 그러나 $m = 0$이면 다음에 살펴볼 예제와 같이 $T = T'$이다.

뉴턴의 법칙을 물체에 적용할 경우, 물체에 작용하는 외력만을 고려한다. 예를 들어, 그림 4.12b에서 모니터에 작용하는 외력은 $\vec{n}$과 $\vec{F}_g$뿐이다. 이들에 대한 반작용력 $\vec{n}'$과 $\vec{F}_g{}'$은 각각 테이블과 지구에 작용한다. 따라서 모니터에 뉴턴의 제2법칙을 적용할 경

그림 4.24 줄에 뉴턴의 제2법칙을 적용하면 $T - T' = ma$가 된다. 그러나 만일 $m = 0$이면, $T = T'$이다. 따라서 질량을 무시할 수 있는 줄에서의 장력은 줄 위의 모든 점에서 같다.

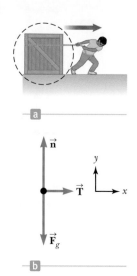

그림 4.25 (a) 마찰이 없는 표면 위에서 짐상자가 오른쪽으로 당겨지고 있다. (b) 짐상자에 작용하는 힘들의 자유 물체도.

Tip 4.6 자유 물체도

뉴턴의 제2법칙을 이용하여 문제를 풀 경우 가장 중요한 절차는 자유 물체도를 그리는 것이다. 고립된 물체에 작용하는 힘만 나타내어야 한다. 자유 물체도를 잘못 그리면 대부분의 경우 답은 틀린다.

Tip 4.7 평형 상태에 있는 입자

알짜힘이 영인 경우 입자가 움직이지 않는 것은 아니다. 그 경우 입자가 가속되지는 않는다. 알짜힘이 영이고 처음 속도를 가진 입자의 경우, 입자는 등속 운동을 한다.

우 이들은 고려하지 않는다.

그림 4.25a와 같이 마찰이 없는 수평 마루 위에서 오른쪽으로 움직이는 짐상자가 있다. 짐상자의 가속도와 수평 마루가 짐상자에 작용하는 힘을 구해 보자. 힘은 상자에 부착된 줄을 통하여 짐상자에 작용한다. 끈이 상자에 작용하는 힘은 $\vec{T}$이며, $\vec{T}$의 크기는 줄의 장력과 같다. 그림 4.25a에서 짐상자 둘레에 점선으로 원을 그렸는데 그 이유는 짐상자를 그 주변 물체와 고립시킨다는 점을 강조하기 위해서이다.

짐상자의 운동을 알아내고자 하므로 짐상자에 작용하는 힘만을 고려하면 된다. 그림 4.25b에서의 자유 물체도에는 짐상자에 작용하는 힘들만 그려져 있다. 장력 $\vec{T}$를 나타내는 것 외에도 짐상자의 자유 물체도에는 지구가 작용하는 중력 $\vec{F}_g$와 바닥이 작용하는 수직 항력 $\vec{n}$가 포함되어 있다. 자유 물체도를 정확하게 그리는 것은 뉴턴의 제2법칙을 적용하기 위한 필수 단계이다. 자유 물체도를 잘못 그리면 옳은 답을 구할 수 없다.

위에 열거한 힘들에 대한 반작용력—줄이 잡아당기는 손에 작용하는 힘, 짐상자가 지구에 작용하는 힘, 짐상자가 바닥에 작용하는 힘—은 자유 물체도에 포함되어 있지 않다. 그 이유는 그 힘들은 짐상자가 다른 물체에 작용하는 힘이지 짐상자에 작용하는 힘이 아니기 때문이다. 결국, 그런 힘들은 짐상자의 운동에 영향을 주지 않는다. 짐상자에 작용하는 힘만이 포함되어야 한다.

짐상자에 뉴턴의 제2법칙을 적용해 보자. 우선 적당한 좌표계를 선택헤야 한다. 이 경우 그림 4.25b에 표시한 가로축 x와 세로축 y의 좌표계를 사용하는 것이 편리하다. 문제의 요구에 따라 x축과 y축, 또는 양쪽 축에 뉴턴의 제2법칙을 적용할 수 있다. 짐상자에 뉴턴의 제2법칙을 적용하면 다음과 같은 관계식을 얻는다.

$$ma_x = T \qquad ma_y = n - mg = 0$$

위의 식으로부터 x 방향의 가속도는 $a_x = T/m$로 일정하며, 수직 항력은 $n = mg$가 된다. 가속도가 일정하기 때문에 운동학 식을 이용하여 물체의 속도나 변위를 알 수 있다.

문제풀이 전략

뉴턴의 제2법칙

뉴턴의 제2법칙이 개입되는 문제는 매우 복잡한 경우가 있다. 다음과 같은 절차를 잘 따르면 풀이 과정을 짧게 하고 답을 빨리 얻을 수 있다.

1. **읽기** 문제를 최소한 한 번 이상 매우 주의 깊게 읽는다.
2. **그리기** 문제의 내용을 그림으로 그리고, 그 속에 문제의 대상이 되는 질량에 작용하는 힘을 화살표로 그린다.
3. **이름 붙이기** 그림 속의 각 힘에 물리량을 쉽게 알 수 있는 기호로 이름을 붙인다(예를 들어, 장력의 경우 tension의 T를 사용).
4. **자유 물체도** 대상 물체의 자유 물체도를 그린다. 물체가 여러 개인 경우, 각각에 대해 자유 물체도를 그린다. 각 물체에 대해서 적당한 좌표계를 선택한다.
5. **뉴턴의 제2법칙을 적용한다.** 뉴턴의 제2법칙의 벡터 식으로부터 x성분과 y성분을 따로따로 쓴다. 이 경우 두 개의 식과 두 개의 미지수가 있게 된다.
6. **푼다.** 주어진 미지수에 대해 풀고 수치를 대입한다.

평형 상태에 있는 경우 가속도가 영이기 때문에 문제를 더 단순화시킬 수 있다.

4.5.1 평형 상태에 있는 물체 Objects in Equilibrium

정지해 있거나 일정한 속력으로 운동하는 물체를 평형 상태에 있다고 한다. 물체가 평형 상태에 있을 때 $\vec{\mathbf{a}} = 0$이므로 뉴턴의 제2법칙을 적용하면,

$$\sum \vec{\mathbf{F}} = 0 \qquad\qquad\qquad\text{[4.18]}$$

이다. 이것은 평형 상태에 있는 물체에 작용하는 모든 힘의 벡터 합(알짜힘)이 영임을 의미한다. 식 4.18은 x축과 y축 방향에서 외력의 합이 영임을 의미한다. 즉,

$$\sum F_x = 0 \qquad \text{그리고} \qquad \sum F_y = 0 \qquad \text{[4.19]}$$

이다. 이 책에서 삼차원 문제는 고려하지 않겠지만, 식 4.19에 세 번째 식 $\sum F_z = 0$을 추가하면 삼차원으로 확장된다.

예제 4.6 줄에 매달려 정지해 있는 신호등

목표 두 개의 자유 물체도가 필요한 평형 문제에 뉴턴의 제2법칙을 사용한다.

문제 1.00×10^2 N의 신호등이 그림 4.26a와 같이 지지대에 고정된 두 개의 줄과 연결된 다른 연직 줄에 매달려 있다. 위쪽의 두 줄은 수평선과 37.0°와 53.0°의 각을 이루고 있다. 세 줄에 걸리는 장력을 각각 구하라.

전략 미지수가 세 개 있으므로 문제를 풀기 위해서는 세 개의 방정식이 필요하다. 수식 한 개는 y축 방향으로만 힘을 받고 있는 신호등에 뉴턴의 제2법칙을 적용하여 얻을 수 있다. (나머지 두 개의 수식은) 두 줄이 만나는 점에 뉴턴의 제2법칙을 적용하면, x축 성분에서 한 개, y축 성분에서 또 한 개, 모두 두 개의 수식을 더 얻을 수 있다.

풀이
신호등에 대해 평형 조건을 이용하여 그림 4.26b로부터 T_3을 구한다.

$$\sum F_y = 0 \quad \rightarrow \quad T_3 - F_g = 0$$
$$T_3 = F_g = 1.00 \times 10^2 \text{ N}$$

그림 4.26c를 사용하여 세 장력을 성분으로 분해하고, 편의상 다음의 표를 만든다.

힘	x성분	y성분
$\vec{\mathbf{T}}_1$	$-T_1 \cos 37.0°$	$T_1 \sin 37.0°$
$\vec{\mathbf{T}}_2$	$T_2 \cos 53.0°$	$T_2 \sin 53.0°$
$\vec{\mathbf{T}}_3$	0	-1.00×10^2 N

표에 있는 성분들을 사용하여 매듭에 평형 조건을 적용한다.

$$\sum F_x = -T_1 \cos 37.0° + T_2 \cos 53.0° = 0 \qquad (1)$$
$$\sum F_y = T_1 \sin 37.0° + T_2 \sin 53.0° - 1.00 \times 10^2 \text{ N} \qquad (2)$$
$$= 0$$

두 개의 방정식과 두 개의 미지수가 남아 있다. 식 (1)을 T_2에 대하여 푼다.

$$T_2 = T_1 \left(\frac{\cos 37.0°}{\cos 53.0°} \right) = T_1 \left(\frac{0.799}{0.602} \right) = 1.33 T_1$$

이 T_2를 식 (2)에 대입한다.

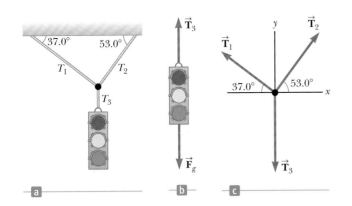

그림 4.26 (예제 4.6) (a) 줄에 매달린 신호등, (b) 신호등의 자유 물체도, (c) 세 줄의 매듭에서의 자유 물체도.

$$T_1 \sin 37.0° + (1.33T_1)(\sin 53.0°) - 1.00 \times 10^2 \text{ N} = 0$$

$$T_1 = \boxed{60.1 \text{ N}}$$

$$T_2 = 1.33T_1 = 1.33(60.1 \text{ N}) = \boxed{79.9 \text{ N}}$$

참고 이런 문제에서는 양 또는 음의 부호에 대한 실수를 하기 쉽

다. 이런 실수를 피하기 위해서는 +x축 부분을 기준으로 벡터의 각도를 측정하면 된다. 이렇게 하여 계산된 삼각함수는 올바른 값을 나타낸다. 예를 들어 T_1은 +x축과 $180° - 37° = 143°$의 각을 이루는데, T_1의 x성분은 $T_1 \cos 143°$로서 그림에서 알 수 있 듯이 음의 값을 가진다.

예제 4.7 마찰이 없는 언덕 위의 썰매

목표 평형 문제에 수직 항력과 뉴턴의 제2법칙을 사용한다.

문제 그림 4.27a와 같이 썰매가 눈 덮인 마찰이 없는 언덕 위의 나무에 매여 있다. 썰매의 무게가 77.0 N일 때, 줄이 썰매에 작용하는 장력 $\vec{\mathbf{T}}$와 언덕이 썰매에 작용하는 힘 $\vec{\mathbf{n}}$의 크기를 구하라.

전략 물체가 언덕 위에 있을 때는 그림 4.27b와 같이 경사진 좌표계를 사용하는 것이 편리하며, 이 경우 수직 항력 $\vec{\mathbf{n}}$은 y축 방향이며 장력 $\vec{\mathbf{T}}$는 x축 방향이다. 마찰이 없다면 언덕은 썰매에 x축 방향으로는 힘을 작용하지 않는다. 썰매가 정지하고 있으므로, $\Sigma F_x = 0$과 $\Sigma F_y = 0$을 적용하여 두 개의 미지수인 장력과 수직 항력에 대한 식을 얻을 수 있다.

풀이

$\vec{\mathbf{a}} = 0$이므로 뉴턴의 제2법칙을 썰매에 적용한다.

$$\sum \vec{\mathbf{F}} = \vec{\mathbf{T}} + \vec{\mathbf{n}} + \vec{\mathbf{F}}_g = 0$$

T를 구하기 위하여 위 식에서 x성분을 생각하자. 수직 항력의 x성분은 영이고 썰매의 무게는 $mg = 77.0$ N이다.

$$\sum F_x = T + 0 - mg \sin \theta$$
$$= T - (77.0 \text{ N}) \sin 30.0° = 0$$
$$T = \boxed{38.5 \text{ N}}$$

뉴턴의 제2법칙을 적용하여 y성분에 대한 식을 쓴다. 장력의 y성분은 영이므로, 이 수식으로부터 수직 항력을 구할 수 있다.

$$\sum F_y = 0 + n - mg \cos \theta$$
$$= n - (77.0 \text{ N})(\cos 30.0°) = 0$$
$$n = \boxed{66.7 \text{ N}}$$

참고 수평면에서와는 달리 썰매가 비탈면에 있으면 n은 썰매의 무게보다 작다. 이것은 중력의 일부분(x성분)만이 썰매를 비탈면 아래로 잡아당기기 때문이다. 중력의 y성분은 수직 항력과 크기가 같고 방향이 반대이다.

그림 4.27 (예제 4.7) (a) 썰매가 마찰이 없는 언덕 위의 나무에 매여 있다. (b) 썰매의 자유 물체도

4.5.2 가속되는 물체와 뉴턴의 제2법칙
Accelerating Objects and Newton's Second Law

알짜힘이 물체에 작용하면 물체는 가속되며, 뉴턴의 제2법칙을 이용하여 물체의 운동을 설명할 수 있다.

예제 4.8 짐상자 옮기기

목표 평형 상태에 있지 않은 계에 대하여 운동학 식과 함께 뉴턴의 제2법칙을 사용한다.

문제 그림 4.28에서 상자와 바퀴가 달린 작은 수레의 무게의 합이 3.00×10^2 N이다. 한 사람이 20.0 N의 힘으로 끈을 당긴다면, 이 계(상자와 수레)의 가속도는 얼마인가? 또 2.00 s 동안 움직인 거리는 얼마인가? 계는 정지 상태로부터 출발하고, 계의 운동에 반하는 어떠한 마찰력도 작용하지 않는다고 가정하라.

전략 뉴턴의 제2법칙으로부터 계의 가속도를 구할 수 있다. 힘이 일정하기 때문에 가속도도 일정하다. 따라서 2.00 s 동안 이동한 거리를 구하기 위해서 운동학 식을 적용할 수 있다.

그림 4.28 (예제 4.8)

풀이

무게의 정의 $w = mg$로부터 계의 질량을 구한다.

$$m = \frac{w}{g} = \frac{3.00 \times 10^2 \text{ N}}{9.80 \text{ m/s}^2} = 30.6 \text{ kg}$$

제2법칙으로부터 가속도를 구한다.

$$a_x = \frac{F_x}{m} = \frac{20.0 \text{ N}}{30.6 \text{ kg}} = \boxed{0.654 \text{ m/s}^2}$$

$v_0 = 0$이라 놓고, 운동학 식을 이용하여 2.00 s 동안 이동한 거리를 구한다.

$$\Delta x = \tfrac{1}{2} a_x t^2 = \tfrac{1}{2}(0.654 \text{ m/s}^2)(2.00 \text{ s})^2 = \boxed{1.31 \text{ m}}$$

참고 계가 움직이는 동안 20.0 N의 일정한 힘이 계에 작용하고 있음에 주목하라. 어느 순간에 이 힘을 제거하면 계는 등속도로 움직이게 되고, 가속도는 영이 될 것이다. 여기서 바퀴의 마찰은 무시한다.

예제 4.9 내리막길을 저절로 내려가는 자동차

목표 경사면에서 움직이는 물체와 관련된 문제에 제2법칙과 운동학 식을 적용한다.

문제 **(a)** 질량이 m인 차가 그림 4.29a에서와 같이 경사각이 $\theta = 20°$인 미끄러운 비탈길 위에 있다. 경사면의 마찰을 무시할 때 차의 가속도를 구하라. **(b)** 경사면의 길이가 25 m이고, 차가 맨 위에서 정지 상태에서 출발하였다면 그 차가 맨 아래에 도달하는 데 걸리는 시간은 얼마인가? **(c)** 맨 아래에서의 차의 속력은 얼마인가?

전략 그림 4.29b와 같이 기울어진 좌표계를 설정하여 수직 항력 $\vec{\mathbf{n}}$이 $+y$ 방향이 되게 하고, $+x$ 방향은 경사면을 따라 내려오는 방향이 되게 한다. 그러면 중력 $\vec{\mathbf{F}}_g$의 x성분은 $mg \sin \theta$이고 y성분은 $-mg \cos \theta$이다. 뉴턴의 제2법칙을 성분별로 쓰면 두 식은 두 개의 미지수인 가속도 a_x와 수직 항력이 포함된 식이 얻어진다. **(b)**와 **(c)**는 운동학 공식을 적용하여 풀 수 있다.

그림 4.29 (예제 4.9)

풀이

(a) 차의 가속도를 구하기

뉴턴의 제2법칙을 차에 적용한다.

$$m\vec{\mathbf{a}} = \sum \vec{\mathbf{F}} = \vec{\mathbf{F}}_g + \vec{\mathbf{n}}$$

제2법칙으로부터 x성분과 y성분을 분리해 낸다.

$$ma_x = \sum F_x = mg \sin \theta \qquad (1)$$

$$0 = \sum F_y = -mg\cos\theta + n \qquad (2)$$

식 (1)을 m으로 나누고 값을 대입한다.

$$a_x = g\sin\theta = (9.80 \text{ m/s}^2)\sin 20.0° = \boxed{3.35 \text{ m/s}^2}$$

(b) 차가 바닥에 도달하는 데 걸리는 시간.

변위에 대한 식 3.6b에 $v_{0x} = 0$을 대입한다.

$$\Delta x = \tfrac{1}{2}a_x t^2 \quad\rightarrow\quad \tfrac{1}{2}(3.35 \text{ m/s}^2)t^2 = 25.0 \text{ m}$$
$$t = \boxed{3.86 \text{ s}}$$

(c) 맨 밑에서의 차의 속력을 구하기.

속도에 대한 식 3.6a에 $v_{0x} = 0$를 대입한다.

$$v_x = a_x t = (3.35 \text{ m/s}^2)(3.86 \text{ s}) = \boxed{12.9 \text{ m/s}}$$

참고 가속도에 대한 최종 답은 질량에 무관하고 g와 각 θ에만 의존한다. 수직 항력이 포함된 식 (2)는 여기서는 중요하지 않지만 마찰이 고려될 때는 매우 중요하다.

예제 4.10 **엘리베이터 안에 있는 물고기의 무게**

목표 가속도가 겉보기 무게에 미치는 영향을 알아본다.

문제 그림 4.30a와 4.30b에서처럼 엘리베이터의 천장에 매달려 있는 용수철 저울로 물고기의 무게를 잰다. 엘리베이터가 정지해 있을 때 물고기의 무게는 40.0 N이다. **(a)** 엘리베이터가 위로 2.00 m/s^{2}의 가속도로 올라갈 경우, 용수철 저울로 잰 무게는 얼마인가? **(b)** 그림 4.30b와 같이 엘리베이터가 아래로 2.00 m/s^{2}의 가속도로 내려갈 경우, 용수철 저울로 잰 무게는 얼마인가? **(c)** 엘리베이터의 줄이 끊어진다면 용수철 저울이 가리키는 눈금은 어떻게 될까?

전략 중력 $m\vec{g}$와 용수철 저울이 작용하는 힘 $\vec{T}$를 포함해서 물고기에 대한 뉴턴의 제2법칙을 사용한다. 용수철 저울이 측정하는

무게는 실제 무게가 아니라 용수철이 물고기에 작용하는 힘 T를 측정하게 된다. 그러므로 각각의 경우에 용수철이 측정하는 겉보기 무게인 이 힘에 대하여 푼다.

풀이

(a) 그림 4.30a처럼 엘리베이터가 위로 올라갈 경우 용수철의 눈금을 구하기.

윗방향을 양의 방향으로 정하고 물고기에 대하여 뉴턴의 제2법칙을 적용한다.

$$ma = \sum F = T - mg$$

T에 대하여 푼다.

$$T = ma + mg = m(a + g)$$

무게가 40.0 N인 물고기의 질량을 구한다.

$$m = \frac{w}{g} = \frac{40.0 \text{ N}}{9.80 \text{ m/s}^2} = 4.08 \text{ kg}$$

$a = +2.00$ m/s^{2}을 대입하여 T의 값을 계산한다.

$$T = m(a + g) = (4.08 \text{ kg})(2.00 \text{ m/s}^2 + 9.80 \text{ m/s}^2)$$
$$= \boxed{48.1 \text{ N}}$$

(b) 그림 4.30b와 같이 엘리베이터가 내려갈 경우, 용수철의 눈금을 구하기.

여기서 가속도만 $a = -2.00$ m/s^{2}로 바뀌었을 뿐이므로 앞에서와 같은 방법으로 문제를 풀 수 있다.

$$T = m(a + g) = (4.08 \text{ kg})(-2.00 \text{ m/s}^2 + 9.80 \text{ m/s}^2)$$
$$= \boxed{31.8 \text{ N}}$$

(c) 엘리베이터의 줄이 끊어진 후, 용수철의 눈금을 구하기.

여기서 중력만 작용하므로 가속도 $a = -9.80$ m/s^{2}이다.

엘리베이터가 위로 가속될 때, 용수철 저울의 눈금은 물고기의 무게보다 더 큰 값을 가리킨다.

엘리베이터가 아래로 가속될 때, 용수철 저울의 눈금은 물고기의 무게보다 더 작은 값을 가리킨다.

그림 4.30 (예제 4.10)

$$T = m(a + g) = (4.08 \text{ kg})(-9.80 \text{ m/s}^2 + 9.80 \text{ m/s}^2)$$
$$= \boxed{0 \text{ N}}$$

참고 이 문제에서는 가속도 방향의 부호에 유의하라. 가속도의

방향 때문에 겉보기 무게가 커지거나 작아질 수 있다. 우주 비행사는 자유낙하인 경우에는 무중력 상태에 있지만, 상승할 때는 몇 배의 무게를 더 느끼게 된다.

예제 4.11 미끄러지는 하키 퍽

목표 운동 마찰의 개념을 적용한다.

문제 그림 4.31과 같이 하키 스틱에 맞은 하키 퍽이 얼어 있는 연못 위에서 처음 속력 20.0 m/s로 움직이고 있다. 이 퍽은 얼음 위에서 정지할 때까지 일정하게 속력을 낮추며 1.20×10^2 m 미끄러졌다. 퍽과 얼음 사이의 운동 마찰 계수를 구하라.

전략 퍽이 일정하게 느려진다는 것은 가속도가 일정하다는 것을 의미한다. 따라서 운동학 식 $v^2 = v_0^2 + 2a\Delta x$를 사용하여 x 방향의 가속도 a를 구한다. 그렇게 하면, 뉴턴의 제2법칙의 x와 y성분은 운동 마찰 계수 μ_k와 수직 항력 n을 두 개의 미지수로 갖는 두 개의 방정식을 만들게 된다.

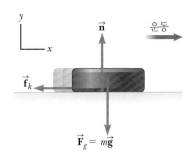

그림 4.31 (예제 4.11) 퍽이 처음에 오른쪽 방향의 속도를 가진 이후 퍽에 작용하는 외력은 중력 $\vec{\mathbf{F}}_g$, 수직 항력 $\vec{\mathbf{n}}$, 운동 마찰력 $\vec{\mathbf{f}}_k$이다.

풀이

가속도 a에 대해 시간이 포함되어 있지 않은 운동학 식을 푼다.

$$v^2 = v_0^2 + 2a\Delta x$$
$$a = \frac{v^2 - v_0^2}{2\Delta x}$$

$v = 0$, $v_0 = 20.0$ m/s, $\Delta x = 1.20 \times 10^2$ m를 대입한다. 답에서 음(−)의 값에 주의한다. $\vec{\mathbf{a}}$는 $\vec{\mathbf{v}}$와 반대 방향이다.

$$a = \frac{0 - (20.0 \text{ m/s})^2}{2(1.20 \times 10^2 \text{ m})} = -1.67 \text{ m/s}^2$$

제2법칙의 y성분으로부터 수직 항력을 구한다.

$$\sum F_y = n - F_g = n - mg = 0$$
$$n = mg$$

운동 마찰력에 대한 표현을 구하여 제2법칙의 x성분에 대입한다.

$$f_k = \mu_k n = \mu_k mg$$
$$ma = \sum F_x = -f_k = -\mu_k mg$$

μ_k에 대해 풀고 값들을 대입한다.

$$\mu_k = -\frac{a}{g} = \frac{1.67 \text{ m/s}^2}{9.80 \text{ m/s}^2} = \boxed{0.170}$$

참고 문제를 운동 역학, y 방향에서의 뉴턴의 제2법칙, x 방향에서 뉴턴의 법칙 등의 세 부분으로 어떻게 나누었는가에 주의한다.

연습문제

1. 6.0 kg의 물체가 2.0 m/s²의 가속을 받고 있다. (a) 작용하는 전체 힘의 크기는 얼마인가? (b) 같은 크기의 힘이 4.0 kg인 물체에 작용할 때, 가속도는 얼마인가?

2. 설탕이 들어 있는 자루의 무게가 지표에서 5.00 lb이다. 이 것의 달 위에서의 무게는 얼마이겠는가? 달에서의 중력 가속도는 지구의 1/6이다. 중력이 지구보다 2.64배 되는 목성에서는 얼마인가? 세 위치에서의 설탕 자루의 질량을 킬로그램 단위로 구하라.

3. 다음과 같은 경우에 15.0 kg 물체에 작용하는 수직 항력을 계산하라. (a) 그 물체가 수평면 위에 정지해 있는 경우. (b) 수평과 30.0°의 경사면 위에 정지해 있는 경우. (c) 위로 3.00 m/s²의 가속도로 가속되고 있는 엘리베이터의 바닥에 정지해 있는 경우. (d) 수평면에 정지해 있으면서 수평과 30.0°의 방향으로 125 N의 힘이 작용하는 경우.

4. 무게가 1 000 N인 상자가 그림 P4.4a에서와 같이 수평과 20.0°의 방향으로 300 N의 힘에 의해 일정한 속력으로 밀리고 있다. (a) 상자와 바닥 사이의 운동 마찰 계수는 얼마인가? (b) 그림 P4.4b에서와 같이 수평과 20.0°의 방향으로 300 N의 힘으로 당긴다면 그 상자의 가속도는 얼마이겠는가? 이 경우의 마찰 계수는 (a)에서의 것과 같다고 가정한다.

그림 P4.4

5. 그림 P4.5와 같이 35.0° 기울어진 경사면과 3.00 kg짜리 상자 사이의 정지 마찰 계수는 0.300이다. 그 상자가 경사면을

그림 P4.5

따라 미끄러지지 않게 하기 위하여 경사면에 수직하게 상자에 작용해야 할 최소의 힘은 얼마인가?

6. (a) 그림 P4.6에서 600 N의 도둑이 매달려 있는 줄의 장력을 구하라. (b) 수평인 줄을 약간 더 위로 옮겨 달면 다른 줄에 걸리는 장력은 증가할까, 줄어들까, 아니면 그대로일까? 그 이유는 무엇인가?

그림 P4.6

7. 무게가 150 N인 새 모이통이 그림 P4.7과 같이 세 줄에 걸려 있다. 각 줄에 작용하는 장력을 구하라.

그림 P4.7

8. 그림 P4.8처럼 $m_1 = 16.0$ kg인 물체와 $m_2 = 24.0$ kg인 물체가 줄로 연결되어 있다. 바닥과의 마찰은 없다. 120 N의 수평력이 m_2에 +x 방향으로 작용한다면, (a) 전체 계에 대한 접근방법을 사용해서 두 물체의 가속도를 구하라. (b) 두 물체를 연결한 줄의 장력은 얼마인가?

그림 P4.8

9. 그림 P4.9와 같이 세 블록이 마찰이 없는 표면 위에 있고, 42 N의 힘이 질량이 3.0 kg인 블록에 작용한다. (a) 이 계의 가속도는 얼마인가? (b) 질량 3.0 kg과 1.0 kg 블록을

연결하는 줄에 작용하는 장력은 얼마인가? (c) 질량 1.0 kg 블록이 질량 2.0 kg인 블록에 작용하는 힘은 얼마인가?

그림 P4.9

10. 자동차가 정지 상태에서 출발하여 6.00 s 후에 30.0 m/s가 되도록 언덕을 가속하여 내려온다(그림 P4.10). 자동차의

천정에 줄로 $m = 0.100$ kg의 장난감이 매달려 있다. 가속으로 인하여 장난감을 매단 줄이 자동차 천정과 수직이 되었을 때, (a) 경사각 θ와 (b) 줄의 장력을 구하라.

그림 P4.10

에너지
Energy

에너지는 과학 분야에서 매우 중요한 개념 중의 하나이다. 일상적으로 에너지는 운송, 난방용 연료, 전등 및 가전제품에 사용되는 전기, 그리고 음식 등과 관계가 있다. 그러나 이와 같은 연관성들이 실제적인 에너지를 정의하지는 않으며, 단지 일을 하기 위해서 연료가 필요하다는 것만을 의미한다. 그러므로 이 장에서는 에너지의 정의를 명확하게 하고 이것을 정량화하는 방법을 배운다.

우주 안에서 에너지는 역학적 에너지, 화학 에너지, 전자기 에너지, 그리고 핵에너지 등 다양한 형태로 존재한다. 심지어 어떤 물질의 고유 질량은 매우 큰 에너지를 가지고 있다. 어떤 형태의 에너지가 다른 형태의 에너지로 변환되더라도, 지금까지의 관측이나 실험에 의해서 밝혀진 바로는 우주 안에 존재하는 전체 에너지의 양은 변하지 않는다. 이는 고립계 내에서도 사실인데, 고립계는 상호간 에너지를 교환할 수 있는 물체로 한정되며, 나머지 우주와는 관련이 없다. 이 법칙에 따르면 어떤 고립계에서 한 형태의 에너지가 감소하면, 이 계의 다른 형태의 에너지는 증가해야 한다. 예를 들어, 전동기에 배터리를 연결하면 화학 에너지가 전기에너지로 변환되고, 이것이 다시 역학적 에너지로 변환된다. 에너지 형태의 변환을 이해하는 것은 모든 과학 분야에서 필수적이다.

이 장에서는 역학적 에너지만을 다룬다. 즉, 운동에 관련된 운동에너지와 상대 위치에 관련된 퍼텐셜 에너지[1]의 개념을 소개한다. 그리고 역학 문제를 푸는 데 있어서 에너지 관점에서 접근하면, 힘과 뉴턴의 세 가지 법칙을 이용하는 것보다 더 간단히 문제를 해결할 수 있다. 이 두 가지 매우 다른 접근 방식이 일의 개념과 연관되어 있다.

5.1 일 Work

물리학적으로 볼 때 일은 일상생활에서의 의미와 전혀 다르다. 물리학적 정의에 의하면 이 책의 저자가 컴퓨터 앞에 앉아서 타이핑만 하는 것으로는 한 일이 거의 없다. 반면에 벽돌공은 콘크리트 벽돌을 쌓으면서 많은 일을 한다. 물리에서는 힘이 어떤 물체에 작용하여 이 물체의 위치가 변하면(displacement: 변위) 일을 한 것이 된다. 힘이 두 배가 되거나 위치의 이동이 두 배가 되면 두 배의 일을 한 것이 되고, 힘과 위치의 이동이 동시에 두 배가 되면 네 배의 일을 한 것이 된다. 일을 한다는 것은 어떤 물체에 힘을 작용하여 일정한 거리를 움직인다는 것을 말한다.

일 W는 다음과 같이 정의할 수 있다.

$$W = Fd \qquad [5.1]$$

◀ 직관적인 일의 정의

그림 5.1 변위($\Delta \vec{x}$)와 같은 방향의 일정한 힘 $\vec{F}$가 한 일은 $F\Delta x$이다.

---

[1] 역자 주: potential energy가 위치의 함수이기 때문에 potential energy를 주로 퍼텐셜 에너지로 번역하고 있다. 그러나 그 본래의 의미는 감추어진 에너지라는 뜻이므로 그냥 퍼텐셜 에너지로 표현하는 것이 맞다. 이 책에서는 퍼텐셜 에너지라고 번역한다.

여기서 F는 물체에 작용한 힘의 크기이고 d는 물체의 변위의 크기이다. 그러나 이러한 정의는 작용한 힘의 크기가 일정하고 변위가 힘과 같은 방향일 때 일의 크기만을 알려주는 식에 지나지 않는다. 실제로는 약간 더 복잡한 정의가 필요하다.

그림 5.1은 어떤 블록에 일정한 크기의 힘 $\vec{\mathbf{F}}$가 작용하고 그 힘과 평행한 방향으로 $\Delta\vec{\mathbf{x}}$만큼 변위가 생긴 모습이다. 이 그림을 기초로 다음과 같은 정의를 할 수 있다.

선형 변위하는 동안 일정한 힘이 한 일 ▶

일정한 힘 $\vec{\mathbf{F}}$에 의해 x축을 따라 변위가 생겼을 때 물체에 한 일 W는

$$W = F_x \Delta x \qquad [5.2]$$

이다. 여기서 F_x는 힘 $\vec{\mathbf{F}}$의 x성분이고 $\Delta x = x_f - x_i$는 물체의 변위이다.

SI 단위: 줄(J) = 뉴턴·미터(N·m) = kg·m²/s²

Tip 5.1 일은 스칼라양이다.
일은 단순한 숫자 값이므로 벡터가 아닌 스칼라이고, 그래서 방향이 없다. 에너지와 에너지 전달 역시 스칼라이다.

일차원에서 $\Delta x = x_f - x_i$는 2장에서 정의한 벡터양으로 3장에 나온 벡터의 정의에 따른 절댓값으로 얻어지는 크기는 아니다. 따라서 Δx는 양이거나 음일 수 있다. 식 5.2에서 정의한 일은 일정한 힘이 작용하는 동안 힘과 같은 방향으로 변위가 생긴 일차원적인 모든 문제의 경우에 틀림없는 식이다. 힘 F_x와 변위 Δx가 같은 방향이면 일은 양이 되고 반대 방향이면 일은 음이 된다. 일이 음인 경우 그 물체는 역학적 에너지를 잃는 경우가 된다. 식 5.2의 정의는 일정한 힘 $\vec{\mathbf{F}}$가 x축에 평행하지 않아도 성립한다. 일은 물체의 운동 방향에 평행한 성분의 힘으로만 계산된다.

일에 관한 물리학적인 정의와 일상생활에서의 의미의 차이를 아는 것은 어렵지 않다. 이 책의 저자는 매우 적은 힘을 작용하여 타이핑을 하며 자판의 키의 변위 또한 매우 짧다. 따라서 상대적으로 매우 적은 물리학적인 일을 하게 된다. 공사장의 인부는 벽돌을 나르기 위해 큰 힘으로 먼 거리를 이동하므로 많은 일을 하는 것이다. 매우 피곤한 일을 하는 경우라도 물리학의 정의에 따라 일이 계산되지 않을 수 있다. 예를 들어, 수 시간 동안 운전하는 트럭 운전 기사의 경우 그가 힘을 작용하지 않으면 식 5.2에서 $F_x = 0$이므로 물리학적으로는 아무 일도 하지 않은 것이 된다. 마찬가지로 어떤 학생이 근육 단련을 위해 몇 시간 동안 벽을 밀고 있어도, 식 5.2에서 변위 $\Delta x = 0$이기 때문에 그가 하는 물리학적인 일은 없다.[2] 그리스 신화에 나오는 아틀라스신은 그의 어깨에 세계를 짊어지고 있지만, 그런 것도 물리학적인 정의의 일을 한다고 하지는 않는다.

일은 벡터가 아니고 단순한 숫자이므로 스칼라양이다. 결과적으로 취급하기가 쉽다. 일은 방향과 시간에 연관되지 않으므로, 단지 속도와 위치만을 포함하는 문제를 쉽게 해결할 수 있다. 일의 단위는 힘과 거리의 곱이므로 SI 단위는 **뉴턴·미터**(N·m)이다. 뉴턴·미터의 다른 이름이 **줄**(joule)이다. 미국에서 사용하는 일의 단위는 **푸트·파운드**(foot-pound)인데, 길이의 단위는 피트(feet)이고 힘은 파운드(pound)이기 때문이다.

---

[2] 실제로 벽을 밀 때 근육이 계속해서 수축 팽창을 반복하기 때문에 에너지를 소비한다. 이러한 근육 내부의 운동은 물리학 정의에 따라 일로 간주된다.

물체에 작용하는 힘과 변위가 각을 이루고 있는 경우에 일의 정의를 다루어 보자. 그림 5.2를 살펴보면 이러한 문제를 쉽게 이해할 수 있다. 힘 $\vec{F}$의 성분은 $F_x = F\cos\theta$와 $F_y = F\sin\theta$로 쓸 수 있다. 그러나 운동 방향에 평행한 성분은 x성분이므로 물체에 작용하는 일은 이 x성분의 힘에 의해 계산된다.

> 일정한 힘 $\vec{F}$가 작용하여 $\Delta\vec{x}$ 만큼 변위가 생겼을 때 물체에 한 일 W는
>
> $$W = (F\cos\theta)d \qquad [5.3]$$
>
> 이다. 여기서 d는 변위의 크기이고 θ는 힘 $\vec{F}$와 변위 벡터 $\Delta\vec{x}$ 사이의 각이다.

그림 5.2 변위 $\Delta\vec{x}$에 대하여 θ만큼의 각도로 일정하게 작용하는 힘 $\vec{F}$가 한 일은 $(F\cos\theta)\Delta x$이다.

◀ 변위에 대하여 일정한 각도를 갖는 일정한 힘이 한 일

SI 단위: 줄(J)

식 5.3과 같은 정의는 변위가 특정한 좌표축에 놓여 있지 않은 경우에 좀 더 일반적으로 사용될 수 있는 식이다.

그림 5.3에서 어떤 사람이 일정한 속도로 물 양동이를 옆으로 움직이고 있다. 사람의 손에 의해서 물 양동이에 위쪽으로 가해지는 힘은 움직이는 방향과 수직을 이루고 있으므로, 이 힘은 물 양동이에 일을 하지 않는다. 식 5.3에서도 이 내용을 확인할 수 있는데, 손이 작용하는 힘과 운동 방향의 각도는 $90°$이므로 $\cos 90° = 0$이고, 따라서 일 $W = 0$이다. 중력 역시 물 양동이에 일을 하지 않는다.

일은 하나 이상의 물체를 갖는 계를 필요로 한다. 예를 들면, 못은 혼자서는 일을 할 수 없고, 망치가 못을 두들겨 판자 속으로 밀어 넣어 일을 하게 된다. 일반적으로 물체는 외부의 여러 힘의 영향으로 움직일 수 있다. 이 경우에 물체가 움직이는 동안에 힘들이 한 전체 일은 각각의 힘이 한 일의 합이다.

일은 양(+)일 수도 있고 음(−)이 될 수도 있다. 일의 정의인 식 5.3에서 F와 d는 크기이므로 음이 될 수 없다. 그러므로 $\cos\theta$의 값이 양 또는 음인가에 따라 일은 양이나 음의 값이 될 수 있다. 이것은 $\Delta\vec{x}$에 대한 $\vec{F}$의 방향에 좌우된다는 것을 의미한다. 이 두 개의 벡터가 같은 방향이면 사잇각이 $0°$이므로 $\cos 0° = +1$이 되어, 일은 양의 값이 된다. 예를 들어, 그림 5.4와 같이 학생이 위로 상자를 들어 올리면, 학생이 상자에 한 일은 상자에 작용하는 힘이 상자가 움직이는 변위와 같은 방향이므로 양의 값이 된다. 상자를 천천히 아래로 내리면, 학생이 상자에 작용하는 힘은 여전히 위쪽 방향이지만 상자의 움직임, 즉 변위는 아랫방향이다. 이 경우에는 벡터 $\vec{F}$와 $\Delta\vec{x}$는 반대 방향이고 두 벡터의 사잇각은 $180°$이므로, $\cos 180° = -1$이 되어 학생이 한 일은 음이 된다. 일반적으로 힘 $\vec{F}$가 $\Delta\vec{x}$에 대하여 같은 방향이면 일은 양의 값이고, 반대 방향이면 음의 값이 된다.

식 5.1에서 5.3까지는 방향과 크기가 일정한 힘을 가정하였다. 이것은 5.8절에서 다룰 변화하는 힘에 의한 일반적인 일의 특별한 경우이다.

그림 5.3 물통이 수직으로는 움직이지 않고 수평으로만 움직인다면 수직 방향의 힘 $\vec{F}$가 한 일은 없다. 힘과 변위가 직교하기 때문이다.

> **Tip 5.2** 일은 어떤 것에 의해서 이루어진다.
>
> 일은 스스로 일어나지 않는다. 일이란 주변에 존재하는 무언가에 의해 어떤 대상물에 행해지는 것이다.

그림 5.4 학생이 상자를 들어 올릴 때 변위에 대하여 같은 방향으로 힘 $\vec{F}$가 작용하므로, 양(+)의 일을 하게 된다. 바닥에 대하여 아랫방향으로 상자를 내리게 되면 음(−)의 일을 하게 된다.

예제 5.1 **얼어붙은 강에서 썰매 끌기**

목표 일정한 힘이 한 일에 대한 기본적인 정의를 적용한다.

문제 어떤 에스키모인이 연어를 가득 실은 썰매를 끌고 있다. 썰매와 연어의 전체 질량은 50.0 kg이고, 에스키모인이 줄을 당기는 힘의 크기는 1.20×10^2 N이다. **(a)** 지면에 평행하게(그림 5.5에서 $\theta = 0°$) 줄을 5.00 m 당길 때 그가 한 일은 얼마인가? **(b)** $\theta = 30.0°$로 같은 거리를 당기는 경우 한 일은 얼마인가? (썰매를 점 입자로 간주하고 줄이 점에 붙은 것처럼 취급하라.) **(c)** 출발점에서 12.4 m 되는 곳에서 줄을 놓았다. 얼음과 썰매 사이의 45.0 N의 마찰력 때문에 썰매가 18.2 m 되는 곳에서 멈추었다. 마찰력이 썰매에 한 일은 얼마인가?

전략 F와 Δx의 값을 일에 관한 기본 식인 식 5.2와 5.3에 대입한다.

그림 5.5 (예제 5.1과 5.2) 에스키모인이 지면과 θ의 각을 이루며 줄로 썰매를 끌고 있다.

풀이

(a) 힘이 수평으로 작용할 때의 일을 구한다.

식 5.2에 주어진 값을 대입한다.

$$W = F_x \Delta x = (1.20 \times 10^2 \text{ N})(5.00 \text{ m}) = \boxed{6.00 \times 10^2 \text{ J}}$$

(b) 수평과 30°의 각으로 힘이 작용할 때 한 일을 구한다.

식 5.3에 주어진 값을 대입한다.

$$W = (F \cos \theta)d = (1.20 \times 10^2 \text{ N})(\cos 30°)(5.00 \text{ m})$$
$$= \boxed{5.20 \times 10^2 \text{ J}}$$

(c) 12.4 m 되는 곳에서 18.2 m 되는 곳으로 이동하는 동안

45.0 N의 마찰력이 썰매에 한 일은 얼마인가?

식 5.2에서 F_x에 f_k를 대입한다.

$$W_{\text{마찰}} = F_x \Delta x = f_k(x_f - x_i)$$

$f_k = -45.0$ N을 대입하고 처음과 마지막 좌표를 x_i와 x_f에 대입한다.

$$W_{\text{마찰}} = (-45.0 \text{ N})(18.2 \text{ m} - 12.4 \text{ m}) = \boxed{-2.6 \times 10^2 \text{ J}}$$

참고 수직 항력 $\vec{n}$, 중력 $m\vec{g}$와 밧줄이 작용하는 힘의 수직 성분은 힘과 변위가 서로 직교하므로 일을 하지 않는다. 여기서 썰매의 질량은 아무 관계가 없어 보이지만, 마찰이 고려되는 경우 매우 중요해진다. 그러한 경우는 다음 절에서 일-에너지 정리를 소개할 때 배울 것이다.

5.1.1 일과 소모력 Work and Dissipative Forces

마찰이 하는 일은 일상생활에서 매우 중요한데, 마찰이 없이는 어떤 일을 하는 것이 불가능하기 때문이다. 예를 들면, 예제 5.1에서 에스키모인은 썰매를 끌기 위해 표면에서의 마찰을 이용한다. 그렇지 않으면 줄이 손에서 미끄러져 썰매에 아무런 힘도 가할 수 없고, 밑바닥으로부터 발이 미끄러져서 땅에 얼굴을 처박게 될 것이다. 자동차도 마찰이 없이는 일을 할 수 없고, 컨베이어 벨트나 심지어 사람의 근육 역시 마찬가지이다.

물체를 밀거나 당기면서 한 일은 하나의 힘이 작용한 결과이다. 반면에 마찰은 접촉면 위 전체에서 무수히 많은 작은 상호작용이 복합적으로 작용하고 있다(그림 5.6). 금속 표면 위로 미끄러지는 또 다른 금속 조각을 생각해 보자. 금속 표면을 확대하면 아주 작은 이빨 모양의 표면이 상대편의 울퉁불퉁한 표면과 맞닿아 있다. 서로 맞닿아 눌리면서 이빨 모양의 표면이 일그러지고, 열이 나면서 달라붙는다. 이렇게 순간적으로 붙어 있는 것을 떼어내기 위해서는 일이 필요한데, 이때 금속의 운동에너지의 일부가 소모된다. 이에 대하여는 다음 절에서 논의할 예정이다. 금속 조각이 잃은 에너지는 조

그림 5.6 면도날의 끝은 눈으로 보기에 매끈한 것처럼 보이지만 현미경으로 보면 매우 울퉁불퉁하다.

각과 주변의 온도를 높이고, 일부는 소리 에너지로 변환된다.

두 물체가 접촉하면 아주 복잡한 방식으로 에너지를 소모한다. 우리의 목적상 '마찰에 의해 이루어진 일'이란 말은 역학적 에너지만으로 이루어진 이런 효과를 나타낸다는 의미이다.

예제 5.2 썰매 문제 더 살펴보기

목표 힘을 받아 운동하는 물체에서 마찰력이 한 일을 계산한다.

문제 예제 5.1에서 50.0 kg의 썰매와 눈 사이의 운동 마찰 계수가 0.200이다. **(a)** 에스키모인이 0°에서 1.20×10^2 N의 힘으로 수평으로 5.00 m를 끌 때, 마찰이 썰매에 한 일과 알짜일을 구하라. **(b)** 작용하는 힘이 수평과 30.0°로 작용할 때 앞의 계산을 다시 하라.

전략 그림 5.5를 보면, 마찰이 한 일은 운동 마찰 계수, 수직 항력, 그리고 변위에 의해 정해진다. 뉴턴의 제2법칙의 y성분을 사용하여 수직 항력 $\vec{n}$을 구하고, 마찰이 한 일과 썰매에 한 알짜일을 구하기 위해서는 예제 5.1(a)에서 나온 결과 값을 합한다. **(b)** 에서도 같은 방법으로 풀지만, 수직 항력은 줄을 지지하는 데 인가한 힘 $\vec{F}_{인가}$의 도움을 받기 때문에 줄어든다.

풀이

(a) 수평으로 힘이 작용할 때 마찰이 썰매에 한 일과 알짜일을 구한다.

우선, 뉴턴의 제2법칙의 y성분으로부터 수직 항력을 구하는데, 이 경우에는 단지 수직 항력과 중력만이 포함된다.

$$\sum F_y = n - mg = 0 \quad \rightarrow \quad n = mg$$

마찰이 한 일을 계산하기 위해 수직 항력을 사용한다.

$$W_{마찰} = -f_k \Delta x = -\mu_k n \Delta x = -\mu_k mg \Delta x$$
$$= -(0.200)(50.0 \text{ kg})(9.80 \text{ m/s}^2)(5.00 \text{ m})$$
$$= \boxed{-4.90 \times 10^2 \text{ J}}$$

예제 5.1에서 작용한 힘이 한 일과 함께 마찰이 한 일의 합을 구하여 알짜일을 구한다(수직 항력과 중력은 변위에 수직이므로 이

들은 여기에 기여하는 것이 없다).

$$W_{알짜} = W_{인가} + W_{마찰} + W_n + W_g$$
$$= 6.00 \times 10^2 \text{ J} + (-4.90 \times 10^2 \text{ J}) + 0 + 0$$
$$= \boxed{1.10 \times 10^2 \text{ J}}$$

(b) 작용한 힘이 30.0° 방향으로 작용할 때, 마찰이 한 일과 알짜일을 다시 계산한다.

뉴턴의 제2법칙의 y성분으로부터 수직 항력을 구한다.

$$\sum F_y = n - mg + F_{인가} \sin \theta = 0$$
$$n = mg - F_{인가} \sin \theta$$

수직 항력을 사용하여 마찰이 한 일을 계산한다.

$$W_{마찰} = -f_k \Delta x = -\mu_k n \Delta x = -\mu_k (mg - F_{인가} \sin \theta) \Delta x$$
$$= -(0.200)(50.0 \text{ kg} \cdot 9.80 \text{ m/s}^2$$
$$-1.20 \times 10^2 \text{ N} \sin 30.0°)(5.00 \text{ m})$$
$$W_{마찰} = \boxed{-4.30 \times 10^2 \text{ J}}$$

알짜일을 구하기 위해서 예제 5.1(b)의 결과를 이 답과 합한다(또한 수직 항력과 중력은 여기에 기여하지 않는다).

$$W_{알짜} = W_{인가} + W_{마찰} + W_n + W_g$$
$$= 5.20 \times 10^2 \text{ J} - 4.30 \times 10^2 \text{ J} + 0 + 0 = \boxed{9.0 \times 10^1 \text{ J}}$$

참고 여기서 주목해야 할 가장 중요한 점은 다른 방향으로 힘이 작용할 때 썰매에 한 일이 급격히 달라진다는 것이다. 최적의 각도(여기서는 11.3°)에서 같은 힘에 대하여 가장 큰 알짜일을 하게 된다.

5.2 운동에너지와 일−에너지 정리
Kinetic Energy and the Work-Energy Theorem

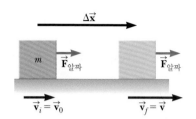

그림 5.7 물체가 일정한 알짜힘 $\vec{F}_{알짜}$를 받아 변위가 일어나면서 속도가 변하고 있다.

작용하는 힘이 복잡하면 뉴턴의 제2법칙으로 문제를 푸는 것이 어려워질 수 있다. 이 경우에 적용할 수 있는 다른 방법은 외력이 물체에 한 알짜일을 물체의 속력과 관계 짓는 것이다. 만일 알짜일을 주어진 변위에 대하여 계산할 수 있다면, 물체 속력의 변화는 쉽게 구할 수 있다.

그림 5.7에서는 오른쪽으로 운동하는 질량 m인 물체에 일정한 알짜힘 $\vec{F}_{알짜}$가 오른쪽으로 작용하여 역시 같은 방향으로 움직이고 있다. 힘이 일정하므로 뉴턴의 제2법칙에 의해 물체의 가속도 $\vec{a}$는 일정하게 된다. 만일 물체가 Δx만큼 변위가 일어났다면 알짜힘 $\vec{F}_{알짜}$가 물체에 한 일은

$$W_{알짜} = F_{알짜}\,\Delta x = (ma)\,\Delta x \qquad [5.4]$$

이다. 2장에서 일정가속도 운동을 하는 물체에 대한 다음 식을 배웠다.

$$v^2 = v_0{}^2 + 2a\Delta x \quad \text{또는} \quad a\,\Delta x = \frac{v^2 - v_0{}^2}{2}$$

이 식을 식 5.4에 대입하면

$$W_{알짜} = m\left(\frac{v^2 - v_0{}^2}{2}\right)$$

또는

$$W_{알짜} = \tfrac{1}{2}mv^2 - \tfrac{1}{2}mv_0{}^2 \qquad [5.5]$$

가 된다.

따라서 물체에 한 알짜일은 $\tfrac{1}{2}mv^2$ 모양을 가진 양의 변화와 같다. 이 항은 에너지의 단위와 같고 물체의 속력을 포함하므로 물체의 운동과 연관되는 에너지로 간주될 수 있어, 다음과 같은 정의를 내리게 된다.

운동에너지 ▶ | 질량이 m이고 속력이 v인 물체의 **운동에너지 KE**는 다음과 같다.

$$KE \equiv \tfrac{1}{2}mv^2 \qquad [5.6]$$

SI 단위: 줄(J) = kg · m²/s²

일과 같이 운동에너지는 스칼라양이다. 식 5.5에서의 정의를 이용하면 다음과 같이 중요한 **일−에너지 정리**(work-energy theorem)를 얻을 수 있다.

일−에너지 정리 ▶ | 물체에 한 알짜일은 물체의 운동에너지 변화와 같다.

$$W_{알짜} = KE_f - KE_i = \Delta KE \qquad [5.7]$$

여기서 운동에너지의 변화는 전적으로 물체의 속력 변화에 기인한 것이다.

물체를 변형시키거나 가열하는 데 드는 일은 식 5.7을 만족시키지 않기 때문에 식

5.7이 대부분의 경우에 근사적으로 맞다고 하는 단서가 필요하다. 이 식으로부터 알짜일 $W_{알짜}$가 양의 값일 경우, 나중 운동에너지 KE_f는 처음 운동에너지 KE_i보다 크다. 다시 말하면 물체의 나중 속력이 처음 속력보다 더 크다. 그래서 양의 알짜일은 물체의 속력을 증가시키고, 음의 알짜일은 속력을 감소시킨다.

운동하던 물체가 정지하게 될 때에도 식 5.7을 이용할 수 있을 것이다. 예를 들면, 그림 5.8에서처럼 망치로 못을 박는 경우를 생각할 수 있다. 운동하는 망치는 운동에너지를 가지고 있으므로 못에 일을 할 수 있다. 못에 한 일은 $F\Delta x$인데, F는 못에 작용한 평균 알짜힘이고 Δx는 못이 박혀 들어간 거리이다. 여기서 한 일에 열과 소리로 달아난 일부의 에너지를 합하면, 이는 망치의 운동에너지 변화 ΔKE와 같다.

그림 5.8 움직이는 망치는 운동에너지를 가지고 있어서 못에 일을 하여 못이 벽에 박히게 할 수 있다.

편의상 일−에너지 정리는 물체에 작용하는 알짜힘이 일정하다는 가정하에서 유도되었다. 좀 더 일반적인 경우에 미적분을 사용하면, 식 5.7은 변화하는 힘을 포함한 모든 상황에서도 성립한다는 것을 알 수 있다.

예제 5.3 충돌에 관한 해석

목표 주어진 힘을 일−에너지 정리에 적용한다.

문제 질량이 1.00×10^3 kg이고 35.0 m/s의 속력으로 움직이는 자동차의 운전자가 정체로 인하여 정지해 있는 앞차와의 충돌을 피하기 위하여 급정거했다(그림 5.9). 제동이 걸리면서 일정한 마찰력 8.00×10^3 N이 자동차에 작용하였다. 공기 저항은 무시한다. **(a)** 앞차와 충돌을 피하기 위한 최소 거리는 얼마인가? **(b)** 앞차와의 거리가 처음에 30.0 m라면, 충돌할 때 속력은 얼마인가?

전략 수직 항력과 중력은 운동에 수직이므로, 단지 운동 마찰만을 고려하여 알짜일을 계산한다. 다음으로 알짜일을 운동에너지 변화와 같게 놓는다. **(a)**에서 최소 이동 거리를 구할 때, 정지된 앞차에 거의 다 가서 정지되므로 나중 속력 v_f를 영으로 놓는다. 얻고자 하는 Δx를 구한다. **(b)**의 경우도 같은 방법으로 하되, 구하려는 값은 나중 속도 v_f이다.

풀이

(a) 최소 정지 거리를 구한다.

자동차에 일−에너지 정리를 적용한다.

$$W_{알짜} = \tfrac{1}{2}mv_f^2 - \tfrac{1}{2}mv_i^2$$

이 식을 마찰이 한 일에 대입하고 $v_f = 0$으로 놓는다.

$$-f_k\Delta x = 0 - \tfrac{1}{2}mv_i^2$$

$v_i = 35.0$ m/s, $f_k = 8.00 \times 10^3$ N, $m = 1.00 \times 10^3$ kg을 대입한 다음 Δx에 대하여 푼다.

$$-(8.00 \times 10^3 \text{ N})\Delta x = -\tfrac{1}{2}(1.00 \times 10^3 \text{ kg})(35.0 \text{ m/s})^2$$

$$\Delta x = \boxed{76.6 \text{ m}}$$

그림 5.9 (예제 5.3) 충돌 직전에 제동하는 자동차.

(b) 주어진 거리 30.0 m에서, 자동차는 너무 앞차와 가까이 있다. 충돌할 때의 속력을 구한다.

일−에너지 정리를 쓴다.

$$W_{알짜} = W_{마찰} = -f_k\Delta x = \tfrac{1}{2}mv_f^2 - \tfrac{1}{2}mv_i^2$$

식을 정리하여 나중 속도 v_f를 구한다.

$$v_f^2 = v_i^2 - \frac{2}{m}f_k\Delta x$$

$$v_f^2 = (35.0 \text{ m/s})^2 - \left(\frac{2}{1.00 \times 10^3 \text{ kg}}\right)(8.00 \times 10^3 \text{ N})(30.0 \text{ m})$$

$$= 745 \text{ m}^2/\text{s}^2$$

$$v_f = \boxed{27.3 \text{ m/s}}$$

참고 계산 결과를 보면 고속도로에서 항상 적절한 정지 거리를 유지하도록 경고하는 것이 얼마나 중요한지 알게 한다. 앞차의 제동 신호등에 반응하는 데 약 1초의 시간이 필요하다. 고속으로 달릴 경우 제동 상태로 들어가기까지 약 30 m 이상을 진행하게 된다. 고속에서 범퍼끼리의 충돌은 대도시 부근에서 종종 일어나듯이 극히 위험하다.

5.2.1 보존력과 비보존력 Conservative and Nonconservative Forces

물체에 작용하는 힘은 보존력과 비보존력으로 나눌 수 있다. 아마도 중력이 가장 대표적인 **보존력**(conservative force)일 것이다. 보존력의 의미를 이해하기 위해서 어떤 다이빙 선수가 10미터 높이의 다이빙대로 올라가는 경우를 생각해 보자. 올라가는 동안에 다이빙 선수는 중력을 극복하기 위하여 일을 해야 한다. 그러나 일단 꼭대기에 올라간 다이빙 선수는 물로 뛰어내림으로써 같은 양의 일을 운동에너지의 형태로 변환할 수 있다. 이 선수가 물에 들어가기 직전의 운동에너지는 꼭대기로 올라가는 동안에 한 일에서 공기의 저항과 근육 내부에서의 마찰 등의 비보존력이 한 일을 뺀 것과 같다.

비보존력(nonconservative force)은 일반적으로 소모적인데, 이것은 힘이 작용하면 물체의 에너지가 무질서하게 소모된다는 것을 의미한다. 이러한 에너지의 소모는 열이나 소리의 형태로 나타난다. 운동 마찰과 공기의 저항 등이 좋은 예이다. 제트 엔진이 비행기에 작용하는 힘이나 프로펠러가 잠수함에 작용하는 추진력들도 또한 비보존적이다.

비보존력에 대항하여 한 일은 쉽게 회복될 수 없다. 거친 표면 위에서 물체를 끌기 위해서는 일을 해야 한다. 예제 5.2에서 에스키모인이 마찰이 있는 대지 위에서 썰매를 끌고 간다면, 마찰이 없는 대지 위를 끌고 가는 경우보다 알짜일이 작다. 없어진 에너지는 썰매와 주변의 온도를 올리는 데 쓰인다. 나중에 배우게 될 열역학에 의하면, 이러한 에너지 손실은 피할 수 없으며, 모든 에너지가 회복될 수도 없기 때문에 이러한 힘들을 비보존적이라 한다.

보존력과 비보존력의 특성을 비교해볼 수 있는 또 다른 방법은 서로 다른 경로를 따라 두 점 사이를 이동하는 동안에 물체에 힘이 한 일을 계산해 보는 것이다. 그림 5.10과 같이 마찰이 없는 미끄럼틀을 미끄러져 내려가는 사람에게 중력이 한 일과, 같은 높이에서 물속으로 다이빙하는 사람에게 중력이 한 일은 같다. 그러나 비보존력에 대해서는 이러한 등식이 성립하지 않는다. 예를 들어, 그림 5.11에서 Ⓐ에서 Ⓓ로 직접 책을 미끄러지게 하려면 마찰력에 대항해서 어떤 양만큼 일을 해야 한다. 그러나 Ⓐ에서

그림 5.10 중력은 보존력이기 때문에 다이빙 선수가 사다리를 올라가는 동안에 중력에 대항하여 한 일을 운동에너지의 형태로 변환할 수 있다. 마찰이 없는 미끄럼틀을 타는 경우에도 마찬가지다.

책을 옮기느라 주황색 선을 따라 한 일은 파란색 선을 따라 한 일보다 크다.

그림 5.11 마찰력은 비보존력이기 때문에 책을 Ⓐ에서 Ⓑ로, Ⓑ에서 Ⓒ로, Ⓒ에서 Ⓓ로 책을 미는 동안에 해야 하는 일은 Ⓐ에서 Ⓓ로 직접 책을 미는 동안에 해야 하는 일의 세 배이다.

Ⓑ로, Ⓑ에서 Ⓒ로, Ⓒ에서 Ⓓ로 책을 미끄러지게 하려면 세 배의 일을 해야 한다. 이 예를 참고하면 보존력은 다음과 같이 정의할 수 있다.

> 만약 두 점 사이로 어떤 물체를 이동시키는 동안에 힘이 한 일이 어떤 경로를 따라 가더라도 똑같다면 그 힘은 보존력이다.

◀ 보존력

비보존력은 앞에서 살펴본 바와 같이 이러한 성질이 없다. 알짜일은 보존력이 한 일 W_c와 비보존력이 한 일 W_{nc}의 합이기 때문에, 식 5.7로 표현된 일−에너지 정리는 다음과 같이 고쳐 쓸 수 있다.

$$W_{nc} + W_c = \Delta KE \qquad [5.8]$$

보존력은 또 하나의 유용한 속성을 가지고 있다. 보존력이 한 일은 **퍼텐셜 에너지**(potential energy)로 나타낼 수 있으며, 퍼텐셜 에너지는 경로의 시작점과 끝점의 위치에만 의존하고 경로와는 무관하다.

5.3 중력 퍼텐셜 에너지 Gravitational Potential Energy

움직이는 망치가 벽에 못을 박을 수 있는 것처럼 운동에너지를 가진 물체는 다른 물체에 일을 할 수 있다. 높은 선반 위에 있는 벽돌도 또한 일을 할 수 있다. 선반에서 떨어져 아랫방향으로 가속되어 못을 정확하게 때려 마룻바닥 판자에 박을 수 있다. 벽돌은 선반 위에 있을 때 일을 할 수 있는 잠재적인 능력이 있기 때문에, 선반 위의 벽돌은 **퍼텐셜 에너지**(potential energy)를 가지고 있다고 말한다.

퍼텐셜 에너지는 한 물체의 성질이라기보다는 **계**(system) 전체의 성질이라고 할 수 있다. 왜냐하면 그림 5.10의 다이빙 선수와 지구의 경우처럼, 퍼텐셜 에너지란 힘의 중심에 대한 공간상의 물리적인 위치에 기인한 것이기 때문이다. 이 장에서는 계를 힘이나 내부의 다른 과정을 통해서 서로 상호작용하는 물체들의 집합으로 정의할 수 있다. 퍼텐셜 에너지는 보존력이 한 일을 다른 관점에서 본 것이라는 것을 알게 될 것이다.

5.3.1 중력이 한 일과 퍼텐셜 에너지 Gravitational Work and Potential Energy

중력과 관련된 문제들에 일−에너지 정리를 적용하기 위해서는 중력이 한 일을 계산해야 한다. 대부분의 궤적, 예를 들어 포물선을 그리는 공의 궤적에 대해서 중력이 공에 한 일을 계산하기 위해서는 미적분학의 복잡한 계산 방법을 사용해야 한다. 그러나 다행히도 보존력장에 대해서는 퍼텐셜 에너지라고 하는 간단한 대안이 있다.

중력은 보존력이며, 모든 보존력에 대해서 퍼텐셜 에너지 함수라고 하는 특별한 표현식을 얻을 수 있다. 물체의 운동 경로상의 임의의 두 점에서 그 함수의 값을 계산하여 퍼텐셜 에너지의 차이를 구하면 그것은 두 점 사이를 이동하는 동안에 힘이 한 일과 크기가 같고 부호가 반대인 일과 같다. 또한 퍼텐셜 에너지는 일과 운동에너지와 같이

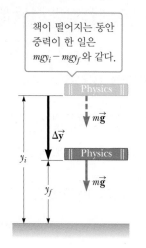

책이 떨어지는 동안 중력이 한 일은 $mgy_i - mgy_f$와 같다.

그림 5.12 질량이 m인 책이 높이 y_i에서 y_f로 떨어진다.

스칼라양이기 때문에 다루기가 편리하다.

첫 번째 단계는 어떤 물체가 한 곳에서 다른 곳으로 움직이는 동안에 중력이 물체에 한 일을 계산하는 일이다. 계의 퍼텐셜 에너지의 변화는 그 일과 크기가 같고 부호가 반대이며, 이 관계로부터 퍼텐셜 에너지 함수를 구할 수 있다.

그림 5.12에서는 물체가 땅보다 위쪽에 있을 때 y좌표가 양이며, 질량이 m인 책이 높이 y_i에서 y_f로 떨어진다. 공기의 저항을 무시하면 책에 작용하는 유일한 힘은 중력이다. 중력이 하는 일은 얼마인가? 힘의 크기는 mg이고 물체의 변위는 $\Delta y = y_i - y_f$(양의 값)이고, $\vec{\mathbf{F}}$와 $\Delta \vec{\mathbf{y}}$는 모두 아랫방향이므로 사잇각은 영이다. $d = y_i - y_f$라 놓고 일의 정의 식 5.3을 적용하면 다음과 같다.

$$W_g = Fd\cos\theta = mg(y_i - y_f)\cos 0° = -mg(y_f - y_i) \qquad [5.9]$$

나중에 배우게 될 퍼텐셜 에너지와의 관계를 명확히 하기 위하여 음의 부호를 앞으로 끌어내었다. 중력이 한 일에 대한 식 5.9는 중력이 보존력이기 때문에 경로에 상관없이 모든 물체에 대해서 성립한다. 이제 W_g는 일-에너지 정리에서 중력이 한 일이다. 편의상 이 절이 끝날 때까지 중력과 비보존력만 작용한다고 가정하자. 그러면 식 5.8은 다음과 같이 쓸 수 있다.

$$W_{알짜} = W_{nc} + W_g = \Delta KE$$

여기서 W_{nc}는 비보존력이 한 일이다. W_g에 대한 식 5.9를 대입하면

$$W_{nc} - mg(y_f - y_i) = \Delta KE \qquad [5.10a]$$

가 된다. 양변에 $mg(y_f - y_i)$를 더하면

$$W_{nc} = \Delta KE + mg(y_f - y_i) \qquad [5.10b]$$

가 된다. 이제 정의에 의하여 중력이 한 일과 중력 퍼텐셜 에너지 사이의 관계를 확인할 수 있다.

중력 퍼텐셜 에너지 ▶

> 지구와 지구 표면 근처에 있는 질량이 m인 물체로 구성된 계의 중력 퍼텐셜 에너지는
>
> $$PE \equiv mgy \qquad [5.11]$$
>
> 로 정의된다. 여기서 g는 중력 가속도이며, y는 지구 표면(또는 다른 기준점)에 대한 물체의 수직 윗방향의 위치를 나타낸다.
>
> **SI 단위: 줄(J)**

이 정의에서는 지구 표면의 위치를 $y = 0$으로 선택하였지만, 꼭 그럴 필요는 없다. 퍼텐셜 에너지의 차이만이 중요하기 때문이다.

따라서 지구 표면 근처에 있는 물체와 관련된 중력 퍼텐셜 에너지는 물체의 질량 mg와 지구 표면으로부터 수직 높이 y와의 곱이다. 이 정의로부터 중력이 한 일과 중력 퍼텐셜 에너지 사이의 관계를 구할 수 있다.

$$W_g = -(PE_f - PE_i) = -(mgy_f - mgy_i)$$ [5.12]

중력이 한 일은 중력 퍼텐셜 에너지의 변화와 크기가 같고 부호가 반대이다.

마지막으로 식 5.12의 관계를 식 5.10b에 적용하면, 확장된 개념의 일−에너지 정리를 얻는다.

$$W_{nc} = (KE_f - KE_i) + (PE_f - PE_i)$$ [5.13]

이 식에 의하면 비보존력이 한 일 W_{nc}는 운동에너지의 변화와 중력 퍼텐셜 에너지의 변화를 합한 것이다.

식 5.13은 중력 이외에 다른 보존력이 작용하는 경우에도 일반적으로 성립한다. 이들 추가적인 보존력이 한 일은 퍼텐셜 에너지의 변화로 나타낼 수 있고, 중력 퍼텐셜 에너지에 대한 표현식과 함께 우변에 포함된다.

> **Tip 5.3** 퍼텐셜 에너지는 두 물체 사이에 적용되는 개념.
>
> 퍼텐셜 에너지는 적어도 두 개 이상의 물체로 이루어진 계(예를 들어, 중력으로 상호작용하는 지구와 야구공)에 적용되는 개념이다.

5.3.2 중력 퍼텐셜 에너지에 대한 기준 위치
Reference Levels for Gravitational Potential Energy

중력 퍼텐셜 에너지가 포함된 문제를 풀기 위해서는 그 에너지가 영인 위치를 선정하는 것이 중요하다. 식 5.11의 형태는 기준 위치를 $y = 0$으로 선택한 경우이다. 중요한 물리량은 퍼텐셜 에너지의 차이이고, 이 차이는 기준 위치의 선택과 상관없이 항상 같기 때문에 어디에 기준 위치를 설정하여도 상관없다. 그러나 일단 기준 위치를 선택하면 문제를 완전히 풀 때까지는 바꾸어서는 안 된다.

대체로 퍼텐셜 에너지가 영인 위치를 지구 표면으로 설정할 수는 있지만 문제를 잘 읽어보면 어디에 선택하는 것이 더 편리할지 알 수 있다. 예를 들어, 그림 5.13에서와 같이 책이 있을 수 있는 여러 위치를 생각해 보자. 책이 Ⓐ에 있을 때에는 자연스럽게 선택할 수 있는 기준 위치는 책상 표면이다. 책이 Ⓑ에 있을 때에는 마룻바닥이 더 편리한 기준 위치가 될 수 있다. 마지막으로 책이 창 밖의 위치 ⓒ에 있을 때에는 지구 표면을 기준 위치로 선택하는 것이 더 편리할 것이다. 그러나 어디를 선택하든 상관없다. 책이 Ⓐ, Ⓑ, ⓒ 중 어디에 있든지 위의 세 기준 위치 중 어느 것도 사용할 수 있다. 다음에 나오는 예제 5.4는 이러한 기준점의 선택에 관한 것이다.

그림 5.13 책상, 방의 마룻바닥, 건물 밖의 지면 등 어떤 기준 위치도 책−지구 계에서 중력 퍼텐셜 에너지가 영인 기준 위치로 정할 수 있다.

예제 5.4   **스키에 왁스를 칠하라**

목표 기준 위치의 선택에 따른 중력 퍼텐셜 에너지의 변화를 계산 한다.

문제 그림 5.14와 같이 질량이 60.0 kg인 스키 선수가 꼭대기에 있다. 처음 위치 Ⓐ에 있을 때에는 위치 Ⓑ보다 10.0 m 높은 곳에 있다. **(a)** 중력 퍼텐셜 에너지가 영인 기준 위치를 Ⓑ로 설정하고, 스키 선수가 Ⓐ와 Ⓑ에 있을 때 이 계의 중력 퍼텐셜 에너지를 구하라. 마지막으로 스키 선수가 Ⓐ에서 Ⓑ로 내려가는 동안에 스키 선수−지구 계의 퍼텐셜 에너지의 변화를 계산하라. **(b)** 기준 위치를 Ⓐ로 선택하고 이 문제를 반복하라. **(c)** 기준 위치를 Ⓑ보다 2.00 m 높은 곳에 설정하고 다시 이 문제를 반복하라.

전략 정의를 충실히 따라가며 부호에 주의한다. Ⓐ는 처음 위치이고 이 점에서의 퍼텐셜 에너지는 PE_i이다. Ⓑ는 나중 위치이며 이 점에서의 퍼텐셜 에너지는 PE_f이다. 퍼텐셜 에너지가

그림 5.14 (예제 5.4)

$$PE_f - PE_i = 0 - 5.88 \times 10^3 \, \text{J} = \boxed{-5.88 \times 10^3 \, \text{J}}$$

(b) $y = 0$을 새 기준 위치 Ⓐ로 설정하고 문제를 반복한다. 이 경우 Ⓐ에서 $PE = 0$이다.

Ⓑ에서 $y = -10.0 \, \text{m}$인 사실에 주목하고 PE_f를 구한다.

$$PE_f = mgy_f = (60.0 \, \text{kg})(9.80 \, \text{m/s}^2)(-10.0 \, \text{m})$$
$$= -5.88 \times 10^3 \, \text{J}$$
$$PE_f - PE_i = -5.88 \times 10^3 \, \text{J} - 0 = \boxed{-5.88 \times 10^3 \, \text{J}}$$

(c) 기준 위치를 Ⓑ보다 2.00 m 높은 곳에 설정하고 다시 이 문제를 반복한다.

Ⓐ에서의 퍼텐셜 에너지 PE_i를 구한다.

$$PE_i = mgy_i = (60.0 \, \text{kg})(9.80 \, \text{m/s}^2)(8.00 \, \text{m}) = 4.70 \times 10^3 \, \text{J}$$

Ⓑ에서의 퍼텐셜 에너지 PE_f를 구한다.

$$PE_f = mgy_f = (60.0 \, \text{kg})(9.80 \, \text{m/s}^2)(-2.00 \, \text{m})$$
$$= -1.18 \times 10^3 \, \text{J}$$

퍼텐셜 에너지의 변화를 계산한다.

$$PE_f - PE_i = -1.18 \times 10^3 \, \text{J} - 4.70 \times 10^3 \, \text{J}$$
$$= \boxed{-5.88 \times 10^3 \, \text{J}}$$

참고 예제의 결과를 보면 스키 선수가 경사면의 꼭대기에서 바닥으로 내려가는 동안의 중력 퍼텐셜 에너지 변화는 기준 위치를 어디에 설정하든 상관없이 항상 -5.88×10^3 J이다.

$PE = mgy$이기 때문에, $y = 0$으로 선택한 기준 위치는 퍼텐셜 에너지가 영이 되는 기준 위치이기도 하다.

풀이

(a) $y = 0$을 Ⓑ로 설정하자. Ⓐ와 Ⓑ에서의 퍼텐셜 에너지를 계산하고, 퍼텐셜 에너지의 차이를 계산한다.

식 5.11로부터 Ⓐ에서의 퍼텐셜 에너지 PE_i를 구한다.

$$PE_i = mgy_i = (60.0 \, \text{kg})(9.80 \, \text{m/s}^2)(10.0 \, \text{m}) = 5.88 \times 10^3 \, \text{J}$$

기준 위치를 Ⓑ로 설정하였으므로 $PE_f = 0$이다. Ⓐ와 Ⓑ 사이에서의 퍼텐셜 에너지의 차이를 구한다.

5.3.3 중력과 역학적 에너지의 보존 Gravity and the Conservation of Mechanical Energy

보존 원리는 물리학에서 매우 중요한 역할을 한다. **물리량이 보존되는 경우 그 물리량의 수치값은 물리과정을 거치는 동안 항상 같은 값을 갖는다.** 물리량의 형태가 달라질 수는 있지만 그것의 **나중 값은 처음 값과 똑같다.**

중력 때문에 낙하하는 물체의 운동에너지 KE는 계속 변하고 물체의 퍼텐셜 에너지 PE 역시 계속 변한다. 이것들은 분명 보존되는 양이 아니다. 그러나 비보존력이 없다면, 식 5.13에서 $W_{nc} = 0$이라 할 수 있다. 식을 정리하면 다음과 같은 흥미로운 결과를 얻는다.

$$KE_i + PE_i = KE_f + PE_f \qquad [5.14]$$

이 식에 의하면 **운동에너지와 중력 퍼텐셜 에너지의 합은 항상 일정한 값을 갖는다. 그러므로 이 합은 보존되는 양이다.** 전체 역학적 에너지를 $E = KE + PE$로 표현하고 **전체 역학적 에너지는 보존된다**고 말한다.

이 개념의 작동 원리를 살펴보기 위해 절벽 위에서 돌을 떨어뜨린다고 생각해 보자.

Tip 5.4 보존 원리

식 5.14에 표현된 고립계의 역학적 에너지 보존 법칙과 같은 보존 법칙은 많이 있다. 예를 들면, 운동량, 각운동량, 전하량 등은 보존되는 양인데, 나중에 다룰 것이다. 물리 과정 중에 보존량의 형태가 달라질 수는 있지만 전체 합은 결코 변하지 않는다.

돌이 떨어지면서 속력은 점점 증가할 것이고 운동에너지도 증가할 것이다. 돌이 바닥에 가까워질수록 돌과 지구 사이의 퍼텐셜 에너지는 감소한다. 돌이 밑으로 떨어지면서 잃는 퍼텐셜 에너지는 운동에너지로 나타난다. 식 5.14를 보면 공기 저항 같은 비보존력이 없는 한 에너지의 교환은 정확하게 일치한다. 이 원리는 중력뿐만 아니라 모든 보존력에 대해서 적용된다.

> 보존력만을 통해서 상호작용하는 물체들로 이루어진 고립계의 전체 역학적 에너지 $E = KE + PE$는 언제나 일정한 값을 갖는다.

◀ **역학적 에너지의 보존**

중력이 계 내부에서 일을 하는 유일한 힘이라면, 역학적 에너지 보존의 원리는 다음 식으로 표현된다.

$$\tfrac{1}{2}mv_i^2 + mgy_i = \tfrac{1}{2}mv_f^2 + mgy_f \qquad [5.15]$$

이런 형태의 식은 질량과 중력만 포함하는 문제를 풀 때 특히 유용하다. 이런 특별한 경우는 흔히 나타나는데, 식의 양변에서 질량이 소거된다. 그러나 이것은 질량 m의 운동에너지에 비해 지구의 운동에너지가 (마땅히) 무시되는 경우에만 가능한 것이다. 일반적으로는 식 5.15에 계의 각 물체에 대한 운동에너지 항과 각 물체 쌍에 대한 중력 퍼텐셜 에너지 항이 있어야 한다. 또 다른 보존력이 있다면 그것도 포함되어야 한다.

예제 5.5 다이빙 선수

목표 중력 때문에 곧장 아래로 떨어지는 다이버의 속력을 역학적 에너지의 보존을 사용하여 계산한다.

문제 질량이 m인 다이버가 그림 5.15와 같이 수면 위 10.0 m 높이의 다이빙대에서 뛰어내린다. 공기 저항은 무시하고 **(a)** 역학적 에너지 보존식을 이용하여 수면 위 5.00 m를 지날 때 떨어지는 속력을 계산하고, **(b)** 물에 닿는 순간의 속력을 구하라.

전략 1단계: 다이버와 지구로 이루어진 계이다. 다이버가 떨어질 때(공기 저항을 무시하면) 오로지 중력만이 다이버에 작용한다.

그러므로 계의 역학적 에너지는 보존되며 **(a)**, **(b)** 두 문항에 대해 에너지 보존식을 사용할 수 있다. 2단계: 수면의 높이를 $y = 0$으로 잡는다. 3단계: 문항 **(a)**에서는 $y = 10.0$ m와 $y = 5.00$ m인 두 지점이 계산에 적용될 위치이고, 문항 **(b)**에 대해서는 $y = 10.0$ m와 $y = 0$ m가 계산할 두 위치가 된다.

풀이

(a) $y = 5.00$ m인 중간 높이에서의 다이버의 속력을 구한다.

4단계: 에너지 보존식을 쓰고 해당 항들을 대입한다.

$$KE_i + PE_i = KE_f + PE_f$$
$$\tfrac{1}{2}mv_i^2 + mgy_i = \tfrac{1}{2}mv_f^2 + mgy_f$$

5단계: $v_i = 0$을 대입하고 질량 m을 소거한 후 v_f에 대하여 푼다.

$$0 + gy_i = \tfrac{1}{2}v_f^2 + gy_f$$
$$v_f = \sqrt{2g(y_i - y_f)} = \sqrt{2(9.80 \text{ m/s}^2)(10.0 \text{ m} - 5.00 \text{ m})}$$
$$v_f = \boxed{9.90 \text{ m/s}}$$

(b) 물의 표면 $y = 0$에서 다이버의 속력을 구한다.

$y_f = 0$으로 놓은 뒤 **(a)**와 같은 과정을 거친다.

$$0 + mgy_i = \tfrac{1}{2}mv_f^2 + 0$$

그림 5.15 (예제 5.5) 중력 퍼텐셜 에너지는 수면에서 영으로 정한다.

$$v_f = \sqrt{2gy_i} = \sqrt{2(9.80 \text{ m/s}^2)(10.0 \text{ m})} = \boxed{14.0 \text{ m/s}}$$

참고 중간 높이에서의 속력이 나중 속력의 반이 아님에 유의하라. 또 하나 흥미로운 사실은 최종 답이 질량에 무관하다는 것이다. 답이 그렇게 나오는 이유는 지구의 운동에너지의 변화를 무시한 결과이다. 지구의 운동에너지의 변화를 무시할 수 있는 경우는, 물체의 질량(여기서는 다이버의 질량)이 지구의 질량에 비해 훨씬 작은 경우에 성립한다. 엄밀하게 말하면, 지구도 다이버를 향해 움직이지만, 도저히 측정할 수 없을 정도로 작기 때문에 운동에너지의 감소는 없다고 보아도 무방하다.

예제 5.6 폴짝 튀어 오르는 벌레

목표 역학적 에너지 보존법칙과 이차원 포물체 운동학을 사용하여 나중 속력을 구한다.

문제 어떤 메뚜기가 수평과 45°의 각으로 튀어서 최고 높이 1.00 m에 도달한다(그림 5.16). 공기의 저항을 무시할 때 그 메뚜기가 튀어 오르는 처음 속력 v_i를 구하라.

전략 이 문제는 에너지 보존법칙과 처음 속력과 처음 위치의 x성분과의 관계를 사용하여 풀 수 있다. $y = 1.00$ m 되는 최고점에서 메뚜기의 속력은 x성분인 v_x뿐이다. 에너지 보존법칙의 식에는 처음 속력 v_i와 최고 높이에서의 속력 v_x의 두 미지수가 있다. 그러나 x 방향으로는 힘이 작용하지 않으므로 v_x는 처음 속력의 x성분과 같다.

그림 5.16 (예제 5.6)

풀이

에너지 보존식을 사용한다.

$$\tfrac{1}{2}mv_i^2 + mgy_i = \tfrac{1}{2}mv_f^2 + mgy_f$$

$y_i = 0$, $v_f = v_x$, $y_f = h$를 대입한다.

$$\tfrac{1}{2}mv_i^2 = \tfrac{1}{2}mv_x^2 + mgh$$

양변에 $2/m$을 곱하여 두 개의 미지수가 포함된 하나의 식이 얻어진다.

$$v_i^2 = v_x^2 + 2gh \tag{1}$$

식 (1)에 $v_x = v_i \cos 45°$를 대입하여 v_x를 소거하고 v_i를 구한다.

$$v_i^2 = (v_i \cos 45°)^2 + 2gh = \tfrac{1}{2}v_i^2 + 2gh$$

$$v_i = 2\sqrt{gh} = 2\sqrt{(9.80 \text{ m/s}^2)(1.00 \text{ m})} = \boxed{6.26 \text{ m/s}}$$

참고 최종 답이 예상외로 큰 값이 나왔다. 그것은 메뚜기가 몸집에 비해 매우 강하다는 것을 의미한다.

5.4 용수철 퍼텐셜 에너지 Spring Potential Energy

용수철은 많은 장치에서 사용되는 중요한 부품이다. 시계, 장난감, 차, 열차 등의 모든 종류의 기계 장치 안에 들어 있다. 여기서는 용수철을 소개하고 더 자세한 내용은 13장에서 다룰 예정이다.

용수철이 압축되거나 늘어날 때 작용하는 힘은 그 힘을 제거하면 다시 복원되기 때문에 용수철에 의한 힘은 중력과 마찬가지로 보존력이다. 이것은 퍼텐셜 에너지 함수를 알아낼 수 있으며, 일-에너지 정리 안에 포함시킬 수 있다는 것을 의미한다.

그림 5.17a는 압축되거나 늘어나지 않은 평형 위치에 있는 용수철의 상태를 나타낸 그림이다. 그림 5.17b와 같이 용수철을 물체로 누르면 거리 x만큼 압축된다. x가 단순히 위치를 나타내는 값으로 보이지만, 용수철의 입장에서는 평형의 위치를 $x = 0$으로

설정하면 평형으로부터 벗어난 거리가 된다. 실험의 결과를 보면 거리를 두 배 이동시키려면 두 배의 힘이 필요하고, 세 배의 거리를 이동시키려면 세 배의 힘이 필요하다. 이는 용수철이 작용하는 힘 F_s가 변위 x에 비례함을 의미한다.

$$F_s = -kx \qquad [5.16]$$

여기서 k는 비례 상수로서, 용수철 상수라 하며 단위는 N/m이다. 식 5.16은 이 관계를 발견한 훅(Robert Hooke)의 이름을 따서 **훅의 법칙**(Hooke's law)이라 부른다. 힘 F_s는 종종 복원력이라 부르는데, 이것은 용수철이 언제나 용수철 끝 점의 변위와 반대되는 방향으로 힘을 작용해서 용수철의 끝을 언제나 원래의 위치로 되돌리려하기 때문이다. x가 양의 값을 가지면 힘은 음의 값이 되어 $x=0$인 평형점을 향하게 되며, x가 음의 값을 가지면 힘은 양의 값이 되어 역시 $x=0$인 점을 향하기 때문이다. 유연한 용수철의 경우는 k가 작은 값(약 100 N/m 정도)이며, 강한 용수철의 경우는 k의 값이 크다(약 10 000 N/m 정도로). 용수철 상수 k의 값은 용수철의 제작 방법, 구성 성분, 선의 굵기 등에 의해 결정된다. 음의 부호를 사용함으로써 용수철의 힘이 언제나 평형점을 향한다는 것을 나타낸다.

중력의 경우와 마찬가지로 **탄성 퍼텐셜 에너지**(elastic potential energy)라고 하는 에너지는 용수철이 작용한 힘과 연관시킬 수 있다. 탄성 퍼텐셜 에너지는 용수철이 하는 일의 음의 값이므로, 운동 중인 용수철이 하는 일을 파악하는 또 다른 방법이라 할 수 있다. 탄성 퍼텐셜 에너지는 또한 용수철이 압축되거나 늘어날 때 한 일로서 용수철에 저장된 에너지라 할 수 있다.

수평으로 놓인 용수철과 물체가 평형 위치에 있다고 하자. 그림 5.17b와 같이 평형 위치에서 변위 x까지 용수철이 압축될 때 용수철이 하는 일을 계산해 보자. 용수철은 압축된 방향과 반대 방향의 힘을 작용하므로 용수철이 하는 일은 음의 값이 될 것이다. 지표면 근처에서 일정한 중력을 공부할 때, 물체에 한 일은 중력과 물체의 높이 변화를 곱하여 구하는 것을 알았다. 그러나 용수철의 힘처럼 위치에 따라 힘이 변하면 그 방법은 사용할 수가 없다. 대신 평균 힘 $\bar{F}$를 사용한다.

$$\bar{F} = \frac{F_0 + F_1}{2} = \frac{0 - kx}{2} = -\frac{kx}{2}$$

따라서 용수철이 한 일은 다음과 같다.

$$W_s = \bar{F}x = -\tfrac{1}{2}kx^2$$

일반적으로 용수철의 변위가 x_i에서 x_f로 늘어나거나 압축된다면, 용수철이 한 일은 다음과 같다.

$$W_s = -\left(\tfrac{1}{2}kx_f^2 - \tfrac{1}{2}kx_i^2\right)$$

용수철이 한 일은 일−에너지 정리에 포함시킬 수 있다. 식 5.13의 좌변에 용수철이 한 일을 포함하면 다음과 같은 식이 된다.

$$W_{nc} - \left(\tfrac{1}{2}kx_f^2 - \tfrac{1}{2}kx_i^2\right) = \Delta KE + \Delta PE_g$$

용수철이 작용하는 힘은 항상 그림에서 $x=0$인 평형점을 향한다.

$x=0$인 평형점에서 용수철의 퍼텐셜 에너지는 $\tfrac{1}{2}kx^2$이다.

$PE_s = \tfrac{1}{2}kx^2$
$KE_i = 0$

$PE_s = 0$
$KE_f = \tfrac{1}{2}mv^2$

그림 5.17 (a) 압축되거나 늘어나지 않은 평형 상태의 용수철, (b) 마찰이 없는 바닥에 놓인 질량 m의 물체로 용수철을 누르고 있다. (c) 물체를 놓으면 이 에너지가 물체의 운동에너지로 변환된다.

여기서 PE_g는 중력 퍼텐셜 에너지이다.

용수철 퍼텐셜 에너지 ▶ 용수철 힘과 연관된 탄성 퍼텐셜 에너지 PE_s를 다음과 같이 정의할 수 있다.

$$PE_s \equiv \tfrac{1}{2}kx^2 \qquad [5.17]$$

여기서 k는 용수철 상수이고 x는 용수철이 평형 위치로부터 늘어나거나 압축된 거리이다.

SI 단위: 줄(J)

여기서의 PE_s를 용수철의 퍼텐셜 에너지라고 한다. 이것은 고무줄이나 피아노 줄과 같은 다른 종류의 탄성 퍼텐셜 에너지와 수식 표현이 좀 다르다.

이 식을 그 위의 식에 대입하여 정리하면, 중력과 탄성에 의한 퍼텐셜 에너지를 모두 포함하는 새로운 형태의 일−에너지 정리를 다음의 식으로 표현할 수 있다.

$$W_{nc} = (KE_f - KE_i) + (PE_{gf} - PE_{gi}) + (PE_{sf} - PE_{si}) \qquad [5.18]$$

여기서 W_{nc}는 비보존력이 한 일이며, KE는 운동에너지이고, PE_g는 중력 퍼텐셜 에너지, PE_s는 탄성 퍼텐셜 에너지이다. 앞에서 중력 퍼텐셜 에너지만을 의미했던 PE는 앞으로는 계에 작용하는 모든 보존력에 상응하는 퍼텐셜 에너지의 전체 합을 의미할 것이다.

주어진 물리계에서 중력과 용수철이 한 일은 이미 식 5.18의 우변에 퍼텐셜 에너지의 형태로 포함되어 있으므로 좌변의 일에는 포함시키지 말아야 한다.

그림 5.17c를 보면 저장된 탄성 퍼텐셜 에너지가 어떻게 회복되는지 알 수 있다. 물체를 놓으면 용수철은 원래 길이로 늘어나면서 저장된 탄성 퍼텐셜 에너지가 물체의 운동에너지로 변환된다. 용수철이 평형 위치($x = 0$)로 돌아오면, 용수철에 저장된 탄성 퍼텐셜 에너지는 영이 된다. 식 5.17과 같이 용수철이 늘어날 때도 퍼텐셜 에너지는 저장된다. 또한 용수철이 최대한 압축되거나 늘어날 때 탄성 퍼텐셜 에너지도 최대가 된다. 마지막으로 PE_s가 x^2에 비례하므로, 퍼텐셜 에너지는 용수철이 평형 위치에서 벗어나면 언제나 양의 값을 갖는다.

비보존력이 없다면 $W_{nc} = 0$이므로 식 5.18의 좌변은 영이 된다. 역학적 에너지 보존에 관한 일반식은 다음과 같다.

$$(KE + PE_g + PE_s)_i = (KE + PE_g + PE_s)_f \qquad [5.19]$$

용수철과 중력, 다른 여러 힘이 포함된 문제는 역학적 에너지 보존을 다루는 문제를 풀이할 때처럼 푼다. 다만 중력 퍼텐셜 에너지의 기준점과 더불어 용수철의 평형점의 위치를 명확하게 설정하여야 한다.

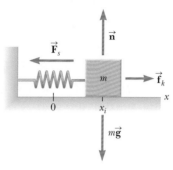

예제 5.7 수평으로 놓인 용수철

목표 수평으로 놓인 용수철과 접촉하고 있는 물체의 속력을 마찰이 있는 경우와 없는 경우에 대하여 계산하기 위하여 에너지의 보존을 이용한다.

문제 질량 5.00 kg인 물체가 그림 5.18과 같이 용수철 상수가 $k = 4.00 \times 10^2$ N/m인 용수철에 붙어 있다. 물체가 놓인 바닥의 마찰은 없다고 하자. 물체를 $x_i = 0.050\ 0$ m 위치로 당겨서 놓을 때, **(a)** 물체가 평형 위치를 처음 지날 때 물체의 속력을 구하라. **(b)** $x = 0.025\ 0$ m 위치에서 물체의 속력을 구하라. **(c)** 바닥과 물체의 마찰 계수가 $\mu_k = 0.150$이라면 **(a)**의 답은 어떻게 달라지는가?

전략 **(a)**와 **(b)**는 비보존력이 없으므로 에너지 보존의 식 5.19를 적용할 수 있다. **(c)**는 마찰에 의한 역학적 에너지 소모를 다루는 데 일과 일-에너지 정리에 대한 정의가 필요하다.

그림 5.18 (예제 5.7) 용수철에 붙어 있는 물체

물체의 속력 v_f에 대하여 풀고, 주어진 값들을 대입한다.

$$v_f = \sqrt{\frac{k}{m}(x_i^2 - x_f^2)}$$

$$= \sqrt{\frac{4.00 \times 10^2\ \text{N/m}}{5.00\ \text{kg}}\left[(0.050\ 0\ \text{m})^2 - (0.025\ 0\ \text{m})^2\right]}$$

$$= \boxed{0.387\ \text{m/s}}$$

(c) 마찰이 있는 경우 **(a)**를 다시 푼다.

일-에너지 정리를 적용한다. 중력과 수직 항력이 한 일은 이 힘들이 운동 방향과 수직이므로 영이다.

$$W_{\text{마찰}} = \frac{1}{2}mv_f^2 - \frac{1}{2}mv_i^2 + \frac{1}{2}kx_f^2 - \frac{1}{2}kx_i^2$$

$v_i = 0$, $x_f = 0$, $W_{\text{마찰}} = -\mu_k n x_i$를 대입한다.

$$-\mu_k n x_i = \frac{1}{2}mv_f^2 - \frac{1}{2}kx_i^2$$

$n = mg$로 놓고 v_f에 대해 푼다.

$$\frac{1}{2}mv_f^2 = \frac{1}{2}kx_i^2 - \mu_k mg x_i$$

$$v_f = \sqrt{\frac{k}{m}x_i^2 - 2\mu_k g x_i}$$

$$v_f = \sqrt{\frac{4.00 \times 10^2\ \text{N/m}}{5.00\ \text{kg}}(0.050\ 0\ \text{m})^2 - 2(0.150)(9.80\ \text{m/s}^2)(0.050\ 0\ \text{m})}$$

$$v_f = \boxed{0.230\ \text{m/s}}$$

풀이

(a) 평형점에서 물체의 속력을 구한다.

식 5.19로부터 시작한다.

$$(KE + PE_g + PE_s)_i = (KE + PE_g + PE_s)_f$$

물체의 운동에너지와 퍼텐셜 에너지의 식을 대입하고 중력과 관련된 항들은 영으로 놓는다.

$$\frac{1}{2}mv_i^2 + \frac{1}{2}kx_i^2 = \frac{1}{2}mv_f^2 + \frac{1}{2}kx_f^2 \tag{1}$$

$v_i = 0$, $x_f = 0$을 대입하고 $2/m$를 곱한다.

$$\frac{k}{m}x_i^2 = v_f^2$$

물체의 속력 v_f에 대하여 풀고 주어진 값들을 대입한다.

$$v_f = \sqrt{\frac{k}{m}}x_i = \sqrt{\frac{4.00 \times 10^2\ \text{N/m}}{5.00\ \text{kg}}}(0.050\ 0\ \text{m})$$

$$= \boxed{0.447\ \text{m/s}}$$

(b) 중간 위치에서 물체의 속력을 구한다.

식 (1)에 $v_i = 0$을 대입하고 $2/m$를 곱한다.

$$\frac{kx_i^2}{m} = v_f^2 + \frac{kx_f^2}{m}$$

참고 마찰력 또는 액체 속에서의 저항력 등은 용수철에 매달려 있는 물체의 운동을 느리게 하여 궁극적으로 물체를 정지 시킨다.

예제 5.8 서커스 곡예사

목표 중력 퍼텐셜 에너지와 용수철 퍼텐셜 에너지를 포함하는 일차원 문제를 풀기 위해 역학적 에너지 보존법칙을 사용한다.

문제 50.0 kg의 서커스 곡예사가 2.00 m 높이에서 뜀틀 위로 떨어진다. 그림 5.19와 같은 뜀틀의 힘 상수는 8.00×10^3 N/m이

다. 뜀틀 밑의 용수철이 압축되는 최대거리는 얼마인가?

전략 이 문제에서는 비보존력이 없기 때문에 역학적 에너지 보존식을 적용할 수 있다. 문제에 적용되는 두 위치는 곡예사의 처음 위치와 용수철이 최대로 압축되는 위치이다. 용수철이 최대로 압축되는 위치에서 곡예사의 속도가 영이므로 운동에너지도 영이다. 그 점을 $y = 0$로 놓으면 그 점에서의 중력 퍼텐셜 에너지는 영이다. 이렇게 하면 곡예사의 처음 위치는 $y_i = h + d$이다. 여기서 h는 뜀틀 표면으로부터의 곡예사의 높이이고 d는 용수철이 압축되는 길이이다.

풀이

역학적 에너지 보존식을 사용한다.

$$(KE + PE_g + PE_s)_i = (KE + PE_g + PE_s)_f \qquad (1)$$

영이 아닌 것은 처음의 중력 퍼텐셜 에너지와 나중의 용수철의 탄성 퍼텐셜 에너지이다.

$$0 + mg(h + d) + 0 = 0 + 0 + \tfrac{1}{2}kd^2$$
$$mg(h + d) = \tfrac{1}{2}kd^2$$

주어진 양을 대입하고 식을 정리하면 2차방정식이 된다.

$$(50.0 \text{ kg})(9.80 \text{ m/s}^2)(2.00 \text{ m} + d) = \tfrac{1}{2}(8.00 \times 10^3 \text{ N/m})d^2$$
$$d^2 - (0.123 \text{ m})d - 0.245 \text{ m}^2 = 0$$

2차방정식을 푼다(식 A.8).

$$d = \boxed{0.560 \text{ m}}$$

그림 5.19 (예제 5.8) 곡예사가 뜀틀 위에 떨어지면 뜀틀이 압축된다.

참고 2차방정식의 두 해 중 다른 하나인 $d = -0.437$ m는 d가 양수이어야 하기 때문에 답이 될 수 없다. 곡예사가 뜀틀에 닿을 때 허리 구부림에 의한 곡예사의 질량중심의 변화는 용수철의 압축에 영향을 주지만 그 효과는 무시할 만하다. 충격흡수장치에 용수철이 사용되지만 이 예제에서는 동작원리만을 이해하는 것이 중요하다. 충격흡수장치에서 용수철의 역할은 과도한 운동에너지를 용수철의 탄성 퍼텐셜 에너지로 전환하여 위험할 수 있는 출렁거림을 감속시켜 준다.

예제 5.9 마찰이 없는 경사면 위로 쏘아진 물체

목표 중력 퍼텐셜 에너지, 용수철 퍼텐셜 에너지, 경사면이 포함된 문제에 역학적 에너지 보존을 적용한다.

문제 0.500 kg인 물체가 그림 5.20과 같이 마찰이 없는 수평면 위에 놓여 있고 이 용수철의 상수는 $k = 625$ N/m이다. 물체는 용수철의 길이가 10.0 cm 줄어드는 위치 Ⓐ까지 눌려졌다가 발사되었다. **(a)** 경사각이 $\theta = 30.0°$일 경우 마찰이 없는 경사면 위로 올라갈 수 있는 물체의 최대 이동 거리 d를 계산하라. **(b)** 최대 높이의 반이 되는 위치에서 물체의 속력은 얼마인가?

전략 다른 힘이 없다면 **(a)**와 **(b)**에 대해 역학적 에너지 보존을 적용할 수 있다. **(a)**에서는 물체가 정지 상태에서 출발하여 경사면 최대 높이에서 순간적으로 정지 상태가 된다. 따라서 Ⓐ와 Ⓒ에서의 운동에너지는 모두 영이다. 예제에서 요구하는 답은 높이 h가 아니라 경사면을 따라 이동하는 거리 d임에 주목하라. **(b)**에서는 물체가 점 Ⓑ에 있을 때에는 운동에너지와 중력 퍼텐셜 에

그림 5.20 (예제 5.9)

너지가 모두 존재한다.

풀이

(a) 경사를 따라 물체가 이동하는 거리를 구한다.

역학적 에너지의 보존을 적용한다.

$$\tfrac{1}{2}mv_i^2 + mgy_i + \tfrac{1}{2}kx_i^2 = \tfrac{1}{2}mv_f^2 + mgy_f + \tfrac{1}{2}kx_f^2$$

$v_i = v_f = 0$, $y_i = 0$, $y_f = h = d \sin \theta$, $x_f = 0$을 대입한다.

$$\tfrac{1}{2}kx_i^2 = mgh = mgd \sin \theta$$

거리 d에 대하여 풀고 주어진 값들을 대입한다.

$$d = \frac{\tfrac{1}{2}kx_i^2}{mg \sin \theta} = \frac{\tfrac{1}{2}(625 \text{ N/m})(-0.100 \text{ m})^2}{(0.500 \text{ kg})(9.80 \text{ m/s}^2)\sin(30.0°)}$$

$$= \boxed{1.28 \text{ m}}$$

(b) 중간 높이인 $h/2$에서의 속력을 구한다.

$h = d \sin \theta = (1.28 \text{ m}) \sin 30.0° = 0.640 \text{ m}$임을 사용한다. 에너지의 보존을 다시 한 번 사용한다.

$$\tfrac{1}{2}mv_i^2 + mgy_i + \tfrac{1}{2}kx_i^2 = \tfrac{1}{2}mv_f^2 + mgy_f + \tfrac{1}{2}kx_f^2$$

$v_i = 0$, $y_i = 0$, $y_f = \tfrac{1}{2}h$, $x_f = 0$을 대입한다.

$$\tfrac{1}{2}kx_i^2 = \tfrac{1}{2}mv_f^2 + mg\left(\tfrac{1}{2}h\right)$$

$2/m$를 양변에 곱하고 v_f에 대하여 푼다.

$$\frac{k}{m}x_i^2 = v_f^2 + gh$$

$$v_f = \sqrt{\frac{k}{m}x_i^2 - gh}$$

$$= \sqrt{\left(\frac{625 \text{ N/m}}{0.500 \text{ kg}}\right)(-0.100 \text{ m})^2 - (9.80 \text{ m/s}^2)(0.640 \text{ m})}$$

$$v_f = \boxed{2.50 \text{ m/s}}$$

⋯⋯⋯⋯⋯⋯⋯⋯⋯⋯⋯⋯⋯⋯⋯⋯⋯⋯⋯⋯⋯⋯

참고 용수철에서 튕겨진 후의 속도는 구할 필요가 없음을 주목하라. 물체가 정지하고 있는 두 시점에서의 역학적 에너지만이 필요하다.

5.5 계와 에너지 보존 Systems and Energy Conservation

일−에너지 정리는 다음과 같이 표현됨을 상기하자.

$$W_{nc} + W_c = \Delta KE$$

여기서 W_{nc}는 비보존력이 한 일이며, W_c는 보존력이 한 일이다. 앞에서 공부했듯이, 중력과 용수철 힘 같은 보존력이 한 일은 퍼텐셜 에너지의 변화로 계산할 수 있다. 따라서 일−에너지 정리는 다음과 같이 다시 표현할 수 있다.

$$W_{nc} = \Delta KE + \Delta PE = (KE_f - KE_i) + (PE_f - PE_i) \qquad \text{[5.20]}$$

여기서 PE는 앞에서 설명한 것처럼 모든 종류의 퍼텐셜 에너지를 포함한다. 이 식을 정리하면

$$\boxed{W_{nc} = (KE_f + PE_f) - (KE_i + PE_i)} \qquad \text{[5.21]}$$

이 된다.

앞서 공부한 것을 돌아보면 총역학적 에너지는 $E = KE + PE$이다. 이것을 식 5.21에 대입하면, 어떤 계에서 비보존력이 한 일은 그 계의 역학적 에너지의 변화와 같다는 것을 알 수 있으므로 다음과 같이 쓸 수 있다.

$$\boxed{W_{nc} = E_f - E_i = \Delta E} \qquad \text{[5.22]}$$

만약 역학적 에너지가 변한다면, 에너지는 계를 벗어나서 주변 환경으로 가게 될 것이며, 에너지가 계의 내부에 머무른다면 역학적 에너지가 아닌 다른 형태의(예를 들면, 열에너지와 같은) 에너지로 변환될 것이다.

간단한 예로서, 어떤 벽돌이 거친 표면에서 미끄러지는 운동을 한다고 하자. 벽돌의

밑 부분과 거친 표면 사이에서 마찰에 의한 열에너지가 발생되어 일부는 벽돌의 표면에 흡수되고 나머지는 주변에 흡수될 것이다. 벽돌에 마찰열이 흡수되어 부분적으로 온도가 상승할 때 벽돌의 내부 에너지(internal energy)는 증가한다. 계의 내부 에너지는 온도와 관련이 있다. 예를 들면 어떤 기체 원자나 분자들이 운동을 하거나 고체 속의 원자들이 진동하는 경우이다(내부 에너지에 대하여는 10~12장에서 자세히 공부할 것이다).

에너지는 비고립계와 주변 환경 간에 전달될 수 있다. 만약 어떤 계에 양의 일이 행해지면, 에너지는 주변에서 계로 전달되고, 음의 일이 행해지면 에너지는 계에서 주변으로 옮겨간다.

지금까지 에너지는 운동에너지, 퍼텐셜 에너지, 내부 에너지의 세 가지 방법으로 계에 저장되는 것을 알게 되었다. 반면에 에너지가 계로 들어오거나 계로부터 나가는 방법은 일에 의한 방법밖에 없음을 배웠다. 다른 방법들은 추후에 다시 공부할 예정인데, 여기서는 먼저 간단히 요약만 하였다.

- **일**: 이 장의 역학적인 관점에서 보면, 일은 힘과 변위로 에너지를 계에 전달한다.
- **열**: 열은 원자나 분자들의 충돌을 통하여 에너지를 전달해가는 과정이다. 예를 들어, 커피 잔 속에 있는 금속 숟가락은 따뜻해지는데, 이는 액체 커피 내에 있는 분자의 운동에너지 일부가 숟가락의 내부 에너지로 전달되기 때문이다.
- **역학적인 파동**: 역학적인 파동은 공기 또는 어떤 매질을 통하여 매질을 교란시키면서 에너지가 옮겨간다. 예를 들어, 소리 형태의 에너지는 오디오 시스템의 스피커를 통해 나가서 여러분의 귀로 들어가게 된다. 또 다른 역학적인 파동의 예로는 지진파와 해양파가 있다.
- **전력 전송**: 전력 전송은 에너지를 전류의 형태로 전달한다. 이것은 전기에너지가 전축 또는 여러 가지 전기를 사용하는 기기로 흘러들어가는 것을 말한다.
- **전자기 복사**: 전자기 복사는 에너지가 빛, 라디오파, 텔레비전 신호 등의 전자기 파동 형태로 전달되는 것을 말한다. 예를 들면, 전자레인지에서 감자를 요리하고, 태양빛이 우주 공간을 통과하여 지구에 도달하는 것들이 이러한 전달 방식이다.

그림 5.21 이 작은 생물은 따뜻한 남쪽 바다에서 살며, 화학적 에너지를 빛에너지로 바꾸어서 생체 발광을 한다. 붉은 영역은 엽록소이며, 청색 빛에 의하여 들뜨게 되면 약한 빛을 낸다.

응용
편모 운동: 생체 발광

5.5.1 일반적인 에너지 보존 Conservation of Energy in General

에너지 접근 방법의 가장 중요한 점은 에너지가 보존된다는 개념이다. **에너지의 보존**(conservation of energy)이란 에너지는 파괴되거나 생성되지 아니하고 단지 한 형태에서 다른 형태로 변화되는 것을 말한다.

에너지의 보존 원리는 물리학에 국한된 것이 아니다. 생물학에서의 에너지 변환은 모든 생명체에서 수많은 방법으로 발생한다. 그중의 한 예로 편모충은 화학적 에너지를 역학적 에너지로 변환하여 운동한다. 어떤 박테리아는 화학적 에너지를 사용하여 발광을 한다(그림 5.21). 발광 원리는 잘 알려지지 않았지만 어떤 생물들은 이 빛에 의존하여 살아간다. 예를 들어, 어떤 물고기들은 눈 밑에 발광 박테리아 주머니를 가지고 있어서 이 빛을 보고 다가오는 생물들을 먹이로 삼는다.

연습문제

1. 역도 선수가 2 580 N의 역기를 지면에서 바로 머리 위 수직으로 2.00 m 들어올렸다. (a) 역기를 일정한 속력으로 움직였다면, 역도 선수는 얼마의 일을 하였는가? (b) 그가 역기를 4.90 m/s²의 가속도로 아래로 내리는 경우 그가 한 일은 얼마인가?

2. 40.0 kg의 포장된 짐에 줄을 매어 수평과 20.0°의 각으로 175 N의 장력으로 거친 표면을 6.00 m 당겼다. 짐 상자가 일정한 속력으로 움직였다고 가정하고 (a) 장력이 한 일과 (b) 짐 상자와 바닥 사이의 운동 마찰 계수를 구하라.

3. 어떤 자동차 정비사가 정지된 2.50×10^3 kg의 자동차를 밀어 속력이 v가 될 때까지 5 000 J의 일을 하였다. 이 과정에서 자동차는 25.0 m를 이동하였다. 자동차와 도로 사이의 마찰을 무시하고 (a) 속력 v (b) 자동차에 작용한 수평힘을 구하라.

4. HMS 타이타닉호의 질량은 4.75×10^7 kg이고 순항 속력은 10.7 m/s이다. (a) 이러한 순항 속력으로 운항할 때 그 배의 운동에너지를 구하라. (b) 그 배를 정지시키기 위해 필요한 일을 구하라. (c) 그 배를 2.50 km 이내에서 정지시킬 수 있는 일정한 힘의 크기를 구하라.

6. 수평 트랙을 따라 움직이는 질량 0.250 kg의 물체가 트랙 끝에 위치한 용수철에 충돌하기 직전의 속력이 1.50 m/s이다. 용수철 상수가 4.60 N/m일 때 (a) 트랙의 마찰을 무시한다면 용수철의 최대 압축 길이는 얼마인가? (b) 트랙에 마찰이 있다면 용수철의 최대 압축 길이는 (a)보다 커질까? 작아질까? 아니면 같을까?

7. 타잔이 처음에 연직과 37.0° 기울어진 30.0 m 길이의 덩굴 줄기에 매달려 줄을 타기 시작한다. (a) 정지 상태에서 출발하는 경우와 (b) 처음에 4.00 m/s로 밀리는 경우 가장 낮은 곳을 지날 때의 타잔의 속력은 각각 얼마인가?

8. 그림 P5.8에 나타낸 바와 같이 끌어 올리고자 하는 물체의 질량은 $m = 76.0$ kg이다. 줄을 아래로 당기는 힘은 일정하며 서서히 당겨서 물체가 올라가는 속력이 일정하게 한다. 줄과 도르레의 마찰은 무시한다. (a) 필요한 힘 F, (b) 장력 T_1, T_2, T_3 및 (c) 그 물체를 1.80 m 끌어올리기 위해 줄을 당기는 힘이 한 일을 구하라.

그림 P5.8

9. 2.1×10^3 kg의 차가 정지 상태로부터 수평과 20° 경사진 비탈 위 5.00 m 되는 곳에서 미끄러져 내려온다. 4.0×10^3 N의 평균 마찰력이 운동을 방해한다면 그 차가 맨 밑에 도달하였을 때의 속력은 얼마인가?

10. 80.0 kg의 스카이다이버가 고도 1.00×10^3 m에서 점프하여 내려오다가 고도 200.0 m 되는 곳에서 낙하산을 폈다. (a) 낙하산을 안 폈을 때의 다이버에 작용하는 총 저항력은 50.0 N이고 폈을 때의 저항력은 3.60×10^3 N으로 일정하다. 그 다이버가 지면에 닿을 때의 속력은 얼마인가? (b) 다이버가 부상을 입겠는가? 설명해 보라. (c) 다이버가 지면에 닿을 때의 속력이 5.00 m/s가 되려면 얼마의 높이에서 낙하산을 펴야겠는가? (d) 총 저항력이 일정하다는 가정은 과연 현실성 있는 것인가? 설명해 보라.

운동량, 충격량, 충돌
Momentum, Impulse, and Collisions

두 대의 자동차가 충돌할 때 어떠한 일이 벌어질까? 충격은 각 차량의 운동에 어떤 영향을 미치고, 어떤 기본적인 물리 원리가 부상의 정도를 결정할까? 로켓은 어떻게 추진되고, 어떤 메커니즘으로 배기 속력의 한계를 극복할 수 있을까? 작은 포물체를 빠른 속도로 쏠 때 왜 자신을 버팀대로 바쳐야 하는 걸까? 또 골프 실력을 늘리기 위해서는 물리학의 어떤 원리를 이용하면 좋을까?

　　이러한 질문에 대한 답의 첫 단계로서 운동량을 도입한다. 직관적으로 큰 운동량을 가진 사람이나 물체는 멈추기가 어려울 것이다. 물리적으로 한 물체가 더 큰 운동량을 가지면 가질수록, 주어진 시간에 그것을 멈추기 위해서는 더욱 더 큰 힘이 작용해야만 한다. 이러한 개념은 물리학에서 가장 강력한 원리, 즉 운동량 보존의 법칙을 이끌어 낸다. 이 법칙을 사용하면 접촉 중에 연관되는 힘에 대한 많은 정보 없이도 복잡한 충돌 문제들을 풀 수 있다. 또한 충돌에서 생긴 평균 힘에 대한 정보를 이끌어 낼 수 있을 것이다. 운동량 보존의 법칙을 통해 자동차나 로켓을 설계할 때 어떤 선택을 해야 하는지 잘 이해하게 될 것이다.

6.1 운동량과 충격량
6.2 운동량의 보존
6.3 일차원 충돌
6.4 로켓의 추진

6.1 운동량과 충격량 Momentum and Impulse

물리학에서 운동량은 정확하게 정의된다. 천천히 움직이는 브론토사우루스 공룡은 큰 운동량을 갖지만, 총구에서 발사된 뜨거운 작은 납 총알도 큰 운동량을 갖는다. 그러므로 운동량은 물체의 질량과 속도에 의존할 것으로 예측할 수 있다.

> 속도 $\vec{\mathbf{v}}$로 움직이는 질량 m인 물체의 선운동량 $\vec{\mathbf{p}}$는 질량과 속도의 곱이다.
>
> $$\vec{\mathbf{p}} \equiv m\vec{\mathbf{v}} \qquad [6.1]$$
>
> **SI 단위: 킬로그램·미터/초(kg·m/s)**

◀ **선운동량**

물체의 질량이나 속도 중의 하나가 두 배로 커지면 운동량도 두 배로 증가한다. 질량과 속도가 모두 두 배로 커지면 운동량은 네 배가 된다. 운동량은 벡터양으로서 방향은 속도의 방향과 같다. 이차원에서 운동량의 성분은

$$p_x = mv_x \qquad p_y = mv_y$$

이고, 여기서 p_x는 물체의 x 방향 운동량 성분, 그리고 p_y는 물체의 y 방향 운동량 성분을 나타낸다.

　　질량이 m인 물체의 운동량 크기 p는 운동에너지 KE와 다음과 같은 관계가 있다.

$$KE = \frac{p^2}{2m} \qquad [6.2]$$

장정 2호 로켓이 2016년 10월 16일 2명의 중국인 우주인을 태운 선전 11호 우주선을 궤도에 진입시켰다. 로켓의 추진력은 운동량과 충격량 원리로부터 나온다. (6장 5절 참조)

이 관계식은 운동에너지와 운동량의 정의를 이용해서 쉽게 증명이 되고, 빛의 속력에 비해 훨씬 작은 속력으로 움직이는 입자에 대해 성립한다. 식 6.2는 두 개념들 사이의 연관 관계를 이해하는 데 유용하다.

한 물체의 운동량을 변화시키려면 물체에 힘이 작용하여야 한다. 이것은 사실 뉴턴이 운동의 제2법칙을 처음으로 기술한 내용과 같다. 제2법칙을 더 일반적인 형태로부터 시작하면

$$\vec{\mathbf{F}}_{\text{알짜}} = m\vec{\mathbf{a}} = m\frac{\Delta\vec{\mathbf{v}}}{\Delta t} = \frac{\Delta(m\vec{\mathbf{v}})}{\Delta t}$$

이고, 여기서 질량 m과 힘은 일정하다고 가정한다. 괄호 안의 양은 운동량이므로 다음의 결과를 얻는다.

물체의 운동량의 시간 변화율 $\Delta\vec{\mathbf{p}}/\Delta t$는 Δt시간 동안 물체에 작용한 일정한 알짜힘 $\vec{\mathbf{F}}_{\text{알짜}}$와 같다.

◀ 뉴턴의 제2법칙과 운동량

$$\frac{\Delta\vec{\mathbf{p}}}{\Delta t} = \frac{\text{운동량의 변화}}{\text{시간 간격}} = \vec{\mathbf{F}}_{\text{알짜}} \qquad [6.3]$$

이 식은 Δt가 무한소로 작기만 하면 작용하는 힘이 일정하지 않을 때에도 또한 유효하다. 식 6.3은 물체에 작용하는 알짜힘이 영이면 물체의 운동량은 변하지 않음을 의미한다. 다시 말해서 물체에 작용하는 힘이 $\vec{\mathbf{F}}_{\text{알짜}} = 0$일 때 그 물체의 선운동량은 보존된다. 식 6.3은 또한 한 물체의 운동량을 변화시키려면 일정 시간 Δt 동안에 걸쳐 연속적인 힘의 작용이 필요함을 보여주며, 이는 충격량의 정의를 이끌어내게 만든다.

한 물체에 일정한 힘 $\vec{\mathbf{F}}$가 작용하면, 시간 간격 Δt 동안 물체에 전달되는 **충격량** (impulse) $\vec{\mathbf{I}}$는

$$\boxed{\vec{\mathbf{I}} \equiv \vec{\mathbf{F}}\,\Delta t} \qquad [6.4]$$

으로 정의된다.

SI 단위: 킬로그램·미터/초(kg·m/s)

충격량은 벡터양으로서 물체에 작용하는 힘의 방향과 같다. 한 물체에 하나의 일정한 힘 $\vec{\mathbf{F}}$가 작용할 때 식 6.4는 다음과 같이 쓸 수 있다.

◀ 충격량-운동량 정리

$$\boxed{\vec{\mathbf{I}} = \vec{\mathbf{F}}\,\Delta t = \Delta\vec{\mathbf{p}} = m\vec{\mathbf{v}}_f - m\vec{\mathbf{v}}_i} \qquad [6.5]$$

이 식은 **충격량-운동량 정리**(impulse-momentum theorem)의 하나인 특수한 경우이다. 식 6.5는 물체에 작용하는 힘에 의한 충격량은 그 물체의 운동량의 변화와 같음을 보여준다. 이 식은 시간 간격 Δt가 충분히 작으면 힘이 일정하지 않더라도 성립한다. (일반적인 경우에 대한 증명은 미적분학의 개념이 필요하다).

실제 상황에서 물체에 작용한 힘이 일정한 경우는 극히 드물다. 예를 들어, 방망이로 야구공을 칠 때 힘은 급격히 커져 최댓값에 이른 다음 가파르게 줄어든다. 그림 6.1a는 이러한 상황에 대해 힘-시간의 전형적인 그래프를 보여준다. 힘은 방망이가 공과 접

충격량은 힘─시간 곡선 아래의 넓이와 같다.

평균 힘에 의한 충격량은 실제 시간에 따라 변하는 힘에 의한 충격량과 같다.

그림 6.1 (a) 물체에 작용한 힘은 시간에 따라 변할 수 있다. (b) 일정한 힘 $F_{평균}$(수평 점선)은 직사각형 넓이 $F_{평균} \Delta t$가 (a)에서 곡선 아래의 넓이와 같도록 그린 것이다.

그림 6.2 초음속인 900 m/s로 움직이는 30구경 총알에 의해 뚫린 사과. 이 충돌은 마이크로 플래시 스트로보스코프를 이용하여 0.33 μs의 노출 시간으로 찍었다. 사진이 찍힌 직후 사과는 완전히 분해되었다. 총알이 들어가고 나간 곳이 폭발하는 것처럼 보인다.

촉하면서 커지기 시작하여 최댓값을 거쳐 공이 방망이를 떠나면서 줄어든다. 이와 같이 다소 복잡한 상호작용을 분석하기 위해서는 그림 6.1b에서 보는 바와 같이 점선으로 그려진 **평균 힘**(average force) $\vec{\mathbf{F}}_{평균}$를 정의할 필요가 있다. 평균 힘은 시간 Δt 동안에 시간에 따라 변하는 실제 힘처럼 동일한 충격량을 물체에 전달하는 일정한 힘이다. 이때 충격량─운동량 정리는 다음과 같다.

$$\vec{\mathbf{F}}_{평균} \Delta t = \Delta \vec{\mathbf{p}} \qquad [6.6]$$

시간 간격 Δt 동안 힘이 주는 충격량의 크기는 그림 **6.1a**에서와 같이 힘─시간 그래프에서 곡선 아래의 넓이와 같고, 그림 **6.1b**에서의 $\mathbf{F}_{평균} \Delta t$와 같다. 그림 6.2는 총알이 사과를 관통하는 순간의 충돌 장면을 보여주는 사진이다.

예제 6.1 　골프공이 골프채 헤드를 떠나는 순간

목표 충격량─운동량 정리를 사용하여 충격이 일어나는 동안 작용하는 평균 힘을 구한다.

문제 질량이 5×10^{-2} kg인 골프공이 골프채의 헤드에 맞았다 (그림 6.3). 공에 작용하는 힘은 접촉 순간의 0에서 어떤 최대값까지(공이 최대로 변형되는 순간) 변한 다음 공이 헤드에서 떨어지는 순간 0이 된다. 이것의 시간에 따른 힘의 변화를 그래프로 나타낸 것이 그림 6.1과 같다. 공이 헤드를 떠나는 순간의 속력이 44 m/s라고 가정하자. **(a)** 충돌에 의한 충격량을 구하라. **(b)** 충돌이 지속되는 시간을 구하고 공에 작용하는 평균 힘을 구하라.

전략 **(a)**에서는, 충격량이 운동량의 변화와 같다는 사실을 사용한다. 질량과 처음 및 나중 속력을 알고 있기 때문에 그 변화량은 쉽게 계산된다. **(b)**에서의 평균 힘은 **(a)**에서 구한 운동량 변화량을 충돌 지속 시간으로 나누면 된다. 공이 헤드와 접촉하는 동안 공이 이동하는 거리를 추정하라(약 2 cm, 대략 공의 반지름 정도이다). 이 값을 평균 속력(나중 속력의 반)으로 나누면 접

그림 6.3 (예제 6.1) 충격하는 동안 골프채 헤드는 순간적으로 골프공을 쭈그러뜨린다.

촉 시간이 얻어진다.

．．．．．．．．．．．．．．．．．．．．．．．．．．．．．．．．．

풀이

(a) 공에 전달된 충격량을 구한다.

일차원 문제이기 때문에 $v_i = 0$으로 놓고 운동량의 변화량을 구하면 그것이 충격량이다.

$$I = \Delta p = p_f - p_i = (5.0 \times 10^{-2} \text{ kg})(44 \text{ m/s}) - 0$$
$$= \boxed{2.2 \text{ kg} \cdot \text{m/s}}$$

$$F_{평균} = \frac{\Delta p}{\Delta t} = \frac{2.2 \text{ kg} \cdot \text{m/s}}{9.1 \times 10^{-4} \text{ s}} = \boxed{2.4 \times 10^3 \text{ N}}$$

(b) 충돌 시간과 공에 작용하는 평균 힘을 구한다.

대략적인 변위(공의 반지름)와 공의 평균 속력(최대 속력의 반)을 사용하여 충돌의 시간 간격 Δt를 구한다.

$$\Delta t = \frac{\Delta x}{v_{평균}} = \frac{2.0 \times 10^{-2} \text{ m}}{22 \text{ m/s}} = \boxed{9.1 \times 10^{-4} \text{ s}}$$

식 6.6으로부터 평균 힘을 구한다.

참고 이런 계산으로부터 접촉력이 얼마나 큰지를 알 수 있게 된다. 골프를 잘 치는 사람은 뒤쪽 발에서 앞쪽 발로 몸무게를 이동하면서 몸의 운동량을 골프채를 통해 헤드로 전달하여 운동량을 최대로 전달한다. 엉덩이의 아주 짧은 이동 시간을 포함하는 이 시간은 어깨와 팔이 전달하는 힘보다 더 효과적이다. 채를 다 휘두르는 동안의 운동은 충격의 임계 순간에서도 속력이 줄어들지 않는다.

예제 6.2　**범퍼의 효능**

목표 움직이는 물체와 정지한 물체의 충돌 시 힘을 추정하고 충격량을 구한다.

문제 자동차 충돌 실험에서 질량이 1.50×10^3 kg인 자동차가 그림 6.4a와 같이 벽에 충돌한 후 다시 튀어나온다. 자동차의 처음과 나중 속도는 각각 $v_i = -15.0$ m/s와 $v_f = 2.60$ m/s이다. 만일 충돌이 0.150 s 동안 지속된다면, **(a)** 충돌로 인해 차에 전달된 충격량과 **(b)** 차에 작용한 평균 힘의 크기와 방향을 구하라.

충돌 전
−15.0 m/s

충돌 후
+2.60 m/s

TRL Ltd./Science Source

그림 6.4 (예제 6.2) (a) 벽과 충돌해서 차의 운동량이 변한다. (b) 충돌 시험(비탄성 충돌)에서 차의 처음 운동에너지의 대부분이 차를 손상시키는 데 사용된 에너지로 변환된다.

풀이

(a) 차에 전달된 충격량을 구한다.

차의 처음과 나중 운동량을 계산한다.

$$p_i = mv_i = (1.50 \times 10^3 \text{ kg})(-15.0 \text{ m/s})$$
$$= -2.25 \times 10^4 \text{ kg} \cdot \text{m/s}$$
$$p_f = mv_f = (1.50 \times 10^3 \text{ kg})(+2.60 \text{ m/s})$$
$$= +0.390 \times 10^4 \text{ kg} \cdot \text{m/s}$$

충격량은 나중과 처음의 운동량의 차이이다.

$$I = p_f - p_i$$
$$= +0.390 \times 10^4 \text{ kg} \cdot \text{m/s} - (-2.25 \times 10^4 \text{ kg} \cdot \text{m/s})$$
$$I = \boxed{2.64 \times 10^4 \text{ kg} \cdot \text{m/s}}$$

(b) 차에 작용한 평균 힘을 구한다.

식 6.6의 충격량–운동량 정리를 적용한다.

$$F_{평균} = \frac{\Delta p}{\Delta t} = \frac{2.64 \times 10^4 \text{ kg} \cdot \text{m/s}}{0.150 \text{ s}} = \boxed{+1.76 \times 10^5 \text{ N}}$$

전략 이 문제에서 처음과 나중 운동량은 모두 영이 아니다. 운동량을 구하여 충격량–운동량 정리인 식 6.6에 대입한 후, $F_{평균}$에 대해 푼다.

참고 자동차가 벽에서 다시 튀어나오지 않을 때, 자동차에 작용하는 평균 힘은 계산한 값보다 작다. 나중 운동량이 영이기 때문에 자동차의 운동량은 보다 적게 변한다.

6.1.1 자동차 충돌에 의한 부상 Injury in Automobile Collisions

응용
자동차 충돌로 인한 승객의 부상

차가 충돌했을 때 사람은 차 내부에 부딪혀서 뇌 손상, 뼈의 골절, 외상 및 장기 손상 등의 부상을 당할 수 있다. 부상이 일어나는 한계 값은 대강 알려져 있는데, 이것과 충돌 시의 전형적인 힘, 가속도를 비교하고자 한다.

정강이뼈에 약 90 kN의 힘이 가해지면 부러질 수 있다. 뼈에 따라 부러지게 하는 힘은 다르지만 이 값을 골절이 생기는 한계 힘으로 보기로 한다. 또한 두개골의 골절이 일어나지 않아도 급가속도로 움직이면 치명적일 수 있다. 머리가 4 ms 동안 150g(여기서 g는 중력 가속도)로 가속되거나 60 ms 동안 50g로 가속되면 치사율이 50%에 달한다. 급가속도에 기인하는 이런 부상은 뇌의 하부와 연결되는 척수 신경의 손상을 초래한다. 외상이나 내장의 손상에 관한 한계 값은 신체가 받는 충격 자료에서 대강 추정할 수 있다. 여기서 신체 앞부분 넓이 0.7~0.9 m²에 힘이 고르게 분포한다고 본다. 이 자료에 따르면 약 70 ms 이내로 지속되는 충돌에서 신체의 충격 압력(단위 넓이당 힘)이 1.9×10^5 N/m² 이하면 생존한다. 신체의 충격 압력이 3.4×10^5 N/m²에 이르면 사망률이 50%이다.

이러한 자료를 써서 일반적인 차의 충돌 시 힘과 가속도를 추정할 수 있다. 그리고 안전벨트, 에어백 및 쿠션이 있는 내부가 충돌 시에 사망이나 중상의 확률을 줄일 수 있다는 것을 알게 된다. 안전벨트를 하지 않은 75 kg의 운전자가 27 m/s(97 km/h)로 달리다가 충돌이 발생한다고 가정하자. 운전자는 약 0.010 s 후에 계기판에 부딪혀서 정지하게 된다. $F_{평균}\,\Delta t = mv_f - mv_i$를 쓰면

$$F_{평균} = \frac{mv_f - mv_i}{\Delta t} = \frac{0 - (75\,\text{kg})(27\,\text{m/s})}{0.010\,\text{s}} = -2.0 \times 10^5\,\text{N}$$

그리고

$$a = \left|\frac{\Delta v}{\Delta t}\right| = \frac{27\,\text{m/s}}{0.010\,\text{s}} = 2\,700\,\text{m/s}^2 = \frac{2\,700\,\text{m/s}^2}{9.8\,\text{m/s}^2}g = 280g$$

이다. 운전자가 계기판과 앞 유리에 부딪힌다면, 머리와 가슴의 넓이 0.5 m²에 위의 힘이 작용하고 신체 압력은

$$\frac{F_{평균}}{A} = \frac{2.0 \times 10^5\,\text{N}}{0.5\,\text{m}^2} \cong 4 \times 10^5\,\text{N/m}^2$$

가 된다. 즉 힘, 가속도 및 신체 압력이 모두 치명적인 부상의 한계 값을 넘으며, 보호 장비 없이 97 km/h로 달리다가 충돌이 일어나면 거의 치명적인 것을 알 수 있다.

자동차의 충돌에서 사망률을 줄이려면 어떤 조치를 취해야 하는가? 가장 중요한 요소는 충돌 시간, 즉 사람이 정지하기까지 걸리는 시간이다. 만약 이 시간을 0.01 s의 10~100배로 늘릴 수 있으면 충돌에서 생존할 확률은 매우 커진다. Δt가 증가하면 사람이 받는 힘이 10~100분의 일로 줄기 때문이다. 안전벨트를 매면 충돌 시간은 차가 정지하기까지 걸리는 시간과 대략 같으며 이 시간은 약 0.15 s이다. 충돌에서 시간에 따라 차에 작용하는 힘의 측정값이 그림 6.5에 나오며, 차가 약 0.15 s 후에 정지하는 것을 알 수 있다.

에어백도 충돌 시간을 늘린다. 에어백은 빠르게 수축하면서 신체의 에너지를 흡수하며 신체의 넓이 0.5 m²에 작용하는 힘을 분산시켜서 관통상이나 골절을 방지한다. 에어백은 사람이 27 m/s의 속력으로 0.3 m 떨어진 운전대에 부딪히기 전에 빠르게 (10 ms 이하) 부풀어야 한다. 빨리 부풀게 하기 위해서 가속도계가 신호를 보내면 커패시

그림 6.5 충돌이 일어날 때 시간에 따라 차에 작용하는 힘의 그래프

터(전하를 저장하는 장치)들이 방전하여 폭약을 점화시킨다. 그러면 에어백은 기체로 빠르게 채워진다. 점화를 위한 전하는 커패시터에 저장되는데, 이것은 충돌 시에 배터리나 차의 전기 시스템이 손상되어도 에어백이 동작하게 하기 위한 것이다.

안전벨트와 에어백을 동시에 사용해서 치명적인 힘, 가속도 및 압력을 허용 수준 이하로 줄이는 것에 대해 요약하면 다음과 같다. 안전벨트를 맨 75 kg의 사람이 27 m/s로 움직이다가 0.15 s에 정지하면, 평균 힘 13.5 kN을 받고 평균 가속도는 $18.4\,g$이고 신체 압력은 $0.5\,\text{m}^2$의 넓이에 대해 $2.7 \times 10^4\,\text{N/m}^2$이다. 이 값들은 앞서 보호받지 않은 경우에 계산된 값의 1/10 정도이며 치명적인 부상의 한계 값보다 훨씬 아래이다.

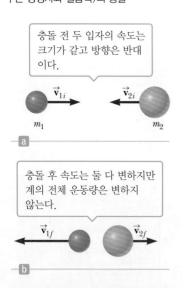

그림 6.6 (a) 두 물체가 직접 접촉해서 일어나는 충돌, (b) 전하를 띤 물체들(이 경우는 양성자와 헬륨핵)의 충돌

충돌 전 두 입자의 속도는 크기가 같고 방향은 반대이다.

충돌 후 속도는 둘 다 변하지만 계의 전체 운동량은 변하지 않는다.

그림 6.7 두 물체의 정면 충돌 전과 후. 각 물체의 운동량은 충돌의 결과에 변하지만 계의 전체 운동량은 일정하다. 가벼운 입자의 속도 변화의 크기가 무거운 입자의 속도 변화의 크기보다 크게 나타나며, 그것은 일반적으로도 예상할 수 있는 것이다.

6.2 운동량의 보존 Conservation of Momentum

고립계에서 충돌이 일어날 때, 시간에 따라 계의 전체 운동량은 변하지 않는다. 또한 크기와 방향도 일정하게 유지된다. 그 계의 개별 입자의 운동량은 변할 수 있으나 전체 운동량의 벡터 합은 변하지 않는다. 따라서 전체 운동량이 보존된다고 말한다. 이 절에서는, 운동의 법칙들이 어떻게 이러한 보존 법칙을 이끌어 내는지를 알아볼 것이다.

충돌은 그림 6.6a에 나타난 것처럼 두 물체가 물리적으로 접촉을 하는 것이다. 이것은 두 개의 당구공 또는 야구공과 방망이가 부딪힐 때와 같이 보통 일어나는 거시적인 사건이다. 그러나 미시적인 수준에서의 '접촉'은 잘 정의되지 않으므로 무의미하고, 따라서 충돌(collision)의 개념을 일반화할 필요가 있다. 엄밀하게는 두 물체 사이의 힘은 물체 표면의 원자에 있는 전자들이 정전기적으로 상호작용하는 것에 기인한다. 15장에서 설명하겠지만 전하는 양이나 음이다. 같은 부호의 전하는 서로 밀치며 다른 부호의 전하는 서로 끌어당긴다. 거시적 충돌과 미시적 충돌 사이의 차이를 이해하기 위하여 그림 6.6b와 같이 두 개의 양전하 사이의 충돌을 생각하자. 두 입자는 양전하를 띠기 때문에 서로 밀어내고 접촉하지 않는다. 이러한 미시적인 충돌에서 입자들은 서로 접촉할 필요 없이 상호작용을 하고 운동량을 전달한다.

그림 6.7은 두 입자로 이루어진 고립계에서 입자들의 충돌 전후를 나타낸다. 고립되었다는 것은 외력, 예를 들어 중력이나 마찰력이 계에 작용하지 않는 것을 의미한다. 충돌 전의 두 입자들의 속도는 $\vec{\mathbf{v}}_{1i}$와 $\vec{\mathbf{v}}_{2i}$이며, 충돌 후의 속도는 $\vec{\mathbf{v}}_{1f}$와 $\vec{\mathbf{v}}_{2f}$이다. 충격량–운동량 정리를 m_1에 적용하면,

$$\vec{\mathbf{F}}_{21}\,\Delta t = m_1\vec{\mathbf{v}}_{1f} - m_1\vec{\mathbf{v}}_{1i}$$

이다. 마찬가지로 m_2에 적용하면

$$\vec{\mathbf{F}}_{12}\,\Delta t = m_2\vec{\mathbf{v}}_{2f} - m_2\vec{\mathbf{v}}_{2i}$$

이다. 여기서 $\vec{\mathbf{F}}_{21}$은 충돌하는 동안 m_2가 m_1에 작용하는 평균 힘이며, $\vec{\mathbf{F}}_{12}$는 m_1이 m_2에 작용하는 평균 힘이다(그림 6.6a).

실제 힘은 시간에 따라 그림 6.8처럼 복잡하게 변하지만 여기서는 평균 힘 $\vec{\mathbf{F}}_{21}$과

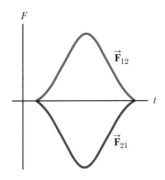

그림 6.8 그림 6.6a와 그림 6.7과 같이 두 입자가 충돌할 때 시간에 따른 힘의 변화. $\vec{\mathbf{F}}_{21} = -\vec{\mathbf{F}}_{12}$임에 주목하라.

그림 6.9 운동량 보존의 법칙은 오징어의 추진 방식의 원리이다. 오징어는 물을 내뿜으며 빠른 속도로 나아간다.

Tip 6.1 운동량 보존의 법칙을 계에 적용하기

고립계의 운동량은 보존된다. 고립계 내의 한 입자의 운동량이 보존될 필요는 없다. 계의 다른 입자들이 그 입자와 상호작용할 수 있기 때문이다. 즉, 운동량 보존의 법칙은 고립계에서만 성립한다.

$\vec{\mathbf{F}}_{12}$를 사용한다. 뉴턴의 제3법칙에서 이 두 힘은 항상 크기는 같고 방향이 반대에서 $\vec{\mathbf{F}}_{21} = -\vec{\mathbf{F}}_{12}$이다. 또한 두 힘은 같은 시간 동안 작용한다. 그러므로

$$\vec{\mathbf{F}}_{21}\,\Delta t = -\vec{\mathbf{F}}_{12}\,\Delta t$$

또는

$$m_1\vec{\mathbf{v}}_{1f} - m_1\vec{\mathbf{v}}_{1i} = -(m_2\vec{\mathbf{v}}_{2f} - m_2\vec{\mathbf{v}}_{2i})$$

이다. $\vec{\mathbf{F}}_{21}$과 $\vec{\mathbf{F}}_{12}$에 대한 위의 식을 여기에 대입하여 정리하면 다음과 같이 중요한 결과를 얻는다.

$$m_1\vec{\mathbf{v}}_{1i} + m_2\vec{\mathbf{v}}_{2i} = m_1\vec{\mathbf{v}}_{1f} + m_2\vec{\mathbf{v}}_{2f} \qquad [6.7]$$

이것이 **운동량 보존의 법칙**(law of conservation of momentum)이고, 여러 개의 상호작용하는 물체를 가진 고립계에서도 항상 성립한다(그림 6.9).

> 계에 작용하는 알짜 외력이 없으면, 계의 전체 운동량은 시간에 따라 일정하게 유지된다.

◀ 운동량의 보존

보존 법칙을 제대로 사용하기 위해서는 고립계를 정확히 정의하는 것이 중요하다. 위로 점프하는 치어리더의 경우 운동량 보존의 법칙을 위배한다고 볼 수 있다. 왜냐하면 그녀는 처음에 운동량이 0이었고 갑자기 지면에서 위로 속도 $\vec{\mathbf{v}}$로 튀어 올랐기 때문이다. 이런 문제의 잘못은 치어리더가 고립계가 아니라는 점에 기인한다. 튀어오를 때, 그녀는 지구를 향해 아랫방향으로 힘을 작용하여 운동량을 변화시킨다. 지구의 질량이 치어리더에 비해 엄청나게 크기 때문에 지구의 운동량의 변화는 잘 파악되지 않는다. 이런 경우에 지구와 치어리더를 하나로 묶어서 고립계로 정의하면 운동량의 보존이 성립한다.

두 물체 사이에 운동량을 교환하는 작용과 반작용은 되튐(recoil)이라는 현상을 유발한다. 똑바로 서서 발 버팀 없이 야구공을 던지면 뒤로 밀려난다. 이러한 되튐의 예는 총이나 활을 쏠 때도 일어난다. 다음의 예제처럼 운동량 보존의 법칙으로 이러한 되튐 효과를 계산할 수 있다.

응용

운동량의 보존과 오징어의 추진 방식

예제 6.3 궁사의 활쏘기

목표 운동량의 보존을 이용하여 되튐 속도를 구한다.

문제 마찰이 없는 얼음 위에서 궁사가 활을 쏘고 있다. 활과 화살을 포함한 그의 전체 질량은 60.00 kg이다(그림 6.10). **(a)** 궁사가 0.030 0 kg의 화살을 수평 +x 방향으로 50.0 m/s의 속력으로 쏜다면 그가 얼음 위에서 뒤로 미끄러지게 되는 속도는 얼마인가? **(b)** 두 번째 화살을 같은 속력으로 수평과 30.0°의 각으로 위로 쏜다면 그가 되튀는 속도는 얼마인가? **(c)** 활시위에 의해 두 번째 화살이 가속될 때 궁사에 작용하는 평균 수직 항력을 대략 계산해 보라. 활을 당기는 길이는 0.800 m라고 가정한다.

그림 6.10 (예제 6.3) 궁사가 오른쪽 수평 방향으로 활을 쏜다. 그가 마찰이 없는 얼음 위에 서 있기 때문에 얼음 위에서 왼쪽으로 미끄러지기 시작할 것이다.

전략 **(a)**의 답을 구하기 위해 x 방향의 운동량 보존식을 세운 다음 궁사의 나중 속도를 구한다. 궁사(활을 포함)와 화살로 이루어진 계는 고립되어 있지 않다. 왜냐하면 중력과 수직 항력이 계에 작용하기 때문이다. 그러나 그 힘들은 화살이 활에서 떠나 있는 동안에는 그 계의 운동과 무관하며 그 계에 일을 하지 않기 때문에 운동량 보존의 법칙을 사용할 수 있다. **(b)**에서는 화살이 날아가는 동안 화살에 작용하는 중력의 작은 효과를 무시하면, 운동량 보존의 법칙을 다시 적용할 수 있다. 이번에는 처음 속도가 영이 아니다. **(c)**에서는 충격량–운동량 정리를 사용하고 운동학 식에서 시간을 구하여 대입하면 된다.

풀이

(a) 궁사가 얼음 위에서 되튀는 속도를 구한다.

x 방향의 운동량 보존의 법칙을 쓴다.

$$p_{ix} = p_{fx}$$

m_1과 v_{1f}를 궁사의 질량과 화살을 쏜 후의 궁사의 속도라 두고, m_2와 v_{2f}를 화살의 질량과 속도라 하자. $p_i = 0$으로 놓고 나중 운동량 식과 같게 놓는다.

$$0 = m_1 v_{1f} + m_2 v_{2f}$$

v_{1f}에 대해 풀고 $m_1 = 59.97$ kg, $m_2 = 0.030\ 0$ kg, $v_{2f} = 50.0$ m/s를 대입한다.

$$v_{1f} = -\frac{m_2}{m_1} v_{2f} = -\left(\frac{0.030\ 0 \text{ kg}}{59.97 \text{ kg}}\right)(50.0 \text{ m/s})$$

$$v_{1f} = \boxed{-0.025\ 0 \text{ m/s}}$$

(b) 두 번째 화살을 수평과 30.0°의 각으로 쏜 다음 궁사의 속도를 구한다.

운동량의 x성분 식을 쓴다. 그 식에서 m_1은 **(a)**에서 첫 번째 화살을 쏘고 난 다음의 궁사의 질량이고 m_2는 두 번째 화살의 질량이다.

$$m_1 v_{1i} = (m_1 - m_2) v_{1f} + m_2 v_{2f} \cos \theta$$

궁사의 나중 속도 v_{1f}에 대해 풀고 값을 대입한다.

$$\begin{aligned}
v_{1f} &= \frac{m_1}{(m_1 - m_2)} v_{1i} - \frac{m_2}{(m_1 - m_2)} v_{2f} \cos \theta \\
&= \left(\frac{59.97 \text{ kg}}{59.94 \text{ kg}}\right)(-0.025\ 0 \text{ m/s}) \\
&\quad - \left(\frac{0.030\ 0 \text{ kg}}{59.94 \text{ kg}}\right)(50.0 \text{ m/s}) \cos (30.0°)
\end{aligned}$$

$$v_{1f} = \boxed{-0.046\ 7 \text{ m/s}}$$

(c) 활시위에 의해 화살이 가속되고 있는 동안 궁사에 작용하는 평균 수직 항력을 구한다.

화살의 가속도를 구하기 위한 일차원 운동학 식을 사용한다.

$$v^2 - v_0^2 = 2a\Delta x$$

$v = v_{2f}$로 놓고 화살의 나중 속도값을 대입하여 가속도를 구한다.

$$a = \frac{v_{2f}^2 - v_0^2}{2\Delta x} = \frac{(50.0 \text{ m/s})^2 - 0}{2(0.800 \text{ m})} = 1.56 \times 10^3 \text{ m/s}^2$$

$v = at + v_0$을 사용하여 화살이 가속되는 데 걸리는 시간을 구한다.

$$t = \frac{v_{2f} - v_0}{a} = \frac{50.0 \text{ m/s} - 0}{1.56 \times 10^3 \text{ m/s}^2} = 0.032\ 0 \text{ s}$$

충격량–운동량 정리의 y성분을 쓴다.

$$F_{y,평균} \Delta t = \Delta p_y$$

$$F_{y,평균} = \frac{\Delta p_y}{\Delta t} = \frac{m_2 v_{2f} \sin \theta}{\Delta t}$$

$$F_{y,평균} = \frac{(0.030\ 0 \text{ kg})(50.0 \text{ m/s}) \sin (30.0°)}{0.032\ 0 \text{ s}} = 23.4 \text{ N}$$

평균 수직 항력은 궁사의 무게와 화살이 궁사에 작용하는 반작용력 R을 더한 것이다.

$$\sum F_y = n - mg - R = 0$$
$$n = mg + R = (59.94 \text{ kg})(9.80 \text{ m/s}^2) + (23.4 \text{ N})$$
$$= 6.11 \times 10^2 \text{ N}$$

참고 v_{1f}에 나타나는 음의 부호는 뉴턴의 제3법칙에 따라 궁사가 화살과 반대 방향으로 움직임을 나타낸다. 궁사가 화살보다 훨씬 더 무겁기 때문에 그의 가속도와 속도는 화살에 비해 훨씬 더 작다.

Note: 두 번째 화살은 지면에 대해서는 같은 속도로 발사되었지만, 궁사가 뒤로 움직이고 있었기 때문에, 궁사에 대한 상대속도는 첫 번째 화살의 경우보다 약간 더 크다. 모든 속도는 항상 기준계에 대해 주어져야 한다. **(a)**와 **(b)**에서의 문제를 푸는 데 운동량 보존의 법칙이 매우 효과적이다. 수직 항력에 대한 마지막 답은 단지 평균값이다. 그 이유는 화살에 작용하는 힘이 일정하지 않기 때문이다. 얼음에 마찰이 없는 경우라면 궁사는 얼음 위에 서 있을 수가 없다. 일반적인 얼음의 정지 마찰 계수는 그러한 작은 되튐의 경우에 미끄러짐을 방지하기에 충분한 값이다.

6.3 일차원 충돌 Collisions in One Dimention

어떤 형태의 충돌에 대해서도, 계가 고립되어 있다고 가정하면 충돌 전의 계의 전체 운동량은 충돌 후의 계의 전체 운동량과 같다. 즉, 전체 운동량은 항상 보존이 된다. 그러나 충돌에서 운동에너지는 일반적으로 보존되지 않는다. 운동에너지의 일부가 내부 에너지, 소리 에너지, 그리고 차의 충돌처럼 물체를 항구적으로 변형시키는 데 드는 일로 바뀌기 때문이다. **운동량은 보존되지만 운동에너지는 보존이 되지 않는 충돌을 비탄성 충돌로 정의한다.** 단단한 표면과 고무공의 충돌은 표면과 공이 접촉하는 동안 공이 변형되면서 운동에너지가 손실되므로 비탄성 충돌이다. **두 물체가 충돌해서 서로 붙는 충돌을 완전 비탄성 충돌이라고 한다.** 예를 들어, 두 찰흙 덩어리가 충돌하면 서로 붙어서 같은 속도로 움직인다. 만일 운석이 지구에 정면 충돌하면 운석은 지구에 파묻히게 되고 이 충돌은 완전 비탄성 충돌이다. 완전 비탄성 충돌에서 처음의 운동에너지가 전부 손실되는 것은 아니다.

탄성 충돌은 운동량과 운동에너지가 모두 보존되는 충돌로 정의한다. 당구공의 충돌과 상온에서 공기 분자들과 용기의 벽과 충돌은 매우 탄성적이다. 당구공의 충돌과 같은 거시적인 충돌은 근사적으로 탄성 충돌이다. 영구적 변형이 조금 생기면서 운동에너지가 손실되기 때문이다. 하지만 원자나 원자의 구성 입자들 사이에서는 완전 탄성 충돌이 가능하다. 탄성 충돌이나 완전 비탄성 충돌은 극한적인 경우이고, 대부분의 실제 충돌은 이 두 범주 사이에 속한다.

비탄성 충돌의 실제적인 예가 녹내장의 검사에 쓰인다. 녹내장은 안압이 증가하여 망막의 세포에 손상을 입혀서 눈을 멀게 하는 병이다. 전문 의료인이 안압을 측정하기 위해 안압계라는 장치를 사용한다. 이 장치는 눈의 바깥쪽 표면에 공기를 불어 넣고 눈에서 반사된 공기의 속력을 측정한다. 정상적인 압력인 경우 눈은 스펀지 구조라 펄스는 낮은 속력으로 반사된다. 안압이 증가하면서 눈의 바깥 표면은 더 단단해지고 반사되는 펄스의 속력은 증가한다. 따라서 불어넣은 공기가 눈에서 반사된 후의 속력을 측정하여 눈의 내부 압력을 알 수 있다.

Tip 6.2 비탄성 충돌 대 완전 비탄성 충돌

충돌하는 입자들이 서로 붙으면 충돌은 완전 비탄성이다. 입자들이 되튀고 운동에너지가 보존되지 않으면 충돌은 비탄성이다.

Tip 6.3 충돌에서 운동에너지와 운동량

고립계의 운동량은 모든 충돌에서 보존이 된다. 반면에 고립계의 운동에너지는 충돌이 탄성일 때만 보존된다.

응용

녹내장 검사

충돌의 유형을 다음과 같이 요약할 수 있다.

탄성 충돌 ▶
비탄성 충돌 ▶

- 탄성 충돌은 운동량과 운동에너지가 모두 보존이 되는 충돌이다.
- 비탄성 충돌은 운동량은 보존되지만 운동에너지가 보존되지 않는 충돌이다.
- 완전 비탄성 충돌은 충돌 후에 두 물체가 함께 붙어서 움직인다. 따라서 물체의 나중 속도는 같고 계의 운동량은 보존된다.

이 절의 나머지에서는 일차원의 완전 비탄성 충돌과 탄성 충돌을 다룬다.

6.3.1 완전 비탄성 충돌 Perfectly Inelastic Collisions

질량이 m_1과 m_2인 두 물체가 그림 6.11a와 같이 직선을 따라 처음 속도 v_{1i}와 v_{2i}로 움직인다. 두 물체가 정면 충돌 후에는 서로 붙어서 선형으로 v_f의 속도로 움직이면 이 충돌은 완전 비탄성 충돌이다(그림 6.11b). 두 물체로 이루어진 고립계에서 충돌 전과 후의 전체 운동량은 같으므로 나중 속도를 구할 수 있다.

$$m_1 v_{1i} + m_2 v_{2i} = (m_1 + m_2) v_f \qquad [6.8]$$

$$v_f = \frac{m_1 v_{1i} + m_2 v_{2i}}{m_1 + m_2} \qquad [6.9]$$

v_{1i}, v_{2i}, v_f는 속도 벡터의 x성분을 나타내므로 부호에 주의해야 한다. 예를 들어, 그림 6.11a에서 v_{1i}는 양의 값(m_1이 오른쪽으로 움직인다)이고 v_{2i}는 음의 값(m_2가 왼쪽으로 움직인다)이다. 이 값들을 식 6.9에 대입하여 나중 속도의 크기와 방향을 구할 수 있다.

완전 비탄성 충돌 전 물체들은 독립적으로 운동한다.

m_1 $\vec{v}_{1i}$ $\vec{v}_{2i}$ m_2

$\longrightarrow$ $+x$

ⓐ

충돌 후 두 물체는 서로 붙어 있다. 계의 운동량은 보존되지만 계의 에너지는 보존되지 않는다.

$m_1 + m_2$ $\vec{v}_f$

$\longrightarrow$ $+x$

ⓑ

그림 6.11 두 물체가 완전 비탄성 정면 충돌한다. (a) 충돌 전, (b) 충돌 후

예제 6.4 트럭과 소형차

목표 운동량의 보존을 일차원 비탄성 충돌에 적용한다.

문제 1.80×10^3 kg의 트럭이 +15.0 m/s로 동쪽으로 달리고 있는 반면 9.00×10^2 kg의 소형차는 −15.0 m/s로 서쪽으로 달리고 있다(그림 6.12). 두 차는 정면 충돌 후 뒤엉켜버렸다. **(a)** 충돌 후 뒤엉킨 차들의 속도를 구하라. **(b)** 각 차의 속도 변화를 구하라. **(c)** 두 차로 이루어진 계의 운동에너지의 변화를 구하라.

$\vec{v}_{1i}$ $\vec{v}_{2i}$

ⓐ

$\vec{v}_f$

ⓑ

그림 6.12 (예제 6.4)

전략 만약 마찰력을 무시하고 두 자동차가 고립계를 형성한다면, 충돌 전 차량들의 전체 운동량 p_i는 충돌 후 차량들의 전체 운동량 p_f와 같다. (이것을 '충격 근사'라고 한다.) 뒤엉킨 차들의 나중 속도에 대한 운동량 보존의 법칙을 사용하여 푼다. 속도를 알게 되면, 다른 것들은 대입해서 구할 수 있다.

풀이

(a) 충돌 후 나중 속도를 구한다.

트럭의 질량과 처음 속도를 m_1과 v_{1i}라 하고, 소형차에 대해서는 m_2와 v_{2i}라 하자. 운동량 보존의 법칙을 적용한다.

$$p_i = p_f$$

$$m_1 v_{1i} + m_2 v_{2i} = (m_1 + m_2) v_f$$

값들을 대입하고 나중 속도 v_f에 대해 푼다.

$$(1.80 \times 10^3 \text{ kg})(15.0 \text{ m/s}) + (9.00 \times 10^2 \text{ kg})(-15.0 \text{ m/s})$$

$$= (1.80 \times 10^3 \text{ kg} + 9.00 \times 10^2 \text{ kg}) v_f$$

$$v_f = \boxed{+5.00 \text{ m/s}}$$

(b) 각 차에 대한 속도 변화를 구한다.

트럭의 속도 변화:

$$\Delta v_1 = v_f - v_{1i} = 5.00 \text{ m/s} - 15.0 \text{ m/s} = \boxed{-10.0 \text{ m/s}}$$

소형차의 속도 변화:

$$\Delta v_2 = v_f - v_{2i} = 5.00 \text{ m/s} - (-15.0 \text{ m/s}) = \boxed{20.0 \text{ m/s}}$$

(c) 계의 운동에너지의 변화를 구한다.

계의 처음 운동에너지를 계산한다.

$$\begin{aligned} KE_i &= \tfrac{1}{2}m_1 v_{1i}^2 + \tfrac{1}{2}m_2 v_{2i}^2 = \tfrac{1}{2}(1.80 \times 10^3 \text{ kg})(15.0 \text{ m/s})^2 \\ &\quad + \tfrac{1}{2}(9.00 \times 10^2 \text{ kg})(-15.0 \text{ m/s})^2 \\ &= 3.04 \times 10^5 \text{ J} \end{aligned}$$

계의 나중 운동에너지와 운동에너지 변화 ΔKE를 계산한다.

$$\begin{aligned} KE_f &= \tfrac{1}{2}(m_1 + m_2)v_f^2 \\ &= \tfrac{1}{2}(1.80 \times 10^3 \text{ kg} + 9.00 \times 10^2 \text{ kg})(5.00 \text{ m/s})^2 \\ &= 3.38 \times 10^4 \text{ J} \end{aligned}$$

$$\Delta KE = KE_f - KE_i = \boxed{-2.70 \times 10^5 \text{ J}}$$

- -

참고 충돌 과정에서 계는 운동에너지의 거의 90%를 잃는다. 트럭의 속도 변화는 단지 10.0 m/s인데, 이는 소형차에 비해 반에 불과하다. 이 예는 아마도 자동차의 가장 중요한 안전성, 즉 질량의 중요성을 강조하고 있다. 부상은 속도의 변화에 의해 생기고 차량의 질량이 클수록 일반적인 사고에 있어서 더 작은 속도의 변화가 일어난다.

예제 6.5 탄동 진자

목표 비탄성 충돌에서 에너지의 보존과 운동량 보존의 개념을 결합한다.

문제 탄동 진자는 총알과 같은 매우 빠른 물체의 속력을 측정하는 장치이다(그림 6.13a). 총알이 발사되어 줄에 매달린 나무토막에 박힌다. 총알은 나무토막 속에서 정지하고 총알이 박힌 나무토막은 높이 h만큼 위로 올라간다. 두 질량을 알고 h를 측정하면 총알의 처음 속력을 구할 수 있다. 예를 들어, 총알의 질량 m_1은 5.00 g, 나무토막의 질량 m_2는 1.000 kg이며, h는 5.00 cm라 하자. **(a)** 총알이 나무토막에 박힌 직후 계의 속도를 구하라. **(b)** 총알의 처음 속력을 계산하라.

전략 총알–나무토막 계의 처음 속력 $v_\text{계}$를 구하기 위해 에너지 보존을 사용한다. **(b)**에서는 운동량 보존을 사용하여 총알의 처음 속도 v_{1i}를 계산할 수 있다.

풀이

(a) 총알이 나무토막에 박힌 직후 계의 속도를 구한다.

총알–나무토막 계에 충돌 직후의 에너지 보존을 적용한다.

$$(KE + PE)_\text{충돌 후} = (KE + PE)_\text{꼭대기}$$

운동에너지와 퍼텐셜 에너지에 대한 식을 대입한다. 맨 밑에서의 퍼텐셜 에너지와 맨 위에서의 운동에너지는 모두 영이다.

$$\tfrac{1}{2}(m_1 + m_2)v_\text{계}^2 + 0 = 0 + (m_1 + m_2)gh$$

총알–나무토막 계의 나중 속도 $v_\text{계}$에 대해 푼다.

$$\begin{aligned} v_\text{계}^2 &= 2gh \\ v_\text{계} &= \sqrt{2gh} = \sqrt{2(9.80 \text{ m/s}^2)(5.00 \times 10^{-2} \text{ m})} \\ v_\text{계} &= \boxed{0.990 \text{ m/s}} \end{aligned}$$

그림 6.13 (예제 6.5) (a) 탄동 진자의 개략적인 그림. 완전 비탄성 충돌 직후 계의 속도는 $\vec{\mathbf{v}}_\text{계}$이다. (b) 탄동 진자의 실제 탄동 모습을 다중섬광 사진으로 촬영한 모습.

© Charles D. Winters/Cengage Learning

(b) 총알의 처음 속도를 구한다.

운동량 보존식을 쓰고 그에 해당하는 식을 대입한다.

$$p_i = p_f$$

$$m_1 v_{1i} + m_2 v_{2i} = (m_1 + m_2)v_{계}$$

총알의 처음 속도에 대한 식에 대해 푼 다음 값을 대입한다.

$$v_{1i} = \frac{(m_1 + m_2)v_{계}}{m_1}$$

$$v_{1i} = \frac{(1.005 \text{ kg})(0.990 \text{ m/s})}{5.00 \times 10^{-3} \text{ kg}} = \boxed{199 \text{ m/s}}$$

참고 비탄성 충돌이기 때문에, 총알의 처음 운동에너지를 총알–나무토막의 나중 중력 퍼텐셜 에너지와 같게 놓고 문제를 풀면 안 된다. 여기서 에너지는 보존되지 않음에 유의해야 한다!

6.3.2 탄성 충돌 Elastic Collisions

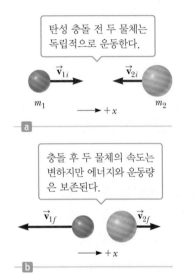

탄성 충돌 전 두 물체는 독립적으로 운동한다.

m_1 $\vec{v}_{1i}$ $\vec{v}_{2i}$ m_2

$\longrightarrow +x$

a

충돌 후 두 물체의 속도는 변하지만 에너지와 운동량은 보존된다.

$\vec{v}_{1f}$ $\vec{v}_{2f}$

$\longrightarrow +x$

b

그림 6.14 두 개의 단단한 공이 정면 탄성 충돌한다. (a) 충돌 전, (b) 충돌 후 비탄성 충돌과는 달리 전체 운동량과 전체 에너지는 보존된다.

이제 두 물체가 **정면 탄성 충돌**(elastic head-on collisions)하는 경우를 생각하자. (그림 6.14). 이 경우 두 물체로 이루어진 계의 운동량과 운동에너지가 모두 **보존된다.** 이 조건은 다음과 같이 쓸 수 있다.

$$m_1 v_{1i} + m_2 v_{2i} = m_1 v_{1f} + m_2 v_{2f} \qquad [6.10]$$

그리고

$$\tfrac{1}{2}m_1 v_{1i}^2 + \tfrac{1}{2}m_2 v_{2i}^2 = \tfrac{1}{2}m_1 v_{1f}^2 + \tfrac{1}{2}m_2 v_{2f}^2 \qquad [6.11]$$

이다. 여기서 물체가 오른쪽으로 움직이면 v의 값은 양이고 왼쪽으로 움직이면 음이다.

탄성 충돌을 하는 전형적인 문제에는 두 개의 미지수가 있으며, 식 6.10과 6.11을 연립하여 풀면 이를 구할 수 있다. 이들 두 방정식은 각각 일차와 이차 함수이다. 다른 방법으로 접근하면, 이차 방정식을 일차 방정식으로 간단히 할 수 있다. 식 6.11에서 양변의 $\frac{1}{2}$를 소거하고 다시 쓰면 다음과 같다.

$$m_1(v_{1i}^2 - v_{1f}^2) = m_2(v_{2f}^2 - v_{2i}^2)$$

이 식은 m_1을 포함하는 항을 왼쪽으로 m_2를 포함하는 항을 오른쪽으로 옮긴 것이다. 다음에 양변을 인수분해하면,

$$m_1(v_{1i} - v_{1f})(v_{1i} + v_{1f}) = m_2(v_{2f} - v_{2i})(v_{2f} + v_{2i}) \qquad [6.12]$$

이다. 운동량 보존의 법칙인 식 6.10도 m_1을 포함하는 항과 m_2를 포함하는 항으로 나눈다.

$$m_1(v_{1i} - v_{1f}) = m_2(v_{2f} - v_{2i}) \qquad [6.13]$$

식 6.12를 6.13으로 나누면,

$$v_{1i} + v_{1f} = v_{2f} + v_{2i} \qquad [6.14]$$

이다. 처음 값은 좌변으로 나중 값을 우변으로 보내면 다음과 같다.

$$v_{1i} - v_{2i} = -(v_{1f} - v_{2f}) \qquad [6.15]$$

이 식은 운동량 보존의 법칙(식 6.10)과 함께 정면으로 충돌하는 완전 탄성 충돌 문제

를 푸는 데 쓰인다. 식 6.14는 물체 1의 처음 속도와 나중 속도의 합은 물체 2의 처음 속도와 나중 속도의 합과 같음을 나타내고 있다. 식 6.15에 의하면 충돌 전 두 물체의 상대속도 $v_{1i} - v_{2i}$는 충돌 후 두 물체의 상대속도에 음의 부호를 붙인 $-(v_{1f} - v_{2f})$와 같다. 식 6.15를 이해하기 위해 관측자가 두 물체 중의 하나와 같은 속도로 움직인다고 하자. 관측자의 관점에서 잰 다른 물체의 속도는 두 물체의 상대속도이다. 관측자가 보기에는 다른 물체가 접근해서 충돌 후 반대 방향의 같은 속력으로 되튀는 것이다. 이것이 바로 식 6.15의 의미이다.

예제 6.6   두 물체와 용수철

목표 용수철의 퍼텐셜 에너지가 포함된 탄성 충돌을 푼다.

문제 질량 $m_1 = 1.60$ kg인 물체가 마찰이 없는 수평면에서 속도 +4.00 m/s로 오른쪽으로 움직이다가 질량이 영인 용수철이 달려있는 질량 $m_2 = 2.10$ kg이고 속도 −2.50 m/s로 왼쪽으로 움직이는 물체와 충돌한다(그림 6.15a). 용수철의 용수철 상수는 6.00×10^2 N/m이다. **(a)** 그림 6.15b와 같이 물체 1이 속도 +3.00 m/s로 오른쪽으로 움직이는 순간 물체 2의 속도를 구하라. **(b)** 이때 용수철이 압축되는 최대 거리를 구하라.

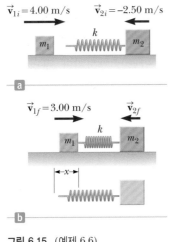

그림 6.15 (예제 6.6)

전략 두 물체와 용수철을 하나의 계로 설정한다. 운동량 보존의 법칙을 쓰고, 물체 2의 나중 속도 v_{2f}에 대해 푼다. 에너지 보존의 법칙을 사용해서 용수철의 압축된 길이를 구한다.

풀이

(a) 물체 1이 속도 +3.00 m/s로 오른쪽으로 움직이는 순간 물체 2의 속도 v_{2f}를 구한다.

계의 운동량 보존식을 쓰고 v_{2f}에 대해 푼다.

$$m_1 v_{1i} + m_2 v_{2i} = m_1 v_{1f} + m_2 v_{2f} \qquad (1)$$

$$v_{2f} = \frac{m_1 v_{1i} + m_2 v_{2i} - m_1 v_{1f}}{m_2}$$

$$= \frac{(1.60\,\text{kg})(4.00\,\text{m/s}) + (2.10\,\text{kg})(-2.50\,\text{m/s}) - (1.60\,\text{kg})(3.00\,\text{m/s})}{2.10\,\text{kg}}$$

$$v_{2f} = \boxed{-1.74\,\text{m/s}}$$

(b) 이 순간 용수철이 압축되는 거리를 구한다.

계의 에너지 보존의 법칙을 이용한다. 특히 용수철이 x만큼 압축될 때 용수철에 퍼텐셜 에너지가 저장됨에 주목한다.

$$E_i = E_f$$
$$\tfrac{1}{2}m_1 v_{1i}^2 + \tfrac{1}{2}m_2 v_{2i}^2 + 0 = \tfrac{1}{2}m_1 v_{1f}^2 + \tfrac{1}{2}m_2 v_{2f}^2 + \tfrac{1}{2}kx^2$$

주어진 값과 **(a)**의 결과를 대입한 후, x에 대해 푼다.

$$x = \boxed{0.173\,\text{m}}$$

참고 물체 2는 왼쪽으로 움직이고 있기 때문에 그 물체의 처음 속도 성분은 −2.50 m/s이다. v_{2f}에 대해 음의 부호는 물체 2가 그 순간에 여전히 왼쪽으로 움직이고 있음을 의미한다.

6.4 로켓의 추진 Rocket Propulsion

자동차나 기관차를 움직이게 하는 힘(구동력)은 마찰력이다. 차의 경우 이 구동력은 도로가 차에 작용하는 것이고, 이는 바퀴가 도로에 대해 작용하는 반작용이다. 마찬가

그림 6.16 로켓의 연소실은 연소된 기체가 분사될 수 있는 분사구가 있기 때문에 연소된 기체가 일을 한다. 연소실의 벽은 팽창하는 기체에 반작용력을 가한다. 연소실 벽에 작용하는 기체의 반작용력이 로켓을 전방으로 추진하게 한다.

분사구가 없는 연소실은 모든 방향으로 같은 크기의 힘을 작용하기 때문에 로켓이 움직일 수 없다.

연소실 하단에 분사구가 있으면 그쪽 방향의 힘이 외부로 작용하기 때문에 위로 향하는 알짜 반작용력이 생긴다.

지로 기관차는 선로를 밀고, 구동력은 선로가 기관차에 작용하는 반작용력이다. 그러나 우주 공간에서 움직이는 로켓은 도로나 선로처럼 밀 것이 없다. 로켓은 어떻게 추진될 수 있을까?

사실 로켓 또한 반작용력에 의해 추진된다(4장 뉴턴의 제3법칙 참고). 이 점을 이해하기 위해, 그림 6.16a에서와 같이 연소 기체가 채워져 있는 원형 연소실을 갖는 로켓 모형을 그려보자. 연소실 내에 폭발이 일어나면 뜨거운 기체가 팽창하여 연소실 내벽을 화살표 방향으로 압력을 가한다. 로켓에 작용하는 힘의 합은 영이기 때문에 로켓은 움직이지 않는다. 그림 6.16b와 같이 연소실 하단에 구멍을 뚫는다고 가정하자. 폭발이 일어나면 기체는 모든 방향으로 연소실에 압력을 가하지만, 구멍이 있는 곳에는 압력을 가하지 못하고 우주 공간으로 빠져나간다. 이로 인해 윗방향으로의 알짜힘이 생기게 된다. 알짜힘은 자동차나 기관차에서와 같은 반작용력이다. 자동차 바퀴가 지면을 뒤로 밀면, 지면이 자동차에 가하는 반작용력은 자동차를 앞으로 밀게 된다. 로켓의 연소실 벽은 폭발하는 기체에 힘을 가하면서 동시에 연소실 벽에 가하는 기체의 반작용력은 로켓을 추진하게 한다.

로켓의 선구자인 고다드(Robert Goddard)가 로켓의 가능성을 제안했을 때, 〈뉴욕 타임스〉는 1920년대의 기사에서 로켓이 밀 수 있는 아무것도 없는 우주 공간에서 이 로켓이 동작할 수 있다는 아이디어를 비웃었다. 그 후 아폴로가 1969년 달 착륙 임무를 수행할 때, 앞의 기사를 철회한다고 하였다. 실제로 뜨거운 기체는 외부의 어떤 것도 밀지 않지만, 로켓 자체를 밀기 때문에 진공에서 로켓은 더 잘 동작한다. 대기 중의 경우 기체는 연소실을 빠져나와 외부 공기의 압력을 받게 되어 분출 속도가 느려지고 반작용력도 줄어든다.

미시적인 수준에서 보면 이 과정은 복잡하지만 로켓과 분출 연료에 운동량 보존의 법칙을 적용하면 간단히 이해할 수 있다. 원리적으로 해는 예제 6.3에서와 유사하여 로켓은 궁사에, 분출 기체는 화살에 대응된다.

시간 t에서 로켓과 연료의 운동량이 $(M + \Delta m)v$라 하자(그림 6.17a). 이 연료는 지구에 대하여 v의 속력을 갖는다. 짧은 시간 Δt 동안 로켓은 질량이 Δm인 연료를 분출

그림 6.17 로켓의 추진. (a) 시간 t에 로켓과 연료의 처음 질량은 $M + \Delta m$이고 속력은 v이다. (b) 시간 $t + \Delta t$에 로켓의 질량은 M으로 줄었고 연료 Δm이 분출되었다. 로켓의 속력은 Δv만큼 증가한다.

하고 로켓의 속력은 $v + \Delta v$로 증가한다(그림 6.17b). 연료가 로켓에 대하여 상대속력 v_e로 분출된다면 지구에 대한 연료의 속력은 $v - v_e$이다. 계의 처음 전체의 운동량과 나중 전체의 운동량을 같다고 놓으면

$$(M + \Delta m)v = M(v + \Delta v) + \Delta m(v - v_e)$$

가 된다. 이 식을 간단히 정리하면

$$M\Delta v = v_e \Delta m$$

이다. 분출 질량 Δm은 바로 로켓 질량의 감소와 같다. 즉, $\Delta m = -\Delta M$이다. 따라서

$$M\Delta v = -v_e \Delta M \qquad [6.16]$$

이고, 이 미분방정식을 풀면 다음과 같은 식을 얻는다.

$$v_f - v_i = v_e \ln\left(\frac{M_i}{M_f}\right) \qquad [6.17]$$

여기서 M_i는 처음 질량으로 로켓과 연료의 합이고, M_f는 나중 질량으로 로켓과 남은 연료의 합이다. 이것이 로켓 추진의 기본 식이다. 로켓 속도의 증가는 연료 배출 속력 v_e와 M_i/M_f의 자연 로그에 비례한다. 1단 로켓에서 M_i와 M_f 비의 최댓값은 10:1이고 $v_e \ln 10 = 2.3\,v_e$, 즉 로켓 속력은 분출 속력의 약 두 배까지 도달할 수 있다. 따라서 분출 속력이 커야 한다. 현재 전형적인 로켓의 분출 속력은 수 km/s이다.

로켓의 **추진력**(thrust)은 분출된 기체가 로켓에 작용하는 힘으로 정의된다.

$$\text{순간 추진력} = Ma = M\frac{\Delta v}{\Delta t} = \left| v_e \frac{\Delta M}{\Delta t} \right| \qquad [6.18] \qquad \blacktriangleleft \text{로켓의 추진력}$$

명확히 하기 위하여 절댓값 부호를 사용하였다. 식 6.16에서 $-\Delta M$은 양의 값이다(속력 v_e와 같이). 여기서 추진력은 분출 속도와 로켓 질량의 변화율(연소율) $\Delta M/\Delta t$에 비례함을 알 수 있다.

예제 6.7 단단식 우주선(Single Stage to orbit, SSTO)

목표 로켓의 속도와 추진 방정식을 적용한다.

문제 질량이 1.00×10^5 kg이고 엔진, 외관과 유효 하중을 포함한 연료 소진 질량이 1.00×10^4 kg인 로켓이 있다. 로켓이 지구로부터 발사되어 분출 속도 $v_e = 4.50 \times 10^3$ m/s로 일정하게 연료를 태우면서 4.00분 동안 연료 모두를 소진한다. **(a)** 공기 마찰과 중력을 무시할 때, 로켓의 연료 소진 시 속력은 얼마인가? **(b)** 이륙 직후 로켓의 추진력은 얼마인가? **(c)** 중력을 고려할 때 로켓의 처음 가속도는 얼마인가? **(d)** 중력을 고려할 때 로켓의 연료 소진 시의 속력을 추정하라.

전략 이 문제는 다소 복잡한 것 같지만 대개 적당한 수식에 값을 대입하면 해결된다. **(a)**는 식 6.17에 값을 대입하여 속도를 구한다. **(b)**는 로켓의 질량의 변화량을 전체 시간으로 나누어 $\Delta M/\Delta t$을 얻고, 식 6.18에 이를 대입하여 추진력을 찾는다. **(c)**는 뉴턴의 제2법칙, 중력과 **(b)**의 결과를 사용하여 처음 가속도를 구할 수 있다. **(d)**는 중력 가속도가 수 킬로미터에 걸쳐 근사적으로 일정하므로 **(b)**에서 구한 속력이 대략 $\Delta v_g = -gt$만큼 줄어들 것이다. 끝으로 **(a)**의 결과에 이러한 손실을 추가하면 된다.

∙∙

풀이

(a) 연료 소진 시의 속도를 계산한다.

식 6.17에 $v_i = 0$, $v_e = 4.50 \times 10^3$ m/s, $M_i = 1.00 \times 10^5$ kg, $M_f = 1.00 \times 10^4$ kg을 대입한다.

$$v_f = v_i + v_e \ln\left(\frac{M_i}{M_f}\right)$$

$$= 0 + (4.5 \times 10^3 \text{ m/s}) \ln\left(\frac{1.00 \times 10^5 \text{ kg}}{1.00 \times 10^4 \text{ kg}}\right)$$

$$v_f = \boxed{1.04 \times 10^4 \text{ m/s}}$$

(b) 이륙 시 추진력을 구한다.

로켓 질량의 변화량을 계산한다.

$$\Delta M = M_f - M_i = 1.00 \times 10^4 \text{ kg} - 1.00 \times 10^5 \text{ kg}$$

$$= -9.00 \times 10^4 \text{ kg}$$

질량 변화량을 시간으로 나눠 로켓 질량의 변화율을 계산한다(여기서 시간은 4.00분 = 2.40×10^2 s이다).

$$\frac{\Delta M}{\Delta t} = \frac{-9.00 \times 10^4 \text{ kg}}{2.40 \times 10^2 \text{ s}} = -3.75 \times 10^2 \text{ kg/s}$$

이 변화율을 식 6.18에 대입하여 추진력을 얻는다.

$$\text{추진력} = \left| v_e \frac{\Delta M}{\Delta t} \right| = (4.50 \times 10^3 \text{ m/s})(3.75 \times 10^2 \text{ kg/s})$$

$$= \boxed{1.69 \times 10^6 \text{ N}}$$

(c) 중력을 포함하여 처음 가속도를 구한다.

뉴턴의 제2법칙을 쓴다. 여기서 추진력을 T로 표시하고 가속도 a에 대해 푼다.

$$Ma = \sum F = T - Mg$$

$$a = \frac{T}{M} - g = \frac{1.69 \times 10^6 \text{ N}}{1.00 \times 10^5 \text{ kg}} - 9.80 \text{ m/s}^2$$

$$= \boxed{7.10 \text{ m/s}^2}$$

(d) 중력을 무시하지 않을 때 연료 소진 시의 속력을 구한다.

중력에 의한 속력의 대략적인 손실을 구한다.

$$\Delta v_g = -g\Delta t = -(9.80 \text{ m/s}^2)(2.40 \times 10^2 \text{ s})$$

$$= -2.35 \times 10^3 \text{ m/s}$$

(a)의 결과에 이 손실 속력을 더한다.

$$v_f = 1.04 \times 10^4 \text{ m/s} - 2.35 \times 10^3 \text{ m/s}$$

$$= \boxed{8.05 \times 10^3 \text{ m/s}}$$

∙∙

참고 중력을 고려하더라도 속력은 궤도에 진입하기에 충분하다. 공기 끌림을 극복하기 위하여 추가의 추진이 필요하다.

연습문제

1. 비바람이 몰아치는 날 빗방울이 주차된 차의 지붕 위에 수직으로 떨어진다. 빗방울이 차의 지붕에 닿는 속력은 12.0 m/s이고 매초 지붕을 때리는 빗방울의 질량은 0.035 kg이다. (a) 빗방울이 지붕을 때리고 난 직후 정지한다고 가정하고 빗방울이 지붕에 작용하는 평균 힘을 구하라. (b) 빗방울과 질량이 같은 우박이 같은 속력, 같은 비율로 떨어진다면 지붕에 작용하는 평균 힘을 (a)에서 구한 값과 비교해 보라.

2. 어떤 축구 선수가 22.5 m/s의 속력으로 수평과 35.0°의 각으로 코너킥을 하였다. 공의 질량이 0.425 kg이고 선수의 발이 공과 5.00×10^{-2} s 동안 접촉하였다. (a) 공의 운동량 변화의 x성분과 y성분을 구하라. (b) 선수의 발이 공에 작용한 평균 힘을 구하라.

3. 포르쉐 918 스파이더는 정지 상태로부터 2.20 s만에 26.8 m/s의 속력을 낼 수 있는 하이브리드 스포츠카이다. (a) 선형 충격량과 (b) 가속되는 동안 차 안의 70.0 kg의 승객에게 작용하는 평균 힘의 크기를 구하라.

4. 그림 P6.4는 시간에 따른 힘의 그래프이다. 힘이 1.5 kg의 물체에 작용할 때 다음을 구하라. (a) 충격량, (b) 물체가 처음에 정지해 있다면

그림 P6.4

물체의 나중 속도, (c) 물체가 처음에 x축을 따라 속도 −2.0 m/s로 움직일 때 물체의 나중 속도

5. 그림 P6.5와 같이 힘이 1.5 kg인 입자에 작용할 때 다음을 구하라. (a) $t=0$에서 $t=3.0$ s까지의 충격량, (b) $t=0$에서 $t=5.0$ s까지의 충격량, (c) 처음에 정지해 있는 1.5 kg의 입자에 힘이 작용한다면, $t=3.0$ s, (d) $t=5.0$ s일 때 입자의 속력

그림 P6.5

6. 고속의 스트로보스코프 사진에서 200 g의 골프채 헤드가 티 위에 놓인 46 g의 골프공을 치기 직전에 55 m/s로 움직이고 있다. 충돌 후 골프채의 헤드는 같은 방향으로 40 m/s로 움직인다. 맞은 직후 골프공의 속력을 구하라.

7. 질량이 $m_1 = 70.0$ kg인 남자가 그의 부인 뒤에서 $v_1 = 8.00$ m/s로 스케이트를 타고 있고, 질량이 $m_2 = 50.0$ kg인 부인은 $v_2 = 4.00$ m/s로 스케이트를 타고 있다. 남자는 지나쳐 가지 않고 무심결에 부인과 충돌한다. 남자는 부인의 허리를 감싸 안으면서 균형을 잡고 있다. (a) 두 사람을 블록으로 나타내어 전후의 문제를 그려라. (b) 충돌은 탄성, 비탄성, 완전 비탄성 중 어느 쪽에 가장 가까운가? 그 이유는 무엇인가? (c) m_1, v_1, m_2, v_2와 나중 속도 v_f를 사용해서 운

동량 보존의 법칙을 일반식으로 적어라. (d) v_f에 대해 운동량 방정식을 풀어라. (e) 값을 대입해서 충돌 후의 속력인 v_f에 대한 값을 얻어라.

8. 영희가 4.00 m/s의 속력으로 달리다가 정지해 있던 눈썰매에 올라탔다. 눈 위를 미끄러져 가는 눈썰매와 눈 사이에는 마찰이 없다고 가정한다. 그녀가 연직 높이 5.00 m에 해당하는 비탈을 미끄러져 내려갔을 때, 눈 길 옆에 서 있던 그녀의 남동생이 등 위에 올라타서 둘은 함께 미끄러져 내려갔다. 비탈을 미끄러져 내려온 전체 길이에 해당하는 연직 높이가 15.0 m라면 바닥에서의 두 사람의 속력은 얼마인가? 눈썰매의 질량은 5.00 kg, 영희의 질량은 50.0 kg이고 남동생의 질량은 30.0 kg이다.

9. 질량이 2.00×10^4 kg이고 3.00 m/s로 움직이는 기차가 각각 동일한 질량을 갖는 두 대의 차량이 연결된 결합 차량과 충돌하여 하나처럼 움직인다. 결합 차량은 속력 1.20 m/s로 같은 방향으로 움직이고 있다. (a) 충돌 후 세 대가 연결된 차량의 속력은 얼마인가? (b) 충돌에서 손실된 운동에너지는 얼마인가?

10. 대부분의 사람들은 약 $5g$(49.0 m/s²) 이상의 중력 가속도를 수 초 이상 받으면 의식을 잃게 된다. 질량이 3.00×10^4 kg인 유인 우주선의 엔진이 배기 속력이 2.50×10^3 m/s라고 할 때, 우주선의 가속도가 $5g$를 초과하여 그 안의 사람들이 의식을 잃기 시작하기 전에 엔진이 도달할 수 있는 최대 연소율 $|\Delta M/\Delta t|$는 얼마인가?

회전 운동과 중력
Rotational Motion and Gravitation

회전 운동은 일상생활에서 많이 일어난다. 지구의 자전으로 밤과 낮이 생기고, 회전하는 바퀴로 차량 이동을 용이하게 하고, 스위스제 시계 속의 작은 톱니 바퀴부터 선반의 작동이나 거대한 기계 장치에 이르기까지 다양한 첨단 기술들이 원운동과 연관되어 있다. 각속도, 각가속도, 구심 가속도 등의 개념은 원형 경주 트랙을 도는 자동차에서부터 한 점을 중심으로 회전하는 은하계의 성단까지 다양한 물체들의 운동을 이해하는 데 도움을 준다.

　뉴턴의 만유인력의 법칙과 운동 법칙을 회전 운동과 결합하여 정지위성의 궤도 계산, 행성 운동, 우주여행 등의 내용을 이해할 수 있다. 또한 중력 퍼텐셜 에너지와 에너지 보존의 법칙을 일반화하여 행성의 탈출속력 등을 계산할 수 있다. 이 장의 마지막 부분에서는 뉴턴의 중력에 대한 설명의 기반이 된 행성 운동에 관한 케플러의 세 가지 법칙을 공부할 예정이다.

7.1 각속도와 각가속도 Angular Velocity and Angular Acceleration

직선 운동에서 중요한 물리 개념은 변위 Δx, 속도 v, 가속도 a이다. 이들 개념은 회전 운동에서 각각 각변위 $\Delta\theta$, 각속도 ω, 각가속도 α에 해당한다.

　각도의 단위인 라디안은 이들 개념을 이해하는 데 필수이다. 원둘레의 길이 s는 $s = 2\pi r$로 주어지는데, 여기서 r은 원의 반지름이다. 양변을 r로 나누면 $s/r = 2\pi$가 된다. s와 r이 길이의 차원이므로, s/r은 차원을 가지지 않는다. 그럼에도 불구하고 2π는 원둘레의 변위를 나타낸다. 원둘레의 반은 π이고, 원둘레의 1/4은 $\pi/2$에 해당한다. 2π, π, $\pi/2$의 수는 각각 360°, 180°, 90°의 각에 해당하고, 따라서 각도와 라디안이 $180° = \pi$ rad의 관계를 갖는 각의 새로운 단위로서 **라디안**(radian)을 도입할 수 있다.

　반지름이 r인 원호의 길이 s로 그려지는 각 θ를 $+x$축 방향으로부터 반시계 방향으로 라디안으로 측정하면

$$\theta = \frac{s}{r} \qquad\qquad [7.1]$$

이다. 식 7.1에서 각 θ는 $+x$축 방향으로부터의 각변위이고, s는 $+x$축 방향으로부터의 원호의 길이에 해당한다. 그림 7.1은 1 rad의 크기가 약 57°임을 설명하고 있다. 각도를 라디안으로 변환하려면 $(\pi$ rad$/180°)$의 비를 곱해야 한다. 예를 들어, 45° $(\pi$ rad$/180°) = (\pi/4)$rad이다.

　일반적으로 물리학에서 각은 라디안으로 표현해야만 한다. 계산기를 사용할 때도 라

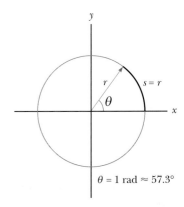

그림 7.1 1 rad은 반지름이 r인 원에서 호의 길이 s가 반지름 r과 같을 때의 각이다.

그림 7.2 (a) $t = 0$일 때 회전하는 콤팩트디스크 위의 점 P, (b) 디스크가 회전함에 따라 점 P는 호의 길이 s만큼 이동한다.

디안 모드로 맞추어야 한다.

라디안 측정 개념을 이해하기 위해 물리학에서의 각에 대한 개념을 논의해 보자. 그림 7.2a는 회전하는 콤팩트디스크를 위에서 내려다 본 그림이다. 이러한 디스크는 '강체'의 일종으로 물체 내 한 부분과 다른 모든 부분 사이의 상대적 위치가 고정되어 있다. 강체가 어떤 각도로 회전할 때 물체의 모든 부분은 동시에 같은 각도만큼 회전 한다. 콤팩트디스크에서 회전축은 디스크의 중심 O에 있다. 디스크 위의 한 점 P는 원점으로부터 거리 r만큼 떨어져 있고, O에 대하여 반지름이 r인 원운동을 한다. 그림 7.2a와 같이 고정된 기준선을 정하고 시간 $t = 0$일 때 점 P를 기준선 위에 놓는다. 시간 간격 Δt를 지난 후 점 P는 새로운 위치로 이동한다(그림 7.2b). 이 시간 간격 동안 직선 OP는 기준선에 대하여 각 θ만큼 회전한다. 라디안으로 측정되는 각 θ를 **각위치**(angular position)라고 하며 이는 직선 운동 시 위치 변수 x와 유사하다. 같은 방법으로 점 P도 원둘레를 따라 호의 길이 s만큼 이동한다.

그림 7.3에서 회전하는 디스크 위의 한 점이 시간 Δt 동안 Ⓐ에서 Ⓑ로 움직일 때, 그 점은 각 θ_i에서 시작하여 각 θ_f에서 끝난다. 그 차이 $\theta_f - \theta_i$를 **각변위**(angular displacement)라고 한다.

각변위 ▶

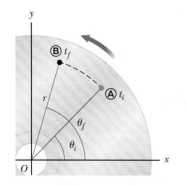

그림 7.3 콤팩트디스크에서 임의의 한 점이 Ⓐ에서 Ⓑ로 이동하면 원반은 각 $\Delta\theta = \theta_f - \theta_i$ 만큼 회전한다.

한 물체의 **각변위** $\Delta\theta$는 나중 각도와 처음 각도의 차이 값이다.

$$\Delta\theta = \theta_f - \theta_i \qquad [7.2]$$

SI 단위: 라디안(rad)

예를 들어, 디스크 위의 한 점이 $\theta_i = 4 \text{ rad}$에서 각 위치 $\theta_f = 7 \text{ rad}$까지 회전한다면, 각변위는 $\Delta\theta = \theta_f - \theta_i = 7 \text{ rad} - 4 \text{ rad} = 3 \text{ rad}$이다. 회전하는 디스크를 설명할 때 각변위를 사용하는데, 그 이유는 **디스크 위의 모든 점은 주어진 시간 간격에서 같은 각변위를 갖기 때문이다.**

식 7.2의 정의를 사용하면, 식 7.1은 $\Delta\theta = \Delta s/r$로 쓸 수 있으며, 여기서 Δs는 각변위에 의해서 생긴 원호를 따라 가는 변위이다. 각변위의 정의를 가지고 각속도를 자연스럽게 정의할 수 있다.

평균 각속도 ▶

시간 간격 Δt 동안 회전하는 강체의 **평균 각속도** $\omega_\text{평균}$은 각변위 $\Delta\theta$를 Δt로 나눈 값이다.

$$\omega_\text{평균} \equiv \frac{\theta_f - \theta_i}{t_f - t_i} = \frac{\Delta\theta}{\Delta t} \qquad [7.3]$$

SI 단위: 라디안/초(rad/s)

매우 짧은 시간 간격에 대해서 평균 각속도는 선운동의 경우와 유사하게 순간 각속도가 된다.

Tip 7.1 라디안을 기억하라!

식 7.1은 라디안 단위로 측정한 각도를 사용한다. 도 단위로 표현한 각도는 먼저 라디안 단위로 변환해야만 한다. 또한 회전과 관련된 문제를 풀 때에는 사용하는 계산기가 도 단위 모드인지 라디안 단위 모드인지를 확인해야 한다.

회전하는 강체의 **순간 각속도**(instantaneous angular velocity) ω는 시간 간격 Δt가 영으로 접근할 때, 평균 속도 $\Delta\theta/\Delta t$의 극한이다.

$$\omega \equiv \lim_{\Delta t \to 0} \frac{\Delta\theta}{\Delta t} \qquad [7.4]$$

SI 단위: 라디안/초(rad/s)

◀ 순간 각속도

θ가 증가(반시계 방향으로 회전)할 때 ω가 양의 값으로, θ가 감소(시계 방향으로 회전)할 때 ω가 음의 부호를 갖는 것으로 정의한다. 각속도가 일정할 때 순간 각속도는 평균 각속도와 같다.

물체의 **순간 각속력**은 순간 각속도의 크기로 정의한다. 순간 각속력(또는 단순히 "각속력")은 방향을 갖지 않으며 부호를 동반하지 않는다. 예를 들어, 어떤 물체가 반시계 방향으로 +5.0 rad/s의 각속도로 돌고 있고 다른 물체가 시계방향으로 −5.0 rad/s의 각속도로 돌고 있다면 둘 다 5.0 rad/s의 각속력으로 돌고 있는 것이다.

◀ 순간 각속력

예제 7.1 **헬리콥터**

목표 각변위와 관련된 기본적인 계산을 해본다.

문제 헬리콥터의 날개가 3.20×10^2 rev/min의 각속도로 회전한다(rev/min은 분당 회전수를 의미하며, 줄여서 흔히 rpm이라고 한다). (a) 이 각속도를 rad/s로 나타내라. (b) 날개의 반지름이 2.00 m이면, 3.00×10^2 s 동안 날개 끝의 호의 길이를 얼마만큼 회전하는가? (c) 조종사가 날개의 회전 속력을 높여서 날개의 각속도가 3.60 s 동안에 26회전하게 한다. 이 시간 동안의 평균 각속도를 구하라.

전략 한 번 회전하는 동안 날개는 2π rad의 각도를 회전한다. 이 관계를 바꿈 인수로 사용하여 나타낸다. (b)에서 먼저 각속도에 시간을 곱한 다음 각변위를 라디안 단위로 계산한다. (c)는 식 7.3의 간단한 응용이다.

· ·

풀이

(a) 각속도를 rad/s로 표현한다.

1 rev = 2π rad과 60.0 s = 1 min의 바꿈 인수를 사용한다.

$$\omega = 3.20 \times 10^2 \frac{\text{rev}}{\text{min}}$$

$$= 3.20 \times 10^2 \frac{\text{rev}}{\text{min}}\left(\frac{2\pi \text{ rad}}{1 \text{ rev}}\right)\left(\frac{1.00 \text{ min}}{60.0 \text{ s}}\right)$$

$$= \boxed{33.5 \text{ rad/s}}$$

(b) 날개 끝이 돌면서 이동한 호의 길이를 구하기 위해 각속도에 시간을 곱하여 각변위를 구한다.

$$\Delta\theta = \omega t = (33.5 \text{ rad/s})(3.00 \times 10^2 \text{ s}) = 1.01 \times 10^4 \text{ rad}$$

각변위에 반지름을 곱하여 호의 길이를 구한다.

$$\Delta s = r\,\Delta\theta = (2.00 \text{ m})(1.01 \times 10^4 \text{ rad}) = \boxed{2.02 \times 10^4 \text{ m}}$$

(c) 회전 날개의 각속도가 증가하는 동안의 평균 각속도를 계산한다.

각변위를 라디안으로 고친 다음 식 7.3에 대입한다.

$$\Delta\theta = (26 \text{ rev})(2\pi \text{ rad/rev}) = 52\pi \text{ rad}:$$

$$\omega_{\text{평균}} = \frac{\Delta\theta}{\Delta t} = \frac{52\pi \text{ rad}}{3.60 \text{ s}} = \boxed{45 \text{ rad/s}}$$

· ·

참고 일반적으로 각속도는 rad/s 단위로 표시하는 것이 가장 좋다. 라디안 단위로 측정하는 습관만이 실수를 줄인다.

그림 7.4는 자전거 수리공이 자전거 뒷바퀴를 수리하기 위하여 자전거를 뒤집어 놓은 상태이다. 자전거 페달을 회전시킬 때 처음시각 t_i에서 바퀴의 각속도는 ω_i이며(그림 7.4a) 나중 시각 t_f에서 바퀴의 각속도는 ω_f이다(그림 7.4b). 속도의 변화가 가속

그림 7.4 가속하고 있는 자전거의 바퀴가 (a) 시각 t_i에서는 각속도 ω_i로 (b) 시각 t_f에서는 각속도 ω_f로 회전한다.

도를 만들듯이 각속도 변화 또한 각가속도를 만든다.

> **평균 각가속도** $\alpha_{평균}$은 시간 간격 Δt 동안의 각가속도의 변화량 $\Delta\omega$를 Δt로 나눈
> 값이다.
>
> 평균 각가속도 ▶
> $$\alpha_{평균} \equiv \frac{\omega_f - \omega_i}{t_f - t_i} = \frac{\Delta\omega}{\Delta t} \qquad [7.5]$$
>
> **SI 단위: 라디안/제곱초($\mathrm{rad/s^2}$)**

각속도에서처럼 양의 각가속도는 반시계 방향이고, 음의 각가속도는 시계 방향이다. 각속도가 3.0 s 동안 15 rad/s에서 9.0 rad/s로 변한다면, 그 시간 동안의 평균 각가속도는

$$\alpha_{평균} = \frac{\Delta\omega}{\Delta t} = \frac{9.0\ \mathrm{rad/s} - 15\ \mathrm{rad/s}}{3.0\ \mathrm{s}} = -2.0\ \mathrm{rad/s^2}$$

이다. 음의 부호는 각가속도가 시계 방향(각속도는 줄어들지만 여전히 양의 값이고 반시계 방향이다)임을 표시한다. 순간 각가속도는 다음과 같다.

> **순간 각가속도** α는 시간 간격 Δt가 영으로 접근할 때 평균 각가속도 $\Delta\omega/\Delta t$의 극
> 순간 각가속도 ▶ 한이다.
>
> $$\alpha \equiv \lim_{\Delta t \to 0} \frac{\Delta\omega}{\Delta t} \qquad [7.6]$$
>
> **SI 단위: 라디안/제곱초($\mathrm{rad/s^2}$)**

강체가 한 고정축을 중심으로 회전할 때 자전거 바퀴가 회전하는 것처럼, 물체 내의 모든 점들은 같은 각속도와 같은 각가속도를 갖는다. 이러한 사실은 각속도와 각가속도로 회전 운동을 설명하는 데 있어 매우 유익함을 의미한다. 반면 물체의 접선(선) 속도와 가속도는 한 점에서 회전축까지의 거리에 따라 값이 달라진다.

7.2 각가속도가 일정한 회전 운동
Rotational Motion under Constant Angular Acceleration

지금까지 설명한 회전 운동과 앞 장들에서 설명한 선운동에 대한 수식들 사이의 유사점을 살펴보자. 예를 들어, 평균 각속도를 정의하는 식

$$\omega_{평균} \equiv \frac{\theta_f - \theta_i}{t_f - t_i} = \frac{\Delta\theta}{\Delta t}$$

와 평균 선속도를 나타내는 식

$$v_{평균} \equiv \frac{x_f - x_i}{t_f - t_i} = \frac{\Delta x}{\Delta t}$$

를 비교해 보자. 위의 수식들은 θ가 x로, ω가 v로 바뀌어 있다는 점에서 유사하다. 회전 운동을 배울 때 이러한 유사성에 유의하면, 지금까지 유도했던 모든 선운동에 대한 식들에 대응되는 회전 운동에 대한 닮은 식이 존재함을 알 수 있게 된다.

2.3절에서 일정가속도로 선운동하는 물체의 운동학 식을 유도하였던 방법으로, 일정각가속도로 회전 운동하는 물체의 운동학 식을 유도할 수 있다. 결과적으로 선운동의 식에 대응되는 회전 운동의 식은 다음과 같다.

a가 일정할 때의 선운동 (변수: x와 v)	α가 일정할 때의 고정축에 대한 회전 운동 (변수: θ와 ω)	
$v = v_i + at$	$\omega = \omega_i + \alpha t$	[7.7]
$\Delta x = v_i t + \frac{1}{2}at^2$	$\Delta\theta = \omega_i t + \frac{1}{2}\alpha t^2$	[7.8]
$v^2 = v_i^2 + 2a\Delta x$	$\omega^2 = \omega_i^2 + 2\alpha\Delta\theta$	[7.9]

선운동에서의 식과 회전 운동에서의 식의 대응 관계를 주목하라.

예제 7.2 회전하는 바퀴

목표 회전 운동학 식을 적용한다.

문제 바퀴가 일정한 각가속도 3.50 rad/s²로 회전하고 있다. 시각 $t = 0$ s에서 바퀴의 각속도는 2.00 rad/s이다. **(a)** $t = 0$과 $t = 2.00$ s 사이 시간 동안 바퀴의 회전 각도는 얼마인가? 라디안과 회전수로 답하라. **(b)** $t = 2.00$ s 시각에서 바퀴의 각속도는 얼마인가? **(c)** **(b)**에서의 각속도가 2배가 되는 동안 각변위(회전수 단위로)는 얼마가 되는가?

전략 각가속도가 일정하므로 이 문제는 식 7.7~7.9에 주어진 값을 대입하면 된다.

풀이

(a) 2.00 s 후에 각변위를 라디안과 회전수로 표시한다.

식 7.8을 이용하여 $\omega_i = 2.00$ rad/s, $\alpha = 3.5$ rad/s²과 $t = 2.00$ s의 값을 대입한다.

$$\Delta\theta = \omega_i t + \frac{1}{2}\alpha t^2$$
$$= (2.00 \text{ rad/s})(2.00 \text{ s}) + \frac{1}{2}(3.50 \text{ rad/s}^2)(2.00 \text{ s})^2$$
$$= 11.0 \text{ rad}$$

라디안을 회전수로 변환한다.

$$\Delta\theta = (11.0 \text{ rad})(1.00 \text{ rev}/2\pi \text{ rad}) = 1.75 \text{ rev}$$

(b) $t = 2.00$ s에서 바퀴의 각속도를 구한다.

같은 값을 식 7.7에 대입한다.

$$\omega = \omega_i + \alpha t = 2.00 \text{ rad/s} + (3.50 \text{ rad/s}^2)(2.00 \text{ s})$$
$$= 9.00 \text{ rad/s}$$

(c) (b)에서의 각속도가 2배가 되는 동안 각변위(회전수 단위로)를 구한다.

시간 항이 없는 회전 운동학 식을 사용한다.

$$\omega_f^2 - \omega_i^2 = 2\alpha\Delta\theta$$

$\omega_f = 2\,\omega_i$를 대입한다.

$$(2 \times 9.00 \text{ rad/s})^2 - (9.00 \text{ rad/s})^2 = 2(3.50 \text{ rad/s}^2)\Delta\theta$$

각변위에 대해 푼 다음 회전수로 변환한다.

$$\Delta\theta = (34.7 \text{ rad})(1 \text{ rev}/2\pi \text{ rad}) = \boxed{5.52 \text{ rev}}$$

참고 (b)의 결과는 식 7.9와 **(a)**의 결과로부터 구할 수도 있다.

7.3 접선 속도, 접선 가속도, 구심 가속도
Tangential Velocity, Tangential Acceleration, and Centripetal Acceleration

7.3.1 접선 속도와 접선 가속도 Tangential Velocity and Acceleration

회전 운동에서의 변수는 선운동에서의 변수와 밀접한 관계가 있다. 그림 7.5에서 점 O를 관통하는 z축에 대하여 회전하고 있는 임의 형태의 물체를 생각해 보자. 물체는 각도 $\Delta\theta$만큼 회전하고, 점 P는 시간 간격 Δt 동안 호의 길이 Δs를 이동하였다고 가정하자. 라디안 단위의 정의로부터 다음과 같은 결과를 얻을 수 있다.

$$\Delta\theta = \frac{\Delta s}{r}$$

위 식의 양변을 회전하는 동안의 시간 간격 Δt로 각각 나누면,

$$\frac{\Delta\theta}{\Delta t} = \frac{1}{r}\frac{\Delta s}{\Delta t}$$

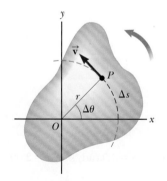

그림 7.5 점 O에서 그림의 평면을 수직으로 통과하는 축(z축)을 회전축으로 하는 물체의 회전. 물체 위의 한 점 P는 점 O를 중심으로 반지름 r의 원으로 회전한다.

가 된다. 만약 Δt가 매우 작다면, 물체의 회전 각도 $\Delta\theta$도 작으며, 회전 비율 $\Delta\theta/\Delta t$는 순간 각속도 ω가 된다. 또한 Δt가 작을 때 Δs도 매우 작으며, 이동 비율 $\Delta s/\Delta t$는 짧은 순간에 대한 순간 선속력 v와 같다. 따라서 Δt가 매우 작은 경우, 위의 식은 다음과 같이 쓸 수 있다.

$$\omega = \frac{v}{r}$$

그림 7.5를 보면 이 수식을 이해할 수 있다. 이동 거리 Δs는 점 P가 선속력 v로 시간 Δt 동안 호를 따라 이동한 거리이다. P의 속도 벡터 $\vec{v}$의 방향은 원형 경로에 접한다. $\vec{v}$의 각성분인 $v = v_t$를 원형 경로로 운동하는 입자의 **접선 속도**(tangential velocity)라 하며 다음과 같다.

접선 속도 ▶

$$\boxed{v_t = r\omega} \tag{7.10}$$

즉, **회전하는 물체 내에 있는 한 점의 접선 속도는 회전축으로부터 점까지의 거리와 각속도의 곱과 같다.** 식 7.10에서 회전하는 물체 내의 한 점의 선속력은 회전의 중심으로부터 테두리 쪽으로 멀어짐에 따라 증가함을 직관적으로 알 수 있다. 비록 **회전하는 물체 내의 모든 점들은 같은 각속도를 갖지만,** 같은 선속력(접선 속력)을 갖는 것은 아니다.

식 7.10을 이용할 때 각속도의 단위에 주의하라. 수식은 라디안으로 정의되어 있으

므로 ω가 단위 시간당 라디안으로 표현될 때만 올바르다. 라디안이 아닌 초당 각도나 초당 회전수와 같은 단위로 각속도를 계산하면 정확한 답을 얻을 수 없다.

선속력과 각속력이 연관된 두 번째 관계식을 구하기 위하여, 고정된 축(그림 7.5)에 대하여 회전하는 물체가 시간 Δt 동안 각속력이 $\Delta\omega$만큼 변하였다고 가정하면, 물체 내의 점 P의 속력은 Δv_t만큼 변할 것이다. 식 7.10으로부터

$$\Delta v_t = r\,\Delta\omega$$

이며, 양변을 Δt로 나누면

$$\frac{\Delta v_t}{\Delta t} = r\frac{\Delta\omega}{\Delta t}$$

이다. 만약 시간 Δt가 매우 짧은 순간이면, 비율 $\Delta\omega/\Delta t$는 순간 각가속도가 된다. 식에서 좌변의 비율 $\Delta v_t/\Delta t$는 순간 선가속도가 되고, 이를 그 점에서의 접선 가속도라 부른다. 그러므로 다음과 같은 결과를 얻을 수 있다.

$$a_t = r\alpha \qquad\qquad [7.11] \quad \blacktriangleleft \text{ 접선 가속도}$$

즉, 회전하는 물체 내의 한 점의 접선 가속도는 회전축으로부터의 거리와 각가속도의 곱과 같다. 또한 이 식에서도 각가속도의 단위는 라디안을 이용하여 나타내어야 한다.

선운동과 각운동 물리량의 또 다른 관계식은 다음 절에서 유도하기로 한다.

예제 7.3 ┃ 콤팩트디스크

목표 회전 운동학 식에 접선 가속도와 속력을 적용한다.

문제 컴퓨터의 콤팩트디스크가 정지 상태에서 회전하기 시작하여 0.892 s 후에 각속도가 −31.4 rad/s로 증가한다. **(a)** 각가속도가 일정하다고 가정할 때 이 디스크의 각가속도는 얼마인가? **(b)** 위의 각속력에 도달하는 동안 디스크가 회전한 각도는 얼마인가? **(c)** 디스크의 반지름이 4.45 cm라면, $t = 0.892$ s일 때 디스크 가장자리에 있는 미생물 한 마리의 접선 속도를 구하라. **(d)** 주어진 시간에서 미생물의 접선 가속도의 크기를 구하라.

전략 각속도와 각변위에 대한 운동학 식(식 7.7과 7.8)을 사용하여 **(a)**와 **(b)**를 풀 수 있다. 반지름과 각가속도를 곱하면 가장자리에서의 접선 가속도가 된다. 또한 반지름과 각속도를 곱하면 그 점에서의 접선 속도를 얻을 수 있다.

· ·

풀이

(a) 디스크의 각가속도를 구한다.
각속도에 관한 식 $\omega = \omega_i + \alpha t$에 $t = 0$에서 $\omega_i = 0$을 적용한다.

$$\alpha = \frac{\omega}{t} = \frac{-31.4\ \text{rad/s}}{0.892\ \text{s}} = \boxed{-35.2\ \text{rad/s}^2}$$

(b) 디스크가 회전한 각도를 구한다.
각변위에 대한 식 7.8과 $t = 0.892$ s, $\omega_i = 0$을 사용한다.

$$\Delta\theta = \omega_i t + \tfrac{1}{2}\alpha t^2 = \tfrac{1}{2}(-35.2\ \text{rad/s}^2)(0.892\ \text{s})^2$$
$$= \boxed{-14.0\ \text{rad}}$$

(c) $r = 4.45$ cm에서 미생물의 나중 접선 속도를 구한다.
식 7.10에 대입한다.

$$v_t = r\omega = (0.044\,5\ \text{m})(-31.4\ \text{rad/s}) = \boxed{-1.40\ \text{m/s}}$$

(d) $r = 4.45$ cm에서 미생물의 접선 가속도의 크기를 구한다.
식 7.11에 대입한다.

$$a_t = r\alpha = (0.044\,5\ \text{m})(-35.2\ \text{rad/s}^2) = \boxed{-1.57\ \text{m/s}^2}$$

· ·

참고 2π rad = 1 rev이므로 **(b)**에서 각변위는 2.23 rev에 해당한다. 일반적으로 2π는 대략 6이므로 라디안을 6으로 나누면 근사적으로 회전수를 얻을 수 있다.

응용
축음기와 콤팩트디스크

음악을 녹음하기 위한 음반 매개체로 MP3를 사용하기 오래전에 축음기와 콤팩트디스크가 대중적으로 사용되었다. 축음기와 콤팩트디스크의 회전 운동 사이에는 비슷한 점과 차이점이 있다. 예를 들어, 축음기는 일정한 각속력으로 회전한다. LP라고 부르는 장시간 음반 앨범의 일반적인 각속력은 $33\frac{1}{3}$ rev/min이고, '싱글' 앨범의 각속력은 45 rev/min이며, 초창기에 사용된 LP의 각속력은 78 rev/min이었다. 녹음기의 가장자리에서 축음기 바늘은 녹음기 중심 부근에서보다 더 빠른 접선 속력으로 이동한다. 결과적으로 음향 정보는(녹음기의 가장자리보다) 중심 근방의 트랙에서 보다 짧은 길이에 압축되어 있다.

반면에 콤팩트디스크는 레이저가 일정한 접선 속력으로 정보를 추출하도록 원반의 회전 각속력을 변경할 수 있게 설계되어 있다. 픽업이 정보의 트랙을 따라 반지름 방향으로 이동하기 때문에, 레이저의 반지름 방향 위치에 따라 원반의 각속력은 변해야 한다. 접선 속력은 고정되어 있기 때문에 원반의 모든 점에서 정보의 밀집도(트랙의 단위 길이당)는 같다. 예제 7.4는 콤팩트디스크에 관한 것이다.

예제 7.4 CD 트랙의 길이

목표 각운동과 선운동의 변수들을 연관짓는다.

문제 콤팩트디스크는 판독 헤드가 원반의 중심으로부터 밖으로 이동하도록 설계되어 있으며, 원반의 각속력이 변화하여 판독 헤드의 선속력이 항상 일정한 값 1.3 m/s를 갖도록 한다. **(a)** 판독이 원반의 중심으로부터 $r = 2.0$ cm와 $r = 5.6$ cm의 거리에 있을 때 반지름이 6.00 cm인 CD의 각속력을 구하라. **(b)** 구형 축음기는 일정한 각속력으로 회전하므로 홈을 따라 이동하는 판독의 선속력은 변하게 된다. 45.0 rpm 축음기 중심으로부터 2.0 cm 및 5.6 cm 지점에서 선속력을 구하라. **(c)** CD와 축음기에서 음성 정보는 가장자리로부터 안쪽으로 이동하면서 원형 트랙에 연속적으로 저장된다. 음성 정보를 이용하여 1시간 동안 연주하도록 설계된 CD에 대한 트랙 전체의 길이를 계산하라.

전략 이 문제는 적당한 수식에 값을 대입하는 것이다. **(a)**는 식 7.10, $v_t = r\omega$를 이용하여 각속력과 선속력을 연결해서 주어진 값을 대입하고 ω에 대해 풀면 된다. **(b)**는 rev/min을 rad/s로 변환하고, 식 7.10에 값을 대입하여 선속력을 얻는다. **(c)**는 선속력에 시간을 곱하여 전체 거리를 구한다.

· ·

풀이

(a) 판독 헤드가 원반의 중심으로부터 거리 $r = 2.0$ cm와 $r = 5.6$ cm에 있을 때 각속력을 구한다.

ω에 대해 $v_t = r\omega$를 풀고 $r = 2.0$ cm에서의 각속력을 계산한다.

$$\omega = \frac{v_t}{r} = \frac{1.3 \text{ m/s}}{2.0 \times 10^{-2} \text{ m}} = \boxed{65 \text{ rad/s}}$$

같은 방법으로 $r = 5.6$ cm에서 각속력을 구한다.

$$\omega = \frac{v_t}{r} = \frac{1.3 \text{ m/s}}{5.6 \times 10^{-2} \text{ m}} = \boxed{23 \text{ rad/s}}$$

(b) 45.0 rpm 축음기 중심으로부터 2.0 cm와 5.6 cm 지점에서 선속력을 구한다.

rev/min을 rad/s로 변환한다.

$$45.0 \frac{\text{rev}}{\text{min}} = 45.0 \frac{\text{rev}}{\text{min}} \left(\frac{2\pi \text{ rad}}{\text{rev}} \right) \left(\frac{1.00 \text{ min}}{60.0 \text{ s}} \right) = 4.71 \frac{\text{rad}}{\text{s}}$$

$r = 2.0$ cm 지점에서 선속력을 계산한다.

$$v_t = r\omega = (2.0 \times 10^{-2} \text{ m})(4.71 \text{ rad/s}) = \boxed{0.094 \text{ m/s}}$$

$r = 5.6$ cm 지점에서 선속력을 계산한다.

$$v_t = r\omega = (5.6 \times 10^{-2} \text{ m})(4.71 \text{ rad/s}) = \boxed{0.26 \text{ m/s}}$$

(c) 1시간 동안 연주하도록 설계된 CD에 대한 트랙 전체의 길이를 계산한다.

판독 헤드의 선속력에 초 단위의 시간을 곱한다.

$$d = v_t t = (1.3 \text{ m/s})(3\ 600 \text{ s}) = \boxed{4\ 700 \text{ m}}$$

· ·

참고 **(b)**에서 축음기에 대해 각속력은 지름 방향의 선을 따르는 모든 점에서 일정할지라도 접선 속력은 r이 증가함에 따라 연속적으로 증가한다. **(c)**에서 CD에 대한 계산은 선(접선)속력은 일정하기 때문에 쉽다. 축음기에 대해서는 상당히 더 어려운데, 그 이유는 접선 속력이 중심으로부터의 거리에 따라 다르기 때문이다.

7.3.2 구심 가속도 Centripetal Acceleration

그림 7.6a와 같이 자동차가 원형 도로에서 일정한 선속력 v로 회전하고 있다. **자동차가 일정한 선속력으로 움직이고 있지만 여전히 가속도를 가지고 있다.** 그 이유를 이해하기 위해서 다음과 같은 가속도에 대한 식을 생각해 보자.

$$\vec{\mathbf{a}}_{평균} = \frac{\vec{\mathbf{v}}_f - \vec{\mathbf{v}}_i}{t_f - t_i} \qquad [7.12]$$

위 식에서 분자는 속도 벡터 $\vec{\mathbf{v}}_f$와 $\vec{\mathbf{v}}_i$의 차이를 나타낸다. 이들 두 벡터의 크기가 같은 경우 속력이 같지만, 방향이 다른 경우 두 벡터의 차는 영이 아니다. 원형 도로를 따라 일정한 속력으로 이동하는 차의 속도의 방향은 계속 변한다(그림 7.6b). 이런 경우 가속도 벡터는 항상 원의 중심으로 향한다. 이런 속성의 가속도를 **구심 가속도**(centripetal acceleration)라 한다. 가속도의 크기는 다음과 같다.

$$a_c = \frac{v^2}{r} \qquad [7.13]$$

그림 7.7a를 사용하여 식 7.13을 유도하여 보자. 그림에서처럼 한 물체가 지점 Ⓐ를 처음 시각 t_i일 때 속도 $\vec{\mathbf{v}}_i$로 통과한 후 나중 시각 t_f일 때 속도 $\vec{\mathbf{v}}_f$로 지점 Ⓑ에 나타났다. 여기서 $\vec{\mathbf{v}}_i$와 $\vec{\mathbf{v}}_f$는 방향만 다르고 크기는 같다($v_i = v_f = v$)고 가정하자. 식 7.12에 의해 가속도는 다음과 같다.

$$\vec{\mathbf{a}}_{평균} = \frac{\vec{\mathbf{v}}_f - \vec{\mathbf{v}}_i}{t_f - t_i} = \frac{\Delta\vec{\mathbf{v}}}{\Delta t} \qquad [7.14]$$

여기서 $\Delta\vec{\mathbf{v}} = \vec{\mathbf{v}}_f - \vec{\mathbf{v}}_i$는 자동차 속도의 변화량이다. Δt가 매우 작을 때 Δs와 $\Delta\theta$ 또한 매우 작다. 그림 7.7b에서 $\vec{\mathbf{v}}_f$는 $\vec{\mathbf{v}}_i$와 거의 평행이고, 따라서 벡터 $\Delta\vec{\mathbf{v}}$는 두 벡터와 거의 수직이며 원의 중심을 향한다. 시간 Δt가 매우 짧은 극한적인 경우가 되면 $\Delta\vec{\mathbf{v}}$는 정확히 원의 중심을 향하게 되며 평균 가속도 $\vec{\mathbf{a}}_{평균}$은 순간 가속도 $\vec{\mathbf{a}}$가 된다. 식 7.14로부터 $\vec{\mathbf{a}}$와 $\Delta\vec{\mathbf{v}}$는 같은 방향을 가리키고 순간 가속도는 원의 중심을 향하게 된다.

그림 7.7a에서 변의 길이가 Δs와 r인 삼각형은 그림 7.7b의 삼각형과 닮은꼴 삼각형이다. 이들 삼각형의 각 변들 사이의 길이에 대한 비례 관계를 이용하면 다음과 같은 식을 유도할 수 있다.

$$\frac{\Delta v}{v} = \frac{\Delta s}{r}$$

또는

$$\Delta v = \frac{v}{r}\Delta s \qquad [7.15]$$

식 7.15의 결과를 $a_{평균} = \Delta v / \Delta t$에 대입하면

$$a_{평균} = \frac{v}{r}\frac{\Delta s}{\Delta t} \qquad [7.16]$$

이다. Δs는 시간 Δt 동안 원호를 따라 이동한 거리이므로 Δt가 매우 작아지면 $\Delta s/\Delta t$

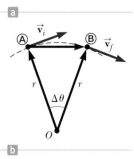

그림 7.6 (a) 일정한 속력으로 움직이고 있는 자동차의 원운동, (b) 자동차가 원형 도로를 따라 Ⓐ에서 Ⓑ로 이동할 때, 속도 벡터의 방향이 변하여 구심 가속도가 생긴다.

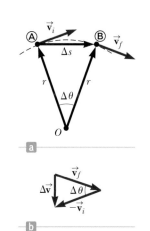

그림 7.7 (a) 입자가 지점 Ⓐ에서 Ⓑ로 이동함에 따라, 속도 벡터의 방향은 $\vec{\mathbf{v}}_i$에서 $\vec{\mathbf{v}}_f$로 변한다. (b) 원의 중심을 향하는 속도 변화 $\Delta\vec{\mathbf{v}}$의 방향을 결정하기 위한 그림

는 접선 속력 v의 순간값으로 접근한다. 동시에 평균 가속도 $a_{평균}$은 순간 구심 가속도 a_c가 되어 식 7.16은 식 7.13으로 간단히 표현된다.

$$a_c = \frac{v^2}{r}$$

접선 속도는 $v_t = r\omega$ (식 7.10)의 관계식에 의해 각속도와 관련되므로, 식 7.13은 다음과 같은 수식으로도 표현할 수 있다.

$$a_c = \frac{r^2\omega^2}{r} = r\omega^2 \qquad [7.17]$$

구심 가속도의 차원을 고려해 보면 $[r] = $ L이고 $[\omega] = 1/$T이므로, 구심 가속도의 차원은 L/T^{2}이어야 한다. 이것은 각속력과 구심 가속도의 기하학적 결과물이지만, 물리적으로 가속도는 힘이 작용할 때만 발생할 수 있다. 예를 들어, 자동차가 편평한 지면에서 원둘레를 움직인다면, 바퀴와 지면 사이의 정지 마찰력은 원운동에 필요한 구심력을 제공한다.

식 7.13과 7.17에서 a_c는 구심 가속도의 크기만을 나타냄에 주목하자. 가속도의 방향은 항상 회전의 중심을 향하고 있다.

앞에서 유도한 식들은 속력이 일정한 원운동을 하는 경우에만 적용할 수 있다. 물체가 원형으로 움직이지만 속력이 증가하거나 감소한다면, 가속도의 접선 성분 $a_t = r\alpha$가 생기게 된다. 가속도의 접선과 구심 성분은 서로 수직이므로, 피타고라스 정리를 이용하여 **전체 가속도**(total acceleration)의 크기를 다음과 같이 구할 수 있다.

전체 가속도 ▶
$$a = \sqrt{a_t^2 + a_c^2} \qquad [7.18]$$

예제 7.5 **경주장에서**

목표 구심 가속도와 접선 속도의 개념을 적용한다.

문제 반지름이 4.00×10^2 m인 원형 경주장 둘레를 반시계 방향으로 움직이는 경주용 자동차가 40.0 m/s의 속력에서 5.00 s 동안 60.0 m/s의 속력으로 일정하게 가속된다. 자동차가 50.0 m/s의 속력을 얻을 때, **(a)** 자동차의 구심 가속도의 크기, **(b)** 각속도, **(c)** 접선 가속도의 크기와 **(d)** 전체 가속도의 크기를 구하라.

전략 구심 가속도(식 7.13), 접선 속도(식 7.10), 전체 가속도(식 7.18)의 정의에 값을 대입한다. 접선 속도의 변화량을 시간으로 나누어 접선 가속도를 얻는다.

....

풀이

(a) $v = 50.0$ m/s일 때 구심 가속도의 크기를 구한다.

식 7.13에 대입한다.

$$a_c = \frac{v^2}{r} = \frac{(50.0 \text{ m/s})^2}{4.00 \times 10^2 \text{ m}} = \boxed{6.25 \text{ m/s}^2}$$

(b) 각속도를 구한다.

식 7.10을 ω에 대해 풀고, 값을 대입한다.

$$\omega = \frac{v}{r} = \frac{50.0 \text{ m/s}}{4.00 \times 10^2 \text{ m}} = \boxed{0.125 \text{ rad/s}}$$

(c) 접선 가속도의 크기를 구한다.

접선 속도의 변화량을 시간으로 나눈다.

$$a_t = \frac{v_f - v_i}{\Delta t} = \frac{60.0 \text{ m/s} - 40.0 \text{ m/s}}{5.00 \text{ s}} = \boxed{4.00 \text{ m/s}^2}$$

(d) 전체 가속도의 크기를 구한다.

식 7.18에 대입한다.

$$a = \sqrt{a_t^2 + a_c^2} = \sqrt{(4.00 \text{ m/s}^2)^2 + (6.25 \text{ m/s}^2)^2}$$

$$a = \boxed{7.42 \text{ m/s}^2}$$

참고 계산한 ω의 값을 식 7.17에 대입하여도 구심 가속도를 구할 수 있다.

7.4 등속원운동에서의 뉴턴의 제2법칙
Newton's Second Law for Uniform Circular Motion

뉴턴의 제2법칙을 원운동하는 문제에 적용할 수 있다. 일정한 속력으로 원운동하는 경우, 제2법칙은 구심 가속도와 원의 중심을 향하거나 중심에서 멀어지는 반지름 방향으로의 여러 가지 힘들로 식을 세울 수 있다. 가속도와 힘이 벡터량이듯이, 등속원운동에서 나타나는 구심 가속도와 반지름 방향의 힘들도 벡터량이다.

몇 가지 개념들과 부호 매기는 방법 등에 대해 논의한 후 등속원운동에 대한 뉴턴의 제2법칙을 몇 가지 기본적인 물리 문제에 응용해 볼 것이다.

7.4.1 구심 가속도를 일으키는 힘 Forces Causing Centripetal Acceleration

물체가 구심 가속도를 갖기 위해서는 그 물체에 힘이 작용해야만 한다. 줄에 매달려 원운동을 하는 공에 있어서 그 힘은 줄의 장력이다. 수평의 원형 트랙에서 움직이는 자동차의 경우에 그 힘은 자동차와 트랙 사이의 마찰력이다. 지구 둘레 원 궤도를 도는 인공위성은 인공위성과 지구 사이의 중력에 의해서 구심 가속도를 갖게 된다.

몇몇 교재에서는 '구심력'이라는 용어를 사용하는데, 이것은 자연의 새로운 힘이라는 오해를 불러일으킬 수 있다. '구심력'에서 '구심'이라는 수식어는 그 힘이 단순히 중심을 향한다는 의미이다. 원운동하는 요요에서 줄에 작용하는 중력과 장력은 지구를 순회하는 인공위성에서의 중력과 같이 구심력의 예일 뿐이다.

그림 7.8과 같이 질량이 m인 아이스하키 퍽이 길이가 r인 줄에 매달려서 수평 원궤도를 따라 등속원운동을 하고 있다. 퍽은 마찰이 없는 테이블 위에 있다. 왜 퍽은 원운동을 할까? 퍽은 관성 때문에 직선으로 움직이려는 경향이 있다. 그렇지만 줄은 퍽에 지름 방향의 힘(장력)을 작용하여 직선 운동을 방해하고 원운동을 하도록 한다. 장력 $\vec{T}$는 그림에서처럼 줄을 따라 원의 중심 방향을 향한다.

일반적으로 지름 방향으로 뉴턴의 제2법칙을 적용하면 알짜 구심력 F_c (물체에 작용하는 모든 힘의 지름 방향 성분의 합)와 관련된 구심 가속도를 갖는 운동 식이 된다. **알짜** 구심력의 크기는 구심 가속도의 크기에다 질량을 곱한 것과 같다. 즉,

$$F_c = ma_c = m\frac{v^2}{r} \qquad [7.19]$$

구심력을 유발하는 알짜힘은 원 궤도의 중심을 향하며 속도 벡터의 방향을 변화시킨다. 그 힘이 사라지면 물체는 곧바로 원 궤도를 이탈하고, 힘이 사라진 지점에서 원의 접선 방향으로 직진한다.

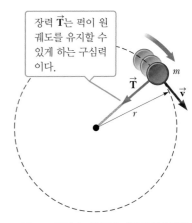

장력 $\vec{T}$는 퍽이 원 궤도를 유지할 수 있게 하는 구심력이다.

그림 7.8 길이가 r인 줄에 매달려 등속원운동을 하고 있는 아이스하키 퍽

Tip 7.2 구심력은 힘의 한 형태이지 그 자체가 힘은 아니다.

'구심력'은 테더볼(기둥에 매단 공을 라켓으로 치고받는 게임)에서 줄의 장력이나 인공위성의 중력과 같이 중심점을 향해 작용하는 힘을 총칭하는 말이다. 구심력은 어떤 실제의 물리적인 힘에 의해서 주어져야만 한다.

원심('중심으로부터 멀어지는')력도 존재한다. 그것은 마치 같은 부호의 두 대전된 입자 사이에 작용하는 힘과 같은 것이다(15장 참조). 지구 중심을 향해 떨어지지 않게 하는 수직 항력은 원심력의 또 다른 예이다. 때로는 원심력을 사용해야 하는 경우에 구심력을 잘 못 사용하는 경우도 있다(160쪽 7.4.2절 겉보기 힘 참조).

지름 방향의 힘은 벡터량이므로 방향이 있다. 등속원운동에 대한 제2법칙에서는 중심을 향하거나 중심에서 멀어지는 방향의 힘이 존재한다. **원의 중심을 향하는 힘은 음의 부호를 붙인다.** 예를 들어, 위성에 작용하는 중력 또는 요요 줄의 장력 등이다. **중심에서 멀어지는 방향의 힘에는 양의 부호를 붙인다.** 예를 들어, 언덕 꼭대기에서 언덕을 넘어가는 차에 작용하는 수직 항력 또는 같은 부호의 두 전하 사이의 반발력 등이다. 마찬가지로, **구심 가속도는 원의 중심을 향하기 때문에 음의 부호를 붙인다.**

등속원운동에 대한 뉴턴의 제2법칙을 벡터 형식으로 쓰면

$$-m\frac{v^2}{r} = \sum F_r \qquad [7.20]$$

과 같이 된다. 여기서 힘 F_r은 질량 m에 작용하는 지름 방향의 힘으로 원의 중심에서 멀어지면 양(+)이고 중심을 향하면 음(−)이다. 구심 또는 중심을 향하는 힘은 음의 지름 방향 성분을 갖는 반면, 원심 또는 중심에서 멀어지는 방향의 힘은 양의 지름 방향 성분을 갖는다.

예제 7.6에서 7.8까지에 등속원운동에서의 뉴턴의 제2법칙이 설명되어 있다.

예제 7.6 안전벨트 착용

목표 물체에 구심 가속도를 갖게 하는 마찰력을 계산한다.

문제 한 자동차가 그림 7.9a의 조감도처럼 반지름 50.0 m인 수평 원형 도로 위를 일정한 속력 13.4 m/s로 이동하고 있다. 자동차가 미끄러지지 않고 도로 위를 회전하여 이동할 수 있게 하기 위한 타이어와 도로 사이에 작용하는 최소 정지 마찰 계수 μ_s를 구하라.

전략 자동차의 자유 물체도(그림 7.9b)에서 법선 방향은 수직이고 접선 방향은 그림 속으로 들어가는 방향이다. 뉴턴의 제2법칙을 사용한다. 구심 방향으로 자동차에 작용하는 알짜힘은 원형 경로의 중심으로 향하는 정지 마찰력이고, 이 힘은 자동차에 구심 가속도를 갖게 한다. 법선 성분으로부터 얻어진 수직 항력으로 최대 정지 마찰력을 계산한다.

그림 7.9 (예제 7.6) (a) 원운동 경로 상에서 지름 방향으로 중심을 향하는 정지 마찰력이 구심력을 제공한다. (b) 차에 작용하는 힘은 중력, 수직 항력, 정지 마찰력이다.

풀이

뉴턴의 제2법칙의 성분 식을 쓴다.
지름 방향의 성분은 최대 정지 마찰력 $f_{s,최대}$만을 포함한다.

$$-m\frac{v^2}{r} = -f_{s,최대} = -\mu_s n$$

제2법칙의 연직 성분에서 중력과 수직 항력은 평형 상태에 있다.

$$n - mg = 0 \quad \rightarrow \quad n = mg$$

n을 첫 번째 식에 대입하고 μ_s에 대해 푼다.

$$-m\frac{v^2}{r} = -\mu_s mg$$

$$\mu_s = \frac{v^2}{rg} = \frac{(13.4 \text{ m/s})^2}{(50.0 \text{ m})(9.80 \text{ m/s}^2)} = \boxed{0.366}$$

참고 마른 콘크리트 위 고무에 대한 μ_s 값은 1에 가까워서, 자동차는 곡선 도로를 쉽게 지나갈 수 있다. 도로면이 젖어 있거나 얼어 있으면 μ_s 값은 0.2 또는 그보다 더 작을 수 있다. 이러한 상황에서 정지 마찰력에 의한 구심 방향의 힘은 원형 경로에 있는 자동차를 유지하지 못하여 접선 방향으로 미끄러져 차가 도로에서 이탈할 수도 있다.

예제 7.7 데이토나 국제 자동차 경주장

목표 이차원에서 구심력 문제를 푼다.

문제 미국 플로리다 데이토나(Daytona) 국제 자동차 경주장은 매년 봄에 개최되는 데이토나 500 자동차 경주 대회로 유명하다. 경주로는 4층 높이로 기울기가 31.0°이고 반지름이 316 m인 곡선 도로로 되어 있는 것이 특징이다. 만약 자동차가 너무 천천히 지나가면 곡선 도로의 비탈에서 미끄러져 내려가고, 너무 빠르면 비탈을 미끄러져 올라간다. **(a)** 자동차가 비탈을 미끄러져 내려가지도 않고 올라가지도 않도록 경사진 곡선 도로에서의 구심 가속도를 구하라(마찰 무시). **(b)** 자동차의 속력을 계산하라.

전략 두 가지 힘이 경주용 자동차에 작용한다. 중력과 수직 항력 $\vec{\mathbf{n}}$(그림 7.10). 구심 가속도 a_c를 구하기 위해 위쪽 방향과 구심

방향에서 뉴턴의 제2법칙을 사용한다. v에 대해 $a_c = -v^2/r$을 풀면 경주용 자동차의 속력을 얻게 된다.

풀이

(a) 구심 가속도를 구한다.
자동차에 대해 뉴턴의 제2법칙을 쓴다.

$$m\vec{\mathbf{a}} = \sum \vec{\mathbf{F}} = \vec{\mathbf{n}} + m\vec{\mathbf{g}}$$

위 식에서 y성분 힘을 고려하여 수직 항력 n에 대해 푼다.

$$n\cos\theta - mg = 0$$
$$n = \frac{mg}{\cos\theta}$$

$\vec{\mathbf{n}}$의 수평 성분에 대한 표현을 얻는다. 이것은 이 예제에서 구심력 F_c에 해당한다.

$$F_c = -n\sin\theta = -\frac{mg\sin\theta}{\cos\theta} = -mg\tan\theta$$

F_c에 대한 위 표현을 뉴턴의 제2법칙의 지름 성분의 식에 대입하고 m으로 나누어 구심 가속도를 얻는다.

$$ma_c = F_c$$
$$a_c = \frac{F_c}{m} = -\frac{mg\tan\theta}{m} = -g\tan\theta$$
$$a_c = -(9.80 \text{ m/s}^2)(\tan 31.0°) = \boxed{-5.89 \text{ m/s}^2}$$

(b) 경주용 자동차의 속력을 구한다.
식 7.13을 적용한다.

$$-\frac{v^2}{r} = a_c$$

$$v = \sqrt{-ra_c} = \sqrt{-(316 \text{ m})(-5.89 \text{ m/s}^2)} = \boxed{43.1 \text{ m/s}}$$

참고 도로의 경사와 마찰은 모두 경주용 자동차의 궤도를 유지하는 데 도움을 준다.

그림 7.10 (예제 7.7) 길바닥이 각 θ만큼 기울어진 곡선 도로를 자동차가 돌게 되면, 차가 원운동을 할 수 있게 하는 구심력은 차에 작용하는 수직 항력의 곡률 반지름 방향 성분이다. 예제에서는 마찰이 무시되었지만, 마찰도 무관하지는 않다. 그림에서 차가 앞으로 나가는 방향은 종이면으로 들어가는 방향이다. (a)는 차에 작용하는 힘을 나타낸 것이고, (b)는 힘의 성분을 나타낸 것이다.

응용
기울어진 도로

$\vec{\mathbf{n}}$ θ

$n\cos\theta$

$n\sin\theta$

θ $m\vec{\mathbf{g}}$

$-mg$

a   b

예제 7.8 놀이기구 타기

목표 구심력을 에너지의 보존과 결합한다.

문제 그림 7.11은 반지름이 R인 원 궤도를 따라 이동하는 롤러코스터이다. **(a)** 차가 트랙의 최고점을 궤도에서 이탈하지 않고 무사히 통과할 수 있는 최저 속력은 얼마인가? **(b)** 궤도의 최저점에서 차의 속력은 얼마인가? **(c)** 만약 원 궤도의 반지름이 10.0 m이면 원 궤도의 바닥에서 승객에 가해지는 수직 항력은 얼마인가?

전략 원 궤도의 최고점에서 차의 속력을 얻기 위해서는 뉴턴의 제2법칙과 구심 가속도가 필요하고, 최저점에서의 차의 속력을 얻기 위해서는 에너지 보존의 법칙이 필요하다. 차가 최고점에 다다라 회전하려면 힘 $\vec{n}$이 그 지점에서 영이어야 하고, 차에 작용하는 유일한 힘은 중력 $m\vec{g}$뿐이어야 한다. 원 궤도의 최저점에서 수직 항력은 중심을 향해 위쪽으로 작용하고 중력은 중심으로부터 멀어지는 아랫방향으로 작용한다. 두 힘의 차이가 구심력이다. 수직 항력은 이때 뉴턴의 제2법칙으로부터 계산할 수 있다.

풀이

(a) 원 궤도의 최고점에서 속력을 구한다.

차에 대한 뉴턴의 제2법칙을 쓴다.

$$m\vec{a}_c = \vec{n} + m\vec{g} \tag{1}$$

원 궤도의 최고점에서 $n = 0$으로 놓는다. 중력은 중심을 향하여 작용하고 원운동에 필요한 구심 가속도 $a_c = -v^2/R$을 제공한다.

a

b

그림 7.11 (예제 7.8) 원 궤도에서 회전하는 롤러코스터.

$$-m\frac{v^2_{최고점}}{R} = -mg$$

$v_{최고점}$에 대해 위 식을 푼다.

$$v_{최고점} = \sqrt{gR}$$

(b) 원 궤도의 바닥에서의 속력을 구한다.

역학적 에너지 보존의 법칙을 사용해서 원 궤도의 최고점에서의 전체 역학적 에너지를 구한다.

$$E_{최고점} = \tfrac{1}{2}mv^2_{top} + mgh = \tfrac{1}{2}mgR + mg(2R) = 2.5mgR$$

원 궤도의 최저점에서의 전체 역학적 에너지를 구한다.

$$E_{최저점} = \tfrac{1}{2}mv^2_{최저점}$$

에너지의 보존에 의해서 두 에너지는 같다고 하고 $v_{최저점}$에 대해 푼다.

$$\tfrac{1}{2}mv^2_{최저점} = 2.5mgR$$

$$v_{최저점} = \sqrt{5gR}$$

(c) 바닥에서 승객에 가해지는 수직 항력을 구한다. (이것은 승객의 겉보기 무게이다.)

식 (1)을 사용한다. 알짜 구심력은 $mg - n$이다. (수직 항력은 원의 중심을 향하는 음의 지름 방향을 향하고, 차의 무게는 중심에서 멀어지는 양의 지름 방향을 향한다.)

$$-m\frac{v^2_{최저점}}{R} = mg - n$$

n에 대해 푼다.

$$n = mg + m\frac{v^2_{최저점}}{R} = mg + m\frac{5gR}{R} = 6mg$$

참고 n에 대한 최종 답에서 원 궤도의 바닥에서는 정상 무게보다 6배가 무겁다는 것을 알 수 있다. 우주 비행사도 우주선이 발사될 때 이와 유사한 힘을 느끼게 된다.

7.4.2 겉보기 힘 Fictitious Forces

어렸을 때 회전 목마를 타면 '중심에서 이탈하는' 힘을 받는 느낌을 경험했을 것이다. 또한 회전 목마의 중심을 향해 움직이면 마치 가파른 언덕을 걸어 올라가는 느낌을 갖게 한다.

실제로 이와 같은 원심력은 겉보기 힘이다. 사실 탑승자는 손과 팔 근육으로 그의 몸에 구심력을 가한다. 또한 더 작은 구심력이 발과 바닥 사이에 정지 마찰력에 의해서 작용하고 있다. 만약 탑승자가 손잡이를 놓치면, 그는 지름 방향으로 날아가지 않고 난간을 놓친 지점에서 접선 방향으로 똑바로 날아가 버릴 것이다. 탑승자는 지름 방향을 따라 중심점으로 날아가지 않고 중심으로부터 멀어지는 지점으로 날아가 땅바닥에 떨어진다(그림 7.12).

Tip 7.3 원심력

원심력은 가령 회전 목마와 같이 비관성계(가속되는)에서 관측되는 현상으로, 종종 적절한 구심력이 없는 경우 나타난다.

7.5 뉴턴의 만유인력의 법칙 Newtonian Gravitation

1686년 이전에도 달과 행성의 운동에 대한 많은 자료들이 수집되었지만, 천체들의 운동에 대한 명확한 설명은 없었다. 그 시대에 뉴턴은 천체의 비밀을 푸는 결정적인 열쇠를 제공했다. 그는 제1법칙으로부터 알짜힘이 달에 작용해야만 한다는 것을 알았다. 힘이 없다면 달은 지구 주위로 궤도 운동하는 대신 직선 운동을 해야 한다는 것이다. 이 힘이 달과 지구 사이의 인력, 즉 중력이고, 지구 표면에 가까이 있는 물체들(예를 들면, 사과)을 끌어당기는 힘과 동일하다는 것을 깨달았다.

1687년에 뉴턴은 만유인력의 법칙에 관한 그의 연구 결과를 출판하며 다음과 같이 서술하였다.

그림 7.12 손잡이를 놓친 학생이 회전 목마의 테두리의 접선을 따라 나가 떨어지고 있다.

> 질량이 m_1과 m_2인 두 물체가 거리 r만큼 떨어져 있다면, 중력 F는 둘을 연결하는 선을 따라 작용하고 크기는 다음과 같이 주어진다.
>
> $$F = G\frac{m_1 m_2}{r^2} \qquad [7.21]$$
>
> 여기서 $G = 6.673 \times 10^{-11}\ \mathrm{kg^{-1} \cdot m^3 \cdot s^{-2}}$는 **만유인력 상수**(constant of universal gravitation)라고 하는 비례 상수이다. 중력은 항상 인력이다.

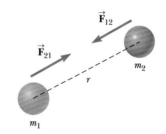

이 법칙은 힘이 거리의 제곱에 반비례하는 **역제곱의 법칙**(inverse-square law)의 한 예이다. 뉴턴의 제3법칙으로부터, 그림 7.13에서 m_1이 m_2에 작용하는 힘 $\vec{F}_{12}$는 m_2가 m_1에 작용하는 힘 $\vec{F}_{21}$과 크기가 같고 방향이 반대라는 것을 알 수 있다. 즉, 이 두 힘은 작용-반작용 쌍을 이룬다.

또 다른 중요한 점은 **구형 물체가 구 밖의 한 입자에 작용하는 중력은 구 전체 질량이 그 중심에 집중되어 있는 경우와 같다는 것이다.** 이 법칙은 독일의 수학자이자 천문학자인 가우스(Karl Friedrich Gauss)의 이름을 따서 가우스의 법칙이라 부른다. 이 법칙은 15장에서 공부하게 될 전기장에서도 성립한다. 가우스의 법칙은 힘이 두 물체 사이의 거리의 제곱에 반비례하기 때문에 생기는 수학적인 결과이다.

지구 표면 근처에서 $F = mg$의 표현은 타당하다. 표 7.1에서 보여주는 바와 같이, 자유낙하 가속도 g는 지구 표면으로부터 고도에 따라 상당히 달라진다.

그림 7.13 두 입자 사이의 중력은 인력이며 두 입자를 연결하는 선을 따라 작용한다. 뉴턴의 제3법칙에 따라 $\vec{F}_{12} = -\vec{F}_{21}$임을 주목하라.

표 7.1 고도에 따른 자유낙하 가속도 g

높이(km)[a]	$g(\mathrm{m/s^2})$
1 000	7.33
2 000	5.68
3 000	4.53
4 000	3.70
5 000	3.08
6 000	2.60
7 000	2.23
8 000	1.93
9 000	1.69
10 000	1.49
50 000	0.13

[a] 모든 값은 지구 표면으로부터의 거리이다.

만유인력은 막대가 원래의 위치 (점선)에서 회전하게 한다.

거울

광원

r

M m

그림 7.14 만유인력 상수 G를 측정하기 위한 캐번디시 실험 장치. 질량 m인 작은 구는 질량 M인 큰 구 쪽으로 당겨지며, 막대는 작은 각도로 회전한다. 회전 장치에 부착된 거울로서 반사되는 빛의 회전 각도를 측정한다.

7.5.1 만유인력 상수의 측정 Measurement of the Gravitational Constant

식 7.21에 있는 만유인력 상수 G는 1798년 캐번디시(Henry Cavendish)가 수행한 중요한 실험으로 처음 측정되었다. 그림 7.14에서처럼 실험 장치는 얇은 금속선에 매달린 가벼운 수평 막대의 끝에 고정되어 있는 질량이 m인 두 개의 작은 구로 이루어져 있다. 질량이 M인 두 개의 큰 구는 작은 구 근처에 설치되어 있다. 큰 구와 작은 구들 사이에 작용하는 인력은 수평면에서 막대를 회전시키며 실이 꼬이게 한다. 지지막대의 회전으로 인한 회전 각도는 수직 지지대에 부착된 거울에 빛을 반사시켜 측정되었다 (이 방법은 막대의 회전을 증폭하여 측정하는 효과적인 방법이다). 실험은 다양한 거리에서 서로 다른 질량을 이용하여 정밀하게 반복되었다. 실험은 G값을 측정할 수 있었을 뿐 아니라, 힘이 인력이라는 것과 질량의 곱 mM에 비례하며, 거리 r의 제곱에 반비례한다는 것을 보여주었다. 더 정확한 G값을 결정하려는 노력의 일환으로 오늘날에도 이러한 실험을 최신형 장비로 수행하고 있다.

예제 7.9 소행성 세레스

목표 뉴턴의 만유인력의 법칙과 mg를 연관시키고, 위치에 따라 g가 어떻게 변하는지 알아본다.

문제 가장 큰 소행성인 세레스의 표면 위에 서있는 우주 비행사가 10.0 m의 높이에서 돌을 떨어뜨렸다. 돌이 땅에 떨어질 때까지 8.06 s가 걸린다. **(a)** 세레스 소행성에서 중력 가속도를 계산하라. **(b)** 세레스의 반지름이 $R_C = 5.10 \times 10^2$ km로 주어질 때 세레스의 질량을 구하라. **(c)** 세레스의 표면으로부터 50.0 km 높이에서의 중력 가속도를 계산하라.

전략 **(a)**는 일차원 운동의 문제이다. **(b)**에서는 물체의 무게 $w = mg$는 만유인력의 법칙에 의해서 주어지는 힘의 크기와 같다. 세레스의 미지 질량에 대해 푼 후, 그 질량을 식 7.21의 만유인력의 법칙에 대입하면 **(c)**에 대한 답을 구할 수 있다.

풀이

(a) 세레스 소행성에서 중력 가속도 g_C를 계산한다.

떨어지는 돌에 대한 운동학 변위 식을 적용한다.

$$\Delta x = \tfrac{1}{2}at^2 + v_0 t \qquad (1)$$

$\Delta x = -10.0$ m, $v_0 = 0$, $a = -g_C$, $t = 8.06$ s를 대입한 후, 세레스에서의 중력 가속도 g_C에 대해 푼다.

$$-10.0 \text{ m} = -\tfrac{1}{2}g_C(8.06\text{ s})^2 \quad \rightarrow \quad \boxed{g_C = 0.308 \text{ m/s}^2}$$

(b) 세레스의 질량 M_C에 대해 푼다.

세레스에 있는 돌의 무게와 돌에 작용하는 중력을 같게 놓는다.

$$mg_C = G\frac{M_C m}{R_C^2}$$

세레스의 질량 M_C에 대해 푼다.

$$M_C = \frac{g_C R_C^2}{G} = \boxed{1.20 \times 10^{21} \text{ kg}}$$

(c) 세레스의 표면 위로 50.0 km의 높이에서 중력 가속도를 계산한다.

50.0 km에서의 무게와 중력을 같게 놓는다.

$$mg_C = G\frac{mM_C}{r^2}$$

m을 약분한 후, $r = 5.60 \times 10^5$ m와 세레스의 질량을 대입한다.

$$\begin{aligned}
g_C &= G\frac{M_C}{r^2} \\
&= (6.67 \times 10^{-11} \text{ kg}^{-1}\text{m}^3\text{s}^{-2})\frac{1.20 \times 10^{21} \text{ kg}}{(5.60 \times 10^5 \text{ m})^2} \\
&= \boxed{0.255 \text{ m/s}^2}
\end{aligned}$$

참고 위의 방법은 행성의 질량을 구하는 표준 방법이다.

7.5.2 중력 퍼텐셜 에너지의 재점검 Gravitational Potential Energy Revisited

5장에서 중력 퍼텐셜 에너지의 개념을 도입하였다. 물체의 퍼텐셜 에너지는 식 $PE = mgh$로부터 구할 수 있고, 이때 h는 어떤 기준점으로부터 위 또는 아래에 있는 물체의 높이이다. 이 식은 물체가 지표면 부근에 있을 때만 유효하다. 인공위성과 같이 지구 표면으로부터 높은 곳에 있는 물체의 중력 퍼텐셜 에너지는 표 7.1과 같이 g가 표면으로부터의 거리에 따라 변하기 때문에 다른 표현이 사용되어야 한다.

> 지구의 중심으로부터 거리 r인 위치에서 질량이 m인 물체의 중력 퍼텐셜 에너지는
>
> $$PE = -G\frac{M_E\, m}{r} \qquad [7.22]$$
>
> 이다. M_E와 R_E는 각각 지구의 질량과 반지름이고, $r \geq R_E$이다.
>
> **SI 단위: 줄(J)**

그림 7.15 질량 m이 지구 중심으로부터 지름 방향으로 멀어져 감에 따라, 지표에서의 지구–질량 계의 퍼텐셜 에너지 $PE = -G(M_E\, m/R_E)$는 그래프에 나타나 있는 것처럼 m이 지구로부터 멀어져 감에 따라 증가하여 영에 접근한다.

중력 퍼텐셜 에너지는 계(이 경우에는 질량 m인 물체와 지구)의 특성이다. 그림 7.15에 그려진 식 7.22은 퍼텐셜 에너지가 영이 되는 지점을 지구 중심으로부터 무한대 떨어진 곳으로 정한 특별한 경우의 퍼텐셜 에너지이다. 물체의 중력 퍼텐셜 에너지는 물체가 이동할 때 중력이 한 일의 음의 값임을 되새기자. 만일 물체가 매우 먼 거리(거의 무한대)로부터 중력 내에서 떨어진다면, 중력 퍼텐셜 에너지의 변화는 음의 값이고, 이것은 중력이 계에 대해 한 일의 양(+)의 값에 해당한다. 양의 일은 다음 예제에서 보여주는 바와 같이 운동에너지의 변화(양의 변화)와 같다.

예제 7.10 지구 근처의 소행성

목표 중력 퍼텐셜 에너지를 사용하여 중력이 떨어지는 물체에 한 일을 계산한다.

문제 질량 $m = 1.00 \times 10^9$ kg인 소행성이 먼 우주(거의 무한대)로부터 지구로 떨어진다. **(a)** 소행성이 지구로부터 4.00×10^8 m 지점(달보다 더 먼)에 도달할 때 퍼텐셜 에너지의 변화를 구하라. 또한 중력이 한 일을 구하라. **(b)** 처음에 소행성이 충분히 먼 지점에서 정지해 있다고 가정하여 위의 지점에서 소행성의 속력을 구하라. **(c)** 같은 지점에서 어떤 외부 힘에 의해 소행성의 속력이 **(b)**에서 구한 속력의 반으로 줄었다면 외부 힘이 소행성에 한 일은 얼마인가?

전략 **(a)** 중력 퍼텐셜 에너지의 정의에 단순히 대입하면 된다. 보존력이 물체에 한 일은 퍼텐셜 에너지의 음의 변화량이다. **(b)** 에너지 보존으로 해결할 수 있다. **(c)** 일–에너지 정리의 응용 문제이다.

풀이

(a) 퍼텐셜 에너지의 변화와 중력이 한 일을 구한다.

식 7.22을 적용한다.

$$\Delta PE = PE_f - PE_i = -\frac{GM_E m}{r_f} - \left(-\frac{GM_E m}{r_i}\right)$$

$$= GM_E m\left(-\frac{1}{r_f} + \frac{1}{r_i}\right)$$

알고 있는 값들을 대입한다. 소행성의 처음 위치는 거의 무한대이므로 $1/r_i$는 영이다.

$$\Delta PE = (6.67 \times 10^{-11}\ \text{kg}^{-1}\ \text{m}^3/\text{s}^2)(5.98 \times 10^{24}\ \text{kg})$$
$$\times (1.00 \times 10^9\ \text{kg})\left(-\frac{1}{4.00 \times 10^8\ \text{m}} + 0\right)$$
$$\Delta PE = \boxed{-9.97 \times 10^{14}\ \text{J}}$$

중력이 한 일을 계산한다.

$$W_{중력} = \boxed{-\Delta PE = 9.97 \times 10^{14}\,\text{J}}$$

(b) 소행성이 $r_f = 4.00 \times 10^8$ m에 도달할 때의 속력을 구한다. 에너지의 보존을 이용한다.

$$\Delta KE + \Delta PE = 0$$
$$(\tfrac{1}{2}mv^2 - 0) - 9.97 \times 10^{14}\,\text{J} = 0$$
$$v = \boxed{1.41 \times 10^3\,\text{m/s}}$$

(c) 이 지점에서 속력이 7.05×10^2 m/s(앞의 값의 반)로 줄어들기 위해 필요한 일을 구한다.
일–에너지 정리를 적용한다.

$$W = \Delta KE + \Delta PE$$

퍼텐셜 에너지의 변화는 **(a)**에서의 값 그대로이지만, 운동에너지 항에는 반값의 속력을 대입한다.

$$W = (\tfrac{1}{2}mv^2 - 0) - 9.97 \times 10^{14}\,\text{J}$$
$$W = \tfrac{1}{2}(1.00 \times 10^9\,\text{kg})(7.05 \times 10^2\,\text{m/s})^2 - 9.97 \times 10^{14}\,\text{J}$$
$$= \boxed{-7.48 \times 10^{14}\,\text{J}}$$

....

참고 (c)에서 계산한 일의 값은 음의 값인데 이는 외부 힘이 소행성의 운동 방향의 반대로 작용하기 때문이다. 소행성의 원래 속력을 반으로 줄이기 위해서는 메가와트의 출력을 갖는 추진체로 약 24년이 걸린다. 지구를 위협하는 소행성에 대해 그렇게 많은 속력을 줄일 필요가 없다. 충분히 일찍 소행성의 속력을 조금만 바꾸면 소행성의 궤적이 바뀌어 지구와 부딪치지 않을 수 있다. 하지만 헐리우드 영화에서처럼 소행성에서 지구를 볼 수 있다면 지구와 충돌을 피하기에는 너무 늦다.

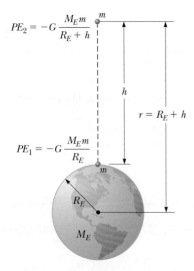

그림 7.16 중력 퍼텐셜 에너지(mgh)에 대한 일반적인 형태

식 7.22을 살펴보면 5장에서 다루었던 중력 퍼텐셜 에너지에 대한 식 mgh가 어떻게 그 식과 관련이 있는지 의아할 것이다. 그 식은 h가 지구의 반지름에 비해 작을 때 성립한다. 그것을 확인해 보기 위해, 어떤 물체를 지표에서부터 높이 h까지 들어 올릴 때의 퍼텐셜 에너지의 변화를 중력 퍼텐셜 에너지의 일반적인 식으로부터 구해보자 (그림 7.16 참고).

$$PE_2 - PE_1 = -G\frac{M_E m}{(R_E + h)} - \left(-G\frac{M_E m}{R_E}\right)$$
$$= -GM_E m\left[\frac{1}{(R_E + h)} - \frac{1}{R_E}\right]$$

위 식에서 분모를 같게 하고 약간의 계산을 하면

$$PE_2 - PE_1 = \frac{GM_E mh}{R_E(R_E + h)}$$

를 얻는다. 높이 h가 R_E에 비해 작으면, 분모의 괄호 속에 있는 h를 생략할 수 있으므로 분모는

$$\frac{1}{R_E(R_E + h)} \cong \frac{1}{R_E^2}$$

가 된다. 이것을 앞의 식에 대입하면

$$PE_2 - PE_1 \cong \frac{GM_E}{R_E^2}mh$$

가 된다. 4장에서 배운 바에 의하면 지표에서의 자유낙하 가속도는 $g = GM_E/R_E^2$으로 주어지므로 위 식은

$$PE_2 - PE_1 \cong mgh$$

가 된다.

7.5.3 탈출 속력 Escape speed

어떤 물체를 매우 큰 속력으로 지구 표면에서 윗방향으로 쏘아올린다면, 그 물체는 우주로 날아올라가 결코 되돌아오지 않게 된다. 물체의 이런 특별한 속력을 지구로부터의 **탈출 속력**(escape speed)이라 한다(보통 탈출 속도라고 부르기도 하지만 실제는 속력이 더 적절한 표현이다).

지구 탈출 속력은 에너지 보존의 법칙을 적용해서 구할 수 있다. 질량 m인 물체가 처음 속력 v_i로 지구 표면으로부터 연직 방향으로 쏘아 올려진다고 가정하자. 물체와 지구가 이루는 계의 처음 역학적 에너지(운동에너지와 퍼텐셜 에너지의 합)는 다음과 같다.

$$KE_i + PE_i = \tfrac{1}{2}mv_i^2 - \frac{GM_E m}{R_E}$$

공기 저항을 무시하고 물체의 처음 속력이 충분히 커서 물체가 무한대에 도달하고 이때 속력이 영이 되게 하는 처음 속력 v_i가 탈출 속력 $v_{탈출}$이 된다. 물체가 지구로부터 무한이 멀어지면 $v_f = 0$이기 때문에 물체의 운동에너지는 영이 되며, 무한대에서 퍼텐셜 에너지가 영이 된다고 가정하였기 때문에 퍼텐셜 에너지 또한 영이 된다. 따라서 전체 역학적 에너지는 영이 되며, 에너지 보존의 법칙에 따라

$$\tfrac{1}{2}mv_{탈출}^2 - \frac{GM_E m}{R_E} = 0$$

이므로

$$v_{탈출} = \sqrt{\frac{2GM_E}{R_E}} \qquad \text{[7.23]}$$

가 된다. 따라서 지구를 이탈하는 물체의 탈출 속력은 약 11.2 km/s(25 000 mi/h)이다. 탈출 속력 $v_{탈출}$은 지구를 탈출하는 물체의 질량에 무관하다. 따라서 우주선과 분자 한 개의 탈출 속력은 같다. 여러 가지 행성들과 달의 탈출 속력이 표 7.2에 주어져 있다. 행성의 탈출 속력과 온도를 알면 왜 몇몇 행성들만이 대기를 갖고, 대기의 성분이 무엇인지를 이해할 수 있게 한다. 예를 들어, 수성과 같이 낮은 탈출 속력을 갖는 행성은 일반적으로 대기를 갖지 않는데, 그 이유는 기체 분자의 평균 속력이 탈출 속력에 가깝기 때문이다. 금성은 매우 얇은 대기를 갖지만 거의 대부분 이산화탄소와 무거운 기체로 이루어져 있다. 지구의 대기는 극소의 수소 또는 헬륨과 훨씬 무거운 질소와 산소 분자로 이루어져 있다.

표 7.2 행성과 달에서의 탈출 속력

행성	$v_{탈출}$(km/s)
수성	4.3
금성	10.3
지구	11.2
달	2.3
화성	5.0
목성	60.0
토성	36.0
천왕성	22.0
해왕성	24.0
명왕성[a]	1.1

[a] 2006년 8월에 국제 천문연합회는 명왕성의 행성 지위를 박탈하여 다른 8개의 행성과 구분하였다. 명왕성은 현재 소행성 세레스처럼 '왜소행성(dwarf planet)'으로 정의한다.

예제 7.11 지구에서 달까지

목표 에너지의 보존을 뉴턴의 일반적인 만유인력의 법칙에 적용한다.

문제 베른(Jules Verne)의 고전 소설 《지구에서 달까지(From the Earth to the Moon)》에서는 땅속에 거대한 대포를 만들고 이를 이용하여 우주선을 달까지 발사하였다. **(a)** 우주선이 탈출 속력으로 대포를 이탈할 때 지구 중심으로부터 1.50×10^5 km 높이에서의 속력은 얼마인가? 마찰에 의한 효과는 모두 무시한다. **(b)** 1.00 km 길이의 포신으로 우주선을 탈출 속력에 도달하도록 추진하기 위한 일정가속도의 크기는 대략 얼마인가?

전략 **(a)**는 에너지 보존의 법칙을 사용하여 나중 속력 v_f에 대해 푼다. **(b)**는 시간에 무관한 운동학 식을 적용한다. 가속도 a에 대해 푼다.

풀이

(a) $r = 1.50 \times 10^5$ km에서 속력을 구한다.

에너지 보존의 법칙을 적용한다.

$$\frac{1}{2}mv_i^2 - \frac{GM_E m}{R_E} = \frac{1}{2}mv_f^2 - \frac{GM_E m}{r_f}$$

양변에 $2/m$를 곱하여 재정렬한 후, v_f^2에 대해 푼다. 알려진 값들을 대입하고 제곱근을 취한다.

$$v_f^2 = v_i^2 + \frac{2GM_E}{r_f} - \frac{2GM_E}{R_E} = v_i^2 + 2GM_E\left(\frac{1}{r_f} - \frac{1}{R_E}\right)$$

$$v_f^2 = (1.12 \times 10^4 \text{ m/s})^2 + 2(6.67 \times 10^{-11} \text{ kg}^{-1}\text{m}^3\text{s}^{-2})$$
$$\times (5.98 \times 10^{24} \text{ kg})\left(\frac{1}{1.50 \times 10^8 \text{ m}} - \frac{1}{6.38 \times 10^6 \text{ m}}\right)$$

$$v_f = \boxed{2.39 \times 10^3 \text{ m/s}}$$

(b) 가속도가 일정하다고 가정하고 대포에서의 가속도를 구한다. 시간에 무관한 운동학 식을 사용한다.

$$v^2 - v_0^2 = 2a\Delta x$$
$$(1.12 \times 10^4 \text{ m/s})^2 - 0 = 2a(1.00 \times 10^3 \text{ m})$$
$$a = \boxed{6.27 \times 10^4 \text{ m/s}^2}$$

참고 **(b)**에서 구한 가속도는 지구 자유낙하 가속도의 6 000배에 해당한다. 이렇게 엄청난 가속도는 인체가 견딜 수 있는 한계를 벗어난다.

7.5.4 케플러의 법칙 Kepler's Laws

행성, 별 및 다른 천체들의 운동에 관한 관측은 수천 년 동안 이어져 왔다. 초기에 과학자들은 지구를 우주의 중심으로 생각했다. 이러한 **지구 중심 모형**(geocentric model)은 A.D. 2세기에 그리스 천문학자 프톨레마이오스(Claudius Ptolemy)에 의해 광범위하게 발전되어, 이후 1 400년 동안 받아들여져 왔다. 1543년에 폴란드 천문학자 코페르니쿠스(Nicolaus Copernicus, 1473~1543)는 지구와 행성들이 태양을 중심으로 원 궤도 운동한다는 것을 증명하였다[**태양 중심 모형**(heliocentric model)].

덴마크 천문학자 브라헤(Tycho Brahe, 1546~1601)는 현재의 태양계 모형을 지지하는 많은 정확한 천문학 자료를 20년간 측정하였다. 행성과 777개의 별에 대한 브라헤의 관측은 망원경이 발명되기 전 시대였으므로 전적으로 육분의와 나침반으로 수행되었다.

독일의 천문학자 케플러(Johannes Kepler)는 브라헤의 조수로서 브라헤의 자료를 받아서 16년 동안 행성의 운동에 관한 수학적 모형을 추론하려고 시도하였다. 수많은 실험적 계산을 통하여 그는 태양 주위를 도는 화성의 운동에 관한 브라헤의 관측자료가 그 해답을 제공한다는 사실을 알아냈다. 케플러의 첫 번째 해석은 태양에 대한 원 궤도의 개념은 버려야 한다는 것이다. 그는 궁극적으로 화성의 궤도는 한 초점에 태양이 위치한 타원임을 발견하였다. 이를 이용하여 모든 행성들의 운동을 설명할 수 있는 이론을 정립하였다. 이 이론은 **케플러의 법칙**(Kepler's laws)으로 다음과 같이 요약된다.

1. 모든 행성들은 태양을 한 초점으로 한 타원 궤도를 따라 이동한다.
2. 태양과 행성을 잇는 직선은 같은 시간 동안 같은 넓이를 쓸고 지나간다.
3. 행성의 궤도 주기의 제곱은 행성과 태양 사이의 평균 거리의 세제곱에 비례한다.

◀ 케플러의 법칙

이후 뉴턴은 위의 세 가지 법칙들은 임의의 두 물체 사이에 존재하는 중력의 결과라는 것을 보였다. 뉴턴의 만유인력의 법칙과 함께 케플러의 운동 법칙은 행성과 위성들의 운동을 수학적으로 완전히 표현하기 위한 기초가 되었다.

케플러의 제1법칙 Kepler's First Law

케플러의 제1법칙은 뉴턴의 만유인력의 법칙이 역제곱 법칙이라는 것으로부터 생긴 자연스러운 결과이다. 즉, 중력이 $1/r^2$에 비례하는 경우 행성은 타원 운동을 하게 된다. 그림 7.17a에서 곡선 상의 임의의 한 점과 두 초점을 잇는 거리들의 합이 항상 같은 경우 점들이 만드는 곡선은 타원이다. 장축 a는 타원을 가로지르는 가장 긴 거리의 반이다. 태양과 행성이 이루는 계(그림 7.17b)에서는 태양은 한 초점에 있으며 다른 초점은 비어 있다. 궤도가 타원이기 때문에 태양에서 행성 사이의 거리는 연속적으로 변한다.

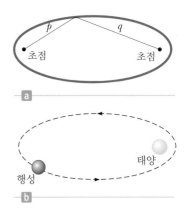

그림 7.17 (a) $p+q$는 타원 궤도 상의 모든 점에서 같다. (b) 태양계에서 각 행성들의 타원 궤도의 한 초점에 태양이 있고 다른 초점은 비어 있다.

케플러의 제2법칙 Kepler's Second Law

케플러의 제2법칙은 태양에서 임의의 행성을 잇는 직선이 같은 시간 간격 동안 지나는 넓이가 같다는 것이다. 그림 7.18과 같이 태양 주위의 타원 궤도에 존재하는 하나의 행성을 생각해 보자. 주어진 시간 간격 Δt 동안 행성이 점 Ⓐ에서 Ⓑ로 움직인다. 행성이 태양으로부터 먼 쪽에 있을 때는 태양으로부터 가까이 있을 때보다 더 천천히 움직인다. 반대로 태양에 가까운 쪽에서 행성은 같은 시간 간격 Δt 동안 더 빠르게 점 Ⓒ에서 Ⓓ로 움직인다. 케플러의 제2법칙은 그림 7.18처럼 노란색으로 나타낸 두 부분은 항상 같은 넓이를 갖게 됨을 의미한다. 8장에서 케플러의 제2법칙은 각운동량 보존의 법칙과 관련이 있음을 보일 것이다.

그림 7.18 태양 주위를 도는 타원 궤도에서 점 Ⓐ와 Ⓑ 사이의 시간 간격과 점 Ⓒ와 Ⓓ 사이의 시간 간격이 같다면 행성이 휩쓸고 간 두 넓이는 같다.

케플러의 제3법칙 Kepler's Third Law

케플러의 제3법칙은 다음과 같이 간단하게 유도된다. 질량이 M_S인 태양의 주위로 질량이 M_p인 행성이 원 궤도에 있다고 하자. 궤도가 원이기 때문에 행성은 일정한 속력 v로 움직인다. 뉴턴의 제2법칙, 중력의 법칙, 구심 가속도를 이용하여 다음 식과 같이 나타낼 수 있다.

$$M_p a_c = \frac{M_p v^2}{r} = \frac{GM_S M_p}{r^2}$$

궤도 상 행성의 속력 v는 행성의 궤도 원둘레를 행성이 1회전하는 데 걸리는 시간, 즉 행성의 **주기** T로 나눈 것과 같다. 즉 $v = 2\pi r/T$이므로, 위 식은 다음과 같이 나타낼 수 있다.

$$\frac{GM_S}{r^2} = \frac{(2\pi r/T)^2}{r}$$

케플러의 제3법칙 ▶

$$T^2 = \left(\frac{4\pi^2}{GM_S}\right)r^3 = K_S r^3 \qquad [7.24]$$

여기서 K_S는 다음과 같은 상수이다.

$$K_S = \frac{4\pi^2}{GM_S} = 2.97 \times 10^{-19}\,\text{s}^2/\text{m}^3$$

식 7.24는 원 궤도에 대한 케플러의 제3법칙을 나타낸다. 대부분의 행성의 궤도는 거의 원에 가깝다. 그러나 혜성과 소행성은 보통 타원 궤도를 갖는다. 이러한 궤도에 대해서는 반지름 r은 장축 a(타원 궤도를 가로지르는 가장 긴 거리의 반)로 대치하면 된다(이것은 또한 혜성이나 소행성의 태양으로부터의 평균 거리이다). 더 상세한 계산은 K_S가 행성의 질량과 태양의 질량 모두를 합한 값에 좌우됨을 보여준다. 그러나 행성의 질량이 태양의 질량에 비해 무시할 정도로 작아서 식 7.24는 태양계 내의 어떤 행성에 대해서도 타당하다. 만약 지구에 대한 달의 궤도와 같은 위성의 궤도를 고려한다면, 위의 상수 값은 태양 질량 대신 지구 질량을 대치시키는 정도만 다르다. 이 경우 K_E는 $4\pi^2/GM_E$이다.

케플러의 제3법칙은 태양의 질량이나 혹은 궤도에 적어도 하나의 물체를 가지고 있는 천체의 질량을 측정하는 데 이용할 수 있다. 식 7.24에서 상수 K_S는 태양의 질량을 포함하고 있다. 이 상수의 값은 행성의 주기와 궤도 반지름 값을 대입한 후 K_S에 대하여 풀면 구할 수 있다. 따라서 태양의 질량은

$$M_S = \frac{4\pi^2}{GK_S}$$

으로 주어진다. 같은 방법으로 지구의 질량도(달의 주기와 궤도 반지름을 고려하면) 구할 수 있으며, 태양계에서 위성을 갖는 다른 행성들의 질량도 구할 수 있다.

표 7.3의 마지막 열은 T^2/r^3이 모든 행성에 대해 일정함을 보여준다. 시간을 지구의 연도(Earth years)로, 장축을 천문단위(1 AU = 지구에서 태양까지의 거리)로 측정할 때, 케플러의 법칙은 다음의 간단한 형태로 표현된다.

$$T^2 = a^3$$

지구는 1 AU의 장축(정의에 의해)을 갖고, 태양을 도는 데 1년이 걸리므로 쉽게 위 식이 옳음을 알 수 있다. 물론 이 식은 태양계에 속한 행성, 소행성, 혜성에 대해서만 유효하다.

표 7.3 유용한 행성 자료

행성	질량(kg)	평균 반지름(m)	주기(s)	태양으로부터의 평균 거리(m)	$\dfrac{T^2}{r^3} 10^{-19} \left(\dfrac{s^2}{m^3}\right)$
수성	3.18×10^{23}	2.43×10^6	7.60×10^6	5.79×10^{10}	2.97
금성	4.88×10^{24}	6.06×10^6	1.94×10^7	1.08×10^{11}	2.99
지구	5.98×10^{24}	6.38×10^6	3.156×10^7	1.496×10^{11}	2.97
화성	6.42×10^{23}	3.37×10^6	5.94×10^7	2.28×10^{11}	2.98
목성	1.90×10^{27}	6.99×10^7	3.74×10^8	7.78×10^{11}	2.97
토성	5.68×10^{26}	5.85×10^7	9.35×10^8	1.43×10^{12}	2.99
천왕성	8.68×10^{25}	2.33×10^7	2.64×10^9	2.87×10^{12}	2.95
해왕성	1.03×10^{26}	2.21×10^7	5.22×10^9	4.50×10^{12}	2.99
명왕성[a]	1.27×10^{23}	1.14×10^6	7.82×10^9	5.91×10^{12}	2.96
달	7.36×10^{22}	1.74×10^6	—	—	
태양	1.991×10^{30}	6.96×10^8	—	—	

[a] 2006년 8월에 국제 천문연합회는 명왕성의 행성 지위를 박탈하여 다른 8개의 행성과 구분하였다. 명왕성은 현재 소행성 세레스처럼 '왜소행성(dwarf planet)'으로 정의한다.

예제 7.12 정지 궤도와 통신 위성

목표 케플러의 제3법칙을 지구 인공위성에 적용한다.

문제 통신의 관점에서 인공위성은 지구 위의 한 지역에 대해 항상 같은 위치에 있는 것이 유리하다. 이것은 위성의 궤도 주기가 지구의 자전 주기, 즉 24시간과 같을 때 일어난다. **(a)** 이러한 정지 궤도는 지구 중심으로부터 얼마만큼 떨어진 거리에 있는지 구하라. **(b)** 이때 위성의 궤도 속력은 얼마인가?

전략 이 문제는 태양의 질량을 지구의 질량으로 대체하여 케플러 제3법칙의 특별한 경우를 유도하는 데 사용했던 방법과 동일하게 풀 수 있다. 케플러의 제3법칙에서 태양의 질량을 지구의 질량으로 대체하고 주기 T (초 단위로 변환)를 대입한 후, r에 대해 푼다. **(b)**는 원 궤도의 원둘레를 구하고 소요된 시간으로 나눈다.

풀이

(a) 정지 궤도까지의 거리 r를 구한다.

케플러의 제3법칙을 적용한다.

$$T^2 = \left(\frac{4\pi^2}{GM_E}\right)r^3$$

초 단위의 주기 $T = 86\,400\,\text{s}$와 만유인력 상수 $G = 6.67 \times 10^{-11}$ $\text{kg}^{-1}\,\text{m}^3/\text{s}^2$, 지구의 질량 $M_E = 5.98 \times 10^{24}\,\text{kg}$을 대입한 후 r에 대해 푼다.

$$r = \boxed{4.23 \times 10^7\,\text{m}}$$

(b) 궤도 속력을 구한다.

궤도를 한 번 도는 동안 이동한 거리를 주기로 나눈다.

$$v = \frac{d}{T} = \frac{2\pi r}{T} = \frac{2\pi(4.23 \times 10^7\,\text{m})}{8.64 \times 10^4\,\text{s}} = \boxed{3.08 \times 10^3\,\text{m/s}}$$

참고 이 결과들은 모두 위성의 질량과 무관하다. 지구의 질량은 케플러의 제3법칙에 달의 거리와 주기를 대입하면 구할 수 있다.

연습문제

1. 최근의 자동차 브레이크 테스트에서 폭스바겐의 파사트 차는 44.7 m/s의 속력에서 8.73 m/s²의 감가속도로 브레이크를 밟아 완전히 정지하였다. (a) 타이어가 미끄러지지 않았다고 가정하고 정지하기까지 타이어가 회전한 수는 얼마인가? 타이어의 반지름은 0.330 m이다. (b) 전체 정지 거리의 반을 왔을 때 타이어의 각속력은 얼마인가?

2. 처음에 동쪽으로 향하던 차가 그림 P7.2와 같은 원형 경로를 따라 일정한 속력으로 북쪽으로 방향을 바꾸었다. 호 ABC의 길이는 235 m이고, 그 거리를 도는 데 36.0 s가 걸렸다. (a) 차의 속력을 구하라. (b) 차가 점 B에 있을 때 가속도의 크기와 방향을 구하라.

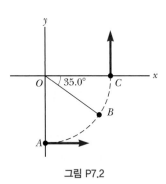

그림 P7.2

3. 줄의 한 끝은 천정에 매달려 있고 다른 끝에는 질량 0.500 kg의 물체가 매달려서 연직면 상에서 반지름 2.00 m의 원형 경로로 흔들린다(그림 P7.3). $\theta = 20.0°$일 때 물체의 속력은 8.00 m/s이다. 이때 (a) 줄의 장력, (b) 가속도의 접선 성분과 지름 성분, (c) 합성 가속도를 구하라. (d) 물체가 위로 흔들려 올라갈 때와 아래로 내려올 때 앞의 답들이 달라지는가? (e) (d)의 답에 대한 이유를 설명하라.

그림 P7.3

4. 질량 $m_1 = 0.25$ kg인 공기 퍽이 실에 매달려 마찰이 없는 수평면 위에서 반지름 $R = 1.0$ m인 원 궤도를 회전하도록 되어 있다. 실의 다른 한쪽 끝은 탁자의 중심에 있는 구멍을 통과하여 질량 $m_2 = 1.0$ kg인 물체가 매달려 있다(그림 P7.4).

퍽이 탁자 위에서 회전하고 있는 동안 매달려 있는 물체는 평형 상태를 유지하고 있다. (a) 실의 장력은 얼마인가? (b) 퍽에 작용하는 수평 방향의 힘은 얼마인가? (c) 퍽의 속력은 얼마인가?

그림 P7.4

5. 지구의 남극에서 어떤 물체를 지구 탈출 속력의 1/3의 속력으로 수직 위로 쏘아 올렸다. (a) 공기의 저항을 무시하고, 물체가 순간적으로 정지할 때까지 지구 중심으로부터 얼마나 높이 올라가는가? (b) 이 순간 물체의 고도는 얼마인가?

6. (a) 목성의 달 중 하나인 이오(Io)의 궤도 반지름은 4.22×10^8 m이고, 공전 주기는 1.77일이다. 궤도가 원형이라고 가정하고, 목성의 질량을 구하라. (b) 목성의 달 중에서 가장 큰 달인 가니메데(Ganymede)의 궤도 반지름은 1.07×10^9 m이고 공전 주기는 7.16일이다. 이 자료로부터 목성의 질량을 계산해 보라. (c) (a)와 (b)의 결과는 일치하는가? 설명하라.

7. 운동 선수가 줄에 매달린 5.00 kg짜리 구를 수평면 상에서 돌린다. 구는 0.500 rev/s의 각속력으로 반지름 0.800 m의 원을 그린다. (a) 구의 접선 속력과 (b) 구심 가속도를 구하라. (c) 줄이 끊어지지 않고 견딜 수 있는 최대 장력이 100 N이라면, 구의 최대 허용 접선 속력은 얼마인가?

8. 태양 활동의 극대기를 탐사하기 위한 위성(Solar Maximum Mission Satellite, SMMS)이 지표 위 약 150마일 상공에서 원 궤도로 공전하고 있다. (a) 위성의 궤도 속력과 (b) 공전 주기를 구하라.

9. 반지름 r인 원호 모양의 다리 위를 차가 속력 v로 달리고 있다. (a) 차가 원호의 맨 위에 있을 때 차에 작용하는 수직 항력을 구하라. (b) $r = 30.0$ m라면, 수직 항력이 영이 되는 (승객들이 무중력을 느끼게 되는) 최소 속력은 얼마인가?

10. 지구의 자전 때문에 적도 상의 한 점이 갖는 구심 가속도는 0.034 0 m/s²인 반면, 극점에서의 구심 가속도는 영이다. (a) 적도 상에서 어떤 물체에 작용하는 중력(그 물체의 진짜 무게)은 그 물체의 겉보기 무게보다 커야 함을 증명하라.

(b) 질량이 75.0 kg인 사람이 적도에 있을 때와 극점에 있을 때의 겉보기 무게는 얼마인가? (지구는 정확한 구형이라고 가정하고 $g = 9.800$ m/s²으로 한다.)

회전 평형과 회전 동역학
Rotational Equilibrium and Dynamics

CHAPTER

8

선운동에서 물체는 구조가 없는 입자들로 다루었다. 이것은 선형 운동의 기술에 있어 힘이 어디에 작용했느냐는 중요하지 않고 단지 힘이 작용했느냐 하지 않았느냐가 중요하기 때문이다.

실제로는 힘의 작용점이 중요하다. 예를 들어, 미식 축구에서 공을 가진 공격수가 몸통 근처에 태클을 당했다면, 넘어지기 전까지 얼마 동안 버틸 수 있을 것이다. 만약 허리 아래에 태클을 당했다면, 그의 질량 중심은 지면 쪽으로 회전하면서 즉시 넘어질 것이다. 테니스는 또 다른 좋은 예이다. 테니스 공의 질량 중심을 통과하는 강한 수평 방향의 힘이 테니스 공에 작용하면, 땅에 떨어지기 전 먼 거리를 이동해 코트 선을 벗어나 날아갈 것이다. 대신에 같은 크기의 힘이 윗방향으로 작용하면 공에 톱 스핀을 주어 상대편 코트 안에 들어가게 할 수 있다.

회전 평형과 회전 동역학은 다른 분야에도 적용되는 중요한 개념이다. 예를 들어 건축학을 공부하는 학생은 건물에 작용하는 힘을 이해하는 데 유익하고, 생물학을 공부하는 학생은 뼈와 관절, 그리고 근육에 작용하는 힘들을 이해하게 한다. 토크(또는 돌림힘)를 일으키는 힘들은 물체의 평형과 회전의 정도에 어떻게 영향을 미치는지를 알려 준다.

이 장에서 물체에 알짜 토크가 작용하지 않으면 물체는 일정한 회전 운동 상태를 유지한다는 것을 알게 될 것이다. 이 원리는 뉴턴의 제1법칙과 같다. 또한 물체의 각가속도는 물체에 작용하는 알짜 토크에 비례하며, 이것은 뉴턴의 제2법칙과 유사하다. 더 나아가 물체에 작용하는 알짜 토크는 회전 에너지 변화의 원인임을 배우게 된다.

어떤 시간 간격 동안 물체에 가해진 토크는 물체을 각운동량을 변화시킨다. 외부 토크가 없다면 각운동량은 보존된다. 이러한 각운동량 보존은 초신성 폭발의 잔유물인 펄사가 적도 부분에서 빛의 속력에 가까운 속력으로 회전하는 신비롭고 놀라운 현상을 설명해 준다.

8.1 토크

8.2 질량 중심과 질량 중심의 운동

8.3 회전 운동에너지

8.4 각운동량

8.1 토크 Torque

힘은 가속도의 원인이고 토크는 각가속도의 원인이다. 이 두 개념 사이에 존재하는 관계를 알아보자.

그림 8.1은 점 O(경첩)에 달려 있는 문을 위에서 본 그림이다. 문은 종이면에 수직이고 점 O를 지나는 축에 대해서 자유롭게 회전한다. 힘 $\vec{F}$가 문에 작용하여 문을 열 때 힘의 효율을 결정하는 세 가지 요소가 있다. 작용하는 힘의 크기, 힘의 작용점, 그리고 힘이 작용하는 각도가 그것이다.

간단히 하기 위하여 위치와 힘 벡터는 한 평면에 놓여 있는 경우로 제한한다. 그림 8.1에서처럼 힘 $\vec{F}$가 문 바깥쪽 가장자리에 수직으로 작용할 때, 문은 일정한 각가속도로 반시계 방향으로 회전한다. 힘이 경첩에 가까운 곳에 작용하면 각가속도는 더 작아지며, 작용한 힘과 회전축 사이의 거리인 반지름 r이 클수록 더 큰 각가속도가 생

그림 8.1 문에 수직으로 작용하는 힘을 받으며 경첩 O에 달려 있는 문을 위에서 본 모양

그림 8.2 렌치의 턱에서 먼 곳에 힘이 작용할수록 토크의 크기는 증가한다.

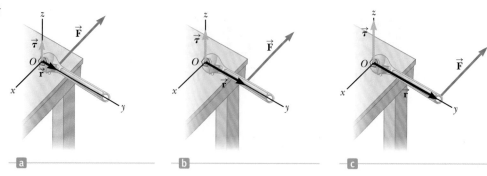

긴다. 마찬가지로 가한 힘이 더욱 커질수록 더 큰 각가속도가 생긴다. 이로부터 **토크** (torque)의 기본적인 정의를 이끌어보자.

토크의 기본 정의 ▶

물체에 작용하는 힘을 $\vec{F}$라 하고, 한 점 O에서부터 힘의 작용점까지의 위치 벡터를 $\vec{r}$이라 하자. 이때 $\vec{F}$는 $\vec{r}$에 수직이다. 힘 $\vec{F}$에 의한 토크 $\vec{\tau}$의 크기는

$$\tau = rF \qquad [8.1]$$

이다. 여기서 r은 위치 벡터의 크기이고, F는 힘의 크기이다.

SI 단위: 뉴턴·미터(N·m)

벡터 $\vec{r}$과 $\vec{F}$는 한 평면에 있음에 주목하자. 그림 8.2는 작용점에 따라 토크의 크기가 어떻게 달라지는지 보여준다. 그림 8.6에서 설명하겠지만, 토크 $\vec{\tau}$는 이 평면에 수직이다. 점 O는 보통 문의 경첩이나 회전 목마의 축과 같이 물체가 회전하는 축과 일치하도록 선택한다(다른 선택도 또한 가능하다). 그리고 우리는 회전축에 수직인 평면 내에서 작용하는 힘들만 고려한다. 이 규정은 회전 목마의 회전에 기여하지 않는 회전 목마 레일에 대해 위로 향하는 성분의 힘은 포함하지 않도록 하기 위함이다.

이러한 조건하에서 물체는 두 방향 중의 한 방향으로 주어진 축 주변으로 회전한다. 편의상 반시계 방향을 양(+)의 방향, 시계 방향을 음(−)의 방향으로 정한다. 작용한 힘이 물체를 반시계 방향으로 회전시키면, 물체의 작용하는 토크는 양의 부호를 갖는다. 힘이 물체를 시계 방향으로 회전시키면 물체에 작용하는 토크는 음의 부호를 갖는다. 정지한 물체에 두 개 이상의 토크가 작용하는 경우 이 토크들의 벡터 합이 알짜 토크가 된다. 만약 알짜 토크가 영이 아니면, 물체는 회전하며 회전 속력은 항상 증가한다. 알짜 토크가 영이면 물체의 회전 속도는 변하지 않는다. 이것은 제1법칙의 회전 유사성을 이끌어낸다. **물체에 알짜 토크가 작용하지 않으면 물체의 회전 속도는 변하지 않는다.**

예제 8.1 회전문에서 힘 겨루기

목표 토크의 기본적인 정의를 적용한다.

문제 그림 8.3과 같이 두 사람이 회전문을 이용하려 하고 있다. 왼쪽에 있는 여자는 문의 회전축 중심으로부터 1.20 m 떨어진 곳에서 문에 수직 방향으로 625 N의 힘을 가하고, 오른쪽 남자는 회전축 중심으로부터 0.800 m 떨어진 곳에서 문에 수직 방향으로 8.50×10^2 N의 힘을 작용한다. 회전문에 작용하는 알짜

토크를 구하라.

전략 토크의 정의인 식 8.1을 사용해서 문에 작용하는 토크를 각각 구한 후 더하여 문에 작용하는 알짜 토크를 구한다. 여자는 음의 토크, 그리고 남자는 양의 토크를 작용한다. 이들은 작용점 역시 다르다.

그림 8.3 (예제 8.1)

풀이

여자가 작용한 토크를 구한다. 힘 $\vec{F}_1$은 시계 방향의 회전을 일으키기 때문에 토크는 음의 부호이다.

$$\tau_1 = -r_1 F_1 = -(1.20 \text{ m})(625 \text{ N}) = -7.50 \times 10^2 \text{ N} \cdot \text{m}$$

남자가 작용한 토크를 구한다. 힘 $\vec{F}_2$가 반시계 방향의 회전을 일으키기 때문에 토크는 양의 부호이다.

$$\tau_2 = r_2 F_2 = (0.800 \text{ m})(8.50 \times 10^2 \text{ N}) = 6.80 \times 10^2 \text{ N} \cdot \text{m}$$

토크를 더하여 문에 작용하는 알짜 토크를 구한다.

$$\tau_{\text{알짜}} = \tau_1 + \tau_2 = \boxed{-7.0 \times 10^1 \text{ N} \cdot \text{m}}$$

참고 음의 부호는 알짜 토크가 시계 방향의 회전을 만들어낸다는 것을 의미한다.

작용한 힘이 항상 위치 벡터 $\vec{r}$에 수직인 것은 아니다. 문에 작용한 힘 $\vec{F}$가 회전축으로부터 멀어지는 방향으로 작용한다고 가정하자. 예를 들어, 그림 8.4a처럼 누군가가 문고리를 잡고 오른쪽으로 밀어낸다. 이 방향으로 작용하는 힘은 문을 열 수 없을 것이다. 그러나 그림 8.4b처럼 작용하는 힘이 문과 어떤 각도를 이루고 있으면, 문에 수직인 성분의 힘이 쉽게 문을 회전하게 하는 원인이 된다. 이 그림은 문에 수직으로 작용하는 힘의 성분이 $F \sin \theta$이고, θ는 위치 벡터 $\vec{r}$과 작용하는 힘 $\vec{F}$ 사이의 각도임을 보여준다. 만약 힘이 축으로부터 멀어지는 방향으로 작용하면 $\theta = 0°$, 즉 $\sin(0°) = 0$이고 $F \sin(0°) = 0$이 된다. 힘이 회전축 방향으로 작용하면, $\theta = 180°$이고 $F \sin(180°) = 0$이 된다. $F \sin \theta$의 최대 절댓값은 힘 $\vec{F}$가 $\vec{r}$에 수직일 때, 즉 $\theta = 90°$ 또는 $\theta = 270°$일 때에만 일어난다. 이러한 사실들을 고려하면 더 일반적인 토크를 정의할 수 있다.

$\vec{F}$를 물체에 작용하는 힘, 그리고 $\vec{r}$을 주어진 점 O에서부터 힘의 작용점까지의 위치 벡터라고 하자. 힘 $\vec{F}$에 의한 토크 $\vec{\tau}$의 크기는

$$\tau = rF \sin \theta \qquad [8.2]$$

이다. 여기서 r은 위치 벡터의 크기이고, F는 힘의 크기이다. θ는 $\vec{r}$과 $\vec{F}$와의 사잇각이다.

SI 단위: 뉴턴·미터(N·m)

◀ **토크의 일반 정의**

그림 8.4 (a) 각 $\theta = 0°$로 작용하는 힘 $\vec{F}$가 회전축 O에 미치는 토크는 영이다. (b) 문에 수직인 힘의 성분 $F \sin \theta$는 O에 대해 토크 $rF \sin \theta$를 작용한다. (c) 지렛대 팔 $d = r \sin \theta$ 형태로 나타낸 토크의 해석.

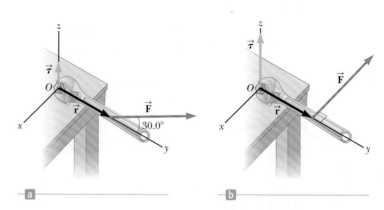

그림 8.5 (a)에서 (b)로 위치 벡터와 힘 벡터 사이의 각이 증가하면, 렌치가 작용하는 힘이 증가한다.

회전축은 벡터 $\vec{r}$과 $\vec{F}$가 놓인 평면에 수직이다. 점 O는 회전축이 있는 점이며, 그림 8.5를 보면 렌치가 작용하는 토크의 크기가 위치 벡터와 힘 벡터 사이의 각에 따라 증가하며 90°일 때 최대가 됨을 알 수 있다.

$\sin \theta$ 인자를 이해하는 또 다른 방법은 위치 벡터 $\vec{r}$의 크기 r과 관련되어 있다는 점을 아는 것이다. 물리량 $d = r \sin \theta$를 **지렛대 팔**(또는 모멘트 팔, lever arm)이라 부르며, 이것은 회전축에서부터 작용하는 힘의 방향을 따라 그은 선까지의 수직 거리이다. 이 해석은 그림 8.4c에 설명되어 있다.

τ의 값은 회전축의 선택에 달려 있다는 것을 기억하는 것은 매우 중요하다. 토크는 임의의 축에 대해서도 계산할 수 있으나, 일단 한 점을 선택하면 주어진 문제에 대해서 일관성 있게 사용해야 한다.

토크는 그림 8.6과 같이 위치와 힘 벡터에 의해서 결정되는 평면에 수직인 벡터이다. 그 방향은 오른손 규칙으로 결정된다.

1. 오른쪽 손가락들을 $\vec{r}$의 방향으로 향하게 한다.
2. 벡터 $\vec{F}$의 방향으로 손가락들을 감아쥔다.
3. 그때 엄지손가락이 토크의 방향을 가리킨다. 그림 8.6의 경우 종이면으로부터 수직으로 나오는 방향이다.

그림 8.6 오른손 법칙: $\vec{r}$ 방향으로 오른손의 손가락을 향하고 $\vec{F}$ 방향으로 손가락을 감아쥔다. 이때 엄지손가락은 토크의 방향을 가리킨다(이 경우 종이면에서 나오는 방향). 토크의 정의에서 θ나 θ' 어느 것도 사용 가능하다.

그림 8.6에서 두 가지 경우를 살펴보자. 각 θ는 두 벡터의 방향 사이의 실제 각이며, θ'은 그냥 두 벡터의 '사이' 각이라고 하자. 그렇다면 어느 각이 맞는 것인가? $\sin \theta = \sin (180° - \theta) = \sin (180°) \cos \theta - \sin \theta \cos(180°) = 0 - \sin \theta \cdot (-1) = \sin \theta$ 가 되므로 어느 각을 사용하여도 계산 결과는 같다. 이 교재에서 사용하는 문제들은 $\vec{r}$과 $\vec{F}$를 포함하는 평면에 수직인 축에 대하여 회전하는 물체로 제한되고 있다. 따라서 이들 벡터는 종이면 내에 있게 되고, 토크는 항상 회전축에 평행하게 종이면으로 나오거나 들어가게 된다. 엄지손가락이 토크의 방향을 향하면, 나머지 손가락들은 자연스럽게 토크가 정지 물체에 만들어내는 회전 방향으로 감아쥐게 된다.

목표 토크의 일반적인 정의를 적용한다.

문제 (a) 한 남자가 그림 8.7a에서처럼 경첩으로부터 2.00 m 떨어진 곳에 문과 60.0°의 각도를 이루면서 힘 $F = 3.00 \times 10^2$ N을 작용하고 있다. 경첩의 위치를 회전축으로 선택하여 문에 작용하는 토크를 구하라. **(b)** 쐐기가 문 반대편에 경첩으로부터 1.50 m에 있다고 하자. **(a)**에서 작용하는 힘으로 문이 열리지 않도록 하기 위해서는 쐐기에는 최소한 얼마만큼의 힘이 가해져야 하는가?

전략 (a)는 일반적인 토크 식에 대입하여 풀 수 있다. **(b)**는 경첩, 쐐기, 작용하는 힘 모두가 문에 토크를 작용한다. 문은 열리지 않는다. 그러므로 이들 토크의 합은 영이어야 한다. 이 조건은 쐐기의 힘을 구하는 데 사용된다.

풀이

(a) 60.0°에서 작용하는 힘에 의한 토크를 계산한다.
일반적인 토크 식에 대입한다.

$$\tau_F = rF\sin\theta = (2.00 \text{ m})(3.00 \times 10^2 \text{ N})\sin 60.0°$$
$$= (2.00 \text{ m})(2.60 \times 10^2 \text{ N}) = \boxed{5.20 \times 10^2 \text{ N} \cdot \text{m}}$$

(b) 문 다른 면에 쐐기에 의해 작용된 힘을 계산한다.
토크들의 합을 영으로 놓는다.

$$\tau_{경첩} + \tau_{쐐기} + \tau_F = 0$$

경첩에 작용하는 힘은 축($r = 0$)에 작용하기 때문에 토크는 없다. 쐐기에 작용하는 힘은 위쪽으로 작용하는 260 N에 반대하여 $-90.0°$ 방향으로 작용한다.

$$0 + F_{쐐기}(1.50 \text{ m})\sin(-90.0°) + 5.20 \times 10^2 \text{ N} \cdot \text{m} = 0$$
$$F_{쐐기} = \boxed{347 \text{ N}}$$

참고 위치 벡터로부터 쐐기 힘까지의 각이 $-90°$임을 주목하라. 이것은 위치 벡터에서 시작해서 힘 벡터로 가기 위해 90° 시계 방향(음의 각도 방향)으로 가기 때문이다. 이 방법에서 각을 측정한다는 것은 토크 항에 대해 정확한 부호를 제공해 주고 오른손 법칙과 일치한다. 다른 방법으로도 토크의 크기를 찾을 수 있고 물리적 직관으로 정확한 부호를 선택할 수 있다. 그림 8.7b는 지렛대 팔에 수직한 힘의 성분이 토크를 발생시킨다는 것을 설명한다.

그림 8.7 (예제 8.2a) (a) 300 N의 힘으로 밀어내는 문을 위에서 본 그림. (b) 300 N 힘의 성분.

8.2 질량 중심과 질량 중심의 운동 Center of Mass and Its Motion

8.2.1 질량 중심 Center of Mass

xy평면에 놓여 있는 그림 8.8과 같은 임의의 모양의 물체를 살펴보자. 그 물체는 무게가 $m_1 g$, $m_2 g$, $m_3 g$, …인 매우 작은 수많은 입자들로 나눌 수 있다. 각 입자들의 위치 좌표는 (x_1, y_1), (x_2, y_2), (x_3, y_3), …이다. 그 물체가 원점에 대해 자유롭게 회전할 수 있다면 각 입자들은 원점에 대해 토크를 가지게 될 것이고 그 토크의 값들은 각각의 무게에다 지렛대팔을 곱한 값이 될 것이다. 예를 들어, 무게 $m_1 g$에 의한 토크는 $m_1 g x_1$이다.

이제 크기가 $w = F_g = Mg$(물체의 전체 무게)인 힘의 작용점의 위치를 정해보자. 이 점에서 물체의 회전에 의한 효과는 각각의 입자에 의한 것과 같다. 이 점을 물체의 **무게 중심**(center of gravity)이라 한다. 무게 중심에서 w에 의한 토크를 각각의 입자에 작용하는 토크의 합과 같게 놓으면

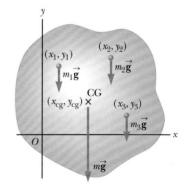

그림 8.8 무게 중심에 대해 계산하면 물체에 작용하는 중력에 의한 알짜 토크는 영이다. 물체는 그 점에서 지지되거나 혹은 그 점 아래나 위의 수직선을 따라가는 어떤 점에서 지지된다면 균형을 이룰 것이다.

$$(m_1g + m_2g + m_3g + \cdots)x_{cg} = m_1gx_1 + m_2gx_2 + m_3gx_3 + \cdots$$

가 된다. g는 물체 내의 모든 곳에서 같다고 가정한다. 그러면 이전 식에서 g는 소거되고 결과 식은

$$x_{cg} = \frac{m_1x_1 + m_2x_2 + m_3x_3 + \cdots}{m_1 + m_2 + m_3 + \cdots} = \frac{\sum m_i x_i}{\sum m_i} \qquad [8.3a]$$

가 된다. 여기서 x_{cg}는 무게 중심의 x좌표이다. 마찬가지로 계의 무게 중심의 y좌표와 z좌표는

$$y_{cg} = \frac{\sum m_i y_i}{\sum m_i} \qquad [8.3b]$$

$$z_{cg} = \frac{\sum m_i z_i}{\sum m_i} \qquad [8.3c]$$

렌치를 처음에 A점을 걸어서 매달고 그 다음에 C점을 걸어서 매단다.

두 선 AB와 CD가 만나는 점이 질량 중심의 위치이다.

그림 8.9 렌치의 질량 중심을 결정하는 실험적인 방법

로 구할 수 있다. 세 개의 무게 중심에 대한 식은 **질량 중심**(center of mass)에 대한 식과 동일하다. 질량 중심과 무게 중심은 g가 크게 변하지 않는다면 정확하게 같다. 이 장에서는 무게 중심과 질량 중심의 개념을 서로 같은 것으로 사용할 것이다.

경우에 따라 질량 중심의 위치를 추측하는 것이 가능하다. **균일하고 대칭적인 물체의 질량 중심은 반드시 대칭축에 놓인다.** 예를 들면, 균일한 막대의 질량 중심은 막대 양 끝 사이의 중간에 놓이고, 균일한 구와 균일한 정육면체의 질량 중심은 물체의 기하학적 중심에 있다. 렌치와 같이 불규칙적인 형태를 한 물체의 질량 중심은 두 개의 다른 임의의 점으로부터 렌치를 매달아서 실험적으로 결정할 수 있다(그림 8.9). 먼저 렌치를 점 A에 매단다. 그리고 렌치가 평형 상태에 있을 때 수직선 AB를 그린다. 그 다음 렌치를 점 C에 매달고 두 번째 수직선 CD를 그린다. 질량 중심은 이 두 직선들이 만나는 점과 일치한다. 실제로 만약 렌치가 어떤 점으로부터 자유롭게 매달려 있다면, 질량 중심은 항상 그 지지점 아래 선상에 똑바로 놓이게 된다. 그러므로 그 점을 지나는 수직선이 질량 중심을 지나간다.

8.3절의 여러 가지 예제들은 균일하고 대칭적인 물체와 관련된다. 여기서 질량 중심과 기하학적 중심은 일치한다. 균일한 중력장 내에 있는 강체는 힘이 물체의 질량 중심을 지나 위로 향한다면 물체의 무게와 크기가 같은 하나의 힘에 의해 균형을 유지할 수 있다.

예제 8.3 질량 중심 구하기

목표 여러 물체로 된 계의 질량 중심을 구한다.

문제 (a) 세 물체가 그림 8.10a에서처럼 분포되어 있다. 질량 중심을 구하라. **(b)** 만일 왼쪽에 있는 물체를 위로 1.00 m 옮기고 오른쪽에 있는 물체를 아래로 0.500 m 옮긴다면(그림 8.10b) 질량 중심은 어떻게 변하는가? 각각의 물체는 점 입자로 간주한다.

전략 (a)에서는 모든 물체가 x축 상에 있기 때문에 질량 중심의 y좌표와 z좌표는 모두 영이다. 식 8.3a를 사용하여 질량 중심의 x좌표를 구할 수 있다. **(b)**는 식 8.3b를 사용하면 된다.

....

풀이

(a) 그림 8.10a에서 입자 계의 질량 중심을 구한다.

식 8.3a를 세 물체로 된 계에 적용한다.

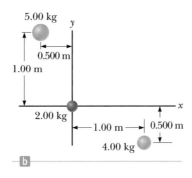

그림 8.10 (예제 8.3) 세 입자로 된 계의 질량 중심 구하기

$$x_{cg} = \frac{\sum m_i x_i}{\sum m_i} = \frac{m_1 x_1 + m_2 x_2 + m_3 x_3}{m_1 + m_2 + m_3} \quad (1)$$

식 (1)의 분자를 계산한다.

$$\sum m_i x_i = m_1 x_1 + m_2 x_2 + m_3 x_3$$
$$= (5.00 \text{ kg})(-0.500 \text{ m}) + (2.00 \text{ kg})(0 \text{ m})$$
$$+ (4.00 \text{ kg})(1.00 \text{ m})$$
$$= 1.50 \text{ kg} \cdot \text{m}$$

분모에 $\sum m_i = 11.0$ kg을 대입하고 분자를 식(1)에 대입한다.

$$x_{cg} = \frac{1.50 \text{ kg} \cdot \text{m}}{11.0 \text{ kg}} = \boxed{0.136 \text{ m}}$$

(b) 물체들의 위치가 그림 8.10b처럼 바뀌는 경우 질량 중심은 어떻게 달라지는가?

x좌표는 변하지 않았기 때문에, 질량 중심의 x좌표 역시 변하지 않는다.

$$x_{cg} = \boxed{0.136 \text{ m}}$$

식 8.3b를 쓴다.

$$y_{cg} = \frac{\sum m_i y_i}{\sum m_i} = \frac{m_1 y_1 + m_2 y_2 + m_3 y_3}{m_1 + m_2 + m_3}$$

값을 대입한다.

$$y_{cg} = \frac{(5.00 \text{ kg})(1.00 \text{ m}) + (2.00 \text{ kg})(0 \text{ m}) + (4.00 \text{ kg})(-0.500 \text{ m})}{5.00 \text{ kg} + 2.00 \text{ kg} + 4.00 \text{ kg}}$$

$$y_{cg} = \boxed{0.273 \text{ m}}$$

....

참고 물체의 위치를 y 방향으로 바꾸는 것은 질량 중심의 x좌표에 변화를 주지 않는다. 질량 중심의 세 성분은 각각 다른 두 좌표와 무관하다.

예제 8.4　사람의 무게 중심을 구하기

목표 토크를 사용하여 무게 중심을 구한다.

문제 이 예제에서는 사람의 무게 중심을 어떻게 구하는지를 공부한다. 키가 173 cm이고 몸무게가 715 N인 어떤 사람이 있다. 그림 8.11처럼 하나의 받침대와 한 개의 저울 위에 판자를 놓고 그 위에 이 사람을 눕힌다. 판자의 무게 w_b가 49 N이고 저울 눈금이 350 N이라면, 이 사람의 무게 중심의 위치를 머리끝에서부터의 거리로 구하라.

전략 무게 중심의 위치 x_{cg}를 구하기 위해 점 O를 지나는 축에 대한 토크를 계산한다. 점 O를 지나는 축에 대한 모멘트 팔이 0인 수직 항력 $\vec{n}$은 토크가 없다. 판자에 눕혀 있는 사람이 회전하지 않기 때문에 토크의 합은 0이다. 이러한 조건을 사용하면 x_{cg}를 구할 수 있다.

....

풀이

토크의 총합을 0으로 놓는다.

$$\sum \tau_i = \tau_n + \tau_w + \tau_{w_b} + \tau_F = 0$$

토크에 대한 식을 대입한다.

$$0 - w x_{cg} - w_b (L/2) + FL = 0$$

x_{cg}에 대해 풀고 값을 대입한다.

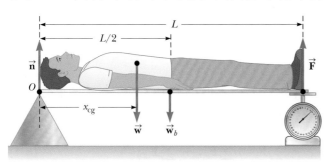

그림 8.11 (예제 8.4) 사람의 무게 중심을 구하는 방법.

$$x_{cg} = \frac{FL - w_b(L/2)}{w}$$

$$= \frac{(350 \text{ N})(173 \text{ cm}) - (49 \text{ N})(86.5 \text{ cm})}{715 \text{ N}} = \boxed{79 \text{ cm}}$$

참고 주어진 정보로 무게 중심의 x좌표만을 구하는 것은 충분하다. 사람의 몸이 대칭적이라고 가정한다면 다른 두 좌표도 구할 수 있다.

예제 8.5 막대로 된 구조물의 질량 중심

목표 여러 구성물로 된 경우의 질량 중심을 구한다.

문제 선밀도가 5.00 kg/m로 균질한 막대들이 그림 8.12에서와 같이 하나는 위로 다른 하나는 옆으로 하여 T자 모양을 이루고 있다. 막대의 굵기는 무시한다. **(a)** 각 막대의 질량을 구하라. **(b)** 각 막대의 질량 중심을 구하라. **(c)** xy평면에서 두 막대로 된 계의 질량 중심을 구하라.

전략 **(a)**에서 각 막대의 질량은 $m = \lambda L$로 주어진다. 여기서 λ는 막대의 단위 길이 당 질량이고 L은 길이이다. **(b)**에서 각 막대의 질량 중심은 대칭성을 사용하여 구할 수 있다. 대칭의 중심은 막대 길이의 중앙이다. 이 경우 중앙점을 이용하면 된다. 마지막으로 계의 각 막대의 질량이 각 막대의 질량 중심점에 집중된 것처럼 간주하여 식 8.3a와 8.3b를 사용하여 질량 중심을 구할 수 있다.

풀이

(a) 각 막대의 질량을 구한다.

선밀도 값을 대입하여 수평 막대 m_1의 질량을 구한다.

$$m_1 = \lambda L_1 = (5.00 \text{ kg/m})(3.00 \text{ m}) = \boxed{15.0 \text{ kg}}$$

수직 막대의 m_2도 마찬가지로 구한다.

$$m_2 = \lambda L_2 = (5.00 \text{ kg/m})(2.00 \text{ m}) = \boxed{10.0 \text{ kg}}$$

(b) 각 막대의 질량 중심을 구한다.

각 막대의 밀도가 균질하므로 질량 중심의 막대의 중앙점에 있다.

CM, 수평 막대: $(x_1, y_1) = \boxed{(1.50, 0) \text{ m}}$

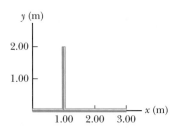

그림 8.12 (예제 8.5) 균질한 막대로 된 계

CM, 수직 막대: $(x_2, y_2) = \boxed{(1.00, 1.00) \text{ m}}$

(c) xy평면에서 계의 질량 중심을 구한다.

식 8.3a와 8.3b를 사용한다.

$$x_{cm} = \frac{m_1 x_1 + m_2 x_2}{m_1 + m_2}$$

$$= \frac{(15.0 \text{ kg})(1.50 \text{ m}) + (10.0 \text{ kg})(1.00 \text{ m})}{15.0 \text{ kg} + 10.0 \text{ kg}} = \boxed{1.30 \text{ m}}$$

$$y_{cm} = \frac{m_1 y_1 + m_2 y_2}{m_1 + m_2}$$

$$= \frac{(15.0 \text{ kg})(0 \text{ m}) + (10.0 \text{ kg})(1.00 \text{ m})}{15.0 \text{ kg} + 10.0 \text{ kg}} = \boxed{0.400 \text{ m}}$$

참고 여기서 계산된 질량 중심은 막대의 위치가 아닌 곳에 있다. 질량을 구하기 위한 선밀도는 질량 중심 식의 분모와 분자에 모두 있으므로 서로 지워진다. 따라서 선밀도 값을 꼭 알아야 하는 것은 아니다.

8.2.2 질량 중심의 운동 Center of Mass Motion

뉴턴의 제2법칙을 어떤 계에 적용하여 보자. 총질량 $M_총$에다 질량 중심의 가속도 $\vec{a}_{cm}$을 곱한 것은 그 계에 작용하는 힘의 합과 같다. 즉,

$$M_총 \vec{a}_{cm} = \sum \vec{F}_i = \sum \vec{F}_{외부} + \sum \vec{F}_{내부} \qquad [8.4]$$

여기서 $\vec{F}_{외부}$는 계에 작용하는 외력이고 $\vec{F}_{내부}$는 그 계 내의 내력이다. 모든 내력들은 작용–반작용 쌍을 이루고 있고 그 벡터들은 서로 크기가 같고 방향이 반대이므로 벡터 합이 0이 된다. 그러므로 질량 중심에 대한 제2법칙을 쓸 때 내력을 쓰지 않아도 된다. 즉,

$$M_{총}\vec{a}_{cm} = \sum \vec{F}_{외부} \qquad [8.5]$$

질량 중심의 운동을 간단한 운동학 문제에 적용하여 보자. 일차원 문제나 이차원 문제 모두 식의 모양이 같다. 예를 들어, 직선을 따라 운동하는 경우 운동학 공식은 다음과 같다.

$$x_{cm} = \frac{1}{2}a_{cm}t^2 + v_{0,cm}t + x_{0,cm} \qquad [8.6]$$

$$v_{cm} = a_{cm}t + v_{0,cm} \qquad [8.7]$$

$$v_{cm}^2 - v_{0,cm}^2 = 2a_{cm}\Delta x_{cm} \qquad [8.8]$$

이차원 운동학 식도 같은 형태로 쓸 수 있다.

예제 8.6 　로켓의 폭발

목표 중력장에서 질량 중심의 운동을 사용한다.

문제 20.0 m/s의 속력으로 수직 상승하던 질량이 3.00 kg인 모형 로켓이 고도 30.0 m에서 폭발하여 질량이 $m_1 = 1.00$ kg, $m_2 = 2.00$ kg인 두 조각으로 떨어져 나갔다. m_1은 수직 아래로 낙하하여 1초 후에 땅에 떨어졌다. m_1이 땅에 닿을 때 m_2의 높이는 얼마이겠는가? 연직 윗방향을 x 방향으로 정한다.

전략 이 문제는 어려워 보이지만 사실 질량 중심의 운동을 사용하여 한 줄로 풀 수 있다! 필요한 것은 단지 운동학 식인 식 8.6에 질량 중심의 위치를 적용하면 된다. 그 다음 그것을 질량 중심의 정의인 식 8.3a에 대입하여 풀면 된다.

풀이
식 8.3a와 8.6의 우변을 같게 놓는다.

$$x_{cm} = \frac{m_1 x_1 + m_2 x_2}{m_1 + m_2} = \frac{1}{2}a_{cm}t^2 + v_{0,cm}t + x_{0,cm}$$

m_1, m_2, a_{cm}, $v_{0,cm}$, $x_{0,cm}$들을 대입한다.

$$\frac{x_1 + 2x_2}{3} = -4.9t^2 + 20t + 30 \qquad (1)$$

$x_1 = 0$, $t = 1.00$ s로 놓고 x_2에 대해 푼다.

$$\frac{2x_2}{3} = 45.1 \quad \rightarrow \quad x_2 = \boxed{67.7\,\text{m}}$$

참고 식 (1)은 질량 m_1이 땅에 닿을 때에만 유효하다. 왜냐하면 그 시각 이후 m_1은 더 이상 자유낙하하지 않기 때문이다.

8.3 회전 운동에너지 Rotational Kinetic Energy

5장에서 속력 v를 가지고 움직이는 질량 m인 입자의 운동에너지를 $\frac{1}{2}mv^2$로 정의했었다. 유사하게 **각속력 ω로 어떤 축에 대해 회전하는 물체의 회전 운동에너지는 $\frac{1}{2}I\omega^2$이다.** 이를 증명하기 위해서 그림 8.13처럼 평면에 수직인 어떤 축에 대해 회전하는 얇은 판 형태의 강체를 생각해 보자. 이 판은 무수히 많은 입자들로 이루어졌으며, 이때 입자 하나의 질량을 m이라 하자. 모든 입자들은 축 둘레로 원 경로를 그리며 회전한다. 만약 회전축에서 입자까지 거리가 r이라면 입자의 속력은 $v = r\omega$이다. 회전하는 판의

그림 8.13 각속력 v로 z축에 대하여 회전하는 강체 판. 질량 m인 입자의 운동에너지는 $\frac{1}{2}mv^2$이다. 판의 전체 운동에너지는 $\frac{1}{2}I\omega^2$이다.

역학적 에너지의 보존 ▶

회전 에너지를 포함한 일–에너지 정리 ▶

전체 운동에너지는 입자들의 모든 운동에너지의 합이기 때문에

$$KE_r = \sum(\tfrac{1}{2}mv^2) = \sum(\tfrac{1}{2}mr^2\omega^2) = \tfrac{1}{2}(\sum mr^2)\omega^2$$

이다. 마지막 과정에서 ω^2항은 모든 입자들에 대해 동일하기 때문에 괄호 밖으로 끄집어 내었다. 오른쪽 마지막항의 괄호 안의 양은 입자들을 점질량체로 근사한 경우에 판의 관성 모멘트이다. 그러므로

$$KE_r = \tfrac{1}{2}I\omega^2 \qquad \text{[8.9]}$$

이 된다. 여기서 $I = \sum mr^2$은 판의 관성 모멘트이다.

경사면 아래로 굴러가는 볼링공과 같은 계는 세 가지 종류의 에너지로 설명된다. 즉, **중력 퍼텐셜에너지 PE_g, 병진 운동에너지 KE_t, 회전 운동에너지 KE_r**이다. 모든 이러한 에너지의 형태는 다른 보존력인 퍼텐셜 에너지와 더해서 고립계의 역학적 에너지의 보존에 대한 에너지에 포함되어야 한다.

$$(KE_t + KE_r + PE)_i = (KE_t + KE_r + PE)_f \qquad \text{[8.10]}$$

여기서 i와 f는 처음과 나중의 값이다. PE는 주어진 문제에서 모든 보존력의 퍼텐셜 에너지를 포함한다. 관계식은 마찰력과 같은 에너지가 소실되는 힘을 무시하는 경우에 성립된다. 비보존력이 존재하는 경우에 일반화된 일과 에너지의 정리는 다음과 같이 주어진다.

$$W_{nc} = \Delta KE_t + \Delta KE_r + \Delta PE \qquad \text{[8.11]}$$

예제 8.7 **경사면 아래로 굴러 내려가는 공**

목표 중력 에너지, 병진 에너지, 회전 운동에너지를 결합한다.

문제 질량이 M이고 반지름이 R인 공이 정지 상태로부터 높이 2.00 m에서 출발해서 30.0°의 경사면을 그림 8.14처럼 아래로 굴러 내려간다. 경사진 면을 떠날 때 공의 선속력은 얼마인가? 공은 미끄럼 없이 굴러 내려간다고 가정하자.

전략 중요한 두 지점은 경사면의 꼭대기와 바닥면이다. 바닥면에서 중력 퍼텐셜 에너지는 영이다. 공이 경사면 아래로 굴러 내려

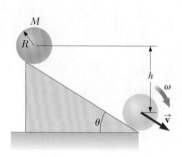

그림 8.14 (예제 8.7) 공이 경사면의 꼭대기에서 정지 상태로부터 출발해서 미끄럼 없이 바닥 쪽으로 굴러 내려간다.

가기 때문에 중력 퍼텐셜 에너지는 에너지 소실 없이 병진 운동에너지와 회전 운동에너지로 변한다. 그러므로 역학적 에너지의 보존은 식 8.10을 사용해서 적용할 수 있다.

....

풀이

중력 퍼텐셜 에너지 $PE = PE_g$와 관련된 에너지 보존의 법칙을 적용한다.

$$(KE_t + KE_r + PE_g)_i = (KE_t + KE_r + PE_g)_f$$

각 항에 해당하는 식들을 대입한다. $(KE_t)_i = (KE_r)_i = 0$이고 $(PE_g)_f = 0$임을 유념하자. (공의 관성 모멘트는 표 8.1에 주어져 있다.)

$$0 + 0 + Mgh = \tfrac{1}{2}Mv^2 + \tfrac{1}{2}(\tfrac{2}{5}MR^2)\omega^2 + 0$$

공은 미끄럼 없이 굴러 내려간다. 그러므로 미끄러지지 않을 조건 $R\omega = v$을 적용한다.

$$Mgh = \tfrac{1}{2}Mv^2 + \tfrac{1}{5}Mv^2 = \tfrac{7}{10}Mv^2$$

M을 소거하고 v에 대해 푼다.

$$v = \sqrt{\frac{10gh}{7}} = \sqrt{\frac{10(9.80 \text{ m/s}^2)(2.00 \text{ m})}{7}} = \boxed{5.29 \text{ m/s}}$$

참고 여기서의 병진 속력은 어떤 물체 토막이 마찰이 없는 경사 면을 미끄러져 내려오는 속력 $v = \sqrt{2gh}$ 보다 작다는 것에 주의해야 한다. 그 이유는 처음의 퍼텐셜 에너지가 병진 운동에너지뿐 아니라 회전 운동에너지의 증가에도 기여하기 때문이다.

예제 8.8 블록과 도르래

목표 회전 개념과 일−에너지 정리를 이용한다.

문제 질량이 $m_1 = 5.00$ kg과 $m_2 = 7.00$ kg인 두 블록이 그림 8.15와 같이 질량 $M = 2.00$ kg인 도르래에 감긴 줄에 매달려 있다. 마찰이 없는 축에 회전하는 도르래는 반지름이 $0.050\,0$ m인 속이 빈 원통이고, 줄은 미끄럼 없이 움직인다. 수평면의 표면의 운동 마찰 계수는 0.350이다. 질량 m_2인 블록이 2.00 m 아래로 떨어질 때 계의 속력을 구하라.

전략 이 문제는 일−에너지 정리 식 8.9b의 확장 형태 식으로 풀 수 있다. 만약 질량 m_2인 블록이 높이 h로부터 0으로 떨어진다면 질량 m_1인 블록은 같은 거리 $\Delta x = h$를 움직인다. 일−에너지 정리를 적용하고 v에 대해 풀고 대입한다. 비보존력은 운동 마찰뿐이다.

풀이

일−에너지 정리를 적용한다. 중력과 관련된 퍼텐셜 에너지는

그림 8.15 (예제 8.8) $\vec{T}_1$과 $\vec{T}_2$가 도르래에 토크를 작용한다.

$PE = PE_g$이다.

$$W_{nc} = \Delta KE_t + \Delta KE_r + \Delta PE_g$$

W_{nc}에 대해서는 마찰에 의한 일을, 두 블록에 대해서는 운동에너지 변화를, 도르래에 대해서는 회전 운동에너지 변화를, 그리고 두 번째 블록에 대해서는 퍼텐셜 에너지 변화를 대입한다.

$$-\mu_k n\,\Delta x = -\mu_k(m_1 g)\,\Delta x = \left(\tfrac{1}{2}m_1 v^2 - 0\right) + \left(\tfrac{1}{2}m_2 v^2 - 0\right)$$
$$+ \left(\tfrac{1}{2}I\omega^2 - 0\right) + \left(0 - m_2 gh\right)$$

$\Delta x = h$를 대입하고 I를 $(I/r^2)\,r^2$으로 쓴다.

$$-\mu_k(m_1 g)h = \tfrac{1}{2}m_1 v^2 + \tfrac{1}{2}m_2 v^2 + \tfrac{1}{2}\left(\frac{I}{r^2}\right)r^2\omega^2 - m_2 gh$$

고리의 경우 $I = Mr^2$이다. 그러므로 $(I/r^2) = M$이다. 이 값과 $v = r\omega$를 대입한다.

$$-\mu_k(m_1 g)h = \tfrac{1}{2}m_1 v^2 + \tfrac{1}{2}m_2 v^2 + \tfrac{1}{2}Mv^2 - m_2 gh$$

v에 대하여 푼다.

$$m_2 gh - \mu_k(m_1 g)h = \tfrac{1}{2}m_1 v^2 + \tfrac{1}{2}m_2 v^2 + \tfrac{1}{2}Mv^2$$
$$= \tfrac{1}{2}(m_1 + m_2 + M)v^2$$
$$v = \sqrt{\frac{2gh(m_2 - \mu_k m_1)}{m_1 + m_2 + M}}$$

$m_1 = 5.00$ kg, $m_2 = 7.00$ kg, $M = 2.00$ kg, $g = 9.80$ m/s^2, $h = 2.00$ m, $\mu_k = 0.350$을 대입한다.

$$v = \boxed{3.83 \text{ m/s}}$$

참고 v에 대한 표현식에서 첫 번째 블록의 질량 m_1과 도르래의 질량 M이 모두 분모에 있음으로 해서 속력을 감소시킨다. 분자에는 마찰 항이 음의 값인 반면 m_2는 양의 값이다. 두 가지 설명은 m_1에 작용하는 마찰력이 계의 속력을 감소시키는 반면 m_2에 대한 중력은 속력을 증가시키기 때문에 합당하다. 또한 이 문제는 뉴턴의 제2법칙과 식 $\tau = I\alpha$를 사용함으로써 풀 수 있다.

8.4 각운동량 Angular Momentum

그림 8.16 일정한 토크를 받고 원 경로로 회전하는 질량 m인 물체

질량 m인 물체가 그림 8.16과 같이 알짜힘 $\vec{\mathbf{F}}_{알짜}$에 의해 반지름 r인 원 경로를 따라 회전한다. 물체에 작용하는 전체 알짜 토크는 시간 간격 Δt 동안에 물체의 각속력 ω_0를 ω로 증가시킨다. 그러므로

$$\sum \tau = I\alpha = I\frac{\Delta \omega}{\Delta t} = I\left(\frac{\omega - \omega_0}{\Delta t}\right) = \frac{I\omega - I\omega_0}{\Delta t}$$

로 쓸 수 있다.

물체의 **각운동량**(angular momentum)을

$$L \equiv I\omega \qquad [8.12]$$

로 정의하면

$$\sum \tau = \frac{\text{각 운동량의 변화}}{\text{시간 간격}} = \frac{\Delta L}{\Delta t} \qquad [8.13]$$

로 쓸 수 있다.

식 8.13은 $F = \Delta p/\Delta t$ 형태의 뉴턴의 제2법칙에 해당하고 **물체에 작용하는 알짜 토크는 물체의 각운동량의 시간 변화율과 같음**을 나타낸다. 또 이 식은 충격량–운동량 정리와 유사하다.

하나의 계에 작용하는 알짜 외부 토크($\Sigma \tau$)가 영일 때 식 8.13은 $\Delta L/\Delta t = 0$이다. 이것은 계의 각운동량의 시간 변화율이 영임을 말한다. 그러므로 다음과 같은 중요한 결과를 얻는다.

각운동량의 보존의 법칙 ▶ 서로 다른 두 시간에서의 각운동량을 L_i와 L_f라 하자. 알짜 외부 토크가 영, 즉 $\Sigma \tau = 0$일 때,

$$L_i = L_f \qquad [8.14]$$

가 되고, 각운동량이 보존된다고 한다.

식 8.14는 세 번째 보존의 법칙이고 **각운동량 보존의 법칙**(conservation of angular momentum)이라고 한다. **고립계에서 역학적 에너지, 선운동량 그리고 각운동량은 모두 보존된다**고 말할 수 있다.

만약 고립된 회전하는 계의 관성 모멘트가 변한다면, 계의 각속력도 변할 것이다(그림 8.17). 그러면 각운동량의 보존은 다음과 같이 된다.

$$\sum \tau = 0 \text{ 이면} \quad I_i\omega_i = I_f\omega_f \qquad [8.15]$$

각운동량 보존은 원자와 분자뿐만 아니라 행성과 사람과 같은 거시적인 물체에도 적용된다는 것을 주목하자. 각운동량 보존에 대한 예는 많이 있다. 가장 인상적인 것 중의 하나는 피겨 스케이트 선수가 마무리에서 회전하는 장면이다. 그림 8.18a에서처럼

그림 8.17 몸을 빈틈없이 구부린 다이버는 관성 모멘트가 줄어들고 각속력이 증가하게 된다.

팔과 다리를 안쪽으로 모아서 관성 모멘트를 감소시켜 각속력(회전율)을 증가시킨다.

멈출 때에는 팔과 다리를 벌려서 관성 모멘트를 증가시켜 회전이 느려지게 한다.

그림 8.18 플류셴코(Evgeni Plushenko)는 자신의 관성 모멘트를 조절하여 각속력을 변화시킨다.

Clive Rose/Getty Images

Al Bello/Getty Images

스케이트 선수는 팔을 몸 쪽으로 당기고 두 다리를 붙여 회전축으로부터 거리를 줄인다. 따라서 선수의 관성 모멘트는 감소한다. 각운동량 보존에 의해 관성 모멘트가 감소되어 각속력을 증가시킨다. 그림 8.18b에서처럼 회전으로부터 벗어나기 위해서는 각속력을 줄일 필요가 있다. 그러므로 그녀는 팔과 다리를 다시 펴서 관성 모멘트를 증가시키고, 따라서 회전 속도를 감소시킨다.

응용

피겨 스케이팅

유사하게 다이버나 곡예사가 몇 번의 공중 회전을 하고자 할 때(그림 8.17) 손과 발을 몸통 가까이 당겨 더 큰 각속력을 얻는다. 이 경우 중력에 의한 외력 무게 중심을 통해 작용한다. 따라서 회전축에 대한 토크는 없다. 그러므로 무게 중심에 대한 각운동량은 보존된다. 예를 들면, 다이버가 각속력을 두 배로 증가시키려고 한다면, 관성 모멘트를 처음 값의 반으로 줄여야 한다.

응용

공중제비돌기

각운동량 보존에 대한 재미있는 천체물리학의 예를 살펴보자. 무거운 별이 모든 연료를 다 사용하고, 핵융합 에너지 생성이 중단되어 자체 중력에 의해 붕괴될 때, 초신성이라 불리는 거대한 에너지 폭발이 일어난다. 가장 연구를 많이 한 초신성 폭발의 잔유물은 무질서하고 확장하는 가스덩어리인 게성운(Crab Nebula)이다(그림 8.19).

응용

회전하는 중성자별

Max Planck Institute for Astronomy, Heidelberg, Germany

a

Smithsonian Institution/Science Source/ Photo Researcher Inc.

b

Smithsonian Institution/Science Source/ Photo Researcher Inc.

c

그림 8.19 (a) 황소자리 성운에 있는 게성운. 이 게성운은 1054년 지구에서 본 초신성의 잔유물이다. 약 6 300광년 정도 떨어져 있으며 지름이 6광년 정도이고 아직도 팽창하고 있다. 게성운 내부 깊은 곳에는 펄사가 초당 30번 정도 번쩍인다. (b) 펄사가 빛을 내지 않을 때, (c) 펄사가 빛을 낼 때.

초신성에서 별의 질량의 일부분은 우주 공간 속으로 퍼져나가 결국은 새로운 별이나 행성으로 뭉쳐진다. 나머지 대부분은 **중성자별**(neutron star)로 붕괴된다. 중성자별은 태양보다 질량은 크지만 반지름은 10 km 정도로 작다. 또한 내부 압력이 매우 커서 원자의 전자들이 양성자와 결합해서 중성자가 된다. 계의 관성 모멘트는 붕괴하는 동안 감소하고 별의 각속력은 증가한다. 1967년에 처음 발견된 이후 빠르게 회전하는 700개 이상의 중성자별들이 확인되었다. 회전 주기는 밀리초(millisecond)에서 수 초에 이른다. 중성자별은 놀라운 계이다. 태양보다도 더욱 큰 질량을 갖고 작은 나라 정도 되는 공간을 차지하고 매우 빠르게 회전하여 표면의 접선 속력은 빛의 속력에 가까이 접근한다.

예제 8.9   회전 의자

목표 각운동량 보존의 법칙을 간단한 계에 적용한다.

문제 학생이 아령 한 쌍을 손에 잡은 채 회전 의자에 앉아 있다 (그림 8.20). 의자는 무시할 만한 마찰로 수직축에 대해 자유롭게 회전한다. 학생, 아령, 의자의 관성 모멘트는 $2.25 \text{ kg} \cdot \text{m}^2$이다. 학생은 팔을 밖으로 벌린 채 매 1.26 s에 한 번 회전하고 있다. **(a)** 계의 처음 각속력은 얼마인가? **(b)** 그가 회전할 때 아령을 안쪽으로 당기면 계의 새로운 관성 모멘트(학생, 아령, 의자)는 $1.80 \text{ kg} \cdot \text{m}^2$가 된다. 계의 새로운 각속력은 얼마인가? **(c)** 아령을 당길 때 계에 학생이 한 일을 구하라. 근육 내에서 소모된 에너지는 무시한다.

전략 **(a)** 각속력은 주기의 역수인 진동수로부터 얻을 수 있다. **(b)** 계에 작용하는 외부 토크는 없다. 그러므로 새로운 각속력은 각운동량 보존의 원리로부터 구할 수 있다. **(c)** 이 과정 동안 계에 한 일은 회전 운동에너지에서 계의 변화와 같다.

풀이
(a) 계의 각속력을 구한다.
주기의 역수를 취하고 2π를 곱하여 진동수를 구한다.

$$\omega_i = 2\pi f = 2\pi/T = \boxed{4.99 \text{ rad/s}}$$

(b) 학생이 아령을 안쪽으로 당긴 후 계의 새로운 각속력을 구한다.
계의 처음과 나중의 각운동량을 같게 놓는다.

$$L_i = L_f \quad \rightarrow \quad I_i \omega_i = I_f \omega_f \qquad (1)$$

그림 8.20 (예제 8.9) (a) 학생이 팔을 벌린 채 두 개의 아령을 들고 있을 때 처음 각속력이 주어진다. (b) 각속력은 학생이 아령을 안으로 당길 때 증가한다.

값을 대입하고 나중 각속력 ω_f에 대하여 푼다.

$$(2.25 \text{ kg} \cdot \text{m}^2)(4.99 \text{ rad/s}) = (1.80 \text{ kg} \cdot \text{m}^2)\omega_f \qquad (2)$$

$$\omega_f = \boxed{6.24 \text{ rad/s}}$$

(c) 학생이 계에 한 일을 구한다.
일-에너지 정리를 적용한다.

$$\begin{aligned}
W_{\text{학생}} &= \Delta K_r = \tfrac{1}{2} I_f \omega_f^2 - \tfrac{1}{2} I_i \omega_i^2 \\
&= \tfrac{1}{2}(1.80 \text{ kg} \cdot \text{m}^2)(6.24 \text{ rad/s})^2 \\
&\quad - \tfrac{1}{2}(2.25 \text{ kg} \cdot \text{m}^2)(4.99 \text{ rad/s})^2 \\
W_{\text{학생}} &= \boxed{7.03 \text{ J}}
\end{aligned}$$

참고 계의 각운동량이 보존된다 할지라도 역학적 에너지는 학생이 계에 일을 하기 때문에 보존되지 않는다.

예제 8.10 회전 목마

목표 관성 모멘트가 변하는 계에 각운동량 보존을 적용한다.

문제 질량 $M = 1.00 \times 10^2$ kg과 반지름 $R = 2.00$ m로 된 판으로 만들어진 회전 목마가 마찰이 없는 수직 회전축에 대해 수평면 내에서 회전하고 있다(그림 8.21은 위에서 본 모습이다). **(a)** 질량 $m = 60.0$ kg인 학생이 회전 목마의 가장자리에 올라간 후에 계의 각속력이 2.00 rad/s로 감소한다. 만약 학생이 천천히 가장자리에서 중심으로 걸어가 중심으로부터 0.500 m에 도달했을 때 계의 각속력을 구하라. **(b)** 학생이 $r = 0.500$ m로 이동할 때 계의 회전 운동에너지의 변화를 구하라. **(c)** $r = 0.500$ m로 걸어갈 때 학생이 한 일을 구하라.

전략 이 문제는 학생이 가장자리에 서 있을 때 계의 처음 각운동량과 $r = 0.500$ m에 도달할 때 각운동량을 같게 놓고 각운동량 보존으로 풀어야 한다. 중요한 것은 다른 관성 모멘트를 찾는 것이다.

그림 8.21 (예제 8.10) 학생이 회전하는 판의 중심 쪽으로 걸어감에 따라, 계(학생과 판)의 관성 모멘트 I는 감소한다. 각운동량이 보존되고 $L = I\omega$이기 때문에, 계의 각속력은 증가해야 한다.

풀이

(a) 학생이 중심으로부터 $r = 0.500$ m에 도달할 때 각속력을 구한다.

판의 관성 모멘트 I_D를 계산한다.

$$I_D = \tfrac{1}{2}MR^2 = \tfrac{1}{2}(1.00 \times 10^2 \text{ kg})(2.00 \text{ m})^2$$
$$= 2.00 \times 10^2 \text{ kg} \cdot \text{m}^2$$

학생의 처음 관성 모멘트를 계산한다. 이것은 축으로부터 거리 R 만큼 떨어진 물체의 관성 모멘트와 같다.

$$I_{Si} = mR^2 = (60.0 \text{ kg})(2.00 \text{ m})^2 = 2.40 \times 10^2 \text{ kg} \cdot \text{m}^2$$

두 개의 관성 모멘트를 더하고 처음 각속력을 곱하여 계의 처음 각운동량 L_i를 구한다.

$$L_i = (I_D + I_{Si})\omega_i$$
$$= (2.00 \times 10^2 \text{ kg} \cdot \text{m}^2 + 2.40 \times 10^2 \text{ kg} \cdot \text{m}^2)(2.00 \text{ rad/s})$$
$$= 8.80 \times 10^2 \text{ kg} \cdot \text{m}^2/\text{s}$$

학생이 중심으로부터 0.500 m에 있을 때 나중 관성 모멘트 I_{Sf}를 계산한다.

$$I_{Sf} = mr_f^2 = (60.0 \text{ kg})(0.50 \text{ m})^2 = 15.0 \text{ kg} \cdot \text{m}^2$$

판의 관성 모멘트는 변하지 않는다. 그것에 학생의 나중 관성 모멘트를 더하고, 미지의 나중 각속력을 곱하여 L_f를 구한다.

$$L_f = (I_D + I_{Sf})\omega_f = (2.00 \times 10^2 \text{ kg} \cdot \text{m}^2 + 15.0 \text{ kg} \cdot \text{m}^2)\omega_f$$
$$= (2.15 \times 10^2 \text{ kg} \cdot \text{m}^2)\omega_f$$

처음 각운동량과 나중 각운동량을 같게 놓고 계의 나중 각속력을 구한다.

$$L_i = L_f$$
$$(8.80 \times 10^2 \text{ kg} \cdot \text{m}^2/\text{s}) = (2.15 \times 10^2 \text{ kg} \cdot \text{m}^2)\omega_f$$
$$\omega_f = \boxed{4.09 \text{ rad/s}}$$

(b) 계의 회전 운동에너지의 변화를 구한다.

계의 처음 운동에너지를 계산한다.

$$KE_i = \tfrac{1}{2}I_i\omega_i{}^2 = \tfrac{1}{2}(4.40 \times 10^2 \text{ kg} \cdot \text{m}^2)(2.00 \text{ rad/s})^2$$
$$= 8.80 \times 10^2 \text{ J}$$

계의 나중 운동에너지를 계산한다.

$$KE_f = \tfrac{1}{2}I_f\omega_f{}^2 = \tfrac{1}{2}(215 \text{ kg} \cdot \text{m}^2)(4.09 \text{ rad/s})^2 = 1.80 \times 10^3 \text{ J}$$

계의 운동에너지의 변화를 계산한다.

$$KE_f - KE_i = \boxed{920 \text{ J}}$$

(c) 학생이 한 일을 구한다.

학생은 자신에게 한 일과 같은 운동에너지의 변화를 경험한다. 일-에너지 정리를 적용한다.

$$W = \Delta KE_{\text{학생}} = \tfrac{1}{2}I_{Sf}\omega_f{}^2 - \tfrac{1}{2}I_{Si}\omega_i{}^2$$
$$= \tfrac{1}{2}(15.0 \text{ kg} \cdot \text{m}^2)(4.09 \text{ rad/s})^2$$
$$- \tfrac{1}{2}(2.40 \times 10^2 \text{ kg} \cdot \text{m}^2)(2.00 \text{ rad/s})^2$$
$$W = \boxed{-355 \text{ J}}$$

참고 각운동량은 내부의 힘에 의해 변하지 않는다. 그러나 운동에너지는 학생이 판의 중심을 향해 걸어가기 위해서 양의 일을 하기 때문에 증가한다.

연습문제

1. 그림 P8.1에서 축 O에 대한 빔의 알짜 토크(크기와 방향)를 (a) 지면에 수직으로 점 O를 지나는 축에 대해, (b) 종이면에 수직으로 지나는 축 C에 대해 구하라.

그림 P8.1

2. 그림 P8.2와 같이 오른쪽 위의 1/4이 잘려나간 길이가 8.00 ft이고 높이가 4.00 ft인 합판의 질량 중심의 x좌표와 y좌표를 구하라. 힌트: 합판의 임의 한 부분의 질량은 그 부분의 면적에 비례한다.

그림 P8.2

3. 질량이 $m = 1.50$ kg인 블록이 질량이 $M = 4.50$ kg인 경사대 위에 놓여 있다. 경사대는 마찰이 없는 수평면 위에 놓여 있다(그림 P8.3a). 경사대와 블록은 각각의 질량 중심이 $x = 0$인 곳에 위치해 있다. 블록이 놓아지면 블록을 경사면의 왼쪽을 따라 미끄러져 내려오고 경사대는 마찰 없는 표면에서 오른쪽으로 미끄러져 그림 P8.3b와 같이 된다. 블록의 위치가 $x_\text{블록} = -0.300$ m일 때 경사대의 위치 $x_\text{경사대}$를 구하라.

4. 생리학 연구에서 사람의 무게 중심을 구할 필요가 있다. 그 방법은 그림 P8.4와 같이 하면 된다. 가벼운 판자를 두 저울 위에 올려놓고 그 위에 사람이 누웠을 때 저울의 눈금이 각각 $F_{g1} = 380$ N, $F_{g2} = 320$ N이고 두 저울 사이의 거리가 2.00 m라면 무게 중심의 위치를 발끝으로부터의 거리로 구하라.

그림 P8.4

5. 길이가 4.00 m이고 높이가 3.00 m인 무게가 500 N짜리 간판이 그림 P8.5와 같이 길이가 6.00 m이고 무게가 100 N인 막대에 수평으로 매달려 있다. 막대의 먼 끝은 연직과 30.0°를 이루는 줄에 매달려 있다. (a) 줄의 장력 T를 구하라. (b) 벽과 접촉한 부분에서 벽이 막대에 작용하는 힘의 수평 성분과 연직 성분을 구하라.

그림 P8.5

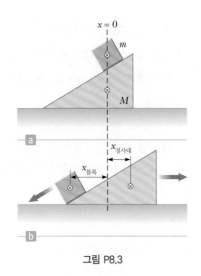

그림 P8.3

6. 그림 P8.6과 같이 윗부분은 벽에 붙어 수평으로 놓인 용수철에 연결되어 있고 아랫부분은 회전할 수 있게 설치된 질량이 m인 균일한 막대가 있다. 막대가 수평과 이루는 각은 θ이다. (a) 용수철이 평형 상태로부터 늘어나는 길이 d에 대한 식과 (b) 바닥이 막대의 아랫부분에 작용하는 힘의 성분들을 구하라.

그림 P8.6

7. 네 개의 물체가 그림 P8.7처럼 가벼운 막대에 의해 직사각형의 모서리에 위치해 있다. 계의 관성 모멘트를 (a) x축에 대해, (b) y축에 대해, (c) O를 지나면서 종이면에 수직인 축에 대해 각각 구하라.

그림 P8.7

8. 그림 P8.8에서 팽이는 처음에 정지 상태에 있다가 $4.00 \times 10^{-4} \ \text{kg} \cdot \text{m}^2$의 관성 모멘트로 정지축 AA'에 대해 자유롭게 회전한다. 팽이의 축을 따라 꼭지 둘레에 감긴 줄이 줄에 5.57 N의 일정한 장력을 유지하게끔 당겨진다. 만약 줄이 꼭지 둘레에 감겨 있는 동안 미끄러지지 않는다면 80.0 cm의 줄이 꼭지로부터 당겨진 후 팽이의 각속력은 얼마인가? [힌트: 하여진 일을 고려하라.]

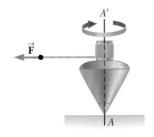

그림 P8.8

9. 길이 $\ell = 1.00$ m인 가벼운 막대가 그림 P8.9처럼 중심을 지나고 길이에 수직인 축에 대해 회전한다. 질량 $m_1 = 4.00$ kg과 $m_2 = 3.00$ kg인 두 물체가 막대 양 끝에 연결되어 있다. 만약 각 입자의 속력이 5.00 m/s라면 그 계의 각운동량은 얼마인가? 막대의 질량은 무시한다.

그림 P8.9

10. 관성 모멘트가 I_1인 원반이 마찰이 없는 수직축에 대해서 각속력 ω_0로 회전한다. 두 번째 원반은 관성 모멘트가 I_2이고 처음에는 정지 상태에서 첫 번째 원반 위에 떨어진다(그림 P8.10). 표면이 거칠기 때문에 두 원반은 결국 같은 각속력 ω로 회전한다. (a) ω를 구하라. (b) 운동에너지가 이 경우에 손실된 것을 보이고 처음 운동에너지 대한 나중 운동에너지의 비를 구하라.

그림 P8.10

고체와 유체
Fluids and Solids

물질의 알려진 상태는 고체, 액체, 기체, 플라스마의 네 가지가 있다. 우주 전체에서는 전자기학적으로 상호작용하는 대전 입자들의 계인 플라스마가 가장 일반적인 상태이다. 우리가 살아가는 지구에서는 고체, 액체, 기체의 형태가 대부분이다.

물질의 서로 다른 상태를 기본적으로 이해하는 것은 과학, 공학, 의학 등에서 매우 중요하다. 고체에 가해진 힘은 변형력을 유발하고, 변형력은 강철빔이나 뼈와 같은 고체에 변형을 일으키고, 모양을 바꾸고, 부러뜨릴 수도 있다. 압력이 가해진 유체는 일을 할 수도 있고, 동맥과 정맥을 통하여 흐르는 혈액처럼 영양분이나 주요 용질을 운반하기도 한다. 흐르는 기체는 압력 차이를 만들어 거대한 화물기를 띄우거나 태풍 속에서 지붕을 날아가게도 한다. 핵융합로에서 만들어진 고온의 플라스마를 연구하여 어느 날 태양의 에너지원을 인간이 동력으로 사용하게 될지도 모른다.

물질의 이러한 상태 중 한 가지만 연구하는 것도 그 자체로 방대한 분야가 된다. 여기서는 고체, 액체, 기체의 기본 성질을 소개하기로 한다. 더불어 표면장력, 점성, 삼투 현상, 확산에 대하여 간단히 다루기로 한다.

9.1 물질의 상태 States of Matter

물질은 보통 세 가지 상태, 즉 **고체**(solid), **액체**(liquid), 또는 **기체**(gas) 중의 하나로 분류된다. 보통 이 분류를 확장하여 **플라스마**(plasma)라는 네 번째 상태를 포함시키기도 한다.

일상 경험에 의하면 고체는 일정한 부피와 모양을 가지고 있다. 예를 들어, 벽돌은 예외 없이 우리에게 익숙한 모양과 크기를 갖고 있다.

액체는 일정한 부피를 갖고 있으나 모양이 일정하지는 않다. 잔디 깎는 기계에 연료를 채울 때, 가솔린은 연료통의 모양에 따라 형태가 바뀌지만 부피는 변하지 않는다. 기체는 부피와 모양이 모두 일정하지 않다는 점에서 고체나 액체와는 다르다. 그렇지만 기체는 흐를 수 있기 때문에 여러 가지 점에서 액체와 비슷한 성질을 가지고 있다.

모든 물질은 원자나 분자의 집합으로 이루어져 있다. 고체에 있는 원자들은 주로 전기적인 힘에 의하여 상호 간 고유한 위치를 유지하고 있으며, 각자의 평형 위치를 중심으로 진동하고 있다. 아주 낮은 온도에서는 진동이 미미하여 원자들이 고정되어 있다고 생각할 수 있다. 물질에 가해지는 에너지가 증가할수록 진동의 진폭은 증가한다. 진동하는 원자는 이웃하는 원자와 용수철로 연결되어 평형 위치를 중심으로 속박되어 있다고 생각할 수 있다. 그림 9.1은 가상의 용수철로 연결된 원자를 나타내고 있다. 고체에 가해지는 외력이 용수철을 압축시키는 것으로 생각할 수 있다. 외력을 제거하면

그림 9.1 고체 일부분의 모형. 원자(구)들이 용수철에 의하여 서로 연결되어 있으며 이는 원자 간의 힘이 탄성력의 성질임을 나타낸다. 고체는 이런 용수철이 서로 연결된 수많은 조각들로 이루어져 있다고 할 수 있다.

© Cengage Learning/Charles D. Winters

그림 9.2 천연 수정(SiO₂)의 결정. 지구에서 가장 흔한 광물 중의 하나이다. 수정은 특수 렌즈나 프리즘을 만들 때 사용되며 전자 기기에 이용된다.

그림 9.3 (a) 소금(NaCl) 결정의 구조. Na^+(회색)와 Cl^-(초록색)가 정육면체 꼭짓점에 교대로 위치해 있다. (b) 비정질 고체에서 원자들은 불규칙하게 배열되어 있다. (c) 액체 분자가 불규칙하게 움직이고 있다.

고체는 원래의 크기와 모양으로 되돌아가려 한다. 따라서 고체는 탄성을 갖고 있다고 말한다.

고체는 결정과 비정질로 분류된다. **결정형 고체**(crystalline solid)는 원자들이 규칙적으로 배열되어 있는 것을 말한다(그림 9.2). 예를 들어, 염화나트륨 내에서 나트륨과 염소는 그림 9.3a에서처럼 정육면체의 꼭짓점에 교대로 배열되어 있다. 유리와 같은 **비정질 고체**(amorphous solid)에서는 그림 9.3b와 같이 원자들이 무질서하게 놓여 있다.

어느 물질에서든 액체 상태는 고체 상태보다 높은 온도에서 존재한다. 액체 내의 분자 간의 힘은 분자 위치를 고정할 만큼 강하지 못하다. 따라서 분자가 액체 내부를 무질서하게 돌아다닌다(그림 9.3c). 고체와 액체는 압축하려 할 때, 이에 대항하여 내부 원자 사이에서 강한 반발력이 작용하는 성질이 있다.

기체 상태에서는 분자들이 무질서하게 마구잡이 운동을 하며, 분자 사이의 힘은 작은 편이다. 기체 분자 사이의 거리는 평균적으로 분자의 크기에 비하여 매우 크다. 분자들은 서로 충돌하기는 하나, 대개의 경우 자유롭게 움직이고 서로 상호작용하지 않는 입자처럼 운동한다. 따라서 고체나 액체와는 달리 쉽게 압축된다. 기체에 대해서는 다음 장에서 좀 더 자세히 다룬다.

기체가 높은 온도로 가열되면, 각 원자를 둘러싸고 있는 전자들 중 상당수가 핵으로부터 떨어져 나온다. 결과적으로 전하를 띤 자유 입자들이 모여 있는 계(음으로 대전된 전자와 양으로 대전된 이온)가 형성된다. 이와 같이 같은 양의 양전하와 음전하로 이루어진 고도로 이온화된 상태를 **플라스마**(plasma)라 한다. 전하를 띠지 않는 기체와는 달리, 플라스마 내의 구성 입자 사이에는 원거리의 전자기력이 작용한다. 플라스마는 별 내부나 블랙홀 주위의 원형 띠와 같은 곳에서 발견할 수 있으며, 고체, 액체, 기체 보다 훨씬 보편적인 형태이다. 이는 별의 형태가 다른 어떤 형태의 천체 물질 보다 많기 때문이다.

그러나 이와 같은 일반적인 물질은 우주의 5% 정도만을 차지하고 있다. 최근 수 년 간 관측한 바에 의하면, 보이지 않는 **암흑 물질**(dark matter)은 은하계 주위의 별들의 운동에 영향을 미치고 있다고 여겨진다. 암흑 물질은 일반 물질보다 몇 배나 많은

25% 정도까지 우주를 구성하고 있다. 마지막으로, 우주의 70%는 **암흑 에너지**(dark energy)로 구성되어 있는데, 이는 우주의 팽창을 가속화시키고 있다고 여겨진다.

9.2 밀도와 압력 Density and Pressure

같은 질량의 알루미늄과 금에는 중요한 물리적 차이가 있다. 알루미늄은 금보다 일곱 배 이상의 부피를 차지한다. 이러한 차이의 원인이 원자나 핵의 수준에 있지만 단순한 척도로 밀도라는 개념이 있다.

균일한 조성을 가진 물체의 **밀도**(density) ρ는 질량 M을 부피 V로 나눈 값이다.　◀ 밀도

$$\rho \equiv \frac{M}{V}$$ [9.1]

SI 단위: 킬로그램/세제곱미터(kg/m^3)

조성이 균일하지 않은 물체에 대해서는 식 9.1이 평균 밀도를 정의한다. 가장 흔히 쓰이는 밀도의 단위는 SI 단위계의 경우 킬로그램/세제곱미터, cgs 단위계의 경우 그램/세제곱센티미터이다. 표 9.1은 몇 가지 물질의 밀도를 나타낸다. 대부분의 액체나 고체의 밀도는 온도나 압력 변화에 의해 조금씩 변하는 반면, 기체의 밀도는 그러한 변화에 의해 매우 많이 변한다. 정상 조건에서 고체나 액체의 밀도는 기체 밀도의 약 1 000배 정도이다. 이 차이는 다시 말해 기체 분자 간격이 고체나 액체에 비하여 약 10배 정도 크다는 것을 의미한다.

물질의 **비중**(specific gravity)은 물질의 밀도와 4°C의 물의 밀도와의 비이다(킬로 그램은 원래 4°C에서의 물의 밀도가 1.0×10^3 kg/m^{3}이 되도록 정의되었다). 정의에 의해 비중은 차원이 없는 양이다. 예를 들어, 어떤 물질의 비중이 3.0이라면 밀도는

표 9.1 몇 가지 흔한 물질의 밀도

물질	ρ(kg/m^3)^a	물질	ρ(kg/m^3)^a
얼음	0.917×10^3	물	1.00×10^3
알루미늄	2.70×10^3	글리세린	1.26×10^3
철	7.86×10^3	에틸알코올	0.806×10^3
구리	8.92×10^3	벤젠	0.879×10^3
은	10.5×10^3	수은	13.6×10^3
납	11.3×10^3	공기	1.29
금	19.3×10^3	산소	1.43
백금	21.4×10^3	수소	8.99×10^{-2}
우라늄	18.7×10^3	헬륨	1.79×10^{-1}

^{a}모든 값은 0°C(273 K), 1기압(1.013×10^5 Pa)인 STP에서의 값이다. 이 값을 gm/cm^3 단위로 환산하려면 10^{-3}을 곱하면 된다.

그림 9.4 (a) 유체에 잠긴 물체에 작용하는 힘, (b) 유체에서의 압력을 재는 간단한 장치

유체에 잠긴 물체에 작용하는 힘은 어느 점에서나 물체의 표면에 수직이고 깊이에 따라 증가한다.

진공

A

$\vec{F}$

a

b

$3.0(1.0 \times 10^3 \ \text{kg/m}^3) = 3.0 \times 10^3 \ \text{kg/m}^3$이다.

유체가 물체에 가하는 힘은 물체 표면에 수직으로 작용한다(그림 9.4a).

유체의 특정 지점에 작용하는 압력은 그림 9.4b에서와 같은 장치를 이용하여 측정한다. 진공 실린더에 가벼운 피스톤이 들어 있고 피스톤은 이미 알고 있는 무게로 보정된 용수철에 연결되어 있다. 장치가 유체에 잠기면 유체는 피스톤 윗면을 누르고, 피스톤은 유체의 압력과 용수철의 힘이 상쇄될 때까지 움직인다. 피스톤에 가해지는 힘의 크기를 F, 피스톤 윗면의 넓이를 A라 하자. 용수철을 누르는 힘은 전체 넓이에 골고루 퍼져 있으므로 압력을 정의할 수 있다.

> **Tip 9.1** 힘과 압력
>
> 힘은 벡터이고 압력은 스칼라이다. 압력에는 방향이 없지만 압력을 미치는 힘은 작용면에 수직이다.

압력 ▶

F가 겉넓이 A에 수직으로 작용하는 힘의 크기라면, 평균 압력 P는 힘을 넓이로 나눈 값이다.

$$P \equiv \frac{F}{A}$$

[9.2]

SI 단위: 파스칼(Pa = N/m²)

압력은 표면 상의 점에 따라 다르기 때문에, 식 9.2를 평균 압력이라고 한다. 압력은 단위 넓이당 힘으로 정의되기 때문에, 파스칼(뉴턴/제곱미터) 단위이다. 영국에서는 전통적으로 파운드/제곱인치를 사용한다. 해수면에서의 대기압은 14.7 lb/in.²인데, SI 단위로는 $1.01 \times 10^5 \ \text{Pa}$에 해당한다.

식 9.2에서 보듯이 가해진 힘의 효과는 힘이 가해지는 넓이에 결정적으로 의존한다. 700 N 무게의 사람이 보통 신발을 신은 상태라면 비닐로 표면 처리된 마루에 상처를 내지 않고 서 있을 수 있다. 반면 금속 쐐기가 박힌 골프화를 신고 있다면 마루를 상당히 손상시킬 것이다. 즉, 같은 힘이 좁은 넓이에 집중되면서 이 면의 압력은 매우 커지고, 마루의 극한 강도를 넘게 될 가능성이 크게 된다.

설피(snowshoes)도 같은 원리를 이용한다(그림 9.5). 눈은 신발에 수직 윗방향으로 힘을 가하면서 사람 몸무게를 지탱한다. 뉴턴의 제3법칙에 의하면, 윗방향의 힘은

그림 9.5 설피는 몸무게를 넓게 분산시켜서 눈 위에서의 압력을 감소시키기 때문에, 사람이 눈에 빠지지 않게 한다.

신이 눈에 작용하는 아랫방향의 힘과 크기가 같다. 사람이 설피를 신고 있다면 이 힘은 설피의 넓은 면으로 분산된다. 모든 지점에서 압력이 상대적으로 낮아 사람은 눈에 깊숙이 빠지지 않는다.

예제 9.1 압력과 물의 무게

목표 밀도, 압력, 무게의 관계를 알아본다.

문제 **(a)** 높이 $h = 40.0$ m이고 반지름 $r = 1.00$ m인 원통형 물기둥의 무게를 계산하라(그림 9.6). **(b)** 물의 표면에서 반지름이 1.00 m인 원형 부분에 공기가 작용하는 힘을 계산하라. **(c)** 깊이가 40.0 m인 곳에서 물기둥을 받치기 위한 압력은 얼마인가?

전략 **(a)** 물의 질량을 구하기 위해서는 밀도와 부피를 곱하여 계산하면 된다. 그 다음에 중력 가속도 g를 곱하면 무게가 된다. **(b)** 압력의 정의에 무엇인가를 대입해야 한다. **(c)** **(a)**와 **(b)**의 결과를 더한 것을 표면의 넓이로 나누면 물기둥의 아랫부분에서의 압력이 계산된다.

그림 9.6 (예제 9.1)

이곳에서 아래로 작용하는 힘은 공기의 압력에 의한 것이다.

여기서 위로 작용하는 힘은 물의 압력에 의한 것이며, 이것은 물기둥의 무게와 위에서의 공기의 압력에 의한 아래 방향의 힘을 합한 값과 같아야 한다.

풀이

(a) 높이가 40.0 m이고 반지름이 1.00 m인 원통형 물기둥의 무게를 계산한다. 우선 원통형 물기둥의 부피를 계산한다.

$$V = \pi r^2 h = \pi (1.00 \text{ m})^2 (40.0 \text{ m}) = 126 \text{ m}^3$$

그 부피에 물의 밀도를 곱하면 물기둥의 질량이 얻어진다.

$$m = \rho V = (1.00 \times 10^3 \text{ kg/m}^3)(126 \text{ m}^3) = 1.26 \times 10^5 \text{ kg}$$

그 질량에다 중력 가속도 g를 곱하면 무게 w가 얻어진다.

$$w = mg = (1.26 \times 10^5 \text{ kg})(9.80 \text{ m/s}^2) = \boxed{1.23 \times 10^6 \text{ N}}$$

(b) 물의 표면에서 반지름이 1.00 m인 원형 부분에 공기가 작용하는 힘을 계산한다.
압력에 관한 식을 사용한다.

$$P = \frac{F}{A}$$

압력에 관한 식을 힘에 관하여 풀고 넓이 $A = \pi r^2$을 대입한다.

$$F = PA = P\pi r^2$$

수식에 해당하는 값을 대입한다.

$$F = (1.01 \times 10^5 \text{ Pa})\pi (1.00 \text{ m})^2 = \boxed{3.17 \times 10^5 \text{ N}}$$

(c) 40.0 m 깊이에서 물기둥을 받치는 압력을 구한다.
물기둥에 대해 뉴턴의 제2법칙을 사용한다.

$$-F_\text{아래} - w + F_\text{위} = 0$$

위로 작용하는 힘에 대해 푼다.

$$F_\text{위} = F_\text{아래} + w = (3.17 \times 10^5 \text{ N}) + (1.23 \times 10^6 \text{ N})$$
$$= 1.55 \times 10^6 \text{ N}$$

그 힘을 넓이로 나누면 압력이 구해진다.

$$P = \frac{F_\text{위}}{A} = \frac{1.55 \times 10^6 \text{ N}}{\pi (1.00 \text{ m})^2} = \boxed{4.93 \times 10^5 \text{ Pa}}$$

참고 주어진 깊이에서의 압력은 물의 무게와 물 표면에 있는 공기가 작용하는 힘을 합한 것과 관계가 있다. 깊이가 40.0 m인 곳에 있는 물은 평형을 이루기 위해서 물기둥을 받치기 위한 힘을 위로 작용한다. 주어진 깊이에서의 압력을 결정하는 데 밀도가 상당히 중요한 역할을 한다.

9.3 깊이에 따른 압력의 변화 Variation of Pressure with Depth

유체가 용기 속에 정지해 있으면 **유체의 모든 부분은 정적 평형 상태에 있어야 한다.** 즉, 관측자에 대하여 정지해 있다. **더욱이 같은 깊이에 있는 모든 지점은 같은 압력에 있어**

그림 9.7 (a) 유체 덩어리가 평형 상태에 있다면 힘 $\vec{F}_1$과 $\vec{F}_2$는 평형을 이루어야 한다. (b) 진하게 표시된 액체 부피에 작용하는 알짜힘은 영이어야 한다.

야 한다. 그렇지 않다면 유체는 압력이 높은 쪽에서 낮은 쪽으로 흐르게 될 것이다. 예를 들어, 그림 9.7a에서 보이는 유체의 작은 덩어리에 대하여 생각해 보자. 이 덩어리의 왼쪽 압력이 오른쪽 압력보다 크다면 $\vec{F}_1$이 $\vec{F}_2$보다 클 것이고, 이 덩어리는 오른쪽으로 가속될 것이기 때문에 평형 상태에 있지 않게 된다.

다음으로 그림 9.7b의 진한 부분으로 표시된 유체의 일부분을 살펴보자. 이 영역은 단면의 넓이가 A이고 액체 표면에서부터 아래로 y_1과 y_2 사이에 있다. 이 영역에는 세 가지의 외력이 작용한다. 중력 Mg, 아랫부분의 유체에 의한 윗방향 힘 P_2A, 위 부분의 유체에 의한 아랫방향 힘 P_1A이다. 이 영역에서 유체는 평형 상태이므로 합력이 영이 되어야 한다. 따라서

$$P_2A - P_1A - Mg = 0 \qquad [9.3]$$

이다. 밀도의 정의에 의해 다음 식이 성립한다.

$$M = \rho V = \rho A(y_1 - y_2) \qquad [9.4]$$

식 9.4를 식 9.3에 대입하고 A를 소거하여 정리하면 다음과 같다.

$$P_2 = P_1 + \rho g(y_1 - y_2) \qquad [9.5]$$

$y_2 < y_1$이므로 $(y_1 - y_2)$가 양의 값임을 주목하라. 힘 P_2A는 힘 P_1A보다 정확히 두 지점 사이의 물의 무게만큼 크다. 이는 미식 축구나 럭비에서 선수들이 포개져 있을 때 맨 아래에 깔린 사람이 느끼는 힘의 계산 원리와 같다.

대기압 역시 유체가 쌓여서 발생하게 되는데, 이 경우 유체는 대기를 구성하는 기체이다. 해수면에서부터 대기의 바깥 끝 사이에 있는 모든 공기의 무게가 해수면에서의 대기압 $P_0 = 1.013 \times 10^5$ Pa을 만들어낸다. 이 결과를 사용하면 물 표면으로부터 임의의 깊이 $h = (y_1 - y_2) = (0 - y_2)$에서의 압력 P를 알아낼 수 있다.

$$P = P_0 + \rho g h \qquad [9.6]$$

식 9.6에 의하면 **대기에 놓여 있는 액체의 표면으로부터 깊이 h인 지점의 압력 P는 대기압보다 $\rho g h$만큼 크다.** 게다가 그림 9.8과 같이 압력은 용기의 모양에 영향을 받지 않는다. 더구나 압력은 용기의 모양에 따라 달라지지 않는다. 식 9.6을 때로는 유체의 정적 평형 방정식(equation of hydrostatic equillibrium)이라고도 한다.

그림 9.8 액체에 작용하는 압력이 같은 높이에 있는 모든 점에서 같다는 것을 나타내는 사진이다. 용기의 모양이 압력에 영향을 주지 않음에 유의하라.

© Cengage Learning/Charles D. Winters

예제 9.2 기름과 물

목표 서로 다른 유체 층에 의한 압력을 계산한다.

문제 큰 기름 탱크에 소금물이 $h_2 = 5.00$ m의 깊이로 차 있다. 그림 9.9에 나와 있는 탱크의 단면도와 같이 물 위에 $h_1 = 8.00$ m 깊이의 기름 층이 있다. 기름의 밀도는 0.700 g/cm³이다. 탱크 바닥에서의 압력을 구하라. 소금물의 밀도는 $1\,025$ kg/m³ 로 한다.

전략 식 9.6을 두 번 사용하여야 한다. 먼저 기름 층 바닥의 압력 P_1을 구하는 데 사용한다. 다음으로 이 압력을 식 9.6의 P_0 대신 사용하여 물 층의 바닥에서의 압력 $P_{바닥}$을 구한다.

그림 9.9 (예제 9.2)

풀이

식 9.6을 사용하여 기름 층 바닥의 압력을 계산한다.

$$P_1 = P_0 + \rho g h_1 \tag{1}$$
$$= 1.01 \times 10^5 \, \text{Pa}$$
$$+ (7.00 \times 10^2 \, \text{kg/m}^3)(9.80 \, \text{m/s}^2)(8.00 \, \text{m})$$
$$P_1 = 1.56 \times 10^5 \, \text{Pa}$$

이제 식 9.6을 새로운 처음 압력 값에 대하여 적용하고 바닥에서의 압력을 구한다.

$$P_{바닥} = P_1 + \rho g h_2 \tag{2}$$
$$= 1.56 \times 10^5 \, \text{Pa}$$
$$+ (1.025 \times 10^3 \, \text{kg/m}^3)(9.80 \, \text{m/s}^2)(5.00 \, \text{m})$$
$$P_{바닥} = \boxed{2.06 \times 10^5 \, \text{Pa}}$$

참고 기름 층 표면에서 대기의 무게에 의한 압력은 P_0이다. 기름과 물의 무게가 합쳐져서 바닥에서의 압력으로 작용한다.

유체의 압력은 깊이와 P_0에 의존하기 때문에, 표면에서의 어떤 압력 증가도 유체의 모든 부분에 그대로 전달된다. 이 사실은 프랑스 과학자 파스칼(Blaise Pascal, 1623~1662)에 의해 처음 알려졌는데, 이를 **파스칼의 원리**(Pascal's principle)라 한다.

> 갇혀 있는 유체에 작용하는 압력의 변화는 유체의 모든 부분과 용기 벽면으로 감쇠 없이 전달된다.

파스칼의 원리의 중요한 응용 분야는 유압 지렛대(hydraulic press)이다(그림 9.10a). 아랫방향의 힘 $\vec{F}_1$은 작은 피스톤 넓이 A_1에 작용한다. 압력은 유체를 따라 전

응용

유압 리프트

왼쪽에 작용하는 작은 힘 $\vec{F}_1$은 오른쪽에 훨씬 큰 힘 $\vec{F}_2$를 작용한다.

그림 9.10 (a) 유압 지렛대에서 작은 넓이 A_1에서 증가한 압력이 큰 넓이 A_2에 전달되고 있다. 힘은 압력과 넓이의 곱이므로 힘 $\vec{F}_2$의 크기는 힘 $\vec{F}_1$의 크기보다 A_2/A_1배 더 크다. (b) 수리 중인 자동차를 유압 리프트가 받쳐 들고 있다.

달되며 넓이 A_2를 가지는 더 큰 피스톤에 미친다. 피스톤이 움직이면서 왼쪽과 오른쪽 실린더에 있는 유체의 상대적인 높이가 달라지면서 입력 피스톤과 출력 피스톤의 압력이 약간 달라진다. 이 작은 압력차를 무시하면 각 피스톤에서의 유체의 압력은 같다 ($P_1 = P_2$). 따라서 압력의 정의로부터 $F_1/A_1 = F_2/A_2$가 된다. 그러므로 힘 $\vec{F}_2$의 크기는 힘 $\vec{F}_1$의 크기보다 A_2/A_1배 더 크다. 이것이 자동차와 같은 큰 무게를 큰 피스톤에 올린 다음 작은 피스톤에 훨씬 작은 힘을 가하여 움직일 수 있는 원리이다. 유압 브레이크, 자동차 리프트, 유압 잭, 지게차 등의 기계에서 이 원리를 이용한다.

■ 예제 9.3 ■ 자동차 리프트

목표 파스칼의 원리를 자동차 리프트에 적용하고, 들어간 일이 나오는 일과 같음을 증명한다.

문제 자동차 정비소에서 사용되는 리프트에는 압축 공기가 반지름이 $r_1 = 5.00$ cm인 단면이 원형인 작은 피스톤에 힘을 가한다. 비압축성 액체를 통하여 이 압력이 반지름이 $r_2 = 15.0$ cm인 두 번째 피스톤에 전달된다. **(a)** 무게가 13 300 N인 자동차를 들어 올리려면 압축된 공기가 피스톤에 얼마만한 힘을 가하여야 하는 가? **(b)** 이러한 힘을 만들어내는 공기의 압력은 얼마인가? **(c)** 들어간 일과 나온 일이 같음을 보여라.

전략 **(a)** 파스칼의 원리를 이용한다. 출력 힘의 크기 F_2는 지탱하고 있는 자동차의 무게와 같아야 한다. **(b)** 압력의 정의를 이용한다. **(c)** $W = F \Delta x$를 이용하여 W_1/W_2를 구하여 이것이 1이 됨을 확인한다. 파스칼의 원리를 입력 피스톤과 출력 피스톤이 같은 부피를 밀어낸다는 사실과 함께 적용한다.

···

풀이

(a) 작은 피스톤에 필요한 힘을 구한다.

피스톤의 단면의 넓이가 $A = \pi r^2$임을 이용하고, 파스칼의 원리에 주어진 값들을 대입한다.

$$F_1 = \left(\frac{A_1}{A_2}\right)F_2 = \frac{\pi r_1^2}{\pi r_2^2}F_2$$

$$= \frac{\pi(5.00 \times 10^{-2}\,\text{m})^2}{\pi(15.0 \times 10^{-2}\,\text{m})^2}(1.33 \times 10^4\,\text{N})$$

$$= \boxed{1.48 \times 10^3\,\text{N}}$$

(b) F_1을 생성하는 공기 압력을 구한다.

압력의 정의에 대입한다.

$$P = \frac{F_1}{A_1} = \frac{1.48 \times 10^3\,\text{N}}{\pi(5.00 \times 10^{-2}\,\text{m})^2} = \boxed{1.88 \times 10^5\,\text{Pa}}$$

(c) 피스톤이 들어갈 때와 나올 때 한 일이 같음을 보인다.

부피가 같다고 놓고 A_2/A_1에 대하여 푼다.

$$V_1 = V_2 \quad \rightarrow \quad A_1\Delta x_1 = A_2\Delta x_2$$

$$\frac{A_2}{A_1} = \frac{\Delta x_1}{\Delta x_2}$$

파스칼의 원리를 사용하여 F_1/F_2을 구한다.

$$\frac{F_1}{A_1} = \frac{F_2}{A_2} \quad \rightarrow \quad \frac{F_1}{F_2} = \frac{A_1}{A_2}$$

앞의 두 결과를 대입하여 일의 비를 구한다.

$$\frac{W_1}{W_2} = \frac{F_1\,\Delta x_1}{F_2\,\Delta x_2} = \left(\frac{F_1}{F_2}\right)\left(\frac{\Delta x_1}{\Delta x_2}\right) = \left(\frac{A_1}{A_2}\right)\left(\frac{A_2}{A_1}\right) = 1$$

$$W_1 = W_2$$

···

참고 이 문제에서 두 피스톤의 높이 차이에 의한 효과는 언급하지 않았다. 작은 피스톤의 액체 기둥의 높이가 더 높으면 액체의 무게가 차를 들어 올리는 데 도움이 되므로 가해야 하는 힘의 크기가 줄어든다. 큰 피스톤의 액체 기둥의 높이가 더 높다면 차와 함께 여분의 액체를 들어 올려야 하므로 가해야 하는 힘의 크기가 커진다.

9.4 부력과 아르키메데스의 원리
Buoyant Forces and Archimedes' Principle

유체에 잠긴 물체에 영향을 주는 기본 원리는 그리스의 수학자이자 자연과학자인 아르키메데스에 의해 발견되었다. **아르키메데스의 원리**(Archimedes' principle)는 다음 과 같이 표현 된다.

> 유체에 부분적으로 또는 완전히 잠긴 물체가 받는 부력의 크기는 그 물체에 의해 밀려난 액체의 무게와 같다.

◀ 아르키메데스의 원리

많은 역사가들은 부력의 개념을 아르키메데스의 '욕조 에피소드'와 연결 짓는데, 그 는 물이 차 있는 욕조에 몸을 담그면 자신의 몸무게가 변하는 것을 알아차렸다고 한다. 예제 9.4에서 보듯이 부력은 밀도를 측정하는 한 방법으로 사용된다.

모든 사람이 아르키메데스의 원리를 경험하고 있다. 예를 들어, 사람을 들어 올릴 때, 사람이 물에 있으면 땅에 있을 때에 비해 훨씬 쉬워진다. 물은 그 안에 담긴 물체 를 부분적으로 지지한다. 유체에 담긴 물체가 위로 향하는 힘을 받는데, 이 힘을 **부력** (buoyant force)이라고 한다.

부력은 유체에서 발생하는 신비로운 힘이 아니다. 부력의 물리적 원인은 물체의 윗 면과 아랫면에 작용하는 압력의 차이인데, 그 크기는 물체에 의해 밀려난 유체의 무게 와 같다는 것을 보일 수 있다. 그림 9.11a와 같이 짙은 푸른색으로 표시된 공 안에 들 어 있는 유체는 그 주위를 둘러싸고 있는 유체에 의해 모든 방향에서 힘을 받는다. 화 살표는 압력에 의해 생기는 힘을 표시한다. 압력은 깊을수록 증가하므로 아래쪽 화살 표가 위쪽 화살표보다 크다. 압력 차이에 의한 이 힘이 부력 $\vec{B}$이다. 이 유체공은 뜨지 도 가라앉지도 않으므로 부력과 유체공에 작용하는 중력의 벡터 합은 영이어야 하고 따라서 $B = Mg$이다. 여기서 M은 유체의 질량이다.

그림 9.11b에서와 같이 유체공을 같은 부피의 포탄으로 대체하면 압력이 가해지는 질량만 바뀌므로 부력은 같다. 즉, $B = Mg$인데, 여기서 M은 포탄의 질량이 아니라 유 체의 질량이다. 더 무거운 공에 작용하는 중력은 유체 공에 작용했던 것보다 크므로 포 탄은 가라앉는다.

아르키메데스의 원리 또한 식 9.3을 이용하여 압력과 깊이를 연관시켜 구할 수 있다

Tip 9.2 부력은 유체에 의해 작용 된다.

물체에 가해지는 부력은 유체에 의해 작용하며 물체의 밀도와 상관없이 똑 같다. 밀도가 유체보다 더 큰 물체는 가라앉고 더 작은 물체는 떠오른다.

위로 작용하는 알짜 힘이 부력이다.

공에 작용하는 부력의 크기는 밀려난 물의 무게와 같다.

그림 9.11 (a) 화살표는 압력에 의하여 유체공에 가해지는 힘을 나타낸다. 깊이에 따라 압력이 커지므로 아래쪽 힘이 더 크 다. (b) 주위의 유체에 의하여 생기는 부 력은 포탄을 포함하여 동일한 부피를 가진 모든 물체에 똑같이 작용한다.

그림 9.12 뜨거운 공기는 차가운 공기보다 밀도가 작기 때문에 기구에는 위로 향하는 알짜힘이 작용한다. (스위스 알프스산)

그림 9.13 (a) 유체보다 밀도가 작은 물체가 유체 속에 완전히 잠기면 위로 향하는 알짜힘을 받는다. (b) 유체보다 밀도가 큰 물체가 완전히 잠기면 가라앉는다.

아르키메데스

Archimedes, B.C. 287~212

그리스의 수학자, 물리학자 겸 공학자

아르키메데스는 고대에서 가장 위대한 과학자 중 한 명일 것이다. 부력의 발견으로 유명한 그는 천부적인 발명가였다. 알려진 바에 의하면, 그는 히에론(Hieron) 왕의 명령을 받아 왕관을 손상시키지 않으면서 왕관이 순금으로 만들어졌는지 판정하여야 했다. 아르키메데스는 목욕탕에 들어갔을 때 자신의 무게가 줄어드는 것을 알아내고 해결책을 찾아내었다고 한다. 그는 이것을 발견하고 너무 기쁜 나머지 '유레카(Eureka)!'라고 외쳤다 한다. 이 말은 그리스어로 '발견했다'라는 뜻이다.

(그림 9.7b). 압력으로 인한 수평 힘들은 상쇄되지만, 수직 방향으로는 P_2A의 힘이 윗방향으로 작용하고, P_1A의 힘과 중력 Mg가 아래로 향하므로

$$B = P_2A - P_1A = Mg \qquad [9.7a]$$

가 된다. 여기서 부력은 밀려난 유체의 무게와 같은 크기로, 압력차에 의한 것임을 알 수 있다. 부력은 주위를 둘러싼 유체에 의하여 생기는 것이므로, 그 크기는 공간을 차지하고 있는 물질과는 상관이 없다. 밀도를 정의를 사용하여 식 9.7a를 다음과 같이 쓸 수 있다.

$$B = \rho_{유체} V_{유체} g \qquad [9.7b]$$

여기서 $\rho_{유체}$는 유체의 밀도, $V_{유체}$는 밀려난 유체의 부피이다. 이와 같은 결과는 모든 모양에 대해 적용할 수 있는데, 이는 임의의 불규칙한 모양을 아주 작은 네모 상자 여러 개로 대치할 수 있기 때문이다.

다음과 같이 완전히 잠긴 물체와 떠 있는 물체에 작용하는 힘을 비교해 보면 이해에 도움이 될 것이다.

경우 1: 완전히 잠긴 물체

물체가 밀도 $\rho_{유체}$의 유체에 완전히 잠기면 위로 향하는 힘은 $B = \rho_{유체} V_{물체} g$의 크기를 갖는다. 여기서 $V_{물체}$는 물체의 부피이다. 물체의 밀도가 $\rho_{물체}$라면, 아래로 향하는 중력은 $w = mg = \rho_{물체} V_{물체} g$이고, 알짜힘은 $B - w = (\rho_{유체} - \rho_{물체}) V_{물체} g$이다. 따라서 물체의 밀도가 유체의 밀도보다 작으면(그림 9.12, 그림 9.13a), 알짜힘은 양의 값을 갖고, 물체는 위로 가속되어 떠오른다. 만약 물체의 밀도가 유체의 밀도보다 크다면(그림 9.13b), 알짜힘은 음의 값을 갖고 물체는 아래로 가속되어 가라앉는다.

경우 2: 떠 있는 물체

그림 9.14와 같이 유체에 정적 평형을 이루며 떠 있는 물체를 생각해 보자. 이 경우 위로 향하는 부력은 물체에 작용하는 아래로 향하는 중력과 균형을 이룬다(그림 9.15). $V_{유체}$가 물체에 의해 밀려난 유체의 부피(이는 유체의 표면 아래에 잠긴 물체의 부피에

그림 9.14 빙산은 부피의 대부분이 물속에 잠겨있다. 전체 부피의 얼마가 물속에 잠겨있을까?

해당)라면 부력의 크기는 $B = \rho_{유체} V_{유체} g$이다. 물체의 무게는 $w = mg = \rho_{물체} V_{물체} g$이고, $w = B$이므로 $\rho_{유체} V_{유체} g = \rho_{물체} V_{물체} g$, 또는

$$\frac{\rho_{물체}}{\rho_{유체}} = \frac{V_{유체}}{V_{물체}} \qquad [9.8]$$

가 된다.

식 9.8에서 공기에 의한 부력은 무시했는데, 이는 공기의 밀도가 해수면에서는 1.29 kg/m^3으로 작기 때문이다.

정상 조건에서 물고기의 평균 밀도는 물의 밀도보다 약간 크다. 이 경우 물고기가 자신의 밀도를 조절하는 방법을 가지고 있지 않다면 가라앉게 된다. 물고기는 몸 안에 있는 부레의 크기를 조절함으로써 중립의 부력을 유지하여 여러 깊이에서 헤엄칠 수 있게 된다.

사람의 뇌는 밀도가 1 007 kg/m^3인 뇌척수액(cerebrospinal fluid)에 잠겨 있다. 이 밀도는 뇌의 평균 밀도인 1 040 kg/m^3에 비해 약간 작은 값이다. 결과적으로 뇌 무게의 대부분은 주변을 둘러싸고 있는 유체가 작용하는 부력에 의해 지탱된다. 임상 과정에서는 진단을 위하여 이 액체의 일부분을 제거해야 할 때가 있다. 이 과정 중에 신경과 혈관들은 상당한 변형을 겪게 되는데, 이것은 극심한 불안감과 고통을 유발한다. 따라서 이런 환자는 환자 신체가 자연적으로 뇌척수액을 만들 때까지 세심한 주의를 요한다.

정비소에서 차의 부동액이나 배터리를 점검할 때, 아르키메데스의 원리가 자주 사용된다. 그림 9.16은 차 방열기의 부동액을 점검하는 장치를 보여주고 있다. 관에 포함된 작은 공들은 밀도가 조금씩 다르다. 순수한 물이 차 있을 때는 모두 떠 있고, 부동액으로 차 있으면 모두 가라앉는다. 5% 혼합액에서는 공이 하나가 떠 있고, 10% 혼합액에서는 두 개가 떠있다. 떠 있는 공의 개수는 혼합액에 있는 부동액의 농도를 나타낸다. 다시 말해 혼합액이 얼지 않고 버틸 수 있는 최저 온도를 말해준다.

비슷한 방법으로 자동차 배터리의 충전량은 배터리 안에 설치된 소위 마술점(magic dot)이라고 부르는 장치에 의해 결정된다(그림 9.17). 배터리 위쪽의 관찰창(viewing port)을 통해 내려다보면 충전이 충분히 되었을 때, 주황색 점이 보인다. 검정색 점은

두 힘은 크기가 같고 방향이 반대이다.

그림 9.15 유체의 표면에 떠 있는 물체에는 중력 $\vec{F}_g$와 부력 $\vec{B}$가 작용한다.

응용

물고기의 부력 조절

응용

뇌척수액

응용

자동차 배터리의 충전량 점검

방열기에서 부동액을 뽑아내는 관

서로 다른 밀도를 가진 공들

그림 9.16 이 기기 안에 떠 있는 공의 개수는 자동차 방열기에 있는 부동액의 밀도를 나타낸다. 결과적으로 부동액이 어는 온도를 알 수 있게 해 준다.

배터리가 방전됨에 따라 배터리 액의 밀도는 감소하고, 배터리 검사용 관 속의 공이 옆으로 가라앉아서 보이지 않게 된다.

배터리 액

충전된 배터리　　방전된 배터리

그림 9.17 플라스틱 관에 있는 주황색 공은 배터리가 (a) 충전되어 있는지 (b) 방전되어 있는지를 나타낸다.

배터리가 방전했을 때를 나타낸다. 배터리가 충분히 충전되어 있을 때는, 배터리 액의 밀도가 높기 때문에 주황색 공이 떠오른다. 배터리가 방전됨에 따라 배터리 액의 밀도는 감소하고 공은 액체 아래로 내려간다. 이때 점은 검게 보인다.

예제 9.4 싸구려 왕관

목표 잠겨 있는 물체에 아르키메데스의 원리를 적용한다.

문제 할인 물품을 좋아하는 아가씨가 벼룩시장에서 '황금' 왕관을 구입했다. 집에 돌아온 후 저울에 달아보니 7.84 N이 나왔다 (그림 9.18a). 그 다음에 물에 넣고 저울에 달아보니 6.86 N이 나왔다(그림 9.18b). 이 왕관은 순금으로 만들었을까

전략 이 문제의 목표는 왕관의 밀도를 구하여 금의 밀도와 비교하는 것이다. 이미 공기 중에서의 왕관의 무게를 알고 있으므로, 그 무게를 중력 가속도로 나누면 질량을 알 수 있다. 이제 왕관의 부피를 알기만 하면 질량을 그 부피로 나눠 구하고자 하는 밀도를 알 수 있다. 왕관이 완전히 잠길 때 밀려난 물의 양은 왕관의 부피와 같다. 이 부피를 사용하여 부력을 계산한다. 따라서 다음과 같은 진략을 취한다. (1) 뉴딘의 제2법칙과 물속과 공기 중의 무게를 사용하여 부력의 크기를 구한다. (2) 부력을 이용하여 왕관의 부피를 구한다. (3) 공기 중에서의 왕관의 무게로부터 질량을 구하고, 이를 왕관의 부피로 나누어 밀도를 구한다.

풀이

뉴턴의 제2법칙을 공기 중에서의 무게에 적용한다. 두 개의 힘이 왕관에 작용하는데, 중력 $m\vec{g}$와 저울이 왕관에 미치는 힘 $\vec{T}_{공기}$이다. 그 크기는 저울이 지시하는 값이다.

$$T_{공기} - mg = 0 \tag{1}$$

물에 잠겨 있는 왕관에 작용하는 힘은 저울이 미치는 힘 $\vec{T}_{물}$, 위로 향하는 부력 $\vec{B}$, 중력이 있다.

$$T_{물} - mg + B = 0 \tag{2}$$

식 (1)을 mg에 대하여 풀고, 식 (2)에 대입한 후 부력에 대해 푼다. 이는 저울의 지시값의 차이와 같다.

$$T_{물} - T_{공기} + B = 0$$
$$B = T_{물} - T_{공기} = 7.84\ \text{N} - 6.86\ \text{N} = 0.980\ \text{N}$$

부력의 크기는 밀려난 물의 무게와 같다는 사실을 이용하여 밀려난 물의 부피를 구한다.

$$B = \rho_{물}\, g V_{물} = 0.980\ \text{N}$$

그림 9.18 (예제 9.4) (a) 왕관을 공기 중에서 달았을 때 저울의 눈금은 왕관의 실제 무게 $T_{공기} = mg$이다. (b) 왕관을 물속에 담그면 부력 $\vec{B}$때문에 저울의 눈금은 부력의 크기만큼 줄어들어 $T_{물} = mg - B$가 된다.

$$V_{물} = \frac{0.980\ \text{N}}{g \rho_{물}} = \frac{0.980\ \text{N}}{(9.80\ \text{m/s}^2)(1.00 \times 10^3\ \text{kg/m}^3)}$$
$$= 1.00 \times 10^{-4}\ \text{m}^3$$

왕관이 완전히 물에 잠겼으므로 $V_{왕관} = V_{물}$이다. 식 (1)로부터 왕관의 질량은 왕관의 공기 중에서의 무게 $T_{공기}$를 g로 나눈 값이다.

$$m = \frac{T_{공기}}{g} = \frac{7.84\ \text{N}}{9.80\ \text{m/s}^2} = 0.800\ \text{kg}$$

왕관의 밀도를 구한다.

$$\rho_{왕관} = \frac{m}{V_{왕관}} = \frac{0.800\ \text{kg}}{1.00 \times 10^{-4}\ \text{m}^3} = \boxed{8.00 \times 10^3\ \text{kg/m}^3}$$

참고 금의 밀도가 $19.3 \times 10^3\ \text{kg/m}^3$이므로 왕관은 속이 비었거나 합금으로 만들어졌다. 이 방법이 수학적으로는 복잡하지만 아르키메데스가 사용한 방법일 가능성이 아주 높다. 이는 개념적으로 같은 무게의 금과 금–은 합금을 물에 담그면 무게가 서로 다르다는 것으로, 이들의 밀도가 다르므로, 부피가 달라 부력이 달라지기 때문이다.

예제 9.5 두 가지 액체에 떠 있기

목표 아르키메데스 원리를 밀도가 다른 두 가지 액체 층에 떠 있는 물체에 적용한다.

문제 1.00×10^3 kg의 정육면체 알루미늄 물체가 탱크에 들어 있다. 이 물체의 절반이 잠길 때까지 물을 채운다. **(a)** 물체에 작용하는 수직 항력은 얼마인가? (그림 9.19a) **(b)** 물체에 작용하는 수직 항력이 영이 될 때까지 수은을 천천히 부어넣었다(그림 9.19b). 수은 층의 높이는 얼마인가?

전략 평형 상태인 물체에 대해 뉴턴의 제2법칙과 부력의 개념을 적용한다. **(a)**에서는 수직 항력, 중력, 부력이 작용하고 **(b)**에서는 수은에 의한 부력이 추가된다. $V_{수은} = Ah$를 사용하여 수은 층의 높이 h에 대하여 푼다.

풀이

(a) 물체가 물에 반만큼 잠겼을 때의 수직 항력을 구한다. 물체의 부피 V와 한 변의 길이 d를 구한다.

$$V_{알루미늄} = \frac{M_{알루미늄}}{\rho_{알루미늄}} = \frac{1.00 \times 10^3 \text{ kg}}{2.70 \times 10^3 \text{ kg/m}^3} = 0.370 \text{ m}^3$$

$$d = V_{알루미늄}^{1/3} = 0.718 \text{ m}$$

뉴턴의 제2법칙을 쓰고 수직 항력에 대하여 푼다. 부력은 밀려난 물의 무게와 같다(물체 부피의 절반에 해당).

$$n - M_{알루미늄}g + B_{물} = 0$$
$$n = M_{알루미늄}g - B_{물} = M_{알루미늄}g - \rho_{물}(V/2)g$$
$$= (1.00 \times 10^3 \text{ kg})(9.80 \text{ m/s}^2)$$
$$\quad - (1.00 \times 10^3 \text{ kg/m}^3)(0.370 \text{ m}^3/2.00)(9.80 \text{ m/s}^2)$$
$$n = 9.80 \times 10^3 \text{ N} - 1.81 \times 10^3 \text{ N} = \boxed{7.99 \times 10^3 \text{ N}}$$

(b) 더해진 수은의 높이 h를 구한다.
뉴턴의 제2법칙을 물체에 적용한다.

그림 9.19 (예제 9.5)

$$n - M_{알루미늄}g + B_{물} + B_{수은} = 0$$

$n = 0$으로 놓고 수은의 부력에 대하여 푼다.

$$B_{수은} = (\rho_{수은}Ah)g = M_{알루미늄}g - B_{물} = 7.99 \times 10^3 \text{ N}$$

h에 대하여 푼다. 이때 $A = d^2$이다.

$$h = \frac{M_{알루미늄}g - B_{물}}{\rho_{수은}Ag}$$
$$= \frac{7.99 \times 10^3 \text{ N}}{(13.6 \times 10^3 \text{ kg/m}^3)(0.718 \text{ m})^2(9.80 \text{ m/s}^2)}$$
$$h = \boxed{0.116 \text{ m}}$$

참고 **(b)**에서의 수은의 부력이 **(a)**에서의 수직 항력과 같음에 유의하라. 이는 수직 항력을 정확히 상쇄할 만큼 충분한 수은을 부었기 때문에 자연스러운 사실이다. 이 사실을 적용하여 간단히 수은의 부력 $B_{수은} = 7.99 \times 10^3$ N을 써서 뉴턴의 법칙을 적용하지 않고 h를 바로 구할 수도 있었을 것이다. 하지만 대부분의 경우 그렇게 운이 좋지는 않다. 수은의 깊이가 4.00 cm일 때의 수직 항력 계산을 시도해 보라.

9.5 유체의 운동 Fluids in Motion

유체가 움직일 때 그 흐름은 두 가지 유형 중의 하나로 특징지을 수 있다. 한 특정한 점을 지나는 모든 입자가 이전에 이 점을 지나간 입자들의 궤적을 따라 연속적으로 움직일 때, 이러한 흐름을 **유선형 흐름**(streamline) 또는 **층흐름**(laminar)이라고 한다(그림 9.20). 정상 흐름 상태에서 서로 다른 유선은 서로 교차하지 않으며, 어떤 점에서나 유선은 그 점에서의 유체 속도 방향과 일치한다.

반면에 어느 속도 이상이거나 속도의 급격한 변화를 일으키는 조건에서는 유체의 흐

그림 9.20 풍동 실험실에서 자동차 주위의 유선형 흐름을 보여준다. 공기 흐름은 연기 입자에 의해 가시화된다.

그림 9.21 뜨거운 기체가 상승하는 모습은 연기 입자를 통해 눈으로 볼 수 있다. 연기는 처음에는 아래쪽에서 층류의 형태로 흐르다 위로 올라가면서 난류가 된다.

름이 매우 불규칙해지는데, 이를 **난류**(turbulent)라 한다. 유체의 이러한 불규칙한 운동을 맴돌이 흐름(eddy currents)이라고 하며, 난류의 특징 중 하나이다(그림 9.21).

유체에 대해 논의할 때, **점성**(viscosity)이라는 용어는 유체의 내부 마찰 정도를 나타내는 데 사용된다. 이러한 내부 저항은 서로 상대적 속도를 갖는 인접한 유체의 두 층 사이의 저항과 연계되어 있다. 등유는 원유나 당밀에 비해 낮은 점성을 가지고 있다.

유체 운동의 많은 특성은 **이상 유체**(ideal fluid)의 거동으로 간주하면 이해할 수 있다. 이상 유체는 다음과 같은 조건들을 만족한다.

1. **유체의 점성이 없다.** 인접한 두 층 사이에 내부 마찰이 일어나지 않는다.
2. **비압축적이다.** 밀도가 일정하다.
3. **유체 운동이 일정하다.** 유체의 각 지점에서 유체의 속도와 밀도 압력이 시간에 따라 변하지 않는다.
4. **난류 없이 움직인다.** 이것은 유체의 각 부분의 각속도가 그 부분의 중심에 대해서 영이 됨을 말한다. 즉, 흐르는 유체에서 소용돌이 흐름이 생길 수 없다는 것을 의미한다. 유체에 조그만 바퀴를 놓으면 병진 운동은 하지만 회전 운동은 하지 않는다.

9.5.1 연속 방정식 Equation of Continuity

그림 9.22a는 불균일한 관을 통과하여 흐르는 유체를 보여준다. 유체 내의 입자들은 정상 흐름 상태에서 유선을 따라 움직인다. 작은 시간 간격 Δt 후 관의 아래쪽 끝에 들어간 유체는 $\Delta x_1 = v_1 \Delta t$만큼 움직인다. 여기서 v_1은 그 지점에서의 유체의 속력이다. 만약 A_1이 그 지점에서의 관의 단면의 넓이라면 아래쪽 파란 지역에 포함된 질량은 $\Delta M_1 = \rho_1 A_1 \Delta x_1 = \rho_1 A_1 v_1 \Delta t$이다. 여기서 ρ_1은 A_1에서의 유체의 밀도이다. 마찬가지로 같은 시간 간격 Δt 동안에 관의 위쪽 끝에서 흘러나온 유체의 질량은 $\Delta M_2 = \rho_2 A_2 v_2 \Delta t$이다. 그러나 **흐름이 일정하고 질량이 보존되어야 하므로** 시간 간격 Δt 동안 A_1을 통과

단면 A_1을 통과하는 부피 흐름률은 단면 A_2를 통과하는 부피 흐름율과 같아야 한다. 즉, $A_1 v_1 = A_2 v_2$이다.

아래로 내려갈수록 물줄기는 가늘어지고 연속 방정식에 따라 흐름 속력은 빨라진다.

그림 9.22 (a) 단면의 넓이가 변하는 관을 통과하는 유체. 시간 간격 Δt 동안 단면 A_1을 통과하는 유체의 부피는 같은 시간 동안 A_2를 통과하는 부피와 같다. $A_1 v_1 = A_2 v_2$ (b) 수도꼭지를 흐르는 물

a

b

하여 들어간 물의 질량과 같은 시간 동안 A_2를 통과하여 나간 질량은 같아야 한다. 따라서 $\Delta M_1 = \Delta M_2$ 또는

$$\rho_1 A_1 v_1 = \rho_2 A_2 v_2 \qquad [9.9]$$

이다. 비압축성 유체의 경우 $\rho_1 = \rho_2$를 사용하면 식 9.9는 다음과 같이 변한다.

$$A_1 v_1 = A_2 v_2 \qquad [9.10]$$

◀ 연속 방정식

이 식을 **연속 방정식**(equation of continuity)이라고 한다. 이 결과로부터 **관의 단면 넓이와 그 단면에서의 유체의 속력의 곱은 일정하다**는 사실을 알 수 있다. 따라서 관이 좁아지는 부분에서 유체의 속력은 빨라지고, 큰 지름을 가지는 부분에서는 느려진다. Av는 단위 시간당 부피의 단위를 가지고 있는데, 이를 **흐름률**(flow rate)이라고 한다. **Av가 일정하다는 조건은 주어진 시간에 관의 한쪽 끝을 통해 흘러들어온 유체의 양이 같은 시간 동안 관의 다른 쪽으로 흘러나가는 유체의 양과 같다는 것을 말하고 있다.** 이것은 유체가 압축되지 않는다는 사실과 누출이 없다는 사실을 가정했기 때문이다. 그림 9.22b는 연속 방정식 적용의 한 예이다. 물줄기가 수도꼭지로부터 연속적으로 흐를 때 물줄기의 너비는 좁아지고 속도는 증가한다.

연속 방정식이 일상생활에서 나타나는 예는 많이 있다. 예를 들어, 정원에 호스로 물을 뿌리면서 호수 끝에 엄지손가락을 대고 조금 막으면 물은 더 빠른 속력으로 나와 더 멀리까지 뻗어 나간다. 노즐의 단면을 줄이면 노즐을 떠나는 물방울은 속력이 빨라지고 더 먼 거리를 움직이게 된다. 연기를 피우며 타는 나뭇조각의 연기의 움직임도 같은 방식으로 이해할 수 있다. 연기가 처음에는 유선 형태로 올라가다, 올라감에 따라서 연기가 점점 희미해진다. 그리고 결국 연기는 소용돌이 난류 형태로 부서진다. 연기가 올라가는 이유는 공기보다 밀도가 작기 때문인데, 공기에 의한 부력이 연기를 윗방향으로 가속시킨다. 연기 유선의 속력이 증가함에 따라 연속 방정식에 의해 유선의 단면의 넓이는 감소한다. 그러나 연기는 곧 유선 흐름이 불가능한 속도에 도달하게 된다. 유체 속도와 난류 사이의 관계는 다음에 레이놀즈수를 다루면서 살펴보도록 하겠다.

> **Tip 9.3 연속 방정식**
>
> 어떤 계 안으로 들어오는 유체의 흐름률은 밖으로 나가는 흐름률과 같다. 안으로 들어오는 유체는 일정한 부피를 가지고 있어서 내부에 있던 유체가 빠져나가면서 공간을 만들어 주어야 계 내부로 들어올 수 있다.

예제 9.6 정원에 물주기

목표 연속 방정식을 흐름률 및 운동학의 개념과 연결한다.

문제 지름이 2.50 cm인 호스로 30.0 L 물통을 채우는 데 1.00 분이 걸린다. 정원사가 단면의 넓이가 0.500 cm^{2}인 노즐을 끼워 지상 1.00 m 지점에서 수평 방향으로 물을 뿌릴 때, 물줄기는 얼마나 멀리 가는가? 1 L = 1 000 cm^{3}이다.

전략 물통의 부피를 채우는 데 걸리는 시간으로 나누어 호스를 통과하는 부피 흐름률을 구한다. 노즐에서 수평으로 분사되는 물의 속력을 연속 방정식을 통하여 구한다. 나머지는 이차원 운동학을 적용하면 된다. 이 답은 처음 속도와 높이가 같은 공의 운동 문제와 똑같다.

풀이

부피 흐름률을 m^3/s 단위로 구한다.

부피 흐름률 =
$$= \frac{30.0 \text{ L}}{1.00 \text{ min}} \left(\frac{1.00 \times 10^3 \text{ cm}^3}{1.00 \text{ L}} \right) \left(\frac{1.00 \text{ m}}{100.0 \text{ cm}} \right)^3 \left(\frac{1.00 \text{ min}}{60.0 \text{ s}} \right)$$
$$= 5.00 \times 10^{-4} \text{ m}^3/\text{s}$$

노즐에서 분사되는 물의 처음 속도의 x성분 v_{0x}를 구하기 위해 연속 방정식을 푼다.

$$A_1 v_1 = A_2 v_2 = A_2 v_{0x}$$

$$v_{0x} = \frac{A_1 v_1}{A_2} = \frac{5.00 \times 10^{-4} \text{ m}^3/\text{s}}{0.500 \times 10^{-4} \text{ m}^2} = 10.0 \text{ m/s}$$

물줄기가 1.00 m 떨어지는 시간을 계산한다. 물줄기가 수평이므로 v_{0y}는 영이다.

$$\Delta y = v_{0y} t - \tfrac{1}{2} g t^2$$

$v_{0y} = 0$으로 놓고 t에 대해 푼다. $\Delta y = -1.00$ m임에 유의하라.

$$t = \sqrt{\frac{-2\Delta y}{g}} = \sqrt{\frac{-2(-1.00 \text{ m})}{9.80 \text{ m/s}^2}} = 0.452 \text{ s}$$

수평으로 날아간 거리를 구한다.

$$x = v_{0x} t = (10.0 \text{ m/s})(0.452 \text{ s}) = \boxed{4.52 \text{ m}}$$

참고 유체의 운동을 개별 물체와 같은 운동학 식으로 다룬다는 사실이 흥미롭다.

그림 9.23 일–에너지 정리에 따라 서로 마주 보는 압력 P_1과 P_2가 하는 일은 Ⓐ와 Ⓑ 사이에 있던 유체가 Ⓒ와 Ⓓ 사이로 가는 동안의 역학적 에너지의 변화와 같다.

다니엘 베르누이
Daniel Bernoulli, 1700~1782
스위스의 물리학자 겸 수학자
—————————————
베르누이는 가장 유명한 저서 《유체역학》에서 유체의 속도가 빠를수록 압력이 감소한다는 것을 보였다. 이 책에서 그는 압력과 온도 변화에 따른 기체의 거동을 설명하려 하였는데, 이것이 기체 운동론의 시초이다.

9.5.2 베르누이의 방정식 Bernoulli's Equation

유체가 단면의 넓이와 높이가 변하는 관을 통과하며 흐를 때, 압력은 관의 위치에 따라 변하게 된다. 1738년 스위스 물리학자 베르누이(Daniel Bernoulli, 1700~1782)는 압력을 유체의 속력과 높이와 관련짓는 수학적 표현을 유도하였다. 베르누이의 방정식은 스스로 존재하는 물리적인 법칙은 아니다. **베르누이의 방정식은 에너지 보존이 이상 유체에 적용될 때 얻어지는 결과이다.**

베르누이의 방정식을 유도함에 있어, 유체가 비압축성이며 비점성적이고 난류를 일으키지 않는다는 가정을 도입해야 한다. 시간 간격 Δt 동안 불균일한 관을 흐르는 유체를 생각해 보자(그림 9.23). 유체의 아래쪽에 가해지는 힘은 아래쪽 끝에서의 압력이 P_1이라고 할 때 $P_1 A_1$이 된다. 뒤쪽에서 들어오는 유체가 아래쪽 관 끝에 있는 유체에 가한 일의 양은

$$W_1 = F_1 \Delta x_1 = P_1 A_1 \Delta x_1 = P_1 V$$

이다. 여기서 V는 그림 9.23에서 아래쪽 파란 부분의 부피이다. 같은 방법으로 관의 위쪽 부분에 Δt 동안 유체에 한 일의 양은

$$W_2 = -P_2 A_2 \Delta x_2 = -P_2 V$$

Δt 동안 A_1을 통과한 유체의 부피는 같은 시간 동안 A_2를 통과한 부피와 같다. 위쪽 유체에 가해진 힘은 유체의 이동 변위와 반대 방향이므로 일 W_2는 음의 부호를 가진다. Δt 동안 이들 힘이 한 알짜일은 유체가 한 일의 전체 합과 같다.

$$W_\text{유체} = P_1 V - P_2 V$$

이 일의 일부는 유체의 운동에너지를 변화시키고, 일부는 유체–지구 계의 중력 퍼텐셜 에너지를 변화시킨다. m을 Δt 동안 관을 통과하는 유체의 질량이라고 하면, 유체의 운동에너지 변화는

$$\Delta KE = \tfrac{1}{2} m v_2^2 - \tfrac{1}{2} m v_1^2$$

이고, 중력 퍼텐셜 에너지의 변화는

$$\Delta PE = mg y_2 - mg y_1$$

이다.

그림 9.23에서 유체 요소에 유체가 한 알짜일은 비고립계의 운동에너지와 퍼텐셜에

너지를 변화시키기 때문에, 다음을 얻게 된다.

$$W_{유체} = \Delta KE + \Delta PE$$

이 방정식의 세 항은 위에서 계산한 값이다. 각 항에 위의 표현을 대입하면,

$$P_1 V - P_2 V = \tfrac{1}{2}mv_2^2 - \tfrac{1}{2}mv_1^2 + mgy_2 - mgy_1$$

이 된다. 각항을 V로 나누고, $\rho = m/V$임을 이용하면,

$$P_1 - P_2 = \tfrac{1}{2}\rho v_2^2 - \tfrac{1}{2}\rho v_1^2 + \rho g y_2 - \rho g y_1$$

이 되고, 이를 정리하면 다음과 같다.

$$P_1 + \tfrac{1}{2}\rho v_1^2 + \rho g y_1 = P_2 + \tfrac{1}{2}\rho v_2^2 + \rho g y_2 \qquad [9.11]$$

이것이 **베르누이의 방정식**(Bernoulli's equation)인데, 흔히 다음과 같이 표현된다.

$$P + \tfrac{1}{2}\rho v^2 + \rho g y = 일정 \qquad [9.12]$$

◀ 베르누이의 방정식

베르누이의 방정식은 유선 상의 모든 점에서 압력 P, 단위 부피당 운동에너지 $\tfrac{1}{2}\rho v^2$과, 단위부피당 퍼텐셜 에너지 $\rho g y$의 합이 같음을 말해준다.

베르누이의 방정식의 중요한 결과는 그림 9.24를 보면 알 수 있다. 그림은 단면의 넓이가 큰 부분으로부터 관의 좁은 부분으로 흐르는 물을 보여준다. 이 기구는 **벤투리관**(Venturi tube)이라고 불리며, 유체의 속력을 측정한다. 지점 ①의 압력과 지점 ②의 압력을 비교해 보자. $y_1 = y_2$를 식 9.11에 적용하면,

$$P_1 + \tfrac{1}{2}\rho v_1^2 = P_2 + \tfrac{1}{2}\rho v_2^2 \qquad [9.13]$$

이 된다. 물은 관 안에 저장되지 않기 때문에 좁은 부분의 속력 v_2는 더 큰 지름에서의 속력 v_1보다 더 크다. 식 9.13로부터 $v_2 > v_1$이기 때문에 P_2는 P_1보다 작아야 한다. 이 결과는 다른 표현으로 **빨리 움직이는 유체는 느리게 움직이는 유체에 비해 더 작은 압력을 가한다**는 말이다. 다음 장에서 이 방정식의 결과들이 일상생활에서 일어나는 많은 현상을 어떻게 설명하는지 보여줄 것이다.

> **Tip 9.4** 기체에 대한 베르누이의 원리
>
> 기체에 대해서는 비압축적이라는 가정을 할 수 없으므로 식 9.11은 적용할 수가 없다. 그러나 정성적인 기술은 동일하다. 기체의 속도가 증가하면 압력은 감소한다.

$v_1 < v_2$이므로 P_1은 P_2보다 크다.

관의 좁은 부분에서의 압력이 낮기 때문에 그곳의 유체가 높이 올라간다.

그림 9.24 (a) 유체 흐름 속력을 측정하는 데 사용되는 기구, (b) 벤투리관(사진 맨 위). 가운데 실린더의 유체 수위가 더 높은 것은 이 실린더 위의 좁아진 부분의 압력이 다른 곳보다 낮음을 말한다.

예제 9.7 물탱크에의 총격전

목표 베르누이의 방정식을 적용하여 유체의 속력을 구한다.

문제 근시인 보안관이 소 도둑을 향해 6연발 권총을 발사하였는데, 총알이 빗나가 물탱크에 구멍을 내고 말았다(그림 9.25). **(a)** 물탱크는 위쪽이 대기에 노출되어 있고, 수면이 구멍으로부터 0.500 m 위에 있을 때, 구멍에서 나오는 물의 속력을 구하라. **(b)** 이 구멍이 땅 위 3.00 m에 있다면 물줄기는 지면의 어느 지점에 떨어지는가?

전략 (a) 물탱크의 단면의 넓이가 구멍보다 훨씬 크다고 가정하면($A_2 \gg A_1$), 물의 높이는 아주 천천히 낮아질 것이고 $v_2 \approx 0$이다. 그림 9.25의 지점 ①과 ②에서 베르누이의 방정식을 적용하는데, P_1은 구멍에서의 대기압 P_0과 같고 근사적으로 물탱크 꼭대기에서의 값과 같다. **(b)** 물을 수평으로 던져진 공으로 간주하여 푼다.

그림 9.25 (예제 9.7) 옆면의 뚫린 구멍에서 나오는 물의 속력은 $v_1 = \sqrt{2gh}$. 이다.

탱크 바닥의 중력 퍼텐셜 에너지를 영으로 놓는다.

풀이

(a) 구멍을 떠나는 물의 속력을 구한다.

$P_1 = P_2 = P_0$과 $v_2 \approx 0$을 베르누이의 방정식에 대입하고 v_1에 대해 푼다.

$$P_0 + \tfrac{1}{2}\rho v_1^2 + \rho g y_1 = P_0 + \rho g y_2$$

$$v_1 = \sqrt{2g(y_2 - y_1)} = \sqrt{2gh}$$

$$v_1 = \sqrt{2(9.80 \text{ m/s}^2)(0.500 \text{ m})} = \boxed{3.13 \text{ m/s}}$$

(b) 물줄기가 떨어지는 지면의 위치를 구한다.

물줄기가 처음에 수평으로 나아가므로 $v_{0y} = 0$을 사용하여 물줄기가 날아간 시간을 구한다.

$$\Delta y = -\tfrac{1}{2}gt^2 + v_{0y}t$$

$$-3.00 \text{ m} = -(4.90 \text{ m/s}^2)t^2$$

$$t = 0.782 \text{ s}$$

이 시간 동안 물줄기가 날아간 수평 거리를 구한다.

$$x = v_{0x}t = (3.13 \text{ m/s})(0.782 \text{ s}) = \boxed{2.45 \text{ m}}$$

참고 (a)와 같이 구멍에서 나오는 물의 속력은 수직 거리 h를 자유낙하할 때의 물체가 가지는 속력과 같다. 이를 **토리첼리의 법칙**(Torricelli's law)이라 한다.

예제 9.8 파이프에서의 유체 흐름

목표 베르누이의 방정식과 연속 방정식을 결합하여 문제를 해결한다.

문제 단면의 넓이가 1.00 m²인 큰 파이프가 5.00 m 아래로 내려와 지점 ①에서 단면의 넓이가 0.500 m²로 좁아지고 밸브로 닫혀있다(그림 9.26). 지점 ②에서의 압력은 대기압이고, 밸브를 열어 물이 자유롭게 흐른다면 파이프에서 나오는 물의 속력은 얼마인가?

전략 베르누이의 방정식과 연속 방정식에서 미지의 값 v_1과 v_2에 대한 방정식을 세운다. 연속 방정식을 이용하여 베르누이의 방정식의 v_2를 소거하여 v_1을 얻는다.

그림 9.26 (예제 9.8)

풀이

베르누이의 방정식을 쓴다.

$$P_1 + \tfrac{1}{2}\rho v_1^2 + \rho g y_1 = P_2 + \tfrac{1}{2}\rho v_2^2 + \rho g y_2 \quad (1)$$

연속 방정식을 v_2에 대하여 푼다.

$$A_2 v_2 = A_1 v_1$$

$$v_2 = \frac{A_1}{A_2} v_1 \quad (2)$$

식 (1)에서 $P_1 = P_2 = P_0$로 놓고 v_2를 대입한 후 v_1에 대하여 푼다.

$$P_0 + \tfrac{1}{2}\rho v_1^2 + \rho g y_1 = P_0 + \tfrac{1}{2}\rho \left(\frac{A_1}{A_2} v_1\right)^2 + \rho g y_2 \quad (3)$$

$$v_1^2 \left[1 - \left(\frac{A_1}{A_2} \right)^2 \right] = 2g(y_2 - y_1) = 2gh$$

$$v_1 = \frac{\sqrt{2gh}}{\sqrt{1 - (A_1/A_2)^2}}$$

주어진 값들을 대입한다.

$v_1 = $ 11.4 m/s

참고 관 속을 흐르는 실제 유체의 흐름률에 대한 계산은 여기서 계산한 것보다 훨씬 복잡하다. 그 이유는 점성, 난류 및 기타 여러 요인들 때문이다.

9.6 고체의 변형 The Deformation of Solids

고체는 고유의 모양과 크기를 가지고 있다고 생각할 수 있지만, 외력에 의하여 그 모양과 크기가 바뀔 수 있다. 충분히 큰 힘을 가할 경우, 물체의 형태를 영구히 변형시키거나 부러뜨릴 수 있지만, 그렇지 않을 경우에는 외력이 없어지면 물체의 모양과 크기는 원래대로 되돌아가려 한다. 이를 탄성이라 한다.

고체의 탄성은 변형력과 변형에 의하여 기술한다. **변형력**(stress)은 모양의 변화를 일으키는 단위 넓이당 힘이며, **변형**(strain)은 모양이 변화한 정도를 말한다. 변형력이 충분히 작을 때, **변형력은 변형에 비례**하는데, 이때 비례 상수는 변형된 물질과 변형의 성질에 따라 다르다. 이 비례 상수를 **탄성률**(elastic modulus)이라 한다.

$$변형력 = 탄성률 \times 변형 \qquad\qquad [9.14]$$

탄성률은 용수철 상수에 대응시킬 수 있으며 물질의 강도라고 볼 수 있다. 즉, 탄성률이 큰 물질은 매우 단단하여 변형시키기가 어렵다. 식 9.14의 형태를 띤 관계식에는 세 가지가 있는데, 이는 인장 변형, 층밀리기 변형, 부피 변형으로 모두 용수철에 대한 훅의 법칙과 비슷하다.

$$F = -k \, \Delta x \qquad\qquad [9.15]$$

여기서 F는 힘, k는 용수철 상수, Δx는 용수철의 늘어나거나 압축된 양이다.

9.6.1 영률: 길이의 탄성 Young's Modulus: Elasticity in Length

단면의 넓이가 A이고 길이가 L_0인 긴 막대의 한쪽 끝이 클램프에 고정되어 있는 경우를 생각하자(그림 9.27). 외력 $\vec{\mathbf{F}}$가 단면에 수직으로 작용할 때, 막대 내부의 힘은 $\vec{\mathbf{F}}$가 만드는 변화(늘림)에 대하여 저항한다. 그럼에도 불구하고 (1) 길이가 L_0보다 크고, (2) 외력이 내력과 균형을 이루는 평형 상태에 도달하게 된다. 이러한 경우에 막대는 변형 상태에 있다고 한다. **인장 변형력**(tensile stress)은 외력의 크기 F와 단면의 넓이 A의 비로 정의한다. 인장(tensile)은 장력(tension)과 같은 어원으로, 막대가 당겨지고 있기 때문에 사용되었다. 변형력의 단위는 N/m^2으로 특히 **파스칼**(pascal, Pa)이라고 하며 이것은 압력의 단위와 같다.

$$1 \, \text{Pa} \equiv \text{N/m}^2$$

이 경우 **인장 변형**(tensile strain)은 길이 변화 ΔL과 원래 길이 L_0의 비로 정의하고

막대에 힘 $\vec{\mathbf{F}}$가 작용하여 길이가 ΔL 만큼 늘어났다.

그림 9.27 한쪽 끝이 고정되어 있는 긴 막대에 힘을 작용한다.

◀ 파스칼 단위

표 9.2 대표적인 탄성률

물질	영률 (Pa)	층밀리기 탄성률 (Pa)	부피 탄성률 (Pa)
알루미늄	7.0×10^{10}	2.5×10^{10}	7.0×10^{10}
뼈	1.8×10^{10}	8.0×10^{10}	—
황동	9.1×10^{10}	3.5×10^{10}	6.1×10^{10}
구리	11×10^{10}	4.2×10^{10}	14×10^{10}
강철	20×10^{10}	8.4×10^{10}	16×10^{10}
텅스텐	35×10^{10}	14×10^{10}	20×10^{10}
유리	$6.5 - 7.8 \times 10^{10}$	$2.6 - 3.2 \times 10^{10}$	$5.0 - 5.5 \times 10^{10}$
수정	5.6×10^{10}	2.6×10^{10}	2.7×10^{10}
흉곽 연골	1.2×10^{7}	—	—
고무	0.1×10^{7}	—	—
힘줄	2×10^{7}	—	—
물	—	—	0.21×10^{10}
수은	—	—	2.8×10^{10}

차원이 없는 양이다. 식 9.14를 사용하면 인장 변형력과 인장 변형 사이의 관계식을 다음과 같이 쓸 수 있다.

$$\frac{F}{A} = Y\frac{\Delta L}{L_0}$$

[9.16]

이 식에서 비례 상수 Y를 **영률**(Young's modulus)이라 한다. 식 9.16을 풀어 $F = k\Delta L$ 형태로 만들면 $k = YA/L_0$가 되며 훅의 법칙(식 9.15)과 같은 형태가 된다.

영률이 큰 물질은 늘리거나 압축하기가 어렵다. 영률은 장력이나 압축력을 받은 막대나 철사의 특성을 나타내는 데 사용한다. 변형은 차원이 없는 양이므로, Y는 파스칼 단위로 표시한다. 표 9.2에 대표적인 영률 값을 나타내었다. 실험을 해 보면 (1) 일정 크기의 외력에 대한 길이의 변화는 원래 길이에 비례하고, (2) 일정 변형을 생성하는 데 필요한 힘은 단면의 넓이에 비례한다. 어떤 물질의 영률은 그 물질을 당기느냐 압축하느냐에 따라 다르다. 한 예로 인간의 대퇴골은 압축력보다 장력에 더 강하다.

충분한 크기의 힘을 가하면 **탄성 한계**(elastic limit)를 넘을 수도 있다(그림 9.28). 탄성 한계에서는 변형력 대 변형 곡선이 직선에서 벗어난다. 이 한계를 넘는 변형력을 가했다면 외력을 제거하더라도 원래 길이로 돌아가지 않는다. 어떤 물질이 부러지지 않고 견딜 수 있는 최대의 변형력을 **극한 강도**(ultimate strength)라 하는데 변형력이 더욱 커지면 극한 강도를 넘게 된다. 부서지기 쉬운 물질의 **파괴점**(breaking point)은 극한 강도를 바로 넘는 점이다. 구리나 금과 같은 연성이 강한 금속은 극한 강도를 지나면서도 가늘어지고 늘어나서 변형력이 작아지게 되어 부서지지 않는다.

그림 9.28 탄성 고체의 변형력 대 변형 곡선

9.6.2 층밀리기 탄성률: 모양의 탄성 Shear Modulus: Elasticity of Shape

물체가 한 면에서 그 면에 평행한 방향으로 힘 $\vec{F}$를 받고 반대 면은 다른 힘에 의해 고

층밀리기 변형력에 의해 블록의 윗부분은 아랫부분에 대해 오른쪽으로 변위하게 된다.

고정면

책을 책상 위에 놓고 윗부분을 밀면 아랫부분에 대해 오른쪽으로 밀리는 것을 쉽게 볼 수 있다.

그림 9.29 (a) 두 면에 대하여 나란히 가해지는 힘에 의하여 직사각형 블록이 뒤틀리는 층밀리기 변형, (b) 층밀리기 변형을 받고 있는 책

정되어 있다면 또 다른 형태의 변형이 일어나게 된다(그림 9.29a). 만일 물체가 직사각형 블록이라면 그러한 평행력은 최종 모양의 단면이 평행사변형이 되는 변형을 일으킨다. 이런 형태의 변형력을 **층밀리기 변형력**(shear stress)이라 한다. 그림 9.29b에서와 같이 책을 옆으로 밀면 층밀리기 변형력이 생긴다. 이 변형에서는 부피의 변화는 없다. 층밀리기 변형력에서는 가해지는 힘이 단면에 평행이고, 인장 변형력에서는 수직임이 중요하다. 층밀리기 변형력은 F/A, 즉 **평행력의 크기와 밀리는 면의 넓이의 비로 정의한다**. 층밀리기 변형은 $\Delta x/h$로 주어지는데, Δx는 수평 방향으로 밀린 거리이고, h는 물체의 높이이다. 층밀리기 변형력과 층밀리기 변형은 다음과 같은 관계가 있다.

$$\frac{F}{A} = S\frac{\Delta x}{h}$$ [9.17]

여기서 S는 물체의 **층밀리기 탄성률**(shear modulus)이며 단위는 파스칼(단위 넓이당 힘)이다. 훅의 법칙과 유사함을 다시 한 번 확인하라.

층밀리기 탄성률이 큰 물체는 구부리기 어렵다. 대표적인 물질들의 층밀리기 탄성률이 표 9.2에 나타나 있다.

9.6.3 부피 탄성률: 부피의 탄성 Bulk Modulus: Volume Elasticity

부피 탄성률은 균일한 압축에 대한 물체의 반응 특성을 기술한다. 물체에 작용하는 외력이 물체의 표면에 균일하게 분포되어 수직으로 작용한다고 가정해 보자(그림 9.30). 이런 상황은 물체가 유체에 잠겨 있을 때 일어난다. 이런 변형에서는 물체의 모양에는 변화가 없고 부피의 변화만 일어난다. **부피 변형력 ΔP는 작용한 힘의 변화량 ΔF와 겉넓이 A의 비로 정의한다**. 9.2절에서의 압력의 정의로부터 ΔP는 단순히 압력의 변화량이다. 부피 변형은 부피 변화량 ΔV를 원래 부피 V로 나눈 것과 같다. 식 9.14로부터 부피 변형력과 부피 변형의 관계를 다음과 같이 나타낼 수 있다.

$$\Delta P = -B\frac{\Delta V}{V}$$ [9.18]

큰 부피 탄성률 B를 가지는 물체는 압축이 잘 되지 않는다. 이 식에서 음의 부호에 주의해야 하는데, 이는 B의 값을 항상 양의 값으로 만든다. 압력의 증가(양의 ΔP)는 부피의 감소(음의 ΔV)를 일으키기 때문이다.

물체가 균일한 압력을 받을 경우 부피는 변하지만 모양은 변하지 않는다.

그림 9.30 속이 찬 정육면체가 균일한 압력을 받으면 여섯 면에 수직인 힘이 작용하여 압축이 일어난다. 육면체의 각 면에 작용하는 힘 벡터의 화살표가 보이지 않는 것은 육면체에 의해 가려져 있기 때문이다.

◀ 부피 탄성률

표 9.2에 몇 가지 물질의 부피 탄성률이 나타나 있다. 다른 곳에서 같은 종류의 값들을 찾다보면 가끔 부피 탄성률의 역수인 물질의 **압축률**(compressibility)을 볼 수 있다. 표를 보면 고체와 액체는 모두 부피 탄성률을 가지고 있다. 그러나 액체에서 영률이나 층밀리기 탄성률은 없는데, 이는 인장 변형력이나 층밀리기 변형력을 가하면 액체는 단순히 흐르기 때문이다.

예제 9.9　오래가는 건축

목표 인장 변형력에 의한 압축과 최대 부하를 계산한다.

문제 건물 건축에 사용되는 수직 강철 빔이 길이 방향으로 6.0×10^4 N의 힘을 받고 있다. **(a)** 빔의 길이가 4.0 m이고 단면의 넓이가 8.0×10^{-3} m^{2}일 때, 압축된 길이는 얼마인가? **(b)** 빔이 무너지지 않고 지탱할 수 있는 최대 부하는 얼마인가?

전략 식 9.14는 압축 변형력과 압축 변형에 관계한다. 이 식을 ΔL에 대하여 풀고 주어진 값을 대입한다. **(b)**는 압축 변형력을 표 9.3의 극한 강도로 대체한다. 힘의 크기에 대해 식을 풀면 건물이 지탱할 수 있는 최대 부하가 된다.

풀이

(a) 빔의 압축량을 구한다.

식 9.30을 ΔL에 대하여 풀고 표 9.2의 영률값을 대입한다.

$$\frac{F}{A} = Y \frac{\Delta L}{L_0}$$

$$\Delta L = \frac{FL_0}{YA} = \frac{(6.0 \times 10^4 \text{ N})(4.0 \text{ m})}{(2.0 \times 10^{11} \text{ Pa})(8.0 \times 10^{-3} \text{ m}^2)}$$

$$= \boxed{1.5 \times 10^{-4} \text{ m}}$$

(b) 빔이 지탱할 수 있는 최대 부하를 구한다.

압축 변형력을 표 9.3의 극한 압축 강도로 놓고 F에 대해 푼다.

$$\frac{F}{A} = \frac{F}{8.0 \times 10^{-3} \text{ m}^2} = 5.0 \times 10^8 \text{ Pa}$$

$$F = \boxed{4.0 \times 10^6 \text{ N}}$$

참고 하중을 지탱하는 구조를 설계할 때, 항상 안전도를 추가로 고려하여야 한다. 붕괴되지 않을 최소한의 강도로 만들어진 다리 위를 운전하고자 하는 사람은 아무도 없을 것이다.

표 9.3 물질의 극한 강도

물질	인장 강도(N/m^2)	압축 강도(N/m^2)
철	1.7×10^8	5.5×10^8
강철	5.0×10^8	5.0×10^8
알루미늄	2.0×10^8	2.0×10^8
뼈	1.2×10^8	1.5×10^8
대리석	—	8.0×10^7
벽돌	1×10^6	3.5×10^7
콘크리트	2×10^6	2×10^7

예제 9.10　깊은 물속에서 납덩이는 얼마나 압축될까

목표 부피 변형력과 부피 변형율의 개념을 적용한다.

문제 어떤 큰 배는 물 위에서의 방향과 균형을 유지하기 위해 벽돌 모양 등, 여러 가지 형태의 납을 싣고 다닌다. 화물을 싣고 있는 배에서 선원들이 배의 균형을 유지하기 위해서 0.500 m^{3}의 납을 2.00 km 깊이의 바닷속으로 버렸다. **(a)** 그러한 깊이에서의 압력의 변화를 계산하라. **(b)** 바닷속 바닥에서의 납의 부피의 변화를 계산해 보라. 바닷물의 밀도는 1.025×10^3 kg/m^{3}이고 납의 부피탄성률은 4.2×10^{10} Pa이다.

전략 표면과 2.00 km 깊이의 압력 차이는 그 깊이에 해당하는 물기둥의 무게 때문이다. 단면의 넓이가 1.00 m^{2}인 물기둥의 무게를 계산하라. 뉴턴 단위의 물기둥의 무게 값이 파스칼 단위의 압력 차이 값과 같을 것이다. 압력의 변화를 변형력과 변형률 관계식에 대입하여 납의 부피 변화를 계산하면 된다.

풀이

(a) 표면과 2.00 km 깊이의 압력 차이를 계산한다.

단면의 넓이가 1.00 m²인 물기둥의 무게를 계산하기 위하여 밀도, 부피 및 중력 가속도 g를 사용한다.

$$w = mg = (\rho V)g$$
$$= (1.025 \times 10^3 \text{ kg/m}^3)(2.00 \times 10^3 \text{ m}^3)(9.80 \text{ m/s}^2)$$
$$= 2.01 \times 10^7 \text{ N}$$

물기둥에 의한 압력 차이를 구하기 위하여 넓이(이 경우는 1.00 m²)로 나눈다.

$$\Delta P = \frac{F}{A} = \frac{2.01 \times 10^7 \text{ N}}{1.00 \text{ m}^2} = \boxed{2.01 \times 10^7 \text{ Pa}}$$

(b) 바닷속 바닥에 가라앉은 납덩이의 부피 변화를 계산한다. 변형력과 변형률 관계식을 쓴다.

$$\Delta P = -B\frac{\Delta V}{V}$$

ΔV에 대해 푼다.

$$\Delta V = -\frac{V\Delta P}{B} = -\frac{(0.500 \text{ m}^3)(2.01 \times 10^7 \text{ Pa})}{4.2 \times 10^{10} \text{ Pa}}$$
$$= \boxed{-2.4 \times 10^{-4} \text{ m}^3}$$

참고 결과 값에 나타나는 음의 부호는 부피가 감소함을 의미한다.

9.6.4 아치와 물질의 극한 강도 Arches and the Ultimate Strength of Materials

물질의 극한 강도는 물질이 부러지거나 깨지기 전에 견딜 수 있는 단위 넓이당 힘이다. 이는 빌딩, 다리, 길 등을 건설할 때 매우 중요하다. 표 9.3에 여러 가지 물질의 극한 강도가 나타나 있다. 뼈라든지 기타 다양한 건축 자재(콘크리트, 벽돌, 대리석)는 인장력보다 압축력에 더 강하다. 벽돌이나 돌이 압축에 견디는 능력은 반원형 아치의 기본이 되고 있다. 반원형 아치는 로마인들에 의하여 개발되었고, 기념 아치, 대형 사원, 수로 지지대 등에 광범위하게 사용되었다.

아치가 개발되기 전에는 공간을 잇는 방법으로 단순한 기둥–들보 구조(그림 9.31a)가 이용되었다. 이것은 수평 들보가 두 개의 기둥에 의해 지지되는 방식이다. 이런 건축법은 그리스 시대 거대 신전을 만드는 데 이용되었다. 신전의 기둥은 조밀하게 배치되었는데, 이는 당시에 구할 수 있는 돌의 길이가 제한되어 있고, 휘어지는 돌들보의 극한 인장 강도가 낮았기 때문이었다.

로마인들이 개발한 반원형 아치(그림 9.31b)는 건축 설계에 있어서 중요한 기술적 성과였다. 이것은 넓은 지붕에 있는 큰 무게를 효과적으로 수평, 수직으로 분산해서 좁

응용

건물의 아치 구조

그림 9.31 (a) 기둥–들보 구조, (b) 로마식 반원형 아치, (c) 횡 방향 지지를 위한 부벽 구조를 가진 고딕 양식 아치

은 지지 기둥에 집중한다. 이런 아치의 안정성은 쐐기 모양 돌 사이에 작용하는 압축력에 따라 다르다. 이 돌들은 그림에서처럼 균일한 부하에 의해 압축력을 받게 된다. 이 것은 아치가 수직선으로부터 곡선이 시작하는 기초 부위에 수평 바깥 방향으로의 힘을 발생한다. 이 수평력은 아치의 양 옆에 있는 돌 벽에 의해 균형이 이루어져야 한다. 따라서 수평 안정성을 제공하기 위해서 아치의 옆에 매우 무거운 벽(buttresses)을 사용하는 것이 보통이다. 만약 아치의 기초가 이동한다면 쐐기 모양 돌들 사이에 작용하는 압축력은 감소하여 아치는 무너진다. 로마인들은 돌의 표면을 잘 밀착되도록 가공하였다. 이러한 틈새를 메우는 데 모르타르가 사용되지 않았다는 것도 흥미롭다. 미끄럼에 대한 저항은 돌 표면들 사이의 압축력과 마찰로부터 생긴다.

또 다른 하나의 혁신적인 건축술은 그림 9.31c에서 보이는 뾰족한 고딕 아치이다. 이런 건축 양식은 12세기 유럽에서 시작되었고, 13세기 프랑스에서는 몇 개의 웅장한 고딕 양식 성당들이 지어졌다. 이 성당들의 큰 특징 중 하나는 높이에 있다. 예컨대 샤르트르(Chartres) 성당의 높이는 36 m이고, 렝스(Reims) 대성당의 높이는 42 m이다. 이렇게 고층 건물을 짓는 건축술은 구조에 대한 수학적 이론에 의존하지 않고도 매우 짧은 기간에 발전했다. 하지만 고딕 아치는 공중 부벽(flying buttress)을 필요로 하는데, 공중 부벽은 높고 좁은 기둥에 의해 지지되는 아치가 옆으로 퍼지는 것을 막아준다.

연습문제

1. 원자의 핵은 촘촘히 밀집된 양성자와 중성자로 모형화할 수 있다. 각 입자의 질량이 1.67×10^{-27} kg이고 반지름이 대략 10^{-15} m이다. (a) 이 모형에서의 핵의 밀도를 구하라. (b) 이 결과를 철과 같은 물질의 밀도와 비교해 볼 때, 물질의 구조에 대하여 암시하는 바는 무엇인가?

2. 영국 웨일스의 스노드니아 국립공원에 있는 린카우 호수는 깊이가 50.0 m로서 수영을 즐기는 사람들에게 인기가 있는 곳이다. (a) 호수의 밑바닥에서의 절대 압력을 구하라. 물의 밀도는 1.00×10^3 kg/m³로, 수면 위 공기의 압력은 9.10×10^4 Pa로 가정하라. (b) 호수 밑바닥에 잠수정이 정지해 있다. 물이 잠수정의 지름 35.0 cm인 유리창에 작용하는 힘을 구하라.

3. 어떤 열기구가 그 밑에 뜨거운 공기가 채워진 큰 주머니를 매달고 있다. 그 열기구는 관람객과 바구니 및 2.55×10^3 m³의 뜨거운 공기가 들어 있는 주머니를 포함하여 전체 질량이 545 kg이다. 그 주변 공기의 밀도가 1.25 kg/m³이라면, 그 열기구가 가만히 떠 있을 때 주머니 속의 뜨거운 공기의 밀도를 구하라. 바구니와 관람객이 배제된 공기의 부피는 무시한다.

4. 밀도가 650 kg/m³이고 한 변의 길이가 20.0 cm인 정육면체 나무토막이 물에 떠 있다. (a) 그 나무토막이 수면으로부터 물 위로 노출된 부분의 길이는 얼마인가? (b) 그 나무토막의 윗면이 수면과 같게 하기 위해 올려놓아야 할 납 덩어리의 질량은 얼마인가?

5. 2.00 kg의 기름(밀도 = 916 kg/m³)을 담은 1.00 kg의 비커가 저울 위에 놓여 있다. 용수철 저울에 매달린 2.00 kg의 쇳덩이가 그 기름 속에 완전히 잠겨있다 (그림 P9.5). 평형 상태에서 두 저울의 눈금을 구하라.

6. 200 kg의 짐이 단면의 넓이가 0.200×10^{-4} m²이고 길이가 4.00 m인 줄에 매

그림 P9.5

달려 있다. 줄의 영률은 8.00×10^{10} N/m²이다. 짐의 무게 때문에 늘어난 줄의 길이는 얼마인가?

7. 한쪽 끝이 배의 난간에 단단히 고정된 두께가 2.00 cm이고 너비가 15.0 cm인 판자가 배 밖으로 수평으로 2.00 m 나가 있다. 질량이 80.0 kg인 사람이 판자의 끝자락에 서 있다. 만일 판자의 끝 부분이 그의 무게 때문에 5.00 cm 아래로 처진다면 판자의 층밀리기 탄성률은 얼마인가?

8. 어느 등산가가 안전을 위해 길이 50 m, 지름 1.0 cm의 로프를 사용한다. 이 로프가 90 kg의 등산가를 지탱하면서 길이가 1.6 m 늘어났다. 로프의 영률은 얼마인가?

9. 뼈의 영률은 약 18×10^9 Pa이다. 압축될 때 뼈는 부러지기 직전에 약 160×10^6 Pa의 변형력을 견딜 수 있다. 대퇴골(넓적다리뼈)의 길이가 0.50 m라 할 때 이 뼈가 견딜 수 있는 최대 압축 변형량 ΔL을 구하라.

10. 그림 P9.10에 있는 막대가 5.8×10^3 N의 인장력을 받고 있다면, 늘어나는 길이는 얼마인가?

그림 P9.10

열물리학
Thermal Physics

거대한 폭발이 일어날 때 갇혀 있던 물이 어떻게 화산의 봉우리를 날려버릴 수 있는가? 온도가 변할 때, 도로가 갑자기 갈라지거나 뒤틀리는 일이 왜 일어날까? 현대 생활의 많은 것을 가능하게 하는 엔진을 작동하기 위하여 열에너지가 어떻게 이용될까?

이와 같은 질문에 답하기 위한 분야가 **열물리학**(thermal physics)이며 온도와 열, 그리고 이들이 물질에 어떤 영향을 미치는지를 연구하는 분야이다. 열적 현상을 정량적으로 기술하기 위해서는 온도, 열, 내부 에너지를 주의 깊게 정의할 필요가 있다. 열은 내부 에너지를 변화시키고, 이로 인해 온도를 변화시켜서 물질을 팽창시키고 수축시킨다. 이런 변화로 도로나 건물이 손상을 입으며, 금속이 갈라지고, 부드러운 물질이 딱딱해지거나 부서지기 쉽게 변하기도 하는데, 실제 추운 날씨 때문에 고무 오링(O-ring)이 제 기능을 다하지 못하여 우주선 챌린저호의 참사가 일어나기도 하였다.

기체는 열에너지를 일로 바꾸는 데에 필수적인 역할을 한다. 일상적인 온도 영역에서의 기체는 서로 상호작용하지 않는 점 입자처럼 행동하는데, 이를 이상 기체라고 한다. 이와 같은 기체는 거시적 또는 미시적으로 연구되어 왔다. 거시적인 관점에서 기체의 압력, 부피, 온도, 그리고 입자 수 등은 이상 기체의 법칙이라는 하나의 방정식으로 연결되어 있다. 미시적 관점에서는 기체의 구성원을 작은 입자로 형상화한 모형을 사용한다. 이를 기체 운동론이라 하는데, 압력, 온도, 내부 에너지와 같은 거시적 특성에 영향을 주기 위하여 원자 수준에서 무슨 일이 일어나는지를 알 수 있게 한다.

10.1 온도와 열역학 제0법칙
Temperature and the Zeroth Law of Thermodynamics

물체를 만졌을 때 얼마나 뜨겁거나 차가운지에 대한 느낌으로 온도의 개념을 생각할 수 있다. 인간의 감각은 온도를 대략적으로 나타낼 수는 있지만, 신뢰성이 적고 때로는 잘못된 판단일 수도 있다. 예를 들어, 냉동기 안에 있는 똑같은 온도의 금속 쟁반과 냉동 식료품을 담은 종이 상자를 만질 때, 금속 쟁반이 더 차갑다고 느낀다. 이는 금속이 종이 상자보다 열전도를 더 빨리 하기 때문이다. 우리에게 필요한 것은 물체의 '뜨거움'과 '차가움'을 상대적으로 측정하기 위한 신뢰할 수 있고 재현 가능한 방법을 찾아내는 것이다. 과학자들은 이와 같은 측정을 위해 다양한 온도계를 개발해 왔다.

온도가 다른 두 물체가 접촉하면 결국에는 어떤 중간 온도에 도달하게 된다. 예를 들어, 뜨거운 커피에 얼음을 넣는다면, 커피의 온도가 내려가는 동안 얼음의 온도가 올라가면서 얼음은 결국 녹게 될 것이다.

온도의 개념을 이해하기 위해서는 열접촉과 열평형을 이해해야 한다. 에너지를 서로 교환할 수 있을 때, 두 물체는 서로 **열접촉**(thermal contact)되었다고 말한다. 열접촉 상태에서 서로 알짜 에너지의 교환이 없을 때, 두 물체는 서로 **열평형**(thermal

1883년에 크라카토 화산의 마그마 챔버 속으로 바닷물이 쏟아져 들어갔다. 그 결과 과가열된 고압의 증기가 강력하게 분출되어 섬의 대부분을 파괴하고 수만 명의 사람들이 죽었다. 그 소리가 수천 킬로미터 떨어진 곳에서도 들렸다.

187

그림 10.1 열역학 제0법칙

equilibrium) 상태에 있다고 말한다.

온도 차이로 인하여 두 물체 사이에 교환되는 에너지를 **열**(heat)이라고 하는데, 열의 개념은 11장에서 상세히 다룰 것이다.

이러한 개념을 사용하여 온도를 공식적으로 정의할 수 있다. 서로 열접촉 상태에 있지 않은 두 물체 A와 B, 그리고 **온도계**(thermometer)로 작용하는 물체 C를 생각해 보자. A와 B가 열접촉했을 때, 두 물체가 서로 열평형 상태에 있는지 여부를 결정하고자 한다. 온도계(물체 C)는 먼저 A와 열접촉하여 열평형에 이른 다음 온도계의 눈금을 기록한다(그림 10.1a). 이제 온도계를 B와 접촉하여 열평형 상태의 눈금을 기록한다(그림 10.1b). 만약 두 눈금이 서로 같다면 A와 B는 서로 열평형 상태이다. A와 B가 그림 10.1c처럼 서로 열접촉할 경우 그들 사이에는 어떠한 에너지 흐름도 발생하지 않는다.

이 결과는 **평형의 법칙**(law of equilibrium)으로 알려져 있는 **열역학 제0법칙**(zeroth law of thermodynamics)으로서, 다음과 같이 요약할 수 있다.

열역학 제0법칙 ▶ | 물체 A와 B가 각각 세 번째 물체와 열평형 상태이면, A와 B는 서로 열평형 상태이다.

이 법칙은 **온도**(temperature)를 정의하는 데 사용되기 때문에 매우 중요하다. 온도라는 것은 한 물체가 다른 물체와 열평형 상태에 있는지의 여부를 결정하는 특성으로 생각할 수 있다. **서로 열평형 상태인 두 물체의 온도는 같다.**

10.2 고체와 액체의 열팽창 Thermal Expansion of Solids and Liquids

액체 온도계는 대부분의 물질에서 일어나는 잘 알려진 변화를 사용한다. 물질은 온도가 상승할 때 부피가 증가한다. 이 현상을 **열팽창**(thermal expansion)이라 하며, 많은 응용 분야에서 중요한 역할을 한다. 예를 들어, 건물, 콘크리트 고속도로, 다리 등을 만들 때, 열팽창 이음매를 반드시 설치함으로써 온도 변화에 따른 크기 변화를 보정하도록 하고 있다(그림 10.2).

일반적으로 물체의 열팽창은 구성 원자 또는 분자 사이의 평균 간격이 변화하면서 일어난다. 고체 물질의 원자가 어떻게 행동하는지 생각해 보자. 원자들은 고정된 평형 점에 위치하고 있다. 만약 원자들이 평형 위치에서 벗어나면, 복원력에 의하여 다시 제 자리로 돌아온다. 우리는 원자들이 이웃 원자와 용수철로 연결되어 있다고 상상할 수 있다(그림 9.1 참고). 만일 어떤 원자가 평형 위치에서 멀어지면 늘어난 용수철에서처 럼 복원력을 생성한다.

보통 온도에서 원자들은 평형 위치에서 약 10^{-11} m 정도의 진폭(진동 중심에서부터 의 최대 거리)을 갖는 진동을 한다. 이때 원자 사이의 평균 거리는 10^{-10} m 정도이다. 고체의 온도가 증가함에 따라, 원자들은 더 큰 진폭으로 진동하게 되고, 원자들 사이의 거리도 멀어지게 된다. 따라서 고체는 전체적으로 팽창한다.

열팽창 정도가 물체의 원래 크기에 비하여 대단히 작다면, 크기 변화는 근사적으 로 온도 변화에 비례한다. 물체가 온도 T_0에서 어떤 방향으로 L_0의 길이를 가지고 있 었다고 하자. 온도가 ΔT만큼 변할 때 길이는 ΔL만큼 변한다. 따라서 온도가 약간 변 할 때,

$$\Delta L = \alpha L_0 \, \Delta T \qquad \text{[10.1]}$$

즉,

$$L - L_0 = \alpha L_0 (T - T_0)$$

가 되는데, L은 나중 길이, T는 나중 온도이며, 비례 상수 α는 주어진 물질에 대한 **선 팽창 계수**(coefficient of linear expansion)이고 단위는$(\text{℃})^{-1}$이다.

표 10.1은 여러 물질에 대한 선팽창 계수이다. 이들 물질의 α가 양이므로 온도가 증 가할 때 길이가 늘어남에 유의하라.

열팽창은 부엌이나 실험실에서 사용되는 유리 제품에 영향을 미친다. 일반 유리로 된 차가운 용기에 뜨거운 액체를 넣을 때, 열 변형력에 의하여 용기가 깨질 수 있다. 용 기의 안쪽 표면은 뜨거워져서 팽창하고, 바깥쪽 표면은 상온이므로 일반 유리는 양쪽 의 서로 다른 열적 팽창을 견디지 못하고 깨지고 만다. 파이렉스 유리는 선팽창 계수가

다리 상판에 도로와 구분되는 열 팽창 이음매가 없으면 뜨거운 여 름에는 팽창하여 도로의 표면이 뒤틀릴 것이고 매우 추울 때는 수 축되어 갈라질 것이다.

© Cengage Learning/George Semple

a

긴 세로 방향의 이음매에 연질 재료 가 채워져 있다. 그래서 벽돌의 온도 가 변하면 비교적 자유로이 팽창과 수축을 할 수 있다.

© Cengage Learning/George Semple

b

그림 10.2 (a) 다리와 (b) 벽에서 열팽창 에 대비한 틈새를 둔 이음매

응용

파이렉스 유리

표 10.1 상온에서 여러 가지 물질의 평균 팽창 계수

물질	평균 선팽창 계수$[(\text{℃})^{-1}]$	물질	평균 부피 팽창 계수$[(\text{℃})^{-1}]$
알루미늄	24×10^{-6}	아세톤	1.5×10^{-4}
황동과 청동	19×10^{-6}	벤젠	1.24×10^{-4}
콘크리트	12×10^{-6}	에틸알코올	1.12×10^{-4}
구리	17×10^{-6}	휘발유	9.6×10^{-4}
유리(보통)	9×10^{-6}	글리세린	4.85×10^{-4}
유리(파이렉스)	3.2×10^{-6}	수은	1.82×10^{-4}
불변강(니켈−철 합금)	0.9×10^{-6}	송진	9.0×10^{-4}
납	29×10^{-6}	공기[a](0℃)	3.67×10^{-3}
강철	11×10^{-6}	헬륨	3.665×10^{-3}

[a]기체는 열적 과정에 따라 팽창의 양이 달라지기 때문에 부피 팽창 계수의 값이 정해져 있지 않다. 여기에 주 어진 기체에 대한 값은 정압 팽창을 가정한 값이다.

Tip 10.1 팽창 계수는 상수가 아 니다.

팽창 계수는 온도에 따라 약간 변화한 다. 따라서 주어진 팽창 계수 값은 평 균값에 해당한다.

일반 유리에 비하여 1/3에 불과하여 열 변형력이 훨씬 작다. 조리용 계량컵이나 실험용 비커는 뜨거운 액체를 다루기 위하여 파이렉스로 만드는 경우가 많다.

예제 10.1 철도 선로의 열팽창

목표 선팽창의 개념을 적용하고 변형력과 연관 지어 생각한다.

문제 **(a)** 강철로 만들어진 철로의 길이가 0°C에서 30.000 m이다. 기온이 40.0°C인 어느 더운 날에는 길이가 얼마나 되는가? **(b)** 레일이 못으로 고정되어 있다고 가정하면 온도 변화에 따른 변형력은 얼마인가(그림 10.3)?

전략 **(a)** 표 10.1과 식 10.1을 이용하여 선팽창 계수를 구한다. **(b)** 외적인 제약에 의하여 ΔL만큼 팽창할 수 없는 철로는 ΔL만큼 압축된 것과 같게 되어 철로에 변형력을 생성한다. 인장 변형력과 인장 변형을 관련짓는 식과 선팽창 식을 함께 사용하면 변형력은 식 9.16을 이용하여 계산할 수 있다.

그림 10.3 (예제 10.1) 열팽창: 미국 뉴저지 주의 아즈베리 공원에서 폭염에 의해 기차 철로가 휘어져 있다.

풀이

(a) 40.0°C에서의 철로의 길이를 구한다.

주어진 값을 식 10.1에 대입하여 변화된 길이를 구한다.

$$\Delta L = \alpha L_0 \Delta T = [11 \times 10^{-6}(°C)^{-1}](30.000 \text{ m})(40.0°C)$$
$$= 0.013 \text{ m}$$

원래 길이에 변화량을 더해 나중 길이를 구한다.

$$L = L_0 + \Delta L = \boxed{30.013 \text{ m}}$$

(b) 철로가 팽창할 수 없을 때의 변형력을 구한다.

식 9.16에 대입하여 변형력을 구한다.

$$\frac{F}{A} = Y\frac{\Delta L}{L_0} = (2.00 \times 10^{11} \text{ Pa})\left(\frac{0.013 \text{ m}}{30.0 \text{ m}}\right)$$
$$= \boxed{8.7 \times 10^7 \text{ Pa}}$$

참고 가열과 냉각이 반복되면 사물은 점점 낡게 되어 시간이 지남에 따라 구조가 약해진다.

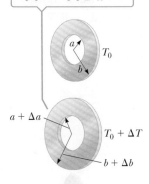

와셔가 가열되면 구멍의 반지름을 포함해서 모든 방향으로 팽창한다.

그림 10.4 균일한 금속 와셔의 열팽창. 그림에서는 팽창 정도가 과장되어 있다.

열팽창 과정을 사진이 확대되는 것처럼 생각하는 것이 도움이 될 수도 있다. 예로 금속 와셔(washer)에 열을 가하면(그림 10.4), 구멍의 반지름을 포함한 모든 길이가 식 10.1에 따라 증가하게 된다.

열팽창에 대한 실질적인 응용 예로는 뜨거운 물을 사용하여 유리병에 꽉 달라붙은 금속 뚜껑을 떼어내는 일상적인 방법을 들 수 있다. 뜨거운 물을 부으면 병뚜껑의 둘레가 유리병보다 많이 팽창하기 때문에 꽉 닫힌 뚜껑을 열 수 있다.

물체의 선형 크기가 온도에 따라 변하기 때문에 부피와 겉넓이는 온도에 따라 변하게 된다. 한 변의 길이가 L_0이고 넓이가 $A_0 = L_0^2$인 정사각형을 생각해 보자. 온도가 증가함에 따라 각 변의 길이는

$$L = L_0 + \alpha L_0 \Delta T$$

로 증가한다. 사각형 물체의 변화된 넓이는

$$A = L^2 = (L_0 + \alpha L_0 \Delta T)(L_0 + \alpha L_0 \Delta T) = L_0^2 + 2\alpha L_0^2 \Delta T + \alpha^2 L_0^2 (\Delta T)^2$$

이다. 마지막 항은 $\alpha\Delta T$의 제곱에 비례한다. $\alpha\Delta T$는 1보다 매우 작기 때문에 제곱항은 더욱 작아져서 무시할 수 있고,

$$A = L_0{}^2 + 2\alpha L_0{}^2 \Delta T$$
$$A = A_0 + 2\alpha A_0 \Delta T$$

그러므로

$$\Delta A = A - A_0 = \gamma A_0 \Delta T \qquad\qquad [10.2]$$

로 표현할 수 있다. 여기서 $\gamma = 2\alpha$이며 γ를 **넓이 팽창 계수**(coefficient of area expansion)라고 부른다.

비슷한 과정을 통하여 온도 변화에 따른 부피의 변화는

$$\Delta V = \beta V_0 \Delta T \qquad\qquad [10.3]$$

임을 알 수 있는데 여기서 β를 **부피 팽창 계수**(coefficient of volume expansion)라 하며 3α와 같다(물체의 선팽창 계수가 모든 방향에 대하여 같을 경우에 한하여 $\gamma = 2\alpha$이며 $\beta = 3\alpha$임에 주목하라).

표 10.1에서와 같이 물질은 고유한 팽창 계수를 갖는다.

물의 열팽창은 해수면의 상승에 매우 큰 영향을 미친다. 현재와 같이 지구 온난화 현상이 계속된다면 해수면 상승 높이의 절반 정도는 열팽창 때문이며, 나머지는 극지방의 얼음이 녹는 것에 기인할 것으로 과학자들은 예상한다.

응용

해수면 상승

예제 10.2 링과 막대

목표 넓이 팽창 방정식을 적용한다.

문제 (a) 20.0°C에서 구리로 된 링의 내부 넓이가 9.980 cm²이다. 이 링을 단면의 넓이가 10.000 cm²인 강철 막대에 끼우기 위한 링의 최소 온도는 얼마인가? (b) 링과 막대를 동시에 가열한다고 하자. 링이 막대에서 빠져나오는 최소한의 온도 변화를 구하라. 이 온도 영역에서 선팽창 계수가 변하지 않는다고 가정한다.

전략 (a) 주어진 값을 넓이 팽창 방정식 10.2에 대입하여 필요한 온도 변화를 구한다. $\gamma = 2\alpha$임을 기억하라. (b) 막대가 같이 팽창하기 때문에 더 어렵다. 링이 막대에 끼워져 있으면 둘의 나중 단면의 넓이는 서로 같아야 한다. 이 조건을 수학적으로 기술한 다음 식 10.2를 사용하여 ΔT를 풀면 된다.

풀이

(a) 막대에 링을 끼울 수 있는 링의 온도를 구한다.

식 10.2에 주어진 값을 대입하고 ΔT를 유일한 미지수로 남긴다.

$$\Delta A = \gamma A_0 \Delta T$$
$$0.020 \text{ cm}^2 = [34 \times 10^{-6} \,(°C)^{-1}](9.980 \text{ cm}^2)(\Delta T)$$

ΔT에 대해서 풀고, 이 변화를 처음 온도에 더하여 나중 온도를 구한다.

$$\Delta T = 59°C$$
$$T = T_0 + \Delta T = 20.0°C + 59°C = \boxed{79°C}$$

(b) 링과 막대가 가열될 때, 링이 막대에서 빠져나오는 최소한의 온도 변화를 구한다.

구리로 된 링과 강철 막대의 나중 넓이를 같게 놓는다.

$$A_C + \Delta A_C = A_S + \Delta A_S$$

각 넓이의 변화 ΔA를 대입한다.

$$A_C + \gamma_C A_C \Delta T = A_S + \gamma_S A_S \Delta T$$

식을 정리하여 한쪽으로 ΔT를 모아서 푼다.

$$\gamma_C A_C \Delta T - \gamma_S A_S \Delta T = A_S - A_C$$
$$(\gamma_C A_C - \gamma_S A_S) \Delta T = A_S - A_C$$

$$\Delta T = \frac{A_S - A_C}{\gamma_C A_C - \gamma_S A_S}$$

$$= \frac{10.000 \text{ cm}^2 - 9.980 \text{ cm}^2}{(34 \times 10^{-6} \,°C^{-1})(9.980 \text{ cm}^2) - (22 \times 10^{-6} \,(°C)^{-1})(10.000 \text{ cm}^2)}$$

$$\Delta T = \boxed{170°C}$$

참고 온도를 변화시키는 방법은 화학 실험에서 시료병의 유리 마개 등과 같은 유리 제품을 분리시키는 데 유용하게 사용된다.

목표 부피 팽창식과 선팽창 식을 같이 적용한다.

문제 (a) 평균 온도가 1℃ 변화할 때, 지구 해양의 부피 변화율을 추정하라. (b) 해양의 평균 깊이가 4.00×10^3 m라는 사실을 적용하여 깊이의 변화량을 구하라. $\beta_\text{물} = 2.07 \times 10^{-4} (℃)^{-1}$이다.

전략 (a) 부피 팽창 식 10.3을 $\Delta V / V$에 대하여 푼다. (b) 선팽창 식을 사용하여 깊이 변화를 추정한다. 엄청나게 큰 땅 덩어리의 팽창은 무시하라. 그 팽창으로 인한 해수면의 상승은 아주 작다.

풀이

(a) 부피의 변화율을 구한다.

부피 팽창 식을 V_0로 나누고 값을 대입한다.

$$\Delta V = \beta V_0 \Delta T$$

$$\frac{\Delta V}{V_0} = \beta \Delta T = (2.07 \times 10^{-4} (℃)^{-1})(1℃) = \boxed{2 \times 10^{-4}}$$

(b) 깊이 변화량을 구한다.

선팽창 식을 이용한다. 물의 부피 팽창 계수를 3으로 나누어 선팽창 계수를 구한다.

$$\Delta L = \alpha L_0 \Delta T = \left(\frac{\beta}{3}\right) L_0 \Delta T$$

$$\Delta L = (6.90 \times 10^{-5} (℃)^{-1})(4\,000 \text{ m})(1℃) \approx \boxed{0.3 \text{ m}}$$

참고 0.3 m는 중요하지 않게 여겨질 수도 있다. 하지만 빙하가 녹는 것까지 고려하면 해변은 범람할 수도 있다. 몇 도의 온도 상승이 ΔL값을 몇 배나 상승시킬 수 있다.

10.2.1 물의 이상한 성질 The Unusual Behavior of Water

액체는 일반적으로 온도가 증가할 때 부피가 증가하고, 고체보다 약 10배나 큰 부피 팽창 계수를 갖는다. 그림 10.5의 밀도-온도 곡선에서 알 수 있듯이 물은 이 경우에서 예외이다. 온도가 0℃에서 4℃로 상승할 때 물은 수축하고, 밀도가 증가한다. 4℃ 이상에서는 온도가 상승함에 따라 보통의 경우처럼 팽창한다. 결국 물의 밀도는 4℃에서 최댓값인 1 000 kg/m³가 된다.

이와 같은 물의 이상한 열팽창 성질에 근거하여 연못이 표면부터 아래로 천천히 어는 이유를 설명할 수 있다. 대기 온도가 7℃에서 6℃로 떨어질 때 연못 표면의 물은 차가워지고 부피가 감소한다. 이것은 표면의 물이 아래쪽 물보다 더 큰 밀도를 가지게 되는 것을 의미한다. 따라서 표면의 물은 가라앉게 되고 좀 더 따뜻한 물이 아래로부터 표면으로 떠올라 차가워진다. 그러나 4℃에서 0℃ 사이의 대기 온도에서는 표면의 물

그림 10.5 온도에 따른 물의 밀도

이 팽창하여 아래쪽 물보다 낮은 밀도를 갖게 된다. 따라서 표면의 물이 더 이상 가라앉지 않고, 표면부터 얼게 된다. 이와 같은 이유로 얼음은 계속 표면에서 만들어지고, 연못 아래 부분의 물은 4℃로 남게 되는 것이다. 표면의 얼음은 아래쪽 물의 열손실을 막는 작용도 하게 되어, 해양 생물의 열보호원 구실도 하게 된다.

물에서 이런 일이 일어나지 않는다면 물고기와 해양 생명체는 겨울에 살아남을 수 없을 것이다. 만약 얼음이 물보다 밀도가 높았다면 수면 아래로 가라앉아 쌓이게 되어 해양이 얼어붙었을 것이고, 지구는 영화 스타워즈의 '제국의 역습'에 나오는 호스(Hoth)와 같이 얼음행성이 되었을 것이다.

이러한 열팽창 특성으로 인하여 겨울에 수도관이 파열되기도 한다. 바깥쪽 차가운 공기로 열을 빼앗기면 수도관 안에 있는 물의 가장자리가 얼기 시작한다. 계속적인 열전달로 인하여 수도관의 중심부 쪽으로 점점 얼음이 형성된다. 이러한 얼음 사이에 열린 틈이 있을 때, 온도가 0℃로 접근함에 따라 관의 다른 부분으로 물이 팽창할 수 있다. 이러한 부분들이 관 내의 다른 부분으로 이동되기도 하면서, 결국 수도관의 길이를 따라 중심부 쪽으로 얼음이 만들어져서 얼음 마개를 형성한다. 이러한 얼음 마개와 수도관 속에 낀 다른 얼음 마개 같은 장애물 사이에 여전히 갇힌 물이 남아 있으면 팽창하거나 얼 수 있는 공간이 없으므로, 압력이 커지면 수도관이 터지게 된다.

> **응용**
>
> 어는 물의 팽창과 지구상의 생물

> **응용**
>
> 수도관의 동파

10.3 이상 기체 법칙 The Ideal Gas Law

기체의 성질은 많은 열역학 과정에서 중요하다. 기체의 성질에 의존하는 좋은 예로서 기후를 들 수 있다.

기체를 용기에 넣으면 기체는 팽창하여 용기를 균일하게 채우게 된다. 기체의 압력은 용기의 크기, 온도, 기체의 양에 따라 다르다. 용기가 클수록 압력은 작아지며, 온도가 높을수록 또는 기체의 양이 많을수록 압력은 커진다. 압력 P, 부피 V, 온도 T, 기체의 양 n은 상태 방정식에 의해서 서로 연결되어 있다.

일반적으로 상태 방정식은 매우 복잡하지만, 기체가 낮은 압력(또는 낮은 밀도)으로 유지되면 비교적 간단하다는 것이 실험적으로 알려져 있다. 이러한 낮은 밀도의 기체는 **이상 기체**(ideal gas)와 유사하다. 실온과 대기압에서의 기체는 대부분 근사적으로 이상 기체처럼 행동한다. **이상 기체란 무질서하게 움직이면서 서로에게 장거리 힘을 미치지 않는 원자나 분자들의 모임을 말한다. 이상 기체의 입자는 각각 점으로 간주하며 부피는 무시할 수 있을 정도로 작다.**

보통 기체는 엄청나게 많은 입자로 이루어져 있기 때문에, 기체의 양은 **몰**(mole)수 n으로 나타내는 것이 편리하다. 헬륨 1몰에 들어 있는 입자의 수는 1몰의 철이나 알루미늄 입자의 수와 같다. 이 수를 아보가드로수라 한다.

$$N_A = 6.02 \times 10^{23} \text{ 입자/mole}$$

◀ 아보가드로수

아보가드로수와 몰의 정의는 화학과 관련된 물리학 분야에서도 매우 중요하다. 어떤 물질의 몰수는 질량 m과 다음의 관계가 있다.

$$n = \frac{m}{\text{몰질량}} \qquad [10.4]$$

여기서 몰질량은 그 물질 1몰의 질량으로 정의되며 보통 g/mol로 표현한다.

세상에는 무수히 많은 원자가 있다. 따라서 원자들의 모임을 기술할 때 아보가드로 수와 같은 큰 수를 선택하는 것이 자연스럽고 편리하다. 동시에 아보가드로수는 10^{24} 같은 다른 10의 거듭제곱으로 개수를 세지 않는다는 점에서 특별한 수이다.

아보가드로수는 그 수만큼의 원소의 질량값을 그램으로 나타냈을 때 그 값이 원자질량 단위(u)로 표시한 그 원소의 원자 하나의 질량과 같도록 설정되어 있다.

이러한 관계는 매우 유익한 것이다. 책 뒤에 나와 있는 주기율표를 보면 탄소의 원자질량을 12 u로 표시했음을 알 수 있는데, 탄소 12 g에는 정확히 6.02×10^{23}개의 원자가 있다. 산소의 원자질량은 16 u이므로 산소 16 g에는 6.02×10^{23}개의 산소 원자가 들어 있다. 이것은 모든 분자에 대해서도 똑같이 적용된다. 수소 분자 H_2의 분자질량은 2 u이므로, 수소 분자 2 g에는 아보가드로수만큼의 분자가 있다.

몰의 기술적인 정의는 다음과 같다. **어떤 물질 1몰은 탄소-12 동위원소 12 g에 있는 원자들과 같은 수의 입자들(원자, 분자, 또는 다른 입자)을 포함하는 물질의 양이다.**

탄소-12를 예로 들어 아보가드로수만큼의 탄소-12 원자의 질량을 구해 보자. 탄소-12의 원자의 원자질량은 12 u, 즉 12원자질량 단위이다. 1원자질량 단위는 1.66×10^{-24} g으로 원자핵을 구성하는 중성자나 양성자의 질량과 대략 같다. 아보가드로수만큼의 탄소-12 원자의 질량 m은

$$m = N_A(12 \text{ u}) = 6.02 \times 10^{23}(12 \text{ u})\left(\frac{1.66 \times 10^{-24} \text{ g}}{\text{u}}\right) = 12.0 \text{ g}$$

이 된다. 따라서 아보가드로수는 고의적으로 원자질량 단위의 그램값으로부터 역으로 설정되었음을 알 수 있다. 이런 방식으로 보면, 원자질량 단위로 주어진 원자질량은 아보가드로수만큼의 원자의 질량을 그램으로 표시한 것과 같다. 어떤 물질 1몰에는 6.02×10^{23}개의 입자가 있기 때문에 주어진 원소에 대한 원자당 질량은

$$m_{\text{원자}} = \frac{\text{몰질량}}{N_A}$$

이다. 예를 들어, 헬륨 원자의 질량은

$$m_{\text{He}} = \frac{4.00 \text{ g/mol}}{6.02 \times 10^{23} \text{ 원자/mol}} = 6.64 \times 10^{-24} \text{ g/원자}$$

이다.

이제 그림 10.6에서처럼 움직이는 피스톤에 의해 부피가 변화하는 실린더 용기에 갇힌 이상 기체를 생각하자. 실린더는 새지 않으며 따라서 몰수는 일정하다고 하자. 실험을 해보면 다음과 같은 사실을 알 수 있다. 첫째, 기체의 온도가 일정할 때 기체의 압력은 부피에 반비례한다(보일의 법칙). 둘째, 기체의 압력이 일정할 때 부피는 온도에

그림 10.6 피스톤이 움직임에 따라 부피가 변하는 실린더 내부의 기체

정비례한다(샤를의 법칙). 셋째, 부피가 일정하게 유지될 때 압력은 온도에 정비례한다(게이–뤼삭의 법칙). 이와 같은 관찰을 종합하면 **이상 기체 법칙**(ideal gas law)이라는 다음과 같은 식으로 요약된다.

$$PV = nRT \qquad\qquad [10.5]$$

◀ 이상 기체의 상태 방정식

이 식에서 R은 실험적으로 결정되는 기체 상수이고 T는 절대 온도이다. $P-V$ 도표에서 각 점은 그 계의 다른 상태를 나타낸다. 몇 가지 기체에 대한 실험으로부터 압력이 영으로 접근할 때, PV/nT의 값이 모든 기체에 대하여 동일한 R값에 접근함을 알 수 있다. 이러한 이유로 R을 **보편 기체 상수**(universal gas constant)라고 한다. 압력을 파스칼, 부피를 세제곱미터로 나타내는 SI 단위에서 R값은

> **Tip 10.2** 켈빈 온도만 쓴다!
> 이상 기체 법칙에서의 온도는 켈빈 온도를 써야 한다.

$$R = 8.31 \, \text{J/mol} \cdot \text{K} \qquad\qquad [10.6]$$

◀ 보편 기체 상수

가 된다. 압력은 대기압으로, 부피는 리터($1 \, \text{L} = 10^3 \, \text{cm}^3 = 10^{-3} \, \text{m}^3$)로 표시하면 R값은

$$R = 0.082 \, 1 \, \text{L} \cdot \text{atm/mol} \cdot \text{K}$$

가 된다. 이 값과 식 10.5를 이용하면 대기압과 0°C(273 K)에서 모든 기체 1몰의 부피는 22.4 L임을 알 수 있다.

> **Tip 10.3** 표준 온도 및 압력
> 화학자들은 보통 표준 온도와 압력(STP)으로 20°C와 1.0기압을 선택한다. 우리는 STP로 0°C와 1.0기압을 사용한다.

예제 10.4 팽창하는 기체

목표 이상 기체 법칙을 사용하여 기체를 분석한다.

문제 부피가 1.00 L인 용기에 온도 20.0°C, 압력이 1.50×10^5 Pa인 이상 기체가 들어 있다. **(a)** 용기 안의 기체의 몰수를 구하라. **(b)** 기체가 피스톤을 밀어내어 부피가 두 배가 되고 압력이 대기압으로 떨어졌다. 나중 온도를 구하라.

전략 **(a)** 이상 기체의 상태 방정식을 몰수 n에 대하여 풀고 주어진 값을 대입한다. 온도를 섭씨에서 절대 온도로 바꾸는 것을 명심하라! **(b)** 기체의 두 상태를 비교할 때, 나중 상태의 이상 기체 방정식을 처음 상태의 이상 기체 방정식으로 나누는 것이 종종 편리하다. 이때 변하지 않는 양은 소거되며 식이 간단해진다.

풀이

(a) 기체의 몰수를 구한다.

온도를 절대 온도로 변환한다.

$$T = T_C + 273 = 20.0 + 273 = 293 \, \text{K}$$

이상 기체 방정식을 n에 대하여 풀고 대입한다.

$$PV = nRT$$

$$n = \frac{PV}{RT} = \frac{(1.50 \times 10^5 \, \text{Pa})(1.00 \times 10^{-3} \, \text{m}^3)}{(8.31 \, \text{J/mol} \cdot \text{K})(293 \, \text{K})}$$

$$= \boxed{6.16 \times 10^{-2} \, \text{mol}}$$

(b) 기체가 2.00 L로 팽창하였을 때의 온도를 구한다.

나중 상태의 이상 기체 방정식을 처음 상태의 이상 기체 방정식으로 나눈다.

$$\frac{P_f V_f}{P_i V_i} = \frac{nRT_f}{nRT_i}$$

몰수 n과 기체 상수 R을 소거하고 T_f에 대하여 푼다.

$$\frac{P_f V_f}{P_i V_i} = \frac{T_f}{T_i}$$

$$T_f = \frac{P_f V_f}{P_i V_i} T_i = \frac{(1.01 \times 10^5 \, \text{Pa})(2.00 \, \text{L})}{(1.50 \times 10^5 \, \text{Pa})(1.00 \, \text{L})} (293 \, \text{K})$$

$$= \boxed{395 \, \text{K}}$$

참고 (b)에서 사용한 방법은 이상 기체 문제를 풀 때 유용하다. 단위들은 결국 소거되기 때문에 리터 단위를 세제곱미터 단위로 바꿀 필요가 없다.

예제 10.5 **병 속의 메시지**

목표 이상 기체 법칙을 뉴턴의 제2법칙과 함께 적용한다.

문제 해변가의 어떤 사람이 코르크로 막힌 병을 발견하였다. 병 속의 공기는 대기압이며 온도가 30.0°C이다. 코르크는 단면의 넓이가 2.30 cm²이다. 이 사람이 병을 불 속에 던져 넣었더니 증가된 압력으로 인하여 99°C의 온도에서 코르크가 튀어 나왔다. **(a)** 코르크가 빠져 나오기 직전의 병 속의 압력은 얼마인가? **(b)** 코르크를 붙잡고 있던 마찰력은 얼마인가? 병의 부피 변화는 무시한다.

전략 **(a)** 병 속의 공기의 몰수는 불 속에서 뜨거워지는 동안에도 변하지 않는다. 나중의 이상 기체 방정식을 처음의 방정식으로 나누어서 나중 압력을 구한다. **(b)** 코르크에 작용하는 힘은 세 개가 있다. 즉, 마찰력, 대기가 외부에서 누르는 힘, 내부의 공기가 바깥으로 밀어내는 힘이다. 뉴턴의 제2법칙을 적용한다. 코르크가 움직이기 직전에 세 힘은 평형을 이루며 마찰력은 최대가 된다.

풀이

(a) 나중 압력을 구한다.

나중의 이상 기체 법칙을 처음의 이상 기체 법칙으로 나눈다.

$$\frac{P_f V_f}{P_i V_i} = \frac{nRT_f}{nRT_i} \tag{1}$$

n, R, V를 소거하고 P_f를 구한다.

$$\frac{P_f}{P_i} = \frac{T_f}{T_i} \quad \rightarrow \quad P_f = P_i \frac{T_f}{T_i}$$

값을 대입하여 나중 압력을 구한다.

$$P_f = (1.01 \times 10^5 \text{ Pa}) \frac{372 \text{ K}}{303 \text{ K}} = \boxed{1.24 \times 10^5 \text{ Pa}}$$

(b) 코르크에 작용하는 마찰력의 크기를 구한다.

코르크가 빠져나가기 직전 상태에서 뉴턴의 제2법칙을 적용한다. $P_{내부}$는 병 내부의 압력, $P_{외부}$는 외부의 압력이다.

$$\sum F = 0 \quad \rightarrow \quad P_{내부}A - P_{외부}A - F_{마찰} = 0$$

$$F_{마찰} = P_{내부}A - P_{외부}A = (P_{내부} - P_{외부})A$$

$$= (1.24 \times 10^5 \text{ Pa} - 1.01 \times 10^5 \text{ Pa})(2.30 \times 10^{-4} \text{ m}^2)$$

$$F_{마찰} = \boxed{5.29 \text{ N}}$$

참고 식 (1)에서 또 한번 기체 방정식의 사용법에 주목하라. 두 상태 방정식을 비교할 때 이 방식이 최선이다. 또 다른 관점: 열을 가열하여 코르크가 빠져나오게 하였다. 이는 기체가 코르크에 대하여 일을 하였다는 의미이다. 팽창하는 기체가 하는 일은 현대 기술의 핵심 중의 하나인데, 12장에서 자세히 다루기로 한다.

앞에서 말한 바와 같이 1몰에 들어 있는 분자의 수는 아보가드로수 $N_A = 6.02 \times 10^{23}$ 입자/mol이므로 몰수 n은 다음과 같다.

$$n = \frac{N}{N_A} \tag{10.7}$$

여기서 N은 기체 분자의 수이다. 식 10.7로부터 이상 기체 법칙을 전체 분자 수로 나타내면

$$PV = nRT = \frac{N}{N_A} RT$$

즉

이상 기체 법칙 ▶

$$PV = Nk_B T \tag{10.8}$$

로 쓸 수 있다. 여기서

볼츠만 상수 ▶

$$k_B = \frac{R}{N_A} = 1.38 \times 10^{-23} \text{ J/K} \tag{10.9}$$

는 **볼츠만 상수**(Boltzmann's constant)이다. 이렇게 표현된 이상 기체 법칙은 다음 절에서 기체 온도와 평균 운동에너지를 연관 짓는 데 사용될 것이다.

10.4 기체의 운동론 The Kinetic Theory of Gases

10.3절에서 압력, 부피, 몰수, 온도 등의 양을 사용하여 이상 기체의 성질을 알아보았다. 이 절에서는 이상 기체 모형을 미시적인 관점에서 살펴본다. 거시적인 특성이 원자 단위에서 일어나는 현상을 기초로 하여 이해될 수 있음을 알게 될 것이다. 또한 기체를 구성하는 개별 분자들의 성질과 관련하여 이상 기체를 다시 살펴볼 것이다.

이상 기체의 모형으로 **기체의 운동론**(kinetic theory of gases)을 기술하고자 한다. 이 이론을 통해서 이상 기체의 압력과 온도를 미시적인 변수들을 이용하여 해석할 수 있다. 기체 운동론은 다음과 같이 가정한다.

1. **기체 속의 분자 수는 매우 많으며 분자 간 평균 거리는 분자의 크기와 비교할 때 매우 크다.** 분자의 수가 많다는 사실로 분자의 성질을 통계적으로 해석할 수 있다. 분자 간 거리가 크다는 것은 분자들이 차지하는 부피를 무시할 수 있음을 의미한다. 이 가정은 분자들을 점 입자처럼 다룰 수 있다는 이상 기체의 모형과 일치한다.
2. **분자들은 뉴턴의 운동 법칙을 따르지만, 전체적으로 무질서하게 움직인다.** '무질서'하다는 것은 기체 분자들이 다양한 속력으로 어느 방향으로든지 같은 확률로 움직인다는 것을 의미한다.
3. **분자들이 탄성 충돌하는 동안 근거리 힘에 의해서만 상호작용한다.** 이는 이상 기체의 모형에서 서로 간에 장거리 힘을 미치지 않는다는 것과 일치한다.
4. **분자들은 벽과 탄성 충돌한다.**
5. **기체 안의 모든 분자는 동일하다.**

◀ 이상 기체 운동론의 가정들

흔히 이상 기체를 단원자로 구성된 것으로 형상화하지만, 분자 기체도 낮은 압력에서 근사적으로 이상 기체와 같이 행동한다. 평균적으로 분자 구조와 관련된 효과는 우리가 다루고 있는 운동에 영향을 미치지 않으므로, 아래에서 다루는 내용은 단원자뿐만 아니라 분자로 이루어진 기체에도 적용할 수 있다.

10.4.1 이상 기체의 압력에 대한 분자 모형 Molecular Model for the Pressure of an Ideal Gas

용기 내부에 있는 이상 기체의 압력을 미시적인 양으로 표현하기 위해 먼저 운동론을 적용시켜 보자. 기체의 압력은 기체 분자와 용기 벽과의 충돌로 생긴다. 기체 분자들은 벽과 충돌하고, 벽으로부터 힘을 받아서 운동량이 바뀌게 된다.

이제 부피가 V인 용기 안에 있는 N개의 분자로 구성된 이상 기체의 압력을 구해 보자. 이 절에서는 m은 분자 하나의 질량을 나타낸다. 용기는 한 변의 길이가 d인 정육면체이다(그림 10.7). 속도 $-v_x$로 움직여 상자의 왼쪽 면에 충돌하는 분자를 생각해 보자(그림 10.8). 분자는 벽과 탄성 충돌한 후 $+x$ 방향으로 $+v_x$의 속도로 움직인

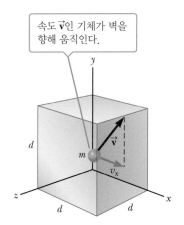

속도 $\vec{v}$인 기체가 벽을 향해 움직인다.

그림 10.7 이상 기체가 들어 있는 한 변의 길이가 d인 정육면체 상자

충돌 전

충돌 후

그림 10.8 x축 방향을 따라 움직이는 분자가 용기의 벽과 탄성 충돌한다. 그 결과 분자의 운동량이 반대가 되고 분자는 벽에 힘을 가한다.

다. 이 분자의 운동량은 충돌 전에는 $-mv_x$, 충돌 후에는 $+mv_x$이므로 운동량의 변화는 다음과 같다.

$$\Delta p_x = mv_x - (-mv_x) = 2mv_x$$

시간 Δt 동안 분자가 벽에 작용하는 평균 힘을 F_1이라 하면 뉴턴의 제2법칙에 의해서

$$F_1 = \frac{\Delta p_x}{\Delta t} = \frac{2mv_x}{\Delta t}$$

이다. 분자가 같은 벽에 두 번 충돌하기 위해서는 시간 Δt 동안에 x 방향으로 $2d$의 거리를 이동해야 한다. 따라서 두 충돌 사이의 시간 간격은 $\Delta t = 2d/v_x$이고, 분자 하나의 충돌로 벽에 작용하는 힘은

$$F_1 = \frac{2mv_x}{\Delta t} = \frac{2mv_x}{2d/v_x} = \frac{mv_x^2}{d}$$

이다. 분자들 전체가 벽에 작용한 전체 힘은 각각의 분자가 작용한 힘을 합하여 얻어진다.

$$F = \frac{m}{d}\left(v_{1x}^2 + v_{2x}^2 + \cdots\right)$$

여기서 v_{1x}는 분자 1의 속도 x성분, v_{2x}는 분자 2의 속도 x성분 등이다. 용기의 분자 수가 N이므로 N개에 대해 합한다.

N개 분자의 x 방향 속도 제곱의 평균값은 다음과 같다.

$$\overline{v_x^2} = \frac{v_{1x}^2 + v_{2x}^2 + \cdots + v_{Nx}^2}{N}$$

따라서 벽에 작용하는 전체 힘은

$$F = \frac{Nm}{d}\,\overline{v_x^2}$$

이 된다.

이제 각 성분이 v_x, v_y, v_z인 속도 $\vec{\mathbf{v}}$로 임의의 방향으로 움직이는 분자를 생각해 보자. 이 경우 벽에 작용하는 전체 힘은 하나의 성분이 아니라 분자의 속력으로 나타내야 한다. 피타고라스 정리에 의하여 $v^2 = v_x^2 + v_y^2 + v_z^2$이며, 용기 안의 분자들에 대한 v^2의 평균값은 각 성분의 평균값 $\overline{v_x^2}$, $\overline{v_y^2}$, $\overline{v_z^2}$과 $v^2 = v_x^2 + v_y^2 + v_z^2$인 관계가 있다. 기체의 운동이 완전히 무질서하므로 $\overline{v_x^2}$, $\overline{v_y^2}$, $\overline{v_z^2}$은 서로 같다. 이 사실과 $\overline{v_x^2}$에 대한 앞의 식을 사용하면

$$\overline{v_x^2} = \tfrac{1}{3}\,\overline{v^2}$$

이 됨을 알 수 있다. 따라서 벽에 작용하는 전체 힘은

$$F = \frac{N}{3}\left(\frac{m\overline{v^2}}{d}\right)$$

이다. 이 표현으로부터 벽에 작용하는 전체 압력은 다음과 같다.

$$P = \frac{F}{A} = \frac{F}{d^2} = \frac{1}{3}\left(\frac{N}{d^3}\,m\overline{v^2}\right) = \frac{1}{3}\left(\frac{N}{V}\right)m\overline{v^2}$$

$$P = \frac{2}{3}\left(\frac{N}{V}\right)\left(\frac{1}{2}m\overline{v^2}\right) \qquad [10.10]$$

◀ 이상 기체의 압력

이 식으로부터 **압력이 단위 부피당 분자 수와 분자의 평균 병진 운동에너지 $\frac{1}{2}m\overline{v^2}$에 비례함**을 알 수 있다. 간단한 이상 기체 모형을 통해서 거시적인 양인 압력을 원자 단위의 양, 즉 분자의 속력 제곱의 평균값과 연결하는 중요한 결과를 얻었다. 이 관계식은 원자 세계와 거시 세계 사이의 중요한 연결 고리를 제공하고 있다(그림 10.9).

식 10.10은 압력에 대하여 잘 알려진 성질을 담고 있다. 용기 안의 압력을 올리는 방법 중의 하나는 단위 부피당 분자 수를 늘리는 것이다. 자동차 바퀴에 공기를 넣을 때가 바로 이 경우이다. 바퀴의 압력은 바퀴 속 분자의 평균 운동에너지를 올림으로써 올릴 수 있다. 곧 알게 되듯이 이는 바퀴 속 기체의 온도를 올림으로써 이루어진다. 오랜 운행으로 바퀴가 뜨거워져서 바퀴 압력이 커지는 것은 바로 이 때문이다. 계속적인 바퀴의 탄력 운동은 내부 공기에 에너지를 공급하게 되어 공기의 온도를 높이고, 압력을 증가시킨다.

그림 10.9 유리 용기에 드라이아이스(고체 이산화탄소)가 들어 있다. 기체 이산화탄소는 공기보다 밀도가 커서 쏟으면 아래로 떨어진다. 이 기체는 무색이지만 수증기에 의해 미세한 얼음 결정이 생겨 눈에 보이게 된다.

10.4.2 온도의 분자적 해석 Molecular Interpretation of Temperature

위에서 기체의 압력을 기체 분자의 평균 운동에너지와 관련시켰다. 이제 기체의 온도를 미시적으로 살펴보고자 한다. 식 10.10을 다음과 같이 쓰면 온도의 의미를 파악할 수 있다.

$$PV = \frac{2}{3}\,N\left(\frac{1}{2}m\overline{v^2}\right)$$

이 식을 이상기체의 상태 방정식(식 10.8) $PV = Nk_{\mathrm{B}}T$와 비교하면

$$T = \frac{2}{3k_{\mathrm{B}}}\left(\frac{1}{2}m\overline{v^2}\right) \qquad [10.11]$$

◀ 온도는 평균 운동에너지에 비례한다

을 얻게 된다. 즉, **기체의 온도는 분자의 평균 운동에너지의 직접적인 척도이다.** 기체의 온도가 증가함에 따라 분자의 평균 운동에너지도 증가하게 된다.

식 10.11을 정리하면 분자의 평균 병진 운동에너지를 온도로 표시할 수 있다.

$$\frac{1}{2}m\overline{v^2} = \frac{3}{2}k_{\mathrm{B}}T \qquad [10.12]$$

◀ 분자당 평균 운동에너지

즉, 분자당 평균 병진 운동에너지는 $\frac{3}{2}k_{\mathrm{B}}T$이다. N개의 기체에 대한 전체 병진 운동에너지는 분자당 운동에너지에 N을 곱한 값이며, 식 10.12에 의해

$$KE_{전체} = N\left(\frac{1}{2}m\overline{v^2}\right) = \frac{3}{2}Nk_{\mathrm{B}}T = \frac{3}{2}nRT \qquad [10.13]$$

◀ N개 분자의 전체 운동에너지

로 주어진다. 여기에 볼츠만 상수 $k_{\mathrm{B}} = R/N_A$와 기체의 몰수 $n = N/N_A$를 사용하였다. 이 결과로부터 **분자계의 전체 병진 운동에너지는 계의 절대 온도에 비례함**을 알 수 있다.

단원자 기체인 경우에는 병진 운동에너지가 유일한 형태의 에너지이다. 따라서 식

10.13으로부터 단원자 기체의 내부 에너지 U는

$$U = \tfrac{3}{2}nRT \qquad \text{(단원자 기체)} \qquad [10.14]$$

임을 알 수 있다. 이원자 분자나 다원자 분자의 경우에는 분자의 진동과 회전을 통해 다른 형태의 에너지 축적이 가능하다.

$\overline{v^2}$의 제곱근을 **제곱 평균 제곱근 속력**[root-mean-square(rms) speed]이라 부른다. 식 10.12로부터 rms 속력은 다음과 같이 주어진다.

제곱 평균 제곱근 속력 ▶

$$v_{\text{rms}} = \sqrt{\overline{v^2}} = \sqrt{\frac{3k_{\text{B}}T}{m}} = \sqrt{\frac{3RT}{M}} \qquad [10.15]$$

> **Tip 10.4** 몰당 그램이 아닌 몰당 킬로그램
>
> rms 속력을 나타내는 식에서 몰당 질량 M의 단위는 기체 상수 R의 단위와 일치하여야 한다. R이 SI 단위이면 M은 몰당 질량이 아니고 몰당 킬로그램이 되어야 한다.

여기서 M은 몰질량으로 R을 SI 단위로 표시했을 때 M의 단위는 kg/mol이다. 이 식으로부터 주어진 온도에서 평균적으로 가벼운 분자들이 무거운 분자들보다 더 빨리 운동함을 알 수 있다. 예를 들어, 수소와 산소가 혼합된 기체의 경우 2.0×10^{-3} kg/mol의 분자질량을 가진 수소 분자(H_2)가 32×10^{-3} kg/mol의 분자질량을 가진 산소 분자(O_2)보다 네 배 더 빨리 움직인다. 상온(~300 K)에서 수소의 rms 속력을 계산하면

$$v_{\text{rms}} = \sqrt{\frac{3RT}{M}} = \sqrt{\frac{3(8.31 \text{ J/mol} \cdot \text{K})(300 \text{ K})}{2.0 \times 10^{-3}\text{kg/mol}}} = 1.9 \times 10^3 \text{ m/s}$$

이다. 이 속력은 7장에서 구한 지구 탈출 속력의 약 17%에 해당한다. 이것은 평균 속력이므로 많은 수의 분자는 이보다 더 큰 속력을 가질 수 있고, 따라서 지구 대기권을 벗어날 수 있다. 이것이 현재 지구 대기에 수소가 포함되어 있지 않은 이유이다. 이들은 모두 대기권 밖으로 날아가 버렸다.

표 10.2에 20°C에서의 여러 분자의 rms 속력을 나타내었다. 주어진 온도에서 기체들은 다양한 속력을 갖게 된다. 이러한 속력 분포를 맥스웰 속도 분포(Maxwell velocity distribution)라 한다. 두 온도에서 질소 기체에 대한 속력 분포가 그림 10.10에 나타나 있다. 가로축은 속력, 세로축은 단위 속력당 분자 수를 나타낸다. 이 그래프에는 세 가지의 중요한 속력이 나타나 있다. 그래프의 최고점에 해당하는 최빈 속력(v_{mp}), 평균 속력(v_{av}), rms 속력(v_{rms})이 그것이다. 모든 기체에 대해 $v_{\text{mp}} < v_{\text{av}} < v_{\text{rms}}$ 임에 주목하라. 온도가 올라가면 세 속력은 오른쪽으로 이동한다.

표 10.2 몇 가지 rms 속력

기체	몰질량(kg/mol)	20°C에서의 v_{rms}(m/s)
H_2	2.02×10^{-3}	1 902
He	4.0×10^{-3}	1 352
H_2O	18×10^{-3}	637
Ne	20.2×10^{-3}	602
N_2와 CO	28.0×10^{-3}	511
NO	30.0×10^{-3}	494
O_2	32.0×10^{-3}	478
CO_2	44.0×10^{-3}	408
SO_2	64.1×10^{-3}	338

각 곡선 아랫부분의 넓이는 전체 분자 수 N과 같다. 여기서는 $N = 10^5$이다.

$v_{mp} < v_{av} < v_{rms}$임에 유의하라.

그림 10.10 300 K와 900 K에서 10^5개의 질소 분자의 맥스웰 속력 분포

예제 10.6 헬륨 실린더

목표 주어진 계의 내부 에너지와 분자당 평균 운동에너지를 계산한다.

문제 실린더에 온도 20.0°C의 헬륨 기체 2.00 mol이 담겨 있다. 헬륨 기체를 이상 기체로 가정한다. **(a)** 계의 전체 내부 에너지는 얼마인가? **(b)** 분자당 평균 운동에너지는 얼마인가? **(c)** rms 속력을 두 배로 하기 위해서는 계에 얼마만 한 에너지가 더해져야 하는가? 헬륨의 몰질량은 4.00×10^{-3} kg/mol이다.

전략 이 문제는 주어진 정보를 적합한 식에 대입하여야 한다. **(a)**는 식 10.14, **(b)**는 식 10.12, **(c)**는 rms 속력과 내부 에너지 식을 함께 사용한다. 내부 에너지의 변화를 계산하여야 한다.

⋯⋯⋯⋯⋯⋯⋯⋯⋯⋯⋯⋯⋯⋯⋯⋯⋯⋯⋯⋯⋯

풀이

(a) 계의 전체 내부 에너지를 구한다.

식 10.14에 $n = 2.00$과 $T = 293$ K을 대입한다.

$$U = \tfrac{3}{2}(2.00 \text{ mol})(8.31 \text{ J/mol} \cdot \text{K})(293 \text{ K}) = \boxed{7.30 \times 10^3 \text{ J}}$$

(b) 분자당 평균 운동에너지를 구한다.

주어진 값을 식 10.12에 대입한다.

$$\tfrac{1}{2}m\overline{v^2} = \tfrac{3}{2}k_B T = \tfrac{3}{2}(1.38 \times 10^{-23} \text{ J/K})(293 \text{ K})$$
$$= \boxed{6.07 \times 10^{-21} \text{ J}}$$

(c) rms 속력을 두 배로 하기 위해 필요한 에너지를 구한다.

식 10.15로부터, rms 속력을 두 배로 하기 위해서는 온도가 네 배가 되어야 한다. 필요한 내부 에너지의 변화를 계산하면 이것이 계에 더해져야 하는 에너지이다.

$$\Delta U = U_f - U_i = \tfrac{3}{2}nRT_f - \tfrac{3}{2}nRT_i = \tfrac{3}{2}nR(T_f - T_i)$$
$$\Delta U = \tfrac{3}{2}(2.00 \text{ mol})(8.31 \text{ J/mol} \cdot \text{K})[(4.00 \times 293 \text{ K}) - 293 \text{ K}]$$
$$= \boxed{2.19 \times 10^4 \text{ J}}$$

⋯⋯⋯⋯⋯⋯⋯⋯⋯⋯⋯⋯⋯⋯⋯⋯⋯⋯⋯⋯⋯

참고 내부 에너지의 변화를 계산하는 것은 12장의 기관의 순환을 이해하는 데 중요하다.

연습문제

1. 에폭시 수지(선팽창 계수 $= 1.30 \times 10^{-4}$ °C^{-1})로 만들어진 안경테가 있다. 렌즈를 끼우기 위한 구멍은 상온(20.0°C)에서 반지름이 2.20 cm인 원이다. 반지름이 2.21 cm인 렌즈를 끼우기 위하여 안경테를 몇 도까지 가열하여야 하는가?

2. 20.0°C에서 납의 밀도는 1.13×10^4 kg/m^{3}이다. 105°C에서의 밀도를 구하라.

3. 지하에 있는 유류 탱크가 52.0°F에서 1.00×10^3갤런의 휘발유를 담을 수 있다. 만약 외부 온도(그리고 휘발유 운반

트럭의 온도)가 95.0°F인 어느 날 탱크를 채운다면, 트럭으로부터 몇 갤런의 휘발유를 채울 수 있는가? 휘발유는 탱크로 들어오는 순간 온도 95.0°F에서 52.0°F로 급속히 냉각된다고 가정하라.

4. 속이 빈 알루미늄 원통의 깊이는 20.0 cm이고 20.0°C에서의 내용적은 2.000 L이다. 여기에 20.0°C의 테레빈(turpentine) 기름을 가득 채운다. 기름과 통을 함께 80.0°C까지 서서히 가열한다. (a) 흘러넘치는 테레빈 기름의 양은 얼마나 되겠는가? (b) 80.0°C에서 원통 속에 남아 있는 테레빈 기름의 양은 얼마나 되겠는가? (c) 이제 남아있는 테레빈 기름과 원통을 다시 서서히 20.0°C까지 냉각하면 테레빈 기름의 표면은 원통의 윗면에서 얼마나 내려가겠는가?

5. 그림 P10.5에서 보이는 밴드는 스테인리스 금속으로 되어 있다(선팽창 계수 $= 17.3 \times 10^{-6}\,°C^{-1}$, 영률 18×10^{10} N/m^2). 이 밴드는 거의 원형으로 평균 반지름이 5.0 mm, 높이가 4.0 mm, 두께가 0.50 mm이다. 밴드가 온도 80°C에서 그림처럼 치아에 꼭 맞게 끼였다. 온도를 37°C로 내렸을 때, 밴드의 인장력은 얼마인가?

그림 P10.5

6. 그림 P10.6은 틈이 벌어진 원형 강철 주물을 나타내고 있다. 이 물체가 가열될 때, (a) 벌어진 틈은 커지는가? 작아지는가? (b) 온도 30.0°C에서 틈의 길이가 1.600 cm이라면 온도가 190°C에서의 틈의 길이는 얼마인가?

그림 P10.6

7. 1몰의 산소 기체가 온도 27.0°C, 압력 6.00기압인 상태에 있다. (a) 부피가 일정한 상태에서 압력이 세 배가 될 때까지 이 기체를 가열하였을 때, 나중 온도는 얼마인가? (b) 이 기체의 부피와 압력이 모두 두 배가 될 때까지 가열하였을 때, 나중 온도는 얼마인가?

8. (a) 어떤 이상 기체가 온도 20°C, 대기압하에서 1.0 cm^{3}의 부피를 차지하고 있다. 이 용기 안에 있는 기체의 분자 수를 구하라. (b) 만약 일정한 온도에서 압력을 1.0×10^{-11} Pa(고진공 상태)로 낮추었다면 용기 안에 남아 있는 기체의 몰 수는 얼마인가?

9. 어떤 용기 안에 압력 11.0기압, 온도 25.0°C 상태의 기체가 담겨 있다. 이 기체의 2/3를 날려버리고 온도를 75.0°C로 올렸다면 용기 내부의 새로운 압력은 얼마인가?

10. 파이렉스 유리로 된 플라스크의 눈금이 20.0°C에 맞추어 매겨져 있다. 플라스크에 35.0°C의 아세톤을 100 mL 눈금까지 채웠다. (a) 아세톤과 플라스크를 20.0°C가 되게 냉각했을 때 아세톤의 부피는 얼마인가? (b) 파이렉스 플라스크의 부피가 순간적으로 변하는 것이 이 문제의 답에 큰 영향을 미치는가? 그 이유에 대해 설명해 보라.

열과정에서의 에너지
Energy in Thermal Processes

온도가 서로 다른 두 물체가 열접촉을 하면, 뜨거운 물체의 온도는 내려가고 차가운 물체의 온도는 올라가게 된다. 시간이 흐름에 따라 결국 두 물체는 평형 온도에 도달한다. 이 과정에서 우리는 에너지가 온도가 높은 물체에서 낮은 물체로 이동하였다고 한다.

1850년대에 이르기까지, 열역학과 역학의 주제는 서로 다른 별개의 과학 분야로 인식되었으며, 에너지 보존의 원리도 또한 역학계의 제한된 몇몇 현상만을 설명할 수 있는 것으로 생각하였다. 영국의 물리학자 줄(James Joule, 1818~1889)과 그의 동료들은, 어떤 고립계에서 역학적 에너지(운동에너지와 퍼텐셜 에너지의 합)의 감소량과 그 계에서 내부 에너지의 증가량은 동일하다는 것을 실험으로 증명하였다. 오늘날에는 내부 에너지가 역학적 에너지로 전환될 수 있는 에너지의 한 형태로 취급되고 있으며, 그 역과정도 성립하는 것으로 인정하고 있다. 이렇게 에너지의 개념이 내부 에너지를 포함하는 것으로 확장된 후에야, 비로소 에너지 보존의 법칙이 자연계의 보편적인 법칙으로 등장하게 되었다.

이 장에서는 계와 그 주변 사이에서 에너지가 전달되는 과정을 중점적으로 설명한다.

11.1 열과 내부 에너지
11.2 비열
11.3 숨은열과 상변화

11.1 열과 내부 에너지 Heat and Internal Energy

열과 내부 에너지 사이에는 중요한 차이점이 있다. '열은 내부 에너지가 한 장소에서 다른 장소로 전달된다는 의미를 포함하고 있다'는 말의 의미를 혼동해서는 안 된다. 다음과 같은 공식적인 정의는 그 차이를 명확하게 밝혀준다.

◀ 내부 에너지

내부 에너지(internal energy) U는 계의 구성 요소인 원자와 분자와 관련된 에너지이다. U는 계를 구성하는 입자들의 마구잡이 병진 운동, 회전 운동, 진동과 관련된 운동에너지와 퍼텐셜 에너지를 비롯하여 입자들을 결합시켜주는 퍼텐셜 에너지도 포함된다.

10장에서 단원자 이상 기체의 내부 에너지는 원자의 병진 운동과 관련이 있다는 것을 보였다. 이와 같이 특별한 경우에는, 내부 에너지가 원자들의 전체 병진 운동에너지와 같다. 즉, 기체의 온도가 점점 높아지면 원자들의 운동에너지가 증가하게 되고, 기체의 내부 에너지도 따라서 증가하게 된다. 조금 더 복잡한 이원자 혹은 다원자 기체의 경우에는 내부 에너지에 다양한 형태의 분자 에너지들이 포함되는데, 그것은 회전 운동에너지와 분자 진동에 의한 운동에너지 및 퍼텐셜 에너지 등이다. 내부 에너지는 또한 액체나 고체 분자들 사이에 존재하는 분자 사이의 퍼텐셜 에너지(결합 에너지)와도 관련이 있다.

줄
James Prescott Joule, 1818~1889
영국의 물리학자

줄은 돌턴(Dalton)으로부터 수학, 철학, 화학 등에 관한 정규 교육을 어느 정도 받긴 하였으나, 거의 대부분 독학을 하였다. 줄의 가장 활동적인 연구시기였던 1837~1847년 사이에 에너지 보존의 원리를 확립하고, 열과 다른 형태의 에너지와의 동등성을 입증하였다. 열의 전기적, 역학적, 화학적 효과들 사이의 정량적인 관계를 연구함으로써 1843년 열의 일당량이라고 하는 내부 에너지의 단위에 대한 발표를 통하여 절정에 이르렀다.

5장에서 계와 주변 환경 사이에서 에너지를 전달할 수 있는 하나의 가능한 방법으로 열을 소개하였는데, 열의 공식적인 정의는 다음과 같다.

| **열**(heat)은 계와 주변 환경 사이에서 온도 차이에 의해 발생하는 에너지 이동이다. |

기호 Q는 계와 주변 환경 사이에서 열에 의해 이동되는 에너지의 양이다. 간단히 말하면, "에너지 Q가 열로 계에 전달했다"라고 말하기보다는 "에너지 Q가 계에 이동했다"라는 말을 자주 사용하게 될 것이다.

가스레인지 위에 물이 담긴 냄비를 올려놓고 가열한다고 하자. 일이 역학적 에너지의 전달인 것과 마찬가지로 열은 열에너지의 전달이다. 물체가 움직일 때 물체가 더 많은 일을 갖는 것이 아니라, 일에 의하여 전달되는 역학적 에너지가 더 많은 것이다. 이와 마찬가지로 물이 담긴 냄비는 열에 의해 더 많은 열에너지가 전달되는 것이다.

11.1.1 열의 단위 Units of Heat

과학자들이 열역학과 역학 사이의 관련성을 제대로 이해하기 이전 열역학의 발전 초기에는 열을 물체 안에서 일어나는 온도의 변화로 정의하였으며, 에너지 단위와는 다른 **칼로리**(calorie)를 열의 단위로 사용하였다. 칼로리(cal)는 **1 g의 물을 14.5°C에서 15.5°C까지 올리는 데 필요한 에너지**로 정의한다. (식품의 에너지양을 나타내는데 사용되는 '칼로리'는 대문자 C로 표시하는데, 그 값은 실제로 1 kcal와 같다.) 또 한 영국 공학 단위계에서 사용되는 **영국 열 단위**(British thermal unit, Btu)는 **1파운드(1 lb)의 물을 63°F에서 64°F로 올리는 데 필요한 에너지**로 정의한다.

◀ 칼로리의 정의

1948년에 열도 일과 마찬가지로 에너지의 이동량과 같으므로 에너지의 SI 단위가 줄(J)이어야 한다는 데에 과학자들이 동의하였다. 현재 1칼로리는 정확하게 4.186 J로 정의한다.

◀ 열의 일당량

$$1 \text{ cal} = 4.186 \text{ J} \qquad [11.1]$$

이 정의는 물의 온도를 올리는 것과 관련이 없다. 칼로리는 일반적인 에너지의 단위이다. 여기서 칼로리에 대한 역사적인 배경을 소개하였지만, 앞으로 이 단위는 거의 사용하지 않을 것이다. 이미 언급한 역사적 배경에 따라 식 11.1의 정의는 **열의 일당량**(mechanical equivalent of heat)이라고 한다.

11.2 비열 Specific Heat

칼로리에 대한 역사적인 정의는 특정한 물질(물) 1 g을 1°C 올리는 데 필요한 에너지의 양으로 나타내고 있으며, 그것은 4.186 J과 같다. 따라서 물 1 kg의 온도를 1°C 올리려면 4 186 J의 에너지가 필요하다. 어떤 물질 1 kg의 온도를 1°C 올리는 데 필요한 에너지의 양은 물질의 종류에 따라 다르다. 예를 들면, 구리 1 kg을 1.0°C 올리는 데 필요한 에너지는 387 J이다. 모든 물질은 온도를 1.0°C 변화시키기 위해서 단위 질량당 고유한 에너지 값이 필요하다.

에너지 Q가 질량이 m인 물질에 전달되어 $\Delta T = T_f - T_i$만큼 온도가 변했을 때, 그 물질의 **비열**(specific heat) c를 다음과 같이 정의한다.

$$c \equiv \frac{Q}{m\Delta T} \qquad [11.2]$$

SI 단위: 줄/킬로그램 · ℃ (J/kg · ℃)

표 11.1은 여러 가지 물질들의 비열을 나타내고 있다. 칼로리의 정의로부터 물의 비열은 4 186 J/kg · ℃이다. 표에 나타낸 값들은 보편적인 값으로 물체의 온도와 상태 (고체, 액체, 기체)에 따라 값이 변한다.

비열의 정의에 따라 질량이 m인 계의 온도를 ΔT만큼 올리는 데 필요한 에너지 Q는 다음과 같이 나타낼 수 있다.

$$Q = mc\Delta T \qquad [11.3]$$

예를 들면, 0.500 kg의 물을 3.00℃ 올리는 데 필요한 에너지는 $Q = (0.500 \text{ kg})(4\ 186 \text{ J/kg} \cdot ℃)(3.00℃) = 6.28 \times 10^3 \text{ J}$이다. 온도를 올릴 때, ΔT와 Q는 양(+)의 값을 갖게 되며, 이것은 에너지가 계 내부로 흘러들어오는 것을 의미한다. 반대로 온도를 낮출 때는 ΔT와 Q는 음(−)의 값을 가지며, 에너지가 계 외부로 흘러나가는 것을 뜻한다.

표 11.1에서 일상생활에서 접할 수 있는 대부분의 물질에 비해 물의 비열이 가장 높다는 것을 알 수 있다. 이처럼 물의 비열이 크기 때문에, 큰 호수나 바다를 끼고 있는 지역 주변이 온화한 기온을 유지하게 된다. 겨울에는 바닷물의 온도가 내려가면서 공기 속에 에너지를 방출하고, 육지 쪽으로 강한 바람이 불어와 에너지를 육지로 이동시킨다. 예를 들면, 미국의 서해안에서는 육지로 바람이 불 때, 태평양이 식으면서 방출된 에너지가 연안으로 이동하게 되어 다른 지역보다 더 따뜻해진다. 동해안에 있는 주들은 육지에 있는 에너지를 빼앗아가는 바람이 더 많기 때문에 일반적으로 겨울에 더 춥다.

물의 비열이 모래의 비열보다 크다는 사실이 해안의 공기 흐름의 형태를 결정짓는 원인이 된다. 낮에 태양은 해변의 백사장과 바닷물에 대략 같은 양의 에너지를 공급하지만, 모래의 비열이 더 작기 때문에 백사장은 바닷물보다 더 높은 온도에 이르게 된다. 그 결과 육지 위에 있는 공기는 물 위의 공기보다 온도가 더 높아지고, (아르키메데스의 원리에 의해서) 밀도가 높은 찬 공기는 밀도가 낮은 더운 공기를 위로 밀어 올린다. 그러므로 낮 동안에는 바다에서 육지로 바람이 불게 된다. 더운 공기는 상승함에 따라 점차 온도가 내려가기 때문에, 나중에 다시 하강하게 되어 그림 11.1과 같은 공기의 순환 형태를 나타낸다.

이와 유사한 효과로 따뜻한 공기가 상승하면서 생기는 상승 온난 기류를 통해서, 독수리가 더 높이 날아오르거나 행글라이더가 더 오랫동안 비행 상태를 유지할 수 있게

표 11.1 대기압에서 여러 가지 물질의 비열

물질	J/kg·℃	cal/g·℃
알루미늄	900	0.215
베릴륨	1 820	0.436
카드뮴	230	0.055
구리	387	0.092 4
에틸 알코올	2 430	0.581
저마늄	322	0.077
유리	837	0.200
금	129	0.030 8
사람의 근육조직	3 470	0.829
얼음	2 090	0.500
철	448	0.107
납	128	0.030 5
수은	138	0.033
실리콘	703	0.168
은	234	0.056
수증기	2 010	0.480
주석	227	0.054 2
물	4 186	1.00

Tip 11.1 ΔT 계산하기

식 11.3에서 ΔT는 항상 나중 온도에서 처음 온도를 뺀 값이라는 점을 반드시 기억하라. 즉, $\Delta T = T_f - T_i$이다.

그림 11.1 해변에서 공기의 순환. 더운 날에는 시원한 물 위에 있는 공기보다 모래 위에 있는 공기가 더 따뜻하다. 더운 공기는 아르키메데스의 원리에 의해 상승하며, 그 결과 차가운 공기는 바다에서 해변으로 이동하게 된다.

응용
온난 기류

된다. 상승 온난 기류는 한 지역이 주변 지역보다 온도가 더 높을 때 발생한다. 상승 온난 기류는 주로 경작지에서 발생한다. 이것은 직사광선을 받는 경작지의 온도가 초목으로 햇볕이 가려진 주변 지역보다 더 높기 때문에 만들어진다. 초목 지역에 있는 차갑고 밀도가 높은 공기가 경작지 위에 있는 팽창된 공기를 상공으로 밀어 올리게 되어, 상승 온난 기류가 발생한다.

예제 11.1 버팀목에 가해지는 변형력

목표 선형 팽창과 압축 변형력에 에너지 이동 식을 사용한다.

문제 선박에서 용광로 주변의 강철 버팀목은 길이가 2.00 m, 질량이 1.57 kg, 단면의 넓이가 1.00×10^{-4} m²이다. 용광로가 동작하는 동안 버팀목은 2.50×10^5 J의 알짜 열에너지를 흡수한다. **(a)** 버팀목의 온도 변화를 구하라. **(b)** 버팀목이 늘어난 길이를 구하라. **(c)** 버팀목 양쪽 끝이 볼트로 고정되어 늘어나지 않는다고 가정할 때, 버팀목의 압축 변형력을 구하라.

전략 이 문제는 주어진 값을 서로 다른 세 개의 식에 대입하여 푼다. **(a)** 온도의 변화는 온도가 열에 의해 전달된 에너지와 관계된다는 식 11.3에 대입하여 구한다. **(b)**는 **(a)**의 계산 결과를 길이의 변화와 관계된 선형 팽창 식에 대입한다. **(c)**와 같이 잘못된 설계로 길이의 변화에 방해를 받는다면, 그 결과는 압축 변형이며, 압축 변형–변형력 식으로 구한다. Note: 강철의 비열은 철의 비열 값을 사용할 수 있다.

풀이

(a) 온도 변화를 구한다.
온도 변화에 대한 식 11.3을 풀고 값을 대입한다.

$$Q = m_s c_s \Delta T \quad \rightarrow \quad \Delta T = \frac{Q}{m_s c_s}$$

$$\Delta T = \frac{(2.50 \times 10^5 \, \text{J})}{(1.57 \, \text{kg})(448 \, \text{J/kg} \cdot \text{°C})} = \boxed{355\text{°C}}$$

(b) 버팀목의 팽창이 허용될 때, 버팀목이 늘어난 길이를 구한다.
선형 팽창 식에 대입한다.

$$\Delta L = \alpha L_0 \Delta T = (11 \times 10^{-6} \, (\text{°C})^{-1})(2.00 \, \text{m})(355\text{°C})$$

$$= \boxed{7.8 \times 10^{-3} \, \text{m}}$$

(c) 팽창이 허용되지 않을 때 압축 변형력을 구한다.
압축 변형–변형력 식에 대입한다.

$$\frac{F}{A} = Y \frac{\Delta L}{L} = (2.00 \times 10^{11} \, \text{Pa}) \frac{7.8 \times 10^{-3} \, \text{m}}{2.01 \, \text{m}}$$

$$= \boxed{7.8 \times 10^8 \, \text{Pa}}$$

참고 마지막 계산에서 분모에 2.00 m보다 큰 2.01 m를 사용한 점에 주목한다. 이것은 실제로 버팀목이 팽창된 길이(그러나 이 차이는 무시한다)에서 수축되기 때문이다. 문제에서 구한 답은 강철의 압축 강도의 한계를 넘는 값이며, 열팽창 허용에 대한 중요성을 강조한다. 물론 이것은 변형력이 변하여(이 과정에서 층밀리기 변형력이 발생하여) 버팀목은 쉽게 휘어질 것이다. 끝으로 버팀목의 양 끝을 볼트로 고정시키면 열팽창 및 수축이 볼트에 층밀리기 변형력을 작용하게 되어, 어쩌면 볼트를 자주 약화시키거나 풀리게 할 것이다.

11.3 숨은열과 상변화 Latent Heat and Phase Change

물체와 그 주변 사이에 에너지 교환이 일어날 때, 일반적으로 물체의 온도가 변하게 된다. 그러나 어떤 경우에는 에너지의 교환이 있더라도 온도가 변하지 않을 수도 있다. 이것은 물체의 물리적 성질이 한 형태에서 다른 형태로 바뀌는 경우에 발생하게 되는데, 이를 보통 **상변화**(phase change)라고 한다. 일반적인 상변화에는 고체가 액체로 변화하는 것(융해), 액체가 기체로 변화하는 것(기화)과 고체의 결정 구조가 변화하는 것 등이 있다. 모든 상변화는 내부 에너지가 변하지만 온도는 변하지 않는다.

순수한 물질의 상변화에 필요한 에너지 Q는

$$Q = \pm mL \qquad \text{[11.4]}$$

이다. 여기서 L은 물질의 **숨은열**(latent heat)이라 하며, 그 크기는 물질의 종류 뿐만 아니라 상변화의 성질에 따라 값이 다르다.

숨은열의 단위는 J/kg이다. 숨은(latent)이라는 뜻은 "사람이나 물체 속에 숨겨진 상태로 존재한다"는 뜻이다. 식 11.4에서 (+) 부호는 얼음이 녹을 때처럼 에너지가 물체 속에 흡수되는 경우이다. (−) 부호는 증기가 물로 변할 때와 같이 에너지가 물체에서 방출되는 경우이다.

Tip 11.2 부호의 결정

상변화를 위해 물체에 에너지를 가해야 하는지 물체로부터 에너지를 뺏어야 하는지에 따라, 식 11.4의 부호를 올바르게 사용한다.

융해열(latent heat of fusion) L_f는 고체가 액체로(융해) 또는 액체가 고체로(응고) 상변화가 발생할 때 사용하고, **기화열**(latent heat of vaporization) L_v는 액체가 기체로(기화) 또는 기체가 액체로(액화)의 상변화가 발생할 때 사용한다.[1] 예를 들면, 대기압하에서 물의 융해열은 3.33×10^5 J/kg이고, 기화열은 2.26×10^6 J/kg이다. 표 11.2에서 알 수 있듯이 물질들의 숨은열은 매우 다양한 값을 갖는다.

또 다른 과정, 즉 승화는 고체 상태에서 액체 상태를 거치지 않고 바로 기체 상태로 변하는 것이다. 드라이아이스(이산화탄소의 결빙)의 증발이 좋은 예이며, 이 과정에서는 이것과 관계된 숨은열, 즉 승화열이 사용된다.

물리적인 상태의 변화를 좀 더 이해하기 위하여 일정한 압력에서 용기 속에 있는 −30.0°C의 얼음 덩어리 1.00 g에 에너지를 공급하는 경우를 생각해 보자. 이 얼음을 120°C의 수증기로 바꾸려면 에너지가 얼마나 필요한지 생각해 보자. 그림 11.2는 계에 가한 에너지에 따라 온도 변화를 측정하여 나타낸 것이다. 이 곡선의 각 영역을 분리해서 검토해 보자.

표 11.2 융해열과 기화열

물질	녹는점(°C)	융해열 (J/kg)	cal/g	끓는점(°C)	기화열 (J/kg)	cal/g
헬륨	−269.65	5.23×10^3	1.25	−268.93	2.09×10^4	4.99
질소	−209.97	2.55×10^4	6.09	−195.81	2.01×10^5	48.0
산소	−218.79	1.38×10^4	3.30	−182.97	2.13×10^5	50.9
에틸알코올	−114	1.04×10^5	24.9	78	8.54×10^5	204
물	0.00	3.33×10^5	79.7	100.00	2.26×10^6	540
황	119	3.81×10^4	9.10	444.60	3.26×10^5	77.9
납	327.3	2.45×10^4	5.85	1 750	8.70×10^5	208
알루미늄	660	3.97×10^5	94.8	2 450	1.14×10^7	2 720
은	960.80	8.82×10^4	21.1	2 193	2.33×10^6	558
금	1 063.00	6.44×10^4	15.4	2 660	1.58×10^6	377
구리	1 083	1.34×10^5	32.0	1 187	5.06×10^6	1 210

---

[1] 기체가 냉각되면 액체 상태로 돌아간다. 즉, 응축된다. 그 과정에서 방출되는 단위 질량당 에너지를 응축열이라고 하며, 그 양은 기화열과 같다. 액체가 냉각되면 고체로 되는데 융해열과 같은 양의 응고열이 생긴다.

그림 11.2 처음 온도가 −30.0°C인 1.00 g의 얼음을 120°C의 수증기로 바꿀 때, 가한 에너지와 온도의 관계

영역 A   이 영역에서 얼음의 온도는 −30.0°C에서 0.0°C로 변하고 있다. 얼음의 비열은 2 090 J/kg · °C이므로, 계에 가해진 에너지는 식 11.3으로 계산할 수 있다.

$$Q = mc_{얼음}\Delta T = (1.00 \times 10^{-3}\text{ kg})(2\,090\text{ J/kg} \cdot \text{°C})(30.0\text{°C}) = 62.7\text{ J}$$

영역 B   얼음이 0°C에 도달하면, 에너지를 계속해서 가해도 모든 얼음이 다 녹아서 0°C의 물이 될 때까지는 얼음과 물의 혼합 상태로 공존한다. 0°C의 얼음 1.00 g을 녹이는 데 필요한 열량은 식 11.4를 이용하여 구한다.

$$Q = mL_f = (1.00 \times 10^{-3}\text{ kg})(3.33 \times 10^5\text{ J/kg}) = 333\text{ J}$$

영역 C   0~100°C 사이에서는 어떠한 상변화도 일어나지 않는다. 물에 가한 에너지는 영역 A와 같이 물의 온도를 높이는 데 사용된다. 물을 0°C에서 100°C까지 온도를 높이는 데 필요한 에너지는 다음과 같다.

$$Q = mc_{물}\Delta T = (1.00 \times 10^{-3}\text{ kg})(4.19 \times 10^3\text{ J/kg} \cdot \text{°C})(1.00 \times 10^2\text{ °C})$$
$$Q = 4.19 \times 10^2\text{ J}$$

영역 D   100°C에서는 물이 100°C의 수증기로 바뀌는 또 다른 상변화가 일어난다. 영역 B에서와 같이 에너지가 계속 증가해도 모든 액체가 기체로 바뀔 때까지는 100°C의 물과 수증기의 혼합 상태를 유지하면서 공존한다. 100°C의 물 1.00 g을 수증기로 바꾸는 데 필요한 에너지는 다음과 같다.

$$Q = mL_v = (1.00 \times 10^{-3}\text{ kg})(2.26 \times 10^6\text{ J/kg}) = 2.26 \times 10^3\text{ J}$$

영역 E   영역 A, C와 마찬가지로 이 영역에서는 아무런 상변화가 일어나지 않는다. 따라서 가한 모든 에너지는 수증기의 온도를 높이는 데 사용된다. 수증기의 온도를 120.0°C까지 올리는 데 필요한 에너지는 다음과 같다.

$$Q = mc_{수증기}\Delta T = (1.00 \times 10^{-3}\text{ kg})(2.01 \times 10^3\text{ J/kg} \cdot \text{°C})(20.0\text{°C}) = 40.2\text{ J}$$

−30.0°C인 1.00 g의 얼음을 120.0°C의 수증기로 바꾸는 데 필요한 전체 에너지는 각 영역의 에너지를 모두 합한 양인 3.11×10^3 J이다. 반대로 120.0°C의 수증기 1.00

g을 −30.0°C의 얼음으로 만들기 위해서는 3.11×10^3 J의 에너지를 제거해야 한다.

상변화는 물질에서 에너지를 더하거나 빼낼 때, 분자들의 재배열로 설명할 수 있다. 먼저 액체에서 기체로의 상변화를 생각해 보자. 액체 상태의 분자들은 서로 가깝게 붙어 있는 반면에 기체 상태의 분자들은 훨씬 멀리 떨어져 있기 때문에, 액체 속에 있는 분자들 사이의 힘은 기체 속에 있는 분자들 사이의 힘보다 강하다. 그러므로 액체 분자들을 분리시키기 위해서는 이러한 분자 사이의 인력을 극복할 수 있는 일을 분자에 해야 한다. 기화열은 1 kg의 액체 속에 있는 분자가 분리될 수 있도록 공급해야 하는 에너지와 같다.

이와 유사하게, 고체의 녹는점에서는 평형 위치에 대한 원자들의 진동 폭이 충분히 커져서, 원자들이 이웃한 원자들의 장벽을 뛰어넘어 가서 새로운 위치로 이동할 수 있게 된다고 할 수 있다. 평균적으로 새로운 위치에서는 대칭성이 적으므로 원자들이 높은 에너지를 갖는다. 융해열은 질서정연한 고체 상태에서 무질서한 액체 상태로 물질이 변할 때 분자 수준에서 요구되는 일과 같다.

원자 간의 평균 거리는 액체나 고체 상태보다 기체 상태에서 훨씬 멀다. 기체 상태에서의 원자나 분자는 이웃한 원자나 분자에 의한 인력을 이겨내어 이웃 원자나 분자로부터 쉽게 떨어져나갈 수 있다. 따라서 주어진 질량의 물질을 융해시킬 때보다 기화시킬 때 분자 수준에서 요구되는 일의 양이 더 많아지므로 기화열이 융해열보다 훨씬 커진다(표 11.2 참고).

예제 11.2 | 냉수

목표 고체에서 액체로의 상변화와 에너지 전달이 포함된 문제를 해결한다.

문제 파티에서 20.0°C의 물 30 L에 −5.00°C의 얼음 6.00 kg을 넣었다. 평형 상태에 도달했을 때, 물의 온도는 얼마인가?

전략 이 문제에서는 표를 만드는 것이 최선의 방법이다. 열에너지 $Q_{얼음}$이 추가됨에 따라, 얼음은 온도가 0°C까지 올라가서 $Q_{융해}$의 에너지가 추가되어 0°C에서 녹는다. 그리고 녹은 얼음은 본래 물의 에너지 변화량 $Q_{물}$로부터 구해지는 에너지 $Q_{얼음-물}$을 흡수하여 나중 온도 T로 올라간다. 에너지 보존에 의해 이 양들은 합이 영이 된다.

풀이

물의 질량을 계산한다.

$$m_{물} = \rho_{물} V$$
$$= (1.00 \times 10^3 \text{ kg/m}^3)(30.0 \text{ L}) \frac{1.00 \text{ m}^3}{1.00 \times 10^3 \text{ L}}$$
$$= 30.0 \text{ kg}$$

열평형 식을 쓴다.

$$Q_{얼음} + Q_{융해} + Q_{얼음-물} + Q_{물} = 0 \qquad (1)$$

다음과 같은 종합적인 표를 만든다.

모든 양들을 여섯 번째 열에 있는 식에 대입하여 합을 구해 식 (1)의 값을 계산하여 T를 구한다.

$$6.27 \times 10^4 \text{ J} + 2.00 \times 10^6 \text{ J} + (2.51 \times 10^4 \text{ J/°C})(T - 0°C)$$
$$+ (1.26 \times 10^5 \text{ J/°C})(T - 20.0°C) = 0$$

Q	m(kg)	c(J/kg·°C)	L(J/kg)	T_f(°C)	T_i(°C)	식
$Q_{얼음}$	6.00	2 090		0	−5.00	$m_{얼음} c_{얼음}(T_f - T_i)$
$Q_{융해}$	6.00		3.33×10^5	0	0	$m_{얼음} L_f$
$Q_{얼음-물}$	6.00	4 190		T	0	$m_{얼음} c_{물}(T_f - T_i)$
$Q_{물}$	30.0	4 190		T	20.0	$m_{물} c_{물}(T_f - T_i)$

$$T = \boxed{3.03°C}$$

는 데 간단한 실수도 치명적이기 때문에, 이러한 실수를 줄이기 위해서 표를 작성하는 것이다.

참고 표를 작성하는 것은 선택이다. 그러나 대입하여 계산을 하

예제 11.3 부분 융해

목표 불완전한 상변화를 다루는 방법을 이해한다.

문제 단열된 용기 속에 0°C인 얼음 덩어리 5.00 kg과 15.0°C인 물 10.0 kg이 섞여 있다. **(a)** 용기의 비열을 무시할 때, 나중 온도를 구하라. **(b)** 융해된 얼음의 질량을 구하라.

전략 이 경우에는 얼음이 완전히 녹지 않기 때문에 **(a)**는 속임수이다. 완전히 상태가 변하는지 의심이 들면, 먼저 간단한 계산 과정이 필요하다. 첫째 얼음이 녹는 데 필요한 전체 에너지 $Q_{융해}$를 구하고 0°C 이상인 물이 전달할 수 있는 최대 에너지 $Q_{물}$을 구한다. 만일 물이 충분한 에너지를 전달하면 모든 얼음은 녹는다. 그렇지 않다면, 얼음의 처음 온도가 0°C보다 아주 작지 않은 경우에는, 보통 0°C에서 물과 얼음이 공존하는 상태가 될 것이고, 얼음의 처음 온도가 0°C보다 아주 작은 경우에는 모든 액체가 얼어버릴 것이다.

풀이

(a) 평형 온도를 구한다.

첫째, 얼음을 완전히 녹이는 데 필요한 에너지의 양을 계산한다.

$$Q_{융해} = m_{얼음}L_f = (5.00 \text{ kg})(3.33 \times 10^5 \text{ J/kg})$$
$$= 1.67 \times 10^6 \text{ J}$$

다음으로, 액체 상태에 있는 처음 질량의 물이 얼지 않고 에너지를 잃어버릴 수 있는 최대 에너지를 계산한다.

$$Q_{물} = m_{물}c\Delta T$$
$$= (10.0 \text{ kg})(4\,190 \text{ J/kg} \cdot °C)(0°C - 15.0°C)$$
$$= -6.29 \times 10^5 \text{ J}$$

이 결과는 얼음을 모두 녹이는 데 필요한 에너지의 반보다 작다. 그래서 계의 나중 상태는 물과 얼음이 공존하는 빙점 상태이다.

$$T = \boxed{0°C}$$

(b) 녹는 얼음의 질량을 계산한다.

질량이 m인 얼음의 융해열 mL_f를 전체 가용 에너지와 같게 놓고 m을 구한다.

$$6.29 \times 10^5 \text{ J} = mL_f = m(3.33 \times 10^5 \text{ J/kg})$$
$$m = \boxed{1.89 \text{ kg}}$$

참고 이 문제를 얼음이 모두 녹는다는 가정(잘못됨)에서 푼다면 나중 온도는 $T = -16.5°C$이다. 이것은 계가 고립되지 않았을 때 가능하며, 이 문제의 설명과 상반된다.

연습문제

1. 체중이 75.0 kg인 단거리 선수가 정지 상태에서 5.0 s만에 11.0 m/s로 가속하였다. (a) 이 시간 동안 단거리 선수가 한 역학적인 일을 구하라. (b) 단거리 선수가 행한 평균 일률을 구하라. (c) 만일 그가 25%의 효율로 식품 에너지를 역학적 에너지로 바꾼다면, 그가 소모하는 칼로리의 평균 비율은 얼마인가? (d) 그가 사용한 식품 에너지의 나머지 75%에는 어떤 일이 일어나는가?

2. 사람의 기초대사율(BMR)이란 자연온대환경에서 쉬고 있

는 동안 에너지가 소비되는 비율로서 그 전형적인 값은 7.00×10^6 J/day이다. BMR 단위를 (a) 와트와 (b) 킬로칼로리 단위로 환산하라. (c) 질량이 1.00 kg인 물체의 중력 퍼텐셜 에너지를 이 전형적인 BMR값으로 늘린다면 물체 높이의 변화률을 m/s단위로 구하라.

3. 세계에서 가장 높은 폭포는 베네수엘라에 있는 엔젤 폭포로 기록되어 있다. 이것은 높이가 807 m로 가장 긴 단일 폭포이다. 만일 폭포 최상부의 온도가 15.0°C라면, 폭포에 밑바닥에

서의 최고 온도는 몇 도인가? 물의 운동에너지가 모두 밑바닥에 전달되어 물의 온도를 올리는 데 사용된다고 가정한다.

4. 한국의 안동 댐에는 대략 1.25×10^9 m³의 물이 담겨 있다. (a) 이러한 물을 11.0°C에서 12.0°C로 온도를 올리는 데 필요한 에너지는 얼마인가? (b) 이러한 양의 에너지를 발전소에서 생산하는 80.0 MW의 전력을 써서 공급한다면 몇 년이 걸리겠는가?

5. 5.00 g의 납 총알이 300 m/s의 속력으로 날아가서 큰 나무에 박혔다. 이 총알의 운동에너지의 절반은 총알의 내부 에너지로 전환되고, 나머지 절반은 나무로 이동되었다면, 총알의 온도는 얼마나 올라가는가?

6. 0.200 kg의 알루미늄 컵에 800 g의 물이 80°C로 컵과 물이 열평형 상태에 있다. 컵과 물은 모두 분당 1.5°C의 비율로 온도가 낮아지도록 균일하게 냉각되고 있다. 어떤 비율로 에너지가 제거되는가? 와트 단위로 답하라.

7. 크기가 5.00 m × 10.0 m × 1.78 m인 수영장에 물이 가득 차 있다. (a) 수영장 물의 전체 질량을 구하라. (b) 그 물의 온도를 15.5°C에서 26.5°C로 올리는 데 필요한 열에너지를 구하라. (c) kwh당 전기요금이 100원이라면 물의 온도를 15.5°C에서 26.5°C로 올리는 데 필요한 비용을 계산하라.

8. 9.30×10^5 J의 에너지가 0°C, 2.00 kg의 얼음에 전달된다고 가정하자. (a) 그 얼음을 완전히 물로 녹이는 데 필요한 에너지를 계산하라. (b) 액체 상태의 물의 온도를 높이기 위해 남은 에너지는 얼마인가? (c) 액체 상태의 물의 최종 섭씨 온도를 구하라.

9. 25°C, 825 g의 물속에 0°C, 75 g의 각얼음이 있다. 두 물질이 섞인 후, 나중 온도는 얼마인가?

10. 40 g의 얼음 덩어리가 −78°C로 냉각되었다. 560 g의 물이 담겨 있는 80 g의 구리 열량계에 이 얼음을 넣었다. 얼음을 넣기 전에 물과 열량계의 온도는 25°C이였다. 물과 얼음과 열량계로 이루어진 계의 나중 온도를 결정하라. (만약 모든 얼음이 녹지 않는다면, 남아 있는 얼음은 얼마인지 결정하라.) 얼음은 먼저 0°C까지 온도가 올라간 후, 녹고, 물이되어 계속 온도가 올라간다는 것을 상기하라. 얼음의 비열은 0.500 cal/g · °C = 2 090 J/kg · °C이다.

열역학 법칙

The Laws of Thermodynamics

CHAPTER 12

열역학 제1법칙에 따르면, 계의 내부 에너지는 계에 에너지를 가하거나 일을 함으로써 증가시킬 수 있다. 제1법칙은 계의 경계를 통하여 일어나는 두 가지 방식의 에너지 전달에 의하여 계의 내부 에너지(분자의 운동에너지와 퍼텐셜 에너지의 합)가 변할 수 있다는 사실을 알려 준다. 원래 제1법칙은 계에 행한 일과 열로 공급되는 에너지에 대한 에너지의 보존을 의미하지만, 에너지를 보존하는 가능한 여러 과정들 가운데 어떤 것이 실제로 자연에서 일어나는가를 예측하지는 못한다.

열역학 제2법칙은 자연에서 제1법칙이 허용하는 과정 중 실제로 일어나는 것과 일어나지 않는 과정을 결정한다. 예를 들어, 열역학 제2법칙에 의하면 열에 의한 에너지는 차가운 물체에서 뜨거운 물체로 결코 자발적으로 흐르지 않는다는 것을 말해 준다. 열역학 제2법칙은 열기관(내연 기관 또는 그림 12.1의 운동하는 여성과 같은)과 열기관의 효율의 한계에 대한 원리 등을 연구하는 데에 유용하게 적용된다.

12.1 열역학 과정에서의 일

12.2 열역학 제1법칙

12.3 열기관과 열역학 제2법칙

12.4 엔트로피

그림 12.1 사이클 선수는 일종의 엔진이다. 연료와 산소를 태워서 앞으로 나아가기 위한 일을 하고 나머지 에너지는 땀으로 증발시켜 방출한다.

12.1 열역학 과정에서의 일 Work in Thermodynamic Processes

계에 열을 가하거나 일을 하여 에너지를 전달할 수 있다. 여기서 다루게 될 가장 흥미 있는 것은 기관을 이해하는 데 중요한 것으로서 계는 기체의 부피라는 점이다. 이와 같은 기체로 이루어진 모든 계는 열역학적 평형 상태에 있다고 가정할 것이다. 그래서 기체로 이루어진 모든 계는 같은 온도와 압력하에 있게 된다. 기체가 이와 같은 상태에 놓여 있지 않으면, 이상 기체 법칙을 적용할 수 없으며, 여기서 설명하는 모든 결과는 올바르지 않게 될 것이다. 움직일 수 있는 피스톤으로 막힌 실린더 안에서 평형을 이루고 있는 기체를 살펴보자(그림 12.2a). 기체는 부피 V를 차지하고, 실린더 벽과 피스톤에 균일한 압력 P를 작용한다. 각 순간마다 계가 열역학적 평형을 유지하면서 기체가 천천히 압축된다고 가정하자. 단면의 넓이가 A인 피스톤이 외력 F에 의하여 거리 Δy 만큼 밀려 내려갈 때, 기체에 한 일은

$$W = -F\Delta y = -PA\Delta y$$

이다. 이 식에서 계 내부에서는 압력이 같기 때문에(평형 상태에 있다고 가정하였으므로), 외력의 크기 F를 PA와 같다고 놓았다. 피스톤이 눌러지면 $\Delta y = y_f - y_i$는 음(−)이므로, 일을 양(+)으로 만들기 위하여 W에 대한 식에서 음의 부호가 필요하다. 기체 부피의 변화는 $\Delta V = A\Delta y$이고, 다음과 같은 정의를 내릴 수 있다.

일정한 압력에서 **기체에 한 일** W는 다음과 같다.

$$W = -P\Delta V \qquad\qquad [12.1]$$

여기서 P는 기체의 압력이고 ΔV는 과정에서 기체 부피의 변화량이다.

그림 12.2 (a) 압력이 P이고 부피가 V인 실린더 속에 있는 기체, (b) 피스톤이 아래로 눌러서 기체를 압축한다.

그림 12.3 (a) 상자에 힘이 작용하면, 그 힘이 한 일은 상자의 역학적 에너지를 증가시킨다. (b) 피스톤을 밀어 용기 속 기체를 압축하면 기체의 열에너지가 증가한다.

기체가 그림 12.2b와 같이 압축되면 ΔV가 음이고, 기체에 한 일은 양이 된다. 기체가 팽창하면 ΔV가 양이고, 기체에 한 일은 음이 된다. 이 조건에서 기체가 한 일 $W_{주변}$은 간단히 기체에 한 일의 음이다. 부피가 변하지 않으면 기체에 한 일은 영이다.

식 12.1에서 일 W의 정의는 **기체에 한 일**을 의미하는 것이다. 많은 책에서 일 W는 **기체가 한 일**로 정의된다. 이 책에서는 기체가 한 일은 $W_{주변}$으로 나타내기로 한다. 모든 경우 $W = -W_{주변}$이므로 두 가지 정의는 음(−)의 부호만 다르다. 일 W를 기체에 한 일로 정의하는 것이 중요한 이유는 열역학에서의 일의 개념을 역학에서의 일의 개념과 일치시키기 위함이다. 역학에서는, 계는 어떤 물체이고, 그 물체에 양의 일을 했을 때 물체의 에너지가 증가한다. 식 12.1에서 정의한 것처럼 기체에 한 일 W가 양이면 기체의 내부 에너지가 증가한다.

그림 12.3a에서 사람이 상자를 밀어서 상자에 양의 일을 하고 있으므로, 상자의 속력과 운동에너지가 증가한다. 그림 12.3b에서 사람이 피스톤을 오른쪽으로 밀어서 용기 속의 분자를 압축하여 기체에 양의 일을 한다. 기체 분자의 평균 속력이 증가하므로, 온도가 증가하고 따라서 기체의 내부 에너지가 증가한다. 결국 상자에 일을 하는 것이 그 상자의 운동에너지를 증가시키듯이 기체의 계에 일을 하면 그 기체의 내부 에너지를 증가시킨다.

예제 12.1 팽창하는 기체가 한 일

목표 일정한 압력에서 일의 정의를 적용한다.

문제 그림 12.2에 나타낸 것과 비슷한 계에서 실린더 안에 있는 기체의 압력이 1.01×10^5 Pa이고 피스톤의 넓이는 0.100 m^2이다. 열에 의해 기체에 에너지가 서서히 가해질 때, 피스톤이 4.00 cm 밀려 올라갔다. 압력이 일정하다고 가정할 때, 팽창하는 기체가 주변에 한 일 $W_{주변}$을 구하라.

전략 주변에 한 일은 식 12.1로 표현되는 기체에 한 일의 음의 값이다. 부피의 변화를 구한 후 압력을 곱한다.

· ·

풀이

단면의 넓이에 변위를 곱하여 기체 부피의 변화 ΔV를 구한다.

$$\Delta V = A\,\Delta y = (0.100\ \text{m}^2)(4.00 \times 10^{-2}\ \text{m})$$
$$= 4.00 \times 10^{-3}\ \text{m}^3$$

이 값에 압력을 곱하여 기체가 주변에 한 일 $W_{주변}$을 구한다.

$$W_{주변} = P\,\Delta V = (1.01 \times 10^5\ \text{Pa})(4.00 \times 10^{-3}\ \text{m}^3)$$
$$= \boxed{404\ \text{J}}$$

· ·

참고 기체의 부피가 증가하므로 기체가 주변에 한 일은 양이다. 이 과정에서 계에 한 일은 $W = -404$ J이다. 주변에 양의 일을 하는 데 필요한 에너지는 기체의 에너지에서 나온다.

기체가 팽창되거나 압축되는 동안에 압력이 일정하게 유지될 때에만 식 12.1을 사용하여 계에 한 일을 계산할 수 있다. 압력이 일정하게 유지되는 과정을 **등압 과정**(isobaric process)이라고 한다. 등압 과정에서의 압력과 부피의 그래프, 즉 **PV 도표**(PV diagram)를 그림 12.4에 나타내었다. 그래프에서 곡선은 경로라 부르며, 처음 상태와 나중 상태 사이를 연결한다. 화살표는 과정의 진행 방향을 나타내며, 이 경우에는 부피가 큰 상태에서 작은 상태까지이다. 그래프 아래에 있는 넓이는

$$넓이 = P(V_f - V_i) = P\Delta V$$

이다. **PV 도표에서 그래프 아래의 넓이는 기체에 한 일의 크기와 같다.**

이것은 일반적인 사실이며, 압력이 일정한 상태에서 과정이 진행되는지의 여부에 관계없이 성립한다. 과정에 대한 PV 도표를 그리고 곡선 아래(와 가로축 위)의 넓이를 구하면, 넓이는 기체에 한 일의 크기와 같아질 것이다. 그래프의 화살표가 부피가 큰 쪽으로 향하면 기체에 한 일은 음이다. 그리고 화살표가 부피가 작은 쪽을 향하면 기체에 한 일은 양이다.

계에 한 일이 음일 때는 언제나 계가 주변에 한 일이 양이 된다. 계에 한 일이 음이면, 계의 에너지가 감소하는 것을 의미하며 그만큼 주변에 양의 일을 하게 된다.

그림 12.5에서 그래프들은 모두 시작과 끝 점들은 같지만, 곡선 아래의 넓이가 다름에 주목하라. 계에 한 일은 PV 도표에서 경로에 의존한다.

노란색 부분의 넓이는 기체에 한 일을 나타낸다.

그림 12.4 일정한 압력에서 압축되는 기체에 대한 PV 도표

예제 12.2 일과 PV 도표

목표 PV 도표로부터 일을 계산한다.

문제 (a) 그림 12.5a와 (b) 그림 12.5b에서 기체에 한 일의 값을 구하라.

전략 문제에서 영역은 직사각형과 삼각형으로 이루어져 있다. 간단한 기하학 공식을 사용하여 곡선 아래 있는 넓이를 구한다. 화살표의 방향을 참고하여 부호를 결정한다.

그림 12.5 (예제 12.2)

....

풀이

(a) 그림 12.5a에서 기체에 한 일을 구한다.

그림 12.5a에서 넓이 A_1과 A_2를 계산한다. A_1은 직사각형이고 A_2는 삼각형이다.

$$A_1 = 가로 \times 세로 = (2.00 \text{ m}^3)(1.00 \times 10^5 \text{ Pa})$$
$$= 2.00 \times 10^5 \text{ J}$$
$$A_2 = \tfrac{1}{2} 밑변 \times 높이$$
$$= \tfrac{1}{2}(2.00 \text{ m}^3)(2.00 \times 10^5 \text{ Pa}) = 2.00 \times 10^5 \text{ J}$$

넓이를 모두 더한다(화살표의 방향이 부피가 증가하는 방향이므로 기체에 한 일은 음이다).

$$넓이 = A_1 + A_2 = 4.00 \times 10^5 \text{ J}$$
$$W = \boxed{-4.00 \times 10^5 \text{ J}}$$

(b) 그림 12.5b에서 기체에 한 일을 구한다.

두 직사각형의 넓이를 계산한다.

$$A_1 = 가로 \times 세로 = (1.00 \text{ m}^3)(1.00 \times 10^5 \text{ Pa})$$
$$= 1.00 \times 10^5 \text{ J}$$
$$A_2 = 가로 \times 세로 = (1.00 \text{ m}^3)(2.00 \times 10^5 \text{ Pa})$$
$$= 2.00 \times 10^5 \text{ J}$$

넓이를 모두 더한다(화살표의 방향이 부피가 감소하는 방향이므로 기체에 한 일은 양이다).

$$넓이 = A_1 + A_2 = 3.00 \times 10^5 \text{ J}$$
$$W = \boxed{+3.00 \times 10^5 \text{ J}}$$

....

참고 두 경우에서 PV 도표의 경로들은 같은 점에서 시작하여 같은 점에서 끝난다. 그러나 답은 다르다.

12.2 열역학 제1법칙 The First Law of Thermodynamics

열역학 제1법칙(first law of thermodynamics)은 내부 에너지(계에 있는 분자의 진동 및 위치와 관련이 있는 에너지)의 변화가 열과 일에 의한 에너지의 전달과 관련된 또 다른 에너지의 보존 법칙이다. 제1법칙은 모든 종류의 과정에 적용될 수 있는 보편적인 법칙이며, 미시 세계와 거시 세계를 연결시킨다.

계와 그 주변에 에너지를 전달하는 방법에는 두 가지가 있다. 하나는 힘을 작용하여 물체를 거시적으로 이동시키면서 하는 일에 의한 방법이고, 다른 하나는 무작위한 분자 충돌에 의해 발생하는 열에 의한 방법이다. 열이란 온도 차이에 의해 계와 주변 사이에 에너지가 전달되는 것이며, 주로 복사, 대류, 전도 중 하나 이상의 방법으로 일어난다. 예를 들어, 그림 12.6에서 뜨거운 기체와 복사 에너지가 실린더 벽에 충돌하여 온도가 증가하고 기체에는 전도에 의해 에너지 Q가 전달되어 주로 대류에 의해 퍼진다. 화학 반응이나 전기 방전과 같은 과정을 통해서도 에너지가 어떤 계로 전달되는 것이 가능하다. **계와 주변 사이에 교환된 모든 에너지 Q와 압축이나 팽창에 의해 한 모든 일 W는 계의 내부 에너지의 변화 ΔU가 생기게 한다.** 내부 에너지의 변화는 계의 압력, 온도, 부피와 같은 거시적 변수의 변화를 가져 온다. 내부 에너지의 변화 ΔU, 에너지 Q, 계에 한 일 W 사이의 관계가 **열역학 제1법칙**이다.

열역학 제1법칙 ▶

계가 처음 상태에서 나중 상태로 변한다고 하자. 이렇게 변하는 동안 열의 형태로 계에 전달된 에너지는 Q이고, 계에 한 일은 W로 정하자. 이때 계의 내부 에너지 변화 ΔU는 다음과 같다.

$$\Delta U = U_f - U_i = Q + W \qquad \text{[12.2]}$$

Q는 열에 의해 에너지가 계 내부로 이동할 때 양이 되고, 계 밖으로 이동할 때는 음이 된다.

그림 12.6은 기체가 들어 있는 실린더에 대한 제1법칙과 계가 어떻게 주변과 상호 작용하는지를 설명하는 그림이다. 기체가 들어 있는 실린더에는 마찰이 없는 피스톤이 있고 그에 연결된 물체는 처음에 정지해 있다. 기체가 일정한 압력 P로 피스톤에 대

그림 12.6 열에너지 Q가 기체에 전달되면 기체의 내부 에너지가 증가한다. 기체가 피스톤을 밀어서 움직이면 주변에 역학적인 일을 하게 되며, 그것은 기체에 음의 일을 하는 것과 같고 기체의 내부 에너지를 감소시킨다.

해 팽창하게 되면 에너지 Q가 기체에 주어지게 된다. 피스톤이 정지할 때까지 기체는 물체에 일을 하고 물체는 마찰 없는 표면에서 가속하게 된다. 기체에는 음의 일을 하고 동시에 기체에 의해 양의 일 $W_{주변} = -W$을 블록에 한다. 주변에 한 일 $W_{주변}$에 기체에 한 일 W를 더하면, 알짜일은 영이 된다. 그것은 에너지가 보존되어야 하기 때문에 당연한 것이다.

식 12.2로부터 고립계의 내부 에너지는 일정하게 유지되어야 함을 알 수 있다. 즉 $\Delta U = 0$이다. 고립계가 아닌 경우에도 계가 압력, 부피, 온도 및 기체의 몰수 등과 같은 모든 열역학적 변수들이 처음 값으로 되돌아가는 순환 과정에 있으면 내부 에너지의 변화량은 영이다.

계와 관계된 식 12.2에 있는 물리량은 일에 의해 계의 주변에는 영향을 주지 않음을 명심하라. 그림 12.6에서처럼 계가 피스톤에 대하여 팽창하고 있는 뜨거운 증기라면 계에 한 일 W는 음이다. 왜냐하면 피스톤은 기체의 내부 에너지에 의해 오로지 팽창만을 할 수 있기 때문이다. 뜨거운 증기가 주변(이 경우 기차를 움직이게 하는 운동하는 피스톤)에 한 일 $W_{주변}$은 양이며, 이것은 식 12.2에 있는 일 W는 아니다. 제1법칙에서 정의한 일에 대한 이와 같은 내용은 5장에서 정의한 일의 개념과 일치한다. 역학적이든 열적이든 계에 한 일이 양이면 계의 에너지는 증가하고, 음이면 감소한다.

어떤 책에서는 기체가 주변에 한 일을 W로 정의한다. 이것은 같은 공식이지만 열역학 제1법칙에서 이것은 W에 반드시 음의 부호가 붙어야 함을 의미한다. 이러한 약속은 앞에서 설명한 계의 에너지와 일치하지 않는다. 왜냐하면 W가 양일 때 계는 에너지를 잃기 때문이다. 반면에 5장에서는 W가 양이면 계가 에너지를 얻는다는 것을 의미했다. 이와 같은 이유 때문에 이 책에서는 이전의 관례적인 약속을 사용하지 않았다.

> **Tip 12.2 일을 나타내는 부호**
>
> 많은 물리와 공학 교재에서 제1법칙을 열과 일 사이에 음(−)의 부호를 써서 $\Delta U = Q - W$로 나타낸다. 이것은 일을 기체에 한 일로 정의하지 않고 기체가 한 일로 정의하기 때문이다. 이러한 부호 약속에 의하면 제1법칙은 $\Delta U = Q - W_{주변}$으로 나타난다.

예제 12.3 기체의 가열

목표 등압 과정 중에 한 일과 열역학 제1법칙을 조합한다.

문제 등압 과정 중에 이상 기체는 주변에 2.00×10^3 J의 일을 하고 5.00×10^3 J의 에너지를 흡수한다. **(a)** 기체의 내부 에너지의 변화를 구하라. **(b)** 내부 에너지가 4.50×10^3 J만큼 감소되고 계에서 7.50×10^3 J의 열이 방출될 때, 부피의 변화량을 구하라. 등압 과정에서의 압력은 1.01×10^5 Pa라고 가정한다.

전략 **(a)**는 열역학 제1법칙, 즉 식 12.2에 주어진 값을 대입하여 구한다. 그러나 여기서 일은 주변에 한 일임에 주목하라. 음의 값은 계에 한 일이며 내부 에너지가 감소됨을 나타낸다. **(b)**는 등압 과정에서 일에 대한 방정식을 열역학 제1법칙에 대입하여 부피의 변화량을 구한다.

. . . .

풀이

(a) 기체의 내부 에너지 변화를 계산한다.

기체가 한 일이 음의 값임에 주의하면서, 제1법칙에 값을 대입한다.

$$\Delta U = Q + W = 5.00 \times 10^3 \text{ J} - 2.00 \times 10^3 \text{ J}$$
$$= \boxed{3.00 \times 10^3 \text{ J}}$$

(b) 이 경우 ΔU와 Q가 모두 음의 값임에 주의하면서 부피의 변화량을 구한다.

일정한 압력에서 한 일에 대한 식을 제1법칙에 대입한다.

$$\Delta U = Q + W = Q - P\Delta V$$
$$-4.50 \times 10^3 \text{ J} = -7.50 \times 10^3 \text{ J} - (1.01 \times 10^5 \text{ Pa})\Delta V$$

부피의 변화 ΔV에 대하여 푼다.

$$\Delta V = \boxed{-2.97 \times 10^{-2} \text{ m}^3}$$

. . . .

참고 부피의 변화는 음이다. 그래서 계는 수축되고 주변에 음의 일을 한다. 반면에 계에 한 일 W는 양이다.

다음과 같이 주어지는 이상 기체의 내부 에너지에 대한 식을 살펴보자.

$$U = \tfrac{3}{2}nRT \qquad\qquad [12.3a]$$

이 식은 기체를 구성하는 입자들이 한 종류의 원자로 이루어진 것을 의미하는 단원자 이상 기체인 경우에만 적용된다. 이와 같은 기체에 대한 내부 에너지 변화 ΔU는

$$\Delta U = \tfrac{3}{2}nR\Delta T \qquad\qquad [12.3b]$$

이다. 단원자 이상 기체의 **등적 몰비열**(molar specific heat at constant volume) C_v를 다음과 같이 정의한다.

$$C_v \equiv \tfrac{3}{2}R \qquad\qquad [12.4]$$

이때 이상 기체의 내부 에너지 변화는 다음과 같이 표현할 수 있다.

$$\Delta U = nC_v \Delta T \qquad\qquad [12.5]$$

이상 기체의 경우 이 식은 부피가 변화하는 경우를 포함하여 모든 경우에 적용할 수 있다. 그러나 몰비열의 값은 기체에 따라 다르며, 온도와 압력에 따라 변한다.

몰비열의 값이 큰 기체는 일정한 온도를 올리는 데 많은 에너지가 필요하다. 몰비열의 크기는 기체 분자의 구조와 에너지를 저장하는 방법에 따라 결정된다. 헬륨과 같은 단원자 기체는 세 가지 운동 방향으로 에너지를 저장한다. 반면에 수소와 같은 기체는 정상적인 온도 범위에서 이원자 기체이며, 세 가지 운동 방향과 추가로 두 방향으로 회전할 수 있다. 그래서 수소 분자는 병진 운동 형태와 추가로 회전 운동 형

표 12.1 여러 기체의 몰비열

기체	몰비열 $(J/mol \cdot K)^a$			
	C_p	C_v	$C_p - C_v$	$\gamma = C_p/C_v$
단원자 기체				
He	20.8	12.5	8.33	1.67
Ar	20.8	12.5	8.33	1.67
Ne	20.8	12.7	8.12	1.64
Kr	20.8	12.3	8.49	1.69
이원자 기체				
H_2	28.8	20.4	8.33	1.41
N_2	29.1	20.8	8.33	1.40
O_2	29.4	21.1	8.33	1.40
CO	29.3	21.0	8.33	1.40
Cl_2	34.7	25.7	8.96	1.35
다원자 기체				
CO_2	37.0	28.5	8.50	1.30
SO_2	40.4	31.4	9.00	1.29
H_2O	35.4	27.0	8.37	1.30
CH_4	35.5	27.1	8.41	1.31

[a]물을 제외하고 모두 300 K에서의 값이다.

태로 에너지를 저장할 수 있다. 더욱이 분자들은 구성 원자들의 진동 형태로 에너지를 저장할 수 있다. 에너지를 저장하는 방법이 많은 분자들로 구성된 기체는 몰비열의 값이 크다.

기체 분자가 에너지를 저장할 수 있는 각기 다른 방법을 자유도(degree of freedom)라 한다. 각각의 자유도는 몰비열에 $\frac{1}{2}R$만큼 기여한다. 원자로 된 이상 기체는 세 방향으로 이동할 수 있기 때문에, 몰비열은 $C_v = 3(\frac{1}{2}R) = \frac{3}{2}R$이 된다. 산소 분자 O_2와 같은 이원자 기체는 추가로 두 방향으로 회전 운동이 가능하다. 따라서 몰비열에 $2 \times \frac{1}{2}R = R$이 추가되어, 이원자 기체는 $C_v = \frac{5}{2}R$이 된다. 두 원자들을 연결하는 장축에 대한 회전은 일반적으로 무시한다. 주어진 계에 대한 전체적인 분석은 종종 복잡하기 때문에 일반적으로 몰비열의 실험을 통하여 결정한다. 대표적인 C_v값 일부를 표 12.1에 나타내었다.

12.3 열기관과 열역학 제2법칙
Heat Engines and the Second Law of Thermodynamics

열기관(heat engine)은 열에 의해 에너지를 받아들이고, 그 에너지 일부를 전기에너지나 역학적 에너지와 같은 다른 형태의 에너지로 전환시킨다. 발전소에서 전기를 생산하는 전형적인 과정에서는 석탄이나 다른 연료를 연소시키고, 얻어진 내부 에너지를 써서 물을 수증기로 전환시킨다. 수증기가 터빈의 날개에 뿜어져서 터빈을 돌리고, 회전과 관련된 역학적 에너지가 발전기를 돌린다. 다른 형태의 열기관(자동차의 내연 기관)은, 연료가 실린더 안에 분사되어 연소될 때 에너지가 기관에 공급되고, 이 에너지의 일부가 역학적 에너지로 전환된다.

일반적으로 열기관 속의 작동물질은 (1) 고온의 저장체에서 열 에너지를 흡수하고, (2) 기관이 일을 한 뒤, (3) 저온의 저장체에 열 에너지를 내보내는 **순환 과정**(cyclic process)[1]을 거치면서 작동한다. 예를 들어, 물이 작동 물질인 증기 기관의 작동 과정을 살펴보자. 물이 보일러에서 수증기로 기화한 뒤 팽창하면서 피스톤을 밀어내는 과정을 거친다. 수증기가 냉각수에 의하여 응집되면 보일러로 보내지고, 이 과정이 반복된다.

◀ 순환 과정

열기관을 그림 12.7과 같이 개략적으로 표시하면 이해하기가 쉽다. 열기관은 뜨거운 저장체에서 에너지 Q_h를 흡수하고 $W_{기관}$의 일을 한 다음, 차가운 저장체에 에너지 Q_c를 보낸다(기관에 음의 일을 하므로 $W = -W_{기관}$이다.). 순환 과정이므로 작동 물질은 항상 처음의 열역학 상태로 되돌아오며, 처음 내부 에너지와 나중 내부 에너지는 같아서 $\Delta U = 0$이다. 그러므로 열역학 제1법칙에 의해서

$$\Delta U = 0 = Q + W \rightarrow Q_{알짜} = -W = W_{기관}$$

이다. 이 식은 **열기관이 한 일 $W_{기관}$은 열기관이 흡수한 알짜 에너지 $Q_{알짜}$와 같음**을 의미

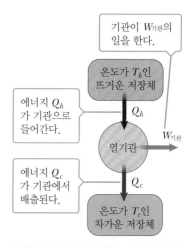

그림 12.7 열기관의 개략도. 뜨거운 저장체의 열에너지 일부가 일을 하고 나머지는 차가운 저장체로 방출된다.

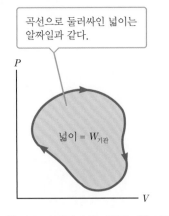

곡선으로 둘러싸인 넓이는
알짜일과 같다.

P

넓이 $= W_{기관}$

V

그림 12.8 임의의 순환 과정에 대한 PV
도표

한다. 그림 12.7에서 알 수 있듯이 $Q_{알짜} = |Q_h| - |Q_c|$이므로

$$W_{기관} = |Q_h| - |Q_c| \qquad [12.6]$$

이다. Q_h와 Q_c의 부호를 뺀 절댓값을 사용하기 때문에, 열에너지 이동 Q는 보통 양 또는 음의 값 둘 다 될 수 있다.

작동 물질이 기체이면, 순환 과정 동안에 기관이 한 일은 PV 도표에서 과정을 나타내는 **곡선으로 둘러싸인 영역의 넓이와 같다.** 그림 12.8에서 임의의 순환 과정에 대하여 이 넓이를 나타내었다.

열기관의 **열효율**(thermal efficiency) e는 한 주기 동안 열기관이 한 일 $W_{기관}$을 흡수한 에너지로 나눈 값으로 정의한다.

$$e \equiv \frac{W_{기관}}{|Q_h|} = \frac{|Q_h| - |Q_c|}{|Q_h|} = 1 - \frac{|Q_c|}{|Q_h|} \qquad [12.7]$$

열효율이란 우리가 얻는 이익(일)과 공급된 비용(높은 온도에서 전달된 에너지)의 비라고 생각할 수 있다. 식 12.7에 의하면 $Q_c = 0$일 때에만, 즉 차가운 저장체에 전혀 에너지를 내보내지 않을 때에만 열기관의 열효율이 100%($e = 1$)가 된다. 다시 말하면 열효율이 100%인 열기관은 흡수한 에너지 전부를 역학적 일로 바꿔야 한다. 12.4절에서 배우겠지만 이것은 불가능하다.

예제 12.4 **열기관의 효율**

목표 열기관에 효율에 대한 식을 적용한다.

문제 열기관이 한 순환 과정 동안 뜨거운 저장체에서 2.00×10^3 J의 에너지를 전달받고, 차가운 저장체로 1.50×10^3 J을 전달한다. **(a)** 기관의 열효율을 구하라. **(b)** 한 순환 과정 동안 기관이 한 일은 얼마인가? **(c)** 2.50 s 동안 네 번의 순환 과정이 진행된다면 기관의 평균 일률은 얼마인가?

전략 식 12.7을 사용하여 열효율을 구한다. 그리고 기관에 대한 제1법칙(식 12.6)을 사용하여 한 순환 과정 동안 한 일을 구한다. 네 번의 순환 과정 동안 한 일을 순환 과정이 진행하는 데 걸린 시간으로 나누어 일률을 구한다.

풀이

(a) 기관의 열효율을 구한다.

식 12.7에 Q_c와 Q_h를 대입한다.

$$e = 1 - \frac{|Q_c|}{|Q_h|} = 1 - \frac{1.50 \times 10^3 \text{ J}}{2.00 \times 10^3 \text{ J}} = \boxed{0.250, \text{ 또는 } 25.0\%}$$

(b) 한 순환 과정 동안 기관이 한 일을 구한다.

식 12.6 형태의 제1법칙을 이용하여 기관이 한 일을 구한다.

$$W_{기관} = |Q_h| - |Q_c| = 2.00 \times 10^3 \text{ J} - 1.50 \times 10^3 \text{ J}$$
$$= \boxed{5.00 \times 10^2 \text{ J}}$$

(c) 기관의 출력(일률)을 구한다.

(b)에서 구한 답에 4를 곱하고 시간으로 나눈다.

$$P = \frac{W}{\Delta t} = \frac{4.00 \times (5.00 \times 10^2 \text{ J})}{2.50 \text{ s}} = \boxed{8.00 \times 10^2 \text{ W}}$$

참고 이와 같은 문제들은 보통 두 개의 미지수와 두 개의 방정식을 푸는 문제이다. 여기서 두 개의 방정식은 효율 식과 제1법칙이며, 두 개의 미지수는 효율과 기관이 한 일이다.

예제 12.5 순환 기관의 분석

목표 여러 가지 개념을 사용하여 순환 기관을 분석한다.

문제 단원자 이상 기체가 이동이 가능한 피스톤과 실린더로 이루어진 열기관 속에 있다. 기체는 $T = 3.00 \times 10^2$ K에서 A(그림 12.9)로부터 출발한다. 과정 $B \rightarrow C$는 등온 팽창이다. **(a)** 기체의 몰수 n과 점 B의 온도를 구하라. **(b)** 등적 과정 $A \rightarrow B$에서 ΔU, Q, W를 구하라. **(c)** 등온 과정 $B \rightarrow C$에서 ΔU, Q, W를 구하라. **(d)** 등압 과정 $C \rightarrow A$에서 ΔU, Q, W를 구하라. **(e)** 한 순환에 대한 내부 에너지의 알짜 변화량을 구하라. **(f)** 계에 전달되는 열에너지 Q_h, 방출되는 열에너지 Q_c, 열효율 및 기관이 주변에 한 알짜일을 구하라.

전략 **(a)**에서 n, T는 이상 기체의 법칙에 평형값 P, V, T를 대입하여 구할 수 있다. 점 A, B, C에서의 온도 T를 알고 있으면, 내부 에너지의 변화 ΔU는 아래 표에 나타낸 각 과정들에 대한 식을 이용하여 구할 수 있다. Q와 W는 위와 같은 방법으로 구할 수도 있고, 단일 과정들에 대한 예제에서 사용했던 방식인 제1법칙을 유도하여 구할 수도 있다.

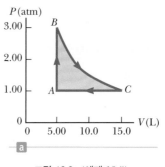

그림 12.9 (예제 12.5)

풀이

열역학 제1법칙과 열역학 과정(이상 기체)

과정	ΔU	Q	W
등압	$nC_v \Delta T$	$nC_p \Delta T$	$-P \Delta V$
단열	$nC_v \Delta T$	0	ΔU
등적	$nC_v \Delta T$	ΔU	0
등온	0	$-W$	$-nRT \ln \left(\dfrac{V_f}{V_i} \right)$
일반	$nC_v \Delta T$	$\Delta U - W$	(PV 넓이)

(a) 이상 기체의 법칙으로 n과 T_B를 구한다.

$$n = \frac{P_A V_A}{RT_A} = \frac{(1.00\ \text{atm})(5.00\ \text{L})}{(0.082\ 1\ \text{L} \cdot \text{atm/mol} \cdot \text{K})(3.00 \times 10^2\ \text{K})}$$

$$= \boxed{0.203\ \text{mol}}$$

$$T_B = \frac{P_B V_B}{nR} = \frac{(3.00\ \text{atm})(5.00\ \text{L})}{(0.203\ \text{mol})(0.082\ 1\ \text{L} \cdot \text{atm/mol} \cdot \text{K})}$$

$$= \boxed{9.00 \times 10^2\ \text{K}}$$

(b) 등적 과정 $A \rightarrow B$에서 ΔU_{AB}, Q_{AB}, W_{AB}를 구한다.
$C_v = \frac{3}{2}R = 12.5$ J/mol · K를 이용하여 ΔU_{AB}를 계산한다.

$$\Delta U_{AB} = nC_v \Delta T = (0.203\ \text{mol})(12.5\ \text{J/mol} \cdot \text{K})$$
$$\times (9.00 \times 10^2\ \text{K} - 3.00 \times 10^2\ \text{K})$$

$$\Delta U_{AB} = \boxed{1.52 \times 10^3\ \text{J}}$$

등적 과정에서 $\Delta V = 0$이므로 한 일은 없다.

$$W_{AB} = \boxed{0}$$

제1법칙으로부터 Q_{AB}를 구할 수 있다.

$$Q_{AB} = \Delta U_{AB} = \boxed{1.52 \times 10^3\ \text{J}}$$

(c) 등온 과정 $B \rightarrow C$에서 ΔU_{BC}, Q_{BC}, W_{BC}를 구한다.
등온 과정이라 온도가 변하지 않기 때문에 내부 에너지의 변화는 영이다.

$$\Delta U_{BC} = nC_v \Delta T = \boxed{0}$$

아래 식의 음의 값을 사용하여 계에 한 일을 계산한다.

$$\boxed{W_{\text{주변}} = nRT \ln \left(\frac{V_f}{V_i} \right)}$$

$$W_{BC} = -nRT \ln \left(\frac{V_C}{V_B} \right)$$

$$= -(0.203\ \text{mol})(8.31\ \text{J/mol} \cdot \text{K})(9.00 \times 10^2\ \text{K})$$

$$\times \ln \left(\frac{1.50 \times 10^{-2}\ \text{m}^3}{5.00 \times 10^{-3}\ \text{m}^3} \right)$$

$$W_{BC} = \boxed{-1.67 \times 10^3\ \text{J}}$$

제1법칙으로부터 Q_{BC}를 계산한다.

$$0 = Q_{BC} + W_{BC} \rightarrow Q_{BC} = -W_{BC} = \boxed{1.67 \times 10^3\ \text{J}}$$

(d) 등압 과정 $C \rightarrow A$에서 ΔU_{CA}, Q_{CA}, W_{CA}를 구한다.
압력이 일정할 때, 계에 한 일을 계산한다.

$$W_{CA} = -P \Delta V = -(1.01 \times 10^5\ \text{Pa})(5.00 \times 10^{-3}\ \text{m}^3$$
$$- 1.50 \times 10^{-2}\ \text{m}^3)$$

$$W_{CA} = \boxed{1.01 \times 10^3\ \text{J}}$$

내부 에너지 변화 ΔU_{CA}를 구한다.

$$\Delta U_{CA} = \frac{3}{2}nR\Delta T = \frac{3}{2}(0.203 \text{ mol})(8.31 \text{ J/K} \cdot \text{mol})$$
$$\times (3.00 \times 10^2 \text{ K} - 9.00 \times 10^2 \text{ K})$$
$$\Delta U_{CA} = \boxed{-1.52 \times 10^3 \text{ J}}$$

제1법칙으로부터 열에너지 Q_{CA}를 계산한다.

$$Q_{CA} = \Delta U_{CA} - W_{CA} = -1.52 \times 10^3 \text{ J} - 1.01 \times 10^3 \text{ J}$$
$$= \boxed{-2.53 \times 10^3 \text{ J}}$$

(e) 한 순환 과정에 대한 내부 에너지의 알짜 변화 $\Delta U_{\text{알짜}}$를 구한다.

$$\Delta U_{\text{알짜}} = \Delta U_{AB} + \Delta U_{BC} + \Delta U_{CA}$$
$$= 1.52 \times 10^3 \text{ J} + 0 - 1.52 \times 10^3 \text{ J} = \boxed{0}$$

(f) 유입 에너지 Q_h, 방출 에너지 Q_c, 열효율 및 기관이 한 알짜일을 구한다.

양의 값들을 더하여 Q_h를 구한다.

$$Q_h = Q_{AB} + Q_{BC} = 1.52 \times 10^3 \text{ J} + 1.67 \times 10^3 \text{ J}$$
$$= \boxed{3.19 \times 10^3 \text{ J}}$$

음의 값(이 경우는 한 개)을 더한다.

$$Q_c = \boxed{-2.53 \times 10^3 \text{ J}}$$

기관의 효율과 기관이 한 알짜일을 구한다.

$$e = 1 - \frac{|Q_c|}{|Q_h|} = 1 - \frac{2.53 \times 10^3 \text{ J}}{3.19 \times 10^3 \text{ J}} = \boxed{0.207}$$

$$W_{\text{기관}} = -(W_{AB} + W_{BC} + W_{CA})$$
$$= -(0 - 1.67 \times 10^3 \text{ J} + 1.01 \times 10^3 \text{ J})$$
$$= \boxed{6.60 \times 10^2 \text{ J}}$$

참고 순환과 관계된 문제는 다소 지루하다. 그러나 보통 각 단계들은 간단히 대입한다. 순환에서 내부 에너지의 변화가 영이고, 계에 한 알짜일이 알짜 열에너지 전달과 같음에 주목하여야 한다.

12.3.1 냉장고와 열펌프 Refrigerators and Heat Pumps

그림 12.10 열펌프의 개략도. 차가운 저장체의 에너지를 빼내어 뜨거운 저장체로 방출한다.

열기관은 역으로 작동할 수 있다. 이 경우 그림 12.10에서와 같이 에너지는 일 W로 기관으로 유입되며, 차가운 저장체에서 뽑아낸 에너지를 뜨거운 저장체로 전달하게 된다. 이러한 계는 열펌프로 작동하며, 냉장고(그림 12.11)가 일반적인 예이다. 냉장고 내부에서 에너지 Q_c가 빠져나와 부엌의 더운 공기 속으로 에너지 Q_h가 전달된다. 일은 냉장고의 압축기(컴프레서)에서 일어난다. 여기에서 프레온 등과 같은 냉매가 압축되어 온도가 증가된다.

가정용 에어컨도 열펌프의 또 다른 예이다. 일부 가정에서 열펌프로 냉방과 난방을 한다. 겨울에는 차가운 외부 공기에서 에너지 Q_c를 뽑아 실내의 더운 공기에 에너지 Q_h를 전달한다. 반면에 여름에는 시원한 실내 공기에서 에너지 Q_c를 뽑아내어 더운 외부 공기에 에너지 Q_h를 전달한다.

냉장고 또는 에어컨의 경우(열펌프는 냉각 기능으로 작동), 압축기를 작동시키는 전기에너지 형태로 우리는 일 W의 값을 지불하고, 우리가 원하는 이득 Q_c를 얻는다. 냉장고 또는 에어컨의 최대 효율은 최소로 일을 하여 차가운 저장체로부터 최대의 에너지를 제거하는 것이다.

냉동기 또는 에어컨의 성능 계수(COP: coefficient of performance)는 차가운 저장체에서 뽑아낸 에너지 $|Q_c|$를 장치가 한 일 W로 나눈 값이다.

$$\text{COP(냉방용)} = \frac{|Q_c|}{W} \qquad [12.8]$$

SI 단위: 차원이 없는 양

이 비율이 커질수록 한 일에 비하여 제거된 에너지가 커지기 때문에 성능이 더 좋아진다. 좋은 냉장고나 냉난방 장치는 COP값이 5 또는 6이다.

열펌프가 겨울철에 난방용으로 작동할 때는 외부의 찬 공기로부터 에너지를 뽑아내 실내를 따뜻하게 한다. 이 말이 역설적인 것으로 보일 수도 있다. 그러나 이 과정은 내부에 있는 에너지를 빼내어 부엌으로 보내는 냉장고의 과정과 동일하다.

> 난방용으로 작동하는 열펌프의 성능 계수는 뜨거운 저장체로 보낸 제거된 에너지 $|Q_h|$를 펌프가 한 일 W로 나눈 값이다.
>
> $$\text{COP(난방용)} = \frac{|Q_h|}{W} \qquad [12.9]$$

SI 단위: 차원이 없는 양

실제로 난방용에서 열펌프의 COP는 우리가 얻은 것(실내에 전달된 에너지)과 우리가 해준 것(공급한 일)의 비이다. 보통 $|Q_h|$가 W보다 크기 때문에, 이 COP의 일반적인 값은 1보다 크다.

지하수 열펌프는 겨울에 외부 공기에서보다는 땅속 깊은 곳에 있는 물에서 에너지를 빼내고, 여름에는 그 물에 에너지를 전달한다. 지하수는 겨울에 대기보다 온도가 높고 여름에는 온도가 대기보다 낮기 때문에, 이 방식의 냉난방 기기는 1년 내내 효율을 높이게 된다.

냉장고 뒤편의 냉각 코일은 에너지를 열 형태로 공기 중으로 전달한다.

그림 12.11 가정용 냉장고의 뒷모습. 냉각 코일 주변의 공기는 뜨거운 저장체 역할을 한다.

예제 12.6 남은 음식들의 냉각

목표 냉장고의 성능 계수를 적용한다.

문제 온도가 323 K인 먹다 남은 스프를 2.00 L의 용기에 담아 냉장고에 넣었다. 스프의 밀도는 $1.25 \times 10^3 \text{ kg/m}^3$이고 비열은 물의 비열과 같다고 가정한다. 냉장고는 스프를 283 K로 식힌다. **(a)** 냉장고의 COP가 5.00이라면, 스프를 냉각시키는 데 필요한 에너지를 일의 형태로 구하라. **(b)** 컴프레서의 일률이 0.250마력이라면, 스프를 283 K로 냉각시키는 데 최소 얼마만큼의 시간이 필요한가? 열펌프가 냉장고에서 열에너지를 배출하는 것과 같은 비율로 스프가 차가워진다고 가정한다.

전략 문제를 해결하기 위해서는 세 단계가 필요하다. 첫째, 스프의 전체 질량 m을 구한다. 둘째, $Q = Q_c$일 때, $Q = mc\Delta T$를 사용하여 스프를 냉각시키는 데 필요한 에너지를 구한다. 셋째, Q_c와 COP를 식 12.8에 대입하여 W를 구한다. 일을 일률로 나눠 스프를 냉각시키는 데 필요한 시간을 구한다.

풀이

(a) 스프를 냉각시키는 데 필요한 일을 구한다.
스프의 질량을 계산한다.

$m = \rho V = (1.25 \times 10^3 \text{ kg/m}^3)(2.00 \times 10^{-3} \text{ m}^3) = 2.50 \text{ kg}$

스프를 냉각시키는 데 필요한 에너지를 구한다.

$$Q_c = Q = mc\Delta T$$
$$= (2.50 \text{ kg})(4\,190 \text{ J/kg} \cdot \text{K})(283 \text{ K} - 323 \text{ K})$$
$$= -4.19 \times 10^5 \text{ J}$$

Q_c와 COP를 식 12.8에 대입한다.

$$\text{COP} = \frac{|Q_c|}{W} = \frac{4.19 \times 10^5 \text{ J}}{W} = 5.00$$
$$W = \boxed{8.38 \times 10^4 \text{ J}}$$

(b) 스프를 냉각시키는 데 필요한 시간을 구한다.
일률의 단위 와트를 마력으로 변환한다.

$$P = (0.250 \text{ hp})(746 \text{ W/1 hp}) = 187 \text{ W}$$

일을 일률로 나눠 소요된 시간을 구한다.

$$\Delta t = \frac{W}{P} = \frac{8.38 \times 10^4 \text{ J}}{187 \text{ W}} = \boxed{448 \text{ s}}$$

참고 예제에서는 여러 가지 물질들을 냉각시킬 때, 물질의 비열
이 다르면 일의 양이 달라진다는 것을 보여준다. 문제에서는 냉
각 과정을 지연시키는 스프 용기와 스프 자체의 단열 특성을 고
려하지 않았다.

켈빈 경
Lord Kelvin, 1824~1907
영국의 물리학자 겸 수학자

북아일랜드의 벨파스트에서 윌리엄 톰슨
(William Thomson)이라는 이름으로 태
어났다. 켈빈은 절대 온도를 사용하자고 제
안한 최초의 인물이다. 에너지는 저절로 차
가운 물체에서 뜨거운 물체로 흐르지 않는
다는 생각을 이끌어 냈으며, 이것은 현재
열역학 제2법칙으로 알려져 있다.

12.3.2 열역학 제2법칙 The Second Law of Thermodynamics

열기관의 효율에는 한계가 있다. 이상적인 기관은 공급된 에너지가 모두 가용한 일
로 전환이 된다. 그러나 이와 같은 기관을 만드는 것은 불가능한 것으로 밝혀졌다. 켈
빈–플랑크의 **열역학 제2법칙**(second law of thermodynamics)은 다음과 같이 표현
할 수 있다.

> 저장체에서 에너지를 흡수하여 한 순환 과정을 작동하는 동안 그 에너지를 모두
> 일로 바꿀 수 있는 열기관은 없다.

이렇게 표현한 제2법칙은 열기관의 효율 $e = W_{기관}/|Q_h|$이 항상 1보다 작다는 것을
의미한다. 일부 에너지 $|Q_c|$가 항상 주변에서 손실된다. 다시 말해서 효율이 100%인
열기관을 만드는 것은 이론적으로 불가능하다는 것이다.

요약하면 **제1법칙은 어떤 순환과정에서 공급한 에너지보다 더 많은 에너지를 얻을 수
없고, 제2법칙은 공급해 준 에너지와 동일한 에너지를 얻을 수 없다**는 것이다. 우리가 어
떠한 기관을 사용하더라도 차가운 저장체에 열 형태로 에너지 일부가 전달될 것이다.
식 12.6에서 제2법칙은 $|Q_c|$가 항상 영보다 큼을 의미한다.

열역학 제2법칙은 다음과 같이 표현할 수도 있다.

> 두 계가 열로 접촉되어 있을 때, 온도가 높은 계에서 온도가 낮은 계로 자발적으
> 로 알짜 열에너지의 이동이 일어난다.

여기서 자발적이라는 말은 일의 행해짐이 없이 자연적으로 에너지가 이동한다는 것
을 의미한다. 열에너지는 온도가 높은 계에서 온도가 낮은 계로 자연적으로 이동한다.
그러나 열에너지가 온도가 낮은 계에서 높은 계로 이동을 할 때는 반드시 일을 해주어
야 한다. 냉장고가 이에 대한 한 예로서, 열에너지는 냉장고의 내부에서 온도가 높은
부엌으로 이동한다.

12.3.3 가역 과정과 비가역 과정 Reversible and Irreversible Processes

효율이 100%인 기관은 없다. 그러나 기관의 설계에 따라 효율이 달라져서 가능한 효
율이 최댓값을 갖도록 특수 제작된 기관이 있다. 이 기관이 다음 절에서 설명할 카르노
순환 과정 기관이다. 이것을 이해하려면 가역 과정과 비가역 과정의 개념을 알아야 한
다. **가역**(reversible) 과정에서는 그 경로에 있는 모든 상태가 평형 상태이다. 그래서
계는 역방향으로 같은 경로를 따라 진행하면 처음 상태로 되돌아올 수 있다. 이러한 조

건을 만족하지 않는 과정이 **비가역**(irreversible) 과정이다.

대부분의 자연 과정은 비가역 과정으로 알려져 있으며, 가역 과정은 이상적인 상황이다. 비록 실제의 과정은 항상 비가역 과정이지만, 일부는 거의 가역 과정이라고 할 수 있다. 과정이 매우 천천히 일어나서 계가 실질적으로 평형 상태를 유지하면, 그 과정은 가역 과정으로 생각할 수 있다. 그림 12.12와 같이 마찰이 없는 피스톤 위에 모래를 떨어뜨려 기체를 매우 천천히 압축한다고 가정해 보자. 기체를 에너지 저장체와 열 접촉을 하도록 하여 온도를 일정하게 유지시킬 수 있다. 이와 같이 등온 압축되는 동안 기체의 압력, 부피, 온도가 잘 정의된다. 모래 알갱이를 추가할 때마다 각각 새로운 평형 상태로 변하게 된다. 피스톤에서 모래 알갱이를 천천히 제거하여 이 과정을 역으로 진행시킬 수 있다.

12.3.4 카르노 기관 The Carnot Engine

1824년에 프랑스의 공학자인 카르노(Sadi Carnot, 1796~1832)는 실제의 열기관의 효율을 이해하려는 시도로 실제와 이론 두 가지 관점에서 중요한 이론상의 열기관을 발표했으며, 오늘날 이 기관을 카르노 기관이라고 부른다. 그는 두 개의 에너지 저장체 사이에서 **카르노 순환 과정**(Carnot cycle)이라고 하는 이상적인 가역 순환 과정을 따라 작동하는 열기관이 가장 열효율이 좋은 열기관이라는 것을 보였다. **카르노의 정리**(Carnot's theorem)는 다음과 같이 표현할 수 있다.

> 두 에너지 저장체 사이에서 작동하는 어떠한 열기관도 동일한 에너지 저장체 사이에서 작동하는 카르노 기관보다 열효율이 더 높을 수는 없다.

카르노 순환 과정 과정에서, 한쪽 끝이 움직일 수 있는 피스톤으로 막혀 있는 실린더 안에 이상 기체가 담겨 있다. 기체의 온도는 T_c와 T_h 사이에서 변한다. 실린더의 벽과 피스톤을 통하여 열전도가 일어나지 않는다고 가정하자. 그림 12.13은 카르노 기관의 네 가지 단계이고, 그림 12.14는 순환 과정에 대한 PV 도표이다. 순환 과정은 두 단계의 단열 과정과 두 단계의 등온 과정으로 이루어져 있으며 모두 가역 과정이다.

1. 과정 $A \rightarrow B$에서 기체는 온도가 T_h인 뜨거운 저장체(예를 들면, 커다란 오븐)와 열접촉을 통해 온도 T_h에서 등온 팽창을 한다(그림 12.13a). 이 과정에서 기체는 저장체로부터 에너지 Q_h를 흡수하고 피스톤을 밀어 올리면서 일 W_{AB}를 한다.
2. 과정 $B \rightarrow C$에서 실린더의 바닥이 단열벽으로 바뀌고, 기체가 단열 과정으로 팽창한다. 그래서 이 계는 열에 의해 에너지가 나가거나 들어오지 않는다(그림 12.13b). 이 과정 동안 온도는 T_h에서 T_c로 낮아지며 기체는 피스톤을 밀어 올리면서 일 W_{BC}를 한다.
3. 과정 $C \rightarrow D$에서 기체는 온도 T_c의 차가운 저장체와 열접촉을 하며(그림 12.13c) 온도 T_c에서 등온 압축된다. 이 과정 동안 기체는 저장체로 열 Q_c를 내보내며 기체에 한 일은 W_{CD}이다.

모래 알갱이를 하나씩 피스톤 위에 떨어 뜨리면, 실린더 속의 기체는 매우 천천히 압축된다.

에너지 저장체

그림 12.12 기체를 가역 등온 과정으로 압축하는 방법

카르노
Sadi Carnot, 1796~1832
프랑스의 공학자

카르노는 열역학의 창시자로 여겨진다. 그의 사후에 발견된 그의 공책에서 열과 일의 관계를 처음으로 인식하고 있었다는 것을 알 수 있다.

그림 12.13 카르노 순환 과정. 문자 A, B, C, D는 그림 12.14에 있는 기체의 상태에 해당하는 기호이다. 피스톤 위의 화살표는 각 과정에서의 피스톤의 운동 방향을 나타낸다.

$A \rightarrow B$
기체는 등온 팽창하며 뜨거운 저장체로부터 에너지를 얻는다.

Q_h

온도가 T_h인 뜨거운 저장체

ⓐ

$D \rightarrow A$
기체가 단열 압축된다.

$Q = 0$

단열

ⓓ

순환

$B \rightarrow C$
기체가 단열 팽창한다.

$Q = 0$

단열

ⓑ

$C \rightarrow D$
기체가 등온 압축되면서 차가운 저장체로 열에너지를 방출한다.

Q_c

온도가 $T_c < T_h$인 차가운 저장체

ⓒ

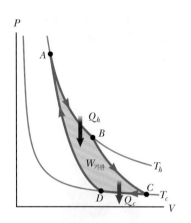

그림 12.14 카르노 순환 과정에 대한 PV 도표. 기관이 한 알짜일 $W_{기관}$은 한 순환 과정 동안 카르노 기관으로 전달된 알짜 에너지 $|Q_h| - |Q_c|$와 같다.

Tip 12.3 카르노 기관을 사지 마라!
카르노 기관은 단지 이상적인 것이다. 효율을 최대로 하기 위하여 카르노 기관을 개발하였다면 모든 과정이 가역이 되려면 기관은 무한히 느리게 작동해야 하므로 기관의 출력은 영이 될 것이다.

4. 마지막 과정 $D \rightarrow A$에서 실린더의 바닥이 다시 단열 벽으로 바뀌고(그림 12.13d) 기체가 단열 압축된다. 기체의 온도는 T_h로 증가하고 기체에 한 일은 W_{DA}이다.

카르노 기관에서 열에너지 전달과 절대 온도의 관계는 다음과 같이 나타낼 수 있다.

$$\frac{|Q_c|}{|Q_h|} = \frac{T_c}{T_h} \tag{12.10}$$

이 식을 식 12.7에 대입하여 카르노 기관의 열효율을 구하면

$$e_C = 1 - \frac{T_c}{T_h} \tag{12.11}$$

이며, 여기서 T는 절대 온도이다. 이 결과로부터, **동일한 두 온도 사이에서 가역적으로 작동하는 모든 카르노 기관들은 열효율이 같다**는 것을 알 수 있다.

두 에너지 저장체 사이에서 작동하는 카르노 순환 과정 기관에서 사용하는 모든 작동 물질에 식 12.11을 적용할 수 있다. 이 식에 따르면 $T_c = T_h$일 때 열효율은 영이 된다. T_c가 낮아지고 T_h가 높아지면, 열효율은 증가한다. 그러나 $T_c = 0$ K일 때에만 열효

율이 1(100%)이 될 수 있다. **열역학 제3법칙**에 의하면, 계의 온도가 절대영도에 도달하는 것은 불가능하므로 이러한 저장체는 존재하지 않는다. 그러므로 최대 열효율은 항상 1보다 작다. 실제의 경우 대부분 차가운 저장체는 실온에 가까워 300 K 정도이다. 그러므로 열효율을 높이려면 뜨거운 저장체의 온도를 높여야 한다. **모든 실제의 열기관은 마찰로 인하여 비가역 과정으로 작동할 뿐만 아니라, 순환과정의 주기가 짧기 때문에 카르노 기관보다 효율이 낮다.**

예제 12.7 증기 기관

목표 이상적인 기관(카르노 기관)의 식을 적용한다.

문제 온도 5.00×10^2 K에서 작동하는 보일러를 가진 증기 기관이 있다. 보일러의 에너지로 인해서 물이 수증기로 바뀌고 피스톤을 밀어낸다. 배기 기체의 온도는 외부 공기의 온도 3.00×10^2 K이다. **(a)** 이상적인 기관이라고 할 때, 이 기관의 효율은 얼마인가? **(b)** 보일러에 3.50×10^3 J의 에너지가 공급될 때, 차가운 저장체에 전달된 에너지와 기관이 주변에 한 일을 구하라.

전략 문제를 해결하기 위해서는 카르노 기관에 적용되는 두 개의 식, 즉 식 12.10과 식 12.11에 대입해야 한다. 첫 번째 식은 Q_h / Q_h와 T_c / T_h의 관계를 나타내고, 두 번째 식은 카르노 기관의 효율을 나타낸다.

· ·

풀이

(a) 기관이 이상적인 것이라고 할 때, 기관의 효율을 구한다.

카르노 기관의 효율에 관한 식인 식 12.11에 대입한다.

$$e_C = 1 - \frac{T_c}{T_h} = 1 - \frac{3.00 \times 10^2 \text{ K}}{5.00 \times 10^2 \text{ K}} = \boxed{0.400, \text{ 또는 } 40.0\%}$$

(b) 한 순환과정 동안 기관에 3.50×10^3 J이 공급될 때, 차가운 저장체에 전달된 에너지와 기관이 주변에 한 일을 구한다.

식 12.10으로부터 에너지의 비는 온도의 비와 같다.

$$\frac{|Q_c|}{|Q_h|} = \frac{T_c}{T_h} \quad \rightarrow \quad |Q_c| = |Q_h| \frac{T_c}{T_h}$$

식에 대입하여 차가운 저장체에 전달된 에너지를 구한다.

$$|Q_c| = (3.50 \times 10^3 \text{ J})\left(\frac{3.00 \times 10^2 \text{ K}}{5.00 \times 10^2 \text{ K}}\right) = \boxed{2.10 \times 10^3 \text{ J}}$$

식 12.6을 사용하여 기관이 한 일을 구한다.

$$W_{기관} = |Q_h| - |Q_c| = 3.50 \times 10^3 \text{ J} - 2.10 \times 10^3 \text{ J}$$
$$= \boxed{1.40 \times 10^3 \text{ J}}$$

· ·

참고 이 문제는 일과 효율에 관한 앞의 예제와는 다르다. 왜냐하면 여기서는 특수한 카르노 기관과 관계된 식 12.10과 식 12.11을 사용했기 때문이다. 이들 식은 순환과정이 이상적이거나 카르노 기관인 경우에만 사용할 수 있음을 기억하라.

12.4 엔트로피 Entropy

열역학 제0법칙 및 제1법칙에 관련된 온도와 내부 에너지는 모두 상태 변수이며, 이들은 계의 열역학적 상태를 설명하는 데 사용된다. **엔트로피**(entropy) S라 부르는 상태 변수는 열역학 제2법칙과 관련이 있다. 클라우지우스(Rudolf Clausius, 1822~1888)가 1865년에 처음으로 표현한 것처럼 엔트로피를 거시적인 규모에서 정의한다.

> 두 평형상태 사이에서, 등온 가역 과정 동안 흡수하거나 방출하는 에너지를 Q_r이라고 하자. 두 평형상태를 연결하는 등온 과정 동안 엔트로피의 변화는 다음과 같이 정의된다.
>
> $$\Delta S \equiv \frac{Q_r}{T} \qquad [12.12]$$

SI 단위: 줄/켈빈(J/K)

클라우지우스
Rudolf Clausius, 1822~1888
독일의 물리학자

'변화'를 뜻하는 그리스어를 따서 물체의 엔트로피를 S로 할 것을 제안하였다. 에너지와 비슷한 단어인 엔트로피를 만들어냈다. 왜냐하면, 이 두 물리량이 물리적인 의미에서 도움이 되기 때문이다.

Tip 12.4 엔트로피 ≠ 에너지

엔트로피와 에너지를 혼동하지 마라. 명칭이 유사할지라도 완전히 다른 개념이다.

온도가 일정하지 않는 경우에도 이와 유사한 식이 사용된다. 그러나 이 식은 계산을 해서 유도해야 하는데, 여기서는 고려하지 않겠다. 두 평형상태 사이의 전이 동안 엔트로피의 변화 ΔS를 계산하려면, 두 상태를 연결하는 가역 경로를 알아야 한다. 실제 경로에 대하여 ΔS는 가역 경로를 취하여 엔트로피의 변화를 계산한다. 계의 온도와 같은 양은 평형 상태에 있는 계에 대해서만 정의될 수 있고 가역 경로는 평형 상태의 연속으로 이루어지기 때문에 이와 같은 근사가 필요하다. Q_r항에서 첨자 r은 계산할 때 사용한 경로가 가역 과정임을 강조한 것이다. 내부 에너지의 변화 ΔU와 퍼텐셜 에너지의 변화와 마찬가지로, 엔트로피의 변화 ΔS는 두 상태에만 의존하고, 두 상태를 연결하는 경로와는 무관하다.

엔트로피의 개념이 널리 받아들여지게 된 이유는 압력, 부피, 온도와 함께 계의 상태를 나타내는 또 다른 변수를 제공하기 때문이다. 엔트로피라는 개념은 **우주의 엔트로피가 모든 자연 과정에서 증가한다**는 것이 발견되었을 때에 훨씬 중요한 위치를 차지하게 되었다. 이것은 열역학 제2법칙을 표현하는 또 다른 방법이다.

우주의 엔트로피가 모든 자연 과정에서 증가한다고 하더라도, 한 계의 엔트로피는 감소할 수 있다. 예를 들면, 계 A가 열의 형태로 계 B에 에너지 Q를 전달하면, 계 A의 엔트로피는 감소한다. 그러나 이와 같은 에너지 전달은 계 B의 온도가 계 A의 온도보다 낮을 때에만 일어난다. 엔트로피의 정의에서 온도는 분모에 나타내기 때문에, 계 A의 엔트로피 감소보다 계 B의 엔트로피 증가가 크다. 따라서 두 계를 모두 합하면 우주의 엔트로피는 증가한다.

수세기 동안 사람들은 에너지 공급 없이 또는 엔트로피를 증가시키지 않으면서 계속해서 작동하는 영구 기관을 제작하려고 시도했다. 이와 같은 장치의 발명은 열역학 제2법칙에 위배된다.

엔트로피의 개념은 열역학 제2법칙을 수학적인 형태로 나타낼 수 있도록 해주기 때문에 만족스럽다. 다음 절에서 엔트로피가 확률로 해석할 수 있다는 것을 알게 될 것이다. 이 관계는 깊은 의미를 지니고 있다.

예제 12.8 얼음, 증기, 그리고 우주의 엔트로피

목표 계와 주변의 엔트로피의 변화를 계산한다.

문제 273 K의 얼음 덩어리가 373 K의 증기가 담긴 용기와 열 접촉 상태에 있다. 증기의 일부가 373 K의 물로 응축되는 동안 25.0 g의 얼음이 273 K의 물로 변한다. **(a)** 얼음의 엔트로피 변화를 구하라. **(b)** 증기의 엔트로피 변화를 구하라. **(c)** 우주의 엔트로피 변화를 구하라.

전략 먼저 얼음이 녹는 데 필요한 에너지의 이동을 계산한다. 얼음이 얻은 에너지는 증기가 잃은 에너지와 같다. 각 과정에 대한 엔트로피의 변화를 계산하고, 이들을 합하여 우주의 엔트로피 변화를 구한다.

풀이

(a) 얼음의 엔트로피 변화를 구한다.

융해열 L_f를 사용하여, 얼음 25.0 g이 녹는 데 필요한 열에너지를 계산한다.

$$Q_{얼음} = mL_f = (0.025 \text{ kg})(3.33 \times 10^5 \text{ J}) = 8.33 \times 10^3 \text{ J}$$

얼음의 엔트로피 변화를 구한다.

$$\Delta S_{얼음} = \frac{Q_{얼음}}{T_{얼음}} = \frac{8.33 \times 10^3 \text{ J}}{273 \text{ K}} = \boxed{30.5 \text{ J/K}}$$

(b) 증기의 엔트로피 변화를 구한다.

증기가 잃은 열에너지가 얼음이 얻은 열에너지와 같다는 결과를

대입한다.

$$\Delta S_{증기} = \frac{Q_{증기}}{T_{증기}} = \frac{-8.33 \times 10^3 \,\text{J}}{373 \,\text{K}} = \boxed{-22.3 \,\text{J/K}}$$

(c) 우주의 엔트로피 변화를 구한다.
두 엔트로피의 변화를 더한다.

$$\Delta S_{우주} = \Delta S_{얼음} + \Delta S_{증기} = 30.5\,\text{J/k} - 22.3\,\text{J/K}$$
$$= \boxed{+8.2\,\text{J/K}}$$

참고 모든 자연적인 과정에서 그래야만 하는 것처럼 우주의 엔트로피는 증가한다.

12.4.1 엔트로피와 무질서 Entropy and Disorder

본래 자연의 모든 과정에는 우연이라는 커다란 요소가 내재하고 있다. 예를 들면, 자연림에서 나무들 사이의 간격은 마구잡이로 분포한다. 만일 모든 나무가 일정한 간격으로 배치되어 있는 숲을 보면 그 숲이 인공림이라고 결론지을 것이다. 마찬가지로 나뭇잎은 마구잡이로 땅에 떨어진다. 나뭇잎들이 떨어져 완벽하게 일직선으로 배열된 것을 발견하기는 매우 어려울 것이다. 이러한 관찰을 정리하여 보면, **자연의 법칙이 간섭받지 않고 적용된다면, 질서 있게 배열되는 것보다 무질서하게 배열될 가능성이 훨씬 크다**고 말할 수 있다(그림 12.15).

엔트로피는 열역학적 연구에서 발견되었지만, 통계역학이 발전하면서 중요성이 훨씬 증대되었다. 이러한 분석적인 접근 방법에서 엔트로피는 새롭게 해석된다. 통계역학에서, 물질의 특성은 물질을 이루는 원자와 분자들의 통계적 특성으로 설명된다. 통계역학적인 접근 방법의 중요한 성과 중의 하나는 **고립계는 무질서가 증가하는 쪽으로 진행하며, 엔트로피는 그 무질서의 척도**라는 것이다.

엔트로피에 대한 이와 같은 새로운 관점에서, 볼츠만은 다음과 같은 엔트로피를 계산하는 새로운 방법을 발견하였다.

$$S = k_B \ln W \qquad\qquad [12.13]$$

여기서 $k_B = 1.38 \times 10^{-23}$ J/K는 볼츠만 상수이고 W는 계가 특정한 배열을 취하는 확률에 비례하는 숫자이다. 기호 'ln'은 자연 로그이다.

식 12.13은 구슬이 담긴 주머니에 적용할 수 있다. 빨간색 구슬 50개와 초록색 구슬 50개, 모두 100개의 구슬이 담긴 주머니가 있다. 다음의 규칙에 따라 주머니에서 구슬 네 개를 꺼낸다. 구슬 한 개를 꺼내서 색깔을 기록한 뒤에 바구니에 다시 넣고, 또 다

> **Tip 12.5** W를 혼동하지 마라!
> 여기서 사용한 기호 W는 확률이다. 일을 나타내는 기호와 혼동하지 마라.

그림 12.15 (a) 로열 플러시는 포커에서 손에 쥘 수 있는 확률이 가장 낮은 패로 질서정연하다. (b) 승부에 도움이 되지 않는 무질서한 패. 이 특별한 카드 조합을 손에 쥘 확률은 로열 플러시를 쥘 확률과 같다. 승부에 도움이 되지 않는 카드의 조합이 매우 많기 때문에, 그런 카드를 잡을 확률은 로열 플러시를 받을 확률보다 훨씬 크다. 52장의 카드 한 벌에서 풀 하우스(같은 숫자 카드 두 장과 같은 숫자 카드 세 장)를 받을 확률을 계산할 수 있는가?

표 12.2 주머니에서 네 개의 구슬을 꺼낼 때 가능한 결과

최종 결과	가능한 사건	같은 결과를 갖는 경우의 수
All R	RRRR	1
1G, 3R	RRRG, RRGR, RGRR, GRRR	4
2G, 2R	RRGG, RGRG, GRRG, RGGR, GRGR, GGRR	6
3G, 1R	GGGR, GGRG, GRGG, RGGG	4
All G	GGGG	1

른 구슬을 꺼낸다. 구슬 네 개를 꺼낼 때까지 이 과정을 계속한다. 다음 구슬을 꺼내기 전에 꺼낸 구슬을 주머니에 넣기 때문에 빨간색 구슬을 꺼낼 확률은 초록색 구슬을 꺼낼 확률과 같다.

연속적으로 꺼내는 것에 대한 모든 가능한 결과를 표 12.2에 나타내었다. 예를 들어, RRGR은 처음에 빨간색 구슬, 두 번째 빨간색 구슬, 세 번째 초록색 구슬, 마지막으로 빨간색 구슬을 꺼낸 경우를 나타낸다. 이 표에서 빨간색 구슬 네 개를 꺼낸 경우는 한 번뿐이라는 것을 알 수 있다. 초록색 구슬 한 개와 빨간색 구슬 세 개를 꺼내는 경우는 네 가지, 초록색 구슬 두 개와 빨간색 구슬 두 개를 꺼낸 경우는 여섯 가지, 초록색 구슬 세 개와 빨긴색 구슬 한 개를 꺼내는 경우는 네 가지, 초록색 구슬 네 개를 꺼낸 경우는 한 가지가 있다. 식 12.13에서 무질서가 가장 큰 상태(초록색 구슬 두 개, 빨간색 구슬 두 개)는 확률이 가장 크기 때문에 엔트로피가 가장 크다는 것을 알 수 있다. 반대로 가장 질서 있는 상태(모두 빨간색 구슬, 또는 모두 초록색 구슬)는 가장 확률이 낮고 엔트로피도 낮은 상태이다.

꺼낸 결과는 가장 질서 있는 상태(가장 낮은 엔트로피)와 가장 무질서한 상태(가장 높은 엔트로피) 사이에 걸쳐 있다. 그러므로 엔트로피는 계가 질서 있는 상태에서 무질서한 상태로 얼마나 진행했는가를 나타내는 지표로 볼 수 있다.

열역학 제2법칙은 어떤 것이어야 하는가보다는 어떤 것이 가장 확률이 높은가를 밝혀준다. 얼음 덩어리가 뜨거운 피자 조각과 접촉해 있는 경우를 생각해 보자. 얼음에서 훨씬 더 따뜻한 피자로 에너지가 열로 전달되는 것을 절대적으로 막는 자연 법칙은 없다. 통계적으로 얼음에 있는 느리게 움직이는 분자가 피자에 있는 빠르게 움직이는 분자와 충돌하여 느리게 움직이는 분자의 에너지 일부를 빠르게 움직이는 분자에게 전달하는 것이 가능하다. 그러나 얼음과 피자에 있는 수많은 분자를 생각해 보면, 빠르게 움직이는 분자에서 느리게 움직이는 분자로 에너지가 전달될 가능성이 훨씬 크다. 더욱이 이 예는 계가 질서 상태에서 무질서 상태로 자연스럽게 진행하는 경향을 보여준다. 모든 피자 분자의 운동에너지가 크고 모든 얼음 분자의 운동에너지가 낮은 처음 상태는, 에너지 전달이 일어나서 얼음이 녹은 후인 나중 상태보다 훨씬 질서 있는 상태이다.

응용

시간의 방향

조금 더 일반적으로 표현하면, 열역학 제2법칙은 우주의 엔트로피가 증가하는 방향으로 모든 사건에 대한 시간의 방향을 정해준다. 비록 에너지가 저절로 차가운 물체(얼음)에서 뜨거운 물체(피자 조각)로 흐르는 것이 에너지 보존의 법칙에 위배되지는 않지만, 이것은 질서가 저절로 증가하는 것이기 때문에 열역학 제2법칙을 위배하는 것이며, 일상 경험과도 어긋난다. 얼음 조각이 녹는 과정을 동영상으로 찍어서 필름을 앞

으로 돌려보고, 또 거꾸로도 돌려보면 관객들은 그 차이를 분명히 알 수 있다. 접시가 마루에 떨어져서 산산조각이 나는 것과 같이 많은 입자로 이루어진 사건을 찍은 경우에도 동일한 방법이 적용된다.

또 다른 예로 어느 순간에 실내의 모든 공기 분자의 속도를 측정할 수 있다고 가정하자. 모든 분자가 똑같은 방향과 똑같은 속력으로 움직일 가능성은 거의 없다. 이러한 경우는 가장 질서 있는 상태일 것이다. 가능성이 가장 높은 상태는 계에 있는 분자들이 여러 방향으로 다양한 속력을 가지고 마구잡이로 움직이는 것, 즉 가장 무질서한 상태이다. 이 경우를 주머니에서 구슬을 꺼내는 경우와 비교해 보자. 용기 안에 10^{23}개의 기체 분자가 있다면, 모든 분자가 어떤 순간에 똑같은 방향과 똑같은 속력으로 움직일 확률은 주머니에서 공기를 10^{23}번 꺼내는 데 모두가 빨간색 구슬인 경우와 비슷하다. 분명히 이러한 일이 일어날 가능성은 매우 적다.

자연이 무질서한 상태로 진행하고자 하는 경향은 계가 일을 하는 능력에 영향을 준다. 벽에 공을 던진다고 생각하자. 공은 운동에너지를 가지며 이 상태는 질서 있는 상태이다. 즉, 공에 있는 원자들과 분자들이 (무질서한 내부 운동을 제외하면) 모두 똑같은 속력과 똑같은 방향을 갖고 일치하여 움직인다. 그러나 공이 벽에 부딪히면 공의 운동에너지의 일부가 공과 벽에 있는 분자들의 무질서하고 불규칙한 내부 운동으로 전환되고, 공과 벽의 온도는 약간 증가한다. 충돌하기 전에 공은 일을 할 수 있었다. 예를 들면, 공은 벽에 못을 박을 수 있다. 질서 있는 에너지의 일부가 무질서한 내부 에너지로 전환되어 일을 할 수 있는 능력이 줄어든다. 비탄성 충돌이므로 공은 처음보다 작은 운동에너지를 가지고 튀어나온다.

여러 형태의 에너지는 공과 벽 사이의 충돌에서처럼 내부 에너지로 전환될 수 있지만, 반대 방향으로의 전환은 결코 일어나지 않는다. 일반적으로 두 형태의 에너지 A와 B가 완전히 상호 전환될 수 있을 때, 두 종류의 에너지 A와 B는 동급(same grade)이라고 말한다. 그러나 A는 B로 완벽하게 전환될 수 있지만, 그 역전환이 완벽하지 않을 때, A가 B보다 상급(higher grade)이라고 말한다. 벽에 부딪히는 공의 경우에는 공의 운동에너지는 충돌 뒤의 공과 벽의 내부 에너지보다 상급이다. 그러므로 상급 에너지가 내부 에너지로 변환되면, 다시 상급 에너지로 완전히 회복될 수 없다.

상급 에너지가 내부 에너지로 전환되는 것을 **에너지의 저급화**(degradation of energy)라고 한다. 일을 하는 데에 덜 유용한 형태로 바뀌기 때문에, 에너지가 저급화된다고 말한다. 달리 말하면 **실제 모든 과정에서 일을 하는 데 이용할 수 있는 에너지는 감소**한다.

최종적으로 엔트로피가 자연의 모든 과정에서 항상 증가한다는 법칙은 고립계에서만 성립한다는 것을 다시 강조한다. 어떤 계의 엔트로피는 감소하지만 그에 상응하는 다른 계의 엔트로피가 증가하는 경우들이 있다. 우주를 이루는 모든 계를 함께 고려하면, **우주의 엔트로피는 항상 증가**한다.

궁극적으로 우주의 엔트로피는 최댓값에 도달한다. 이때에 우주는 온도와 밀도가 균일한 상태가 될 것이다. 완전한 무질서 상태는 일을 할 에너지가 없으므로 모든 물리, 화학, 생물학 과정이 멈출 것이다. 이러한 상태를 우주의 궁극적인 '열 죽음'이라고 한다.

연습문제

1. 기체가 압력 1.5기압에서 부피 4.0 m³의 용기 안에 담겨 있다. (a) 일정한 압력에서 부피가 처음 부피의 2배로 팽창되는 동안, (b) 일정한 압력에서 부피가 처음 부피의 1/4배로 압축되는 동안, 이 기체에 한 일은 각각 얼마인가?

2. 그림 P12.2에 나타낸 세 가지 경로를 따라 기체가 I에서 F까지 팽창한다. 다음과 같은 각각의 경로들에 대하여 기체에 한 일을 계산하라. (a) IAF, (b) IF, (c) IBF

그림 P12.2

3. 그림 P12.3과 같이 부피가 1.00 m³으로 일정한 상태에서 압력이 2.00기압에서 6.00기압으로 증가한 후, 처음 상태로 되돌아가지 않고 압력이 일정한 상태에서 부피가 3.00 m³으로 팽창하는 기체가 있다. 한 주기 동안 한 일은 얼마인가?

그림 P12.3

4. 열기관이 온도 25°C와 375°C의 저장체 사이에서 작동한다. 이 기관의 가능한 최대 효율은 얼마인가?

5. 어떤 냉동기의 성능 계수가 6.30이다. 그 냉동기는 연간 457 kWh의 에너지를 사용한다고 광고하였다. (a) 평균적으로 그 냉동기는 하루에 얼마의 에너지를 소비하는가? (b) 평균적으로 그 냉동기가 하루에 뽑아내는 열에너지는 얼마인가? (c) 그 냉동기가 20.0°C의 물을 하루에 얼마나 얼릴 수 있는가? 참고: 1 kWh는 1 kW의 가전제품을 1시간 동안 작동시킬 때 드는 에너지와 같다.

6. 1.00×10^2°C의 뜨거운 물 125 g이 담긴 스티로폼 컵이 상온 20.0°C로 식는다. 실내의 엔트로피 변화는 얼마인가? 컵의 비열과 실내 온도의 변화는 무시한다.

7. 어떤 냉동기를 사용하여 물 1.0 L를 완전히 얼려서 얼음으로 만들었다. 물과 냉동기는 온도 $T = 0$°C로 유지된다. (a) 물의 엔트로피 변화와 (b) 냉동기의 엔트로피 변화를 구하라.

8. 70.0 kg의 통나무가 25.0 m의 높이에서 호수로 떨어진다. 통나무, 호수, 공기의 온도가 모두 300 K이라면 이 과정에 대한 우주의 엔트로피 변화를 구하라.

9. 다음 사건에 대하여 표 12.2와 같은 표를 작성하라. 동전 네 개를 동시에 공중으로 던지고, 가능한 모든 결과를 앞면과 뒷면의 개수로 분류하여 기록하라(예를 들면, HHTH와 HTHH는 앞면이 세 개, 뒷면이 한 개의 결과가 나오는 경우이다). (a) 작성한 표에서 가장 확률이 높은 결과는 무엇인가? 엔트로피와 관련하여 (b) 가장 질서 있는 상태는 어느 것인가? (c) 가장 무질서한 상태는 어느 것인가?

10. 땀을 흘리는 것은 몸이 열을 방출하는 주된 기능 중의 하나이다. 땀은 체온 상태에서 2 430 kJ/kg의 숨은열을 내보내며 보통 시간당 1.5 kg의 땀을 흘릴 수 있다. 땀을 흘리는 것만으로 열이 방출된다면, 인체에 의해 사용되는 에너지의 80%가 버려지는 열이라면 최대 신진 대사율은 와트 단위로 얼마인가?

진동과 파동
Vibrations and Waves

주기운동은 용수철에 매달린 질량에서부터 원자의 진동에 이르기까지 가장 중요한 물리 현상들 가운데 하나이다. 이 장에서는 물체를 평형 위치로 되돌아가게 하려는 힘이 평형점으로부터의 변위에 비례한다는 훅의 법칙에 대하여 자세하게 살펴보기로 한다. 이 간단한 법칙만으로도 줄의 진동, 진자의 흔들림, 파동의 전파 등과 같이 주기운동을 하는 수많은 물리 현상을 설명할 수 있다.

주기적인 진동은 파동이라는 형태로 매질을 통과해 가는 교란을 일으킬 수 있다. 자연계에서 볼 수 있는 음파, 수면파, 지진파, 전자기파 등과 같은 각기 다른 물리 현상들이 이 장에서 소개되는 파동이라는 개념으로 모두 이해될 수 있다.

13.1 훅의 법칙 Hooke's Law

진동 운동의 가장 간단한 유형 중 하나가 5장에서 공부한 바 있는 용수철에 매달린 물체의 진동 운동이다. 물체는 마찰이 없는 수평면 위에서 움직인다고 가정한다. 만일 용수철을 늘어나지 않은 평형 위치로부터 아주 작은 거리 x만큼 늘이거나 압축하였다가 놓으면, 용수철은 그림 13.1과 같이 물체에 힘을 가하게 된다. 이 용수철 힘은 실험을 통해 다음의 식을 따른다는 것을 알 수 있다.

$$F_s = -kx$$

[13.1]

◀ 훅의 법칙

여기서 x는 평형 위치($x = 0$)로부터의 물체의 변위이며, k는 **용수철 상수**(spring constant)라고 하는 양의 상수값이다. 용수철에 대한 이 힘의 법칙은 훅(Robert Hooke)에 의해 1678년에 발견되어 **훅의 법칙**(Hooke's law)으로 알려져 있다. k값은 용수철의 세기의 척도이다. 강한 용수철은 k값이 크고, 연한 용수철은 k값이 작다.

식 13.1의 음의 부호가 뜻하는 것은 용수철이 물체에 가하는 힘의 방향이 항상 물체의 변위와 반대되는 방향이라는 것이다. 그림 13.1a와 같이 물체가 평형 위치의 오른쪽에 있다면 x는 양이고, F_s는 음으로서 힘이 음의 방향, 즉 왼쪽을 향함을 뜻한다. 그림 13.1c와 같이 물체가 평형 위치의 왼쪽에 있다면 x는 음이고, F_s는 양으로서 힘의 방향이 오른쪽임을 뜻한다. 물론 그림 13.1b와 같이 $x = 0$이면, 용수철은 늘어나지 않아 $F_s = 0$이다. 용수철 힘은 항상 평형 위치를 향하기 때문에 종종 복원력이라고도 한다. **복원력은 항상 평형 위치를 향해 물체를 밀거나 당긴다.**

처음에 물체를 오른쪽으로 A만큼 당겼다가 놓았다고 하자. 용수철이 물체에 가하는 힘은 물체를 평형 위치로 되돌아가게 한다. 물체가 $x = 0$을 향해 다가갈수록 용수철 힘

기차 바퀴에 있는 이 용수철의 용수철 상수는 엄청나게 크다. 사진은 코레일(한국철도공사) 소유의 화차 바퀴의 용수철이다.

x가 양일 때(용수철이 늘어났을 때) 용수철 힘은 왼쪽을 향한다.

x = 0일 때(용수철이 늘어나지 않았을 때) 용수철 힘은 영이다.

x가 음일 때(용수철이 압축되었을 때) 용수철 힘은 오른쪽을 향한다.

그림 13.1 용수철에 의해 물체에 가해지는 힘은 평형 위치 $x = 0$으로부터 멀어진 물체의 변위에 따라 변한다.

의 크기는 작아지게 되고(x가 작아지므로) 결국 $x = 0$에서 힘은 영이 된다. 한편 물체가 평형 위치로 다가갈수록 물체의 속력은 점점 커지고, $x = 0$에서 최대가 된다. 물체가 얻는 운동량 때문에, 물체는 평형 위치를 지나치게 되고 용수철을 압축한다. 물체가 평형 위치의 왼쪽으로 (음의 x값) 움직임에 따라 용수철 힘은 점차 크기가 커지면서 물체에 오른쪽으로 작용하게 되고, 물체의 속력은 줄어든다. 결국 물체는 $x = -A$에서 순간적으로 정지한 후 $x = 0$을 향해 다시 가속하게 되어 마침내 원래 위치인 $x = A$로 돌아간다. 이 과정은 다시 반복되고 물체는 같은 경로를 계속하여 앞뒤로 진동한다. 이러한 유형의 운동을 **단조화운동**(simple harmonic motion)이라고 하는데, 이는 **운동의 방향에 따른 알짜힘이 훅의 법칙을 따를 때, 즉 알짜힘이 평형점으로부터의 변위에 비례하고 언제나 평형점을 향할 때 일어난다.**

하지만 같은 경로를 따르는 모든 주기운동이 모두 단조화운동은 아니다. 예를 들어, 부모와 아이가 반복적으로 공을 던져 주고받는 것은 단조화운동이 아니다. 그것은 공에 작용하는 힘이 식 13.1과 같은 훅의 법칙을 따르는 것이 아니기 때문이다.

한편 연직으로 용수철에 매달린 물체의 운동은 단조화운동이다. 이 경우 계가 평형 상태에 도달하여 물체가 정지 상태로 매달릴 때까지, 물체에 작용하는 중력은 용수철을 늘인다. 이때 물체의 평형 위치를 $x = 0$으로 정의한다. 물체를 평형점으로부터 거리 x만큼 떨어진 점에서 놓으면 알짜힘은 평형 위치를 향하여 작용한다. 알짜힘이 x에 비례하기 때문에 이 운동은 단조화운동이다.

주기 운동에서는 다음의 세 가지 개념이 중요하다.

- 물체가 평형 위치로부터 멀어지는 최대 거리를 **진폭**(amplitude) A라고 한다. 마찰이 없을 때 단조화운동을 하는 물체는 $x = -A$와 $x = +A$ 사이에서 진동한다.
- 물체가 $x = A$로부터 $x = -A$로, 그리고 다시 $x = A$로 돌아오는 한 사이클 동안 걸리는 시간을 **주기**(period) T라고 한다.
- 단위 시간 동안 일어나는 진동 또는 사이클의 횟수를 **진동수**(frequency) f라고 하며, 이는 주기의 역수이다($f = 1/T$).

단조화운동을 하는 물체의 가속도는 뉴턴의 제2법칙 $F = ma$와 훅의 법칙으로부터 구할 수 있다.

$$ma = F = -kx$$

◀ 단조화운동에서의 가속도

$$a = -\frac{k}{m}x \qquad [13.2]$$

Tip 13.1 일정가속도 운동의 식은 쓸 수 없다

단조화운동을 하는 물체의 가속도 a는 일정하지 않다. 가속도는 x에 따라 변하므로, 2장에서의 일정가속도 운동에 관한 식을 적용할 수 없다.

조화 진동자 식의 한 예인 식 13.2는 가속도를 위치의 함수로 나타낸 것이다. x의 최댓값이 진폭 A이므로 가속도는 $-kA/m$와 $+kA/m$ 사이의 값을 갖는다. 다음 절에서는 위치의 함수로 나타낸 속도와 시간의 함수로 나타낸 위치에 대해서 살펴보기로 한다. 훅의 법칙을 만족하는 용수철을 이상적인 용수철이라고 한다. 그러나 실제 용수철의 경우, 용수철의 질량, 내부 마찰, 길이에 따른 탄성률의 변화가 힘의 법칙과 운동에 영향을 준다.

예제 13.1 **마찰이 없는 표면 위에서의 단조화운동**

목표 수평 용수철 계의 힘과 가속도를 계산한다.

문제 그림 13.1에서처럼 용수철 상수가 1.30×10^2 N/m인 용수철에 0.350 kg의 물체가 매달려 마찰이 없는 수평면 위에서 자유롭게 움직인다. $x = 0.100$ m인 곳에서 물체를 놓았을 때, $x = 0.100$ m, $x = 0.050\ 0$ m, $x = 0$ m, $x = -0.050\ 0$ m, $x = -0.100$ m 지점에서 물체에 작용하는 힘과 물체의 가속도를 구하라.

전략 주어진 물리량들을 훅의 법칙에 대입하여 힘을 찾고, 뉴턴의 제2법칙을 이용하여 가속도를 계산한다. 진폭 A는 물체를 놓은 점 $x = 0.100$ m와 같다.

· ·

풀이

훅의 법칙을 쓴다.

$$F_s = -kx$$

k의 값과 $x = A = 0.100$ m를 대입하여 그 점에서 힘을 구한다.

$$F_{최대} = -kA = -(1.30 \times 10^2 \text{ N/m})(0.100 \text{ m})$$
$$= \boxed{-13.0 \text{ N}}$$

뉴턴의 제2법칙을 a에 대해 풀고 $x = A$에서의 가속도를 구한다.

$$ma = F_{최대}$$
$$a = \frac{F_{최대}}{m} = \frac{-13.0 \text{ N}}{0.350 \text{ kg}} = \boxed{-37.1 \text{ m/s}^2}$$

다른 네 지점에 대해서도 같은 과정을 되풀이하여 표를 만든다.

위치 (m)	힘(N)	가속도 (m/s²)
0.100	−13.0	−37.1
0.050	−6.50	−18.6
0	0	0
−0.050	+6.50	+18.6
−0.100	+13.0	+37.1

· ·

참고 위의 표에서 볼 수 있듯이 처음 위치가 반으로 줄면 힘과 가속도도 반으로 준다. 그리고 x가 양의 값일 때 힘과 가속도는 음의 값이고, x가 음의 값일 때에는 힘과 가속도는 양의 값이다. 물체가 왼쪽으로 움직여서 평형점을 지나면 용수철 힘은 양이 되어 (x는 음의 값) 물체의 속력은 줄어든다.

13.2 탄성 퍼텐셜 에너지 Elastic Potential Energy

이 절에서 우리는 **5장 5절**의 내용을 복습한다.

상호작용하는 물체들로 이루어진 계는 그 계의 구성과 관련되는 퍼텐셜 에너지를 가진다. 압축된 용수철은 퍼텐셜 에너지를 가지는데, 이로 인해 용수철이 풀렸을 때 다른 물체에 일을 할 수 있다. 이때 용수철의 퍼텐셜 에너지는 물체의 운동에너지로 전환된다. 예를 들어, 그림 13.2는 거리 x만큼 용수철이 압축된 장난감 총으로부터 발사되는 구슬에 대해 보여준다. 총을 쏘게 되면 압축된 용수철은 구슬에 일을 하여 구슬이 운동에너지를 가지게 된다.

인장 또는 압축된 용수철이나 그 밖의 탄성 물질에 저장된 에너지는 탄성 퍼텐셜에너지 PE_s라고 하며 다음과 같이 주어진다.

$$PE_s \equiv \frac{1}{2}kx^2$$

[13.3] ◀ 탄성 퍼텐셜 에너지

에너지 = 탄성 퍼텐셜 에너지

에너지 = KE

그림 13.2 용수철 총에서 발사되는 구슬. 용수철에 저장된 탄성 퍼텐셜 에너지가 구슬의 운동에너지로 전환된다.

그림 13.3 마찰이 없는 수평면에서 미끄러지는 벽돌이 가벼운 용수철과 충돌한다. 마찰이 없으면 역학적 에너지는 일정하다.

처음에 역학적 에너지는 벽돌의 운동에너지 뿐이다.

a $E = \frac{1}{2}mv_i^2$

임의의 지점에서 역학적 에너지는 벽돌의 운동에너지와 용수철에 저장된 탄성 퍼텐셜 에너지의 합이다.

b $E = \frac{1}{2}mv^2 + \frac{1}{2}kx^2$

벽돌이 정지했을 때 역학적 에너지는 모두 압축된 용수철에 저장된 탄성 퍼텐셜 에너지이다.

c $E = \frac{1}{2}kx_m^2$

벽돌이 용수철에서 떨어질 때 역학적 에너지는 벽돌의 운동에너지와 같다. 전체 에너지는 변하지 않는다.

d $E = \frac{1}{2}mv_i^2$

또한 중력 퍼텐셜 에너지와 용수철 퍼텐셜 에너지를 모두 포함한 에너지 보존의 법칙은 다음과 같이 주어진다.

$$(KE + PE_g + PE_s)_i = (KE + PE_g + PE_s)_f \qquad [13.4]$$

만일 마찰력과 같은 비보존력이 존재한다면, 역학적 에너지의 변화량은 비보존력이 한 일과 같아야 한다.

$$W_{nc} = (KE + PE_g + PE_s)_f - (KE + PE_g + PE_s)_i \qquad [13.5]$$

토크(또는 돌림힘)가 작용하는 계에서는 회전 운동에너지도 식 13.4와 13.5에 포함되어야 한다.

그림 13.3은 용수철을 포함한 계에서의 에너지 보존 법칙의 한 예이다. 질량 m인 벽돌이 등속도 $\vec{v}_i$로 마찰이 없는 수평면 위를 미끄러지다가 용수철과 충돌한다. 문제를 간단히 하기 위하여 용수철은 아주 가벼워서 운동에너지를 무시할 수 있다고 가정한다. 용수철은 압축되면서 왼쪽 방향으로 벽돌에 힘을 가한다. 최대로 압축되었을 때 벽돌은 순간적으로 정지한다(그림 13.3c). 충돌전의 계(벽돌과 용수철)의 전체 에너지는 벽돌의 운동에너지이다. 벽돌이 용수철과 충돌하여 그림 13.3b와 같이 용수철이 부분적으로 압축되었을 때, 벽돌의 운동에너지는 $\frac{1}{2}mv^2 (v < v_i)$이고 용수철의 퍼텐셜 에너지는 $\frac{1}{2}kx^2$이다. 최대 압축 지점에서 벽돌이 순간적으로 멈췄을 때 운동에너지는 영이다. 용수철 힘은 보존력이고 계에 일을 하는 다른 외력이 존재하지 않으므로 **벽돌과 용수철로 이루어진 계의 전체 역학적 에너지는 변하지 않는다.** 벽돌의 운동에너지는 용수철에 저장되는 퍼텐셜 에너지로 전환된다. 용수철이 늘어나면서 벽돌은 반대 방향으로 움직이고 그림 13.3d와 같이 처음의 운동에너지를 되찾게 된다.

궁수가 활줄을 뒤로 당길 때 탄성 퍼텐셜 에너지는 휘어진 활과 늘어난 활줄에 저장된다(그림 13.4). 화살이 발사되었을 때 계에 저장된 퍼텐셜 에너지는 화살의 운동에너지로 전환된다. 석궁과 새총의 방식도 같다.

응용
궁술

iStockphoto.com/zetter

그림 13.4 당겨진 활에 탄성 퍼텐셜 에너지가 저장되어 있다.

예제 13.2 저 차를 세워라!

목표 용수철의 퍼텐셜 에너지와 중력 퍼텐셜 에너지에 대하여 에너지 보존의 법칙과 일-에너지 정리를 적용한다.

문제 13 000 N의 자동차가 10.0 m 높이에서 경사면을 따라 구르기 시작한다(그림 13.5). 그 다음 자동차는 평지 위를 굴러 가벼운 용수철 난간을 들이받는다. **(a)** 마찰에 의한 손실과 바퀴의 회전 운동에너지를 고려하지 않을 때, 용수철의 최대 압축 거리를 구하라. 용수철 상수는 1.0×10^6 N/m이다. **(b)** 마찰에 의한 손실이 없다고 가정하고 용수철과의 충돌 후 차의 최대 가속도를 구하라. **(c)** 용수철이 0.30 m만큼만 압축되었다면 마찰에 의한 역학적 에너지의 변화량은 얼마인지 구하라.

전략 마찰에 의한 손실을 무시할 때에는 식 13.4와 같은 형태의 에너지 보존의 법칙을 써서 **(a)**의 용수철의 변위를 구할 수 있다. 차의 운동에너지의 맨 처음 값과 맨 나중 값이 영이므로 차-용수철-땅으로 이루어진 계의 맨 처음 퍼텐셜 에너지는 맨 나중에 결국 용수철 퍼텐셜 에너지로 완전히 전환된다. **(b)**에서는 뉴턴의 제2법칙을 적용한다. 압축이 가장 클 때 가속도도 가장 크기 때문에 x에 **(a)**의 답을 대입하면 된다. **(c)**에서는 더 이상 마찰을 무시하지 않기 때문에 식 13.5의 일-에너지 정리를 이용한다. 역학적 에너지의 변화량은 마찰에 의해 손실된 역학적 에너지와 같다.

풀이

(a) 마찰에 의한 에너지 손실이 없다고 가정하고 용수철의 최대 압축 거리를 구한다.

역학적 에너지의 보존을 적용한다. 맨 처음에는 중력 퍼텐셜 에너지만 있고 난간이 최대로 압축되었을 때에는 용수철 퍼텐셜 에너지만 있다.

$$(KE + PE_g + PE_s)_i = (KE + PE_g + PE_s)_f$$
$$0 + mgh + 0 = 0 + 0 + \tfrac{1}{2}kx^2$$

x에 대해서 푼다.

그림 13.5 (예제 13.2) 자동차가 그림과 같이 언덕 위에 정지해 있다가 내려온다. 언덕 밑에서 차는 용수철이 달린 난간과 충돌한다.

$$x = \sqrt{\frac{2mgh}{k}} = \sqrt{\frac{2(13\,000\ \text{N})(10.0\ \text{m})}{1.0 \times 10^6\ \text{N/m}}} = \boxed{0.51\ \text{m}}$$

(b) 마찰을 무시하고 용수철에 의한 차의 최대 가속도를 계산한다.

뉴턴의 제2법칙을 적용한다.

$$ma = -kx \quad \rightarrow \quad a = -\frac{kx}{m} = -\frac{kxg}{mg} = -\frac{kxg}{w}$$

값들을 대입한다.

$$a = -\frac{(1.0 \times 10^6\ \text{N/m})(0.51\ \text{m})(9.8\ \text{m/s}^2)}{13\,000\ \text{N}}$$
$$= -380\ \text{m/s}^2 \rightarrow |a| = \boxed{380\ \text{m/s}^2}$$

(c) 난간의 압축이 단지 0.30 m일 때 마찰에 의한 역학적 에너지의 변화량을 구한다.

일-에너지 정리를 이용한다.

$$W_{nc} = (KE + PE_g + PE_s)_f - (KE + PE_g + PE_s)_i$$
$$= (0 + 0 + \tfrac{1}{2}kx^2) - (0 + mgh + 0)$$
$$= \tfrac{1}{2}(1.0 \times 10^6\ \text{N/m})(0.30)^2 - (13\,000\ \text{N})(10.0\ \text{m})$$
$$W_{nc} = \boxed{-8.5 \times 10^4\ \text{J}}$$

참고 **(b)**의 답은 중력 가속도의 40배에 달하므로 안전벨트를 매야 한다. 답을 구하기 위한 계산에서 차의 속도는 필요하지 않다.

이 예제에 덧붙여서 5.5절의 예제들을 공부하는 것이 좋다.

13.2.1 위치의 함수로서의 속도 Velocity as a Function of Position

에너지 보존을 이용해서 주기운동을 하고 있는 물체의 속도를 위치의 함수로 표현할 수 있다. 처음에 최대 거리 A만큼 늘어난 곳에서 물체를 놓았다고 하자(그림 13.6a).

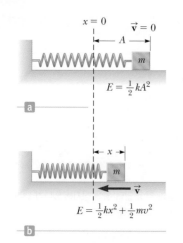

$x = 0$

$\vec{v} = 0$

$E = \frac{1}{2}kA^2$

a

x

$\vec{v}$

$E = \frac{1}{2}kx^2 + \frac{1}{2}mv^2$

b

그림 13.6 (a) 마찰이 없는 평면 위에서 용수철에 붙어 있는 물체를 용수철이 A만 큼 늘어난 지점에서 놓았다. 물체를 놓기 직전 전체 에너지는 탄성 퍼텐셜 에너지 $\frac{1}{2}kA^2$이다. (b) 지점 x에 도달했을 때 물체의 운동에너지는 $\frac{1}{2}mv^2$이고 탄성 퍼텐셜 에너지는 $\frac{1}{2}kx^2$으로 줄어든다.

계의 처음 에너지는 용수철에 저장된 탄성 퍼텐셜 에너지 $\frac{1}{2}kA^2$이다. 물체가 새로운 위치 x로 원점을 향해 움직이면(그림 13.6b), 에너지의 일부는 운동에너지로 전환되고 용수철에 저장된 퍼텐셜 에너지는 감소하여 $\frac{1}{2}kx^2$이 된다. 계의 전체 에너지는 $\frac{1}{2}kA^2$이 므로(처음 용수철에 저장된 에너지) 위치 x에서의 운동에너지와 퍼텐셜 에너지의 합은 같아진다.

$$\frac{1}{2}kA^2 = \frac{1}{2}mv^2 + \frac{1}{2}kx^2$$

이것을 v에 대해서 풀면,

$$v = \pm\sqrt{\frac{k}{m}(A^2 - x^2)} \qquad [13.6]$$

이 된다. 이 식에 의하면, 물체의 속력은 $x = 0$에서 최대이고, 양 끝 $x = \pm A$에서 영이다.

식 13.6의 우변의 $\pm$부호는 어떤 숫자의 제곱근이 양 또는 음일 수 있으므로 나온 것이다. 그림 13.6의 물체가 오른쪽으로 움직이면 v는 양이고, 물체가 왼쪽으로 움직이면 v는 음이다.

예제 13.3 물체-용수철 계의 재고찰

목표 시간에 무관한 속도에 대한 식 13.6을 물체–용수철 계에 적용한다.

문제 용수철 상수가 20.0 N/m인 가벼운 용수철에 연결된 0.500 kg의 물체가 마찰이 없는 수평면 위에서 진동하고 있다. **(a)** 최대 진폭이 3.00 cm일 때 계의 전체 에너지와 물체의 최대 속력을 구하라. **(b)** 변위가 2.00 cm인 순간 물체의 속도는 무엇인가? **(c)** 변위가 2.00 cm일 때, 계의 운동에너지와 퍼텐셜 에너지를 구하라.

전략 계의 전체 에너지는 운동에너지가 영인 $x = A$에서 가장 쉽게 구할 수 있다. 그 위치에서 전체 에너지는 퍼텐셜 에너지와 같다. 그 다음 $x = 0$에서의 속력은 에너지 보존으로부터 구한다. **(b)**에서는 주어진 x값을 속도에 대한 식에 대입함으로써 속도를 구할 수 있다. 이 결과들을 이용하여 **(c)**에서의 운동에너지와 퍼텐셜 에너지(식 13.3에 대입)를 구할 수 있다.

....

풀이

(a) 진폭이 3.00 cm일 때, 전체 에너지와 최대 속력을 구한다.

$x = A = 3.00$ cm와 $k = 20.0$ N/m를 전체 역학적 에너지 E에 관한 식에 대입한다.

$$E = KE + PE_g + PE_s$$
$$= 0 + 0 + \frac{1}{2}kA^2 = \frac{1}{2}(20.0 \text{ N/m})(3.00 \times 10^{-2} \text{ m})^2$$
$$= \boxed{9.00 \times 10^{-3} \text{ J}}$$

$x_i = A$, $x_f = 0$, 그리고 에너지 보존을 이용하여 원점에서의 물체의 속력을 계산한다.

$$(KE + PE_g + PE_s)_i = (KE + PE_g + PE_s)_f$$
$$0 + 0 + \frac{1}{2}kA^2 = \frac{1}{2}mv^2_{최대} + 0 + 0$$
$$\frac{1}{2}mv^2_{최대} = 9.00 \times 10^{-3} \text{ J}$$
$$v_{최대} = \sqrt{\frac{18.0 \times 10^{-3} \text{ J}}{0.500 \text{ kg}}} = \boxed{0.190 \text{ m/s}}$$

(b) 변위가 2.00 cm일 때 물체의 속도를 계산한다.

알고 있는 값들을 식 13.6에 대입한다.

$$v = \pm\sqrt{\frac{k}{m}(A^2 - x^2)}$$
$$= \pm\sqrt{\frac{20.0 \text{ N/m}}{0.500 \text{ kg}}[(0.030\,0 \text{ m})^2 - (0.020\,0 \text{ m})^2]}$$
$$= \boxed{\pm 0.141 \text{ m/s}}$$

(c) 변위가 2.00 cm일 때 운동에너지와 퍼텐셜 에너지를 계산한다.

운동에너지 식에 대입한다.

$$KE = \frac{1}{2}mv^2 = \frac{1}{2}(0.500 \text{ kg})(0.141 \text{ m/s})^2 = \boxed{4.97 \times 10^{-3} \text{ J}}$$

용수철 퍼텐셜 에너지 식에 대입한다.

$$PE_s = \tfrac{1}{2}kx^2 = \tfrac{1}{2}(20.0 \text{ N/m})(2.00 \times 10^{-2} \text{ m})^2$$

$$= \boxed{4.00 \times 10^{-3} \text{ J}}$$

참고 주어진 정보만으로는 **(b)**의 답이 양인지 음인지를 말할 수 없다. **(c)**에서의 $KE + PE_s$가 **(a)**에서의 전체 에너지 E와 같음에 주목하라(반올림에 의한 작은 차이는 제외한다).

13.3 단조화운동에서 진동의 속력과 관련된 개념
Concepts of Oscillation Rates in Simple Harmonic Motion

단조화운동에서 가장 중요한 물리 개념 중의 하나는 진동의 속력과 관련된 것이다. 이들 개념은 주기, 진동수 및 각진동수이다. 단조화운동의 이해와 진동의 속력의 측정은 단조화운동을 등속원운동과 비교함으로서 행할 수 있다.

13.3.1 단조화운동과 등속원운동의 비교
Comparing Simple Harmonic Motion with Uniform Circular Motion

등속원운동과 관련시켜 봄으로써 일직선상의 단조화운동을 더욱 잘 이해할 수 있다. 그림 13.7은 이러한 목적을 위한 실험 장치를 위에서 본 그림이다. 반지름이 A인 회전판의 가장자리에 공이 달려있고 옆에서 조명이 비추어지고 있다. **회전판이 일정한 각속력으로 돌면 공의 그림자는 좌우로 움직이며 단조화운동을 한다.**

이러한 사실은 식 13.6을 보면 이해할 수 있는데, 단조화운동을 하는 물체의 속도와 변위의 관계는 다음과 같은 관계가 있다.

$$v = C\sqrt{A^2 - x^2}$$

여기서 C는 상수이다. 그림자 또한 이러한 관계를 만족시킴을 확인하기 위하여 그림 13.8에서와 같이 원 궤도의 접선 방향으로 일정한 속력 v_0로 움직이는 공을 보기로 하자. 이때 공의 x 방향 속도는 $v = v_0 \sin\theta$, 즉

$$\sin\theta = \frac{v}{v_0}$$

가 된다. 그림 속의 삼각형으로부터 $\sin\theta$에 대한 또 다른 표현식을 얻을 수 있다.

$$\sin\theta = \frac{\sqrt{A^2 - x^2}}{A}$$

$\sin\theta$에 관한 두 표현식의 우변을 같다고 놓음으로써, 속도 v와 변위 x 사이에 다음과 같은 관계식을 얻을 수 있다.

$$\frac{v}{v_0} = \frac{\sqrt{A^2 - x^2}}{A}$$

즉

$$v = \frac{v_0}{A}\sqrt{A^2 - x^2} = C\sqrt{A^2 - x^2}$$

공이 회전판 위에서 일정한 각속력으로 돌면…

램프

회전판

스크린

…스크린 상의 공의 그림자는 단조화운동을 하며 좌우로 움직인다.

그림 13.7 단조화운동과 등속원운동 사이의 연관성을 볼 수 있는 실험 장치

공의 속도의 x성분은 $\vec{v}_0$를 x축에 투영한 것과 같다.

x축

그림 13.8 공이 일정한 속력 v_0로 돈다.

응용
___

피스톤과 회전하는 바퀴

그림 13.9 옛날 증기기관차 바퀴의 회전 방식

이다. 공의 x 방향 속도와 변위 x의 관계는 단조화운동을 하는 물체의 속도와 변위 x의 관계와 같다. 그러므로 그림자의 움직임은 단조화운동이다.

단조화운동과 원운동의 연관성을 보여주는 또 다른 예는 기계나 차에서 바퀴의 회전 운동을 일으키는 피스톤의 왕복 운동이다. 기관차의 바퀴를 생각해 보자. 그림 13.9의 왼쪽 부분은 단조화운동을 하며 앞뒤로 움직이는 피스톤을 보여준다. 피스톤의 왕복 운동은 그에 부착된 막대들을 통해 바퀴의 회전 운동으로 전환된다. 같은 원리로 자동차 엔진에서도 피스톤의 왕복 운동이 크랭크축의 회전 운동으로 전환된다.

13.3.2 주기, 진동수 및 각진동수 Period, Frequency and Angular Frequency

그림 13.7에서 그림자가 한 번 왕복 운동을 하는 데 소요되는 시간인 주기 T는 회전판에서 공이 한 바퀴 도는 데 걸리는 시간이기도 하다. 시간 T 동안 공은 원둘레에 해당하는 거리 $2\pi A$를 움직이기 때문에, 원 궤도에서 공의 속력 v_0은

$$v_0 = \frac{2\pi A}{T}$$

이고, 주기는

$$T = \frac{2\pi A}{v_0} \qquad [13.7]$$

이다. 그림 13.7에서 구슬이 P에서 Q로 1/4회전한다고 하자. 이때 그림자의 움직임은 용수철의 끝에 달린 물체의 수평 운동과 일치한다. 따라서 원운동에서의 반지름 A는 그림자의 단조화운동에서의 진폭 A와 같다. 1/4회전 동안 그림자는 계(공과 용수철)의 에너지가 오로지 탄성 퍼텐셜 에너지뿐인 점에서 계의 에너지가 오로지 운동에너지뿐인 점으로 움직이게 된다. 에너지 보존에 의하여

$$\tfrac{1}{2}kA^2 = \tfrac{1}{2}mv_0^2$$

이고, A/v_0에 대해 풀면

$$\frac{A}{v_0} = \sqrt{\frac{m}{k}}$$

이다. 이 표현식을 식 13.7에 대입하면 주기는

▶ 단조화운동을 하며 움직이는 물체–용수철 계의 주기

$$T = 2\pi\sqrt{\frac{m}{k}} \qquad [13.8]$$

이다. 식 13.8은 용수철 상수가 k인 용수철에 달린 질량 m의 물체가 한 사이클 움직이는 데 필요한 시간을 나타낸다. 질량의 제곱근이 분자에 있으므로 우리의 직관대로 질량이 크면 주기도 크다. 용수철 상수 k의 제곱근이 분모에 있으므로 용수철 상수가 크면 주기는 작다. 흥미롭게도 주기는 진폭 A와 무관하다.

주기의 역수는 진동수이다.

$$f = \frac{1}{T} \qquad [13.9]$$

그러므로 용수철에 달린 물체의 주기 운동의 진동수는

$$f = \frac{1}{2\pi}\sqrt{\frac{k}{m}}$$

[13.10] ◀ 물체–용수철 계의 진동수

이다. 진동수의 단위는 s^{-1} 또는 **헤르츠**(Hz)이다. **각진동수** ω는

$$\omega = 2\pi f = \sqrt{\frac{k}{m}}$$

[13.11] ◀ 물체–용수철 계의 각진동수

이다. 진동수와 각진동수는 서로 긴밀한 관계를 가지고 있다. 진동수의 단위는 초당 사이클의 수인데, 이때 한 사이클을 2π 라디안 또는 360°에 해당하는 각도의 단위로 생각할 수도 있다. 이러한 관점에서 보면 각진동수는 단지 진동수의 단위 변환에 지나지 않는다. 각도를 라디안으로 표시하는 것은 선형적인 양과 회전과 관련되는 양을 연관 짓는 데 편리하기 때문이다.

이상적인 물체–용수철 계는 물체의 질량 m의 제곱근에 비례하는 주기를 가지지만, 실험에 의하면 m에 대한 T^2의 그래프는 원점을 지나지 않는다. 그 이유는 용수철 자체가 질량을 가지고 있기 때문이다. 용수철의 각 부분들은 진폭이 작은 것을 제외하고는 물체와 동일하게 진동한다. 원통형 용수철에 대하여 에너지를 따져보면 가벼운 용수철의 유효 질량이 용수철 질량의 1/3임을 알 수 있다. 주기의 제곱이 진동하는 전체 질량에 비례하기 때문에, 전체 질량(용수철에 붙어 있는 물체의 질량 + 용수철의 유효 질량)에 대한 T^2의 그래프는 원점을 지나간다.

> **Tip 13.2** 두 가지 진동수
>
> 진동수는 초당 사이클 수를 말하고, 각 진동수는 초당 라디안 수를 말한다. 이 두 물리량은 거의 같으며 바꿈 인수 2π rad/cycle을 써서 변환할 수 있다.

13.4 시간의 함수로서의 위치, 속도 및 가속도
Position, Velocity, and Acceleration as a Functions of Time

단조화운동과 등속원운동 사이의 관계로부터 단조화운동을 하는 물체의 위치를 시간의 함수로 나타낼 수 있다. 다시 그림 13.10에 있는 반지름이 A인 회전판의 가장자리에 놓여 있는 공을 생각하자. 공이 그리는 원을 기준원이라고 한다. 회전판은 일정한 각속력 ω로 돈다고 가정한다. 공이 기준원을 따라 돌면 선분 OP와 x축 사이의 각도 θ가 시간에 따라 변한다. 동시에 점 P에서 x축에 내린 수선이 x축과 만나는 점 Q는 x축 상에서 앞뒤로 움직이며 단조화운동을 하게 된다.

직각삼각형 OPQ로부터 $\cos\theta = x/A$이다. 그러므로 공의 x좌표는

$$x = A\cos\theta$$

이다. 공이 일정한 각속력으로 회전하기 때문에 $\theta = \omega t$이므로(7장 참고),

$$x = A\cos(\omega t)$$

[13.12]

이다. 한 바퀴 도는 동안에 공은 주기 T만큼의 시간 동안 2π rad 각도만큼 돌아간다. 다시 말해 이 운동은 T초 마다 반복된다. 그러므로

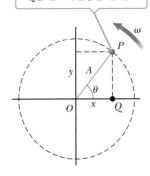

점 P에 있는 공이 일정한 각속력으로 원 주위를 돌면 이 점의 x축으로의 투영점 Q는 단조화운동을 한다.

그림 13.10 기준원

그림 13.11 $t = 0$일 때의 처음 조건이 $x_0 = A$와 $v_0 = 0$인 단조화운동을 하는 물체의 (a) 변위, (b) 속도, (c) 가속도를 시간에 대해 나타낸 그래프

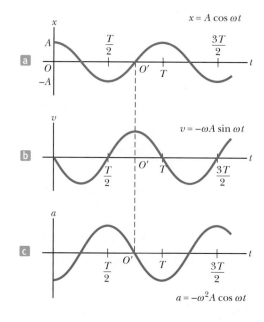

$$\omega = \frac{\Delta\theta}{\Delta t} = \frac{2\pi}{T} = 2\pi f \qquad [13.13]$$

이다. 이때 f는 운동의 진동수이다. 기준원을 따라 도는 공의 각속력은 x축에 투영된 단조화운동의 각진동수와 같다. 결과적으로 식 13.12는 다음과 같이 쓸 수 있다.

$$x = A \cos(2\pi ft) \qquad [13.14a]$$

코사인 함수는 그림 13.11a의 그래프처럼 단조화운동을 하는 물체의 위치를 시간에 대한 함수로 나타낸 것이다. 코사인 함수는 1과 -1 사이 값을 가지므로 x는 A와 $-A$ 사이의 값을 가진다. 이러한 형태의 그래프를 사인형 곡선이라고 한다.

그림 13.11b와 13.11c는 속도와 가속도를 시간의 함수로 나타낸 것이다. 속도에 대한 식은 식 13.6과 13.14a를 삼각함수 공식 $\cos^2\theta + \sin^2\theta = 1$과 함께 써서 구할 수 있다.

$$v = -A\omega \sin(2\pi ft) \qquad [13.14b]$$

여기서 $\omega = \sqrt{k/m}$ 을 사용하였다. 사인값은 양의 값과 음의 값 모두를 가질 수 있기 때문에 $\pm$부호는 필요하지 않다. 식 13.14a를 용수철에 대한 뉴턴의 제2법칙인 식 13.2에 대입하면 가속도에 관한 식을 구할 수 있다.

$$a = -A\omega^2 \cos(2\pi ft) \qquad [13.14c]$$

자세한 유도 과정은 학생들에게 연습 문제로 남겨두겠다. 변위 x가 최댓값 $x = A$ 또는 $x = -A$일 때 속도는 영이고, $x = 0$일 때 속도는 최댓값이 된다. $x = +A$일 때 가속도는 $-x$ 방향으로 최대이고, $x = -A$일 때 가속도는 $+x$ 방향으로 최대이다. 이 사실들은 v와 a가 최대, 최소 및 영을 갖는 위치에 대하여 앞에서 한 설명과 일치한다.

코사인 또는 사인의 최댓값은 1이므로 위치, 속도 및 가속도의 최댓값은 각 식의 삼각함수 앞에 있는 값과 항상 같다.

그림 13.12 단조화운동을 보여주는 실험 장치. 진동하는 물체에 달린 펜이 움직이는 종이 위에 사인형 곡선을 그린다.

　그림 13.12는 단조화운동의 사인형 특성을 보여주는 실험의 한 예이다. 용수철에 달린 물체에 펜이 붙어 있다. 물체가 수직으로 진동할 때 종이가 수평으로 일정한 속력으로 이동한다. 펜은 사인형 곡선을 그린다.

예제 13.4 　진동하는 물체-용수철 계

목표 수학적인 기술로부터 조화 진동자의 여러 물리량의 값을 구한다.

문제 (a) 시간에 대한 위치의 함수가 다음과 같을 때,

$$x = (0.250 \text{ m}) \cos\left(\frac{\pi}{8.00}\, t\right)$$

수평 용수철의 끝에서 진동하는 물체의 진폭, 진동수 및 주기를 구하라. (b) 속도와 가속도의 최댓값을 구하라. (c) 1.00 s가 경과한 후 물체의 위치, 속도 및 가속도는 얼마인가?

전략 (a) 주어진 식과 식 13.14a를 비교하여 진폭과 진동수를 구할 수 있다. (b) 최대 속력은 식 13.14b의 사인 함수가 1 또는 −1일 때이다(가속도의 경우에는 코사인 함수). 각 경우에 삼각 함수 앞에 붙은 값을 찾으면 된다. (c) 값들을 식 13.14a~13.14c에 대입하면 된다.

· ·

풀이

(a) 진폭, 진동수 및 주기를 구한다.

식 13.14a와 같은 기본 형태를 적고 그 밑에 주어진 식을 쓴다.

$$x = A \cos(2\pi f t) \tag{1}$$

$$x = (0.250 \text{ m}) \cos\left(\frac{\pi}{8.00}\, t\right) \tag{2}$$

코사인 함수 앞에 있는 값들을 같다고 놓아 진폭을 구한다.

$$A = \boxed{0.250 \text{ m}}$$

각진동수 ω는 식 (1)과 (2)의 t 앞에 있는 값이다.

$$\omega = 2\pi f = \frac{\pi}{8.00} \text{ rad/s} = 0.393 \text{ rad/s}$$

ω를 2π로 나누어서 진동수 f를 구한다.

$$f = \frac{\omega}{2\pi} = \boxed{0.062\,5 \text{ Hz}}$$

주기 T는 진동수의 역수이다.

$$T = \frac{1}{f} = \boxed{16.0 \text{ s}}$$

(b) 속도와 가속도의 최댓값을 구한다.

식 13.14b의 사인 함수 앞에 있는 값으로부터 최대 속력을 계산한다.

$$v_{\text{최대}} = A\omega = (0.250 \text{ m})(0.393 \text{ rad/s}) = \boxed{0.098\,3 \text{ m/s}}$$

식 13.14c의 코사인 함수 앞에 있는 값으로부터 최대 가속도를 계산한다.

$$a_{\text{최대}} = A\omega^2 = (0.250 \text{ m})(0.393 \text{ rad/s})^2 = \boxed{0.038\,6 \text{ m/s}^2}$$

(c) 1.00 s 후의 물체의 위치, 속도 및 가속도를 구한다.

$t = 1.00$ s를 주어진 식에 대입한다.

$$x = (0.250 \text{ m}) \cos(0.393 \text{ rad}) = \boxed{0.231 \text{ m}}$$

값들을 속도 식에 대입한다.

$$v = -A\omega \sin(\omega t)$$
$$= -(0.250 \text{ m})(0.393 \text{ rad/s}) \sin(0.393 \text{ rad/s} \cdot 1.00 \text{ s})$$
$$v = \boxed{-0.037\,6 \text{ m/s}}$$

값들을 가속도 식에 대입한다.

$$a = -A\omega^2 \cos(\omega t)$$
$$= -(0.250 \text{ m})(0.393 \text{ rad/s}^2)^2 \cos(0.393 \text{ rad/s} \cdot 1.00 \text{ s})$$
$$a = \boxed{-0.035\,7 \text{ m/s}^2}$$

· ·

참고 여기서 각도는 라디안 단위이므로 사인 또는 코사인 함수를 계산할 때 계산기를 라디안 모드로 바꾸거나 각도를 라디안 단위에서 도 단위로 바꾸어야 한다.

13.5 　진자의 운동 Motion of a Pendulum

단진자는 주기 운동을 하는 또 다른 역학계이다. 그것은 그림 13.13에서 보듯이, 천정에 달린 길이 L의 가벼운 줄과 그 끝에 매달린 질량 m의 추로 이루어져 있다(가벼운

진자가 단조화운동을 하게 하는 복원력은 중력의 운동 경로에 대한 접선 방향 성분 $-mg\sin\theta$이다.

그림 13.13 길이 L(L은 축으로부터 추의 질량 중심까지의 거리)인 가벼운 줄에 달린 질량 m의 추로 이루어진 단진자

줄이란 줄의 질량이 추의 질량에 비해 아주 작아서 무시할 수 있는 경우를 뜻한다). 추가 좌우로 흔들릴 때, 이는 단조화운동일까?

이 질문에 대답하기 위해서는 진자에 작용하는 복원력, 즉 중력을 살펴보아야 한다. 진자의 추는 직선상에서라기보다는 원호를 따라 움직인다. 하지만 진동이 아주 작을 경우 추의 움직임은 거의 직선이며 따라서 훅의 법칙을 적용할 수 있다.

그림 13.13에서 s는 원호 위에서 평형점으로부터의 추의 변위를 나타낸다. 훅의 법칙이 $F=-kx$이므로 s를 포함한 비슷한 표현식 $F_t=-ks$를 찾고자 한다. 여기서 F_t는 원호의 접선 방향으로 작용하는 힘이다. 그림으로부터 복원력은

$$F_t = -mg\sin\theta$$

이다. $s=L\theta$이므로 F_t에 대한 식은

$$F_t = -mg\sin\left(\frac{s}{L}\right)$$

이다. 이 표현식은 $F_t=-ks$의 형태가 아니므로 일반적으로 진자의 움직임은 단조화운동이 아니다. 그러나 약 15° 미만의 작은 각도에 대해서는 라디안으로 나타낸 각도 θ와 그 각도의 사인값은 거의 같다. 예를 들어, $\theta=10.0°=0.175\,\text{rad}$이고 $\sin(10.0°)=0.174$이다. 그러므로 만일 운동을 작은 각도에 국한시킨다면, $\sin\theta \approx \theta$로 근사시킬 수 있고 복원력은 다음과 같이 쓸 수 있다.

$$F_t = -mg\sin\theta \approx -mg\theta$$

$\theta=s/L$를 대입하면

$$F_t = -\left(\frac{mg}{L}\right)s$$

를 얻는다. 이 식은 $k=mg/L$라고 놓으면, 훅의 법칙의 일반적인 형태 $F_t=-ks$를 따른다. 진자가 작은 각도로 좌우로 왕복 운동하는 경우에만, 진자는 단조화운동을 한다고 말할 수 있다(또는 이 경우, θ가 작으므로 $\sin\theta \cong \theta$).

물체-용수철 계에서 각진동수는 식 13.11로 주어진다.

$$\omega = 2\pi f = \sqrt{\frac{k}{m}}$$

진자의 k에 대한 표현식을 대입함으로써

$$\omega = \sqrt{\frac{mg/L}{m}} = \sqrt{\frac{g}{L}}$$

이 얻어진다. 이 각진동수를 식 13.12에 대입하면 진자의 운동을 수학적으로 기술할 수 있다. 진동수는 단지 각진동수를 2π로 나눈 것이고 주기는 진동수의 역수이다.

Tip 13.3 진자의 운동은 조화 운동이 아니다.

진자가 모든 각도에 대해 단조화운동을 하는 것은 아님을 기억하라. 각도가 약 15°보다 작을 때에만, 그 운동을 단조화운동으로 근사시킬 수 있다.

단진자의 주기는 L과 g에만 의존한다 ▶

$$T = 2\pi\sqrt{\frac{L}{g}}$$

[13.15]

그림 13.14 단조화운동을 하는 물체-용
수철 계와 단진자 운동 사이의 유사성

이 식에 의하면 놀랍게도 단진자의 주기는 질량에는 무관하고 진자의 길이와 중력 가
속도에만 의존한다. 진폭 또한 작은 경우에는 영향을 주지 않는다. 단진자와 물체-용
수철 계의 운동의 유사성이 그림 13.14에 그려져 있다.

진자의 주기가 진폭과 무관하다는 것은 갈릴레이가 처음으로 발견하였다. 그는 이
것을 피사의 성당에서 미사를 보던 중에 관찰하였다고 한다. 그가 본 진자는 누군가가
촛불을 켜는 중에 흔들리게 된 샹들리에였다. 갈릴레이는 자신의 맥박으로 진자의 주
기를 측정하였다.

진자의 주기가 길이와 중력 가속도에 의존하기 때문에 시계의 시간 교정에 진자를
사용할 수 있다. 대다수의 시계 장치는 길이를 조정하여 시계추의 높이를 조절하여 주
기를 변화시킬 수 있는 진자 방식을 사용한다. 물론 시계들이 지표로부터 여러 다른 위
치에 있기 때문에, 중력 가속도에도 차이가 있을 것이다. 이를 교정하기 위하여 시계
속 진자의 추를 움직여 진자의 유효 길이를 바꿀 수 있게 되어 있다.

응용

진자 시계

응용
진자를 사용하여 탐사에 사용하기

지질학자들은 석유나 광물을 찾을 때 자주 단진자와 식 13.15를 이용한다. 지구 표면 아래에 있는 물질들은 그 지역에서의 중력 가속도에 변화를 가져온다. 길이가 정해진 특수 제작된 진자를 사용하여 주기를 측정하고 그것으로부터 g를 계산한다. 이러한 측정으로부터 확실한 결론은 내릴 수 없더라도, 지질학자가 탐사를 하는 데 있어 중요한 한 수단이 된다.

예제 13.5 g값의 측정

목표 진자 운동으로부터 g를 구한다.

문제 길이 0.171 m의 작은 진자가 60.0 s 동안 72.0번의 왕복 운동을 하였다. 이 지점에서 g의 값을 구하라.

전략 먼저 전체 시간을 왕복 운동의 횟수로 나누어 진자의 주기를 계산한다. 식 13.15를 g에 대해서 풀고 값들을 대입한다.

풀이
전체 시간을 진동 횟수로 나누어 주기를 계산한다.

$$T = \frac{\text{전체 시간}}{\text{전체 진동 횟수}} = \frac{60.0 \text{ s}}{72.0} = 0.833 \text{ s}$$

식 13.15를 g에 대해 풀고 값들을 대입한다.

$$T = 2\pi\sqrt{\frac{L}{g}} \quad \rightarrow \quad T^2 = 4\pi^2\frac{L}{g}$$

$$g = \frac{4\pi^2 L}{T^2} = \frac{(39.5)(0.171 \text{ m})}{(0.833 \text{ s})^2} = \boxed{9.73 \text{ m/s}^2}$$

참고 진자를 사용하여 주기를 측정하는 것은 측정 장소에서의 중력 가속도를 알아내는 좋은 방법이다.

13.5.1 물리 진자 The Physical Pendulum

지금까지 논의한 단진자는 줄에 매달린 질량으로 이루어져 있다. 그러나 진자는 다양한 모양의 물체로 만들 수 있는데 이를 통틀어 물리 진자라고 한다.

그림 13.15의 강체는 질량 중심으로부터 L만큼 떨어진 점 O를 축으로 돌 수 있게 되어 있다. 질량 중심은 단진자처럼 원호를 따라 진동한다. 물리 진자의 주기는

$$T = 2\pi\sqrt{\frac{I}{mgL}} \qquad \text{[13.16]}$$

로 주어진다. 여기서 I는 물체의 관성 모멘트이고 m은 물체의 질량이다. 예를 들어, 길이가 L이고 질량은 무시할 수 있는 단진자의 경우 관성 모멘트는 $I = mL^2$이다. 이 식을 식 13.16에 대입하면

$$T = 2\pi\sqrt{\frac{mL^2}{mgL}} = 2\pi\sqrt{\frac{L}{g}}$$

과 같이 단진자의 주기가 얻어진다.

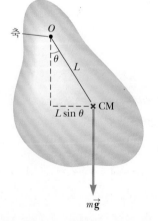

그림 13.15 점 O를 축으로 흔들리는 물리 진자

13.6 파동 Waves

세상은 음파, 줄 위에서의 파동, 지진파, 그리고 가시광선, 라디오파, 텔레비전 신호, X선 같은 전자기파 등의 온갖 종류의 파동으로 가득 차 있다. 이 모든 파동은 진동하는

물체가 파원이므로 단조화운동의 개념을 적용하여 파동을 이해할 수 있다.

음파의 경우 사람의 성대나 퉁겨진 기타줄 등의 음원으로부터 발생한 진동이 파동을 만든다. 안테나에서 전자의 진동은 라디오파나 텔레비전파를 만들어내고 단순하게 위아래로 움직이는 손의 움직임이 줄에 파동을 만들어낼 수 있다. 파동의 종류에 관계없이 어떠한 개념들은 모든 파에서 공통적으로 적용된다. 이 장의 남은 부분에서 파동의 일반적인 특성에 초점을 맞추기로 한다. 다음 장들에서는 음파나 전자기파와 같은 특별한 종류의 파동을 공부할 것이다.

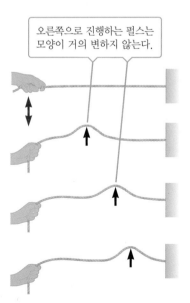

타히티에서 파도타기 하는 사람이 거대한 파도에 도전하고 있다. 바다의 파도는 횡파와 종파가 섞여 있다.

13.6.1 파동이란 무엇인가? What is a Wave?

호수에 조약돌을 던지면 그때의 교란은 수면파를 만들고, 수면파는 조약돌이 물에 들어간 지점으로부터 멀어지며 퍼져나간다. 교란의 주변에 떠 있는 나뭇잎은 본래 위치를 중심으로 위아래 앞뒤로 움직이지만 교란으로부터 더 멀어지지 않는다. 이것은 수면파(또는 교란)는 한 곳에서 다른 곳으로 이동하지만 물 자체가 수면파를 따라 움직이는 것은 아님을 의미한다.

수면파를 관찰할 때, 물 표면이 재배열되는 것을 볼 수 있다. 물이 없다면 파동도 없다. 마찬가지로 줄 위의 파동은 줄이 없이는 존재할 수 없다. 음파는 위치에 따른 압력의 변화로 인해 공기 중에서 퍼져나간다. 그러므로 교란의 운동이 파동이라고 할 수 있다. 21장에서는 매질을 필요로 하지 않는 전자기파에 대해서 공부하게 된다.

이 장에서 논의되는 역학적인 파동은 다음의 세 가지 요소 (1) 교란의 원천인 파원, (2) 교란을 일으킬 수 있는 매질, (3) 매질의 각 부분들이 서로 영향을 주고받을 수 있는 물리적인 메커니즘을 필요로 한다. 모든 파동은 에너지와 운동량을 전달한다. 매질을 통해 전달되는 에너지의 양과 에너지 전달의 메커니즘은 각 경우마다 다르다. 예를 들어, 폭풍이 불 때 파도에 의해 전달되는 에너지는 사람의 발성에 의한 음파가 전달하는 에너지에 비해 훨씬 크다.

13.6.2 파동의 형태 Types of Waves

파동의 운동을 관찰하기 위한 간단한 방법 중의 하나는 그림 13.16과 같이 기다란 끈을 한쪽은 벽에 고정시키고 팽팽하게 잡은 상태에서 다른 쪽을 한 번 흔들어주는 것이다. 이때 생긴 융기(펄스라고 한다)는 유한한 속력으로 오른쪽으로 진행한다. 이런 종류의 교란을 **진행파**(traveling wave)라고 한다. 그림은 인접한 세 시점에서의 줄의 모양을 보여준다.

파동 펄스가 줄을 따라 진행하면, **교란을 받게 된 줄의 각 부분은 파동의 이동 방향에 수직 방향으로 움직인다.** 그림 13.17은 줄의 작은 부분 P에서의 운동을 예로 든 것이다. 줄은 파동의 방향으로는 움직이지 않는다. 교란된 매질의 각 입자들이 파동의 속도와 수직 방향으로 움직이는 진행파를 **횡파**(transverse wave)라고 한다. 그림 13.18a는 긴 용수철에서 형성된 횡파를 보여준다.

종파(longitudinal wave)라는 다른 종류의 파동에서는 **매질의 입자들이 파동의 진**

오른쪽으로 진행하는 펄스는 모양이 거의 변하지 않는다.

그림 13.16 팽팽한 줄 끝을 손으로 살짝 흔들면(빨간색 화살표) 줄을 따라서 펄스가 진행한다.

횡파

a

줄 위의 임의의 한 점 P(검정색 점)는 파동이 진행하는 방향과 수직인 방향으로 움직이다.

그림 13.17 줄을 따라 진행하는 펄스는 횡파이다.

손을 밀었다 당겼다 하면, 압축된 부분과 늘어난 부분이 시간과 위치에 따라 교대로 반복된다.

압축됨   압축됨

늘어남   늘어남

종파

b

그림 13.18 (a) 용수철의 한쪽 끝을 길이 방향에 수직으로 움직여 횡파를 만든다. (b) 팽팽한 용수철에서의 종파 펄스

행 방향에 나란한 방향으로 움직인다. 음파는 종파인데, 이때의 교란은 공기나 그 밖의 다른 매질을 일정한 속력으로 연이어 통과하는 높은 압력과 낮은 압력 영역에 해당한다. 종파는 그림 13.18b와 같이 늘어나 있는 용수철에 쉽게 만들 수 있다. 자유로운 끝 부분을 용수철 길이 방향으로 앞뒤로 밀었다 당겼다 하면 된다. 이 동작으로 코일이 압축되는 부분과 늘어나는 부분이 생기고, 이 부분들은 파동의 이동 방향과 나란하게 용수철을 따라 움직인다.

파동은 완전 종파이거나 완전 횡파일 필요는 없다. 예를 들어, 파도는 종파이자 횡파이다. 파도 위에 떠 있는 코르크 조각은 앞뒤 운동과 위아래 운동이 합쳐진 원운동의 형태이다.

또 다른 종류로 **솔리톤**(soliton)이라는 파동은 격리된 채 퍼져가는 고립된 파면을 가진다. 보통의 수면파는 점점 모양이 퍼지며 흩어져 없어지는 반면, 솔리톤은 모양을 유지하려는 경향이 있다. 솔리톤에 대한 연구는 1849년에 시작되었는데, 스코틀랜드의 공학자 러셀(John Scott Russell)이 바지선의 앞 쪽에 난류를 남긴 채 독립적으로 앞으로 퍼져나가는 고립 파동을 발견하면서부터이다. 그 파동은 모양을 유지하며 운하를 약 10 mi/h의 속력으로 이동하였다. 러셀이 말을 타고 쫓아갔는데, 거리가 무려 2마일이나 되었다. 그러나 1960년대에 와서야 비로소 과학자들은 솔리톤의 중요성을 깨달았다. 지금은 입자물리에서부터 목성의 대적점(Giant Red Spot)에 이르는 다양한 물리 현상들을 설명하기 위해 솔리톤이 이용되고 있다.

13.6.3 파동의 모양 Picture of a Wave

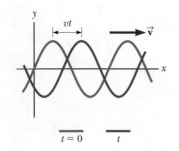

그림 13.19 속력 v로 오른쪽으로 진행하는 일차원 사인형 파동. 갈색 곡선은 $t = 0$일 때의 스냅 사진이고, 파란색 곡선은 시간 t만큼 후의 스냅 사진이다.

그림 13.19는 진동하는 줄의 모양을 보여주는데, 이는 단조화운동에서와 마찬가지로 사인형 곡선이다. 갈색 곡선은 진행파를 어느 순간($t = 0$)에 찍은 스냅 사진으로 생각할 수 있다. 파란색 곡선은 같은 진행파를 시간이 좀 흐른 후 찍은 스냅 사진으로 생각

할 수 있다. 이 그림은 또한 수면파를 나타낸다고 볼 수도 있다. 곡선의 맨 위 점은 수면파의 마루, 곡선의 맨 아래 점은 수면파의 골에 각각 해당한다.

위아래 움직임이 없는 종파를 기술하는 데에도 똑같은 파형을 사용할 수 있다. 용수철에서 진행하고 있는 종파를 생각해 보자. 그림 13.20a는 이 파동을 어느 순간에 찍은 스냅 사진이고, 그림 13.20b는 이 파동을 나타내는 사인형 곡선이다. 용수철의 코일들이 압축된 부분에 해당하는 것이 곡선의 마루이고, 늘어난 부분에 해당하는 것이 곡선의 골이다.

그림 13.20b의 곡선으로 나타낸 파동을 종종 밀도파 또는 압력파라고 한다. 용수철 코일들이 압축된 부분에 해당하는 마루는 밀도가 높은 부분이고, 용수철 코일들이 늘어난 부분에 해당하는 골은 밀도가 낮은 부분이기 때문이다. 음파는 고밀도, 저밀도 부분들이 연속으로 전파해 나가는 종파이다.

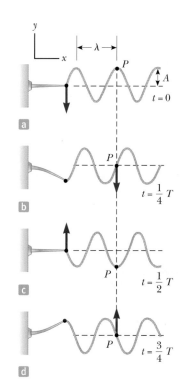

그림 13.20 (a) 용수철에서의 종파, (b) 곡선에서 마루는 용수철의 압축된 부분, 골은 용수철의 늘어난 부분에 해당한다.

13.7 진동수, 진폭 및 파장 Frequency, Amplitude, and Wavelength

그림 13.21은 긴 줄에서 연속적인 파동이나 일련의 펄스들을 발생시키는 방법을 보여준다. 줄의 한끝이 진동하는 날에 고정되어 있다. 날이 단조화운동을 하며 진동할 때, 줄에는 오른쪽으로 이동하는 진행파가 생긴다. 그림 13.21은 주기의 1/4 간격마다 본 파동의 모양이다. **그림의 P와 같이 줄의 각 작은 부분은 단조화운동을 하며 줄에 수직인 y 방향으로 진동한다.** 이는 각 부분들이 날의 단조화운동을 따르기 때문이다. 그러므로 줄의 각 부분들은 단조화 진동자로 취급될 수 있고, 진동수는 줄을 흔드는 날의 진동수와 같다.

이 교재에서는 낮은 진동수를 갖는 줄 위에서의 파동과 수면파에서부터 20 Hz와 20 000 Hz 사이의 진동수를 갖는 음파, 그리고 훨씬 큰 진동수를 갖는 전자기파에 이르기까지 다양한 파동을 다룬다. 이 파동들은 물리적인 원천이 모두 다르지만, 다 같은 개념으로 설명할 수 있다.

그림 13.21에서 점선은 파동이 없을 경우 줄의 위치를 나타낸다. 이 평형값으로부터 줄이 위 또는 아래로 가장 멀어질 때의 거리를 파동의 **진폭**(amplitude) A라고 한다. 이 책에서는 마루와 골의 진폭이 같은 경우만을 다룬다.

그림 13.21a는 파동의 또 다른 특성을 보여준다. 수평 화살표는 똑같은 움직임을 갖는 이웃한 두 점들 사이의 거리를 나타내며, 이를 **파장**(wavelength) λ라고 한다.

정의된 물리량들을 이용해 파동의 속력을 표현할 수 있다. 먼저 **파동의 속력**(wave speed) v에 대한 식은

$$v = \frac{\Delta x}{\Delta t}$$

와 같이 정의된다. 파동의 속력은 파동의 특정 부분(예를 들어, 마루)이 매질을 통과해가는 속력이다.

파동은 진동의 한 주기에 해당하는 시간 동안 한 파장만큼의 거리를 진행한다. 따라

그림 13.21 줄에 진행파를 만드는 방법. 줄의 왼쪽 끝이 진동하는 날에 연결되어 있다. 줄의 각 부분은 점 P와 같이 수직으로 단조화운동을 하며 진동한다.

서 $\Delta x = \lambda$, $\Delta t = T$라고 놓으면,

$$v = \frac{\lambda}{T}$$

가 된다. 진동수는 주기의 역수이므로,

파동의 속력 ▶ $$v = f\lambda$$ [13.17]

이다. 이 식은 음파, 전자기파 등 많은 종류의 파동에 적용되는 중요한 기본식이다.

예제 13.6 진행파

목표 그래프로부터 바로 파동에 관한 정보를 얻는다.

문제 그림 13.22는 $+x$ 방향으로 진행하는 파동을 보여준다. 진동수가 8.00 Hz인 이 파동의 진폭, 파장, 속력 및 주기를 구하라. 그림 13.22에서 $\Delta x = 40.0$ cm, $\Delta y = 15.0$ cm이다.

전략 진폭과 파장은 그림으로부터 바로 얻을 수 있다. 최대 수직 변위가 진폭이고, 이웃하는 두 마루 사이의 거리가 파장이다. 파장과 진동수를 곱하면 속력이고, 주기는 진동수의 역수이다.

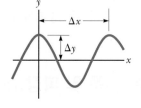

그림 13.22 (예제 13.6)

- -

풀이

파동에서 최대 변위가 진폭 A이다.

$$A = \Delta y = 15.0 \text{ cm} = \boxed{0.150 \text{ m}}$$

마루와 마루 사이의 거리가 파장이다.

$$\lambda = \Delta x = 40.0 \text{ cm} = \boxed{0.400 \text{ m}}$$

파장과 진동수의 곱이 속력이다.

$$v = f\lambda = (8.00 \text{ Hz})(0.400 \text{ m}) = \boxed{3.20 \text{ m/s}}$$

진동수의 역수를 취해 주기를 얻는다.

$$T = \frac{1}{f} = \frac{1}{8.00 \text{ Hz}} = \boxed{0.125 \text{ s}}$$

- -

참고 파동과 매질을 혼동하지 않도록 하라. 파동은 매질을 통해 전달되는 에너지이다. 빛(광파)과 같이 어떤 종류의 파동들은 매질이 필요 없다.

예제 13.7 소리와 빛

목표 간단한 계산을 통해 속력, 파장 및 진동수를 구한다.

문제 어떤 파동의 파장이 3.00 m이다. 이 파동이 **(a)** 음파인 경우와 **(b)** 빛인 경우에 대해 진동수를 구하라. 음파의 속력은 343 m/s, 빛의 속력은 3.00×10^8 m/s로 놓는다.

풀이

(a) $\lambda = 3.00$ m를 써서 소리의 진동수를 구한다.

식 13.17을 진동수에 대해 풀고 값을 대입한다.

$$f = \frac{v}{\lambda} = \frac{343 \text{ m/s}}{3.00 \text{ m}} = \boxed{114 \text{ Hz}} \qquad (1)$$

(b) $\lambda = 3.00$ m를 써서 빛의 진동수를 구한다.

빛의 속력 c를 식 (1)에 대입한다.

$$f = \frac{c}{\lambda} = \frac{3.00 \times 10^8 \text{ m/s}}{3.00 \text{ m}} = \boxed{1.00 \times 10^8 \text{ Hz}}$$

- -

참고 큰 차이를 가지는 두 물리 현상에 같은 식을 적용하여 진동수를 구할 수 있다. 빛의 진동수가 음파의 진동수에 비해 얼마나 큰지에 주목하라.

13.8 파동의 간섭 Interference of Waves

두 개 이상의 파동이 동시에 같은 공간상의 지점을 통과할 때 흥미로운 자연 현상이 발생한다. **두 진행파는 상쇄되거나 변형됨이 없이 만나고 서로 통과해 지나갈 수 있다.** 예를 들어, 조약돌 두 개를 물에 던졌을 때 퍼져가는 두 원형파는 서로를 파괴하지 않는다. 오히려 물결은 서로를 통과해 간다. 마찬가지로 다른 음원에서 발생한 공기 중의 음파도 서로를 통과해 지나간다. 겹치는 부분에서의 합성 파동은 각각의 파동들을 합친 것이다. 여기에서 다음과 같은 **중첩의 원리**(superposition principle)가 적용된다.

> 두 개 이상의 진행파가 매질을 통해 이동하다가 만났을 때 생기는 합성파는 각 파동의 변위를 각 위치별로 모두 더한 것과 같다.

중첩의 원리는 각 파동이 작은 진폭을 가질 때에만 성립한다는 것이 실험적으로 밝혀졌다. 우리도 이러한 상황만을 고려하기로 한다.

그림 13.23a와 13.23b는 같은 진폭과 진동수를 갖는 두 파동을 보여준다. 어떤 순간에 두 파동이 공간상의 같은 지점을 지난다면 그 순간의 합성 파동의 형태는 그림 13.23c와 같다. 예를 들어, 이 파동이 진폭이 1 m인 수면파라고 하자. 두 파동이 만나서 마루는 마루끼리, 골은 골끼리 겹쳐지는 순간 합성파는 2 m의 진폭을 갖게 된다. 이 경우 두 파동의 위상이 같다고 하고, **보강간섭**(constructive interference)을 한다고 한다.

그림 13.24a와 그림 13.24b는 비슷한 파동을 보여준다. 그러나 이 경우에는 한 파동의 마루가 다른 파동의 골과 일치하여 한쪽이 뒤집어진 상태이다. 그림 13.24c와 같이 합성 파동은 완전히 상쇄된 상태이다. 만일 이들이 수면파라면 한 파동은 각 물방울에 위쪽 방향으로 힘을 가하고 동시에 다른 파동은 아래쪽 방향으로 힘을 가할 것이다. 결과적으로 물은 전혀 움직이지 않을 것이다. 이와 같은 경우 두 파동은 180°의 위상차를 가진다고 하고, **상쇄간섭**(destructive interference)을 한다고 한다. 그림 13.25는 연못에 떨어진 물방울들이 만든 수면파의 간섭을 보여준다.

그림 13.26은 팽팽한 줄을 따라 서로를 향해 진행하는 두 펄스의 보강간섭을, 그림

(a)와 (b)의 두 파동을 합성하면 진폭이 두 배인 파동이 된다.

그림 13.23 보강간섭. (a)와 (b)처럼 진동수와 진폭이 같은 두 파동의 위상이 같을 때, 두 파동이 합쳐져 생기는 합성파 (c)의 진동수는 각 파동의 진동수와 같으나 진폭은 각 파동의 진폭의 두 배가 된다.

(a)와 (b)의 두 파동을 합성하면 진폭이 완전히 상쇄된다.

그림 13.24 상쇄간섭. (a)와 (b)의 두 파동은 진동수와 진폭이 같으나 파동의 위상은 180°만큼 다르다.

그림 13.25 물 위에 떨어진 빗방울에 의해 퍼져나가는 파동들이 만드는 간섭무늬.

(b), (c), (d)에서처럼 두 펄스가 겹칠 때, 줄의 알짜 변위는 각 펄스의 변위를 합한 것과 같다.

그림 13.26 팽팽한 줄에서 반대 방향으로 진행하는 두 파동 펄스가 서로를 통과해 지나간다.

그림 13.27 서로 뒤집힌 변위로 반대 방향으로 진행하는 두 펄스

(c)처럼 두 펄스가 겹칠 때, 줄의 알짜 변위는 서로의 차이로 나타난다.

13.27은 두 펄스의 상쇄간섭을 보여준다. 두 그림 모두에서 두 펄스가 통과한 후에는 마치 한 번도 만나지 않은 듯이 전혀 모양의 변화가 없음에 주목하라.

연습문제

1. $m = 0.60\,\text{kg}$인 물체가 용수철 상수가 130 N/m인 용수철에 붙어있다. 물체와 바닥 사이의 마찰은 없다(그림 P13.1). 물체를 당겨서 용수철이 $A = 0.13\,\text{m}$ 늘어난 상태에서 놓는다. (a) 물체에 작용하는 힘과 (b) 물체의 가속도를 구하라.

그림 P13.1

2. 돌을 담는 가벼운 가죽 컵으로 된 새총이 있다. 컵을 뒤로 당기면 평행한 두 고무줄이 늘어난다. 고무줄 하나를 1.0 cm 늘이는 데 15 N의 힘이 필요하다. (a) 50 g의 돌이 든 컵을 평형 위치로부터 0.200 m만큼 뒤로 당겼을 때 두 고무줄에 저장된 퍼텐셜 에너지는 얼마인가? (b) 돌은 얼마의 속력으로 새총에서 발사되는가?

3. 그림 P13.3에서처럼 한 학생이 1.50 kg의 물체를 용수철 끝

에서 0.125 m만큼 밀었다가 놓았다. 그 물체는 수평을 따라 되튀어 나와서 비탈을 따라 올라간다. 마찰을 무시한다면 그 물체가 비탈을 따라 올라가는 최대 높이를 구하라. 용수철 상수는 $k = 575\,\text{N/m}$이다.

4. 마찰이 없는 수평면 위에 놓인 2.00 kg의 물체가 용수철 상수가 425 N/m인 용수철에 매여 있다. 그 물체를 평형 위치로부터 8.00 cm 당긴 후 정지 상태에서 놓았다. 그 후 일어나는 진동에 대하여 (a) 진폭, (b) 각진동수, (c) 진동수, (d) 주기를 구하라. 그 물체의 (e) 속도와 (f) 가속도의 최대값은 얼마인가?

5. 용수철 상수가 $k = 850\,\text{N/m}$인 용수철이 수직 벽에 붙어서 수평으로 놓여 있다. 용수철에 붙은 물체는 질량 $m = 1.00\,\text{kg}$이고 바닥과의 마찰은 없다(그림 P13.5). (a) 용수철의 평형 위치에서 $x_i = 6.00\,\text{cm}$ 되는 곳까지 물체를 당겨

그림 P13.3

그림 P13.5

서 놓는다. 물체가 평형 위치에서 6.00 cm 늘어난 곳에 있을 때 용수철에 저장된 탄성 퍼텐셜 에너지를 구하라. (b) 물체가 평형 위치를 지날 때의 속력을 구하라. (c) 블록이 $x_i/2 = 3.00$ cm 되는 곳을 지날 때의 속력은 얼마인가?

6. 그림 P13.6과 같이 생긴 피스톤 엔진에서 반지름이 $A = 0.250$ m인 바퀴가 $\omega = 12.0$ rad/s의 각진동수로 회전한다. $t = 0$일때 피스톤의 위치는 $x = A$이다. $t = 1.15$ s일때 피스톤의 (a) 위치, (b) 속도, (c) 가속도를 구하라.

그림 P13.6

7. 10 g의 물체를 매달면 용수철이 3.9 cm만큼 늘어난다. 그 물체 대신 25 g의 다른 물체를 매달아 단조화운동을 하도록 진동시켰다. 주기를 계산하라.

8. 용수철에 매달린 물체의 위치가 시간에 따라 $x = (5.2 \text{ cm}) \sin(8.0\pi t)$로 변한다. 이 운동의 (a) 주기, (b) 진동수, (c) 진폭을 구하라. (d) 그 물체가 $t = 0$ 이후 처음으로 $x = 2.6$ cm에 도달할 때의 시각을 구하라.

9. 길이가 52.0 cm인 단진자가 2.00분 동안에 82.0번 진동한다. (a) 진자의 주기와 (b) 진자가 있는 위치에서의 중력 가속도 g의 값을 구하라.

10. 화성에서의 자유낙하 가속도는 3.7 m/s²이다. (a) 지구에서 주기가 1 s인 진자의 길이는 얼마인가? (b) 화성에서의 진자의 주기가 1 s가 되려면 길이는 얼마이어야 하는가? (c) 어떤 물체가 용수철 상수가 10 N/m인 용수철에 매달려 있다. 용수철의 진동 주기가 1 s가 되려면 (c) 지구에서와 (d) 화성에서 매달아야 할 물체의 질량을 각각 구하라.

소리
Sound

음파는 종파의 가장 중요한 예이다. 이 장에서는 음파의 특성에 관해 공부한다. 즉, 음파는 어떻게 생성되는지, 음파는 무엇인지, 음파가 어떻게 매질을 통하여 전파되는지를 논할 것이다. 그리고 음파가 서로 간섭을 일으킬 때 어떤 일이 발생하는지 알아본다. 이 장을 통해 소리를 듣는 과정을 이해하는 데 도움이 된다.

14.1 음파의 특성 Characteristics of Sound Waves

진동하는 물체 근처에 있는 공기 분자의 일반적인 운동은 압축과 희박부 사이를 앞뒤로 왕복하는 분자 운동이다. 교란의 방향으로 앞뒤로 왔다 갔다 하는 분자 운동은 종파의 특성이다. **종파에서 매질 입자의 운동은 파동이 진행하는 방향을 따라서 앞뒤로 왔다 갔다 하는 운동이다. 반면 횡파에서 매질의 진동은 파동이 진행하는 방향에 대해 수직한 방향으로 나타난다.**

14.1.1 음파의 분류 Categories of Sound Waves

음파는 진동수에 따라 세 가지로 분류한다. **가청음파**(audible waves)는 인간의 귀로 느낄 수 있는 범위인 대략 20~20 000 Hz 영역 내의 진동수를 가진 종파이다. **초저주파**(infrasonic waves)는 가청 영역보다 낮은 진동수를 갖는 종파이며, 지진파가 그 예이다. **초음파**(ultrasonic waves)는 가청 진동수보다 큰 종파이다. 예를 들어, 어떤 종류의 호루라기는 초음파를 발생한다. 개를 비롯한 몇몇 동물들은 사람이 들을 수 없는 이러한 호루라기 소리를 들을 수 있다.

14.1.2 초음파의 응용 Applications of Ultrasound

초음파는 진동수가 20 kHz를 넘는 음파이다. 초음파는 이러한 높은 진동수에 해당하는 짧은 파장을 가지고 있으므로 작은 물체의 영상을 생성하는 데 사용되며, 최근 진단용 의료기구나 일부 치료용 기구 등의 의학적 응용에 널리 쓰이고 있다. 초음파의 흡수와 반사에 의해 생성되는 영상을 통해 내부 장기를 진찰할 수 있다. 초음파는 X선 보다는 훨씬 안전하지만, 초음파에 의해 얻어진 영상은 X선보다는 선명하지 않다. 그러나 간이나 비장과 같은 특정 기관은 X선으로는 볼 수 없으나 초음파로는 볼 수 있다.

도플러 효과(14.4절 참고)를 이용하는 초음파 유속계로 인체의 혈류 속력을 잴 수

응용

초음파의 의학적 사용

255

그림 14.1 압전 결정의 양쪽 면에 교류 전압을 가하면 결정이 진동한다.

있다. 흐르는 혈액에 의해 산란된 음파의 진동수를 입사파의 진동수와 비교함으로써 혈류의 속력을 잴 수 있다.

그림 14.1은 임상용 초음파를 만들기 위해 사용되는 기술을 나타내고 있다. 수정체나 스트론튬 티탄산염과 같은 결정의 양쪽 면에 전극이 부착되어 있다. 만약 높은 진동수의 교류 전압이 이 전극에 인가되면 결정은 인가되는 교류 전압과 같은 진동수로 진동하며, 초음파의 빔을 방출한다. 한 때는 이런 방법이 거의 모든 헤드폰에서 소리를 재생하는 데 사용되었다. 전기에너지를 역학적 에너지로 변환하는 이러한 방법을 **압전효과**(piezoelectric effect)라 하며, 이 변환은 가역적이다. 어떤 외부 원인에 의해 결정이 진동하면, 결정을 통해 교류 전압이 발생한다. 그러므로 단결정으로 초음파를 내기도 하고 받기도 할 수 있다.

초음파 영상을 만들어내는 주요한 물리적 원리는 서로 다른 밀도를 갖는 두 물체의 경계면에 음파가 입사되면, 그중 일부가 반사되어 온다는 사실이다. 만약 음파가 밀도가 ρ_i인 물체 속에서 진행을 하다가 밀도가 ρ_t인 물체에 부딪혔다면, 반사파와 입사파의 비 PR은

$$PR = \left(\frac{\rho_i - \rho_t}{\rho_i + \rho_t}\right)^2 \times 100$$

으로 주어진다. 이 식은 입사된 음파가 경계면에 수직으로 입사되고, 음속이 두 물체에서 거의 같다고 가정한 것이다. 두 번째의 가정은 인체에 대해서는 매우 정확한데, 그 이유는 소리의 속력이 인체의 기관에서 거의 변하지 않기 때문이다.

그림 14.2 자궁 내 태아의 초음파 영상

의사들은 일반적으로 태아를 관찰하기 위해서 초음파를 사용한다(그림 14.2). 이 기술은 세포에 과도한 에너지를 가해 선천적 결함을 유발할 수 있는 X선보다 훨씬 안전하다. 우선 산모의 복부에 미네랄 오일과 같은 액체를 바른다. 이렇게 하지 않으면 산모의 피부와 공기와의 경계면에서 초음파의 대부분이 반사된다. 미네랄 오일은 피부와 밀도가 거의 같아, $\rho_i \approx \rho_t$일 때 입사된 초음파의 아주 적은 양만 반사된다. 초음파 에너지는 연속파가 아니라 펄스로 방출되기 때문에, 송신기뿐만 아니라 수신기에도 같은 결정을 이용할 수 있다. 태아의 영상은 복부 위에 위치한 일련의 신호변환기를 이용하여 얻는다. 수신기에 모인 반사파는 전기 신호로 변환되고, 형광 스크린에 영상을 만든다. 자연 유산(조산)이나 거꾸로 위치한 태아의 분만 가능성과 같은 비정상적인 상태를 이러한 기술로 쉽게 발견할 수 있다. 척추 파열 등의 기형이나 뇌수종과 같은 치명적인 병들도 쉽게 발견할 수 있다.

iStockphoto.com/SAG

응용

초음파 수술흡인기

초음파를 의학에 응용한 비교적 새로운 기술은 초음파 수술흡인기(cavitron ultrasonic surgical aspirator, CUSA)가 있다. CUSA는 이전의 방법으로 수술할 수 없었던 뇌종양을 수술로 제거할 수 있게 하였다. 이 기구의 탐침부 끝에서 초음파(약 23 kHz)를 방출하는데, 탐침부 끝을 종양에 대면, 탐침부 근처의 종양은 분쇄되고 그 부스러기는 빈 관을 통해 흡입되어 제거된다. 이 기술을 이용하여, 신경외과 의사는 주위의 건강한 조직에 심각한 손상을 주지 않고 뇌종양을 제거할 수 있게 되었다.

초음파는 영상을 얻어내는 것뿐만 아니라 자궁근종이나 전립샘종양 등의 수술에

도 사용되고 있다. 2009년 고강도 집속 초음파(high-intensity focused ultrasound, HIFU)를 이용한 치료법이 개발되어 피부를 절개하거나 두개골을 열지 않고도 뇌수술을 할 수 있게 되었다. 고강도의 초음파 에너지를 뇌 속의 작은 초점(병변)에 집속하여 고열을 발생시켜 조직을 태워 없애는 것이다. 그러한 과정 동안 환자는 약간의 따끔거림이나 현기증 때로는 경미한 두통 정도만 느낄 뿐이다. 환자의 머리가 과열되는 것을 방지하기 위해 냉각장치도 있어야 한다. HIFU는 종양과 주변 신경세포를 제거할 수 있으며, 파킨슨병과 뇌졸중을 치료하는 데 응용할 수도 있다. 또한 뇌의 특정 부위에 치료약을 집중시키기 위한 도구로써 HIFU가 사용될 수도 있다.

응용

고강도 집속 초음파

또한 초음파는 자연적으로 배출되기 힘든 너무 큰 신장 결석을 부수는 데 사용된다. 이전에는 외과 수술을 해 왔다.

초음파의 또 다른 흥미로운 응용으로 카메라와 피사체 사이의 거리를 거의 순간적으로 측정할 수 있는 거리 측정기가 있다. 이 장치의 중심 소자는 스피커와 마이크 역할을 하는 고체 결정이다. 초음파 펄스가 변환기에서 사진을 찍을 물체로 전송된다. 그러면 물체에 의해서 신호의 일부가 반사되고, 이러한 반사파 신호를 검출기에서 검출한다. 음속은 잘 알려진 양이므로, 발신 펄스와 검출된 반사 펄스 사이의 시간 간격을 전자적으로 환산하여 거리로 변환한다.

응용

카메라용 초음파 거리 측정기

14.2 음파의 에너지와 세기 Energy and Intensity of Sound Waves

소리굽쇠의 진동 가지가 공기 중에서 앞뒤로 왔다갔다 움직일 때, 진동 가지는 공기층에 힘을 가하여 공기층을 이동시킨다. 달리 표현하면 소리굽쇠의 진동 가지는 공기층에 일을 한다. 소리굽쇠가 음파의 형태로 공기 중으로 에너지를 방출한다는 사실은 소리굽쇠의 진동이 천천히 소멸되는 이유들 중의 하나이다. (다른 요소들, 즉 진동 가지가 움직이면서 생기는 마찰에 의한 에너지 손실 또한 운동의 소멸에 영향을 미친다.)

파동의 **세기**(intensity) I는 초당 파동이 나아가는 방향에 수직인 넓이 A를 지나가는 에너지양 $\Delta E / \Delta t$로 정의한다.

$$I \equiv \frac{1}{A} \frac{\Delta E}{\Delta t} \qquad [14.1]$$

여기서 에너지 흐름의 방향은 모든 점에서 표면에 수직이다.

SI 단위: 와트/제곱미터(W/m²)

에너지의 전달률이 일률이므로, 식 14.1은 다른 형태로 다음과 같이 정리할 수 있다.

$$I \equiv \frac{일률}{넓이} = \frac{P}{A} \qquad [14.2]$$

◀ 파동의 세기

여기서 P는 표면을 지나는 음파의 일률이며, 단위는 와트(W)이므로 소리의 세기는

W/m^2의 단위를 가진다.

인간의 귀가 1 000 Hz의 진동수에서 감지할 수 있는 가장 약한 소리는 1×10^{-12} W/m^2의 세기를 갖는데, 이 세기를 **가청 문턱**(threshold of hearing)이라고 한다. 귀가 통증 없이 들을 수 있는 가장 큰 소리의 세기는 약 1 W/m^2[**고통 문턱**(threshold of pain)]이다. 가청 문턱에서 귀의 내부 압력은 정상적인 대기압보다 약 3×10^{-5} Pa 만큼 증가한다. 대기압이 약 1×10^5 Pa이기 때문에, 이것은 귀가 약 $\frac{3}{10^{10}}$ 정도의 압력 변화도 감지할 수 있다는 것을 의미한다. 또한 가청 문턱에서 공기 분자의 최대 변위는 약 1×10^{-11} m이다. 이것은 매우 작은 값이다. 만약 분자의 지름(대략 10^{-10} m)과 비교한다면, 귀가 음파에 대하여 얼마나 민감한 감지기인지를 알 수 있다.

마찬가지로 1 000 Hz에서 인간의 귀가 견딜 수 있는 가장 큰 소리는 정상 대기압으로부터 약 29 Pa의 압력 변화에 반응할 수 있고, 이는 또한 공기 분자의 최대 변위가 1×10^{-5} m 되는 것에 해당한다.

14.2.1 데시벨 단위의 세기 준위 Intensity Level in Decibels

앞서 말한 바와 같이 인간의 귀는 매우 광범위한 영역의 세기를 감지할 수 있다. 들을 수 있는 가장 약한 음파의 세기보다 약 1.0×10^{12}배 큰 소리까지 감지할 수 있다. 그러나 가장 큰 소리가 가장 약한 소리보다 약 1.0×10^{12}배만큼 크게 들리는 것은 아니다. 인간의 귀에 있어서 소리의 세기는 대략 로그 함수적으로 지각되기 때문이다. 소리의 상대적인 세기를 **세기 준위**(intensity level) 또는 **데시벨 준위**(decibel level) β라 하고 다음과 같이 정의한다.

세기 준위 ▶

$$\beta \equiv 10 \log \left(\frac{I}{I_0} \right)$$

[14.3]

여기서 상수 $I_0 = 1.0 \times 10^{-12}$ W/m^2는 기준 세기로 정상적인 가청 문턱의 세기이고, I는 임의의 세기이며, β는 데시벨(dB)로 측정한 세기 준위가 된다. [bel의 1/10이란 뜻을 가진 decibel(데시벨)이란 용어는 전화기를 발명한 벨(Alexander Graham Bell, 1847~1922)의 이름에서 따온 것이다].

다양한 데시벨 준위에 대한 감각을 얻기 위해, $I = 1.0 \times 10^{-12}$ W/m^2을 시작으로 식 14.3에 몇 가지 대표적인 값들을 대입해 본다.

$$\beta = 10 \log \left(\frac{1.0 \times 10^{-12} \, W/m^2}{1.0 \times 10^{-12} \, W/m^2} \right) = 10 \log (1) = 0 \text{ dB}$$

이 결과로부터 데시벨 단위에서 영이 되는 값을 선택하면 인간이 들을 수 있는 가청 문턱의 하한선을 알 수 있다. 열 배씩 큰 소리는

$$\beta = 10 \log \left(\frac{1.0 \times 10^{-11} \, W/m^2}{1.0 \times 10^{-12} \, W/m^2} \right) = 10 \log (10) = 10 \text{ dB}$$

Tip 14.1 세기 대 세기 준위

세기와 세기 준위를 혼동하지 마라. 세기는 제곱미터당 와트 단위를 사용하는 물리량이고, 세기 준위 혹은 데시벨 준위는 세기를 로그 눈금으로 수학적으로 변환한 것이다.

$$\beta = 10 \log \left(\frac{1.0 \times 10^{-10}\ \text{W/m}^2}{1.0 \times 10^{-12}\ \text{W/m}^2} \right) = 10 \log (100) = 20\ \text{dB}$$

이 된다. 이 답들의 패턴에 주목하라. 데시벨의 단위로 10 dB의 증가는 소리의 세기가 10배 크다는 것을 의미한다. 예를 들어, 50 dB의 소리는 40 dB의 소리 세기의 10배이고, 60 dB은 40 dB 소리의 100배이다.

고통 문턱($I = 1.0\ \text{W/m}^2$)은 데시벨 단위로 $\beta = 10 \log(1/1 \times 10^{-12}) = 10 \log (10^{12}) = 120$ dB의 세기준위에 해당한다. 제트 비행기는 세기 준위 150 dB의 소리를 내며, 지하철과 리벳을 박는 장치의 세기 준위는 각각 90 dB과 100 dB이다. 록 음악 공연장의 증폭된 소리는 고통 문턱인 120 dB의 세기 준위까지 도달할 수 있다. 이와 같이 높은 세기 준위에 노출되는 것은 귀에 심각한 손상을 입힐 수 있다. 90 dB 이상의 세기 준위에 장시간 노출될 경우 항상 소음 방지용 귀마개를 착용하는 것이 좋다. 대부분의 도시와 산업 현장에서의 소음 공해가 고혈압, 불안, 신경과민을 일으킬 수 있다는 최근의 실험 결과들이 발표되고 있다. 표 14.1은 다양한 세기 준위를 나타낸 것이다.

표 14.1 여러 음원에 대한 데시벨 단위의 세기 준위

음원	β(dB)
제트기 주변	150
착암기, 기관총	130
사이렌, 록 콘서트	120
지하철, 제초기	100
분주한 거리	80
진공청소기	70
보통의 대화	50
모기 소리	40
속삭임	30
나뭇잎의 바삭거림	10
가청 하한	0

예제 14.1 연마기의 소음

목표 소리의 세기를 와트와 데시벨로 나타낸다.

문제 공장에서 연마기가 $1.00 \times 10^{-5}\ \text{W/m}^2$의 소음을 낸다. **(a)** 이 기계의 세기 준위를 구하라. **(b)** 그리고 동일한 기계가 한 대 더 공장에 설치될 경우 세기 준위를 구하라. **(c)** 두 기계 옆에 같은 기계를 몇 대 더 설치하여 동시에 작동시켜서 내는 세기 준위가 77.0 dB일 때 소리 세기를 구하라.

전략 **(a)**와 **(b)**는 데시벨 공식인 식 14.3에 대입하는 것이 필요하고, **(b)**의 소리 세기는 **(a)**의 두 배이다. **(c)**는 데시벨 단위의 세기 준위가 주어졌고, 단위 넓이당 세기를 얻기 위해 로그 함수를 역으로 사용해야 한다.

풀이

(a) 한 연마기의 세기 준위를 계산한다.

세기를 데시벨 식에 대입한다.

$$\beta = 10 \log \left(\frac{1.00 \times 10^{-5}\ \text{W/m}^2}{1.00 \times 10^{-12}\ \text{W/m}^2} \right) = 10 \log (10^7)$$

$$= \boxed{70.0\ \text{dB}}$$

(b) 연마기가 한 대 더 추가된 경우의 세기 준위를 계산한다.

(a)의 세기의 두 배를 데시벨 식에 대입한다.

$$\beta = 10 \log \left(\frac{2.00 \times 10^{-5}\ \text{W/m}^2}{1.00 \times 10^{-12}\ \text{W/m}^2} \right) = \boxed{73.0\ \text{dB}}$$

(c) 77.0 dB의 세기 준위에 해당하는 세기를 구한다.

77.0 dB를 데시벨 식에 대입하고 양변을 10으로 나눈다.

$$\beta = 77.0\ \text{dB} = 10 \log \left(\frac{I}{I_0} \right)$$

$$7.70 = \log \left(\frac{I}{10^{-12}\ \text{W/m}^2} \right)$$

양변에 10의 지수를 취한다. 우변은 기초적인 상용 로그의 정의에 따라 $10^{\log u} = u$이다.

$$10^{7.70} = 5.01 \times 10^7 = \frac{I}{1.00 \times 10^{-12}\ \text{W/m}^2}$$

$$I = \boxed{5.01 \times 10^{-5}\ \text{W/m}^2}$$

참고 답은 연마기 한 대 세기의 다섯 배이다. 따라서 **(c)**에서는 동일한 다섯 대의 기계가 동시에 작동한 것이다. 세기 준위의 로그 함수적인 성질 때문에 세기가 크게 변해도 세기 준위는 작게 변한다.

응용

소음 준위에 대한 OSHA 규정

현재 미국 직업안정위생관리국[1] 규정은 사무실 또는 공장의 근로자들이 평균 85 dB 이상의 소음 준위에 하루 8시간 이상 노출되지 않도록 규제하고 있다. 첫 번째, 좋은 뉴스는 여러분이 공장의 소음을 분석하는 공장의 관리자라고 상상해 보라. 공장의 한 기계가 70 dB의 소음 준위를 만든다. 두 번째 기계를 추가할 때, 소음 준위는 단지 3 dB만큼 증가한다. 왜냐하면 세기 함수의 로그 함수적인 성질은 그 세기가 두 배가 된다고 해서 세기 준위가 두 배가 되지는 않기 때문이다. 사실 그것은 놀랄 정도로 작은 양만큼 세기 준위를 변화시킨 것이다. 이것은 별다른 세기 준위의 변화 없이 공장에 추가 장비를 설치할 수 있다는 것을 의미한다.

이제 나쁜 뉴스를 살펴보자. 이 결과는 또한 역으로도 작용한다. 시끄러운 기계를 제거할지라도 그 세기 준위는 감지할 수 있을 정도로 낮아지지 않는다.

14.3 구면파와 평면파 Spherical and Plane Waves

작은 구형 물체의 반지름이 주기적으로 변하는 진동을 하면, 구면의 음파가 발생한다 (그림 14.3). 구면파는 일정한 속력으로 파원으로부터 바깥쪽으로 퍼져나간다.

진동하는 구의 모든 점에서 같은 방법으로 행동하므로 구면파의 에너지는 모든 방향으로 균일하게 퍼져나간다고 결론내릴 수 있다. 즉, 어떤 방향도 다른 방향보다 더 많은 에너지를 전파할 수 없다. 만약 $P_{평균}$이 파원으로부터 방출되는 평균 일률이고 매질에서 흡수되는 에너지가 없다고 가정하면, 일률은 파원으로부터 임의의 거리 r만큼 떨어진 곳에서 구의 겉넓이 $4\pi r^2$에 걸쳐 균일하게 분산되어 있어야만 한다(구의 겉넓이가 $4\pi r^2$이라는 것을 상기하라). 그러므로 파원으로부터 거리 r에서의 소리 **세기** (intensity)는 다음과 같이 주어진다.

그림 14.3 진동하는 구로부터 지름 방향으로 바깥쪽으로 전파되는 구면파. 파의 세기는 $1/r^2$로 변한다.

$$I = \frac{평균\ 일률}{넓이} = \frac{P_{평균}}{A} = \frac{P_{평균}}{4\pi r^2} \qquad [14.4]$$

이것은 예상했던 대로 파동의 세기가 파원으로부터의 거리가 증가함에 따라 감소함을 의미한다. I가 $1/r^2$로 변한다는 사실은 작은 파원[때때로 **점 파원**(point source)이라고 부르는]이 구면파를 방출한다는 가정으로부터 생기는 결과이다(실제로 빛도 역시 역제곱의 관계를 따른다). 평균 일률은 파원을 중심으로 한 모든 구 표면에서 동일하기 때문에, 파원의 중심으로부터 r_1과 r_2의 거리에서의 세기가

$$I_1 = \frac{P_{평균}}{4\pi r_1{}^2} 과 \qquad I_2 = \frac{P_{평균}}{4\pi r_2{}^2}$$

임을 알 수 있다(그림 14.3). 따라서 두 구 표면에서 세기의 비는 다음과 같다.

$$\frac{I_1}{I_2} = \frac{r_2{}^2}{r_1{}^2} \qquad [14.5]$$

[1] Occupational Safety and Health Administration, OSHA

구면파를 그림 14.4와 같이 구면의 일부를 대표하는 파원과 중심이 같은 일련의 원호들(최대 세기의 선들)로 이루어진 그래프로 나타내는 것이 유용하다. 이와 같은 원호를 **파면**(wave front)이라고 한다. 이웃한 파면 사이의 거리는 파장 λ와 같다. 파원으로부터 바깥으로 향하고 원호에 수직인 지름 방향의 선을 **파선**(rays)이라고 한다.

이제 그림 14.5와 같이 파원으로부터 먼 거리에 있는(λ에 비해 상대적으로 큰) 파면의 일부분을 보자. 이 경우 파선들은 서로 다른 파선들과 거의 평행이다. 그리고 파면들은 평면에 가깝다. 그러므로 상대적으로 파장에 비해 파원으로부터 먼 거리에 있을 때, 평행한 평면들로 구성된 파면을 생각할 수 있다. 이와 같은 파를 **평면파**(plane waves)라 한다. 파원으로부터 멀리 떨어진 구면파의 임의의 작은 부분은 평면파로 생각할 수 있다. 그림 14.6은 x축을 따라 전파하는 평면파를 보인 것이다. 이 그림에서 $+x$ 방향을 파동 운동(또는 파선)의 방향으로 잡는다면, 이때 파면은 y와 z축으로 이루어진 평면에 평행이다.

파선은 파면에 수직이고, 음원으로부터 바깥쪽으로 향하는 것을 지시하는 지름 방향의 선들이다.

파면 —
파원

그림 14.4 점 파원으로부터 방출되는 구면파. 원호는 음원을 중심으로 하는 파면을 나타낸다.

파선

파면

그림 14.5 점 파원으로부터 멀리 떨어진 파면은 거의 평행인 평면들이고, 파선은 평면에 수직인 평행선들이다. 그러므로 구면파의 파면의 작은 조각은 근사적으로 평면파이다.

파면은 yz 평면에 평행인 면들이다.

평면파 면

그림 14.6 속력 v로 $+x$ 방향으로 진행하는 평면파의 파면

예제 14.2 **점 파원의 세기 변화**

목표 소리 세기와 점 파원으로부터 거리의 관계를 이해한다.

문제 작은 음원이 80.0 W의 출력 일률로 음파를 방출한다. **(a)** 음원으로부터 3.00 m 떨어진 곳에서 세기를 구하라. **(b)** 음원에서 $r = 3.00$ m 떨어진 곳의 세기의 1/4인 곳을 찾아라. **(c)** 세기 준위가 40.0 dB인 점의 거리를 구하라.

전략 음원은 작으므로 구면파로 방출되고 **(a)**에서 세기는 식 14.4에 값을 대입하여 구할 수 있다. **(b)** 주어진 값을 이용하여 식 14.4(식 14.5에 대입해도 된다)을 r에 대해 푼다. **(c)** 소리 세기 준위로부터 세기는 식 14.3을 사용해 W/m²으로 변환한 다음에 식 14.5에 대입하여(식 14.4에 대입해도 된다) r_2에 대해 푼다.

풀이

(a) 음원으로부터 3.00 m 떨어진 곳의 세기를 구한다.

$P_{평균} = 80.0$ W와 $r = 3.00$ m를 식 14.4에 대입한다.

$$I = \frac{P_{평균}}{4\pi r^2} = \frac{80.0 \text{ W}}{4\pi(3.00 \text{ m})^2} = \boxed{0.707 \text{ W/m}^2}$$

(b) 음원에서 $r = 3.00$ m 떨어진 곳의 세기의 1/4인 곳을 찾는다.

$I = (0.707 \text{ W/m}^2)/4$인 곳의 거리를 r이라고 하고 식 14.4에 대입한다.

$$r = \left(\frac{P_{평균}}{4\pi I}\right)^{1/2} = \left[\frac{80.0 \text{ W}}{4\pi(0.707 \text{ W/m}^2)/4.0}\right]^{1/2} = \boxed{6.00 \text{ m}}$$

(c) 세기 준위가 40.0 dB인 점의 거리를 구한다.

식 14.3을 이용하여 세기 준위 40.0 dB를 W/m²의 세기로 바꾼다.

$$40.0 = 10 \log\left(\frac{I}{I_0}\right) \quad\rightarrow\quad 4.00 = \log\left(\frac{I}{I_0}\right)$$

$$10^{4.00} = \frac{I}{I_0} \quad\rightarrow\quad I = 10^{4.00} I_0 = 1.00 \times 10^{-8}\,\text{W/m}^2$$

$r_2{}^2$을 풀기 위해 식 14.5에 앞에서 구한 I의 값과 **(a)**의 결과를 대입하고 제곱근을 취한다.

$$\frac{I_1}{I_2} = \frac{r_2{}^2}{r_1{}^2} \quad\rightarrow\quad r_2{}^2 = r_1{}^2\,\frac{I_1}{I_2}$$

$$r_2{}^2 = (3.00\,\text{m})^2\left(\frac{0.707\,\text{W/m}^2}{1.00 \times 10^{-8}\,\text{W/m}^2}\right)$$

$$r_2 = \boxed{2.52 \times 10^4\,\text{m}}$$

참고 파원으로부터 어떤 거리에 있는 위치의 세기를 알고 있다면 어떤 다른 장소에서의 세기를 구하기 위해 식 14.4를 이용하는 것보다 식 14.5를 이용하는 것이 더 쉽다. 이것은 **(b)**에 대해 식 14.5를 이용하면 이전 세기의 1/4배의 세기는 두 배의 거리임을 나타낸다.

14.4 도플러 효과 The Doppler Effect

만약 자동차나 트럭이 달리면서 경적을 울리면, 사람이 듣는 소리의 진동수는 가까이 다가오는 자동차의 경우 더 높게, 멀어지는 자동차의 경우 더 낮게 들린다. 이것은 도플러 효과의 한 예로, 이 현상을 발견한 오스트리아 물리학자 도플러(Christian Doppler, 1803~1853)의 이름을 따서 명명되었다. 만약 우리가 오토바이를 타고 달리고, 경적이 정지해 있는 경우도 동일한 효과가 나타난다. 즉, 진동수는 음원에 가까워지면 높아지고 멀어지면 낮아진다.

주로 음파에서 도플러 효과가 가장 많이 나타나지만, 이것은 빛을 포함한 모든 파동들에서 나타나는 일반적인 현상이다.

도플러 효과를 유도할 때 공기가 정지해 있고, 모든 속력은 정지된 매질에 대해 상대적으로 측정된다고 가정한다. 관측자의 속력은 v_O, 음원의 속력은 v_S, 음속은 v이다.

14.4.1 경우 1: 정지한 음원에 대해 관측자가 움직이는 경우
Case 1: The Observer Is Moving Relative to a Stationary Source

그림 14.7은 관측자가 정지해 있는($v_S = 0$) 음원을 향해 v_O의 속력으로 움직이는 상황을 나타낸다.

음원의 진동수를 f_S, 파장을 λ_S, 공기 중에서의 음속을 v라 하자. 관측자와 음원 둘 다 정지해 있다면, 명백하게 관측자는 초당 f_S개의 파면을 감지할 것이다(즉, $v_O = 0$이고 $v_S = 0$일 때 관측된 진동수 f_O는 음원의 진동수 f_S와 같다). 관측자가 음원을 향해 움직일 때, t초 동안 $v_O t$의 거리를 움직인다. 이 시간 동안 **관측자는 파면을 더 많이 감지하게 된다.** 추가로 감지한 파면의 수는 움직인 거리 $v_O t$를 파장 λ_S로 나눈 값과 같다. 따라서

$$\text{추가로 감지한 파면의 수} = \frac{v_O t}{\lambda_S}$$

그림 14.7 정지한 점 파원(S)을 향해 v_O의 속력으로 움직이는 관측자는 음원의 진동수 f_S보다 더 높은 진동수 f_O를 듣는다.

가 된다. 이것을 시간 t로 나누면 초당 추가로 감지하는 파면의 수는 v_O/λ_S가 된다. 따라서 관측자가 듣는 진동수 f_O는 다음과 같이 증가한다.

$$f_O = f_S + \frac{v_O}{\lambda_S}$$

$\lambda_S = v/f_S$를 f_O에 대한 식에 대입하면, 다음 식이 얻어진다.

$$f_O = f_S\left(\frac{v + v_O}{v}\right)$$ [14.6]

그림 14.8과 같이 정지한 음원으로부터 멀어져가는 관측자는 초당 감지하는 파면의 수가 감소한다. 식 14.6과 동일한 결과를 얻을 수 있으나 분자가 $v - v_O$이다. 따라서 관측자가 음원으로부터 멀어질 때, 식 14.6에서 v_O 대신 $-v_O$을 대입한다.

그림 14.8 정지한 음원(S)에서 v_O의 속력으로 멀어지고 있는 관측자는 음원의 진동수 f_S보다 더 낮은 진동수 f_O를 듣는다.

14.4.2 경우 2: 정지한 관측자에 대해 움직이는 음원
Case 2: The Source Is Moving Relative to a Stationary Observer

이제 그림 14.9와 같이 정지한 관측자를 향해 음원이 움직이는 경우를 생각해 보자. 이 경우 음원이 바깥쪽으로 진행하는 파동의 방향으로 움직이고 있기 때문에, 관측자 A가 듣는 파면 사이가 더 가깝다. 그 결과 관측자 A가 측정하는 파장 λ_O는 정지한 음원의 파장 λ_S보다 더 짧다. 주기 T의 간격으로 각 진동이 계속되는 동안, 음원은 $v_S T = v_S/f_S$의 거리를 움직이고 **파장은 이 거리만큼 짧아진다.** 그러므로 관측되는 파장은

$$\lambda_O = \lambda_S - \frac{v_S}{f_S}$$

로 주어진다. $\lambda_S = v/f_S$이기 때문에 A가 듣는 진동수는

$$f_O = \frac{v}{\lambda_O} = \frac{v}{\lambda_S - \dfrac{v_S}{f_S}} = \frac{v}{\dfrac{v}{f_S} - \dfrac{v_S}{f_S}}$$

즉

> **Tip 14.2** 도플러 효과는 거리와 무관하다.
>
> 일정한 속력으로 관측자에게 접근하는 음원으로부터 나오는 소리는 관측자에게 세기가 증가하지만 관측되는 진동수는 발신된 진동수보다는 높지만 음원이 접근하는 거리에 따라 진동수가 변화지는 않는다. 즉, 도플러 효과는 음원과 관측자 간의 거리 변화와는 무관하다.

수면파를 발생시키는 파원이 오른쪽으로 움직이고 있다.

관측자 B S •••• λ_O 관측자 A
         v_S

a   b

© 2013 Education Development Center, Inc. Reprinted with permission with all other rights reserved.

그림 14.9 (a) 속력 v_S로 움직이는 음원(S)이 정지하고 있는 관측자 A쪽으로 가까워지고, 정지하고 있는 관측자 B로부터 멀어지고 있다. 관측자 A는 높아진 진동수를 듣고, 관측자 B는 낮아진 진동수를 듣는다. (b) 잔물결 통에서 관측된 물에서의 도플러 효과

$$f_O = f_S \left(\frac{v}{v - v_S} \right)$$ [14.7]

이다. 즉, **음원이 관측자를 향해 움직일 때 관측된 진동수는 증가한다.** 음원이 정지한 관측자로부터 멀어질 때, 분모의 음의 부호를 양의 부호로 바꿔서 $(v + v_S)$가 된다.

14.4.3 일반적인 경우 General Case

음원과 관측자가 동시에 땅에 대해 상대적으로 움직일 때, 식 14.6과 14.7은 다음과 같은 관계식으로 나타낼 수 있다.

도플러 이동 방정식 ▶

$$f_O = f_S \left(\frac{v + v_O}{v - v_S} \right)$$ [14.8]

이 관계식에서, v_O와 v_S의 부호는 속도의 방향에 의해 정해진다. 관측자가 음원을 향해 움직일 때, v_O는 양의 속력이다. 관측자가 음원으로부터 멀어질 때, v_O는 음의 속력이다. 비슷하게 음원이 관측자를 향해 움직일 때, v_S는 양의 속력이고 음원이 관측자로부터 멀어질 때 v_S는 음의 속력이다.

도플러 효과 문제를 접할 때 저지르는 가장 흔한 실수인 잘못된 부호에 대해서는 다음의 원칙을 상기하자. 상대방 쪽으로 가는 운동이면 진동수가 증가한다. 반대 방향의 운동이면 진동수의 감소가 떠올라야 한다.

이 두 가지 규칙은 관측자가 파원을 향해 움직이면(혹은 파원이 관측자를 향해 움직이면) 파동 마루들 사이의 주기가 더 짧아지고 따라서 진동수가 더 커지는 경우와 반대로 관측자가 파원으로부터 멀어지면(혹은 파원이 관측자로부터 멀어지면) 관측된 진동수는 더 작아진다는 물리적 통찰로부터 유도된다. 정확한 물리적 결과를 얻기 위해 식 14.8에서 부호 때문에 망설일 때마다 물리적 통찰력을 유지하여야 한다.

식 14.8을 적용할 때 생기는 다음으로 많은 실수는 분자와 분모를 바꾸어 쓰는 것이다. 다음 형태의 방정식이 기억하는 데 도움을 줄 것이다.

$$\frac{f_O}{v + v_O} = \frac{f_S}{v - v_S}$$

이 식의 장점은 그것의 대칭성에 있다. 왼쪽은 O 첨자, 오른쪽은 S 첨자로 양쪽 모두 거의 동일하다. 답을 확인하기 위해 사용하는 물리적 통찰과 필요성에 따라 판단을 하기만 하면 어느 쪽이 양의 부호를 어느 쪽이 음의 부호인지를 잊은 것은 심각한 문제가 아니다.

예제 14.3 잘 들어 보되, 철로 위에 서 있지는 말 것

목표 음원이 움직일 때 도플러 이동 문제를 풀 수 있다.

문제 40.0 m/s의 속력으로 달리는 기차가 5.00×10^2 Hz의 진동수를 가진 기적 소리를 낸다. 기차가 관측자를 향해 다가오고 있을 때, 정지하고 있는 관측자가 듣는 진동수를 구하라. 주변 온

도는 24.0 °C이다.

전략 주변 온도에서 음속은 아래 식을 이용하여 구하고, 식 14.8에 이 값을 대입하여 도플러 이동을 구한다. 기차가 관측자에게 접근하기 때문에 듣는 진동수는 더 증가할 것이다. 이 사실을 반

영해 v_S의 부호를 선택한다.

풀이

아래 식을 이용해 $T = 24.0\,°\text{C}$일 때 음속을 계산한다.

$$v = (331 \text{ m/s})\sqrt{\frac{T}{273 \text{ K}}}$$

$$v = (331 \text{ m/s})\sqrt{\frac{T}{273 \text{ K}}}$$

$$= (331 \text{ m/s})\sqrt{\frac{(273 + 24.0)\ \text{K}}{273 \text{ K}}} = \boxed{345 \text{ m/s}}$$

관측자는 정지해 있으므로 $v_O = 0$이다. 기차가 관측자를 향해 움직이므로, $v_S = +40.0 \text{ m/s}$이다. 음속과 이 값을 도플러 이동 방정식에 대입하면 다음을 얻는다.

$$f_O = f_S\left(\frac{v + v_O}{v - v_S}\right)$$

$$= (5.00 \times 10^2 \text{ Hz})\left(\frac{345 \text{ m/s}}{345 \text{ m/s} - 40.0 \text{ m/s}}\right)$$

$$= \boxed{566 \text{ Hz}}$$

참고 만약 기차가 관측자로부터 멀어진다면 $v_S = -40.0$ m/s를 대입하면 된다.

예제 14.4 시끄러운 사이렌 소리

목표 음원과 관측자 모두 움직일 때 도플러 이동 문제를 풀 수 있다.

문제 어떤 구급차가 고속도로에서 75.0 mi/h의 속력으로 달리고 있다. 이 차의 사이렌의 진동수는 4.00×10^2 Hz이다. 다음의 경우 구급차 맞은편에 있는 55.0 mi/h로 달리는 차의 승객이 듣는 사이렌의 진동수는 얼마인가? **(a)** 차가 구급차에 가까워질 때 **(b)** 차가 구급차로부터 멀어질 때, 공기 중 음속은 $v = 345$ m/s이다.

전략 이 문제는 mi/h를 m/s로 변환 후 단순히 도플러 방정식에 대입할 뿐이지만 각 경우 부호를 정확히 선택해야 한다. **(a)** 의 경우는 관측자가 음원을 향해 움직이고 음원도 관측자를 향해 움직이므로 v_O와 v_S 모두 양이다. 그들이 서로 지나친 후에 부호를 바꾼다.

풀이

속력을 mi/h에서 m/s로 변환한다.

$$v_S = (75.0 \text{ mi/h})\left(\frac{0.447 \text{ m/s}}{1.00 \text{ mi/h}}\right) = 33.5 \text{ m/s}$$

$$v_O = (55.0 \text{ mi/h})\left(\frac{0.447 \text{ m/s}}{1.00 \text{ mi/h}}\right) = 24.6 \text{ m/s}$$

(a) 차와 구급차가 서로 가까워질 때 관측 진동수를 계산한다. 각각의 자동차는 서로를 향해 오고 있으므로 도플러 이동 방정식에 $v_O = +24.6$ m/s와 $v_S = +33.5$ m/s를 대입한다.

$$f_O = f_S\left(\frac{v + v_O}{v - v_S}\right)$$

$$= (4.00 \times 10^2 \text{ Hz})\left(\frac{345 \text{ m/s} + 24.6 \text{ m/s}}{345 \text{ m/s} - 33.5 \text{ m/s}}\right) = \boxed{475 \text{ Hz}}$$

(b) 두 차가 서로 멀어질 때 관측 진동수를 계산한다. 각각의 자동차는 서로 멀어지고 있으므로 도플러 이동 방정식에 $v_O = -24.6$ m/s와 $v_S = -33.5$ m/s를 대입한다.

$$f_O = f_S\left(\frac{v + v_O}{v - v_S}\right)$$

$$= (4.00 \times 10^2 \text{ Hz})\left(\frac{345 \text{ m/s} + (-24.6 \text{ m/s})}{345 \text{ m/s} - (-33.5 \text{ m/s})}\right)$$

$$= \boxed{339 \text{ Hz}}$$

참고 어떻게 부호를 사용하는지 주목하라. **(b)**에서 관측자와 음원이 서로 멀어지고 있기 때문에 속력에서 음의 부호가 요구된다. 물론 때때로 속력 중 하나는 음의 값이고 다른 하나는 양의 값이다.

14.4.4 충격파 Shock Waves

이제 음원의 속력 v_S가 파동의 속력 v를 초과할 때 어떤 일이 생기는가를 생각해 보자. 그림 14.10에 이와 같은 상황이 나타나 있다. 원들은 관측자가 움직이는 동안 여러 파면의 싸개선은 절반각이 $\sin \theta = v/v_S$인 원뿔을 형성한다.

그림 14.10 음원이 매질 내에서 파동의 속력 v보다 빠른 속력 v_S로 S_0에서 S_n까지 이동할 때 발생하는 충격파

그림 14.11 보트가 수면파보다 빠른 속력으로 달릴 때 보트는 V자형 선수파를 형성한다. 선수파는 비행기가 음속보다 빠르게 날 때 형성되는 충격파와 유사하다.

John Short/Design Pics/Jupiter Images

압력

대기압

a

충격파에서 큰 압력 변화는 공기 중에서 수증기 안개를 물방울로 응축시킨다.

Keith Lawson/Bettmann/Corbis

b

그림 14.12 (a) 초음속 제트 비행기의 머리와 꼬리에서 두 개의 충격파가 생기는 모습, (b) 음속으로 비행하는 제트 비행기의 충격파가 안개처럼 가시화된 모습

시점에서 음원이 방출한 구면파를 나타낸다. 시각 $t = 0$에서 음원은 S_0에 있다. 그리고 얼마 후 지난 시각 t에서 음원은 S_n인 곳에 있다. 시간 간격 t에서, S_0에 중심을 둔 파면의 반지름은 vt이다. 또 같은 시간 간격 t에서, 음원은 v_St의 거리만큼 점 S_n까지 이동한다. 그 순간에 음원은 S_n에 있다. 이 점에서 막 발생된 파는 반지름이 영인 파면을 가진다. S_n으로부터 S_0에 중심을 둔 파면에 그은 선은 그 사이의 시간에 발생된 다른 모든 파면에 대해 접한다. 이와 같은 모든 접선은 원뿔의 표면에 놓여있다. 진행 방향과 접선들 중의 하나와 이루는 각을 θ라 하면,

$$\sin \theta = \frac{v}{v_s}$$

가 되고, v_S/v의 비를 **마하 수**(Mach number)라 한다. $v_S > v$(초음속)일 때 생기는 원뿔형 파면을 **충격파**(shock wave)라 한다. 충격파의 또 다른 흥미로운 예는 수면파(그림 14.11)의 속력보다 빠른 속력으로 보트가 달릴 때 보트에 생기는 V자형의 파면(선수파)이다.

초음속으로 날아가는 제트 비행기도 충격파를 일으킨다. 이때의 충격파는 땅 위에서 듣는 큰 폭발음 또는 굉음을 일으키는 원인이다. 이 충격파는 상응하는 커다란 압력 변화와 함께 원뿔의 표면에 집중된 매우 큰 에너지를 전달한다. 충격파는 듣기에 불쾌한 소리를 내며, 낮은 고도에서 초음속으로 비행할 때 빌딩에 피해를 끼칠 수도 있다. 사실은 초음속으로 나는 비행기는 그림 14.12에서와 같이 비행기의 앞머리와 꼬리로부터 각기 충격파를 만들기 때문에 두 번의 굉음을 일으킨다.

14.5 정상파[2] Standing Waves

고정된 벽에 줄의 한쪽 끝을 연결하고, 다른 쪽 끝을 소리굽쇠, 또는 일정한 속력으로

---

[2] 역자 주: 정지파라고도 한다.

위아래로 흔드는 손과 같은 진동체에 연결하여 줄을 흔들면 정상파를 만들 수 있다(그림 14.13). 이 상태에서 진행파는 줄의 양 끝에서 반사되어, 양방향으로 모두 진행한다. 입사파와 반사파는 **중첩의 원리**(superposition principle)에 따라 합쳐진다(13.8절 참고). 만약 줄이 정확히 일정한 진동수로 진동한다면, 파동은 정지한 것처럼 보인다. 이 때문에 **정상파**(standing wave)라고 이름 붙였다. **마디**(node)는 항상 두 진행파의 변위의 크기가 같고, 극성이 반대여서 알짜 변위가 영인 곳에 생긴다. 마디에서 줄은 어떤 움직임도 없으나, 인접한 두 마디 사이의 중앙, 즉 **배**(antinode)에서는 줄이 가장 큰 진폭으로 진동한다.

그림 14.14는 반 주기 동안의 정상파의 진동을 연속 촬영하여 보인 것이다. 빨간색 화살표는 줄의 여러 부분들에 대한 운동 방향을 나타낸다. **줄의 모든 점이 동일한 진동수로 수직 방향으로 진동하지만, 각 점의 진폭은 저마다 다름에 유의하자.** 마디점들은 정지해 있으며, 그림 14.14a에서 N으로 표시된 바와 같이 줄이 벽에 연결된 부위도 마디가 된다. 그림으로부터 인접한 마디 사이의 거리는 반파장임을 알 수 있다.

$$d_{NN} = \tfrac{1}{2}\lambda$$

그림 14.15와 같이 길이가 L인 양 끝이 고정된 줄을 생각해 보자. 줄의 경우라면 여러 가지 진동수의 정상파를 발생시킬 수가 있는데, 마디가 많을수록 진동수가 높다. 그림 14.16은 줄에서 얻은 정상파의 다중 섬광 사진이다.

우선 **줄의 양 끝은 고정되어 있기 때문에 마디임**에 유의하라. 줄의 중간 지점을 당겼다가 놓으면, 그림 14.15b와 같은 진동이 만들어질 수 있다. 이 경우에 줄의 중앙이 배(A로 표시)이다. 한끝에서 다른 끝까지 N–A–N 형태이다. 마디와 인접한 배 사이의 거리(N–A)는 항상 $\lambda_1/4$이다. N–A와 A–N의 두 부분이 있으므로 $L = 2(\lambda_1/4) = \lambda_1/2$이고, $\lambda_1 = 2L$다. 따라서 이 진동의 진동수는 다음과 같다.

$$f_1 = \frac{v}{\lambda_1} = \frac{v}{2L} \qquad [14.9]$$

진동날이 줄의 고유진동수와 같은 진동수로 진동하면 큰 진폭의 정상파가 형성된다.

진동날

그림 14.13 한쪽 끝이 진동날에 연결된 팽팽한 줄에서 정상파를 만들 수 있다.

그림 14.14 팽팽한 줄에서 반 주기 동안 만들어진 정상파의 모습을 그림으로 나타낸 것이다. (a)에서 N은 마디를 의미한다.

그림 14.15 (a) 양 끝이 고정된 길이가 L인 팽팽한 줄에서 만들어지는 정상파. 진동의 고유진동수들은 조화열을 이룬다. (b) 기본 진동수 또는 1차 조화 진동, (c) 2차 조화 진동, (d) 3차 조화 진동. N은 마디, A는 배를 나타낸다.

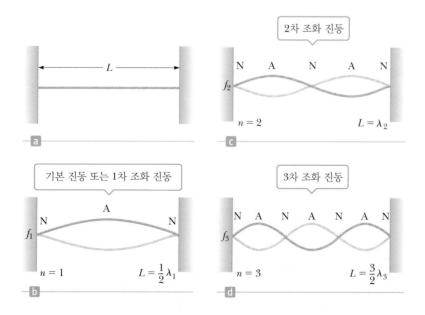

그림 14.16 줄의 왼쪽 끝에 달린 진동
자로 만든 배가 두 개인 2차 조화 진동
($n = 2$)의 다중 섬광 사진

줄의 어느 부분에서의 연직 방향의 진폭은 그 부분의 수평 위치에 따라
다르다.

배   배

마디   마디

줄에서 파동 속력은 $v = \sqrt{F/\mu}$임을 기억할 것이다. 여기서 F는 줄의 장력이고, μ는
단위 길이당 질량이다(13장 참고). 이를 식 14.9에 대입하면 다음의 관계식을 얻는다.

$$f_1 = \frac{1}{2L} \sqrt{\frac{F}{\mu}} \qquad\qquad [14.10]$$

이 진동의 최저 진동수를 진동하는 줄 또는 **1차 조화 진동**(first harmonic)의 **기본 진
동수**(fundamental frequency)라 한다.

1차 조화 진동은 단지 양 끝 점에서 마디를 가진 N–A–N 형태의 마디와 배를 가진
다. 다음 진동은 **2차 조화 진동**(또는 **제1차 배음**이라 한다)이라 하며, 양 끝 점 사이에
추가적인 마디–배 부분을 가진다. 이는 그림 14.19c와 같은 N–A–N–A–N 형태를
만든다. 1/4 파장을 가진 마디–배의 쌍, N–A, A–N, N–A, A–N의 네 부분으로 셀
수 있다. 따라서 $L = 4(\lambda_2/4) = \lambda_2$이므로 2차 조화 진동(제1차 배음)은 다음과 같다.

$$f_2 = \frac{v}{\lambda_2} = \frac{v}{L} = 2\left(\frac{v}{2L}\right) = 2f_1$$

이 진동수는 기본 진동수의 두 배와 같다. 비슷하게 **3차 조화 진동**(제2차 배음)은 그림
14.15d와 같이 N–A가 하나 더 주어져 N–A–N–A–N–A–N 형태로 구성된다. 여섯
개의 마디–배 부분이므로 $L = 6(\lambda_3/4) = 3(\lambda_3/2)$, 즉 $\lambda_3 = 2L/3$이다. 따라서 진동수
는 다음과 같다.

$$f_3 = \frac{v}{\lambda_3} = \frac{3v}{2L} = 3f_1$$

모든 더 높은 진동은 기본 진동의 양의 정수배가 된다.

양단이 고정된 줄의 고유 진동수 ▶
$$f_n = nf_1 = \frac{n}{2L} \sqrt{\frac{F}{\mu}} \qquad n = 1, 2, 3, \cdots \qquad [14.11]$$

진동수 f_1, $2f_1$, $3f_1$ 등등은 **조화열**(harmonic series)이 된다.

줄을 당겼다가 놓았을 때, 줄이 이 조화 진동들 중의 하나와 일치하는 모양으로 진

동하게 되면, 줄은 이 조화 진동의 진동수로만 진동한다. 그러나 줄을 당기거나 쓸면, 그 결과 생기는 진동은 기본 진동수를 포함하여 다양한 조화 진동들의 진동수를 포함하게 된다. 조화 진동이 아닌 파동은 양 끝이 고정된 줄에서 빠르게 잦아든다. 사실, 교란을 일으켰을 때 줄은 정상파의 진동수를 '선택'한다. 나중에 살펴보겠지만 현악기의 줄에 대한 여러 조화 진동의 존재는 줄의 특징적인 소리를 만들어 내게 한다. 이 때문에 비록 악기들이 같은 기본 진동수의 소리를 내어도 서로 다른 현악기들의 소리를 구분할 수 있다.

악기에서 줄의 진동수는 장력이나 길이를 바꾸어 변화시킬 수 있다. 예를 들어, 기타나 바이올린 줄의 장력은 악기에 부착된 줄감개를 돌려 변화시킬 수 있다. 장력이 증가하면, 조화열의 진동수는 식 14.11에 따라 증가한다. 악기를 연주할 때, 연주자는 다양한 위치에서 줄을 누름으로써 진동수를 바꾼다. 이때 진동하는 줄의 유효 길이가 바뀐다. 길이가 줄어들면 식 14.11에서와 같이 진동수는 증가한다.

마지막으로 식 14.11은 고정된 길이의 줄의 단위 길이당 질량을 증가시킴으로써 기본 진동수를 낮출 수 있음을 보여준다. 이런 방법의 예로 기타나 피아노의 저음 줄은 권선 형태로 만든다.

응용
악기의 조율

예제 14.5 기타의 기본 진동

목표 현악기에 정상파 개념을 적용한다.

문제 기타에서 고음을 내는 E줄은 길이가 64.0 cm이고 진동수가 329 Hz이다. 기타 연주자가 첫 번째 프렛(지판)에서 줄을 눌러(그림 14.17a) 줄이 짧아지면 진동수 349 Hz의 F음을 낸다. **(a)** 지판 상부로부터 프렛(지판)까지 거리는 얼마인가? **(b)** 주파수가 더 높은 조화 진동의 마디가 있는 줄의 위치에 집게손가락을 두면 기타 줄에서 배음을 만든다. 줄은 프렛에는 닿지 않아야 한다(또한 손가락으로 줄을 너무 심하게 누르면 높은 조화 진동

도 사라지게 된다). 그로 인해 기본 진동수가 나타나지 않아 배음을 들을 수 있다. 손가락은 기타의 너트로부터 어느 위치에 두어야 2차 조화 진동과 4차 조화 진동을 들을 수 있는가? (이는 각 경우에서 마디의 위치를 찾는 문제이다.)

전략 **(a)** 줄에서 파동 속력을 구하기 위해 기본 진동수와 관련된 식 14.9를 이용한다. 파동 속력은 줄의 장력과 선밀도에만 의존하기 때문에 더 높은 음을 연주하기 위해 줄은 짧게 하여도 파동의 속력은 변화가 없다. 새로운 기본 진동수를 사용해 새로운 길이 L에 대한 식 14.9를 풀고, 너트로부터 첫 번째 프렛(지판)까지 거리는 원래 길이에서 새로운 길이를 빼서 구한다. **(b)**의 경우 마디와 마디 사이의 길이는 반파장임을 기억하라. 너트로부터 반파장의 정수배 위치에 마디들이 위치한다. 이를 두 배하여 파장을 계산하라. 참고로 너트는 지판 위의 꼭대기에 있는 보통 나무나 흑단으로 만든 작은 조각이다. 너트로부터 브릿지(소리구멍 아래의 줄 받침대)까지의 길이가 줄의 길이이다(그림 14.17b).

....

풀이

(a) 너트로부터 첫 번째 프렛까지의 거리를 구한다.

식 14.9에 $L_0 = 0.640$ m와 $f_1 = 329$ Hz를 대입해 줄에서의 파동의 속력을 구한다.

$$f_1 = \frac{v}{2L_0}$$

$$v = 2L_0 f_1 = 2(0.640 \text{ m})(329 \text{ Hz}) = 421 \text{ m/s}$$

그림 14.17 (예제 14.5) (a) 기타에서 F음 연주, (b) 기타의 여러 부분

(그림 14.17b의 라벨: 너트, 첫 번째 프렛, 두 번째 프렛, 브릿지)

파동 속력과 F음의 진동수를 식 14.9에 대입해 길이 L을 구한다.

$$L = \frac{v}{2f} = \frac{421 \text{ m/s}}{2(349 \text{ Hz})} = 0.603 \text{ m} = 60.3 \text{ cm}$$

원래 길이 L_0에서 이 길이를 빼서 너트로부터 첫 번째 프렛까지의 길이를 구한다.

$$\Delta x = L_0 - L = 64.0 \text{ cm} - 60.3 \text{ cm} = \boxed{3.7 \text{ cm}}$$

(b) 2차 조화 진동과 4차 조화 진동을 들을 수 있는 마디의 위치를 구한다.

2차 조화 진동음의 파장은 $\lambda_2 = L_0 = 64.0$ cm이다. 너트로부터 마디까지의 거리는 반파장이다.

$$\Delta x = \tfrac{1}{2}\lambda_2 = \tfrac{1}{2}L_0 = 32.0 \text{ cm}$$

4차 조화 진동음의 파장은 $\lambda_4 = \tfrac{1}{2}L_0 = 32.0$ cm이고, 이는 끝 점과 세 번째 마디 사이의 길이이다.

$$\Delta x = \tfrac{1}{2}\lambda_4 = \boxed{16.0 \text{ cm}}, \Delta x = 2(\lambda_4/2) = \boxed{32.0 \text{ cm}},$$
$$\Delta x = 3(\lambda_4/2) = \boxed{48.0 \text{ cm}}$$

참고 $\Delta x = 32.0$ cm 위치에 손가락을 두면 짝수배 조화 진동을 제외한 기본음과 홀수 조화 진동은 사라지게 한다. 그러나 줄의 다른 부분은 진동에 자유롭기 때문에 2차 조화 진동은 두드러진다. $\Delta x = 16.0$ cm나 $\Delta x = 48.0$ cm에 손가락을 두면 4차 조화 진동은 가능하나 1차와 3차 조화 진동은 사라진다.

14.6 강제 진동과 공명 Forced Vibrations and Resonance

진자 A가 진동하기 시작하면, A와 길이가 같은 C만이 큰 진폭으로 진동, 즉 공명한다.

그림 14.18 공명을 시험해 보기

13장에서 감쇠 진동자의 에너지가 마찰 때문에 시간에 따라 감쇠한다는 것을 배웠다. 이 계에 양의 일을 할 수 있는 외력을 가함으로써 이런 에너지 손실을 보상할 수 있다.

예를 들어, 어떤 기본 진동수 f_0을 가진 질량-용수철 계를 생각해 보자. 이 계에 진동수가 f인 주기적인 힘이 앞뒤로 가해진다. 이 계는 강제 구동력의 진동수 f로 진동한다. 이런 형태의 운동을 **강제 진동**(forced vibration)이라고 한다. 진동의 진폭은 구동력의 진동수가 계의 기본 진동수 f_0과 똑같을 때 최대가 된다. 이것을 계의 **공명 진동수**(resonant frequency)라고 한다. 이런 상태일 때, 계가 **공명**(resonance) 상태에 있다고 한다.

14.5절에서 줄을 당기면 하나 또는 그 이상의 배진동으로 진동할 수 있다는 것을 배웠다. 여기에 다시 주기적인 힘을 줄에 가한다면, 가한 힘의 진동수가 진동하는 줄의 고유진동수들 중의 하나에 근접할수록 진동의 진폭이 증가한다.

공명 진동은 매우 넓고 다양한 상황에서 일어난다. 그림 14.18은 공명을 보여 주는 실험이다. 길이가 다른 몇 개의 진자가 유연한 막대에 매달려 있다. 그들 중에 하나가 A와 같이 진동한다면, 다른 것들도 유연한 막대의 진동 때문에 진동하기 시작한다. A와 같은 길이의 진자 C는 기본 진동수가 진자 A(구동력)의 진동수와 같기 때문에 가장 크게 진동한다.

공명의 다른 간단한 예는 뒤에서 그네를 타고 있는 어린이를 미는 것이다. 그네는 기본적으로 길이에 의존하는 기본 진동수를 가진 진자이다. 그네는 대략 일정한 시간 간격으로 미는 동작에 의하여 운동한다. 진폭을 증가시키기 위해서는 그네가 되돌아올 때마다 손으로 밀어 주어야 한다. 이것은 그네의 고유진동수와 같은 진동수로 힘을 가하는 것에 해당한다. 마찰에 의한 에너지 손실과 정확히 똑같은 크기의 에너지를 매 주기마다 계에 가하면 진폭이 일정하게 유지된다.

a **b**

그림 14.19 (a) 1940년에 난류성 바람이 타코마 협교에 비틀림 진동을 일으켜, 교량의 고유진동수 중 하나에 가까운 진동수로 진동하게 되었다. (b) 고유진동수로 교량이 진동하게 되면, 공명 조건이 교량을 붕괴시키게 된다. 그러나 몇몇 과학자들은 이러한 해석에 의문을 제기하고 있다.

오페라 가수는 굉장한 목소리로 크리스털 유리잔을 깨뜨릴 수 있다는 것이 알려져 있다. 또한 이것은 공명의 또 다른 예이다. 가수의 목소리는 유리잔에 큰 진폭의 진동을 만들어낼 수 있다. 크게 증폭된 음파가 적절한 진동수를 가진다면, 유리잔의 강제 진동의 진폭은 유리잔이 심하게 변형되어 깨질 정도로 커질 수 있다.

응용

목소리로 유리잔 깨기

구조물의 공명의 놀랄만한 예가 1940년에 일어났다. 워싱턴 주에 있는 타코마 협교가 바람에 의해 흔들렸다(그림 14.19). 그 진동의 진폭은 결국 다리가 부서질 때까지 (아마도 금속의 약화 때문에) 급격히 증가했다. 그러나 최근에 몇몇 연구자들은 이 현상에 의문을 가졌다. 일반적으로 돌풍은 일련의 공명 조건에 필요한 주기적 힘을 제공하지 않으며 다리는 공명에서 예상되는 위–아래 진동이라기보다 큰 비틀림 진동을 나타냈다.

응용

구조 짜임새와 공명

구조물의 공명에 의한 파손의 최근의 예는 1989년 미국 캘리포니아 오클랜드 근처에 있는 로마 프리에타 지진 동안에 일어났다. 이층으로 된 니미츠 고속도로의 1마일 정도 되는 구간에서 위 판이 아래 판을 덮치는 사고가 발생하여 다수의 사상자를 냈다. 사고가 난 까닭은 다른 구간은 고속도로가 암반 위에 건설되었으나, 이 구간만은 진흙 매립지 위에 건설되었기 때문이었다. 지진파는 진행 도중에 진흙 매립지나 무른 지반을 만나면 진행 속도가 줄어들고 진폭이 커진다. 따라서 파괴된 구간의 고속도로 구조물은 다른 구간과 같은 진동수로 흔들렸지만 그 진폭이 훨씬 더 컸던 것이다.

14.7 공기 기둥 내의 정상파 Standing Waves in Air Columns

종파의 정상파는 반대 방향으로 진행하는 음파 사이의 간섭의 결과로 생기며, 파이프 오르간의 파이프와 같은 관에서 생길 수 있다. 입사파와 반사파 사이의 관계는 관의 반사하는 끝이 열려 있느냐 닫혀 있느냐에 의해 결정된다. 관의 끝이 열려 있다고 할지라도 음파의 일부는 이 끝에서 관 내로 반사된다. **만약 반사하는 관의 끝이 닫혀 있다면, 공기 분자의 운동이 금지되어 있기 때문에, 마디가 이 끝에 존재해야 한다. 만약 그 끝이 열려있다면, 공기 분자의 운동이 완전히 자유롭기 때문에 배가 된다.**

그림 14.20a는 양 끝이 열린 관의 처음 세 가지 진동을 보인 것이다. 공기가 왼쪽에서 끝 쪽을 향하고 있을 때 정상파가 형성되고, 관은 자신의 고유진동수로 진동한

그림 14.20 (a) 양 끝이 모두 열려 있는 오르간 파이프에서의 종파의 정상파. 고유 진동수 f_1, $2f_1$, $3f_1$, …은 조화열을 형성한다. (b) 한쪽 끝이 닫혀 있는 오르간 파이프에서의 종파의 정상파. 오직 홀수 번째의 배진동들이 존재하고, 고유진동수는 f_1, $3f_1$, $5f_1$, …이다.

Tip 14.3 음파는 횡파가 아니다

그림 14.20에서 종파의 정상파를 횡파로 나타내었다. 이는 종파에서 변위 방향이 진행 방향과 같아서 그림으로 나타내기 어렵기 때문이다. 종파에서의 변위는 파동의 진행과 같은 방향이다. 그림에서 세로축은 매질의 압력이나 수평 변위를 나타낸다.

다. 관의 한끝에서 다른 끝까지 정상파의 형태는 A–N–A로 마디와 배의 위치가 서로 바뀐 것을 제외하고는 진동하는 줄과 같은 형태임에 주목하자. 이전처럼 배와 인접한 마디(A–N 형태)는 파장의 1/4이고, 이 경우는 A–N과 N–A 형태가 두 개 있으므로 $L = 2(\lambda_1/4) = \lambda_1/2$이고 파장은 $\lambda_1 = 2L$이다. 따라서 양쪽 끝이 열린 관의 기본 진동수는 $f_1 = v/\lambda_1 = v/2L$이다. 다음 조화 진동은 양 끝 사이에 마디와 배가 추가되어 A–N–A–N–A 형태를 만든다. $\lambda_2/4$ 파장을 가진 마디–배의 쌍, A–N, N–A, A–N, N–A의 네 부분으로 셀 수 있다. $L = 4(\lambda_2/4) = \lambda_2$이고 2차 조화 진동수(제1차 배음)는 $f_2 = v/\lambda_2 = v/L = 2(v/2L) = 2f_1$이다. 이 조화 진동들의 진동수는 기본 진동수의 정수배가 된다.

양쪽이 열린 관: 모든 조화 진동수가 존재한다. ▶

$$f_n = n\frac{v}{2L} = nf_1 \qquad n = 1, 2, 3, \cdots \qquad [14.12]$$

여기서 v는 공기 중의 음속이다. 이 식은 기본 진동수의 정수배를 포함한 식 14.11과 유사함에 주목하라.

만약 관의 한쪽 끝이 닫혀 있고 다른 쪽 끝이 열려 있다면, 열린 쪽 끝은 배가 되고 닫힌 쪽 끝은 마디가 된다(그림 14.20b). 이 같은 관에서 기본 진동수는 하나의 배–마디, A–N 형태로 구성되므로 $L = \lambda_1/4$, $\lambda_1 = 4L$이다. 따라서 한쪽 끝이 닫힌 파이프의 기본 조화 진동수는 $f_1 = v/\lambda_1 = v/4L$이다. 제1차 배음은 열린 끝과 닫힌 끝 사이에 또 다른 마디와 배를 가지므로 A–N–A–N 형태를 만든다. 이 형태는 세 개의 배–마디 구간을 가지므로(A–N, N–A, A–N), $L = 3(\lambda_3/4)$이고 $\lambda_3 = 4L/3$이다. 따라서 제1차 배음의 진동수는 $f_3 = v/\lambda_3 = 3v/4L = 3f_1$이다. 마찬가지로 $f_5 = 5f_1$이다. 양쪽 모두 열린 관과 비교해서 이 경우는 단지 기본 **진동수의 짝수배가 없다.** 한쪽 끝이 닫혀 있고 다른 쪽 끝이 열려 있는 관에서는 단지 홀수의 배진동만이 존재한다. 이 배진동들의 진동수는 다음과 같다.

$$f_n = n\frac{v}{4L} = nf_1 \qquad n = 1, 3, 5, \cdots \qquad [14.13]$$

◀ 한쪽이 닫힌 관: 홀수의 조화 진동수만 존재한다.

예제 14.6　길이를 조절할 수 있는 관에서의 공명

목표 관에서 공명을 이해하고 기초 계산을 수행한다.

문제 그림 14.21a는 관에서의 공명을 보여주는 간단한 장치이다. 양쪽 끝이 열린 긴 관이 물이 담긴 비커에 일부 잠겨 있다. 그리고 진동수를 알지 못하는 소리굽쇠가 관의 위쪽 끝에 놓여 있다. 공기 기둥의 길이 L은 상하로 관을 움직여 조절할 수 있다. 소리굽쇠에 의해 발생된 음파는 공기 기둥의 길이가 관의 공명 진동수 중 하나와 같을 때 보강된다. 음의 세기가 극대가 되는 L의 가장 작은 값은 9.00 cm이다. **(a)** 이 소리굽쇠의 진동수를 구하라. **(b)** 다음 두 공명 진동수에 대한 공기 기둥의 길이 L과 파장을 구하라. 음속은 343 m/s이다.

전략 관이 물속에 있을 때, 이 장치는 한쪽 끝이 닫힌 관이 된다. **(a)**에서 식 14.13에 $n = 1$, v와 L을 대입하여 소리굽쇠의 진동수를 구한다. **(b)** 다음 공명 최댓값은 물 수위가 충분히 낮아 두 번째 마디가 생길 때 일어나는데, 마디와 마디 사이는 반파장의 길이를 가진다(그림 14.21b). 세 번째 공명은 세 번째 마디에 다다를 때 일어나는데 여전히 길이가 또 다른 반파장에 해당한다. 각 경우 진동수는 소리굽쇠에 의해 생성되기 때문에 동일하다.

··

풀이

(a) 소리굽쇠의 진동수를 구한다.

식 14.19에 $n = 1$, $v = 343$ m/s, $L_1 = 9.00 \times 10^{-2}$ m를 대입한다.

$$f_1 = \frac{v}{4L_1} = \frac{343 \text{ m/s}}{4(9.00 \times 10^{-2} \text{ m})} = \boxed{953 \text{ Hz}}$$

(b) 다음 두 공명 진동수에 대한 물 기둥의 수위와 파장을 구한다.

한쪽 끝이 열린 관에서 기본 진동수에 대한 $\lambda = 4L$을 이용해 파

그림 14.21 (예제 14.6) (a) 한쪽 끝이 닫혀 있는 관에서의 음파의 공명을 보여 주기 위한 장치. 공기 기둥의 길이 L은 물속에 일부가 잠겨 있는 관을 수직으로 움직여 변화시킬 수 있다. (b) 이 장치에서 처음 세 개의 공명 진동수

장을 계산한다.

$$\lambda = 4L_1 = 4(9.00 \times 10^{-2} \text{ m}) = \boxed{0.360 \text{ m}}$$

따라서 다음 공명 위치를 구하기 위해 L_1에 반파장을 더한다.

$$L_2 = L_1 + \lambda/2 = 0.090\,0 \text{ m} + 0.180 \text{ m} = \boxed{0.270 \text{ m}}$$

L_2에 또 반파장을 더해 세 번째 공명 위치를 찾는다.

$$L_3 = L_2 + \lambda/2 = 0.270 \text{ m} + 0.180 \text{ m} = \boxed{0.450 \text{ m}}$$

··

참고 이 실험 장치는 종종 소리굽쇠의 진동수를 알고 있을 경우에 음속을 측정하기 위해 사용된다.

14.8 맥놀이 Beats

지금까지 논의했던 간섭 현상에서는 서로 반대 방향으로 진행하는 같은 진동수 중 두 개 이상의 파동이 겹쳐지는 것을 다루었다. 이제 약간 다른 진동수를 가진 두 파동이

그림 14.22 맥놀이는 같은 방향으로 진행하는 진동수가 약간 다른 두 파동이 결합하여 만들어진다. (a) 공간의 고정된 위치에서 관측자가 듣는 각각의 파동들, (b) 합성파는 시간에 따라 주기적으로 진동하는 진폭(점선)을 가진다.

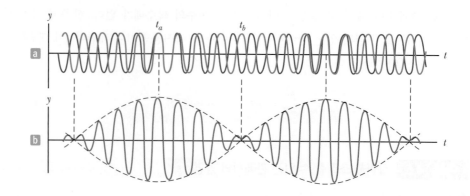

겹쳐졌을 때 일어나는 또 다른 종류의 간섭 효과에 대해 생각해 보자. 이 경우 어떤 정해진 지점에서 파동들은 주기적으로 위상이 일치하거나 달라진다. 즉, 보강간섭과 상쇄간섭이 시간에 따라 교대로 바뀐다. 이와 같은 현상을 이해하기 위해 그림 14.22를 보자. 그림 14.22a에서 두 파동은 약간 다른 진동수를 갖는 두 개의 소리굽쇠에서 나온다. 즉, 그림 14.22b는 두 파동이 겹쳐진 모습이다. 어떤 시각 t_a에서 두 파동은 위상이 같은 상태가 되어 그림 14.22b와 같이 보강간섭이 일어난다. 그러나 임의의 시간 후에 두 소리굽쇠의 진동은 서로 다르게 움직이게 된다. 시각 t_b에서 한 소리굽쇠가 희박 방출을 하는 동안 다른 소리굽쇠는 압축 방출을 한다. 따라서 그림 14.22b와 같이 시각 t_b에서는 상쇄간섭이 일어난다. 시간이 지남에 따라 소리굽쇠의 진동은 위상이 정반대인 상태로 움직이고, 그 다음 다시 위상이 같은 상태로 움직이는 것을 반복한다. 그 결과 어떤 한 점에서 소리를 듣고 있는 사람은 소리의 크기가 변화하고 있는 것을 듣게 되는데, 이를 **맥놀이**(beats)라 한다. 초당 맥놀이의 수, 또는 맥놀이 진동수는 두 음원 사이의 진동수의 차이와 같다.

맥놀이 진동수 ▶

$$f_b = |f_2 - f_1| \qquad\qquad [14.14]$$

여기서 f_b는 맥놀이 진동수, f_1과 f_2는 두 음원의 진동수이다. 맥놀이 진동수는 양의 값이고 뺄셈 순서와 무관하기 때문에 절댓값을 사용한다.

응용
맥놀이를 이용하여 악기를 조율하기

피아노와 같이 줄을 가진 악기를 조율할 때에는 알려진 진동수의 음과 악기의 음사이의 맥놀이를 이용하여 조율한다. 맥놀이가 들리지 않을 때까지 줄의 장력을 조정함으로써 원하는 진동수로 조율할 수 있다.

예제 14.7 조율되지 않은 음

목표 맥놀이 진동수 개념을 응용한다.

문제 어떤 피아노 줄이 4.40×10^2 Hz의 진동수로 진동한다고 가정하자. 그 피아노의 진동수를 조사하기 위해 4.40×10^2 Hz의 진동수로 진동하는 소리굽쇠와 피아노 건반을 동시에 쳐서 소리를 냈고, 초당 4개의 맥놀이 진동수가 들렸다. **(a)** 줄이 진동할 수 있는 두 가지 가능한 진동수를 구하라. **(b)** 피아노 조율사가 진동하는 소리굽쇠를 들고 피아노를 향해 뛰어가는 동안 그의 조

수는 436 Hz의 음을 연주한다고 가정하자. 피아노 조율사는 최대 속력에서 4 Hz에서 2 Hz로 맥놀이 진동수가 떨어짐을 알았다. 그는 얼마나 빨리 움직여야 하는가? 음속은 343 m/s이다. **(c)** 피아노 조율사가 달리는 동안 조수가 듣는 맥놀이 진동수는 얼마인가? Note: 마지막 계산까지 필요한 값들은 모두 소수점 아래 둘째 자리까지 정확하다고 가정한다.

전략 (a) 맥놀이 진동수는 피아노 현이 너무 높거나 낮게 조율된

경우 발생하는데, 두 음원 사이의 진동수 차의 절댓값과 같다. 이러한 두 가지 가능한 진동수들에 대해 식 14.14를 푼다. **(b)** 피아노를 향해 움직이면 관측되는 피아노 줄에서 발생하는 진동수는 증가한다. 관측자의 속도를 고려한 도플러 이동 방정식인 식 14.8을 푼다. **(c)** 조수는 소리굽쇠에 대한 도플러 이동을 관찰한다. 식 14.8을 적용하라.

풀이

(a) 두 가지 가능한 진동수를 구한다.

경우 1: $f_2 - f_1$이 양의 값이므로 절댓값 기호는 필요 없다.

$$f_b = f_2 - f_1 \rightarrow 4\,\text{Hz} = f_2 - 4.40 \times 10^2\,\text{Hz}$$

$$f_2 = \boxed{444\,\text{Hz}}$$

경우 2: $f_2 - f_1$가 음의 값으로 절댓값 기호 대신 음의 부호를 곱한다.

$$f_b = -(f_2 - f_1) \rightarrow 4\,\text{Hz} = -(f_2 - 4.40 \times 10^2\,\text{Hz})$$

$$f_2 = \boxed{436\,\text{Hz}}$$

(b) 피아노를 향해 달려가는 관측자가 관측하는 맥놀이 진동수가 2 Hz가 되는 속력을 구한다.

달리는 관측자가 듣는 피아노의 진동수는 $f_O = 438$ Hz이다. 이를 도플러 이동 방정식에 적용한다.

$$f_O = f_S \left(\frac{v + v_O}{v - v_S} \right)$$

$$438\,\text{Hz} = (436\,\text{Hz}) \left(\frac{343\,\text{m/s} + v_O}{343\,\text{m/s}} \right)$$

$$v_O = \left(\frac{438\,\text{Hz} - 436\,\text{Hz}}{436\,\text{Hz}} \right)(343\,\text{m/s}) = \boxed{1.57\,\text{m/s}}$$

(c) 조수가 듣는 맥놀이 진동수를 구한다.

음원은 소리굽쇠로 진동수는 $f_S = 4.40 \times 10^2$ Hz이다. 식 14.8을 이용하여 맥놀이 진동수를 구한다.

$$f_O = f_S \left(\frac{v + v_O}{v - v_S} \right)$$

$$= (4.40 \times 10^2\,\text{Hz}) \left(\frac{343\,\text{m/s}}{343\,\text{m/s} - 1.57\,\text{m/s}} \right) = 442\,\text{Hz}$$

$$f_b = f_2 - f_1 = 442\,\text{Hz} - 436\,\text{Hz} = \boxed{6\,\text{Hz}}$$

참고 피아노 의자에 앉은 조수와 소리굽쇠를 가진 조율사는 서로 다른 맥놀이 진동수를 듣는다. 많은 물리 측정은 관측자의 운동 상태에 따라 달라지는데, 그러한 내용은 26장 상대성 이론에서 자세히 다룬다.

연습문제

1. 뜨거운 여름날 공기의 온도가 106 °F라면 그 온도에서의 음속은 얼마인가?

2. 등산객 여러 명이 산 위에서 야호 소리를 낸 다음 3.00 s 후에 반향음을 들었다. 음파를 반사한 산은 얼마나 멀리 있는가?

3. 매미가 짝짓기를 위하여 내는 소리는 곤충들의 울음소리 중에서 가장 시끄러운 것으로 알려 있다. 그 소리는 매미로부터 1.00 m 떨어진 곳에서 소리의 준위는 105 dB에 다다른다. (a) 그에 해당하는 음의 세기를 구하라. (b) 소리가 구면으로 퍼져나간다고 가정하고 20.0 m 떨어진 곳에서의 음의 세기를 구하라. (c) 100마리의 매미가 똑같은 준위의 소리를 동시에 낸다면 20.0 m 떨어진 곳에서의 소리의 데시벨 준위를 구하라.

4. 어떤 사람이 모든 진동수에서 30 dB 이상 세기 준위를 높여주는 보청기를 끼고 있다. 그 보청기가 250 Hz의 소리에 대해 3.0×10^{-11} W/m^{2}의 세기를 낸다. 고막에 닿을 때의 세기는 얼마인가?

5. 야구공이 승용차 유리창을 때리면서 유리창이 깨졌다. 그와 동시에 방범장치가 작동하여 1 250 Hz의 경고음이 울렸다. 그 차로부터 6.50 m/s의 속력으로 멀어지는 자전거를 탄 소년이 듣는 소리의 진동수는 얼마인가?

6. 정체 구간에서 두 승용차가 서 있으면서 각각 625 Hz의 경적을 내고 있다. 두 경적으로부터 4.50 m 떨어진 두 차 사이에 있는 자전거를 탄 사람이 자신이 보강간섭이 되는 점에 있음을 알게 되어 매우 심한 불편을 느끼고 있다(그림 P14.6). 그녀가 가장 가까운 상쇄간섭 위치로 가려면 뒤로 얼마나 물러서야 하는가?

그림 P14.6

7. 길이가 L인 줄을 630 Hz의 진동자로 진동시킬 때 다섯 개의 배가 생기면서 진동한다. 배가 세 개가 되게끔 진동시키려면 진동자의 진동수는 얼마이어야 하는가?

8. 어떤 사람이 기타의 베이스 줄로 질량이 25.0 g이고 길이가 1.35 m인 강철선을 사용하였다. 브릿지에서 너트(상현주)까지의 거리는 1.10 m이다. (a) 그 줄의 선밀도를 계산하라. (b) 그 줄이 E_1 줄의 기본 진동수인 41.2 Hz를 내기 위해서는 줄에서 어떤 속력의 파가 생겨야 하는가? (c) 고유 진동수를 내기 위한 장력을 계산하라. (d) 줄이 진동하는 파장을 계산하라. (e) 공기 중에 퍼진 소리의 파장은 얼마인가? (공기 중에서의 음속은 343 m/s로 가정한다.)

9. 두 기차의 기적이 1.80×10^2 Hz의 동일한 진동수를 가진다. 한 기차는 정거장에 정지해 있고 다른 한 기차는 근처에서 움직이며 각각 경적이 울릴 때, 정거장에 서 있던 승객은 2.00 beats/s의 맥놀이를 듣는다. 움직이는 기차가 가질 수 있는 두개의 가능한 방향과 속력을 구하라.

10. 어느 학생이 256 Hz로 진동하는 소리굽쇠를 들고 벽을 향해 1.33 m/s의 속력으로 이동한다. (a) 이 학생이 소리굽쇠의 소리와 반사음 사이에서 듣는 맥놀이 진동수는 얼마인가? (b) 벽에서 멀어지면서 5.00 Hz의 맥놀이를 듣고자 한다면 얼마나 빠르게 움직여야 하는가?

전기력과 전기장
Electric Forces and Fields

전기는 기술 문명과 현대 사회에 활력을 불어 넣어주었다. 이것이 없다면 우리는 전화기, 텔레비전, 가전제품도 없는 19세기 중반으로 돌아가야 할 것이다. 현대 의학도 정교한 실험 기구나 빠른 컴퓨터 없이는 공상일 것이며, 과학과 기술은 더딘 속도로 발전할 것이다.

전기장과 전기력의 발견과 이용으로 원자의 배열을 볼 수 있고, 세포 내부에서 일어나는 일을 조사하고 태양계의 한계를 넘어 우주선을 보낼 수도 있다. 이 모든 것은 불과 몇 세기 안에 이루어졌는데 인류가 아프리카 사바나에서 백만 년 동안 수렵 생활을 한 것과 비교하면 눈 깜박할 시간이다.

전기에 관련된 초기의 연구는 기원전 700년경부터 그리스인들에 의해 수행되었다. 호박이라는 화석 물질을 양모와 문지르면, 작은 물질들을 끌어당긴다는 사실을 알게 된 것이다. 그 이후 호박과 양모에만 국한되지 않고, 두 개의 절연 물질을 서로 문지르면 거의 대부분 이러한 현상이 발생된다는 것을 알게 되었다.

이 장에서는 이러한 효과(마찰에 의한 대전)에 의해 나타나는 전기력에 대한 규명으로 시작한다. 이어서 정지해 있는 두 대전 입자 사이의 힘에 대한 기본 법칙인 쿨롱의 법칙을 다룬다. 그리고 전하와 관련된 전기장의 개념과 다른 대전 입자에 대한 전기장의 효과를 소개한다. 아울러 밴 더 그래프 발전기와 가우스의 법칙에 관해 간단히 논의하면서 마무리할 것이다.

15.1 전하, 절연체, 도체 Electric Charges, Insulators, and Conductors

15.1.1 전하의 성질 Properties of Electric Charges

플라스틱 빗으로 머리카락을 빗은 다음, 종잇조각에 갖다 대면 빗이 종잇조각을 끌어당기는 것을 볼 수 있을 것이다. 이 힘은 때로는 지구가 끌어당기는 힘보다 커서 종이를 빗에 매달기에 충분할 만큼 강하다. 유리와 단단한 고무 등과 같은 물체를 문지른 경우에도 같은 현상이 나타난다.

다른 간단한 실험은 공기를 불어넣은 풍선을 양모(또는 머리카락)에 문지르는 것이다. 건조한 날이면 양모에 문지른 풍선은 방안의 벽에 몇 시간이나 붙어 있다. 물질이 이와 같은 특성을 보이면 이 물질은 전기적으로 대전(electrically charged) 되었다고 한다. 신발을 양탄자에 강하게 문지르거나 자동차 좌석으로 미끄러져 들어갈 때 우리 몸을 대전시킬 수 있다. 우리 몸에 전하가 있다는 증거는 친구나 동료에게 살짝 손을 댈 때 깜짝 놀라는 것에서 알 수 있다. 팔을 만졌을 때 불꽃이 튀는 것을 볼 수 있고 두 사람은 모두 약간의 따끔거림을 느끼게 된다. 이러한 실험은 건조한 날에 가장 잘 되는데, 공기 중에 수분이 많을 때는 대전된 물체의 전하들이 수분으로 빠져나가 전기적으로 중성이 되어 방전을 일으키지 못하기 때문이다.

프랭클린(Benjamin Franklin, 1706~1790)은 간단한 일련의 실험에서 두 종류의

프랭클린
Benjamin Franklin, 1706~1790

프랭클린은 출판업자, 작가, 물리학자, 발명가, 외교관이자 미국 건국에 지대한 공헌을 한 정치가였다. 1740년대 말에 그가 세운 전기에 관한 업적은 혼란스럽고 서로 연관이 없어 보이는 일련의 관찰들을 잘 정돈된 학문으로 발전시킨 것이다.

© Book's Hill

그림 15.1 대전된 두 물체 사이의 전기력을 관찰하기 위한 실험장치

전하를 **양전하**와 **음전하**로 명명하였다. 그림 15.1은 두 전하 사이에 작용하는 힘을 보여주고 있다. 깃털(또는 인공 섬유)에 문지른 딱딱한 고무(또는 플라스틱) 막대가 실에 매달려 있다. 명주 천으로 문지른 유리 막대를 고무 막대 근처에 가까이 가져가면, 고무 막대가 유리 막대 쪽으로 끌리게 된다(그림 15.1a). 만일 대전된 두 고무 막대(또는 대전된 두 유리 막대)를 서로 가까이 하면, 그림 15.1b처럼 그들 사이에 작용하는 힘은 밀어내는 힘이다. 이 실험은 고무와 유리 막대가 다른 종류의 전하를 가지고 있음을 보여준다. 프랭클린이 제안한 대로 유리 막대의 전하는 양전하, 고무 막대의 전하는 음전하이다. 이와 같은 관찰로부터 **같은 종류의 전하끼리는 서로 밀어내고, 다른 종류의 전하끼리는 서로 끌어당긴다**는 결론을 얻을 수 있다. 모든 물체는 보통 같은 양의 양전하와 음전하를 가지고 있다. 전기력은 알짜 음전하나 양전하를 가질 때 발생한다.

▶ 같은 종류의 전하끼리는 서로 밀어내고, 다른 종류의 전하끼리는 서로 끌어당긴다.

자연에서 양전하의 운반자는 양성자인데, 양성자는 중성자와 함께 원자핵 안에 있다. 원자핵은 반지름이 약 10^{-15} m로서, 크기가 원자핵의 만 배 정도 큰 음으로 대전된 전자 구름으로 둘러싸여 있다. 전자는 양성자와 같은 크기의 전하를 가지고 있지만 부호는 반대이다. 1 g의 물질 속에는 대략 10^{23}개에 달하는 양으로 대전된 양성자와 같은 숫자의 음으로 대전된 전자가 있어서 알짜 전하는 영이다. 원자핵은 고체 속에 단단하게 고정되어 있기 때문에 양성자는 한 물질로부터 다른 물질로 절대 움직일 수 없다. 전자는 양성자보다 훨씬 가볍고, 원자의 바깥쪽에 위치해 있기 때문에 힘에 의해 더 쉽게 가속된다. 따라서 한 물체가 대전되는 것은 음전하인 전자를 잃거나 얻었기 때문이다.

전하는 쉽게 한 물질에서 다른 물질로 옮겨간다. 두 물질을 서로 문지르면 접촉 범위가 증가되어 전하의 이동이 용이해진다.

▶ 전하는 보존된다

전하의 중요한 특징은 **전하는 항상 보존된다**는 것이다. 즉, 처음에는 중성인 두 물체를 서로 문질러 대전시키는 과정에서 전하가 생성되지는 않는다. 물체는 **음전하가 한 물체에서 다른 물체로 이동**하였기 때문에 대전된다. 한 물체가 상당한 양의 음전하를 얻게 되는 반면에, 다른 물체는 같은 양의 음전하를 잃게 되어 알짜 양전하가 남게 된다. 예를 들어, 그림 15.2와 같이 유리 막대를 명주 천에 문질렀을 때, 마찰 과정에서

전자가 유리 막대로부터 명주 천으로 이동하게 됨으로써 유리 막대는 알짜 양전하를 명주 천은 알짜 음전하를 갖게 된다. 마찬가지로 고무를 모피에 문질렀을 때 전자는 모피에서 고무로 이동한다.

1909년에 밀리컨(Robert Millikan, 1886~1953)은 한 물체가 대전되면, 그 물체의 전하는 항상 기본 전하량 e의 정수배가 된다는 사실을 발견하였다. 현대적인 용어로는 전하가 **양자화**(quantized)되어 있다고 한다. 이것은 전하가 자연에서 더 이상 나누어지지 않는 불연속적인 덩어리로만 존재한다는 것을 의미한다. 따라서 물체는 $\pm e$, $\pm 2e$, $\pm 3e$ 등의 전하를 가지며, 절대로 $\pm 0.5e$ 또는 $\pm 0.22e$와 같은 형태의 부분 전하를 갖지 않는다.[1] 밀리컨 시대에 수행된 다른 실험은 전자가 $-e$의 전하를 가지며, 양성자는 크기는 같으나 부호가 반대인 전하 $+e$를 갖는다는 것을 보여주었다. 중성자와 같은 입자는 전하를 갖지 않는다. 중성의 원자는(알짜 전하가 없는) 동일한 수의 전자와 양성자를 갖고 있다. e의 값은 $1.602\,18 \times 10^{-19}$ C이다[전하의 SI 단위는 **쿨롱**(C)이다].

유리 막대에서 명주 천으로 옮겨간 각 (음으로 대전된) 전자들은 같은 수의 양전하를 유리 막대에 남긴다.

그림 15.2 유리 막대를 명주 천에 문지르면 전자는 유리 막대로부터 명주 천으로 이동한다. 전하들은 불연속적인 덩어리 형태로 이동되기 때문에, 두 물체가 가질 수 있는 전하는 $\pm e$, $\pm 2e$, $\pm 3e$ 등이다.

15.1.2 절연체와 도체 Insulators and Conductors

물질은 전하를 전달하는 능력에 따라서 분류될 수 있다.

> **도체**(conductor)는 전기력에 반응하여 전하가 자유롭게 움직이는 물질이고,
> **절연체**(insulator)는 전하가 자유롭게 움직이지 못하는 물질이다.

유리와 고무는 절연체이다. 이러한 물질들을 마찰에 의해 대전시키면, 문지른 부분만 대전되며, 전하가 물질의 다른 부분으로 이동하려는 경향이 없다. 이에 비하여 구리, 알루미늄, 은과 같은 물질은 좋은 도체이다. 이러한 물질들은 어느 한 부분을 대전시키면, 전하는 물질의 전 표면으로 고르게 퍼진다. 만일 구리 막대를 손에 쥐고, 구리 막대를 양모나 모피로 문지르면, 구리 막대는 종잇조각을 끌어당기지 않는다. 이것은 금속이 대전될 수 없음을 암시한다. 그러나 절연체로 구리 막대를 쥐고 양모로 문지르면, 구리 막대는 대전되어 종잇조각을 끌어당긴다. 첫 번째 경우 마찰에 의해 생성된 전하는 쉽게 구리로부터 우리 몸을 통해 결국은 땅으로 이동한다. 두 번째 경우 절연 손잡이는 전하가 땅으로 이동하는 것을 방해한다.

반도체는 물질의 세 번째 부류이며, 전기적 성질은 절연체와 도체의 전기 성질 사이에 있다. 규소와 저마늄은 다양한 전자 소자를 구성하는 데 광범위하게 쓰이는 반도체로 잘 알려져 있다.

접촉하기 전 음으로 대전된 막대는 구의 전자를 밀어내고 부분적으로 양전하를 유도한다.

a

막대를 금속 구에 접촉하면 막대에 있던 전자가 구로 흐른다. 일부 양전하를 중성으로 만든다.

b

전도에 의한 대전 Charging by Conduction

음으로 대전된 고무 막대를 절연된 중성 도체 구와 접촉시키는 경우를 생각해 보자. 고무 막대에 있는 과잉 전자들이 중성 도체 구 속의 음전하를 밀어내기 때문에 중성 도체 구에서 고무 막대에 가까운 쪽은 양전하를 띠게 된다. 반면에 그림 15.3b와 같이 접

막대를 제거하였을 때, 구에는 음전하가 남게 된다.

c

그림 15.3 전도에 의한 금속 물체의 대전

---

[1] $\pm e/3$ 또는 $\pm 2e/3$의 전하를 갖는 **쿼크**(quark)라고 하는 부분 전하의 존재에 대한 실험적인 증거가 있다. 쿼크는 $\pm e$ 대신 $\pm e/3$의 단위로 역시 양자화되어 있다. 쿼크와 그 특성에 대해서는 30장에서 자세히 다룬다.

중성의 구는 양전하와 음전하의 수가 같다.

a

대전된 막대가 가까이 오면 구의 전자들이 재배치된다.

b

일부의 전자들은 접지선을 통해 구를 떠난다.

c

짝이 맞지 않은 여분의 양전하들의 분포는 균일하지 않다.

d

남아 있던 전자들은 균일하게 재분포되고 구 표면에는 양전하들이 균일하게 분포된다.

e

그림 15.4 유도에 의한 금속 물체의 대전. (a) 중성의 금속 구, (b) 대전된 고무 막대를 금속 구에 가까이 가져간다. (c) 구를 접지시킨다. (d) 접지를 제거한다. (e) 막대를 제거한다.

촉시키면 고무 막대에 있는 약간의 전자들이 이제 도체 구로 이동할 수 있어 양전하를 중성화시킨다. 고무 막대를 치우면 구에는 알짜 음전하만 남게 된다. 이 과정을 **전도** (conduction)에 의한 대전이라 한다. 이러한 과정에 의해 대전되는 물체(구)에는 대전을 시키는 물체(고무 막대)와 같은 부호를 갖는 전하가 남게 된다.

유도에 의한 대전 Charging by Induction

어떤 도체가 전도성 도선이나 구리관을 사용해 땅으로 연결될 때 **접지**(grounded)되었다고 한다. 지구는 무한한 전자의 저장체로 생각할 수 있다. 즉, 지구가 무한대의 전자를 받아들이거나 공급할 수 있음을 의미한다. 이러한 관점에서, **유도**(induction)라는 과정에 의해서 도체의 대전을 이해할 수 있다.

음으로 대전된 고무 막대를 땅으로 전도되는 경로가 없는 절연된(대전되지 않은) 중성의 도체 구에 가까이 가져왔다고 가정하자(그림 15.4). 처음에 구는 전기적으로 중성이다(그림 15.4a). 음으로 대전된 막대가 구에 가까이 가게 되면, 고무 막대 안의 전자와 도체 구 안의 전자 사이에 반발력이 발생하여 얼마간의 전자들은 구 내부에서 고무 막대로부터 가장 먼 쪽으로 이동한다(그림 15.4b). 대전된 고무 막대 쪽에 가까운 노체 구의 영역은 전자들이 떠나기 때문에 양전하가 과도하게 남게 된다. 접지된 전선이 그림 15.4c와 같이 공에 연결된다면, 전자들이 구를 떠나 땅으로 이동한다. 이어서 접지했던 전선을 제거하면(그림 15.4d), 도체 구에는 유도된 과잉 양전하가 남게 된다. 마지막으로 고무 막대를 도체 구 부근에서 제거하면(그림 15.4e), 접지되지 않은 구에 유도된 양전하가 남게 된다. 양으로 대전된 원자의 원자핵은 그대로 있음에도 불구하고, 이러한 과잉 양전하는 같은 종류의 전하 사이에 작용하는 반발력과 금속 내의 전자들의 높은 이동도 때문에, 접지되지 않은 도체 구의 표면에 고르게 분포된다.

도체 구에 전하를 가두는 과정에서 대전된 고무 막대는 음전하를 전혀 잃지 않는데, 이는 고무 막대가 구와 전혀 접촉하지 않았기 때문이다. 더구나 도체 구에는 고무 막대의 전하와 반대 부호를 가진 전하가 남게 되었다. **유도에 의해 물체를 대전시킬 때 전하를 유도하는 물체와 접촉시킬 필요는 없다.**

양으로 대전된 풍선은 벽의 표면에 음전하를 유도한다.

절연체

대전된 물체

유도 전하

a

대전된 막대에 의해 종이 분자에 있는 전하들이 분리되기 때문에 종잇조각들은 막대에 끌리게 된다.

© Cengage Learning/Charles D. Winters

b

그림 15.5 (a) 대전된 풍선을 절연체 벽에 가까이 가져간다. (b) 대전된 막대를 종잇조각에 가까이 가져간다.

도체의 유도와 유사한 과정이 절연체에서도 일어난다. 대부분의 중성 원자나 분자에서 양전하의 중심은 음전하의 중심과 일치한다. 그러나 대전된 물체에 인접하면 이를 양전하와 음전하의 중심이 약간 분리되어 분자의 한쪽의 양전하가 다른 쪽보다 많아진다. 이러한 효과를 **분극**(polarization)이라고 한다. 각 분자 내에서 전하의 재배열은 그림 15.5a에서와 같이 절연체의 표면에 유도 전하를 만든다. 이러한 원리에 의해 머리카락을 빗은 빗이 왜 중성의 종잇조각을 끌어당기는지, 또는 옷에 문지른 풍선이 왜 중성의 벽에 붙을 수 있는지가 설명될 수 있다.

15.2 **쿨롱의 법칙** Coulomb's Law

1785년에 쿨롱(Charles Coulomb, 1736~1806)은 실험적으로 정지된 두 대전 입자 사이에 작용하는 전기력에 관한 기본 법칙을 확립하였다.

> **전기력**(electric force)은 다음과 같은 성질을 갖는다.
>
> **1.** 전기력은 대전된 두 입자를 잇는 선을 따른 방향을 가지며, 두 입자간 거리 r의 제곱에 역비례[2]한다.
> **2.** 전기력은 대전된 두 입자의 전하 크기 $|q_1|$과 $|q_2|$의 곱에 비례한다.
> **3.** 두 전하의 부호가 반대이면 인력이 작용하고, 두 전하의 부호가 같으면 반발력이 작용한다.

이와 같은 실험 결과로부터 두 전하 사이에 작용하는 전기력을 쿨롱은 다음과 같은 수식으로 나타내었다.

> 전하 q_1과 q_2가 거리 r만큼 떨어져 있을 때 전기력의 크기는 다음과 같다.
>
> $$F = k_e \frac{|q_1||q_2|}{r^2}$$ [15.1]
>
> 여기서 k_e는 쿨롱 상수이다.

식 15.1은 **쿨롱의 법칙**(Coulomb's law)으로 알려져 있는데, 점전하나 전하의 구형 분포에 대해서만 적용된다. 여기서 거리 r은 전하 중심 사이의 거리이다. 움직이지 않는 전하 사이의 전기력을 정전기력이라 한다. 그 외에 움직이는 전하가 만드는 힘에 대해서는 19장에서 다룬다.

식 15.1에서 쿨롱 상수 값은 단위에 따라 달라진다. 전하의 SI 단위는 **쿨롱**(C)이다. 실험에 의해 구해진 SI 단위로 표시된 **쿨롱 상수**(Coulomb constant)는 다음과 같다.

$$k_e = 8.987\,6 \times 10^9 \, \text{N} \cdot \text{m}^2/\text{C}^2$$ [15.2]

쿨롱
Charles Coulomb, 1736~1806

쿨롱은 주로 정전기학과 자기학 분야에서 과학적 공헌이 컸다. 그는 평생 동안 재료의 강도를 연구하고 보 위의 물체에 작용하는 힘을 측정하는 등 구조 역학 분야에 기여하였다.

© Book's Hill

---

[2] 역자 주: 흔히 $\frac{1}{r^2}$을 r^2에 반비례한다고 표현하기도 한다. 그러나 반비례라는 말은 반대 방향으로 비례할 때도 사용한다. 정확한 표현은 역비례가 맞다.

표 15.1 전자, 양성자 및 중성자의 전하와 질량

입자	전하(C)	질량(kg)
전자	-1.60×10^{-19}	9.11×10^{-31}
양성자	$+1.60 \times 10^{-19}$	1.67×10^{-27}
중성자	0	1.67×10^{-27}

이 값은 주어진 문제에서 다른 물리량의 정확도에 따라 반올림할 수 있다. 보통 두 자리나 세 자리 값을 사용한다.

양성자는 $e = 1.6 \times 10^{-19}$ C 크기의 전하량을 갖는다. 따라서 $+1.0$ C의 전하량을 얻기 위해서는 $1/e = 6.3 \times 10^{18}$개의 양성자가 필요하다. 마찬가지로 6.3×10^{18}개의 전자는 -1.0 C의 전체 전하를 갖게 된다. 이것은 구리 1 cm^{3}에 들어 있는 10^{23}개 정도의 자유 전자의 수와 비교하면 매우 작지만, 1.0 C은 매우 큰 전하량이다. 고무 막대나 유리 막대를 마찰에 의하여 대전시키는 대표적인 정전기 실험에서는 10^{-6} C($= 1\,\mu$C) 정도의 알짜 전하가 얻어진다. 바꾸어 말하면 전체 전하 중에서 아주 작은 부분만이 막대와 문지르는 물체 사이에서 이동한다. 전자, 양성자, 중성자의 전하와 질량을 표 15.1에 나타내었다.

쿨롱의 법칙을 다룰 때, 힘이 벡터양임을 기억하고 적절하게 다루어야 한다. 그림 15.6a는 두 양전하 사이에 작용하는 반발력을 보여준다. 전기력은 뉴턴의 제3법칙을 따르며, 따라서 힘 $\vec{\mathbf{F}}_{12}$와 힘 $\vec{\mathbf{F}}_{21}$은 크기는 같으나 방향은 반대이다. ($\vec{\mathbf{F}}_{12}$는 입자 1이 입자 2에 작용하는 힘을 나타낸다. 마찬가지로 $\vec{\mathbf{F}}_{21}$은 입자 2가 입자 1에 작용하는 힘을 나타낸다.) 뉴턴의 제3법칙에 의하여 q_1과 q_2의 크기와는 무관하게 F_{12}와 F_{21}은 항상 같다.

쿨롱 힘은 만유인력과 비슷하다. 두 힘 모두 물리적인 접촉 없이 거리를 두고 작용하고, 두 입자를 잇는 선을 따른 방향으로 거리의 제곱에 역비례한다. 뉴턴의 법칙에서 질량 m_1과 m_2를 전하 q_1과 q_2로 대치하고 중력 상수 G를 쿨롱 상수 k_e로 대치하면, 쿨롱 힘의 수학적인 형식은 만유인력의 수학적인 형식과 같다. 그러나 전기력과 만유인력 사이에는 두 가지 중요한 차이가 있다. (1) 전기력은 인력일 수도 반발력일 수도 있으나, 만유인력은 항상 인력이다. (2) 대전된 두 작은 입자 사이의 전기력은 다음 예에서 보여주는 바와 같이, 같은 입자들 사이의 만유인력보다 훨씬 강하다.

그림 15.6 거리 r만큼 떨어진 두 점전하는 서로 쿨롱의 법칙으로 주어진 힘을 작용한다. q_1에 작용하는 힘은 q_2에 작용하는 힘과 크기는 같고 방향은 반대이다.

예제 15.1 수소 원자 내에서 전자와 양성자 간의 힘

목표 전기력과 중력의 크기를 비교한다.

문제 수소 원자 내의 전자와 양성자는 (평균적으로) 거리가 약 5.3×10^{-11} m만큼 떨어져 있다. **(a)** 두 입자 사이의 정전기적인 힘 F_e과 중력의 크기 F_g를 구하라. **(b)** 양성자의 전기력에 의해 전자에 작용하는 가속도를 구하라. 전자의 중력 가속도는 얼마인가?

전략 알고 있는 양을 두 힘의 법칙에 이용하고 두 힘의 비를 구하는 문제이다.

⋯⋯⋯⋯⋯⋯⋯⋯⋯⋯⋯⋯⋯⋯⋯⋯⋯⋯⋯⋯⋯⋯⋯⋯

풀이

(a) 전기력과 중력의 크기를 계산하고, F_e/F_g 비를 구한다.

$|q_1| = |q_2| = e$와 거리를 쿨롱의 법칙에 대입하여 전기력을 구한다.

$$F_e = k_e \frac{|e|^2}{r^2} = \left(8.99 \times 10^9 \, \frac{\text{N} \cdot \text{m}^2}{\text{C}^2} \right) \frac{(1.6 \times 10^{-19} \, \text{C})^2}{(5.3 \times 10^{-11} \, \text{m})^2}$$

$$= 8.2 \times 10^{-8} \, \text{N}$$

질량과 거리를 뉴턴의 중력 법칙에 대입하여 중력을 구한다.

$$F_g = G \frac{m_e m_p}{r^2}$$

$$= \left(6.67 \times 10^{-11} \, \frac{\text{N} \cdot \text{m}^2}{\text{kg}^2} \right) \frac{(9.11 \times 10^{-31} \, \text{kg})(1.67 \times 10^{-27} \, \text{kg})}{(5.3 \times 10^{-11} \, \text{m})^2}$$

$$= 3.6 \times 10^{-47} \, \text{N}$$

두 힘의 비를 구한다.

$$\frac{F_e}{F_g} = 2.3 \times 10^{39}$$

(b) 전기력에 의해 발생한 전자의 가속도와 만유인력에 의한 중력 가속도를 계산한다.

뉴턴의 제2법칙과 **(a)**에서 구한 전기력을 이용한다.

$$m_e a_e = F_e \quad \rightarrow \quad a_e = \frac{F_e}{m_e} = \frac{8.2 \times 10^{-8} \, \text{N}}{9.11 \times 10^{-31} \, \text{kg}}$$

$$= 9.0 \times 10^{22} \, \text{m/s}^2$$

뉴턴의 제2법칙과 **(a)**에서 구한 중력을 이용한다.

$$m_e a_g = F_g \quad \rightarrow \quad a_g = \frac{F_g}{m_e} = \frac{3.6 \times 10^{-47} \, \text{N}}{9.11 \times 10^{-31} \, \text{kg}}$$

$$= 4.0 \times 10^{-17} \, \text{m/s}^2$$

⋯⋯⋯⋯⋯⋯⋯⋯⋯⋯⋯⋯⋯⋯⋯⋯⋯⋯⋯⋯⋯⋯⋯⋯

참고 대전된 원자의 구성 요소 사이에 발생하는 중력은 그들 사이의 전기력과 비교하여 무시할 만하다. 전기력은 너무나 강하여 물체의 어떠한 알짜 전하도 그 반대의 전하를 끌어들여 중성화한다. 결과적으로 중력은 일상생활에서 움직이는 물체의 역학에 더 큰 역할을 한다.

15.2.1 중첩의 원리 The Superposition Principle

서로 떨어져 있는 여러 개의 전하가 한 전하에 작용하는 전기력은 각 전하에 의한 전기력을 별도로 계산한 후 벡터 합으로 구한다. 이것이 **중첩의 원리**(superposition principle)의 또 다른 예이다. 다음 예는 이차원에서의 중첩 과정이다.

예제 15.2 정전 평형 위치를 구하기

목표 일차원에서 쿨롱의 법칙을 적용한다.

문제 그림 15.7에서처럼 세 개의 전하가 x축 위에 놓여 있다. 양전하 $q_1 = 15 \, \mu\text{C}$은 $x = 2.0$ m, 양전하 $q_2 = 6.0 \, \mu\text{C}$은 원점에 놓여 있다. 음전하 q_3를 x축 상의 어느 점에 놓아야 그 전하에 작용하는 힘의 합이 영이 되겠는가?

전략 q_3가 다른 두 전하의 모두의 오른쪽에 있거나 왼쪽에 있다면 q_3에 작용하는 알짜힘은 영이 될 수 없다. 그 이유는 $\vec{\mathbf{F}}_{13}$와 $\vec{\mathbf{F}}_{23}$가 같은 방향이 되기 때문이다. 따라서 q_3는 두 전하 사이에 있어

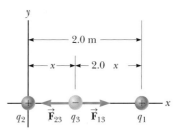

그림 15.7 (예제 15.2) x축을 따라 놓여 있는 세 전하. q_3는 음인 반면 q_1과 q_2는 양이다. q_3에 작용하는 합력이 영이려면 q_1이 q_3에 작용하는 힘 $\vec{\mathbf{F}}_{13}$는 q_2가 q_3에 작용하는 힘 $\vec{\mathbf{F}}_{23}$와 크기가 같고 방향이 반대이어야 한다.

야 한다. $\vec{F}_{13}$와 $\vec{F}_{23}$를 미지의 x좌표로 나타낸 다음 그 둘을 합하여 영이 되게 하여 미지수에 대해 풀면 된다. 그 해는 2차 함수 근의 공식으로 풀 수 있다.

풀이

$\vec{F}_{13}$의 x성분 식을 쓴다.

$$F_{13x} = +k_e \frac{(15 \times 10^{-6}\,\text{C})|q_3|}{(2.0\,\text{m} - x)^2}$$

$\vec{F}_{23}$의 x성분 식을 쓴다.

$$F_{23x} = -k_e \frac{(6.0 \times 10^{-6}\,\text{C})|q_3|}{x^2}$$

둘을 더하여 영으로 놓는다.

$$k_e \frac{(15 \times 10^{-6}\,\text{C})|q_3|}{(2.0\,\text{m} - x)^2} - k_e \frac{(6.0 \times 10^{-6}\,\text{C})|q_3|}{x^2} = 0$$

그 식의 양변에 있는 k_e, 10^{-6}, q_3을 지운 다음 정리한다(유효숫자와 단위는 편의상 생략한다).

$$6(2 - x)^2 = 15x^2 \qquad (1)$$

이 식을 2차 함수의 형태로 나타낸다. $ax^2 + bx + c = 0$

$$6(4 - 4x + x^2) = 15x^2 \;\rightarrow\; 2(4 - 4x + x^2) = 5x^2$$

$$3x^2 + 8x - 8 = 0$$

근의 공식을 사용하여 푼다.

$$x = \frac{-8 \pm \sqrt{64 - (4)(3)(-8)}}{2 \cdot 3} = \frac{-4 \pm 2\sqrt{10}}{3}$$

두 해 중 +값만 이 상황에서 의미가 있다.

$$x = \boxed{0.77\,\text{m}}$$

참고 이차방정식을 풀 때 항상 두 개의 근이 나오는데 물리 문제에서는 그 중 물리적인 의미가 있는 근을 답으로 선택해야 한다. 이 문제에서는 식 (1)의 양변의 제곱근을 취하면 간단하게 한 개의 근만 얻어지므로 근의 공식을 사용하지 않아도 된다. 하지만 이렇게 간단하게 풀리는 경우는 잘 없다.

예제 15.3 삼각형으로 배열된 전하

목표 이차원에서 쿨롱의 법칙을 적용한다.

문제 그림 15.8과 같이 삼각형의 꼭짓점에 위치한 세 개의 점전하, $q_1 = 6.00 \times 10^{-9}\,\text{C}$, $q_2 = -2.00 \times 10^{-9}\,\text{C}$, $q_3 = 5.00 \times 10^{-9}\,\text{C}$이 있다. **(a)** q_2가 q_3에 작용하는 힘 $\vec{F}_{23}$의 성분을 구하라. **(b)** q_1이 q_3에 작용하는 힘 $\vec{F}_{13}$의 성분을 구하라. **(c)** q_3에 작용하는 합력을 성분으로 나타내고, 크기와 방향을 구하라.

전략 쿨롱의 법칙으로 각각 힘의 크기를 계산할 수 있다. 직각삼각형에서의 삼각함수를 이용하여 쿨롱의 법칙에서 얻은 각 힘의 크기를 x성분과 y성분으로 나타낼 수 있다. 성분별로 더하여 합

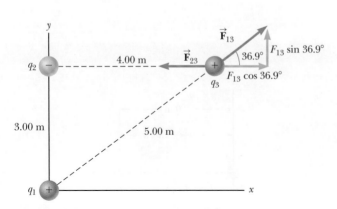

그림 15.8 (예제 15.3) q_1이 q_3에 작용하는 힘은 $\vec{F}_{13}$이다. q_2가 q_3에 작용하는 힘은 $\vec{F}_{23}$이다. q_3에 작용하는 합력은 $\vec{F}_{13} + \vec{F}_{23}$이다.

벡터의 방향과 크기를 구한다.

풀이

(a) q_2가 q_3에 작용하는 힘의 성분을 구한다.
쿨롱의 법칙으로부터 $\vec{F}_{23}$의 크기를 구한다.

$$F_{23} = k_e \frac{|q_2||q_3|}{r^2}$$

$$= (8.99 \times 10^9\,\text{N} \cdot \text{m}^2/\text{C}^2) \frac{(2.00 \times 10^{-9}\,\text{C})(5.00 \times 10^{-9}\,\text{C})}{(4.00\,\text{m})^2}$$

$$F_{23} = 5.62 \times 10^{-9}\,\text{N}$$

$\vec{F}_{23}$는 수평이고 $-x$ 방향을 향하므로, 크기의 음수가 x성분이며 y성분은 영이다.

$$F_{23x} = \boxed{-5.62 \times 10^{-9}\,\text{N}}$$

$$F_{23y} = \boxed{0}$$

(b) q_1이 q_3에 작용하는 힘의 성분을 구한다.
$\vec{F}_{13}$의 크기를 구한다.

$$F_{13} = k_e \frac{|q_1||q_3|}{r^2}$$

$$= (8.99 \times 10^9\,\text{N} \cdot \text{m}^2/\text{C}^2) \frac{(6.00 \times 10^{-9}\,\text{C})(5.00 \times 10^{-9}\,\text{C})}{(5.00\,\text{m})^2}$$

$$F_{13} = 1.08 \times 10^{-8} \text{ N}$$

주어진 삼각형을 이용하여 $\vec{F}_{13}$의 각 성분을 구한다.

$$F_{13x} = F_{13} \cos \theta = (1.08 \times 10^{-8} \text{ N}) \cos (36.9°)$$
$$= 8.64 \times 10^{-9} \text{ N}$$

$$F_{13y} = F_{13} \sin \theta = (1.08 \times 10^{-8} \text{ N}) \sin (36.9°)$$
$$= 6.48 \times 10^{-9} \text{ N}$$

(c) 합 벡터의 성분을 구한다.

x성분을 더하여 F_x를 구한다.

$$F_x = -5.62 \times 10^{-9} \text{ N} + 8.64 \times 10^{-9} \text{ N}$$
$$= 3.02 \times 10^{-9} \text{ N}$$

y성분을 더하여 F_y를 구한다.

$$F_y = 0 + 6.48 \times 10^{-9} \text{ N} = 6.48 \times 10^{-9} \text{ N}$$

피타고라스 정리를 이용하여 전하 q_3에 작용하는 알짜힘을 구한다.

$$|\vec{F}| = \sqrt{F_x^2 + F_y^2}$$
$$= \sqrt{(3.02 \times 10^{-9} \text{ N})^2 + (6.48 \times 10^{-9} \text{ N})^2}$$
$$= 7.15 \times 10^{-9} \text{ N}$$

양의 x축에 대하여 알짜힘의 각도를 구한다.

$$\theta = \tan^{-1}\left(\frac{F_y}{F_x}\right) = \tan^{-1}\left(\frac{6.48 \times 10^{-9} \text{ N}}{3.02 \times 10^{-9} \text{ N}}\right) = 65.0°$$

참고 여기서 사용한 방법은 이차원에서 뉴턴의 중력 법칙을 사용하는 것과 같은 방법이다.

15.3 전기장 Electric Field

중력과 정전기력은 둘 다 공간을 통해 작용하며, 두 물체 사이에 서로 접촉하지 않아도 작용한다. 장힘(field forces)은 다양한 방법으로 설명할 수 있으나, 패러데이(Michael Faraday, 1791~1867)가 개발한 방법이 가장 실용적이다. 그 방법에 따르면 **전기장**(electric field)은 대전된 물체의 주변 공간에 존재한다. 대전된 어떤 다른 물체가 이 전기장 속으로 들어가면 전기력의 영향을 받는다. 이것은 대전된 전하의 장에 의해 서로 떨어진 거리에서 힘이 작용하는 쿨롱의 법칙 개념과 다르다.

그림 15.9는 아주 큰 양전하 Q 근처에 있는 작은 양전하 q_0를 나타낸 것이다.

> 작은 시험 전하 q_0의 위치에 전하 Q가 만들어낸 전기장 $\vec{E}$는 Q가 q_0에 작용하는 전기력 $\vec{F}$를 q_0로 나눈 값으로 정의한다.

$$\vec{E} \equiv \frac{\vec{F}}{q_0} \qquad [15.3]$$

SI 단위: 뉴턴/쿨롱(N/C)

개념적으로나 실험적으로 시험 전하 q_0는 매우 작아야 한다. 그래야 q_0이 전기장 $\vec{E}$를 만들어내는 전하 Q의 재배열의 원인이 되지 않는다. 그러나 수학적으로는 시험 전하의 크기와 무관하게 계산값이 같다. 이런 점에서 식 15.3에서 $q_0 = 1$ C을 사용하는 것은 편리하다.

양의 시험 전하가 사용될 때, 식 15.3에 따라 전기장은 항상 시험 전하에 작용하는 힘과 같은 방향을 갖는다. 그러므로 그림 15.9에서 전기장의 방향은 수평이며 오른쪽을 향한다. 그림 15.10a의 점 A에서의 전기장은 수직 아랫방향을 향하는데, 그 점에

그림 15.9 양전하 q_0를 가진 작은 물체가 더 큰 양전하 Q를 가진 물체의 근처에 놓여, 그림과 같은 방향의 전기장 $\vec{E}$를 받는다. 전기장의 크기는 q_0에 작용하는 힘을 전하량 q_0로 나눈 값으로 정의한다.

그림 15.10 (a) 음으로 대전된 구에 의한 A에서의 전기장은 아랫방향이며, 음전하 쪽을 향한다. (b) 양으로 대전된 도체 구에 의한 P에서의 전기장은 윗방향으로 양전하로부터 멀어지는 방향이다. (c) 점 P에 놓여있는 시험 전하 q_0은 구의 전하와 비교하여 매우 작지 않으면, 구의 전하 분포에 재배열을 일으킨다.

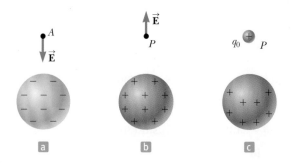

q가 양이면, 점 P에서의 전기장은 q로부터 지름 방향으로 퍼져 나가는 방향이다.

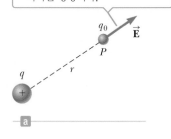

q가 음이면, 점 P에서의 전기장은 q를 향해 지름 방향으로 모여 드는 방향이다.

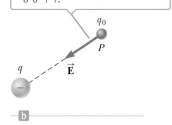

그림 15.11 점 P에 있는 시험 전하 q_0는 점전하 q로부터 거리 r만큼 떨어져 있다.

놓인 양전하가 음으로 대전된 구 쪽으로 인력이 작용하기 때문이다.

일단 어떤 곳에서의 전기장을 알면, 임의의 전하 q가 그 곳에서 받는 힘은 식 15.3을 변형한 다음의 식으로부터 구할 수 있다.

$$\vec{F} = q\vec{E} \qquad [15.4]$$

여기서 q_0은 q로 대치되었고, q는 시험 전하일 필요는 없다.

그림 15.11과 같이 전기장 $\vec{E}$의 방향은 전기장에 놓인 양의 시험 전하 q_0이 받는 힘의 방향이다. **어떤 점에서 시험 전하가 전기력을 받고 있다면, 그 점에는 전기장이 존재한다**고 말할 수 있다.

점전하 q가 시험 전하 q_0으로부터 거리 r만큼 떨어져 있다고 하자. 쿨롱의 법칙에 의해 시험 전하에 작용하는 힘의 크기는 다음과 같다.

$$F = k_e \frac{|q||q_0|}{r^2} \qquad [15.5]$$

시험 전하의 위치에서 전기장의 크기는 $E = F/q_0$로 정의되었으므로, q_0의 위치에서 전하 q에 의한 전기장의 크기는 다음과 같다.

$$E = k_e \frac{|q|}{r^2} \qquad [15.6]$$

식 15.6은 전기장의 중요한 성질을 나타내며, 전기적 현상을 기술하는 데 유용한 양이다. 식이 나타내는 것처럼, 주어진 위치에서의 전기장은 전기장을 일으키는 물체의 전하 q와 물체로부터 공간상의 일정한 위치까지의 거리 r에 의존한다. 결과적으로 그림 15.11에서 점 P에 전하가 존재하든 존재하지 않든 간에, P에 전기장이 존재한다고 말할 수 있다.

점전하 집단의 전기장을 계산할 때도 중첩의 원리가 성립한다. 먼저, 식 15.6을 이용하여 한 지점에서 각 전하에 의한 전기장을 계산하고, 구한 전기장을 벡터 합으로 나타낸다.

또한 전기장에서 전하 분포의 어떤 대칭성을 이용하는 것이 중요하다. 예를 들어, 같은 전하가 $x = a$와 $x = -a$에 있을 때, 대칭성에 의해 원점에서의 전기장은 0이다. 유사하게 x축에 양전하가 균일하게 분포되어 있다면, 대칭에 의해서 전기장은 x축에서 멀어지는 수직 방향이고, x축에 평행인 전기장은 0이다.

예제 15.4 두 점전하에 의한 전기장

목표 중첩의 원리를 사용하여 두 점전하에 의한 전기장을 계산한다.

문제 전하 $q_1 = 7.00 \ \mu C$은 원점에 있고 $q_2 = -5.00 \ \mu C$은 원점으로부터 0.300 m 떨어진 x축에 있다(그림 15.12). **(a)** 점 $P(0, 0.400)$ m에서 전기장의 방향과 크기를 구하라. **(b)** 점 P에 2.00×10^{-8} C의 전하가 있다면, 이 전하에 작용하는 전기력은 얼마인가?

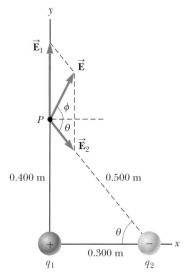

그림 15.12 (예제 15.4) 점 P에서의 전체 전기장은 벡터 합 $\vec{E}_1 + \vec{E}_2$이다. $\vec{E}_1$은 양전하 q_1에 의한 전기장이고 $\vec{E}_2$는 음전하 q_2에 의한 전기장이다.

전략 각각의 전하가 점 P에 만드는 전기장의 x성분과 y성분을 구한 후, 성분별로 모든 전기장을 더해서 합 벡터의 x성분과 y성분을 구한다. 이 전기장에 전하를 곱해주면 **(b)**에서 요구하는 힘의 크기를 구할 수 있다.

··

풀이

(a) 점 P에서의 전기장을 계산한다.

식 15.6으로 전기장 $\vec{E}_1$의 크기를 구한다.

$$E_1 = k_e \frac{|q_1|}{r_1{}^2} = (8.99 \times 10^9 \ \mathrm{N \cdot m^2/C^2}) \frac{(7.00 \times 10^{-6} \ \mathrm{C})}{(0.400 \ \mathrm{m})^2}$$
$$= 3.93 \times 10^5 \ \mathrm{N/C}$$

벡터 $\vec{E}_1$은 $+x$축과 90°를 이루면서 연직이다. 이 벡터의 성분을 구하기 위해 이 사실을 이용한다.

$$E_{1x} = E_1 \cos(90°) = 0$$
$$E_{1y} = E_1 \sin(90°) = 3.93 \times 10^5 \ \mathrm{N/C}$$

이번에는 식 15.6으로 전기장 $\vec{E}_2$의 크기를 구한다.

$$E_2 = k_e \frac{|q_2|}{r_2{}^2} = (8.99 \times 10^9 \ \mathrm{N \cdot m^2/C^2}) \frac{(5.00 \times 10^{-6} \ \mathrm{C})}{(0.500 \ \mathrm{m})^2}$$
$$= 1.80 \times 10^5 \ \mathrm{N/C}$$

그림 15.12의 삼각형을 이용하여 $\cos \theta$를 구하고 $\vec{E}_2$의 x성분을 구한다.

$$\cos \theta = \frac{\text{밑변}}{\text{빗변}} = \frac{0.300}{0.500} = 0.600$$

$$E_{2x} = E_2 \cos \theta = (1.80 \times 10^5 \ \mathrm{N/C})(0.600)$$
$$= 1.08 \times 10^5 \ \mathrm{N/C}$$

같은 방법으로 y성분을 구하는데, 이 성분은 아래를 향하기 때문에 음의 부호를 갖는다.

$$\sin \theta = \frac{\text{높이}}{\text{빗변}} = \frac{0.400}{0.500} = 0.800$$

$$E_{2y} = E_2 \sin \theta = (1.80 \times 10^5 \ \mathrm{N/C})(-0.800)$$
$$= -1.44 \times 10^5 \ \mathrm{N/C}$$

x성분끼리 더하여 합 벡터의 x성분을 구한다.

$$E_x = E_{1x} + E_{2x} = 0 + 1.08 \times 10^5 \ \mathrm{N/C} = 1.08 \times 10^5 \ \mathrm{N/C}$$

y성분끼리 더하여 합 벡터의 y성분을 구한다.

$$E_y = E_{1y} + E_{2y} = 3.93 \times 10^5 \ \mathrm{N/C} - 1.44 \times 10^5 \ \mathrm{N/C}$$
$$= 2.49 \times 10^5 \ \mathrm{N/C}$$

피타고라스 정리를 이용하여 합 벡터의 결과를 구한다.

$$E = \sqrt{E_x{}^2 + E_y{}^2} = \boxed{2.71 \times 10^5 \ \mathrm{N/C}}$$

역탄젠트 함수를 사용하면 합 벡터의 방향을 구한다.

$$\phi = \tan^{-1}\left(\frac{E_y}{E_x}\right) = \tan^{-1}\left(\frac{2.49 \times 10^5 \ \mathrm{N/C}}{1.08 \times 10^5 \ \mathrm{N/C}}\right) = \boxed{66.6°}$$

(b) 점 P에 놓인 2.00×10^{-8} C의 전하에 작용하는 힘을 구한다. 힘의 크기를 계산한다(전하가 양이기 때문에 전기장 $\vec{E}$와 같은 방향이다).

$$F = Eq = (2.71 \times 10^5 \ \mathrm{N/C})(2.00 \times 10^{-8} \ \mathrm{C})$$
$$= \boxed{5.42 \times 10^{-3} \ \mathrm{N}}$$

··

참고 여기에는 문제를 풀기 위한 짧지만 많은 단계가 있다. 이런 문제에 부딪쳤을 때 한 번에 한 단계씩 초점을 맞추는 것이 중요하다. 이 문제는 단번에 풀 수 있는 것이 아니라, 쉬운 부분이 많이 모여서 큰 문제를 해결하고 있다.

15.4 밀리컨의 기름방울 실험 The Millikan Oil-Drop Experiment

1909년부터 1913년까지 밀리컨(Robert Andrews Millikan, 1868~1953)은 시카고 대학교에서 전자의 기본 전하량의 크기 e를 측정하였으며, 전하가 양자화되었다는 사실을 증명한 매우 뛰어난 일련의 실험을 수행하였다. 그는 그림 15.13에 나타낸 것과 같이 두 개의 평행 금속판이 있는 장치를 이용하였다. 분무기 내부에서 마찰에 의해 대전되어 나온 작은 기름방울은 위쪽에 놓여 있는 금속판의 작은 구멍을 통하여 내부로 들어간다. 수평 방향으로 광선이 기름방울을 비추고, 장축이 광선에 수직인 망원경을 통해 작은 기름방울을 관찰한다. 이렇게 했을 때, 어두운 배경에서 작은 기름방울은 반짝이는 별처럼 보이고, 떨어지는 기름방울의 비율을 측정할 수 있다.

질량이 m이고 전하의 크기가 q인 음전하를 띤 한 개의 기름방울을 관측한다고 하자. 두 평행한 금속판 사이에 전기장이 없다면, 전하에 작용하는 두 가지 힘은 아래로 작용하는 중력 $m\vec{g}$와 위로 향하는 점성 끌림력(viscous drag force) $\vec{D}$이다(그림 15.14a). 끌림력은 기름방울의 떨어지는 속력에 비례한다. 방울이 종단 속력 v에 도달하면 두 힘은 서로 균형을 이룬다($mg = D$).

이제 배터리를 연결하여 위쪽 금속판이 양전하를 갖도록 두 금속판 사이에 전기장을 만들자. 이 경우에 세 번째 힘인 $q\vec{E}$가 기름방울에 작용한다. q가 음전하이고 $\vec{E}$가 아

그림 15.13 밀리컨의 기름방울 실험 장치의 개략도

기름방울

작은 구멍

망원경

빛

전기장이 없을 때: 기름방울은 중력과 끌림력의 벡터 합이 영이 될 때 종단 속력 $\vec{v}$로 낙하하게 된다.

전기장이 있을 때: 기름방울은 중력과 끌림력 및 전기력의 벡터 합이 영이 될 때 종단 속력 $\vec{v}'$로 위로 상승한다.

그림 15.14 밀리컨의 실험에서 음으로 대전된 기름방울에 작용하는 힘

래로 향하므로 전기력은 그림 15.14b와 같이 위로 향한다. 전기력이 충분히 크면, 기름방울은 위로 향하게 되며 끌림력 $\vec{\mathbf{D}}'$은 아래로 작용하게 된다. 위로 향하는 전기력 $q\vec{\mathbf{E}}$가 아래로 향하는 중력과 끌림력의 합과 평형을 이루면, 기름방울은 새로운 종단 속력 v'에 도달할 것이다.

전기장이 있을 때, 기름방울은 일반적으로 초당 1/100 cm 속력으로 서서히 위로 움직인다. 전기장이 없을 때 낙하 속력도 비슷하다. 따라서 단순히 전기장을 번갈아 껐다 켬으로써, 일정한 질량과 반지름을 가진 기름방울이 위아래로 움직이는 모습을 수 시간 동안 관찰할 수 있다.

수천 개의 기름방울을 측정한 결과, 밀리컨과 그의 동료들은 약 1%의 정확도 내에서 모든 기름방울이 기본 전하량 e의 양의 정수배 또는 음의 정수배가 됨을 밝혔다.

$$q = ne \quad n = 0, \pm 1, \pm 2, \pm 3, \ldots \qquad [15.7]$$

여기서 $e = 1.60 \times 10^{-19}$ C이다. 나중에 알려진 사실이지만, 양의 정수배는 기름방울이 한 개 또는 여러 개의 전자를 잃었을 때 나타나고, 음의 정수배는 기름방울이 한 개 또는 여러 개의 전자를 얻었을 때 나타난다. 이것은 전하가 양자화되었다는 결정적인 증거를 제시한다. 이 공로로 1923년에 밀리컨은 노벨 물리학상을 받았다.

15.5 전기선속과 가우스의 법칙 Electric Flux and Gauss's Law

가우스의 법칙은 폐곡면에 있는 평균 전기장을 계산하기 위한 필수적인 기법으로 가우스(Karl Friedrich Gauss, 1777~1855)에 의해 개발되었다. 전기장이 어느 면에서나 일정하고 수직일 때, 이것의 대칭성 때문에 정확한 전기장을 알 수 있다. 이러한 특별한 경우 가우스의 법칙은 쿨롱의 법칙보다 적용하기 훨씬 쉽다.

가우스의 법칙은 폐곡면을 지나는 전기선속과 폐곡면 내의 전기장을 일으키는 전체 전하와의 직접적인 상관 관계를 보여준다. 폐곡면은 구처럼 안과 밖이 있다. 전기선속은 전기장이 주어진 면을 얼마나 뚫고 지나가는지를 나타낸다. 전기장 벡터가 모든 점에서 표면에 접한다면 표면을 뚫고 지나가지 않으므로, 표면을 지나는 전기선속은 영이다. 이러한 개념은 다음 부분에서 자세히 논의할 것이다. 가우스의 법칙은 폐곡면을 지나는 전기선속은 표면 안에 있는 전하에 비례한다는 것을 보여준다.

15.5.1 전기선속 Electric Flux

그림 15.15와 같이 크기와 방향 모두가 일정한 전기장이 있다. 전기장선은 전기장에 수직인 방향으로 놓여 있는 넓이 A의 표면을 통과한다. 그림 15.15와 같은 그림을 그릴 때, 단위 넓이당 선의 수인 N/A는 전기장의 크기에 비례한다. 즉, $E \propto N/A$이다. 이는 $N \propto EA$로 쓸 수 있는데, 전기장선의 수가 전기장의 세기 E와 넓이 A의 곱에 비례함을 의미한다. 이 E와 A의 곱을 **전기선속**(electric flux)이라고 하며, 기호 Φ_E로 나타낸다.

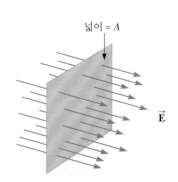

그림 15.15 넓이 A인 평면을 수직으로 통과하는 균일한 전기장을 나타내는 전기장선. 이 면을 통과하는 전기선속 Φ_E는 EA이다.

$$\Phi_E = EA \qquad\qquad [15.8]$$

여기서 Φ_E는 SI 단위로 N·m²/C이며, 본질적으로 전기장에 수직인 넓이 A를 통과하는 전기장선의 수이다(이것은 유체에서 쓰이는 선속과 유사한데, 유체에서는 초당 수직 방향의 면을 통과하는 유체의 부피를 의미한다). 만일 고려하는 면이 그림 15.16과 같이 전기장과 수직으로 놓여 있지 않다면 전기선속에 대한 표현은 다음과 같다.

전기선속 ▶

$$\Phi_E = EA \cos\theta \qquad\qquad [15.9]$$

여기서 면 A에 수직인 벡터는 전기장과 θ의 각도를 이룬다. 이 벡터는 종종 표면에 수직이라고 말하며, '표면에 수직인 벡터'로 부른다. 면 A를 지나는 선의 수는 전기장과 수직으로 투영한 면 A'를 지나는 수와 같다. 두 면 사이의 관계는 $A' = A \cos\theta$이다. 식 15.9로부터, 고정된 면의 A를 지나는 선속은 면과 전기장의 방향이 수직일 때($\theta = 0°$) 최댓값 EA를 가지며, 그 표면과 전기장이 나란할 때($\theta = 90°$) 영이다. **편의상 면이 폐곡면을 이루면, 부피 내부를 향하는 선속을 음으로, 부피 내부로부터 밖을 향하는 선속을 양으로 정한다.** 이런 식으로 전기장의 방향을 잡는 것은 폐곡면을 지나는 선속을 계산할 때, 표면에 수직인 벡터를 바깥 방향으로 하는 것처럼 관례적인 것이다.

면 A'을 통과하는 선의 수는 면 A를 통과하는 선의 수와 같다.

그림 15.16 전기장과 $(90° - \theta)$의 각을 이루고 있는 면 A를 통과하는 균일한 전기장의 전기장선

예제 15.5 **정육면체를 통과하는 선속**

목표 폐곡면을 지나는 전기선속을 계산한다.

문제 x 방향으로 균일한 전기장이 있다고 하자. 그림 15.17에 있는 한 변의 길이가 L인 정육면체의 각각의 면을 통과하는 전기선속과 알짜 선속을 구하라.

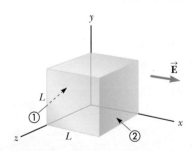

그림 15.17 (예제 15.5) x축에 평행한 균일한 전기장 속에 놓인 정육면체의 표면. 정육면체 내부의 알짜 전하가 영일 때 표면을 통과하는 알짜 선속도 영이다.

전략 이 문제는 식 15.9에 주어진 전기선속의 정의를 이용한다. 각각의 경우 E와 $A = L^2$은 같고, 유일하게 다른 점은 주어진 면에 수직인 벡터와 전기장이 이루는 각 θ이다. 넓이 벡터는 각각의 면에 수직이고 바깥 방향을 향한다. xy평면에 평행인 면을 통과하는 선속은 Φ_{xy}(앞, 뒤), yz평면에 평행인 면을 통과하는 선속은 Φ_{yz}(왼쪽, 오른쪽), xz평면에 평행인 면을 통과하는 선속은 Φ_{xz}

(위, 아래)이라 한다.

....

풀이

xy평면에 수직인 벡터는 $-z$ 방향이고, 이는 $\vec{E}$와 수직이므로 $\theta = 90°$이다(반대편 면도 마찬가지이다).

$$\Phi_{xy} = EA \cos(90°) = \boxed{0} \quad \text{(앞과 뒤)}$$

xz평면에 수직인 벡터는 $-y$ 방향이고, $\vec{E}$와 수직이므로 $\theta = 90°$이다(반대편 면도 마찬가지이다).

$$\Phi_{xz} = EA \cos(90°) = \boxed{0} \quad \text{(위와 아래)}$$

면 ①(yz평면)에 수직인 벡터는 $-x$ 방향이고 $\vec{E}$와 반평행하므로 $\theta = 180°$이다.

$$\Phi_{yz} = EA \cos(180°) = \boxed{-EL^2} \quad \text{(면 ①)}$$

면 ②는 $+x$ 방향을 향하는 수직인 벡터이므로 $\theta = 0°$이다.

$$\Phi_{yz} = EA \cos(0°) = \boxed{EL^2} \quad \text{(면 ②)}$$

이 값들을 합하여 알짜 선속을 계산한다.

$$\Phi_{알짜} = 0 + 0 + 0 + 0 - EL^2 + EL^2 = \boxed{0}$$

참고 계산을 할 때, 선속의 정의에서의 각도는 면에 수직인 벡터로부터 측정되고, 이 벡터는 폐곡면의 바깥 방향을 향해야 함을 기억하라. 결과적으로 왼쪽에서 yz평면에 수직인 벡터는 $-x$ 방향을 향하고, 오른쪽에 있는 yz평면에 평행한 법선 벡터는 $+x$ 방향을 가리킨다. 상자 내에는 어떤 전하도 있지 않음에 주목하라. 알짜 전하를 포함하고 있지 않은 폐곡면에 대한 알짜 전기선속은 항상 영이다.

15.5.2 가우스의 법칙 Gauss's Law

그림 15.18a와 같이 반지름이 r인 구의 표면으로 둘러싸여 있는 점전하 q가 있다. 구의 표면에서 전기장의 크기는 어느 점에서나 다음과 같다.

$$E = k_e \frac{q}{r^2}$$

전기장은 구의 표면 어디에서나 수직임에 주목하라. 따라서 표면을 통과하는 전기선속은 EA이며, 이때 $A = 4\pi r^2$은 구의 겉넓이이다.

$$\Phi_E = EA = k_e \frac{q}{r^2}(4\pi r^2) = 4\pi k_e q$$

이때 k_e를 다른 상수인 ϵ_0로 표현하는 것이 때로는 편리하며, $k_e = 1/(4\pi\epsilon_0)$이다. 상수 ϵ_0는 **자유 공간의 유전율**(permittivity of free space)이며, 그 값은 다음과 같다.

$$\epsilon_0 = \frac{1}{4\pi k_e} = 8.85 \times 10^{-12}\ \mathrm{C^2/N \cdot m^2} \qquad [15.10]$$

k_e나 ϵ_0는 편리한 대로 사용하면 된다. 전하 q를 둘러싸고 있는 폐곡면을 통과하는 전기선속은 다음과 같이 표현할 수 있다.

$$\Phi_E = 4\pi k_e q = \frac{q}{\epsilon_0}$$

이 결과로 전하 q에 둘러싸인 구를 통과하는 전기선속은 전하를 상수 ϵ_0로 나눈 것과 같다는 것을 알 수 있다. 이 간단한 결과는 전하 q를 둘러싸고 있는 어떤 형태의 폐곡면에 대해서도 성립함을 보일 수 있다. 예를 들어, q를 둘러싼 표면이 불규칙하다 하더라도, 그 표면을 지나는 알짜선속은 역시 q/ϵ_0이다(그림 15.18b). 이것으로부터 가우스의 법칙이라고 하는 다음과 같은 식이 얻어진다.

가우스 면

r

q

그림 15.18 (a) 점전하 q를 둘러싸고 있는 반지름 r인 구면을 통과하는 선속은 $\Phi_E = q/\epsilon_0$이다. (b) 또한 전하를 둘러싸고 있는 임의의 표면을 지나는 알짜선속은 q/ϵ_0와 같다.

가우스의 법칙 ▶ 임의의 폐곡면을 통과하는 전기선속 Φ_E는 표면 내부의 알짜 전하 $Q_{내부}$를 ϵ_0로 나눈 것과 같다.

$$\Phi_E = \frac{Q_{내부}}{\epsilon_0} \qquad [15.11]$$

설사 확신하지 못하더라도 이것은 전하가 전기장을 어떻게 형성하는가를 설명하는 기본적인 법칙이다. 원칙적으로 가우스의 법칙은 항상 전하계 또는 연속적으로 분포된 전하에 의한 전기장을 계산하기 위하여 사용될 수 있다. 실제로 이 기법은 예를 들어, 구, 원통, 평면 등 고도의 대칭성을 갖는 몇 가지 제한적인 상황에서만 유용하다. 이러한 특수한 형태의 대칭성으로부터 전하들은 가우스 면이라는 가상적인 표면으로 둘러싸일 수 있다. 이 가상적인 면은 수학적인 계산에 바로 이용된다. 만일 가상적인 면 위의 모든 점에서 전기장이 동일하도록 선택된다면, 전기장은 예에서 보는 것처럼 다음과 같이 계산된다.

> **Tip 15.1 가우스 면은 실제로 있는 것이 아니다**
> 가우스 면은 수학적인 계산을 위해 만들어낸 상상의 표면이다. 물리적 실체가 있는 물체의 표면과는 다르다.

$$EA = \Phi_E = \frac{Q_{내부}}{\epsilon_0} \qquad [15.12]$$

비록 이 형태의 가우스의 법칙이 대칭성이 아주 큰 문제에서의 전기장을 구할 때만 사용될지라도, 임의의 표면에서의 평균 전기장을 구할 때도 항상 사용할 수 있다.

예제 15.6 대전된 구 껍질의 전기장

목표 가우스의 법칙을 이용하여 구형 대칭일 때 전기장을 결정한다.

문제 안쪽 반지름이 a이고 바깥쪽 반지름이 b인 도전성의 구 껍질이 있다. 대전된 구 껍질은 표면에 전체 전하 $+Q$를 가지고 있다(그림 15.19a). Q는 양의 전하이다. **(a)** 반지름 $r < a$인 도전성의 구 껍질 내부의 전기장을 구하라. **(b)** $r > b$인 구 껍질 밖에서의 전기장을 구하라. **(c)** 구의 중심에 $-2Q$의 전하가 놓여 있다면, $r > b$인 영역에서의 전기장은 얼마인가? **(d)** (c)에서 구 위에서의 전하 분포는 어떻게 되는가?

전략 각각의 경우 관심 있는 영역에 대하여 구형 가우스 면을 그린다. 가우스 면 안에 있는 전하를 더하고, 이것과 넓이를 가우스의 법칙에 대입하고 풀어서 전기장을 구한다. **(c)**에서 전하 분포를 구하기 위하여 가우스의 법칙을 역으로 사용한다. 전하 분포는 도체 내부의 전기장이 영이 되도록 한다.

그림 15.19 (예제 15.6) (a) 균일하게 대전된 구 껍질 내부에서의 전기장은 영이다. $a < r < b$인 영역에서 도전성 물체의 전기장 또한 영이다. 구 껍질 외부에서의 전기장은 전체 전하 Q를 가진 점전하가 구 껍질의 중심에 놓여 있을 때의 전기장과 같다. (b) 구 껍질 내부에서의 전기장을 계산하기 위한 가우스 면, (c) 구 껍질 외부에서의 전기장을 계산하기 위한 가우스 면

$$EA = E(4\pi r^2) = \frac{Q_{내부}}{\epsilon_0} = 0 \rightarrow E = 0$$

(b) $r > b$에서의 전기장을 구한다.

그림 15.19c에 그려진 가우스 면에 가우스의 법칙인 식 15.12를 적용한다.

$$EA = E(4\pi r^2) = \frac{Q_{내부}}{\epsilon_0} = \frac{Q}{\epsilon_0}$$

풀이

(a) $r < a$에서의 전기장을 구한다.

그림 15.19b에 그려진 가우스 면에 가우스의 법칙인 식 15.12를 적용한다(이 표면 안에는 어떠한 전하도 없다는 것에 주목하라).

넓이로 나눈다.

$$E = \frac{Q}{4\pi\epsilon_0 r^2}$$

(c) 새로운 전하 $-2Q$를 구의 중심에 놓는다. $r > b$인 구 바깥에서의 새로운 전기장을 계산한다.

$Q_{내부}$에 새로운 전하를 포함시켜, (b)에서와 같이 가우스의 법칙을 적용한다.

$$EA = E(4\pi r^2) = \frac{Q_{내부}}{\epsilon_0} = \frac{+Q - 2Q}{\epsilon_0}$$

$$E = -\frac{Q}{4\pi\epsilon_0 r^2}$$

(d) (c)에서 구 위의 전하 분포를 구한다.
구 껍질 안쪽에 대하여 가우스의 법칙을 사용한다.

$$EA = \frac{Q_{내부}}{\epsilon_0} = \frac{Q_{중심} + Q_{안쪽\;면}}{\epsilon_0}$$

도체 안의 전기장은 영임을 주목하면서, 껍질 안쪽 면에서의 전하를 구한다.

$$Q_{중심} + Q_{안쪽\;면} = 0$$

$$Q_{안쪽\;면} = -Q_{중심} = +2Q$$

바깥쪽 면의 전하와 안쪽 면의 전하의 합이 $+Q$이어야 함을 주목하면서, 바깥쪽 면에서의 전하를 구한다.

$$Q_{바깥쪽\;면} + Q_{안쪽\;면} = Q$$

$$Q_{바깥쪽\;면} = -Q_{안쪽\;면} + Q = -Q$$

....

참고 주목해야 할 중요한 것은 각각의 경우 전하는 구 전체에 걸쳐 퍼져있거나 정중앙에 있다는 것이다. 이것으로 전기장에 대한 값을 계산할 수 있다.

예제 15.6과 같은 문제는 때때로 전하가 균일하게 분포된 '얇고 부도체인 구 껍질'이라 하기도 한다. 그러한 경우 껍질의 바깥 면과 안쪽 면 사이에 차이가 있을 필요가 없다. 다음 예제는 그렇게 가정되었다고 전제한다.

예제 15.7 부도체 평면판에 전하가 분포되어 있는 경우

목표 면 대칭 문제에 가우스의 법칙을 적용한다.

문제 단위 넓이당 σ의 전하 밀도로 무한히 큰 부도체 평면판에 양전하가 분포된 경우 그 판의 위와 아래에서의 전기장을 구하라 (그림 15.20a).

전략 그림 15.20b에서와 같이 대칭성에 의해 전기장은 평면에 수직으로 판의 어느 쪽에서나 판에서 멀어지는 방향으로 향한다. 축이 평면에 수직인 작은 원통을 가우스 면으로 정한다. 원통의 양끝 면의 넓이는 A_0이다. 원통의 둥근 측면을 통해서는 전기장선이 통과하지 않고, 양 끝 면으로만 통과한다. 그 두 면의 전체 넓이는 $2A_0$이다. 그림 15.20b를 사용하여 가우스의 법칙을 적용한다.

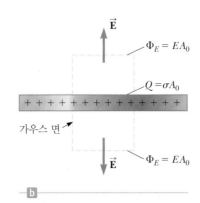

그림 15.20 (예제 15.7) (a) 원통형 가우스 면이 무한히 큰 평면 전하 분포 속으로 들어간다. (b) 원통형 가우스 면에서 양 끝면의 넓이는 같다. 양 끝면을 관통하는 전기선속은 EA_0이다. 원통 옆면을 관통하는 전기선속은 없다.

풀이

전하 분포가 균일한 평면의 위와 아래에서의 전기장을 구한다. 가우스의 법칙인 식 15.12를 적용한다.

$$EA = \frac{Q_{내부}}{\epsilon_0}$$

가우스 면으로 둘러싸인 원통 속에 있는 전체 전하는 전하 밀도와 단면의 넓이를 곱한 것이다.

$$Q_{내부} = \sigma A_0$$

전기선속은 각 넓이가 A_0인 양 끝 면으로만 나오므로 $A = 2A_0$와 $Q_{내부}$를 대입하고 E에 대해 푼다.

$$E = \frac{\sigma A_0}{(2A_0)\epsilon_0} = \boxed{\frac{\sigma}{2\epsilon_0}}$$

이것은 전기장의 크기일 뿐이다. 면 위와 아래에서의 전기장의 z 성분을 구해보자. 전기장은 면에서 멀어지는 방향이므로 위에서는 양이고 아래에서는 음이다.

$$E_z = \frac{\sigma}{2\epsilon_0} \quad z > 0$$

$$E_z = -\frac{\sigma}{2\epsilon_0} \quad z < 0$$

참고 이 문제에서 판은 매우 얇은 부도체로 가정하였음에 유의해야 한다. 물론 그것이 금속이라면, 내부의 전기장은 영이 되고, 전체 전하의 반은 위 표면에 나머지 반은 아래 표면에 있게 된다.

그림 15.21 이상적인 평행판 커패시터의 단면도. 전기장 벡터는 판 사이에서는 합으로 나타나나 밖에서는 상쇄된다.

다음 장에서 심도 있게 배우게 될 아주 중요한 회로 소자 중의 하나가 평행판 커패시터이다. 그 장치는 예제 15.7에서와 같이 아래에는 양으로 대전된 판이 있고 그 위에 같은 크기의 음으로 대전된 판으로 되어 있다. 이들 두 대전된 판에 의한 전기장의 합이 그림 15.21에 그려져 있다. 두 판 사이의 전기장은 한 판에 의한 전기장의 두 배이다. 즉,

$$E = \frac{\sigma}{\epsilon_0} \qquad [15.13]$$

두 판의 바깥쪽에서는 전기장이 서로 상쇄되어 영이 된다.

연습문제

1. 지구 주변의 인공위성들의 관측에 의하면 지구대기권 상층부의 먼지 입자들이 자주 대전되는 것으로 밝혀졌다. (a) 각각의 먼지 입자 전하가 $+e$이고 입자들 간의 전기력의 크기가 1.00×10^{-14} N이라 할 때 두 입자들 사이의 거리를 구하라. (b) 이러한 쿨롱힘이 각 입자들을 4.50×10^8 m/s^{2}으로 가속시키다면 그 입자 한 개의 질량을 구하라. (대기권 상층부에서, 인접하는 다른 입자들에 의한 알짜힘이나 가속도에 미치는 효과는 매우 작다.)

2. 7.50 nC의 전하가 4.20 nC의 전하로부터 1.80 m 떨어져 있다. (a) 이들 간에 작용하는 정전기력을 구하라. (b) 이 힘은 인력인가 반발력인가?

3. 세 개의 전하가 그림 P15.3과 같이 배열되어 있다. 원점에 놓여 있는 전하에 작용하는 정전기력의 방향과 크기를 구하라.

그림 P15.3

4. 대전되지 않은 두 구의 간격이 2.00 m이다. 한 구에서 3.50×10^{12}개의 전자가 떨어져 나와 다른 구에 붙는다면

한 구에 작용하는 쿨롱힘의 크기를 구하라. 두 구는 점전하로 가정한다.

5. 각각의 질량 $m = 0.20$ g인 두 개의 작은 금속 구가 그림 P15.5와 같이 같은 위치에 가벼운 끈에 의해 진자처럼 매달려 있다. 구에 동일한 전하가 주어져 각 끈이 연직 방향과 $\theta = 5.0°$를 이룰 때, 두 개의 구가 평형을 이룸을 알 수 있다. 각 끈의 길이가 $L = 30.0$ cm라면, 각 구의 전하의 크기는 얼마인가?

그림 P15.5

6. $q_1 = 1.00$ nC의 전하는 $x_1 = 0$에 있고 $q_2 = 3.00$ nC의 전하는 $x_2 = 2.00$ m에 있다. 두 전하 사이의 어느 곳에서 전기장이 영이 되겠는가?

7. 질량이 3.80 g이고 전하가 $-18\,\mu$C인 작은 물체가 지면에 수직이고 균일한 전기장이 있는 지면 위에 떠서 정지해 있다. 전기장의 크기와 방향을 구하라.

8. 크기가 5.25×10^5 N/C인 전기장이 어떤 위치에서 남쪽을 향하고 있다. 그 점에 있는 $-6.00\,\mu$C의 전하가 받는 힘의 크기와 방향을 구하라.

9. 그림 P15.9와 같이, 네 개의 폐곡면 S_1, S_2, S_3, S_4와 $-2Q$, Q, $-Q$가 있다(색 선은 폐곡면과 지면과 교차를 나타낸다). 각 면을 통과하는 전기선속을 구하라.

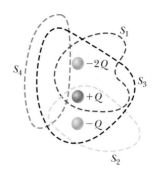

그림 P15.9

10. $v_0 = 1.50 \times 10^6$ m/s의 속력으로 움직이는 양성자가 크기가 $\sigma = 4.20 \times 10^{-9}$ C/m^{2}인 전하 밀도로 대전된 두 개의 평행판 사이의 영역으로 들어간다(그림 P15.10). 다음을 계산하라. (a) 두 판 사이의 전기장의 크기, (b) 양성자에 작용하는 전기력의 크기, (c) 양성자가 두 판의 끝에 도달했을 때의 y 방향 변위. 두 판의 수평방향 거리는 $d = 2.00 \times 10^{-2}$ m이다. 양성자는 두 판 중 어느 하나에도 닿지 않는다고 가정하고 위 방향을 $+y$ 방향이라고 놓는다.

그림 P15.10

전기에너지와 전기용량
Electrical Energy and Capacitance

CHAPTER
16

퍼텐셜 에너지에 대한 개념은 보존력인 중력 및 탄성력과 관련하여 5장에서 먼저 소개했다. 에너지 보존의 법칙을 사용하면 힘을 직접 다루지 않고 문제를 해결할 수 있었다. 이 장에서는 퍼텐셜 에너지가 전기 분야에서도 유용하다는 것을 배운다. 쿨롱 힘은 보존력이기 때문에 그 힘에 해당하는 전기 퍼텐셜 에너지를 정의할 수 있다. 나아가 전기장에 상응하는 전위(단위 전하당 퍼텐셜 에너지)를 정의한다.

전위에 대한 개념을 가지고 커패시터라 불리는 회로 소자의 연구로부터 시작하여 전기 회로를 잘 이해할 수 있다. 이 간단한 장치들은 전기에너지를 저장하고 마이크로칩 위에 식각된 회로에서부터 핵융합 실험용 전원에 이르기까지 어느 곳에서나 사용된다.

16.1 전기 퍼텐셜 에너지와 전위
Electric Potential Energy and Electric Potential

전기 퍼텐셜 에너지와 전위는 밀접하게 관련된 개념이다. 전위는 바로 단위 전하당 전기 퍼텐셜 에너지라는 사실을 알게 될 것이다. 이 관계는 단위 전하가 받는 전기력인 전기장과 전기력 사이의 관계와 유사하다.

16.1.1 일과 전기 퍼텐셜 에너지 Work and Electric Potential Energy

물체에 작용하는 보존력 $\vec{F}$가 한 일은 물체의 처음 위치와 나중 위치에만 관계되며, 두 지점 사이의 경로에는 무관하다는 5장의 내용을 상기하자. 이것은 퍼텐셜 에너지 함수 PE가 존재함을 의미한다. 앞서 보았듯이, 퍼텐셜 에너지는 스칼라양이며 퍼텐셜 에너지 변화는 정의에 따라 보존력이 한 일의 음의 값과 같다. 즉, $\Delta PE = PE_f - PE_i = -W_F$ 이다.

쿨롱의 법칙과 만유인력의 법칙은 $1/r^2$에 비례한다. 이 법칙들은 수학적 형태가 같고, 중력이 보존력이므로 **쿨롱의 힘 또한 보존력**이라는 결과가 된다. 중력과 같이 전기 퍼텐셜 에너지 함수는 이 힘과 연관될 수 있다.

이러한 생각을 더 정량화하기 위해 그림 16.1과 같이 균일한 전기장 $\vec{E}$ 내에 점 A에 놓인 작은 양전하를 상상하자. 간단히 균일한 전기장과 일차원 상에서 전기장과 평행하게 움직이는 전하만 생각하자. 크기가 같고 부호가 반대인 대전된 평행판 사이의 전기장은 거의 균일한 장의 한 예이다(15장 참고). 전하가 전기장의 영향으로 A에서 B로 움직일 때 전기장 $\vec{E}$가 전하에 한 일은 변위와 나란히 작용하는 전기력 $q\vec{E}$의 성분과 변위 $\Delta x = x_f - x_i$를 곱한 것과 같다.

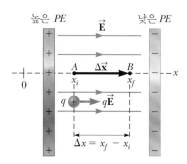

그림 16.1 전하 q가 균일한 전기장 $\vec{E}$ 내에서 점 A로부터 B로 움직일 때 전기력이 전하에 한 일은 $qE_x \Delta x$이다.

297

$$W_{AB} = F_x \Delta x = qE_x(x_f - x_i)$$

이 표현식에서 q는 전하이고, E_x는 $\vec{\mathbf{E}}$의 x축 방향 벡터 성분이다($\vec{\mathbf{E}}$의 크기가 아니다). $\vec{\mathbf{E}}$의 크기와 달리 성분 E_x는 $\vec{\mathbf{E}}$의 방향에 따라 양 또는 음이 될 수 있다. 그림 16.1에서 E_x는 양이다. 결국 변위는 q나 E_x와 같이 변위의 방향에 따라 양 또는 음이 될 수 있음에 주의하라.

일차원에서 움직이는 전하에 전기장이 한 일에 대한 앞의 표현식은 양과 음전하에 대해 그리고 어느 방향에서나 일정한 전기장에 대해 타당하다. 각 변수가 올바른 부호로 대입될 때 자동적으로 올바른 부호가 생긴다. 어떤 책에서는 위의 표현 대신에 $W = qEd$가 사용되는데, 여기서 E는 전기장의 크기이고 d는 입자가 움직인 거리이다. 이 식의 취약점은 음의 전기장이 양전하에 한 일도, 양의 전기장이 음전하에 한 일도 수학적으로는 허용하지 않는다는 것이다. 그럼에도 불구하고 이 표현식은 기억하기 쉽고 크기를 구하는 데에 유용하다. 전기장에 평행하게 움직이는 전하에 일정한 전기장이 한 일의 크기는 항상 $|W| = |q|Ed$로 주어진다.

전기적 일의 정의를 일−에너지 정리에 대입할 수 있다(다른 힘은 없다고 가정한다).

$$W = qE_x \Delta x = \Delta KE$$

전기력은 보존력이므로 전기장이 한 일은 A와 B 사이의 경로에 관계없이 경로의 끝점들에만 의존한다. 그러므로 그림 16.1과 같이 전하가 오른쪽으로 가속될 때 전하는 운동에너지를 얻고, 같은 양의 퍼텐셜 에너지를 잃는다. **보존력이 한 일은 그 힘과 관련된 퍼텐셜 에너지 변화의 음의 값으로 재해석될 수 있다**는 5장의 내용을 상기하라. 이 같은 해석은 전기 퍼텐셜 에너지 변화에 대해서 다음의 정의를 이끌어낸다.

전기 퍼텐셜 에너지의 변화 ▶ | 균일한 전기장 $\vec{\mathbf{E}}$ 내에서 변위 Δx만큼 이동하는 전하 q로 이루어진 계의 전기 퍼텐셜 에너지 변화 ΔPE는

$$\Delta PE = -W_{AB} = -qE_x \Delta x \qquad [16.1]$$

로 주어진다. 여기서 E_x는 전기장의 x성분이고 $\Delta x = x_f - x_i$는 x축을 따라 이동하는 전하의 변위이다.

SI 단위: 줄(J)

비록 퍼텐셜 에너지가 어떠한 전기장에 대해 정의될 수 있다 할지라도 **식 16.1은 균일한 전기장의 경우에만 타당하다. 왜냐하면 입자가 주어진 축(여기서는 x축)을 따라 변위하기 때문이다.** 전기장은 보존적이기 때문에 퍼텐셜 에너지의 변화는 경로에 의존하지 않는다. 결국 전하가 변위하는 동안에 축 위에 남아 있든 없든 이는 중요하지 않다. 퍼텐셜 에너지의 변화는 같을 것이다. 다음 절에서 균일하지 않은 전기장에서의 상황을 고찰할 것이다.

전기 퍼텐셜 에너지와 중력 퍼텐셜 에너지를 그림 16.2에서처럼 비교할 수 있다. 이 그림에서 전기장과 중력장이 모두 아랫방향을 향하고 있다. 전기장 내에서 양전하의

그림 16.2 (a) 전기장 $\vec{\mathbf{E}}$가 아랫방향을 향할 때 점 B는 A보다 더 낮은 전위에 있다. (b) 질량 m의 물체가 중력장 $\vec{\mathbf{g}}$의 방향으로 움직인다.

행동은 중력장 내에 있는 질량과 매우 유사하다. 점 A에 있는 양전하는 마치 물체가 중력장의 방향으로 떨어지는 것처럼 전기장의 방향으로 떨어진다. 그림 16.2a와 16.2b 모두에서 점 B에서의 퍼텐셜 에너지를 영으로 놓는다. 에너지 보존으로부터 점 A에서 B로 떨어지는 양전하는 전기 퍼텐셜 에너지의 감소와 같은 크기의 운동에너지를 얻는다.

$$\Delta KE + \Delta PE_{전기} = \Delta KE + (0 - |q|Ed) = 0 \quad \rightarrow \quad \Delta KE = |q|Ed$$

q에 대한 절댓값 부호는 이 경우에 전하가 양이란 것을 명백히 하기 위함이다. 마찬가지로 그림 16.2b에서 물체는 중력 퍼텐셜 에너지의 감소와 같은 크기의 운동에너지를 얻는다.

$$\Delta KE + \Delta PE_{중력} = \Delta KE + (0 - mgd) = 0 \quad \rightarrow \quad \Delta KE = mgd$$

그러므로 양전하에 대해 전기 퍼텐셜 에너지는 중력 퍼텐셜 에너지처럼 일을 한다. 두 경우에서 물체가 장의 방향과 반대로 움직이면 퍼텐셜 에너지를 얻게 되고, 자유롭게 놓으면 퍼텐셜 에너지가 물체의 운동에너지로 변환된다.

전하에는 양과 음의 두 종류가 있어서 전기 퍼텐셜 에너지는 중력 퍼텐셜 에너지와 아주 다르다. 여기서 중력은 양의 '중력 전하'(즉, 질량)만 갖는다. 그림 16.2a에서 점 A에 정지한 음으로 대전된 입자는 아래의 점 B로 밀려야 될 것이다. 왜 그런지 알아보기 위해 점 A에 있는 정지한 음전하에 일−에너지 정리를 적용하고, 점 B에 도달할 때 속력 v를 가졌다고 가정한다.

$$W = \Delta KE + \Delta PE_{전기} = \left(\tfrac{1}{2}mv^2 - 0\right) + \left[0 - \left(-|q|Ed\right)\right]$$
$$W = \tfrac{1}{2}mv^2 + |q|Ed$$

양전하와 다르게 음전하 $-|q|$는 점 A로부터 B까지 움직일 때 전기 퍼텐셜 에너지가 양으로 변했다. 만일 음전하가 점 B에서 어떤 속력을 갖는다면 그 속력과 부합하는 운동에너지 또한 양이다. 일−에너지 방정식의 오른쪽 두 항이 양이기 때문에, 양의 일을 하지 않고 점 A로부터 B까지 음의 전하를 가져갈 방법이 없다. 사실 음전하가 단순하게 점 A에 놓인다면 음전하는 장의 방향과 반대인 위쪽으로 '떨어질' 것이다.

예제 16.1   전기장 내에서 퍼텐셜 에너지의 차이

목표 전기 퍼텐셜 에너지의 개념을 설명한다.

문제 양성자가 양의 +x 방향을 향하는 1.50×10^3 N/C의 균일한 전기장 내 $x = -2.00$ cm인 곳에 정지 상태로 놓여 있다. **(a)** 양성자가 $x = 5.00$ cm에 도달할 때, 양성자와 관련된 전기 퍼텐셜 에너지의 변화를 계산하라. **(b)** 전자가 같은 위치에서 같은 방향으로 발사된다. 만약 전자가 $x = 12.0$ cm에 도달한다면 전자와 관련된 전기 퍼텐셜 에너지의 변화는 얼마인가? **(c)** 만일 전기장의 방향이 반대로 되고 전자가 $x = 3.00$ cm인 곳에 정지 상태로 놓였다면, 전자가 $x = 7.00$ cm에 도달할 때, 전기 퍼텐셜 에너지는 얼마나 변하는가?

전략 이 문제는 전기 퍼텐셜 에너지의 정의를 나타내는 식 16.1에 주어진 값을 간단히 대입한다.

· ·

풀이

(a) 양성자와 관련된 전기 퍼텐셜 에너지의 변화를 계산한다.
식 16.1을 적용한다.

$$\Delta PE = -qE_x \Delta x = -qE_x(x_f - x_i)$$
$$= -(1.60 \times 10^{-19}\,\text{C})(1.50 \times 10^3\,\text{N/C})$$
$$\times [0.050\,0\,\text{m} - (-0.020\,0\,\text{m})]$$
$$= \boxed{-1.68 \times 10^{-17}\,\text{J}}$$

(b) $x = -0.020\,0$ m에서 발사되어 $x = 0.120$ m에 도달한 전자와 관련된 전기 퍼텐셜 에너지의 변화를 구한다.

식 16.1을 적용하지만 이 경우에 전하 q가 음이라는 것에 주목한다.

$$\Delta PE = -qE_x \Delta x = -qE_x(x_f - x_i)$$
$$= -(-1.60 \times 10^{-19}\,\text{C})(1.50 \times 10^3\,\text{N/C})$$
$$\times [(0.120\,\text{m} - (-0.020\,0\,\text{m})]$$
$$= \boxed{+3.36 \times 10^{-17}\,\text{J}}$$

(c) 만일 전기장의 방향이 반대라면 $x = 3.00$ cm에서 $x = 7.00$ cm까지 움직이는 전자와 관련된 퍼텐셜 에너지의 변화를 구하여 값들을 대입한다. 그러나 전기장이 $-x$ 방향을 향하므로 음의 부호를 붙인다.

$$\Delta PE = -qE_x \Delta x = -qE_x(x_f - x_i)$$
$$= -(-1.60 \times 10^{-19}\,\text{C})(-1.50 \times 10^3\,\text{N/C})$$
$$\times (0.070\,\text{m} - 0.030\,\text{m})$$
$$= \boxed{-9.60 \times 10^{-18}\,\text{J}}$$

· ·

참고 양성자가 $+x$ 방향으로 움직였을 때 퍼텐셜 에너지를 잃은 반면에, 전자는 같은 방향으로 움직였을 때 퍼텐셜 에너지를 얻었음에 주목하라. 반대 방향의 전기장에서 퍼텐셜 에너지 변화를 구하는 것은 이 경우 총 세 가지의 값을 가져와서 음의 부호를 부여하는 문제에 불과하다.

16.1.2 전위 Electric Potential

15장에서 전기장 $\vec{\mathbf{E}}$를 전기력 $\vec{\mathbf{F}} = q\vec{\mathbf{E}}$와 관련해서 정의하였다. 정의를 이용하여 고정된 전하들의 성질을 공부할 수 있었고, 전기장 내에서 입자에 작용하는 힘은 입자의 전하 q를 곱해 간단하게 얻을 수 있었다. 같은 이유로 전기 퍼텐셜 에너지 $\Delta PE = q\Delta V$와 관련하여 전위차 ΔV를 정의하는 것이 편리하다.

> 점 A와 B 사이의 전위차 ΔV는 전하 q를 A에서 B로 이동할 때, 전기 퍼텐셜 에너지의 변화를 전하 q로 나눈 것이다.

두 점 사이의 전위차 ▶
$$\Delta V = V_B - V_A = \frac{\Delta PE}{q} \qquad [16.2]$$

SI 단위: 줄/쿨롱 또는 볼트(J/C 또는 V)

비록 대부분의 경우에 계의 퍼텐셜 에너지의 변화를 계산해야 하지만 이 정의는 아주 일반적이다. 전기 퍼텐셜 에너지는 스칼라양이기 때문에 **전위 또한 스칼라양**이다. 식 16.2로부터 전위차가 단위 전하당 전기 퍼텐셜 에너지의 변화의 정도라는 것을 안다. 바꾸어 말하자면 전위차는 전기장 내에서 단위 전하를 A에서 B까지 이동시키기 위해 어떤 힘이 한 일이다. 전위의 SI 단위는 J/C이며, 이를 볼트(V)라 한다. 이 단위의 정의로부터 1 C의 전하를 전위차가 1 V인 두 점 사이에서 이동시키는 데는 1 J의 일을 해야 한다. 1 V의 전위차를 이동하는 과정에서 1 C의 전하는 1 J의 에너지를 얻는다.

대전된 평행판 사이에서와 같은 균일한 전기장과 같은 특별한 경우에 대해 식 16.1을 q로 나누면

$$\frac{\Delta PE}{q} = -E_x \Delta x$$

가 된다. 이 식을 식 16.2와 비교하면 다음과 같다.

$$\Delta V = -E_x \Delta x \qquad \text{[16.3]}$$

식 16.3은 전위차 역시 전기장과 거리 단위의 곱으로 나타낼 수 있음을 의미한다. 전기장의 SI 단위인 N/C은 V/m로 표현될 수 있음을 알 수 있다.

$$1 \text{ N/C} = 1 \text{ V/m}$$

식 16.3은 식 16.1과 직접적으로 관련되어 있기 때문에, 균일한 전기장으로 이루어진 계와 일차원에서 움직이는 전하에 대해서만 타당함을 기억하라.

양전하를 정지 상태에서 놓으면 높은 퍼텐셜 에너지 영역에서 낮은 퍼텐셜 에너지 영역으로 자발적으로 가속된다. 만약 양전하가 높은 퍼텐셜 에너지 방향으로 처음 속도가 주어지면, 전하는 중력장에서 위로 던져진 공처럼 그 방향으로 움직일 수 있지만 속도가 줄어 결국은 되돌아올 것이다. 음전하는 정확하게 반대로 행동한다. 음전하가 정지 상태로 놓이면 낮은 퍼텐셜 에너지 영역에서 높은 퍼텐셜 에너지 영역을 향하여 가속한다. 음전하를 더 낮은 전위의 방향으로 보내기 위해서는 음전하에 일을 해주어야 한다.

전위차의 개념을 자동차에 있는 12 V 배터리에 응용하여 보자. 이러한 배터리는 양극이 음극보다 12 V 더 높은 단자 사이의 전위차를 유지한다. 실제로 음의 단자는 0 V의 전위에 있다고 생각할 수 있는 자동차의 금속 본체에 연결되어 있다. 배터리는 전조등이나 라디오, 차창, 전동기 등을 동작시키는 데 필요한 전류를 공급한다. 배터리와 연결된 몇몇 외부 장치로 이루어진 회로 주위를 움직이는 +1 C의 전하를 생각하자. 전하가 양극(12 V)에서 음극(0 V)으로 배터리 내부를 이동할 때 배터리가 전하에 한 일은 12 J이다. 배터리의 양극을 떠나는 양전하는 12 J의 에너지를 운반한다. 전하가 외부 회로를 통하여 음극으로 이동할 때 외부 장치에 12 J의 전기에너지를 전달한다. 전하가 음극에 도달할 때 전기에너지는 다시 영이 된다. 이 접점에서 배터리는 전하를 받아들이고 음극에서 양극으로 이동될 때 전하에 12 J의 에너지를 복원시켜 다시 회로를 통과시킨다. 매초 배터리를 떠나 회로를 통과하는 실제 전하량은 다음 장에서 다룰 외부 장치들의 성질에 따라 달라진다.

Tip 16.1 전위와 전기 퍼텐셜 에너지

전위는 전기장에 놓일지도 모르는 시험 전하와는 관계없이 독립된 전기장의 특성이다. 반면에 전기 퍼텐셜 에너지는 전기장과 전기장에 놓인 전하 사이의 상호작용에 기인하는 전하–전기장 계의 특성이다.

응용

자동차 배터리

목표 전위를 전기장과 에너지의 보존에 관련시킨다.

문제 입자 가속기(사이클로트론과 선형 가속기로 알려진)에서 대전된 입자가 텔레비전관에서 가속되는 것과 똑같은 방식으로 전위차로 인하여 가속된다. 그림 16.3에서처럼 5.00 cm 떨어진 두 판 사이에 양성자가 속력 1.00×10^6 m/s로 주입되었다고 하자. 결국 양성자는 틈 사이를 가속해 열린 곳을 통하여 나간다. **(a)** 만약 탈출 속력이 3.00×10^6 m/s라면 전위차는 얼마나 되는가? **(b)** 판 사이의 전기장이 균일하다고 가정하면, 전기장의 크기는 얼마인가? 오른쪽을 +x 방향으로 정한다.

전략 (a) 에너지의 보존을 사용한다. 퍼텐셜 에너지 변화를 전위 변화 ΔV 항으로 쓰고 ΔV에 대해서 푼다. **(b)** 식 16.3을 전기장에 대해 푼다.

풀이

(a) 양성자가 탈출 속력을 갖는 데 필요한 전위차를 구한다.

높은 전위

$\vec{E}$

$\vec{v}$

낮은 전위

←— 5.00 cm —→

그림 16.3 (예제 16.2) 양성자가 구멍으로 들어간다. 그리고 대전된 판에서 전기장 $\vec{E}$ 내의 다른 판을 향해 가속된다.

퍼텐셜 에너지를 전위로 나타내고 에너지의 보존을 적용한다.

$$\Delta KE + \Delta PE = \Delta KE + q\,\Delta V = 0$$

에너지의 식을 전위 변화에 대해 푼다.

$$\Delta V = -\frac{\Delta KE}{q} = -\frac{\frac{1}{2}m_p v_f^2 - \frac{1}{2}m_p v_i^2}{q} = -\frac{m_p}{2q}\left(v_f^2 - v_i^2\right)$$

주어진 값들을 대입하여 필요한 전위차를 구한다.

$$\Delta V = -\frac{(1.67 \times 10^{-27}\,\text{kg})}{2(1.60 \times 10^{-19}\,\text{C})}\Big[(3.00 \times 10^6\,\text{m/s})^2$$
$$- (1.00 \times 10^6\,\text{m/s})^2\Big]$$
$$\Delta V = -4.18 \times 10^4\,\text{V}$$

(b) 판 사이에 존재하는 전기장을 구한다.

식 16.3을 전기장에 대해 풀고 대입한다.

$$E = -\frac{\Delta V}{\Delta x} = \frac{4.18 \times 10^4\,\text{V}}{0.050\,0\,\text{m}} = 8.36 \times 10^5\,\text{N/C}$$

참고 양과 음으로 대전된 구멍 뚫린 판들이 교대로 정렬되어, 타깃과 정면충돌하기 직전에 대전 입자를 큰 속력으로 가속하는 데 사용된다. 양으로 대전된 입자가 구멍이 뚫린 음의 판을 통과한 후 감속을 방지하기 위해 음의 판은 역으로 대전된다. 만일 그렇지 않으면 입자는 다음 구간에서 음극판으로부터 양극판으로 운동하게 될 것이고, 얻었던 운동에너지를 잃게 될 것이다.

16.2 점전하에 의한 전위와 전기 퍼텐셜 에너지
Electric Potential and Potential Energy of Point Charges

전기 회로에서 전위가 영인 점은 회로 상에 접지(지면과 연결)된 점으로 정의한다. 예를 들어, 12 V 배터리의 음극 단자가 지면에 연결되어 있다면 전위가 영이라고 생각할 수 있다. 반면에 양극 단자는 +12 V의 전위를 갖는다. 배터리에 의해 생성된 전위차는 단지 위치에 따라 정의된다. 이 절에서 우리는 공간 도처에 정의되는 점전하에 의한 전위를 묘사한다.

점전하에 의한 전기장이 공간에 퍼지듯이 전위 또한 그렇다. 전위가 영인 점은 어느 곳이든지 될 수 있다. 하지만 보통 전하 자신과 다른 전하의 영향으로부터 먼 무한한 거리를 택한다. 따라서 점전하 q로부터 임의 거리 r만큼 떨어진 곳의 전위는 식 16.4와 같이 나타낼 수 있다.

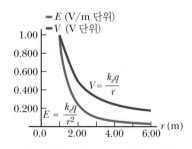

그림 16.4 점전하 1.11×10^{-10} C으로부터 거리에 따른 전기장과 전위. V는 $1/r$에 비례하고 E는 $1/r^2$에 비례함을 주목하라.

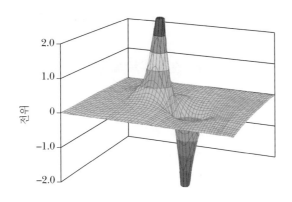

그림 16.5 평면에 놓여 있는 전기 쌍극자에 의한 전위(임의 단위). 전위가 세로축에 표시되었다.

$$V = k_e \frac{q}{r}$$

[16.4] ◀ 점전하에 의한 전기 퍼텐셜 에너지

식 16.4는 전위(시험 전하를 무한 거리로부터 양의 점전하 q에서 거리 r만큼 떨어진 곳까지 이동하는 데 필요한 단위 전하당 일)로 양의 시험 전하가 q에 가까울수록 증가한다. 식 16.4를 그린 그림 16.4는 점전하에 의한 전위가 거리 r이 증가함에 따라 $1/r$로 감소함을 나타낸다. 대조적으로 전하에 의한 전기장의 크기는 거리 r이 증가함에 따라 $1/r^2$로 감소한다.

둘 또는 그 이상의 전하에 의한 전위는 **중첩의 원리**(superposition principle)를 적용하여 얻는다. **여러 전하에 의한 어느 한 점 P에서의 전위는 각각의 전하에 의한 전위의 대수합이다.** 이 방법은 공간 내 한 점에서의 합성 전기장을 구하기 위해 15장에서 사용한 것과 유사하다. 벡터의 합을 사용하는 전기장의 중첩과 달리 전위의 중첩은 스칼라의 합으로 값을 구한다. 결국 여러 전하에 의한 어느 한 점에서의 전위를 계산하는 것이 벡터양인 전기장을 계산하는 것보다 훨씬 더 쉽다.

◀ 중첩의 원리

그림 16.5는 크기가 같고 부호가 반대인 두 전하로 구성된 전기 쌍극자에 의한 전위를 컴퓨터로 계산하여 나타낸 그림이다. 전하가 수평면 내 전위 봉우리 중심에 놓여 있다. 세로축은 전위 값을 나타낸다. 컴퓨터 프로그램은 전체 전위 값을 구하기 위해 각 전하에 의한 전위를 더했다.

균일한 전기장의 경우에서와 같이, 전위와 전기 퍼텐셜 에너지 사이에는 어떤 관계가 있다. V_1이 전하 q_1에 의한 점 P(그림 16.6a)에서의 전위라면, 전하 q_2를 무한대에서 점 P까지 가속 없이 가져오는 데 필요한 일은 $q_2 V_1$이다. 정의에 의해 이 일은 입자들이 거리 r만큼 떨어져 있을 때 두 입자계의 전기 퍼텐셜 에너지 PE와 같다(그림 16.6b).

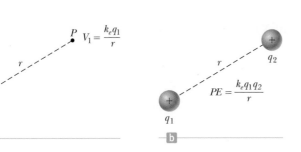

그림 16.6 (a) 점전하 q_1에 의한 점 P에서의 전위 V_1은 $V_1 = k_e q_1/r$이다. (b) 두번째 전하 q_2를 무한대에서 점 P로 가져올 때, 전하 쌍의 퍼텐셜 에너지는 $PE = k_e q_1 q_2/r$이다.

그러므로 전하 쌍의 전기 퍼텐셜 에너지를 다음의 식으로 표현할 수 있다.

전하 쌍의 퍼텐셜 에너지 ▶

$$PE = q_2 V_1 = k_e \frac{q_1 q_2}{r}$$ [16.5]

만일 전하들이 부호가 같다면 PE는 양이다. 같은 부호의 전하들은 밀치기 때문에 두 전하를 가까이하기 위해서는 외부에서 계에 양의 일을 해주어야 한다. 역으로 전하들이 부호가 반대이면 인력이 작용하고 PE는 음이다. 이것은 서로 다른 부호의 전하들을 가까이 가져갈 때, 서로를 향하여 가속되지 않게 하기 위해 음의 일이 행해져야 함을 의미한다.

예제 16.3 전위 구하기

목표 점전하 계에 의한 전위를 계산한다.

문제 5.00 μC의 점전하가 원점에 있고, 점전하 $q_2 = -2.00$ μC 이 그림 16.7과 같이 x축 위 (3.00, 0) m인 곳에 있다. **(a)** 무한 대에서의 전위가 0이라면 좌표 (0, 4.00) m인 점 P에서의 이들 전하에 의한 전체 전위를 구하라. **(b)** 4.00 μC 의 점전하를 무한 히 먼 곳으로부터 점 P까지 가져오는 데 필요한 일은 얼마인가?

전략 **(a)**는 각 전하에 의한 점 P에서의 전위는 $V = k_e q / r$로 계산할 수 있다. 점 P에서의 전체 전위는 이들 두 수의 합이다. **(b)**는 식 16.5와 함께 일-에너지 정리를 사용한다. 무한대에서의 전위를 영으로 택했음을 상기하라.

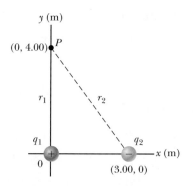

그림 16.7 (예제 16.3) 점전하 q_1과 q_2에 의한 점 P에서의 전위는 개개의 전하에 의한 전위의 대수합이다.

풀이

(a) 점 P에서의 전위를 구한다.

5.00 μC의 전하에 의한 점 P에서의 전위를 계산한다.

$$V_1 = k_e \frac{q_1}{r_1} = \left(8.99 \times 10^9 \frac{\text{N} \cdot \text{m}^2}{\text{C}^2} \right) \left(\frac{5.00 \times 10^{-6} \text{ C}}{4.00 \text{ m}} \right)$$
$$= 1.12 \times 10^4 \text{ V}$$

−2.00 μC의 전하에 의한 점 P에서의 전위를 구한다.

$$V_2 = k_e \frac{q_2}{r_2} = \left(8.99 \times 10^9 \frac{\text{N} \cdot \text{m}^2}{\text{C}^2} \right) \left(\frac{-2.00 \times 10^{-6} \text{ C}}{5.00 \text{ m}} \right)$$
$$= -0.360 \times 10^4 \text{ V}$$

점 P에서의 전체 전위를 구하기 위하여 두 값을 합한다.

$$V_P = V_1 + V_2 = 1.12 \times 10^4 \text{ V} + (-0.360 \times 10^4 \text{ V})$$
$$= 7.60 \times 10^3 \text{ V}$$

(b) 4.00 μC의 전하를 무한대에서 점 P까지 가져오는 데 필요한 일을 구한다.

식 16.5와 함께 일-에너지 정리를 적용한다.

$$W = \Delta PE = q_3 \Delta V = q_3 (V_P - V_\infty)$$
$$= (4.00 \times 10^{-6} \text{ C})(7.60 \times 10^3 \text{ V} - 0)$$
$$W = 3.04 \times 10^{-2} \text{ J}$$

참고 벡터 덧셈이 요구되는 전기장과 달리 여러 점전하에 의한 전위는 스칼라의 일반적인 덧셈으로 구할 수 있다. 더군다나 전하를 이동하는 데 필요한 일은 전기 퍼텐셜 에너지의 변화와 같다. 입자가 정지 상태에서 출발하여 정지 상태로 끝나기 때문에, 입자를 이동하는 데 한 일과 전기장이 한 일을 더한 합은 영이다 ($W_{기타} + W_{전기장} = 0$). 그러므로 $W_{기타} = -W_{전기장} = \Delta U_{전기장} = q \Delta V$ 이다.

16.3 전위, 대전된 도체, 등전위면
Potentials, Charged Conductors, and Equipotential Surfaces

16.3.1 전위와 대전된 도체 Potentials and Charged Conductors

대전된 도체 위 모든 점에서의 전위는 식 16.1과 식 16.2를 결합하여 얻을 수 있다. 식 16.1로부터 전기력이 전하에 한 일은 다음과 같이 전하의 전기 퍼텐셜 에너지의 변화와 관계됨을 알 수 있다.

$$W = -\Delta PE$$

식 16.2로부터 두 점 A와 B 사이의 전기 퍼텐셜 에너지 변화는 이들 점 사이의 전위차와 다음과 같은 관계가 있음을 알 수 있다.

$$\Delta PE = q(V_B - V_A)$$

이들 두 식을 결합하면 다음과 같이 된다.

$$W = -q(V_B - V_A) \qquad\qquad \text{[16.6]}$$

이 식을 사용하여 다음과 같은 일반적인 결과를 얻는다. **같은 전위에 있는 두 점 사이로 전하를 이동하는 데에는 어떤 알짜일도 필요하지 않다.** 수학적으로 이 결과는 $V_B = V_A$일 때마다 $W = 0$임을 나타낸다.

15장에서 도체가 정전기적 평형 상태에 있을 때, 그곳에 놓은 알짜 전하는 모두 도체의 표면에 있다는 것을 배웠다. 더 나아가 정전기적 평형 상태에서 대전된 도체의 표면 바로 바깥쪽의 전기장은 표면에 수직이고 도체 내부의 전기장이 영임을 증명했다. 이제 **정전기적 평형 상태에서 대전된 도체 표면 위 모든 점은 같은 전위에 있음**을 증명해 보자.

그림 16.8과 같이 대전된 도체 위 임의의 점 A와 B를 연결하는 표면 경로를 생각하자. 도체 위의 전하들은 서로 평형 상태에 있다고 가정되었으므로, 어떤 전하도 이동하지 않는다. 이 경우에 전기장 $\vec{E}$는 항상 이 경로에 따른 변위에 수직이다. 이렇게 되어야 하는 이유는 표면에 접선인 전기장의 일부가 전하를 움직이게 하기 때문이다. 전기장 $\vec{E}$가 경로에 수직이기 때문에, 전하가 주어진 두 점 사이로 이동한다면 전기장에 의해 한 일은 없다. 식 16.6으로부터 한 일이 영이면 전위차인 $V_B - V_A$ 또한 영임을 알 수 있다. 결과적으로 **전위는 평형 상태에 있는 대전된 도체의 표면 어느 곳에서나 같다.** 더 나아가 도체 내부의 전기장이 영이기 때문에, 전하를 도체 내부 두 점 사이를 이동하는 데에는 일이 필요치 않다. 다시 말하면 식 16.6은 한 일이 영이라면, 도체 내 임의의 두 점 사이의 전위차 역시 영이 되어야 한다는 것을 보여준다. 전위가 도체 내부 어느 곳에서나 일정하다는 결론을 얻을 수 있다.

마지막으로 도체 내부의 점들 중 하나가 도체 표면에 아주 가깝게 될 수 있기 때문에, **도체 내부의 어느 곳에서나 전위는 일정하고 도체 표면에서의 값과 같은 값을 갖는다**고 결론을 내린다. 결과적으로 대전된 도체 내부에서 도체의 표면까지 전하를 이동하는 데 어떠한 일도 필요하지 않다(비록 내부의 전기장이 영이라 할지라도 도체 내부의

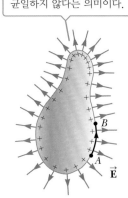

+부호의 밀도가 다른 점에 유의하라. 그것은 표면 전하 밀도가 균일하지 않다는 의미이다.

그림 16.8 여분의 양전하를 갖는 임의 모양의 도체. 도체가 정전기적 평형 상태에 있을 때 모든 전하는 표면에 존재하고, 도체 내에서 $\vec{E} = 0$이고 도체 바로 밖의 전기장은 도체 표면에 수직이다. 전위는 도체 내부에서 일정하며 도체 표면에서의 전위와 같다.

전위가 반드시 영일 필요가 없다는 것을 인식하는 것이 중요하다).

전자볼트 The Electron Volt

원자나 핵물리학에서 일반적으로 사용되는 적합한 에너지의 단위는 전자볼트(eV)이다. 예를 들어, 보통 원자 내 전자들은 전형적으로 수십 eV의 에너지를 갖는다. X선을 방출하는 원자 내 여기 전자들은 수천 eV의 에너지를 가지며, 핵으로부터 방출되는 고에너지 감마선(전자기파)은 수백만 eV의 에너지를 갖는다.

전자볼트의 정의 ▶ | **전자볼트**(electron volt)는 전자가 1 V의 전위차를 통하여 가속될 때 얻는 운동에너지로 정의한다.

1 V = 1 J/C이고 전자의 전하량이 1.60×10^{-19} C이기 때문에 전자볼트는 줄(J)과 다음과 같은 관계에 있다.

$$1 \text{ eV} = 1.60 \times 10^{-19} \text{ C} \cdot \text{V} = 1.60 \times 10^{-19} \text{ J} \qquad [16.7]$$

16.3.2 등전위면 Equipotential Surfaces

모든 점들이 같은 전위에 있는 면을 **등전위면**(equipotential surfaces)이라고 한다. 등전위면 상 임의의 두 점 사이의 전위차는 영이다. 그러므로 **등전위면 위에서 전하를 일정한 속력으로 이동하는 데는 일이 필요하지 않다.**

등전위면은 전기장과 간단한 관계를 갖는다. **등전위면의 모든 점에서 전기장은 표면에 수직이다.** 만일 전기장 $\vec{E}$가 표면에 평행한 성분을 가졌다면, 그 성분은 표면에 놓인 전하에 전기력을 생성한다. 이 힘이 등전위면의 정의에 반하여, 전하가 한 점에서 다른 점으로 움직이도록 전하에 일을 하게 한다.

등전위면은 등전위 등고선을 그려서 나타낼 수 있다. 이는 그림 평면과 등전위면 들의 교차점에 대한 이차원 그림이다. 이들 등전위 등고선을 일반적으로 간단하게 **등전위선(면)**(equipotentials)이라고 한다. 그림 16.9a는 양전하와 관련된 등전위선(하늘색)을 나타낸다. 등전위선이 모든 점에서 전기장선(주황색)에 수직임을 유의하라. 그리고

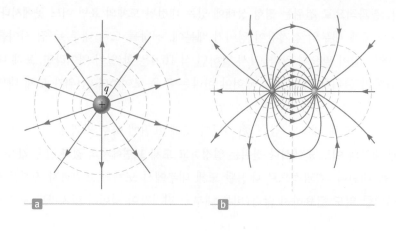

그림 16.9 등전위선(하늘색 점선)과 전기장선(주황색 실선). (a) 양의 점전하, (b) 크기가 같고 부호가 반대인 두 점전하. 모든 경우에 등전위선과 전기장선은 모든 점에서 수직이다.

점전하 q에 의한 전위는 $V = k_e q/r$로 주어짐을 상기하라. 이 관계는 하나의 점전하에 대해 r이 일정한 임의 표면에서 전위가 일정함을 나타낸다. 결과적으로 점전하에 의한 등전위선(면)들은 점전하를 중심으로 하는 동심 구이다. 그림 16.9b는 크기가 같고 부호가 반대인 두 전하에 의한 등전위선(면)을 나타낸다.

16.4 커패시터 Capacitors

16.4.1 전기용량 Capacitance

커패시터(capacitor)는 전기 회로에서 다양하게 사용되는 장치로서, 예를 들면, 라디오 수신기에서 주파수를 조정하거나, 자동차 점화계에서 스파크를 제거할 때 또는 전기 플래시에서 순간 방출을 위해 짧은 기간 동안 에너지를 저장하는 데 사용된다. 그림 16.10은 일반적인 커패시터의 모습이다. 커패시터는 거리가 d만큼 떨어진 두 개의 평행 금속판으로 구성된다. 전기 회로에 이용되려면, 판들은 배터리나 또 다른 전원의 양극과 음극 단자에 연결된다. 이와 같이 연결되면 그림에서처럼 전자들이 판 중 하나에서 떨어져 나와 그 판은 $+Q$의 전하로 남고, 이 전자들이 배터리를 통해 다른 판으로 이동되어 $-Q$의 전하로 금속판에 남는다. 전하의 이동은 판 사이의 전위차가 배터리의 전위차와 같아질 때 멈춘다. 충전된 커패시터는 특별하게 사용할 필요가 있을 때 재생할 수 있는 에너지 저장 장치이다.

두 판은 크기가 같고 부호가 반대인 전하가 대전되어 있다.

그림 16.10 평행판 커패시터는 각 판의 넓이가 A이고, 거리 d만큼 떨어진 평행한 두 판으로 구성된다.

커패시터의 전기용량 C는 어느 한쪽 도체 판의 전하의 크기와 두 도체 판 사이의 전위차의 비로 정의한다.

$$C \equiv \frac{Q}{\Delta V} \qquad [16.8]$$

SI 단위: 패럿(F) = 쿨롱/볼트(C/V)

◀ 전기용량의 정의

Q와 ΔV는 식 16.8에 사용될 때 항상 양이 되도록 택한다. 예를 들어, $3.0\ \mu\text{F}$의 커패시터가 12 V의 배터리에 연결된다면 커패시터 각 판의 전하 크기는

$$Q = C\Delta V = (3.0 \times 10^{-6}\ \text{F})(12\ \text{V}) = 36\ \mu\text{C}$$

이다. 식 16.8로부터 주어진 인가 전압에 대해 많은 양의 전하를 저장하기 위해서는 커패시터의 용량이 아주 커야 한다는 것을 알 수 있다. 패럿은 커패시터 전기용량의 매우 큰 단위이다. 실제로 보통 커패시터의 전기용량은 마이크로패럿($1\ \mu\text{F} = 1 \times 10^{-6}\ \text{F}$)에서 피코패럿($1\ \text{pF} = 1 \times 10^{-12}\ \text{F}$) 범위에 있다.

16.4.2 평행판 커패시터 The Parallel-Plate Capacitor

커패시터의 전기용량은 도체의 기하학적 배열에 따른다. 판 사이에 공기로 채워진 평

행판 커패시터(그림 16.10 참고)의 전기용량은 세 가지 사실로부터 쉽게 계산될 수 있다. 먼저 두 판 사이의 전기장의 크기는 $E = \sigma/\epsilon_0$로 주어진다는 것을 15장으로부터 상기하라. 여기서 σ는 각 판에서 단위 넓이당 전하의 크기이다. 둘째, 두 판 사이의 전위차가 $\Delta V = Ed$임을 이 장의 앞부분에서 살펴보았다. 여기서 d는 판 사이의 거리이다. 셋째, 하나의 판 위의 전하는 $Q = \sigma A$로 주어진다. 여기서 A는 판의 넓이이다. 이들 세 가지 사실을 전기용량의 정의에 대입하면 다음과 같은 결과가 된다.

$$C = \frac{Q}{\Delta V} = \frac{\sigma A}{Ed} = \frac{\sigma A}{(\sigma/\epsilon_0)d}$$

단위 넓이당 전하인 σ를 약분하면 전기용량은

◀ 평행판 커패시터의 전기용량

$$C = \epsilon_0 \frac{A}{d} \qquad\qquad [16.9]$$

로 주어진다. 여기서 A는 판 하나의 넓이이고, d는 판 사이의 거리이며, ϵ_0는 자유 공간의 유전율이다.

식 16.9로부터 판의 넓이가 더 넓으면 더 많은 전하를 저장할 수 있음을 알 수 있다. 판 사이의 좁은 간격 d에서도 마찬가지이다. 그 이유는 한쪽 판에 있는 양전하는 다른 쪽 판에 있는 음전하에 더 강한 힘을 가하여 판 위에 더 많은 전하가 유지되도록 하기 때문이다.

그림 16.11은 보다 사실적인 평행판 커패시터의 전기장선을 나타낸다. 전기장은 판 사이 중앙에서 거의 균일하나 가장자리로 갈수록 덜 균일하다. 그러나 대부분의 경우 전기장이 판 사이의 영역 전체에서 균일한 것으로 취급한다.

응용
_____
카메라 플래시

커패시터를 이용하는 실용적인 장치 중 하나가 카메라에 부착된 플래시이다. 배터리는 커패시터를 충전하는 데 사용되고, 저장된 전하는 사진을 찍기 위해 셔터 버튼을 누를 때 방출된다. 저장된 전하는 빠르게 플래시 관으로 이동되고 순간적으로 더 많은 빛이 필요할 때 물체를 비추게 된다.

응용
_____
컴퓨터 키보드

컴퓨터는 다양한 방법으로 커패시터를 이용한다. 예를 들면, 컴퓨터 자판 중에는 그림 16.12처럼 키 받침에 커패시터를 갖고 있는 것이 있다. 각 키는 움직일 수 있는 커패시터의 한쪽 판에 연결되어 있다. 자판 바닥에 고정된 판은 커패시터의 다른 쪽을 나타낸다. 키를 누르면 커패시터 간격이 감소하여 전기용량이 증가된다. 외부 전자 회로는 키가 눌릴 때 전기용량의 변화로 각 키를 인식한다.

커패시터는 빠르게 전달될 필요가 있는 많은 양의 전하를 저장하는 데 유용하다. 응

그림 16.11 평행판 커패시터의 판 사이의 전기장은 중앙 부근에선 균일하지만 끝 부분에서는 균일하지 않다.

키

움직이는 판

유전체

고정된 판

그림 16.12 키보드의 키를 누를 때 평행판 커패시터의 전기용량은 판 사이의 간격이 감소하므로 증가한다. '유전체'라고 이름 붙은 물질은 절연 물질이다.

합 연구의 선두로 좋은 예는 정전기적 가둠이다. 이 역할에서 커패시터는 전자를 그리드를 통하여 방전한다. 그리드에서 음으로 대전된 전자는 양으로 대전된 입자를 끌어당긴다. 따라서 상호 간에 어떤 입자는 융합되어 그 과정에서 에너지를 방출한다.

응용

정전기적 전하 가둠

예제 16.4 평행판 커패시터

목표 평행판 커패시터의 기본적인 물리적 성질을 계산한다.

문제 넓이 $A = 2.00 \times 10^{-4} \text{ m}^2$이고 판 사이의 간격이 $d = 1.00 \times 10^{-3}$ m인 커패시터가 있다. **(a)** 전기용량을 구하라. **(b)** 커패시터가 3.00 V의 배터리에 연결되어 있다면, 양극판에 얼마나 많은 전하가 있을까? **(c)** 전하 밀도가 균일하다고 가정하여 양극판의 전하 밀도를 계산하라. **(d)** 판 사이의 전기장 크기를 구하라.

전략 **(a)**와 **(b)**는 전기용량의 기본 식에 대입하여 풀 수 있다. **(c)**는 전하 밀도의 정의를 사용한다. **(d)**는 전위가 전기장과 거리의 곱과 같다는 사실을 이용한다.

풀이

(a) 전기용량을 구한다.

식 16.9에 대입한다.

$$C = \epsilon_0 \frac{A}{d} = (8.85 \times 10^{-12} \text{ C}^2/\text{N} \cdot \text{m}^2)\left(\frac{2.00 \times 10^{-4} \text{ m}^2}{1.00 \times 10^{-3} \text{ m}}\right)$$

$$C = \boxed{1.77 \times 10^{-12} \text{ F} = 1.77 \text{ pF}}$$

(b) 커패시터가 3.00 V의 배터리에 연결된 후 양극판 위의 전하를 구한다.

식 16.8에 대입한다.

$$C = \frac{Q}{\Delta V} \quad \rightarrow \quad Q = C \Delta V = (1.77 \times 10^{-12} \text{ F})(3.00 \text{ V})$$

$$= \boxed{5.31 \times 10^{-12} \text{ C}}$$

(c) 양극판 위의 전하 밀도를 계산한다.

전하 밀도는 전하를 넓이로 나눈 것이다.

$$\sigma = \frac{Q}{A} = \frac{5.31 \times 10^{-12} \text{ C}}{2.00 \times 10^{-4} \text{ m}^2} = \boxed{2.66 \times 10^{-8} \text{ C/m}^2}$$

(d) 판 사이의 전기장 크기를 계산한다.

$\Delta V = Ed$를 적용한다.

$$E = \frac{\Delta V}{d} = \frac{3.00 \text{ V}}{1.00 \times 10^{-3} \text{ m}} = \boxed{3.00 \times 10^3 \text{ V/m}}$$

참고 **(d)**에 대한 답은 전기장이 평행판 커패시터에서 파생된 식 15.13인 $E = \sigma/\epsilon_0$로부터 얻을 수 있다.

회로 소자와 회로 기호 Symbols for Circuit Elements and Circuits

회로에서 커패시터를 나타내는 데 일반적으로 사용되는 기호는 ─┤├─ 또는 ─┤(─ 이다. 배터리(또는 다른 직류 전원)를 표시하는 데 사용되는 회로 기호 ─┤├─ 와 혼동하지 말라. 배터리의 양극 단자는 더 높은 전위에 있고 배터리 기호에서 더 긴 수직선으로 나타낸다. 다음 장에서 기호 ─\/\/\─ 로 표시되는, 저항기라 불리는 또 다른 회로 소자를 논의한다. 회로에 있는 전선이 회로 내 다른 소자의 저항과 비교해서 상당한 정도의 저항을 갖지 않을 때 전선은 직선으로 나타낸다.

회로는 실제 물체들의 집합이라는 것을 인지하는 것이 중요하다. 통상 여기에는 전

기에너지를 다른 형태(빛, 열, 소리)로 변환시키거나 나중에 사용할 목적으로 전기 또는 자기장의 형태로 에너지를 저장하는 요소에 연결된 전기에너지원(배터리 같은)이 포함되어 있다. 실제 회로와 이에 해당하는 회로도를 그림 16.13에 나타냈다. 그림 16.13b에 나타낸 전구에 대한 회로 기호는 ─◯─이다.

회로도에 익숙하지 않으면 기하학적 표준 배선도와 일치하는지 손가락으로 실제 회로의 경로를 따라가 보며 확인해 보라.

16.5 커패시터의 연결 Combinations of Capacitors

두 개 이상의 커패시터를 여러 가지 방법으로 회로에 연결할 수 있으나 대개는 병렬과 직렬로 불리는 두 개의 간단한 배열로 줄인다. 그 다음으로 병렬 또는 직렬로 연결된 여러 종류의 커패시터를 연결하고 그에 대한 하나의 등가용량을 찾는 것이다. 커패시터들은 몇 종류의 서로 다른 표준 용량으로 제작되며 그들을 다른 방법으로 결합하여 원하는 용량의 값을 얻을 수 있다.

16.5.1 커패시터의 병렬 연결 Capacitors in Parallel

그림 16.14a에 나타낸 방식으로 두 커패시터를 연결한 것을 병렬 연결이라 한다. 각 커패시터의 왼쪽 판은 도선으로 배터리의 양극에 연결되어, 같은 전위에 있게 된다. 같은 방법으로 오른쪽 판들은 둘 다 배터리의 음극에 연결되어 역시 같은 전위에 있다. 이는 **병렬 연결된 커패시터 양단의 전위차 ΔV는 같다**는 것을 의미한다. 병렬로 연결된 커패시터가 그림 16.14b에 설명되어 있다.

커패시터들이 회로에 처음으로 연결되면, 전자들은 왼쪽 판에서 배터리를 통과하여 오른쪽 판으로 이동하며, 왼쪽 판은 양으로 오른쪽 판은 음으로 대전된다. 전하 이동에 대한 에너지원은 배터리 내에 저장된 화학적 에너지이며 이것이 전기에너지로 변환된다. 전하의 흐름은 커패시터 양단의 전압이 배터리 전압과 같을 때 멈추고, 그때에 커

그림 16.14 (a) 두 커패시터의 병렬 연결, (b) 병렬 연결에 대한 회로도, (c) 커패시터 양단의 전위차는 같고, 등가 전기용량은 $C_{\text{등가}} = C_1 + C_2$이다.

패시터는 최대 전하를 갖는다. 두 커패시터의 최대 전하를 각각 Q_1과 Q_2라 하면, 두 커패시터에 의해 저장된 전체 전하 Q는

$$Q = Q_1 + Q_2 \qquad [16.10]$$

이다. 두 커패시터는 전기용량 $C_{등가}$를 갖는 하나의 등가 커패시터로 대신할 수 있다. 이 등가 커패시터는 원래 두 개처럼 회로에서 같은 외부 효과를 가져야 하므로, 전하 Q 가 저장되어야 하고, 양단에 같은 전위차를 가져야 한다. 각 커패시터의 전하는

$$Q_1 = C_1\,\Delta V \quad 및 \quad Q_2 = C_2\,\Delta V$$

이다. 등가 커패시터의 전하는

$$Q = C_{등가}\Delta V$$

이다. 이들 관계를 식 16.10에 대입하면

$$C_{등가}\Delta V = C_1\,\Delta V + C_2\,\Delta V$$

즉,

$$C_{등가} = C_1 + C_2 \quad (병렬\ 연결) \qquad [16.11]$$

가 된다. 이러한 논리로 병렬로 연결된 셋 이상의 커패시터에 확장하면 등가용량은

$$C_{등가} = C_1 + C_2 + C_3 + \cdots \quad (병렬\ 연결) \qquad [16.12]$$

가 된다. **커패시터의 병렬 연결에서 등가용량은 가장 용량이 큰 것보다 더 크다**는 것을 알 수 있다.

> **Tip 16.3 전압은 전위차와 같다**
>
> 커패시터와 같은 소자 양단의 전압은 그 소자 양단의 전위차와 같은 의미를 갖는다. 예를 들어, 커패시터 양단의 전압이 12 V라고 한다면 커패시터의 판 사이의 전위차가 12 V임을 의미한다.

예제 16.5 병렬 연결된 네 개의 커패시터

목표 병렬 연결된 여러 커패시터를 갖는 회로를 분석한다.

문제 **(a)** 그림 16.15에서처럼 병렬 연결된 커패시터들과 등가인 단일 커패시터의 전기용량을 구하라. **(b)** 12.0 μF의 커패시터의 전하와 **(c)** 커패시터 배열에 포함되어 있는 전체 전하를 구하라.

그림 16.15 (예제 16.5) 병렬 연결된 네 개의 커패시터

(d) 커패시터 중 하나에 들어 있는 전체 전하의 일부에 대해 부호 표현식을 유도하라.

전략 **(a)**는 각각의 전기용량을 더한다. **(b)**는 12.0 μF의 커패시터에 식 $C = Q/\Delta V$을 적용한다. 전위차는 배터리 양단의 전위차와 같다. 네 개의 커패시터에 포함된 전체 전하를 구하기 위해 같은 식에 등가용량을 사용한다.

· ·

풀이

(a) 등가용량을 구한다.

식 16.12를 적용한다.

$$\begin{aligned}
C_{등가} &= C_1 + C_2 + C_3 + C_4 \\
&= 3.00\ \mu\text{F} + 6.00\ \mu\text{F} + 12.0\ \mu\text{F} + 24.0\ \mu\text{F} \\
&= \boxed{45.0\ \mu\text{F}}
\end{aligned}$$

(b) 12.0 μF 커패시터(C_3으로 표시된)에 있는 전하를 구한다. 전기용량 식을 Q에 대해 풀고 대입한다.

$$Q = C_3 \, \Delta V = (12.0 \times 10^{-6} \, \text{F})(18.0 \, \text{V}) = 216 \times 10^{-6} \, \text{C}$$

$$= \boxed{216 \, \mu\text{C}}$$

(c) 커패시터 배열에 포함된 전체 전하를 구한다.

등가 전기용량을 사용한다.

$$C_{\text{등가}} = \frac{Q}{\Delta V} \quad \rightarrow \quad Q = C_{\text{등가}} \Delta V = (45.0 \, \mu\text{F})(18.0 \, \text{V})$$

$$= \boxed{8.10 \times 10^2 \, \mu\text{C}}$$

(d) 전체 전하에 대한 한 커패시터에 저장된 전하의 비를 기호를 써서 유도한다.

i번째 커패시터에 저장된 전하를 기호로 나타내고 커패시터의 정

의를 이용한다.

$$\frac{Q_i}{Q_{\text{전체}}} = \frac{C_i \Delta V}{C_{\text{등가}} \Delta V} = \frac{C_i}{C_{\text{등가}}}$$

....

참고 병렬 연결된 커패시터 중 어느 하나에 저장된 전하는 전위 차가 같기 때문에 **(b)**처럼 구할 수 있다. 전체 전하를 구하기 위 해 각각의 커패시터에 저장된 전하를 구해서 더하지 않아도 된 다. 전기용량의 정의에 의해서 등가 전기용량을 이용하는 것이 더 쉽다.

16.5.2 커패시터의 직렬 연결 Capacitors in Series

커패시터의 직렬 연결에서 각 ▶
커패시터에 저장되는 전하 Q는
모두 같다

이제 그림 16.16a와 같이 직렬 연결된 두 개의 커패시터를 생각하자. **직렬 연결된 커패 시터에서 전하의 크기는 모든 판에서 같아야 한다.** 이 원리를 이해하기 위해 전하의 이 동 과정을 상세하게 살펴보자. 회로에 배터리를 연결하면 전체 전하 $-Q$를 가진 전자 들이 전기용량 C_1인 커패시터의 왼쪽 판에서 배터리를 지나 전기용량 C_2인 커패시터 의 오른쪽 판으로 이동하게 되어, 전기용량 C_1의 왼쪽 판에 $+Q$의 전하가 남는다. 결 과적으로 전기용량 C_1인 커패시터의 왼쪽 판 위의 전하의 크기와 전기용량 C_2인 커패 시터의 오른쪽 판 위의 전하의 크기는 같게 되어야 한다. 이제 중앙에 있는 전기용량 C_1인 커패시터의 오른쪽 판과 전기용량 C_2인 커패시터의 왼쪽 판을 생각하자. 이들 판 은 배터리에 연결되어 있지 않다(판 양쪽의 간격 때문에). 그러므로 합해서 전기적으 로 중성이다. 용량 C_1인 커패시터의 왼쪽 판 위의 전하 $+Q$는 전기용량 C_1의 커패시터 오른쪽 판에 음전하를 끌어 모은다. 이 전하들은 전기용량 C_1인 커패시터의 왼쪽 판 과 오른쪽 판 전하들이 합해져 전기적 중성이 될 때까지 계속 축적된다. 이것은 전기 용량 C_1인 커패시터의 오른쪽 판 위의 전하가 $-Q$임을 의미한다. 이 음전하는 전기용 량 C_2인 커패시터의 왼쪽 판에서만 올 수 있다. 그래서 전기용량 C_2인 커패시터는 $+Q$ 의 전하를 갖는다.

그러므로 몇 개의 커패시터가 직렬로 연결되어 있든지, 그들의 용량이 얼마이든지 간에, **모든 커패시터의 오른쪽 판들은 $-Q$의 전하를 얻고 왼쪽 판들은 $+Q$의 전하를 갖**

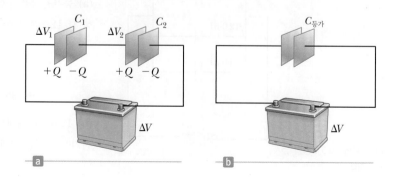

그림 16.16 두 커패시터의 직렬 연결. 각 커패시터에 있는 전하는 같고, 등가 전기용 량은 역수 관계 $1/C_{\text{등가}} = (1/C_1) + (1/C_2)$ 로부터 계산할 수 있다.

는다(전하 보존의 결과).

직렬 연결된 커패시터에 대한 등가 커패시터가 완전히 충전되며, **등가 커패시터는 결국 오른쪽 판이 −Q의 전하를, 왼쪽 판이 +Q의 전하를 가져야 한다.** 그림 16.16b에 있는 회로에 전기용량의 정의를 적용하면,

$$\Delta V = \frac{Q}{C_{\text{등가}}}$$

를 얻는다. 여기서 ΔV는 배터리 양단 사이의 전위차이고 $C_{\text{등가}}$는 등가 전기용량이다. $Q = C\Delta V$의 관계는 각 커패시터에 적용될 수 있으므로 이들 양단의 전위차는

$$\Delta V_1 = \frac{Q}{C_1} \qquad \Delta V_2 = \frac{Q}{C_2}$$

가 된다. 그림 16.16a로부터

$$\Delta V = \Delta V_1 + \Delta V_2 \qquad\qquad [16.13]$$

임을 알 수 있다. 여기서 ΔV_1과 ΔV_2는 커패시터 C_1과 C_2 양단의 전위차이다(에너지 보존의 결과).

직렬로 연결된 여러 개의 커패시터 양단의 전위차는 개별 커패시터 양단의 전위차의 합과 같다. 이 표현을 식 16.13에 대입하고 $\Delta V = Q/C_{\text{등가}}$를 이용하면

$$\frac{Q}{C_{\text{등가}}} = \frac{Q}{C_1} + \frac{Q}{C_2}$$

를 얻는다. Q를 약분하면 다음의 관계에 도달한다.

$$\frac{1}{C_{\text{등가}}} = \frac{1}{C_1} + \frac{1}{C_2} \quad \text{(직렬 연결)} \qquad\qquad [16.14]$$

직렬 연결된 세 개 이상의 커패시터에 위의 분석이 적용된다면, 등가 전기용량은 다음과 같이 된다.

$$\frac{1}{C_{\text{등가}}} = \frac{1}{C_1} + \frac{1}{C_2} + \frac{1}{C_3} + \cdots \text{ (직렬 연결)} \qquad\qquad [16.15]$$

예제 16.6에서와 같이 식 16.15는 **직렬 연결된 커패시터의 등가용량은 용량이 가장 작은 커패시터의 용량보다 항상 더 작다는 것을** 나타낸다.

예제 16.6 직렬 연결된 네 개의 커패시터

목표 직렬 연결된 커패시터의 등가용량과 전하, 그리고 각 커패시터에 걸린 전압을 구한다.

문제 그림 16.17처럼 네 개의 커패시터가 배터리와 함께 직렬 연결되어 있다. **(a)** 등가 커패시터의 전기용량을 계산하라. **(b)** 12 μF 커패시터의 전하량을 계산하라. **(c)** 12 μF 커패시터 양단의 전압 강하를 구하라.

전략 식 16.15를 이용하여 모든 커패시터들을 단일 등가 커패시터로 결합한다. $C = Q/\Delta V$를 이용하여 등가 커패시터의 전하를 구한다. 이 전하는 개별 커패시터가 갖는 전하와 같다. 12 μF 커패시터 양단의 전압 강하를 구하기 위하여 다시 한 번 같은 식을 이용한다.

풀이

(a) 직렬 연결된 커패시터의 등가 전기용량을 계산한다.
식 16.15를 적용한다.

$$\frac{1}{C_{등가}} = \frac{1}{3.0\ \mu F} + \frac{1}{6.0\ \mu F} + \frac{1}{12\ \mu F} + \frac{1}{24\ \mu F}$$

$$C_{등가} = \boxed{1.6\ \mu F}$$

(b) 12 μF 커패시터의 전하를 계산한다.
구하려는 전하는 등가 커패시터의 전하와 같다.

$$Q = C_{등가}\, \Delta V = (1.6 \times 10^{-6}\ F)(18\ V) = \boxed{29\ \mu C}$$

(c) 12 μF 커패시터 양단의 전압 강하를 구한다.
기본적인 전기용량을 구하는 식을 적용한다.

$$C = \frac{Q}{\Delta V} \quad \rightarrow \quad \Delta V = \frac{Q}{C} = \frac{29\ \mu C}{12\ \mu F} = \boxed{2.4\ V}$$

그림 16.17 (예제 16.6) 직렬로 연결된 네 개의 커패시터

참고 등가 전기용량은 어떤 개별 커패시터의 전기용량보다도 더 작다. $C = Q/\Delta V$ 관계식은 **(c)**에서처럼 다른 커패시터의 전압 강하를 구하기 위해 사용될 수 있다.

예제 16.7 | 등가 전기용량

목표 직렬과 병렬이 복합적으로 연결된 커패시터 회로를 풀이한다.

문제 (a) 그림 16.18a에 나타낸 커패시터 결합에서 a와 b 사이의 등가 전기용량을 계산하라. 모든 커패시터의 전기용량의 단위는 μF이다. **(b)** 만일 12 V 배터리가 계의 양단인 점 a와 b 사이에 연결된다면 첫 번째 그림에서 4.0 μF에 충전된 전하를 구하고 그것 양단의 전압 강하를 구하라.

전략 (a) 식 16.12와 16.15를 사용하여 그림에 표시된 대로 결합을 한 단계씩 줄인다. **(b)** 그림 16.18c로부터 2.0 μF의 커패시터에 있는 전하를 구하여 4.0 μF 커패시터에 있는 전하를 구한다. 이와 동등한 전하는 두 번째 그림 4.0 μF 커패시터 각각에 있다. 두 번째 그림에서 4.0 μF 커패시터 중 하나가 첫 번째 그림에서 맨 처음 4.0 μF 커패시터이다.

풀이

(a) 등가 전기용량을 계산한다.

그림 16.18a에서 병렬 연결된 1.0 μF과 3.0 μF 커패시터의 등가용량을 구한다.

$$C_{등가} = C_1 + C_2 = 1.0\ \mu F + 3.0\ \mu F = 4.0\ \mu F$$

그림 16.18a에서 병렬 연결된 2.0 μF과 6.0 μF의 등가용량을 구한다.

$$C_{등가} = C_1 + C_2 = 2.0\ \mu F + 6.0\ \mu F = 8.0\ \mu F$$

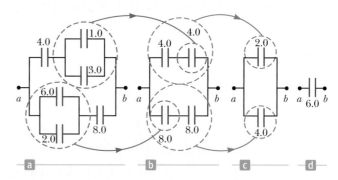

그림 16.18 (예제 16.7) 회로 (a)의 등가 전기용량을 구하기 위해 직렬과 병렬 연결에 대한 공식을 이용하여 (b), (c), (d)에 나타낸 대로 단계별로 회로의 조합을 줄여나간다. 커패시터의 단위는 모두 μF이다.

그림 16.18b에서 직렬 연결된 두 개의 4.0 μF 커패시터를 결합한다.

$$\frac{1}{C_{등가}} = \frac{1}{C_1} + \frac{1}{C_2} = \frac{1}{4.0\ \mu F} + \frac{1}{4.0\ \mu F}$$

$$= \frac{1}{2.0\ \mu F} \quad \rightarrow \quad C_{등가} = 2.0\ \mu F$$

그림 16.18b에서 직렬 연결된 두 개의 8.0 μF 커패시터를 결합한다.

$$\frac{1}{C_{등가}} = \frac{1}{C_1} + \frac{1}{C_2} = \frac{1}{8.0\ \mu F} + \frac{1}{8.0\ \mu F}$$

$$= \frac{1}{4.0\ \mu F} \quad \rightarrow \quad C_{등가} = 4.0\ \mu F$$

그림 16.18c에서 병렬인 두 개의 커패시터를 결합하여 최종적으로 a와 b 사이의 등가 전기용량을 구한다.

$$C_{등가} = C_1 + C_2 = 2.0\ \mu\text{F} + 4.0\ \mu\text{F} = \boxed{6.0\ \mu\text{F}}$$

(b) 4.0 μF 커패시터에 충전된 전하와 커패시터 양단의 전압 강하를 구한다.

그림 16.18c에서 2.0 μF 커패시터에 충전된 전하를 계산한다. 이는 그림 16.18a에서 4.0 μF에 충전된 전하와 같다.

$$C = \frac{Q}{\Delta V} \quad \rightarrow \quad Q = C\Delta V = (2.0\ \mu\text{F})(12\ \text{V}) = \boxed{24\ \mu\text{C}}$$

전기용량 기본 식을 사용하여 그림 16.18a에서 4.0 μF 커패시터 양단의 전압 강하를 구한다.

$$C = \frac{Q}{\Delta V} \quad \rightarrow \quad \Delta V = \frac{Q}{C} = \frac{24\ \mu\text{C}}{4.0\ \mu\text{F}} = \boxed{6.0\ \text{V}}$$

참고 나머지 전하와 전압 강하를 구하기 위해서는 $C = Q/\Delta V$를 반복적으로 사용하는 문제이다. 4.0 μF 커패시터 양단의 전압 강하는 그림 16.18b에서 두 커패시터가 같은 값을 가졌음을 인지하여 구할 수 있다. 따라서 대칭으로 인해 그들 사이의 전체 전압 12 V는 나누어진다.

16.6 커패시터에 저장된 에너지 Energy in a Capacitor

전자 장비를 사용하는 작업장에서 일하는 사람들의 대부분은 커패시터가 에너지를 저장할 수 있음을 가끔은 확인했을 것이다. 충전된 커패시터의 판이 전선과 같은 도체에 연결되면, 전하는 두 판이 전하를 갖지 않을 때까지 한쪽 판에서 다른 쪽 판으로 이동한다. 이러한 방전은 가끔 눈에 보이는 스파크로 관찰할 수 있다. 부주의로 충전된 커패시터의 판을 손으로 만지면 손가락은 커패시터가 방전할 수 있는 통로가 되어 전기 충격을 받는다. 충격의 정도는 커패시터의 전기용량과 인가 전압에 따라 다르다. **텔레비전의 전원처럼 높은 전압과 다량의 전하가 존재하는 곳에서는 이러한 충격이 치명적일 수 있다.**

커패시터들은 전기에너지를 저장한다. 그 에너지는 판으로 전하를 옮기는 데 필요한 일과 같다. 커패시터가 처음에 충전되지 않아서(양쪽 판이 중성), 판들이 같은 전위에 있다면, 적은 양의 전하 ΔQ를 한쪽 판에서 다른 쪽 판으로 옮기는 데 일이 거의 필요하지 않다. 그러나 일단 이러한 전하들이 옮겨지면 미소한 전위차 $\Delta V = \Delta Q/C$가 두 판 사이에 나타난다. 따라서 이 전위차를 거슬러서 추가적으로 전하를 옮기기 위해서는 일을 해주어야 한다. 식 16.6으로부터 충전 과정 동안 어느 순간의 전위차가 ΔV이면 이 전위차를 지나 더 많은 전하 ΔQ를 옮기는 데 필요한 일 ΔW는

$$\Delta W = \Delta V \Delta Q$$

로 주어진다. 전체 전하 Q를 갖는 커패시터의 전위차는 $\Delta V = Q/C$임을 알고 있다. 그러므로 전체 전하에 대한 전압의 그래프는 그림 16.19에서와 같이 기울기가 $1/C$인 직선이 된다. 특정한 ΔV에 대한 일 ΔW는 파란색 사각형의 넓이이다. 모든 직사각형을 합하면 커패시터를 충전하기 위해 필요한 전체 일의 근삿값이 된다. ΔQ가 무한히 작아지는 극한에서, 커패시터를 나중 전하 Q와 전압 ΔV까지 충전하는 데 필요한 전체 일은 직선 아래의 넓이가 된다. 이것은 바로 삼각형의 넓이이므로 밑변과 높이를 곱한 값의 1/2이다. 그러므로 다음과 같다.

$$W = \tfrac{1}{2} Q \Delta V \qquad\qquad [16.16]$$

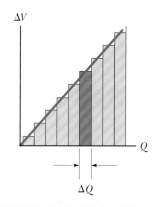

그림 16.19 커패시터의 전압 대 전하 그래프는 기울기가 $1/C$인 직선이다. 커패시터 판 사이의 전위차 ΔV를 통과하여 전하 ΔQ를 옮기는 데 필요한 일은 $\Delta W = \Delta V \Delta Q$이다. 이는 파란색 직사각형의 넓이와 같다. 나중 전하 Q로 커패시터를 충전하는 데 필요한 전체 일은 직선 아래의 넓이가 되며 크기는 $Q\Delta V/2$이다.

앞에서 설명한 대로 W는 커패시터에 저장된 에너지이다. 전기용량의 정의로부터 $Q = C\Delta V$이므로, 세 개의 다른 식으로 저장된 에너지를 표현할 수 있다.

$$\text{저장된 에너지} = \tfrac{1}{2}Q\Delta V = \tfrac{1}{2}C(\Delta V)^2 = \frac{Q^2}{2C} \qquad \text{[16.17]}$$

예를 들어, 5.0 μF 커패시터가 120 V 배터리 양단에 연결되어 있을 때 저장되는 에너지의 양은

$$\text{저장된 에너지} = \tfrac{1}{2}C(\Delta V)^2 = \tfrac{1}{2}(5.0 \times 10^{-6}\,\text{F})(120\,\text{V})^2 = 3.6 \times 10^{-2}\,\text{J}$$

이다. 실질적으로 커패시터에 저장 가능한 최대 에너지(또는 전하)는 한계가 있다. 어떤 점에서 판 위 전하들 사이의 쿨롱 힘은 전자들이 간격을 뛰어넘을 정도로 아주 강하게 되어 커패시터는 방전된다. 이런 이유로 커패시터에는 최대 작동 전압이 표시되어 있다(이러한 물리적 사실은 규칙적으로 점멸하는 빛을 내는 회로에 이용될 수 있다).

큰 커패시터들은 방전을 일으켜 전하의 흐름이 심장을 통과한다면 화상이나 죽음을 일으키기에 충분한 전기에너지를 저장할 수 있다. 그러나 적절한 조건하에서는 심장병 환자들에게 심장 세동을 멈추게 하여 생명을 유지하는 데 사용될 수 있다. 심장 세동이 일어날 때 심장은 빠르고 불규칙한 박동을 발생시킨다. 이때 심장에 빠르게 전기에너지를 공급하면 다시 정상 박동으로 되돌아오게 된다. 응급 의료팀은 고전압으로 커패시터를 충전할 수 있는 배터리를 포함하는 휴대용 제세동기를 사용한다(실제로 회로는 커패시터가 배터리보다 훨씬 더 높은 전압으로 대전될 수 있게 한다). 이와 다른 경우에(카메라 플래시나 핵융합에 사용되는 레이저) 커패시터들은 서서히 충전되고 짧은 시간에 막대한 양의 에너지가 재빨리 방전되는 에너지 저장고 역할을 한다. 저장된 전기에너지는 환자의 가슴 양쪽에 놓인 패들이라 부르는 전극에 의해 심장을 통하여 방출된다. 커패시터가 완전히 충전되기 위해서는 시간이 걸리므로 의료팀은 전기에너지를 적용하는 간격을 기다려야 한다. 커패시터의 높은 전압은 20장에서 공부하게 될 전자기 유도 현상을 통해 휴대용 장치 안에 있는 전압이 낮은 배터리를 이용하여 얻을 수 있다.

응용

제세동기

예제 16.8 제세동기의 전압, 에너지 및 방전 시간

목표 커패시터에 에너지와 전력의 개념을 적용한다.

문제 완전하게 충전된 제세동기는 1.10×10^{-4} F의 커패시터에 1.20 kJ의 에너지를 저장한다. 환자에게 방전될 때 6.00×10^2 J의 전기에너지가 2.50 ms 동안에 전달된다. **(a)** 1.20 kJ의 에너지를 저장하는 데 필요한 전압을 구하라. **(b)** 환자에게 전달된 평균 전력은 얼마인가?

전략 (a) 전기용량과 저장된 에너지를 알고 있으므로 식 16.17을 사용하여 필요한 전압을 구할 수 있다. **(b)** 전달되는 에너지를 시간으로 나눠서 평균 전력을 구한다.

풀이

(a) 장치에서 1.20 kJ의 에너지를 저장하기 위하여 필요한 전압을 구한다.

식 16.17을 ΔV에 대하여 푼다.

$$\text{저장된 에너지} = \tfrac{1}{2}C\Delta V^2$$

$$\Delta V = \sqrt{\frac{2 \times \text{저장된 에너지}}{C}}$$

$$= \sqrt{\frac{2(1.20 \times 10^3\,\text{J})}{1.10 \times 10^{-4}\,\text{F}}}$$

$$= 4.67 \times 10^3\,\text{V}$$

(b) 환자에게 전달된 평균 전력을 구한다.
전달된 에너지를 시간으로 나눈다.

$$P_\text{평균} = \frac{전달된\ 에너지}{\Delta t}$$

$$= \frac{6.00 \times 10^2\,\text{J}}{2.50 \times 10^{-3}\,\text{s}}$$

$$= \boxed{2.40 \times 10^5\,\text{W}}$$

참고 18장에서 RC 회로에 대해 배우겠지만, 커패시터 내의 전하를 비우면서 전달되는 전력은 일정하지 않다. 그런 이유로 단지 평균 전력만 알 수 있다. 커패시터는 배터리보다 훨씬 더 빠르게 에너지를 전달할 수 있기 때문에 제세동기에 필요하다. 배터리는 상대적으로 느린 화학반응을 통하여 전류를 공급하는 반면에, 커패시터는 이미 생산되어서 저장된 전하를 빠르게 방출할 수 있다.

연습문제

1. A점에 있는 이온화된 산소 분자(O_2^+)의 전하는 $+e$이다. 이 분자가 $+x$ 방향으로 2.00×10^3 m/s의 속력으로 움직인다. $-x$ 방향으로 향하는 전기력이 이 분자의 속력을 늦추어서 그 분자가 A점에서 0.750 mm 떨어진 B점에서 정지한다. (a) 전기장의 x성분, (b) A점과 B점 사이의 전위차를 계산하라.

2. 정지해 있던 양성자가 일정한 전기장 속에서 가속되어 2.00 m를 지날 때의 속력이 1.50×10^5 m/s이다. (a) 양성자의 운동에너지의 변화량을 구하라. (b) 이 계의 전기 퍼텐셜 에너지의 변화량을 구하라. (c) 전기장의 크기를 계산하라.

3. 반대 부호로 대전된 평행한 판이 5.33 mm 떨어져 있다. 판 사이의 전위차는 600 V이다. (a) 판 사이의 전기장의 크기는 얼마인가? (b) 판 사이에서 전자가 받는 힘은 얼마인가? (c) 처음에 전자가 양극판에서 2.90 mm인 곳에 위치해 있다면 이를 음극판으로 옮기는 데 얼마의 일을 해주어야 하는가?

4. (a) 그림 P16.4의 직사각형 위쪽 구석(전하가 없는 모서리)에서의 전위를 구하라. 무한대에서 전위는 영으로 한다. (b) 만약 2.00 μC의 전하가 -2.00 μC의 전하와 교체된 경우

그림 P16.4

풀이를 반복하라.

5. 그림 P16.5에 있는 이등변 삼각형 정점에 세 개의 점전하가 있다. $q = 7.00$ nC일 때 밑변 중앙에서의 전위를 계산하라.

그림 P16.5

6. 원자 모형으로 유명한 러더퍼드의 산란 실험에서 알파입자 (전하가 $+2e$이고 질량이 6.64×10^{-27} kg)가 전하 $+79e$인 금 원자핵을 향하여 발사되었다. 처음에 금의 원자핵으로부터 아주 멀리 있는 알파입자가 그림 P16.6처럼 핵을 향해 2.00×10^7 m/s로 발사되었다. 알파입자가 되돌아가기 전 금 원자에 얼마나 가까이 접근하는가? 금 원자핵은 정지 상태에 있다고 가정한다.

그림 P16.6

7. 지구와 지구 위 800 m 구름층을 평행판 커패시터의 판으로 생각하자. (a) 구름층의 넓이가 1.0 km^2 = 1.0×10^6 m^2

일 때 전기용량은 얼마인가? (b) 만약 전기장의 세기가 3.0×10^6 N/C보다 큰 경우 (번개로 인해) 공기의 절연 파괴를 일으키고 전하가 전도한다면, 구름이 가질 수 있는 최대 전하는 얼마인가?

8. (a) 그림 P16.8에서 커패시터들의 등가용량, (b) 각 커패시터의 전하, (c) 각 커패시터 양단의 전위차를 구하라.

그림 P16.8

9. 2.50 μF 커패시터와 6.25 μF 커패시터, 그리고 6.00 V의 배터리가 있다. (a) 배터리 양단에 직렬로 연결할 때와 (b) 배터리 양단에 병렬로 연결할 때 각각의 커패시터에 있는 전하를 구하라.

10. 그림 P16.10에서 각각의 커패시터에 있는 전하를 구하라.

그림 P16.10

전류와 전기 저항
Current and Resistance

정전기 원리를 기초로 전기 장치가 만들어지고 여러 면에서 실용적으로 응용되고 있지만, 과학자들이 긴 시간 동안 지속적인 전하의 흐름을 만들어내는 배터리를 발명한 이래로 전기는 우리 일상생활에서 떼어낼 수 없는 한 부분이 되었다. (볼타) 배터리는 1800년대 이탈리아의 물리학자 볼타 (Alessandro Volta)에 의해 발명되었다. 배터리는 그 전에 발명된 높은 전압에서 짧은 시간 동안 적은 전하가 흐르는 정전기 장치와 달리 낮은 전압에서 연속적인 전하의 흐름을 만들어주는 장치이다. 이러한 연속적인 전류 장치는 과학자들이 전기 회로에서 전하의 흐름을 조절하는 방법을 연구하기 위한 실험을 가능하게 해주었다. 오늘날 전류는 전등, 텔레비전 수상기, 공기 조절기, 컴퓨터, 냉장고에 동력을 공급한다. 또한 전류는 자동차 엔진의 휘발유를 점화시키고, 마이크로 컴퓨터 칩 속의 여러 부품에 전력을 공급하는 등 셀 수 없을 만큼 많은 다른 귀중한 일들을 한다.

이 장에서는 전류를 정의하고 도체 내에서 전하의 흐름을 방해하는 몇 가지 요인들에 대해 논의할 것이다. 또 전기 회로에서 에너지 변환에 대하여 논의한다. 이러한 주제들은 다음 장의 회로를 다루는 데 기초가 된다.

17.1 전류 Electric Current

그림 17.1과 같이 전하가 넓이가 A인 면에 수직인 방향으로 움직이고 있다. (예를 들어, A는 도선의 단면일 수도 있다.) **전류란 이 면을 통과하는 전하의 흐름률이다.**

면 A를 Δt 시간 동안 통과하는 전하량을 ΔQ라 하고, 이 면에 수직 방향으로 흐른다고 가정하자. 그러면 **평균 전류**(average current) $I_{평균}$은 단위 시간당 면 A를 통과하는 전하량과 같다.

$$I_{평균} \equiv \frac{\Delta Q}{\Delta t} \qquad \text{[17.1a]}$$

SI 단위: 쿨롱/초(C/s) 또는 암페어(A)

전류는 이동하는 개별 전하들로 이루어진다. 그러므로 극단적으로 낮은 전류란 한순간에 한 개의 전하가 면 A를 지나갔으나, 다음 순간에는 지나가는 전하가 없는 그러한 경우의 전류라고 생각할 수 있다. 전류는 본질적으로 시간 평균의 개념을 가진 양이다. 보통은 많은 수의 전하가 있는 경우이며, 이때 순간 전류를 잘 정의할 수 있다.

Tip 17.1 전류가 흐른다는 표현은 중복된 표현이다

보통 전류의 흐름 혹은 전류가 흐른다는 문구를 사용한다. 그러나 이것은 중복된 표현이다. 왜냐하면 전류라는 말이 이미 '(전하가) 흐른다.'라는 의미를 가지기 때문이다. 이러한 표현은 피해야 한다.

순간 전류(instantaneous current) I는 시간 간격이 영으로 접근할 때 평균 전류의 극한값이다.

$$I = \lim_{\Delta t \to 0} I_{평균} = \lim_{\Delta t \to 0} \frac{\Delta Q}{\Delta t}$$ [17.1b]

SI 단위: 쿨롱/초(C/s) 또는 암페어(A)

지속적인 전류의 경우 평균 전류와 순간 전류는 같다. 1 A의 전류는 1 C의 전하가 어떤 단면을 1 s 동안 통과하는 것과 같다.

그림 17.1과 같이 전하가 단면을 통하여 흐를 때, 전하의 부호는 양, 음, 또는 둘 모두가 될 수도 있다. **이 책에서 사용된 전류의 방향은 관습적인 방향, 즉 양전하의 이동 방향이다.** (이러한 역사적인 관습은 양전하와 음전하의 개념이 도입된 약 200년 전부터 시작되었다.) 구리와 같은 일반적인 도체에서 전류는 음으로 대전된 전자의 운동에 의하여 생긴다. 따라서 전류의 방향은 전자의 이동 방향과 반대 방향이 된다. 한편 입자 가속기에서 양으로 대전된 양성자 빔의 경우, 전류의 방향은 양성자의 운동 방향과 같다. 예를 들어, 일부 기체나 전해질과 같은 경우, 전류는 양전하와 음전하 모두에 의해 형성된다. 양이든 음이든 이동하는 전하를 전하 운반자라 한다. 예를 들어, 금속에서 전하 운반자는 전자이다.

정지해 있는 전하에 대한 정전기학에서는 도체의 모든 부분에서 전위가 같지만 전하가 흐르는 도체에서는 그렇지 않다. 도선을 따라 전하가 움직이면 전위가 연속적으로 감소한다(초전도와 같은 특별한 경우는 제외한다). 전위가 감소한다는 것은 움직이는 전하가 식 $\Delta U_{전하} = q\Delta V$에 따라 에너지를 잃는다는 것을 의미하는 반면, $\Delta U_{도선} = -q\Delta V$의 에너지가 전하가 흐르는 도선에 남는 것을 의미한다. (그러한 식들은 식 16.2로부터 유도된다.) 양전하가 이동하는 방향이 전류의 방향이므로, q가 양이면 $\Delta V = V_f - V_i$는 음이 된다. 왜냐하면, 회로에서 양전하는 높은 전위에서 낮은 전위로 이동하기 때문이다. 즉, 그것은 $\Delta U_{전하} = q\Delta V$가 음이어야 함을 의미한다. 도선 내에서 움직이는 음전

그림 17.1 단면 A를 통과하는 전하의 시간 흐름률을 전류 I라 한다. (a) 전류의 방향은 양전하가 흐르는 방향과 같다. (b) 왼쪽으로 흐르는 음전하는 오른쪽으로 흐르는 양전하와 양이 같다. (c) 도체에서 전위차에 의해 도체 격자의 원자로부터 전자가 빠져나간 빈자리를 양공이라 한다. 실제로 음전하가 왼쪽으로 이동하는 것은 양공을 오른쪽으로 밀어내는 것과 같다.

하도 에너지를 잃는다. 간혹 크기만 따지는 경우는 q와 ΔV의 절댓값을 취한다. 전류가 일정한 경우, 에너지를 소요 시간으로 나누면 전구의 필라멘트와 같은 회로 소자에 공급된 전력이 계산된다.

예제 17.1 불을 켜라

목표 전류의 개념을 적용한다.

문제 어떤 전구의 필라멘트를 2.00 s 동안 통과하는 전하량이 1.67 C이다. **(a)** 전구에 흐르는 평균 전류와 **(b)** 필라멘트를 5.00 s 동안 통과하는 전자 수를 구하라. **(c)** 전구에 흐르는 전류가 12.0 V의 배터리에 의한 것이라면 2.00 s 동안 필라멘트에서 소비되는 전체 에너지는 얼마인가? 평균 전력은 얼마인가?

전략 **(a)**에서는 주어진 값들을 식 17.1a에 대입한 다음, 그 답에 **(b)**에서 주어진 시간을 곱하면 그 시간 동안 통과한 전체 전하가 얻어진다. 전체 전하는 회로를 통과하는 전자 수 N과 전자 한 개당 전하를 곱한 것과 같다. 필라멘트에서 소비한 전력을 구하려면, 전위차 ΔV와 전체 전하를 곱하면 된다. 에너지를 시간으로 나누면 평균 전력이 된다.

풀이

(a) 전구에 흐르는 전류를 구한다.

전하와 시간을 식 17.1a에 대입한다.

$$I_{평균} = \frac{\Delta Q}{\Delta t} = \frac{1.67 \text{ C}}{2.00 \text{ s}} = \boxed{0.835 \text{ A}}$$

(b) 필라멘트를 5.00 s 동안 통과하는 전자의 개수를 구한다.

전체 전자 수 N과 전자 한 개당 전하를 곱한 $I_{평균}\Delta t$는 전체 전하와 같다.

$$Nq = I_{평균}\Delta t \qquad (1)$$

위 식에 값을 대입한 후 N에 대해 푼다.

$$N(1.60 \times 10^{-19} \text{ C/전자}) = (0.835 \text{ A})(5.00 \text{ s})$$

$$N = \boxed{2.61 \times 10^{19} \text{ 전자}}$$

(c) 필라멘트에서 소비한 전체 에너지와 평균 전력을 구한다.

전위차와 전체 전하를 곱하면 필라멘트에 전달된 에너지를 얻는다.

$$\Delta U = q\Delta V = (1.67 \text{ C})(12.0 \text{ V}) = \boxed{20.0 \text{ J}} \qquad (2)$$

에너지를 경과 시간으로 나누어 평균 전력을 계산한다.

$$P_{평균} = \frac{\Delta U}{\Delta t} = \frac{20.0 \text{ J}}{2.00 \text{ s}} = \boxed{10.0 \text{ W}}$$

참고 식 (1)과 같은 경우에는 그 식이 맞는지를 확인하는 방법으로 각 항의 단위가 일치하는지를 확인하는 것이 중요하다. 보통의 회로에서 한 점을 통과하는 전자의 개수는 엄청나게 많다는 것에 놀라지 않도록 하라. 그러한 값이 식 (2)에서 에너지를 계산하는 데 사용되었다. 낮은 전위에서 높은 전위로의 음전하를 이동시키는 전하 운반자는 전자이므로, 에너지의 변화는 $\Delta U_{전하} = q\Delta V = (-1.67 \text{ C})(+12.0 \text{ V}) = -20.0 \text{ J}$이며, 필라멘트에서 소비된 에너지는 $\Delta U_{필라멘트} = -\Delta U_{전하} = +20.0 \text{ J}$이다. 16장의 정의를 사용하여 여기서 계산한 에너지와 전력은 17.6절에서 좀 더 자세히 다룰 것이다.

17.2 회로에서 전류와 전압 측정
Current and Voltage Measurements in Circuits

전기 회로의 전류를 공부하기 위해서는 전류와 전압 측정 방법을 이해해야 한다.

그림 17.2a의 회로는 예제 17.1의 전류를 측정하기 위한 실제 회로이다. 그림 17.2b는 그림 17.2a의 실제 회로를 다시 표현한 것으로 회로도라고 한다. 이 회로는 단지 한 개의 배터리와 전구로 구성되어 있다. 회로라는 단어는 전류가 순환하고 도는 어떤 종류의 폐회로를 의미한다. 배터리는 전구와 회로로 전하를 움직이게 한다. 만일 배터리의 양극이 전구의 한쪽과 도선으로 연결되고, 전구의 다른 한쪽은 구리 도선을 통해 배터

그림 17.2 (a) 전구에서 전류와 전압을 측정하는 실제 회로, (b) (a)의 전기 회로도, (c) 전류와 전위차를 측정하는 디지털 멀티미터

리의 음극으로 되돌아가는 길이 완전히 이어지지 않는다면 전하는 흐르지 않을 것이다. 전구가 갖가지 상황에서 어떻게 작동되는가를 특징짓는 가장 중요한 것은 전구 내의 전류 I와 전구에 걸리는 전위차 ΔV이다. 전구에서 전류를 측정하기 위해서는 전구에서 나온 전류가 다른 길로 새지 않도록 전구와 측정 장치인 전류계를 도선으로 잘 연결하여야 한다. 즉, 전구를 통과하는 모든 전하는 반드시 전류계를 통과하도록 한다. 전압계는 전위차나 전구 필라멘트의 두 양 끝 사이의 전압을 측정한다. 만일 그림 **17.2a**와 같이 동시에 두 측정기를 사용한다면, 전압계의 연결로 인해 전류계 눈금이 영향을 받는지를 알아보기 위해 전압계를 제거할 수도 있다. 그림 **17.2c**는 전압, 전류, 또는 저항을 디지털 눈금으로 측정할 수 있도록 편리하게 고안된 디지털 멀티미터이다. 디지털 멀티미터를 전압계로 사용할 때의 이점은 항상 전류에 영향을 주지 않는다는 것이다. 왜냐하면 전압계로 사용할 때는 전하의 흐름을 방해하는 엄청난 크기의 저항을 가지기 때문이다.

따라서 실험실에서 여러 가지 전자 장치에 대해 전압의 함수로서($I-\Delta V$ 곡선) 전류를 측정할 수 있다. 이를 위해 -5 V에서 $+5$ V까지 (조정 가능한) 전위차를 공급할 수 있는 전원 공급 장치, 전구 하나, 저항기 하나, 약간의 전선, 클립, 멀티미터 두 개가 필요하다. 모든 측정은 가장 높은 멀티미터 눈금(즉, 10 A와 1 000 V)에서 시작해야 한다. 그리고 과부하가 걸리지 않고 정확한 측정값을 얻기 위해서는 감도 눈금을 한 눈금씩 올리는 것이다. (감도를 올린다는 것은 측정할 수 있는 최대 전류나 최대 전압의 값을 내린다는 의미이다.) 또한 주의해야 할 것은 그림 **17.2b**와 같이 전원 공급기와 극성을 올바르게 맞추어 연결하는 것이다. 마지막으로 기기의 파손과 실험비 절감을 위해서 실험 조교의 지시를 충실히 따라야 한다.

17.3 저항, 비저항, 옴의 법칙
Resistance, Resistivity, and Ohm's Law

17.3.1 저항과 옴의 법칙 Resistance and Ohm's Law

그림 17.3과 같이 전압(전위차) ΔV가 금속 도체의 양단에 걸려있을 때, 도체에서 전류는 걸린 전압에 비례하는 것을 알 수 있다. 즉, $I \propto \Delta V$이다. 만일 이 비율이 유지된다면 $\Delta V = IR$로 쓸 수 있으며, 여기서 비례 상수 R을 도체의 저항이라고 한다. 실제로 **저항**(resistance)은 도체 양단에 걸린 전류에 대한 전압의 비로서 정의된다.

$$R \equiv \frac{\Delta V}{I} \qquad [17.2]$$

저항의 SI 단위는 암페어당 전압으로 **옴**(Ω)이다. 만약 도체에 걸린 전위차가 1 V이고 1 A의 전류가 흐른다면, 이 도체의 저항은 1 Ω이 된다. 예를 들어, 120 V의 전원에 연결된 전기 기구에 6 A의 전류가 흐른다면, 이때 저항은 20 Ω이 된다.

전류, 전압, 저항의 개념은 강물의 흐름에 비유할 수 있다. 너비와 깊이가 일정한 강에서 물이 아래로 흐를 때, 흐름률(물의 흐름)은 경사각과 바위, 강둑, 다른 장애물들에 영향을 받게 된다. 전위차는 경사도와 유사하고 저항은 장애물과 유사하다. 이러한 비유를 근거로 하여, 경사도를 증가시키면 강물의 흐름이 증가하듯이, 전압을 증가시키면 회로 내의 전류가 증가할 것으로 짐작할 수 있다. 또한 강에 있는 장애물이 증가하면 강물의 흐름이 줄어들듯이, 회로에 저항이 증가하면 전류가 줄어들게 된다. 회로에서 저항은 전류를 운반하는 전자와 도체 내부에 고정되어 있는 원자 사이의 충돌에 의한 것이며, 이러한 충돌은 마찰력과 같이 전하의 운동을 방해한다. 대부분의 금속을 포함한 많은 물질의 경우, **넓은 범위의 전압 또는 전류에 걸쳐 저항은 일정하다**는 사실을 실험을 통해 알 수 있다. 이 사실은 처음으로 전기 저항에 대한 체계적인 연구를 한 옴(Georg Simon Ohm, 1789~1854)의 이름을 따라 **옴의 법칙**(Ohm's law)이라 부른다.

옴의 법칙은 다음과 같다.

$$\Delta V = IR \qquad [17.3]$$

여기서 R은 전압 ΔV와 전류 I와는 무관하다. 앞으로 전기 회로를 다룰 때 옴의 법칙을 나타낸 이 식을 계속해서 활용할 것이다. **저항기**(resistor)는 전기 회로에서 특정한 저항값을 가진 도체이다(그림 17.4). 회로도에서 저항기의 기호는 지그재그 선(—\/\/\/—)이다.

옴의 법칙은 특정한 물질에 대해서만 성립하는 실험식이다. 옴의 법칙을 만족하고 넓은 범위의 전압에 걸쳐 일정한 저항을 갖는 물질을 **옴성**(ohmic) 물질이라 한다. 전압 혹은 전류 값에 따라 저항이 바뀌는 물질은 **비옴성**(nonohmic) 물질이라 한다. 옴성 물질은 넓은 범위의 전압에 걸쳐 선형적인 전류–전압의 관계를 갖는다(그림 17.5a). 비옴성 물질은 비선형적인 전류–전압의 관계를 갖는다(그림 17.5b). 회로에

전위차 $\Delta V = V_b - V_a$는 전기장 $\vec{\mathbf{E}}$를 형성하고 전류 I가 흐르게 한다.

그림 17.3 길이가 ℓ이고 단면의 넓이가 A인 균일한 도체. 전류 I는 전위차, 즉 전기장과 길이의 곱에 비례한다.

◀ **저항**

옴
Georg Simon Ohm, 1789~1854
독일 물리학자

고등학교 교사였고 나중에 뮌헨 대학교의 교수가 된 옴은 저항의 개념을 확립하고 식 17.5로 주어지는 비례 관계식을 발견하였다.

그림 17.4 전자 회로에서 다양하게 사용되는 여러 가지 저항기

그림 17.5 (a) 옴성 물질의 전류–전압 곡선. 그 기울기로부터 도체의 저항을 구할 수 있다. (b) 반도체 다이오드의 비선형 전류–전압 곡선. 이 소자는 옴의 법칙을 따르지 않는다.

서 전류를 한쪽 방향으로만 흐르게 하는 다이오드는 흔히 보는 비옴성 반도체 소자이다. 다이오드의 저항은 특정 방향의 전류(양의 ΔV)에 대해서는 작고, 반대 방향의 전류(음의 ΔV)에 대해서는 매우 크다. 트랜지스터와 같은 대부분의 현대 전자 소자들은 비선형적인 전류–전압의 관계를 가지며, 이들의 동작은 옴의 법칙을 만족하지 않는 특별한 방법을 따른다.

17.3.2 비저항 Resistivity

도선에서 전자는 직선 경로로 운동하는 것이 아니라 금속 원자와 충돌을 반복하게 된다. 양단에 전압이 걸린 도선이 있다. 전자는 내부 전기장과 관련된 전기력에 의해 가속되어 속력을 얻게 되고, 따라서 전기장과 반대 방향으로 속도를 얻게 된다. 전자는 원자와 충돌하여 무질서해지고 이로 인해 전기장과 반대 방향인 전자의 속도는 줄어들게 된다. 이러한 과정이 반복되어 충돌은 전자에 흡사 내부 마찰력과 같은 작용을 한다. 이렇게 하여 물질은 저항을 갖게 된다.

옴성 도체의 저항은 길이에 따라 증가한다. 이는 도체의 길이가 길어질수록 전자는

표 17.1 여러 물질에 대한 비저항과 비저항의 온도 계수(20 °C)

물질	비저항 $(\Omega \cdot \text{m})$	비저항의 온도 계수 $[(°C)^{-1}]$
은	1.59×10^{-8}	3.8×10^{-3}
구리	1.7×10^{-8}	3.9×10^{-3}
금	2.44×10^{-8}	3.4×10^{-3}
알루미늄	2.82×10^{-8}	3.9×10^{-3}
텅스텐	5.6×10^{-8}	4.5×10^{-3}
철	10.0×10^{-8}	5.0×10^{-3}
백금	11×10^{-8}	3.92×10^{-3}
납	22×10^{-8}	3.9×10^{-3}
니크롬[a]	150×10^{-8}	0.4×10^{-3}
탄소	3.5×10^{-5}	-0.5×10^{-3}
저마늄	0.46	-48×10^{-3}
실리콘	640	-75×10^{-3}
유리	$10^{10} - 10^{14}$	
단단한 고무	$\approx 10^{13}$	
유황	10^{15}	
석영(용융)	75×10^{16}	

[a] 보통 열선으로 사용되는 니켈–크로뮴의 합금

더 많은 충돌을 겪어야 하기 때문이다. 좁은 관에서 유체의 흐름이 지체되듯이 도체의 저항은 단면의 넓이가 작을수록 증가한다. 도체의 저항은 길이 ℓ에 비례하고, 단면의 넓이 A에 반비례한다. 즉, 다음과 같이 주어진다.

$$R = \rho \frac{\ell}{A} \qquad\qquad [17.4]$$

여기서 비례 상수 ρ를 물질의 **비저항**(resistivity)이라고 한다. 모든 물질은 전자적인 구조와 온도에 따른 고유한 비저항이 있다. 전기적으로 좋은 도체는 비저항이 매우 낮고, 우수한 절연체는 비저항이 매우 높다. 표 17.1은 20 °C에서 여러 물질의 비저항값을 나타낸 것이다. 저항의 단위가 옴이므로, 비저항의 단위는 옴·미터($\Omega \cdot$m)가 된다.

예제 17.2 니크롬선의 저항

목표 옴의 법칙과 비저항의 개념을 결합시킨다.

문제 **(a)** 반지름이 0.321 mm인 22게이지 니크롬선의 단위 길이당 저항을 계산하라. **(b)** 만일 길이가 1.00 m인 니크롬선 양단의 전위차가 10.0 V이면, 이때 흐르는 전류는 얼마인가? **(c)** 이 도선을 녹여 원래 길이의 두 배로 늘였다. 새 저항 R_N은 원래 저항 R_O의 몇 배가 되는가?

전략 **(a)** 단면의 넓이를 구한 다음 식 17.4에 대입한다. **(b)** 옴의 법칙을 이용한다. **(c)** 약간의 대수 계산을 필요로 한다. 즉, 새 길이 ℓ_N과 새 단면의 넓이 A_N을 원래 길이와 단면의 넓이의 함수로 나타낸 다음, 이를 새 저항을 구하는 식에 대입한다. 넓이를 구할 때 원래의 도선과 새 도선의 부피는 같다는 사실을 기억하라.

풀이

(a) 단위 길이당 저항을 계산한다.

도선 단면의 넓이를 구한다.

$$A = \pi r^2 = \pi (0.321 \times 10^{-3} \text{ m})^2 = 3.24 \times 10^{-7} \text{ m}^2$$

표 17.1로부터 니크롬선의 비저항을 얻는다. R/ℓ에 대한 식 17.4를 풀고, 값을 대입한다.

$$\frac{R}{\ell} = \frac{\rho}{A} = \frac{1.5 \times 10^{-6} \,\Omega \cdot \text{m}}{3.24 \times 10^{-7} \text{ m}^2} = \boxed{4.6 \,\Omega/\text{m}}$$

(b) 길이가 1.00 m인 도선의 양단 전위차가 10.0 V일 때, 여기

에 흐르는 전류를 구한다.

주어진 값을 옴의 법칙에 대입한다.

$$I = \frac{\Delta V}{R} = \frac{10.0 \text{ V}}{4.6 \,\Omega} = \boxed{2.2 \text{ A}}$$

(c) 이 선을 녹여 원래 길이의 두 배로 늘였을 때, 새 저항이 원래 저항의 몇 배가 되는지 구한다.

원래 단면의 넓이 A_O의 함수로 새 단면의 넓이 A_N을 구한다. 부피는 변함이 없으며 $\ell_N = 2\ell_O$이다.

$$V_N = V_O \;\rightarrow\; A_N \ell_N = A_O \ell_O \;\rightarrow\; A_N = A_O (\ell_O / \ell_N)$$
$$A_N = A_O (\ell_O / 2\ell_O) = A_O / 2$$

식 17.4에 대입한다.

$$R_N = \frac{\rho \ell_N}{A_N} = \frac{\rho (2\ell_O)}{(A_O / 2)} = 4\frac{\rho \ell_O}{A_O} = \boxed{4R_O}$$

참고 표 17.1에서 알 수 있듯이 니크롬선의 비저항은 대표적으로 비저항이 좋은 도체인 구리의 약 100배 정도이다. 따라서 같은 반지름의 구리 도선의 단위 길이당 저항은 0.052 Ω/m이다. 그리고 같은 반지름의 구리 도선 1.00 m에는 단지 0.115 V의 인가전압만으로 같은 양의 전류(2.2 A)를 흘릴 수 있다. 니크롬선은 산화가 잘 되지 않기 때문에 흔히 전기 토스터, 전기 다리미, 전열기 등의 열선으로 사용되고 있다.

17.4 전기에너지와 전력 Electrical Energy and Power

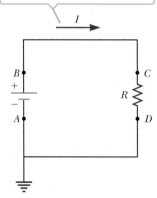

양전하는 배터리의 양의 단자에서 음의 단자 방향인 시계 방향으로 이동한다.

그림 17.6 배터리와 저항 R로 구성된 회로. 점 A는 접지되어 있다.

만약 배터리를 써서 도체에 전류를 생성시키면, 배터리에 저장된 화학 에너지는 전하 운반자들의 운동에너지로 계속해서 변환된다. 이 운동에너지는 전하 운반자들과 도체 내에 고정된 원자들 사이의 충돌로 인하여 빠르게 소모되어 도체의 온도를 증가시킨다. 이와 같이 배터리에 저장된 화학 에너지는 열에너지로 계속하여 변환된다.

단자에 저항기가 연결되어 있는 배터리를 예로 들어 간단한 회로에서 에너지 변환 과정을 알아보자. (그림 17.6에서 배터리의 양의 단자는 항상 전위가 높다.) 이제 회로를 따라 점 A로부터 배터리와 저항기를 지나 점 A로 되돌아오는 양전하 ΔQ를 생각해 보자. 점 A는 접지되어 있는 기준점(접지의 기호는 ⏚이다)으로, 그 전위는 영으로 정한다. 배터리를 통하여 전하 ΔQ가 A에서 B로 이동할 때, 계의 전기 퍼텐셜 에너지는 $\Delta Q \Delta V$ 만큼 증가하고, 배터리의 화학 에너지는 같은 양만큼 감소한다(16장에서 $\Delta PE = q \Delta V$임을 상기하라). 그러나 전하는 저항을 통하여 C에서 D로 이동하면서 저항기에서 원자와 충돌하는 동안에 전기 퍼텐셜 에너지를 잃게 된다. 이 과정에서 전하의 에너지는 원자의 진동 운동이 증가한 만큼 내부 에너지로 전환된다. 내부 연결선의 전기 저항은 매우 작아 무시할 수 있으므로, 경로 BC와 DA에서 에너지 전환은 없다. 전하가 점 A로 되돌아왔을 때 결과적으로 배터리의 화학 에너지 일부가 저항기로 옮겨졌으며, 이로 인해 저항기의 온도가 증가한다.

전하 ΔQ는 저항기를 통해 지나가면서 $\Delta Q \Delta V$의 에너지를 잃는다. 만일 전하가 저항기를 통과하는 데 걸리는 시간을 Δt라고 하면 전기 퍼텐셜 에너지의 순간적인 손실률은

$$\lim_{\Delta t \to 0} \frac{\Delta Q}{\Delta t} \Delta V = I \Delta V$$

이다. 여기서 I는 저항기에서 전류이고 ΔV는 전위차이다. 물론 전하는 배터리를 지날 때 배터리의 화학 에너지를 써서 이 에너지를 다시 얻는다. 전하가 저항기를 지남에 따라 잃어버리는 계의 에너지 손실률은 저항기에서 얻는 계의 내부 에너지 증가율과 같다. 그러므로 전력 P, 즉 저항기로 전달되는 에너지율은 다음과 같다.

전력 ▶
$$P = I \Delta V \qquad [17.5]$$

이 식은 배터리의 에너지가 저항기에 전달되는 경우를 고려하여 얻어진 것이다. 그러나 식 17.5는 양 단자 사이의 전위차가 ΔV이고, 전류가 I인 어떤 장치에 전원으로부터 공급되는 전력을 결정하는 데도 사용된다.

식 17.5와 저항기에 대한 $\Delta V = IR$의 관계를 이용하여, 저항기에서 소모된 전력을 다른 형태로 표현할 수 있다.

저항기에 공급된 전력 ▶
$$P = I^2 R = \frac{\Delta V^2}{R} \qquad [17.6]$$

여기서 I의 단위는 암페어(A), ΔV의 단위는 볼트(V), R의 단위는 옴(Ω)이면, 전력의 SI 단위는 와트가 된다(5장 참고). 저항 R에 공급된 전력을 때로 I^2R 손실이라고도 한

다. 식 17.6은 저항기에만 적용되며, 전구나 다이오드와 같은 높은 비옴성 소자에는 적용되지 않음에 유의하라.

가정에서 전기에너지를 어떤 방법으로 사용하든, 전기에너지를 사용한 대가로 결국은 돈을 지불해야 하며 그렇지 않을 경우 단전될 수도 있다. 전기 회사가 소비 전력을 계산할 때 사용하는 에너지의 단위는 **킬로와트시**(kilowatt-hour)로, 전력과 시간단위로 정의된다. 1킬로와트시는 1킬로와트의 일정한 비율로 1시간 동안 변환되거나 소비된 에너지이다. 이 값은

$$1 \text{ kWh} = (10^3 \text{ W})(3\,600 \text{ s}) = 3.60 \times 10^6 \text{ J} \qquad [17.7]$$

이다. 전기 요금 청구서에 적힌 바와 같이 주어진 기간 동안 사용한 전기의 양은 보통 킬로와트시 단위로 표시되어 있다.

Tip 17.2 전류에 대한 잘못된 개념
전류는 저항기에서 소모되지 않는다. 전원에서 얻은 전하의 에너지는 저항기로 공급되어, 저항기를 데우거나 발열케 한다. 또한 전류는 저항을 지나면서 느려지지 않는다. 전류는 회로 어디서나 같다.

예제 17.3 생활 공간을 밝게 하는 비용

목표 전력의 개념을 적용하여 킬로와트시 단위로 전기 요금을 계산한다.

문제 2.20×10^2 V를 사용하는 어떤 회로의 최대 전류는 20.0 A이다. **(a)** 이 전원으로 75 W 전구 몇 개를 작동시킬 수 있는가? **(b)** 킬로와트시당 100원이라면, 이 전구를 8.00시간 작동시키는 데 드는 비용은 얼마인가?

전략 식 17.5의 $P = I\Delta V$를 이용하여 필요한 전력을 구한다. 이 값을 전구당 75.0 W로 나누면 전체 전구 수를 구할 수 있다. 비용을 구하는 순서는 다음과 같다. 즉, 전력을 킬로와트로 변환한 뒤 시간을 곱한다. 그리고 이를 킬로와트시당 비용으로 곱하면 된다.

풀이

(a) 불이 들어오는 전구 수를 구한다.
식 17.5에 대입하여 전체 전력을 구한다.

$$P_{전체} = I\Delta V = (20.0 \text{ A})(2.20 \times 10^2 \text{ V}) = 4.40 \times 10^3 \text{ W}$$

전체 전력을 전구당 전력으로 나누어 전구 수를 구한다.

$$전구 수 = \frac{P_{전체}}{P_{전구}} = \frac{4.40 \times 10^3 \text{ W}}{75.0 \text{ W}} = \boxed{58.7}$$

(b) 하루 8.00시간 사용한 전기 요금을 계산한다.
에너지를 킬로와트시로 구한다.

$$에너지 = Pt = (4.40 \times 10^3 \text{ W})\left(\frac{1.00 \text{ kW}}{1.00 \times 10^3 \text{ W}}\right)(8.00 \text{ h})$$
$$= 35.2 \text{ kWh}$$

이 에너지에 킬로와트시당 비용을 곱한다.

$$비용 = (35.2 \text{ kWh})(100 \text{ 원/kWh}) = \boxed{3\,520 \text{ 원}}$$

참고 이 정도 에너지양은 소형 사무실에서 하루 동안 사용하는 모든 전기 기구(조명 기구만이 아닌)의 전력량에 해당된다. 일반적으로 저항 장치의 출력 전력은 회로가 어떻게 배선되어 있느냐에 따라 그 방식이 다양하다. 그러나 여기서는 출력 전력을 지정하였기 때문에 이런 점을 고려할 필요는 없다.

예제 17.4 전열기에 의해 변환된 전력

목표 출력 전력을 계산하고 열역학 제1법칙을 적용하여 환경에 대한 효과와 연계시킨다.

문제 저항이 8.00 Ω인 니크롬선 전열기에 50.0 V의 전위차가 인가되어 작동되었다. **(a)** 도선에 흐르는 전류와 전열기의 전력량을 구하라. **(b)** 이 전열기를 사용하여 이원자 기체(즉, 산소와 질소의 혼합 기체 혹은 공기) 2.50×10^3몰을 10.0°C에서 25.0 °C까지 가열시키는 데 걸리는 시간은 얼마인가? 공기의 등적 몰비열은 $\frac{5}{2}R$로 한다. **(c)** **(b)**에서 계산된 시간 동안에 사용된 전력량(kWh)은 얼마이며 그것을 전기 요금으로 환산하면 얼마인가? 한국에서의 전기 요금은 kWh당 100원으로 가정한다.

전략 **(a)** 먼저 옴의 법칙으로 전류를 계산하고 이를 전력 식에 대입하여 구한다. **(b)** 등적 과정이므로 전열기가 공급한 열에너지

지는 모두 내부 에너지 변화 ΔU로 변환된다. 열역학 제1법칙을 이용하여 이 양을 계산하고 시간을 구하기 위해 전력으로 나눈다. **(c)** kWh당 전기 요금을 곱하면 주어진 시간 동안에 사용한 전열기의 전체 전기 요금이 나온다.

······································

풀이

(a) 전류와 전력을 계산한다.

옴의 법칙을 적용하여 전류를 구한다.

$$I = \frac{\Delta V}{R} = \frac{50.0\text{ V}}{8.00\ \Omega} = \boxed{6.25\text{ A}}$$

식 17.6에 대입하여 전력을 구한다.

$$P = I^2 R = (6.25\text{ A})^2 (8.00\ \Omega) = \boxed{313\text{ W}}$$

(b) 기체가 가열되기까지 걸리는 시간을 구한다.

열역학 제1법칙으로부터 공급된 열에너지를 계산한다. 부피가 변하지 않으므로 $W = 0$임에 유의한다.

$$\begin{aligned} Q &= \Delta U = n C_v \Delta T \\ &= (2.50 \times 10^3 \text{ mol})\left(\tfrac{5}{2} \cdot 8.31\text{ J/mol} \cdot \text{K}\right)(298\text{ K} - 283\text{ K}) \\ &= 7.79 \times 10^5 \text{ J} \end{aligned}$$

시간은 열에너지를 전력으로 나누어 구한다.

$$t = \frac{Q}{P} = \frac{7.79 \times 10^5 \text{ J}}{313\text{ W}} = \boxed{2.49 \times 10^3 \text{ s}}$$

(c) 전력 사용량과 전기 요금을 계산한다.

1 J = 1 W·s를 사용하여 에너지를 전력량(kWh)으로 환산한다.

$$\begin{aligned} U &= (7.79 \times 10^5 \text{ W} \cdot \text{s})\left(\frac{1.00\text{ kW}}{1.00 \times 10^3\text{ W}}\right)\left(\frac{1.00\text{ h}}{3.60 \times 10^3\text{ s}}\right) \\ &= \boxed{0.216\text{ kWh}} \end{aligned}$$

사용량에 따른 전기 요금을 계산하기 위해 100원/kWh를 곱한다.

$$비용 = (0.216\text{ kWh})(100원/\text{kWh}) = \boxed{21.6원}$$

······································

참고 여기서 주어진 기체의 몰수는 실내에서 측정되는 공기의 몰수와 근사적으로 같다. 이런 실내 공기를 데우는 데는 40분 정도만이 소요된다. 그러나 계산할 때 열전도 손실은 감안하지 않았다. 11장에서 계산한 바와 같이 두께 20 cm의 콘크리트 벽은 전도에 의하여 한 시간 동안 2×10^6 J 이상의 열손실을 일으킨다는 점을 기억하라.

17.5 초전도체 Superconductors

그림 17.7 수은(Hg)에 대한 저항–온도 그래프. 이 그래프는 임계 온도 T_c 이상에서는 보통 금속과 같다. 임계 온도가 4.2 K인 수은은 이 온도에서 저항이 영으로 떨어지고, 그보다 낮은 온도에서도 저항이 영으로 유지된다.

임계 온도(critical temperature)라고 하는 어떤 낮은 온도 T_c에서 사실상 저항이 영으로 떨어지는 금속과 화합물이 존재한다. 이러한 물질을 **초전도체**(superconductors)라고 한다. 초전도체의 저항–온도 그래프는 T_c보다 높은 온도에서는 보통 금속과 같다 (그림 17.7). 그러나 온도가 T_c 또는 그 이하일 때는 저항이 갑자기 영으로 떨어진다. 이 현상은 1911년 네덜란드의 물리학자 온네스(H. Kamerlingh Onnes)가 대학원생과 함께 초전도체인 수은으로 4.1 K 아래 온도에서 실험하던 중 발견하였다. 최근의 측정에서 T_c 아래에서 초전도체의 비저항은 4×10^{-25} Ω·m보다 작음을 보여주고 있다. 이는 구리의 비저항보다 10^{17}배 작은 값으로 사실상 영이라고 할 수 있다.

오늘날에는 알루미늄, 주석, 납, 아연, 인듐과 같은 보통 금속을 비롯해 수천 가지의 초전도체들이 있다. 표 17.2는 여러 가지 초전도체들의 임계 온도를 나타낸 것이다. T_c의 값은 화학적 조성, 압력, 결정 구조 등에 민감하다.

그리고 흥미로운 사실은 구리, 은, 금과 같은 양질의 도체는 초전도성을 나타내지 않는다는 것이다. 초전도체에서 주목할 만한 특징의 하나는 한 번 전류가 흐르면 전압을 가해주지 않아도 전류가 유지된다는 사실이다(왜냐하면 $R = 0$). 실제로 초전도체로 된 고리 내의 정상 전류가 뚜렷한 감소 없이 몇 년 동안 유지된다는 사실이 관측되었다.

과학계를 흥분케 한 물리학의 중요한 발전은 산화 구리를 기반으로 하는 고온 초전도체의 발견이었다. 그 흥분은 스위스 IBM 취리히 연구소의 과학자 베드노르츠(J. Georg Bednorz)와 뮐러(K. Alex Müller)가 1986년 발표한 논문에서 시작되었다. 그들은 논문을 통해 바륨, 란타넘, 구리의 산화물이 30 K 근처의 온도에서 초전도성을 보이는 증거를 제시하였다. 베드노르츠와 뮐러는 이와 같은 중요한 발견으로 1987년 노벨 물리학상을 받았다. 그들이 발견한 초전도체는 이전의 다른 초전도체보다 매우 높은 임계 온도를 가졌기 때문에 주목을 받았다. 그 후 짧은 기간 동안 새로운 화합물이 연구되었고, 초전도 분야의 연구가 활발하게 진행되었다. 1987년 초에 미국의 헌트스빌에 있는 앨라배마 대학교와 휴스턴 대학교는, 이트륨, 바륨, 구리의 산화물($YBa_2Cu_3O_7$)에서 임계 온도 약 92 K의 초전도성을 발견하였다고 발표하였다. 1987년 후반에는 일본과 미국의 과학자들이 비스무트, 스트론튬, 칼슘, 구리의 산화물에서 105 K의 초전도성을 보고하였다. 좀 더 최근에 과학자들은 수은을 함유한 산화물이 150 K 정도의 높은 온도에서 초전도 성질을 갖는 것을 보고하였다. 이러한 점에서 상온 초전도체의 가능성이 있을 수 있으며, 따라서 새로운 초전도 물질을 찾기 위한 연구가 계속되고 있다. 임계 온도가 올라가고 물질을 냉각하는 비용이 감소함에 따라 실제 응용 분야를 넓힐 수 있기 때문에, 그림 17.8과 같은 새로운 초전도체를 찾기 위한 연구는 매우 중요하다.

초전도체에 관한 중요하고 유용한 사실은 초전도 자석을 개발하는 것으로 그것의 자기장의 세기가 가장 우수한 비초전도 자석보다 거의 10배나 크다는 것이다. 그러한 초전도 자석은 에너지 저장의 한 방법으로 연구되고 있다. 또한 전력을 효과적으로 전송하기 위해 초전도 전력선을 사용하려는 아이디어도 많은 주목을 받고 있다. 얇은 절연체를 사이에 둔 두 개의 얇은 초전도 막으로 구성된 첨단 초전도 전자 소자가 이미 만들어졌다. 이 소자들은 자기장 측정 장비와 여러 가지 마이크로파 장비에 사용되고 있다.

표 17.2 여러 가지 초전도체의 임계 온도

물질	T_c(K)
Zn	0.88
Al	1.19
Sn	3.72
Hg	4.15
Pb	7.18
Nb	9.46
Nb_3Sn	18.05
Nb_3Ge	23.2
$YBa_2Cu_3O_7$	92
Bi-Sr-Ca-Cu-O	105
Tl-Ba-Ca-Cu-O	125
$HgBa_2Ca_2Cu_3O_8$	134

Yoav Levy/PhotoTake

그림 17.8 작은 영구 자석이 질소 기체에 의해 냉각된 세라믹 초전도체 위에 자유롭게 떠 있다. 초전도체는 저항이 영이 되며 영구 자석의 자극의 영상(image) 자극이 초전도체에 생기게 하여 초전도체 내부로부터의 어떠한 자기장도 밀어낸다. 이러한 것을 '마이스너 효과'라 하며 이것을 이용하여 영구 자석의 자기 부양을 실현할 수 있다.

연습문제

1. 반지름이 0.40 cm로 일정하고 길이가 3.2 m인 도선에 12 V의 전위차가 걸릴 때 0.40 A의 전류가 흐른다. (a) 그 도선의 저항과 (b) 비저항을 구하라.

2. 지름이 2.00 mm이고 길이가 50.0 m인 전선이 9.11 V 전원에 연결되어 36.0 A의 전류가 흐른다. 전선의 온도가 20°C라 가정할 때, 표 17.1을 이용하여 어느 금속인지 밝혀라.

3. 단면의 반지름이 0.791 mm인 니크롬선이 전열기 코일로 감겨 있다. 코일 양단에 1.20×10^2 V의 전압을 걸면 9.25 A의 전류가 흐른다. (a) 코일의 저항은 얼마인가? (b) 코일

을 감기 위해 쓰인 도선의 길이는 얼마인가?

4. 텅스텐 전구에 직렬로 연결된 전류계에 나타난 값이 0.522 A일 때 병렬로 연결된 전압계에 나타난 값은 115 V이다. (a) 전구의 저항값은 얼마인가? (b) 전구가 켜진 상태의 온도에서 텅스텐의 비저항을 구하라. 텅스텐 필라멘트의 늘린 길이는 0.600 m이고 필라멘트의 반지름은 2.30×10^{-5} m이다.

5. 엄지와 집게손가락 사이로 전류가 지나갈 때 80 μA 이상이면 약하나마 충격을 감지한다. 건조한 피부 저항이 4.0×10^5

Ω이고, 젖은 피부 저항이 2 000 Ω인 어떤 사람의 엄지와 집
게손가락 사이로 전류가 지날 때, 이 사람이 충격을 감지하지
않는 최대 허용 전압을 각각 구하고 비교하라.

6. 디지털 온도계는 열전소자를 사용한다. 열전소자는 보통
의 저항보다 온도에 민감하게 저항값이 변하는 저항기이다.
0.00 °C에서 75.0 Ω이고 525 °C에서 275 Ω이 되는 선형 열
전소자의 비저항의 온도 계수를 구하라.

7. (a) 20.0 °C에서 길이가 34.5 m인 구리 도선의 반지름이
0.25 mm이다. 도선의 양단에 9.0 V의 전위차를 걸어주면,
얼마의 전류가 흐르는가? (b) 그 도선이 9.0 V의 전위차를
유지한 채 30.0 °C로 온도가 상승하면 그때 흐르는 전류는
얼마인가?

8. 지름이 0.600 mm이고 길이가 15.0 m인 알루미늄 도선
이 있다. 20.0°C에서의 알루미늄의 비저항은 2.82×10^{-8}
Ω·m이다. (a) 20.0°C에서 도선의 저항을 구하라. (b) 도
선의 양단에 9.00 V의 배터리를 연결한다면, 흐르는 전류는
얼마인가?

9. 비저항이 3.5×10^{5} Ω·m인 재료를 사용하여 길이가 4.0
cm이고 안지름과 바깥지름이 각각 0.50 cm와 1.2 cm인 원
통형 저항을 만들고자 한다. 원통의 양 끝 사이에 전위차를
걸어주면 원통의 길이 방향으로 전류가 흐른다. 원통의 저항
값을 구하라.

10. 어떤 금속 도선의 반지름이 5.00×10^{-3} m이고 저항값이
0.100 Ω이다. 도선 양단에 15.0 V의 전위차가 걸릴 때 도선
속을 이동하는 전자의 유동 속도가 3.17×10^{-4} m/s이다.
이러한 자료를 근거로 도선 속을 흐르는 자유 전자의 밀도를
구하라.

직류 회로
Direct-Current Circuits

배터리, 저항기, 커패시터를 여러 가지 방법으로 조합하여 전기 회로를 만들면 전기의 흐름과 전기에 너지를 유도하고 조절할 수 있다. 이러한 회로가 가정에 매우 현대적인 편의를 제공하여 전등, 전기 난로, 오븐, 세탁기 등 많은 가전제품들과 기기들을 사용할 수 있게 되었다. 전기 회로는 자동차에서는 물론, 농업 생산성을 향상시키는 트랙터, 매일 많은 생명을 살리는 데 필요한 여러 종류의 의료 장치에서도 사용되고 있다.

이 장에서는 여러 가지 간단한 직류 회로를 공부하고 분석하려고 한다. 회로의 분석은 에너지 보존의 원리와 전하 보존의 법칙으로부터 나온 키르히호프의 법칙으로 알려진 두 법칙을 사용하여 간단히 수행할 수 있다. 대부분의 회로를 정상 상태에 있다고 가정하는데, 이는 전류의 크기와 방향이 일정하다는 것을 의미한다. 이 장의 끝에서는 저항과 커패시터를 포함하는 회로에서 시간에 따라 전류가 변하는 경우를 살펴볼 것이다.

18.1 기전력의 근원 Sources of emf

폐회로에서 일정한 전류를 유지하도록 해주는 원천을 기전력(emf)[1]원이라고 한다. 회로를 따라 흐르는 전하들의 퍼텐셜 에너지를 증가시키는 (배터리나 발전기와 같은) 모든 장치들이 기전력원이다(그림 18.1). 기전력원은 내부 정전기장과 반대 방향으로 전자를 움직이게 하는 '전하 펌프'로 간주할 수 있다. 기전력원의 기전력 $\mathcal{E}$은 단위 전하당 한 일이다. 따라서 기전력의 SI 단위는 볼트(V)이다.

저항기에 배터리가 연결되어 있는 그림 18.2a의 회로를 살펴보자. 연결 도선은 저항이 없다고 가정한다. 배터리의 내부 저항을 무시하면, 배터리 양단의 전위차(단자 전압)는 배터리의 기전력과 같다. 그러나 실제 배터리는 항상 내부 저항 r을 가지고 있으므로, 단자 전압은 기전력과 같지 않다. 그림 18.2a의 회로는 그림 18.2b처럼 도식으로 나타낼 수 있다. 점선으로 표시된 배터리는 기전력 $\mathcal{E}$의 전원과 내부 저항 r이 직렬로 연결되어 있다. 이제 양전하가 그림 18.2b와 같이 a에서부터 b까지 움직인다고 생각하자. 전하가 배터리의 음극에서 양극으로 이동함에 따라 전하의 전위는 $\mathcal{E}$만큼 증가한다. 그러나 저항 r을 통해서 전하가 움직일 때, 전하의 전위는 Ir만큼 감소한다. I는 회로의 전류이다. 그러므로 배터리 양단 사이의 단자 전압 $\Delta V = V_b - V_a$는

$$\Delta V = \mathcal{E} - Ir \qquad [18.1]$$

그림 18.1 여러 가지 모양의 배터리

© Cengage Learning/George Semple

---

[1] emf는 *electromotive force*의 약자이다. 그러나 emf는 실제로 힘은 아니므로 원래의 긴 명칭을 사용하지 않는다.

배터리

저항기

그림 18.2 (a) 배터리의 단자에 연결된 저항으로 이루어진 회로, (b) 내부 저항이 r이고 기전력이 $\mathcal{E}$인 전원이 외부 저항기 R에 연결된 회로

Tip 18.1 배터리에서 일정한 것은?

식 18.2는 회로에 흐르는 전류가 배터리의 저항에 따라 달라지므로 배터리는 일정한 전류원이 될 수 없음을 나타내고 있다. 식 18.1로 주어지는 배터리의 단자 전압도 일정한 것으로 여길 수 없는데 그 이유는 내부 저항이 변하기 때문이다(예를 들어, 배터리가 작동하는 동안 따뜻해 짐). 그러나 배터리는 일정한 기전력(emf)원이다.

이 된다. 이 식에서 $\mathcal{E}$은 전류가 영일 때의 단자 전압을 나타내며, 이를 **개방회로 전압**이라 한다. 그림 18.2b에서 단자 전압 ΔV는 **부하 저항**(load resistance)이라고 하는 외부 저항 R 양단의 전위차를 나타낸다. 즉, $\Delta V = IR$이다. 이것을 식 18.1과 결합하면

$$\mathcal{E} = IR + Ir \qquad [18.2]$$

이다. 전류에 대하여 풀면

$$I = \frac{\mathcal{E}}{R + r}$$

을 얻는다. 이것은 전류가 배터리의 내부 저항과 외부 저항 모두에 의존한다는 것을 나타내고 있다. 만일 R이 r보다 훨씬 크면 r을 무시할 수 있고, 실제로 많은 회로에 대해 그렇게 한다.

식 18.2에 전류 I를 곱하면

$$I\mathcal{E} = I^2 R + I^2 r$$

을 얻는다. 이 식에서 배터리의 전체 공급 전력 $I\mathcal{E}$가 부하 저항에서 소모되는 일률 $I^2 R$과 내부 저항에서 소모되는 일률 $I^2 r$의 합으로 바뀌었음을 알 수 있다. 만일 $r \ll R$이면, 배터리에 의해 공급되는 대부분의 전력은 부하 저항으로 전달된다.

달리 언급이 없으면, 예제와 이 장의 마지막에 있는 문제에서 회로 내의 배터리의 내부 저항은 무시할 수 있다고 가정한다.

18.2 저항기의 직렬 연결 Resistors in Series

두 개 이상의 저항기들이 그림 18.3처럼 끝과 끝이 이어져 연결되어 있는 경우를 **직렬**(series)로 연결되었다고 한다. 이 저항들은 전구나 열을 발생하는 소자들과 같은 간단한 장치들이다. 그림 18.3과 같이 두 저항기 R_1과 R_2가 배터리에 연결되어 있을 때, R_1을 통과한 전하는 또한 R_2를 통과해야 하므로 두 저항을 흐르는 전류는 같다. 이것은

저항이 R_1과 R_2인 두 개의 백열 전구가 배터리에 직렬 연결되어 있다.

두 저항기와 배터리의 회로도

직렬 연결된 두 저항기의 등가 저항을 나타내는 회로도

그림 18.3 두 저항기 R_1과 R_2의 직렬 연결. 각각의 저항기에 흐르는 전류의 크기는 동일하며, 등가 저항은 $R_{등가} = R_1 + R_2$이다.

R_1과 R_2에 해당하는 수축된 두 관을 통해 흐르는 물의 흐름과 유사하다. 주어진 시간 동안 한쪽 끝에서 얼마만큼의 물을 주입하든 관계없이 반대쪽 끝에서는 같은 양의 물이 흘러 나와야 한다.

그림 18.3b에서 a에서 b 사이의 전위차는 IR_1이고, b와 c 사이의 전위차는 IR_2이므로, a와 c 사이의 전위차는

$$\Delta V = IR_1 + IR_2 = I(R_1 + R_2)$$

이다. 직렬로 연결한 저항의 수에 관계없이, 저항기를 모두 통과한 후의 전위차는 개별 저항의 전위차의 합과 같다. 나중에 알겠지만 이것은 에너지 보존의 결과이다. 그림 18.3c는 원래 회로의 두 저항기를 대체할 수 있는 등가 저항 $R_{등가}$를 나타내고 있다. 두 저항으로 된 회로에 흐르는 전류와 그 등가 저항에 흐르는 전류가 같기 때문에 등가 저항은 원래의 회로와 똑같은 효과가 있다. 이 저항에 옴의 법칙을 적용하면

$$\Delta V = IR_{등가}$$

를 얻는다. 위 두 식을 같게 놓으면,

$$IR_{등가} = I(R_1 + R_2)$$

즉,

$$R_{등가} = R_1 + R_2 \quad \text{(직렬 연결)} \qquad \text{[18.3]}$$

가 된다.

앞의 분석을 확장하면 직렬 연결된 세 개 이상의 많은 저항기들이 결합된 등가 저항은

$$R_{등가} = R_1 + R_2 + R_3 + \cdots \qquad \text{[18.4]}$$

◀ 직렬로 연결된 저항기들의 등가 저항

로 표시된다. 그러므로 **직렬 연결된 저항기들의 등가 저항은 개별 저항에 대한 대수적 합이며 항상 각각의 저항보다 더 크다**는 것을 알 수 있다.

만일 그림 18.3과 같은 회로에서 한 전구의 필라멘트가 끊어지면 회로는 더 이상 연결되어 있지 않으므로(개회로의 조건이 됨), 두 번째 전구도 꺼지게 될 것이다.

예제 18.1 직렬 연결된 네 저항기

목표 직렬로 연결된 여러 개의 저항기에 대해 분석한다.

문제 저항기 네 개가 그림 18.4a와 같이 연결되어 있다. **(a)** 회로의 등가 저항과, **(b)** 배터리의 기전력이 6.0 V인 경우 회로에 흐르는 전류를 구하라. **(c)** 배터리의 +단자의 전위가 6.0 V라 할 때, 점 A에서의 전위를 구하라. **(d)** 회로가 열린 상태에서의 전압, 즉 기전력 $\mathcal{E}$가 6.2 V라 가정하고 배터리의 내부 저항을 구하라. **(e)** 배터리의 전력이 부하 저항에 전달되는 비율 f는 얼마인가?

전략 저항기들이 직렬로 연결되어 있기 때문에, 각각의 저항을 모두 합하면 등가 저항이 된다. 옴의 법칙을 이용하여 전류를 구

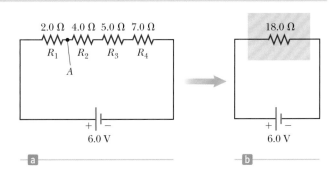

그림 18.4 (예제 18.1) (a) 직렬 연결된 네 저항기, (b) 회로 (a)에 대한 등가 저항

할 수 있다. 점 A에서의 전위는 2.0 Ω 저항 양단의 전압 강하 ΔV를 계산한 다음 그 결과를 6.0 V에서 빼서 구한다. **(d)**에서는 식 18.1을 사용하여 배터리의 내부 저항을 구한다. 부하 저항에서 소비된 전력의 비는 바로 부하에 전달된 전력 $I\Delta V$를 전체 전력 $I\mathcal{E}$으로 나눈 것과 같다.

· ·

풀이

(a) 회로의 등가 저항을 구한다.

식 18.4를 사용하여 저항의 합을 구한다.

$$R_{등가} = R_1 + R_2 + R_3 + R_4$$
$$= 2.0\ \Omega + 4.0\ \Omega + 5.0\ \Omega + 7.0\ \Omega$$
$$= \boxed{18.0\ \Omega}$$

(b) 회로의 전류를 구한다.

그림 18.4b에 나타낸 등가 저항에 옴의 법칙을 적용한다.

$$I = \frac{\Delta V}{R_{등가}} = \frac{6.0\ \text{V}}{18.0\ \Omega} = \boxed{0.33\ \text{A}}$$

(c) 점 A에서의 전위를 구한다.

2.0 Ω 저항 양단에 옴의 법칙을 적용하여 그 양단의 전압 강하를 구한다.

$$\Delta V = IR = (0.33\ \text{A})(2.0\ \Omega) = 0.66\ \text{V}$$

+단자의 전위에서 전압 강하를 빼서 점 A에서의 전위를 구한다.

$$V_A = 6.0\ \text{V} - 0.66\ \text{V} = \boxed{5.3\ \text{V}}$$

(d) 배터리의 기전력이 6.2 V일 때 배터리의 내부 저항을 구한다. 식 18.1을 쓴다.

$$\Delta V = \mathcal{E} - Ir$$

내부 저항 r에 대해 풀고 값을 대입한다.

$$r = \frac{\mathcal{E} - \Delta V}{I} = \frac{6.2\ \text{V} - 6.0\ \text{V}}{0.33\ \text{A}} = \boxed{0.6\ \Omega}$$

(e) 배터리의 전력이 부하 저항에 전달된 비율 f를 구한다.

부하 저항에 전달된 전력을 배터리가 공급하는 전체 전력으로 나눈다.

$$f = \frac{I\Delta V}{I\mathcal{E}} = \frac{\Delta V}{\mathcal{E}} = \frac{6.0\ \text{V}}{6.2\ \text{V}} = \boxed{0.97}$$

· ·

참고 흔히 범하는 잘못된 개념은 전류가 '소모'되는 것이므로 전류가 저항을 따라 진행할 때 점차적으로 작아진다고 생각하는 것이다. 이것은 전하의 보존을 위배한다. 실제로 소모되는 것은 전하 운반자의 전기 퍼텐셜 에너지로서 그중 일부가 각각의 저항에 전달된다.

18.3 저항기의 병렬 연결 Resistors in Parallel

그림 18.5와 같이 두 저항기가 병렬로 연결된 경우를 생각해 보자. 이 경우 **각 저항기가 배터리와 직접 연결되어 있어서 저항기 양단의 전위차는 같다.** 그러나 일반적으로 전류는 같지 않다. 전류 I가 점 a(교차점)에 도달하면(그림 18.5b), R_1에 흐르는 I_1과 R_2에 흐르는 I_2의 두 부분으로 나누어진다. 만일 R_1이 R_2보다 크면, I_1은 I_2보다 작다. 일반적으로 전하는 저항이 작은 경로를 따라 흐른다. **전하는 보존되기 때문에, 점 a로 들어가는 전류 I는 그 점을 떠나는 전류 $I_1 + I_2$와 같아야 한다.** 즉, 다음의 관계를 따른다.

$$I = I_1 + I_2$$

두 저항기에서의 전압 강하가 같아야 하고, 또한 배터리 양단의 전압 강하와도 같아야 한다. 각 저항기에 옴의 법칙을 적용하면,

$$I_1 = \frac{\Delta V}{R_1} \qquad\qquad I_2 = \frac{\Delta V}{R_2}$$

이다. 그림 18.5c에서 등가 저항에 옴의 법칙을 적용하면,

두 저항기가 배터리에 병렬 연결되어 있다.

두 저항기와 배터리의 회로도

병렬 연결된 두 저항기의 등가 저항을 나타내는 회로도

$$\frac{1}{R_{\text{등가}}} = \frac{1}{R_1} + \frac{1}{R_2}$$

그림 18.5 저항이 R_1과 R_2인 두 백열 전구가 배터리에 병렬 연결되어 있다. R_1과 R_2 양단의 전위차는 같다. 병렬 연결된 저항의 등가 저항은 $1/R_{\text{등가}} = 1/R_1 + 1/R_2$ 이다.

$$I = \frac{\Delta V}{R_{\text{등가}}}$$

가 된다. 전류에 대한 이 식을 식 $I = I_1 + I_2$에 대입하여 ΔV를 소거하면

$$\frac{1}{R_{\text{등가}}} = \frac{1}{R_1} + \frac{1}{R_2} \text{ (병렬 연결)} \qquad [18.5]$$

를 얻는다.

이 분석을 병렬 연결된 세 개 또는 더 많은 저항의 경우로 확장하면, 다음과 같이 등가 저항에 대한 일반적인 식을 얻는다.

$$\frac{1}{R_{\text{등가}}} = \frac{1}{R_1} + \frac{1}{R_2} + \frac{1}{R_3} + \cdots \qquad [18.6]$$

◀ 병렬 연결된 저항기들의 등가 저항

이렇게 표현된 식으로부터, **병렬로 연결된 두 개 이상의 저항기에 대한 등가 저항의 역수는 각 저항에 대한 역수의 합이 되며, 등가 저항은 항상 그중 가장 작은 저항보다 더 작음**을 알 수 있다.

예제 18.2 병렬 연결된 세 저항기

목표 저항기가 병렬로 연결된 회로에 대해 분석한다.

문제 그림 18.6과 같이 세 저항기가 병렬로 연결되어 있다. 점 a와 b 사이에 18 V의 전위차가 유지된다. **(a)** 각 저항기에 흐르는 전류를 구하라. **(b)** 각 저항기에서 소모하는 전력과 전체 전력을 구하라. **(c)** 회로의 등가 저항을 구하라. **(d)** 등가 저항이 소모하는 전체 전력을 구하라.

전략 각 저항기에 흐르는 전류를 얻기 위하여 옴의 법칙과 병렬 저항기의 전압 강하는 모두 같다는 사실을 이용할 수 있다. 나머

그림 18.6 (예제 18.2) 병렬 연결된 세 저항기. 각 저항기에 걸리는 전압은 18 V이다.

지 부분은 저항기에 공급된 전력에 대한 식 $P = I^2R$에 대입하는 것과 병렬 연결 저항기에 대한 역수의 합에 관한 식을 이용하는 것이다.

풀이

(a) 각 저항기에 흐르는 전류를 구한다.

옴의 법칙을 사용하여 각 저항기에 흐르는 전류 I를 구한다.

$$I_1 = \frac{\Delta V}{R_1} = \frac{18 \text{ V}}{3.0 \text{ } \Omega} = \boxed{6.0 \text{ A}}$$

$$I_2 = \frac{\Delta V}{R_2} = \frac{18 \text{ V}}{6.0 \text{ } \Omega} = \boxed{3.0 \text{ A}}$$

$$I_3 = \frac{\Delta V}{R_3} = \frac{18 \text{ V}}{9.0 \text{ } \Omega} = \boxed{2.0 \text{ A}}$$

(b) 각 저항기에서 소비되는 전력과 전체 전력을 계산한다.

각 저항기에 $P = I^2R$을 적용하고, **(a)**에서 얻은 결과를 대입한다.

$$3 \text{ } \Omega: P_1 = I_1^2 R_1 = (6.0 \text{ A})^2(3.0 \text{ } \Omega) = \boxed{110 \text{ W}}$$

$$6 \text{ } \Omega: P_2 = I_2^2 R_2 = (3.0 \text{ A})^2(6.0 \text{ } \Omega) = \boxed{54 \text{ W}}$$

$$9 \text{ } \Omega: P_3 = I_3^2 R_3 = (2.0 \text{ A})^2(9.0 \text{ } \Omega) = \boxed{36 \text{ W}}$$

모두 합하여 전체 전력을 얻는다.

$$P_\text{전체} = 110 \text{ W} + 54 \text{ W} + 36 \text{ W} = \boxed{2.0 \times 10^2 \text{ W}}$$

(c) 회로의 등가 저항을 구한다.

역수 합 규칙 18.6을 적용한다.

$$\frac{1}{R_\text{등가}} = \frac{1}{R_1} + \frac{1}{R_2} + \frac{1}{R_3}$$

$$\frac{1}{R_\text{등가}} = \frac{1}{3.0 \text{ } \Omega} + \frac{1}{6.0 \text{ } \Omega} + \frac{1}{9.0 \text{ } \Omega} = \frac{11}{18 \text{ } \Omega}$$

$$R_\text{등가} = \frac{18}{11} \text{ } \Omega = \boxed{1.6 \text{ } \Omega}$$

(d) 등가 저항에 의해 소모되는 전력을 계산한다.

전력에 관한 다른 형태의 식을 사용한다.

$$P = \frac{(\Delta V)^2}{R_\text{등가}} = \frac{(18 \text{ V})^2}{1.6 \text{ } \Omega} = \boxed{2.0 \times 10^2 \text{ W}}$$

참고 **(a)**에서 유의해야 할 중요한 부분이 있다. 최소 저항 3.0 Ω에 최대 전류가 흐르는 반면, 더 큰 저항인 6.0 Ω과 9.0 Ω 저항기에는 이보다 더 적은 전류가 흐른다. 최대 전류는 항상 최솟값을 갖는 저항에서 흐른다. **(b)**에서 전력은 $P = (\Delta V)^2/R$을 이용해서도 구할 수 있다. $P_1 = 108$ W이지만 유효숫자 두 자리를 고려하여 110 W로 표기하였음에 유의하자. 마지막으로 등가 저항에서 소모되는 전체 전력은 각 저항기에서 소모되는 전력의 합과 같음을 주시하자.

> **Tip 18.2 뒤집기를 잊지 마라!**
>
> 병렬로 연결된 저항의 등가 저항을 구하는 데 있어서 가장 실수하기 쉬운 것은 역수의 합을 구한 후 그에 대한 역수를 다시 취하는 것을 잊는 것이다. 뒤집기를 잊지 마라!

가정의 전기 회로는 그림 18.5a와 같이 전기 기기가 병렬로 연결되도록 배선되어 있다. 따라서 각 전기 기기는 다른 전기 기기와 독립적으로 작동하게 되므로 하나가 끊어져도 다른 것은 작동한다. 예를 들어, 그림 18.5에서 전구 하나를 제거하여도 다른 하나는 계속 켜져 있다. 여기서 중요한 점은 각 전기 기기가 같은 전압으로 작동되고 있다는 것이다. 만일 전기 기기가 직렬로 연결되어 있다면, 각 전기 기기에 걸리는 전압은 각 전기 기기의 종류와 저항에 따라 달라진다.

응용
회로 차단기

각 가정에는 안전상의 목적으로 회로 차단기가 다른 전기 기기와 직렬로 연결되어 있다. 회로 차단기는 회로의 특성에 따라 일정한 값의 최대 전류에서(보통 15 A 또는 20 A) 차단되어 회로가 열리도록 설계되어 있다. 만일 회로 차단기를 사용하지 않는다면 동시에 여러 가지 기기를 사용함에 따라 과전류에 의해 전선의 온도가 높아져 불이 날 수도 있다. 낡은 집의 건축물에서는 회로 차단기 대신 퓨즈를 사용하고 있다. 전류가 어떤 일정한 값을 초과하면 퓨즈 속의 도체가 녹아 회로는 열리게 된다. 퓨즈의 단점은 회로가 열리는 과정에서 파괴된다는 것이다. 그러나 회로 차단기는 다시 설정할 수 있다.

예제 18.3 등가 저항

목표 직렬 및 병렬 연결이 혼합된 문제를 푼다.

문제 네 저항기가 그림 18.7a와 같이 연결되어 있다. **(a)** 점 a와 c 사이의 등가 저항을 구하라. **(b)** a와 c 사이에 42 V의 배터리가 연결된다면, 각 저항기에 흐르는 전류는 얼마인가?

전략 직렬 저항에 대한 합 법칙과 병렬 저항에 대한 역의 합 법칙을 사용하여 그림 18.7b와 그림 18.7c에서 보는 바와 같이 단계적으로 회로를 간단히 만든다. 그림을 따라 역행하면서 옴의 법칙을 적용하여 전류를 구한다.

⋯⋯⋯⋯⋯⋯⋯⋯⋯⋯⋯⋯⋯⋯⋯⋯⋯⋯⋯⋯⋯⋯⋯

풀이

(a) 회로의 등가 저항을 구한다.

8.0 Ω과 4.0 Ω의 저항기가 직렬로 연결되어 있으므로, 합 법칙을 사용하여 a와 b 사이의 등가 저항을 구한다.

$$R_{\text{등가}} = R_1 + R_2 = 8.0 \ \Omega + 4.0 \ \Omega = 12.0 \ \Omega$$

6.0 Ω과 3.0 Ω의 저항기가 병렬로 연결되어 있으므로, 역의 합 법칙을 사용하여 b와 c 사이의 등가 저항을 구한다(계산 후 역으

로 값을 취해야 한다는 것에 유의하라).

$$\frac{1}{R_{\text{등가}}} = \frac{1}{R_1} + \frac{1}{R_2} = \frac{1}{6.0 \ \Omega} + \frac{1}{3.0 \ \Omega} = \frac{1}{2.0 \ \Omega}$$

$$R_{\text{등가}} = 2.0 \ \Omega$$

새로 그린 그림 18.7b에는 이제 직렬로 이루어진 두 개의 저항기가 있다. 회로의 등가 저항을 구하기 위해 합 법칙을 사용하여 값을 더한다.

$$R_{\text{등가}} = R_1 + R_2 = 12.0 \ \Omega + 2.0 \ \Omega = \boxed{14.0 \ \Omega}$$

(b) 42 V의 배터리가 a와 c 사이에 연결될 때 각 저항기에 흐르는 전류를 구한다.

그림 18.7c에서 등가 저항에 흐르는 전체 전류를 구한다. 직렬로 연결된 저항기에서는 같은 전류가 흐르므로 그림 18.7b에서 12 Ω의 저항기에 흐르는 전류는 그림 18.7a에서 8.0 Ω과 4.0 Ω의 저항기에 흐르는 전류와 같다.

$$I = \frac{\Delta V_{ac}}{R_{\text{등가}}} = \frac{42 \ \text{V}}{14 \ \Omega} = \boxed{3.0 \ \text{A}}$$

등가 저항이 2.0 Ω인 병렬 회로 양단의 전압 강하 $\Delta V_{\text{병렬}}$을 계산한다.

$$\Delta V_{\text{병렬}} = IR = (3.0 \ \text{A})(2.0 \ \Omega) = 6.0 \ \text{V}$$

옴의 법칙을 다시 적용하여 병렬 회로의 각 저항에 흐르는 전류를 구한다.

$$I_1 = \frac{\Delta V_{\text{병렬}}}{R_{6.0 \ \Omega}} = \frac{6.0 \ \text{V}}{6.0 \ \Omega} = \boxed{1.0 \ \text{A}}$$

$$I_2 = \frac{\Delta V_{\text{병렬}}}{R_{3.0 \ \Omega}} = \frac{6.0 \ \text{V}}{3.0 \ \Omega} = \boxed{2.0 \ \text{A}}$$

⋯⋯⋯⋯⋯⋯⋯⋯⋯⋯⋯⋯⋯⋯⋯⋯⋯⋯⋯⋯⋯⋯⋯

참고 최종 점검 사항으로 $\Delta V_{bc} = (6.0 \ \Omega)I_1 = (3.0 \ \Omega)I_2 = 6.0$ V이고 $\Delta V_{ab} = (12 \ \Omega)I_1 = 36$ V임을 유의하라. 따라서 $\Delta V_{ac} = \Delta V_{ab} + \Delta V_{bc} = 42$ V가 되며, 이것은 예상했던 바와 같다.

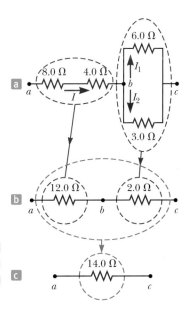

그림 18.7 (예제 18.3) (a)에서 보인 네 저항기를 합성하면서 줄여 나가면 최후에는 14 Ω의 등가 저항이 된다.

18.4 키르히호프의 법칙과 복잡한 직류 회로
Kirchhoff's Rules and Complex DC Circuits

앞 절에서 보았듯이 옴의 법칙과 저항기의 직렬 또는 병렬 연결에 관한 법칙을 사용함으로써 간단한 회로를 분석할 수 있다. 그러나 저항기를 연결하는 다양한 방법이 존재하기 때문에 그렇게 구성된 회로에서 하나의 등가 저항으로 만들기 어렵다. 더 복잡한

그림 18.8 (a) 키르히호프의 교차점 법칙,
(b) 교차점 법칙을 수도관에 비유한 그림

교차점으로 흘러들어가는 전류 I_1은 교차점에서 흘러나오는 전류 I_2와 I_3의 합과 같아야 한다.

흘러들어가는 전체 흐름률은 흘러나오는 전체 흐름률과 같아야 한다.

흘러들어감   흘러나옴

키르히호프
Gustav Kirchhoff, 1824~1887
독일의 물리학자

하이델베르크 대학의 교수인 키르히호프는 독일 화학자인 로버트 분젠과 함께 28장에서 다루게 될 분광학을 창안하였다. 또한 그는 "차가운 물체는 그 물체가 뜨거울 때 방출하는 것과 동일한 파장의 빛을 흡수한다"는 것을 공식화하였다.

회로를 분석하는 과정은 **키르히호프의 법칙**(kirchhoff's rules)의 두 법칙을 사용함으로써 쉽게 해결할 수 있다.

1. 임의의 교차점으로 들어가는 전류의 전체 합은 그 점에서 나오는 전류의 전체 합과 같아야 한다. **(교차점 법칙)**
2. 폐회로 내에 있는 모든 소자들의 전위차 합은 영이 되어야 한다. **(고리 법칙)**

교차점 법칙은 전하의 보존을 설명한 것이다. 회로 내의 주어진 점으로 흘러들어가는 전류는 반드시 그 점에서 나와야 하는데, 이는 전하가 그 점에서 생성 또는 소멸될 수 없기 때문이다. 이 법칙을 그림 18.8a에 있는 교차점에 적용시키면,

$$I_1 = I_2 + I_3$$

이 된다. 그림 18.8b는 갈라진 관을 통해 새지 않고 흐르는 물의 흐름과의 역학적인 유사성에 대해 나타낸 것이다. 관으로 들어가는 유량의 흐름율은 갈라진 두 관으로 흘러나가는 전체 유량의 흐름율과 같다.

고리 법칙은 에너지 보존의 원리와 같다. 회로에서 (한 점에서 시작해서 같은 점에서 끝나는) 폐곡선을 따라 움직이는 전하는 잃은 에너지만큼 에너지를 얻어야 한다. 전하는 기전력원을 통과하면서 에너지를 얻는다. 전하의 에너지는 저항기를 지나거나, 또는 배터리의 역방향, 즉 배터리의 양극에서 음극으로 이동할 때 전압 강하 $-IR$의 형태로 에너지가 감소한다. 후자의 경우, 배터리가 충전될 때 전기에너지가 화학 에너지로 변환된다.

키르히호프의 법칙을 적용할 때, 먼저 다음의 두 가지를 결정해야 한다.

1. 회로의 모든 가지에서 전류의 기호와 방향을 지정해야 한다. 만일 전류의 방향을 잘못 예상했다면, 마지막 결과에서 그 전류는 음의 값이 나오지만 크기는 정확할 것이다. (왜냐하면 방정식은 전류에 대해 선형적이어서 모든 전류는 일차식이기 때문이다.)
2. 고리 법칙을 적용할 때, 고리의 도는 방향(시계 방향, 또는 반시계 방향)을 선택해야 한다. 고리를 따라가면서 다음의 법칙에 따라서 전압 강하와 전압 상승을 기록한다. 이 법칙들은 그림 18.9에 요약되어 있다. a에서 b로 움직인다고 가정한다.

각 회로에서 $\Delta V = V_b - V_a$이고, 회로 소자는 왼쪽에서 오른쪽, 즉 a에서 b로 지나가면서 전류나 전위의 부호를 결정한다.

$$\Delta V = -IR$$

$$\Delta V = +IR$$

$$\Delta V = +\varepsilon$$

$$\Delta V = -\varepsilon$$

그림 18.9 배터리의 내부 저항이 없다고 가정할 경우 저항기와 배터리 양단의 전위차를 구하는 규칙

(a) 전류와 같은 방향으로 저항기를 지나가면, 전위의 변화는 $-IR$이다(그림 18.9a).

(b) 전류와 반대 방향으로 저항기를 지나가면, 전위의 변화는 $+IR$이다(그림 18.9b).

(c) 기전력의 방향으로(−극에서 +극으로) 기전력원을 지나가면, 전위의 변화는 $+\mathcal{E}$이다(그림 18.9c).

(d) 기전력의 반대 방향으로(+극에서 −극으로) 기전력원을 지나가면, 전위의 변화는 $-\mathcal{E}$이다(그림 18.9d).

교차점 법칙과 고리 법칙을 사용할 수 있는 횟수에는 제한이 있다. 교차점 법칙은 그 이전의 교차점 방정식에서 사용되지 않은 전류를 포함하는 식이 나오는 경우 얼마든지 필요한 만큼 사용할 수 있다(이 과정을 따르지 않으면, 새로운 방정식을 얻을 수 없다). 일반적으로 교차점 법칙을 사용할 수 있는 횟수는 회로에서 교차점의 수보다 하나 적다. 고리 법칙은 각각의 새로운 식에서 새로운 회로 성분들(저항기나 배터리)이나 새로운 전류가 나타나는 한 계속 쓸 수 있다. **특정한 회로 문제를 풀기 위해서는 미지수의 개수만큼의 독립된 방정식이 필요하다.**

예제 18.4 키르히호프 법칙의 응용

목표 세 도선에 흐르는 전류와 한 개의 배터리로 구성된 회로에 흐르는 전류값을 알기 위해 키르히호프의 법칙을 이용한다.

문제 키르히호프의 법칙을 이용하여 그림 18.10의 회로에서 전류를 구하라.

전략 회로에 세 개의 미지 전류가 있으므로 세 개의 독립된 방정식을 얻어야 한다. 한 개의 교차점 법칙과 두 개의 고리 법칙을 적용하여, 이들 세 방정식을 얻을 수 있다. 교차점 c를 선택한다. (교차점 d도 같은 방정식을 제공한다.) 고리에 대하여 아래의 고리와 위의 고리를 선택하며 둘 다 화살표로 표시되어 있는데, 수학적으로 회로를 통과하는 방향으로 선택한다. (반드시 전류가 흐르는 방향으로 나타낼 필요는 없다.) 세 번째 고리는 다른 두 개의 선형적 조합에 의해 얻어질 수 있어서 부가 정보를 제공하지도 않으므로 사용되지 않는다.

그림 18.10 (예제 18.4)

풀이

점 c에 교차점 법칙을 적용한다. I_1은 교차점으로 들어가는 방향이며, I_2와 I_3은 교차점으로부터 나오는 방향이다.

$$I_1 = I_2 + I_3$$

아래 고리를 선택하고 점 a에서 시작하여 시계 방향으로 진행하면서 고리 법칙의 식을 적용한다.

$$\sum \Delta V = \Delta V_{배터리} + \Delta V_{4.0\,\Omega} + \Delta V_{9.0\,\Omega} = 0$$

$$6.0\,\text{V} - (4.0\,\Omega)I_1 - (9.0\,\Omega)I_3 = 0$$

위쪽의 고리를 선택하고 점 c에서 시작하여 시계 방향으로 진행

한다. 9.0 Ω 저항기를 통과하는 전류는 방향이 반대이므로 (+)의 전압 강하가 되는 것에 주목하라.

$$\sum \Delta V = \Delta V_{5.0\,\Omega} + \Delta V_{9.0\,\Omega} = 0$$

$$-(5.0\,\Omega)I_2 + (9.0\,\Omega)I_3 = 0$$

세 개의 방정식을 다시 쓰고, 항을 정리할 때 편의상 단위는 생략한다.

$$I_1 = I_2 + I_3 \tag{1}$$

$$4.0I_1 + 9.0I_3 = 6.0 \tag{2}$$

$$-5.0I_2 + 9.0I_3 = 0 \tag{3}$$

I_2에 대해 식 (3)을 풀고 식 (1)에 대입한다.

$$I_2 = 1.8I_3$$

$$I_1 = I_2 + I_3 = 1.8I_3 + I_3 = 2.8I_3$$

식 (2)에 대입하고 I_3에 대하여 푼다.

$$4.0(2.8I_3) + 9.0I_3 = 6.0 \quad \rightarrow \quad I_3 = \boxed{0.30 \text{ A}}$$

식 (3)에 I_3을 대입하여 I_2를 구한다.

$$-5.0I_2 + 9.0(0.30 \text{ A}) = 0 \quad \rightarrow \quad I_2 = \boxed{0.54 \text{ A}}$$

식 (2)에 I_3을 대입하여 I_1을 구한다.

$$4.0I_1 + 9.0(0.30 \text{ A}) = 6.0 \quad \rightarrow \quad I_1 = \boxed{0.83 \text{ A}}$$

참고 이 값들을 원래의 방정식에 대입하면 고리를 따라 법칙을 적용하는 동안 발생할 수 있는 잘못된 적용 또는 정확하게 얻어졌는지의 여부를 확인할 수 있다. 또한 문제는 처음에 조합된 저항기들에 의해 해결될 수도 있다.

> **Tip 18.3** 저항이 작은 경로에 더 많은 전류가 흐른다
>
> 여러분은 "전류는 가장 작은 저항의 경로로 흐른다"는 설명을 들었다. 저항의 병렬 연결에서 이 설명은 부정확한데, 그 이유는 실제로 전류가 모든 경로를 따라 흐르기 때문이다. 그러나 대부분의 전류는 가장 작은 저항의 경로를 따라 흐른다.

예제 18.5 키르히호프 법칙의 또 다른 응용

목표 세 개의 전류와 두 개의 배터리가 표시되어 있는 회로에서 전류의 방향이 잘못 선택되어 있을 경우에 대해 전류를 구한다.

문제 그림 18.11에서 I_1, I_2, I_3을 구하라.

전략 키르히호프의 법칙을 사용한다. 교차점 법칙을 한 번, 고리 법칙을 두 번 이용하여 세 개의 미지 전류에 대한 세 개의 방정식을 세우고, 이 방정식들을 연립하여 푼다.

그림 18.11 (예제 18.5) ▢ⓐ

풀이

교차점 c에 키르히호프의 교차점 법칙을 적용한다. 선택된 전류의 방향 I_1과 I_2는 교차점으로 들어가고, I_3은 교차점으로부터 나온다.

$$I_3 = I_1 + I_2 \tag{1}$$

고리 $abcda$와 $befcb$에 키르히호프의 고리 법칙을 적용한다. (이 경우 고리 $aefda$는 새로운 정보를 주지 않는다.) 고리 $befcb$에서 6.0 Ω 저항기를 지나갈 때 양의 부호를 얻는데, 이것은 경로의 이동 방향이 전류 I_1의 방향과 반대이기 때문이다.

고리 $abcda$: $10 \text{ V} - (6.0 \text{ Ω})I_1 - (2.0 \text{ Ω})I_3 = 0$ (2)

고리 $befcb$: $-(4.0 \text{ Ω})I_2 - 14 \text{ V} + (6.0 \text{ Ω})I_1 - 10 \text{ V} = 0$ (3)

식 (1)을 사용하여 식 (2)에서 I_3를 소거한다. (단위는 당분간 무시한다.)

$$10 - 6.0I_1 - 2.0(I_1 + I_2) = 0$$

$$10 = 8.0I_1 + 2.0I_2 \tag{4}$$

식 (3)의 각 항을 2로 나누고 오른쪽에 전류의 항이 오도록 정리한다.

$$-12 = -3.0I_1 + 2.0I_2 \tag{5}$$

식 (4)에서 식 (5)를 빼서 I_2를 소거하여 I_1을 얻는다.

$$22 = 11I_1 \quad \rightarrow \quad I_1 = \boxed{2.0 \text{ A}}$$

식 (5)에 I_1의 값을 대입하여 I_2를 얻는다.

$$2.0I_2 = 3.0I_1 - 12 = 3.0(2.0) - 12 = -6.0 \text{ A}$$

$$I_2 = \boxed{-3.0 \text{ A}}$$

마지막으로 I_1과 I_2의 값을 식 (1)에 대입하여 I_3을 얻는다.

$$I_3 = I_1 + I_2 = 2.0 \text{ A} - 3.0 \text{ A} = \boxed{-1.0 \text{ A}}$$

참고 I_2와 I_3의 값이 모두 음의 값을 갖는다는 것은 전류의 방향을 잘못 선택했다는 것을 의미한다. 그럼에도 불구하고 크기는 맞다. 처음 시작할 때 전류의 방향을 제대로 선택하는 것이 중요한 것은 아니다. 그 이유는 방정식이 선형적이므로 방향을 잘못 선택한 경우에는 답에서 음의 부호가 나타나는 것뿐이기 때문이다.

18.5 *RC* 회로 *RC Circuits*

지금까지 우리는 전류가 일정한 회로에 대해 알아보았다. 이제 커패시터가 포함되어 시간에 따라 전류가 변하는 직류 회로를 생각해 보자. 그림 18.12a의 직렬 회로를 생각하자. 스위치가 열려 있어 충전되지 않은 커패시터가 있다고 가정한다. 스위치가 닫힌 후 배터리는 커패시터의 판을 충전하기 시작하고 전류는 저항기를 통해 흐른다. 커패시터가 충전됨에 따라 회로에 흐르는 전류는 시간에 따라 변한다. 충전 과정은 커패시터가 최대 평형값 $Q = C\mathcal{E}$에 도달할 때까지 계속 진행된다. 여기서 $\mathcal{E}$는 커패시터 양단의 최대 전압이다. 일단 커패시터가 완전히 충전되면 회로 내의 전류는 영이 된다. 만일 스위치가 닫히기 전에 커패시터에 전하가 없고 $t = 0$에 스위치를 닫으면, 시간에 따른 커패시터 내 전하의 변화는 다음의 식으로 나타낼 수 있다.

$$q = Q\left(1 - e^{-t/RC}\right)$$
[18.7]

여기서 $e = 2.718\cdots$은 자연 로그의 밑(base)인 오일러(Euler) 상수이다. 그림 18.12b는 이 식의 값을 그래프로 나타낸 것이다. $t = 0$일 때 전하가 영이고 시간이 무한대로 접근하면 최댓값 Q에 접근한다. 임의 시간에서 커패시터 양단 사이의 전압 ΔV는 전하량을 전기용량으로 나누어 얻는다. 즉, $\Delta V = q/C$이다.

식 18.7에서처럼 이 모형에서는 커패시터가 완전히 충전되기까지 무한대의 시간이 필요하다. 그것은 수학적인 이유이다. 방정식을 유도하는 과정에서 전하의 크기를 무한히 작게 보았기 때문인데, 실제적으로는 전자의 전하 1.60×10^{-19} C보다 작은 전하는 존재하지 않는다. 실제적인 목적의 경우 일정 시간이 지나면 커패시터의 충전이 완료된다고 본다. 식 18.7에 나타난 RC 항은 **시간 상수**(time constant) τ(그리스 문자 타우)라고 한다.

$$\tau = RC$$
[18.8]

t가 무한대로 접근하면 전하는 최댓값 $C\mathcal{E}$에 접근한다.

시간 상수 τ만큼의 시간이 지나면 전하는 최댓값의 63.2%가 된다.

그림 18.12 (a) 저항기, 배터리, 스위치가 직렬로 연결된 커패시터, (b) 회로 스위치를 닫은 후 커패시터에 충전된 전하의 시간에 대한 그래프

$t < 0$

S

$C \quad +Q \quad -Q \quad R$

$t = 0$에서 전하는 최댓값 Q이고 시간이 지나면서 무한대에 가까워짐에 따라 감소하여 0이 된다.

q

Q

$0.368Q$

t

시간 상수 τ만큼의 시간이 지나면 전하는 처음 값의 36.8%가 된다.

그림 18.13 (a) 충전된 커패시터를 스위치와 저항기에 직렬로 연결한다. (b) 스위치를 닫은 후 커패시터에 충전된 전하의 시간에 대한 그래프

시간 상수는 전하가 영에서 최대 평형값의 63.2%까지 증가하는 데 걸리는 시간을 나타낸다. 즉, 한 시간 상수 동안 커패시터의 전하는 영에서 $0.632Q$로 증가한다. 이것은 식 18.7에서 $t = \tau = RC$로 치환하고 q에 대한 해를 구하면 알 수 있다($1 - e^{-1} = 0.632$ 임에 유의한다). 시간 상수가 긴 회로는 매우 느리게 충전되는 반면에, 시간 상수가 짧은 회로는 빨리 충전된다는 것은 중요한 점이다. 시간 상수의 10배 지난 후에 커패시터는 99.99% 이상 충전된다.

이제 처음 전하 Q인 커패시터, 저항기, 스위치로 구성된 그림 18.13a의 회로를 생각하자. 스위치를 닫기 전, 충전된 커패시터 양단의 전위차는 Q/C이다. 스위치를 일단 닫으면, 커패시터가 완전히 방전될 때까지 커패시터의 한쪽 극판에서 다른 쪽 극판으로 저항기를 통해 전하가 흐르기 시작한다. 만약 스위치를 닫은 시간이 $t = 0$이면 커패시터의 전하 q의 변화는 시간에 따라 식

$$q = Qe^{-t/RC} \tag{18.9}$$

에 따라 변하는 것을 알 수 있다. 전하는 그림 18.13b처럼 시간에 따라 지수적으로 감소한다. $t = \tau = RC$ 시간 동안 전하는 처음 값 Q에서 $0.368Q$로 감소한다. 다시 말하면 한 시간 상수 동안에 커패시터는 처음 전하의 63.2%를 잃는다. $\Delta V = q/C$이기 때문에 커패시터 양단 사이의 전압 또한 $\Delta V = \mathcal{E}e^{-t/RC}$에 의해 시간에 따라 지수 함수적으로 감소한다. 여기서 $\mathcal{E}$(Q/C와 같음)는 완전히 충전된 커패시터 양단의 처음 전압이다.

예제 18.6 *RC* 회로에서 커패시터의 충전

목표 간단한 *RC* 회로의 기초적인 특성을 계산한다.

문제 그림 18.12a에서처럼 충전되지 않은 커패시터와 저항기가 배터리에 직렬로 연결되어 있다. $\mathcal{E} = 12.0$ V, $C = 5.00$ μF, $R = 8.00 \times 10^5$ Ω이라고 할 때 (a) 회로의 시간 상수, (b) 커패시터의 최대 전하, (c) 6.00 s 후 커패시터의 전하, (d) 6.00 s 후 저항기 양단의 전위차, (e) 저항기에 흐르는 전류를 구하라.

전략 (a) 시간 상수를 구하기 위해서는 식 18.8에 값을 대입하면 된다. (b) 충분히 긴 시간 후에 최대 전하가 축적되며, 이때 전류는 영으로 떨어지게 된다. 옴의 법칙 $\Delta V = IR$에 의해 저항기에 걸리는 전위차도 역시 영이 되고, 키르히호프의 고리 법칙으로 최대 전하를 구할 수 있다. (c) 어떤 특정한 시간에 쌓인 전하를 구하는 것은 식 18.7에 대입하는 문제이다. 키르히호프의 고리 법칙과 전기용량에 대한 식을 간접적으로 사용하여 (d) 저항 양단의 전압 강하를 구할 수 있게 되며, 이때 옴의 법칙으로부터 전류를 구한다.

풀이

(a) 회로의 시간 상수를 구한다.

시간 상수를 정의한 식 18.8을 사용한다.

$$\tau = RC = (8.00 \times 10^5 \ \Omega)(5.00 \times 10^{-6} \ \text{F}) = \boxed{4.00 \ \text{s}}$$

(b) 커패시터의 최대 전하를 계산한다.

키르히호프의 고리 법칙을 *RC* 회로에 시계 방향으로 이용하는데, 이때 배터리의 전위차는 양의 값이 되고, 커패시터와 저항기 양단의 전위차는 음의 값이 된다.

$$\Delta V_{배터리} + \Delta V_C + \Delta V_R = 0 \tag{1}$$

전기용량에 대한 커패시터의 정의식 16.8과 옴의 법칙으로부터 $\Delta V_C = -q/C$와 $\Delta V_R = -IR$을 얻는다. 이 값들은 전압 강하가 일어나므로 음의 값이다. 또한 $\Delta V_{배터리} = +\mathcal{E}$이다.

$$\mathcal{E} - \frac{q}{C} - IR = 0 \tag{2}$$

최대 전하 $q = Q$에 도달할 때 $I = 0$이 된다. 최대 전하에 대해 식 (2)를 푼다.

$$\mathcal{E} - \frac{Q}{C} = 0 \quad \rightarrow \quad Q = C\mathcal{E}$$

최대 전하를 구하기 위해 이 식에 값을 대입한다.

$$Q = (5.00 \times 10^{-6} \text{ F})(12.0 \text{ V}) = \boxed{60.0 \ \mu\text{C}}$$

(c) 6.00 s 후에 커패시터에 저장되는 전하를 구한다.

식 18.7에 값을 대입한다.

$$q = Q(1 - e^{-t/\tau}) = (60.0 \ \mu\text{C})(1 - e^{-6.00 \text{ s}/4.00 \text{ s}})$$

$$= \boxed{46.6 \ \mu\text{C}}$$

(d) 6.00 s 후에 저항기 양단의 전위차를 계산한다.

그 시간에 커패시터 양단의 전압 강하 ΔV_C를 계산한다.

$$\Delta V_C = -\frac{q}{C} = -\frac{46.6 \ \mu\text{C}}{5.00 \ \mu\text{F}} = -9.32 \text{ V}$$

ΔV_R에 대해 식 (1)을 풀고 주어진 값을 대입한다.

$$\Delta V_R = -\Delta V_{\text{배터리}} - \Delta V_C = -12.0 \text{ V} - (-9.32 \text{ V})$$

$$= \boxed{-2.68 \text{ V}}$$

(e) 6.00 s 후에 저항기에 흐르는 전류를 구한다.

옴의 법칙을 적용하며 **(d)**의 결과를 사용한다(이때 $\Delta V_R = -IR$이다).

$$I = \frac{-\Delta V_R}{R} = \frac{-(-2.68 \text{ V})}{(8.00 \times 10^5 \ \Omega)}$$

$$= \boxed{3.35 \times 10^{-6} \text{ A}}$$

....

참고 이 문제를 풀 때에 부호에 매우 세심한 주의를 기울였다. 이 부호들은 항상 키르히호프의 고리 법칙을 적용할 때 잘 선택되어야 하며 그 문제를 다 푸는 동안 바꾸지 말아야 한다. 또 다른 방법으로 크기들을 사용할 수 있고 물리적 직관에 의해 부호를 선택할 수 있다. 예를 들면 저항 양단의 전위차 크기는 배터리 양단의 전위차 크기에서 커패시터 양단의 전위차 크기를 뺀 값과 같아야 한다.

예제 18.7 *RC* 회로에서 커패시터의 방전

목표 *RC* 회로에서 커패시터의 기본적인 방전 특성을 계산한다.

문제 그림 18.13a에서처럼 저항기 R을 통해 방전되는 커패시터 C를 생각해 보자. **(a)** 커패시터의 전하가 처음 값의 1/4로 떨어질 때까지 걸리는 시간은 얼마인가? τ의 배수로 답하라. **(b)** 처음 전하와 시간 상수를 계산하라. **(c)** 만일 커패시터 양단에 처음 전위차가 12.0 V이고 전기용량이 3.50×10^{-6} F이며 저항이 $2.00 \ \Omega$이라면, 남은 전하가 1.60×10^{-19} C이 될 때까지 방전하는 데 걸리는 시간은 얼마인가? 전체 방전 과정 동안 지수적으로 감소한다고 가정한다.

전략 이 문제를 풀기 위해서는 주어진 값을 여러 식에 대입하는 것이 필요한 동시에 자연 로그를 포함하는 몇 가지 대수적 조작도 요구된다. **(a)** 커패시터 방전에 대한 식 18.9에 $q = Q/4$를 대입하고 시간 t에 대하여 푼다. 여기서 Q는 처음 전하이다. **(b)** 식 16.8과 18.8에 각각 대입하여 커패시터의 처음 전하와 시간 상수를 구한다. **(c)** 커패시터의 방전에 대한 식에 **(b)**에서 얻은 결과와 $q = 1.60 \times 10^{-19}$ C을 대입한 후 시간에 대하여 푼다.

....

풀이

(a) 커패시터의 전하가 처음 값의 1/4까지 감소하는 데 걸리는 시간을 구한다. 식 18.9에 적용한다.

$$q(t) = Q e^{-t/RC}$$

위 식에 $q(t) = Q/4$를 대입하고 Q를 소거한다.

$$\frac{1}{4}Q = Q e^{-t/RC} \quad \rightarrow \quad \frac{1}{4} = e^{-t/RC}$$

양변에 자연 로그를 취하고 시간 t에 대하여 푼다.

$$\ln\left(\tfrac{1}{4}\right) = -t/RC$$

$$t = -RC\ln\left(\tfrac{1}{4}\right) = 1.39 RC = \boxed{1.39\tau}$$

(b) 주어진 자료로부터 처음 전하와 시간 상수를 계산한다.

전기용량에 대한 식을 사용하여 처음 전하를 구한다.

$$C = \frac{Q}{\Delta V} \quad \rightarrow \quad Q = C \Delta V = (3.50 \times 10^{-6} \text{ F})(12.0 \text{ V})$$

$$Q = \boxed{4.20 \times 10^{-5} \text{ C}}$$

이제 시간 상수를 계산한다.

$$\tau = RC = (2.00 \ \Omega)(3.50 \times 10^{-6} \text{ F}) = \boxed{7.00 \times 10^{-6} \text{ s}}$$

(c) 남은 전하가 기본 전하로 될 때까지 걸리는 시간을 구한다.

식 18.9를 사용하여 Q로 나누고, 양변에 자연 로그를 취한다.

$$q(t) = Q e^{-t/\tau} \quad \rightarrow \quad e^{-t/\tau} = \frac{q}{Q}$$

$$-t/\tau = \ln\left(\frac{q}{Q}\right) \quad \rightarrow \quad t = -\tau \ln\left(\frac{q}{Q}\right)$$

$q = 1.60 \times 10^{-19}$ C과 **(b)**에서 얻은 Q와 τ값을 대입한다.

$$t = -(7.00 \times 10^{-6}\,\text{s})\ln\left(\frac{1.60 \times 10^{-19}\,\text{C}}{4.20 \times 10^{-5}\,\text{C}}\right)$$

$$= 2.32 \times 10^{-4}\,\text{s}$$

참고 **(a)**는 커패시터, 저항기 또는 전압에 대한 값이 정확히 주어지지 않을 때에도 얼마나 유용한 정보를 얻을 수 있는지 보여준다. **(c)**는 식 18.7과 18.9의 수학적인 형태가 무한한 시간이 요구되고 있다는 것을 나타내고 있음에도 불구하고, 커패시터가 빨리 방전(또는 역으로 충전)될 수 있음을 시사한다.

연습문제

1. 기전력이 12.0 V인 배터리에 3.00 A의 전류가 흐를 때 배터리 양단의 단자 전압이 11.5 V이다. (a) 이 배터리의 내부 저항 r을 구하라. (b) 부하 저항 R을 구하라.

2. 기전력이 9.00 V인 배터리에 72.0 Ω의 저항을 연결하면 117 mA의 전류가 흐른다. 배터리의 내부 저항은 얼마인가?

3. 그림 P18.3에서 12 Ω의 저항기에 흐르는 전류를 구하라.

그림 P18.3

4. 그림 P18.4에서 a와 b 양단 사이의 저항이 75 Ω이다. R로 표시된 저항기의 값이 모두 같다고 할 때 R의 값을 구하라.

그림 P18.4

Note: 어떤 회로의 경우, 실제 전류는 그림에서 주어진 방향과 같을 필요는 없다.

5. 그림 P18.5는 휘스톤브릿지 회로이다. 이 회로는 가운데에 있는 전류계의 눈금이 영이 될 때까지 $R_{가변}$의 저항값을 변화시켜서 미지 저항 R를 정밀하게 측정하는 회로이다. 전류계가 영을 가리킬 때를 "평형"이 되었다고 말한다. 평형이 되었을 때 $R_{가변} = 9.00$ Ω이라면 (a) 미지 저항 R의 값은 얼마이며 (b) 1.00 Ω 저항에 흐르는 전류는 얼마인가? (힌트: 이 회로가 평형이 되었을 때 전류계에 흐르는 전류가 영이므로 전류계를 없앤 회로와 같은 회로가 된다. 따라서 두 쌍의 저항이 병렬로 연결된 회로와 같게 된다.)

그림 P18.5

6. (a) 키르히호프의 법칙을 이용하여 그림 P18.6의 각 저항기에 흐르는 전류를 구하라. (b) 점 c와 f 사이의 전위차를 구하라.

그림 P18.6 (문제 18.6, 18.9)

7. (a) 그림 P18.7과 같은 회로를 단 하나의 저항기로 배터리에 연결된 형태로 축소할 수 있는지에 대해 설명하라. (b) 미지 전류 I_1, I_2, I_3을 각각 계산하라.

그림 P18.7

8. 그림 P18.8의 회로에서 (a) 각 저항기에 흐르는 전류, (b) $2.00 \times 10^2 \ \Omega$ 저항기 양단의 전위차를 구하라. (c) 각 배터리에서 공급한 전력을 구하라.

그림 P18.8

9. 그림 18.6과 같이 $R = 75.0$ kΩ, $C = 25.0$ μF, $\mathbf{\mathcal{E}} = 12.0$ V 인 직렬 RC 회로를 생각하라. (a) 회로의 시간 상수를 구하라. (b) 스위치가 닫힌 후 1시간 상수의 시간이 흐르는 동안에 커패시터에 충전된 전하를 구하라.

10. 그림 P18.10에서 $R = 1.00$ MΩ, $C = 5.00$ μF, $\mathbf{\mathcal{E}} = 30.0$ V 이다. (a) 이 회로의 시간 상수, (b) 스위치가 닫힌 후 커패시터에 흐르는 최대 전하, (c) 스위치가 닫힌 후 10.0 s 때의 저항기에 흐르는 전류를 구하라.

그림 P18.10

자기
Magnetism

응용의 측면에서 본다면, 자기는 물리학에서 가장 중요한 영역 중 하나이다. 예를 들면, 큰 전자석은 무거운 짐을 들어 올리는 데 사용되며, 영구 자석은 계기, 전동기, 스피커와 같은 장치에 사용된다. 자기 테이프와 디스크는 음성이나 화상 기록 장치 및 컴퓨터 기억 장치에 일상적으로 이용된다. 최근 인체를 조사하는 데 분해능과 안전성에 있어서 X선보다 우수한 자기 공명 영상(MRI) 장치에 강한 자기장이 이용되고 있다. 거대한 초전도체 자석은 사이클로트론에 사용되어 입자를 거의 빛의 속력으로 목표 지점으로 이동시킨다. 자기력은 레일건에서 발사물을 고속으로 발사시키는 데 사용될 수 있고(그림 19.1), 자기병은 반물질을 가두어 미래 우주 추진 장치로 쓰일 수도 있다.

이 장에서 자기를 공부하면 자기가 전기와 많은 관련이 있음을 알게 될 것이다. 예를 들어, 자기장은 운동하는 전하에 영향을 미치며, 역으로 운동하는 전하는 자기장을 발생시킨다. 즉, 자기장을 변화시키면 전기장을 만들 수 있다. 이와 같은 현상은 전기와 자기가 근본적으로 동일하다는 것을 뜻하며, 이것은 19세기 맥스웰(James Clerk Maxwell)이 처음으로 기술하였다. 모든 자기장의 궁극적인 근원이 전류임이 알려지게 되었다.

19.1 자석 Magnets

사람들은 일상생활에서 여러 가지 모양의 자석들을 경험한다. 특히 클립이나 못처럼 철을 포함한 물체를 끌어당길 수 있는 말굽자석이 가장 익숙할 것이다. 이제부터의 논의에서는 자석이 막대 형태를 가지고 있다고 가정한다. 철로 된 막대자석의 한 쪽 끝은 **북극**(north pole)이라 하고, 다른 쪽 끝은 **남극**(south pole)이라 하는데, 이와 같은 명칭은 지구 자기장 내에 존재하는 자석의 움직임으로부터 유래되었다. 만일 막대자석의 가운데를 줄로 묶어서 수평면에 자유롭게 흔들릴 수 있게 하면, 막대자석의 북극은 지구의 북쪽을, 그리고 자석의 남극은 지구의 남쪽을 가리킬 때까지 회전하게 될

그림 19.1 레일건은 발사물을 자기력을 이용하여 고속으로 발사시킨다. 대형으로 제작하면 적재물을 우주로 보낼 수도 있고, 금속이 풍부한 소행성을 먼 우주로부터 지구 궤도로 이동시키는 자세 제어 로켓으로도 사용할 수 있다. 사진은 미국 뉴멕시코 주의 앨버커키에 있는 산디아 국립 연구소에서 레일건을 이용하여 발사물을 3 km/s 이상의 속력으로 발사시키는 장면이다.

것이다. 이와 같은 아이디어는 나침반을 만드는 데 이용된다. 한편 자극 간에는 대전된 물체 간의 전기력과 유사하게 당기는 힘과 밀어내는 힘이 서로 작용한다. 실제로 두 개의 막대자석을 사용한 간단한 실험에 의하면, **같은 극끼리는 서로 밀고, 다른 극끼리는 서로 잡아당긴다.**

두 자극 간의 힘이 두 전하 간의 힘과 형태가 비슷하기는 하지만, 여기에는 한 가지 중요한 차이점이 있다. 양성자 혹은 전자와 같이 전하는 홀로 존재할 수 있지만, 자극은 홀로 존재할 수 없다. 아무리 여러 번 영구 자석을 자르더라도 각각의 조각은 항상 북극과 남극을 가진다. 따라서 자석의 두 극은 언제나 쌍을 이루며 나타난다. 고립된 북극과 남극과 같은 자기 홀극이 자연계에 존재할지도 모른다는 생각에 대한 몇 가지 이론적 근거가 있으며, 지금도 이를 찾으려는 시도가 활발히 진행되고 있다.

자화되지 않은 철 조각은 자석에 문질러서 자화시킬 수도 있고 다른 방법으로 자화시킬 수도 있다. 예를 들어, 자화되지 않은 철 조각을 강한 영구 자석 근처에 놓으면 철 조각이 자화된다. 이때 철을 가열하였다가 냉각시키면 자화가 더 빨리 진행된다.

자철광처럼 자연적으로 자화를 나타내는 자성 물질들도 이와 같은 방법으로 자성을 얻은 것이다. 왜냐하면 이들은 지구 자기장에 오랫동안 놓여 있었기 때문이다. 자성 물질 조각은 자성의 성질을 가지는 정도에 따라 **경성**(hard) 혹은 **연성**(soft)으로 분류한다. 철과 같은 연자성 물질들은 쉽게 자화되지만, 또한 쉽게 자성을 잃는 경향이 있다. 이러한 물질들은 변압기, 발전기 및 전동기의 철심으로 사용된다. 철은 값이 싸기 때문에 가장 많이 사용되는 재료이다. 또 다른 연자성 물질에는 니켈, 니켈−철 합금 및 페라이트가 있다. 페라이트는 니켈 또는 산화 제2철을 포함하는 마그네슘의 2가 금속 산화물의 화합물로 되어 있다. 페라이트는 레이더와 같은 고주파 회로에 많이 사용된다.

경자성 물질은 영구 자석을 만드는 데 사용된다. 그러한 영구 자석은 전류를 공급하지 않아도 자기장을 유지한다. 영구 자석은 스피커, 영구 자석 전동기, 컴퓨터 하드드라이브의 읽기/쓰기 헤드 등에 사용된다. 영구 자석에 사용되는 재료는 수만 가지가 있다. 알니코(Alnico) 자석의 어원은 알루미늄(Al), 니켈(Ni), 코발트(Co)를 모은 단어로서 철, 코발트, 니켈의 합금에다 약간의 알루미늄, 구리 및 다른 원소들을 섞어서 만든 것이다. 사마륨이나 네오디뮴과 같은 희토류는 다른 원소와 섞어서 매우 강한 자석을 만드는 데 사용된다.

앞의 장들에서 대전된 물질들 간의 상호작용을 전기장의 개념을 도입하여 설명한 바가 있다. 전기장은 정지해 있는 전하를 둘러싸고 있다. 운동하는 전하를 둘러싼 공간은 전기장과 더불어 자기장 또한 포함하고 있다. 덧붙여 자기장은 어떤 자화된 물질을 둘러싸고 있는 공간에도 존재한다.

벡터장을 나타내기 위해서는 세기와 방향을 정의해야 한다. 어떤 위치에서 자기장 $\vec{B}$의 방향은 그 위치에서 나침반 바늘이 북극을 가리키는 방향이다. 그림 19.2a는 나침반을 이용하여 막대자석의 자기장을 어떻게 추적할 수 있는지를 **자기장선**(magnetic field line)을 이용하여 나타내고 있다. 이렇게 막대자석에 대한 몇 개의 추적된 자기장선들이 그림 19.2b에 이차원으로 표현되어 있다. 자기장의 모양은 그림 19.3과 같이 미세한 철가루들을 뿌려 가시화할 수 있다.

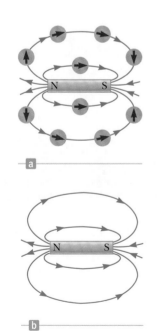

그림 19.2 (a) 막대자석의 자기장 궤적, (b) 막대자석의 여러 가지 자기장선

그림 19.3 (a) 철가루를 뿌린 종이 위로 나타난 막대자석의 자기장 모양, (b) 철가루에 의해 서로 다른 극의 막대자석 사이에 나타난 자기장 모양, (c) 같은 극 사이의 자기장 모양

그림 19.3과 같은 기술은 범죄 현장에서 지문 채취를 위한 과학 수사에도 활용되고 있다. 숨어 있는 또는 눈에 보이지 않는 지문을 찾는 한 가지 방법으로 물체 표면에 철가루를 뿌린 후 가루나 표면에 직접 접촉하지 않고 자기솔(magnetic brush)로 가루를 골고루 퍼트리면, 철은 인체의 땀이나 기름이 있는 곳에 달라붙게 된다.

응용

쇳가루를 뿌려서 지문을 찾기

19.2 자기장 Magnetic Fields

실험에 의하면 정지해 있는 대전 입자는 자기장과 상호작용하지 않는다. 그러나 **대전 입자가 자기장 내에서 움직일 때는 자기력을 받는다.** 이 힘은 전하가 자기장선에 수직 방향으로 움직일 때 최댓값을 갖고, 다른 각도에서는 감소하다가, 입자가 자기장선을 따라 움직일 때 영이 된다. 이것은 대전 입자가 움직이든지 혹은 정지하고 있을 때 모두 힘을 미치는 전기력과는 매우 다르다. 또한 전기력의 방향은 전기장과 평행한 반면 움직이는 전하에 대한 자기력은 자기장에 수직인 방향이다.

전기에 대하여 논의할 때, 공간의 임의의 점에서 전기장은 그 점에 놓여 있는 시험 전하에 작용하는 단위 전하당의 전기력으로 정의하였는데, 유사한 방법으로 어떤 점에서 자기장 $\vec{B}$는 그 점에서 시험 전하에 작용하는 자기력으로 정의할 수 있다. 전하 q인 시험 전하가 속도 $\vec{v}$로 움직인다고 할 때, 그 시험 전하에 작용하는 자기력의 세기는 전하 q, 속도 $\vec{v}$, 외부 자기장 $\vec{B}$, 그리고 자기장 $\vec{B}$와 속도 $\vec{v}$의 사잇각 θ의 사인값에 비례한다는 것을 실험적으로 알 수 있다. 이런 관측 결과로부터 자기력의 크기는

$$F = qvB \sin \theta \qquad [19.1]$$

로 요약된다. 위의 식으로부터 자기장의 크기는

$$B \equiv \frac{F}{qv \sin \theta} \qquad [19.2]$$

가 된다. 여기서 단위가 F는 뉴턴(N), 전하는 쿨롱(C), 속도는 m/s라면, SI 단위계에서 자기장의 단위는 **테슬라**(tesla, T) 또는 **단위 넓이당 웨버**(weber, Wb)라고도 한다 (즉, 1 T = 1 Wb/m²). 그러므로 만일 1 C의 전하가 크기 1 T인 자기장 내에서 1 m/s의 속력으로 자기장에 수직으로 운동하고 있다면, 전하에 작용하는 자기력은 1 N이다.

그림 19.4 (a) 자기장 $\vec{\mathbf{B}}$ 내에서 속도 $\vec{\mathbf{v}}$ 로 움직이는 전하에 작용하는 자기력 $\vec{\mathbf{F}}$의 방향, (b) 양전하와 음전하에 작용하는 자기력. 점선은 입자의 경로를 나타낸다. 그것에 관하여는 19.4절에서 공부할 것이다

자기장 $\vec{\mathbf{B}}$의 단위를 다음과 같이 쓸 수도 있다.

$$[B] = \text{T} = \frac{\text{Wb}}{\text{m}^2} = \frac{\text{N}}{\text{C} \cdot \text{m/s}} = \frac{\text{N}}{\text{A} \cdot \text{m}} \qquad [19.3]$$

실제로는 자기장의 cgs 단위인 **가우스**(gauss, G)가 주로 사용되는데, 가우스와 테슬라 사이의 관계는 다음과 같다.

$$1\,\text{T} = 10^4\,\text{G}$$

보통 실험실에서는 약 25 000 G, 즉 2.5 T 정도의 자기장을 만들 수 있다. 초전도체를 이용하면 $3 \times 10^5\,\text{G}(30\,\text{T})$의 매우 강한 자기장을 발생시킬 수 있는 전자석을 만들 수 있다. 이 값은 지표면 가까이에서 지구 자기장이 대략 0.5 G, 즉 0.5×10^{-4} T인 것과 비교해 보면 엄청나게 크다는 것을 알 수 있다.

식 19.1에서 자기장 안에서 운동하는 전하에 작용하는 힘은 입자가 자기장에 수직으로 움직일 때 최댓값을 갖는다. 이때 $\theta = 90°$이고, 따라서 $\sin\theta = 1$이다. 이때 자기력의 최댓값은

$$F_{최대} = qvB \qquad [19.4]$$

가 된다. 또 식 19.1에서 $\vec{\mathbf{v}}$가 $\vec{\mathbf{B}}$의 방향과 평행할 때(이 경우 $\theta = 0°$이거나 $\theta = 180°$), 자기력 F는 영이 된다. 그러므로 전하가 자기장에 평행하거나 반평행하게 움직일 때, 자기력은 전하에 작용하지 않는다.

양으로 대전된 입자의 경우 그림 19.4와 같은 실험에 의하면 자기력은 항상 $\vec{\mathbf{v}}$와 $\vec{\mathbf{B}}$에 수직이다. 자기력의 방향을 결정하기 위해 **오른손 법칙 1**(right-hand rule number 1)을 이용한다.

그림 19.5 자기장 $\vec{\mathbf{B}}$ 안에서 속도 $\vec{\mathbf{v}}$로 운동하는 양전하에 작용하는 자기력의 방향을 결정하는 오른손 법칙 1

1. 오른손의 네 손가락을 속도 $\vec{\mathbf{v}}$의 방향으로 향하게 한다.
2. 손가락들을 자기장 $\vec{\mathbf{B}}$의 방향으로 감아쥔다(그림 19.5).
3. 엄지손가락의 방향은 양전하에 미치는 자기력 $\vec{\mathbf{F}}$의 방향이다.

만일 전하가 양전하가 아니고 음전하라면, 이때 받는 자기력 $\vec{F}$는 그림 19.4a와 19.5에 보인 것과는 반대 방향이 된다. 즉, 음전하 q가 받는 힘의 방향은 양전하 q가 받는 힘의 방향을 오른손 법칙을 이용하여 구하고, 그 방향을 역으로 하면 된다. 그림 19.4b는 부호가 반대인 전하에 작용하는 자기력의 효과를 나타내고 있다.

예제 19.1 **자기장 내에서 움직이는 양성자**

목표 대전 입자가 자기장 내에서 90°가 아닌 각도로 움직일 때 받는 자기력과 가속도를 계산한다.

문제 양성자가 x축을 따라 8.00×10^6 m/s의 속력으로 크기 2.50 T인 자기장 영역으로 입사한다. 자기장의 방향은 x축과 60.0°의 각을 이루며, xy평면에 있다(그림 19.6). **(a)** 이 양성자에 작용하는 자기력의 처음 크기와 방향을 구하라. **(b)** 이때 양성자가 받는 가속도를 계산하라.

전략 **(a)** 식 19.1에 적절한 값들을 대입하고, 오른손 법칙을 사용하여 자기력의 크기와 방향을 구한다. **(b)** 뉴턴의 제2법칙을 적용하여 푼다.

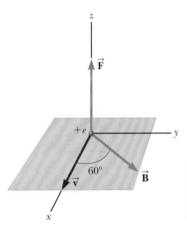

그림 19.6 (예제 19.1) 양성자에 작용하는 자기력 $\vec{F}$는 속도 $\vec{v}$와 자기장 $\vec{B}$가 xy평면에 놓일 때, $+z$ 방향이다.

풀이
(a) 양성자에 작용하는 자기력의 크기와 방향을 구한다.

식 19.1에 $v = 8.00 \times 10^6$ m/s, 자기장 세기 $B = 2.50$ T, 각도, 양성자의 전하를 대입한다.

$$F = qvB \sin \theta$$
$$= (1.60 \times 10^{-19} \text{ C})(8.00 \times 10^6 \text{ m/s})(2.50 \text{ T})(\sin 60°)$$
$$F = \boxed{2.77 \times 10^{-12} \text{ N}}$$

자기력의 처음 방향을 구하기 위해 오른손 법칙 1을 적용한다. x 방향($\vec{v}$ 방향)으로 오른손의 네 손가락을 향하게 하고 $\vec{B}$쪽으로 손가락을 감는다. 엄지손가락의 방향이 $+z$ 방향, 즉 위로 향한다.

(b) 양성자의 처음 가속도를 계산한다.

뉴턴의 제2법칙에 힘과 양성자의 질량을 대입한다.

$$ma = F \quad \rightarrow \quad (1.67 \times 10^{-27} \text{ kg})a = 2.77 \times 10^{-12} \text{ N}$$
$$a = \boxed{1.66 \times 10^{15} \text{ m/s}^2}$$

참고 처음 가속도도 $+z$ 방향이다. 그러나 $\vec{v}$ 방향이 변하기 때문에 자기력의 방향 또한 연속적으로 변한다. 방향을 찾기 위해 오른손 법칙 1을 적용하는 데 있어서 전하의 부호를 고려하는 것이 중요하다. 음으로 대전된 전하는 반대 방향으로 가속된다.

19.3 자기장 내에서 대전 입자의 운동
Motion of a Charged Particle in a Magnetic Field

그림 19.7과 같이 균일한 자기장 내에서 속도의 방향이 **자기장에 수직인** 양으로 대전된 입자를 생각하자. $\vec{B}$의 방향을 나타내는 × 표시는 자기장 $\vec{B}$가 종이면 속으로 들어가는 것을 나타내는 기호이다. 점 P에서 오른손 법칙 1을 적용하면, 이곳에서 자기력 $\vec{F}$의 방향이 위로 향하는 것을 알 수 있다. 이러한 이유 때문에 입자는 운동 방향이 바뀌어 원형 경로를 따라 운동하게 된다. 따라서 오른손 법칙 1을 적용하면 어느 점에서든지 **자기력은 항상 원형 경로의 중심을 향한다**는 것을 알 수 있다. 그러므로 자기력은 속도의 크기는 변화시키지 않고 방향만을 바꾸는 구심력으로 작용한다. $\vec{F}$가 원운동에

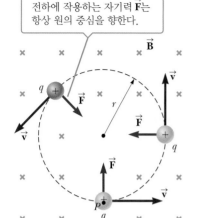

전하에 작용하는 자기력 $\vec{F}$는 항상 원의 중심을 향한다.

그림 19.7 속도가 균일한 자기장에 수직일 때, 대전 입자는 종이면 속으로 향하는 $\vec{B}$와 수직인 면에서 그림과 같은 원운동을 한다 (×표는 자기장 벡터의 꼬리를 나타낸다).

그림 19.8 균일한 자기장과 각을 이루는 방향으로 속도를 갖는 대전 입자는 나선형 경로를 움직인다.

서 구심력 역할을 하기 때문에 그 크기 qvB가 입자의 질량과 구심 가속도 v^2/r의 곱과 같아야 하므로, 뉴턴의 제2법칙으로부터 다음 식으로 나타낼 수 있다.

$$F = qvB = \frac{mv^2}{r}$$

이 식을 정리하면 다음과 같다.

$$r = \frac{mv}{qB} \qquad [19.5]$$

이 식으로부터 입자의 원형 경로의 반지름은 입자의 운동량 mv에 비례하고, 자기장에 반비례하는 것을 알 수 있다. 식 19.5는 사이클로트론이라는 입자 가속기로 사용되는 장치의 설계에 사용되기 때문에 사이클로트론 식이라고도 한다.

대전 입자의 처음 속도의 방향이 자기장과 수직이 아니고 그림 19.8과 같이 자기장과 어떤 각을 이루고 있다면, 입자의 경로는 자기장선을 따라 가는 나선형이 된다.

앞으로 사용할 여러 그림 속에서 어떤 물리량의 방향을 나타내기 위해 부호 약속을 정의하기로 한다. 예를 들어, 어떤 그림에서 $\vec{B}$의 방향을 나타내기 위해 다음과 같은 규약을 정한다.

$\vec{B}$가 그림 19.7에서처럼 책이나 노트의 종이면(page) 속으로 들어가는 방향이면 × 표시를 사용한다. × 표시는 벡터 화살표의 꼬리를 나타낸다. $\vec{B}$가 종이면 밖으로 나오는 방향이면 작은 동그라미 표시를 한다. 작은 동그라미 표시는 벡터 화살표의 머리를 나타낸다. $\vec{B}$가 종이면에 평행한 방향이면 화살표로 장선(field lines)을 나타낸다. 그림 19.7에서는 × 표시를 녹색으로 나타내었다.

예제 19.2 질량 분석기: 입자의 종류를 알아내기

목표 사이클로트론 식을 사용하여 입자를 구별한다.

문제 대전 입자가 속력 1.79×10^6 m/s로 질량 분석기 안으로 입사된 후 입자의 속도에 수직 방향으로 놓인 크기 0.350 T인 자기장 내에서 반지름 16.0 cm인 원 궤도를 따라 운동을 한다. 입자의 질량 대 전하 비를 구하고, 이 입자가 무엇인지 설명하라.

전략 식 19.5로부터 질량 대 전하 비를 구한 후 옆에 있는 표의 값과 비교하여 입자를 알아낸다.

풀이
사이클로트론 식을 쓴다.

$$r = \frac{mv}{qB}$$

이 식을 질량을 전하로 나눈 $\dfrac{m}{q}$에 대해 풀고, 값들을 대입한다.

$$\frac{m}{q} = \frac{rB}{v} = \frac{(0.160 \text{ m})(0.350 \text{ T})}{1.79 \times 10^6 \text{ m/s}} = 3.13 \times 10^{-8} \frac{\text{kg}}{\text{C}}$$

표로부터 어느 입자인지를 식별한다. 표에서 모든 입자는 완전히 이온화되어 있다. 따라서 입자는 삼중수소이다.

입자	m (kg)	q (C)	m/q (kg/C)
수소	1.67×10^{-27}	1.60×10^{-19}	1.04×10^{-8}
중수소	3.35×10^{-27}	1.60×10^{-19}	2.09×10^{-8}
삼중수소	5.01×10^{-27}	1.60×10^{-19}	3.13×10^{-8}
헬륨–3	5.01×10^{-27}	3.20×10^{-19}	1.57×10^{-8}

참고 질량 분석기는 물리와 화학에서 중요한 수단이다. 미지의 화학 물질에 열을 가해 이온화시킨 다음 그 입자를 질량 분석기에 통과시켜서 무슨 입자인지 알아낸다.

예제 19.3 질량 분석기: 동위 원소 분리

목표 사이클로트론 식을 적용하여 동위 원소를 분리한다.

문제 이온화된 두 원자가 그림 19.9와 같이 점 S의 슬릿에서 나와 종이면 속으로 향하는 0.100 T의 자기장 안으로 들어간다. 두 원자의 속력은 모두 1.00×10^6 m/s이다. 첫 번째 원자핵은 양성자 한 개로 되어 있어서 질량이 $m_1 = 1.67 \times 10^{-27}$ kg이며, 두 번째 원자핵은 양성자 한 개와 중성자 한 개로 되어 있어서 질량이 $m_2 = 3.34 \times 10^{-27}$ kg이다. 화학적 성분은 같고 질량이 서로 다른 원소를 동위 원소라 한다. 이 두 동위 원소는 수소와 중수소이다. 이 원자들은 P에 놓인 사진 건반에 부딪쳐서 기록된다. 이때 떨어진 거리는 얼마인가?

전략 각각의 원자에 사이클로트론 식을 적용하여 각각의 경로에 대한 반지름을 구한다. 반지름을 두 배하여 지름을 구하고 그들의 차이를 구한다.

그림 19.9 (예제 19.3) 두 개의 동위 원소가 점 S의 슬릿으로부터 나와 서로 다른 반원 경로를 진행한 후, 사진 건판 P에 부딪힌다.

응용

질량 분석기

풀이

식 19.5를 사용하여 가벼운 동위 원소인 수소에 의한 원 궤도의 반지름을 구한다.

$$r_1 = \frac{m_1 v}{qB} = \frac{(1.67 \times 10^{-27} \text{ kg})(1.00 \times 10^6 \text{ m/s})}{(1.60 \times 10^{-19} \text{ C})(0.100 \text{ T})}$$

$$= 0.104 \text{ m}$$

무거운 동위 원소인 중수소에 의한 원 궤도의 반지름을 같은 식을 사용하여 구한다.

$$r_2 = \frac{m_2 v}{qB} = \frac{(3.34 \times 10^{-27} \text{ kg})(1.00 \times 10^6 \text{ m/s})}{(1.60 \times 10^{-19} \text{ C})(0.100 \text{ T})}$$

$$= 0.209 \text{ m}$$

반지름을 두 배하여 지름을 구하고 차이를 구하여 동위 원소 사이의 떨어진 거리를 구한다.

$$x = 2r_2 - 2r_1 = \boxed{0.210 \text{ m}}$$

참고 제2차 세계 대전 중 질량 분석기는 방사성 우라늄 동위 원소 U-235와 이보다 훨씬 구성비가 큰 동위 원소 U−238을 서로 분리하는 데 사용되었다.

19.4 전류가 흐르는 도체에 작용하는 자기력
Magnetic Force on a Current-Carrying Conductor

자기장 내를 운동하는 대전된 한 입자에 힘이 작용한다면, 자기장 내에 놓여 있는 전류가 흐르는 도선에 힘이 작용한다는 사실도 놀랄만한 일이 아니다(그림 19.10). 전류는 운동하는 전하들의 집합체이기 때문에, 도선에 작용하는 결과적인 힘은 대전 입자에 개별적으로 작용하는 힘들의 합과 같다. 입자들에 작용하는 힘은 도선을 이루는 원자들과의 충돌을 통하여 도선에 전달된다.

그림 19.11과 같이 자석의 두 극 사이에 전류가 흐르는 도선을 걸어두면, 도선에 힘이 작용하는 것을 볼 수 있다. 이 그림에서 자기장은 종이 속으로 들어가고, 색이 칠해진 영역에 걸쳐져 있다. 전류가 도선을 따라 흐르면 그 도선은 오른쪽이나 왼쪽으로 휘어진다.

이 논의들을 정량화해 보자. 그림 19.12는 균일한 외부 자기장 $\vec{B}$ 내에 놓인 전류 I

그림 19.10 이 장치는 자기장 속에서 전류가 흐르는 도체에 작용하는 힘을 보여주기 위한 것이다. 스위치가 닫힌 직후 도체 막대가 왜 자석 쪽으로 움직이겠는가?

그림 19.11 팽팽히 잡아당긴 잘 구부러지는 수직 도선의 일부가 자극 사이에 놓여있고 자기장(초록색)은 종이면 속으로 향한다.

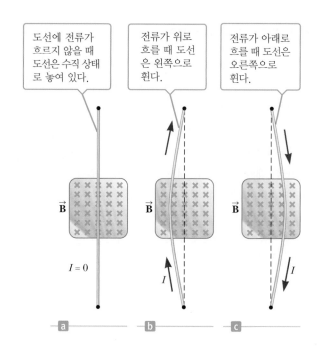

도선에 전류가 흐르지 않을 때 도선은 수직 상태로 놓여 있다.

전류가 위로 흐를 때 도선은 왼쪽으로 휜다.

전류가 아래로 흐를 때 도선은 오른쪽으로 휜다.

$I = 0$

I

I

a   b   c

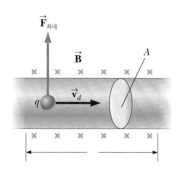

그림 19.12 외부 자기장 $\vec{B}$ 내에서 움직이는 전하를 포함하는 도선의 일부분

가 흐르는 길이가 ℓ, 단면의 넓이가 A인 도선의 한 부분을 나타낸 것이다. 자기장이 도선에 수직이고 종이면 속으로 들어간다고 가정하면, 도선 내에 있는 각각의 전하 운반자는 크기가 $F_{최대} = qv_dB$인 힘을 받는다. 여기서 v_d는 전하의 유동 속력이다. 도선에 작용하는 전체 힘은 한 전하 운반자에 작용하는 힘과 그 부분에 존재하는 전하의 수를 곱한 것이다. 그 부분의 부피는 $A\ell$이므로, 운반자의 수는 $nA\ell$이 된다. 여기서 n은 단위 부피당 전하 운반자의 수이다. 따라서 길이 ℓ인 도선에 작용하는 전체 자기력의 크기는

전체 힘 = 전하 운반자 하나에 작용하는 힘 × 전체 운반자의 수

$$F_{최대} = (qv_dB)(nA\ell)$$

이 된다. 17장에서 도선에 흐르는 전류는 $I = nqv_dA$임을 알았다. 그러므로

$$F_{최대} = BI\ell \qquad [19.6]$$

로 표시된다. **이 식은 전류와 자기장이 서로 직각을 이룰 때만 사용할 수 있다.**

전류가 자기장에 수직이 아니고 그림 19.13과 같이 임의의 각 θ를 이루면, 도선에 작용하는 힘은

$$F = BI\ell \sin \theta \qquad [19.7]$$

Tip 19.1 도선에 작용하는 자기력의 근원

전류가 흐르고 있는 도선과 각도를 이룬 자기장이 가해지면, 도선 내의 모든 전하에는 자기력이 작용한다. 도선에 작용하는 전체 자기력은 전류를 일으키는 각 전하들에 작용하는 자기력의 총합과 일치한다.

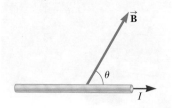

그림 19.13 외부 자기장 $\vec{B}$ 내에 있는 전류 I가 흐르는 도선이 자기장과 각 θ를 이루고 있다. 자기력 벡터는 종이면 밖으로 향한다.

이다. 여기서 θ는 $\vec{B}$와 전류가 흐르는 방향 사이의 각이다. 이 힘의 방향은 오른손 법칙 1에서 얻을 수 있다. 그러나 이러한 경우에는 엄지손가락을 $\vec{v}$의 방향이 아닌 전류 I의 방향으로 놓아야 한다. 전류는 어떤 속도로 움직이는 전하로 되어 있으므로 이는 새로운 규칙은 아니다. 그림 19.13에서 도선에 작용하는 자기력의 방향은 종이면 밖으로 나오는 방향이다.

마지막으로 전류가 자기장과 같은 방향이거나 반대 방향일 때, 도선에 작용하는 자

그림 19.14 스피커의 모습

그림 19.15 간단한 전자기 펌프에는 혈액과 같은 전도성 유체의 흐름에 장애를 일으킬 수 있는 움직이는 부품이 포함되어 있지 않다. 오른손 법칙 1을 적용하면(오른손의 네 손가락이 전류 I의 방향이며 $\vec{B}$의 방향으로 감아쥐면, 엄지손가락이 힘의 방향을 가리킨다) 전류가 흐르는 유체에 작용하는 힘이 유체 속도의 방향과 같음을 알 수 있다.

기력은 영이다.

자기력은 자기장 내에서 전류가 흐르는 도선에 힘을 작용한다. 이 현상은 음향 장치에서 사용되는 대부분의 스피커의 동작 원리이다. 그림 19.14와 같이 스피커는 음성 코일이라는 도선을 감은 코일, 유연하게 구부러지는 종이 콘, 그리고 영구 자석으로 구성되어 있다. 자석의 북극 주위의 코일은 자기장선이 코일 축에서 지름 방향의 바깥으로 향하게 되어 있다. 전기 신호를 코일에 보내면 그림 19.14와 같은 방향의 전류가 생기고, 왼쪽으로 편향시키려는 자기력이 코일에 작용한다(이는 도선에 감긴 각 코일에 오른손 법칙 1을 적용해 보면 알 수 있다). 교류 전류에서와 같이 전류의 방향이 바뀌게 되면, 코일에 작용하는 자기력 또한 방향을 바꾸고 종이 콘은 오른쪽으로 가속된다. 코일을 통과하는 교류 전류는 스피커에 진동력을 주고, 이것은 스피커 콘에 진동을 일으키게 된다. 이 스피커 콘은 그 앞의 공기를 밀고 당기면서 음파를 만드는데, 이러한 방법으로 1 kHz 전기 신호는 1 kHz 음파로 변환된다.

전류가 흐르는 도체에 작용하는 자기력의 응용으로서 그림 19.15에 전자기 펌프의 예를 보여주고 있다. 인공 심장에는 지속적으로 혈액 순환을 가능하게 하는 펌프가 필요하다. 마찬가지로 신장 투석기 또한 심장이 정화될 혈액을 원활하게 순환시킬 수 있도록 하는 보조 펌프가 필요하다. 일반적인 기계식 펌프는 혈액 세포를 손상시키지만, 그림 19.15에 나타낸 원리로 이 문제를 해결할 수 있다. 속도 $\vec{v}$의 방향으로 흐르는 혈액이 들어 있는 관에 자기장을 걸어 준다. 그림에서 보여준 방향으로 유체를 통하여 흐르는 전류를 흘려주면, 오른손 법칙을 적용한 것처럼 속도 $\vec{v}$의 방향으로 자기력이 생긴다. 이 힘이 혈액을 계속 순환할 수 있도록 한다.

응용

스피커의 동작 원리

응용

인공 심장과 신장용 전자기 펌프

예제 19.4 지구 자기장 내에 놓인 전류가 흐르는 도선

목표 전류가 흐르는 도선에 작용하는 자기력과 도선에 작용하는 중력을 비교한다.

문제 동쪽에서 서쪽으로 22.0 A의 전류가 흐르는 도선이 있다. 이곳에서의 지구 자기장은 수평이며, 남에서 북으로 향한다고 하자. 또 크기는 0.500×10^{-4} T이다. **(a)** 길이가 36.0 m인 도선에 작용하는 자기력의 크기와 방향을 구하라. **(b)** 같은 길이의 도선에 작용하는 중력을 구하라. 도선은 구리로 만들어졌고 단면의

넓이는 2.50×10^{-6} m²이다.

···

풀이

(a) 도선에 작용하는 자기력을 계산한다.

전류와 자기장은 서로 수직이라는 사실을 이용하여 식 19.7을 적용한다.

$$F = BI\ell \sin \theta = (0.500 \times 10^{-4} \text{ T})(22.0 \text{ A})(36.0 \text{ m}) \sin 90.0°$$

$$\boxed{= 3.96 \times 10^{-2} \text{ N}}$$

오른손 법칙 1을 이용하여 자기력의 방향을 구한다.

오른손의 손가락을 전류의 방향인 동쪽에서 서쪽 방향으로 가리킨 후 자기장의 방향인 북쪽으로 감으면, 엄지손가락은 위로 향한다.

(b) 도선에 작용하는 중력을 계산한다.

먼저 구리의 밀도, 길이, 도선의 단면의 넓이로부터 도선의 질량을 구한다.

$$m = \rho V = \rho(A\ell)$$

$$= (8.92 \times 10^3 \text{ kg/m}^3)(2.50 \times 10^{-6} \text{ m}^2 \cdot 36.0 \text{ m})$$

$$= 0.803 \text{ kg}$$

중력 가속도를 질량에 곱하여 중력을 구한다.

$$F_{중력} = mg = \boxed{7.87 \text{ N}}$$

참고 이 계산은 통상적인 조건에서 전류가 흐르는 도체에 작용하는 중력은 지구 자기장에 의한 자기력보다 훨씬 크다는 것을 보여준다.

19.5 자기 토크 Magnetic Torque

앞 절에서 전류가 흐르는 도체가 외부 자기장 내에 있을 때 그 도체에 힘이 어떻게 작용하는가를 알아보았다. 이를 출발점으로 하여 자기장 내에 놓여 있는 전류 고리에 작용하는 토크(또는 돌림힘)에 대하여 알아보도록 하자. 이러한 분석의 결과들은 이 장과 20장에서 나오는 발전기나 전동기를 이해하는 데 많은 도움이 될 것이다.

그림 19.16a는 균일한 자기장이 전류 고리의 평면 내에 존재할 때, 전류 I가 흐르는 직사각형 도선의 전류 고리를 나타낸 것이다. 도선이 자기장과 평행하기 때문에 길이가 a인 변에 작용하는 힘은 영이다. 그러나 길이가 b인 변에 작용하는 힘은

$$F_1 = F_2 = BIb$$

이다. 전류 고리의 왼쪽 변에 작용하는 힘 $\vec{F}_1$의 방향은 종이면으로부터 나오는 방향이고, 전류 고리의 오른쪽 변에 작용하는 힘 $\vec{F}_2$는 종이면 속으로 들어가는 방향이다. 그림 19.16b처럼 한쪽 끝에서 전류 고리를 보면, 작용하는 힘의 방향은 그림과 같이 향

그림 19.16 (a) 균일한 자기장 $\vec{B}$ 내에 놓인 직사각형 고리, (b) (a)의 직사각형 고리를 옆에서 본 모습, (c) (a)의 고리를 옆에서 본 모습. 그러나 고리 면의 법선이 자기장과 θ의 각을 이루고 있다.

하게 된다. 만일 점 O를 중심으로 회전시킨다면, 이 두 힘은 점 O에 대해 전류 고리를 시계 방향으로 회전시키는 토크를 발생시킨다. 이 토크의 크기 $\tau_{최대}$는

$$\tau_{최대} = F_1 \frac{a}{2} + F_2 \frac{a}{2} = (BIb)\frac{a}{2} + (BIb)\frac{a}{2} = BIab$$

이다. 여기서 점 O에 대한 힘의 모멘트 팔의 길이는 $\frac{a}{2}$이다. 직사각형 전류 고리의 넓이는 $A = ab$이므로, 토크는

$$\tau_{최대} = BIA \qquad [19.8]$$

와 같이 나타낼 수 있다. 그림 19.16b와 같이 이 결과는 자기장이 고리의 면에 평행할 때만 성립된다. 그림 19.16c와 같이 자기장이 전류 고리의 면에 수직인 선과 각 θ를 이룬다면, 각각의 힘의 모멘트 팔의 길이는 $\frac{a}{2}\sin\theta$로 주어지고, 앞에서와 같은 방법으로 토크의 크기는

$$\tau = BIA \sin\theta \qquad [19.9]$$

이다. 이러한 결과는 자기장이 전류 고리의 면과 평행할 때($\theta = 90°$) 토크는 최댓값 BIA를 가지고, 자기장이 전류 고리의 면에 수직일 때는($\theta = 0$) 토크가 영임을 보여준다. 그림 19.16c에서 보면 전류 고리는 θ를 보다 작은 값으로 회전시키려는 경향이 있다(즉, 고리 면에 대한 법선은 자기장의 방향을 향하도록 회전한다).

비록 이러한 분석이 직사각형 전류 고리에서만 적용되었으나, 보다 일반적인 식 19.9는 전류 고리의 모양에 관계없이 적용됨을 알 수 있다. 나아가 N번 감은 전류 고리에 작용하는 토크는

$$\tau = BIAN \sin\theta \qquad [19.10a]$$

이다. $\mu = IAN$은 코일의 자기 모멘트라 불리는 벡터양 $\vec{\mu}$의 크기이다. $\vec{\mu}$는 전류 고리의 면에 항상 수직 방향이며, 오른손 엄지손가락이 $\vec{\mu}$의 방향을 가리킨다면 오른손 네개 손가락은 전류의 방향을 가리킨다. 식 19.9과 19.10에 있는 각 θ는 자기 모멘트 $\vec{\mu}$의 방향과 자기장 $\vec{B}$의 사잇각이다. 따라서 토크의 크기는

$$\tau = \mu B \sin\theta \qquad [19.10b]$$

로 쓸 수 있다. 토크 $\vec{\tau}$는 자기 모멘트 $\vec{\mu}$와 자기장 $\vec{B}$에 모두 직교한다.

예제 19.5 **자기장 내에 놓인 원형 전류 고리에 작용하는 토크**

목표 전류 고리에 작용하는 자기 토크를 계산한다.

문제 반지름이 1.00 m인 원형 전류 고리가 $B = 0.500$ T인 자기장 내에 놓여 있다. 고리 면의 법선은 자기장과 30.0°의 각을 이루고 있다(그림 19.17a). 고리에는 그림에서 보여주는 방향으로 2.00 A의 전류가 흐르고 있다. **(a)** 고리의 자기 모멘트와 이때 고리에 가해지는 토크의 크기를 구하라. **(b)** 같은 전류가 그림

19.17b와 같이 변이 2.00 m × 3.00 m인 직사각형 모양으로 세번 감긴 코일에 흐르고 있다. 코일의 자기 모멘트와 이때 코일에 작용하는 토크의 크기를 구하라.

전략 각각의 문제에서 넓이를 구한 후 자기 모멘트를 계산하고 그 결과에 $B\sin\theta$를 곱한다. 이 모든 것은 식 19.10b에 물리량을 대입하는 과정이다.

그림 19.17 (예제 19.5) (a) 외부 자기장 $\vec{B}$ 내에 놓인 원형 전류 고리, (b) 동일한 자기장 내에 놓인 직사각형 전류 고리

풀이

(a) 전류 고리의 자기 모멘트와 고리에 가해지는 자기 토크를 구한다.

먼저 전류 고리의 넓이를 계산한다.

$$A = \pi r^2 = \pi (1.00 \text{ m})^2 = 3.14 \text{ m}^2$$

고리의 자기 모멘트를 계산한다

$$\mu = IAN = (2.00 \text{ A})(3.14 \text{ m}^2)(1) = \boxed{6.28 \text{ A} \cdot \text{m}^2}$$

자기 모멘트, 자기장, θ를 식 19.10b에 대입한다.

$$\tau = \mu B \sin \theta = (6.28 \text{ A} \cdot \text{m}^2)(0.500 \text{ T})(\sin 30.0°)$$
$$= \boxed{1.57 \text{ N} \cdot \text{m}}$$

(b) 직사각형 코일의 자기 모멘트와 고리에 작용하는 자기 토크를 구한다.

코일의 넓이를 계산한다.

$$A = L \times H = (2.00 \text{ m})(3.00 \text{ m}) = 6.00 \text{ m}^2$$

코일의 자기 모멘트를 계산한다.

$$\mu = IAN = (2.00 \text{ A})(6.00 \text{ m}^2)(3) = \boxed{36.0 \text{ A} \cdot \text{m}^2}$$

식 19.10b에 값들을 대입한다.

$$\tau = \mu B \sin \theta = (36.0 \text{ A} \cdot \text{m}^2)(0.500 \text{ T})(\sin 30.0°)$$
$$= \boxed{9.00 \text{ N} \cdot \text{m}}$$

참고 자기 토크를 계산할 때, 자기 모멘트를 계산하는 것이 꼭 필요한 것은 아니다. 대신에 식 19.10a를 직접 사용할 수 있다.

19.5.1 전동기 Electric Motors

응용
전동기

만일 전동기가 없었다면 21세기의 생활은 상상하기 어려웠을 것이다. 전동기와 관련되어 있는 많은 가전제품들로는 컴퓨터 디스크 드라이버, CD 플레이어, VCR이나 DVD 플레이어, 전자레인지, 자동차 시동기, 전열기, 에어컨 등 무수히 많다. 전동기는 전기 에너지를 회전 운동에너지로 변환시켜 주는 장치로서, 자석의 자기장 내에 놓일 때 회전하게 되는 전류 고리로 이루어져 있다.

그림 19.16에서처럼 전류 고리에 작용하는 토크는 고리를 보다 작은 θ값을 갖는 방향으로 회전시킴으로써, 토크가 영이 되도록 한다. 이때의 자기장은 고리의 면과 수직, 즉 $\theta = 0$이 된다. 만일에 고리가 이 각도를 지난 이후에도 전류가 계속 그림에 표시된 것과 같은 방향으로 흐르면 토크는 반대 방향으로 작용해서 고리를 반대 방향, 즉 반시계 방향으로 돌아가게 한다. 이러한 문제점을 해결하고, 한 방향으로 계속 돌아가도록 하기 위해서는 고리에 흐르는 전류의 방향을 주기적으로 바꾸어 주어야만 한다. 교류(AC) 전동기에서는 전류가 초당 120번 바뀌므로 이러한 작동이 자연스럽게 일어난다. 직류(DC) 전동기에서는 그림 19.18과 같이 분리되어 있는 반원형 고리 접촉자(정류자)와 브러시를 이용하여 기계적으로 전류의 방향을 바꾸어 준다.

실제로 전동기에는 여러 개의 전류 고리와 정류자들이 있지만, 간단히 나타내기 위하여 그림 19.18에서는 한 개의 전류 고리에 부착되어 돌아가고 있는 한 개의 고리와 정류자만 나타내었다. 브러시라고 하는 고정되어 있는 전기 접촉자는 회전하는 정류

그림 19.18 직류 전동기의 얼개 그림

자와 전기적으로 접촉하도록 되어 있다. 이와 같은 브러시들은 대개 흑연으로 만든다. 그 이유는 흑연이 훌륭한 윤활 역할을 함과 동시에 전기적으로도 좋은 도체이기 때문이다. 고리가 자기장과 수직이 되어 토크가 영이 되는 지점에서는 관성에 의해 고리가 시계 방향으로 계속 전진하고, 브러시는 정류자의 갈라진 틈을 지나게 된다. 이때 고리에는 반대 방향의 전류가 흐르게 되고, 이로 인해 고리를 시계 방향으로 회전하도록 하는 새로운 토크가 공급되어 나머지 180°를 회전하게 되고 이러한 과정이 반복된다. 그림 19.19에서 보는 바와 같이 가솔린-전기 하이브리드 자동차에 현대식 전동기가 사용되고 있다.

그림 19.19 도요타 프리우스 하이브리드 차의 엔진 부분

19.6 앙페르의 법칙 Ampère's Law

1819년 덴마크의 과학자 외르스테드(Hans Christian Oersted, 1777~1851)는 도선에 흐르는 전류가 가까이에 있는 나침반 바늘을 편향시킨다는 사실을 발견하였다. 자기장과 전류를 연관시킨 이러한 발견은 자기의 근원을 이해하는 첫 출발점이 되었다.

1820년에 외르스테드가 처음 실행한 간단한 실험은 전류가 흐르는 도선이 자기장을 발생시킨다는 것을 명백히 보여준다. 그림 19.20a를 보면 여러 개의 나침반 바늘이 수직인 도선 근처의 수평면에 놓여 있다. 도선에 전류가 흐르지 않을 때, 예상대로 모든 나침반 바늘의 끝은 같은 방향인 지구 자기장의 방향을 가리킨다. 그러나 도선에 일정하고 강한 전류가 흐르게 되면, 그림 19.20b와 같이 모든 바늘은 원의 접선 방향을 향한다. 이 실험에 의하면 $\vec{B}$의 방향은 **오른손 법칙 2**(right-hand rule number 2)를 따른다.

외르스테드
Hans Christian Oersted, 1777~1851
덴마크의 물리학자 겸 화학자

외르스테드는 나침반이 전류가 흐르는 도선 근처에 있을 때 편향된다는 것을 발견한 것으로 알려져 있다. 이러한 발견은 전기 현상과 자기 현상이 서로 연관되어 있다는 최초의 증거였다. 또한 그는 최초로 순수한 알루미늄을 제조하였다.

> 그림 19.21a와 같이 오른손의 엄지손가락이 전류의 방향을 가리키도록 도선을 감아쥐면 네 손가락들은 $\vec{B}$의 방향으로 회전한다.

전류가 반대 방향으로 흐르면 그림 19.21b의 바늘 또한 반대 방향을 향한다.

자침은 $\vec{B}$의 방향으로 정렬되기 때문에 $\vec{B}$의 자기장선은 도선 주위에 원형을 이루게 된다. 대칭성에 의해서 $\vec{B}$의 크기는 도선을 중심으로 한 원 위의 어느 곳에서나 같고,

Tip 19.2 오른손을 들어라!
이 장에서는 오른손 법칙을 두 가지 소개하였는데, 이 법칙을 적용할 때는 꼭 오른손만을 사용하라.

수직 도선에 전류가 흐르지 않으면, 모든 나침반들은 같은 방향(지구의 자기장 방향)을 가리킨다.

강한 전류가 흐르면 나침반들은 원에 접하는 방향으로 편향되는데, 이는 전류에 의한 자기장 $\vec{B}$의 방향을 향하는 것이다.

$I = 0$

a

I

$\vec{B}$

b

그림 19.20 (a)와 (b) 도선 주위 전류의 영향을 보여주는 나침반

그림 19.21 (a) 전류가 흐르는 긴 직선 도선에 의해 생성되는 자기장의 방향을 결정하는 오른손 법칙 2. 자기장선은 도선 주위에 원형으로 형성된다. (b) 전류가 흐르는 도선 주위의 원형 자기장선. 철가루가 원형 고리 모양을 이루고 있다.

그 벡터는 도선에 수직한 평면 내에 있다. 전류와 도선으로부터의 거리를 변화시켜 보면 $\vec{\mathbf{B}}$는 흐르는 전류에 비례하고 도선으로부터의 거리에 반비례함을 알 수 있다. 이러한 발견 후, 과학자들은 긴 직선 도선에 흐르는 전류로 인한 자기장의 크기에 대한 식을 알아냈다. 전류 I가 흐르는 도선으로부터 거리 r만큼 떨어진 곳에서의 자기장의 크기는

긴 직선 도선에 의한 자기장 ▶

$$B = \frac{\mu_0 I}{2\pi r} \qquad [19.11]$$

이다. 여기서 비례 상수 μ_0를 **자유 공간의 투자율**(permeability of free space)이라 하고 그 값은 다음과 같다.

$$\mu_0 \equiv 4\pi \times 10^{-7}\,\mathrm{T \cdot m/A} \qquad [19.12]$$

19.6.1 앙페르의 법칙과 긴 직선 도선 Ampère's Law and a Long, Straight Wire

식 19.11로부터 전류가 흐르는 긴 직선 도선 주위의 자기장을 계산할 수 있다. 이러한 일반적인 관계식은 프랑스의 과학자 앙페르(André-Marie Ampère, 1775~1836)가 제안하였다. 이것은 임의의 모양의 도선에 흐르는 전류와 그 도선에 의해 생성되는 자기장 사이의 관계를 설명해 준다.

그림 19.22와 같이 전류 주위에 임의의 폐경로를 하나 생각해 보자. 이 경로를 길이가 $\Delta\ell$인 수많은 짧은 선분 요소로 나눌 수 있다. 이러한 선분 요소 한 개에 이 선분 요소에 평행한 자기장 성분을 곱하여 $B_\parallel\Delta\ell$로 표시한다. 앙페르에 의하면 폐경로에서 이러한 곱의 모든 합은 폐경로를 둘러싼 표면을 통과하는 알짜 전류 I에 μ_0를 곱한 것과 같다. 이것을 **앙페르의 법칙**(Ampère's circuital law)이라 하며

$$\sum B_\parallel \,\Delta\ell = \mu_0 I \qquad [19.13]$$

로 나타낸다. 여기서 $B_\parallel$는 선분 요소 $\Delta\ell$에 평행인 $\vec{\mathbf{B}}$의 성분이며 $\sum B_\parallel\Delta\ell$은 전체 폐경로에 대한 모든 $B_\parallel\Delta\ell$의 합이다. 앙페르의 법칙은 빈 공간에서 전류가 어떻게 자기장을 만드는지 설명해 주는 기본적인 법칙이다.

앙페르의 법칙을 이용하여 전류 I가 흐르는 긴 직선 도선 주위의 자기장을 계산할 수 있다. 앞서 논의한 바와 같이 이런 모양의 자기장선은 그림 19.23과 같이 도선을 중

앙페르
André-Marie Ampère
1775~1836, 프랑스의 물리학자

앙페르는 전류와 자기장 사이의 관계를 밝히는 전자기학의 발견에 기여하였다.

그림 19.22 앙페르의 법칙으로부터 전류 주위의 임의의 폐경로를 이용하여 전류에 의한 자기장을 계산할 수 있다.

심으로 원형을 이룬다. 자기장은 반지름이 r인 원둘레 상의 모든 점에서 접선 방향이고, 같은 값 B를 가진다. 따라서 그림 19.23에서와 같이 $B_\parallel = B$이다. $\sum B_\parallel \Delta \ell$에서 $B_\parallel$은 원둘레 상의 모든 점에서 일정한 값을 가지므로 식 19.13은

$$\sum B_\parallel \Delta \ell = B_\parallel \sum \Delta \ell = B(2\pi r) = \mu_0 I$$

가 된다. 양변을 $2\pi r$로 나누면,

$$B = \frac{\mu_0 I}{2\pi r}$$

가 되고, 이는 긴 직선 도선에 대한 자기장의 식 19.11과 같다.

앙페르의 법칙은 전류 분포가 대칭적일 때 자기장을 계산하는 간단하고 좋은 방법을 제공하기 때문에 매우 중요하다. 그러나 대칭성이 결여된 복잡한 전류 분포의 자기장을 계산하는 데에는 이용할 수 없다. 게다가 앙페르의 법칙은 전류와 장이 시간에 따라 변하지 않을 때에만 성립한다.

그림 19.23 전류가 흐르는 긴 직선 도선 주위의 반지름이 r인 원형의 폐경로를 이용하여 도선에 의해 생성되는 자기장을 계산한다.

예제 19.6 동축 케이블의 자기장

목표 암페어의 법칙을 사용하여 원통형으로 대칭인 전류가 흐르는 경우의 자기장을 계산한다.

문제 어떤 동축 케이블이 전류 $I_1 = 3.00$ A가 흐르는 절연된 내부 도선을 전류 $I_2 = 1.00$ A가 흐르는 원통형 도체가 둘러싸고 있다. I_1과 I_2의 방향은 반대이다(그림 19.24). **(a)** 두 도체 사이의 공간인 $r_\text{안} = 0.500$ cm 되는 곳에서의 자기장을 계산하라. **(b)** 원통형 외부 도체 밖의 $r_\text{밖} = 1.50$ cm 되는 곳에서의 자기장을 구하라.

전략 그림 19.24에서처럼 내부 도선 둘레를 도는 원형 경로를 그린다. 그 원형 경로 안에 있는 전류만이 그 원형 경로상의 점에서의 자기장 $B_\text{안}$에 기여한다. 외부 도선 밖에서의 자기장 $B_\text{밖}$을 구하려면, 외부 도선 밖을 둘러싸는 원형 경로를 그려야 한다. 계산 과정에서 전류가 포함되어야 하지만, 외부 도선에서 아래로 흐르는 전류는 내부 도선에서 위로 흐르는 전류로부터 빼 주어야 한다.

풀이
(a) 두 도체 사이의 공간인 $r_\text{안} = 0.500$ cm 되는 곳에서의 자기장을 계산한다.
암페어의 법칙을 쓴다.

$$\sum B_\parallel \Delta \ell = \mu_0 I$$

원형 경로에서 자기장은 일정하고 경로의 전체 길이는 $2\pi r_\text{안}$이다.

$$B_\text{안}(2\pi r_\text{안}) = \mu_0 I_1$$

$B_\text{안}$에 대해 풀고 값을 대입한다.

$$B_\text{안} = \frac{\mu_0 I_1}{2\pi r_\text{안}} = \frac{(4\pi \times 10^{-7}\,\text{T}\cdot\text{m/A})(3.00\,\text{A})}{2\pi(0.005\,\text{m})}$$
$$= 1.20 \times 10^{-4}\,\text{T}$$

(b) 원통형 외부 도체 밖의 $r_\text{밖} = 1.50$ cm 되는 곳에서의 자기장 $B_\text{밖}$을 계산한다.
암페어의 법칙을 쓴다.

$$\sum B_\parallel \Delta \ell = \mu_0 I$$

원형 경로에서 자기장은 일정하고 경로의 전체 길이는 $2\pi r_\text{밖}$이다.

$$B_\text{밖}(2\pi r_\text{밖}) = \mu_0 (I_1 - I_2)$$

$B_\text{밖}$에 대해 풀고 값을 대입한다.

$$B_\text{밖} = \frac{\mu_0(I_1 - I_2)}{2\pi r_\text{밖}} = \frac{(4\pi \times 10^{-7}\,\text{T}\cdot\text{m/A})(3.00\,\text{A} - 1.00\,\text{A})}{2\pi(0.015\,\text{m})}$$
$$= 2.67 \times 10^{-5}\,\text{T}$$

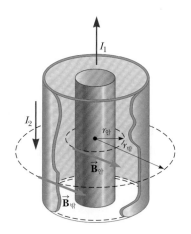

그림 19.24 (예제 19.6)

참고 외부 도체의 안과 밖에서의 자기장의 방향은 오른손 법칙 2로 쉽게 알 수 있다. 그림 19.24처럼 바라보았을 때 반시계 방

향이다. 동축 케이블은 내부 도체와 외부 도체의 전류가 크기가 같고 방향이 반대인 경우 전류의 자기 효과를 최소화하는 데 사용될 수 있다.

19.7 평행한 두 도선 사이의 자기력
Magnetic Force Between Two Parallel Conductors

도선 2에 의한 도선 1에서의 자기장 $\vec{B}_2$는 도선 1에 힘 $F_1 = B_2 \ell I_1$을 작용한다.

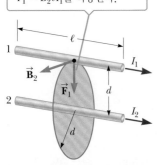

그림 19.25 연직 방향으로 평행하게 놓인 두 도선에 일정한 전류가 흐를 때 서로에게 힘을 작용한다. 전류의 방향이 같다면 힘은 인력이고, 전류의 방향이 반대이면 반발력이다.

전류가 흐르는 도체가 외부 자기장 내에 놓일 때, 전류가 흐르는 도선에 자기력이 작용한다. 도선에 흐르는 전류는 자신의 주위에 자기장을 만들기 때문에, 서로 가까이 놓인 두 전류가 흐르는 도선은 서로 간에 자기력을 작용한다. 그림 19.25와 같이 거리 d만큼 떨어진 긴 평행 직선 도선에 전류 I_1과 I_2가 같은 방향으로 흐른다. 도선 1이 도선 2 바로 위에 있다. 한 도선에 의해 형성된 자기장이 다른 도선에 작용하는 힘을 알아보자.

여기서는 도선 2의 자기장이 도선 1에 작용하는 힘을 알아본다. 전류 I_2가 흐르는 도선 2는 도선 1에 자기장 $\vec{B}_2$를 만든다. $\vec{B}_2$의 방향이 도선에 수직이다. 식 19.11에서 이 자기장의 크기는 다음과 같다.

$$B_2 = \frac{\mu_0 I_2}{2\pi d}$$

식 19.6으로부터 전류 I_2에 의한 자기장 $\vec{B}_2$로 인해 도선 1이 받는 자기력은

$$F_1 = B_2 I_1 \ell = \left(\frac{\mu_0 I_2}{2\pi d} \right) I_1 \ell = \frac{\mu_0 I_1 I_2 \ell}{2\pi d}$$

이고, 이를 단위 길이당 힘의 크기로 다시 쓰면,

$$\frac{F_1}{\ell} = \frac{\mu_0 I_1 I_2}{2\pi d} \qquad \text{[19.14]}$$

가 된다.

힘 $\vec{F}_1$의 방향은 오른손 법칙 1에 의해 아래쪽이고 도선 2를 향하는 방향이다. 도선 1이 도선 2에 만드는 자기장을 고려하면, 도선 2에 작용하는 힘 $\vec{F}_2$는 힘 $\vec{F}_1$과 크기가 같고 방향은 반대이다. 이것은 작용–반작용에 대한 뉴턴의 제3법칙으로부터 예측할 수 있다.

같은 방향으로 전류가 흐르는 평행 도선은 서로 잡아당긴다는 것을 알았다. 또한 그림 19.25와 식 19.14에 의한 과정으로 나타낸 풀이 방법을 이용하면 반대 방향으로 흐르는 두 평행 도선은 서로 밀어낸다는 것을 알 수 있다.

전류가 흐르는 두 평행 도선 사이에 작용하는 힘을 사용하여 전류의 SI 단위인 **암페어**(ampere, A)를 정의한다.

서로 1 m 떨어져 있는 두 개의 긴 평행 도선에 같은 양의 전류가 흐를 때, 각 도 선에 작용하는 단위 길이당 자기력이 2×10^{-7} N/m일 때의 전류를 1 A로 정의 한다.

◀ 암페어의 정의

SI 단위계에서 전하의 단위 **쿨롱**(coulomb, C)은 암페어를 사용하여 나타낼 수 있다.

도체에 1 A의 정상 전류가 흐를 때, 임의의 단면을 1 s 동안에 통과하는 전하량 은 1 C이다.

◀ 쿨롱의 정의

예제 19.7 공중에 도선 띄우기

목표 평행하게 전류가 흐르는 도선 위에 놓인 한 도선에 작용하 는 자기력을 계산한다.

문제 단위 길이당 무게가 1.00×10^{-4} N/m인 두 도선이 평행 하게 놓여 있다. 한 도선의 바로 위쪽에 다른 도선이 놓여 있다. 도선에는 크기는 같고 방향이 반대인 전류가 흐른다고 가정한다. 두 도선은 0.10 m 떨어져 있고 위에 놓인 도선에 작용하는 중력 과 자기력의 합은 영이다. 도선에 흐르는 전류를 계산하라. 지구 자기장은 무시한다.

전략 위에 놓인 도선은 중력과 자기적 반발력에 의해 평행 상태 에 있다. 힘의 합을 영으로 놓고 모르는 전류 I에 대하여 푼다.

풀이

힘의 합을 영으로 놓고 푼다. 이때 도선 사이의 자기력은 반발력 임에 주목하라.

$$\vec{F}_{중력} + \vec{F}_{자기력} = 0$$

$$-mg + \frac{\mu_0 I_1 I_2}{2\pi d}\ell = 0$$

전류는 같으므로 $I_1 = I_2 = I$이다. I^2에 대해서 푼다.

$$\frac{\mu_0 I^2}{2\pi d}\ell = mg \quad \rightarrow \quad I^2 = \frac{(2\pi d)(mg/\ell)}{\mu_0}$$

주어진 값을 대입하여 I^2을 구한다. 단위 길이당 무게는 mg/ℓ이다.

$$I^2 = \frac{(2\pi \cdot 0.100 \text{ m})(1.00 \times 10^{-4} \text{ N/m})}{(4\pi \times 10^{-7} \text{ T} \cdot \text{m})} = 50.0 \text{ A}^2$$

$$I = \boxed{7.07 \text{ A}}$$

참고 예제 19.4는 지구 자기장을 이용하여 도선을 떠 있게 하려 면 매우 큰 전류가 필요하다는 것을 보여준다. 도선에 흐르는 전 류는 도선 근방의 지구 자기장보다 훨씬 더 큰 자기장을 만들 수 있다.

19.8 전류 고리와 솔레노이드의 자기장
Magnetic Fields of Current Loops and Solenoids

만일 도선이 고리 모양을 하고 있다면, 전류가 흐르는 도선이 만든 자기장의 세기는 특 정 장소에서 강해질 수 있다. 그림 19.26에서 전류 고리의 여러 작은 선분 요소들에 대 한 효과를 고려한다면 그 이유를 이해할 수 있다. 고리의 아래쪽에 Δx_1으로 표시된 작 은 선분 요소는 고리의 중심에서 종이면으로부터 나오는 방향의, 크기 B_1인 자기장을 만들어 낸다. $\vec{B}$의 방향은 긴 직선 도선에 대한 오른손 법칙 2를 사용하면 알 수 있다. 엄지손가락이 전류 방향이 되도록 오른손으로 도선을 감싸쥐면, 나머지 네 손가락은 $\vec{B}$ 의 방향을 가리킨다.

고리 위쪽에 있는 선분 요소 Δx_2 또한 중심의 자기장에 기여하기 때문에 자기장의 세기는 증가된다. 선분 요소 Δx_2에 의해 고리 중심에 생긴 자기장은 B_1과 크기가 같고,

그림 19.26 전류 고리의 모든 선분 요소 는 고리의 중심에 위로 향하는 방향의 자 기장을 생성한다.

그림 19.27 (a) 전류 고리의 자기장선. 전류 고리의 자기장선은 막대자석의 자기장선과 유사하다. (b) 막대자석의 자기장은 전류 고리의 자기장과 비슷하다.

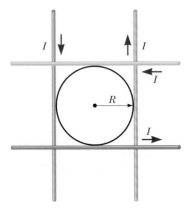

그림 19.28 전류 I가 흐르는 전류 고리의 자기장은 전류 I가 흐르는 네 개의 직선 도선에 의한 자기장으로 근사시킬 수 있다.

방향 또한 종이면으로부터 나오는 방향이다. 마찬가지로 전류 고리의 모든 다른 선분 요소들도 자기장을 만드는 데 기여한다. 알짜 효과는 그림 19.27a에 나타낸 전류 고리의 자기장과 같다.

그림 19.27a를 보면 자기장선은 전류 고리의 아래쪽으로 들어가서 위쪽으로 나온다. 전류 고리에 의한 자기장(그림 19.27b)과 막대자석의 자기장은 서로 닮았다. 고리의 한 면은 마치 자석의 북극처럼 작용하고, 다른 면은 남극처럼 작용한다. 이러한 두 자기장의 유사성은 다음 절에 나오는 물질의 자성에 대해서 논의할 때 사용될 것이다.

전류 I가 흐를 때 전류 고리의 중심에서 자기장의 크기는

$$B = \frac{\mu_0 I}{2R}$$

로 주어진다. 이 식은 수학적으로 계산하여 유도하여야 하지만, 개념적으로 계산하면 다음과 같다. 그림 19.28과 같이 네 개의 긴 도선을 내부 정사각형에 반지름 R의 원이 들어가도록 배치하고 각각에 전류 I를 흘릴 때 정사각형의 중심에서의 자기장을 계산해 보자. 이러한 배치로 인해 전류 고리에 의해 만들어진 것과 유사한 크기의 자기장이 중심에 형성되는 것을 직관적으로 이해할 수 있다. 고리에 흐르는 전류는 중심에 더 가까워서 정사각형이 만드는 것보다 더 강한 자기장을 만들지만, 정사각형 밖의 직선 도선에 의한 자기장이 이를 보상해주고 있다. 각각의 도선은 중심에 동일한 자기장을 만든다. 따라서 자기장의 합은

$$B = 4 \times \frac{\mu_0 I}{2\pi R} = \frac{4}{\pi}\left(\frac{\mu_0 I}{2R}\right) = (1.27)\left(\frac{\mu_0 I}{2R}\right)$$

이다. 이 결과는 전류 고리에 의해 만들어진 자기장의 세기와 근사적으로 같다.

전류 I가 흐르는 코일이 N번 감겨 있다면, 중심에서의 자기장은

$$B = N\frac{\mu_0 I}{2R} \qquad\qquad [19.15]$$

이다.

19.8.1 솔레노이드의 자기장 Magnetic Field of a Solenoid

긴 직선 도선을 나선형의 코일 모양으로 촘촘히 감은 장치를 **솔레노이드**(solenoid)라 하고 흔히 **전자석**(electromagnet)이라 부른다. 이 장치는 도선에 전류가 흐를 때만 자석처럼 행동하기 때문에, 여러 가지 응용면에서 중요하다. 솔레노이드의 내부 자기장은 전류에 따라 증가하고, 단위 길이당 감은 코일의 수에 비례한다.

그림 19.29는 느슨하게 감은 길이가 ℓ이고, 감은 전체 수가 N인 솔레노이드의 자기장선을 나타낸 것이다. 솔레노이드 내부의 자기장선은 거의 평행이고 균일하며 촘촘하다. 따라서 솔레노이드 내부의 자기장은 거의 일정하며 강하다. 솔레노이드 측면의 외부 자기장은 균일하지 않으며, 내부의 장과 반대 방향이다.

도선이 촘촘히 감겨 있다면 그림 19.30a와 같이 자기장선은 솔레노이드의 한쪽으로

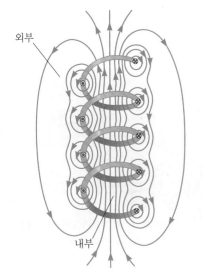

외부

내부

그림 19.29 느슨하게 감긴 솔레노이드의 자기장선

자기장선은 막대자석의 자기장선과 닮아서 솔레노이드는 실제 북극과 남극을 가지고 있다.

그림 19.30 (a) 정상 전류가 흐르는 유한한 길이의 촘촘히 감긴 솔레노이드의 자기장선. 솔레노이드 내부의 자기장은 거의 균일하며 강하다. (b) 종이 위의 작은 철가루들이 만든 막대자석의 자기장 형태

들어가서 다른 쪽으로 나온다. 이는 솔레노이드의 한쪽 끝은 자석의 북극으로 작용하고, 다른 한쪽은 남극처럼 작용함을 의미한다. 만일 솔레노이드의 길이가 반지름에 비해 훨씬 길면, 솔레노이드의 북극에서 나간 자기장선은 남극으로 들어가기 위해서 되돌아오기 전에 넓은 공간에 걸쳐 멀리 퍼져 나간다. 솔레노이드 바깥쪽의 자기장선은 넓게 퍼져나가고 약한 자기장을 보인다. 이것은 자기장선들이 촘촘히 있는 솔레노이드 내부의 강한 자기장과는 대조적이다. 또한 솔레노이드 내부의 자기장은 끝 부분을 제외한 모든 점에서 거의 일정한 크기를 갖는다. 이러한 것들을 고려하면 솔레노이드에 앙페르의 법칙을 적용할 수 있으며, 그 결과 솔레노이드 내부의 자기장은

그림 19.31 전자석을 이용하여 화면상의 원하는 지점으로 전자를 편향시킨다.

$$B = \mu_0 n I \qquad [19.16]$$

◀ **솔레노이드 내부의 자기장**

가된다. 여기서 $n = N/\ell$은 단위 길이당 감은 수이다.

다양한 목적에 따라 수많은 장치들이 대전된 입자빔을 만들어 내고 있으며, 그러한 입자빔은 전자기장에 의해 방향이 조절된다. 지금은 구식이 되어버린 음극선관 텔레비전은 자기장을 사용하여 전자빔을 매우 빠르고 정확하게 조절하여 형광 물질로 된 스크린에 연속적인 밝은 점을 그리게 하여 화면에 움직이는 물체의 모습을 묘사하도록 되어 있다(그림 19.31). 전자 현미경(그림 25.12b)도 그와 비슷한 전자총을 사용하며 정전기장 및 전자기장 렌즈를 사용하여 초점을 맞추도록 되어 있다. 입자 가속기는 광속에 가깝게 입자들을 움직이므로 매우 큰 전자석을 필요로 한다. 핵융합 발전 연구에 사용되는 실험 장치인 토카막(Tokamak)은 고온의 플라스마를 가두기 위해 자기장을 사용한다. 그림 19.32는 토카막의 일부를 보여주는 사진이다.

그림 19.32 프린스턴 플라스마 연구소에 있는 토카막 융합로(TFTR)의 진공 용기 내부 모습

예제 19.8 **솔레노이드 내부의 자기장**

목표 주어진 자료로부터 솔레노이드의 자기장과 이 자기장 내에 있는 대전 입자의 운동량을 계산한다.

문제 길이가 10.0 cm이고 100번 감은 솔레노이드가 있다. **(a)**

솔레노이드에 0.500 A의 전류가 흐를 때 내부 자기장은 얼마인가? **(b)** 솔레노이드 내부에서 반지름 0.020 m인 원 궤도를 도는 양성자의 운동량은 얼마인가? 솔레노이드의 축은 궤도면에 수직

이다. **(c)** 이 솔레노이드를 만들기 위해서는 도선의 길이는 얼마여야 하는가? 솔레노이드의 반지름은 5.00 cm이다.

전략 **(a)** 단위 미터당 감은 수를 계산하고 식 19.16에 이를 대입하여 자기장을 구한다. **(b)** 뉴턴의 제2법칙을 적용한다.

풀이

(a) 솔레노이드에 전류 0.500 A가 흐를 때 솔레노이드의 내부 자기장 크기를 구한다.

단위 길이당 감은 수를 계산한다.

$$n = \frac{N}{\ell} = \frac{100번}{0.100 \text{ m}} = 1.00 \times 10^3 번/\text{m}$$

식 19.16에 n과 I를 대입하여 자기장의 크기를 구한다.

$$\begin{aligned} B &= \mu_0 n I \\ &= (4\pi \times 10^{-7} \text{ T} \cdot \text{m/A})(1.00 \times 10^3 번/\text{m})(0.500 \text{ A}) \\ &= \boxed{6.28 \times 10^{-4} \text{ T}} \end{aligned}$$

(b) 솔레노이드 중심 부근의 반지름 0.020 m의 원 궤도를 도는 양성자의 운동량을 구한다.

양성자에 대한 뉴턴의 제2법칙을 사용한다.

$$ma = F = qvB$$

구심 가속도 $a = v^2/r$을 대입한다.

$$m\frac{v^2}{r} = qvB$$

양변에서 v를 소거하고 r을 곱해서 운동량 mv를 구한다.

$$mv = rqB = (0.020 \text{ m})(1.60 \times 10^{-19} \text{ C})(6.28 \times 10^{-4} \text{ T})$$

$$p = mv = \boxed{2.01 \times 10^{-24} \text{ kg} \cdot \text{m/s}}$$

(c) 이 솔레노이드를 만드는 데 필요한 도선의 길이를 구한다.

고리 하나의 원둘레에 감은 수를 곱한다.

$$\begin{aligned} 도선의 길이 &\approx (감은 수)(2\pi r) \\ &= (1.00 \times 10^2번)(2\pi \cdot 0.050\,0 \text{ m}) \\ &= \boxed{31.4 \text{ m}} \end{aligned}$$

참고 **(b)**에서 양성자 대신 전자라면 동일한 운동량을 가지나 속력은 훨씬 빠르다. 궤도 방향은 반대이다. **(c)**에서 구한 도선의 길이는, 도선의 두께를 고려하면 고리의 크기가 약간 증가하므로, 근삿값이다. 또한 솔레노이드 방향을 따라 나선형으로 감았기 때문에 고리 모양이 완전한 원은 아니다.

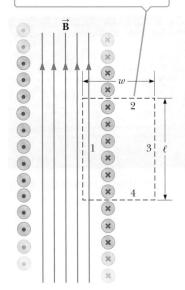

> 파란색 점선으로 표시된 직사각형 경로에 적용된 앙페르의 법칙을 이용하면, 솔레노이드 내부의 자기장을 계산할 수 있다.

그림 19.33 촘촘하게 감은 솔레노이드의 단면. 솔레노이드의 길이가 반지름에 비하여 길면, 내부 자기장은 균일하고, 외부 자기장은 영이라고 가정한다.

19.8.2 솔레노이드에 적용된 앙페르 법칙 Ampère's Law Applied to a Solenoid

앙페르의 법칙을 이용하면 전류 I가 흐르는 솔레노이드 내부 자기장에 대한 식을 얻을 수 있다. 그림 19.33은 솔레노이드를 길이 방향을 따라 자른 단면이다. 솔레노이드의 내부 자기장 $\vec{\mathbf{B}}$는 균일하고 축에 평행이며 외부 자기장 $\vec{\mathbf{B}}$는 거의 영이다. 이 그림과 같이 길이가 L이고 너비가 w인 직사각형을 생각한다. 이 경로에 앙페르의 법칙을 이용하여 직사각형 각각의 변에 대한 $B_\parallel \Delta \ell$의 합을 계산하면, 외부 자기장이 $\vec{\mathbf{B}} = 0$이므로 변 3에 대한 기여분은 영이다. 변 2와 4에 대한 기여분은 이들 변을 따라서 $\vec{\mathbf{B}}$가 $\Delta \ell$에 수직이므로 모두 영이다. 길이 L의 변 1은 이 변을 따르는 $\vec{\mathbf{B}}$가 균일하고 $\Delta \ell$에 평행이기 때문에 기여분은 BL이다. 따라서 닫힌 직사각형 경로에 대한 합은

$$\sum B_\parallel \Delta \ell = BL$$

이다. 앙페르의 법칙의 오른쪽 항은 선택된 경로로 둘러싸인 넓이를 통과하는 전체 전류와 관련되어 있다. 이 경우 직사각형 경로를 통과하는 전체 전류는 솔레노이드의 각 도선에 흐르는 전류와 감은 수를 곱한 것과 같다. 길이 L에 감은 전체 횟수가 N이라면 직사각형 경로를 통과하는 전체 전류는 NI가 된다. 그러므로 이 경로에 앙페르의 법칙을 적용하면,

$$\sum B_\parallel \Delta\ell = BL = \mu_0 NI$$

즉

$$B = \mu_0 \frac{N}{L} I = \mu_0 nI$$

가 된다. 여기서 $n = N/L$은 단위 길이당 감은 수이다.

연습문제

1. 그림 P19.1에 있는 네 가지 경우, 자기장으로 들어간 대전 입자는 처음에 어느 방향으로 휘는가?

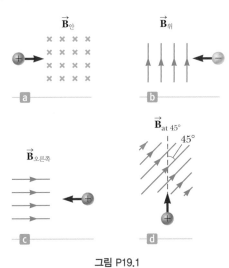

그림 P19.1

2. 4.00×10^6 m/s의 속력으로 1.70 T의 자기장 내에서 움직이는 양성자가 받는 자기력의 크기는 8.20×10^{-13} N이다. 양성자의 속도와 자기장의 방향 사이의 각은 얼마인가?

3. 전자 한 개가 0.235 T의 자기장에 수직인 원형 경로로 운동하고 있다. 전자의 운동에너지가 3.30×10^{-19} J일 때 (a) 전자의 속력과 (b) 원형 경로의 반지름을 구하라.

4. 그림 P19.4와 같이 각 변의 길이가 40.0 cm인 정육면체에

그림 P19.4

$I = 5.00$ A의 전류가 흐르는 네 개의 도선이 폐회로 ab, bc, cd, da를 구성하고 있다. 여기에 $+y$축 방향으로 $B = 0.020$ 0 T인 자기장이 가해지고 있다. 각 도선에 작용하는 자기력의 크기와 방향을 구하라.

5. 그림 P19.5와 같은 연직 방향의 가느다란 두 도체 사이에 길이 15 cm의 연직 방향으로 자유롭게 움직일 수 있는 질량 15 g의 도선이 놓여 있고 일정한 자기장이 종이면에 수직으로 작용한다. 그림과 같이 5.0 A의 전류가 흐를 때, 이 도선은 중력 하에 등속도로 윗방향으로 움직인다. (a) 수평 도선에는 어떤 힘이 작용하고 있으며 위쪽으로 등속도로 움직이게 하는 조건은 무엇인가? (b) 이 도선을 일정한 속력으로 움직이는 데 필요한 자기장의 최소 크기와 방향은 무엇인가? (c) 만일 자기장이 최솟값보다 커지면 어떻게 되는가? (가로 방향의 도선은 두 세로 방향 도체 위에서 마찰 없이 미끄러진다.)

그림 P19.5

6. 6번 감은 원형 코일의 중심이 xy평면상의 원점에 놓여 있다. 코일의 반지름은 $r = 0.200$ m이고 전류는 반시계 방향으로 $I = 1.60$ A가 흐른다(그림 P19.6). (a) 코일의 자기 모멘트의 크기를 구하라. (b) 0.200 T의 자기장에 의해 코일

에 작용하는 자기 토크의 크기를 계산하라. 자기장은 +z 방향과 $\theta = 60.0°$의 방향으로 향하고 있으며 xz 평면상에 놓여 있다.

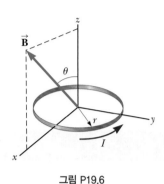

그림 P19.6

7. 지름이 10.0 cm인 원형으로 감긴 도선이 3.00 mT의 균일한 자기장 속에 놓여 있다. 도선에 흐르는 전류는 5.00 A이다. 그 원형 도선에 작용하는 최대 토크를 구하라.

8. 그림 P19.8과 같이 네 개의 긴 평행 도선 각각에 $I = 5.00$ A의 전류가 흐른다. 전류의 방향은 A, B($\otimes$로 표시)에서는 종이면 속으로 들어가는 방향, C, D($\odot$으로 표시)에서는 나오는 방향이다. 변의 길이가 0.200 m인 정사각형의 중심 P에서 자기장의 크기와 방향을 구하라.

그림 P19.8

9. 그림 P19.9와 같이 x축을 따라 전류 7.00 A가 흐르는 도선이 있고, y축을 따라 전류 6.00 A가 흐르는 도선이 있다. $x = 4.00$ m, $y = 3.00$ m인 지점 P에서의 자기장은 얼마인가?

그림 P19.9

10. 두 개의 길고 평행한 도선이 2.50 cm 떨어져 있다. 두 도선의 전류는 서로 반대 방향으로 흐르며 한 도선에는 1.25 A, 다른 도선에는 3.50 A의 전류가 흐른다. (a) 한 도선이 다른 도선에 작용하는 단위 길이당 자기력을 구하라. (b) 그 힘은 인력인가, 반발력인가?

유도 전압과 인덕턴스
Induced Voltages and Inductance

외르스테드(Hans Christian Oersted)는 1819년 전류가 흐르는 도선 주위의 나침반이 힘을 받는다는 것을 발견하였다. 이미 그 이전에도 전기와 자기 사이에 어떠한 관계가 있음을 추측했지만, 그 관계를 최초로 밝힌 사람이 바로 외르스테드였다. 자연은 일반적으로 대칭성을 가진다고 할 수 있으므로, 전류가 자기장을 생성한다는 사실로부터 과학자들은 반대로 자기장이 전류를 생성할 수 있는지에 대한 의문을 갖게 되었다. 실제로 영국의 패러데이(Michael Faraday)와 미국의 헨리(Joseph Henry)가 1831년 각각 독립적으로 수행한 실험에서 시간에 따라 변하는 자기장은 회로에 전기를 유도할 수 있음을 보여주었다. 이 실험 결과에서 패러데이의 법칙이라는 아주 기본적이고 중요한 법칙이 발견되었다. 이 장에서는 패러데이의 법칙과 이를 이용한 몇 가지 실질적인 응용에 대해서 설명하고자 하며, 그중 하나는 전 세계에 있는 발전 시설에서 생산되는 전기에너지에 대한 것이다.

20.1 유도 기전력과 자기선속 Induced EMF and Magnetic Flux

패러데이에 의해 처음으로 수행된 실험으로, 자기장의 변화가 전기를 만들 수 있다는 것을 이 장에서 설명하려고 한다. 그림 20.1과 같은 실험 장치에서 스위치와 배터리에 연결된 코일을 일차 코일이라 하며 그에 해당하는 회로를 일차 회로라고 한다. 코일을 통하여 흐르는 전류에 의해 생성된 자기장의 세기를 크게 하기 위하여 이 코일은 철심을 둘러싸고 있다. 철심을 둘러싸고 검류계에 연결된 오른쪽의 코일을 이차 코일이라 하며, 그에 해당하는 회로를 이차 회로라고 한다. **이차 회로에는 전원이 연결되어 있지 않다.**

패러데이
Michael Faraday, 1791~1867
영국의 물리학자 겸 화학자

패러데이는 1800년대의 가장 위대한 실험 과학자로 인정받는다. 전자기 유도 법칙, 전기 분해 법칙의 발견뿐만 아니라 전동기, 발전기, 변압기의 발명 등 전기 분야의 연구에 지대한 공헌을 하였다. 그는 종교에 깊이 심취하였기 때문에, 영국 정부의 군용 독가스 개발에 참여를 거부하였다.

이차 회로의 기전력은 그 회로의 코일을 관통하는 변화하는 자기장에 의해 유도된다.

일차 회로의 스위치가 닫히면, 오른쪽에 있는 이차 회로의 전류계가 순간적인 전류를 나타낸다.

배터리

철심

일차 코일 이차 코일

그림 20.1 패러데이의 실험

언뜻 보기에는 이차 회로에 어떤 전류도 검출되지 않을 것처럼 보인다. 그렇지만 그림 20.1에서 일차 회로의 스위치를 갑자기 닫거나 열면 놀랄 만한 현상이 나타난다. 스위치를 닫으면, 즉시 검류계의 바늘이 한쪽 방향으로 치우쳤다가 제자리로 돌아온다. 스위치를 열면, 이번에는 바늘이 반대 방향으로 치우쳤다가 다시 제자리로 돌아온다. 마지막으로 일차 회로에 정상 전류가 흐르면, 바늘은 영을 가리킨다.

이러한 관찰로부터, 패러데이는 자기장의 변화에 의하여 전류가 생성될 수 있다고 결론지었다(코일이 움직이지 않는 한 일정한 자기장은 전류를 만들 수 없다). 이차 회로에 생성된 전류는 이차 코일을 통과하는 자기장이 변하는 동안에만 나타난다. 실제로 이차 회로는 짧은 시간 동안만 기전력원에 연결된 것처럼 작용하며, **유도 기전력은 자기장의 변화에 의하여 이차 회로에 생성된다.**

20.1.1 자기선속 Magnetic Flux

유도 기전력의 크기를 계산하기 위해서는 무엇보다도 어떤 요소가 이 현상에 영향을 주는지를 명확하게 알아야 한다. 비록 자기장의 변화는 항상 전기장을 유도하지만, 자기장이 일정한 상태에서도 유도 기전력이 생성될 수 있다. 가장 좋은 예는 발전기이다. 일정한 자기장 내에서 전선이 감긴 도선 고리를 회전시키면 전류가 발생한다.

전기장을 유도하는 자기와 관련된 물리량은 **자기선속의 변화**이다. 자기선속은 전기선속과 비슷한 방법으로 정의되고(15.8절), 도선 고리의 넓이와 고리를 관통하는 자기장의 세기에 비례한다.

자기선속 ▶ | 넓이가 A인 고리를 통과하는 **자기선속**(magnetic flux) Φ_B를 다음과 같이 정의한다.

$$\Phi_B \equiv B_\perp A = BA\cos\theta \qquad [20.1]$$

여기서 $B_\perp$는 그림 20.2a에 보인 것처럼 고리 면에 수직인 $\vec{B}$의 성분이고, θ는 $\vec{B}$와 고리 면의 법선(직교하는) 방향 사이의 각도이다.

SI 단위: 웨버(Wb)

주어진 평면에 직교하는 방향은 항상 두 가지가 있다. 예를 들어, 그림 20.2에서 오른

그림 20.2 (a) 균일한 자기장 $\vec{B}$가 넓이가 A인 도선 고리 면의 법선 방향과 θ의 각을 이룬다. (b) 옆에서 본 고리의 모습

쪽을 향하는 방향을 자기선속이 양이 되게 선택할 수 있다. 직교하는 방향을 왼쪽으로 선택한다면 같은 크기의 음의 선속이 될 것이다. 그러한 직교하는 방향의 선택을 면의 방향이라고 한다. 주어진 문제에서 한 번 선택하고 나면, 그 방향을 계속 일관성 있게 사용하면 된다. 가장 좋은 기본적인 선택은 자기장과 면의 법선 방향이 $90°$ 이내가 되게 첫 번째 각을 선택하는 것이 좋다.

식 20.1로부터 $B_\perp = B \cos \theta$이다. 자기선속은 고리 면에 수직인 $\vec{\mathbf{B}}$의 크기에 고리의 넓이를 곱한 것이 된다. 그림 20.2b는 고리의 측면을 나타낸 것으로서, 고리를 통과하는 자기장선을 보여주고 있다. 그림 20.3a에서 보듯이 자기장이 고리 면과 수직이면 $\theta = 0$이고 Φ_B는 최댓값 $\Phi_{B, 최대} = BA$가 된다. 만약 고리 면이 자기장 $\vec{\mathbf{B}}$와 평행하게 되면, 그림 20.3b와 같이 $\theta = 90°$이고 $\Phi_B = 0$이 된다. 자기선속은 음의 값을 가질 수 있다. 예를 들어, $\theta = 180°$이면 선속은 $-BA$이다. B의 SI 단위가 테슬라(T) 또는 웨버/제곱미터(Wb/m^2)이므로, 자기선속의 단위는 테슬라 · 제곱미터$(T \cdot m^2)$ 또는 웨버(Wb)이다.

그림 20.3에서와 같이 자기장선을 그려보면 식 20.1의 중요성을 이해할 수 있다. 자기장의 세기가 증가할수록 단위 넓이당 선의 수가 증가한다. **자기선속의 값은 고리를 통과하는 자기장선의 전체 수에 비례한다.** 따라서 그림 20.3a와 같이 고리 면이 자기장과 수직일 때, 대부분의 자기장선은 고리를 통과하고 선속은 최댓값을 가진다. 그림 20.3b와 같이 면과 자기장이 평행일 때에는 자기장선은 고리를 통과하지 못하며 $\Phi_B = 0$이 된다.

그림 20.3 균일한 자기장 내에 있는 고리를 옆에서 볼 때, (a) 자기장선이 고리의 면과 수직일 때, 고리를 통과하는 자기선속은 최대가 되며 $\Phi_B = BA$이다. (b) 자기장선이 고리 면과 평행일 때, 고리를 통과하는 자기선속은 영이다.

예제 20.1 자기선속

목표 자기선속과 선속의 변화를 계산한다.

문제 반지름이 0.250 m인 원형 도선이 +z 방향으로 향하고 있는 크기가 0.360 T인 자기장속의 xy 평면에 놓여 있다. **(a)** 그 환선을 통과하는 자기선속을 계산하라. **(b)** 그 환선이 x축을 중심으로 시계 방향으로 회전하여 환선의 면과 수직인 방향이 z축과 $45.0°$를 이룬다. 이때 그 환선을 관통하는 자기선속을 구하라. **(c)** 환선이 회전함으로 인한 자기선속의 변화는 얼마인가?

전략 우선 면적을 계산한 후, 그 값을 자기선속의 식에 대입하라. 환선면의 법선 방향이 자기장의 방향과 같으므로 처음의 법선 방향과 자기장 방향과의 각은 $0°$이다. 회전을 한 다음은 그 각이 $45.0°$이다.

· ·

풀이

(a) 환선을 통과하는 처음 자기선속을 계산하다.
우선, 환선의 면적을 계산한다.

$$A = \pi r^2 = \pi (0.250 \text{ m})^2 = 0.196 \text{ m}^2$$

A, B, $\theta = 0°$를 식 20.1에 대입하여 처음 자기선속을 구한다.

$$\Phi_B = AB \cos \theta = (0.196 \text{ m}^2)(0.360 \text{ T}) \cos (0°)$$
$$= 0.070\,6 \text{ T} \cdot \text{m}^2 = \boxed{0.070\,6 \text{ Wb}}$$

(b) x축을 중심으로 $45.0°$ 회전한 후 환선을 통과하는 자기선속을 계산한다.
이번에는 $\theta = 45.0°$로 하여 **(a)**에서와 같이 대입하여 계산한다.

$$\Phi_B = AB \cos \theta = (0.196 \text{ m}^2)(0.360 \text{ T}) \cos (45.0°)$$
$$= 0.049\,9 \text{ T} \cdot \text{m}^2 = \boxed{0.049\,9 \text{ Wb}}$$

(c) 환선의 회전으로 인한 자기선속의 변화를 구한다.
(b)의 결과에서 **(a)**의 결과를 뺀다.

$$\Delta \Phi_B = 0.049\,9 \text{ Wb} - 0.070\,6 \text{ Wb} = \boxed{-0.020\,7 \text{ Wb}}$$

· ·

참고 자기장은 변하지 않고 환선만 회전시켜도 환선에 닿는 자기선속을 변하게 할 수 있다. 이러한 자기선속의 변화를 일으키는 것이 전동기나 발전기의 동작원리이다.

20.2 패러데이의 유도 법칙과 렌츠의 법칙
Faraday's Law of Induction and Lenz's Law

> **Tip 20.1** 유도 전류는 자기선속이 변할 때 나타난다.
>
> 자기선속이 고리를 통과하는 것만으로는 유도 기전력이 발생하지 않는다. 시간 Δt 동안 자기선속의 변화가 있을 때 기전력이 유도된다.

자기선속의 개념은 전자기 유도의 기본 개념을 보여 주는 또 하나의 간단한 실험에서 잘 나타난다. 그림 20.4와 같이 검류계에 연결된 도선 고리를 생각해 보자. 자석을 고리에 접근시키면, 검류계의 전류는 그림 20.4a와 같이 한쪽 방향으로 흐름을 나타낸다. 자석을 그림 20.4b와 같이 움직이지 않으면 전류는 영이다. 자석을 고리에서 멀어지게 하면, 전류계는 그림 20.4c와 같이 반대 방향으로 흐름을 나타낸다. 또한 자석을 고정시키고 고리를 자석에 가까이 하거나 멀어지게 하여도 역시 전류계는 전류가 흐름을 나타낸다. 이러한 관찰로부터 다음과 같은 결론을 내릴 수 있다. **자석과 고리 사이에 상대적인 운동이 있으면 회로에는 전류가 발생한다.** 고리가 움직이든 자석이 움직이든 간에 결과는 같다. 이 전류는 **유도 기전력**(induced emf)에 의해 발생되었다고 해서, 이 전류를 **유도 전류**(induced current)라고 한다.

이 실험은 20.1절에서 논의한 패러데이의 실험과 비슷하다. 각 경우 회로를 통과하는 자기선속이 시간에 따라 변할 때, 회로에 기전력이 유도되었다. 회로에 유도되는 순간 기전력의 크기는 회로를 관통하는 자기선속의 시간에 대한 변화율의 음의 크기와 같음을 알 수 있다. 이를 **패러데이의 자기 유도 법칙**(Faraday's law of induction)이라 한다.

패러데이의 법칙 ▶

> 회로에 고리가 N번 감겨 있고 각 고리를 통과하는 자기선속이 시간 Δt 동안에 $\Delta\Phi_B$만큼 변하면, 이 시간 동안 회로에 유도된 평균 기전력은 다음과 같이 된다.
>
> $$\mathcal{E} = -N\frac{\Delta\Phi_B}{\Delta t} \qquad [20.2]$$

$\Phi_B = BA\cos\theta$이므로 시간에 대해 B, A 혹은 θ의 변화는 기전력을 생성한다. 이후 절들에서 이들 각각의 변화에 의한 효과에 대해 공부할 것이다. 식 20.2에서 음의 부호

그림 20.4 간단한 실험으로 자석이 도선 고리에 가까워지거나 멀어질 때 전류가 유도되는 모습을 관찰할 수 있다.

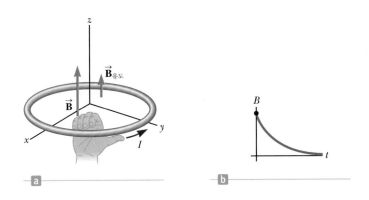

는 유도 기전력의 극성을 나타내며, **렌츠의 법칙**(Lenz's law)으로부터 이해할 수 있다.

> 유도 기전력에 의한 전류는 회로를 관통하는 처음 선속의 변화에 반대하는 선속이 만들어지는 방향으로 자기장이 유도되도록 흐른다.

렌츠의 법칙에 의하면 고리를 관통하는 자기선속이 만약 양의 방향으로 증가하면 유도 기전력은 음의 방향의 자기 선속이 발생하도록 전류를 생성시킨다. 때때로 유도 전류에 의해 형성된 역자기장 $\vec{\mathbf{B}}_{유도}$는 항상 인가 자기장 $\vec{\mathbf{B}}$와 반대 방향을 향한다고 생각하지만, 항상 그렇지는 않다. 그림 20.5a는 고리를 관통하는 자기장을, 그림 20.5b는 시간에 따라 자기장 $\vec{\mathbf{B}}$의 크기가 줄어드는 것을 보여주고 있다. 이는 $\vec{\mathbf{B}}$의 선속이 시간에 따라 감소하므로 유도 자기장 $\vec{\mathbf{B}}_{유도}$는 실제로 $\vec{\mathbf{B}}$와 같은 방향이 될 것이다. 사실상 $\vec{\mathbf{B}}_{유도}$는 고리를 관통한 자기장 $\vec{\mathbf{B}}$의 감소를 늦추어 주는 버팀목 역할을 한다.

그림 20.5a에서 전류의 방향은 오른손 법칙 2로 결정할 수 있다. 오른손 네 손가락의 방향이 유도 자기장 유도 $\vec{\mathbf{B}}_{유도}$의 방향이 되도록 엄지 방향을 결정한다. 이 경우 엄지가 가리키는 방향이 반시계 방향이고 이 방향이 곧 전류의 방향이 된다. 다른 손가락들은 고리의 바깥쪽에서는 아랫방향이지만 고리의 **내부에서는 윗방향**임을 명심하여야 한다.

> **Tip 20.2 두 가지 종류의 자기장을 고려해야 한다.**
>
> 렌츠의 법칙의 적용에 있어 도체 고리를 통과하는 자기장은 두 가지 종류가 있다. 첫 번째는 도체 고리에 유도 전류를 발생시키는 외부 자기장이고, 두 번째는 고리에 유도된 전류에 의해 발생되는 자기장이다.

예제 20.2 | 패러데이와 렌츠 법칙의 이해

목표 자기장이 시간에 따라 변할 때, 패러데이의 법칙과 렌츠의 법칙을 적용하여 유도 기전력과 전류를 계산한다.

문제 한 변의 길이가 1.80 cm인 사각형 프레임에 코일이 25번 감겨 있다. 전체 저항은 0.350 Ω이다. 그림 20.6에서와 같이 일정한 자기장이 코일 면에 수직으로 작용한다. **(a)** 자기장이 0.800 s만에 0.00 T에서 0.500 T로 변할 때 자기장의 변화에 따른 유도 기전력은 얼마인가? **(b)** 유도 전류의 크기와 **(c)** 유도 전류의 방향을 구하라.

전략 (a)의 풀이는 식 20.2의 패러데이의 법칙에 대입하여 얻는

그림 20.6 (예제 20.2)

다. 식에서 경과 시간 동안의 자기선속의 변화 $\Delta\Phi_B$를 제외하고는 모두 주어져 있다. +z축을 법선 방향으로 사용하여 식 20.1로

부터 처음과 나중 자기선속을 계산하고, 패러데이 법칙에서의 모든 항과 관련하여 그 차이를 알아낸다. 전류는 옴의 법칙으로부터 알 수 있고, 방향은 렌츠의 법칙에서 얻을 수 있다.

···

풀이

(a) 코일에서의 유도 기전력을 구한다.

선속을 계산하려면 코일의 넓이를 알아야 한다.

$$A = L^2 = (0.018\ 0\ \text{m})^2 = 3.24 \times 10^{-4}\ \text{m}^2$$

$t = 0$에서 코일을 관통하는 자기선속 $\Phi_{B,i}$는 $B = 0$이므로 영이다. $t = 0.800$ s일 때 자기선속을 계산한다.

$$\Phi_{B,f} = BA\cos\theta = (0.500\ \text{T})(3.24 \times 10^{-4}\ \text{m}^2)\cos(0°)$$
$$= 1.62 \times 10^{-4}\ \text{Wb}$$

0.800 s 동안에 코일의 단면을 관통하는 자기선속의 변화를 계산한다.

$$\Delta\Phi_B = \Phi_{B,f} - \Phi_{B,i} = 1.62 \times 10^{-4}\ \text{Wb}$$

패러데이의 유도 법칙에 대입하여 코일에 유도되는 기전력을 구한다.

$$\mathcal{E} = -N\frac{\Delta\Phi_B}{\Delta t} = -(25\text{회})\left(\frac{1.62 \times 10^{-4}\ \text{Wb}}{0.800\ \text{s}}\right)$$
$$= -5.06 \times 10^{-3}\ \text{V}$$

(b) 코일에 유도된 전류의 크기를 구한다.

옴의 법칙에 전위차와 저항을 대입한다. 여기서는 $\Delta V = \mathcal{E}$이다.

$$I = \frac{\Delta V}{R} = \frac{5.06 \times 10^{-3}\ \text{V}}{0.350\ \Omega} = 1.45 \times 10^{-2}\ \text{A}$$

(c) 코일에 유도된 전류의 방향을 구한다.

자기장은 고리를 관통하며 고리 면에 수직인 방향으로 증가한다. 그러므로 선속은 양이며 증가한다. 아랫방향을 향하는 유도 자기장은 반대 방향의 음의 선속을 만들 것이다. 고리를 따라 시계 방향으로 엄지손가락을 가져가면 다른 손가락은 코일을 관통하여 아랫방향을 가리키며 역자기장과 방향이 일치하게 된다. 그러므로 전류는 시계 방향으로 흘러야만 한다.

···

참고 렌츠의 법칙은 먼저 그림을 그려 다루어보는 것이 좋다.

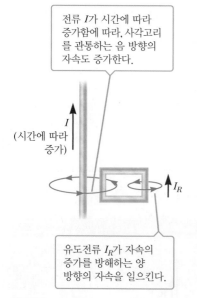

전류 I가 시간에 따라 증가함에 따라, 사각고리를 관통하는 음 방향의 자속도 증가한다.

I
(시간에 따라 증가)

I_R

유도전류 I_R가 자속의 증가를 방해하는 양 방향의 자속을 일으킨다.

그림 20.7 (렌츠의 법칙 예 1) 전류 I의 크기가 시간에 따라 증가하여, 도선 둘레의 자기장은 점점 강해진다.

20.2.1 유도 전류의 방향을 알아내기 Finding the Direction of the Induced Current

유도 전류의 방향을 알아내는 데는 약간의 요령이 필요하다. 다음에 열거하는 세 가지 예가 렌츠의 법칙을 사용하여 유도 전류의 방향을 알아내는 방법을 설명하고 있다.

렌츠의 법칙 예 1 그림 20.7에 있는 도선의 전류는 표시된 방향으로 서서히 증가하고 있다. 종이면으로부터 나오는 방향을 기준 방향으로 선택하여 종이면으로부터 나오는 자기장 벡터의 방향이 자속의 양의 방향이 되게 하자. 전류 I에 의해 생긴 자기장은 도선 둘레를 돌며, 도선의 오른쪽에 있는 사각 코일 영역으로 들어가서 직선 도선 왼쪽으로 나온다. 그러므로 전류 I에 의한 사각 코일을 통과하는 자속은 음이다. 위로 흐르는 전류가 증가하므로 자기장은 더욱 강해지면서 사각 코일을 관통하는 음의 자속의 크기가 증가한다. 렌츠의 법칙에 의해, 코일에 유도된 전류의 방향은 음의 자속이 증가하는 것을 방해하기 위해 자속이 양이 되게 유도되어야만 한다. 그렇게 되려면 유도 자기장은 코일을 통과하면서 종이면으로부터 나오는 방향이 되어야 한다. 사각 코일의 오른쪽 도선 부분에 오른손을 놓고 네 손가락을 감으면 네 손가락은 사각 코일 안에서 종이면 위로 올라오게 된다. 그렇게 되었을 때 종이면 위쪽으로 향하는 엄지손가락의 방향이 코일의 그 부분에서의 유도 전류의 방향이 된다. 그러므로 코일 내에서의 유도 전류는 반시계 방향으로 흐르게 된다.

렌츠의 법칙 예 2 그림 20.8a에서 자석의 N극이 코일 쪽으로 움직이고 있다. 기준 방향을 오른쪽으로 정하면 자석에서 나오는 자속이 코일을 통과하는 방향은 양이고 시간

자석이 오른쪽으로 움직임에 따라, 코일을 통과하는 양 방향의 자속이 증가한다.

유도 전류는 음 방향의 자속을 만들어, 양 방향의 자속이 증가하는 것을 방해한다.

그림 20.8 (렌츠의 법칙 예 2) (a) 자석의 N극이 왼쪽에서 코일 쪽으로 접근한다. 여기서 기준 방향은 오른쪽을 향한다. (b) 코일에 전류가 유도된다.

에 따라 증가한다. 그러므로 코일에 유도되는 전류는 자속이 왼쪽을 향하게 하여야 하므로, 유도 자기장은 그림 20.8b에서처럼 왼쪽을 향해야만 한다. 코일 둘레를 따라 오른손 네 손가락이 가리키는 방향이 코일 안에서 왼쪽을 향하게 하면 오른손 엄지손가락의 방향은 위로 향하게 되어 전류 고리의 왼쪽에서 보았을 때 유도 전류의 방향은 반시계 방향이 된다.

렌츠의 법칙 예 3 그림 20.9a에서처럼 전자석 가까이에 놓여 있는 원형 도선 고리를 살펴보자. 전자석은 그림 20.9b에서처럼 스위치가 닫힐 때 오른쪽이 S극이 되도록 코일이 감겨 있다. 기준 방향을 왼쪽으로 선택하면 스위치가 닫힐 때, 전자석 코일의 전류가 증가하기 시작하고 오른쪽에 있는 원형 고리를 통과하는 자속의 방향은 양이 되고 시간에 따라 증가한다. 그러므로 원형 고리에 유도되는 전류는 음 방향의 자속을 만들어내어야만 솔레노이드에 흐르는 전류의 증가에 의한 양 방향의 자속의 증가를 방해할 수 있다. 그렇게 되려면 원형 고리를 통과하는 유도 자기장의 방향이 오른쪽을 향하게 하여야만 한다. 오른손을 돌려서 엄지손가락이 아래를 향하게 하면, 네 손가락은 원형 고리를 통과하여 오른쪽으로 감긴다. 원형 고리에 유도되는 전류의 방향은 엄지손가락의 방향이 되며 그것은 고리의 왼쪽에서 보았을 때 시계 방향이 된다. 그림 20.9c에서처럼 스위치가 다시 열리면, 자기장과 양 방향의 자속이 감소하기 시작하기 때문

왼쪽이 N극이 되도록 감겨 있는 전자석이다.

양 방향의 자속이 증가함에 따라, 유도 전류는 시계 방향이 되어 음 방향의 자속이 증가하는 것을 방해한다.

스위치를 열면 자기장과 양 방향의 자속이 급작스럽게 감소하여, 유도 전류가 시계 반대 방향으로 되어 양 방향의 자속이 변하는 것을 방해한다.

전자석   코일

ε ε ε

그림 20.9 (렌츠의 법칙 예 3) (a) 전자석에 전류가 흐르면 왼쪽이 N극인 자기장을 형성하도록 감겨 있다. 기준 방향은 왼쪽을 향하도록 정한다. (b) 스위치를 닫으면, 고리를 통과하는 양 방향의 자속이 증가하기 시작하며 자기장선은 자석의 S극으로 들어온다. (c) 스위치를 열면, 전자석의 자기장이 갑자기 감소하게 된다.

에 원형 고리에 유도되는 전류는 방향이 바뀐다. 유도 전류가 반시계 방향으로 돌게 되면, 원형 고리를 통과하는 자속의 방향은 양이 되어 양의 방향으로 자속이 감소하는 것을 방해하게 된다.

위의 세 가지 예 모두에서, 결정적인 개념은 렌츠의 법칙에 따라 변하는 자속이 유도 전류를 일으키고, 그에 따른 유도 자기장이 자속의 변화를 방해하는 자속을 내는 자기장을 형성한다는 것이다. 자속의 변화가 없으면 유도 전류도 흐르지 않는다. 위의 각 경우에 변화하는 자기장 때문에 자속이 변화하지만, 도선 고리를 통과하는 자속이 변화하기만 하면 자기장이 일정하더라도 유도 전류는 생길 수 있다. 그러한 사실은 20.3절에서 운동 기전력과 20.4절에서 발전기를 논의할 때 확실하게 공부할 것이다.

응용

누전 차단기

그림 20.10 누전 차단기의 주요 부품(그림 20.11a의 회색 상자 속에 들어 있는 부품이다) 새로 짓는 주택에는 벽에 내장된다. 감지 코일과 회로 차단기는 감전되기 전에 전류를 차단하기 위한 것이다.

누전 차단기(ground fault interrupter, GFI)는 사람이 전기 기기를 만질 때 전기 충격으로부터 보호하기 위한 안전 장치이다. 이 장치는 패러데이의 법칙에 따라 작동되며, 개략도는 그림 20.10에서 알 수 있다. 전선 1은 교류(AC) 전원에서부터 안전 장치가 부착된 기기로 연결되고, 전선 2는 기기로부터 교류 전원으로 다시 연결된다. 철심은 각 전선에서 발생되는 자기장을 가두어 두기 위해 두 전선을 둘러싸고 있다. 자기선속의 변화가 있을 때 회로 차단기를 작동하게 하는 감지 코일이 철심의 일부에 감겨 있다. 각 전선에 흐르는 전류가 서로 반대 방향이므로 감지 코일을 지나는 알짜 자기장의 크기는 영이다. 그러나 기기의 회로에 합선이 생겨서 되돌아오는 전류가 없을 때에는 감지 코일을 지나는 알짜 자기장은 영이 아니다. 이러한 경우는 두 전선 중 하나의 절연 상태가 잘못되어 있는 상태에서 사람이 그 부분에 접촉하게 되면 그림 18.17a와 같이 사람을 통하여 누전 상태가 된다. 전류가 교류이기 때문에 감지 코일을 통과하는 자기선속은 시간에 따라 변하면서 코일에 유도 전압을 발생시킨다. 유도 전압은 회로 차단기를 작동하게 하여(약 1 ms), 기기를 사용하는 사람이 상해를 입기 전에 전류를 차단시킨다. 그러므로 누전 차단기는 그림 18.17b와 같이 케이스가 누전된 회로 차단기보다 더 빠르고 완벽하게 차단한다. 따라서 누전 차단기는 감전 위험이 높은 욕실 등에 많이 사용된다(그림 20.11).

그림 20.11 (a) 헤어 드라이기가 누전 차단기를 통과하여 벽면 콘센트에 연결되어 있다. (b) 이와 비슷한 누전 차단기는 호텔의 욕실에서 볼 수 있다. 그러한 누전 차단기는 욕실에서 사람들이 샤워 후 또는 수도관에 접촉된 상태에서 헤어 드라이기나 전기 면도기를 사용하는 경우 회로가 단락되어 일어날 수 있는 전기 충격을 예방하도록 한다.

그림 20.12 (a) 전기 기타에 사용되는 픽업 코일. 줄이 진동하면 픽업 코일에 전압이 유도된다. (b) 전기 기타에는 각 줄마다 픽업 코일이 부착되어 있어 각 줄의 진동을 감지한다.

패러데이의 법칙을 이용한 또 하나의 재미있는 예로 전기 기타에서 소리를 발생시키는 방법을 들 수 있다. 진동하는 줄은 코일에 기전력을 유도시킨다(그림 20.12). 픽업 코일은 진동하는 기타의 줄 가까이 놓여 있는데, 이 줄은 자화될 수 있는 금속으로 만들어져 있다. 코일 내부에 있는 영구 자석은 코일 가까이 있는 기타 줄의 일부분을 자화시킨다. 기타 줄이 특정 진동수로 진동하면, 자화된 부분은 픽업 코일을 통과하는 자기선속을 변화시킨다. 변화하는 선속이 코일에 유도 전압을 발생시키며 전압은 증폭기에 입력된다. 증폭기에서 나온 출력은 스피커로 보내져서 우리가 듣는 음파를 발생하게 된다.

응용

전기 기타의 픽업 코일

분명한 이유 없이 영아들이 수면 중에 갑자기 호흡을 멈추는 현상을 영아돌연사증후군(sudden infant death syndrome, SIDS)이라 하며, 이는 일시적 호흡 멈춤을 관찰하는 모니터링 소자로 가끔 호흡 정지에 대한 경고음을 발생하도록 하여 감지할 수 있다. 그림 20.13과 같이 감지기는 유도 전류를 사용하여 호흡 정지의 원인을 경보하는 데 사용된다. 가슴의 한쪽에 부착된 코일에는 교류 전류가 흐른다. 교류 전류에 의해 생성되는 자기장은 반대쪽 가슴 부분의 픽업 코일을 지나간다. 호흡과 운동에 의한 가슴의 팽창과 수축은 픽업 코일의 유도 기전력을 변화시킨다. 만약 호흡이 멈추면 유도 기전력이 변화하지 않게 되고, 문제가 실제로 발생하였다는 것을 확인하기 위하여 잠시 기다린 후 전압을 감시하는 외부 회로가 보호자에게 경고음을 낸다.

응용

호흡 정지 감지기

그림 20.13 유아는 호흡이 멈출 때 경고음을 발생시키는 장치를 부착하고 있다. 가슴 양쪽에 두 개의 고리가 있다.

20.3 운동 기전력 Motional emf

20.2절에서 자기장이 시간에 따라 변할 때 회로에 기전력이 유도되는 경우를 알아보았다. 이 절에서는 패러데이의 법칙을 응용하여 자기장 내에서 움직이는 도체에 유도되는 기전력인 **운동 기전력**(motional emf)의 생성에 대해 알아보고자 한다.

먼저 그림 20.14와 같이 종이면 속으로 향하는 균일한 자기장 내에서 길이가 ℓ인 도체가 등속도로 움직이는 경우를 생각해 보자. 문제를 간단히 하기 위해 도체가 자기장과 수직 방향으로 움직인다고 가정하자. 도체 속의 전자는 크기가 $F_m = qvB$인 자기력을 받아서 도체 아래쪽으로 움직이려고 한다. 자기력에 의해 자유 전자는 아래쪽으로 이동하여 축적되고, 위쪽은 순수한 양전하의 상태로 남는다. 이렇게 전하가 분리됨으로써 도체 내부에는 전기장이 형성되며, 양단의 전하는 자기장에 의하여 아래로 향하

그림 20.14 균일한 자기장 $\vec{B}$ 내부를 길이 ℓ의 직선 도체가 자기장 방향과 수직으로 속도 $\vec{v}$로 움직인다. 벡터 $\vec{F}_m$은 도체 내부의 전자에 작용하는 자기력이다. 이때 막대의 양 끝에는 $B\ell v$의 기전력이 유도된다.

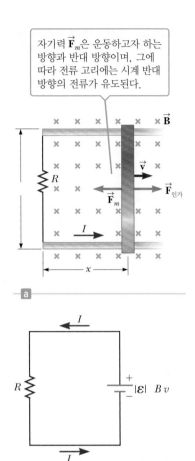

자기력 $\vec{F}_m$은 운동하고자 하는 방향과 반대 방향이며, 그에 따라 전류 고리에는 시계 반대 방향의 전류가 유도된다.

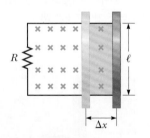

그림 20.15 (a) 도체 막대가 외부에서 가한 힘 $\vec{F}_{인가}$에 의해 두 개의 도체 레일을 따라 $\vec{v}$의 속도로 미끄러진다. (b) (a)의 등가 회로

는 자기력 qvB가 위로 향하는 전기력 qE와 균형을 이룰 때까지 계속 축적된다. 균형이 이루어지면 전하는 더 이상 이동하지 않고 다음과 같은 관계가 유지된다.

$$qE = qvB \quad \text{또는} \quad E = vB$$

도체에 유도된 전기장은 일정하기 때문에, 양단의 전위차와는 ΔV와 $\Delta V = E\ell$의 관계가 있다. 따라서

$$\Delta V = E\ell = B\ell v \qquad [20.3]$$

가 된다.

도체의 상단에는 양전하가 과잉 축적되고, 하단에는 음전하가 과잉 축적되어서 상단이 하단보다 높은 전위를 유지하게 된다. 따라서 자기장 내에서 도체가 운동하고 있는 동안 도체 내부에서 전위차가 발생하게 된다. 운동 방향이 역으로 바뀌면 전위차의 극성도 역으로 바뀐다.

움직이는 도체가 폐회로의 경우이면 더 재미있는 현상이 나타난다. 이 상황은 패러데이의 법칙에서 설명하고 있는, 폐회로에서 변화하는 자기선속이 어떻게 전류를 유도하는가를 보여주는 매우 좋은 예이다. 한 예로서, 길이가 ℓ인 도체 막대가 그림 20.15a와 같이 두 개의 고정된 평행한 도체 레일 위를 미끄러지는 회로를 생각해 보자. 편의상 움직이는 도체에는 저항이 전혀 없고 고정된 회로의 저항은 R이라 가정하자. 균일하고 일정한 자기장 $\vec{B}$가 회로의 면에 수직으로 작용한다. 외부에서 힘 $\vec{F}_{인가}$를 가하여 막대를 $+x$ 방향으로 $\vec{v}$의 속도로 오른쪽으로 당겨주면 막대 내의 자유 전하들은 막대를 따라 힘을 받게 된다. 다음에 닫힌 도체 경로에서는 전하가 자유롭게 움직이기 때문에 이 힘은 회로에 유도 전류를 흐르게 한다. 이 경우 고리를 통과하는 자기선속의 변화와 막대의 양단에 유도되는 기전력은 막대가 자기장을 끊으며 지나갈 때 고리의 넓이 변화에 의하여 생성된다. 선속이 종이면 속으로 들어가면서 증가하기 때문에, 렌츠의 법칙에 의해 유도 전류가 반시계 방향으로 돌게 되는 선속을 생기게 하여 전체 선속의 변화가 일어나지 않는다.

그림 20.16과 같이 막대가 시간 Δt 동안에 거리 Δx를 움직인다면, 그 시간 동안 고리를 통과하여 지나가는 자기선속 $\Delta\Phi_B$의 증가는 넓이가 $\ell\,\Delta x$인 회로 부분을 지나는 자기선속의 양과 같다.

$$\Delta\Phi_B = BA = B\ell\,\Delta x$$

고리가 한 개일 때($N = 1$) 패러데이의 법칙을 적용하면, 유도 기전력의 크기는 다음과 같이 된다.

$$|\mathcal{E}| = \frac{\Delta\Phi_B}{\Delta t} = B\ell\,\frac{\Delta x}{\Delta t} = B\ell v \qquad [20.4]$$

유도 기전력은 자기장을 통과하는 도체의 운동에 의하여 생성되기 때문에, 흔히 **운동 기전력**(motional emf)이라고 한다.

또한 회로의 저항이 R이라면 유도 전류의 크기는 다음과 같다.

그림 20.16 막대가 오른쪽으로 움직여 고리의 넓이가 $\ell\,\Delta x$만큼 커지면, 고리를 통과하는 자기선속은 $B\ell\,\Delta x$만큼 증가한다.

$$I = \frac{|\mathcal{E}|}{R} = \frac{B\ell v}{R} \qquad\qquad [20.5]$$

그림 20.15b는 이 예에 대한 등가 회로이다.

예제 20.3 비행기 날개에 유도된 전위차

목표 자기장 내에서 운동에 의해 유도되는 기전력을 구한다.

문제 날개의 길이가 30.0 m인 비행기가 지구 중심으로 향하는 지구 자기장의 성분이 0.600×10^{-4} T인 지점을 지표면과 평행하게 북쪽으로 비행하고 있다. 북쪽 방향의 자기장 성분의 크기는 0.470×10^{-4} T이다. **(a)** 비행기의 속력이 2.50×10^2 m/s일 때 양 날개 끝 사이의 전위차를 구하라. **(b)** 어느 쪽 날개 끝이 양(+)일까?

전략 비행기는 북쪽으로 날고 있기 때문에, 자기장의 북쪽 성분은 유도 기전력과 아무런 관계가 없다. 비행기 날개에 유도되는 기전력은 지구 자기장의 중심을 향하는 성분에 의해 영향을 받게 된다. 식 20.4에 주어진 값들을 대입하고, 오른손 법칙 1을 이용하여 방향을 구한다. 양전하들은 자기력에 의해 가속될 것이다.

풀이
(a) 날개 끝 사이의 전위차를 계산한다.
운동 기전력 식에 주어진 값들을 대입한다.

$$\mathcal{E} = B\ell v = (0.600 \times 10^{-4}\,\text{T})(30.0\,\text{m})(2.50 \times 10^2\,\text{m/s})$$
$$= \boxed{0.450\,\text{V}}$$

(b) 어느 쪽 날개 끝이 양인지 구한다.
오른손 법칙 1을 적용한다.
오른손의 네 손가락을 속도의 방향인 북쪽으로 향하게 하고 자기장의 방향인 아래쪽으로 손가락들을 감아쥐면, 엄지는 서쪽을 가리킨다.

참고 이와 같은 유도 기전력은 항공 사고의 원인이 될 수 있다.

예제 20.4 에너지원은 어디에 있는가?

목표 운동 기전력을 이용하여 유도 기전력과 전류를 구한다.

문제 **(a)** 길이가 0.500 m인 막대가 그림 20.15a와 같이 자기장이 0.250 T인 영역에서 2.00 m/s로 미끄러지고 있다. 운동 기전력의 개념을 이용하여 움직이는 막대에 유도되는 전압을 구하라. **(b)** 회로의 저항이 0.500 Ω일 때, 회로의 전류와 저항기에 전달되는 전력을 구하라(Note: 이 경우 전류는 고리의 반시계 방향으로 흐른다). **(c)** 막대에 작용하는 자기력을 계산하라. **(d)** 일과 전력의 개념을 이용하여 가한 힘을 계산하라.

전략 **(a)** 운동 기전력에 대한 식 20.4에 대입한다. 기전력을 구하고 옴의 법칙으로부터 전류를 구한다. **(c)** 전류가 흐르는 도체에 작용하는 자기력에 대한 식 19.7을 이용한다. **(d)** 저항기에 의해 소모된 전력에 경과 시간을 곱한 것이 가한 힘이 한 일과 같음을 이용해 구한다.

풀이
(a) 운동 기전력의 개념으로 유도 기전력을 구한다.
식 20.4를 이용하여 유도 기전력을 구한다.

$$\mathcal{E} = B\ell v = (0.250\,\text{T})(0.500\,\text{m})(2.00\,\text{m/s}) = \boxed{0.250\,\text{V}}$$

(b) 회로에서의 유도 전류와 저항기에 의한 전력 손실을 구한다.
옴의 법칙에서 기전력과 저항을 대입하여 유도 전류를 구한다.

$$I = \frac{\mathcal{E}}{R} = \frac{0.250\,\text{V}}{0.500\,\Omega} = \boxed{0.500\,\text{A}}$$

$I = 0.500$ A와 $\mathcal{E} = 0.250$ V를 식 17.8에 대입하여 0.500 Ω 저항기에 의해 소모된 전력을 계산한다.

$$P = I\Delta V = (0.500\,\text{A})(0.250\,\text{V}) = \boxed{0.125\,\text{W}}$$

(c) 막대에 작용하는 자기력의 크기와 방향을 계산한다.
식 19.7에 I, B, ℓ의 값을 대입하고 $\sin\theta = \sin(90°) = 1$로 하여 힘의 크기를 구한다.

$$F_m = IB\ell = (0.500\,\text{A})(0.250\,\text{T})(0.500\,\text{m}) = \boxed{6.25 \times 10^{-2}\,\text{N}}$$

오른손 법칙 1을 이용하여 힘의 방향을 구한다.
양의 전류의 방향으로 오른손의 네 손가락을 향하게 하고 펼치며 자기장의 방향으로 손가락들을 감으면, 엄지손가락은 $-x$ 방향을 향한다.

(d) 인가한 힘 $F_{인가}$의 값을 구한다.
소모된 전력에 경과 시간을 곱하면 인가한 힘이 한 일과 같다.

$$W_{인가} = F_{인가}d = P\Delta t$$

$F_{인가}$에 대해 풀고 $d = v\Delta t$를 대입한다.

$$F_{인가} = \frac{P\Delta t}{d} = \frac{P\Delta t}{v\Delta t} = \frac{P}{v} = \frac{0.125\ \text{W}}{2.00\ \text{m/s}} = \boxed{6.25 \times 10^{-2}\ \text{N}}$$

참고 (d)는 평형 상태의 물체에 작용하는 힘에 관한 뉴턴의 제2 법칙을 이용하여 구할 수도 있다. 막대에 수평으로 두 힘이 작용하고 막대의 가속도는 영이다. 따라서 힘들은 서로 방향은 반대이고 크기는 같아야 한다. 이 개념을 이용해서 F_m과 $F_{인가}$를 구하더라도 같은 답을 얻게 된다.

20.4 자체 인덕턴스 Self-Inductance

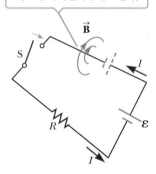

전류가 최댓값에 가까이 증가하게 되면 자속이 변하여 회로에 역기전력이 유도된다.

그림 20.17 회로의 스위치가 닫히면 전류는 고리를 통과하는 자기선속을 생성한다. 전류가 평형값까지 증가하는 동안, 선속은 시간에 따라 변하고 고리에는 기전력이 유도된다. 점선으로 그린 전원 기호는 자체 유도 기전력의 방향을 표시하기 위한 것이다.

그림 20.17에서와 같이 스위치, 저항기, 전원으로 구성된 회로에서 스위치가 닫힐 때 전류는 영에서 순간적으로 최댓값 $\mathcal{E}/R$로 변하지 않는다. 전자기 유도 법칙인 패러데이의 법칙에 의해 그렇게 되지 않는다. 그 대신에 다음과 같은 일들이 생긴다. 시간이 지남에 따라 전류가 증가하고, 이 전류 때문에 고리를 통과하는 자기선속 역시 증가한다. 자기선속의 증가는 선속의 변화에 반대하는 기전력을 회로에 유도한다. 렌츠의 법칙에 의해 유도된 기전력은 그림에서 점선으로 표시한 방향으로 유도된다. 저항기 양단의 알짜 전위차는 전원의 기전력에서 유도 기전력을 뺀 값이다. 전류의 크기가 증가함에 따라, 전류의 증가율은 줄어들고 따라서 유도 기전력도 감소하게 된다. 역방향으로 작용하는 유도 기전력의 감소로 인하여 전류가 서서히 증가하게 된다. 같은 원리에 의해 스위치가 열릴 때에도 전류는 서서히 감소하여 영이 된다. 회로를 통과하는 자기선속의 변화가 회로 자체에서 일어나기 때문에, 이 효과를 **자체 유도**(self-induction)라고 하고, 이때 회로에 형성되는 기전력을 **자체 유도 기전력**(self-induced emf)이라 한다.

자체 유도의 두 번째 예로 그림 20.18과 같이 원기둥 철심에 코일이 감긴 경우를 생각해 보자(실제 장치에는 코일이 수백 번 감겨 있다). 이때 전류는 시간에 따라 변한다고 가정하자. 전류가 그림과 같은 방향으로 흐르면 코일 내부에 형성되는 자기장은 오른쪽에서 왼쪽으로 향한다. 그 결과 자기선속의 일부는 코일의 단면의 넓이를 통과하여 코일에 유도 기전력을 발생시킨다. 시간에 따라 전류가 변하므로 코일을 통과하는 선속이 변하여 코일에 기전력을 유도시킨다. 렌츠의 법칙을 적용하면 이 유도 기전력은 전류의 변화에 대해 반대하는 방향으로 정해진다. 즉, 전류가 증가하면 유도 기전력은 그림 20.18b와 같이 나타나고, 전류가 감소하면 그림 20.18c와 같이 나타난다.

그림 20.18 (a) 코일에 흐르는 전류는 왼쪽으로 향하는 자기장을 생성한다. (b) 전류가 증가하면, 코일은 점선으로 표시한 배터리와 같은 방향의 전원처럼 작용한다. (c) 전류가 감소하면, 기전력의 극이 바뀐다. 점선으로 된 배터리 기호는 코일에 유도되는 기전력을 나타낸다.

자체 인덕턴스를 정량적으로 계산하기 위해, 우선 패러데이의 법칙을 고려하자. 식 20.2에 따라 유도 기전력은

$$\varepsilon = -N \frac{\Delta \Phi_B}{\Delta t}$$

로 주어진다. 자기선속은 자기장에 비례하고 자기장은 코일에 흐르는 전류에 비례한다. 따라서 **자체 유도 기전력은 시간에 대한 전류의 변화율에 비례해야 한다.** 즉,

$$\varepsilon \equiv -L \frac{\Delta I}{\Delta t} \qquad [20.6]$$

이고, 여기서 L은 비례 상수로서 **인덕턴스**(inductance)라고 부른다. 음의 부호는 전류의 변화에 반대되는 방향으로 기전력이 유도된다는 뜻이다. 즉, 전류가 증가하면(ΔI가 양), 유도되는 기전력은 음이고 전류의 증가에 반대되는 방향으로 발생한다. 마찬가지로 전류가 감소하면 (ΔI가 음), 유도 기전력의 부호는 양이고 전류의 감소에 반대되는 방향으로 발생한다.

코일의 인덕턴스는 코일의 단면의 넓이 등 여러 가지 기하적인 요소에 의해서 결정된다. 인덕턴스의 SI 단위는 **헨리**(henry, H)이며, 식 20.6으로부터 $1\ \text{V} \cdot \text{s/A}$와 같다, 즉,

$$1\ \text{H} = 1\ \text{V} \cdot \text{s/A}$$

이다.

자체 인덕턴스를 계산하는 과정에서, L에 대한 식을 구하기 위하여 식 20.2와 20.6을 같다고 놓는 것이 때때로 편리하다.

$$N \frac{\Delta \Phi_B}{\Delta t} = L \frac{\Delta I}{\Delta t}$$

$$L = N \frac{\Delta \Phi_B}{\Delta I} = \frac{N \Phi_B}{I} \qquad [20.7]$$

일반적으로 주어진 전류 요소의 인덕턴스를 결정하는 것은 쉽지 않다. 솔레노이드의 인덕턴스를 구해 보자. 길이가 ℓ이고, 도선이 균일하게 N번 감긴 솔레노이드가 있다. ℓ은 솔레노이드의 반지름에 비해서 매우 크고, 내부는 비어있다고 가정한다. 내부 자기장은 균일하고 식 19.16으로 주어진다.

$$B = \mu_0 n I = \mu_0 \frac{N}{\ell} I$$

여기서 $n = N/\ell$은 도선의 단위 길이당 감은 수이다. 따라서 각 도선을 통과하는 자기선속은

$$\Phi_B = BA = \mu_0 \frac{N}{\ell} A I$$

이며, 여기서 A는 솔레노이드의 단면의 넓이이다. 이 식과 식 20.7로부터,

헨리
Joseph Henry, 1797~1878
미국의 물리학자

헨리는 스미스소니언협회의 초대 원장과 자연과학협회의 초대 회장을 지냈다. 미국 뉴욕 주에 있는 알바니 대학의 교수였던 그는, 자기장으로 전류를 만드는 것을 처음으로 성공하였지만, 강의 부담이 많아 연구 결과는 패러데이보다 늦게 발표하였다. 그는 전자석을 개선하였고, 최초의 전동기 중의 하나를 제작하였다. 또한 자체 유도 현상을 발견하였다. 인덕턴스의 단위인 헨리는 그를 기념하여 붙인 것이다.

◀ 인덕턴스

$$L = \frac{N\Phi_B}{I} = \frac{\mu_0 N^2 A}{\ell} \qquad \text{[20.8a]}$$

를 얻을 수 있다. 이 식으로부터 L은 ℓ, A, μ_0 등과 같은 기하학적인 요소에 관계되어 있고, 감은 수의 제곱에 비례함을 알 수 있다. $N = n\ell$이기 때문에 이 식을 다음과 같이 나타낼 수 있다.

$$L = \mu_0 \frac{(n\ell)^2}{\ell} A = \mu_0 n^2 A\ell = \mu_0 n^2 V \qquad \text{[20.8b]}$$

여기서 $V = A\ell$은 솔레노이드의 부피이다.

예제 20.5 인덕턴스, 자체 유도 기전력과 솔레노이드

목표 솔레노이드의 인덕턴스와 자체 유도 기전력을 계산한다.

문제 (a) 길이가 25.0 cm, 단면의 넓이가 4.00×10^{-4} m^2, 도선의 감은 수가 300인 솔레노이드의 인덕턴스를 구하라. (b) (a)에서 전류가 50.0 A/s의 비로 감소할 때 솔레노이드에 유도되는 자체 기전력은 얼마인가?

전략 인덕턴스 L로 주어진 식 20.8a를 이용한다. (b)에서는 (a)의 결과를 대입하고, $\Delta I / \Delta t = -50.0$ A/s를 식 20.6에 대입하여 자체 유도 기전력을 구한다.

풀이

(a) 솔레노이드의 인덕턴스를 계산한다.

식 20.8a에 감은 수 N, 넓이 A, 길이 ℓ을 대입하여 인덕턴스를 구한다.

$$L = \frac{\mu_0 N^2 A}{\ell}$$

$$L = (4\pi \times 10^{-7} \text{ T} \cdot \text{m/A}) \frac{(300)^2 (4.00 \times 10^{-4} \text{ m}^2)}{25.0 \times 10^{-2} \text{ m}}$$

$$= 1.81 \times 10^{-4} \text{ T} \cdot \text{m}^2/\text{A} = \boxed{0.181 \text{ mH}}$$

(b) 솔레노이드의 자체 유도 기전력을 계산한다.

식 20.6에 L과 $\Delta I / \Delta t = -50.0$ A/s를 대입하여 자체 유도 기전력을 구한다.

$$\mathcal{E} = -L\frac{\Delta I}{\Delta t} = -(1.81 \times 10^{-4} \text{ H})(-50.0 \text{ A/s})$$

$$= \boxed{9.05 \text{ mV}}$$

참고 전류는 시간에 따라 감소하기 때문에 $\Delta I / \Delta t$는 음의 값이 된다. (a)에서 인덕터에 대한 식은 솔레노이드의 길이에 비해 반지름이 매우 작다는 전제 하에 성립하는 식이다.

20.5 RL 회로 RL Circuit

인덕터(inductor)는 촘촘하게 많이 감은 코일과 같이 유도 효과가 매우 큰 전기 소자를 말한다. 인덕터의 회로 기호는 ⟶⟋⟋⟋⟶이다. 인덕터 이외의 회로 부분에서 나타나는 자체 인덕턴스는 인덕터의 인덕턴스에 비해 매우 작기 때문에 무시해도 된다.

회로에서 인덕터의 효과를 이해하기 위하여 그림 20.19에 보인 두 회로를 비교해 보자. 그림 20.19a는 전원과 저항기로 이루어진 회로이다. 이 회로에 키르히호프의 법칙을 적용하면 $\mathcal{E} - IR = 0$이고, 저항기 양단의 전압 강하는

$$\Delta V_R = -IR \qquad \text{[20.9]}$$

그림 20.19 인덕터와 저항기의 효과를 비교하기 위한 간단한 회로

이 된다. 이 식으로부터 **저항은 전류의 흐름을 방해하는 척도**로 이해할 수 있다. 이제 전원과 인덕터로 이루어진 20.19b의 회로를 보자. $IR = 0$이기 때문에 스위치가 닫히는 순간, 코일에 발생한 역기전력은 전원의 기전력과 같다. 따라서

$$\mathcal{E}_L = -L\frac{\Delta I}{\Delta t} \qquad [20.10]$$

이다. 이 식으로부터 **L은 전류의 변화를 방해하는 척도**로 이해할 수 있다.

그림 20.20은 전원, 저항기, 인덕터로 이루어진 회로이다. $t = 0$인 순간 스위치가 닫혔다고 가정하자. 전류는 증가하기 시작하지만 인덕터에서는 전류의 증가를 방해하는 유도 기전력을 생성한다. 그러므로 전류는 영에서 최대 전류인 $\mathcal{E}/R$까지 순간적으로 증가하지 못한다. 식 20.10으로부터 전류가 가장 빨리 변할 때, 유도 기전력이 최대가 됨을 알 수 있고 이것은 스위치가 닫히는 순간에 해당된다. 전류가 정상 상태의 값에 접근함에 따라 전류가 천천히 변하기 때문에, 코일에 유도되는 역기전력도 점점 감소한다. 전류가 정상 상태의 값에 이르렀을 때 전류의 변화율은 영이고 따라서 역기전력도 영이 된다. 그림 20.21은 회로에 흐르는 전류를 시간에 따라 표현한 것이다. 이 그림은 18.5절에서 *RC* 회로를 연결할 때 시간에 따라 커패시터에 저장되는 전하의 그래프와 유사하다. 이런 경우 회로의 시간 상수라고 하는 양을 도입하는 것이 편리하다. 커패시터 회로에서 시간 상수는 커패시터에 전하가 정상 상태의 값까지 저장되는데 걸리는 시간에 대한 정보를 준다. 같은 방법으로 저항기와 인덕터를 포함하고 있는 회로에서도 시간 상수를 정의할 수 있다. *RL* 회로에서 **시간 상수**(time constant) τ는 전류가 정상 전류값인 $\mathcal{E}/R$의 63.2%에 도달하는 데까지 걸리는 시간이다. 즉, *RL* 회로에서 시간 상수는

$$\tau = \frac{L}{R} \qquad [20.11]$$

이다. 미적분학을 사용하여 이와 같은 회로에서 전류를 계산해 보면, 다음과 같은 식이 얻어진다.

$$I = \frac{\mathcal{E}}{R}\left(1 - e^{-t/\tau}\right) \qquad [20.12]$$

이 식은 쉽게 해석할 수 있다. 시간 $t = 0$에서 스위치는 닫힌 상태이며 전류는 영이다. 그 후 시간이 경과하면서 어떤 최댓값에 도달하게 된다. 식 20.12와 식 18.7 사이의 수

그림 20.20 직렬 *RL* 회로. 전류가 최댓값으로 증가함에 따라 인덕터는 전류의 증가를 방해하는 방향으로 유도 기전력을 생성한다.

$t = 0$에서 스위치를 닫으면, 전류는 증가하여 최댓값 $\mathcal{E}/R$에 접근한다.

그림 20.21 그림 20.20에 보인 *RL* 회로에서 시간에 따른 전류의 변화. $t = 0$에서 스위치를 닫으면 전류는 최댓값인 $\mathcal{E}/R$까지 증가한다. 시간 상수 τ는 최댓값의 63.2%에 이르는 데까지 걸리는 시간이다.

◀ *RL* 회로의 시간 상수

학적인 유사성에 주목하면 인덕터 대신에 커패시터의 형태로 바뀐 것을 알 수 있다. 커패시터의 경우에서처럼, 이 식은 인덕터에서 전류가 최댓값에 도달하는 데 무한 시간이 필요함을 보여주고 있다. 하지만 이런 결과는 움직이는 무한히 작은 전하들로 전류가 이루어져 있다는 가정에 의한 것이며, 실제로는 그렇지 않다.

예제 20.6 *RL* 회로

목표 *RL* 회로에서 시간 상수를 계산하고 전류와의 관계를 구한다.

문제 12.6 V의 배터리는 그림 20.20과 같이 30.0 mH의 인덕터와 0.150 Ω의 저항기에 연결되어 있다. $t = 0$일 때 스위치를 닫았다. **(a)** 회로의 시간 상수를 구하라. **(b)** 시간 상수만큼 경과한 순간의 전류를 구하라. **(c)** $t = 0$과 $t =$ 시간 상수 τ일 때, 저항기에 걸리는 전압 강하를 구하라. **(d)** 시간 상수가 경과한 후에 전류의 변화율은 얼마인가?

전략 (a) 시간 상수의 정의에 대입하여 구할 수 있다. 이 값과 옴의 법칙으로 시간 상수 후의 전류를 찾을 수 있고, 저항에 이 전류를 곱하여 시간 상수 후의 저항기에 걸리는 전압 강하를 계산한다. 전압 강하와 키르히호프의 고리의 법칙으로 인덕터에 걸리는 전압을 구할 수 있다. 이 값은 식 20.10에 대입하여 전류의 변화율을 얻을 수 있다.

· ·

풀이

(a) 회로의 시간 상수를 구한다.

식 20.11에 인덕턴스 *L*과 저항 *R*을 대입하여 시간 상수를 구한다.

$$\tau = \frac{L}{R} = \frac{30.0 \times 10^{-3}\,\text{H}}{0.150\,\Omega} = \boxed{0.200\,\text{s}}$$

(b) 시간 상수 경과 후의 전류를 구한다.

옴의 법칙을 사용하여 여러 배의 시간 상수만큼 경과 후의 전류의 나중 값을 계산한다.

$$I_{\text{최대}} = \frac{\mathcal{E}}{R} = \frac{12.6\,\text{V}}{0.150\,\Omega} = 84.0\,\text{A}$$

시간 상수 후 전류는 나중 값의 63.2%로 증가한다.

$$I_{1\tau} = (0.632)I_{\text{최대}} = (0.632)(84.0\,\text{A}) = \boxed{53.1\,\text{A}}$$

(c) $t = 0$과 $t =$ 시간 상수일 때 저항기에 걸리는 전압 강하를 구한다.

처음에 회로의 전류는 영이다. 그래서 옴의 법칙으로부터 저항기에 걸리는 전압은 영이다.

$$\Delta V_R = IR$$
$$\Delta V_R\,(t = 0\,\text{s}) = (0\,\text{A})(0.150\,\Omega) = \boxed{0}$$

옴의 법칙을 사용하여 시간 상수 후에 저항기에 걸리는 전압 강하의 크기를 구한다.

$$\Delta V_R\,(t = 0.200\,\text{s}) = (53.1\,\text{A})(0.150\,\Omega) = \boxed{7.97\,\text{V}}$$

(d) 시간 상수 후의 전류의 변화율을 구한다.

키르히호프의 전압 법칙을 이용하여, 그 시각에서 인덕터에 걸리는 전압 강하를 계산한다.

$$\mathcal{E} + \Delta V_R + \Delta V_L = 0$$

ΔV_L에 대하여 푼다.

$$\Delta V_L = -\mathcal{E} - \Delta V_R = -12.6\,\text{V} - (-7.97\,\text{V}) = -4.6\,\text{V}$$

$\Delta I/\Delta t$에 대한 식 20.10을 풀고 대입한다.

$$\Delta V_L = -L\frac{\Delta I}{\Delta t}$$

$$\frac{\Delta I}{\Delta t} = -\frac{\Delta V_L}{L} = -\frac{-4.6\,\text{V}}{30.0 \times 10^{-3}\,\text{H}} = \boxed{150\,\text{A/s}}$$

· ·

참고 이 문제에서 사용된 값들은 자동차의 시동장치에서 사용되는 실제 부품값들을 인용하였다. 이와 같은 *RL* 회로에서 전류는 처음에는 영이므로 인덕터가 전류의 흐름을 막는 역할을 한다고 해서 '초크'라 불린다. **(d)**에서는 양의 전류 방향으로 회로를 검토하면, 배터리 양단의 전압차는 양의 값을 갖게 되고 저항과 인덕터 양단의 전압차는 음의 값을 갖게 된다.

20.6 자기장에 저장된 에너지 Energy Stored in Magnetic Fields

인덕터에 의해 유도된 기전력은 배터리가 회로에 전류를 순간적으로 흐르게 하는 것을 방해한다. 배터리는 전류를 흘리기 위해 일을 해야 하며, 이 전류를 생산하는 데 소요된 일이 인덕터에 자기장 형태의 에너지로 저장되었다고 볼 수 있을 것이다. 커패시터에 저장된 에너지를 알기 위하여 16.6절에서 사용한 것과 매우 유사한 방법을 사용하여 인덕터에 저장된 에너지를 다음과 같이 구할 수 있다.

$$PE_L = \tfrac{1}{2}LI^2$$

[20.13] ◀ 인덕터에 저장된 에너지

이 결과는 대전된 커패시터에 저장된 에너지

$$PE_C = \tfrac{1}{2}C(\Delta V)^2$$

◀ 커패시터에 저장된 에너지

의 표현과 비슷함에 주목하라.

예제 20.7 자기 에너지

목표 RL 회로에서 전류와 자기 에너지의 저장을 연관시킨다.

문제 12.0 V 배터리는 25.0 Ω의 저항기와 5.00 H의 인덕터로 직렬 연결되어 있다. **(a)** 회로에서 최대 전류를 구하라. **(b)** 이때 인덕터에 저장된 에너지를 구하라. **(c)** 전류의 변화율이 1.50 A/s일 때 인덕터에 저장된 에너지는 얼마인가?

전략 (a) 옴의 법칙과 키르히호프의 전압 법칙으로 최대 전류를 얻는다. 왜냐하면 전류가 최대일 때 인덕터에 걸리는 전압은 영이기 때문이다. **(b)** 식 20.13에 전류를 대입하면 인덕터에 저장된 에너지를 보여준다. **(c)** 주어진 전류의 변화율은 특정 시각에서 인덕터에 걸리는 전압 강하를 계산하는 데 이용할 수 있다. 그러면 키르히호프의 전압 법칙과 옴의 법칙으로 그 때의 전류 I를 알 수 있고, 이를 인덕터에 저장된 에너지를 구하는 데 이용할 수 있다.

풀이

(a) 회로에서 최대 전류를 구한다.

회로에 키르히호프의 전압 법칙을 적용한다.

$$\Delta V_{배터리} + \Delta V_R + \Delta V_L = 0$$

$$\mathcal{E} - IR - L\frac{\Delta I}{\Delta t} = 0$$

최대 전류에 도달했을 때, $\Delta I/\Delta t = 0$이다. 그래서 인덕터에 걸리는 전압 강하는 영이다. 최대 전류 $I_{최대}$에 대하여 푼다.

$$I_{최대} = \frac{\mathcal{E}}{R} = \frac{12.0 \text{ V}}{25.0 \text{ Ω}} = \boxed{0.480 \text{ A}}$$

(b) 이때 인덕터에 저장된 에너지를 구한다.

식 20.13에 알고 있는 값들을 대입한다.

$$PE_L = \tfrac{1}{2}LI^2_{최대} = \tfrac{1}{2}(5.00 \text{ H})(0.480 \text{ A})^2 = \boxed{0.576 \text{ J}}$$

(c) 전류 변화율이 1.50 A/s일 때 인덕터에 있는 에너지를 구한다.

다시 한 번 회로에 키르히호프의 전압 법칙을 적용한다.

$$\mathcal{E} - IR - L\frac{\Delta I}{\Delta t} = 0$$

전류 I에 대해 이 식을 풀고 값들을 대입한다.

$$I = \frac{1}{R}\left(\mathcal{E} - L\frac{\Delta I}{\Delta t}\right)$$

$$= \frac{1}{25.0 \text{ Ω}}[12.0 \text{ V} - (5.00 \text{ H})(1.50 \text{ A/s})] = 0.180 \text{ A}$$

마지막으로 식 20.13에 전류의 값을 대입하여, 인덕터에 저장된 에너지를 구한다.

$$PE_L = \tfrac{1}{2}LI^2 = \tfrac{1}{2}(5.00 \text{ H})(0.180 \text{ A})^2 = \boxed{0.081\ 0 \text{ J}}$$

참고 이전의 장들에서 배운 개념들을 활용한다. 여기서 옴의 법칙과 키르히호프의 고리의 법칙은 문제를 해결하는 데 필수적이다.

연습문제

1. 그림 P20.1은 한 변의 길이가 $\ell = 0.250$ m인 정사각형 고리 도선을 옆에서 본 그림이다. 이 고리 도선은 2.00 T의 자기장 속에 놓여 있다. 고리 도선을 통과하는 자기장선이 (a) 자기장에 수직일 때, (b) 자기장과 60.0°일 때, (c) 자기장과 평행할 때의 자기선속을 계산하라.

그림 P20.1

2. 한 변의 길이가 $\ell = 2.5$ cm인 정육면체가 그림 P20.2와 같이 놓여 있다. 이때 자기장의 성분은 $B_x = +5.0$ T, $B_y = +4.0$ T, $B_z = +3.0$ T이다. (a) 이 정육면체의 색칠한 면을 통과하는 자기선속은 얼마인가? (b) 정육면체의 내부 부피로부터 나오는 전체 자기선속(즉, 여섯 면을 통과하여 나오는 전체 자기선속)은 얼마인가?

그림 P20.2

3. 그림 P20.3에서처럼 무한히 긴 직선 전류 도선 주변에 사각형 도선 고리 세 개가 움직이고 있다. (a) 고리 A, (b) 고리 B, (c) 고리 C에서 유도 전류가 있는 경우 그 방향을 찾으라.

그림 P20.3

4. 그림 P20.4a에서처럼 전류가 흐르는 긴 직선 도선 바로 밑에 원형 도선 고리가 있다. (a) 유도 전류가 있다면 그 방향은 어떻게 되는가? (b) 그림 P20.4b에서처럼 도선 고리가 직선 도선 옆에 놓여 있다. 이 경우 유도 전류가 있다면 그 방향은 어떻게 되는가? 각각에 대해 이유를 설명하라.

그림 P20.4

5. 반지름이 1.50 cm, 길이가 20.0 cm이고, 코일이 300번 감긴 솔레노이드에 2.00 A의 전류가 흐른다. 네 번 감은 두 번째 코일은 솔레노이드에 촘촘히 감겨 있어 이 코일의 반지름은 솔레노이드의 반지름과 같다고 볼 수 있다. 300번 감긴 솔레노이드에서 전류가 0.900 s 동안 일정하게 증가하여 5.00 A가 되었다. (a) 300번 감긴 솔레노이드의 가운데에서 처음 자기장을 암페어의 법칙을 이용하여 구하라. (b) 300번 감긴 솔레노이드에서 0.900 s 후의 자기장을 계산하라. (c) 네 번 감긴 코일의 넓이를 계산하라. (d) 같은 주기 동안 네 번 감긴 코일을 통과하는 자기선속을 구하라. (e) 네 번 감긴 코일에서의 평균 유도 기전력을 구하라. 이는 순간 유도 기전력과 같은가? 이유를 설명하라. (f) 네 번 감긴 코일에 흐르는 전류에 의한 자기장의 영향을 무시하여도 됨을 설명하라.

6. 한 변의 길이가 2.80 cm인 정사각형 도선 코일이 1.25 T의 균일한 자기장 내에 놓여 있다(그림 P20.6). 자기장은 종이 면으로 들어가는 방향이며, 28.0번 감긴 코일의 저항은 0.780 Ω이다. 그림에 나타나 있는 것처럼 코일이 수평축에 대해 0.335 s 동안 90.0° 회전한다면, (a) 이러한 회전에 의한 평균 유도 기전력과 (b) 코일에 유도되는 전류를 구하라.

그림 P20.6

7. 반지름이 2.5 cm, 길이가 20 cm, 400번 감긴 솔레노이드가 있다. (a) 인덕턴스를 구하라. (b) 75 mV의 유도 기전력을 발생시키는 데 필요한 전류의 시간 변화율은 얼마인가?

8. $L = 2.50$ H이고, 3.00 s 동안 최대 전류의 90.0%까지 증가

하는 *RL* 회로가 있다. 이 회로의 저항을 계산하라.

9. 그림 P20.9에서처럼 두 개의 원형 도선 고리의 중심으로 절연 막대가 있다. 막대의 왼쪽 끝에서 보았을 때 고리 1에는 전류 *I*가 시계 방향으로 흐르고 있다. 만일 고리 1이 정지해 있는 고리 2쪽으로 움직인다면 왼쪽 끝에서 보았을 때 고리 2에 유도되는 전류는 어느 방향인가?

그림 P20.9

10. 저항이 24.0 Ω인 도선을 820번 감아서 만든 코일이 그림 P20.10에서와 같이 12 500번 감은 길이가 7.00 cm인 솔레노이드의 위에 놓여 있다. 코일과 솔레노이드의 단면의 넓이는 둘 다 1.00×10^{-4} m^{2}이다. (a) *t* = 0에서 스위치를 닫으면 솔레노이드에 흐르는 전류가 최대 전류값의 0.632배가 되는 데 걸리는 시간은 얼마인가? (b) 이 시간 간격 동안에 자체 인덕턴스에 의해 생기는 평균 역기전력을 구하라. 코일이 있는 곳에서 솔레노이드에 의해 생긴 자기장은 솔레노이드 중심에서의 자기장의 1/2이다. (c) 그 시간 동안 한 번 감긴 코일을 통과하는 자속의 평균 변화율을 구하라. (d) 그 코일에 유도되는 평균 전류의 크기를 구하라.

그림 P20.10

교류 회로와 전자기파
Alternating-Current Circuits and Electromagnetic Waves

CHAPTER
21

매번 텔레비전이나 오디오 또는 다른 전기 장치를 켤 때마다, 이 장치들을 작동시키기 위한 동력을 공급하기 위해 교류 전류(AC)를 필요로 한다. 우선 기전력의 근원과 다른 회로 요소 중의 하나인 저항기, 커패시터, 인덕터 등을 포함하고 있는 회로의 특성을 살펴봄으로써 교류 회로에 관한 고찰을 시작해 보기로 한다. 그리고 이들 회로 소자들을 함께 연결했을 때 어떻게 동작하는지를 알아본다. 여기서는 세 가지 회로 소자가 직렬로 연결된 경우만을 다루기로 하자.

이 장에서는 변화하는 전기장과 자기장으로 구성된 전자기파에 관한 논의로써 결론을 맺고자 한다. 가시광 형태의 전자기파는 주변의 사물들을 볼 수 있도록 해주며, 적외선 파동은 주위 환경을 따뜻하게 만들어주고, 무선전파는 텔레비전과 라디오 프로그램을 송신할 뿐 아니라, 우주의 중심에서 일어나는 변화 과정의 정보까지 제공한다. X선은 우리 몸속의 구조를 알 수 있게 해 주고, 멀리 떨어진 붕괴된 별의 성질들을 연구할 수 있게 한다. 빛은 우주를 이해하기 위한 도구이다.

21.1 교류 회로에서의 저항기 Resistors in an AC Circuit

교류 회로는 회로 소자와 이들에게 교류 전기를 공급하는 교류 전원이나 교류 발전기를 연결하여 구성된다. 교류 발전기의 출력은 사인형 파동이며 시간에 따라 다음과 같이 변화한다.

$$\Delta v = \Delta V_{최대} \sin 2\pi ft \qquad [21.1]$$

여기서 Δv는 순간 전압, $\Delta V_{최대}$는 교류 발전기의 최대 전압, f는 전압이 변화하는 진동수로서 단위는 헤르츠(Hz)이다(식 20.7과 20.8을 식 21.1과 비교해 보라. 또한 $\omega = 2\pi f$이다). 우선 그림 21.1과 같이 하나의 저항과 교류 전원(기호 ─⊗─로 표시)으로 구성된 간단한 회로를 살펴보자. 저항기 양단에 걸리는 전류와 전압은 그림 21.2와 같이 변한다.

교류의 개념을 설명하기 위해 그림 21.2에 있는 전류 대 시간 곡선을 검토해 보자. 곡선 위의 점 a에서 전류는 한 방향으로 최댓값을 가지며, 이를 양의 방향이라고 하자. 점 a와 b 사이에서 전류는 크기가 감소하지만 여전히 양의 방향으로 흐르고 있다. 점 b에서는 전류가 순간적으로 영이 된 후, 점 b와 c 사이에서는 반대 방향(음의 방향)으로 증가한다. 점 c에서 전류는 음의 방향으로 최댓값에 도달한다.

전류와 전압은 시간에 따라 동일하게 변하기 때문에 서로 보조를 맞춘다. **전류와 전압은 동시에 모두 최댓값에 도달하기 때문에 그 둘은 위상이 같다.** 또한 **한 주기 동안의 전류의 평균값은 영임**에 주목하라. 그 이유는 전류가 한 방향(양의 방향)으로 흐르는

그림 21.1 기호 ─⊗─로 표시되는 교류 발전기에 연결된 저항기 R로 구성된 직렬 회로

389

그림 21.2 시간에 대한 저항기 양단의 전류와 전압 그래프

전류와 전압은 위상이 같아 최댓값, 최솟값 및 영의 값에 동시에 도달한다.

동안의 시간과 전류의 크기는 반대 방향(음의 방향)으로 흐르는 경우와 같기 때문이다. 그러나 전류의 방향은 회로에 있는 저항기에는 영향을 주지 않는다. 저항기를 이루는 고정된 원자와 전자 간의 충돌이 전류의 방향에 무관하게 저항의 온도를 증가시키기 때문이다.

이러한 논의로부터 전기에너지가 저항기에서 소모되는 비율인 전력 P를 다음과 같이 정량화할 수 있다.

$$P = i^2 R$$

여기서 i는 저항기에 흐르는 순간 전류이다. 전류의 가열 효과는 전류의 제곱에 비례하기 때문에, 전류에 관련된 부호가 양이거나 음이거나 차이가 없다. 그러나 최댓값 $I_{최대}$인 교류 전류에 의한 가열 효과는 같은 값의 직류 전류에 의한 것과는 같지 않다. 교류 전류가 한 주기 동안에 한 순간만 최댓값을 갖기 때문이다. 교류 회로에서 중요한 양은 **rms 전류**(rms current)라고 하는 특별한 종류의 평균값이다. rms 전류란 실제 교류 전류에 의해 저항기에서 소모되는 에너지와 동일한 양을 소모시킬 수 있는 직류 전류를 의미한다. 그림 21.3a에 그려진 것과 같은 모양의 교류 전류 i의 평균값을 구하는 것은 평균이 영이 되기 때문에 의미가 없다. 반면에 rms 전류는 항상 양의 값을 갖는다. rms 전류를 구하기 위해 우선 전류값을 제곱하고 이것의 평균값을 구한 다음, 이 평균값의 제곱근을 취하면 된다. 따라서 rms 전류는 전류 제곱을 평균한 값의 제곱근을 의미한다. i^2은 $\sin^2 2\pi ft$로 변하므로 i^2의 평균값은 $\frac{1}{2}I^2_{최대}$이다[1](그림 21.3b). 그러

---

[1] $(i^2)_{평균} = I^2_{최대}/2$임을 다음과 같이 증명할 수 있다. 회로의 전류는 표현식 $i = I_{최대} \sin 2\pi ft$에 따라 시간에 의하여 변하므로, $i^2 = I^2_{최대} \sin^2 2\pi ft$이다. 따라서 i^2의 평균값은 $\sin^2 2\pi ft$의 평균값을 계산하여 구할 수 있다. 시간에 대한 $\cos^2 2\pi ft$의 그래프는 시간에 대한 $\sin^2 2\pi ft$의 그래프와 점들이 시간 축에서 이동된 것을 제외하고 같다. 따라서 한 주기 또는 그 이상에 대해 $\sin^2 2\pi ft$의 평균값은 $\cos^2 2\pi ft$의 평균값과 같다. 즉,

$$(\sin^2 2\pi ft)_{평균} = (\cos^2 2\pi ft)_{평균}$$

이 된다. 이 사실과 $\sin^2 \theta + \cos^2 \theta = 1$을 이용하면

$$(\sin^2 2\pi ft)_{평균} + (\cos^2 2\pi ft)_{평균} = 2(\sin^2 2\pi ft)_{평균} = 1$$

$$(\sin^2 2\pi ft)_{평균} = \frac{1}{2}$$

이다. 이 결과를 표현식 $i^2 = I^2_{최대} \sin^2 2\pi ft$에 대입하면, $(i^2)_{평균} = I^2_{rms} = I^2_{최대}/2$ 또는 $I_{rms} = I_{최대}/\sqrt{2}$ 이다. 여기서 I_{rms}는 rms 전류이다.

그림 21.3 (a) 저항기에 흐르는 전류를 시간의 함수로 나타낸 그래프, (b) 저항기에 흐르는 전류의 제곱을 시간의 함수로 나타낸 그래프. 이 그래프에서 주황색 영역의 넓이와 회색 영역의 넓이는 같다. 따라서 i^2 곡선의 아랫부분의 넓이는 빨간색 점선 아래의 넓이와 같다. 그러므로 $(i^2)_{평균} = I^2_{최대}/2$이다

므로 rms 전류 I_{rms}는 교류 전류의 최댓값 $I_{최대}$와 다음과 같은 관계가 있다.

$$I_{rms} = \frac{I_{최대}}{\sqrt{2}} = 0.707 I_{최대} \qquad \text{[21.2]}$$

이 식은 최댓값이 3 A인 교류 전류에 의한 저항기의 가열 효과는 $(3/\sqrt{2})$ A인 직류 전류에 의한 값과 동일하다는 것을 뜻한다. 즉, 교류 전류 I에 의해 저항기에서 소모되는 평균 전력은

$$P_{평균} = I^2_{rms} R$$

이다.

교류 전압 역시 앞의 교류 전류와 동일한 방법으로, rms 전압을 이용하여 잘 설명할 수 있다. 즉,

$$\Delta V_{rms} = \frac{\Delta V_{최대}}{\sqrt{2}} = 0.707 \, \Delta V_{최대} \qquad \text{[21.3]}$$

◀ rms 전압

이다. 여기서 ΔV_{rms}는 rms 전압이고 $\Delta V_{최대}$는 교류 전압의 최댓값이다.

우리가 전기 콘센트에서 120 V의 교류 전압을 측정한다고 할 때, 실제로는 120 V의 rms 전압을 의미한다. 식 21.3을 이용하여 계산해 보면 이 경우의 교류 전압은 약 170 V의 최댓값을 갖는다. 이 장에서는 교류 전류와 교류 전압을 논의할 때 rms값들을 사용하고자 한다. 그 이유 중의 하나는 교류 전류계와 교류 전압계가 rms값들을 읽도록 설계되어 있기 때문이다. 더 나아가 rms값들을 사용하면 교류에 대한 많은 식들이 직류 전류(DC) 회로를 공부할 때 사용하였던 식들과 같은 형식을 갖게 된다. 표 21.1에 이 장에서 사용될 표기법이 요약되어 있다.

그림 21.1에 있는 교류 발전기에 저항기가 연결되어 있는 직렬 회로를 생각해 보자. 직류 회로에서와 같이 저항기는 교류 회로에 흐르는 전류를 방해한다. 그러므로 옴의 법칙은 교류 회로에 대해서도 유효하며, 다음과 같은 식이 성립한다.

$$\Delta V_{R,rms} = I_{rms} R \qquad \text{[21.4a]}$$

표 21.1 이 장에서 이용된 표기법

	전압	전류
순간값	Δv	i
최댓값	$\Delta V_{최대}$	$I_{최대}$
rms값	ΔV_{rms}	I_{rms}

저항기에 걸리는 **rms 전압은 회로에 흐르는 rms 전류와 저항의 곱과 같다.** 이 식은 전류와 전압의 최댓값들을 사용해도 성립한다.

$$\Delta V_{R,\text{최대}} = I_{\text{최대}}R \qquad\qquad \text{[21.4b]}$$

예제 21.1 **rms 전류란 무엇인가?**

목표 순수 저항 회로에 대해 기초 교류 회로 계산을 해본다.

문제 교류 전원의 출력이 $\Delta v = (2.00 \times 10^2 \text{ V})\sin 2\pi ft$이다. 그림 21.1과 같이 전원은 $1.00 \times 10^2 \ \Omega$인 저항기에 연결되어 있다. 저항기에서 rms 전압과 rms 전류를 구하라.

전략 주어진 출력에 대한 전압 표현식과 일반적인 형태인 $\Delta v = \Delta V_{\text{최대}} \sin 2\pi ft$를 비교하여, 최대 전압을 구한다. 이 결과를 rms 전압에 대한 표현식에 대입한다.

·····························

풀이

출력에 대해 주어진 표현식과 일반적인 표현식을 비교하여 최대 전압을 얻는다.

$$\Delta v = (2.00 \times 10^2 \text{ V}) \sin 2\pi ft \qquad \Delta v = \Delta V_{\text{최대}} \sin 2\pi ft$$
$$\rightarrow \ \Delta V_{\text{최대}} = 2.00 \times 10^2 \text{ V}$$

다음으로 식 21.3에 대입하여 전원의 rms 전압을 구한다.

$$\Delta V_{\text{rms}} = \frac{\Delta V_{\text{최대}}}{\sqrt{2}} = \frac{2.00 \times 10^2 \text{ V}}{\sqrt{2}} = \boxed{141 \text{ V}}$$

이 결과를 옴의 법칙에 대입하여 rms 전류를 구한다.

$$I_{\text{rms}} = \frac{\Delta V_{\text{rms}}}{R} = \frac{141 \text{ V}}{1.00 \times 10^2 \ \Omega} = \boxed{1.41 \text{ A}}$$

·····························

참고 rms값의 개념은 직류 회로와 같은 방법으로 교류 회로를 정량적으로 다루기 위한 방법이다.

$$\Delta v = \Delta V_{\text{최대}} \sin 2\pi ft$$

그림 21.4 교류 발전기에 연결된 커패시터 C로 구성된 직렬 회로

전류가 최댓값에 도달한 후 90° 지나서 전압이 최댓값에 도달하므로 전압이 전류보다 '늦다'

그림 21.5 교류 회로에서 시간에 대한 커패시터 양단의 전류와 전압 그래프

21.2 교류 회로에서의 커패시터 Capacitors in an AC Circuit

교류 전원이 포함된 회로의 동작에서 커패시터의 효과를 이해하기 위해, 먼저 배터리와 같은 직류 전원이 연결된 회로에 커패시터가 놓인 경우 어떤 일이 일어나는지 살펴보자. 배터리, 저항기, 커패시터가 있는 직류 회로에 스위치를 닫았을 때, 커패시터 판의 처음 전하의 양은 영이다. 그러므로 회로를 통한 전하의 이동은 상대적으로 자유로워, 회로에 흐르는 전류의 크기가 크다. 커패시터에 더 많은 전하가 축적되면, 이들 양단의 전하는 증가하여 전류의 흐름을 막는다. 시간 상수 RC값에 의존하는 특정한 시간 간격이 지나면, 전류는 영으로 접근한다. 따라서 직류 회로에서 커패시터는 전류를 제한하게 되어, 시간이 지나면 전류의 크기는 영에 접근한다.

그림 21.4에 있는 커패시터가 교류 발전기에 연결된 간단한 직렬 회로를 생각하자. 시간에 대한 전류와 시간에 대한 전압 곡선을 그린 다음 그래프를 만들어 보자. 그림 21.5는 이 곡선들이다. 먼저 a에서 b까지 전류 부분은 전류가 상당히 큰 값에서 출발했음에 주목하자. $t = 0$에서 커패시터에는 전하가 없었으므로 이 순간에 전하의 흐름을 방해하는 것은 도선의 저항밖에 없으므로 전류의 크기가 큰 것은 이해할 수 있다. 그러나 전압 곡선에서 c에서부터 d로 커패시터 양단의 전압이 증가하면 전류는 감소한다. 전압이 점 d에 이르게 되면, 전류는 흐름 방향을 바꾸어 반대 방향으로 증가하기 시작한다(전류 곡선에서 점 b에서 e). 이 시간 동안 커패시터 양단의 전압은 d에서 f로 감소한다. 그 이유는 앞서 축적된 전하들을 판에서 잃기 때문이다. 전압과 전류 양쪽에

대한 주기의 나머지 부분은 처음 반주기 동안에 일어났던 것들의 반복이다. 전류 곡선 위 점 *e*에서 반대 방향으로 전류가 최댓값에 도달하고 커패시터 양단의 전압이 증가하면 다시 전류는 감소한다.

순수 저항 회로에서 전류와 전압은 항상 보조가 맞았다. 하지만 커패시터가 회로에 있으면 더 이상 보조가 맞지 않는다. 그림 21.5에서 커패시터 양단에 교류 전압이 걸리면, 전류가 최댓값에 도달하고 난 후 1/4 주기 뒤에 교류 전압이 최댓값에 도달한다. **이때 커패시터 양단의 전압은 전류보다 위상이 항상 90° 늦다**고 말한다.

◀ 커패시터 양단의 전압은 전류보다 90° 늦다

교류 회로에서 전류에 대한 커패시터의 방해 효과는 **용량성 리액턴스**(capacitive reactance) X_C라고 부르는 인자로 표현되며, 다음과 같이 정의된다.

$$X_C \equiv \frac{1}{2\pi f C}$$ [21.5]

◀ 용량성 리액턴스

C의 단위가 패럿(F)이고 f가 헤르츠(Hz)이면, X_C의 단위는 옴(Ω)이다. $2\pi f = \omega$는 각진동수이다.

식 21.5로부터 전원의 진동수 f가 증가하면, 용량성 리액턴스 X_C(커패시터의 방해 효과)는 감소하여 전류는 증가한다. 높은 진동수에서는 커패시터를 대전시키는 데 소요되는 시간이 줄어들고 따라서 더 작은 전하와 전압이 커패시터에 축적되며, 이는 전하의 흐름에 방해를 덜 받게 되어 결과적으로 더 큰 전류가 흐른다. 용량성 리액턴스와 저항 사이의 유사성으로부터 커패시터를 포함하는 교류 회로를 서술하는 데 옴의 법칙과 같은 형태의 방정식을 쓸 수 있다. 다음 식은 회로에 있는 rms 전압과 rms 전류를 용량성 리액턴스와 관련시키는 식이다.

$$\Delta V_{C,\text{rms}} = I_{\text{rms}} X_C$$ [21.6]

예제 21.2 **순수 용량성 교류 회로**

목표 용량성 회로에 대한 기본적인 교류 회로 계산을 수행한다.

문제 8.00 μF의 커패시터가 rms 전압이 1.50×10^2 V이고 진동수가 60.0 Hz인 교류 발전기 단자에 연결되어 있다. 회로에서 용량성 리액턴스와 rms 전류를 구하라.

전략 식 21.5와 21.6에 값들을 대입한다.

풀이

식 21.5에 f와 C의 값을 대입한다.

$$X_C = \frac{1}{2\pi f C} = \frac{1}{2\pi(60.0 \text{ Hz})(8.00 \times 10^{-6} \text{ F})} = \boxed{332 \ \Omega}$$

식 21.6을 전류에 관해 풀고 rms 전압과 X_C값을 대입하여 rms 전류를 구한다.

$$I_{\text{rms}} = \frac{\Delta V_{C,\text{rms}}}{X_C} = \frac{1.50 \times 10^2 \text{ V}}{332 \ \Omega} = \boxed{0.452 \text{ A}}$$

참고 저항기가 있는 직류 회로 해석과 방법이 매우 비슷함에 유의하라.

21.3 교류 회로에서의 인덕터 Inductors in an AC Circuit

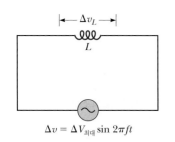

$$\Delta v = \Delta V_{\text{최대}} \sin 2\pi f t$$

그림 21.6 교류 발전기에 연결된 인덕터 L로 구성된 직렬 회로

그림 21.6과 같이 교류 전원 단자에 인덕터 하나만 연결된 교류 회로를 생각해 보자 (실제 회로에서는 유도 코일을 구성하는 도선에 저항이 있지만, 당분간 도선의 저항은 무시하기로 하자). 발전기에서 출력 전류가 시간에 따라 변하면 역기전력이 발생하여 코일에서 전류를 방해한다. 역기전력의 크기는

$$\Delta v_L = L \frac{\Delta I}{\Delta t} \qquad [21.7]$$

이다. 교류 회로에 있는 코일의 유효 저항은 **유도성 리액턴스**(inductive reactance) X_L이라고 하는 양으로 측정된다. 즉

$$X_L \equiv 2\pi f L \qquad [21.8]$$

이다. 여기서 f의 단위가 헤르츠(Hz), L의 단위가 헨리(H)이면, X_L의 단위는 옴(Ω)이다. 진동수가 증가하고 인덕턴스가 증가할 때 유도성 리액턴스도 증가한다. 이러한 경향은 진동수나 전기용량이 증가하면 용량성 리액턴스가 감소하는 커패시터와 반대이다.

유도성 리액턴스의 의미를 이해하기 위하여 식 21.8과 21.7을 비교해 보자. 먼저 식 21.8로부터 유도성 리액턴스가 인덕턴스 L에 의존함을 알 수 있다. 이것은 L값이 클수록 역기전력(식 21.7)이 크기 때문에 타당하다. 다음으로 유도성 리액턴스는 진동수 f에 의존한다. 역기전력이 $\Delta I/\Delta t$에 의존하므로 전류가 빨리 변하면 커지므로, 높은 진동수로 갈수록 증가한다. 그러므로 이러한 의존성은 타당하다.

이와 같은 방법으로 정의된 유도성 리액턴스로, 코일이나 인덕터에 걸린 전압에 대하여 옴의 법칙과 같은 형태의 방정식을 쓸 수 있다. 즉,

$$\Delta V_{L,\text{rms}} = I_{\text{rms}} X_L \qquad [21.9]$$

여기서 $\Delta V_{L,\text{rms}}$ 코일 양단 간의 rms 전압이고, I_{rms}는 코일에 흐르는 rms 전류이다.

그림 21.7은 코일에 걸린 순간 전압과 순간 전류를 시간의 함수로 나타내고 있다. 사인형 전압이 인덕터 양단에 걸리면, 전류가 최대에 도달하기 1/4 진동 주기 전에 전압이 최댓값에 도달한다. 이런 경우를 **인덕터 양단 사이의 전압은 전류보다 위상이 항상 90° 앞선다**고 말한다.

전압과 전류 사이에 왜 위상차가 생기는지를 알아보기 위하여 그림 21.7의 곡선 위에 있는 몇몇 점을 살펴보자. 전류 곡선의 점 a에서 전류는 양의 방향으로 증가하기 시작한다. 이 순간에 전류의 변화율 $\Delta I/\Delta t$(전류 곡선의 기울기)는 최대가 되고, 식 21.7로부터 인덕터에 걸리는 전압 역시 이 순간 최대가 된다. 곡선 상의 점 a와 b 사이에서 전류가 증가함에 따라 $\Delta I/\Delta t$는 점점 감소하여 점 b에서 영이 된다. 결과적으로 전압 곡선 상의 c와 d 사이의 선분에 나타나 있는 것처럼, 이 시간 동안에 인덕터에 걸린 전압은 감소한다. 점 b를 지난 직후, 전류는 감소하기 시작한다. 그러나 전류의 방향은 앞의 1/4 주기 동안과 같다. 전류가 감소하여 0으로 접근하면(곡선의 b와 e 사

전류가 최댓값에 도달하기 90° 이전에 전압이 최댓값에 도달하므로 전압은 전류에 '앞선다'

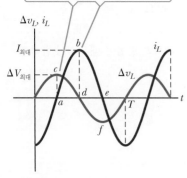

그림 21.7 교류 회로에서 시간에 대한 인덕터 양단의 전류와 전압 그래프

이), 전압이 코일에 다시 유도된다(*d*와 *f* 사이). 그러나 이 전압의 극성은 *c*와 *d* 사이에서 유도된 전압의 극성과 반대이다. 이는 역기전력은 전류의 변화에 항상 반대로 발생하기 때문이다.

곡선의 다른 부분에서도 계속해서 조사하여도 전류와 전압의 변화가 반복적으로 이루어기 때문에 앞의 과정이 반복됨을 알 수 있다.

예제 21.3 순수 유도성 교류 회로

목표 유도성 회로에 대한 기본적인 교류 회로 계산을 수행한다.

문제 순수 유도성 교류 회로에서(그림 21.6 참고), $L = 25.0$ mH이고 rms 전압이 1.50×10^2 V이다. 진동수가 60.0 Hz인 경우 회로의 유도성 리액턴스와 rms 전류를 구하라.

....

풀이

L과 f를 식 21.8에 대입하여 유도성 리액턴스를 얻는다.

$$X_L = 2\pi f L = 2\pi(60.0 \text{ s}^{-1})(25.0 \times 10^{-3} \text{ H}) = \boxed{9.42 \ \Omega}$$

rms 전류에 대해 식 21.9를 풀고 대입한다.

$$I_{\text{rms}} = \frac{\Delta V_{L,\text{rms}}}{X_L} = \frac{1.50 \times 10^2 \text{ V}}{9.42 \ \Omega} = \boxed{15.9 \text{ A}}$$

....

참고 커패시터 회로보다는 인덕터 회로가 직류 회로에 더 가깝다. 그 이유는 저항기 양단의 전압이 옴의 법칙에서 R에 비례하는 것처럼, 유도성 등가 옴의 법칙에서는 인덕터에 걸리는 전압이 인덕턴스 L에 비례하기 때문이다.

21.4 *RLC* 직렬 회로 The *RLC* Series Circuit

앞 절에서 인덕터와 커패시터, 그리고 저항기가 각각 따로 교류 전원에 연결되었을 때의 효과를 살펴보았다. 이제 이런 소자들이 결합되는 경우 회로가 어떻게 작동하는지 알아보자.

그림 21.8은 저항기와 인덕터, 그리고 커패시터가 교류 전원과 직렬 연결되어 있는 회로를 나타내고 있다. 이 교류 전원은 임의의 순간에 전체 전압 Δv를 공급한다. 회로에 흐르는 전류는 임의의 순간에 회로의 모든 점에서 같은 값을 가지며, 그림 21.9a에 나타낸 것과 같이 사인형으로 변한다. 이 사실은 수학적으로 다음과 같이 나타낼 수 있다.

$$i = I_{\text{최대}} \sin 2\pi f t$$

지금까지는 각 소자에 걸린 전압이 전류와 동일한 위상이거나 혹은 그렇지 않은 경우들을 보았다. 세 소자에 걸리는 순간 전압은 그림 21.9와 같이 순간 전류와 다음과 같은 위상 관계를 갖는다.

1. 저항기에 걸린 순간 전압 Δv_R은 순간 전류와 위상이 같다(그림 21.9b).

2. 인덕터에 걸린 순간 전압 Δv_L은 순간 전류보다 90° 앞선다(그림 21.9c).

3. 커패시터에 걸린 순간 전압 Δv_C는 순간 전류보다 90° 늦다(그림 21.9d).

전원이 공급한 알짜 순간 전압 Δv는 각 소자에 걸린 순간 전압들의 합으로 $\Delta v = \Delta v_R + \Delta v_C + \Delta v_L$이 된다. 하지만 R, C, L에 걸린 전압을 교류 전압계로 각각 측정해서 더한 것이 교류 전원의 전압을 의미하는 것은 아니다. R, C, L에 걸린 전압들이 모

그림 21.8 교류 발전기에 연결된 저항기, 인덕터, 커패시터로 구성된 직렬 회로

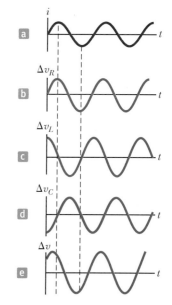

그림 21.9 그림 21.8에 나타낸 직렬 *RLC* 회로에서 위상 관계

그림 21.10 교류 회로에서 전압에 대한 위상자 도표. 여기서 ϕ는 전압과 전류 사이 위상각이고 Δv는 순간 전압이다.

두 다른 위상을 갖고 있기 때문에, 측정된 전압들을 더한 것은 전원의 전압을 측정한 것과 다르다.

벡터를 사용하여 전압 강하들 사이 다른 위상들을 설명해 보자. 각 소자에 걸린 전압을 그림 21.10과 같은 회전 벡터로 나타내자. 이 회전 벡터를 **위상자**(phasor)라고 부르며 그 도표를 **위상자 도표**(phasor diagram)라고 한다. 이 특별한 도표는 $\Delta v = \Delta V_{최대} \sin(2\pi ft + \phi)$로 주어지는 회로의 전압을 나타내는데, 여기서 $\Delta V_{최대}$는 최대 전압(회전 벡터 또는 위상자의 크기)이며 ϕ는 $t = 0$일 때 위상자와 $+x$축 사이의 각이다. 이 위상자를 일정한 진동수 f로 회전하는 크기가 $\Delta V_{최대}$인 벡터라고 하면, 이 벡터의 y축 성분이 회로의 순간 전압이 된다. ϕ가 전압과 회로에 흐르는 전류 사이의 위상 각이므로, 전류에 대한 위상자(그림 21.10에 나타나 있지 않음)는 $t = 0$일 때 $+x$축을 따라 놓여 있으며 $i = I_{최대} \sin(2\pi ft)$로 표현된다.

그림 21.11의 위상자 도표는 직렬 RLC 회로를 분석하는 데 유용하다. 전류와 동일한 위상인 전압들은 $+x$축과 나란한 벡터들로 표시되고 전류와 위상이 어긋난 전압들은 다른 방향으로 놓인다. 따라서 ΔV_R은 전류와 동일한 위상을 갖기 때문에 오른쪽으로 수평 방향으로 표시된다. 마찬가지로 ΔV_L은 전류보다 90° 앞서가기 때문에 $+y$축을 따라 표시된다. 마지막으로 ΔV_C는 전류보다 90° 지연되기 때문에 $-y$축을 따라 놓인다[2]. R, L, C에 걸리는 각 전압들의 다른 위상들을 설명하기 위하여 위상자들을 벡터양으로 가정하고 더하면, 그림 21.11a와 같이 전압의 유일한 x성분은 ΔV_R이고, 알짜 y성분은 $\Delta V_L - \Delta V_C$가 된다. 최대 전압을 나타내는 위상자 $\Delta V_{최대}$를 찾기 위해 위상자들을 벡터로서 더하면 된다(그림 21.11b). 그림 21.11b의 직각삼각형으로부터 최대 전압 및 최대 전압과 전류 사이의 위상각 ϕ에 대한 식을 얻을 수 있다.

$$\Delta V_{최대} = \sqrt{\Delta V_R^2 + (\Delta V_L - \Delta V_C)^2} \qquad [21.10]$$

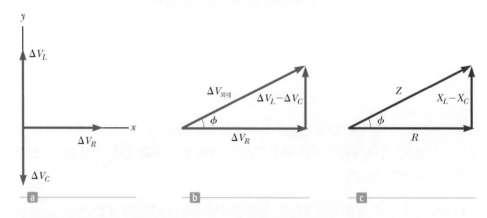

그림 21.11 (a) RLC 회로에 대한 위상자 도표. (b) 벡터로서 위상자의 합은 $\Delta V_{최대} = \sqrt{\Delta V_R^2 + (\Delta V_L - \Delta V_C)^2}$이다. (c) 임피던스 관계 $Z = \sqrt{R^2 + (X_L - X_C)^2}$을 나타내는 리액턴스 삼각형

---

[2] RLC 회로에서 위상 관계를 기억하는 데 도움이 되는 기억법이 있다. "*ELI*는 *ICE* man"이라고 외우는 것이다. $\mathcal{E}$는 전압, I는 전류, L은 인덕터, C는 전기용량을 나타낸다. 그러므로 *ELI*는 인덕터 회로에서 전압 $\mathcal{E}$이 전류 I를 앞선다는 것을 뜻하고, *ICE*는 커패시터 회로에서 전류가 전압에 앞선다는 것을 뜻한다.

$$\tan \phi = \frac{\Delta V_L - \Delta V_C}{\Delta V_R} \qquad [21.11]$$

이들 식에서 모든 전압은 최댓값이다. 비록 최대 전압을 이용하도록 선택했지만, 모든 회로 소자에 대하여 rms 전압과 최대 전압 사이의 관계는 모두 같으므로, 위의 식들은 rms 전압에 대해서도 동일하게 적용된다. 식 21.10에서 주어진 최대 전압 $\Delta V_{최대}$에 관한 결과는 **저항기와 커패시터, 그리고 인덕터에 걸리는 전압들은 위상이 서로 다르므로 이것들을 단순하게 더해서는 소자 전체에 걸린 전압 또는 전원의 전압을 구할 수는 없다**는 사실을 강조한다.

회로의 최대 전류 $I_{최대}$에 대한 관계식 $\Delta V_R = I_{최대}R$, $\Delta V_L = I_{최대}X_L$, $\Delta V_C = I_{최대}X_C$를 이용하여 식 21.10을 옴의 법칙 형태로 쓸 수 있다.

$$\Delta V_{최대} = I_{최대} \sqrt{R^2 + (X_L - X_C)^2} \qquad [21.12]$$

회로의 **임피던스**(impedance) Z라고 부르는 변수를 다음과 같이 정의하는 것이 편리하다.

$$Z \equiv \sqrt{R^2 + (X_L - X_C)^2} \qquad [21.13] \qquad \blacktriangleleft \text{임피던스}$$

그러면 식 21.12는 다음과 같이 표현할 수 있다.

$$\Delta V_{최대} = I_{최대}Z \qquad [21.14]$$

식 21.14는 옴의 법칙 $\Delta V = IR$에서 R이 옴의 단위를 가진 임피던스로 대체된 형태임에 주목하라. 실제로 이 식 21.14는 직렬 교류 회로에 적용되는 옴의 법칙의 일반적인 형태라고 볼 수 있다. 그러므로 교류 회로에서의 임피던스와 전류는 저항과 인덕턴스, 전기용량, 진동수(리액턴스가 진동수에 의존하기 때문)에 의존함을 알 수 있다.

그림 21.11c와 같이 임피던스를 벡터 도표로 표시하면 편리하다. 이 직각삼각형은 높이가 $X_L - X_C$, 밑변이 R, 빗변이 Z가 된다. 이 직각삼각형에 피타고라스의 정리를 적용하면

$$Z = \sqrt{R^2 + (X_L - X_C)^2}$$

이 되므로 이는 식 21.13이다. 또한 그림 21.11c에서의 벡터 도표로부터 전류와 전압 사이의 위상각 ϕ가 다음과 같이 주어짐을 알 수 있다.

$$\tan \phi = \frac{X_L - X_C}{R} \qquad [21.15] \qquad \blacktriangleleft \text{위상각 } \phi$$

위상각의 물리적 중요성은 21.5절에서 자세히 다룬다.

표 21.2는 회로 소자들의 몇 가지 다른 결합으로 이루어진 직렬 회로에 대한 임피던스 값과 위상각을 나타낸 것이다.

병렬 교류 회로들이 일상의 응용에서 유용하게 많이 쓰이지만, 이에 대한 논의는 이 책의 범위를 벗어나므로 다루지 않도록 한다.

표 21.2 회로 소자들의 다양한 조합에 대한 임피던스 값과 위상각

회로 소자	임피던스 Z	위상각 ϕ
R ⊸〰〰〰⊸	R	$0°$
C ⊸⊣⊢⊸	X_C	$-90°$
L ⊸〰〰〰⊸	X_L	$+90°$
R C ⊸〰〰〰⊣⊢⊸	$\sqrt{R^2 + X_C^2}$	$-90°$에서 $0°$ 사이의 음의 값
R L ⊸〰〰〰〰〰〰⊸	$\sqrt{R^2 + X_L^2}$	$0°$에서 $-90°$ 사이의 양의 값
R L C ⊸〰〰〰〰〰〰⊣⊢⊸	$\sqrt{R^2 + (X_L - X_C)^2}$	$X_C > X_L$ 일 때 음의 값 $X_C < X_L$ 일 때 양의 값

Note: 각각의 경우 회로의 양단에 교류 전압이 걸려 있다고 가정한다.

예제 21.4 *RLC* **회로**

목표 직렬 *RLC* 교류 회로를 분석하고 위상각을 구한다.

문제 직렬 *RLC* 교류 회로에서 저항 $R = 2.50 \times 10^2$ Ω, 인덕턴스 $L = 0.600$ H, 전기용량 $C = 3.50$ μF, 진동수 $f = 60.0$ Hz, 최대 전압 $\Delta V_{최대} = 1.50 \times 10^2$ V이다. 이때 **(a)** 회로의 임피던스, **(b)** 회로에 흐르는 최대 전류, **(c)** 위상각, **(d)** 요소 각각의 양단에 걸리는 최대 전압을 구하라.

전략 유도성 리액턴스와 용량성 리액턴스를 먼저 계산한다. 저항과 같이 이들은 임피던스와 위상각 계산에 이용될 수 있다. 임피던스와 옴의 법칙으로부터 최대 전류를 얻는다.

···

풀이

(a) 회로의 임피던스를 구한다.
먼저 유도 및 용량성 리액턴스를 계산한다.

$$X_L = 2\pi f L = 226 \text{ Ω} \qquad X_C = 1/2\pi f C = 758 \text{ Ω}$$

이 결과와 저항 R을 식 21.13에 대입하여 회로의 임피던스를 구한다.

$$Z = \sqrt{R^2 + (X_L - X_C)^2}$$
$$= \sqrt{(2.50 \times 10^2 \text{ Ω})^2 + (226 \text{ Ω} - 758 \text{ Ω})^2} = \boxed{588 \text{ Ω}}$$

(b) 회로에서의 최대 전류를 구한다.
옴의 법칙과 동등한 식 21.12를 이용하여 최대 전류를 구한다.

$$I_{최대} = \frac{\Delta V_{최대}}{Z} = \frac{1.50 \times 10^2 \text{ V}}{588 \text{ Ω}} = \boxed{0.255 \text{ A}}$$

(c) 위상각을 구한다.
식 21.15로 전류와 전압 사이의 위상각을 계산한다.

$$\phi = \tan^{-1} \frac{X_L - X_C}{R} = \tan^{-1} \left(\frac{226 \text{ Ω} - 758 \text{ Ω}}{2.50 \times 10^2 \text{ Ω}} \right) = \boxed{-64.8°}$$

(d) 요소들 양단 간 최대 전압을 구한다.
전류 요소 개개의 형태에 대해 '옴의 법칙' 표현에 대입한다.

$$\Delta V_{R,최대} = I_{최대}R = (0.255 \text{ A})(2.50 \times 10^2 \text{ Ω}) = \boxed{63.8 \text{ V}}$$

$$\Delta V_{L,최대} = I_{최대}X_L = (0.255 \text{ A})(2.26 \times 10^2 \text{ Ω}) = \boxed{57.6 \text{ V}}$$

$$\Delta V_{C,최대} = I_{최대}X_C = (0.255 \text{ A})(7.58 \times 10^2 \text{ Ω}) = \boxed{193 \text{ V}}$$

···

참고 이 회로는 유도성보다 용량성이 더 크기 때문에($X_C > X_L$) ϕ는 음의 값이 된다. 여기서 음의 위상각은 전류가 인가 전압보다 앞섬을 의미한다. 요소들 양단 간의 최대 전압의 합은 $\Delta V_R + \Delta V_L + \Delta V_C = 314$ V이며, 이는 발전기의 최대 전압 150 V보다 훨씬 크다는 점에 주목하라. 교류 전압을 더할 때, 그들의 진폭과 위상이 고려되어야 하기 때문에 최대 전압의 합은 의미가 없다. 각 요소 양단의 최대 전압은 서로 다른 시간에 발생한다는 것을 알고 있으므로, 모든 최댓값을 더하는 것은 이치에 맞지 않는 일이다. 전압을 '더하는' 올바른 방법은 식 21.10을 이용하여야 한다.

21.5 교류 회로에서의 전력 Power in an AC Circuit

교류 회로에서 순수 커패시터와 순수 인덕터에 관련된 전력 손실은 없다. 순수 커패시터는 저항이나 인덕턴스가 없는 커패시터이고, 순수 인덕터란 저항이나 전기용량이 없는 인덕터를 말한다(이러한 정의는 이상적이며, 예를 들면, 실제 커패시터는 높은 진동수에서 유도 효과가 중요하게 된다). 우선 발전기와 커패시터만을 포함한 교류 회로에서 소모되는 전력에 대하여 분석해 보자.

교류 회로에서 한 방향으로 전류가 증가하기 시작하면, 커패시터에 전하가 충전되며 커패시터 양단에서 전압 강하가 나타난다. 전압이 최대에 도달할 때, 커패시터에 저장된 에너지는 다음과 같다.

$$PE_C = \tfrac{1}{2}C(\Delta V_{최대})^2$$

그러나 이 에너지 저장은 순간적인 것이다. 전류의 방향이 바뀌면 전하는 커패시터 극판을 떠나 전원으로 되돌아온다. 따라서 각 주기의 처음 반 동안에는 전하가 커패시터에 충전되고 나머지 1/2 주기 동안에는 전하가 다시 전원으로 되돌아가게 된다. 그러므로 전원에 의해 공급되는 평균 전력은 영이다. 다시 말해서 **교류 회로에서 커패시터는 전력을 소모하지 않는다.**

마찬가지로 전원은 전류가 흐르는 인덕터의 역기전력에 대해 일을 해주어야 한다. 전류가 최대가 되었을 때, 인덕터에 저장된 에너지는 최대가 되고 다음과 같이 주어진다.

$$PE_L = \tfrac{1}{2}LI_{최대}^2$$

회로에서 전류가 감소하기 시작하면, 인덕터는 회로 전류를 유지하기 위하여 저장된 에너지를 전원으로 돌려보낸다. *RLC* 회로에서 저항기에 전달된 평균 전력은

$$P_{평균} = I_{\text{rms}}^2 R \qquad\qquad \text{[21.16]}$$

이다. **발전기에서 공급되는 평균 전력은 저항에서 내부 에너지로 전환된다. 이상적인 커패시터나 인덕터에서의 전력 손실은 없다.**

교류 회로에서 평균 전력 손실에 대한 또 다른 수식은 식 21.16에 옴의 법칙으로부터 $R = \Delta V_{R,\text{rms}}/I_{\text{rms}}$를 대입하면 된다.

$$P_{평균} = I_{\text{rms}}\,\Delta V_{R,\text{rms}}$$

그림 21.11b와 같이 ΔV_{rms}, $\Delta V_{R,\text{rms}}$, $\Delta V_{L,\text{rms}} - \Delta V_{C,\text{rms}}$ 사이의 관계를 보여주는 전압 삼각형을 참고하면 편리하다(그림 21.11은 최댓값과 rms값, 두 경우 모두 적용된다는 것을 기억하라). 이 그림으로부터 저항기에서의 전압 강하를 전원의 전압 ΔV_{rms}로 나타낼 수 있다.

$$\Delta V_{R,\text{rms}} = \Delta V_{\text{rms}} \cos \phi$$

따라서 교류 회로에서 발전기가 공급하는 평균 전력은

$$P_{평균} = I_{\text{rms}}\,\Delta V_{\text{rms}} \cos \phi \qquad\qquad \text{[21.17]} \quad \blacktriangleleft \text{ 평균 전력}$$

© Book's Hill

테슬라
Nikola Tesla, 1856~1943

테슬라는 크로아티아에서 출생했으나, 대부분의 직업 활동기를 미국에서 발명가로서 보냈다. 그는 교류 전류 전기학, 고전압 변압기, 교류 송전선을 이용한 전력 수송 등의 개발에 중요한 인물이었다. 테슬라의 견해는 전력 수송에서 직류를 사용하려고 했던 에디슨의 생각과는 달랐다. 교류를 택한 테슬라가 이겼다.

인데, 여기서 $\cos\phi$를 **전력 인자**(power factor)라고 한다.

식 21.17은 교류 전원에 의해 어떤 회로에 공급되는 전력이 전원의 전압과 그에 의해 발생되는 전류 사이의 위상차에 의존한다는 것을 나타낸다. 이 사실로부터 흥미로운 응용이 많이 생겨난다. 예를 들면, 공장에서는 기계 속의 전동기, 발전기 및 변압기 등에 내재되어 있는 도선들이 많은 경우에 감겨진 형태로 있기 때문에 유동성 부하가 큰 경우가 많다. 이와 같은 장비에서 아주 큰 고전압을 사용하지 않고, 더 큰 전력을 공급하기 위해 공장 기술자들은 위상에 변화를 주는 커패시터를 회로에 설치한다.

예제 21.5 *RLC* 직렬 회로에서 평균 전력

목표 *RLC* 직렬 회로에서 전력을 이해한다.

문제 예제 21.4에서 서술된 *RLC* 직렬 회로에 전달되는 평균 전력을 계산하라.

전략 식 21.2와 21.3을 이용하여 rms 전류와 rms 전압을 구한 후, 예제 21.4에서 구한 위상각을 이용하여 식 21.17에 대입한다.

· ·

풀이

먼저 식 21.2와 21.3을 이용하여 rms 전류와 rms 전압을 계산한다.

$$I_{\text{rms}} = \frac{I_{\text{최대}}}{\sqrt{2}} = \frac{0.255\ \text{A}}{\sqrt{2}} = 0.180\ \text{A}$$

$$\Delta V_{\text{rms}} = \frac{\Delta V_{\text{최대}}}{\sqrt{2}} = \frac{1.50 \times 10^2\ \text{V}}{\sqrt{2}} = 106\ \text{V}$$

이들 결과와 위상각 $\phi = -64.8°$를 식 21.17에 대입하여 평균 전력을 구한다.

$$P_{\text{평균}} = I_{\text{rms}}\,\Delta V_{\text{rms}}\cos\phi = (0.180\ \text{A})(106\ \text{V})\cos(-64.8°)$$

$$= 8.12\ \text{W}$$

· ·

참고 식 21.6의 $P_{\text{평균}} = I_{\text{rms}}^2 R$로부터 같은 결과를 얻을 수 있다.

21.6 직렬 *RLC* 회로에서의 공명 Resonance in a Series *RLC* Circuit

일반적으로 직렬 *RLC* 회로의 rms 전류는 다음과 같이 주어진다.

$$I_{\text{rms}} = \frac{\Delta V_{\text{rms}}}{Z} = \frac{\Delta V_{\text{rms}}}{\sqrt{R^2 + (X_L - X_C)^2}} \qquad [21.18]$$

이 식으로부터 만일 진동수가 변한다면, 임피던스가 최소일 때 전류가 최대가 됨을 알 수 있다. 즉, 이것은 $X_L = X_C$인 경우이다. 이런 상황에서 회로의 임피던스는 $Z = R$이 된다. 이때의 진동수 f_0을 회로의 **공명 진동수**[3](resonance frequency)라고 한다. $X_L = X_C$임을 이용하여 식 21.5와 21.8로부터 f_0을 구하면 다음과 같이 된다.

$$2\pi f_0 L = \frac{1}{2\pi f_0 C}$$

$$f_0 = \frac{1}{2\pi\sqrt{LC}} \qquad [21.19]$$

그림 21.12는 전기용량과 인덕턴스가 고정된 값을 갖는 회로에 대하여 전류를 진동

공명 진동수 f_0에서 전류가 최댓값에 도달한다.

I_{rms}

$I_{\text{rms}} = \dfrac{\Delta V_{\text{rms}}}{Z}$

f_0

f

그림 21.12 직렬 *RLC* 회로에서 발전기 전압의 진동수에 따른 전류 진폭의 그래프

---

[3] 역자 주: 전기 또는 전자공학에서는 공진 주파수라고 한다. 일반적으로 resonance는 물리학에서는 공명, 전기 전자공학에서는 공진으로 번역한다. 또한 frequency는 물리학에서는 진동수, 전기 전자공학에서는 주파수라고 번역한다.

수의 함수로서 그린 것이다. 식 21.18로부터 $R = 0$인 경우, 공명에서의 전류는 무한대가 되어야 한다. 식 21.18은 이 결과를 예측하나, 실제 회로에서는 어느 정도의 저항이 항상 있기 때문에, 전류는 유한한 값을 갖는다.

라디오의 진동수 선택 회로는 직렬 공명 회로의 중요한 응용이다. 라디오는 커패시터 값을 변화시켜 특정 진동수의 신호를 송신하는 방송국이 선택된다. 커패시터 변화는 진동수 선택 회로의 공명 진동수를 바꾸게 한다. 이 공명 진동수가 수신되는 라디오파의 진동수와 일치되면 수신 회로의 전류가 증가한다.

응용

라디오에서 방송국 선택하기

예제 21.6 공명 회로

목표 공명 진동수와 인덕턴스, 전기용량, rms 전류와의 관계를 이해한다.

문제 $R = 1.50 \times 10^2 \ \Omega$, $L = 20.0$ mH, $\Delta V_{rms} = 20.0$ V, $f = 796$ s^{-1}인 직렬 RLC 회로가 있다. **(a)** rms 전류가 최대인 전기용량의 값을 결정하라. **(b)** 회로에 흐르는 최대 rms 전류를 구하라.

전략 **(a)** 공명 진동수 f_0에서 전류는 최대이며, 이는 구동 진동수 $f = 796 \ s^{-1}$와 같도록 놓아야 한다. 이 식에서 C에 대해 풀 수 있다. **(b)** 식 21.18에 대입하여 최대 rms 전류를 구한다.

··

풀이

(a) 회로에서 최대 전류가 흐르게 하는(공명 조건) 전기용량을 구한다. 전기용량에 대한 공명 진동수를 계산한다.

$$f_0 = \frac{1}{2\pi\sqrt{LC}} \quad \rightarrow \quad \sqrt{LC} = \frac{1}{2\pi f_0} \quad \rightarrow \quad LC = \frac{1}{4\pi^2 f_0{}^2}$$

$$C = \frac{1}{4\pi^2 f_0{}^2 L}$$

주어진 값들을 대입한다. 이때 공명 진동수 값에 구동 진동수 값을 사용한다.

$$C = \frac{1}{4\pi^2 (796 \ \text{Hz})^2 (20.0 \times 10^{-3} \ \text{H})} = \boxed{2.00 \times 10^{-6} \ \text{F}}$$

(b) 회로에서 최대 rms 전류를 구한다.

유도 및 용량성 리액턴스가 같으므로, $Z = R = 1.50 \times 10^2 \ \Omega$이다.

식 21.18에 대입하여 rms 전류를 구한다.

$$I_{rms} = \frac{\Delta V_{rms}}{Z} = \frac{20.0 \ \text{V}}{1.50 \times 10^2 \ \Omega}$$

··

참고 임피던스 Z가 식 21.18의 분모에 있기 때문에 $X_L = X_C$이면 Z는 최솟값이 되고 전류는 최대가 된다.

21.7 변압기 | The Transformer

종종 작은 교류 전압을 크게 또는 그 반대로 바꾸어야 할 필요가 있다. 변압기라고 하는 장치를 사용하면 전압을 쉽게 변환할 수 있다.

가장 간단한 형태의 **교류 변압기**(AC transformer)는 그림 21.14와 같이 연철심 둘레에 두 개의 도선이 감긴 코일로 이루어져 있다. 왼쪽 코일은 입력 교류 전원에 연결되고 N_1번 감겨 있는데, 이것을 일차 권선, 또는 일차라고 한다. 오른쪽의 코일은 저항기 R에 연결되고 N_2번 감겨 있으며 이차라고 한다. 공통 철심은 자기선속을 증가시키고 한 코일을 통과한 거의 모든 선속이 다른 코일로 통과하도록 하는 매체 역할을 하는 데 목적이 있다.

입력 교류 전압 ΔV_1이 일차에 가해지면, 이 양단에 유도되는 전압은

교류 전압 ΔV_1이 일차 코일에 걸리면, 부하 저항 R 양단에 출력 전압 ΔV_2가 나타난다.

그림 21.13 같은 철심에 감겨 있는 두 개의 코일로 구성된 이상적인 변압기. 교류 전압 ΔV_1이 일차 코일에 걸리고, 스위치를 닫은 후에 부하 저항 R 양단에는 출력 전압 ΔV_2가 관찰된다.

$$\Delta V_1 = -N_1 \frac{\Delta \Phi_B}{\Delta t} \qquad [21.20]$$

이다. 여기서 Φ_B는 각각의 고리를 통과하는 자기선속이다. 철심에서 자기선속의 손실이 없다면, 일차 개개 고리를 통과한 선속은 이차 개개 고리를 통과한 선속과 같다. 그러므로 이차 코일 양단 사이의 전압은

$$\Delta V_2 = -N_2 \frac{\Delta \Phi_B}{\Delta t} \qquad [21.21]$$

와 같다. 여기서 항 $\Delta \Phi_B / \Delta t$는 식 21.20과 21.21에서 공통이며, 대수적으로 소거할 수 있으므로

$$\Delta V_2 = \frac{N_2}{N_1} \Delta V_1 \qquad [21.22]$$

이 된다. N_2가 N_1보다 크면, ΔV_2가 ΔV_1보다 크므로 이 변압기를 승압 변압기라 하고, N_2가 N_1보다 작으면, ΔV_2가 ΔV_1보다 작게 되어 이를 강압 변압기라 한다.

패러데이의 법칙에서 전압은 이차 코일을 통과하는 선속의 수가 변할 때만 양단 간에 생성된다. 그러므로 일차 코일의 입력 전류는 시간에 따라 변해야 하며, 이것은 교류 전류가 사용될 때에 일어난다. 일차의 입력이 직류 전류일 때, 일차 회로의 스위치를 켜거나 끄는 순간에만 이차에서 출력 전압이 나타난다. 일단 일차의 전류가 정상 값에 도달하면 이차의 출력 전압은 영이다.

변압기는 무에서 유를 얻을 수 있는 장치인 것처럼 보인다. 예를 들면, 승압 변압기는 입력 전압을 10 V에서 100 V로 변환할 수 있다. 이것은 1 C의 전하가 일차 코일에서는 10 J의 에너지를 갖고 들어온 데 비해, 이차 코일에서는 100 J의 에너지를 갖고 나간다는 것을 의미한다. 그러나 **일차의 입력 전력은 이차에서의 출력 전력과 같기 때문**에 이것은 사실이 아니다.

◀ 이상적인 변압기에서 입력 전력은 출력 전력과 같다

$$I_1 \, \Delta V_1 = I_2 \, \Delta V_2 \qquad [21.23]$$

말하자면 이차에서의 전압이 일차의 10배라면, 이차에서의 전류는 일차의 10분의 1로 줄어든다. 식 21.23은 일차와 이차 사이에서 전력 손실이 없는 **이상적인 변압기**(ideal transformer)를 가정한 것이다. 실제 변압기는 일반적으로 전력 효율의 범위가 90%에서 99%이다. 전력 손실은 변압기의 철심에서 발생하는 맴돌이 전류와 같은 요소 때문에 발생하는데, $I^2 R$의 형태로 에너지가 손실된다.

응용
장거리 송전

전력을 먼 거리로 보낼 때, 송전선에서 저항의 열로 손실되는 전력이 $I^2 R$이기 때문에 고전압과 저전류를 사용하는 것이 경제적이다. 이것은 전기 회사가 전류를 10분의 1로 줄일 수 있다면 전력 소모는 100분의 1로 줄일 수 있다는 것을 의미한다. 실제로 발전소에서 전압은 약 230 000 V로 승압되어서 배전소에서 20 000 V로 강압된 다음, 마지막으로 사용자의 전신주에서 120 V로 강압된다.[4]

---

[4] 역자 주: 우리나라의 경우는 송전 전압이 현재 345 kV가 많이 사용되고 있고 가정용으로 220 V로 강압된다.

예제 21.7 　도시로 전력 분배

목표 전력 손실을 줄이기 위한 변압기와 이의 역할을 이해한다.

문제 전기회사에 있는 발전기는 4.00×10^3 V에서 1.00×10^2 A의 전류를 생산한다. 시골에서 도시로 가는 고압 송전선으로 보내기 전에 이 전압은 2.40×10^5 V로 승압된다. 송전선의 유효 저항은 30.0 Ω이고 변압기는 이상적이라고 가정하라. **(a)** 송전선에서 손실되는 비율을 결정하라. **(b)** 전압이 승압되지 않는다면 송전선에서 손실되는 전력은 원래 전력의 몇 퍼센트인가?

전략 이 문제를 풀려면 변압기 식과 전력 손실 식에 대입해야 한다. 전력 손실의 비율을 얻으려면 발전기에 의해 생성된 전위차에 전류를 곱한 발전기의 출력을 계산해야만 한다.

풀이

(a) 송전선에서 손실된 전력의 백분율을 구한다.

식 21.23에 대입하여 송전선에서 전류를 구한다.

$$I_2 = \frac{I_1 \Delta V_1}{\Delta V_2} = \frac{(1.00 \times 10^2 \text{ A})(4.00 \times 10^3 \text{ V})}{2.40 \times 10^5 \text{ V}} = 1.67 \text{ A}$$

식 21.16을 이용하여 송전선에서 손실된 전력을 구한다.

$$P_{손실} = I_2{}^2 R = (1.67 \text{ A})^2 (30.0 \text{ Ω}) = 83.7 \text{ W} \qquad (1)$$

발전기의 출력 전력을 계산한다.

$$P = I_1 \Delta V_1 = (1.00 \times 10^2 \text{ A})(4.00 \times 10^3 \text{ V}) = 4.00 \times 10^5 \text{ W}$$

마지막으로 $P_{손실}$을 출력 전력으로 나누고 100을 곱하여 전력 손실 백분율을 구한다.

$$\text{전력 손실(\%)} = \left(\frac{83.7 \text{ W}}{4.00 \times 10^5 \text{ W}} \right) \times 100 = \boxed{0.020\ 9\%}$$

(b) 전압이 승압되지 않을 경우 원래 전력의 몇 퍼센트가 송전선에서 손실되는지 구한다.

식 (1)에 있는 승압 전류를 원래 전류 1.00×10^2 A로 대체한다.

$$P_{손실} = I^2 R = (1.00 \times 10^2 \text{ A})^2 (30.0 \text{ Ω}) = 3.00 \times 10^5 \text{ W}$$

앞에서처럼 전력 손실 백분율을 계산한다.

$$\text{전력 손실(\%)} = \left(\frac{3.00 \times 10^5 \text{ W}}{4.00 \times 10^5 \text{ W}} \right) \times 100 = \boxed{75\%}$$

참고 이 예는 고압 송전선의 강점을 설명한다. 시내 변전소에 있는 변압기는 약 4 000 V로 감압한다. 이 전압은 시내 전역 송전선에 유지된다. 집이나 사무실에서 전력을 사용하는 경우(그림 21.14) 건물 주위에 있는 전봇대 위 변압기에서 220 V로 감압된다.

그림 21.14 사진에서 보는 원통형 강압 변압기는 가정으로 보내기 위해 전압을 4 000 V에서 220 V로 낮춘다.

21.8 맥스웰의 예측 Maxwell's Predictions

전기와 자기 현상은 연구와 개발의 초기 단계에서는 서로 무관하다고 여겨졌다. 그러나 1865년에 맥스웰(James Clerk Maxwell, 1831~1879)은 모든 전기와 자기 현상이 서로 밀접하게 관련되어 있다는 것을 보여주는 수학적인 이론을 제시하였다. 그 이전에는 분리되어 다루어졌던 전기장과 자기장을 하나로 통합한 데 더하여, 그의 뛰어난 이론은 전기와 자기장이 파동처럼 공간을 통하여 전달될 수 있음을 예측하였다. 그가 발전시킨 이론은 다음의 네 가지 사실에 바탕을 두고 있다.

1. 전기장선은 양전하에서 시작되어 음전하에서 끝난다.
2. 자기장선은 항상 닫힌 고리를 형성한다. 즉, 어디에서 시작하지도 끝나지도 않는다.
3. 변화하는 자기장은 기전력을 유도하고 이는 곧 전기장을 유도한다. 이것이 패러

맥스웰
James Clerk Maxwell
1831~1879
스코틀랜드의 이론물리학자

맥스웰은 빛의 전자기 이론과 기체 운동론을 발전시켰고, 토성의 고리와 색을 설명하였다. 맥스웰의 성공적인 전자기장의 해석은 결과적으로 방정식에 그의 이름이 붙게 했다. 뛰어난 통찰력과 엄청난 수학적 능력을 이용하여 전자기학과 기체 운동론에서 선구적 업적을 남겼다.

데이 법칙이다(20장).

4. 앙페르의 법칙에 요약된 것처럼(19장), 자기장은 움직이는 전하(또는 전류)에 의해 발생된다.

첫 번째 설명은 쿨롱의 법칙에 의해 주어지는 대전 입자들 간에 작용하는 정전기적인 힘의 성질의 결과이다. 그것은 **자연계에 자유 전하(전기 홀극)가 존재함**을 의미한다.

두 번째 설명—자기장은 연속된 고리를 형성한다—은 긴 직선 도선 주위의 자기장선이 닫힌 원이 되고, 막대자석의 자기장선이 닫힌 고리를 이루는 것으로 나타난다. 첫 번째 설명과는 대조적으로 이것은 **자연계에 자유 자기 전하(자기 홀극)가 존재하지 않음**을 나타내는 것이다.

세 번째 설명은 패러데이의 유도 법칙에 해당되고, 네 번째는 앙페르의 법칙과 동일하다.

19세기의 가장 위대한 이론적 발전 중의 하나로서 맥스웰은 이러한 네 가지 설명에 상응하는 수학적 틀을 만들고, 이를 이용하여 전기장과 자기장이 자연계에서 대칭적인 역할을 함을 증명하였다. 패러데이의 법칙에 따라 변하는 자기장이 전기장을 만들어낸다는 것은 이미 실험에 의하여 알려져 있었다. 맥스웰은 자연계가 대칭적이라고 믿었고, 따라서 그는 변화하는 전기장도 자기장을 만들 수 있다고 가정하였다. 이 가설이 제시될 당시에는 실험적으로 증명될 수가 없었는데, 그 이유는 변화하는 전기장에 의하여 발생되는 자기장은 일반적으로 매우 약하여 검출하기가 어려웠기 때문이다.

맥스웰은 가설을 정당화하기 위하여 이것으로 설명될 수 있는 다른 현상을 찾았다. 교류 전압을 걸어준 도체 막대에 들어 있는 전하들과 같이 그는 빠르게 진동하는 전하들의 운동에 주목하였다. 맥스웰의 예측에 따르면 이러한 전하들은 가속되며, 시간에 따라 바뀌는 전기장과 자기장을 발생한다. 이 변화하는 장들은 파동과 같이 공간으로 전파되는 전자기적 교란을 유발한다. 이는 연못에 돌을 던져서 만들어지는 수면파가 퍼지는 것과 유사하다. 진동하는 전하에 의해 퍼져나간 파동은 전기장과 자기장이 요동하는 것으로 전자기파라고 부른다. 패러데이의 법칙과 맥스웰 자신이 일반화한 앙페르 법칙으로부터, 맥스웰은 파동의 속력이 빛의 속력인 $c = 3 \times 10^8$ m/s와 같다고 계산하였다. 그는 가시광이나 다른 전자기파들은 모두 전기장과 자기장의 변동으로 되어 있으며, 각각의 변화하는 장들이 서로를 유도하며 빈 공간을 진행한다고 주장하였다. 이는 뉴턴의 운동 법칙에 비견하는 과학사적 위대한 발견 중의 하나였다. 뉴턴의 법칙과 마찬가지로 이것은 이후의 과학 발전에 지대한 영향을 주었다.

21.9 안테나에서 발생하는 전자기파
Production of Electromagnetic Waves by an Antenna

앞 절에서 LC 회로에 저장된 에너지가 커패시터의 전기장과 인덕터의 자기장 사이에서 계속해서 이동한다는 것을 설명했다. 그러나 에너지 이동은 변화가 천천히 일어날 때만 오랜 시간 동안 지속된다. 전류가 급격히 변하면 회로는 에너지 일부를 전자기파

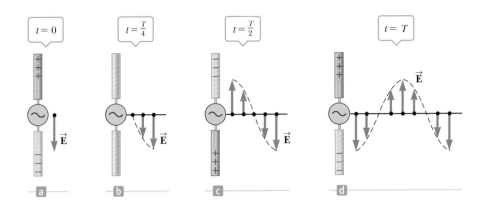

그림 21.15 안테나에서 진동하는 전하에 의해 만들어지는 전기장. 장은 빛의 속력으로 안테나로부터 멀리 이동한다.

형태로 잃어버린다. 사실 교류가 흐르는 모든 회로는 전자기파를 방출한다. 이러한 전자기파 복사와 관련된 기본 메커니즘은 대전 입자의 가속 운동이다. **대전된 입자가 가속될 때는 언제나 에너지가 방출된다.**

도선으로 이루어진 안테나에 가해진 교류 전압은 도선 내의 전하를 진동시킨다. 대전 입자를 가속시키는 보편적인 이 기술은 라디오 방송국의 방송용 안테나에서 방출되는 라디오파의 원천이 된다.

그림 21.15는 안테나에서 전하의 진동에 의해 전자기파가 발생하는 것을 나타낸다. 두 개의 금속 막대가 교류 전원에 연결되어 있고, 이로 인하여 전하가 두 막대 사이에서 진동한다. 송신기의 출력 전압은 사인형이다. 그림 21.15a와 같이 $t = 0$에서 위의 막대가 최대 양전하를 띠고 아래의 막대는 같은 크기의 음전하를 띤다. 이 순간 막대 주변의 전기장도 그림 21.15a에 나타나 있다. 전하가 진동함에 따라 막대의 전하량이 작아지고 막대 근처 전기장의 세기가 줄어든다. 동시에 $t = 0$에서 발생한 아래쪽 방향의 최대 전기장은 막대로부터 멀어지는 방향으로 전파된다. 그림 21.15b와 같이 전하가 중화되면 전기장은 영으로 떨어진다. 이것은 진동 주기의 1/4에 해당하는 시간이 지난 후에 일어난다. 이런 식으로 계속되면, 그림 21.15c와 같이 위의 막대가 최대 음전하를 띠게 되고 아래의 막대는 최대 양전하로 대전되면서 전기장의 방향이 위로 향하게 된다. 이것은 진동 주기의 반과 같은 시간이 지난 후에 일어난다. 진동은 그림 21.15d와 같이 그 후 계속된다. 안테나 주변의 전기장은 전하 분포와 동일한 위상으로 진동함에 주목하라. 위의 막대가 양이면 전기장은 아래로 향하고, 막대가 음이면 위로 향한다. 뿐만 아니라 어떤 순간에서든지 전기장의 크기는 그 순간 막대에 대전된 전하의 양에 의존한다.

전하가 막대 사이에서 계속 진동(그리고 가속)을 함에 따라, 전하에 의해 형성된 전기장은 모든 방향으로 빛의 속력으로 안테나에서 멀어져 간다. 그림 21.15는 진동의 한 주기 동안의 안테나 한편에서의 전기장 모양을 보여준다. 보다시피, 전하 진동의 한 주기가 전기장 모양에서 완전한 한 파장을 만든다.

진동하는 전하가 막대에 전류를 만들어내기 때문에, 막대를 따라 전류가 위로 흐르면 자기장 역시 그림 21.16과 같이 발생한다. 자기장선은 안테나를 감싸는 원을 이루고 모든 점에서 전기장과 수직을 이룬다(오른손 법칙 2를 상기하라). 전류가 시간에

응용

무선통신을 위한 전파의 송신

Tip 21.1 가속된 전하는 전자기파를 발생한다

정적인 전하는 단지 전기장을 생성하는 반면에 일정한 등속도 운동을 하는 전하는 전기장과 자기장을 만드나 전자기파는 만들지 못한다. 이와는 달리 가속된 전하는 전기장과 자기장뿐만 아니라 전자파도 일으킨다. 가속된 전하는 에너지도 방출한다.

그림 21.16 변화하는 전류가 흐르는 안테나 주변의 자기장선

그림 21.17 안테나에 있는 진동 전하에 의해 내보내진 전자기파. 안테나에서 아주 먼 거리에서 c의 속력으로 $+x$ 방향으로 움직이는 한 순간의 전자기파를 나타낸다.

그림 21.17 안테나에 있는 진동 전하에 의해 내보내진 전자기파. 안테나에서 아주 먼 거리에서 c의 속력으로 $+x$ 방향으로 움직이는 한 순간의 전자기파를 나타낸다.

전기장과 자기장은 사인형이며 서로 수직이다. 두 장 모두 파동의 진행 방향에 수직이다.

따라 변하면, 자기장선들은 안테나로부터 퍼져나간다. 안테나로부터 멀리 떨어지면, 전기장과 자기장의 세기는 매우 약해진다. 그러나 맥스웰이 예측했듯이 이러한 거리에서는 (1) 변화하는 자기장이 전기장을 발생시키고, (2) 변화하는 전기장이 자기장을 발생시킨다는 사실을 고려할 필요가 있다. 이러한 유도 전기장과 자기장은 어떤 점에서든지 동일한 위상을 갖는다. 즉, 어떤 점에서 두 장들은 동시에 최댓값에 도달한다. 어떤 한순간에 이러한 동시성을 그림 21.17에 나타내었다. (1) 이들 $\vec{E}$와 $\vec{B}$장은 서로 수직이고, (2) 두 장 모두 파동의 진행 방향에 수직이라는 점에 유의하자. 두 번째 성질이 횡파의 특성이다. 따라서 **전자기파는 횡파이다**라는 것을 알 수 있다.

21.10 전자기파의 특성 Properties of Electromagnetic Waves

지금까지 우리는 맥스웰의 상세한 분석이 전자기파의 존재와 성질을 예측했음을 배웠다. 이 절에서는 지금까지 살펴본 전자기파의 특성을 요약하고 몇 가지 성질들을 더 고찰하여 보자. 이 절과 이후의 절에서는 파동의 한 형태인 **평면파**(plane wave)를 자주 언급할 것이다. 평면 전자기파는 아주 멀리 떨어진 파원으로부터 진행하는 파동이다. 그림 21.17은 어느 한순간에서 이 파동의 모습을 보여준다. 이 경우 전기장과 자기장의 진동은 x축에 수직인 평면에서 일어나며, 따라서 파동의 진행 방향에 수직이다. 이 두 번째 성질 때문에 전자기파는 횡파이다. 그림에서 전기장 $\vec{E}$는 y축 방향이고 자기장 $\vec{B}$는 z축 방향이다. 빛은 이들 두 장에 수직인 방향으로 전파한다. 이 방향은 또 다른 오른손 법칙에 의해 결정된다. 즉, (1) $\vec{E}$의 방향으로 오른손 손가락을 향하게 한다. (2) $\vec{B}$의 방향으로 감는다. (3) 오른손 엄지는 파동의 진행 방향을 가리킨다.

전자기파는 빛의 속력으로 진행한다. 사실 전자기파의 속력은 그것이 진행하는 매질의 투자율과 유전율에 관계되어 있다. 맥스웰은 자유 공간에서, 그 관계가

빛의 속력 ▶

$$c = \frac{1}{\sqrt{\mu_0 \epsilon_0}}$$

[21.24]

임을 보였는데, 여기서 c는 빛의 속력, $\mu_0 = 4\pi \times 10^{-7}$ N·s²/C²은 자유 공간의 투자율, $\epsilon_0 = 8.854\ 19 \times 10^{-12}$ C²/N·m²은 자유 공간의 유전율이다. 식 21.24에 이 값들을 대입하면

$$c = 2.997\ 92 \times 10^8\ \text{m/s} \qquad [21.25]$$

임을 알 수 있다. 전자기파는 진공 중에서의 빛의 속력과 정확히 같은 속력으로 진행하므로 **빛은 전자기파**라고 결론을 내렸다.

맥스웰은 또한 전자기파에서 전기장과 자기장 사이의 비가 다음과 같음을 증명하였다.

$$\frac{E}{B} = c \qquad [21.26]$$

Tip 21.2 E는 B보다 센가?

관계식 $E = Bc$는 빛에 관련된 전기장이 자기장보다 훨씬 큰 것처럼 보이게 한다. 사실 그렇지 않다. 단위가 다르므로 이들 양은 직접 비교될 수 없다. 이들 장은 광파 에너지에 동등하게 기여한다.

이다. 이는 전기장의 크기와 자기장의 크기 비율은 빛의 속력과 같다는 것을 의미한다.

전자기파는 공간을 진행하면서 에너지를 운반하고, 이 에너지는 그 경로에 위치한 물체들에 전달될 수 있다. 파동의 진행 방향에 수직인 면을 통과하는 에너지의 평균 비율, 또는 단위 넓이당 평균 일률을 파동의 **세기**(intensity) I라고 하고 다음과 같이 정의한다.

$$I = \frac{E_{최대} B_{최대}}{2\mu_0} \qquad [21.27]$$

여기서 $E_{최대}$와 $B_{최대}$는 각각 E와 B의 최댓값이다. 물리량 I는 14장에서 소개된 음파의 세기와 유사하다. 식 21.26으로부터 $E_{최대} = cB_{최대} = B_{최대}/\sqrt{\mu_0 \epsilon_0}$이다. 그러므로 식 21.27은 다음과 같이 표현될 수 있다.

$$I = \frac{E_{최대}^2}{2\mu_0 c} = \frac{c}{2\mu_0} B_{최대}^2 \qquad [21.28]$$

이들 표현에서 단위 넓이당 평균 일률이 사용되었음을 주목하라. 자세히 분석하면 흥미롭게도 전자기파가 운반하는 에너지는 전기장과 자기장에 의하여 균등하게 배분됨을 알 수 있다.

전자기파는 식 21.28에 주어진 평균 세기를 갖고 있다. 주어진 시간 Δt 동안 물체의 겉넓이 A에 파동이 부딪치면, $U = IA\Delta t$인 에너지가 전달되고, 운동량도 전달된다. 따라서 전자기파가 표면에 부딪치면 그 표면에 압력이 가해진다. 다음 전자기파가 시간 Δt 동안 표면에 전체 에너지 U를 전달한다고 가정하자. 맥스웰은 이 시간 동안 표면이 입사 에너지 U 모두를 흡수한다면, 이 표면에 운반된 전체 운동량 $\vec{\mathbf{p}}$의 크기는 다음과 같음을 증명하였다.

◀ 빛은 전자기파이고 에너지와 운동량을 운반한다

$$p = \frac{U}{c} \qquad \text{(완전 흡수)} \qquad [21.29]$$

만약 표면이 완전한 반사체라면, 수직으로 입사한 경우 시간 Δt 동안 전달된 운동량은 식 21.29에 주어진 것의 두 배이다. 이것은 분자 기체가 용기 벽에서 완전 탄성

그림 21.18 빛의 복사압을 측정하는 장치. 실제로 장치의 내부는 고진공 상태이다.

충돌로 튀는 것과 유사하다. 만일 처음에 속도 v로 $+x$ 방향으로 운동하고 충돌 후에는 속도 $-v$로 $-x$ 방향으로 운동한다면, 운동량 변화는 $\Delta p = mv - (-mv) = 2mv$이다. 완전한 반사체에서 반사되는 빛은 이와 유사한 과정이므로 완전 반사에서 다음과 같다.

$$p = \frac{2U}{c} \qquad \text{(완전 반사)} \qquad [21.30]$$

비록 복사압은 매우 작으나(직사광선의 경우에 약 5×10^{-6} N/m^2), 그림 21.18에 나타난 것과 같은 장치로 측정되었다. 가는 섬유에 매달린 수평 막대 끝에 거울과 검정색 원반을 서로 연결한 후 빛이 부딪치도록 한다. 검정색 원반에 부딪치는 빛은 완전 흡수되고 빛의 모든 운동량은 원반으로 전달된다. 거울에 정면으로 부딪치는 빛은 완전히 반사된다. 따라서 거울에 전달된 운동량은 원반에 전달된 것의 두 배이다. 따라서 원반을 지지하는 수평 막대는 위에서 본 것처럼 반시계 방향으로 꼬인다. 복사압에 의한 토크와 섬유의 꼬임 작용 하에 어떤 각도에서 막대는 평형에 이르게 된다. 평형이 일어나는 점에서 각도를 측정하여 복사압을 구할 수 있다. 이 장치는 공기 흐름 영향을 제거하기 위해 고진공 속에 놓아야 한다. 비슷한 실험들을 통해 전자기파가 각운동량도 역시 운반한다는 것을 알 수 있다.

요약하면, 자유 공간을 통해 이동하는 전자기파는 다음과 같은 특성을 갖는다.

전자기파의 특성 ▶

1. 전자기파는 빛의 속력으로 진행한다.
2. 전자기파는 횡파로서 전기장과 자기장은 서로 수직이고, 또한 파의 진행 방향과도 서로 수직이다.
3. 전자기파에서 전기장과 자기장의 비율은 빛의 속력과 같다.
4. 전자기파는 에너지와 운동량 모두를 운반하여 표면에 전달할 수 있다.

예제 21.8 뜨거운 주석 지붕(태양열 주택)

목표 빛의 기본적인 성질들을 계산하고 이들을 열복사와 관계시킨다.

문제 태양은 지구 표면에 단위 넓이 당 약 1.00×10^3 W/m^{2}으로 평균 일률을 운반한다. **(a)** 크기가 20.0 m × 8.00 m인 평평한 지붕 위에 입사하는 전체 일률을 계산하라. 복사는 지붕에 수직으로 입사한다고 가정한다. **(b)** 주석 지붕은 얼마간의 빛을 반사하고, 평형 온도에 이를 때까지 대류, 전도, 복사는 나머지 열에너지를 다른 곳으로 이동시킨다. 지붕이 완벽한 흑체이고 열복사를 통해 입사 복사의 반이 없어진다면 평형 온도는 얼마인가? 주위 온도는 298 K로 가정한다.

· ·

풀이

(a) 지붕에 전달된 일률을 계산한다.

세기에 넓이를 곱하여 일률을 구한다.

$$P = IA = (1.00 \times 10^3 \text{ W/m}^2)(8.00 \text{ m} \times 20.0 \text{ m})$$
$$= \boxed{1.60 \times 10^5 \text{ W}}$$

(b) 지붕의 평형 온도를 구한다.

슈테판의 법칙에 대입한다. 입사 일률의 반만 대입해야 하고 지붕의 넓이는 두 배이다(지붕 위, 아래 포함).

$$P = \sigma e A(T^4 - T_0^{\,4})$$
$$T^4 = T_0^{\,4} + \frac{P}{\sigma e A}$$
$$= (298 \text{ K})^4 + \frac{(0.500)(1.60 \times 10^5 \text{ W/m}^2)}{(5.67 \times 10^{-8} \text{ W/m}^2 \cdot \text{K}^4)(1)(3.20 \times 10^2 \text{ m}^2)}$$
$$T = 333 \text{ K} = \boxed{6.0 \times 10^1 \,^\circ\text{C}}$$

그림 21.19 (예제 21.8) 태양열 주택

참고 입사 일률이 모두 전력으로 전환된다면, 이것은 일반 가정에 매우 좋은 일이다. 불행히도 태양 에너지는 쉽게 활용할 수 없다. 높은 전환율에 대한 전망은 이 단순한 계산에 나타난 것처럼 그렇게 밝지 않다. 예를 들면, 태양에서 전기에너지 변환 효율은 100%보다 훨씬 작다. 보통 광배터리에서는 10~20%이다 (그림 21.19). 태양 에너지를 이용하여 물의 온도를 올리는 지붕 시스템은 효율이 약 50%가 되게 짓는다. 그러나 흐린 날, 지리적 위치, 에너지 저장 같은 다른 실제적인 문제들을 고려해야 한다.

예제 21.9 태양열 돛이 달린 우주선

목표 빛의 세기가 물질에 미치는 역학적인 영향에 대해 이해한다.

문제 알루미늄 처리한 마일러 필름은 반사가 아주 잘 되는 가벼운 물질로, 태양 빛으로 운행하는 우주선 돛을 만드는 데 이용될 수 있다. 넓이가 1.00 km^2인 돛이 태양에서부터 거리 1.50×10^{11} m에서 선회한다고 하자. 돛의 질량은 5.00×10^3 kg으로 질량 2.00×10^4 kg인 우주선에 묶여 있다. **(a)** 태양 빛의 세기가 $1.34 \times 10^3 \text{ W/m}^2$이고 돛은 입사광에 수직으로 향해 있다면, 태양으로부터 지름 방향으로 돛에 가해지는 힘은 얼마인가? **(b)** 돛의 지름 방향 속력을 1.00 km/s 정도로 변화시키는 데 걸리는 시간은 얼마인가? 돛이 빛을 완전히 반사한다고 가정하라. **(c)** 빛이 태양이 아닌 대용량 레이저 발생기에서 공급된다면(그런 것이 있다고 가정한다), 그 레이저 빛의 전기장 및 자기장의 최댓값을 계산해 보라.

전략 **(a)** 식 21.30은 빛이 물체에 부딪치고 완전히 반사될 때 전달된 운동량을 보여준다. 운동량의 시간 변화율이 힘이다. **(b)** 뉴턴의 제2법칙을 이용하여 가속도를 구한다. 속도 운동학 식은 속력에서 요구되는 변화에 도달하는 데 필요한 시간을 계산할 수 있다. **(c)** 식 21.27과 $E = Bc$에 따라 계산한다.

풀이

(a) 돛에 가해지는 힘을 계산한다.

식 21.30을 쓰고 돛에 전달된 에너지에 대해 $U = P\Delta t = IA\Delta t$를 대입한다.

$$\Delta p = \frac{2U}{c} = \frac{2P\Delta t}{c} = \frac{2IA\Delta t}{c}$$

양변을 Δt로 나누어 빛이 돛에 가해진 힘 $\Delta p / \Delta t$를 구한다.

$$F = \frac{\Delta p}{\Delta t} = \frac{2IA}{c} = \frac{2(1340 \text{ W/m}^2)(1.00 \times 10^6 \text{ m}^2)}{3.00 \times 10^8 \text{ m/s}}$$
$$= 8.93 \text{ N}$$

(b) 1.00 km/s씩 지름 방향 속력 변화를 하는 데 걸리는 시간을 구한다.

뉴턴의 제2법칙에 힘을 대입하고 돛의 가속도에 대해 푼다.

$$a = \frac{F}{m} = \frac{8.93 \text{ N}}{2.50 \times 10^4 \text{ kg}} = 3.57 \times 10^{-4} \text{ m/s}^2$$

운동학 속도 식을 적용한다.

$$v = at + v_0$$

시간 t에 대해 푼다.

$$t = \frac{v - v_0}{a} = \frac{1.00 \times 10^3 \text{ m/s}}{3.57 \times 10^{-4} \text{ m/s}^2} = 2.80 \times 10^6 \text{ s}$$

(c) 레이저로 빛을 공급하는 경우 전기장 및 자기장의 최댓값을 계산한다.

식 21.28을 $E_{최대}$에 대해 푼다.

$$I = \frac{E_{최대}^2}{2\mu_0 c} \quad \rightarrow \quad E_{최대} = \sqrt{2\mu_0 cI}$$

$$E_{최대} = \sqrt{2(4\pi \times 10^{-7} \text{ N} \cdot \text{s}^2/\text{C}^2)(3.00 \times 10^8 \text{ m/s})(1.34 \times 10^3 \text{ W/m}^2)}$$
$$= 1.01 \times 10^3 \text{ N/C}$$

$E_{최대} = B_{최대} c$를 사용하여 $B_{최대}$를 구한다.

$$B_{최대} = \frac{E_{최대}}{c} = \frac{1.01 \times 10^3 \text{ N/C}}{3.00 \times 10^8 \text{ m/s}} = 3.37 \times 10^{-6} \text{ T}$$

참고 (b)에 대한 답은 한 달 남짓하다. 가속이 매우 낮은 반면에 연료가 소모되지 않는다. 그리고 몇 개월이 지나면 우주선이 태

양계에 있는 어떤 행성에도 도달하기에 충분하게, 속도는 변화한다. 이러한 우주선은 특정 목적에 유용하고 매우 경제적일 수 있으나, 상당한 인내가 요구된다.

21.11 전자기파의 스펙트럼 The Spectrum of Electromagnetic Waves

모든 전자기파는 진공 중에서 빛의 속력 c로 이동한다. 이들 파동은 어떤 파원으로부터 수신기까지 에너지와 운동량을 수송한다. 1887년에 헤르츠는 맥스웰이 예측했었던 라디오 진동수 전자기파를 성공적으로 발생시키고 검출했다. 맥스웰은 허셜(William Herschel)이 1880년에 발견한 적외 방사와 가시광선 모두를 전자기파로 인식하였다. 지금은 진동수와 파장에 의해 구분되는 전자기파의 다른 형태들이 존재한다고 알려져 있다.

모든 전자기파는 속력 c로 자유 공간을 통해 이동하므로, 그들의 진동수 f와 파장 λ는 다음과 같은 중요한 관계를 가진다.

$$c = f\lambda \tag{21.31}$$

그림 21.20에 전자기파의 다양한 형태가 나타나 있다. 진동수와 파장의 넓고 겹쳐지는 범위에 주목하라. 예를 들어, 진동수 1.50 MHz(전형적인 값)인 AM 라디오파는

그림 21.20 전자기 스펙트럼

파장이

$$\lambda = \frac{c}{f} = \frac{3.00 \times 10^8 \text{ m/s}}{1.50 \times 10^6 \text{ s}^{-1}} = 2.00 \times 10^2 \text{ m}$$

이다. 다음 약어들이 짧은 파장과 거리를 표시하기 위해 자주 사용된다.

$$1마이크로미터(\mu\text{m}) = 10^{-6} \text{ m}$$

$$1나노미터(\text{nm}) = 10^{-9} \text{ m}$$

$$1옹스트롬(\text{Å}) = 10^{-10} \text{ m}$$

예를 들면, 가시광선의 파장은 0.4~0.7 μm, 또는 400~700 nm, 또는 4 000 Å~ 7 000 Å까지 범위이다.

  파장이 큰 순서에 따라 파장 형태를 간단히 설명하면 다음과 같다. 한 종류와 다음 종류의 파동 사이에는 엄격한 구분은 없다. 전자기 복사의 모든 형태는 가속 전하에 의해 생성된다.

라디오파 21.9절에서 논의하였다. 도선을 통해 가속되는 전하에 의해 발생된다. 이들은 라디오와 텔레비전 통신 시스템에 이용된다.

마이크로파 (짧은 파장의 라디오파) 파장이 약 1 mm~30 cm 범위로 전자 장치에 의해 발생된다. 이들의 짧은 파장은 비행기 항법에 이용되는 레이더 시스템과 물질의 원자 및 분자적 성질을 연구하는 데 적절하다. 전자레인지는 이 파들을 이용하는 흥미로운 가전제품이다. 우주에 태양 집열기를 설치하여 태양 에너지를 수집한 다음 마이크로파를 이용하여 지구에 전송하여 태양 에너지를 모으자는 제안이 있었다.

적외선 (때로는 '열파'라고 하나 잘못된 표현임) 뜨거운 물질과 분자들로부터 생성된 약 1 mm에서부터 가시광선에서 가장 긴 파장인 7×10^{-7} m까지 파장 범위이다. 이들은 대부분의 물질에 의해 잘 흡수된다. 물질에 흡수된 적외선 에너지는 물질의 원자들을 교란하여 이들의 진동 및 병진 운동을 증가시켜 따뜻하게 한다. 이로 인해 온도는 증가한다. 적외선 복사는 물리 치료, 적외선 사진, 원자의 진동 연구 등을 포함하여 실제적이고 과학적으로 많이 응용된다.

가시광선 전자기파의 가장 친밀한 형태로 전자기파 스펙트럼에서 사람의 눈으로 검출할 수 있는 부분이다. 이 빛은 원자와 분자에 있는 전자들의 재배치에 의해 생성된다. 가시광선의 파장들은 색으로 분류되며 보라색($\lambda \approx 4 \times 10^{-7}$ m)에서 빨간색($\lambda \approx 7 \times 10^{-7}$ m)까지 범위이다. 눈의 감응도는 파장의 함수이고 약 5.6×10^{-7} m(황록색)의 파장에서 최대이다.

자외선(UV) 약 4×10^{-7} m(400 nm)에서 6×10^{-10} m(0.6 nm)까지 범위의 파장을 포함한다. 태양은 자외선의 중요한 근원이다(햇볕에 타게 되는 주된 원인). 태양으

그림 21.21 자외선(UV) 차단이 안 되는 색안경을 끼는 것은 끼지 않는 것보다 더 해롭다. 차단이 안 되는 색안경은 일부 가시광선을 흡수하여, 동공을 확대시킨다. 이 때문에 더 많은 자외선이 유입되어 시간이 지나면 수정체 렌즈가 손상된다. 색안경이 없다면 동공이 수축되어 가시광선과 자외선을 줄이게 한다. 자외선이 차단되는 색안경을 착용하기 바란다.

로부터 오는 대부분의 자외선은 초고층 대기 또는 성층권에 있는 원자들에 의해 흡수된다. 많은 양의 자외선은 인간에게 나쁜 영향을 미치기 때문에 이것은 다행스런 일이다(그림 21.21). 성층권의 중요한 구성 성분 중의 하나인 오존(O_3)으로 자외선 복사와 산소의 반응으로 생긴다. 이러한 오존층은 치명적인 고에너지 자외선을 열로 바꾸어 성층권을 따뜻하게 한다.

X선 약 10^{-8} m(10 nm)에서 10^{-13} m(10^{-4} nm)까지 파장을 갖는 전자기파이다. X선의 가장 일반적인 근원은 가속된 고에너지 전자를 금속 표적에 충돌시켜 발생하는 것이다. X선은 의학에서 진단 도구로 그리고 암의 한 형태에 대한 치료에 이용된다. X선은 쉽게 투과하고 살아 있는 조직이나 유기체를 손상시키거나 파괴하므로, 불필요한 노출이나 과다 노출을 피하도록 조심해야 한다.

감마선 방사성 핵으로부터 방출되는 전자기파로 10^{-10}에서 10^{-14} m까지 파장을 포함한다. 매우 잘 투과되고 살아 있는 조직에 흡수되면 심각한 손상을 입힌다. 따라서 이러한 복사선 근방에서 작업하는 사람들은 납판과 같이 흡수를 잘하는 물질을 포함하는 의류를 입어 몸을 반드시 보호해야 한다.

천문학자들이 전자기 스펙트럼의 다른 영역에 민감한 검출기를 이용하여 동일한 우주의 물체를 관찰하면, 물체의 특징에서 깜짝 놀랄만한 변화들을 볼 수 있다. 그림 21.22는 세 개의 다른 파장 범위에서 만든 게성운(Crab Nebula)의 영상들을 나타내고 있다. 게성운은 초신성 폭발의 잔존물로서, 1054년 지구에서 관측되었다. (그림 8.19와 비교해 보라.)

그림 21.22 전자기 스펙트럼의 다른 부분들로써 관측한 게성운의 다양한 모습. (a) X선 영상, (b) 가시광선 영상, (c) 적외선 영상, (d) 전파망원경에 의한 영상

21.12 전자기파에서의 도플러 효과
The Doppler Effect for Electromagnetic Waves

14.4절에서 본 것처럼 음파는 관측자, 음원, 또는 양쪽이 전파 물질에 대해 상대적으로 이동하면 도플러 효과를 나타낸다. 도플러 효과에서 관측된 파동의 진동수는 음원에서 방출한 진동수보다 크거나 작다는 점을 기억하라.

도플러 효과는 전자기파에서 역시 발생하나, 두 가지 점에서 음파에 대한 도플러 효과와 다르다. 먼저, 음파에 대한 도플러 효과는 매질에 대한 운동이 가장 중요하다. 왜냐하면 음파를 전파하기 위해 매질이 필요하기 때문이다. 반면에 전자기파에 대한 도플러 효과에서 전파 매질은 아무런 역할을 하지 않는다. 그 이유는 전자기파는 전파하기 위해 매개 물질이 필요하지 않기 때문이다. 둘째, 음에 대한 도플러 효과에 대한 식에서 음속은 측정된 기준계에 의존한다. 이와는 달리 24장에서 배우게 되지만, 전자기파의 속력은 정지해 있거나 서로에 대해 등속도로 이동하는 모든 좌표계에서 같은 값이다.

전자기파에 대한 도플러 효과를 기술하는 방정식은 근사적인 표현으로 다음과 같이 주어진다.

$$f_O \approx f_S\left(1 \pm \frac{u}{c}\right) \qquad u \ll c \text{인 경우} \qquad \text{[21.32]}$$

여기서 f_O는 관측된 진동수이며, f_S는 파원에서 방출된 진동수이고, u는 관측자와 파원의 상대 속력이고, c는 진공에서 빛의 속력이다. 식 21.32는 u가 c보다 매우 작은 경우에만 유효함을 주의하라. 더 나아가, 파원과 관측자의 상대속도가 음파의 속도보다 매우 작은 경우 음파에 대해 위의 식이 이용될 수 있다. 이 식에서 양의 부호는 파원과 관측자가 서로를 향해 이동하는 경우에 사용해야 되고, 반면에 음의 부호는 서로가 멀어진 경우에 사용해야 한다. 따라서 파원과 관측자가 서로 접근하면 관측된 진동수가 증가하고 파원과 관측자가 서로 멀어지면 감소할 것으로 예상할 수 있다.

천문학자들은 먼 거리에 있는 별과 은하로부터 지구에 도달하는 빛으로부터 도플러 효과를 이용하여 중요한 발견을 했다. 천문학자들의 관측에 의하면 별이 지구로부터 멀어질수록 그 별에서 오는 빛의 색이 스펙트럼의 적색 끝 쪽으로 이동한다는 것이 밝혀졌다. 이러한 우주에서의 적색 이동은 우주가 팽창한다는 증거이다. 고무판이 모든 방향으로 잡아당겨지듯이 공간이 늘어나거나 팽창하는 것은 아인슈타인의 일반 상대성 이론과 일치하는 것이다. 그러나 어떤 별 또는 은하는 지구를 향해 운동하거나 지구로부터 멀어지는 운동을 할 수 있다. 예를 들어, 허블 우주 망원경으로 수행한 가장 최근의 도플러 효과 측정은 M87로 이름을 붙인 은하가 회전하고 있다는 것을 밝혀냈다. 은하의 한쪽 끝은 우리를 향해서 이동하고 다른 쪽은 멀어져간다. 측정된 회전 속력은 그 중심에 위치한 초질량의 블랙홀을 확인하는 데 이용되었다.

연습문제

1. (a) 최대 전압이 170 V이고 진동수가 60.0 Hz인 전력선에 연결된 평균 소비 전력이 75.0 W인 전구의 저항은 얼마인가? (b) 100 W 전구의 저항은 얼마인가?

2. $\Delta V_{최대} = 48.0$ V이고 $f = 90.0$ Hz인 교류 전원에 3.70 μF의 커패시터를 연결했을 때 흐르는 교류 전류의 최댓값은 얼마인가?

3. 표준 콘센트($\Delta V_{rms} = 120$ V, $f = 60.0$ Hz)에 연결된 인덕터의 최대 자기선속을 구하라.

4. 저항기($R = 9.00 \times 10^2 \ \Omega$), 커패시터($C = 0.250 \ \mu\text{F}$), 인덕터($L = 2.50 \ \text{H}$)가 2.40×10^2 Hz, $\Delta V_{\text{최대}} = 1.40 \times 10^2$ V인 교류 전원에 직렬로 연결되어 있다. 다음을 계산하라. (a) 회로의 임피던스, (b) 전원에 의해 공급된 최대 전류, (c) 전류와 전압 사이 위상각, (d) 전류가 전압을 앞서는가, 뒤따르는가?

5. 저항기, 150 mH의 인덕터, 5.00 μF의 커패시터가 최대 전압이 $\Delta V_{\text{최대}} = 240$ V, $f = 50.0$ Hz의 전원에 직렬로 연결되어 있다. 그 회로에 흐르는 최대 전류는 100 mA이다. 그 회로의 (a) 유도성 리액턴스, (b) 용량성 리액턴스, (c) 임피던스, (d) 저항을 구하라. (e) 전류와 전원 전압 간의 위상각을 구하라.

6. 어떤 사람이 변압기의 2차 코일 가까이에서 일하고 있다(그림 P21.6). 1차 전원은 120 V_{rms}, 60.0 Hz이다. 작업자의 손과 2차 코일 간의 분포용량 C_s는 20.0 pF이다. 그 사람의 몸과 접지 사이의 저항은 $R_b = 50.0$ kΩ이라고 가정한다. 그 사람 몸의 손끝에서 발바닥 사이의 rms 전압을 구하라.

그림 P21.6

7. AM 밴드는 약 500 kHz에서 1 600 kHz 사이에 걸쳐있다. 라디오 동조 회로에 2.0 μH의 인덕터가 사용된다면, 진동수 밴드를 완전히 포함하기 위해 커패시터가 가져야 할 극한 값들의 범위는 얼마인가?

8. 어떤 교류 발전기가 3 600 V에서 50 A(rms)의 전류를 발전한다. 그러한 전원을 이상적인 변압기를 사용하여 전압을 1.0×10^5 V로 높여서 저항이 100 Ω인 장거리 전력선을 통해 송전한다. 발전기에서 나온 전력의 몇 %가 송전선에서 열로 없어지는가?

9. 전자기파 스펙트럼에서 우리 눈으로 볼 수 있는 무지개 색은 가장 긴 파장(가장 붉은 색)에서부터 가장 짧은 파장(가장 진한 보라색)까지 변한다. 파장이 655 nm 부근은 빨간색으로 인지되고 515 nm 부근은 녹색, 475 nm 부근은 청색으로 인지된다. 파장이 (a) 655 nm, (b) 515 nm, (c) 475 nm인 빛의 진동수를 계산하라.

10. 경찰이 사용하는 과속단속용 레이다 속도계는 전자파를 차에 쏘아서 반사되어 오는 파의 도플러 이동을 측정하여 속도를 측정한다. 레이다 속도계가 24.0 GHz의 전자파를 레이더를 향해 105 km/h의 속력으로 달려오는 차에 쏘아서 반사되는 전파를 수신한다. 송신된 전파와 수신된 전파의 진동수 차이 $\Delta f = f_O - f_S$를 구하라.

CHAPTER 22

빛의 반사와 굴절
Reflection and Refraction of Light

빛은 **이중성을 갖고 있다.** 어떤 실험에서는 빛은 입자처럼 움직이고, 다른 실험에서는 파동처럼 행동한다. 이 장과 다음 두 장에서는 파동으로서 가장 잘 이해되는 빛의 현상에 주목한다. 먼저 두 매질 사이 경계면에서 빛의 반사와 빛이 한 매질에서 다른 매질로 이동할 때 발생하는 빛의 휘어짐(굴절)에 대하여 논의한다. 이 개념을 이용하여 빛이 다른 매질을 통과할 때 일어나는 빛의 굴절과 거울면에서 일어나는 빛의 반사를 공부한다. 25장에서 망원경과 현미경으로 사물을 볼 때, 렌즈와 거울이 어떻게 이용되는지, 또 사진 기술에서는 렌즈가 어떻게 이용되는지 설명한다. 빛의 파동성에 대한 이해는 우주의 본성을 이해하고 연구하는 우리의 역량을 크게 증진시켜 주었다.

22.1 빛의 본질 The Nature of Light

19세기 초까지, 빛은 광원에서 방출된 연속적인 입자의 흐름으로서 그것이 눈에 들어와 시신경을 자극한다고 생각되었다. 빛의 입자설의 대표적인 제창자는 뉴턴이다. 그는 입자설을 근거로 빛의 본질에 관한 몇 가지 알려져 있던 실험적 사실들, 즉 반사와 굴절의 법칙을 간단히 설명하였다.

대부분의 과학자들은 뉴턴의 빛의 입자설을 받아들였다. 그러나 뉴턴의 생애 중에 또 다른 이론이 제창되었다. 1678년에 네덜란드의 물리학자 겸 천문학자인 하위헌스(Christian Huygens, 1629~1695)는 반사와 굴절의 법칙을 빛의 파동설로도 설명할 수 있음을 보여주었다.

빛의 파동설은 몇 가지 이유 때문에 곧바로 받아들여지지 않았다. 먼저 그 당시 알려졌던 모든 파동들(소리, 물 등)은 매질을 통해야만 전달된다고 알려져 있으나 태양으로부터 오는 빛은 진공 상태의 공간을 통하여 지구에 도달할 수 있었다. 또한 만일 빛이 파동의 한 형태라면 장애물 주위에서 휠 수 있어서 모퉁이를 돌아서도 물체를 볼 수 있어야 한다는 논란도 있었다. 오늘날에는 실제로 빛이 물체의 가장자리 부근에서 휘어진다는 것이 알려져 있다. 회절이라고 알려진 이 현상은 빛의 파장이 매우 짧기 때문에 쉽게 관찰되지는 않는다. 1660년경 그리말디(Francesco Grimaldi, 1618~1663)에 의하여 빛의 회절에 대한 실험적인 증거가 발견되었음에도 불구하고, 대부분의 과학자들은 한 세기 이상 파동설을 부정하고 뉴턴의 입자설을 고수하였는데, 이는 위대한 과학자로서 뉴턴의 명성 때문이었을 것으로 보인다.

빛의 파동성에 대한 첫 번째 확실한 증명은 1801년 영(Thomas Young, 1773~1829)에 의해 이루어졌는데, 그는 적절한 조건 하에서 빛이 간섭 현상을 나타낸다는

하위헌스
Christian Huygens, 1629~1695
네덜란드의 물리학자 겸 천문학자

하위헌스는 광학과 동역학 분야에 공헌한 것으로 잘 알려져 있다. 하위헌스는 빛이란 에테르 속에서 진동 운동을 하며 퍼져나가, 눈으로 들어와 인식하게 되는 것이라 생각하였다. 이러한 이론을 바탕으로 반사와 굴절의 법칙을 유도하였고, 이중 굴절 현상을 설명하였다.

것을 보여주었다. 즉, 하나의 광원에서 방출된 빛이 두 가지 다른 광 경로를 거쳐서 도 달한 어떤 점에서 합쳐져서 상쇄간섭에 의하여 서로 상쇄될 수 있다. 그 당시 과학자들 은 어떻게 두 개 이상의 입자가 모여서 서로를 상쇄할 수 있을지 상상조차 할 수 없었 기 때문에, 이와 같은 현상을 입자 모형으로 설명할 수는 없었다.

빛의 이론에 관한 가장 중요한 발전은 맥스웰의 업적이었는데, 그는 1865년 빛이 높 은 진동수를 가진 일종의 전자기파의 한 형태라고 예측하였다(21장). 그의 이론은 전 자기파가 측정된 빛의 속력과 같은 3×10^8 m/s의 속력을 가져야 함을 예언하였다.

고전 전자기학 이론은 빛의 알려진 성질들을 대부분 설명할 수 있었지만, 다음 몇 가 지 실험은 빛이 파동이라는 가정으로는 설명되지 않았다. 그중 가장 두드러진 실험적 인 사실은 헤르츠가 발견한 광전 효과이다(27.2절). 헤르츠는 깨끗한 금속 표면에 자 외선을 쬐어주면 전하가 방출되는 것을 발견하였다.

1905년에 아인슈타인은 광양자(입자) 이론을 공식화하여 광전 효과를 설명하는 논 문을 발표하였다. 그는 빛이 '미립자', 또는 불연속적인 에너지를 갖는 양자들로 구성되 어 있다는 결론에 도달하였다. 이러한 미립자 또는 양자들은 입자성을 강조하기 위하 여 오늘날 광자라고 한다. 아인슈타인의 이론에 따르면, 광자의 에너지는 해당 전자기 파의 진동수에 비례한다.

광자의 에너지 ▶

$$E = hf \tag{22.1}$$

여기서 비례 상수 h는 플랑크 상수로서 $h = 6.63 \times 10^{-34}$ J·s이다. 이 이론은 빛의 입 자설과 파동설의 특성을 모두 가지고 있다. 나중에 논의하겠지만 광전 효과는 하나의 광자로부터 금속 내에 있는 전자에게 에너지가 전달되는 과정이다. 즉, 마치 한 개의 입자와 충돌한 것처럼 전자는 광자 한 개와 상호작용을 한다. 그러나 광자는 정의에서 진동수가 사용되고 있는 사실 자체가 의미하고 있는 것처럼 파동의 특성을 갖고 있다.

이와 같은 사실을 고려한다면 빛은 이중성을 갖는 것이 틀림없다. **빛은 경우에 따라 서 파동처럼 행동하기도 하고 다른 경우에는 입자처럼 움직이기도 한다.** 고전 전자기학 이론은 빛의 전파와 간섭 효과를 적절하게 설명할 수 있지만, 광전 효과나 빛과 물질과 의 상호작용에 대한 실험들은 빛이 입자라고 가정해야 가장 잘 설명할 수 있다.

그래서 결국 빛은 파동인가 아니면 입자인가? 답은 둘 다일 수도 있고 어느 것도 아 닐 수도 있다. 빛은 수많은 물리적 성질을 갖고 있는데, 파동과 관련된 것도 있고 입자 와 관련된 다른 것도 있다.

22.2 반사와 굴절 Reflection and Refraction

빛이 한 매질 내에서 이동하다가 두 번째 매질과의 경계면에 이르면 반사와 굴절의 과 정이 일어날 수 있다. **반사**(reflection)에서는 두 번째 매질을 마주친 빛이 그 매질로 부터 튕겨진다. **굴절**(refraction)에서는 두 번째 매질로 들어간 빛이 경계면의 법선에 대하여 일정한 각도로 휘어진다. 흔히 빛은 일부 반사되고 일부 굴절되면서 두 과정은 동시에 일어난다. 반사와 굴절을 공부하기 위해서는 빛을 선속이라는 방법으로 생각해야 하는데, 이는 광선 근사에 의해서 이루어진다.

22.2.1 기하 광학에서의 광선 근사 The Ray Approximation in Geometric Optics

일상적인 경험을 바탕으로 알 수 있는 빛의 중요한 성질은 다음과 같다. **빛은 진행하는 매질과 다른 매질의 경계면에 부딪힐 때까지 동일한 매질 내에서는 직선 경로로 진행한다.** 빛이 서로 다른 두 매질의 경계면에 부딪힐 때 그 빛은 경계면에서 반사되거나, 경계면의 다른 쪽 매질로 투과하거나, 또는 부분적으로 두 가지 모두 일어나거나 한다.

이러한 관찰에 따라 빛의 선속을 나타내기 위하여 **광선 근사**(ray approximation)라는 방법을 사용한다. 그림 22.1과 같이 광선은 빛의 진행 방향을 따라 그린 가상적인 선이다. 예를 들면, 어두운 방을 통과하는 햇빛의 빛살(선속)은 광선의 경로를 따라간다. 우리는 빛의 파면이라는 개념도 이용한다. **파면**(wave front)은 파동의 위상과 진폭이 일치하는 점들로 이루어진 면이다. 이를테면, 그림 22.1에서 파면은 파동의 마루를 연결한 면이 될 수 있다. 광선은 파동의 운동 방향과 일치하여 파면에 수직인 직선이 된다. 광선이 평행하게 진행할 경우, 파면은 광선에 수직인 평면이 된다.

광선은 파면에 수직이고 파동의 운동 방향을 향한다.

광선

파면

그림 22.1 오른쪽으로 진행하는 평면파

22.2.2 빛의 반사 Reflection of Light

투명한 매질 내에서 진행하는 광선이 이차 매질의 경계면에서 만나면, 입사 광선의 일부는 반사되어 일차 매질로 되돌아간다. 그림 22.2a는 거울과 같은 매끄러운 반사면에 입사된 여러 광선을 보여준다. 반사된 광선은 그림에 나타낸 바와 같이 서로 평행을 이룬다. 이와 같이 매끄러운 표면에서 빛이 반사되는 것을 **거울 반사**(specular reflection)라고 한다. 반면에 만일 반사면이 그림 22.2b와 같이 거칠다면, 광선은 여러 방향으로 반사될 것이다. 거친 면에서의 반사는 **확산 반사**(diffuse reflection)라고

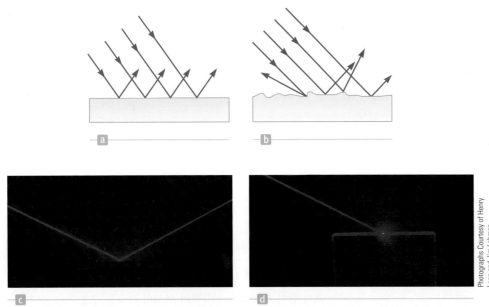

그림 22.2 (a) 반사 광선의 방향이 서로 평행한 거울 반사와 (b) 반사 광선이 임의의 방향으로 진행하는 확산 반사에 대한 개략도. (c, d) 레이저 광선을 이용하여 찍은 거울 반사와 확산 반사의 사진

Photographs Courtesy of Henry Leap and Jim Lehman

한다. 표면의 거칠기가 입사광의 파장에 비하여 작으면, 그 표면은 매끄러운 표면처럼 작용한다. 그림 22.2c와 22.2d는 각각 레이저 광선의 거울 반사 및 확산 반사를 보여 주는 사진이다.

예를 들면, 야간 운전 시에 도로 표면에서 운전자가 관찰하는 두 가지 유형의 반사를 생각해 보자. 도로가 건조할 때, 다가오는 승용차로부터 나오는 빛은 도로에서 여러 방향으로 산란(확산 반사)되어 운전자에게도 도로가 잘 보인다. 비가 오는 밤 도로가 물에 젖어있을 때는 도로의 울퉁불퉁한 곳이 물로 채워진다. 물에 젖은 면은 아주 매끄러워지기 때문에 빛은 거울 반사를 한다. 이것은 빛이 진행하는 방향대로 앞으로 반사되는 것을 의미하며, 따라서 운전자는 오직 자신의 바로 앞에 있는 것만을 보게 된다. 옆에서 들어오는 빛은 운전자의 눈에 전혀 들어올 수 없다. 이 책에서는 거울 반사만을 다루므로, 반사라는 용어는 거울 반사를 의미한다.

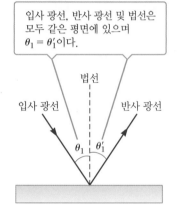

입사 광선, 반사 광선 및 법선은 모두 같은 평면에 있으며 $\theta_1 = \theta_1'$이다.

법선

입사 광선   반사 광선

θ_1 θ_1'

그림 22.3 반사파 모형

그림 22.3과 같이 공기 중에서 진행하는 광선이 일정한 각도로 매끄럽고 편평한 표면에 입사된다고 생각하자. 입사 광선과 반사 광선은 입사 광선이 **표면에 부딪히는 점에서 그 표면에 수직인 선**과 각각 θ_1과 θ_1'의 각을 이룬다. 이 선을 그 표면에 대한 법선이라고 한다. 이때 **입사각과 반사각이 같다**는 것은 실험을 통해 알 수 있다.

$$\theta_1' = \theta_1 \qquad [22.2]$$

흔히 인물 사진에서 눈이 붉게 나타나는 것을 본 적이 있을 것이다. 눈이 빨갛게 보이는 것이다. 이러한 '적목(red-eye)' 현상은 사진기의 플래시를 사용하면서 플래시 장치가 사진기 렌즈에 매우 가까이 있을 때 나타난다. 플래시 장치로부터 나온 빛이 눈에 들어가 망막에서 반사된 후, 원래의 경로를 따라 되돌아온다. 원래의 방향과 반대로 되돌아오는 이러한 유형의 반사를 역반사라고 한다. 만일 플래시 장치와 렌즈가 서로 가까이 있으면, 역반사광이 렌즈로 들어올 수 있다. 망막에서 반사된 대부분의 빛은 눈 뒤쪽에 있는 혈관 때문에 붉게 보이며, 이것을 사진에서 적목 현상이라고 한다.

예제 22.1 **이중 반사하는 광선**

목표 두 번의 반사에 의한 반사각을 계산한다.

문제 그림 22.4와 같이 두 개의 거울이 서로 120°의 각을 이루고 있다. 한 광선이 거울 M_1의 법선에 대해서 65°의 각으로 입사한다. 두 거울에서 반사된 후, 거울 M_2의 법선에 대한 반사각을 구하라.

전략 반사의 법칙을 두 번 적용한다. 입사 광선의 입사각 $\theta_{입사}$에 대하여 나중 반사각 $\beta_{반사}$을 구한다.

풀이

M_1에 반사 법칙을 적용하여 반사각 $\theta_{반사}$를 구한다.

$$\theta_{반사} = \theta_{입사} = 65°$$

$\theta_{반사}$의 여각인 각 ϕ를 구한다.

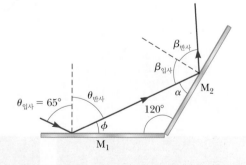

그림 22.4 (예제 22.1) 거울 M_1과 M_2가 서로 120°의 각을 이룬다.

$$\phi = 90° - \theta_{반사} = 90° - 65° = 25°$$

M_1, M_2와 M_1에서 M_2로 진행하는 광선이 이루는 삼각형에서 세 각의 합이 180°임을 이용하여 미지의 각 α를 구한다.

$$180° = 25° + 120° + \alpha \quad \rightarrow \quad \alpha = 35°$$

각 α는 M_2에 대한 입사각 $\beta_{입사}$의 여각이다.

$$\alpha + \beta_{입사} = 90° \quad \rightarrow \quad \beta_{입사} = 90° - 35° = 55°$$

두 번째로 반사의 법칙을 적용하여 $\beta_{반사}$를 구한다.

$$\beta_{반사} = \beta_{입사} = \boxed{55°}$$

참고 이들 반사 문제에서 기본적인 기하학이 많이 사용되었음에 주목하라.

22.2.3 빛의 굴절 Refraction of Light

한 매질을 진행하던 광선이 또 다른 빛이 투과할 수 있는 두 번째 매질의 경계면과 만나면, 그림 22.5a와 같이 광선의 일부는 반사되고 일부는 두 번째 매질로 진행한다. 두 번째 매질에 들어온 광선은 경계면에서 꺾이는데, 이것을 굴절되었다고 한다. 입사 광선, 반사 광선, 굴절 광선 및 입사점에서의 법선은 모두 동일한 평면에 놓인다. 그림 22.5a에서 **굴절각**(angle of refraction) θ_2는 두 매질의 성질과 입사각에 의해 결정되며, 그 관계식은

$$\frac{\sin \theta_2}{\sin \theta_1} = \frac{v_2}{v_1} = 일정 \qquad [22.3]$$

으로 주어진다. 여기서 v_1은 매질 1에서의 빛의 속력, v_2는 매질 2에서의 빛의 속력이다. 굴절각 역시 법선과 이루는 각이다. 22.7절에서는 하위헌스의 원리를 이용하여 반사의 법칙과 굴절의 법칙을 유도할 것이다.

실험을 통하여 **굴절면을 통과하는 광선의 경로를 거꾸로 할 수 있다**는 것을 알 수 있다. 예를 들면, 그림 22.5a에서 광선은 점 A에서 점 B로 진행한다. 만일 광선이 점 B에서 출발하면, 이 광선은 같은 경로로 점 A에 도달한다. 그러나 이때 반사 광선은 유리 속에 있게 될 것이다.

빛의 속력이 큰 매질에서 작은 매질로 빛이 진행할 때, 굴절각 θ_2는 입사각 θ_1보다 작다. 따라서 그림 22.6a와 같이 굴절된 광선은 법선 쪽으로 꺾인다. 만일 빛의 속력이 작은 매질에서 큰 매질로 빛이 진행하면, 그림 22.6b처럼 법선으로부터 멀어지는 쪽으로 꺾인다.

모든 광선과 법선은 같은 평면에 있으며, $v_2 < v_1$이기 때문에 굴절된 광선은 법선 쪽으로 꺾인다.

a

b

그림 22.5 (a) 굴절파 모형, (b) 투명 합성수지 물체에 입사한 광선은 들어갈 때나 나올 때 모두 꺾인다.

Courtesy of Henry Leap and Jim Lehman

그림 22.6 (a) 공기 중에서 유리로 들어갈 때와 (b) 유리에서 공기 중으로 나갈 때 빛이 굴절하는 모습

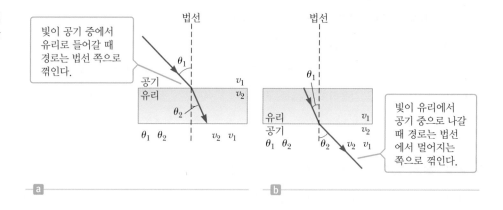

22.3 굴절의 법칙 The Law of Refraction

빛이 한 투명 매질에서 다른 투명 매질로 들어갈 때, 두 매질 내에서의 빛의 속력이 다르기 때문에 빛이 굴절된다.[1] 매질의 **굴절률**(index of refraction) n은 c/v의 비율로 정의된다.

$$n \equiv \frac{\text{진공에서 빛의 속력}}{\text{매질에서 빛의 속력}} = \frac{c}{v} \qquad [22.4]$$

이러한 정의로부터 굴절률은 차원이 없는 수이며, v가 항상 c보다 작기 때문에 이 값은 항상 1보다 크거나 같다. 진공 중에서는 $n = 1$이다. 표 22.1에 여러 가지 물질들의 굴절률을 나타내었다.

빛이 한 매질에서 다른 매질로 진행할 때, 빛의 진동수는 변하지 않는다. 그 이유를 알아보기 위하여 그림 22.7을 생각해 보자. 어떤 진동수를 가지는 파면이 매질 1 내의 점

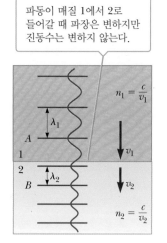

파동이 매질 1에서 2로 들어갈 때 파장은 변하지만 진동수는 변하지 않는다.

그림 22.7 파동이 매질 1에서 2로 진행할 때, 속력이 느려진다.

표 22.1 진공에서 파장이 $\lambda_0 = 589$ nm인 빛으로 측정된 여러 가지 물질의 굴절률

물질	굴절률	물질	굴절률
고체(20°C)		**액체(20°C)**	
다이아몬드(C)	2.419	벤젠	1.501
형석(CaF_2)	1.434	이황화탄소	1.628
석영(SiO_2)	1.458	사염화탄소	1.461
크라운 유리	1.52	에틸알코올	1.361
납유리	1.66	글리세린	1.473
얼음(0°C, H_2O)	1.309	물	1.333
폴리스티렌	1.49		
소금(NaCl)	1.544	**기체(0°C, 1기압)**	
저어콘	1.923	공기	1.000 293
		이산화탄소	1.000 45

---

[1] 빛이 한 원자에서 다른 원자로 진행하면서 일어나는 흡수와 재방출로 인한 시간 지연이 각 물질을 구성하는 특정 전자 구조에 따라 다르기 때문에 매질 사이에서 빛의 속력이 변한다.

A에 있는 관측자를 지나 매질 1과 매질 2 사이의 경계면에 입사된다. 파면이 매질 2 내의 점 B에 있는 관측자를 지나는 진동수는 점 A에 도달하는 진동수와 같아야 한다. 만일 진동수가 같지 않다면, 파면들이 경계면에 쌓이거나, 파괴되거나 또는 생성되어야 한다. 이러한 현상이 일어나는 일은 없기 때문에, 광선이 한 매질에서 다른 매질로 진행할 때 진동수는 일정하게 유지되어야 한다.

그러므로 두 매질 내에서 $v = f\lambda$의 관계가 유효해야 하고, $f_1 = f_2 = f$이므로

$$v_1 = f\lambda_1 \quad \text{그리고} \quad v_2 = f\lambda_2$$

임을 알 수 있다. $v_1 \neq v_2$이므로 $\lambda_1 \neq \lambda_2$이어야 한다. 굴절률과 파장 사이의 관계식은 위의 두 식을 서로 나누고, 식 22.4로 주어지는 굴절률의 정의를 사용하여 구할 수 있다.

$$\frac{\lambda_1}{\lambda_2} = \frac{v_1}{v_2} = \frac{c/n_1}{c/n_2} = \frac{n_2}{n_1} \qquad [22.5]$$

따라서 다음의 식을 얻는다.

$$\lambda_1 n_1 = \lambda_2 n_2 \qquad [22.6]$$

매질 1이 진공이어서 $n_1 = 1$이면, 임의의 매질에서 굴절률은 식 22.6으로부터 다음과 같은 비로 나타낼 수 있다.

$$n = \frac{\lambda_0}{\lambda_n} \qquad [22.7]$$

여기서 λ_0은 진공에서의 빛의 파장이며, λ_n은 굴절률이 n인 매질 내에서의 파장이다. 그림 22.8은 빛이 진공에서 다른 매질 속으로 진행할 때 파장이 줄어드는 것을 보여 준다.

이제 식 22.3을 다른 형태로 나타내 보자. 식 22.5를 식 22.3에 대입하면, 다음과 같은 식을 얻을 수 있다.

$$n_1 \sin\theta_1 = n_2 \sin\theta_2 \qquad [22.8]$$

이 관계식은 실험적인 발견을 한 스넬(Willebrørd Snell, 1591~1627)의 공로가 인정되어 **스넬의 굴절 법칙**(Snell's law of refraction)이라 한다.

22.4 분산과 프리즘 Dispersion and Prisms

표 22.1에 여러 가지 물질의 굴절률을 나타내었다. 그러나 주의 깊게 측정하면 진공을 제외한 모든 물질에서 빛의 파장에 따라 굴절률이 다르다는 것을 알 수 있다. 굴절률이 파장에 따라 달라지는 것을 **분산**(dispersion)이라 한다. 그림 22.9는 파장에 따른 굴절률의 변화를 그래프로 나타낸 것이다. 굴절률 n이 파장의 함수이므로, 스넬의 법칙에 따라, **빛이 물질에 입사할 때 형성되는 굴절각은 빛의 파장에 따라 달라진다**. 그림과 같이 굴절률의 값은 파장이 증가함에 따라 일반적으로 감소한다. 이것은 빛이 공기로부터 어떤 물질로 투과할 때 보라색 빛($\lambda \cong 400$ nm)이 빨간색 빛($\lambda \cong 650$ nm)보다

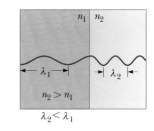

그림 22.8 빛이 굴절률이 작은 매질에서 큰 매질로 진행할 때, 빛의 파장이 감소하는 현상을 나타낸 개략도

◀ 스넬의 굴절 법칙

그림 22.9 세 가지 물질의 진공 파장에 대한 가시광선 스펙트럼에서의 굴절률 변화

그림 22.10 (a) 프리즘은 광선을 굴절시켜 각 δ만큼 편향시킨다. (b) 빛이 프리즘에 입사될 때, 파란색 빛은 빨간색 빛보다 더 많이 꺾인다. (c) 서로 다른 색깔을 가진 빛이 프리즘과 두 렌즈를 통과한다. 빛이 프리즘을 통과할 때, 서로 다른 파장의 빛이 다른 각도로 굴절됨에 주목하라.

더 많이 꺾인다는 것을 의미한다.

분산이 빛에 어떠한 영향을 주는지 이해하기 위해서, 그림 22.10a와 같이 빛이 프리즘에 부딪힐 때 어떤 일이 생기는지를 생각해 보자. 왼쪽에서 프리즘에 입사한 단일 파장의 광선이 본래의 진행 방향에서 각 δ만큼 꺾여 나온다. 이 각을 **편향각**(angle of deviation)이라 한다. 이제 백색광(모든 가시광선들의 조합)의 선속이 프리즘에 입사된다고 가정하자. 그림 22.10b에서처럼 분산 때문에 다른 색들은 다른 편향각으로 꺾여서 프리즘의 두 번째 면으로부터 빠져나오는 광선들은 그림 22.11과 같이 가시광 **스펙트럼**(spectrum)이라고 하는 일련의 색깔들로 퍼진다. 이 색깔들은 파장이 감소하는 순서대로 빨강, 주황, 노랑, 초록, 파랑, 보라색 빛이다. 보라색 빛이 가장 많이 꺾이고 빨간색 빛이 가장 적게 꺾이며 나머지 가시광선의 스펙트럼의 색깔들은 이 양단 사이에 놓인다.

프리즘은 종종 **프리즘 분광계**(prism spectrometer)라고 하는 기기에 사용되는데, 그 필수 요소들이 그림 22.12a에 표시되어 있다. 이 기기는 보통 나트륨 증기등과 같은 광

> **Tip 22.3** 분산
>
> 보라색 빛처럼 파장이 짧은 빛은 빨간색 빛처럼 파장이 긴 빛보다 더 많이 굴절한다.

> 굴절률 n이 파장에 따라 변하기 때문에, 프리즘은 백색광을 여러 가지 스펙트럼 성분으로 분산시킨다.

> 유리의 굴절률은 파장에 따라 다르기 때문에, 프리즘을 통과한 여러 가지 색의 빛은 다른 각도로 굴절된다. 보라색 빛이 가장 많이 꺾이고, 빨간색 빛이 가장 적게 꺾인다.

그림 22.11 (a) 프리즘에 의한 백색광의 분산, (b) 백색광이 프리즘의 왼쪽으로 들어간다.

a

b

그림 22.12 (a) 프리즘 분광계를 설명하는 그림. 스펙트럼의 색깔들이 망원경으로 보인다. (b) 부품들을 바꾸어가면서 조립할 수 있는 분광계. 분광계는 분광기에다 파장을 잴 수 있는 검출장치를 추가한 것이다.

원으로부터 나오는 빛의 파장을 조사하는 데 사용된다. 광원에서 나온 빛을 가늘고 조절 가능한 슬릿과 렌즈를 통과시켜서 평행광 또는 집속된 선속을 만든다. 그리고 빛은 프리즘을 통과하여 스펙트럼으로 분산되며, 굴절된 빛은 망원경을 이용하여 관측된다. 실험자는 망원경의 대안렌즈를 통해 다른 색으로 된 슬릿의 상을 관측한다. 다른 편향각을 갖는 다양한 파장을 관측할 수 있도록 망원경을 움직이거나 프리즘을 회전시킬 수 있다. 그림 22.12b는 실험실에서 사용하는 프리즘 분광계의 한 종류를 보여준다.

모든 고온의 저압 기체들은 각각의 고유 스펙트럼을 방출하므로, 프리즘 분광계를 이용하여 기체의 종류를 확인할 수 있다. 이를테면 나트륨은 가시광 스펙트럼에 단지 두 개의 파장만을 방출한다. 이 두 파장은 매우 인접해 있는 노란색선이다. (분광계에서 보이는 슬릿의 상처럼 밝은 선을 스펙트럼선이라고 한다.) 이와 같은 색들만을 방출하는 기체는 나트륨으로 확인할 수 있다. 마찬가지로 수은 증기도 고유한 스펙트럼을 갖고 있는데, 뚜렷하게 보이는 네 개의 파장(주황, 초록, 파랑, 보라색 선)과 함께 약한 강도의 여러 개의 파장으로 이루어져 있다. 기체로부터 방출되는 독특한 파장들은 그 기체의 '지문'과 같은 역할을 한다. 물질에 의해 방출 또는 흡수되는 파장을 측정하는 스펙트럼 분석은 많은 과학 영역에서 강력한 도구로 이용된다. 예를 들면, 화학자와 생물학자는 분자를 확인하기 위해 적외선 분광학을, 천문학자들은 멀리 떨어진 별의 원소를 확인하기 위해 가시광 분광학을, 그리고 지질학자들은 광물을 규명하기 위해 스펙트럼 분석을 이용한다.

응용

분광계를 이용한 기체 분석

예제 22.2 프리즘을 통과한 빛

목표 분산의 결과를 계산한다.

문제 그림 22.13과 같이, 광선이 어떤 유리 프리즘에 $\theta_1 = 30.0°$로 입사한다. 만일 유리의 굴절률이 보라색 빛에 대하여 1.80이라면, **(a)** 공기-유리 경계면에서의 굴절각 θ_2, **(b)** 유리-공기 경계면에서의 입사각 ϕ_2, **(c)** 보라색 빛이 프리즘을 떠날 때의 굴절각 ϕ_1을 구하라. **(d)** 보라색 빛이 수직으로 이동한 거리인 Δy의 크기는 얼마인가?

전략 스넬의 법칙을 이용하여 굴절각을 알아내고 기초적인 기하학과 삼각법을 그림 22.13에 적용한다.

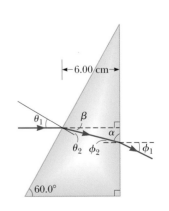

그림 22.13 (예제 22.2)

풀이

(a) 공기-유리 경계면에서의 굴절각 θ_2를 구한다.

스넬의 법칙을 이용하여 첫 번째 굴절각을 구한다.

$$n_1 \sin \theta_1 = \sin \theta_2 \quad \rightarrow \quad (1.00) \sin 30.0 = (1.80) \sin \theta_2$$

$$\theta_2 = \sin^{-1}\left(\frac{0.500}{1.80}\right) = \boxed{16.1°}$$

(b) 유리-공기 경계면에서의 입사각 ϕ_2를 구한다.

각 β를 계산한다.

$$\beta = 30.0° - \theta_2 = 30.0° - 16.1° = 13.9°$$

삼각형의 내각의 합이 $180°$임을 이용하여 각 α를 계산한다.

$$180° = 13.9° + 90° + \alpha \quad \rightarrow \quad \alpha = 76.1°$$

유리-공기 경계면의 입사각 ϕ_2는 α의 여각이다.

$$\phi_2 = 90° - \alpha = 90° - 76.1° = \boxed{13.9°}$$

(c) 보라색 빛이 프리즘을 떠날 때의 굴절각 ϕ_1을 구한다.

스넬의 법칙을 적용한다.

$$\phi_1 = \left(\frac{1}{n_1}\right) \sin^{-1}(n_2 \sin \phi_2)$$

$$= \left(\frac{1}{1.00}\right) \sin^{-1}[(1.80) \sin 13.9°] = \boxed{25.6°}$$

(d) 보라색 빛이 연직으로 변위된 거리인 Δy의 크기를 구한다.

탄젠트 값을 사용하여 연직 변위를 구한다.

$$\tan \beta = \frac{\Delta y}{\Delta x} \quad \rightarrow \quad \Delta y = \Delta x \tan \beta$$

$$\Delta y = (6.00 \text{ cm}) \tan(13.9°) = \boxed{1.48 \text{ cm}}$$

참고 보라색 빛은 더 많이 꺾이고 프리즘의 면 아래로 더 멀리 이동한다. 평행선과 교차하는 한 직선에 의하여 만들어진 각들에 대한 기하학의 정리를 이용하면 즉시 $\phi_2 = \beta$인 결과가 나오므로, 계산의 수고를 덜 수 있다. 그러나 이 방법이 일반적으로 가능한 것은 아니다.

22.5 하위헌스의 원리 Huygens' Principle

반사와 굴절의 법칙은 1678년 하위헌스가 제안한 기하학적인 방법을 써서 유도할 수 있다. 하위헌스는 빛이란 입자의 흐름이 아니라 파동 운동의 한 형태라고 가정하였다. 그는 빛의 본질이나 빛의 전자기적인 특성에 대해서는 알지 못했다. 그럼에도 불구하고, 그의 단순화된 파동 모형은 빛의 전파에 대한 많은 실제적인 상황을 이해하는 데 적합하다.

하위헌스의 원리는 앞선 파면에 대한 지식으로부터 임의의 순간에 새로운 파면의 위치를 결정하는 기하학적인 작도법이다. (파면이란 같은 위상과 진폭을 갖는 파동의 점들로 이루어진 면이다. 예를 들면, 파면은 파동들의 마루를 연결한 면이 될 수 있다.)

하위헌스의 원리 ▶ 하위헌스의 작도법에서 **주어진 파면 위의 모든 점들은 잔파동이라고 하는 이차 구면파를 생성하기 위한 점 파원이라고 생각할 수 있으며, 이 잔파동은 매질 속에서 정해진 속력을 가지고 전방으로 퍼져나간다. 얼마의 시간이 경과한 후, 새로운 파면의 위치는 작은 파에 접한 면이 된다.**

그림 22.14는 하위헌스의 작도법의 간단한 두 가지 예를 보여준다. 우선 그림 22.14a에서와 같이 진공 상태의 공간을 진행하는 평면파를 생각해 보자. 시각 $t = 0$에서 파면은 AA'으로 부호를 붙인 평면으로 표시되어 있다. 하위헌스의 작도법에서 이 파면 상의 각 점은 하나의 점 파원으로 생각할 수 있다. 간단히 하기 위하여 AA' 면 위에 몇 개의 점들만 나타내었다. 이 점들을 잔파동의 파원으로 생각하고 각각 반지름이 $c\Delta t$인 원을 그린다. 여기서 c는 진공에서의 광속이며, Δt는 한 파면에서 다음 파면까지의 전파 주기이다. 이들 잔파동에 접하도록 그린 면은 AA'면과 나란한 BB'면이다. 그림

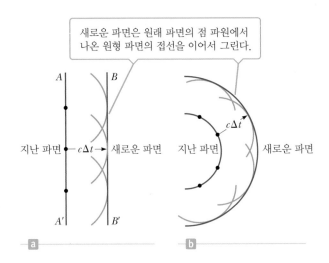

새로운 파면은 원래 파면의 점 파원에서
나온 원형 파면의 접선을 이어서 그린다.

지난 파면 ← $c\Delta t$ → 새로운 파면   지난 파면   새로운 파면

$c\Delta t$

a   b

그림 22.14 하위헌스의 작도법. (a) 오른쪽으로 전파되는 평면파, (b) 구면파

22.14b는 바깥쪽으로 진행하는 구면파에 대한 하위헌스의 작도법을 나타낸 것이다.

22.5.1 반사와 굴절에 적용한 하위헌스의 원리
Huygens' Principle Applied to Reflection and Refraction

이 장의 처음에 증명 없이 반사와 굴절의 법칙을 설명하였다. 이제 하위헌스의 원리를 이용하여 이들 법칙을 유도하려고 한다. 그림 22.15a는 반사의 법칙에 대하여 설명하고 있다. 직선 AA'은 입사 광선의 파면을 나타낸다. 광선 3이 A'에서 C까지 진행함에 따라, 광선 1은 A로부터 반사되어 반지름 AD인 구형 잔파동을 생성한다. (하위헌스 잔파동의 반지름은 $v\Delta t$이다.) 반지름 $A'C$와 AD를 가진 두 잔파동은 같은 매질 내에 있고 같은 속력 v를 가지므로 $AD = A'C$이다. 한편 광선 2는 광선 1보다 뒤늦게 표면에 부딪히기 때문에, B에 중심을 둔 구형 잔파동은 A에 중심을 둔 것의 절반만큼만 퍼져나간다.

하위헌스의 원리로부터, 반사된 파면은 바깥쪽으로 나아가는 모든 구형 잔파동에 접하는 직선인 CD임을 알 수 있다. 나머지 분석은 그림 22.15b에 요약한 기하학을 따른다. 직각삼각형 ADC와 $AA'C$는 동일한 빗변 AC를 가지며, $AD = A'C$이기 때문에 합동이 된다. 그림 22.15b로부터

$$\sin \theta_1 = \frac{A'C}{AC} \quad \text{그리고} \quad \sin \theta_1' = \frac{AD}{AC}$$

가 된다. 우변이 일치하므로 $\sin \theta_1 = \sin \theta_1'$이고, 따라서 $\theta_1 = \theta_1'$이라는 것이 반사의 법칙이다.

하위헌스의 원리와 그림 22.16a를 이용하여 스넬의 굴절 법칙을 유도해 보자. 시간 간격 Δt 사이에 광선 1은 A로부터 B까지, 광선 2는 A'으로부터 C까지 나아간다. A에 중심을 두고 바깥쪽으로 퍼지는 구형 잔파동의 반지름은 $v_2\Delta t$와 같다. 거리 $A'C$는 $v_1\Delta t$와 같다. 기하학적인 성질에 따라 각 $A'AC$가 θ_1과 같고, 각 ACB가 θ_2와 같다는 것을 알 수 있다. 삼각형 $A'AC$와 ACB로부터

$$\sin \theta_1 = \frac{v_1\Delta t}{AC} \quad \text{그리고} \quad \sin \theta_2 = \frac{v_2\Delta t}{AC}$$

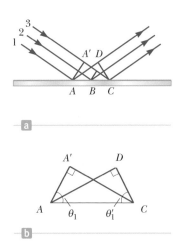

그림 22.15 (a) 반사의 법칙을 증명하기 위한 하위헌스의 작도법, (b) 삼각형 ADC는 삼각형 $AA'C$와 합동이다.

그림 22.16 (a) 굴절의 법칙을 증명하기 위한 하위헌스의 작도법, (b) 콘크리트 바닥에서 잔디로 굴러가는 통을 위에서 본 모양

이 부분이 느려지기 때문에 경계면에서 잔디 쪽으로 통이 돈다.

임을 알 수 있다. 이 두 식을 나누면,

$$\frac{\sin \theta_1}{\sin \theta_2} = \frac{v_1}{v_2}$$

이 된다. 그런데 식 22.4로부터 $v_1 = c/n_1$이고 $v_2 = c/n_2$임을 알 수 있다. 그러므로

$$\frac{\sin \theta_1}{\sin \theta_2} = \frac{c/n_1}{c/n_2} = \frac{n_2}{n_1}$$

$$n_1 \sin \theta_1 = n_2 \sin \theta_2$$

이며, 이것이 스넬의 굴절 법칙이다.

그림 22.16b는 굴절 현상의 역학적인 유사성을 보여준다. 구르는 통의 왼쪽 끝이 잔디에 닿으면 느려지는 반면, 콘크리트 면을 구르는 오른쪽 끝은 처음 속력으로 구른다. 이 속력의 차이로 인하여 통이 선회하여 진행 방향이 바뀐다.

22.6 내부 전반사 Total Internal Reflection

그림 22.17 유리 프리즘으로 들어가는 비평행 광선들. 아래의 두 광선은 프리즘의 가장 긴 빗면에서 내부 전반사를 일으킨다. 위의 세 광선은 프리즘을 떠날 때 가장 긴 빗면에서 굴절된다.

내부 전반사(total internal reflection)라고 하는 흥미로운 효과는 굴절률이 큰 매질로부터 굴절률이 작은 매질로 빛이 진행할 때 일어날 수 있다(그림 22.17). 매질 1 속에서 진행하여 매질 1과 매질 2 사이의 경계면으로 진행하는 광선을 생각해 보자. 여기서 n_1은 n_2보다 크다(그림 22.18). 가능한 여러 입사 방향에 따라 광선 1에서 5까지로 표시하였다. n_1이 n_2보다 크기 때문에, 굴절 광선은 법선으로부터 먼 쪽으로 꺾임을 유의하자. **임계각**(critical angle)이라고 하는 특정한 입사각 θ_c에서 굴절 광선은 경계면에 평행하게 진행하므로, $\theta_2 = 90°$가 된다(그림 22.18b). θ_c보다 큰 입사각에 대하여, 빛살은 그림 22.18a의 광선 5와 같이 경계면에서 모두 반사된다. 이 광선은 마치 완전 반사면에 부딪힌 것처럼 경계면에서 모두 반사된다. 이와 같은 모든 광선은 반사의 법칙에 따른다. 즉, 입사각은 반사각과 같다.

입사각 θ_1이 증가함에 따라 굴절각 θ_2는 90°까지만 증가한다(광선4). 점선은 에너지가 그 방향으로는 실제로 전파되지 않는 것을 나타낸다.

굴절각이 90°일 때의 입사각을 임계각 θ_c라 한다. 이 입사각에서 입사 광선의 모든 에너지는 반사된다.

입사각이 임계각보다 더 클 경우 내부 전반사가 일어난다(광선5).

그림 22.18 (a) 굴절률 n_1인 한 매질에서 굴절률 n_2인 다른 매질로 광선이 진행한다. 여기서 $n_1 > n_2$이다. (b) 광선 4는 경계면을 따라 진행한다.

스넬의 법칙을 사용하여 임계각을 알 수 있다. $\theta_1 = \theta_c$이고 $\theta_2 = 90°$일 때 스넬의 법칙(식 22.8)은

$$n_1 \sin \theta_c = n_2 \sin 90° = n_2$$

$$\sin \theta_c = \frac{n_2}{n_1} \qquad n_1 > n_2 \qquad\qquad [22.9]$$

로 주어진다. 식 22.9는 n_1이 n_2보다 큰 경우에만 사용할 수 있다. 즉, **내부 전반사는 굴절률이 큰 매질로부터 작은 매질로 빛이 진행할 경우에만 일어난다.** 만일 n_1이 n_2보다 작으면, 식 22.9는 $\sin \theta_c > 1$이 되어, 사인 함수값이 1보다 커지므로 성립하지 않는다.

매질 2가 공기이고 매질 1이 $n = 2.42$인 다이아몬드처럼 굴절률이 큰 물질일 때, $\theta_c = 24.0°$로 임계각은 작아진다. $n = 1.52$이고 $\theta_c = 41.0°$인 크라운 유리와 비교해 보면 이를 알 수 있다. 이러한 특성 때문에 적절히 세공된 다이아몬드는 현란하게 반짝이게 된다.

광선의 진행 방향을 바꾸기 위하여 프리즘과 내부 전반사 현상을 이용할 수 있다. 이러한 두 가지 가능성을 그림 22.19에 나타내었다. 첫 번째 경우는 광선이 90.0°만큼 휘

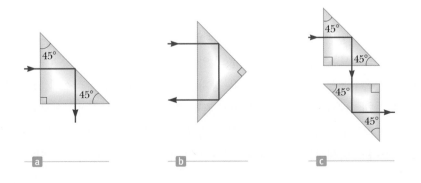

그림 22.19 프리즘 속에서의 내부 전반사. (a) 광선이 90°만큼 편향된다. (b) 광선의 방향이 거꾸로 된다. (c) 잠망경에 사용되는 두 개의 프리즘

어진 것이고(그림 22.19a), 두 번째 경우는 빛의 경로가 반전된 것이다(그림 22.19b). 내부 전반사의 일반적인 응용 중의 하나는 잠수함의 잠망경이다. 이 장치에서는 그림 22.19c와 같이 두 개의 프리즘이 정렬되어 있고, 입사 광선은 그림의 경로를 따라 꺾여 나오기 때문에 관측자는 직접 볼 수 없는 곳을 볼 수 있다.

응용
잠수함의 잠망경

예제 22.3 물고기 눈으로 보는 경치

목표 내부 전반사의 개념을 적용한다.

문제 (a) 물의 굴절률이 1.333일 때, 물–공기 경계면에 대한 임계각을 구하라. **(b)** (a)의 결과를 써서 물고기가 40.0°, 48.6°, 60.0°의 각도로 물의 표면을 올려다볼 때(그림 22.20), 물고기가 무엇을 볼 것인지 예측하라.

전략 대입하여 임계각을 구한 후, 광선의 경로가 가역적임을 이용한다. 주어진 각에서, 광선이 어디로 가든지, 같은 경로를 따라 광선이 오는 곳이 되기도 한다.

그림 22.20 (예제 22.3) 물고기가 수면 쪽으로 올려다본다.

풀이

(a) 물–공기 경계면에 대한 임계각을 구한다.
식 22.9에 대입하여 임계각을 구한다.

$$\sin \theta_c = \frac{n_2}{n_1} = \frac{1.00}{1.333} = 0.750$$

$$\theta_c = \sin^{-1}(0.750) = \boxed{48.6°}$$

(b) 물고기가 40.0°, 48.6°, 60.0°의 각도로 물의 표면을 올려다볼 때, 물고기가 무엇을 볼 것인지 예측한다.

40.0°의 각도에서, 물밑으로부터 나온 광선은 표면에서 굴절되어 위쪽 공기 중으로 들어간다. 광선의 경로는 가역적이므로(스넬의 법칙은 오가는 두 방향 모두에 적용되므로), 물 위에서 오는 빛은 동일한 경로를 따라 물고기에 의해 감지된다. 물에 대한 임계각인 48.6°에서는 물밑으로부터 오는 빛은 꺾여서 표면을 따라 진행한다. 따라서 같은 경로를 거꾸로 거슬러오는 빛은 물고기의 눈으로 굴절되어 오기 전에 수면을 따라 스쳐나오는 것만 볼 수 있다. 임계각인 48.6°보다 큰 각에서는, 수면을 향해 발사된 광선은 연못의 바닥으로 완전히 반사된다. 경로를 거꾸로 하면, 물고기는 반사된 바닥의 물체를 보게 된다.

22.6.1 섬유 광학 Fiber Optics

내부 전반사의 또 다른 흥미로운 응용은 한 장소에서 다른 장소로 빛을 나르는 관으로서 고체 유리나 투명한 플라스틱 막대를 사용하는 것이다. 그림 22.21과 같이, 빛은 완만한 곡선 주위에서까지도 내부 전반사의 결과로 계속하여 막대 내부에서 진행한다. 이러한 도광관(light pipe)으로서 두꺼운 막대보다 가느다란 섬유를 사용한다면 훨씬 유연해진다. 광 전송선으로 평행한 섬유 다발을 사용한다면, 영상을 한 곳에서 다른 곳으로 전달할 수 있다.

그림 22.21 빛이 여러 번의 내부 전반사를 거쳐 구부러진 투명 막대 속을 진행한다.

빛은 광섬유의 옆면에서 전반사되기 때문에 빛의 세기가 줄어드는 일은 거의 없다. 빛의 세기가 줄어드는 것은 주로 광섬유의 양쪽 끝에서 일어나는 반사와 광섬유 구성 물질에 의한 흡수에서 기인한다. 광섬유 장치는 접근이 불가능한 장소에 있는 물체를 관찰할 때 특히 유용하다. 내과 의사들은 흔히 광섬유 도선을 사용함으로써 큰 수술을 시행하지 않고도 의료 문제를 진단하고 치료하는 데 도움을 받는다. 예를 들어, 위 궤양을 관찰하기 위해서는 광섬유 도선을 식도를 통해 위에 밀어 넣으면 된다. 이러한

응용
의료 진단과 수술에 사용되는 섬유 광학

그림 22.22 (a) 수많은 가닥의 유리 광섬유가 원거리 통신망에서 음성, 비디오, 데이터 신호들을 전송하는 데 사용된다. (b) 광섬유를 이용해 레이저를 전송하였다.

응용에 사용하는 도선은 실제로 두 개의 광섬유 선으로 구성되는데, 그중 하나는 조명을 위하여 위 속에 빛을 전달하는 것이고, 다른 하나는 빛이 위 속에서 밖으로 전송되도록 해 주는 것이다. 그 결과로 얻은 영상은 어떤 경우에는 내과 의사가 직접 볼 수도 있지만, 흔히 텔레비전 모니터로 영상을 표시하거나 디지털 형태로 저장한다. 유사한 방법으로 광섬유 도선은 결장을 검사하거나 크게 절개하지 않고도 수술을 수행하는 데 사용될 수 있다.

섬유 광학 분야는 통신 산업 전체에 혁명을 가져왔다. 고속 인터넷 통신, 라디오와 TV 신호, 전화 통화를 전달하기 위하여 수십억 킬로미터의 광섬유가 미국에 가설되었다(그림 22.22). 광섬유로 정보를 실어 나르는 적외선의 진동수가 훨씬 높기 때문에 광섬유는 전선보다 훨씬 많은 용량의 전화 통화나 다른 형태의 통신을 전달할 수 있다. 광섬유는 또한 그 자체가 부도체이고 전자기장이나 전기 '잡음'의 영향을 받지 않기 때문에 구리선에 비해 보다 바람직하다.

22.7 굴절에 의한 상 Images Formed by Refraction

이 절에서는 굴절에 의하여 구면에 상이 어떻게 형성되는지를 알아보도록 하자. 굴절률이 각각 n_1과 n_2인 투명한 두 매질의 경계면이 반지름 R인 구면이다(그림 22.23). 오른쪽에 있는 매질의 굴절률이 왼쪽의 것보다 더 크다($n_2 > n_1$). 이것은 공기 중에서 빛이 유리의 굽은 면이나 어항의 물속으로 들어가는 경우와 같다. 물체의 위치 O에서 나온 광선이 구면에서 굴절하여 상점 I에 모인다. 굴절에 대한 스넬의 법칙과 간단한 기하학을 사용하면, 물체 거리, 상 거리 및 곡률 반지름에 대한 다음의 공식을 얻을 수 있다.

$$\frac{n_1}{p} + \frac{n_2}{q} = \frac{n_2 - n_1}{R}$$

[22.10]

그리고 굴절면의 배율은 다음과 같다.

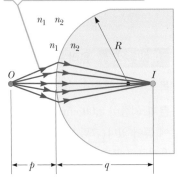

주축과 아주 작은 각을 이루는 광선은 물체점 O에서 나와 상점 I를 지난다.

그림 22.23 구면에서 굴절에 의하여 형성되는 상

표 22.2 굴절면에 대한 부호 규약

물리량	기호	앞면	뒷면	정립상	도립상
물체 거리	p	+	−		
상 거리	q	−	+		
반지름	R	−	+		
상의 크기	h'			+	−

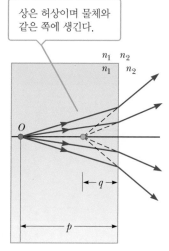

상은 허상이며 물체와 같은 쪽에 생긴다.

그림 22.24 편평한 굴절면에 의하여 형성되는 상

$$M = \frac{h'}{h} = -\frac{n_1 q}{n_2 p} \qquad [22.11]$$

거울과 마찬가지로 상황에 따라 부호 규약을 적용해야 한다. 우선 실상은 굴절에 의하여 빛이 나온 면의 반대쪽에서 형성된다는 것에 유의하자. 반면에 거울의 경우는 반사면과 같은 쪽에 실상이 형성된다. 빛은 거울에서 반사가 되기 때문에 실상은 반드시 빛이 나온 쪽과 같은 쪽에서 만들어진다. 투명한 매질의 경우는 광선이 매질을 통과하여 자연스럽게 반대쪽에 실상을 형성한다. 빛이 나오는 면을 앞면이라 하고, 반대쪽을 뒷면이라 하자. 실상의 위치가 다르기 때문에 q와 R에 대한 굴절 부호 규약은 반사의 경우와는 반대이다. 예를 들면 그림 22.23에서 p, q, R의 부호는 모두 양(+)이다. 구면 굴절면에 대한 부호 규약이 표 22.2에 요약되어 있다.

22.7.1 평면 굴절면 Flat Refracting Surfaces

굴절면이 평면이면 R은 무한대가 되고, 식 22.10은 다음과 같이 된다.

$$\frac{n_1}{p} = -\frac{n_2}{q}$$

$$q = -\frac{n_2}{n_1} p \qquad [22.12]$$

식 22.12로부터 q의 부호는 p의 부호와 반대인 것을 알 수 있다. 따라서 **평면 굴절면에 의해 만들어지는 상은 물체와 같은 쪽에 생긴다.** n_1이 n_2보다 더 큰 경우 허상이 물체와 경계면 사이에 형성된다(그림 22.24). 여기서 $n_1 > n_2$이므로 굴절된 광선은 법선으로부터 멀어진다.

예제 22.4 유리 구 내부 보기

목표 구면 렌즈에 의해 만들어지는 상의 특성을 계산한다.

문제 지름이 2.00 cm인 동전이 반지름이 30.0 cm인 유리 구 안에 들어 있다(그림 22.25). 유리구의 굴절률이 1.50이고, 동전은 유리구의 표면에서 20.0 cm인 곳에 있다. 동전의 상의 위치와 크기를 구하라.

전략 광선이 굴절률이 큰 매질(유리 구)에서 굴절률이 작은 매

질(공기)로 진행하므로, 동전에서 출발한 광선은 구의 표면에서 법선으로부터 멀어지는 쪽으로 굴절하여 발산한다. 상은 유리 구 안에서 만들어지며 허상이다. 식 22.10과 22.11을 이용하면 상의 위치와 배율을 각각 구할 수 있다.

풀이

식 22.10에 $n_1 = 1.50$, $n_2 = 1.00$, $p = 20.0$ cm, $R = -30$ cm를

그림 22.25 (예제 22.4) 유리구 안에 있는 동전은 동전과 유리구의 표면 사이에 허상을 만든다.

대입한다.

$$\frac{n_1}{p} + \frac{n_2}{q} = \frac{n_2 - n_1}{R}$$

$$\frac{1.50}{20.0 \text{ cm}} + \frac{1.00}{q} = \frac{1.00 - 1.50}{-30.0 \text{ cm}}$$

q에 대하여 푼다.

$$q = \boxed{-17.1 \text{ cm}}$$

배율에 대한 식 22.11을 사용하여 상의 크기를 구한다.

$$M = -\frac{n_1 q}{n_2 p} = -\frac{1.50(-17.1 \text{ cm})}{1.00(20.0 \text{ cm})} = \frac{h'}{h}$$

$$h' = 1.28h = (1.28)(2.00 \text{ cm}) = \boxed{2.56 \text{ cm}}$$

참고 q의 부호가 음인 것은 상이 물체와 같은 면(빛이 나온 면)에 있다는 것을 뜻하며, 광선 도표와 일치하며 따라서 상은 허상이 된다. M의 값이 양인 것은 정립이라는 뜻이다.

예제 22.5 **떠 보이는 물고기**

목표 편평한 굴절면에 의해 형성되는 상의 특성을 계산한다.

문제 조그만 물고기가 연못의 수면 아래로 깊이가 d인 곳에서 헤엄치고 있다(그림 22.26). **(a)** 물고기 바로 위에서 볼 때 물고기의 겉보기 깊이는 얼마인가? **(b)** 물고기의 실제 길이가 12 cm라면 상은 얼마로 보이는가?

전략 굴절면이 편평하므로 R은 무한대이다. 따라서 식 22.12를 이용하여 물고기의 겉보기 위치를 계산할 수 있다.

그림 22.26 (예제 22.5) 물고기에 대한 겉보기 깊이 q는 실제 깊이 d보다 얕다.

풀이

(a) 물고기의 겉보기 깊이를 구한다.

$n_1 = 1.33$과 $p = d$를 식 22.12에 대입한다.

$$q = -\frac{n_2}{n_1} p = -\frac{1}{1.33} d = \boxed{-0.752d}$$

(b) 물고기의 상의 크기를 구한다.

식 22.12를 사용하여 배율 공식 22.11에서 q를 소거한다.

$$M = \frac{h'}{h} = -\frac{n_1 q}{n_2 p} = -\frac{n_1\left(-\dfrac{n_2}{n_1} p\right)}{n_2 p} = 1$$

$$h' = h = \boxed{12 \text{ cm}}$$

참고 그림 22.26에서 q의 부호가 음이므로 상은 허상이다. 겉보기 깊이는 실제 깊이의 약 3/4이다. 예를 들어, $d = 4.0$ m이면 $q = -3.0$ m이다.

연습문제

1. 어떤 사람이 마주보는 벽에 평면거울이 있어서 여러 개의 상을 볼 수 있는 방으로 들어갔다. 왼쪽 벽의 거울에서 5.00 ft 오른쪽 벽의 거울에서 10.0 ft 떨어져 있을 때, 왼쪽 거울에 보이는 처음 세 개의 상과 사람 사이의 거리를 구하라.

> 다음에 나오는 문제에는 +, − 부호가 주어지지 않는다. 각각의 양에 대해 올바른 부호를 정하는 것은 문제를 푸는 사람에게 맡긴다. 부호를 정하는 근거는 아래 표에 있는 부호 규약과 문제를 분석하는 방법에 의한다.

거울에 대한 부호 규약

물리량	기호	거울 앞	거울 뒤	정립상	도립상
물체 거리	p	+	−		
상 거리	q	+	−		
초점거리	f	+	−		
상의 크기	h'			+	−
배율	M			+	−

2. 곡률 반지름이 40.0 cm인 오목거울 앞 20.0 cm 되는 곳에 허상이 맺혀 있다. (a) 물체의 위치를 구하라. (b) 거울의 배율은 얼마인가?

3. 초점거리가 15.0 cm인 구면 볼록 거울 뒤 10.0 cm 되는 곳에 상을 형성하려고 한다. (a) 물체를 어디에 두어야 하는가? (b) 거울의 배율은 얼마인가?

4. 오목거울로 된 화장대 앞 25 cm인 곳에서 두 배로 확대된 정립상을 볼 수 있다. 거울의 곡률 반지름은 얼마인가?

5. 면도용 거울 앞 1.52 m인 곳에 서 있는 사람이 거울 앞 18.0 cm인 곳에 자신의 도립상을 만들고 있다. 자신의 턱이 거울에서 두 배로 확대된 정립상을 보려고 한다면 거울에 얼마나 가까이 있어야 하는가?

6. 성분을 알 수 없는 투명한 구로 태양의 상을 구의 반대쪽 면에 나타내려고 한다. 구를 구성하는 물질의 굴절률을 구하라.

7. 한 변의 길이가 50 cm인 정육면체 얼음덩어리가 편평한 마루바닥의 먼지 한 점 위에 놓여 있다. 얼음 덩어리 바로 위에서 내려다 보았을 때 그 먼지 한 점의 위치를 구하라. 얼음의 굴절률은 1.309이다.

8. 높이가 8.00 cm인 물체가 초점거리가 10.0 cm인 수렴렌즈 왼쪽 25.0 cm 되는 곳에 놓여 있다. (a) 상의 위치, (b) 배율, (c) 상의 크기를 구하라. (d) 이 상은 실상인가 허상인가? (e) 정립인가 도립인가?

9. 그림 P22.9에서 렌즈 L_1은 초점거리가 15.0 cm이며 사진기의 필름 앞에 고정되어 있다. 렌즈 L_2는 초점거리가 13.0 cm이며, 필름까지의 거리 d는 5.00 cm에서 10.0 cm 사이로 가변적이다. 물체가 필름 위에 초점이 맺히도록, 사진을 찍을 수 있는 거리의 영역을 정하라.

그림 P22.9

10. 양 오목 렌즈의 두 면의 곡률 반지름이 각각 32.5 cm와 42.5 cm이다. 렌즈 유리의 굴절률은 보라색에 대해 1.53이고 빨간색에 대해서는 1.51이다. 물체가 매우 먼 거리에 있는 경우, (a) 보라색 빛에 의해 생기는 상과 (b) 빨간색 빛에 의해 생기는 상의 위치를 구하라.

파동 광학
Wave Optics

여름 날, 공중을 떠다니는 비눗방울 표면에서 여러 가지 색깔들이 빙빙 돌며 나타난다. 도시의 더러운 물웅덩이 위를 덮고 있는 기름막에서 선명한 무지개가 반사되어 보인다. 자외선 차단 오일을 바른 해안가의 피서객들은 햇빛의 절반을 흡수하는 코팅 선글라스를 끼고 있다. 실험실에서 과학자들은 뜨겁게 달궈진 물질에서 방출되는 빛을 분석하여, 그 물질의 자세한 구성 성분을 결정한다. 세계 도처에 있는 천문대에서는 망원경으로 멀리 떨어져 있는 은하에서 오는 빛을 파장대별로 걸러내어 우주의 팽창 속력을 구한다.

무지개들이 어떻게 생기는지, 파장을 구하는 장치의 원리가 무엇인지를 이해하는 학문의 영역이 바로 파동 광학이다. 빛은 입자로도 볼 수 있고, 파동으로도 볼 수 있다. 앞 장에서 다루었던 기하 광학은 빛의 입자성에 근거한 것이다. 파동 광학은 빛의 파동성에 근거한다. 이 장에서 다루는 주요 내용 세 가지는 간섭, 회절, 편광이다. 이러한 현상들은 광선 개념으로는 적절히 설명할 수 없지만, 빛을 파동으로 본다면 잘 이해할 수 있다.

23.1 간섭 조건 Conditions for Interference

13장에서 역학적인 파동에 대한 간섭을 논의하면서 두 파동이란 합쳐져서 보강될 수도 있고, 상쇄될 수도 있다는 것을 알았다. 보강간섭에서 합성파의 진폭은 개별 파의 진폭보다 큰 반면, 상쇄간섭에서는 작다. 빛도 서로 간섭한다. 근본적으로 광파와 관련된 모든 간섭은 개별 파동을 구성하는 전자기장이 결합할 때 발생한다.

광파에서의 간섭 효과는 광파의 파장($4 \times 10^{-7} \sim 7 \times 10^{-7}$ m)이 짧기 때문에 관측하기가 쉽지 않다. 그러나 다음과 같은 두 조건이 만족되면, 두 광원 사이에서 간섭을 관측할 수 있다.

1. 광원들은 **결맞는**(coherent) 광원이어야 한다. 즉, 광원들에서 방출되는 빛들은 서로 일정한 위상을 유지하여야 한다.
2. 광파들은 동일한 파장을 가져야 한다.

◀ 간섭 조건

간섭이 일어나도록 하기 위해서는 우선 (두 진행파를 만들어내는) 광원들이 있어야 한다. 안정된 간섭무늬를 만들기 위해서는 개별 광들이 서로 동일한 위상을 유지해야 한다. 이러한 광원들을 결맞는 광원이라고 한다. 하나의 증폭기에 의해 작동되는 나란한 두 대의 스피커에서 나오는 음파들은 동시에 같은 방식으로 증폭기에 반응하기 때문에 위상이 같아서 간섭이 일어난다.

그러나 나란히 있는 두 광원에 의해서는 간섭 효과가 나타나지 않는다. 이것은 한 광원에서 나오는 광파가 다른 광원에서 나오는 광파와 서로 무관하기 때문이다. 그러므로 두 광원에서 나오는 광파는 관측 시간 동안 서로 간에 일정한 위상을 유지하지 못한다. 일반적으로 광원은 10^{-8} s마다 위상이 제멋대로 변한다. 따라서 보강간섭, 상쇄간섭, 이들의 중간 상태에 대한 조건들은 10^{-8} s 정도의 시간 동안만 유지된다. 사람의 눈은 이러한 짧은 시간 동안의 변화를 감지할 수 없으므로 간섭을 관측할 수 없다. 이러한 광원들을 **결맞지 않은**(incoherent) 광원이라고 말한다.

두 개의 결맞는 광원을 만드는 고전적인 방법은 단일 파장(단색) 광원에서 나오는 빛을 하나의 좁은 슬릿을 통과하도록 한 다음, 그 빛을 두 개의 좁은 슬릿이 있는 스크린에 통과시키는 것이다. 첫 번째 슬릿은 두 슬릿에 결맞는 빛을 비추도록 하기 위한 단일 파면을 만들어내는 데 필요하다. 두 슬릿에서 나오는 빛은 원래 단일 광원에서 나왔으므로 결맞는다. 슬릿은 단지 원래 광선을 둘로 나누는 역할만을 할 뿐이다. 광원에서 나오는 빛이 제멋대로 변한다 해도, 이는 동시에 두 슬릿에서 나누어진 빛들에 대해서도 똑같이 나타나므로 간섭 현상을 관측할 수 있다.

최근에는 간섭을 보여주는 결맞는 광원으로 레이저를 많이 사용한다. 레이저는 지름이 수 밀리미터를 넘지 않는 강하면서도 결맞는 단색 광선을 만들어낸다. 그러므로 환하게 밝은 방에서도 레이저를 다중 슬릿에 비추면 간섭 효과를 쉽게 관측할 수 있다.

23.2 영의 이중 슬릿 실험 Young's Double-Slit Experiment

1801년 영(Thomas Young)은 두 광원에서 나오는 광파들을 이용하여 최초로 간섭 현상을 보여주었다. 그림 23.1a는 이 실험에서 사용된 장치의 개략도이다(영은 원래의 실험에서 슬릿이 아닌 바늘구멍을 사용하였다). 좁은 슬릿 S_0가 있는 스크린에 빛

그림 23.1 (a) 영의 이중 슬릿 실험의 개략도. 좁은 슬릿은 광원의 역할을 한다. 슬릿 S_1과 S_2는 스크린 C에 간섭무늬를 만드는 결맞는 광원과 같다. (그림은 실제 비율과 다름) (b) 스크린 C에 나타난 간섭무늬는 이와 같이 밝고 어두운 줄무늬로 보인다.

을 비추면, 이 슬릿에서 나오는 광파들은 두 개의 나란한 좁은 슬릿 S₁과 S₂가 있는 두 번째 스크린에 도달한다. 이 두 슬릿에서 나오는 빛들은 동일한 파면을 갖기 때문에 언제나 위상이 일치하여 한 쌍의 결맞는 광원이 된다. 두 슬릿에서 나온 빛들은 스크린 *C* 에 **간섭무늬**(fringes)라고 부르는 밝고 어두운 줄무늬를 만든다(그림 23.1b). 슬릿 S₁ 과 S₂에서 나오는 빛들이 스크린 위의 한 지점에 도달하여 보강간섭을 일으키면 밝은 간섭무늬를 볼 수 있다. 두 슬릿에서 나온 빛들이 스크린 위의 한 지점에서 상쇄간섭을 일으키면 어두운 간섭무늬가 나타난다. 그림 23.2는 두 결맞는 파원에 의해 수조에서 생기는 간섭무늬 사진이다.

그림 23.3은 그림 23.1의 스크린 *C*에서의 두 광파가 만나는 몇 가지 방법에 대한 개략도이다. 그림 23.3a에서 같은 위상으로 슬릿을 떠난 두 광파가 스크린의 중앙에 있는 점 *P*에서 만난다. 이 두 광파는 같은 거리를 진행하였기 때문에 점 *P*에서 위상이 일치하여 보강간섭을 일으키게 되고, 따라서 밝은 간섭무늬를 볼 수 있다. 그림 23.3b 에서 두 광파는 역시 같은 위상으로 떠나지만, 위쪽 광파가 스크린 상의 점 *Q*에 도달하기 위해서는 한 파장을 더 진행해야 한다. 따라서 위쪽 광파가 정확히 한 파장만큼 아래쪽 광파보다 뒤늦게 도달하므로, 두 광파는 여전히 *Q*에서 위상이 일치된 상태로 만나며 그 결과 이 위치에서 두 번째 밝은 무늬가 나타난다. 이제 그림 23.3c에서 P와 *Q* 사이에 있는 점 *R*을 생각하자. *R*에서 위쪽 광파는 1/2 파장 늦게 아래쪽 광파와 만난다. 이것은 아래쪽 파동의 골이 위쪽 파동의 마루와 겹쳐진다는 것을 뜻하게 되므로 상쇄간섭이 일어난다. 결과적으로 *R*에서는 어두운 무늬가 관측된다.

그림 23.4를 이용하여 영의 간섭 실험을 정량적으로 기술할 수 있다. 스크린 위에 한 점 *P*가 있다고 하자. 관측용 스크린은 슬릿 S₁과 S₂가 있는 슬릿판으로부터 수직 거리 *L*만큼 떨어진 곳에 있다. 슬릿 S₁과 S₂ 사이의 거리는 *d*이다. r_1과 r_2는 두 슬릿에서 마지막 관측용 스크린 상의 한 지점까지의 거리이다. 슬릿 S₁과 S₂에서 나오는 광파들은 진동수와 진폭이 같고 위상이 일치한다고 하자. 스크린 점 *P*에서의 빛의 세기는 두 슬릿에서 나온 빛들이 합성된 결과이다. 그러나 아래쪽 슬릿에서 나온 광파는 위쪽

그림 23.2 수면파의 간섭무늬는 수면에 있는 두 진동원에 의해서 생긴다. 간섭무늬는 영의 이중 슬릿 실험에서 관측된 것과 유사하다. 보강간섭과 상쇄간섭이 일어나는 영역을 주의 깊게 살펴보자.

경로 거리가 같아지는 점 *P* 에서 파동의 위상이 같아서 보강간섭이 일어난다.

경로 길이가 한 파장만큼 차이가 나는 점 *Q*에서도 파동의 위상이 같아서 보강간섭이 일어난다.

경로 길이가 반 파장만큼 차이가 나는 점 *R*에서는 180°의 위상차가 생겨서 상쇄간섭이 일어난다.

그림 23.3 슬릿에서 나온 파동이 스크린의 여러 점에서 더해진다. (그림은 실제 비율과 다름)

그림 23.4 영의 이중 슬릿 실험을 설명하는 기하학적 구조. (그림은 실제 비율과 다름)

그림 23.4 영의 이중 슬릿 실험을 설명하는 기하학적 구조. (그림은 실제 비율과 다름)

슬릿에서 나온 광파보다 $d \sin \theta$만큼 더 진행한다. 이 거리를 **경로차**(path difference) δ(그리스 소문자 델타)라 하며 다음과 같다.

경로차 ▶

$$\delta = r_2 - r_1 = d \sin \theta \qquad \text{[23.1]}$$

식 23.1은 두 광파가 평행하게 진행한다는 가정 하에서 나온 것인데, 이는 L이 d보다 훨씬 더 클 때 근사적으로 성립한다. 앞서 언급했듯이 이 경로차는 두 광파가 P에서 만날 때 위상이 일치하는지, 안 하는지를 정하는 데 이용된다. 만일 경로차가 영이거나 파장의 정수배이면 두 광파는 P에서 위상이 일치되어 보강간섭이 일어난다. 그러므로 P에서 밝은 간섭무늬, 즉 **보강간섭**(constructive interference)에 대한 조건은 다음과 같다.

보강간섭 조건(2중 슬릿) ▶

$$\delta = d \sin \theta_{\text{밝은}} = m\lambda \qquad m = 0, \pm 1, \pm 2, \ldots \qquad \text{[23.2]}$$

여기서 m을 **차수**(order number)라 한다. $\theta_{\text{밝은}} = 0 (m = 0)$인 중앙의 밝은 무늬를 0차 극대라 한다. 양쪽에 있는 $m = \pm 1$인 첫 번째 극대를 1차 극대라 하며, 다른 극대는 그에 대응하는 차수의 극대로 부른다.

δ가 $\lambda/2$의 홀수배일 때, P에 도달하는 두 광파는 180°의 위상차를 보이며 상쇄간섭이 일어난다. 그러므로 P에서 어두운 간섭무늬, 즉 **상쇄간섭**(destructive interference)에 대한 조건은 다음과 같다.

상쇄간섭 조건(2중 슬릿) ▶

$$\delta = d \sin \theta_{\text{어두운}} = \left(m + \tfrac{1}{2}\right)\lambda \qquad m = 0, \pm 1, \pm 2, \ldots \qquad \text{[23.3]}$$

만일 이 식에서 $m = 0$이라면 경로차는 $\delta = \lambda/2$가 되며, 이는 중앙의 밝은 극대를 중심으로 양쪽 방향 중 한쪽에서 최초로 나타나는 어두운 간섭무늬의 위치에 대한 조건이다. 마찬가지로, $m = 1$이라면 경로차는 $\delta = 3\lambda/2$가 되며, 이는 중앙을 중심으로 양쪽 중 한쪽 방향에서 두 번째로 나타나는 어두운 간섭무늬의 조건이다.

O에서 P까지 수직으로 측정한 밝고 어두운 간섭무늬들의 위치에 대한 표현식은 아주 쓸모가 많다. $L \gg d$라는 가정에 $d \gg \lambda$를 추가한다. 이러한 가정들은 실제로 L이

대개는 1미터 정도이고, d는 밀리미터 정도, λ는 마이크로미터 정도이기 때문에 타당하다. 이러한 조건 하에서 θ는 작기 때문에 $\sin \theta \cong \tan \theta$라는 근사식을 이용할 수 있다. 그러면 그림 23.4의 삼각형 OPQ로부터 다음과 같은 결과를 얻는다.

$$y = L \tan \theta \approx L \sin \theta \qquad \text{[23.4]}$$

식 23.2를 $\sin \theta$에 대하여 풀고, 이 결과를 식 23.4에 대입하면 O에서부터 측정한 밝은 간섭무늬들의 위치는

$$y_{밝은} = \frac{\lambda L}{d} m \qquad m = 0, \pm 1, \pm 2, \dots \qquad \text{[23.5]}$$

가 된다. 식 23.3과 23.4를 이용하면 어두운 간섭무늬들의 위치는

$$y_{어두운} = \frac{\lambda L}{d}\left(m + \tfrac{1}{2}\right) \qquad m = 0, \pm 1, \pm 2, \dots \qquad \text{[23.6]}$$

가 된다.

예제 23.1과 같이 영의 이중 슬릿 실험을 이용하면 빛의 파장을 구할 수 있다. 실제로 영은 이 방법을 이용하여 빛의 파장을 측정하였다. 또한 영의 실험은 빛의 파동 모형에 큰 신뢰성을 주었다. 어두운 간섭무늬를 설명했던 방식대로, 슬릿을 통하여 나온 빛 입자들이 서로 소거되는 일이 발생하리라는 것은 있을 수 없는 일이다.

> **Tip 23.1** 작은 각 근사: 크기의 문제!
>
> 작은 각 근사 $\sin \theta \cong \tan \theta$는 약 $3°$ 이하의 각에 대하여 세 자리 숫자까지는 정확하다.

예제 23.1 광원에서 나오는 빛의 파장 측정

목표 결맞는 빛의 파장을 측정하는 데 영의 실험이 어떻게 이용되는지 알아본다.

문제 스크린이 이중 슬릿 광원으로부터 1.20 m 떨어져 있다. 두 슬릿 사이의 간격은 0.030 0 mm이다. 2차 밝은 간섭무늬($m = 2$)가 중심선으로부터 4.50 cm 떨어진 곳에 나타났다. **(a)** 빛의 파장을 구하라. **(b)** 이웃한 밝은 간섭무늬들까지의 거리는 얼마인가?

전략 식 23.5는 밝은 간섭무늬들의 위치와 빛의 파장을 포함한 여러 가지 변수들 사이의 관계를 나타낸다. 이 식에 값들을 대입하고 λ에 대해 푼다. y_{m+1}과 y_m 사이의 차는 밝은 간섭무늬들 사이의 거리에 대한 일반적인 표현식에서 나온다.

풀이

(a) 빛의 파장을 결정한다.
파장에 대해서 식 23.5를 풀고, $m = 2$, $y_2 = 4.50 \times 10^{-2}$ m, $L = 1.20$ m, $d = 3.00 \times 10^{-5}$ m를 대입한다.

$$\lambda = \frac{y_2 d}{mL} = \frac{(4.50 \times 10^{-2}\,\text{m})(3.00 \times 10^{-5}\,\text{m})}{2(1.20\,\text{m})}$$

$$= 5.63 \times 10^{-7}\,\text{m} = \boxed{563\ \text{nm}}$$

(b) 이웃한 밝은 간섭무늬 사이의 거리를 결정한다.
식 23.5를 이용하여 임의의 이웃한 두 밝은 간섭무늬들 사이의 거리를 구한다(여기서 이 값은 m과 $m + 1$으로 나타낸다).

$$\Delta y = y_{m+1} - y_m = \frac{\lambda L}{d}(m + 1) - \frac{\lambda L}{d} m = \frac{\lambda L}{d}$$

$$= \frac{(5.63 \times 10^{-7}\,\text{m})(1.20\,\text{m})}{3.00 \times 10^{-5}\,\text{m}} = \boxed{2.25\ \text{cm}}$$

참고 이 계산에서 작은 각 근사가 암암리에 사용되었기 때문에 이 계산은 각 θ에 달려있다. 밝은 간섭무늬들의 위치를 측정하면 파장을 구할 수 있는데, 이는 현대물리학을 취급할 때 논의하겠지만 원자론적으로 접근해야 한다. 이 때문에 이 측정은 원자의 세계를 열어주는 역할을 한다.

직접 광선(빨간색)과 반사 광선 (파란색)이 스크린 상의 점 P 에서 더해져서 간섭무늬를 형성 한다. 반사 광선은 반사할 때 $180°$의 위상 변화가 생긴다.

그림 23.5 로이드 거울

23.3 반사에 의한 위상 변화 Change of Phase Due to Reflection

결맞는 두 광원을 만들어내는 영의 실험에서는 한 쌍의 슬릿을 단일 광원으로 비추고 있다. 단일 광원으로 간섭무늬를 만들어내는 간단하면서도 독창적인 또 다른 광학적 배치는 **로이드 거울**(Lloyd's mirror)이다. 그림 23.5와 같이 점광원이 거울 가까운 곳 점 S에 있다. 광파는 직접 경로인 S에서 P, 혹은 거울 반사를 통해서 가는 경로중 하나를 지나 관측점 P에 도달한다. 반사 광선은 거울 뒤쪽에 있는 S′에서 나오는 광선으로 취급할 수 있다. S의 상인 광원 S′은 허광원으로 생각할 수 있다.

광원에서 멀리 떨어져 있는 곳에서 마치 실제 결맞는 광원들에서 나오는 것처럼 S와 S′으로부터 나오는 광파들 때문에 생긴 간섭무늬를 볼 수 있다. 그러나 어두운 간섭무늬와 밝은 간섭무늬의 위치는 실제 두 결맞는 광원에 의한 간섭무늬(영의 간섭 실험)의 위치들과는 서로 뒤집혀져 있다. 이것은 광원 S′가 거울 반사로 인해 위상 변화가 생겨 $180°$만큼 달라졌기 때문이다.

더 많은 지점에 대하여 알아보기 위하여 거울과 스크린이 교차하는 점 $P′$을 생각 하자. 이 점은 S와 S′으로부터 같은 거리에 있다. 위상차에 의해서만 경로차가 일어난다면 $P′$에서는 (이 점에서는 경로차가 영이므로) 밝은 간섭무늬가 관측될 것이다. 이 점은 이중 슬릿 실험에서는 중앙의 간섭무늬에 대응한다. 그러나 거울 반사 때문에 $180°$의 위상 변화가 생긴다는 결론에 의해 P에서 어두운 간섭무늬가 관측된다. 일반적으로 **전자기파는 진행하고 있는 매질보다 큰 굴절률을 가진 매질에서 반사될 때 $180°$의 위상 변화가 일어난다.**

반사된 광파와 잡아당겨진 줄에서의 횡파가 경계면에 부딪혀 생긴 반사파 사이의 유사성이 그림 23.6에 나타나 있다. 줄에서 반사된 펄스가 보다 밀한 줄과 연결된 경계면에서 반사되거나 단단한 벽에서 반사될 때는 $180°$의 위상 변화가 생기지만, 보다 소한 줄과 연결된 경계면에서 반사될 때는 위상 변화가 없다. 이와 마찬가지로 전자기파도 그 전자기파를 전파하는 매질보다 더 큰 굴절률의 매질과 만나는 경계면에서 반사되면 $180°$의 위상 변화가 일어나지만, 작은 굴절률의 매질로 된 경계면에서 반사될 때

그림 23.6 광파와 줄 위에서의 파동의 반사를 비교해 보기

는 위상 변화가 일어나지 않는다. 한편 경계면을 지나가는 투과파는 어떤 경우에도 위상 변화는 없다.

23.4 회절 Diffraction

영의 이중 슬릿 실험에서처럼 한 빛살이 두 슬릿에 입사한다고 하자. 그림 23.7a와 같이 빛이 슬릿을 통과한 후 직선 경로를 따라 진행한다면 그 광파들은 겹쳐지지 않을 것이며, 따라서 간섭무늬도 나타나지 않을 것이다. 반면, 하위헌스의 원리에 의하면 광파들은 그림 23.7b와 같이 슬릿으로부터 퍼져나간다. 다시 말해 빛은 직선경로에서 구부러져 어두운 영역으로 들어간다. 이렇게 빛이 처음의 진행 경로로부터 퍼져나가는 현상을 **회절**(diffraction)이라 한다.

일반적으로 회절은 광파가 작은 구멍이나 장애물 주위, 날카로운 모서리를 지날 때 생긴다. 예를 들어, 멀리 떨어져 있는 광원과 스크린 사이에 좁은 단일 슬릿을 놓으면 그림 23.8과 같은 회절 무늬가 생긴다. 이 회절 무늬는 넓고 밝은 중앙 띠와 이 주변에 차례로 위치하는 더 좁고 덜 밝은 2차 띠(**2차 극대**라 함)들과 일련의 어두운 띠(**극소**)들로 되어 있다. 이러한 현상은 직진하는 광선이 스크린 위에 또렷한 슬릿의 상을 만든다고 하는 기하 광학의 틀 내에서는 설명할 수가 없다.

그림 23.9는 작은 동전에 의한 회절 무늬와 그림자이다. 이 회절 무늬는 그림자와 중심부의 밝은 점, 그리고 그림자 가장자리 근처에 보이는 일련의 밝고 어두운 원무늬들로 구성되어 있다. 프레넬(Augustin Fresnel)의 빛의 파동론에 의하면, 중앙의 밝은 점(밝은 프레넬 점이라 함)은 작은 동전에 의한 회절광이 이 중심부에서 보강간섭되기 때문에 나타나는 것이다. 기하학적인 관점에서 보면 회절 무늬의 중심은 작은 동전에 의해 완전히 가려지기 때문에, 밝은 점이 나타나지 말아야 한다.

회절의 한 종류인 **프라운호퍼 회절**(Fraunhofer diffraction)은 광선이 회절 물체에 평행하게 나갈 때 생긴다. 프라운호퍼 회절은 실험적으로 그림 23.10a와 같이 관측용 스크린을 슬릿에서 멀리 떨어진 위치에 놓거나 볼록 렌즈를 이용하여 가까이 있는 스크린에 평행 광선들을 모이게 함으로써 볼 수 있다. 밝은 무늬들은 $\theta = 0$의 축에서 나

좁은 슬릿을 통과하는 빛은 이런 모습으로 나타나지 않는다.

좁은 슬릿을 통과하는 빛은 회절한다.

그림 23.7 (a) 빛이 슬릿을 통과한 후 퍼져나가지 않으면 간섭은 일어나지 않는다. (b) 두 슬릿에서 나온 빛이 퍼져나가면서 중첩되고, 빛은 어두운 부분일 것이라 기대되는 곳을 채우면서 간섭무늬를 만든다.

그림 23.8 빛이 좁은 수직 슬릿을 통과할 때 스크린에 나타나는 빛의 회절 무늬. 중앙에는 넓은 띠무늬가 있고 가장자리에는 밝기가 약하고 좁은 띠무늬들이 있다.

Reprinted with permission from P.M. Rinard, American Journal of Physics Volume 44, January 1976, pages 70-76. Copyright 1976, American Association of Physics Teachers

그림 23.9 광원과 스크린 사이에 놓인 작은 동전에 의한 회절 무늬. 중심에 밝은 점이 있다.

그림 23.10 (a) 단일 슬릿에 의해 형성된 프라운호퍼 회절 무늬. 평행 광선은 볼록렌즈에 의해 스크린에 모인다. 간섭무늬는 중앙 극대의 밝은 부분과 그 양쪽에 좁고 덜 밝은 무늬로 구성되어 있다. (그림은 실제 비율과 다름) (b) 단일 슬릿에 의한 프라운호퍼 회절 무늬 사진

타나며, 이 중심의 밝은 간섭무늬의 양쪽으로는 밝고 어두운 간섭무늬가 교대로 나타난다. 그림 23.10b는 단일 슬릿에 의한 프라운호퍼 회절 무늬를 보여주는 사진이다.

23.5 단일 슬릿 회절 Single-Slit Diffraction

지금까지는 슬릿을 무시할 수 있는 너비를 가진 선광원으로 취급하였다. 그러나 이 절에서는 단일 슬릿에 의해 나타나는 프라운호퍼 회절 무늬의 성질을 이해하기 위해 너비가 영이 아니라고 하겠다.

그림 23.11과 같이 슬릿의 여러 부분에서 나오는 광파들을 살펴보면 이 문제의 중요한 개념을 유도할 수 있다. 하위헌스의 원리에 의하면 **슬릿의 각 점들은 점 파원으로 작용한다. 그러므로 슬릿의 한 부분에서 나오는 광파는 다른 부분에서 나오는 광파와 간섭을 일으킬 수 있다.** 그리고 스크린에 나타나는 합성파의 세기는 방향 θ에 따라 달라진다.

회절 무늬를 분석하기 위해서는 그림 23.11과 같이 슬릿을 반으로 나누는 것이 편리하다. 슬릿에서 나오는 모든 광파들의 위상은 일치한다. 슬릿의 중심과 아래쪽에서 나오는 광파 1과 3을 살펴보자. 광파 1은 광파 3보다 경로차 $(a/2)\sin\theta$만큼 더 많이 진행한다. 여기서 a는 슬릿의 너비이다. 마찬가지로 광파 3과 5의 경로차도 $(a/2)\sin\theta$이다. 이 경로차가 정확히 파장의 1/2(180° 위상차에 해당하는)이라면, 두 광파는 서로 상쇄되어 상쇄간섭을 일으킨다. 실제로 이것은 슬릿 너비의 1/2만큼 떨어진 두 지점에서 나오는 광파들에 대하여 위상차가 180°이기 때문에 사실이다. 그러므로

$$\frac{a}{2}\sin\theta = \frac{\lambda}{2}$$

또는

$$\sin\theta = \frac{\lambda}{a}$$

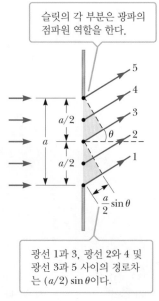

슬릿의 각 부분은 광파의 점파원 역할을 한다.

광선 1과 3, 광선 2와 4 및 광선 3과 5 사이의 경로차는 $(a/2)\sin\theta$이다.

그림 23.11 너비가 a인 좁은 슬릿에 의한 회절. (그림은 실제 비율과 다르며, 광파들은 먼 점에 수렴되는 것으로 가정한다.)

일 때, 슬릿의 위쪽 절반에서 나오는 광파들은 아래쪽에서 나오는 광파들과 상쇄간섭을 일으킨다.

만일 슬릿을 둘이 아닌 넷으로 나누고 위와 같은 방식으로 다루면, 다음과 같은 경우에 어두운 무늬가 나타난다.

$$\sin\theta = \frac{2\lambda}{a}$$

계속해서 슬릿을 여섯으로 나누면,

$$\sin\theta = \frac{3\lambda}{a}$$

일 때 어두운 무늬가 나타난다.

그러므로 너비가 a인 단일 슬릿에 대한 **상쇄간섭** 조건은 일반적으로

$$\sin\theta_{어두운} = m\frac{\lambda}{a} \qquad m = \pm 1, \pm 2, \pm 3, \ldots \qquad [23.7]$$

이 된다.

식 23.7에서는 회절 무늬의 세기가 영이 되는, 즉 어두운 무늬가 나타나는 각도 θ를 알 수 있다. 이 식으로부터는 스크린 상에 나타나는 세기의 변화를 알 수 없다. 스크린 상에 나타나는 일반적인 세기 분포는 그림 23.12와 같다. 너비가 넓고 밝은 중심부의 간섭무늬 주위로는 덜 밝은 무늬와 어두운 무늬가 교대로 펼쳐져 있다. 어두운 무늬들 (세기가 0인 지점들)은 식 23.7을 만족하는 각 θ에서 일어난다. 보강간섭의 위치들은 근사적으로 어두운 무늬 사이의 중앙에 있다. 중심부의 밝은 무늬의 너비가 밝기가 더약한 $m > 1$인 극대 위치에 생기는 무늬의 너비의 두 배이다.

그림 23.12 너비가 a인 단일 슬릿이 만드는 프라운호퍼 회절 무늬에서 극소점의 위치. (그림은 실제 비율과 다름)

Tip 23.2 비슷하지만 다른 식

식 23.2와 식 23.11은 같은 모양이지만, 의미는 서로 다르다. 식 23.2는 이중 슬릿의 간섭무늬에서 밝은 부분을 기술하고, 식 23.11은 단일 슬릿의 간섭무늬에서 어두운 부분을 기술한다.

예제 23.2　**단일 슬릿 실험**

목표 단일 회절 슬릿에서 어두운 무늬의 위치를 구한다.

문제 너비가 0.300 mm인 슬릿에 파장이 5.80×10^2 nm인 빛을 비추었다. 스크린이 슬릿으로부터 2.00 m 거리에 있을 때, 첫 번째 어두운 무늬의 위치와 중앙의 밝은 무늬의 너비를 각각 구하라.

전략 이 문제에서 첫 번째 어두운 무늬의 각도에 대한 사인값을 구하기 위해 식 23.7에 주어진 값들을 대입한다. 위치는 작은 각에 대하여 $\sin\theta \approx \tan\theta$이므로 탄젠트 함수를 이용해도 된다. 중

앙 극대의 너비는 이러한 두 어두운 무늬들 사이로 정의된다.

풀이

$m = \pm 1$에 대응되는 중앙의 밝은 무늬 양쪽에 생기는 첫 번째 어두운 무늬는 식 23.7을 이용하여 계산한다.

$$\sin\theta = \pm\frac{\lambda}{a} = \pm\frac{5.80 \times 10^{-7}\,\text{m}}{0.300 \times 10^{-3}\,\text{m}} = \pm 1.93 \times 10^{-3}$$

그림 23.12의 삼각형에서 간섭무늬의 위치와 탄젠트 함수와의 관계를 알아낸다.

$$\tan \theta = \frac{y_1}{L}$$

θ가 매우 작으므로 $\sin \theta \approx \tan \theta$의 근사를 이용하여 y_1에 대하여 푼다.

$$\sin \theta \approx \tan \theta \approx \frac{y_1}{L}$$

$$y_1 \approx L \sin \theta = (2.00 \text{ m})(\pm 1.93 \times 10^{-3}) = \boxed{\pm 3.86 \times 10^{-3} \text{ m}}$$

양과 음의 1차 극대 사이의 거리를 계산한다. 이 값이 중앙 극대의 너비이다.

$$w = +3.86 \times 10^{-3} \text{ m} - (-3.86 \times 10^{-3} \text{ m}) = \boxed{7.72 \times 10^{-3} \text{ m}}$$

참고 w는 슬릿의 너비보다 훨씬 크다. 그러나 슬릿의 너비를 점점 크게 하면 회절 무늬의 너비는 점점 좁아지고, 이에 대응하는 θ도 더 작아진다. 사실상 a값이 크면 극대, 극소는 아주 가까워져서 오직 중앙부의 밝은 무늬만 보이게 되므로 결국 기하학적인 상과 유사해진다. 슬릿의 너비가 증가하면 기하학적인 상의 너비도 증가한다. 따라서 가장 좁은 상은 기하학적인 상의 너비와 회절 무늬의 너비가 같을 때이다.

23.6 회절격자 Diffraction Gratings

회절격자는 광원을 분석하는 데 매우 유용한 장치로 일정한 간격으로 된 아주 많은 평행 슬릿들로 이루어져 있다. 회절격자는 유리판 위에 정교한 기계로 평행선을 그어 만든다. 이 선들 사이에 있는 금이 그어지지 않은 깨끗한 부분이 슬릿의 역할을 한다. 전형적인 회절격자는 센티미터당 수천 개의 선을 가지고 있다. 예를 들어, 5 000라인/cm인 회절격자의 간격은 그 역수와 같다. 즉, $d = (1/5\ 000) \text{ cm} = 2 \times 10^{-4} \text{ cm}$이다.

그림 23.13은 평면형 회절격자의 단면도에 대한 개략도이다. 평면파가 회절격자의 왼쪽에서 격자면에 수직으로 입사하고 있다. 스크린 상의 회절 무늬의 세기는 간섭과 회절의 복합적인 결과이다. 각 슬릿은 회절을 일으킨다. 이 회절된 빛살은 다른 회절된 빛살과 간섭무늬를 일으킨다. 게다가 각 슬릿은 광파의 광원 역할을 한다. 모든 광파는 슬릿에서 위상이 일치된 상태로 떠난다. 그러나 수평선에서 측정한 임의의 각도 θ로 슬릿을 떠난 빛들은 스크린 상의 특정한 점 P에 도달하기 전에 서로 다른 경로를

그림 23.13 옆에서 본 회절격자의 모습. 슬릿의 너비는 d이고 이웃 슬릿 간의 경로차는 $d \sin \theta$이다.

진행한다. 그림 23.13에서 인접한 두 슬릿에서 나온 광파들 사이의 경로차는 $d \sin \theta$이다. 만일 경로차가 파장의 정수배이거나 같으면 모든 슬릿에서 나오는 광파들은 점 P에서 위상이 같게 되고 밝은 무늬가 관찰된다. 따라서 각도 θ에 대한 간섭무늬의 **극대**(maxima) 조건은 다음과 같다.

$$d \sin \theta_{밝은} = m\lambda \qquad m = 0, \pm1, \pm2, \ldots \qquad [23.8]$$

◀ 회절격자에서 간섭무늬의 극대 조건

극대 회절이 일어나는 각도 이외의 다른 각도에서 나오는 빛은 회절격자의 다른 슬릿에서 나오는 빛과 거의 완벽하게 상쇄간섭한다. 그림 23.14와 같이 이러한 쌍들의 빛은 모두 그 방향에서 거의 없거나 사라진다.

식 23.8을 이용하면 격자 간격과 편향각 θ를 구할 수 있다. 정수 m은 회절 무늬의 **차수**(order number)이다. 입사광이 여러 개의 파장으로 이루어져 있다면, 각 파장의 빛들은 식 23.8을 만족하는 특정한 각도로만 편향될 것이다. 모든 파장의 빛들은 $m = 0$에 해당하는 $\theta = 0$에 모인다. 이 지점을 0차 극대라 한다. 1차 극대는 $m = 1$에 해당하는 $\sin \theta = \lambda/d$를 만족하는 각도에서 관측되며, 2차 극대는 $m = 2$에 해당하는 보다 더 큰 각도에서 관측된다. 그림 23.14는 회절격자에 의해 생기는 몇 개의 차수에 대한 세기 분포를 나타낸다. 넓고 밝은 간섭무늬를 나타내는 이중 슬릿의 간섭무늬와는 달리, 회절무늬는 날카로운 극대와 넓은 범위의 어두운 영역으로 이루어져 있음에 주목하라.

회절격자를 이용하여 간섭무늬가 나타나는 각도를 측정할 수 있는 간단한 장치가 그림 23.15에 있다. 빛은 슬릿을 통과하여 시준기 렌즈에 의해 평행광이 된다. 이 빛은 90°로 회절격자에 입사된다. 회절광은 식 23.8을 만족하는 각도로 격자에서 회절된다. 망원경을 이용하여 슬릿의 상을 관측한다. 여러 차수에서 나타나는 슬릿 상의 각도를 측정하면 파장을 구할 수 있다.

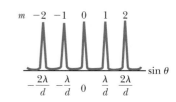

그림 23.14 회절격자에서 $\sin \theta$에 대한 회절 무늬의 세기. 0차, 1차, 2차 주 극대를 나타낸다.

23.6.1 회절격자를 이용하여 CD 읽어내기 Use of a Diffraction Grating in CD Tracking

CD 플레이어가 소리를 잘 재생시키려면 레이저 빔이 나선형 정보 트랙을 정확하게 읽어야 한다. 그러나 때때로 레이저 빔은 트랙에서 벗어나는데, 이때 이를 인식할 수 있는 자동 제어 장치가 없다면 음질은 크게 떨어진다.

그림 23.16은 3빔 방식 회절격자를 이용한 레이저의 트랙 추적 방법을 보여주고 있

응용

CD에서의 정보 추적

그림 23.15 회절격자 분광기. 격자에 입사하는 평행광선은 $d \sin \theta = m\lambda$를 만족하는 각 θ에서 여러 가지 차수로 회절된다. 여기서 $m = 0, \pm1, \pm2, \ldots$이다.

그림 23.16 CD 플레이어에 있는 레이저 광은 회절격자에 의해서 만들어진 세 개의 광을 사용하여 나선형 궤도를 추적할 수 있다.

다. 회절 무늬의 중앙 극대는 CD 트랙의 정보를 읽어 들이며, 두 개의 1차 극대는 빔의 방향을 제어한다. 회절격자는 1차 극대가 정보 트랙 양쪽의 매끈한 표면을 비추도록 설계되어 있다. 이 반사되는 두 빔은 각자의 검출기를 갖고 있는데, 모두가 매끈한 표면에서 반사되므로 검출되는 빛의 세기는 같아진다. 그러나 중앙의 빔이 트랙에서 벗어나 두 조정빔 중의 하나가 정보 트랙의 돌출부에 부딪히게 되면 반사되는 빛의 세기가 감소하게 된다. 전자 회로는 이 정보를 이용하여 중앙빔이 원래 위치로 돌아가도록 유도한다.

23.7 빛의 편광 Polarization of Light Waves

21장에서 전자기파의 횡파 특성을 논하였다. 그림 23.17에서 전자기파와 관련된 전기장 벡터와 자기장 벡터는 서로 수직이고, 또한 전자기파의 진행 방향에 수직이다. 이 절에서 논하는 편광 현상은 전자기파가 횡파라는 사실을 확실하게 입증한다.

일반적인 빛살은 광원의 원자나 분자들에서 방출되는 수많은 전자기파로 이루어져 있다. 원자와 연관된 진동하는 전하들은 작은 안테나와 같은 역할을 한다. 각 원자는 그림 23.17과 같이 원자 진동 방향에 대응하여 $\vec{E}$의 방향을 갖는 전자기파를 만들어 낸다. 그러나 모든 방향으로의 진동이 가능하므로 합성 전자기파는 개개 원자 광원들이 만들어내는 전자기파들의 중첩이 된다. 그 결과 그림 23.18a에서 개략적으로 그려져 있는 **편광되지 않은**(unpolarized) 광파가 된다. 이 그림에서 전파 방향은 종이면에 수직이다. 전기장 벡터의 모든 방향이 확률적으로 동등하며 (이 페이지의 종이면과 같은) 진행 방향의 수직인 평면에 놓인다는 것에 주목하라.

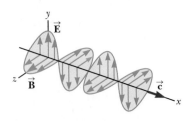

그림 23.17 x축 방향으로 진행하는 편광된 전자기파. 전기장 $\vec{E}$는 xy평면에서 진동하고 자기장 벡터 $\vec{B}$는 xz평면에서 진동한다.

합성 전기장 $\vec{E}$가 그림 23.18b와 같이 특정한 지점에서 항상 같은 방향으로 진동한다면, 이러한 전자기파를 **선형 편광**(linearly polarized)되었다고 한다. [때때로 이러한 전자기파를 평면 편광(plane polarized) 또는 간단히 편광파(polarized)라고 한다.] 그림 23.17에 있는 전자기파는 y 방향으로 선형 편광된 전자기파의 한 예이다. 전자기파가 x 방향으로 진행하므로 $\vec{E}$의 방향은 언제나 y 방향이다. $\vec{E}$와 전파 방향에 의해 형성되는 평면을 파동의 편광면이라 한다. 그림 23.17에서 편광면은 xy면이다.

하나의 면 위에서만 진동하는 전기장 벡터의 빛살을 제외하고 나머지 전기장 벡터의 빛살을 제거함으로써 비편광파로부터 선형 편광파를 만들어낼 수 있다. 이렇게 할 수 있는 세 가지 방법, 즉 (1) 선택적 흡수, (2) 반사, (3) 산란에 대하여 논의한다.

23.7.1 선택적 흡수에 의한 편광 Polarization by Selective Absorption

빨간색 점은 종이면으로부터 나오는 속도 벡터를 나타낸다.

그림 23.18 (a) 종이면에 수직인 진행 방향에서 본 편광되지 않은 광선. 횡방향의 전기장 벡터는 모든 방향에 대하여 같은 확률로 진동한다. (b) 연직 방향으로 진동하는 전기장 벡터를 갖는 선형 편광된 광선

빛을 편광시키는 가장 일반적인 방법은 어떤 특정한 방향에 대하여 평행한 면으로 진동하는 전기장 벡터를 갖는 전자기파는 투과시키면서, 이 전기장 벡터에 수직으로 진동하는 전기장 벡터를 갖는 전자기파는 흡수하는 물질을 이용하는 것이다.

1932년 랜드(E. H. Land)는 방향성이 있는 분자들에 의한 선택적 흡수를 통해 빛을 편광시키는 **폴라로이드**(Polaroid)라고 하는 물질을 발견하였다. 이 물질은 긴 사슬

편광자는 투과축을 따라 입사하는 빛만 편광시킨다.

검광자는 그 축에 평행한 빛의 성분만 통과시킨다.

편광되지 않은 빛

투과축 편광된 빛

$\vec{E}_0$

θ

그림 23.19 투과축이 서로 θ의 각을 이루고 있는 두 개의 편광판. 검광자에 들어온 편광된 빛의 일부만이 검광자를 통과한다.

형태의 탄화수소로 된 얇은막을 잡아당겨 분자를 정렬시켜 만든다. 이 막을 아이오딘이 들어 있는 용액에 담그면 분자들은 좋은 전도체가 된다. 그러나 분자의 가전자들은 고분자 사슬을 따라 쉽게 이동할 수 있으므로, 일차적으로는 탄화수소 사슬을 따라 전도가 일어난다(가전자란 전도체를 통해 쉽게 이동할 수 있는 자유 전하라는 것을 상기하라). 그 결과 분자들은 분자들의 길이 방향에 평행인 전기장 벡터를 갖는 빛을 쉽게 흡수하고, 수직 방향의 전기장 벡터를 갖는 빛은 투과시킨다. 흔히, 분자 사슬에 수직인 방향을 **투과축**(transmission axis)이라고 한다. 이상적인 편광자는 투과축에 평행인 $\vec{E}$를 갖는 모든 빛은 투과시키고, 이 투과축에 수직인 $\vec{E}$를 갖는 모든 빛은 흡수한다.

편광 물질은 그 물질을 통과하는 빛의 세기를 감소시킨다. 그림 23.19에서 편광되지 않은 빛이 **편광자**(polarizer)라고 하는 첫 번째 편광막에 입사되고 있다. 그림에 투과축이 표시되어 있다. 이 막을 통과하는 빛은 수직으로 편광되며, 투과된 전기장 벡터는 $\vec{E}_0$이다. **검광자**(analyzer)라고 하는 두 번째 편광막이 편광자의 축과 θ의 각도로 투과축과 기울어져 있다. 검광자의 투과축에 수직인 $\vec{E}_0$의 성분은 검광자에 의해 모두 흡수 된다. 검광자축에 평행인 $\vec{E}_0$의 성분인 $E_0 \cos\theta$은 검광자를 통과할 수 있다. 투과된 빛의 세기는 진폭 E의 제곱에 따라 변하므로, 검광자를 통과한 (편광된) 빛살의 세기는

$$I = I_0 \cos^2\theta \qquad [23.9]$$

◀ 말뤼스의 법칙

가 된다. 여기서 I_0는 검광자에 입사하는 편광파의 세기이다. 이 식은 **말뤼스의 법칙**(Malus's law)라고 알려져 있는데, 투과축이 서로 각도 θ만큼 기울어져 있는 두 편광 물질에 대하여 적용된다. 식 23.9에서 투과된 빛의 세기는 투과축이 평행($\theta = 0$ 또는 $180°$)일 때 최대이며, 투과축이 서로 수직이면 최소(검광자에 의해 완전히 흡수되므로)가 된다. 한 쌍의 편광판을 통과한 투과광에 대한 세기의 변화를 그림 23.20에서 볼 수 있다.

세기가 I_0인 편광되지 않은 빛이 이상적인 단일 편광자를 통과하면, 통과된 선형 편광파의 세기는 $I_0/2$가 된다. 이것은 $\cos^2\theta$의 평균값이 $1/2$이기 때문에 나오는 말뤼스의 법칙의 결과이다.

그림 23.20 두 편광자를 통과하는 빛의 세기는 편광자의 투과축 사이의 각에 따라 달라진다.

두 편광자의 투과축이 서로 평행일 때 투과광의 세기는 최대가 된다.

투과축이 서로 45°의 각을 이루면 투과광의 세기는 감소한다.

투과축이 서로 90°의 각을 이루면 투과광의 세기는 최소가 된다.

예제 23.3 편광자

목표 편광 물질이 빛의 세기에 미치는 영향을 이해한다.

문제 편광되지 않은 빛이 세 개의 편광자로 입사한다. 첫 번째 편광자는 투과축에 수직이고, 두 번째 편광자는 첫 번째 편광자에 대하여 30.0°만큼 회전해 있으며, 세 번째 편광자는 첫 번째 편광자에 대하여 75.0°만큼 회전해 있다. 최초의 빛의 세기를 I_b라 하면, **(a)** 두 번째 편광자와 **(b)** 세 번째 편광자를 통과한 후의 빛의 세기는 어떻게 될까?

전략 빛살이 첫 번째 편광자를 통과하면 편광이 되면서 세기는 처음 세기의 1/2이 된다. 그 다음 두 번째와 세 번째 편광자에 대하여 말뤼스의 법칙을 적용한다. 말뤼스의 법칙에서 사용되는 각도는 바로 앞에 있는 투과축을 기준으로 하여 적용한다.

....

풀이

(a) 두 번째 편광자를 통과한 후의 빛살의 세기를 계산한다.

입사광의 세기는 $I_b/2$이다. 두 번째 편광자에 말뤼스의 법칙을 적용한다.

$$I_2 = I_0 \cos^2 \theta = \frac{I_b}{2} \cos^2 (30.0°) = \frac{I_b}{2} \left(\frac{\sqrt{3}}{2}\right)^2 = \frac{3}{8} I_b$$

(b) 세 번째 편광자를 통과한 후의 빛살의 세기를 계산한다.

입사광의 세기는 $3I_b/8$이다. 세 번째 편광자에 대하여 말뤼스 법칙을 적용한다.

$$I_3 = I_2 \cos^2 \theta = \frac{3}{8} I_b \cos^2 (45.0°) = \frac{3}{8} I_b \left(\frac{\sqrt{2}}{2}\right)^2 = \frac{3}{16} I_b$$

....

참고 **(b)**에서 사용된 각도는 75.0°가 아닌, 75.0° − 30.0° = 45.0°이다. 편광 물질이 투과된 전기장의 방향을 결정해주므로, 각도는 언제나 바로 앞에 있는 투과축을 기준으로 잰다.

23.7.2 반사에 의한 편광 Polarization by Reflection

편광되지 않은 빛살이 표면에서 반사될 때 반사된 빛은 입사각에 따라 완전 편광, 부분 편광, 또는 편광되지 않는다. 입사각이 0° 또는 90°(수직 또는 수평)라면 반사된 빛살은 편광 되지 않는다. 그러나 0°에서 90° 사이의 입사각에 대해서는 어느 정도 편광된다. 어떤 특정한 입사각에 대해서는 완전히 편광된다.

그림 23.21a와 같이 편광되지 않은 빛살이 표면에 입사한다고 하자. 빛살은 표면에 평행인 전기장 성분(점으로 표시됨)과 이 성분에 수직이면서 전파 방향에 수직인 전기장 성분(주황색의 화살표로 표시됨)으로 나타낼 수 있다. 평행 성분은 수직 성분보다 강하게 반사되므로 부분 편광된 빛살이 반사된다. 더불어 굴절된 빛살 또한 부분 편광된다.

반사광과 굴절광 사이의 각도가 90°가 될 때까지 입사각 θ_1을 변화시키면(그림

점은 전기장이 반사 표면에 평행하면서 종이면에 수직으로 진동한다는 것을 나타낸다.

화살은 전기장이 점이 나타내는 방향과 수직으로 진동한다는 것을 나타낸다.

반사광의 방향(점에 수직하고 파란색 화살에 평행)으로 진동하는 표면에 있는 전자들은 이 방향으로 에너지를 내보내지 않는다.

그림 23.21 (a) 편광되지 않은 광선이 반사면에 입사하였을 때, 반사광과 굴절광은 부분적으로 편광된다. (b) 입사각이 식 $n = \tan \theta_p$를 만족하는 편광각 θ_p일 때, 반사광은 완전히 편광된다.

23.21b), 어떤 특별한 각에서 반사광의 전기장 벡터는 표면에 평행하게 완전 편광되고, 굴절광은 부분 편광된다. 이러한 현상이 일어날 때의 입사각을 **편광각**(polarizing angle) θ_p라고 한다.

편광각과 반사 표면의 굴절률과의 관계는 그림 23.21b로부터 구할 수 있다. 이 그림에서 입사각이 편광각이라면 $\theta_p + 90° + \theta_2 = 180°$이므로 $\theta_2 = 90° - \theta_p$이다. 스넬의 법칙과 $n_1 = n_{공기} = 1.00$, $n_2 = n$을 이용하면

$$n = \frac{\sin \theta_1}{\sin \theta_2} = \frac{\sin \theta_p}{\sin \theta_2}$$

이다. $\sin \theta_2 = \sin (90° - \theta_p) = \cos \theta_p$이므로 n은 다음과 같이 쓸 수 있다.

$$n = \frac{\sin \theta_p}{\cos \theta_p} = \tan \theta_p \qquad [23.10]$$

◀ **브루스터의 법칙**

식 23.10을 **브루스터의 법칙**(Brewster's law)이라 하며, 편광각 θ_p는 발견자인 브루스터 경(Sir David Brewster, 1781~1868)의 이름을 따서 **브루스터 각**(Brewster's angle)이라고 한다. 예를 들어, 크라운 유리($n = 1.52$)에 대한 브루스터 각은 $\theta_p = \tan^{-1}(1.52) = 56.7°$이다. 물질에 대한 굴절률 n은 파장에 따라 변하므로 브루스터 각 역시 파장의 함수이다.

반사에 의해 일어나는 편광은 일반적인 현상이다. 물이나 유리, 눈에서 반사된 햇빛은 부분 편광된 빛이다. 반사면이 수평이면 반사광의 전기장 벡터는 수평 성분이 강하다. 편광 선글라스는 반사광에 의한 눈부심을 편광 물질을 이용해 감소시킨다. 렌즈의 투과축이 수직 방향으로 되어 있어 반사광의 강한 수평 성분을 흡수한다. 반사광은 대부분 편광되어 있기 때문에 반사광의 수직 성분을 제거하지 않고서도 대부분의 눈부심을 없앨 수 있다.

응용
_____

폴라로이드 선글라스

23.7.3 산란에 의한 편광 Polarization by Scattering

빛이 기체와 같은 입자로 이루어진 물질계에 입사되면, 물질 내에 있는 전자들은 빛을 흡수하고 일부 재복사한다. 이러한 물질에 의한 빛의 흡수와 재복사를 **산란**(scattering)이라고 하는데, 지구의 관측자로 다가오는 햇빛을 편광시키는 원인이 된다. 편광 유리로 만든 선글라스를 통하여 이러한 현상을 직접 관찰할 수 있다. 렌즈의 어느 방향에서는 다른 방향에서보다 햇빛이 덜 투과된다.

그림 23.22는 빛이 어떻게 편광되는지를 보여준다. 그림의 왼쪽은 편광되지 않은 빛이 공기 중에 떠 있는 분자와 충돌하는 것을 보여주고 있다. 빛이 공기 중의 분자와 충돌하면, 분자 내의 전자들은 진동한다. 복잡한 형태로 진동하는 전하들을 제외하고는 안테나 내에 진동하는 전하와 같이 행동한다. 입사광의 전기장 벡터의 수평 성분의 일부는 전하들을 수평으로 진동시키고, 입사광의 전기장 벡터의 수직 성분의 일부는 전하들을 수직으로 진동시킨다. 수평으로 편광된 광파는 수평으로 진동하는 전자로부터 방출되고, 수직으로 편광된 광파는 수직으로 진동하는 전자에 의해 종이면과 평행하게 방출된다.

과학자들은 벌과 집비둘기가 햇빛의 편광을 항해용 도구로써 이용한다는 것을 알아내었다.

입사광에 대해 수직인 방향으로 진행하는 산란된 빛은 연직 방향으로 진동하는 공기 분자 속의 전하가 이 방향으로 빛을 내보내지 않기 때문에 평면 편광된다.

편광되지 않은 빛

공기 분자

그림 23.22 편광되지 않은 햇빛의 공기 분자에 의한 산란

23.7.4 광활성 Optical Activity

편광된 빛의 많은 중요한 응용 중에는 **광활성**(optical activity)을 나타내는 물질을 포함하고 있다. 어떤 물질이 투과하는 빛의 편광면을 회전시키면 광학적으로 활성되었다고 한다. 그림 23.23a와 같이 편광되지 않은 빛이 편광자의 왼쪽에서 입사된다고 하자. 그림에서 보듯이 투과광은 수직으로 편광되어 있다. 그 다음 이 빛이 편광자와 수직을 이루는 검광자로 입사한다면, 검광자를 통해서 나오는 빛은 없다. 그러나 그림 23.23b와 같이 광활성 물질을 편광자와 검광자 사이에 놓으면 그 물질은 편광된 빛의 방향을 θ만큼 회전시킨다. 그 결과 검광자를 통하여 일부의 빛이 나오게 된다. 빛이 물질에 의해 회전된 각도는 빛이 완전히 사라질 때까지 편광자를 회전시킴으로써 구할 수 있다. 회전각은 중간에 놓인 광활성 물질의 길이에 의존한다. 물질이 용액이라면 농도에 의존한다. 광학적으로 활성된 물질 중의 하나가 설탕 용액이다. 설탕 용액의 농도를 결정하는 표준 방법은 고정된 용액 길이에 의해 생기는 편광의 회전각을 측정하는 것이다.

광활성은 분자들의 배치가 비대칭으로 분포되어 있기 때문에 생긴다. 예를 들어, 어떤 단백질은 분자 구조가 나선 모양이기 때문에 광활성을 갖는다. 유리나 플라스틱과 같은 물질은 힘을 가하면 광학적으로 활성된다. 편광된 빛을 힘을 받지 않고 있는 플라스틱에 쪼이고, 이에 수직으로 검광자를 놓으면 처음의 편광된 빛은 하나도 투과하지 못한다. 그러나 플라스틱에 힘을 가하면, 가장 큰 힘을 받는 부분에서 편광된 빛을 가장 크게 회전시키므로, 일련의 밝고 어두운 띠무늬가 투과광에서 관측된다. 공학자들은 교량에서부터 작은 도구에 이르기까지 구조물의 설계에 이러한 성질을 자주 이용한다. 플라스틱 모형을 만들어 여러 하중이 걸린 상태에서 분석하게 되면 약한 부분이나

응용

광활성에 의한 용액의 농도 측정

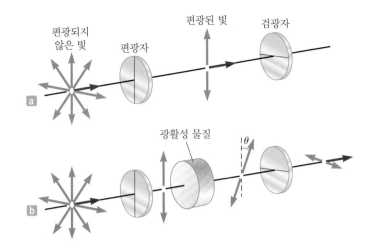

편광되지 않은 빛　편광자　편광된 빛　검광자

광활성 물질

그림 23.23　(a) 편광자와 검광자의 투과축이 서로 수직으로 놓여 있을 때, 편광자를 통과한 편광된 빛은 검광자를 통과하지 못한다. (b) 광활성 물질은 약간의 편광된 광이 검광자를 통과할 수 있도록 편광각을 θ만큼 회전시킨다.

그림 23.24　하중을 받고 있는 아치 구조의 플라스틱 모형이 수직으로 놓인 편광자들 사이에 놓여있을 때 관측되는 간섭무늬. 이와 같은 무늬는 구조물을 최적으로 설계하는 데 매우 유용하게 쓰인다.

결함이 있는 부분을 찾아낼 수 있다. 설계가 온전하지 않으면 밝고 어두운 띠무늬들이 가장 약한 부분에 나타나므로 초기 단계에서 설계를 수정할 수 있다. 그림 23.24는 변형력을 받고 있는 플라스틱에 나타난 무늬를 보여주고 있다.

23.7.5 액정 Liquid Crystals

편광면의 회전 현상과 유사한 효과가 포켓용 계산기나 손목시계, 노트북 컴퓨터 등의 디스플레이에 널리 이용되고 있다. 액정이라고 하는 독특한 물질의 성질들이 이러한 액정 디스플레이(LCD)를 가능하게 했다. 그 이름이 암시하듯이 **액정**(liquid crystal, 액체 결정)은 고체 결정의 성질도 갖고, 액체의 성질도 갖는 중간 성질의 물질이다. 액정 내 물질의 분자 구조는 액체의 경우보다는 더 질서 있게 배열되어 있지만, 순수한 고체 결정과 비교하면 그렇지 못하다. 이러한 상태에서 분자를 결합시키는 힘은 가까스로 물질을 어떤 정해진 형태로 유지시킬 수 있을 정도일 뿐이다. 이 때문에 고체라고 부른다. 하지만 역학적 혹은 전기에너지가 약간만 공급되어도 결합이 흐트러져서 물질은 흐르거나 회전되거나 꼬이게 된다.

　액체 결정이 디스플레이에 어떻게 이용되는지 알아보기 위하여 그림 23.25a를 보자. 액체 결정은 그림과 같이 두 유리판 사이에 배치되어 가느다란 전선으로 연결되어 있다. 전압이 디스플레이의 한 글자 요소에 가해지면 그 글자 요소는 어두워진다. 이와 같이 전압이 가해지는 방식에 따라 일곱 개의 글자 요소는 0에서부터 9까지의 숫자를 표시할 수 있다.

　왜 전압의 작용에 의해 글자 요소가 어두워졌다 밝아지는지 알아보기 위해서 그림 23.25b를 보자. 이 그림에 액정 디스플레이의 기본적인 구조의 일부가 나타나 있다. 액정을 사이에 두고 있는 두 유리판을 투과축이 서로 수직인 두 장의 편광자가 양쪽에서 덮고 있다. 한쪽에 있는 편광자 뒤에는 반사면이 놓여 있다. 우선 그림 23.25b와 같이 이 소자에 빛은 입사되면서 액정에 전압이 걸리지 않은 경우를 생각하자. 입사광은 왼편에 있는 편광자에 의해 편광된 후, 액정으로 들어간다. 이 빛이 액정을 통과하면 편광면이 90°만큼 회전하여 오른쪽에 있는 편광자를 통과할 수 있다. 이 빛은 반사면에 반사되어 액정으로 되돌아간다. 그러면 액정 왼쪽에 있는 관측자에게는 글자 요

응용

액정 디스플레이(LCD)

그림 23.25 (a) 액정 소자의 단면도, (b) 전압이 없으면 편광된 빛은 액정에 의해 회전한다. (c) 전압이 걸리면 액정 분자는 전기장의 방향으로 배열된다.

소가 밝게 보인다. 그림 23.33c와 같이 전압이 걸리면 액정의 분자들은 빛의 편광면을 회전시키지 않는다. 이 경우, 빛은 오른쪽에 있는 편광자에 흡수되며, 따라서 액정 왼쪽에 있는 관측자에게로 반사되는 빛은 없다. 결국, 관측자에게 글자 요소는 어둡게 보인다. 액정은 가해진 전압에 맞추어 정확하게 변하므로 시계의 초침이나 컴퓨터의 문자 등을 표현하는 데 이용할 수 있다. 액정의 초기 정렬방식에 따라 전압을 가하지 않았을 때가 어두운 상태가 될 수도 있다.

연습문제

1. 레이저 빛살이 간격이 0.200 mm인 이중 슬릿에 입사하고 이중 슬릿에서 5.00 m 떨어진 곳에 스크린이 있다. 스크린에서 밝은 간섭무늬들 사이의 거리가 1.58 cm이면, 레이저 빛의 파장은 얼마인가?

2. 어떤 방송국에서 송신되는 전파의 파장이 3.00×10^2 m이다. 그 전파는 송신소로부터 20 km 떨어진 가정의 수신기에 도달하는 데 두 가지 경로가 있다. 하나는 직접 도달하는 경로이고 다른 하나는 가정의 수신기 바로 뒤의 산에서 반사되어 되돌아오는 경로이다. 수신기에서 상쇄간섭이 일어나기 위한 산에서 수신기까지의 최소 거리는 얼마인가? (산에서 반사될 때 위상 변화는 없다고 가정한다.)

3. 그림 P23.3과 같이 두 개의 출입문을 열어 놓은 창고가 강변에 위치하고 있다. 창고 내부는 음파를 흡수하는 물질로 되어 있다. 강을 지나는 배가 고동을 울리면, 창고 안에 있는 A라는 사람은 크고 명확한 고동 소리를 듣는다. 그러나 창고 안에 있는 B라는 사람은 고동 소리를 거의 들을 수 없다. 고

동 소리의 파장은 3.00 m이다. 창고 안에 있는 B가 1차 극소의 위치에 있다고 가정하면, 두 창문 중심과 중심 사이의 거리는 얼마가 되는가?

그림 P23.3

4. 두께가 0.420 μm인 얇은 유리판($n = 1.52$)을 바로 위에서 내리 비추는 백색광으로 본다. 이 유리막이 공기 중에 있을 때 가장 강하게 반사되는 가시광의 파장은 얼마인가?

5. 레이더에 비행기가 포착되지 않도록 하는 방법은 무반사 고분자를 비행기 표면에 코팅하는 것이다. 만일 레이더의 파장이 3.00 cm이고, 고분자의 굴절률이 $n = 1.50$이라면, 코팅의 두께는 얼마이어야 하는가? 비행기 표면의 굴절율은 $n_{비행기} > 1.50$으로 가정한다.

6. 어떤 수사관이 범죄 장면에서 범죄의 증거가 될 만한 섬유를 발견하였다. 수사관은 섬유의 특성을 조사하기 위해 기술자에게 의뢰하였다. 그림 P23.6에서처럼 두 장의 유리판 사이에 섬유를 끼워 넣어 섬유의 지름을 구하려고 한다. 길이가 14.0 cm인 유리판에 파장이 650 nm인 빛을 바로 위에서 내리 비추면 밝은 간섭무늬의 간격이 0.580 mm로 관측된다. 섬유의 지름은 얼마인가?

그림 P23.6

7. 수소 스펙트럼에서 빨간색은 656 nm에 나타나고 보라색은 434 nm에 나타난다. 4 500선/cm인 회절격자로 얻은 이들 두 스펙트럼선 사이의 각 분리는 얼마인가?

8. 아르곤 레이저에서 나온 빛이 5 310선/cm짜리 회절격자에 닿는다. 격자로부터 1.72 m 떨어진 벽에 중앙 극대와 1차 극대의 간격이 0.488 m로 나타난다. 그 레이저 빛의 파장을 구하라.

9. 세 개의 편광판이 있다. 이들은 서로 평행하고 같은 중심축을 갖는다. 그림 P23.9는 보통 수직인 방향을 기준으로 각 편광판의 투과축 방향을 나타낸다. 수직인 기준폭 방향과 나란한 편광면을 갖는 선형 편광된 광이 $I_i = 10.0$단위(임의의 단위)인 세기로 왼쪽에서 첫 번째 편광판으로 입사한다. $\theta_1 = 20.0$, $\theta_2 = 40.0$, $\theta_3 = 60.0$일 때, 투과광의 세기 I_f는 얼마인가? [힌트: 말뤼스의 법칙을 이용한다.]

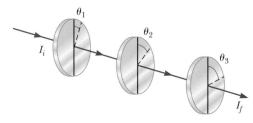

그림 P23.9

10. 진공 속에서 파장이 546.1 nm인 빛이 두께가 1.000 μm인 생체 시료에 수직으로 입사한다. 빛은 서로 수직으로 편광되어 두 빛으로 나뉘지며, 이때 굴절률은 각각 1.320과 1.333이다. (a) 빛이 시료를 지나는 동안 빛의 각 성분별 파장은 얼마인가? (b) 두 빛이 생체 시료를 나올 때 두 빛 사이의 경로차는 얼마인가?

상대성 이론
Relativity

일상적으로 경험하고 관측하는 대부분의 물체는 빛의 속력보다 훨씬 느린 속력으로 움직인다. 뉴턴 역학은 그러한 물체들의 운동을 기술하기 위하여 체계화되었으며, 그 체계는 느린 속력에서 일어나는 광범위한 현상을 기술하는 데 매우 성공적이었다. 그러나 빛의 속력에 가까이 움직이는 입자들에 대해서는 뉴턴 역학이 성립하지 않는다.

예를 들어, 전자는 실험적으로 수백만 볼트의 전위차를 이용하여 $0.99c$(c는 빛의 속력)까지 가속시킬 수 있다. 뉴턴 역학에 의하면, 전위차를 네 배로 증가시키면 전자의 운동에너지도 네 배가 되어 속력은 두 배인 $1.98c$가 되어야 한다. 그러나 실험에 의하면, 전자의 속력은 질량을 갖는 다른 입자의 속력과 마찬가지로 가속시키는 전압의 크기에 관계없이 항상 빛의 속력보다 작은 값을 유지한다.

자연계에 속력의 한계가 존재한다는 사실은 심오한 결과를 가져왔다. 이는 힘, 운동량, 에너지에 대한 통상적인 개념이 빠르게 움직이는 물체에 대해서는 더 이상 적용되지 않는다는 것을 의미한다. 서로 다른 속력으로 움직이는 관측자들이 동일한 두 사건 사이의 시간 간격과 거리를 서로 다르게 측정한다는 것은 뉴턴 역학으로 설명이 불가능하다. 서로 다른 관측자들에 의한 측정을 연결시키는 것이 상대성 이론의 주제이다.

24.1 갈릴레이의 상대성 Galilean Relativity

물리적인 사건을 기술하기 위해서는 기준틀을 선택하는 것이 필요하다. 예를 들어, 실험실에서 실험을 할 때, 실험실에 대해 정지한 기준틀 또는 좌표계를 선택한다. 실험실에 대해 일정한 속도 $\vec{v}$로 움직이는 차를 타고 지나가는 관측자가 실험을 관측한다고 가정하자. 정지한 기준틀에서 뉴턴의 제1법칙이 성립한다고 할 때, 움직이는 관측자도 이러한 주장에 동의할까?

갈릴레이의 상대성 원리에 의하면, **모든 관성 기준틀에서 역학 법칙은 같아야 한다.** 관성틀은 뉴턴의 법칙들이 성립하는 기준틀을 의미한다. 이 기준틀에서 관측된 물체는 알짜힘이 작용하지 않는 한 일정한 속력으로 직선 운동을 하며, 뉴턴의 제1법칙인 관성의 법칙을 만족하기 때문에 '관성틀'이라고 한다. 앞서 언급된 상황에서 실험실의 좌표계와 움직이는 차의 좌표계는 모두 관성 기준틀 또는 관성틀이다. 따라서 실험실에서 역학 법칙이 성립한다면, 차에 탄 관측자도 동일한 법칙이 성립되어야 한다.

그림 24.1a와 같이 등속도로 달리는 트럭이 있다. 공기 저항이 없다고 가정할 때 연직 방향으로 공을 던진 트럭 안의 승객은 공이 연직 경로로 움직이는 것을 관측한다. 공은 트럭이 지상에 정지한 상태에서 던졌을 때와 동일한 운동을 한다. 즉, 트럭이 정지해 있거나 혹은 일정한 운동을 하는가에 관계없이 공은 중력의 법칙과 일정가속도 운동의 법칙을 만족한다.

그림 24.1 위로 던진 공을 두 관측자가 관측하지만 서로 다른 결과를 얻는다.

달리는 트럭에 있는 관측자는 위로 던진 공이 연직 경로로 움직이는 것을 관측한다.

지상에 정지해 있는 관측자는 트럭에 있는 관측자가 위로 던진 공의 경로를 포물선으로 관측한다.

동일한 실험을 지상에 정지해 있는 다른 관측자의 관점에서 생각해 보자. 이 정지한 관측자에게 공의 경로는 그림 24.1b와 같이 평면에서 포물선을 그리는 것으로 보인다. 뿐만 아니라, 이 관측자에게는 공이 트럭의 속도와 동일한 크기를 갖고 오른쪽 방향을 향하는 속도로 운동하는 것으로 보인다. 비록 두 관측자가 공의 운동 경로에 대해서는 서로 동의하지 않지만, 이들은 공의 운동이 중력의 법칙과 뉴턴의 운동 법칙을 만족한다는 데에는 동의할 뿐만 아니라 공이 공중에 머무는 시간에 대해서도 동의한다. 따라서 **역학 법칙을 기술하는 데 우선적인 기준틀은 존재하지 않는다**는 중요한 결론을 내릴 수 있다.

24.2 빛의 속력 The Speed of Light

역학에서 성립하는 갈릴레이의 상대성 개념이 전기, 자기, 광학을 비롯한 다른 분야의 실험에서도 적용되는지에 대한 의문은 자연스러운 것이다. 실험에 의하면 그 답은 아니라는 것이다. 그 뿐만 아니라 전자기학의 법칙들이 모든 관성틀에서 동일하다면, 빛의 속력과 관련된 모순이 발생한다. 전자기 이론에 의하면 빛은 진공 중에서 $2.997\,924\,58 \times 10^8$ m/s라는 고정된 속력을 갖는다. 그러나 갈릴레이의 상대성에 의하면, 그림 24.2에서 수송 열차 밖에 정지한 관측자 S에 대한 펄스의 속력은 $c + v$가 되어야 한다. 따라서 갈릴레이의 상대성은 맥스웰에 의해 정립된 전자기 이론과 일치하지 않는다.

그림 24.2 달리는 수송 열차 안의 사람이 광 펄스를 보내고 있다. 갈릴레이의 상대성에 의하면, 정지한 관측자에 대한 펄스의 속도는 $\vec{c} + \vec{v}$이어야 한다.

전자기 이론에 의하면 빛 파동은 진공에서 빛의 속력으로 퍼져나간다. 그러나 전자기 이론에서는 빛 파동의 매질이 존재할 필요가 없는데, 이는 교란을 지탱하기 위한 매질을 필요로 하는 물결파나 음파와 같은 파동과 대비된다. 19세기의 물리학자들은 전자기 파동도 퍼져나가기 위해서는 매질이 필요하다고 생각하고, 그 가상의 매질에 **발광성 에테르**(luminiferous ether)라는 이름까지 붙였다. 에테르는 진공을 포함한 어디에서나 존재하며, 빛 파동을 에테르 진동으로 간주하였다. 또한 에테르는 행성이나 다른 어떤 물체의 운동에도 영향을 주지 않는, 질량이 없고 단단한 매질일 것으로 생각되었다. 이러한 것은 매우 이상한 개념들이다. 이와 더불어 전자기학의 골치 아픈 법칙들이 에테르에 대해 정지한 특별한 기준틀에서는 매우 단순한 형태를 가질 것으로 생각하고, 이 기준틀을 절대 기준틀이라 불렀다. 전자기학의 법칙들은 절대 기준틀에서 유효하고, 절대 기준틀에 대해 움직이는 임의의 기준틀에서는 수정되어야만 한다고 생각했던 것이다.

에테르 및 절대 기준틀이 차지하는 중요성 때문에 물리학에서는 에테르의 존재를 실험적으로 확인하는 것이 매우 중요한 관심을 갖게 되었다. 지상의 실험자 관점에서 볼 때, 지구가 에테르 속에서 운동하기 때문에 실험실에는 '에테르 바람'이 불 것으로 생각되었다. 에테르 바람을 검출하기 위한 직접적인 방법은 지상에 고정된 기구를 사용하여 에테르 바람이 빛의 속력에 미치는 영향을 측정하는 것이다. 지구에 대한 에테르의 속력이 v라면, 그림 24.3a와 같이 바람을 따라 진행하는 빛의 속력은 최댓값인 $c + v$가 될 것이다. 마찬가지로, 그림 24.3b와 같이 바람을 거슬러 진행하는 빛의 속력은 최솟값인 $c - v$가 될 것이고, 그림 24.3c와 같이 바람에 수직인 방향으로 진행하는 빛의 속력은 중간 값인 $(c^2 - v^2)^{1/2}$이 될 것이다. 태양이 에테르에 대해 정지해 있다고 가정하면, 에테르 바람의 속도는 지구가 태양 주위를 공전하는 속도와 같은 값인 3×10^4 m/s가 될 것이다. 그런데 빛의 속력이 $c = 3 \times 10^8$ m/s이므로 바람을 따라 움직일 때와 바람을 거슬러 움직일 때의 측정값들에서 1만분의 1 크기의 속력 변화를 감지할 수 있어야 한다.

24.2.1 마이컬슨–몰리 실험 The Michelson-Morley Experiment

빛의 속력의 미세한 변화도 측정할 수 있도록 고안된 가장 유명한 실험은 1881년에 마이컬슨(Albert A. Michelson, 1852~1931)에 의해 처음으로 수행되고, 나중에는 다양한 조건 하에서 마이컬슨과 몰리(Edward W. Morley, 1838~1923)에 의해 반복된 실험이다. 실험은 가상의 에테르에 대한 지구의 속도를 결정하기 위해 고안되었다. 실험에 사용한 장치는 그림 24.4의 마이컬슨 간섭계이다. 간섭계의 한쪽 팔 2가 지구의 운동 방향과 평행하게 정렬되어 있다. 지구가 속력 v로 에테르 속에서 움직이는 것은 에테르가 속력 v로 지구와 반대 방향으로 움직이는 것과 마찬가지이다. 따라서 지구의 운동 방향과 반대 방향으로 부는 에테르 바람은 빛이 거울 M_2로 접근할 때에는 지구 기준틀에서 측정된 빛의 속력이 $c - v$, 반사 후에는 $c + v$가 되게 한다. 여기서 c는 에테르 기준틀에 대한 빛의 속력이다.

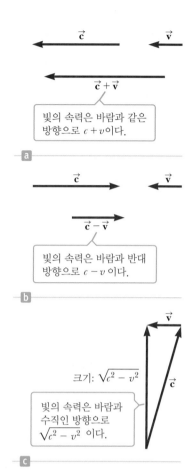

빛의 속력은 바람과 같은 방향으로 $c + v$이다.

a

빛의 속력은 바람과 반대 방향으로 $c - v$이다.

b

크기: $\sqrt{c^2 - v^2}$

빛의 속력은 바람과 수직인 방향으로 $\sqrt{c^2 - v^2}$이다.

c

그림 24.3 지구에 대한 에테르 바람의 속력이 v이고 에테르에 대한 빛의 속력이 c라면, 지구에 대한 빛의 속력은 에테르 바람과 (a) 같은 방향으로는 $c + v$이고, (b) 반대 방향으로는 $c - v$이며, (c) 수직인 방향으로는 $\sqrt{c^2 - v^2}$이다. 그러나 마이컬슨–몰리의 실험에 의하면, 이러한 에테르 바람의 가설이 증명되지 못했다. 이후 아인슈타인은 진공 중에서의 빛의 속력은 관성 기준틀에 있는 관측자의 운동에 관계없이 항상 같은 값을 가진다는 가정을 하게 되었다.

그림 24.4 에테르 바람 이론에 의하면, 빛의 속력은 빛이 거울 M_2에 접근할 때에는 $c - v$이고, 반사된 후에는 $c + v$이어야 한다.

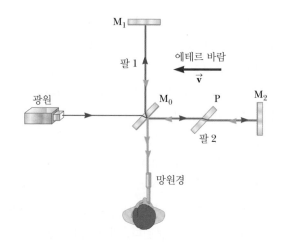

이 실험에서 거울 M_1과 M_2에서 반사된 두 빛이 다시 만나서 밝고 어두운 줄무늬가 반복되는 간섭무늬를 만든다. 간섭계가 90°만큼 회전한 후에도 간섭무늬가 관측되었다. 이 회전은 팔 1을 따르는 에테르 바람의 속력을 변화시키고, 효과는 작지만 측정 가능할 정도로 줄무늬 패턴을 이동시킬 것으로 기대가 되었다. 그러나 측정 결과, 간섭 무늬에 어떤 변화도 감지되지 않았다. 에테르 바람의 방향이 바뀔 것으로 기대되는 시기에 수시로 마이컬슨–몰리 실험이 반복되었지만 결과는 항상 똑같았다. 즉, **요구되는 크기의 줄무늬 이동이 전혀 관측되지 않았다.**

마이컬슨–몰리 실험의 기대하지 않던 결과는 에테르 가설을 부정할 뿐만 아니라 에테르 기준틀에 대한 지구의 절대 속도를 측정하는 것이 불가능하다는 것을 보여주었다. 그러나 다음 절에서 보듯이 아인슈타인은 특수 상대성 이론에서 이러한 결과에 대해 매우 다르게 해석하는 가정을 제안했다. 이후 빛의 본질에 대해 더 많은 사실을 알게 되면서 우주 공간에 퍼져 있다고 믿었던 에테르 개념은 폐기되었다. **빛은 전파되는 데 매질이 필요 없는 전자기파로 이해되고 있다.**

24.3 아인슈타인의 상대성 원리 Einstein's Principle of Relativity

1905년에 아인슈타인은 마이컬슨–몰리 실험의 결과를 설명할 뿐만 아니라 공간과 시간에 대한 기존의 개념을 송두리째 바꿔 놓는 이론을 제안하였다. 그의 특수 상대성 이론은 다음과 같은 두 가설에 근거를 두었다.

상대성 이론의 가설 ▶

> **1. 상대성 원리:** 모든 관성 기준틀에서 물리 법칙은 같다.
> **2. 빛의 속력 불변:** 진공에서 빛의 속력은 관측자나 광원의 속도에 무관하게 모든 관성 기준틀에서 $c = 2.997\ 924\ 58 \times 10^8$ m/s의 일정한 값을 갖는다.

첫 번째 가설은 모든 물리 법칙이 서로 등속도로 움직이는 모든 기준틀에서 같다는 것으로, 역학 법칙만을 다루는 갈릴레이의 상대론을 일반화한 것이다. 실험적 관점에서 볼 때, 아인슈타인의 상대성 원리는 정지한 실험실에서 행한 어떤 종류의 (역학적,

열역학적, 광학적, 혹은 전기적) 실험은 그 실험실에 대해 일정한 속력으로 움직이는 실험실에서 행한 실험과 결과가 같아야 함을 의미한다. 따라서 특별한 관성 기준틀은 없으며, 절대 운동을 측정하는 것은 불가능하다.

두 번째 가설은 아인슈타인의 뛰어난 이론적 통찰로 1905년 이후 다양한 실험에 의해 확인되고 있다. 아마도 가장 직접적인 실험은 빛의 속력의 99.99%로 움직이는 입자가 방출한 광자(photon)의 속력을 측정한 것이다. 이 경우 측정된 광자의 속력은 진공에서 빛의 속력과 유효숫자 다섯 자리까지 일치한다.

마이컬슨–몰리 실험의 소득 없는 결과는 아인슈타인의 이론 틀 안에서 쉽게 이해될 수 있다. 상대성 원리에 의하면 마이컬슨–몰리 실험의 전제 자체가 잘못된 것이었다. 예측되는 결과를 설명하는 과정에서 에테르 바람과 반대 방향으로 전파되는 빛의 속력이 $c - v$임을 언급했다. 그러나 관측자나 광원의 운동 상태가 빛의 속력 값에 아무런 영향을 주지 않는다면 측정된 빛의 속력은 항상 c이어야만 한다. 마찬가지로 거울에서 반사된 빛은 $c + v$가 아니라 c의 속력으로 되돌아온다. 즉, 지구의 공전은 마이컬슨–몰리 실험에서 관측되는 간섭무늬에 아무런 영향을 주지 않으므로 부정적인 실험 결과가 예측된다.

아인슈타인의 상대성 이론을 수용한다면 빛의 속력을 측정할 때 일정한 상대 운동은 중요하지 않다고 결론지어야만 한다. 이와 동시에 공간과 시간에 대한 그 동안의 통념을 수정하고 어떤 이상한 결과도 받아들일 준비를 해야만 한다.

24.4 특수 상대성 이론의 결과 Consequences of Special Relativity

과학을 피상적으로만 아는 거의 모든 사람들도 상대 운동에 대한 아인슈타인의 접근 방식에서 파생된 놀라운 예측 중 몇 가지는 알고 있다. 이 절에서 상대성 이론의 몇 가지 결과를 살펴보면서, 그 결과들이 공간과 시간에 대한 기본 개념과 다르다는 것을 알게 될 것이다. 이 절에서는 길이와 시간과 동시성에 대한 개념을 논의할 것인데, 상대론적 역학에서 이 개념들은 뉴턴 역학에서와 판이하게 다르다. 예를 들면, 상대론적 역학에서는 두 지점 사이의 거리와 두 사건 사이의 시간 간격은 이 물리량들이 측정되는 기준틀에 따라 달라진다. 즉, **상대론적 역학에서는 절대 길이와 절대 시간 같은 것은 존재하지 않는다.** 뿐만 아니라 **어떤 기준틀에서는 다른 장소에서 동시에 일어난 것으로 관측되는 사건이 그 기준틀에 대해 상대적으로 움직이는 다른 기준틀에서는 동시에 일어나는 것으로 관측되지 않는다.**

24.4.1 동시성과 시간의 상대성 Simultaneity and the Relativity of Time

뉴턴 역학의 기본 전제는 모든 관측자들에게 동일한 보편적 시간 척도가 있다는 것이다. 뉴턴과 그의 추종자들은 동시성을 당연시했지만 특수 상대성 이론에서 아인슈타인은 동시성에 대한 가정을 버렸다.

아인슈타인은 이 점을 설명하려고 다음과 같은 사고 실험(thought experiment)을

아인슈타인
Albert Einstein, 1879~1955
독일–미국 물리학자

인류 역사상 가장 위대한 물리학자 중의 한 사람인 아인슈타인은 독일의 울름에서 태어났다. 26세가 되던 1905년에 물리학 혁명을 일으킨 네 편의 논문을 발표하였다. 이 중 두 편의 논문은 많은 사람들이 그의 가장 중요한 업적이라 생각하는 특수 상대성 이론에 관한 것이다. 수학자 힐버트(David Hilbert)와 흥미진진한 경합을 벌이던 아인슈타인은 1916년에 일반 상대성 이론으로 불리는 중력에 대한 이론을 발표하였다. 이 이론의 가장 극적인 예측은 별빛이 중력장에 의해 휘어지는 각에 대한 것이다. 1919년에 개기 일식 때 천문학자들이 태양 근처의 밝은 별에 대해 측정한 결과는 아인슈타인의 예측이 옳았음을 확인해 주었고, 그 결과 아인슈타인은 일약 세계적인 저명 명사가 되었다. 과학 혁명을 일으킨 공로에도 불구하고 아인슈타인은 1920년대에 진행된 양자 역학의 발전에 크게 혼란스러워하였다. 특히 양자 이론의 중심 사상인 자연계에서 일어나는 현상에 대한 확률론적 견해를 끝까지 수용하지 않았다. 인생의 나머지 수십 년 기간 동안 중력과 전자기학을 결합한 통일장 이론 연구에 매진하였지만 끝내 성공하지는 못하였다.

◀ 길이와 시간은 기준틀에 따라 다르게 측정된다.

그림 24.5 (a) 움직이는 수송 열차의 양 끝에 번개가 떨어진다. (b) 오른쪽에서 왼쪽으로 진행하는 빛은 이미 O'에 도달했지만 왼쪽에서 오른쪽으로 진행하는 빛은 아직 O에 도달하지 않았다.

관측자 O가 볼 때 두 번개는 동시에 관측된다.

관측자 O'이 볼 때 번개는 차의 앞부분에 먼저 떨어지고 뒷부분에는 나중에 떨어진다.

고안하였다. 일정한 속력으로 움직이고 있는 수송 열차에 그림 24.5a와 같이 번개가 떨어져 열차의 양끝과 땅에 자국을 남긴다. 열차에 난 자국을 A'과 B'으로, 땅에 난 자국을 A와 B로 표시한다. 열차와 함께 움직이면서 O'에 있는 관측자는 A'과 B'의 중간에 있고, 땅 위의 O에 있는 관측자는 A와 B의 중간에 있다. 각 관측자가 기록하는 사건은 열차에 번개가 떨어지는 순간이다.

그림 24.5b와 같이 두 번개가 떨어지는 순간을 기록하는 광신호들이 O에 있는 관측자에게 동시에 도달했다고 하자. 광신호들이 같은 거리를 같은 속력으로 움직인다는 사실을 깨달은 관측자는 즉각적으로 A와 B에서 사건들이 동시에 발생했다는 결론을 내린다. 이제 O'에 있는 관측자가 본, 같은 사건을 생각해 보자. 신호들이 O에 있는 관측자에게 도달하는 순간 그림 24.5b와 같이 관측자 O'은 이미 움직였다. 그러므로 B'에서 온 신호는 이미 O'을 지난 반면, A'에서 오는 빛은 아직 O'에 도달하지 않았다. 다시 말하면 O'은 B'에서 온 신호를 A'에서 오는 신호보다 먼저 본다. 아인슈타인에 의하면, 두 관측자에게 빛은 같은 속력으로 움직인다. 따라서 관측자 O'은 번개가 열차의 앞쪽에 먼저 떨어지고 나중에 뒤쪽에 떨어진다고 결론내린다.

이 사고 실험은 관측자 O에게 동시에 일어난 사건이 O'에 있는 관측자에게는 동시에 일어난 사건이 아니라는 것을 분명하게 입증한다. 다시 말하면,

> 한 기준틀에서 동시에 일어난 두 사건은 일반적으로 그 기준틀에 대하여 상대적으로 움직이고 있는 다른 기준틀에서 볼 때 동시에 일어난 사건이 아니다. 동시성은 절대적인 개념이 아니라 관측자의 운동 상태에 따라 변하는 개념이다.

Tip 24.1 누가 옳은가?

두 사건의 동시성과 관련하여 어느 사람이 옳은가? 상대성 원리에 의하면 특별히 선호되는 관성 기준틀이 없기 때문에 둘 다 옳다. 비록 두 사람이 서로 다른 결론에 도달하지만, 이들은 자신의 기준틀에서는 모두 옳다. 일정한 운동을 하는 어떤 기준틀도 사건을 기술하고 물리를 하는 데 사용될 수 있다.

두 사건에 관하여 어떤 관측자가 옳은가 궁금할 것이다. 정답은 모두 옳은데, 그 이유는 상대성 이론에서는 **다른 기준틀에 우선하는 관성 기준틀이 없기 때문**이다. 비록 두 관측자가 다른 결론에 도달했지만 동시성의 개념이 절대적이지 않으므로 그들의 결론은 모두 옳다. 사실 어떤 관성 기준틀도 사건을 기술하고 물리를 하는 데 이용될 수 있다는 것이 상대성 이론의 요지이다.

24.4.2 시간 지연 Time Dilation

서로 다른 관성 기준틀에 있는 관측자들이 두 사건의 시간 간격을 다르게 측정한다는 사실을 설명하기 위해 그림 24.6a와 같이 속력 v로 오른쪽으로 움직이는 차량을 살펴보자. 차량의 천장에 거울이 부착되어 있고, 이 기준틀에서 정지한 관측자 O'은 거울로부터 거리 d만큼 떨어진 곳에서 레이저를 붙잡고 있다. 어느 순간 레이저가 거울 쪽으로 똑바로 향하는 광 펄스(사건 1)를 방출하고, 잠시 후 이 펄스는 거울에서 반사되어 레이저로 되돌아온다(사건 2). 관측자 O'은 같은 장소에서 발생하는 것으로 관측되는 두 사건 사이의 시간 간격 Δt_p를 시계로 측정한다[아래 첨자 p는 'proper(고유)'를 의미한다]. 광 펄스는 빛의 속력 c로 움직이기 때문에 이 펄스가 점 A에서 나와 거울에서 반사된 후 다시 점 A까지 도달하는 데 걸리는 시간은

$$\Delta t_p = \frac{\text{이동한 거리}}{\text{속력}} = \frac{2d}{c} \qquad\qquad \text{[24.1]}$$

가 된다. O'이 측정한 시간 간격 Δt_p는 이 기준틀에 있는 레이저와 같은 곳에 놓인 시계 하나로 측정된다.

이제 그림 24.6b와 같이 두 번째 기준틀에 있는 O가 바라보는 동일한 사건을 생각하자. 이 관측자에 의하면 거울과 레이저가 속력 v로 오른쪽으로 움직이고, 그 결과 사건의 경과는 다르게 나타난다. 레이저에서 나온 빛이 거울에 도착할 때까지 거울은 오른쪽으로 거리 $v\Delta t/2$만큼 움직인다. 여기서 Δt는 광 펄스가 점 A에서 거울까지 이동한 후 점 A로 되돌아오는 데 걸리는 시간으로 O에 의해 측정된다. 다시 말하면 빛이 거울에 부딪힌다면, 차량의 운동 때문에 빛은 수직축에 대해 일정한 각을 이루며 거울을 떠나야 한다고 O는 결론을 내린다. 그림 24.6a와 그림 24.6b를 비교할 때, 빛은 (a)의 경우보다 (b)의 경우 더 멀리 진행함을 알 수 있다(어느 관측자도 누가 움직이는지를 모르며, 각각 자신의 관성 기준틀에서 정지해 있다).

그림 24.6 (a) 움직이는 차량에 거울이 고정되어 있고 광 펄스가 차량에 정지한 O'을 떠난다. (b) 지상에 정지한 관측자 O에 대해 거울과 O'은 v의 속력으로 움직인다. (c) Δt와 Δt_p 사이의 관계를 계산하기 위한 직각삼각형

　　특수 상대성 이론의 두 번째 가설에 따르면, 두 관측자가 측정한 빛의 속력은 모두 c이어야 한다. 기준틀 O에서 빛이 더 멀리 진행하므로 O가 측정한 시간 간격 Δt는 O'이 측정한 시간 간격 Δt_p보다 더 길다. 두 시간 간격 사이의 관계를 구하기 위해 그림 24.6c의 직각삼각형을 이용하면 편리하다. 피타고라스 정리에 의하면

$$\left(\frac{c\Delta t}{2}\right)^2 = \left(\frac{v\Delta t}{2}\right)^2 + d^2$$

이 성립한다. 이 식을 Δt에 대해서 풀면

$$\Delta t = \frac{2d}{\sqrt{c^2 - v^2}} = \frac{2d}{c\sqrt{1 - v^2/c^2}}$$

이다. $\Delta t_p = 2d/c$이므로 위의 식은

시간 지연 ▶

$$\Delta t = \frac{\Delta t_p}{\sqrt{1 - v^2/c^2}} = \gamma\,\Delta t_p \qquad\qquad [24.2]$$

와 같이 표현할 수 있는데, 여기서

$$\gamma = \frac{1}{\sqrt{1 - v^2/c^2}} \qquad\qquad [24.3]$$

이다. γ는 항상 1보다 크기 때문에 식 24.2는 **시계**[1]**에 대해 움직이는 관측자가 측정한 두 사건 사이의 시간 간격 Δt는 시계에 대해 정지해 있는 관측자가 측정한 두 사건 사이의 시간 간격 Δt_p보다 더 길다**는 사실을 말해준다. 따라서 $\Delta t > \Delta t_p$이고, 고유 시간 간격은 γ배만큼 확장되거나 지연된다. 그러므로 이 효과는 **시간 지연**으로 알려져 있다.

　　예를 들어, 시계에 대해 정지해 있는 관측자가 레이저에서 광신호가 떠났다가 되돌아오는 데 걸리는 시간을 측정한다고 하자. 이 기준틀에서 측정한 시간 Δt_p가 1 s라고 가정하자(이 조건을 만족하려면 차안의 천장이 매우 높아야 한다). 이제 동일한 시계에 대해 움직이는 관측자 O가 측정한 시간 간격을 구하자. 관측자 O가 빛의 속력의 절반인 속력($v = 0.500c$)으로 움직이면 $\gamma = 1.15$가 되고, 식 24.2에 따라 $\Delta t = \gamma\Delta t_p = 1.15(1.00\text{ s}) = 1.15\text{ s}$가 된다. 그러므로 관측자 O'이 1.00 s 지났다고 할 때 관측자 O는 1.15 s 지났다고 한다. 관측자 O는 관측자 O'의 시계가 두 사건 사이에 경과한 시간을 너무나 작게 읽었다고 여기며 O'의 시계가 "늦게 간다"고 말한다. 이 사실에서 다음과 같은 결론을 내릴 수 있다.

움직이는 시계는 정지해 있는 같은 ▶
시계보다 느리게 간다

관측자를 지나 속력 v로 움직이는 시계는 관측자에 대해 정지해 있는 같은 시계보다 γ^{-1}배만큼 더 느리게 간다.

　　식 24.1과 식 24.2에서 시간 간격 Δt_p를 **고유 시간**(proper time)이라고 한다. 일반

----

[1] 그림 24.6에서는 실제 관측자가 아니라 시계가 움직인다. 이는 관측자 O가 시계에 대해 왼쪽으로 속도 $\vec{v}$로 움직이는 것과 같다.

적으로 고유 시간은 같은 위치에서 일어나는 두 사건을 본 관측자가 측정한 두 사건 사이의 시간 간격이다.

상대성 원리가 과학적 민주주의라는 것을 확실하게 인식하는 것은 중요하다. 즉, 왼쪽으로 속력 v로 움직이는 것은 O이므로 O의 시계가 더 느리게 간다는 O'의 입장도 O의 입장과 마찬가지로 타당하다. 상대성 원리에 의하면 일정한 상대적 운동을 하는 두 관측자가 목격한 것은 똑같이 유효해야 하며 실험적으로 확인될 수 있어야 한다.

움직이는 시계가 γ^{-1}배만큼 느리게 가는 것을 살펴보았다. 이는 이미 설명된 빛 시계뿐만 아니라 보통의 기계적인 시계에 대해서도 성립한다. 시계에 대해 움직이는 계에서 화학적, 생물학적 과정을 포함한 모든 물리적 과정이 발생할 때 이 과정들이 시계에 대해 느리게 일어난다고 언급함으로써 이 결과를 일반화시킬 수 있다. 예를 들어, 우주 공간에서 이동하는 우주 비행사의 심장 박동은 우주선 안에 있는 시계와 시간이 맞을 수 있다. 우주 비행사의 심장 박동과 시계는 지구에 있는 시계에 대하여 느리게 갈 것이다(우주 비행사가 우주선에서 느리게 가는 인생을 자각하지는 못할 것이다).

시간 지연은 매우 실제적인 현상으로서 자연 시계를 포함하여 다양한 실험으로 증명되어 왔다. 시간 지연의 흥미로운 예는 뮤온(muon)에서 관측할 수 있는데, 뮤온은 무겁고 불안정한 기본 입자로서 전자와 전하는 같지만 질량이 207배나 된다. 뮤온은 우주 복사선(cosmic radiation)이 대기 상공의 원자와 충돌할 때 발생한다. 정지한 기준틀에서 뮤온의 수명은 2.2 μs이다. 뮤온의 평균 수명을 2.2 μs로 잡고 뮤온의 속력을 빛의 속력에 가깝다고 할 때, 예로 $0.99c$라면 뮤온은 붕괴될 때까지 고작 650 m 정도를 이동할 수 있다(그림 24.7a). 따라서 뮤온은 결코 자신이 만들어지는 상층 대기로부터 지상까지 도달할 수 없다. 그러나 실험에서는 다량의 뮤온이 지상에 도달하는데, 이 현상은 시간 지연으로 설명할 수 있다. 지상의 관측자에 대해 뮤온의 수명은 $\gamma\tau_p$인데, 여기서 $\tau_p = 2.2$ μs는 뮤온과 함께 움직이는 기준틀에서의 수명이다. 예를 들어, $v = 0.99c$일 때 $\gamma \approx 7.1$이고, 따라서 $\gamma\tau_p \approx 16$ μs이다. 따라서 그림 24.7b에 나타낸 바와 같이, 지상의 관측자가 측정한 뮤온의 평균 이동 거리는 $\gamma v\tau_p \approx 4\,800$ m이

그림 24.7 (a) 대기의 상층부에서 생성되어 지구에 대해 $0.99c$의 속력으로 움직이는 뮤온은 붕괴되기 전 2.2×10^{-6} s 동안 평균 650 m를 이동한다. (b) 시간 지연 때문에 지구에 있는 관측자가 측정한 뮤온의 수명은 길어져서 붕괴되기 전 4.8×10^3 m를 이동한다. 결국, 예상보다는 많은 수의 뮤온이 지상에 도달하는 것으로 관측된다. 그러나 뮤온의 입장에서 보면 평균 수명은 단지 2.2×10^{-6} s에 지나지 않지만, 뮤온과 지표 사이의 거리가 수축되기 때문에 상당수의 뮤온이 붕괴되기 전에 지상에 도달하는 것이 가능하다.

므로 뮤온은 충분히 지상에 도달할 수 있다.

1976년에 제네바에 있는 유럽 입자물리 연구소(European Council for Nuclear Research, CERN)의 실험실에서 뮤온 실험이 실시되었다. 커다란 저장 고리(storage ring)로 입사된 뮤온은 속력이 0.999 4c에 이르게 된다. 뮤온의 붕괴로 생성된 전자가 고리 주위의 계수기에서 검출되었는데, 이로부터 붕괴율과 뮤온의 수명을 측정할 수 있었다. 움직이는 뮤온의 수명은 정지한 뮤온의 수명보다 약 30배 가량 길게 측정되었으며, 이는 상대성 이론의 예측과 2/1 000 범위 내에서 일치하는 것이다.

예제 24.1 **진자의 주기**

목표 시간 지연의 개념을 적용한다.

문제 지상에 위치한 진자의 관성틀에서 진자의 주기가 3.00 s로 측정되었다. 진자에 대해 0.950c의 속력으로 운동하는 관측자가 측정한 진자의 주기는 얼마인가?

전략 시계의 정지 기준틀에 있는 관측자에 의해 측정된 시계의 주기가 바로 고유 시간 간격 Δt_p이다. 알고 싶은 것은 시계에 대해 운동하는 기준틀에 있는 관측자에 의해 측정된 시간 간격 Δt이다. 식 24.2에 대입하면 문제를 풀 수 있다.

풀이

고유 시간과 상대 속력을 식 24.2에 대입한다.

$$\Delta t = \frac{\Delta t_p}{\sqrt{1 - v^2/c^2}} = \frac{3.00 \text{ s}}{\sqrt{1 - \frac{(0.950c)^2}{c^2}}} = \boxed{9.61 \text{ s}}$$

참고 시계에 대해 운동하는 관측자는 진자가 움직인다고 생각하며, 움직이는 시계가 더 늦게 가는 것으로 관측한다. 즉, 시계에 대해 정지한 기준틀의 관측자에게 진자가 3 s에 한 번 진동하는 동안, 운동하는 관측자에게는 한 번 진동하는 데 대략 10 s가 걸린다.

운동이 상대적이므로 예제 24.1과 같은 문제에서 혼란스러울 수 있다. 진자가 정지 기준틀의 관측자 관점에서 볼 때에는 (진자가 진동을 제외하고는) 그대로 서 있는 반면 진자에 대해 운동하는 기준틀의 관측자에게는 움직이는 것이 진자이다. 올바른 관점을 유지하기 위해서는 항상 관측하는 관측자에 집중하고, 측정되는 시계가 관측자에 대해 움직이는지 여부를 스스로에게 물어보라. 답이 틀리다면, 관측자는 시계의 정지 기준틀에 있으며 측정하는 시간은 시계의 고유 시간이다. 답이 맞는다면, 관측자가 측정하는 시간은 시계의 고유 시간보다 지연되거나 확장되는 것이다. 이러한 해석의 혼란이 그 유명한 '쌍둥이 역설(twin paradox)'을 초래했다.

24.4.3 쌍둥이 역설 The Twin Paradox

시간 지연의 흥미로운 결과 중 하나가 소위 쌍둥이 역설이다(그림 24.8). 쌍둥이 스피도와 고슬로를 대상으로 하는 실험을 생각하자. 그들이 20세 되던 해에 둘 중 더 모험적인 스피도가 지구로부터 20광년 떨어진 행성 X로 여행을 떠난다. 스피도가 탄 우주선은 지구에 남아 있는 고슬로의 관성틀에 대해 0.95c의 속력으로 여행한다. 향수병에 걸린 스피도는 행성 X에 도착하자마자 0.95c의 속력으로 지구로 되돌아온다. 지구에 도착한 스피도는 자신의 나이는 단지 13년 더 들었을 뿐인데 반해 고슬로는

그림 24.8 쌍둥이 역설. 스피도가 20광년 떨어진 행성 X로 여행 갔다가 지구로 되돌아온다.

$2D/v = 2(20광년)/(0.95광년/년) = 42$년의 나이가 들어 62세가 되었다는 사실에 충격을 받는다.

어떤 사람들은 쌍둥이들이 서로 다른 비율로 나이가 들 수 있고 일정 시기 이후에 서로 나이가 다르게 된다는 것이 역설이라고 잘못 생각한다. 그러나 비록 상식에 어긋나지만 이것은 전혀 역설이 아니다. 역설은 스피도의 관점에서 자신은 정지해 있고 지구상의 고슬로가 그로부터 $0.95c$의 속력으로 멀어졌다가 되돌아오는 것이다. 따라서 고슬로의 시계는 스피도에 대해 움직이므로 스피도의 시계와 비교해서 느리게 간다. 결론은 고슬로가 아니라 스피도가 쌍둥이 중 더 나이가 들어야 한다는 것이다!

이 역설을 해결하기 위해 고슬로에 대해 $0.5c$의 일정한 속력으로 움직이는 제3의 관측자를 생각하자. 제3의 관측자에게 고슬로는 관성틀을 결코 변화시키지 않는다. 즉, 제3의 관측자에 대한 고슬로의 속력은 항상 똑같다. 그러나 제3의 관측자에게는 여행 과정에서 스피도의 기준틀이 변하면서 스피도가 가속하는 것으로 보인다. 따라서 제3의 관측자 입장에서는 스피도의 운동과 비교할 때 고슬로의 운동이 무언가 매우 다르다는 것이 명확하다. 고슬로와 스피도가 맡은 역할은 서로 대칭적이지 않으므로 시간의 흐름이 서로 다르다는 것은 놀랄만한 것이 아니다. 더불어 가속으로 인해 스피도의 기준틀이 비관성틀이므로, 비록 상대성 이론에서 가속 운동을 다루는 방법이 있기는 하지만, 스피도의 운동은 특수 상대성 이론의 범위를 벗어난 것이다. 오직 단일 관성틀을 유지하는 고슬로만이 스피도의 여행에 간단한 시간 지연 공식을 적용할 수 있다. 고슬로는 스피도가 나이를 42살 먹는 것이 아니라 단지 $(1 - v^2/c^2)^{1/2}(42년) = 13$년 의 나이를 더 먹었음을 발견한다. 13년 중에서 스피도가 행성 X로 가는 데 6.5년이 지나가고 지구로 돌아오는 데 나머지 6.5년이 흘러가게 되어, 앞서 언급한 내용과 일치하게 된다.

24.4.4 **길이 수축** Length Contraction

두 지점 사이의 측정 거리는 관측자가 속해 있는 기준틀에 의존한다. 물체의 **고유 길이**

Tip 24.3 고유 길이

고유 길이를 측정하는 관측자를 명확히 밝히는 것이 중요하다. 공간에서 두 점 사이의 고유 길이는 길이에 대해 정지한 관측자가 측정한 길이이다. 고유 시간 간격과 고유 길이를 측정하는 관측자가 동일하지 않은 경우는 자주 있다.

(proper length) L_p는 물체에 대해 **정지해 있는 사람이 측정한 물체의 길이**이다. 물체에 대해 운동하는 기준틀에서 측정된 물체의 길이는 항상 고유 길이보다 작다. 이 효과를 **길이 수축**(length contraction)이라고 한다.

길이 수축을 정량적으로 이해하기 위해 하나의 별에서 다른 별로 속력 v로 움직이는 우주선을 생각해 보자. 두 관측자가 있는데 한 사람은 지구에, 다른 사람은 우주선에 있다. 지구에서 정지하고 있을 뿐 아니라 (두 별에 대해서도 정지하고 있는) 관측자가 측정한 두 별 사이의 거리를 L_p라고 하자. 이 관측자에 의하면 우주선이 여행을 마치는 데 걸리는 시간은 $\Delta t = L_p/v$가 된다. 우주선에 있는 시계를 사용해서 우주 여행자가 측정한 시간 간격은 시간 지연에 의해 더 작은 값인 $\Delta t_p = \Delta t/\gamma$이다. 우주 여행자는 자신은 정지해 있고 목적지인 별이 속력 v로 우주선을 향해 운동한다고 주장한다. 우주선은 Δt_p의 시간이 지나 별에 도착하기 때문에 이 여행자는 두 별 사이의 거리 L이 L_p보다 짧다고 결론짓는다. 우주 여행자가 측정한 거리는

$$L = v \, \Delta t_p = v \frac{\Delta t}{\gamma}$$

이다. 그런데 $L_p = v\Delta t$이므로

$$L = \frac{L_p}{\gamma} = L_p \sqrt{1 - v^2/c^2} \qquad \text{[24.4]}$$

이 된다. 이 결과에 의해 그림 24.9에 설명한 대로 물체에 대해 정지한 관측자가 측정한 길이가 L_p라면, 물체에 대해 속력 v로 운동하는 관측자가 측정한 길이는 고유 길이보다 $\sqrt{1 - v^2/c^2}$ 배만큼 짧아진다. **길이 수축은 운동 방향으로만 나타나는 것**에 주의하라.

시간 지연과 길이 수축 효과는 멀리 떨어진 별로 가는 미래의 우주 여행에 흥미롭게 적용할 수 있다. 인간의 수명보다 짧은 기간 안에 별에 도착하기 위해서는 빠른 속력으로 여행해야만 한다. 지구에 있는 관측자에 의하면 우주선이 목적지인 별에 도착하는 데 걸리는 시간은 여행자가 측정하는 시간 간격보다 지연될 것이다. 쌍둥이 역설에서 논의하였듯이 여행자들이 지구에 돌아왔을 때 그들은 자신의 쌍둥이들보다 더 젊을 것이다. 따라서 여행자들이 별에 도착하는 순간 몇 살 더 나이가 든 반면 지구에 있던 그들의 아내나 남편은 나이가 훨씬 더 많이 들었을 것이다. 나이가 얼마나 더 드는지에 대한 정확한 비율은 우주선의 속력에 따라 결정된다. 우주선의 속력이 $0.94c$인 경우 그 비율은 약 3:1이다.

막대자에 대해 정지해 있는 관측자 O'는 자의 길이를 1 m로 측정한다.

관측자 O에게 막대자는 움직이고 있으며 길이는 $\sqrt{1-v^2/c^2}$만큼 짧게 측정된다.

그림 24.9 두 관측자가 막대자의 길이를 측정한다.

예제 24.2 빠른 돌진

목표 거리에 길이 수축의 개념을 적용한다.

문제 (a) 지상의 관측자가 4 350 km의 고도에서 $0.970c$의 속력으로 지구를 향해 떨어지고 있는 우주선을 바라본다. 우주선 선장이 측정한 우주선과 지구 사이의 거리는 얼마인가? **(b)** 엔진

이 점화된 후, 우주선의 고도는 지상의 관측자에게는 625 km로, 선장에게는 267 km로 측정되었다. 이 순간 우주선의 속력은 얼마인가?

전략 선장에게는 지구가 $0.970c$의 속력으로 돌진하므로 우주선

과 지구 사이의 거리는 짧아진다. 이를 식 24.4에 대입하면 답을 얻는다. **(b)**에서도 같은 식을 사용하여 거리를 대입하여 속력을 구한다.

풀이

(a) 선장이 측정한 우주선에서 지구까지의 거리를 구한다.

선장이 측정한 고도를 식 24.4에 대입한다.

$$L = L_p\sqrt{1 - v^2/c^2} = (4\,350 \text{ km})\sqrt{1 - (0.970c)^2/c^2}$$
$$= 1.06 \times 10^3 \text{ km}$$

(b) 지상에 있는 관측자가 측정한 지구에서 우주선까지의 거리가 625 km이고 우주인이 측정한 거리는 267 km일 때 그 우주선의 속력을 구한다.

길이 수축의 식을 적용한다.

$$L = L_p\sqrt{1 - v^2/c^2}$$

양변을 제곱한 후 v에 대해서 푼다.

$$L^2 = L_p^2(1 - v^2/c^2) \quad \rightarrow \quad 1 - v^2/c^2 = \left(\frac{L}{L_p}\right)^2$$
$$v = c\sqrt{1 - (L/L_p)^2} = c\sqrt{1 - (267 \text{ km}/625 \text{ km})^2}$$
$$v = 0.904c$$

참고 고유 길이는 항상 그 길이에 대해 정지한 관측자에 의해 측정된 길이를 말한다.

길이 수축은 관측자의 운동 방향으로만 일어나며, 운동에 수직인 방향으로는 일어나지 않는다. 예를 들어, 관측자에 대해 정지한 정삼각형 모양의 우주선이 밑변에 평행한 방향으로 상대론적 속력을 갖고 관측자를 지나갈 때, 밑변은 줄어드는 반면 높이는 같은 길이를 유지한다. 따라서 관측자는 우주선이 이등변 삼각형 모양을 가졌다고 판단할 것이다. 그러나 우주선과 함께 여행하는 관측자에게 우주선은 여전히 정삼각형으로 보일 것이다.

24.5 상대론적 운동량 Relativistic Momentum

특수 상대성 이론 체계에서 물체의 운동을 적절히 기술하기 위해서는 뉴턴의 운동의 법칙과 운동량과 에너지에 대한 정의를 일반화할 필요가 있다. 일반화된 정의는 v가 c보다 아주 작은 영역에서는 고전적 (혹은 비상대론적인) 정의로 환원된다.

운동량 보존이란 두 물체가 충돌할 때, 두 물체가 고립되어 서로에게만 작용한다는 가정 하에 계의 전체 운동량이 일정하게 유지되는 것을 일컫는다. 그러나 매우 빠르게 움직이는 관성틀에서 충돌 현상을 분석할 때, 운동량의 고전적 정의인 $p = mv$를 이용하면 운동량이 보존되지 않는다. c에 근접하는 관성틀을 포함한 모든 관성틀에서 운동량 보존의 법칙이 성립하기 위해서는 운동량의 정의가 다음과 같이 수정되어야 한다.

$$p \equiv \frac{mv}{\sqrt{1 - v^2/c^2}} = \gamma mv$$

[24.5] ◀ 상대론적 운동량

여기서 v는 입자의 속력이고 m은 입자에 대해 정지한 관측자가 측정한 질량이다. v가 c에 비해 매우 작은 경우 식 24.5의 분모가 1로 접근하여 p가 mv로 접근하므로 상대론적 운동량은 v가 c에 비해 매우 작은 경우 고전적 표현으로 환원된다.

24.6 특수 상대성 이론에서의 상대속도
Relative Velocity in Special Relativity

갈릴레이 상대론에서는, 속도 v로 움직이는 우주선 안에 있는 사람이 머리 위에서 레이저 불빛을 쪼이게 되면 그 빛은 지상에 있는 관측자가 보았을 때 $c + v$의 속도로 나아갈 것으로 예상한다. 그러나 소득 없는 마이컬슨–몰리 실험의 결과에 의하면 레이저 빛은 어떤 관측자에게나 같은 속력 c로 관측된다. 물론 빛의 진동수가 증가하여도 마찬가지이다.(빛의 진동수가 증가할 때, 빛은 '청색 이동'을 한다고 말한다. 진동수가 감소하는 경우는 '적색 이동'을 한다고 말한다.) 분명히, 서로 간의 상대속도가 매우 빠른 관측자들에 의한 속도를 비교하기 위해서는 새로운 식을 만들어야만 한다.

그 과정은 비상대론적 속도에 관한 3장에서의 방법과 비슷하다. 여기서는 우주선 내에 있는 관측자를 B라 하고, 지상에 있는 관측자를 E로 표기하자. 그러면 +x 방향으로 움직이는 B의 지상에 있는 관측자 E에 대한 속도는 v_{BE}로 표기한다. 여기서의 목표는 물체 A의 운동에 관한 관측자 각각의 측정 간의 관계를 알아보는 것이다. 관측자 E가 측정한 A의 속도 v_{AE}가 주어지면, 관측자 B에 대한 A의 속도 v_{AB}는 무엇인가? 갈릴레이 상대론에 의하면, 3장에서 유도된 답은

갈릴레이 상대론에서의 상대속도 ▶

$$v_{AB} = v_{AE} - v_{BE}$$ [24.6]

이다. 광속의 10% 내외의 값을 갖는 속도의 경우 상대속도를 관계 짓는 올바른 식은

특수 상대성 이론에서의 상대속도 ▶

$$v_{AB} = \frac{v_{AE} - v_{BE}}{1 - \dfrac{v_{AE} v_{BE}}{c^2}}$$ [24.7]

이다.[2] v_{AE}나 v_{BE}가 c보다 훨씬 작다면, 이 식은 당연히 갈릴레이(비상대론적) 관계식과 일치한다. 식 24.7은 정지계에 있는 관측자 E가 측정한 속도가 알려진 경우 기준계에 있는 B가 측정하게 될 속도를 구하는 데 유용하다. 반면에, 문제의 속도가 관측자 B에 의해 측정되고 관측자 E가 측정하게 될 속도를 구하는 것이라면, 식 24.7을 v_{AE}에 대해 풀어야만 한다. 그 결과 식은 다음과 같다.

상대론적인 속도 덧셈 ▶

$$v_{AE} = \frac{v_{AB} + v_{BE}}{1 + \dfrac{v_{AB} v_{BE}}{c^2}}$$ [24.8]

분모에 있는 식을 무시하면, 식 24.8은 이미 기대하고 있는 형태의 식이 된다. 즉, 관측자 B가 관측자 E에 대해서 v_{BE}의 속도로 움직이고 그 자신에 대해 v_{AB}의 속도로 포물체를 발사한다면, v_{AB}와 v_{BE}의 합이 지상에 있는 관측자가 측정한 포물체의 속도 v_{AE}가 될 것이다. 그러나 특수 상대성 이론은 식 24.8의 분모를 무시할 수 없으며 그 식을 상대론적 속도 덧셈식이라고 한다.

---

[2] 식 24.7을 유도하기 위해서는 로렌츠 변환식을 사용하여야 하지만 이 책에서는 그 과정을 생략한다.

식 24.8을 사용하여, 지상에 있는 관측자가 측정한 달리는 자동차에서 전방으로 발사한 포물체의 속력을 계산할 수 있다. 예를 들어, 지상에 있는 관측자에 대해 v_{BE}의 속력으로 매우 빠르게 움직이는 우주선 안에 있는 관측자 B가 전방으로 레이저 빛을 비춘다고 상상하자. 위 식에서 v_{AB}는 관측자 B에 대한 빛의 속도이다. 그렇게 되면 지상에 있는 관측자가 측정한 빛의 속력 v_{AE}는

$$v_{AE} = \frac{v_{AB} + v_{BE}}{1 + \frac{v_{AB}v_{BE}}{c^2}} = \frac{c + v_{BE}}{1 + \frac{cv_{BE}}{c^2}} = \frac{c\left(1 + \frac{v_{BE}}{c}\right)}{1 + \frac{v_{BE}}{c}} = c$$

가 된다. 이러한 계산은 유도된 속도 변환이 빛의 속력이 관측자의 운동과 관계없이 일정하다는 실험적인 결과와 일치하게 된다.

예제 24.3 긴급 궤도 수정 요망!

목표 상대론적인 속도의 개념을 적용한다.

문제 지상에 정지해 있는 관측자가 측정한 앨리스(Alice)의 우주선은 $+x$ 방향으로 $0.600c$의 속력으로 움직이고 있다. 반면, 같은 관측자가 측정한 밥(Bob)이 탄 우주선은 $-x$ 방향으로 $-0.800c$의 속력으로 앨리스의 우주선을 정면으로 향하여 움직이고 있다. 밥이 측정한 앨리스의 속도는 얼마인가?

전략 지상의 관측자와 밥이 추적하고 있는 대상 물체는 앨리스의 우주선이다. 지상의 관측자가 측정한 속도는 주어져 있으며 밥이 측정하게 될 속도를 구하고자 한다. 상대론적 속도 덧셈식인 식 24.7에서 v_{AB}를 밥이 측정한 앨리스의 속도로 하고, v_{AE}를 지상에 있는 관측자가 측정한 앨리스의 속도라 하자. 밥의 기준계의 속도는 $-x$ 방향이므로 $v_{BE} < 0$이다.

풀이
식 24.7을 쓴다.

$$v_{AB} = \frac{v_{AE} - v_{BE}}{1 - \frac{v_{AE}v_{BE}}{c^2}}$$

값을 대입한다.

$$v_{AB} = \frac{0.600c - (-0.800c)}{1 - \frac{(0.600c)(-0.800c)}{c^2}} = \frac{1.400c}{1 - (-0.480)} = \boxed{0.946c}$$

참고 부호를 정확히 사용해야 한다. 상식적으로 볼 때 밥이 측정한 앨리스의 속도는 $1.40c$이지만, 여기서의 계산 결과는 밥은 앨리스의 속도를 빛의 속도보다 작은 것으로 측정한다.

24.7 상대론적 에너지와 질량-에너지 등가 원리
Relativistic Energy and the Equivalence of Mass and Energy

상대성 원리와 양립하기 위해서 운동량의 일반화된 정의가 필요하듯이 상대론적 역학에서 운동에너지의 정의도 수정이 필요하다. 아인슈타인은 물체의 **운동에너지**(kinetic energy)에 대한 정확한 표현은 다음과 같음을 발견하였다.

$$KE = \gamma mc^2 - mc^2 \qquad \text{[24.9]} \quad \blacktriangleleft \text{운동에너지}$$

식 24.9에서 물체의 속력과 무관한 상수항 mc^2을 물체의 **정지 에너지**(rest energy) E_R이라고 한다.

$$E_R = mc^2 \qquad \text{[24.10]} \quad \blacktriangleleft \text{정지 에너지}$$

식 24.9에서 γmc^2은 물체의 속력에 의존하며, 운동에너지와 정지 에너지의 합이다. 따라서 γmc^2을 **전체 에너지**(total energy) E로 정의한다. 그러므로

전체 에너지 = 운동에너지 + 정지 에너지

또는 식 24.9를 이용하면

$$E = KE + mc^2 = \gamma mc^2 \qquad [24.11]$$

이 된다. 그런데 $\gamma = (1 - v^2/c^2)^{-1/2}$이므로 전체 에너지 E를

전체 에너지 ▶

$$E = \frac{mc^2}{\sqrt{1 - v^2/c^2}} \qquad [24.12]$$

로 표현할 수 있는데, 이 식이 아인슈타인의 유명한 질량-에너지 등가 식이다.[3]

관계식 $E = \gamma mc^2 = KE + mc^2$은 **운동에너지가 없는 정지 입자는 자신의 질량에 비례하는 에너지를 갖는다**는 놀라운 결과를 보여준다. 더욱 놀라운 것은 질량과 에너지 사이의 비례 상수가 매우 큰 값 $c^2 = 9 \times 10^{16}$ m²/s²이므로 작은 질량도 어마어마한 양의 에너지에 해당한다는 것이다. 아인슈타인이 처음 제안했듯이 $E_R = mc^2$은 입자의 질량이 에너지로 완전히 전환될 수 있고, 전자기 에너지와 같은 순수 에너지가 질량을 갖는 입자로 전환될 수 있음을 의미한다. 물질과 반물질이 연계된 상호작용 현상에서 이와 같은 일이 실제로 일어난다는 것은 실험에서 여러 번 증명된 바 있다.

대규모 핵연료 공장은 우라늄 분열을 이용하여 에너지를 생산하는데 우라늄의 작은 질량이 에너지로 전환되는 과정을 수반한다. 태양도 질량이 에너지로 전환되고, 사방으로 엄청난 양의 전자기 에너지를 내보내면서 끊임없이 질량을 소모한다.

입자의 질량과 에너지 사이의 상호 전환에 대해 논의하고 있지만 $E = mc^2$은 보편적 표현이며 모든 물체와 과정과 계에 적용할 수 있다. 뜨거운 물체는 동일한 차가운 물체보다 열에너지를 더 많이 가지고 있기 때문에 질량이 조금 더 커서 가속시키기가 조금 더 어렵고, 늘어난 용수철은 늘어나지 않은 상태의 동일한 용수철보다 더 많은 탄성 퍼텐셜 에너지를 갖고 있다. 그러나 보통의 경우에는 이러한 질량 변화는 측정되기 어려울 정도로 매우 작다. 질량 변화를 측정하는 가장 확실한 실험은 핵변환 실험인데, 이 실험에서는 질량이 에너지로 전환되며 변환된 질량이 측정 가능하다.

24.7.1 에너지와 상대론적 운동량 Energy and Relativistic Momentum

때때로 입자의 속력보다는 운동량이나 에너지를 측정하기 때문에 전체 에너지 E와 상대론적 운동량 p 사이의 관계를 아는 것이 유용할 때가 있다. $E = \gamma mc^2$과 $p = \gamma mv$를

---

[3] 이 표현이 유명한 식 $E = mc^2$과 정확히 같은 형태는 아니지만, 아인슈타인이 기록한 방식과 같이 $m = \gamma m_0$으로 쓰는 것이 관례이다. 여기서 m은 v의 속력으로 움직이는 물체의 유효 질량이며 m_0은 물체에 대해 정지한 관측자가 측정한 물체의 질량이다. 그러면 식 $E = \gamma mc^2$은 유명한 $E = mc^2$이 된다. 최근에는 $m = \gamma m_0$이라는 표현을 그리 많이 사용하지 않는다.

각각 제곱한 후 뺀 다음 v를 소거 한다. 다음 약간의 대수적 과정을 거치면

$$E^2 = p^2 c^2 + (mc^2)^2 \qquad \text{[24.13]}$$

을 얻을 수 있다. 입자가 정지해 있을 때 $p = 0$이므로 $E = E_R = mc^2$이다. 즉, 이와 같은 특별한 경우에 전체 에너지는 정지 에너지이다. 광자(질량이 없고 전하도 띠지 않는 빛의 입자)와 같이 입자가 질량을 갖지 않는 경우, 식 24.13에 $m = 0$을 대입하면

$$E = pc \qquad \text{[24.14]}$$

를 얻는다. 이 식은 빛의 속력으로 운동하는 광자의 에너지와 운동량 사이의 정확한 관계식이다.

아원자(subatomic) 입자를 다룰 때에는 정전기적 전위차를 통해 가속하는 입자가 얻는 에너지인 전자볼트(eV)로 입자의 에너지를 표현하는 것이 편리하다. 바꿈 인수는

$$1 \text{ eV} = 1.60 \times 10^{-19} \text{ J}$$

이다. 예를 들면, 전자의 질량이 9.11×10^{-31} kg이므로 전자의 정지 에너지는

$$m_e c^2 = (9.11 \times 10^{-31} \text{ kg})(3.00 \times 10^8 \text{ m/s})^2 = 8.20 \times 10^{-14} \text{ J}$$

이다. 이 값을 eV로 변환하면

$$m_e c^2 = (8.20 \times 10^{-14} \text{ J})(1 \text{ eV}/1.60 \times 10^{-19} \text{ J}) = 0.511 \text{ MeV}$$

인데, 여기서 $1 \text{ MeV} = 10^6 \text{ eV}$이다. 핵물리학에서는 $E = \gamma mc^2$이 빈번히 사용되며, m의 단위로 원자질량 단위인 u를 자주 사용하므로 바꿈 인수 $1 \text{ u} = 931.494 \text{ MeV}/c^2$을 알고 있는 것이 유용하다. 예를 들어, 질량이 235.043 924 u인 우라늄 원자핵의 정지 질량을 MeV로 표현하면

$$E_R = mc^2 = (235.043\ 924 \text{ u})(931.494 \text{ MeV/u} \cdot c^2)(c^2) = 2.189\ 42 \times 10^5 \text{ MeV}$$

이다.

예제 24.4   **빠르게 움직이는 전자**

목표 전체 에너지와 상대론적 운동에너지를 계산한다.

문제 $v = 0.850c$의 속력으로 움직이는 전자의 전체 에너지와 운동에너지를 MeV 단위로 계산하고, 이를 고전적인 운동에너지와 비교하라. $10^6 \text{ eV} = 1$ MeV이다.

전략 식 24.12에 대입하여 전체 에너지를 구하고, 정지 질량 에너지를 빼서 운동에너지를 구한다.

· ·

풀이

주어진 값들을 식 24.12에 대입하여 전체 에너지를 구한다.

$$E = \frac{m_e c^2}{\sqrt{1 - v^2/c^2}} = \frac{(9.11 \times 10^{-31} \text{ kg})(3.00 \times 10^8 \text{ m/s})^2}{\sqrt{1 - (0.850c/c)^2}}$$

$$= 1.56 \times 10^{-13} \text{ J} = (1.56 \times 10^{-13} \text{ J})\left(\frac{1.00 \text{ eV}}{1.60 \times 10^{-19} \text{ J}}\right)$$

$$= \boxed{0.975 \text{ MeV}}$$

전체 에너지로부터 정지 에너지를 빼서 운동에너지를 구한다.

$$KE = E - m_e c^2 = 0.975 \text{ MeV} - 0.511 \text{ MeV} = \boxed{0.464 \text{ MeV}}$$

고전적인 운동에너지를 계산한다.

$$KE_{고전} = \tfrac{1}{2}m_e v^2$$
$$= \tfrac{1}{2}(9.11 \times 10^{-31}\,\text{kg})(0.850 \times 3.00 \times 10^8\,\text{m/s})^2$$
$$= 2.96 \times 10^{-14}\,\text{J} = \boxed{0.185\,\text{MeV}}$$

참고 상대론적 운동에너지와 고전적인 운동에너지 사이에 큰 괴리가 있음에 주목하라.

예제 24.5 우라늄 분열에서 운동에너지로 전환되는 질량

목표 핵 원료로부터 에너지 생산에 대하여 이해한다.

문제 우라늄 분열은 1938년 마이트너(Lise Meitner)에 의해 발견되었으며, 그녀는 한(Otto Hahn)이 발견한 흥미로운 실험 결과를 분열에 의한 것으로 해석하는 데 성공했다(한은 노벨상을 수상하였다). $^{235}_{92}\text{U}$ 분열은 천천히 움직이는 중성자를 흡수해서 불안정한 핵인 ^{236}U을 만드는 것으로 시작한다. ^{236}U 핵은 몇 개의 중성자와 고속으로 움직이는 두 개의 무거운 조각으로 빠르게 붕괴한다. 이와 같은 분열에서 생기는 운동에너지의 대부분은 두 개의 큰 조각이 가져간다. **(a)** 전형적인 분열 과정인

$$^{1}_{0}\text{n} + {}^{235}_{92}\text{U} \;\rightarrow\; {}^{141}_{56}\text{Ba} + {}^{92}_{36}\text{Kr} + 3{}^{1}_{0}\text{n}$$

에서 두 조각이 가져가는 운동에너지를 MeV 단위로 계산하라. 반응물들의 운동에너지는 무시한다. **(b)** 처음 에너지의 몇 퍼센트가 운동에너지로 전환되는가? 이 과정에서 수반되는 원자들의 질량을 원자질량 단위로 표시하면 다음과 같다.

$$^{1}_{0}\text{n} = 1.008\,665\,\text{u} \qquad {}^{235}_{92}\text{U} = 235.043\,923\,\text{u}$$
$$^{141}_{56}\text{Ba} = 140.903\,496\,\text{u} \qquad {}^{92}_{36}\text{Kr} = 91.907\,936\,\text{u}$$

전략 상대론적 에너지 보존의 응용 문제이다. 에너지 보존을 운동에너지와 정지 에너지의 합으로 쓰고, 나중 운동에너지에 대하여 푼다.

풀이

(a) 주어진 과정에 대한 나중 운동에너지를 계산한다.

$KE_{처음} = 0$이라 가정하고 상대론적 에너지의 보존을 적용한다.

$$(KE + mc^2)_{처음} = (KE + mc^2)_{나중}$$
$$0 + m_n c^2 + m_U c^2 = m_{Ba}c^2 + m_{Kr}c^2 + 3m_n c^2 + KE_{나중}$$

$KE_{나중}$에 대해 풀고 MeV 단위로 변환한다.

$$KE_{나중} = [(m_n + m_U) - (m_{Ba} + m_{Kr} + 3m_n)]c^2$$
$$KE_{나중} = (1.008\,665\,\text{u} + 235.043\,923\,\text{u})c^2$$
$$- [140.903\,496\,\text{u} + 91.907\,936\,\text{u}$$
$$+ 3(1.008\,665\,\text{u})]c^2$$
$$= (0.215\,161\,\text{u})(931.494\,\text{MeV/u} \cdot c^2)(c^2)$$
$$= \boxed{200.421\,\text{MeV}}$$

(b) 처음 에너지의 몇 %가 운동에너지로 전환되는지 계산한다. 처음 에너지인 전체 에너지를 계산한다.

$$E_{처음} = 0 + m_n c^2 + m_U c^2$$
$$= (1.008\,665\,\text{u} + 235.043\,923\,\text{u})c^2$$
$$= (236.052\,59\,\text{u})(931.494\,\text{MeV/u} \cdot c^2)(c^2)$$
$$= 2.198\,82 \times 10^5\,\text{MeV}$$

운동에너지를 전체 에너지로 나누고 100%를 곱한다.

$$\frac{200.421\,\text{MeV}}{2.198\,82 \times 10^5\,\text{MeV}} \times 100\% = \boxed{9.115 \times 10^{-2}\%}$$

참고 핵반응에서 구성 입자들이 갖고 있는 정지 에너지의 1%의 10분의 1 정도만이 전환됨을 보여주는 계산이다. 어떤 융합 반응은 이보다 몇 배나 에너지가 전환된다.

연습문제

1. 우주선 안에 있는 계기판에 그 안에 있는 우주인이 시계로 2.00 s마다 깜박이는 전구가 있다. 그 우주선이 지구에 대해 $0.750c$의 속력으로 멀어져 가고 있다면, (a) 깜박이는 고유 시간과 (b) 지구에 있는 관측자가 관측한 깜박이는 시간 간격을 구하라.

2. 파이 중간자는 자신의 기준틀에서 평균 수명이 2.6×10^{-8} s이다. 중간자가 $0.98c$의 속력으로 움직일 때, (a) 지상에 있는 관측자가 측정한 평균 수명은 얼마인가? (b) 지상에 있는 관측자가 측정할 때, 중간자가 붕괴되기 직전까지 이동한 거리는 얼마인가? (c) 시간 지연이 일어나지 않는다면 중간자가 이동하는 거리는 얼마인가?

3. 지구로부터 $0.900c$의 속력으로 멀어져 가고 있는 우주선이 전방을 향해 로켓을 발사하였다. 그 로켓의 속력은 우주선에 대해 $0.500c$이다. 지구에 대한 로켓의 속력을 계산하라.

4. 우주선 A가 지구로부터 $0.800c$의 속력으로 멀어진다(그림 P24.4). 우주선 B는 지구에 대해 $0.900c$의 속력을 내고자 한다. 지상에 있는 관측자가 보았을 때 B가 A를 $0.100c$의 상대 속력으로 추월하고 있다. 우주선 B에 있는 우주인이 보았을 때 B가 A를 추월하는 속력은 얼마인가?

그림 P24.4

5. 상대론적 에너지와 운동량의 정의에서 시작하여 $E^2 = p^2c^2 + m^2c^4$(식 24.13)을 증명하라.

6. 어떤 별이 지구로부터 5.00광년 떨어져 있다. 우주선에서 측정한 지구-별 사이의 거리가 2.00광년이 되려면 우주선은 어떤 속력으로 여행하여야 하는가?

7. 길이가 3.00 km인 스탠포드 선형 가속기에서 전자는 전체 에너지가 20.0 GeV까지 가속된다. (a) 전자의 γ값은 얼마인가? (b) 전자가 보기에 가속기의 길이는 얼마나 늘어나는가? 전자의 정지 질량 에너지는 0.511 MeV이다.

8. 전자의 정지 에너지는 0.511 MeV이며 양성자의 정지 에너지는 938 MeV이다. 두 입자의 운동에너지가 똑같이 2.00 MeV라고 가정하고, (a) 전자와 (b) 양성자의 속력을 구하라. (c) 전자의 속력은 양성자의 속력보다 얼마나 더 빠른가? Note: 에너지를 줄 단위로 변환하지 말고 MeV 단위를 사용하여 계산한다. 특히 답을 구할 때 반올림에 주의해야 한다.

9. 어떤 천문학자가 안드로메다은하에 가보고 싶어 한다. 그 곳에 가려면 우주선의 기준틀에서 편도만 30년이 걸릴 것이다. 안드로메다은하는 2백만 광년 떨어져 있으며 속력은 일정하다고 가정한다. (a) 지구에 대해 얼마나 빠른 속력으로 여행해야 하는가? (b) 천문학자가 탄 우주선의 운동에너지는 얼마가 되는가? 우주선의 질량은 1.00×10^6 kg이다. (c) kWh당 13센트의 전기 요금과 비교할 때 그러한 에너지에 대한 비용은 얼마나 되는가? 다음과 같은 근사식을 사용할 수 있다.

$$\frac{1}{\sqrt{1+x}} \approx 1 - \frac{x}{2} \quad \text{for } x \ll 1$$

10. 어떤 막대에 대해 $0.995c$의 속력으로 운동하는 관측자가 측정한 막대(그림 P24.10)의 길이는 2.00 m이다. 막대는 운동 방향과 30.0°의 방향으로 놓여 있다. (a) 막대의 고유 길이는 얼마인가? (b) 막대와 함께 움직이는 기준틀에서 본 막대의 방향각은 얼마인가?

그림 P24.10

양자 물리학
Quantum Physics

CHAPTER 25

20세기 초 상대성 이론에 의해 많은 문제가 풀렸지만, 또 다른 많은 문제들이 풀리지 않은 채로 남아 있었다. 원자 수준에서 일어나는 물질의 행동을 고전 물리학의 법칙들을 이용하여 설명하려는 시도는 시종일관 성공하지 못했다. 가열된 물체로부터 방출되는 전자기 복사(흑체 복사), 빛을 쬐인 금속으로부터 튀어나오는 전자(광전 효과), 전기 방전관 속에 든 기체 원자들로부터 나오는 선명한 스펙트럼선 등의 여러 현상들을 고전 물리학의 틀 안에서는 설명할 수가 없었다. 그러나 1900년에서 1930년 사이에 양자 역학 또는 파동 역학이라고 하는 현대적인 개념의 역학이 원자, 분자, 핵의 행동 양상을 설명하는 데 매우 성공적이었다.

양자 이론의 초기 아이디어는 플랑크에 의해 처음 도입되었으며, 이후 아인슈타인, 보어, 슈뢰딩거, 드 브로이, 하이젠베르크, 보른, 디랙을 포함한 수많은 물리학 거장들에 의해 수학적으로 발전, 해석, 개선이 이루어졌다. 이 장에서는 양자 역학의 기본 개념과 물질의 파동−입자적인 성질을 소개하고, 광전 효과, 콤프턴 효과, X선을 포함한 양자 이론의 간단한 몇 가지 응용에 대해 논의한다.

25.1 흑체 복사와 플랑크의 가설
25.2 광전 효과와 빛의 입자 이론
25.3 X선
25.4 콤프턴 효과
25.5 빛과 물질의 이중성
25.6 파동 함수
25.7 불확정성 원리

25.1 흑체 복사와 플랑크의 가설
Blackbody Radiation and Planck's Hypothesis

모든 온도에서 물체는 전자기 복사를 방출한다. 이러한 전자기 복사를 **열복사**(thermal radiation)라고 한다. 슈테판의 법칙은 전체 복사 일률을 나타낸다. 복사 스펙트럼은 물체의 온도와 성질에 따라 결정된다. 저온에서 열복사의 파장은 주로 적외선 영역이므로 눈에 보이지 않는다. 물체의 온도가 올라감에 따라 물체는 빨간색 빛을 내기 시작한다. 충분히 높은 온도에서 물체는 전구의 뜨거운 텅스텐 필라멘트에서 나오는 빛과 같이 흰색으로 보인다. 열복사를 정밀하게 조사해보면 적외선으로부터 가시광선, 자외선 영역까지 파장이 연속적인 분포를 이루고 있음을 알게 된다.

고전 물리학의 관점에서 보면 열복사는 물체 표면에서 가속된 대전 입자에 기인한다. 즉, 가속된 전하는 작은 안테나가 전자기파를 방출하는 것과 매우 유사하게 복사선을 방출한다. 열적으로 교란된 전하들은 진동수 분포를 이룰 수 있는데, 이 분포는 물체가 방출한 복사의 연속 스펙트럼을 설명한다. 19세기 말에 이미 열복사에 대한 고전 이론이 부적당하다는 사실이 밝혀졌다. 근본적인 문제는 흑체로부터 방출되는 복사 에너지의 분포를 파장의 함수로 이해하는 것이었다. **흑체**(blackbody)란 자신에게 주어지는 복사 에너지를 전부 흡수하는 이상적인 물체로 정의된다. 흑체의 좋은 예는 그림 25.1과 같이 속이 텅 비어 있는 물체 내부와 연결된 작은 구멍이다. 이 작은 구멍에서 방출되는 복사의 성질은 오직 공동(cavity) 벽의 온도에만 의존하며 물체의 구성 성분

> **Tip 25.1 혼란스러움에 대한 기대**
> 우리가 경험하는 세계는 양자 효과가 분명하게 드러나지 않는 거시적인 세계이다. 양자 효과는 상대론적 효과보다 더 기괴하다고 생각될 수 있지만 실망할 필요는 없다. 혼란스러움은 정상적이며 기대되는 일이다. 노벨상 수상자인 파인먼(Richard Feynman)의 말을 인용하면 "양자 역학을 이해하는 사람은 아무도 없다."

그림 25.1 속이 빈 껍질 모양의 물체에 뚫린 작은 구멍은 흑체의 좋은 예이다. 작은 구멍을 통해 껍질 안으로 들어간 빛이 내부의 벽에서 반사될 때마다 일부는 반사되고 일부는 벽에 흡수된다. 여러 번의 반사를 거치면 입사된 에너지는 거의 대부분 물체에 흡수된다.

그림 25.2 세 가지 온도에서 파장에 따른 흑체 복사의 세기 곡선. 파장의 가시광선 영역은 0.4 μm에서 0.7 μm이다. 약 6 000 K의 온도에서 봉우리는 가시광선 영역의 중간쯤에 있으므로 물체는 흰색으로 보인다.

그림 25.3 흑체 복사에 대한 실험 자료와 고전 이론의 비교. 플랑크의 이론은 실험 자료와 완벽히 일치한다.

이나 모양 및 그 밖의 다른 요인과는 무관하다.

　세 온도에서 흑체 복사의 에너지 분포에 대한 실험 자료가 그림 25.2에 주어져 있다. 복사 에너지는 파장과 온도에 따라 변한다. 흑체의 온도가 증가할수록 방출되는 전체 복사 에너지(곡선 아래의 넓이)도 증가한다. 또한 온도가 증가함에 따라 세기가 최대가 되는 파장은 작은 쪽으로 이동하는데, 이와 같은 파장의 변위는 **빈의 변위 법칙**(Wien's displacement law)이라 불리는 관계식

$$\lambda_{최대}T = 0.289\,8 \times 10^{-2}\,\text{m} \cdot \text{K} \qquad [25.1]$$

을 만족한다. 여기서 $\lambda_{최대}$는 곡선이 최댓값을 가질 때의 파장이며, T는 복사를 방출하는 물체의 절대 온도이다.

　뜨거운 별에서 방출되는 복사 곡선은 그림 25.2의 위 곡선과 매우 유사하다. 이 경우의 별은 가시광선 영역에서 집중적으로 복사를 방출하는데, 모든 색깔의 조합으로 인해서 별은 흰색을 띠게 된다. 표면 온도가 5 800 K인 태양이 이 경우에 해당된다. 훨씬 더 뜨거운 별의 경우, 곡선의 최댓값이 가시광선 영역보다 한참 아래에 위치하게 되어 빨간색보다는 파란색 복사의 양이 훨씬 많게 되어 결과적으로 파란색을 띤다. 태양보다 차가운 별은 주황색이나 빨간색을 띠게 된다. 별의 표면 온도는 세기-파장 곡선에서 최댓값에 해당하는 파장을 찾고, 이를 빈의 법칙에 대입하여 구할 수 있다. 예를 들어, 파장이 2.30×10^{-7} m인 별의 표면 온도는 다음과 같다.

$$T = \frac{0.289\,8 \times 10^{-2}\,\text{m} \cdot \text{K}}{\lambda_{최대}} = \frac{0.289\,8 \times 10^{-2}\,\text{m} \cdot \text{K}}{2.30 \times 10^{-7}\,\text{m}} = 1.26 \times 10^4\,\text{K}$$

　고전적 개념을 이용하여 그림 25.2의 곡선 모양을 설명하려는 시도는 실패했다. 그림 25.3은 흑체 복사 스펙트럼에 대한 실험 자료(파란색 곡선)와 고전 이론을 기반으로 계산할 때 곡선이 가져야 할 이론적 결과(주황색 곡선)를 함께 보여주고 있다. 긴 파장 영역에서는 고전 이론과 실험 자료가 제법 일치하지만 짧은 파장 영역에서는 거의 일치하지 않는다. λ가 영에 접근할 때 고전 이론에서는 세기가 무한대로 커져야 한다는 잘못된 예측을 하는 반면, 실험 결과는 세기가 영에 접근한다는 것을 보여준다.

　1900년에 플랑크는 모든 파장에서 실험과 완전히 일치하는 흑체 복사 식을 구했는데, 이 식의 파장-세기의 그래프는 그림 25.3의 파란색 곡선과 일치한다. 플랑크는 흑체 복사가 공진기라고 하는 마이크로미터보다 작은 크기의 대전된 진동자에 의해 생긴다고 가정했다. 빛을 내는 공동의 벽은 정확한 본질이 알려지지 않았던 수많은 공진기로 구성되어 있다고 가정했다. 공진기는 아래와 같이 주어지는 불연속적인 에너지 E_n만을 가질 수 있다.

$$E_n = nhf \qquad [25.2]$$

여기서 n은 **양자수**(quantum number)라고 하는 양의 정수이고, f는 공진기의 진동수이며, h는 **플랑크 상수**(Planck's constant)로 알려진 상수로서 그 값은

$$h = 6.626 \times 10^{-34} \, \text{J} \cdot \text{s} \qquad [25.3]$$

이다. 각 공진기의 에너지가 식 25.2에 의해 주어지는 불연속적인 값만을 가질 수 있기 때문에 에너지가 양자화되었다고 표현한다. 각각의 불연속적인 에너지는 다른 양자 상태를 의미하는데, 각각의 n값은 특정한 양자 상태를 나타낸다(공진기가 $n = 1$인 양자 상태에 있을 때 에너지는 hf이고, $n = 2$인 양자 상태에 있을 때 에너지는 $2hf$이며, 이와 같은 방식으로 양자수의 증가에 따라 공진기의 에너지가 증가한다).

플랑크 이론의 핵심은 에너지 상태의 양자화 가정이다. 고전 물리학으로부터의 이러한 파격적인 이탈은 자연을 완전히 새롭게 이해하는 '양자 도약(quantum leap)'이다. 이는 매우 충격적인 것이다. 이는 마치 날아가는 야구공이 정해진 값의 서로 다른 속력만 가질 수 있으며, 이들 정해진 값 사이의 속력을 가질 수 없다고 말하는 것과 같다. 에너지가 연속적인 값 중 어느 하나를 갖는 대신에 특정한 불연속적인 값만 가질 수 있다는 사실은 뉴턴 및 맥스웰의 고전 이론과 양자 이론 사이의 가장 중요한 차이점이다.

플랑크
Max Planck, 1858~1947
독일의 물리학자

플랑크는 양자 이론의 기반이 된 흑체 복사의 스펙트럼 분포를 설명하려는 시도에서 '작용 양자'(플랑크 상수 h)를 도입하였다. 1918년에 에너지의 양자적 본질을 발견하여 노벨상을 수상하였다.

25.2 광전 효과와 빛의 입자 이론
The Photoelectric Effect and the Particle Theory of Light

19세기 후반기에는 금속 표면에 입사한 빛 때문에 표면으로부터 전자가 방출되는 실험들이 행해졌다. 이 현상은 **광전 효과**(photoelectric effect)로 알려져 있으며, 방출된 전자를 **광전자**(photoelectron)라고 한다. 이 현상은 맥스웰이 예견한 전자기 파동을 최초로 발생시킨 헤르츠에 의해 처음 발견되었다.

그림 25.4는 광전 효과 실험 장치의 개략도이다. 광배터리로 알려진 진공 유리관은 금속판 E(emitter)가 가변 전원 장치의 음극 단자에 연결되어 있고, 다른 금속판 C(collector)는 전원 장치의 양극 단자에 연결되어 양의 전위를 유지하고 있다. 유리관이 어둠 속에 있을 때 검류계의 눈금은 영을 가리키며, 회로에는 아무런 전류도 흐르지 않는다. 그러나 E를 만드는 데 사용된 물질에 의존하는 특정 파장보다 더 작은 파장을 갖는 빛을 E에 쪼이면 검류계에 전류가 검출되는데, 이는 E와 C 사이의 간극을 가로지르는 전하의 흐름을 의미한다. 이 전류는 음극판 E에서 방출된 광전자에 의한 전류이며 양극판 C에서 모인 것이다.

그림 25.5에는 두 종류의 빛 세기에 대해 E와 C 사이의 전위차 ΔV와 광전류 사이의 관계를 나타냈다. ΔV가 클 때 전류는 최댓값에 도달한다. 뿐만 아니라 입사광의 세기가 증가함에 따라 전류도 증가한다. 마지막으로 ΔV가 음의 값을 가질 때(즉, 회로의 전원 장치를 거꾸로 연결하여 E를 양으로 하고 C를 음으로 할 때), 전류는 낮은 값으로 떨어지는데, 그 이유는 방출된 광전자의 대부분이 음극판 C에 의해 튀기 때문이다. 이 상황에서는 $e\Delta V$보다 큰 운동에너지를 갖는 전자들만 C에 도착할 수 있는데, 여기서 e는 전자의 전하이다.

ΔV가 $-\Delta V_s$와 같거나 더 큰 음의 값을 가질 때 C에 도달하는 전자가 없으므로 전류

빛이 금속판 E(이미터)를 때리면, 그 판에서 광전자가 튀어 나온다.

빛

가변 전원 장치

판 E에서 판 C(콜렉터)로 이동하는 전자들은 회로에서 전류가 되어 전류계 A에 전류값이 나타난다.

그림 25.4 광전 효과를 연구하기 위한 회로도

그림 25.5 두 가지 빛의 세기에 따라 변하는 광전 전류

전류는 빛의 세기에 따라 증가하나 ΔV값이 커지면 포화 전류값에 도달한다.

$-\Delta V_s$보다 작거나 같은 전압에서 전류는 영이 된다.

전류

높은 세기

낮은 세기

인가 전압

$-\Delta V_s$

$-\Delta V_s$는 저지 전위이다.

가 흐르지 않는다. 이러한 전압을 **저지 전압**(stopping potential)이라고 한다. 저지 전압은 복사 세기와 무관하다. 광전류의 최대 운동에너지와 저지 전압 사이에는

$$KE_{\text{최대}} = e\Delta V_s \qquad\qquad [25.4]$$

의 관계가 있다.

고전 물리학이나 빛의 파동설로 설명될 수 없는 광전 효과의 특징은 다음과 같다.

- 입사광의 진동수가 **차단 진동수**(cutoff frequency) f_c보다 작으면 전자가 방출되지 않는데, f_c는 빛을 쬐이는 물질의 특성이다. 이와 같은 현상은 빛의 세기가 충분히 크면 임의의 진동수에서도 광전 효과가 일어나야 한다고 예측하는 파동 이론과 일치하지 않는다.

- 광전자의 최대 운동에너지는 빛의 세기와 무관하다. 파동 이론에 의하면 세기가 큰 빛일수록 단위 시간당 금속에 전달하는 에너지가 많으므로 방출되는 광전자는 큰 운동에너지를 가져야 한다.

- 빛의 진동수가 증가할수록 광전자의 최대 운동에너지도 증가한다. 파동 이론으로는 광전자의 에너지와 입사광의 진동수 사이의 어떤 관계도 예측할 수 없다.

- 매우 낮은 세기의 빛을 쪼이는 경우에도 금속 표면에서 전자는 거의 순간적으로 (표면에 빛을 비춘 후 10^{-9} s 이내에) 방출된다. 고전 역학적으로는, 금속으로부터 광전자가 방출될 수 있는 충분한 에너지를 얻기 전까지 입사 복사선을 흡수하는 데 어느 정도의 시간이 걸릴 것으로 예상한다.

광전 효과에 대한 성공적인 이론은 특수 상대성 이론을 발표한 해인 1905년에 아인슈타인에 의해 이루어졌다. 전자기 복사에 관한 일반적인 논문으로, 그는 1921년에 노벨 물리학상을 수상하였다. 아인슈타인은 플랑크의 양자화 개념을 전자기 파동으로 확장하여, 양자화된 진동자가 $E_n = nhf$인 에너지 상태에서 에너지가 $E_{n-1} = (n-1)hf$인 바로 아래의 상태로 전이할 때 빛 에너지의 작은 묶음, 즉 **광자**(photon)가 방출된다고 제안하였다. 에너지 보존의 법칙에 의하면 진동자가 잃은 에너지 hf와 광자의 에너지 E가 같아야 하므로

$$E = hf \qquad\qquad [25.5]$$

가 성립하는데, 여기서 h는 플랑크 상수이고, f는 진동자의 진동수와 같은 빛의 진동수이다.

여기서 핵심은 에미터에 의해 잃은 빛 에너지 hf는 광자라고 하는 작은 묶음 또는 입자에 국소화되어(localized) 있다는 것이다. 아인슈타인의 모형에서 광자는 국소화되어 있어서 자신의 모든 에너지인 hf를 금속에 있는 전자에 모두 줄 수 있다. 아인슈타인에 따르면 방출된 광전자의 최대 운동에너지는

$$KE_{최대} = hf - \phi \qquad\qquad [25.6]$$

로 주어지는데, 여기서 ϕ는 금속의 **일함수**(work function)이다. 전자가 금속에 구속되어 있을 최소의 에너지인 일함수는 수 전자볼트(eV) 정도의 크기를 갖는다. 표 25.1에 여러 가지 금속의 일함수가 있다.

빛의 광자 이론을 이용하면 고전 물리학의 개념으로 설명할 수 없었던 광전 효과의 특징을 설명할 수 있다.

표 25.1 몇 가지 금속의 일함수

금속	ϕ (eV)
은(Ag)	4.73
알루미늄(Al)	4.08
구리(Cu)	4.70
철(Fe)	4.50
나트륨(Na)	2.46
납(Pb)	4.14
백금(Pt)	6.35
아연(Zn)	4.31

- 광전자는 단일 광자를 흡수함으로써 생성된다. 따라서 광자의 에너지가 일함수보다 같거나 커야 하며, 그렇지 않으면 광전자는 생성되지 않는다. 이것은 차단 진동수를 설명한다.
- 식 25.6으로부터 $KE_{최대}$는 빛의 진동수와 일함수 값에만 의존한다. 빛의 세기는 중요하지 않는데, 그 이유는 단일 광자의 흡수가 전자의 운동에너지를 변화시키기 때문이다.
- 식 25.6은 진동수에 대해 선형적이기 때문에 진동수가 증가할수록 $KE_{최대}$가 증가한다.
- 전자는 빛의 세기와 관계없이 거의 순간적으로 방출되는데, 그 이유는 빛에너지가 파동으로 퍼져 있기보다는 묶음으로 집중되어 있기 때문이다. 진동수가 충분히 크면 전자가 서서히 금속을 탈출하는 데 필요한 에너지를 모으는 데 시간이 걸릴 필요가 없다.

그림 25.6에 나타냈듯이 f와 $KE_{최대}$ 사이의 선형 관계가 실험적으로 관찰되었다. $KE_{최대} = 0$에 해당하는 가로축 절편은 빛의 세기와 관계없이 그 아래에서는 광전자가 방출되지 않는 차단 진동수가 있음을 알려주고 있다. 차단 파장 λ_c는 식 25.6을 이용하면 다음과 같이 유도될 수 있다.

$$KE_{최대} = hf_c - \phi = 0 \quad \rightarrow \quad h\frac{c}{\lambda_c} - \phi = 0$$

$$\lambda_c = \frac{hc}{\phi} \qquad\qquad [25.7]$$

여기서 c는 빛의 속력이다. 일함수가 ϕ인 물질에 입사하는 λ_c보다 큰 파장은 광전류를 방출시키지 못한다.

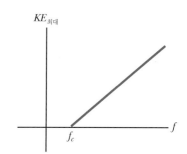

그림 25.6 전형적인 광전 효과 실험에서 입사광의 진동수에 대한 $KE_{최대}$의 개략도. f_c보다 작은 진동수를 갖는 광자는 금속으로부터 전자를 방출시킬 충분한 에너지를 갖지 못한다.

예제 25.1 나트륨에서의 광전자

목표 빛의 양자화와 광전 효과에서의 역할을 이해한다.

문제 파장이 0.300 μm인 빛을 일함수가 2.46 eV인 나트륨 표면에 비출 때, **(a)** 광자의 에너지와 **(b)** 방출된 광전자의 최대 운동에너지를 전자볼트(eV)로 계산하고, **(c)** 나트륨의 차단 파장을 구하라.

전략 문제에서 주어진 값들을 식 25.5, 25.6, 25.7에 각각 대입한다.

풀이

(a) 각 광자의 에너지를 계산한다.

파장으로부터 진동수를 구한다.

$$c = f\lambda \quad \rightarrow \quad f = \frac{c}{\lambda} = \frac{3.00 \times 10^8 \text{ m/s}}{0.300 \times 10^{-6} \text{ m}}$$

$$f = 1.00 \times 10^{15} \text{ Hz}$$

식 25.5를 이용하여 광자의 에너지를 계산한다.

$$E = hf = (6.63 \times 10^{-34} \text{ J} \cdot \text{s})(1.00 \times 10^{15} \text{ Hz})$$

$$= 6.63 \times 10^{-19} \text{ J}$$

$$= (6.63 \times 10^{-19} \text{ J})\left(\frac{1.00 \text{ eV}}{1.60 \times 10^{-19} \text{ J}}\right) = \boxed{4.14 \text{ eV}}$$

(b) 광전자의 최대 운동에너지를 계산한다.

식 25.6에 대입한다.

$$KE_{최대} = hf - \phi = 4.14 \text{ eV} - 2.46 \text{ eV} = \boxed{1.68 \text{ eV}}$$

(c) 차단 파장을 계산한다.

ϕ값을 전자볼트에서 줄(J)로 변환한다.

$$\phi = 2.46 \text{ eV} = (2.46 \text{ eV})(1.60 \times 10^{-19} \text{ J/eV})$$

$$= 3.94 \times 10^{-19} \text{ J}$$

식 25.7을 이용하여 차단 파장을 구한다.

$$\lambda_c = \frac{hc}{\phi} = \frac{(6.63 \times 10^{-34} \text{ J} \cdot \text{s})(3.00 \times 10^8 \text{ m/s})}{3.94 \times 10^{-19} \text{ J}}$$

$$= 5.05 \times 10^{-7} \text{ m} = \boxed{505 \text{ nm}}$$

참고 차단 파장은 가시광선 스펙트럼의 노란색에서 초록색까지의 영역에 있다.

25.2.1 광배터리 Photocells

응용
광배터리

광전 효과는 광배터리라는 장치를 이용하여 다양하게 응용된다. 그림 25.4에 보인 광배터리에서 충분히 높은 진동수의 빛이 배터리에 닿으면 회로에 전류가 발생하지만, 어두운 곳에서는 전류가 발생하지 않는다. 이 장치는 가로등에 사용되고 있다. 대기의 빛이 광전 조절 장치를 때려 가로등을 끄는 스위치를 활성화시킨다. 수많은 주차장 문과 승강기에서 광선과 광배터리를 설계의 안전장치로 활용한다. 광선이 광배터리를 때리면 발생된 전류는 충분히 커서 폐회로를 유지한다. 물건이나 사람이 광선을 가리면 전류가 차단되는데, 이것이 문이 열리도록 하는 신호가 된다.

25.3 X선 X-Rays

X선은 1895년에 뢴트겐(Wilhelm Röntgen)에 의해 발견되고, 1912년에 라우에(Max von Laue)에 의해 제안이 있고 난 한참 후에야 전자기 파동임이 밝혀졌다. X선은 자외선보다 높은 진동수를 갖고 있으며 비교적 쉽게 대부분의 물질을 침투할 수 있다. 보통 X선의 파장은 대략 0.1 nm인데, 이는 고체 내에서 원자 사이의 간격과 비슷한 크기이다. 그 결과 결정에서 원자의 규칙적 배열이 회절격자의 역할을 하여 X선을 회절시킨다. 매우 완벽한 단백질 결정의 X선 회절 무늬의 모습이 그림 25.7에 있다.

그림 25.7 매우 완벽한 단백질 결정의 X선 회절 무늬는 고성능 컴퓨터를 사용하고 수학적으로 해석하여 단백질의 구조를 알아낼 수 있다. 구조를 알아내면, 단백질의 기능을 조절할 수 있는 분자 구조를 설계할 수 있다. 그러한 분자들을 사용하여 다른 생물학적 조직에 영향을 미치지 않고 특정 분자의 활성을 약화시키는 치료약을 개발할 수 있다.

그림 25.8 (a) X선 관의 개략도, (b) X선 관 사진

그림 25.9 금속 표적의 X선 스펙트럼은 넓은 연속 스펙트럼과 특성 X선에 기인한 몇 개의 날카로운 선으로 구성된다. 자료는 35 keV의 전자가 몰리브데넘 표적에 충돌할 때의 결과이다. $1 \text{ pm} = 10^{-12} \text{ m} = 10^{-3} \text{ nm}$이다.

X선은 수천 볼트의 전위차에 의해 가속된 전자가 금속 표적에 충돌할 때와 같이 매우 빠른 속력으로 움직이던 전자가 갑자기 느려질 때 발생한다. 그림 25.8a는 X선관의 개략도이다. 필라멘트에 흐르는 전류에 의해 전자가 방출되고, 방출된 전자들은 필라멘트보다 높은 전위를 유지하는 텅스텐과 같은 금속 표적을 향해 가속된다.

그림 25.9는 X선 관에서 방출되는 복사선 스펙트럼의 세기와 파장 사이의 관계를 나타낸다. 스펙트럼은 두 개의 다른 성분으로 구성되어 있다. 한 성분은 관에 인가된 전압에 의존하는 연속 스펙트럼이다. 표적 물질의 특성과 관련된 일련의 뾰족하고 강한 세기의 선들이 이 성분과 중첩되어 있다. 표적 물질의 전자가 재배열을 거치는 동안 표적 원자에 의해 방출되는 복사선을 나타내는 이러한 뾰족한 선들을 관찰하기 위해서는 가속 전압이 **문턱 전압**(threshold voltage)이라 부르는 어떤 값보다 커야 한다. 연속 복사선은 표적 안으로 가속되는 전자가 복사선을 방출하기 때문에, 때때로 **제동 복사**(bremsstrahlung)라고도 한다. 이것은 전자가 표적 속으로 가속될 때 감속(제동)되면서 복사를 방출하기 때문에 그런 이름이 붙여졌다.

그림 25.10은 전자가 대전된 표적 핵 근처를 지날 때 X선이 어떻게 발생하는지를 설명하고 있다. 전자가 표적 물질 안에서 양으로 대전된 핵 근처를 지날 때 핵과의 전기적 인력으로 인해 궤적이 편향되면서 가속된다. 고전 물리학의 분석에 의하면 대전

그림 25.10 대전된 표적 원자 주위를 지나는 전자가 가속되며, 이 과정에서 광자가 방출된다.

콤프턴
Arthur Holly Compton
1892~1962, 미국의 물리학자

우스터 대학과 프린스턴 대학에서 수학하였다. 시카고 대학 실험실의 책임자가 되어서는 지속적인 연쇄 반응에 관련된 실험 연구를 수행하였는데, 그 결과는 최초의 원자폭탄 제조에 핵심적 역할을 하였다. 콤프턴 효과의 발견과 우주선 연구로 1927년에 윌슨(Charles Wilson)과 함께 노벨상을 수상하였다.

───────────────
응용
거장의 작품 연구에 X선을 이용

된 입자는 가속될 때 전자기 복사를 방출한다(이 현상의 예가 21장에서 설명한 라디오 방송국의 방송용 안테나에서 가속 전하에 의해 전자기파가 발생하는 것이다). 양자 이론에 의하면, 이 복사는 광자의 형태로 나타난다. 그림 25.10에 보인 방출 광자가 에너지를 운반하기 때문에 전자는 결국 운동에너지를 잃게 된다. 극단적인 예로 전자가 단 한 번의 충돌에 의해 자신의 에너지 전부를 잃어버리는 경우도 있다. 이 경우 전자의 처음 에너지($e\Delta V$)는 완벽하게 광자의 에너지($hf_{최대}$)로 전환된다. 식으로 표현하면

$$e\,\Delta V = hf_{최대} = \frac{hc}{\lambda_{최소}} \qquad [25.8]$$

인데, 여기서 $e\Delta V$는 전하가 e인 전자가 ΔV의 전위차를 통해 가속되어 얻는 에너지이다. 이 식으로부터 복사선의 최소 파장은

$$\lambda_{최소} = \frac{hc}{e\,\Delta V} \qquad [25.9]$$

임을 알 수 있다. 많은 전자들이 한 번의 충돌에 의해 멈추지 않기 때문에 발생된 모든 복사선은 이 특별한 파장을 갖지 않는다. 그 결과가 파장이 연속인 스펙트럼을 나타낸다.

X선에 의해 명화의 채색과 수정 과정의 흥미로운 점이 밝혀지고 있다. 납, 카드뮴, 크로뮴, 코발트를 바탕으로 하는 물감에서 긴 파장의 X선이 다양한 정도로 흡수된다. 물감의 성분들은 각각 다른 전자 밀도를 갖기 때문에 X선과 물감의 상호작용으로 뚜렷이 달라진다. 또한 두꺼운 층이 얇은 층보다 X선을 더 많이 흡수한다. 거장의 그림을 조사하기 위해서 그림에 X선을 비추고 그림 뒤쪽에는 필름을 놓는다. 필름을 현상하면 초벌 그림의 희미한 윤곽이나 완성된 그림의 초기 형태가 가끔 드러나기도 한다.

25.4 콤프턴 효과 The Compton Effect

빛의 입자성에 대한 또 다른 증거는 1923년에 콤프턴(Arthur H. Compton)에 의해 진행된 실험으로부터 나왔다. 실험에서 콤프턴은 파장 λ_0의 X선 빔을 흑연 덩어리에 쏘았을 때 산란된 X선이 입사된 X선보다 약간 긴 파장 λ를 가지며, 이에 따라 산란된 X선의 에너지가 낮아짐을 발견하였다. 에너지의 감소량은 X선이 산란되는 각도와 관계가 있었다. 입사 X선과 산란 X선 사이의 파장 변화 $\Delta\lambda$를 **콤프턴 이동**(Compton shift)이라 한다.

이 효과를 설명하기 위해 콤프턴은 광자가 입자와 같이 행동한다면 광자와 다른 입자의 충돌이 두 당구공 사이의 충돌과 유사할 것이라 가정하였다. 따라서 X선 광자는 측정 가능한 물리량인 에너지와 운동량을 가지므로, 이 두 물리량은 충돌에서 보존되어야만 한다. 그림 25.11에서와 같이 입사 광자가 정지 상태의 전자와 충돌할 때 광자

그림 25.11 전자에 의한 광자의 콤프턴 산란을 나타내는 개략도

의 에너지와 운동량의 일부가 전자에게 전달된다. 그 결과 산란된 광자의 에너지와 진동수는 줄어들고 파장은 증가하게 된다. 상대론적 에너지와 운동량 보존의 법칙을 적용하면 그림 25.11에서와 같은 산란된 광자의 파장 이동은

$$\Delta\lambda = \lambda - \lambda_0 = \frac{h}{m_e c}(1 - \cos\theta)$$ [25.10] ◀ 콤프턴 이동

로 주어지는데, 여기서 m_e는 전자의 질량, θ는 입사된 광자와 산란된 광자 사이의 각도를 나타낸다. $h/m_e c$를 **콤프턴 파장**(Compton wavelength)이라 하며 0.002 43 nm의 값을 갖는다. 콤프턴 파장은 가시광선 파장에 비해 매우 작기 때문에 가시광선을 사용하면 파장의 이동을 측정하기가 매우 힘들다. 콤프턴 이동은 파장에 무관하고 θ에 의존하는 것에 주의해야 한다. 다양한 표적물로부터 산란되는 X선에 대한 실험 결과는 식 25.10을 만족하며 광자 개념의 강력한 근거가 되고 있다.

예제 25.2 **X선 산란**

목표 콤프턴 산란과 광자의 에너지에 미치는 영향을 이해한다.

문제 파장이 $\lambda_i = 0.200\ 000$ nm인 X선이 물질로부터 산란된다. 산란된 X선은 입사 빔에 대해 45.0°인 방향에서 관측된다. **(a)** 산란된 X선의 파장을 계산하라. **(b)** 충돌에서 광자의 에너지 변화율을 계산하라.

전략 산란된 X선 광자의 파장을 알기 위해서는 문제에 주어진 값들을 식 25.10에 대입하여 파장의 이동을 구한 다음 그 결과를 처음 파장 λ_i에 더한다. **(b)**에서는, 에너지의 변화율을 계산할 때 $E = hf = hc/\lambda$를 이용하여 충돌 전후에 X선 광자의 에너지를 계산한다. 에너지의 차이를 구하고 처음 에너지로 나누면 원하는 에너지 변화율을 계산할 수 있다. 이때 에너지와 파장 사이의 관계식이 유도된다.

풀이

(a) X선의 파장을 계산한다.
주어진 값을 식 25.10에 대입하여 파장의 변화량을 구한다.

$$\Delta\lambda = \frac{h}{m_e c}(1 - \cos\theta)$$

$$= \frac{6.63 \times 10^{-34}\,\text{J} \cdot \text{s}}{(9.11 \times 10^{-31}\,\text{kg})(3.00 \times 10^8\,\text{m/s})}(1 - \cos 45.0°)$$

$$= 7.11 \times 10^{-13}\,\text{m} = 0.000\ 711\ \text{nm}$$

이 변화량을 원래의 파장에 더하여 산란된 광자의 파장을 구한다.

$$\lambda_f = \Delta\lambda + \lambda_i = \boxed{0.200\ 711\ \text{nm}}$$

(b) 충돌에서 광자의 잃어버린 에너지의 변화율을 구한다.
$c = f\lambda$를 이용하여 에너지 E를 파장으로 표현 한다.

$$E = hf = h\frac{c}{\lambda}$$

이 표현을 이용하여 $\Delta E/E$를 계산한다.

$$\frac{\Delta E}{E} = \frac{E_f - E_i}{E_i} = \frac{hc/\lambda_f - hc/\lambda_i}{hc/\lambda_i}$$

hc를 소거한 후 항들을 재배열한다.

$$\frac{\Delta E}{E} = \frac{1/\lambda_f - 1/\lambda_i}{1/\lambda_i} = \frac{\lambda_i}{\lambda_f} - 1 = \frac{\lambda_i - \lambda_f}{\lambda_f} = -\frac{\Delta\lambda}{\lambda_f}$$

(a)에서 얻은 값들을 대입한다.

$$\frac{\Delta E}{E} = -\frac{0.000\ 711\ \text{nm}}{0.200\ 711\ \text{nm}} = \boxed{-3.54 \times 10^{-3}}$$

참고 계산의 초기 단계에서 에너지의 표현식에 대입하여 파장의 변화량을 얻을 수도 있다. 그러나 에너지의 변화와 파장의 변화가 어떻게 연계되어 있는지를 알 수 있어서 대수적 유도가 훨씬 세련되고 유익하다.

25.5 빛과 물질의 이중성 The Dual Nature of Light and Matter

광전 효과 및 콤프턴 효과는 물질과 상호작용하는 빛(또는 전자기 복사의 다른 형태)이 에너지 hf, 운동량 h/λ인 입자처럼 행동한다는 사실을 입증한다. 그러나 다른 상황에서는 빛이 간섭과 회절 효과를 보이는 파동과 같이 행동한다. 이러한 명백한 이중성은 서로 다른 상황에서 광자의 에너지를 고려함으로써 부분적으로 설명될 수 있다. 예를 들어 라디오 파장의 진동수를 갖는 광자는 매우 적은 에너지를 운반하므로 안테나에서 신호를 생성하기 위해서는 10^{10}개의 광자가 필요하다. 따라서 이러한 광자들은 그 효과를 만들어내기 위하여 파동과 같이 행동한다. 반면에 감마선은 에너지가 매우 크므로 한 개의 감마선 광자도 검출될 수 있다.

드브로이의 가설 ▶

1924년 드브로이(Louis de Broglie)는 박사학위 논문에서 **광자가 파동과 입자의 이중성을 갖기 때문에 모든 형태의 물질도 파동과 입자의 이중성을 갖는다**고 가정하였다. 이러한 생각은 그 당시에는 매우 혁명적인 생각이었지만 실험적으로 입증되지는 못했다. 드브로이에 의하면 전자도 빛과 같이 파동과 입자의 이중성을 가지고 있다.

드브로이
Louis de Broglie, 1892~1987
프랑스의 물리학자

파리의 소르본 대학에 입학하여 역사학을 전공하다가 이론물리학으로 바꾸었다. 전자의 파동성 발견으로 1929년 노벨 물리학상을 수상하였다.

24장에서 정지 질량이 없는 광자의 에너지와 운동량 사이에 $p = E/c$의 관계가 성립하는 것을 보았다. 또한 식 25.5에 의하면 광자의 에너지는

$$E = hf = \frac{hc}{\lambda} \qquad [25.11]$$

로 주어진다. 따라서 광자의 운동량은

광자의 운동량 ▶

$$p = \frac{E}{c} = \frac{hc}{c\lambda} = \frac{h}{\lambda} \qquad [25.12]$$

로 표현된다. 드브로이는 운동량이 p인 모든 물질 입자가 특정한 파장 $\lambda = h/p$을 가져야 한다고 제안했다. 질량이 m이고 속력이 v인 입자의 운동량은 $mv = p$이므로, 이 입자의 **드브로이 파장**(de Broglie wavelength)은

드브로이 파장 ▶

$$\lambda = \frac{h}{p} = \frac{h}{mv} \qquad [25.13]$$

이다.

뿐만 아니라 드브로이는 물질파(영이 아닌 정지 에너지를 갖는 입자와 관련된 파동)의 진동수가 광자에 대한 아인슈타인 관계식 $E = hf$를 만족한다고 가정하여

물질파의 진동수 ▶

$$f = \frac{E}{h} \qquad [25.14]$$

를 얻었다. 각 식에서 입자의 개념(mv와 E)과 파동의 개념(λ와 f)이 모두 포함되어 있기 때문에 식 25.13과 25.14에서 물질의 이중성이 분명하게 드러난다. 이러한 관계가 광자에 대해 실험적으로 확립되었기 때문에 드브로이의 가정이 더 쉽게 받아들여졌다. 1927년에 데이비슨과 저머(Davisson-Germer)는 결정으로부터 산란된 전자가 회절 무늬를 형성한다는 사실을 실험으로 규명함으로써 드브로이의 가설을 확증하였다.

니켈 표적의 결정 영역에서 규칙적으로 배열된 원자의 면들이 전자의 물질파에 대한 회절격자의 역할을 한 것이다.

예제 25.3 전자 대 야구공

목표 드브로이 가설을 양자적 물체와 고전적 물체에 적용한다.

문제 **(a)** 1.00×10^7 m/s의 속력으로 날아가는 전자($m_e = 9.11 \times 10^{-31}$ kg)의 드브로이 파장과 45.0 m/s의 속력으로 던져진 질량 0.145 kg인 야구공의 드브로이 파장을 비교하고, **(b)** 이들을 $0.999c$의 속력으로 움직이는 전자의 드브로이 파장과 비교하라.

전략 **(a)** 식 25.13에 대입하여 드브로이 파장을 구한다. **(b)** 상대론적 운동량을 사용한다.

풀이

(a) 전자와 야구공의 드브로이 파장을 비교한다.

전자에 대한 값들을 식 25.13에 대입한다.

$$\lambda_e = \frac{h}{m_e v} = \frac{6.63 \times 10^{-34} \text{J} \cdot \text{s}}{(9.11 \times 10^{-31} \text{kg})(1.00 \times 10^7 \text{m/s})}$$

$$= \boxed{7.28 \times 10^{-11} \text{m}}$$

야구공에 대해서도 동일한 계산을 한다.

$$\lambda_b = \frac{h}{m_b v} = \frac{6.63 \times 10^{-34} \text{J} \cdot \text{s}}{(0.145 \text{kg})(45.0 \text{m/s})} = \boxed{1.02 \times 10^{-34} \text{m}}$$

(b) $0.999c$로 진행하는 전자의 파장을 구한다.

식 25.13의 운동량을 상대론적 운동량으로 대치한 후 계산한다.

$$\lambda_e = \frac{h}{m_e v / \sqrt{1 - v^2/c^2}} = \frac{h\sqrt{1 - v^2/c^2}}{m_e v}$$

$$\lambda_e = \frac{(6.63 \times 10^{-34} \text{J} \cdot \text{s})\sqrt{1 - (0.999c)^2/c^2}}{(9.11 \times 10^{-31} \text{kg})(0.999 \cdot 3.00 \times 10^8 \text{m/s})}$$

$$= \boxed{1.09 \times 10^{-13} \text{m}}$$

참고 전자의 파장은 전자기파의 스펙트럼에서 X선의 파장에 해당된다. 이와는 대조적으로 야구공의 파장은 야구공이 통과할 수 있는 구멍보다 훨씬 작아서 회절 효과를 관찰할 수 없다. 일반적으로 거시 규모의 물체의 파동성은 관찰하기 힘들다. 극히 상대론적인 속력에서도 전자의 파장이 야구공의 파장보다 훨씬 더 큰 것에 유의하라.

25.5.1 응용: 전자 현미경 Application: The Electron Microscope

응용

전자 현미경

전자의 파동성을 이용한 실용적인 장치가 **전자 현미경**(electron microscope)이다. 평평하고 얇은 시료를 보는 데 사용되는 투과 전자 현미경의 구조가 그림 25.12에 있다. 전자 현미경은 많은 점에서 광학 현미경과 유사하지만, 전자를 매우 높은 운동에너지로 가속하여 매우 짧은 파장을 갖게 하기 때문에 분해능이 광학 현미경보다 훨씬 좋다. 물체를 비추는 데 사용되는 복사선의 파장보다 훨씬 작은 모습을 상세하게 식별할 수 있는 분해능을 가진 현미경은 없다. 일반적으로 전자의 파장은 광학 현미경에서 사용되는 가시광선의 파장보다 약 10만 배 정도 작다.

전자 현미경 내에서 전자 빔은 전기 또는 자기 편향법에 의해 조절되어 상에 초점을 맞춘다. 그러나 이에 사용되는 전자기적 렌즈는 제한되기 때문에 광학 현미경의 분해능 보다 약 1 000배 가량 향상되는 데 그치고 말았다. 이는 전자의 파장이 암시한 값보다 100배 정도 작은 크기이다. 관측자는 광학 현미경에서와 같이 대안렌즈로 상을 자세히 보는 것이 아니라 형광 스크린에 생긴 상을 관찰한다(물체를 보여 주는 스크린은 형광 물질이어야만 하는데, 그렇지 않으면 생성된 상이 보이지 않기 때문이다).

그림 25.12 (a) 단면으로 잘린 얇은 물체를 보기 위해 사용되는 투과 전자 현미경의 개략도. 전자 빔을 조절하는 '렌즈' 역할을 하는 것은 자기 편향 코일이다. (b) 전자 현미경

슈뢰딩거
Erwin Schrödinger, 1887~1961
오스트리아의 이론물리학자

그는 하이젠베르크에 의해 개발된 행렬 역학과 동등하지만 훨씬 덜 지루한 이론인 파동 역학의 창시자로 잘 알려져 있다. 1933년에 독일을 떠나 더블린 고등연구소(Dublin Institute of Advanced Study)에 정착하여 일반 상대론, 우주론, 양자 물리학의 생물학 응용에 관한 연구를 하며 17년간 행복하고 창조적인 세월을 보냈다. 1956년에 고국인 오스트리아로 돌아온 후 1961년에 사망하였다.

25.6 파동 함수 The Wave Function

입자가 파동성을 가져야 한다는 드브로이의 혁명적 사고는 회의적이었으나 아원자 세계를 이해하기 위한 필요 조건으로서 발전하게 되었다. 1926년에 슈뢰딩거(Erwin Schrödinger)는 물질의 파동이 시공간에서 변해가는 모습을 설명하는 파동 방정식을 제안했다. 고전 역학에서 뉴턴의 법칙과 같이 슈뢰딩거의 파동 방정식은 양자 역학 이론에서 중요한 요소이다. 슈뢰딩거 방정식은 수소 원자와, 그 외의 많은 미시적인 계에 성공적으로 적용되고 있다.

슈뢰딩거 방정식을 풀면(이 책의 수준을 넘어선다) **파동 함수**(wave function) Ψ를 구할 수 있다. 각각의 입자는 위치와 시간의 함수인 파동 함수 Ψ로 표현된다. 일단 Ψ가 결정되면, Ψ^2은 주어진 영역에서 단위 부피당 입자를 발견할 **확률**(probability)에 대한 정보를 준다. 이에 대해 이해하기 위해서 단색광이 이중 슬릿을 통과하는 영(Young)의 실험으로 되돌아가 보자.

우선 빛의 세기는 전기장 세기의 제곱에 비례한다($I \propto E^2$)는 21장의 내용을 상기하자. 빛의 파동 모형에 의하면, 두 슬릿으로부터 나오는 파동의 상쇄간섭의 결과로 전기장의 세기가 영인 지점들이 스크린 상에 존재한다. 이 지점들에서 $E = 0$이므로 $I = 0$이 되고 스크린은 어두운 색이다. 이와 마찬가지로 보강간섭이 일어나는 지점에서는

전기장 E와 전기장의 세기가 모두 큰 값을 갖고 그 지점은 밝게 된다.

빛이 입자성을 갖는 것으로 보면서 동일한 실험을 생각해 보자. 빛의 세기(밝기)가 증가할수록 단위 시간당 스크린에 도달하는 광자의 수는 증가한다. 따라서 초당 스크린의 단위 넓이를 때리는 광자의 수는 전기장의 제곱에 비례한다($N \propto E^2$). 확률론적인 관점에서 볼 때, 광자는 세기가 높은 스크린 상의 지점을 때릴 확률이 높아지며 세기가 낮은 지점을 때릴 확률은 낮아지게 된다.

광자 대신에 입자를 설명할 때에는 E 대신에 Ψ가 진폭의 역할을 한다. 빛을 기술할 때와 유사한 방법을 이용하면, 입자의 Ψ에 대해 다음과 같은 해석을 할 수 있다. Ψ가 하나의 입자를 기술하는 파동 함수이라면, 주어진 시간의 어떤 위치에서 Ψ^2의 값은 그 시간과 그 위치에서 입자를 발견할 단위 부피당 확률에 비례한다. 주어진 영역 내의 모든 Ψ^2를 더한 것이 그 영역에서 입자를 발견할 확률이 된다.

25.7 불확정성 원리 The Uncertainty Principle

한 순간에 입자의 위치와 속력을 측정해야 한다면, 측정에서 실험적 불확정성과 항상 직면하게 된다. 고전 역학에 의하면, 실험 장치나 실험 과정의 치밀함에는 근본적인 한계가 존재하지 않는다. 즉, 원칙적으로 임의의 작은 오차를 가진 측정이 가능하다. 그러나 양자 이론은 실험 장치나 실험 과정의 치밀함에 한계가 있음을 예측한다. 1927년에 하이젠베르크(Werner Heisenberg, 1901~1976)는 오늘날 **불확정성 원리**(uncertainty principle)라고 하는 개념을 도입하였다.

> 어떤 입자에서 Δx를 위치의 불확정성, Δp_x를 선운동량의 불확정성으로 하여 동시에 측정한다면, 두 불확정한 값의 곱은 $h/4\pi$보다 절대로 작을 수 없다.

$$\Delta x \, \Delta p_x \geq \frac{h}{4\pi}$$

[25.15]

즉, 입자의 위치와 선운동량을 동시에 정확하게 측정하는 것은 물리적으로 불가능하다. Δx가 작아지면 Δp_x가 커지고, 그 역도 성립한다.

불확정성 원리의 물리적인 근본을 이해하기 위해 하이젠베르크가 도입한 다음과 같은 사고 실험을 생각해 보자. 전자의 위치와 선운동량을 최대한 정확하게 측정하려고 한다고 가정하자. 아마도 고성능 광학 현미경으로 전자를 보면 가능할 것이다. 전자를 보고 전자의 위치를 결정하려면 그림 25.13a에서와 같이 최소한 한 개 이상의 광자가 전자에 반사되어 그림 25.13b에서 보듯이 현미경을 통해서 눈에 전달되어야 한다. 그런데 광자가 전자에 부딪힐 때 광자는 알려지지 않은 양의 운동량을 전자에 전달한다. 따라서 전자의 위치를 매우 정확하게 결정하려는(즉, Δx를 매우 작게 하는) 과정에서 성공적인 측정을 가능하게 하는 빛이 전자의 운동량을 정할 수 없는 범위까지(Δp_x를 매우 크게 하여) 변화시킨다.

© Book's Hill

하이젠베르크
Werner Heisenberg, 1901~1976
독일의 이론물리학자

뮌헨 대학에서 1923년에 좀머펠트(Arnold Sommerfeld)의 지도하에 박사 학위를 받았다. 드브로이, 슈뢰딩거와 같은 물리학자들이 원자의 실제 모형을 개발하기 위해 노력할 때, 그는 행렬 역학이라는 추상적 수학 모형을 개발하여 스펙트럼선의 파장을 설명하였다. 그 유명한 불확정성 원리를 비롯하여 분자 수소의 두 가지 형태에 대한 예언, 원자핵의 이론적 모형 등과 같이 물리학에 수많은 중요한 기여를 한 공로로 1932년에 노벨상을 수상하였다.

그림 25.13 고성능 광학 현미경으로 전자를 보는 사고 실험. (a) 광자와 충돌하기 전의 전자가 보인다. (b) 광자와 충돌한 후 전자가 되튄다.

h/λ의 운동량을 갖고 입사하는 광자는 충돌에 의해 x축 방향으로 운동량 일부 혹은 전부를 전자에 전달한다. 그러므로 충돌 후 전자의 운동량의 불확정성은 입사하는 광자의 운동량만큼 커진다. 즉, $\Delta p_x = h/\lambda$이다. 뿐만 아니라 광자가 파동성을 갖기 때문에 전자를 보는 데 사용되는 빛의 파장 크기 내에서 전자의 위치를 결정할 수 있을 것이다. 즉, $\Delta x = \lambda$이다. 이들 두 불확정성을 곱하면

$$\Delta x \, \Delta p_x = \lambda \left(\frac{h}{\lambda} \right) = h$$

가 된다. 플랑크 상수 h는 두 불확정성의 곱의 최솟값이다. 불확정성은 항상 이 값보다 크므로

$$\Delta x \, \Delta p_x \geq h$$

가 성립한다. 하이젠베르크가 더욱 엄밀히 분석하여 유도한 숫자 곱 $1/4\pi$를 제외하면 이 부등식은 식 25.15와 일치한다.

불확정성 관계식의 또 다른 형태는 유한한 시간 간격 Δt 안에 측정될 수 있는 계의 에너지의 정확성에 대한 제한 조건으로 다음과 같이 주어진다.

$$\Delta E \, \Delta t \geq \frac{h}{4\pi} \qquad \text{[25.16]}$$

이 관계식은 한 입자의 에너지가 매우 짧은 시간 안에 완벽하게 측정될 수 없음을 의미한다. 따라서 전자를 입자로 볼 때, 불확정성 원리는 (a) 전자의 위치와 속도를 동시에 정확하게 알 수 없다는 것과 (b) $\Delta t = h/(4\pi\Delta E)$로 주어지는 시간 간격에 대해 전자의 에너지가 불확실하다는 것을 알려준다.

예제 25.4   전자의 위치

목표 하이젠베르크의 위치-운동량 불확정성 원리를 적용한다.

문제 0.003 00%의 정확도로 전자의 속력이 5.00×10^3 m/s로 측정되었다. 이 전자의 위치를 결정하는 데 있어서 최소의 불확정성을 구하라.

전략 운동량과 불확정성을 계산한 후 하이젠베르크의 불확정성 원리인 식 25.15에 대입한다.

풀이
전자의 운동량을 계산한다.

$$p_x = m_e v = (9.11 \times 10^{-31} \text{ kg})(5.00 \times 10^3 \text{ m/s})$$
$$= 4.56 \times 10^{-27} \text{ kg} \cdot \text{m/s}$$

p_x의 불확정성은 이 값의 0.003 00 %이다.

$$\Delta p_x = 0.000\ 030\ 0 p_x = (0.000\ 030\ 0)(4.56 \times 10^{-27} \text{ kg} \cdot \text{m/s})$$
$$= 1.37 \times 10^{-31} \text{ kg} \cdot \text{m/s}$$

Δp_x와 식 25.16을 이용하여 위치의 불확정성을 계산한다.

$$\Delta x \, \Delta p_x \geq \frac{h}{4\pi} \quad \rightarrow \quad \Delta x \geq \frac{h}{4\pi \, \Delta p_x}$$

$$\Delta x \geq \frac{6.626 \times 10^{-34} \text{ J} \cdot \text{s}}{4\pi(1.37 \times 10^{-31} \text{ kg} \cdot \text{m/s})} = 0.385 \times 10^{-3} \text{ m}$$

$$= \boxed{0.385 \text{ mm}}$$

참고 이 값이 정확한 계산이 아님에 유의하라. 불확정성 원리에 의해 주어진 값과 같거나 이보다 크기만 하면 위치의 불확정성은 어떤 값도 가질 수 있다.

연습문제

1. 지구의 평균 표면 온도는 약 287 K이다. 지구가 흑체 복사를 한다고 가정하고 지구에 대한 $\lambda_{최대}$를 계산하라.

2. 어떤 학생의 피부 온도가 33.0 °C이다. 피부에서 복사되는 복사파의 세기가 가장 높은 진동수는 얼마인가?

3. 파장을 모르는 단색광을 은의 표면에 비추었을 때 튀어 나오는 모든 광전자를 저지하기 위한 최소 전위는 2.50 V이다. 튀어 나온 광전자의 (a) 최대 운동에너지와 (b) 최대 속력을 구하라. (c) 입사광의 파장은 몇 nm인가? (은의 일함수는 4.73 eV이다.)

4. 백금의 일함수는 6.35 eV이다. (a) 전자볼트로 나타낸 일함수를 줄 단위로 환산하라. (b) 백금의 차단 진동수는 얼마인가? (c) 백금의 표면에서 광전자를 방출시키기 위한 입사광의 최대 파장은 얼마인가? (d) 에너지가 8.50 eV인 빛이 아연 금속 표면에 입사하면, 방출되는 광전자의 최대 운동에너지는 얼마인가? 에너지를 전자볼트 단위로 나타내라. (e) 8.50 eV의 에너지를 갖는 광자에 의한 광전 전류가 영이 되게 하는 데 필요한 저지 전위는 얼마인가?

5. 전자기파 스펙트럼에서 X선은 파장이 1.0×10^{-8} m에서 1.0×10^{-13} m까지의 범위에 걸쳐 분포한다. 이와 같은 양극단의 파장을 만들기 위한 가속 전압의 최솟값을 구하라.

6. 납에서 나오는 X선은 75.0 keV에서 가장 강한 파장이 나온다. (a) 이러한 파장의 X선이 나오는 입사 전자의 최소 속력은 얼마인가? (힌트: 26장에 있는 상대론적 운동에너지 식을 사용하라.) (b) 75.0 keV X선 광자의 파장을 구하라.

7. (a) 파장이 5.00×10^{-7} m인 전자의 속력을 구하라. (b) 속력이 1.00×10^7 m/s인 전자의 파장을 구하라.

8. 수소 원자의 바닥상태에서 전자의 위치 불확정성은 약 0.10 nm이다. 전자의 속력이 전자의 불확정성 속력과 대략 비슷하다면, 그 속력은 얼마인가?

9. X 밴드의 주파수대에 있는 마이크로파 광자의 파장은 3.00 cm이다. 광자의 (a) 운동량, (b) 진동수, (c) 에너지를 전자볼트 단위로 구하라.

10. 모든 운동에너지를 단 하나의 X선 광자에게 잃어버린다고 할 때 그 전자는 얼마나 빨라야 하는가? (a) X선 광자의 파장이 스펙트럼의 가장 오른쪽 끝인 1.00×10^{-8} m일 때와 (b) X선 광자의 파장이 스펙트럼의 가장 왼쪽 끝인 1.00×10^{-13} m일 때에 대해 계산해 보라.

부록 A 간단한 수학

A.1 수학 기호

이 책에 사용된 많은 수학 기호들을 용례를 들어가며 설명할 것이다.

같음[1]: =

기호 =는 두 양이 같다는 것을 나타내는 수학적인 표현이다. 물리학에서 이 기호는 서로 다른 물리학적 개념을 관계 짓기 위한 명제를 만들기도 한다. 예를 들어, $E = mc^2$이라는 식이 있다. 이 유명한 식은 킬로그램 단위로 측정된 질량 m이 줄 단위로 측정된 어떤 양의 에너지 E와 동등함을 의미한다. 이때 식 안에 있는 광속의 제곱 c^2는 꼭 필요한 비례 상수로 간주할 수 있다. 그 이유는 이 식에 나오는 양에 대해 선택된 단위들은 오래전부터 사용되어온 것으로 그것들만으로는 좌우가 같지 않기 때문이다.

비례: ∝

기호 ∝는 좌우 값들이 서로 비례함을 나타낸다. 이 기호는 정확한 수학적 등식보다는 관계식에 초점을 맞출 때 사용할 수 있을 것이다. 예를 들어, $E \propto m$이라고 쓰고, 그것을 말로하면 "물체가 갖는 에너지 E는 그 물체의 질량 m에 비례한다"가 된다. 그와 비슷한 또 다른 예로는 운동에너지가 있다. 운동하는 물체가 갖는 에너지는 $KE = \frac{1}{2}mv^2$으로 정의한다. 여기서 m은 질량이고 v는 속력이다. 이 식에서 m과 v는 둘 다 변수이다. 따라서 운동에너지 KE는 속력의 제곱에 비례한다. 즉, $KE \propto v^2$이다. 여기에서 사용되는 또 다른 말로는 '정비례'가 있다. 물체의 밀도 ρ는 그 물체의 질량과 부피에 $\rho = m/V$ 로 나타내어지는 관계가 있다. 결국 밀도는 질량에 정비례하고 부피에 역비례[2] 한다.

부등호

기호 <는 '좌변이 우변보다 작음'을 나타내고, 기호 >는 '좌변이 우변보다 큼'을 나타낸다. 예를 들어, $\rho_{Fe} > \rho_{Al}$은 철의 밀도 ρ_{Fe}가 알루미늄의 밀도 ρ_{Al}보다 큼을 나타낸다. 그 기호 밑에 선을 하나 추가하면 같을 가능성이 있음을 의미한다. 즉, ≤는 좌변이 우변보다 작거나 같음을 나타내는 반면, ≥는 좌변이 우변보다 크거나 같음을 나타낸다. 예를 들어, 모든 입자의 속력 v는 빛의 속력보다 작거나 같다. 즉, $v \leq c$이다.

---

[1] 역자 주: '등호'라고 할 수도 있음
[2] 역자 주: 흔히 inversely proportional을 반비례라는 말로 많이 사용하지만 반비례란 반평행이라는 말과 비슷하게 반대 방향으로 비례한다는 의미로 사용될 수 있으므로 정확하게는 역비례라는 말이 맞다.

　　때로는 주어진 양의 크기가 다른 어떤 양의 크기보다 현저하게 차이가 날 때가 있다. 그러한 큰 차이를 단순한 부등호로 나타내기엔 부족한 감이 있다. 차이가 많은 경우를 나타내는 것으로서, 기호 ≪는 좌변이 우변보다 훨씬 작다는 것을 나타내고 ≫는 좌변이 우변보다 훨씬 크다는 것을 나타낸다. 태양의 질량 M_{Sun}은 지구의 질량 M_E보다 훨씬 크므로 $M_{Sun} \gg M_E$로 나타낸다. 또한 전자의 질량 m_e는 양성자의 질량 m_p보다 훨씬 작으므로 $m_e \ll m_p$로 나타낸다.

거의 같음: ≈

기호 ≈는 좌변과 우변의 두 양이 거의 같음을 나타낸다. 양성자의 질량 m_p는 중성 자의 질량 m_n과 거의 같다. 이러한 관계는 $m_p \approx m_n$으로 쓸 수 있다.

정의: ≡

기호 ≡는 '좌변을 우변으로 정의함'을 의미한다. 이 기호는 단순한 =보다는 더 강한 의미를 갖고 있다. 그것은 좌변에 있는 양―흔히 단일 양―은 우변에 있는 양이나 양들로 나타내는 또 다른 방법임을 의미한다. 물체의 고전적 운동량 p는 물체의 질량 m과 속도 v의 곱으로 정의한다. 따라서 $p \equiv mv$이다. 이것은 정의에 의한 등식이기 때문에 p를 어떤 다른 것으로 나타낼 가능성은 없다. 이에 비해, 등가속도 운동을 하는 물체의 속도 v를 나타내는 식은 $v = v_0 + at$이다. 이 식에서 v는 정의된 양이 아니기 때문에 정의 기호를 사용해서는 안 될 것이다. 이 식은 등가속도 운동이라고 하는 가정에서만 성립하는 등식이다. 하지만 고전적 운동량에 대한 앞의 식은 정의에 의해 항상 맞는 식이므로 운동량에 관한 개념이 처음 소개될 때 $p \equiv mv$로 쓰는 것이 맞다. 그러한 정의가 처음 소개된 이후부터는 보통의 등호를 사용해도 충분하다.

차이: Δ

그리스 문자 Δ(대문자 델타)는 보통 서로 다른 두 시각 사이에 측정된 물리량의 차이를 나타내기 위해 사용되는 기호이다. 가장 좋은 예로는 x축을 따른 변위는 Δx(델타 x라고 읽는다)로 나타낸다. 주의해야 할 점은 Δx는 Δ와 x의 곱을 의미하는 것이 아니라는 것이다. 어떤 사람이 아침에 일어나서 문 앞 10 m 되는 지점에서 산책하는 거리를 측정하기 시작하였다. 직선 경로를 따라 계속 가다가 문 앞에서 50 m 되는 곳에서 멈췄다. 그녀가 걸어간 위치의 변화는 $\Delta x = 50$ m $- 10$ m $= 40$ m이다. 수식의 형태로 변위는 다음과 같이 나타낸다.

$$\Delta x = x_f - x_i$$

이 식에서 x_f는 나중 위치이고 x_i는 처음 위치이다. 물리학에서 차이를 나타내는 예는 셀 수 없이 많다. 간단한 예를 들어 보면 운동량의 차이(또는 변화) $\Delta p = p_f - p_i$, 운동 에너지의 변화 $\Delta K = K_f - K_i$ 및 온도의 변화 $\Delta T = T_f - T_i$가 있다.

합: Σ

물리학에서는 여러 양을 더해야 하는 경우가 종종 있다. 그러한 덧셈을 나타내는 유용한 기호로는 그리스 문자 Σ(대문자 시그마)가 있다. 예를 들어, x_1, x_2, x_3, x_4, x_5의 다섯 수를 더해야 하는 경우 간단히 기호로 나타내면 다음과 같다.

$$x_1 + x_2 + x_3 + x_4 + x_5 = \sum_{i=1}^{5} x_i$$

여기서 x의 아래 첨자 i는 여러 수 중의 하나를 나타낸다. 예를 들어, 어떤 계에 있는 다섯 개의 질량 m_1, m_2, m_3, m_4, m_5가 있다면 그 계의 전체 질량 $M = m_1 + m_2 + m_3 + m_4 + m_5$는 다음과 같이 나타낼 수 있다.

$$M = \sum_{i=1}^{5} m_i$$

반면에 이 다섯 개의 질량의 질량 중심의 x좌표는

$$x_{CM} = \frac{\displaystyle\sum_{i=1}^{5} m_i x_i}{M}$$

과 같이 쓸 수 있으며 질량 중심의 y좌표나 z좌표에 대해서도 마찬가지 형태의 식을 쓸 수 있다.

절댓값: ||

x의 크기는 $|x|$로 표기하며 단순히 x의 절댓값이다. $|x|$의 부호는 x의 부호에 관계 없이 항상 양이다. 예를 들어, $x = -5$라면, $|x| = 5$이고, $x = 8$이라면 $|x| = 8$이다. 물리학에서 이러한 절댓값 기호가 유용한 경우는 부호가 의미하는 방향보다는 양이 더 중요한 경우이다.

A.2 과학적 표기법

과학에서 나오는 수치들은 아주 큰 것에서부터 매우 작은 것까지 있다. 빛의 속력은 약 300 000 000 m/s이며, 이 책에 있는 글자 i를 한 개 찍는 데 필요한 잉크의 질량은 대략 0.000 000 001 kg이다. 소수 자리의 수를 세어야 하고 유효숫자가 한 자리인 수도 그 앞의 많은 영의 개수를 세어야 하기 때문에 이러한 수들을 정확하게 읽고 쓰는 일은 매우 번거로운 일이다. 과학적 표기법은 정밀도와 관계없이 수의 크기만을 나타내기 위해서만 사용되는 많은 수의 영을 일일이 쓰지 않고 그 수치를 나타내는 방법이다. 그 방법은 10의 거듭제곱을 사용하는 것이다. 10의 음이 아닌 거듭제곱은

$$10^0 = 1$$
$$10^1 = 10$$
$$10^2 = 10 \times 10 = 100$$
$$10^3 = 10 \times 10 \times 10 = 1\,000$$
$$10^4 = 10 \times 10 \times 10 \times 10 = 10\,000$$
$$10^5 = 10 \times 10 \times 10 \times 10 \times 10 = 100\,000$$

등등이다. 수치에 있는 첫 번째 자리 이후에서부터 소수점 왼쪽까지에 있는 소수 자리의 개수는 10의 거듭제곱에 해당하는 것으로서 10의 **지수**라고 한다. 예를 들어, 빛의 속력 $300\,000\,000$ m/s는 3×10^8 m/s로 나타낼 수 있다. 즉, 첫 번째 자리 3 이후에서부터 소수점이 있을 곳의 왼쪽까지 8개의 소수 자리가 있다.

이러한 방법으로 1보다 작은 수에 대해 몇 가지 예를 들면 다음과 같다.

$$10^{-1} = \frac{1}{10} = 0.1$$
$$10^{-2} = \frac{1}{10 \times 10} = 0.01$$
$$10^{-3} = \frac{1}{10 \times 10 \times 10} = 0.001$$
$$10^{-4} = \frac{1}{10 \times 10 \times 10 \times 10} = 0.000\,1$$
$$10^{-5} = \frac{1}{10 \times 10 \times 10 \times 10 \times 10} = 0.000\,01$$

이 경우에, 소수점 오른쪽에서부터 첫 번째 영이 아닌 자리까지의 소수 자리의 수가 (음의) 지수의 값이 된다.

1에서 10 사이의 수에 10의 거듭제곱을 곱해서 표현한 수를 과학적으로 표기되었다고 한다. 예를 들어, 전기력과 관련이 있는 쿨롱 상수는 $8\,987\,551\,789$ N·m²/C²로 주어지지만 **과학적 표기법**으로는 $8.987\,551\,789 \times 10^9$ N·m²/C²로 나타낸다. 뉴턴의 중력 상수는 $0.000\,000\,000\,066\,731$ N·m²/kg²이며, 과학적 표기법으로는 $6.673\,1 \times 10^{-11}$ N·m²/kg²이다.

과학적 표기법으로 표현된 수를 곱할 때는 다음과 같은 지수 공식을 사용하면 된다.

$$10^n \times 10^m = 10^{n+m} \tag{A.1}$$

여기서 n과 m은 임의의 수(정수일 필요는 없다)이다. 예를 들면, $10^2 \times 10^5 = 10^7$이다. 이러한 공식은 지수 중의 하나가 음이어도 상관없다. 즉, $10^3 \times 10^{-8} = 10^{-5}$이다.

과학적인 표기법으로 나타낸 수를 나눗셈할 때의 공식은 다음과 같다.

$$\frac{10^n}{10^m} = 10^n \times 10^{-m} = 10^{n-m} \tag{A.2}$$

연습문제

위의 공식들을 사용하여 다음의 답을 확인하라.

1. $86\,400 = 8.64 \times 10^4$

2. $9\ 816\ 762.5 = 9.816\ 762\ 5 \times 10^6$

3. $0.000\ 000\ 039\ 8 = 3.98 \times 10^{-8}$

4. $(4 \times 10^8)(9 \times 10^9) = 3.6 \times 10^{18}$

5. $(3 \times 10^7)(6 \times 10^{-12}) = 1.8 \times 10^{-4}$

6. $\dfrac{75 \times 10^{-11}}{5 \times 10^{-3}} = 1.5 \times 10^{-7}$

7. $\dfrac{(3 \times 10^6)(8 \times 10^{-2})}{(2 \times 10^{17})(6 \times 10^5)} = 2 \times 10^{-18}$

A.3 대수학

A. 기본 공식

대수 연산을 할 때, 산술 법칙들이 적용된다. x, y, z와 같은 기호들은 특별히 정해지지 않은 수를 나타내는 데 사용되며 흔히 **미지수**라고 한다.

우선 다음과 같은 식

$$8x = 32$$

에서, x에 대해 풀고자 한다면, 이 식의 양변에 같은 수를 곱하거나 나누면 된다. 이 경우 양변을 8로 나누면

$$\frac{8x}{8} = \frac{32}{8}$$

가 되어

$$x = 4$$

라는 답을 얻는다.

다음으로

$$x + 2 = 8$$

이라는 식을 살펴보자. 이런 형태의 식에서는 양변에 같은 수를 더하거나 빼면 된다. 여기서는 양변에서 2를 빼면

$$x + 2 - 2 = 8 - 2$$

가 되어

$$x = 6$$

을 얻는다. 일반적으로, $x + a = b$이면, $x = b - a$가 된다.

또한

$$\frac{x}{5} = 9$$

와 같은 식의 경우 양변에 5를 곱하면, 좌변에는 x만 남고 우변은 45가 된다. 즉,

$$\left(\frac{x}{5}\right)(5) = 9 \times 5$$
$$x = 45$$

어느 경우에서나, **등식의 좌변에서 수행한 연산은 우변에도 똑같이 수행해야 한다.**

곱하기, 나누기, 더하기, 빼기에 관한 다음에 열거한 공식들을 잘 기억하기 바란다. 여기서 a, b, c는 세 수를 나타낸다.

	규칙	예
곱하기	$\left(\dfrac{a}{b}\right)\left(\dfrac{c}{d}\right) = \dfrac{ac}{bd}$	$\left(\dfrac{2}{3}\right)\left(\dfrac{4}{5}\right) = \dfrac{8}{15}$
나누기	$\dfrac{(a/b)}{(c/d)} = \dfrac{ad}{bc}$	$\dfrac{2/3}{4/5} = \dfrac{(2)(5)}{(4)(3)} = \dfrac{10}{12} = \dfrac{5}{6}$
더하기	$\dfrac{a}{b} \pm \dfrac{c}{d} = \dfrac{ad \pm bc}{bd}$	$\dfrac{2}{3} - \dfrac{4}{5} = \dfrac{(2)(5) - (4)(3)}{(3)(5)} = -\dfrac{2}{15}$

물리학에서는 기호로 표시된 식을 대수적으로 풀어야 할 때가 아주 자주 있으며 대부분의 학생들은 그런 문제에 별로 익숙하지 않다. 그렇지만 식에 처음부터 수치를 대입하는 것은 보편적인 결과를 주지 않기 때문에, 식을 기호로 푸는 것은 매우 중요하다. 다음의 두 예에서는 이러한 형태의 대수적인 연산이 어떻게 이루어지는지를 설명하고 있다.

예제

50.0 m 높이의 건물에서 공이 떨어진다. 25.0 m 높이에 도달할 때까지 걸리는 시간은 얼마인가?

풀이 우선 이러한 경우에 사용되는 포물선 공식을 써 보자.

$$x = \tfrac{1}{2}at^2 + v_0 t + x_0$$

여기서 $a = -9.80 \text{ m/s}^2$은 공이 떨어지게 하는 중력 가속도이며, $v_0 = 0$는 처음 속도, $x_0 = 50.0 \text{ m}$는 처음 위치이다. 처음 속도 $v_0 = 0$만 대입하면, 다음과 같은 결과가 얻어진다.

$$x = \tfrac{1}{2}at^2 + x_0$$

이 식을 t에 대해 풀어야 한다. 양변에서 x_0를 빼면

$$x - x_0 = \tfrac{1}{2}at^2 + x_0 - x_0 = \tfrac{1}{2}at^2$$

가 되고 여기의 양변에 $2/a$를 곱하면

$$\left(\frac{2}{a}\right)(x - x_0) = \left(\frac{2}{a}\right)\tfrac{1}{2}at^2 = t^2$$

이 된다. 흔히 관습에 따라 원하는 값을 좌변에 나타내므로, 구하고자 하는 변수를 좌변에 놓고 양변에 제곱근을 취하면

$$t = \pm\sqrt{\left(\frac{2}{a}\right)(x - x_0)}$$

가 된다. 시간이라고 하는 것은 양의 값만이 의미가 있으므로 답은 양의 제곱근만 취한다. 결과를 수치로 얻기 위해서는 변수에 값을 대입하면 된다.

예제

질량이 m인 상자가 마찰이 없는 표면에서 $+x$ 방향으로 미끄러지다가 운동 마찰 계수가 μ_k인 거친 표면을 만난다. 거친 표면의 길이가 Δx라면 그 표면을 통과해 나올 때의 상자의 속력을 구하라.

풀이 일-에너지 정리를 사용하면

$$\tfrac{1}{2}mv^2 - \tfrac{1}{2}mv_0^2 = -\mu_k mg\,\Delta x$$

이다. 양변에 $\tfrac{1}{2}mv_0^2$을 더하면

$$\tfrac{1}{2}mv^2 = \tfrac{1}{2}mv_0^2 - \mu_k mg\,\Delta x$$

가 된다. 또 이 식의 양변에 $2/m$을 곱하면

$$v^2 = v_0{}^2 - 2\mu_k g \, \Delta x$$

이다. 이제 양변에 제곱근을 취한다. 상자는 $+x$ 방향으로 미끄러

지고 있었기 때문에 양의 제곱근만 답이 된다. 즉,

$$v = \sqrt{v_0{}^2 - 2\mu_k g \, \Delta x}$$

연습문제

1에서 4번까지는 x에 대해 풀어라.

답

1. $a = \dfrac{1}{1+x}$ $\qquad\qquad x = \dfrac{1-a}{a}$

2. $3x - 5 = 13$ $\qquad\qquad x = 6$

3. $ax - 5 = bx + 2$ $\qquad\qquad x = \dfrac{7}{a-b}$

4. $\dfrac{5}{2x+6} = \dfrac{3}{4x+8}$ $\qquad\qquad x = -\dfrac{11}{7}$

5. 다음의 식을 v_1에 대해 풀어라.

$$P_1 + \tfrac{1}{2}\rho v_1{}^2 = P_2 + \tfrac{1}{2}\rho v_2{}^2$$

답: $v_1 = \pm\sqrt{\dfrac{2}{\rho}(P_2 - P_1) + v_2{}^2}$

B. 거듭제곱

어떤 양 x의 거듭제곱으로 나타낸 것들을 서로 곱할 때, 다음과 같은 공식을 사용하면 된다.

$$x^n x^m = x^{n+m} \qquad\qquad \text{[A.3]}$$

예를 들면, $x^2 x^4 = x^{2+4} = x^6$이다.

나눗셈을 할 때의 공식은 다음과 같다.

$$\frac{x^n}{x^m} = x^{n-m} \qquad\qquad \text{[A.4]}$$

예를 들면, $x^8/x^2 = x^{8-2} = x^6$이다.

$\frac{1}{3}$과 같이 지수가 분수인 경우에는 다음과 같이 지수는 제곱근으로 나타낸다.

$$x^{1/n} = \sqrt[n]{x} \qquad\qquad \text{[A.5]}$$

예를 들면, $4^{1/3} = \sqrt[3]{4} = 1.587\,4$이다. (이런 것을 계산할 때는 공학용 계산기를 사용하면 편리하다.)

끝으로 임의의 양 x^n의 m승은

$$(x^n)^m = x^{nm} \qquad\qquad \text{[A.6]}$$

이다. 표 A.1에 지수에 관한 공식을 나열하였다.

표 A.1 지수 공식

$x^0 = 1$
$x^1 = x$
$x^n x^m = x^{n+m}$
$x^n / x^m = x^{n-m}$
$x^{1/n} = \sqrt[n]{x}$
$(x^n)^m = x^{nm}$

연습문제

다음을 입증하라.

1. $3^2 \times 3^3 = 243$
2. $x^5 x^{-8} = x^{-3}$
3. $x^{10}/x^{-5} = x^{15}$
4. $5^{1/3} = 1.709\ 975$ (계산기 사용)
5. $60^{1/4} = 2.783\ 158$ (계산기 사용)
6. $(x^4)^3 = x^{12}$

C. 인수분해

인수분해에 관한 몇 가지 기본 공식은 다음과 같다.

$$ax + ay + az = a(x + y + z) \qquad \text{공통 인수}$$
$$a^2 + 2ab + b^2 = (a + b)^2 \qquad \text{완전 제곱}$$
$$a^2 - b^2 = (a + b)(a - b) \qquad \text{제곱의 차}$$

D. 이차 방정식

이차 방정식의 일반적인 형태는 다음과 같다.

$$ax^2 + bx + c = 0 \qquad\qquad \text{[A.7]}$$

여기서 x는 미지수이고, a, b, c는 방정식의 계수이다. 이 식은

$$x = \frac{-b \pm \sqrt{b^2 - 4ac}}{2a} \qquad\qquad \text{[A.8]}$$

으로 주어지는 두 개의 근을 갖는다. $b^2 - 4ac > 0$인 경우에만 두 근은 실수이다.

예제

식 $x^2 + 5x + 4 = 0$는 다음과 같은 두 근을 갖는다. 제곱근 기호 앞에 +− 부호가 있기 때문에 근이 두 개.

$$x = \frac{-5 \pm \sqrt{5^2 - (4)(1)(4)}}{2(1)} = \frac{-5 \pm \sqrt{9}}{2} = \frac{-5 \pm 3}{2}$$

$$x_1 = \frac{-5 + 3}{2} = \boxed{-1} \qquad x_2 = \frac{-5 - 3}{2} = \boxed{-4}$$

여기서 x_1은 제곱근이 +인 경우의 근이고 x_2는 제곱근이 −인 경우의 근이다.

예제

공을 16.0 m/s의 속력으로 위로 던져 올렸다. 이차 방정식의 근의 공식을 사용하여 던져진 위치로부터 8.0 m의 높이에 도달하는 데 걸리는 시간을 구하라.

풀이 2장에서 배운 포물체 운동에 관한 식 중에

$$x = \tfrac{1}{2}at^2 + v_0 t + x_0 \qquad\qquad (1)$$

이 있다. 중력 가속도 $a = -9.80$ m/s²이고, 처음 속도 $v_0 =$

16.0 m/s이며, 처음 위치는 공이 처음에 던져진 높이로서 $x_0 = 0$으로 놓는다. 이 값들을 식 (1)에 대입하고 $x = 8.00$ m라 두면 다음과 같이 된다.

$$x = -4.90t^2 + 16.00t = 8.00$$

여기서 단위들을 일일이 표기하지 않았다. 이 식을 정리하여 식 A.7의 표준 형태로 나타내면 다음과 같이 된다.

$$-4.90t^2 + 16.00t - 8.00 = 0$$

이 식은 시간 t에 대한 이차 방정식이다. 이 식에 해당하는 계수는 $a = -4.9$, $b = 16$, $c = -8.00$이다. 이 값들을 식 A.8에 대입하면 다음과 같다.

$$t = \frac{-16.0 \pm \sqrt{16^2 - 4(-4.90)(-8.00)}}{2(-4.90)} = \frac{-16.0 \pm \sqrt{99.2}}{-9.80}$$

$$= 1.63 \mp \frac{\sqrt{99.2}}{9.80} = \boxed{0.614 \text{ s, } 2.65 \text{ s}}$$

이 경우에는 두 근이 모두 성립한다. 하나는 공이 위로 올라갈 때 그 점에 닿는 시각이고 또 하나는 되돌아 내려올 때 그 점에 닿는 시각이다.

연습문제

다음 이차 방정식을 풀어라.

답

1. $x^2 + 2x - 3 = 0$ $x_1 = 1$ $x_2 = -3$

2. $2x^2 - 5x + 2 = 0$ $x_1 = 2$ $x_2 = \frac{1}{2}$

3. $2x^2 - 4x - 9 = 0$ $x_1 = 1 + \sqrt{22}/2$ $x_2 = 1 - \sqrt{22}/2$

4. 앞에서 푼 포물체 운동에 관한 문제에서 공이 던져진 지점으로부터 높이 10.0 m 되는 곳의 시각을 구하라.

    답: $t_1 = 0.842$ s $t_2 = 2.42$ s

E. 일차 방정식

일차 방정식의 형태는 다음과 같다.

$$y = mx + b \qquad \text{[A.9]}$$

여기서 m과 b는 상수이다. 이런 종류의 식은 그림 A.1에서처럼 x에 대한 y의 그래프가 직선이기 때문에 선형이라고 한다. 상수 b는 y절편으로 직선이 y축과 만나는 점의 y값을 나타낸다. 그림 A.1에서처럼 직선 상의 임의의 두 점 (x_1, y_1)과 (x_2, y_2)의 값이 주어지면, 그 직선의 기울기는 다음과 같이 나타낼 수 있다.

$$기울기 = \frac{y_2 - y_1}{x_2 - x_1} = \frac{\Delta y}{\Delta x} \qquad \text{[A.10]}$$

m과 b는 양이나 음의 값을 가질 수 있다. $m > 0$이면, 그림 A.1에서처럼 직선의 기울기는 양이고, $m < 0$이면 직선의 기울기는 음이다. 그림 A.1에서, m과 b는 모두 양이다. 세 가지 다른 가능한 경우가 그림 A.2에 그려져 있다.

그림 A.1

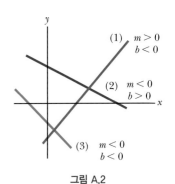

그림 A.2

예제

어떤 금속 도선의 전기 저항이 20.0 °C에서는 5.00 Ω이고 80.0 °C에서는 6.14 Ω이다. 저항값이 선형적으로 변한다는 가정하에 이 60.0 °C에서 금속 도선의 저항값을 구하라.

풀이 저항 R을 나타내는 직선의 방정식을 구한 다음, 새로운 온도를 그 식에 대입하면 된다. 온도에 대한 저항값을 나타내는 그래프 상의 두 점은 (20.0 °C, 5.00 Ω)와 (80.0 °C, 6.14 Ω)이다. 이것으로 직선의 기울기를 계산하면 다음과 같다.

$$m = \frac{\Delta R}{\Delta T} = \frac{6.14\ \Omega - 5.00\ \Omega}{80.0\,°C - 20.0\,°C} = 1.90 \times 10^{-2}\ \Omega/°C \quad (1)$$

직선의 점-기울기 공식에 위의 기울기 값과 점 (20.0 °C, 5.00 Ω)의 값을 대입하면,

$$R - R_0 = m(T - T_0) \quad (2)$$

$$R - 5.00\ \Omega = (1.90 \times 10^{-2}\ \Omega/°C)(T - 20.0\,°C) \quad (3)$$

가 된다. 끝으로 식 (3)에 $T = 60.0°$를 대입하고 R에 대해 풀면 $R = 5.76\ \Omega$를 얻는다.

연습문제

1. 다음 직선의 방정식의 그래프를 그려라.

    (a) $y = 5x + 3$ (b) $y = -2x + 4$ (c) $y = -3x - 6$

2. 연습문제 1에 나온 직선의 기울기를 구하라.

    답: (a) 5   (b) −2   (c) −3

3. 다음 각각의 두 점을 지나는 직선의 방정식을 구하라.

    (a) (0, −4)와 (4, 2)   (b) (0, 0)과 (2, −5)   (c) (−5, 2)와 (4, −2)

    답: (a) $\dfrac{3}{2}$ (b) $-\dfrac{5}{2}$ (c) $-\dfrac{4}{9}$

4. 어떤 실험에서 연직으로 걸어둔 용수철에 추(뉴턴 단위)를 달아서 평형 위치로부터 늘어난 길이(미터 단위)를 측정하여 (0.025 0 m, 22.0 N)과 (0.075 0 m, 66.0 N)을 얻었다. 변위에 다른 무게의 그래프에서 직선의 기울기인 용수철 상수를 구하라.

    답: 880 N/m

F. 연립 일차 방정식의 풀이

두 개의 미지수 x와 y를 포함하고 있는 식 $3x + 5y = 15$를 살펴보자. 이 식은 유일한 해를 갖지 않는다. 예를 들면, ($x = 0$, $y = 3$), ($x = 5$, $y = 0$), ($x = 2$, $y = 9/5$)는 모두 그 식의 해가 된다.

어떤 문제가 두 개의 미지수를 갖고 있다면, 두 개의 식이 있어야만 유일한 해를 가질 수 있다. 일반적으로 n개의 미지수를 가진 문제가 있다면, 그 해를 구하기 위해서는 n개의 식이 필요하다. 미지수 x와 y를 포함하는 두 개의 연립 방정식을 풀기 위해서는 한 식에서 x를 y에 대해 푼 다음 그것을 다른 식에 대입하면 된다.

예제

다음 두 연립 방정식의 해를 구하라.

(1) $5x + y = -8$ (2) $2x - 2y = 4$

풀이 식 (2)로부터, $x = y + 2$임을 알 수 있다. 이 값을 식 (1)에 대입하면 다음과 같이 된다.

$$5(y + 2) + y = -8$$
$$6y = -18$$
$$y = \boxed{-3}$$
$$x = y + 2 = \boxed{-1}$$

다른 풀이법 식 (1)의 각 항에 2를 곱한 다음 식 (2)를 더하면 다음과 같이 된다.

$$\begin{array}{r} 10x + 2y = -16 \\ 2x - 2y = 4 \\ \hline 12x = -12 \\ x = \boxed{-1} \\ y = x - 2 = \boxed{-3} \end{array}$$

두 개의 미지수를 가진 연립 일차 방정식은 그래프를 그려서 풀 수 있다. 두 직선의 그래프를 한 좌표계에 그렸을 때 두 직선이 만나는 점이 연립 방정식의 해가 된다. 예를 들어, 다음 두 식을 살펴보자.

$$x - y = 2$$
$$x - 2y = -1$$

이들 식의 그래프가 그림 A.3에 그려져 있다. 두 직선이 만나는 점의 좌표는 $x = 5$, $y = 3$이며 그것이 바로 그 연립 방정식의 해를 나타낸다. 여기서 얻은 해와 위에서 해석적으로 푼 해를 꼭 비교해 보아야 한다.

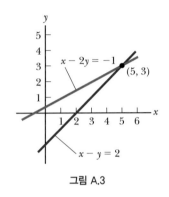

그림 A.3

예제

질량 $m = 2.00$ kg인 물체가 $v_i = 5.00$ m/s의 속력으로 +x 방향으로 움직이고 있고, 질량 $M = 4.00$ kg인 두 번째 물체가 +x 방향으로 2.00 m/s의 속력으로 첫 번째 물체보다 앞서 가고 있다. 표면은 마찰이 없다. 완전 탄성 충돌을 한다면 두 물체가 충돌 후 각각의 속력은 얼마인가?

풀이 6장에서 알 수 있는 바와 같이, 완전 탄성 충돌의 경우 운동량과 에너지에 대한 식이 사용될 수 있다. 속도 v의 이차 함수인 에너지 보존식은 운동량 보존식과 함께 약간의 계산을 하면 일차식을 만들 수 있다. 그러한 두 식은 다음과 같다.

$$mv_i + MV_i = mv_f + MV_f \tag{1}$$
$$v_i - V_i = -(v_f - V_f) \tag{2}$$

이미 알고 있는 양인 $v_i = 5.00$ m/s와 $V_i = 2.00$ m/s를 식 (1)과 (2)에 대입하여

$$18 = 2v_f + 4V_f \tag{3}$$
$$3 = -v_f + V_f \tag{4}$$

를 얻는다. 식 (4)의 양변에 2를 곱한 다음식 (3)을 더하면

$$\begin{array}{r} 18 = 2v_f + 4V_f \\ 6 = -2v_f + 2V_f \\ \hline 24 = 6V_f \quad \rightarrow \quad V_f = \boxed{4.00 \text{ m/s}} \end{array}$$

가 된다. V_f에 대한 해를 식 (4)에 대입하면 $v_f = \boxed{1.00 \text{ m/s}}$를 얻는다.

연습문제

미지수 두 개를 갖고 있는 다음 각 쌍의 연립 방정식을 풀어라.

답

1. $x + y = 8$ $x = 5, y = 3$
    $x - y = 2$

2. $98 - T = 10a$ $T = 65.3, a = 3.27$
    $T - 49 = 5a$

3. $6x + 2y = 6$ $x = 2, y = -3$
    $8x - 4y = 28$

G. 로그 함수와 지수 함수

x를 어떤 양 a의 거듭제곱으로 나타내었다고 하자. 즉,

$$x = a^y \qquad\qquad [A.11]$$

여기서 a를 **밑수**라 한다. a를 밑수로 하는 x의 **로그**는 $x = a^y$이 성립하기 위해 a의 거듭제곱수가 되는 지수와 같다. 즉,

$$y = \log_a x \qquad\qquad [A.12]$$

이 식에서 x를 알고자 한다면, y의 **역로그**를 취하면 된다. 즉, y의 역로그는 x이다.

$$x = \text{antilog}_a\, y \qquad\qquad [A.13]$$

사실 역로그 식은 식 A.11에 있는 지수식과 같으며 실제로는 그것이 더 많이 쓰인다.

로그 함수를 사용함에 있어서 밑수가 10인 상용로그와 밑수가 $e = 2.718\cdots$인 자연로그가 가장 많이 사용되고 있다. 상용로그를 사용할 때는

$$y = \log_{10} x \quad (\text{또는 } x = 10^y) \qquad\qquad [A.14]$$

로 쓰고, 자연로그를 사용할 때는

$$y = \ln x \quad (\text{또는 } x = e^y) \qquad\qquad [A.15]$$

라고 표현한다. 예를 들어, $\log_{10} 52 = 1.716$이므로, $\text{antilog}_{10} 1.716 = 10^{1.716} = 52$이다. 마찬가지로 $\ln_e 52 = 3.951$이므로 $\text{antiln}_e 3.951 = e^{3.951} = 52$이다.

일반적으로 밑수 10과 밑수 e의 관계는

$$\ln x = (2.302\ 585)\log_{10} x \qquad\qquad [A.16]$$

이므로 이것을 사용하여 서로를 변환할 수 있어야 한다. 로그 함수의 몇 가지 성질을 나열하면 다음과 같다.

$$\log(ab) = \log a + \log b \qquad\qquad \ln e = 1$$

$$\log(a/b) = \log a - \log b \qquad\qquad \ln e^a = a$$

$$\log(a^n) = n \log a \qquad\qquad \ln\left(\frac{1}{a}\right) = -\ln a$$

일반물리학에서 로그를 가장 중요하게 사용되는 곳은 데시벨 준위의 정의이다. 음의 세기는 수십에서 수백 배로 크기가 변하므로 그 수치 그대로는 여러 세기를 비교하는

것이 매우 불편하다. 그러한 세기들을 좀 더 쉽게 다루기 위해 데시벨 준위는 로그 값으로 변환한다.

예제 **로그**

제트 엔진을 테스트할 때 나오는 소리의 세기는 비행기 격납고의 어떤 위치에서 $I = 0.750$ W/m²이다. 이 세기에 대한 데시벨 준위는 얼마인가?

풀이 데시벨 β는

$$\beta = 10 \log\left(\frac{I}{I_0}\right)$$

로 정의한다. 여기서 $I_0 = 1 \times 10^{-12}$ W/m²은 표준 기준 세기이다. 주어진 값들을 위 식에 대입하면 다음과 같이 된다.

$$\beta = 10 \log\left(\frac{0.750 \text{ W/m}^2}{10^{-12} \text{ W/m}^2}\right) = 119 \text{ dB}$$

예제 **역로그**

공작실에 있는 4대의 똑같은 기계가 내는 소리의 합의 준위가 $\beta = 87.0$ dB이다. 기계 한 대가 소리를 낼 경우 소리의 세기는 얼마인가?

풀이 4대의 기계가 내는 소리의 전체 세기를 구하기 위해 데시벨 준위의 식을 사용한 다음 그것을 4로 나누면 된다. 위 예제에 있는 β에 관한 식에 값을 대입하면

$$87.0 \text{ dB} = 10 \log\left(\frac{I}{10^{-12} \text{ W/m}^2}\right)$$

와 같이 된다. 이 식의 양변을 10으로 나누고, 양변에 역로그를 취하면, 즉 10의 지수를 취하면

$$10^{8.7} = 10^{\log(I/10^{-12})} = \frac{I}{10^{-12}}$$

$$I = 10^{-12} \cdot 10^{8.7} = 10^{-3.3} = 5.01 \times 10^{-4} \text{ W/m}^2$$

이 된다. 기계는 4대가 있으므로 이 결과를 4로 나누면 기계 한 대의 소리의 세기를 다음과 같이 얻을 수 있다.

$$I = 1.25 \times 10^{-4} \text{ W/m}^2$$

예제 **지수**

삼중수소의 반감기는 12.33년이다. (삼중수소는 수소의 가장 무거운 동위 원소로서 한 개의 양성자와 두 개의 중성자로 되어 있다.) 처음에 삼중수소의 시료가 3.0 g이었다면, 20.0년 후에는 몇 그램이 되는가?

풀이 시간의 함수인 방사성 물질의 핵자의 수를 나타내는 식은

$$N = N_0 \left(\frac{1}{2}\right)^n$$

이다. 여기서 N은 시간이 지난 후 남아 있는 핵자의 수, N_0는 처음

핵자의 수이고 n는 반감기가 지난 횟수이다. 이 식은 밑수가 $\frac{1}{2}$인 지수식이다. 여기서 반감기가 지난 횟수는 $n = t/T_{1/2} = 20.0$ yr/12.33 yr $= 1.62$이다. 그러므로 20.0년 지난 후 남아 있는 삼중수소 양의 비는

$$\frac{N}{N_0} = \left(\frac{1}{2}\right)^{1.62} = 0.325$$

가 된다. 따라서 삼중수소의 처음 3.00 g 중에서 0.325×3.00 g $= 0.975$ g만 남는다.

A.4 도형의 넓이와 부피

표 A.2에 이 책에서 자주 나오는 여러 가지 도형의 넓이와 부피가 그림과 함께 주어져 있다. 이들 도형의 넓이와 부피는 물리 문제 풀이에 자주 응용되는 것으로서 중요한 것

들이다. 좋은 예로, 단위 넓이당 힘인 압력의 개념이 있다. 그것을 식으로 쓰면 $P = F/A$ 이다. 연속 방정식을 사용하여 관 내의 유체의 부피 흐름률을 계산하거나, 추를 매달은 줄에 작용하는 인장 변형력, 벽을 통한 열에너지 전달률, 도선을 통해 흐르는 전류의 밀도 등을 계산하는 데 있어서 넓이를 꼭 계산하여야 한다. 그 외에도 굉장히 많은 응용예가 있다. 부피와 관련이 있는 것으로, 물에 잠긴 물체에 물이 작용하는 부력을 계산하거나, 밀도를 계산할 때, 그리고 물체에 작용하는 유체의 부피 변형력을 계산할 때 부피가 중요하다. 정말로 엄청나게 많은 응용예가 있다.

표 A.2 도형에 관한 유용한 공식

모양	넓이 또는 부피	모양	넓이 또는 부피
직사각형	넓이 $= \ell w$	구	겉넓이 $= 4\pi r^2$ 부피 $= \frac{4}{3}\pi r^3$
원	넓이 $= \pi r^2$ 원둘레 $= 2\pi r$	원통	길이 방향의 겉넓이 $= 2\pi r \ell$ 부피 $= \pi r^2 \ell$
삼각형	넓이 $= \frac{1}{2}bh$	직육면체	겉넓이 $= 2(\ell h + \ell w + hw)$ 부피 $= \ell w h$

A.5 삼각 함수

삼각 함수와 관련된 기본적인 내용의 일부는 1장에 소개되어 있으며, 거기에 나와 있는 내용을 공부하는 데 삼각 함수와 관련되어 약간의 어려움이 있다면 여기에 있는 내용들이 도움이 되길 바란다. 삼각 함수의 개념들 중에서 가장 중요한 것에 피타고라스의 정리가 있다.

$$\Delta s^2 = \Delta x^2 + \Delta y^2 \qquad \text{[A.17]}$$

이 식은 직각삼각형의 빗변의 제곱은 밑변의 제곱과 높이의 제곱의 합과 같다는 것이다. 이 식은 또한 직각 좌표계에서 두 점 간의 거리를 구하는 데 사용된다. 또한 벡터의 길이를 구하는 경우 Δx는 벡터의 x성분으로 두고 Δy는 벡터의 y성분으로 놓으면 된다. 벡터 $\vec{A}$의 성분이 A_x와 A_y라면, 그 벡터의 크기는

$$A^2 = A_x^2 + A_y^2 \qquad \text{[A.18]}$$

이 된다. 이것은 피타고라스의 정리와 완전히 비슷한 형태 2의 식이다. 벡터의 x성분과 y성분의 길이와 관련된 함수로서 코사인 및 사인 함수가 많이 사용된다.

$$A_x = A \cos\theta \qquad \text{[A.19]}$$

$$A_y = A \sin \theta \qquad\qquad \text{[A.20]}$$

평면에서 벡터의 방향각 θ는 탄젠트 함수를 사용하여 구할 수 있다.

$$\tan \theta = \frac{A_y}{A_x} \qquad\qquad \text{[A.21]}$$

피타고라스의 정리와 유사한 것으로 다음 식은 자주 유용하게 사용되는 식이다.

$$\sin^2 \theta + \cos^2 \theta = 1 \qquad\qquad \text{[A.22]}$$

위에 나와 있는 개념들에 관해 자세한 내용은 1장과 3장에서 잘 살펴볼 수 있다. 다음에 나열한 식들은 간혹 유용하게 사용되는 삼각 함수 공식이다.

$$\sin \theta = \cos(90° - \theta)$$

$$\cos \theta = \sin(90° - \theta)$$

$$\sin 2\theta = 2 \sin \theta \cos \theta$$

$$\cos 2\theta = \cos^2 \theta - \sin^2 \theta$$

$$\sin(\theta \pm \phi) = \sin \theta \cos \phi \pm \cos \theta \sin \phi$$

$$\cos(\theta \pm \phi) = \cos \theta \cos \phi \pm \sin \theta \sin \phi$$

다음 관계식은 그림 A.4에서처럼 직각삼각형이 아닌 경우에도 성립하는 식들이다.

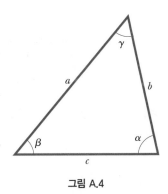

그림 A.4

$$\alpha + \beta + \gamma = 180°$$

$$a^2 = b^2 + c^2 - 2bc \cos \alpha$$

$$b^2 = a^2 + c^2 - 2ac \cos \beta \qquad \text{코사인 법칙}$$

$$c^2 = a^2 + b^2 - 2ab \cos \gamma$$

$$\frac{a}{\sin \alpha} = \frac{b}{\sin \beta} = \frac{c}{\sin \gamma} \qquad \text{사인 법칙}$$

부록 B 주요 원소

B.1 주기율표

I족   II족   전이원소

H 1 1.007 9 $1s$								
Li 3 6.941 $2s^1$	**Be** 4 9.0122 $2s^2$							
Na 11 22.990 $3s^1$	**Mg** 12 24.305 $3s^2$							
K 19 39.098 $4s^1$	**Ca** 20 40.078 $4s^2$	**Sc** 21 44.956 $3d^14s^2$	**Ti** 22 47.867 $3d^24s^2$	**V** 23 50.942 $3d^34s^2$	**Cr** 24 51.996 $3d^54s^1$	**Mn** 25 54.938 $3d^54s^2$	**Fe** 26 55.845 $3d^64s^2$	**Co** 27 58.933 $3d^74s^2$
Rb 37 85.468 $5s^1$	**Sr** 38 87.62 $5s^2$	**Y** 39 88.906 $4d^15s^2$	**Zr** 40 91.224 $4d^25s^2$	**Nb** 41 92.906 $4d^45s^1$	**Mo** 42 95.96 $4d^55s^1$	**Tc** 43 (98) $4d^55s^2$	**Ru** 44 101.07 $4d^75s^1$	**Rh** 45 102.91 $4d^85s^1$
Cs 55 132.91 $6s^1$	**Ba** 56 137.33 $6s^2$	57–71* 	**Hf** 72 178.49 $5d^26s^2$	**Ta** 73 180.95 $5d^36s^2$	**W** 74 183.84 $5d^46s^2$	**Re** 75 186.21 $5d^56s^2$	**Os** 76 190.23 $5d^66s^2$	**Ir** 77 192.2 $5d^76s^2$
Fr 87 (223) $7s^1$	**Ra** 88 (226) $7s^2$	89–103** 	**Rf** 104 (267) $6d^27s^2$	**Db** 105 (268) $6d^37s^2$	**Sg** 106 (269) $6d^47s^2$	**Bh** 107 (270) $6d^57s^2$	**Hs** 108 (277) $6d^67s^2$	**Mt**†† 109 (278) $6d^77s^2$

기호 — **Ca** 20 — 원자 번호
원자 질량† — 40.078
$4s^2$ — 전자 배치

*Lanthanide series 계열

La 57 138.91 $5d^16s^2$	**Ce** 58 140.12 $5d^14f^16s^2$	**Pr** 59 140.91 $4f^36s^2$	**Nd** 60 144.24 $4f^46s^2$	**Pm** 61 (145) $4f^56s^2$	**Sm** 62 150.36 $4f^66s^2$
Ac 89 (227) $6d^17s^2$	**Th** 90 232.04 $6d^27s^2$	**Pa** 91 231.04 $5f^26d^17s^2$	**U** 92 238.03 $5f^36d^17s^2$	**Np** 93 (237) $5f^46d^17s^2$	**Pu** 94 (244) $5f^67s^2$

**Actinide series 계열

Note : 원자 질량값은 자연에 존재하는 동위 원소를 평균한 것이다.
† 불안정한 원소의 경우, 가장 안정적인 동위 원소의 질량이 괄호 안에 주어져 있다.
†† 원자 번호 109 이상인 원소의 경우, 전자 배치는 이론적인 예측값이다.

III족	IV족	V족	VI족	VII족	0족
				H 1 1.007 9 $1s^1$	**He** 2 4.002 6 $1s^2$
B 5 10.811 $2p^1$	**C** 6 12.011 $2p^2$	**N** 7 14.007 $2p^3$	**O** 8 15.999 $2p^4$	**F** 9 18.998 $2p^5$	**Ne** 10 20.180 $2p^6$
Al 13 26.982 $3p^1$	**Si** 14 28.086 $3p^2$	**P** 15 30.974 $3p^3$	**S** 16 32.066 $3p^4$	**Cl** 17 35.453 $3p^5$	**Ar** 18 39.948 $3p^6$

			III족	IV족	V족	VI족	VII족	0족
Ni 28 58.693 $3d^8 4s^2$	**Cu** 29 63.546 $3d^{10}4s^1$	**Zn** 30 65.39 $3d^{10}4s^2$	**Ga** 31 69.723 $4p^1$	**Ge** 32 72.64 $4p^2$	**As** 33 74.922 $4p^3$	**Se** 34 78.96 $4p^4$	**Br** 35 79.904 $4p^5$	**Kr** 36 83.80 $4p^6$
Pd 46 106.42 $4d^{10}$	**Ag** 47 107.87 $4d^{10}5s^1$	**Cd** 48 112.41 $4d^{10}5s^2$	**In** 49 114.82 $5p^1$	**Sn** 50 118.71 $5p^2$	**Sb** 51 121.76 $5p^3$	**Te** 52 127.60 $5p^4$	**I** 53 126.90 $5p^5$	**Xe** 54 131.29 $5p^6$
Pt 78 195.08 $5d^9 6s^1$	**Au** 79 196.97 $5d^{10}6s^1$	**Hg** 80 200.59 $5d^{10}6s^2$	**Tl** 81 204.38 $6p^1$	**Pb** 82 207.2 $6p^2$	**Bi** 83 208.98 $6p^3$	**Po** 84 (209) $6p^4$	**At** 85 (210) $6p^5$	**Rn** 86 (222) $6p^6$
Ds 110 (281) $6d^8 7s^2$	**Rg** 111 (282) $6d^9 7s^2$	**Cn** 112 (285) $6d^{10}7s^2$	**Nh** 113 (286) $7p^1$	**Fl** 114 (289) $7p^2$	**Mc** 115 (289) $7p^3$	**Lv** 116 (293) $7p^4$	**Ts** 117 (294) $7p^5$	**Og** 118 (294) $7p^6$

Eu 63 151.96 $4f^7 6s^2$	**Gd** 64 157.25 $4f^7 5d^1 6s^2$	**Tb** 65 158.93 $4f^8 5d^1 6s^2$	**Dy** 66 162.50 $4f^{10}6s^2$	**Ho** 67 164.93 $4f^{11}6s^2$	**Er** 68 167.26 $4f^{12}6s^2$	**Tm** 69 168.93 $4f^{13}6s^2$	**Yb** 70 173.04 $4f^{14}6s^2$	**Lu** 71 174.97 $4f^{14}5d^1 6s^2$
Am 95 (243) $5f^7 7s^2$	**Cm** 96 (247) $5f^7 6d^1 7s^2$	**Bk** 97 (247) $5f^8 6d^1 7s^2$	**Cf** 98 (251) $5f^{10}7s^2$	**Es** 99 (252) $5f^{11}7s^2$	**Fm** 100 (257) $5f^{12}7s^2$	**Md** 101 (258) $5f^{13}7s^2$	**No** 102 (259) $5f^{14}7s^2$	**Lr** 103 (262) $5f^{14}6d^1 7s^2$

Note: 원자에 대한 더 많은 설명은 *physics.nist.gov/PhysRef Data/Elements/per_text.html*에 있다.

B.2 동위 원소표

원자번호 Z	원소	기호	화학 원자 질량(u)	질량수 (*방사능 물질) A	원자 질량 (u)	퍼센트 존재비	반감기 (방사능인 경우) $T_{1/2}$
0	(중성자)	n		1*	1.008 665		10.4 min
1	수소	H	1.007 94	1	1.007 825	99.988 5	
	중수소	D		2	2.014 102	0.011 5	
	삼중수소	T		3*	3.016 049		12.33 yr
2	헬륨	He	4.002 602	3	3.016 029	0.000 137	
				4	4.002 603	99.999 863	
3	리튬	Li	6.941	6	6.015 122	7.5	
				7	7.016 004	92.5	
4	베릴륨	Be	9.012 182	7*	7.016 929		53.3 days
				9	9.012 182	100	
5	붕소	B	10.811	10	10.012 937	19.9	
				11	11.009 306	80.1	
6	탄소	C	12.010 7	10*	10.016 853		19.3 s
				11*	11.011 434		20.4 min
				12	12.000 000	98.93	
				13	13.003 355	1.07	
				14*	14.003 242		5 730 yr
7	질소	N	14.006 7	13*	13.005 739		9.96 min
				14	14.003 074	99.632	
				15	15.000 109	0.368	
8	산소	O	15.999 4	15*	15.003 065		122 s
				16	15.994 915	99.757	
				18	17.999 160	0.205	
9	플루오린	F	18.998 403 2	19	18.998 403	100	
10	네온	Ne	20.179 7	20	19.992 440	90.48	
				22	21.991 385	9.25	
11	소듐(나트륨)	Na	22.989 77	22*	21.994 437		2.61 yr
				23	22.989 770	100	
				24*	23.990 963		14.96 h
12	마그네슘	Mg	24.305 0	24	23.985 042	78.99	
				25	24.985 837	10.00	
				26	25.982 593	11.01	
13	알루미늄	Al	26.981 538	27	26.981 539	100	
14	규소	Si	28.085 5	28	27.976 926	92.229 7	
15	인	P	30.973 761	31	30.973 762	100	
				32*	31.973 907		14.26 days
16	황	S	32.066	32	31.972 071	94.93	
				35*	34.969 032		87.5 days
17	염소	Cl	35.452 7	35	34.968 853	75.78	
				37	36.965 903	24.22	
18	아르곤	Ar	39.948	40	39.962 383	99.600 3	
19	포타슘(칼륨)	K	39.098 3	39	38.963 707	93.258 1	
				40*	39.963 999	0.011 7	1.28×10^9 yr
20	칼슘	Ca	40.078	40	39.962 591	96.941	
21	스칸듐	Sc	44.955 910	45	44.955 910	100	
22	타이타늄	Ti	47.867	48	47.947 947	73.72	

원자번호 Z	원소	기호	화학 원자 질량(u)	질량수 (*방사능 물질) A	원자 질량 (u)	퍼센트 존재비	반감기 (방사능인 경우) $T_{1/2}$
23	바나듐	V	50.941 5	51	50.943 964	99.750	
24	크로뮴	Cr	51.996 1	52	51.940 512	83.789	
25	망가니즈	Mn	54.938 049	55	54.938 050	100	
26	철	Fe	55.845	56	55.934 942	91.754	
27	코발트	Co	58.933 200	59	58.933 200	100	
				60*	59.933 822		5.27 yr
28	니켈	Ni	58.693 4	58	57.935 348	68.076 9	
				60	59.930 790	26.223 1	
29	구리	Cu	63.546	63	62.929 601	69.17	
				65	64.927 794	30.83	
30	아연	Zn	65.39	64	63.929 147	48.63	
				66	65.926 037	27.90	
				68	67.924 848	18.75	
31	갈륨	Ga	69.723	69	68.925 581	60.108	
				71	70.924 705	39.892	
32	저마늄	Ge	72.61	70	69.924 250	20.84	
				72	71.922 076	27.54	
				74	73.921 178	36.28	
33	비소	As	74.921 60	75	74.921 596	100	
34	셀레늄	Se	78.96	78	77.917 310	23.77	
				80	79.916 522	49.61	
35	브로민	Br	79.904	79	78.918 338	50.69	
				81	80.916 291	49.31	
36	크립톤	Kr	83.80	82	81.913 485	11.58	
				83	82.914 136	11.49	
				84	83.911 507	57.00	
				86	85.910 610	17.30	
37	루비듐	Rb	85.467 8	85	84.911 789	72.17	
				87*	86.909 184	27.83	4.75×10^{10} yr
38	스트론튬	Sr	87.62	86	85.909 262	9.86	
				88	87.905 614	82.58	
				90*	89.907 738		29.1 yr
39	이트륨	Y	88.905 85	89	88.905 848	100	
40	지르코늄	Zr	91.224	90	89.904 704	51.45	
				91	90.905 645	11.22	
				92	91.905 040	17.15	
				94	93.906 316	17.38	
41	나이오븀	Nb	92.906 38	93	92.906 378	100	
42	몰리브데넘	Mo	95.94	92	91.906 810	14.84	
				95	94.905 842	15.92	
				96	95.904 679	16.68	
				98	97.905 408	24.13	

원자번호 Z	원소	기호	화학 원자 질량(u)	질량수 (*방사능 물질) A	원자 질량 (u)	퍼센트 존재비	반감기 (방사능인 경우) $T_{1/2}$
43	테크네튬	Tc		98*	97.907 216		4.2×10^6 yr
				99*	98.906 255		2.1×10^5 yr
44	루테늄	Ru	101.07	99	98.905 939	12.76	
				100	99.904 220	12.60	
				101	100.905 582	17.06	
				102	101.904 350	31.55	
				104	103.905 430	18.62	
45	로듐	Rh	102.905 50	103	102.905 504	100	
46	팔라듐	Pd	106.42	104	103.904 035	11.14	
				105	104.905 084	22.33	
				106	105.903 483	27.33	
				108	107.903 894	26.46	
				110	109.905 152	11.72	
47	은	Ag	107.868 2	107	106.905 093	51.839	
				109	108.904 756	48.161	
48	카드뮴	Cd	112.411	110	109.903 006	12.49	
				111	110.904 182	12.80	
				112	111.902 757	24.13	
				113*	112.904 401	12.22	9.3×10^{15} yr
				114	113.903 358	28.73	
49	인듐	In	114.818	115*	114.903 878	95.71	4.4×10^{14} yr
50	주석	Sn	118.710	116	115.901 744	14.54	
				118	117.901 606	24.22	
				120	119.902 197	32.58	
51	안티모니	Sb	121.760	121	120.903 818	57.21	
				123	122.904 216	42.79	
52	텔루륨	Te	127.60	126	125.903 306	18.84	
				128*	127.904 461	31.74	$> 8 \times 10^{24}$ yr
				130*	129.906 223	34.08	$\leq 1.25 \times 10^{21}$ yr
53	아이오딘	I	126.904 47	127	126.904 468	100	
				129*	128.904 988		1.6×10^7 yr
54	제논	Xe	131.29	129	128.904 780	26.44	
				131	130.905 082	21.18	
				132	131.904 145	26.89	
				134	133.905 394	10.44	
				136*	135.907 220	8.87	$\geq 2.36 \times 10^{21}$ yr
55	세슘	Cs	132.905 45	133	132.905 447	100	
56	바륨	Ba	137.327	137	136.905 821	11.232	
				138	137.905 241	71.698	
57	란타넘	La	138.905 5	139	138.906 349	99.910	
58	세륨	Ce	140.116	140	139.905 434	88.450	
				142*	141.909 240	11.114	$> 5 \times 10^{16}$ yr
59	프라세오디뮴	Pr	140.907 65	141	140.907 648	100	
60	네오디뮴	Nd	144.24	142	141.907 719	27.2	
				144*	143.910 083	23.8	2.3×10^{15} yr
				146	145.913 112	17.2	

원자번호 Z	원소	기호	화학 원자 질량(u)	질량수 (*방사능 물질) A	원자 질량 (u)	퍼센트 존재비	반감기 (방사능인 경우) $T_{1/2}$
61	프로메튬	Pm		145*	144.912 744		17.7 yr
62	사마륨	Sm	150.36	147*	146.914 893	14.99	1.06×10^{11} yr
				149*	148.917 180	13.82	$> 2 \times 10^{15}$ yr
				152	151.919 728	26.75	
				154	153.922 205	22.75	
63	유로퓸	Eu	151.964	151	150.919 846	47.81	
				153	152.921 226	52.19	
64	가돌리늄	Gd	157.25	156	155.922 120	20.47	
				158	157.924 100	24.84	
				160	159.927 051	21.86	
65	터븀	Tb	158.925 34	159	158.925 343	100	
66	디스프로슘	Dy	162.50	162	161.926 796	25.51	
				163	162.928 728	24.90	
				164	163.929 171	28.18	
67	홀뮴	Ho	164.930 32	165	164.930 320	100	
68	어븀	Er	167.6	166	165.930 290	33.61	
				167	166.932 045	22.93	
				168	167.932 368	26.78	
69	툴륨	Tm	168.934 21	169	168.934 211	100	
70	이터븀	Yb	173.04	172	171.936 378	21.83	
				173	172.938 207	16.13	
				174	173.938 858	31.83	
71	루테튬	Lu	174.967	175	174.940 768	97.41	
72	하프늄	Hf	178.49	177	176.943 220	18.60	
				178	177.943 698	27.28	
				179	178.945 815	13.62	
				180	179.946 549	35.08	
73	탄탈럼	Ta	180.947 9	181	180.947 996	99.988	
74	텅스텐 (볼프람)	W	183.84	182	181.948 206	26.50	
				183	182.950 224	14.31	
				184*	183.950 933	30.64	$> 3 \times 10^{17}$ yr
				186	185.954 362	28.43	
75	레늄	Re	186.207	185	184.952 956	37.40	
				187*	186.955 751	62.60	4.4×10^{10} yr
76	오스뮴	Os	190.23	188	187.955 836	13.24	
				189	188.958 145	16.15	
				190	189.958 445	26.26	
				192	191.961 479	40.78	
77	이리듐	Ir	192.217	191	190.960 591	37.3	
				193	192.962 924	62.7	
78	백금	Pt	195.078	194	193.962 664	32.967	
				195	194.964 774	33.832	
				196	195.964 935	25.242	
79	금	Au	196.966 55	197	196.966 552	100	
80	수은	Hg	200.59	199	198.968 262	16.87	
				200	199.968 309	23.10	
				201	200.970 285	13.18	
				202	201.970 626	29.86	

원자번호 Z	원소	기호	화학 원자 질량(u)	질량수 (*방사능 물질) A	원자 질량 (u)	퍼센트 존재비	반감기 (방사능인 경우) $T_{1/2}$
81	탈륨	Tl	204.383 3	203	202.972 329	29.524	
				205	204.974 412	70.476	
		(Th C″)		208*	207.982 005		3.053 min
		(Ra C″)		210*	209.990 066		1.30 min
82	납	Pb	207.2	204*	203.973 029	1.4	$\geq 1.4 \times 10^{17}$ yr
				206	205.974 449	24.1	
				207	206.975 881	22.1	
				208	207.976 636	52.4	
		(Ra D)		210*	209.984 173		22.3 yr
		(Ac B)		211*	210.988 732		36.1 min
		(Th B)		212*	211.991 888		10.64 h
		(Ra B)		214*	213.999 798		26.8 min
83	비스무트	Bi	208.980 38	209	208.980 383	100	
		(Th C)		211*	210.987 258		2.14 min
84	폴로늄	Po					
		(Ra F)		210*	209.982 857		138.38 days
		(Ra C′)		214*	213.995 186		164 μs
85	아스타틴	At		218*	218.008 682		1.6 s
86	라돈	Rn		222*	222.017 570		3.823 days
87	프랑슘	Fr					
		(Ac K)		223*	223.019 731		22 min
88	라듐	Ra		226*	226.025 403		1 600 yr
		(Ms Th$_1$)		228*	228.031 064		5.75 yr
89	악티늄	Ac		227*	227.027 747		21.77 yr
90	토륨	Th	232.038 1				
		(Rd Th)		228*	228.028 731		1.913 yr
		(Th)		232*	232.038 050	100	1.40×10^{10} yr
91	프로트악티늄	Pa	231.035 88	231*	231.035 879		32.760 yr
92	우라늄	U	238.028 9	232*	232.037 146		69 yr
				233*	233.039 628		1.59×10^5 yr
		(Ac U)		235*	235.043 923	0.720 0	7.04×10^8 yr
				236*	236.045 562		2.34×10^7 yr
		(UI)		238*	238.050 783	99.274 5	4.47×10^9 yr
93	넵투늄	Np		237*	237.048 167		2.14×10^6 yr
94	플루토늄	Pu		239*	239.052 156		2.412×10^4 yr
				242*	242.058 737		3.73×10^6 yr
				244*	244.064 198		8.1×10^7 yr

Sources: Chemical atomic masses are from T. B. Coplen, "Atomic Weights of the Elements 1999," a technical report to the International Union of Pure and Applied Chemistry, and published in *Pure and Applied Chemistry,* 73(4), 667–683, 2001. Atomic masses of the isotopes are from G. Audi and A. H. Wapstra, "The 1995 Update to the Atomic Mass Evaluation," *Nuclear Physics,* A595, vol. 4, 409–480, December 25, 1995. Percent abundance values are from K. J. R. Rosman and P. D. P. Taylor, "Isotopic Compositions of the Elements 1999," a technical report to the International Union of Pure and Applied Chemistry, and published in *Pure and Applied Chemistry,* 70(1), 217–236, 1998.

부록 C 자주 사용되는 자료

표 C.1 수학 기호와 그 의미

기호	의미
$=$	같다
$\neq$	같지 않다
$\equiv$	~로 정의한다
$\propto$	비례한다
$>$	보다 크다
$<$	보다 작다
$\gg$	훨씬 크다
$\ll$	훨씬 작다
$\approx$	거의 같다
$\sim$	크기 정도가 비슷하다
Δx	x의 변화량 또는 x의 불확정도
$\sum x_i$	모든 x_i의 합
$\|x\|$	x의 절댓값(항상 양의 값)

표 C.2 단위에 관한 표준 기호

기호	단위	기호	단위
A	암페어	kcal	킬로칼로리
Å	옹스트롬	kg	킬로그램
atm	대기압	km	킬로미터
Bq	베크렐	kmol	킬로몰
Btu	영국 열단위	L	리터
C	쿨롱	lb	파운드
°C	섭씨도	ly	광년
cal	칼로리	m	미터
cm	센티미터	min	분
Ci	퀴리	mol	몰
d	일	N	뉴턴
deg	도(각)	nm	나노미터
eV	전자볼트	Pa	파스칼
°F	화씨도	rad	라디안
F	패럿	rev	회전수
ft	피트	s	초
G	가우스	T	테슬라
g	그램	u	원자 질량 단위
H	헨리	V	볼트
h	시간	W	와트
hp	마력	Wb	웨버
Hz	헤르츠	yr	년
in.	인치	μm	마이크로미터
J	줄	Ω	옴
K	켈빈		

표 C.3 그리스 문자

알파	A	α	뉴	N	ν
베타	B	β	크시	Ξ	ξ
감마	Γ	γ	오미크론	O	o
델타	Δ	δ	파이	Π	π
입실론	E	ϵ	로	P	ρ
제타	Z	ζ	시그마	Σ	σ
이타	H	η	타우	T	τ
세타	Θ	θ	웁실론	Υ	υ
이오타	I	ι	피	Φ	ϕ
카파	K	κ	키	X	χ
람다	Λ	λ	프시	Ψ	ψ
뮤	M	μ	오메가	Ω	ω

표 C.4 자주 사용되는 물리 자료[a]

지구–달 평균 거리	3.84×10^8 m
지구–태양 평균 거리	1.496×10^{11} m
지구의 적도 반지름	6.38×10^6 m
공기의 밀도(20 °C, 1기압)	1.20 kg/m^3
물의 밀도(20 °C, 1기압)	1.00×10^3 kg/m^3
자유 낙하 가속도	9.80 m/s^2
지구의 질량	5.98×10^{24} kg
달의 질량	7.36×10^{22} kg
태양의 질량	1.99×10^{30} kg
표준 대기압	1.013×10^5 Pa

[a] 이 값들은 이 교재에서 사용하는 값이다.

표 C.5 주요 물리 상수

양	기호	값[a]
원자 질량 단위	u	$1.660\ 538\ 782\ (83) \times 10^{-27}$ kg
		$931.494\ 028\ (23)$ MeV/c^2
아보가드로수	N_A	$6.022\ 141\ 79\ (30) \times 10^{23}$ particles/mol
보어 마그네톤	$\mu_B = \dfrac{e\hbar}{2m_e}$	$9.274\ 009\ 15\ (23) \times 10^{-24}$ J/T
보어 반지름	$a_0 = \dfrac{\hbar^2}{m_e e^2 k_e}$	$5.291\ 772\ 085\ 9\ (36) \times 10^{-11}$ m
볼츠만 상수	$k_B = \dfrac{R}{N_A}$	$1.380\ 650\ 4\ (24) \times 10^{-23}$ J/K
콤프턴 파장	$\lambda_C = \dfrac{h}{m_e c}$	$2.426\ 310\ 217\ 5\ (33) \times 10^{-12}$ m
쿨롱 상수	$k_e = \dfrac{1}{4\pi\epsilon_0}$	$8.987\ 551\ 788\ \ldots \times 10^9$ N·m^2/C^2 (exact)
중양자 질량	m_d	$3.343\ 583\ 20\ (17) \times 10^{-27}$ kg
		$2.013\ 553\ 212\ 724\ (78)$ u
전자 질량	m_e	$9.109\ 382\ 15\ (45) \times 10^{-31}$ kg
		$5.485\ 799\ 094\ 3\ (23) \times 10^{-4}$ u
		$0.510\ 998\ 910\ (13)$ MeV/c^2
전자볼트	eV	$1.602\ 176\ 487\ (40) \times 10^{-19}$ J
기본 전하	e	$1.602\ 176\ 487\ (40) \times 10^{-19}$ C
기체 상수	R	$8.314\ 472\ (15)$ J/mol·K
중력 상수	G	$6.674\ 28\ (67) \times 10^{-11}$ N·m^2/kg^2
중성자 질량	m_n	$1.674\ 927\ 211\ (84) \times 10^{-27}$ kg
		$1.008\ 664\ 915\ 97\ (43)$ u
		$939.565\ 346\ (23)$ MeV/c^2
핵 마그네톤	$\mu_n = \dfrac{e\hbar}{2m_p}$	$5.050\ 783\ 24\ (13) \times 10^{-27}$ J/T
자유 공간의 투자율	μ_0	$4\pi \times 10^{-7}$ T·m/A (exact)
자유 공간의 유전율	$\epsilon_0 = \dfrac{1}{\mu_0 c^2}$	$8.854\ 187\ 817\ \ldots \times 10^{-12}$ C^2/N·m^2 (exact)
플랑크 상수	h	$6.626\ 068\ 96\ (33) \times 10^{-34}$ J·s
	$\hbar = \dfrac{h}{2\pi}$	$1.054\ 571\ 628\ (53) \times 10^{-34}$ J·s
양성자 질량	m_p	$1.672\ 621\ 637\ (83) \times 10^{-27}$ kg
		$1.007\ 276\ 466\ 77\ (10)$ u
		$938.272\ 013\ (23)$ MeV/c^2
리드베리 상수	R_H	$1.097\ 373\ 156\ 852\ 7\ (73) \times 10^7$ m^{-1}
진공에서 빛의 속력	c	$2.997\ 924\ 58 \times 10^8$ m/s (exact)

Note: 이들 상수는 2006년에 CODATA가 추천한 값들이다. 이 값들은 여러 측정값들을 최소 제곱으로 얻은 것에 기초하고 있다. 더 자세한 목록은 다음을 참고하라.
P. J. Mohr, B. N. Taylor, and D. B. Newell, "CODATA Recommended Values of the Fundamental Physical Constants: 2006." *Rev. Mod. Phys.* **80**:2, 633–730, 2008.
[a] 괄호 안의 수는 마지막 두 자리의 불확정도를 나타낸다.

표 C.6 바꿈 인수

길이

1 in. = 2.54 cm (exact)
1 m = 39.37 in. = 3.281 ft
1 ft = 0.304 8 m
12 in. = 1 ft
3 ft = 1 yd
1 yd = 0.914 4 m
1 km = 0.621 mi
1 mi = 1.609 km
1 mi = 5 280 ft
1 μm = 10^{-6} m = 10^3 nm
1 light-year = 9.461×10^{15} m
1 pc (parsec) = 3.26 ly = 3.09×10^{16} m

넓이

1 m^2 = 10^4 cm^2 = 10.76 ft^2
1 ft^2 = 0.092 9 m^2 = 144 $in.^2$
1 $in.^2$ = 6.452 cm^2
1 ha (hectare) = 1.00×10^4 m^2

부피

1 m^3 = 10^6 cm^3 = 6.102×10^4 $in.^3$
1 ft^3 = 1 728 $in.^3$ = 2.83×10^{-2} m^3
1 L = 1 000 cm^3 = 1.057 6 qt = 0.035 3 ft^3
1 ft^3 = 7.481 gal = 28.32 L = 2.832×10^{-2} m^3
1 gal = 3.786 L = 231 $in.^3$

질량

1 000 kg = 1 t (metric ton)
1 slug = 14.59 kg
1 u = 1.66×10^{-27} kg = 931.5 MeV/c^2

힘

1 N = 0.224 8 lb
1 lb = 4.448 N

속도

1 mi/h = 1.47 ft/s = 0.447 m/s = 1.61 km/h
1 m/s = 100 cm/s = 3.281 ft/s
1 mi/min = 60 mi/h = 88 ft/s

가속도

1 m/s^2 = 3.28 ft/s^2 = 100 cm/s^2
1 ft/s^2 = 0.304 8 m/s^2 = 30.48 cm/s^2

압력

1 bar = 10^5 N/m^2 = 14.50 $lb/in.^2$
1 atm = 760 mm Hg = 76.0 cm Hg
1 atm = 14.7 $lb/in.^2$ = 1.013×10^5 N/m^2
1 Pa = 1 N/m^2 = 1.45×10^{-4} $lb/in.^2$

시간

1 yr = 365 days = 3.16×10^7 s
1 day = 24 h = 1.44×10^3 min = 8.64×10^4 s

에너지

1 J = 0.738 ft·lb
1 cal = 4.186 J
1 Btu = 252 cal = 1.054×10^3 J
1 eV = 1.602×10^{-19} J
1 kWh = 3.60×10^6 J

일률

1 hp = 550 ft·lb/s = 0.746 kW
1 W = 1 J/s = 0.738 ft·lb/s
1 Btu/h = 0.293 W

부록 D SI 단위

표 D.1 기본 단위

기본량	기본 단위	
	명칭	단위
길이	미터	m
질량	킬로그램	kg
시간	초	s
전류	암페어	A
온도	켈빈	K
물질의 양	몰	mol
광도	칸델라	cd

표 D.2 유도 단위

양	명칭	단위	기본 단위 표현	유도 단위 표현
평면각	라디안	rad	m/m	
진동수	헤르츠	Hz	s^{-1}	
힘	뉴턴	N	$kg \cdot m/s^2$	J/m
압력	파스칼	Pa	$kg/m \cdot s^2$	N/m^2
에너지: 일	줄	J	$kg \cdot m^2/s^2$	$N \cdot m$
일률	와트	W	$kg \cdot m^2/s^3$	J/s
전하	쿨롱	C	$A \cdot s$	
전위(emf)	볼트	V	$kg \cdot m^2/A \cdot s^3$	$W/A, J/C$
전기용량	패럿	F	$A^2 \cdot s^4/kg \cdot m^2$	C/V
전기저항	옴	Ω	$kg \cdot m^2/A^2 \cdot s^3$	V/A
자기선속	웨버	Wb	$kg \cdot m^2/A \cdot s^2$	$V \cdot s, T \cdot m^2$
자기장	테슬라	T	$kg/A \cdot s^2$	Wb/m^2
인덕턴스	헨리	H	$kg \cdot m^2/A^2 \cdot s^2$	Wb/A

부록 E 물리량 그림 표현

역학과 열역학

변위 및 위치 벡터

변위 및 위치 성분 벡터

선속도 벡터 ($\vec{v}$) 및
　각속도 벡터 ($\vec{\omega}$)

속도 성분 벡터

힘 벡터 ($\vec{F}$)

힘 성분 벡터

가속도 벡터 ($\vec{a}$)

가속도 성분 벡터

에너지가 전달되는 방향　　　$W_{에너지}$

　　　　　　　　　　　　　Q_c

　　　　　　　　　　　　　Q_h

과정이 진행되는 방향

선운동량 벡터($\vec{p}$) 및
　각운동량 벡터($\vec{L}$)

선 및 각운동량 성분 벡터

토크 벡터($\vec{\tau}$)

토크 성분 벡터

선운동 및 회전
　운동의 방향

입체적 회전 방향

확대 화살표

용수철

도르래

전기와 자기

전기장

전기장 벡터

전기장 성분 벡터

자기장

자기장 벡터

자기장 성분 벡터

양전하

음전하

저항기

전지 및 기타
　직류 전원

스위치

축전기

인덕터(코일)

전압계

전류계

교류 전원

전구

접지

전류

빛과 광학

광선

초점을 지나는 광선

곡률 중심을 지나는 광선

볼록 렌즈

오목 렌즈

거울

곡면 거울

물체

상

연습문제 해답 Answers

Chapter 1

2. $m^3/(kg \cdot s^2)$
3. 43 units in the negative y-direction
4. (a) 5 units at $-53°$
   (b) 5 units at $+53°$
5. approximately 421 ft at $3°$ below the horizontal
6. (a) 10.3 m (b) $119°$
7. 28.7 units, -20.1 units
8. (a) 5.00 blocks at $53.1°$ N of E   (b) 13.0 blocks
9. 47.2 units at $122°$ from the positive x-axis
10. 245 km at $21.4°$ W of N

Chapter 2

1. (a) 5.00 m/s (b) 1.25 m/s
   (c) -2.50 m/s (d) -3.33 m/s (e) 0
2. (a) 4.4 m/s^2 (b) 27 m
3. (a) 2.80 h (b) 218 km
4. (a) 8.14 m/s^2 (b) 1.23 s (c) Yes. For uniform acceleration, the velocity is a linear function of time.
5. (a) 8.2 s (b) 1.3×10^2 m
6. (a) -12.7 m/s (b) 38.2 m
7. (a) It continues upward, slowing under the influence of gravity until it reaches a maximum height, and then it falls to Earth. (b) 308 m (c) 8.51 s (d) 16.4 s
8. 0.60 s
9. 6.44 m/s
10. (a) 7.82 m (b) 0.782 s

Chapter 3

1. (a) 5.00 m   (b) 2.50 m
2. (a) $(x, y) = (0, 50.0 \text{ m})$ (b) $v_{0x} = 18.0$ m/s, $v_{0y} = 0$
   (c) $v_x = 18.0$ m/s, $v_y = -(9.80 \text{ m/s}^2)t$
   (d) $x = (18.0 \text{ m/s})t$, $y = -(4.90 \text{ m/s}^2)t^2 + 50.0$ m
   (e) 3.19 s (f) 36.1 m/s, $-60.1°$
3. (a) The ball clears by 0.889 m (b) while descending
4. (a) 18.1 m/s (b) 1.09 m   (c) 2.8 m
5. (a) $(\vec{v}_{JA})_x = 3.00 \times 10^2$ mi/h, $(\vec{v}_{JA})_y = 0$,
   (b) $(\vec{v}_{AE})_x = 86.6$ mi/h, $(\vec{v}_{AE})_y = 50.0$ mi/h
   (c) $\vec{v}_{JA} = \vec{v}_{JE} - \vec{v}_{AE}$
   (d) $\vec{v}_{JE} = 3.90 \times 10^2$ mi/h, $7.36°$ N of E
6. (a) 1.26 h (b) 1.13 h (c) 1.19 h
7. 18.0 s
8. 5.37 m/s
9. (a) 1.53×10^3 m   (b) 36.2 s   (c) 4.04×10^3 m
10. (a) $R_{\text{Moon}} = 18$ m   (b) $R_{\text{Mars}} = 7.9$ m

Chapter 4

1. (a) 12 N (b) 3.0 m/s^2
2. 3.71 N, 58.7 N, 2.27 kg
3. (a) 147 N   (b) 127 N   (c) 192 N   (d) 84.5 N
4. (a) 0.256   (b) 0.510 m/s^2
5. 32.1 N
6. (a) 6.00×10^2 N in vertical cable, 997 N in inclined cable, 796 N in horizontal cable

(b) If the point of attachment were moved higher up on the wall, the left cable would have a y-component that would help support the cat burglar, thus reducing the tension in the cable on the right. The tension in the vertical cable would stay the same.
7. 150 N in vertical cable, 75 N in right-side cable, 130 N in left-side cable
8. (a) 3.00 m/s^2 (b) 48.0 N
9. (a) 7.0 m/s^2 horizontal and to the right   (b) 21 N   (c) 14 N horizontal and to the right
10. (a) $30.7°$ (b) 0.843 N

Chapter 5

1. (a) 5.16×10^3 J   (b) -2.58×10^3 J
2. (a) 987 N   (b) 0.495
3. (a) 2.00 m/s   (b) 2.00×10^2 N
4. (a) 2.72×10^9 J   (b) -2.72×10^9 J   (c) 1.09×10^6 N
5. $h = 6.94$ m
6. (a) 0.350 m   (b) The result would be less than 0.350 m because some of the mechanical energy is lost as a result of the force of friction between the block and track.
7. (a) 10.9 m/s   (b) 11.6 m/s
8. (a) 372 N   (b) $T_1 = 372$ N, $T_2 = T_3 = 745$ N   (c) 1.34 kJ
9. 3.8 m/s
10. (a) 24.5 m/s   (b) Yes. Convert to mph to find that 24.5 m/s = 54.8 mph. A skydiver who lands at 54.8 mph will get hurt.
    (c) 206 m   (d) Unrealistic; the actual retarding force will vary with speed.

Chapter 6

1. (a) 0.42 N downward
   (b) The hailstones would exert a larger average force on the roof because they would bounce off the roof, and the impulse acting on the hailstones would be greater than the impulse acting on the raindrops. Newton's third law then tells us that the hailstones exert a greater force on the roof.
2. (a) $\Delta p_x = 7.83$ kg $\cdot$ m/s, $\Delta p_y = 5.49$ kg $\cdot$ m/s   (b) 191 N
3. (a) 1.88×10^3 kg $\cdot$ m/s   (b) 853 N
4. (a) 8.0 N $\cdot$ s   (b) 5.3 m/s   (c) 3.3 m/s
5. (a) 12 N $\cdot$ s   (b) 8.0 N $\cdot$ s   (c) 8.0 m/s   (d) 5.3 m/s
6. 65.2 m/s
7. (a)

(b) The collision is best described as perfectly inelastic because the skaters remain in contact after the collision.
   (c) $m_1 v_1 + m_2 v_2 = (m_1 + m_2)v_f$
   (d) $v_f = (m_1 v_1 + m_2 v_2)/(m_1 + m_2)$ (e) 6.33 m/s
8. 15.6 m/s
9. (a) 1.80 m/s (b) 2.16×10^4 J
10. 588 kg/s

Chapter 7

1. (a) 55.2 (b) 95.8 rad/s

2. (a) 6.53 m/s   (b) 0.285 m/s^2 directed toward the center of the circular arc

3. (a) 20.6 N   (b) 3.35 m/s^2 downward tangent to the circle; 32.0 m/s^2 radially inward   (c) 32.2 m/s^2 at 5.98° to the cord, pointing toward a location below the center of the circle. (d) No change.   (e) If the object is swinging down, it is gaining speed. If it is swinging up, it is losing speed, but its acceleration has the same magnitude and its direction can be described in the same terms.

4. (a) 9.8 N   (b) 9.8 N   (c) 6.3 m/s

5. (a) $r = \dfrac{9}{8}R_E = 7.18 \times 10^6$ m   (b) 7.98×10^5 m

6. (a) 1.90×10^{27} kg   (b) 1.89×10^{27} kg   (c) yes

7. (a) 2.51 m/s   (b) 7.90 m/s^2 (c) 4.00 m/s

8. (a) 7.76×10^3 m/s   (b) 89.3 min

9. (a) $n = m\left(g - \dfrac{v^2}{r}\right)$ (b) 17.1 m/s

10. (b) 732 N (equator), 735 N (either pole)

Chapter 8

1. (a) 30 N · m (counterclockwise)
   (b) 36 N · m (counterclockwise)

2. $x_{cg} = 3.33$ ft, $y_{cg} = 1.67$ ft

3. 0.100 m

4. 1.09 m

5. (a) 443 N   (b) 222 N (to the right), 216 N (upward)

6. (a) $d = \dfrac{mg}{2k\tan\theta}$ (b) $R_x = \dfrac{mg}{2\tan\theta}$; $R_y = mg$

7. (a) 99.0 kg · m^2 (b) 44.0 kg · m^2 (c) 143 kg · m^2

8. 149 rad/s

9. 17.5 J · s counterclockwise

10. (a) $\omega = \left(\dfrac{I_1}{I_1 + I_2}\right)\omega_0$ (b) $\dfrac{KE_f}{KE_i} = \dfrac{I_1}{I_1 + I_2} < 1$

Chapter 9

1. (a) $\sim 4 \times 10^{17}$ kg/m^3
   (b) The density of an atom is about 10^{14} times greater than the density of iron and other common solids and liquids. This shows that an atom is mostly empty space. Liquids and solids, as well as gases, are mostly empty space.

2. (a) 5.81×10^5 Pa   (b) 5.59×10^4 N

3. 1.04 kg/m^3

4. (a) 7.00 cm   (b) 2.80 kg

5. 17.3 N (upper scale), 31.7 N (lower scale)

6. 4.90 mm

7. 1.05×10^7 Pa

8. 3.5×10^8 Pa

9. 4.4 mm

10. 1.9 cm

Chapter 10

1. 55.0°C

2. (a) 1.1×10^4 kg/m^3

3. 1.02×10^3 gallons

4. (a) 0.10 L   (b) 2.009 L   (c) 1.0 cm

5. 2.7×10^2 N

6. (a) increase   (b) 1.603 cm

7. (a) 627°C   (b) 927°C

8. (a) 2.5×10^{19} molecules   (b) 4.1×10^{-21} mol

9. 4.28 atm

10. (a) **99.8 mL**
   (b) The change in volume of the flask is far smaller because Pyrex has a much smaller coefficient of expansion than

acetone. Hence, the change in volume of the flask has a negligible effect on the answer.

Chapter 11

1. (a) 4.5×10^3 J   (b) 910 W   (c) 0.87 Cal/s
   (d) The excess thermal energy is transported by conduction and convection to the surface of the skin and disposed of through the evaporation of sweat.

2. (a) 81.0 W   (b) 69.7 kcal/h   (c) 8.27 m/s

3. 16.9°C

4. (a) 5.23×10^{15} J   (b) 2.07 yr

5. 176°C

6. 88 W

7. (a) 8.90×10^4 kg   (b) 4.10×10^9 J   (c) \$114

8. (a) 6.66×10^5 J   (b) 2.64×10^5 J   (c) 31.5°C

9. 16°C

10. 16°C

Chapter 12

1. (a) -6.1×10^5 J   (b) 4.6×10^5 J

2. (a) -810 J   (b) -507 J   (c) -203 J

3. 405 kJ

4. 0.540 (or 54.0%)

5. (a) 4.50×10^6 J   (b) 2.84×10^7 J   (c) 68.2 kg

6. 143 J/K

7. (a) -1.2 kJ/K   (b) 1.2 kJ/K

8. 57.2 J/K

9. (a)

End Result	Possible Tosses	Total Number of Same Result
All H	HHHH	1
1T, 3H	HHHT, HHTH, HTHH, THHH	4
2T, 2H	HHTT, HTHT, THHT, HTTH, THTH, TTHH	6
3T, 1H	TTTH, TTHT, THTT, HTTT	4
All T	TTTT	1

   (b) all H or all T   (c) 2H and 2T

10. 1 300 W

Chapter 13

1. (a) 17 N to the left   (b) 28 m/s^2 to the left

2. (a) 60.0 J   (b) 49.0 m/s

3. 0.306 m

4. (a) 8.00×10^{-2} m   (b) 14.6 rad/s   (c) 2.32 Hz   (d) 0.431 s   (e) 1.17 m/s   (f) 17.0 m/s^2

5. (a) 1.53 J   (b) 1.75 m/s   (c) 1.51 m/s

6. (a) 8.27×10^{-2} m   (b) -2.83 m/s   (c) -11.9 m/s^2

7. 0.63 s

8. (a) 0.25 s   (b) 4.0 Hz   (c) 5.2 cm   (d) 21 ms

9. (a) 1.46 s   (b) 9.59 m/s^2

10. (a) $L_{\text{Earth}} = 25$ cm   (b) $L_{\text{Mars}} = 9.4$ cm   (c) $m_{\text{Earth}} = 0.25$ kg   (d) $m_{\text{Mars}} = 0.25$ kg

Chapter 14

1. 355 m/s

2. 515 m

3. (a) 3.16×10^{-2} W/m^2 (b) 7.91×10^{-5} W/m^2 (c) 99.0 dB

4. 3.0×10^{-8} W/m^2

5. 1.23×10^3 Hz

6. 0.137 m
7. 378 Hz
8. (a) 1.85×10^{-2} kg/m   (b) 90.6 m/s   (c) 152 N
   (d) 2.20 m   (e) 8.33 m
9. 3.85 m/s away from the station or 3.77 m/s toward the station
10. (a) 1.99 beats/s   (b) 3.38 m/s

Chapter 15

1. (a) 1.52×10^{-7} m   (b) 2.22×10^{-23} kg
2. (a) 8.74×10^{-8} N   (b) repulsive
3. 1.38×10^{-5} N at 77.5° below the negative x-axis
4. 7.05×10^{-4} N
5. 7.2 nC
6. 0.732 m
7. 2.07×10^{3} N/C down
8. 3.15 N due north
9. $-Q/\epsilon_0$ for S_1; 0 for S_2; $-2Q/\epsilon_0$ for S_3; 0 for S_4
10. (a) 474 N/C   (b) 7.59×10^{-17} N   (c) -4.04×10^{-6} m

Chapter 16

1. (a) -887 V/m   (b) 0.665 V
2. (a) 1.88×10^{-17} J   (b) -1.88×10^{-17} J   (c) 58.7 N/C
3. (a) 1.13×10^{5} N/C   (b) 1.80×10^{-14} N   (c) 4.37×10^{-17} J
4. (a) 2.67×10^{6} V   (b) 2.13×10^{6} V
5. -11.0 kV
6. 2.74×10^{-14} m
7. (a) 1.1×10^{-8} F   (b) 27 C
8. (a) 2.67 μF   (b) 24.0 μC on each 8.00-μF capacitor, 18.0 μC
   on the 6.00-μF capacitor, 6.00 μC on the 2.00-μF capacitor
   (c) 3.00 V across each capacitor
9. (a) 10.7 μC on each capacitor   (b) 15.0 μC on the 2.50-μF
   capacitor and 37.5 μC on the 6.25-μF capacitor
10. $Q_1 = 16.0$ μC, $Q_5 = 80.0$ μC, $Q_8 = 64.0$ μC, $Q_4 = 32.0$ μC

Chapter 17

1. (a) 30. Ω (b) 4.7×10^{-4} $\Omega \cdot$ m
2. silver ($\rho = 1.59 \times 10^{-8}$ $\Omega \cdot$ m)
3. (a) 13.0 Ω (b) 17.0 m
4. (a) 2.20×10^{2} Ω (b) 6.10×10^{-7} $\Omega \cdot$ m
5. 32 V is 200 times larger than 0.16 V
6. 5.08×10^{-3} (°C)$^{-1}$
7. (a) 3.0 A   (b) 2.9 A
8. (a) 1.50 Ω (b) 6.00 A
9. 37 MΩ
10. 3.77×10^{28}/m^3

Chapter 18

1. (a) 0.167 Ω (b) 3.83 Ω
2. 4.92 Ω
3. 0.43 A
4. 55 Ω
5. (a) 3.00 Ω (b) 2.25 A
6. (a) 0.385 mA, 3.08 mA, 2.69 mA
   (b) 69.2 V, with c at the higher potential
7. (a) No. The only simplification is to note that the 2.0-Ω and
   4.0-Ω resistors are in series and add to a resistance of 6.0 Ω.
   Likewise, the 5.0-Ω and 1.0-Ω resistors are in series and add
   to a resistance of 6.0 Ω. The circuit cannot be simplified any
   further. Kirchhoff's rules must be used to analyze the circuit.
   (b) $I_1 = 3.5$ A, $I_2 = 2.5$ A, $I_3 = 1.0$ A

8. (a) $I_{200} = 1.00$ A (up), $I_{80} = 3.00$ A (up), $I_{20} = 8.00$ A (down),
   $I_{70} = 4.00$ A (up)
   (b) 2.00×10^{2} V
   (c) $P_{40} = 1.20 \times 10^{2}$ W, $P_{360} = 2.88 \times 10^{3}$ W, $P_{80} = 3.20 \times 10^{2}$ W
9. (a) 1.88 s   (b) 1.90×10^{-4} C
10. (a) 5.00 s   (b) 150 μC   (c) 4.06 μA

Chapter 19

1. (a) toward top of page   (b) out of the page
   (c) zero force   (d) into the page
2. 48.9° or 131°
3. (a) 8.51×10^{5} m/s   (b) 2.06×10^{-5} m
4. ab: 0, bc: 0.040 0 N in $-x$-direction, cd: 0.040 0 N in the
   $-z$-direction, da: 0.056 6 N parallel to the xz-plane and at
   45° to both the $+x$- and the $+z$-directions
5. (a) The magnetic force and the force of gravity both act on
   the wire. When the magnetic force is upward and balances
   the downward force of gravity, the net force on the wire is
   zero, and the wire can move upward at constant velocity.
   (b) 0.20 T out of the page
   (c) If the field exceeds 0.20 T, the upward magnetic force
   exceeds the downward force of gravity, so the wire acceler-
   ates upward.
6. (a) 1.21 A · m^2 (b) 0.209 N · m
7. 118 μN · m
8. 20.0 μT toward the bottom of page
9. 1.67×10^{-7} T out of the page
10. (a) 3.50×10^{-5} N/m   (b) repulsive

Chapter 20

1. (a) 0.125 Wb   (b) 0.108 Wb   (c) 0
2. (a) 3.1×10^{-3} T · m^2 (b) $\Phi_{B,\text{net}} = 0$
3. (a) zero, since the flux through the loop A doesn't change
   (b) counterclockwise for loop B   (c) clockwise for loop C
4. (a) The current is zero because the magnetic flux due to the
   current through the right side of the loop (into the page) is
   opposite the flux through the left side of the loop (out of the
   page), so net flux through the loop is always zero.
   (b) Clockwise because the flux due to the long wire through
   the loop is out of the page, and the induced current in the
   loop must be clockwise to compensate for the increasing
   external flux.
5. (a) 3.77×10^{-3} T   (b) 9.42×10^{-3} T   (c) 7.07×10^{-4} m^2
   (d) 3.99×10^{-6} Wb   (e) 1.77×10^{-5} V; the average induced emf
   is equal to the instantaneous in this case because the current
   increases steadily.   (f) The induced emf is small, so the cur-
   rent in the 4-turn coil and its magnetic field will also be small.
6. (a) 81.9 mV   (b) 105 mA
7. (a) 2.0 mH   (b) 38 A/s
8. 1.92 Ω
9. counterclockwise
10. (a) 20.0 ms   (b) 37.9 V   (c) 1.52 mV   (d) 51.8 mA

Chapter 21

1. (a) 193 Ω (b) 145 Ω
2. 100. mA
3. 0.450 T · m^2
4. (a) 1.43 kΩ (b) 0.097 9 A   (c) 51.1°
   (d) voltage leads current
5. (a) 47.1 Ω (b) 637 Ω (c) 2.40 kΩ (d) 2.33 kΩ (e) -14.2°
6. 1.88 V
7. $C_{\text{min}} = 4.9$ nF, $C_{\text{max}} = 51$ nF
8. 0.18% is lost

9. (a) 4.58×10^{14} Hz (b) 5.82×10^{14} Hz (c) 6.31×10^{14} Hz
10. 4.66×10^{3} Hz.

Chapter 22

1. 10.0 ft, 30.0 ft, 40.0 ft
2. (a) The object is 10.0 cm in front of the mirror. (b) 2.00
3. (a) The object should be placed 30.0 cm in front of the mirror. (b) 0.333
4. 1.0 m
5. 8.05 cm
6. $n = 2.00$
7. 38.2 cm below the upper surface of the ice
8. (a) 16.7 cm (b) -0.668 (c) -5.34 cm (d) real (e) inverted
9. from 0.224 m to 18.2 m
10. (a) -34.7 cm (b) -36.1 cm

Chapter 23

1. 632 nm
2. 75.0 m
2. 11.3 m
4. 511 nm
5. 0.500 cm
6. 78.4 μm
7. 5.91° in first order, 13.2° in second order, and 26.5° in third order
8. 514 nm
9. 6.89 units
10. (a) 413.7 nm, 409.7 nm (b) 8.6°

Chapter 24

1. (a) 2.00 s (b) 3.02 s
2. (a) 1.3×10^{-7} s (b) 38 m (c) 7.6 m
3. 2.90×10^{8} m/s
4. $0.357c$
6. $0.917c$
7. (a) 3.91×10^{4} (b) 7.67 cm
8. (a) $0.979c$ (b) $0.065\,2c$ (c) $0.914c$
9. (a) $v/c = 1 - 1.13 \times 10^{-10}$ (b) 5.99×10^{27} J
   (c) $\$2.16 \times 10^{20}$
10. (a) 17.4 m (b) 3.30° with respect to the direction of motion

Chapter 25

1. 1.01×10^{-5} m
2. 9.47 μm, which is in the infrared region of the spectrum
3. (a) 2.50 eV (b) 9.37×10^{5} m/s (c) 172 nm
4. (a) 1.02×10^{-18} J (b) 1.53×10^{15} Hz (c) 196 nm
   (d) 2.15 eV (e) 2.15 V
5. 1.2×10^{2} V and 1.2×10^{7} V, respectively
6. (a) 1.48×10^{8} m/s (b) 1.66×10^{-11} m
7. (a) 1.46 km/s (b) 7.28×10^{-11} m
8. $\sim 10^{6}$ m/s
9. (a) 2.21×10^{-32} kg $\cdot$ m/s (b) 1.00×10^{10} Hz
   (c) 4.14×10^{-5} eV
10. (a) $0.022\,0c$ (b) $0.999\,2c$

찾아보기 Index

기초 일반물리학 번역 및 교정에 참여하신 분

강치중 · 고재현 · 고정대 · 곽종훈 · 곽진석 · 권진혁 · 김경화 · 김기현 · 김동호 · 김두철
김대욱 · 김무준 · 김선일 · 김성수 · 김성화 · 김승연 · 김용주 · 김응찬 · 김인수 · 김재형
김정배 · 김종수 · 김현중 · 김형찬 · 남기봉 · 남승일 · 문병기 · 문종대 · 민현수 · 박대길
박병준 · 박성흠 · 박은경 · 박혁규 · 백승기 · 서효진 · 신내호 · 신상화 · 신재철 · 심이레
안동완 · 안승준 · 안형수 · 오기영 · 오수기 · 우상욱 · 우종관 · 원혜경 · 유연봉 · 유영훈
유평렬 · 윤만영 · 윤재선 · 이광세 · 이규봉 · 이남철 · 이병학 · 이보람 · 이삼녕 · 이성수
이승훈 · 이연환 · 이원명 · 이재희 · 이종규 · 이종완 · 이종훈 · 이행기 · 이호찬 · 이홍석
정　관 · 정경아 · 정성철 · 정윤근 · 정준우 · 정창열 · 정태성 · 조영걸 · 조정숙 · 조현주
주관식 · 진병문 · 천미연 · 최　덕 · 최광호 · 최명선 · 최병춘 · 최석윤 · 최용수 · 한창길
현남규 · 홍지상 · 황재열　　　　　　　　　　　　　　　　　　　　　　　　　(가나다 순)

기초 일반물리학

2021년　3월　1일　인쇄
2021년　3월　5일　발행

원 저 자 ◉ Serway, Vuille

편 역 자 ◉ 일반물리학 교재편찬위원회

발 행 인 ◉ 조 승 식

발 행 처 ◉ (주)도서출판 북스힐
　　　　　서울시 강북구 한천로 153길 17

등　　록 ◉ 1998년 7월 28일 제22-457 호

 (02) 994-0071

 (02) 994-0073

 www.bookshill.com
bookshill@bookshill.com

잘못된 책은 교환해 드립니다.
값 30,000원

ISBN 979-11-5971-333-0